电 工 手 册

主　编　孙克军
副主编　井成豪　王忠杰　孙会琴
参　编　薛智宏　王晓毅　陈　明　张宏伟　薛增涛
王　雷　钟爱琴　刘　旺　王晓晨　刘　骏
王　佳　韩　宁　马　超　方松平　王军平
孙建府　张金柱　高军波

机 械 工 业 出 版 社

本书是根据广大电工技术人员的实际需要而编写的。全书共22章，内容包括电工基础知识和电工基本计算、电气工程图常用文字符号和图形符号、电工识图基础、常用电工材料、电工工具及仪器仪表的使用、电子元器件与常用电子电路、低压电器、高压电器、变压器、交流电动机、直流电机与特种电机、常用小型发电设备、常用电动机控制电路、变配电工程图的识读、低压架空线路与电缆线路、室内配线工程与常用照明电路、可编程控制器（PLC）、变频器、机床控制电路的使用与维修、电梯、蓄电池与不间断供电电源、建筑物防雷与安全用电。

本书既有理论又含实践，具有标准新、内容全、简明实用的特点。为便于读者使用，本书配有大量的短视频和微课，可供工矿企业电工，从事电气设计、制造、维修工作的工程师和技术人员，以及其他专业相关人员使用。

图书在版编目（CIP）数据

电工手册/孙克军主编. —北京：机械工业出版社，2022.11（2024.11重印）

ISBN 978-7-111-71799-7

Ⅰ.①电… Ⅱ.①孙… Ⅲ.①电工-技术手册 Ⅳ.①TM-62

中国版本图书馆CIP数据核字（2022）第189007号

机械工业出版社（北京市百万庄大街22号 邮政编码100037）
策划编辑：任 鑫 责任编辑：任 鑫
责任校对：张 征 贾立萍 封面设计：马精明
责任印制：单爱军
保定市中画美凯印刷有限公司印刷
2024年11月第1版第3次印刷
169mm×239mm · 65.5印张 · 2插页 · 1354千字
标准书号：ISBN 978-7-111-71799-7
定价：228.00元

电话服务 网络服务
客服电话：010-88361066 机 工 官 网：www.cmpbook.com
010-88379833 机 工 官 博：weibo.com/cmp1952
010-68326294 金 书 网：www.golden-book.com
封底无防伪标均为盗版 机工教育服务网：www.cmpedu.com

数字化手册配套资源说明

本手册是机械工业出版社“数字化手册项目”中的一种。机械工业出版社（以下简称机工社）建社以来，立足工程科技，积累了丰富的手册类工具书资源，历经几十年的传承和迭代，机工社的手册类工具书具有专业、权威、系统、实用等突出特色，受到广大专业读者的一致好评。

随着移动互联技术的发展，给人们获取知识的方式和阅读方式带来了翻天覆地的变化，特别对于手册类工具书使用方式。为此，机工社与时俱进，针对手册类工具书设立了“数字化手册项目”，以期通过数字化手册项目，为读者更好地提供资料翔实的内容服务、方便快捷的查询服务、提质增效的在线计算服务、直观通达的视频服务、轻松上手的仿真实操服务等开放且不断更新的数字资源知识服务。

本手册属于“纸数复合类”富媒体产品，手册内容通过“纸质书 + 移动互联网”呈现给读者。除纸质内容外，本手册还提供了300余个视频二维码，供广大读者使用时观看参考。同时，为了方便广大读者在移动端学习、阅读，了解最新知识，本手册配套推出了“电工电子技术学习微站（以下简称微站）”，读者通过扫描下方左侧二维码，即可进入微站进行学习。（微站介绍和使用请扫描下方右侧二维码）

进入微站

使用说明

“微站”配备了以下四大数字资源功能：

➢ 提供21个互动实物电路连接仿真程序，20个3D器件模型。

➢ 8个电工常用计算公式。

➢ 8套电工技术课程

➢ 400余段短视频资源。

数字化手册的制作是一项创新性的工作，微站的建设和完善更是一项持久的工程，我们将秉承服务读者、服务行业的初心，对微站的数字资源不断增加、完善、丰富、迭代，为读者提供一条切实可行的技能提升路径。未来我们还会持续推出工程科技类的数字化手册产品，各位读者可通过添加我们的微信公众号“机工电气”提出您中肯、专业的完善意见和建议，和我们一起共同推动工程科技的传播与进步。

机械工业出版社

2023年5月

前　言

随着我国电力事业的飞速发展，电能在工业、农业、国防、交通运输、城乡家庭等各个领域的应用愈加深入，重要性也愈加显著。为了满足广大电工及电气工程技术人员的需求，我们组织编写了这本《电工手册》，以帮助维修电工提高电气技术的理论水平及处理实际问题的能力。

《电工手册》是电工上岗实际操作的重要参考，也是进行实际维修工作的重要备查工具。随着科学技术的快速发展，读者对《电工手册》的要求更高了，需要更多的多媒体技术的介入。因此，我们结合现代的多媒体技术，尤其是短视频、微课、软件、在线服务等手段，重新整合资源，将《电工手册》数字化、碎片化，既要满足读者传统的阅读习惯，也要适应新型阅读方式的转变。

本书共22章，内容包括电工基础知识和电工基本计算、电气工程图常用文字符号和图形符号、电工识图基础、常用电工材料、电工工具及仪器仪表的使用、电子元器件与常用电子电路、低压电器、高压电器、变压器、交流电动机、直流电机与特种电机、常用小型发电设备、常用电动机控制电路、变配电工程图的识读、低压架空线路与电缆线路、室内配线工程与常用照明电路、可编程控制器（PLC）、变频器、机床控制电路的使用与维修、电梯、蓄电池与不间断供电电源、建筑物防雷与安全用电。

本书坚持以实用为主，力求做到科学性、完整性、系统性、知识性相统一。着力贯彻新标准，重点介绍了工矿企业、农村常用的电气设备，内容涉及了器件或设备的基本结构、工作原理、主要技术性能、选择、使用方法与注意事项、常见故障及其排除方法，并列举了大量应用实例。在表达方式上，本书尽可能使插图立体化、技术数据表格化，以便于读者理解和查找有关内容。同时，本书还注重内容的先进性，介绍的电工产品主要是经过国家有关部门鉴定的新产品，但考虑到维修工作的实际需要，本书中也介绍了目前仍在使用的部分老型号产品。

电工技术是一门集知识性、实践性和专业性于一体的实用技术。因此，本书在编写过程中，我们面向生产实际，搜集、查阅了大量的技术资料，参考、选录了近期国内外有关标准、手册和文献资料以及有关生产厂商的产品样本、技术数据和资料，并得到了各级领导和专家学者的关怀和帮助。在此，我们表示衷心的感谢。

限于编者的水平和本书篇幅，本书中难免存在不妥和错漏之处，热忱希望广大读者和有关专家批评指正。

编　者

目　录

前言
第 1 章　电工基础知识和电工基本计算 …… 1
1.1　直流电路 …… 1
1.1.1　直流电路常用物理量及计算公式 …… 1
1.1.2　欧姆定律 …… 4
1.1.3　电阻的串联与并联 …… 5
1.1.4　基尔霍夫第一定律 …… 7
1.1.5　基尔霍夫第二定律 …… 8
1.1.6　电池组 …… 10
1.2　磁场与电磁感应 …… 11
1.2.1　电流产生的磁场 …… 11
1.2.2　磁场的基本物理量及计算公式 …… 13
1.2.3　全电流定律 …… 14
1.2.4　磁路的欧姆定律 …… 15
1.2.5　磁路的基尔霍夫第一定律 …… 16
1.2.6　磁路的基尔霍夫第二定律 …… 16
1.2.7　电磁感应定律 …… 17
1.2.8　电磁力定律 …… 19
1.3　交流电路 …… 21
1.3.1　交流电路常用物理量及计算公式 …… 21
1.3.2　正弦交流电的表示方法 …… 25
1.3.3　纯电阻电路 …… 27
1.3.4　纯电感电路 …… 29
1.3.5　纯电容电路 …… 31
1.3.6　电阻、电感、电容的串联电路 …… 34
1.3.7　三相交流电 …… 36
1.3.8　三相电源的联结 …… 38
1.3.9　三相负载的联结 …… 40
1.3.10　三相电路的功率 …… 43
1.4　电工常用法定计量单位 …… 44
第 2 章　电气工程图常用文字符号和图形符号 …… 48
2.1　电气设备常用文字符号 …… 48
2.1.1　电气设备基本文字符号 …… 48
2.1.2　电气设备常用辅助文字符号 …… 52
2.2　常用电气图用图形符号 …… 53
2.3　常用半导体器件图形符号 …… 66
2.4　建筑电气工程图常用图形符号 …… 67
2.4.1　发电厂和变电所图形符号 …… 67
2.4.2　电气线路图形符号 …… 68
2.4.3　电杆及附属设备图形符号 …… 69
2.4.4　配电箱、配线架图形符号 …… 70
2.4.5　照明灯具图形符号 …… 70
2.4.6　插座、开关图形符号 …… 71
第 3 章　电工识图基础 …… 74
3.1　阅读电气工程图的基本知识 …… 74
3.1.1　电气工程图的幅面与标题栏 …… 74
3.1.2　电气工程图的比例、字体与图线 …… 75
3.1.3　方位、安装标高与定位轴线 …… 76
3.1.4　图幅分区与详图 …… 77
3.1.5　指引线的画法 …… 78
3.1.6　尺寸标注的规定 …… 78
3.2　常用电气工程图的类型 …… 79
3.2.1　电路的分类 …… 79
3.2.2　常用电气工程图的分类 …… 79
3.2.3　电气工程的项目与电气工程图的组成 …… 81

3.2.4 系统图或框图 …… 84
3.2.5 电路图 …… 85
3.2.6 接线图 …… 86
3.2.7 位置图与电气设备平面图 …… 87
3.2.8 逻辑图 …… 88
3.3 绘制电路图的一般原则 …… 89
3.3.1 连接线的表示法 …… 89
3.3.2 项目的表示法 …… 90
3.3.3 电路的简化画法 …… 91
3.4 电气控制电路图的绘制 …… 92
3.4.1 绘制原理图应遵循的原则 …… 92
3.4.2 绘制接线图应遵循的原则 …… 92
3.4.3 绘制电气原理图的有关规定 …… 93
3.5 电气原理图的识读 …… 94
3.6 电气控制电路的一般设计方法 …… 95
第4章 常用电工材料 …… 98
4.1 裸电线 …… 98
4.1.1 常用裸电线的型号、特性和用途 …… 98
4.1.2 常用圆铝、铜单线的规格 …… 98
4.1.3 LJ 型铝绞线技术数据 …… 101
4.1.4 LGJ 型和 LGJF 型钢芯铝绞线技术数据 …… 101
4.1.5 TJ 型硬铜绞线技术数据 …… 102
4.1.6 常用铜、铝母线技术数据 …… 103
4.2 绝缘电线 …… 104
4.2.1 绝缘电线的型号及用途 …… 104
4.2.2 BV、BLV 型聚氯乙烯绝缘铜芯、铝芯线技术数据 …… 104
4.2.3 BVR、BLVR 型聚氯乙烯绝缘铜芯软线、铝芯软线技术数据 …… 105
4.2.4 BVV、BLVV 型聚氯乙烯绝缘聚氯乙烯护套铜芯线、铝芯线技术数据 …… 105
4.2.5 BX、BLX 型橡皮绝缘铜芯线、铝芯线技术数据 …… 105
4.2.6 BXR 型橡皮绝缘铜芯软线技术数据 …… 106
4.2.7 RVB、RVS 型聚氯乙烯绝缘平型、绞型铜芯软线技术数据 …… 106
4.2.8 RFB、RFS 型复合物绝缘平型、绞型铜芯软线技术数据 …… 107
4.3 电磁线 …… 107
4.3.1 漆包线的品种、特性及主要用途 …… 107
4.3.2 漆包圆铜线常用数据 …… 109
4.3.3 QNF 型耐冷冻剂漆包圆铜线规格 …… 111
4.3.4 QYN 型漆包铜芯聚乙烯绝缘尼龙护套线规格 …… 113
4.3.5 SYN 型绞合铜芯聚乙烯绝缘尼龙护套线规格 …… 114
4.4 电缆 …… 115
4.4.1 常用电缆的型号、名称和用途 …… 115
4.4.2 YQ、YQW 型橡套电缆规格 …… 116
4.4.3 YZ、YZW 型橡套电缆规格 …… 116
4.4.4 YC、YCW 型橡套电缆规格 …… 117
4.4.5 YH 型铜芯及 YHL 型铝芯电焊机用电缆规格 …… 117
4.4.6 常用聚氯乙烯绝缘电力电缆规格 …… 117
4.5 绝缘材料 …… 118
4.5.1 绝缘材料的分类及型号 …… 118
4.5.2 绝缘材料的耐热等级 …… 121
4.5.3 绝缘漆 …… 122
4.5.4 绝缘浸渍纤维制品 …… 123
4.5.5 电工用薄膜、黏带及复合材料 …… 123
4.5.6 电工用黏带 …… 124
4.5.7 电工用复合材料 …… 124

4.5.8　层压制品 …… 124
4.5.9　云母制品 …… 125
4.5.10　绝缘胶 …… 126
4.6　磁性材料 …… 128
4.6.1　电磁纯铁 …… 128
4.6.2　电工硅钢片 …… 128
4.7　其他电工材料 …… 129
4.7.1　电刷 …… 129
4.7.2　钢筋混凝土电杆 …… 131
4.7.3　绝缘子 …… 132
第5章　电工工具及仪器仪表的使用 …… 133
5.1　电工工具的使用 …… 133
5.1.1　电工常用工具 …… 133
5.1.2　常用测试工具 …… 147
5.1.3　常用电工安全用具 …… 150
5.1.4　常用电动工具 …… 156
5.2　电工仪表概述 …… 161
5.2.1　电工仪表的用途与分类 …… 161
5.2.2　电工仪表的型号 …… 161
5.2.3　电工仪表的标志符号 …… 163
5.3　电流表与电流互感器的使用 …… 166
5.3.1　常用电流表技术数据 …… 166
5.3.2　电流表的选用 …… 169
5.3.3　电流的测量 …… 170
5.3.4　分流器与电流互感器的使用 …… 171
5.4　电压表和电压互感器的使用 …… 175
5.4.1　常用电压表技术数据 …… 175
5.4.2　电压表的选用 …… 177
5.4.3　电压的测量 …… 177
5.4.4　分压器与电压互感器的使用 …… 178
5.5　万用表 …… 183
5.5.1　万用表的用途 …… 183
5.5.2　万用表的技术数据 …… 183
5.5.3　指针式万用表的选用 …… 185
5.5.4　数字万用表的选用 …… 188
5.6　钳形电流表 …… 192
5.6.1　钳形电流表概述 …… 192
5.6.2　钳形电流表的技术数据 …… 193
5.6.3　指针式钳形电流表的使用 …… 195
5.6.4　数字钳形电流表的使用 …… 196
5.7　绝缘电阻表 …… 196
5.7.1　绝缘电阻表概述 …… 196
5.7.2　常用绝缘电阻表的技术数据 …… 198
5.7.3　绝缘电阻表的选择 …… 198
5.7.4　绝缘电阻表的接线方法 …… 199
5.7.5　手摇发电机供电的绝缘电阻表的使用 …… 200
5.7.6　数字绝缘电阻表的使用 …… 200
5.7.7　用绝缘电阻表测量输电线路和电缆的绝缘电阻 …… 201
5.8　功率表 …… 203
5.8.1　功率表的用途与分类 …… 203
5.8.2　功率表的技术数据 …… 203
5.8.3　功率表的选择 …… 204
5.8.4　功率表的使用 …… 205
5.8.5　功率表的应用 …… 207
第6章　电子元器件与常用电子电路 …… 210
6.1　电路元件的种类及其应用 …… 210
6.1.1　电阻器的种类、识别与选用 …… 210
6.1.2　电容器的特点、种类与选用 …… 215
6.1.3　电感器的种类和选用 …… 220
6.2　二极管及其应用电路 …… 225
6.2.1　半导体的基础知识 …… 225
6.2.2　二极管的结构和分类 …… 226
6.2.3　二极管的型号 …… 228
6.2.4　二极管的特性及主要技术参数 …… 228
6.2.5　常用二极管的技术数据 …… 229
6.2.6　二极管的使用常识 …… 232
6.2.7　整流电路 …… 233

6.2.8 滤波电路 …………………… 238
6.2.9 稳压电路 …………………… 240
6.3 晶体管及其应用电路 …………… 241
6.3.1 晶体管的结构和分类 …… 241
6.3.2 晶体管的型号 …………… 243
6.3.3 晶体管的特性曲线 ……… 243
6.3.4 晶体管的主要技术参数 … 245
6.3.5 晶体管的技术数据 ……… 247
6.3.6 晶体管的使用常识 ……… 249
6.3.7 晶体管的基本放大电路 … 255
6.3.8 晶体管的多级放大电路 … 256
6.3.9 功率放大电路 …………… 258
6.3.10 反馈电路 ……………… 259
6.4 场效应晶体管及其应用电路 …… 261
6.4.1 场效应晶体管的结构和分类 ………………… 261
6.4.2 场效应晶体管的特性及主要技术参数 …………… 261
6.4.3 场效应晶体管的主要技术数据 ………………… 263
6.4.4 场效应晶体管的三种基本接法及偏置电路 ……………… 264
6.4.5 场效应晶体管的检测 …… 265
6.5 集成电路 ………………………… 266
6.5.1 集成运算放大器概述 …… 266
6.5.2 集成运算放大器的特性 … 268
6.5.3 集成运算放大器的选用 … 270
6.5.4 集成稳压器分类及主要参数 ………………… 271
6.5.5 三端固定输出电压集成稳压器的应用 ………………… 272
6.5.6 三端可调输出电压集成稳压器的应用 ………………… 273
6.6 晶闸管及其应用电路 …………… 274
6.6.1 晶闸管概述 ……………… 274
6.6.2 晶闸管的型号 …………… 276
6.6.3 晶闸管的伏安特性与主要参数 ………………… 277
6.6.4 晶闸管的主要技术数据 … 279
6.6.5 晶闸管的选用 …………… 280
6.6.6 晶闸管可控整流的基本概念 ………………… 283
6.6.7 可控整流电路 …………… 283
6.6.8 晶闸管触发电路 ………… 287

第7章 低压电器 …………………… 289

7.1 低压电器概述 …………………… 289
7.1.1 低压电器的特点 ………… 289
7.1.2 低压电器的种类 ………… 289
7.1.3 低压电器的型号 ………… 291
7.2 刀开关及熔断器组合电器 ……… 293
7.2.1 刀开关的用途与分类 …… 293
7.2.2 刀开关的选用 …………… 294
7.2.3 开启式开关熔断器组的选用 ………………… 296
7.2.4 封闭式开关熔断器组的选用 ………………… 298
7.2.5 组合开关的选用 ………… 299
7.2.6 刀开关的常见故障及其排除方法 ………………… 300
7.3 熔断器 …………………………… 302
7.3.1 熔断器的用途与分类 …… 302
7.3.2 插入式熔断器 …………… 303
7.3.3 螺旋式熔断器 …………… 303
7.3.4 无填料封闭管式熔断器 … 304
7.3.5 有填料封闭管式熔断器 … 305
7.3.6 熔断器的选择 …………… 306
7.3.7 熔断器的使用 …………… 307
7.3.8 熔断器的常见故障及其排除方法 ………………… 308
7.4 断路器 …………………………… 308
7.4.1 低压断路器的用途与分类 ………………… 308
7.4.2 万能式断路器 …………… 309
7.4.3 塑料外壳式断路器 ……… 310
7.4.4 漏电保护断路器 ………… 311
7.4.5 断路器的选择 …………… 311
7.4.6 断路器的使用 …………… 313
7.4.7 断路器的常见故障及其排除

方法 …………………… 313
7.5 接触器 …………………… 314
7.5.1 接触器的用途与分类 …… 314
7.5.2 交流接触器 …………………… 315
7.5.3 直流接触器 …………………… 316
7.5.4 接触器的选择 …………………… 317
7.5.5 接触器的使用 …………………… 318
7.5.6 接触器的常见故障及其排除方法 …………………… 319
7.6 继电器 …………………… 320
7.6.1 继电器的用途与分类 …… 320
7.6.2 电流继电器的选用 ……… 322
7.6.3 电压继电器的选用 ……… 324
7.6.4 中间继电器的选用 ……… 325
7.6.5 时间继电器的选用 ……… 327
7.6.6 热继电器的选用 ………… 331
7.6.7 固态继电器的选用 ……… 335
7.6.8 继电器的常见故障及其排除方法 …………………… 339
7.7 主令电器 …………………… 341
7.7.1 主令电器的用途与分类 … 341
7.7.2 控制按钮的选用 ………… 341
7.7.3 行程开关的选用 ………… 344
7.7.4 接近开关的选用 ………… 346
7.7.5 万能转换开关的选用 …… 349
7.7.6 主令控制器的选用 ……… 351
7.7.7 主令电器的常见故障及其排除方法 …………………… 353
7.8 起动器 …………………… 355
7.8.1 起动器的用途与分类 …… 355
7.8.2 电磁起动器 …………………… 355
7.8.3 星－三角起动器 ………… 355
7.8.4 自耦减压起动器 ………… 357
7.8.5 起动器的选择 …………………… 359
7.8.6 起动器的使用 …………………… 360
7.8.7 起动器的常见故障及其排除方法 …………………… 360
第8章 高压电器 …………………… 363
8.1 高压断路器 …………………… 363
8.1.1 高压断路器概述 ………… 363
8.1.2 高压油断路器 …………… 363
8.1.3 高压真空断路器 ………… 364
8.1.4 高压六氟化硫断路器 …… 365
8.1.5 高压断路器的技术数据 … 366
8.1.6 高压断路器的选择 ……… 367
8.1.7 高压断路器的使用 ……… 367
8.2 高压隔离开关 …………………… 368
8.2.1 高压隔离开关概述 ……… 368
8.2.2 户内式高压隔离开关 …… 369
8.2.3 户外式高压隔离开关 …… 369
8.2.4 高压隔离开关的技术数据 …………………… 372
8.2.5 高压隔离开关的选择 …… 372
8.2.6 高压隔离开关的使用 …… 373
8.3 高压负荷开关 …………………… 374
8.3.1 高压负荷开关概述 ……… 374
8.3.2 户内式高压负荷开关 …… 375
8.3.3 户外式高压负荷开关 …… 376
8.3.4 高压负荷开关的技术数据 …………………… 376
8.3.5 高压负荷开关的选择 …… 377
8.3.6 高压负荷开关的使用 …… 377
8.4 操动机构 …………………… 378
8.4.1 高压开关操动机构概述 … 378
8.4.2 手动操动机构 …………… 380
8.4.3 电磁操动机构 …………… 380
8.4.4 弹簧储能操动机构 ……… 380
8.4.5 操动机构的使用 ………… 381
8.5 高压熔断器 …………………… 383
8.5.1 高压熔断器概述 ………… 383
8.5.2 户内型高压熔断器 ……… 384
8.5.3 户外型高压熔断器 ……… 385
8.5.4 高压熔断器的技术数据 … 386
8.5.5 高压熔断器的选择 ……… 387
8.5.6 高压熔断器的使用 ……… 388
第9章 变压器 …………………… 390
9.1 变压器基础知识 …………………… 390
9.1.1 变压器的用途 …………… 390

9.1.2 变压器的分类 …………… 390
9.1.3 变压器的基本结构与工作原理 …………………… 392
9.1.4 变压器的型号与额定值 … 393
9.1.5 三相变压器的联结组别 … 395
9.1.6 变压器的并联运行 ……… 398
9.2 油浸式电力变压器 ………………… 399
9.2.1 电力变压器的用途与分类 …………………… 399
9.2.2 油浸式变压器的结构 …… 400
9.2.3 油浸式变压器的技术数据 …………………… 400
9.2.4 油浸式变压器容量的选用 …………………… 403
9.2.5 油浸式变压器的使用与维护 …………………… 403
9.2.6 油浸式变压器的常见故障及其排除方法 ……………… 407
9.3 干式电力变压器 ………………… 409
9.3.1 干式变压器的特征 ……… 409
9.3.2 干式变压器的型号 ……… 410
9.3.3 干式变压器的分类 ……… 410
9.3.4 干式变压器的结构 ……… 411
9.3.5 干式变压器的技术数据 … 411
9.3.6 干式变压器的使用与维护 …………………… 413
9.3.7 干式变压器的常见故障及其排除方法 ……………… 415
9.4 箱式变电站 ……………………… 416
9.4.1 箱式变电站的用途与型号 …………………… 416
9.4.2 箱式变电站的特点 ……… 417
9.4.3 箱式变电站的结构 ……… 417
9.4.4 箱式变电站的技术数据 … 418
9.4.5 箱式变电站的使用与维护 …………………… 419
9.5 弧焊变压器 ……………………… 420
9.5.1 弧焊变压器的用途与特点 …………………… 420
9.5.2 弧焊变压器的基本结构 … 421
9.5.3 弧焊变压器的工作原理与焊接电流的调节 ……………… 421
9.5.4 弧焊变压器的技术性能和参数 …………………… 423
9.5.5 弧焊变压器的使用与维护 … 423
9.5.6 弧焊变压器的常见故障及其排除方法 ……………… 425
第10章 交流电动机 ……………… 427
10.1 电机基础知识 ……………… 427
10.1.1 电机的用途 ……………… 427
10.1.2 电机的分类 ……………… 428
10.1.3 电动机的选择 …………… 428
10.1.4 电动机绝缘电阻的测量 … 431
10.2 三相异步电动机 …………… 432
10.2.1 三相异步电动机的用途与分类 …………………… 432
10.2.2 三相异步电动机的基本结构 …………………… 433
10.2.3 三相异步电动机的工作原理 …………………… 433
10.2.4 三相异步电动机的型号 … 435
10.2.5 三相异步电动机的额定参数 …………………… 437
10.2.6 三相异步电动机的技术数据 …………………… 438
10.2.7 三相异步电动机的接法 … 441
10.2.8 三相异步电动机的使用与维护 …………………… 442
10.2.9 三相异步电动机的常见故障及其排除方法 …………… 444
10.3 单相异步电动机 …………… 447
10.3.1 单相异步电动机的用途与分类 …………………… 447
10.3.2 单相异步电动机的基本结构 …………………… 448
10.3.3 单相异步电动机的工作原理 …………………… 449
10.3.4 单相异步电动机的型号 … 450

10.3.5　单相异步电动机的技术数据 …… 452
10.3.6　单相异步电动机的使用与维护 …… 453
10.3.7　单相异步电动机的常见故障及其排除方法 …… 455
10.4　变频调速三相异步电动机 …… 457
10.4.1　变频调速三相异步电动机概述 …… 457
10.4.2　变频调速电动机的结构特点 …… 457
10.4.3　变频调速电动机的技术数据 …… 458
10.4.4　变频调速系统电动机容量的选择 …… 460
10.4.5　变频调速的注意事项 …… 460
10.5　电磁调速三相异步电动机 …… 461
10.5.1　电磁调速异步电动机的基本结构 …… 461
10.5.2　电磁调速异步电动机的工作原理 …… 461
10.5.3　电磁调速异步电动机的技术数据 …… 462
10.5.4　电磁调速异步电动机的使用与维护 …… 463
10.5.5　电磁调速异步电动机的常见故障及其排除方法 …… 465
10.6　潜水电泵 …… 465
10.6.1　潜水电泵的主要用途与特点 …… 465
10.6.2　潜水电泵的分类 …… 466
10.6.3　潜水电泵的结构 …… 468
10.6.4　潜水电泵用电动机的技术数据 …… 469
10.6.5　潜水电泵的安装 …… 471
10.6.6　潜水电泵的使用 …… 471
10.6.7　潜水电泵的保养 …… 471
10.6.8　潜水电泵的定期检查与维护 …… 472
10.6.9　潜水电泵的常见故障及其排除方法 …… 472
第11章　直流电机与特种电机 …… 474
11.1　直流电机 …… 474
11.1.1　直流电机的用途与分类 …… 474
11.1.2　直流电机的基本结构 …… 474
11.1.3　直流电动机的工作原理 …… 474
11.1.4　直流电机的额定值 …… 475
11.1.5　直流电机的技术数据 …… 476
11.1.6　直流电动机的励磁方式 …… 478
11.1.7　直流电机的使用与维护 …… 479
11.1.8　直流电机的常见故障及其排除方法 …… 481
11.2　直流伺服电动机 …… 483
11.2.1　伺服电动机的用途与特点 …… 483
11.2.2　直流伺服电动机的分类 …… 484
11.2.3　直流伺服电动机的结构特点 …… 484
11.2.4　直流伺服电动机的控制方式 …… 485
11.2.5　直流伺服电动机的机械特性与调节特性 …… 486
11.2.6　直流伺服电动机的技术数据 …… 487
11.2.7　直流伺服电动机的选用 …… 488
11.2.8　直流伺服电动机的维护保养 …… 489
11.3　交流伺服电动机 …… 490
11.3.1　交流伺服电动机的性能 …… 490
11.3.2　交流伺服电动机的结构特点 …… 491
11.3.3　交流伺服电动机的控制方式 …… 492
11.3.4　交流伺服电动机的机械特性与调节特性 …… 492
11.3.5　交流伺服电动机的技术数据 …… 493
11.3.6　交流伺服电动机的选用 …… 494

11.3.7 交流伺服电动机的维护保养 …… 495
11.4 测速发电机 …… 497
11.4.1 测速发电机的用途与分类 …… 497
11.4.2 直流测速发电机 …… 497
11.4.3 同步测速发电机 …… 498
11.4.4 异步测速发电机 …… 499
11.4.5 测速发电机的技术数据 …… 500
11.4.6 测速发电机的选用 …… 501
11.4.7 测速发电机的维护保养 …… 502
11.5 步进电动机 …… 503
11.5.1 步进电动机的用途 …… 503
11.5.2 步进电动机的特点与分类 …… 504
11.5.3 反应式步进电动机的基本结构 …… 505
11.5.4 反应式步进电动机的工作原理与通电方式 …… 506
11.5.5 步进电动机的步距角和转速的关系 …… 509
11.5.6 永磁式步进电动机 …… 510
11.5.7 混合式步进电动机 …… 511
11.5.8 步进电动机的主要性能指标 …… 513
11.5.9 步进电动机的使用 …… 514
11.5.10 步进电动机的常见故障及其排除方法 …… 514
11.6 单相串励电动机 …… 516
11.6.1 单相串励电动机的用途与特点 …… 516
11.6.2 单相串励电动机的基本结构 …… 516
11.6.3 单相串励电动机的工作原理 …… 517
11.6.4 单相串励电动机的使用与维护 …… 519
11.6.5 单相串励电动机的常见故障及其排除方法 …… 519
11.7 无刷直流电动机 …… 522
11.7.1 无刷直流电动机概述 …… 522
11.7.2 无刷直流电动机的特点与分类 …… 523
11.7.3 无刷直流电动机的基本结构 …… 523
11.7.4 无刷直流电动机的工作原理 …… 525
11.7.5 无刷直流电动机的使用注意事项 …… 526
11.8 永磁电机 …… 526
11.8.1 永磁电机概述 …… 526
11.8.2 永磁直流电动机 …… 527
11.8.3 永磁同步电动机 …… 528
11.8.4 永磁同步发电机 …… 531
11.9 开关磁阻电动机 …… 533
11.9.1 开关磁阻电动机传动系统的构成 …… 533
11.9.2 开关磁阻电动机的基本结构与工作原理 …… 534
11.9.3 开关磁阻电动机相数与极数的关系 …… 535
11.9.4 开关磁阻电动机的基本控制方式 …… 536
11.9.5 开关磁阻电动机的控制系统 …… 537
第12章 常用小型发电设备 …… 538
12.1 小型同步发电机 …… 538
12.1.1 小型同步发电机的结构 …… 538
12.1.2 小型同步发电机的工作原理 …… 538
12.1.3 常用小型发电机的技术数据 …… 540
12.1.4 常用小型发电机的使用 …… 542
12.1.5 常用小型发电机的常见故障及其排除方法 …… 543
12.2 柴油发电机组 …… 545
12.2.1 柴油发电机组的组成 …… 545
12.2.2 柴油机的分类 …… 546

12.2.3　柴油发电机功率的标定 … 547
12.2.4　常用柴油发电机组的技术数据 …… 547
12.2.5　柴油发电机组的选择 …… 549
12.2.6　柴油发电机组的起动 …… 551
12.2.7　柴油发电机组的运行 …… 553
12.2.8　柴油发电机组的停机 …… 554
12.2.9　柴油发电机组的保养 …… 555
12.2.10　柴油发电机组的常见故障及其排除方法 …… 557
12.3　小型风力发电设备 …… 558
12.3.1　风力机的分类 …… 558
12.3.2　风力发电机的基本结构与工作原理 …… 559
12.3.3　小型风力发电机的技术数据 …… 561
12.3.4　小型风力发电机安装场地的选择 …… 562
12.3.5　小型风力发电机的安装 … 563
12.3.6　小型风力发电机组的运行与维护 …… 565
12.3.7　小型风力发电机组的常见故障及其排除方法 …… 565
12.4　太阳能光伏发电 …… 566
12.4.1　太阳能光伏发电系统的组成 …… 566
12.4.2　太阳能光伏发电系统的主要类型 …… 566
12.4.3　太阳电池单元、组件和阵列 …… 566
12.4.4　太阳电池阵列电路的构成 …… 567
12.4.5　太阳电池组件的技术参数 …… 568
12.4.6　太阳能光伏发电系统的安装 …… 569
12.4.7　太阳能光伏发电系统的维护 …… 574
第13章　常用电动机控制电路 …… 576
13.1　三相异步电动机基本控制电路 …… 576
13.1.1　三相异步电动机单向起动、停止控制电路 …… 576
13.1.2　电动机的电气联锁控制电路 …… 576
13.1.3　两台三相异步电动机的互锁控制电路 …… 579
13.1.4　三相异步电动机正反转控制电路 …… 579
13.1.5　电动机点动与连续运行控制电路 …… 581
13.1.6　电动机的多地点操作控制电路 …… 583
13.1.7　多台电动机的顺序控制电路 …… 583
13.1.8　行程控制电路 …… 584
13.1.9　自动往复循环控制电路 … 585
13.1.10　无进给切削的自动循环控制电路 …… 586
13.2　三相异步电动机起动、调速与制动 …… 587
13.2.1　三相异步电动机起动控制电路 …… 587
13.2.2　三相异步电动机调速控制电路 …… 594
13.2.3　三相异步电动机制动控制电路 …… 599
13.2.4　常用电力电阻器 …… 601
13.2.5　常用电力电抗器 …… 603
13.3　直流电动机基本控制电路 …… 604
13.3.1　并励直流电动机可逆运行控制电路 …… 604
13.3.2　串励直流电动机可逆运行控制电路 …… 605
13.4　直流电动机起动、调速与制动电路 …… 606
13.4.1　直流电动机起动控制电路 …… 606

13.4.2 直流电动机调速控制电路 …… 608
13.4.3 直流电动机制动控制电路 …… 609
13.5 软起动器的常用控制电路 …… 611
13.5.1 电动机软起动器概述 …… 611
13.5.2 电动机软起动器应用实例 …… 611
13.6 电动机节能技术 …… 613
13.6.1 常用电动机节能电路 …… 613
13.6.2 常用电力电容器 …… 615
13.7 电动机过载保护电路 …… 618
13.7.1 电动机双闸式保护电路 …… 618
13.7.2 采用热继电器作为电动机过载保护的控制电路 …… 618
13.7.3 起动时双路熔断器并联控制电路 …… 619
13.7.4 电动机起动与运转熔断器自动切换控制电路 …… 620
13.7.5 采用电流互感器和热继电器的电动机过载保护电路 …… 621
13.7.6 采用电流互感器和过电流继电器的电动机保护电路 …… 621
13.7.7 采用晶闸管的电动机过电流保护电路 …… 622
13.7.8 三相电动机过电流保护电路 …… 623
13.8 电动机断相保护电路 …… 623
13.8.1 电动机断相（断丝电压）保护电路 …… 623
13.8.2 采用热继电器的断相保护电路 …… 624
13.8.3 电动机断相自动保护电路 …… 624
13.8.4 由电容器组成的零序电压电动机断相保护电路 …… 626
13.8.5 简单的星形联结电动机零序电压断相保护电路 …… 627
13.8.6 采用欠电流继电器的断相保护电路 …… 627
13.8.7 零序电流断相保护电路 …… 628
13.8.8 Y联结电动机断相保护电路 …… 629
13.8.9 △联结电动机零序电压继电器断相保护电路 …… 629
13.8.10 采用中间继电器的断相保护电路 …… 630
13.8.11 实用的三相电动机断相保护电路 …… 630
13.8.12 三相电源断相保护电路 …… 631
13.9 直流电动机失磁、过电流保护电路 …… 632
13.9.1 直流电动机的失磁保护电路 …… 632
13.9.2 直流电动机励磁回路的保护电路 …… 633
13.9.3 直流电动机失磁和过电流保护电路 …… 633
13.10 电动机保护器应用电路 …… 634
13.10.1 电动机保护器典型应用电路 …… 634
13.10.2 电动机保护器配合电流互感器应用电路 …… 635
第14章 变配电工程图的识读 …… 637
14.1 电力系统基本知识 …… 637
14.1.1 电力系统的组成与特点 …… 637
14.1.2 变电所与电力网 …… 638
14.1.3 电力网中的额定电压 …… 640
14.1.4 电力网中性点的接地方式 …… 642
14.1.5 中性点不接地的电力网特点 …… 643
14.1.6 电气接线及设备的分类 …… 644
14.2 一次电路图 …… 645
14.2.1 电气主接线的分类 …… 645
14.2.2 电气主接线图的特点 …… 646
14.2.3 对供电系统主接线的基本

要求 ························ 646
14.2.4 供电系统主接线的基本形式 ························ 647
14.2.5 配电系统主接线的形式 ··· 653
14.2.6 一次电路图的识读 ········ 656
14.2.7 某工厂变电所10/0.4kV电气主接线 ················· 657
14.2.8 某化工厂变配电所的主接线 ······················ 664
14.2.9 某车间变电所的电气主接线 ······················ 667
14.3 二次回路图 ······················ 669
14.3.1 二次回路图概述 ············ 669
14.3.2 二次回路的分类 ············ 670
14.3.3 二次回路图的特点 ········· 670
14.3.4 二次回路原理接线图 ······ 671
14.3.5 二次回路展开接线图 ······ 671
14.3.6 二次回路安装接线图 ······ 673
14.3.7 二次回路端子排图 ········· 673
14.3.8 多位开关触点的状态表示法 ························ 676
14.3.9 二次回路图的识图方法与注意事项 ················· 677
14.3.10 二次回路图的识图要领 ························ 679
14.3.11 硅整流电容储能式直流操作电源系统接线图 ······ 680
14.3.12 采用电磁操作机构的断路器控制和信号回路 ········· 681
14.3.13 6~10kV高压配电线路电气测量仪表电路图 ········· 683
14.3.14 220V/380V低压线路电气测量仪表电路图 ············ 684
14.3.15 6~10kV母线的电压测量和绝缘监视电路图 ······ 684
第15章 低压架空线路与电缆线路 ························ 687
15.1 低压架空线路 ··················· 687
15.1.1 低压架空线路的基本要求 ························ 687
15.1.2 低压架空导线的选择 ······ 687
15.1.3 施工前对器材的检查 ······ 689
15.1.4 电杆的定位 ················· 689
15.1.5 基础施工 ···················· 690
15.1.6 电杆的组装 ················· 693
15.1.7 立杆 ························ 694
15.1.8 拉线的制作与安装 ········· 697
15.1.9 放线、挂线与紧线 ········· 700
15.1.10 导线的连接 ················ 700
15.1.11 导线在绝缘子上的绑扎方法 ························ 704
15.1.12 架空线路的档距与导线弧垂的选择 ················· 704
15.1.13 架空线对地和跨越物的最小距离的规定 ············ 707
15.1.14 低压接户线与进户线 ······ 708
15.1.15 杆上电气设备的安装 ······ 712
15.1.16 架空线路的检查与验收 ··· 713
15.1.17 架空线路的维护 ········· 715
15.2 电缆线路 ························ 716
15.2.1 电缆的基本结构 ············ 716
15.2.2 电缆的检验与储运 ········· 717
15.2.3 展放电缆的注意事项 ······ 717
15.2.4 电缆敷设路径的选择 ······ 718
15.2.5 敷设电缆的要求 ············ 719
15.2.6 常用电缆的敷设方式和适用场合 ························ 719
15.2.7 电缆的直埋敷设 ············ 720
15.2.8 电缆在电缆沟或隧道内的敷设 ························ 721
15.2.9 电缆的排管敷设 ············ 724
15.2.10 电缆的桥架敷设 ········· 725
15.2.11 电缆的穿管保护 ········· 726
15.2.12 电缆在竖井内的布置 ······ 726
15.2.13 电缆支架的安装及电缆在支架上的敷设 ············ 727
15.2.14 电缆中间接头的制作 ······ 728
15.2.15 电缆终端头的制作 ······ 730

15.2.16 电缆线路的检查与验收 …… 730
15.2.17 电缆线路的维护 …… 732
第16章 室内配线工程与常用照明电路 …… 734
16.1 室内配线概述 …… 734
16.1.1 室内配线的基本要求 …… 734
16.1.2 室内配线的施工程序 …… 735
16.2 线槽配线 …… 736
16.2.1 常用线槽的种类 …… 736
16.2.2 金属线槽配线 …… 737
16.2.3 塑料线槽配线 …… 739
16.3 塑料护套线配线 …… 740
16.3.1 塑料护套线配线的一般规定 …… 740
16.3.2 塑料护套线的敷设 …… 741
16.3.3 塑料护套线配线的注意事项 …… 743
16.4 线管配线 …… 744
16.4.1 线管的选择 …… 744
16.4.2 线管加工的方法与步骤 …… 744
16.4.3 线管的连接 …… 745
16.4.4 明管敷设 …… 746
16.4.5 暗管敷设 …… 749
16.4.6 线管的穿线 …… 751
16.4.7 线管配线的注意事项 …… 753
16.5 钢索配线 …… 754
16.5.1 钢索配线的一般要求 …… 754
16.5.2 钢索吊管配线的安装 …… 755
16.5.3 钢索吊塑料护套线配线的安装 …… 756
16.6 绝缘导线的连接 …… 757
16.6.1 导线接头的基本要求 …… 757
16.6.2 单芯铜线的连接 …… 757
16.6.3 多芯铜线的连接 …… 759
16.6.4 单芯铝线的压接 …… 759
16.6.5 不同截面积导线的连接 …… 761
16.6.6 单芯导线与多芯导线的连接 …… 761
16.6.7 多芯铝线与接线端子的连接 …… 761
16.6.8 单芯绝缘导线在接线盒内的连接 …… 762
16.6.9 多芯绝缘导线在接线盒内的连接 …… 763
16.6.10 导线与平压式接线桩的连接 …… 763
16.6.11 导线与针孔式接线桩的连接 …… 764
16.6.12 导线与瓦形接线桩的连接 …… 765
16.6.13 导线连接后绝缘带的包缠 …… 765
16.7 电气照明的基础知识 …… 766
16.7.1 电气照明的方式 …… 766
16.7.2 电气照明的种类 …… 767
16.7.3 电气照明质量的要求 …… 767
16.8 常用电光源与照明电路 …… 768
16.8.1 常用电光源的技术数据 …… 768
16.8.2 常用照明电路 …… 770
16.9 常用电光源的安装与使用 …… 771
16.9.1 LED灯的特点与使用注意事项 …… 771
16.9.2 LED灯泡的安装方法 …… 773
16.9.3 LED吸顶灯的安装与使用 …… 774
16.9.4 LED灯带的安装与使用 …… 775
16.9.5 高压汞灯的安装与使用 …… 776
16.9.6 高压钠灯的安装与使用 …… 777
16.9.7 卤钨灯的安装与使用 …… 777
16.10 常用照明灯具 …… 778
16.10.1 常用照明灯具的分类 …… 778
16.10.2 照明灯具的选择原则 …… 779
16.10.3 照明灯具安装的基本要求 …… 780
16.10.4 照明灯具的布置方式 …… 781
16.10.5 照明灯具的安装作业条件 …… 782

16.10.6　吊灯的安装 …………… 782
16.10.7　吸顶灯的安装 ………… 784
16.10.8　壁灯的安装 …………… 784
16.10.9　应急照明灯的安装 …… 785
16.10.10　建筑物彩灯的安装 …… 786
16.10.11　景观灯的安装 ………… 787
16.11　照明开关 ………………… 789
16.11.1　照明开关的种类与规格 ……………………… 789
16.11.2　照明开关的选择 ……… 790
16.11.3　照明开关安装施工的技术要求 ……………………… 791
16.11.4　照明开关安装位置的确定 ……………………… 791
16.11.5　拉线开关的安装 ……… 793
16.11.6　扳把开关的安装 ……… 794
16.11.7　翘板开关的安装 ……… 795
16.11.8　触摸延时开关和声光控延时开关的特点 ………… 796
16.11.9　触摸延时开关和声光控延时开关的安装 ………… 797
16.11.10　遥控开关的安装 ……… 798
16.12　电源插座 ………………… 798
16.12.1　电源插座的种类 ……… 798
16.12.2　插座的选择 …………… 798
16.12.3　插座安装位置及安装高度的确定 ………………… 800
16.12.4　插座安装的技术要求…… 801
16.12.5　电源插座的接线 ……… 801
16.12.6　插座的安装 …………… 801
16.12.7　安装开关和插座的注意事项 ……………………… 802
16.12.8　快速检查插座接线是否正确的方法 ……………… 803
第17章　可编程控制器（PLC） … 804
17.1　PLC概述 ………………… 804
17.1.1　PLC的定义 …………… 804
17.1.2　PLC的特点 …………… 804
17.1.3　PLC的分类 …………… 805
17.1.4　PLC与继电器控制的区别 ……………………… 805
17.2　PLC的组成及各组成部分的作用 ……………………… 806
17.2.1　PLC的基本组成 ……… 806
17.2.2　PLC各组成部分的作用 … 808
17.3　PLC的工作原理 ………… 810
17.3.1　PLC的工作方式 ……… 810
17.3.2　PLC的扫描工作过程 …… 810
17.3.3　PLC的输入输出方式 …… 811
17.3.4　PLC内部器件的功能 …… 812
17.4　常用PLC的技术数据 …… 814
17.4.1　FX_{2N}系列PLC的性能参数 ……………………… 814
17.4.2　S7－200系列PLC的主要性能参数 ………………… 816
17.5　PLC的编程基础 ………… 817
17.5.1　PLC使用的编程语言 …… 817
17.5.2　梯形图的绘制…………… 818
17.5.3　梯形图与继电器控制图的区别 ……………………… 820
17.5.4　常用助记符 …………… 821
17.5.5　指令语句表及其格式 …… 822
17.5.6　梯形图编程前的准备工作 ……………………… 823
17.5.7　梯形图的等效变换 ……… 823
17.6　PLC常用指令的使用 …… 824
17.6.1　逻辑取指令和输出指令 … 824
17.6.2　单个触点串联指令 ……… 826
17.6.3　单个触点并联指令 ……… 827
17.6.4　串联电路块并联指令和并联电路块串联指令 ………… 828
17.6.5　置位和复位指令 ……… 831
17.6.6　脉冲输出指令…………… 832
17.6.7　空操作指令和程序结束指令 ……………………… 833
17.7　PLC的选用与维护 ……… 835
17.7.1　PLC机型的选择 ……… 835
17.7.2　PLC的安装 …………… 836

17.7.3 PLC 的使用注意事项 …… 837
17.7.4 PLC 的维护 …… 838
17.7.5 CPU 模块的常见故障及其排除方法 …… 839
17.7.6 输入模块的常见故障及其排除方法 …… 840
17.7.7 输出模块的常见故障及其排除方法 …… 840
17.8 三菱 PLC 应用实例 …… 841
17.8.1 PLC 控制电动机正向运转电路 …… 841
17.8.2 PLC 控制电动机正反转运转电路 …… 842
17.8.3 PLC 控制电动机双向限位电路 …… 844
17.9 西门子 PLC 应用实例 …… 847
17.9.1 PLC 控制电动机Y－△减压起动电路 …… 847
17.9.2 PLC 控制电动机单向能耗制动电路 …… 849
17.9.3 PLC 控制电动机反接制动电路 …… 850
17.9.4 喷泉的 PLC 模拟控制 …… 852
第 18 章 变频器 …… 857
18.1 变频器的基础知识 …… 857
18.1.1 典型变频器的构成 …… 857
18.1.2 变频器的分类及特点 …… 859
18.2 变频器的基本结构与工作原理 …… 864
18.2.1 通用变频器的基本结构 …… 864
18.2.2 变频器的工作原理 …… 867
18.3 变频器的额定值和主要技术数据 …… 867
18.3.1 变频器的额定值 …… 867
18.3.2 变频器的主要技术数据 …… 869
18.4 变频调速系统 …… 873
18.4.1 变频调速系统的构成和特点 …… 873
18.4.2 变频调速的基本规律 …… 873
18.4.3 变频调速时电动机的机械特性 …… 875
18.4.4 从基频向下变频调速 …… 876
18.4.5 从基频向上变频调速 …… 877
18.5 变频器的选择 …… 878
18.5.1 概述 …… 878
18.5.2 变频器类型的选择 …… 879
18.5.3 变频器防护等级的选择 …… 880
18.5.4 变频器容量的选择 …… 880
18.5.5 通用变频器用于特种电动机时应注意的问题 …… 882
18.5.6 变频调速系统电动机功率的选择 …… 883
18.6 变频器的使用 …… 884
18.6.1 变频器安装区域的划分 …… 884
18.6.2 变频器的安装方法 …… 885
18.6.3 变频器的安装注意事项 …… 887
18.6.4 变频器通电前的检查 …… 888
18.6.5 系统功能的设定 …… 890
18.6.6 某些特殊功能的设定 …… 891
18.6.7 变频器的使用注意事项 …… 893
18.6.8 变频器的操作注意事项 …… 893
18.6.9 变频器的空载试运行 …… 894
18.6.10 变频器的带负载试运行 …… 894
18.7 变频器的维护与保养 …… 895
18.7.1 变频器的日常检查和定期检查 …… 895
18.7.2 变频器的基本测量 …… 896
18.7.3 变频器的保养 …… 897
18.8 变频器与变频调速系统的常见故障及其排除方法 …… 900
18.8.1 变频器的常见故障及其排除方法 …… 900
18.8.2 变频调速系统的常见故障及其排除方法 …… 901
18.9 变频器的基本控制电路与应用实例 …… 901
18.9.1 变频器正转控制电路 …… 902

18.9.2　变频器正反转控制电路 …… 904
18.9.3　用继电器-接触器控制的工频与变频切换电路 …… 906
18.9.4　用PLC控制的工频与变频切换电路 …… 908
18.9.5　用PLC控制变频器的输出频率和电动机的旋转方向 …… 911
18.9.6　变频器在恒压供水系统中的应用 …… 912
第19章　机床控制电路的使用与维修 …… 918
19.1　电气控制电路的调试方法 …… 918
19.1.1　通电调试前的检查和准备 …… 918
19.1.2　保护定值的整定 …… 919
19.1.3　通电试车的方法步骤 …… 919
19.2　电气控制电路故障的诊断方法 …… 920
19.2.1　感官诊断法 …… 921
19.2.2　电压测量法 …… 922
19.2.3　电阻测量法 …… 924
19.2.4　短接法 …… 925
19.2.5　强迫闭合法 …… 927
19.2.6　其他检查法 …… 928
19.3　机床电气控制电路安装调试与常见故障检修实例 …… 929
19.3.1　C620-1型车床电气控制电路 …… 929
19.3.2　M7120型平面磨床电气控制电路 …… 932
19.3.3　Z3040型摇臂钻床电气控制电路 …… 934
第20章　电梯 …… 938
20.1　电梯概述 …… 938
20.1.1　电梯常用的种类 …… 938
20.1.2　电梯的组成 …… 938
20.1.3　电梯的主要系统及其功能 …… 938
20.1.4　电梯的工作原理 …… 938
20.2　电梯的安装 …… 941
20.2.1　曳引机的安装 …… 941
20.2.2　电梯主要电器部件和装置的安装 …… 943
20.3　电梯的调试与运行 …… 950
20.3.1　电梯调试前的准备工作 …… 950
20.3.2　电梯调试前的检查 …… 950
20.3.3　制动器的调整 …… 951
20.3.4　不挂曳引绳的通电试验步骤 …… 951
20.3.5　电梯通电试运行 …… 952
20.4　电梯的维护与保养 …… 953
20.4.1　制动器 …… 953
20.4.2　减速器 …… 955
20.4.3　联轴器 …… 955
20.4.4　曳引钢丝绳 …… 956
20.4.5　轿厢 …… 958
20.4.6　电梯门系统 …… 959
20.4.7　导向系统 …… 961
20.4.8　重量平衡系统 …… 962
20.4.9　电梯安全保护系统 …… 962
20.4.10　电梯常用电器的维护与保养 …… 966
20.5　电梯的常见故障及其排除方法 …… 966
20.5.1　制动器的常见故障及其排除方法 …… 966
20.5.2　减速器的常见故障及其排除方法 …… 967
20.5.3　自动门机构的常见故障及其排除方法 …… 968
20.5.4　电梯运行中的常见故障及其排除方法 …… 969
20.6　电梯的安全使用与管理 …… 971
20.6.1　电梯的正确使用 …… 971
20.6.2　电梯安全管理规定 …… 972
20.6.3　电梯安全操作规程 …… 972
20.6.4　电梯困人救援规程 …… 973
20.6.5　电梯维修保养安全操作

规程 ······················· 973
20.6.6 电梯机房管理规定 ········ 974
20.7 电梯常用控制电路 ············· 974
20.7.1 电梯的自动门开关控制电路 ······················· 974
20.7.2 电梯的内、外呼梯控制电路 ······················· 975
20.7.3 轿厢内选层控制梯形图 ··· 978
20.7.4 厅召唤控制梯形图 ········ 980

第21章 蓄电池与不间断供电电源 ···························· 982

21.1 蓄电池 ···························· 982
21.1.1 蓄电池的基本概念 ········ 982
21.1.2 蓄电池的基本结构与工作原理 ······················· 982
21.1.3 蓄电池的使用··············· 985
21.1.4 蓄电池的维护··············· 989
21.2 锂离子电池 ······················· 991
21.2.1 锂电池概述 ················· 991
21.2.2 锂离子电池的基本结构与工作原理 ················· 992
21.2.3 锂离子电池的使用 ········ 994
21.2.4 锂离子电池的保养 ········ 996
21.2.5 聚合物锂离子电池 ········ 996
21.3 不间断供电电源 ················ 997
21.3.1 UPS的基本类型 ··········· 997
21.3.2 UPS的基本结构与工作原理 ······················· 998
21.3.3 UPS的选择 ··············· 1000
21.3.4 UPS的使用 ··············· 1001
21.3.5 UPS的检查与维护 ······ 1002

第22章 建筑物防雷与安全用电 ·························· 1004

22.1 建筑物防雷 ······················ 1004
22.1.1 防雷的基础知识 ········ 1004
22.1.2 常用防雷装置的种类和作用························ 1005
22.1.3 防雷装置的安装 ········ 1007
22.1.4 防雷设施的维护 ········ 1009
22.2 接地装置 ························· 1009
22.2.1 接地装置的组成 ········ 1009
22.2.2 接地体的种类和特点······ 1009
22.2.3 接地电阻 ·················· 1010
22.2.4 垂直接地体的安装 ······ 1011
22.2.5 水平接地体的安装 ······ 1011
22.2.6 接地线的安装注意事项························ 1013
22.2.7 接地装置的选择与安装注意事项 ················ 1013
22.2.8 接地装置的检查和测量周期························ 1014
22.2.9 接地装置的维护与检查························ 1014
22.3 安全用电 ························· 1015
22.3.1 电流对人体伤害的形式························ 1015
22.3.2 触电的类型和特点 ······ 1016
22.3.3 触电的形式 ··············· 1017
22.3.4 安全电流与安全电压······ 1018
22.3.5 安全用电的措施 ········ 1021
22.3.6 触电急救概述 ··········· 1023
22.3.7 触电的救护方法 ········ 1025

参考文献 ································ 1027

第 1 章　电工基础知识和电工基本计算

1.1　直流电路

1.1.1　直流电路常用物理量及计算公式

1. 电路的组成

由电源、负载、导线和开关等组成的闭合回路是电流所经之路，称为电路，例如，在日常生活中，把一个灯泡通过开关、导线和电池连接起来，就组成了一个照明电路，如图 1-1 所示，当合上开关，电路中就有电流通过，灯泡就会亮起来。

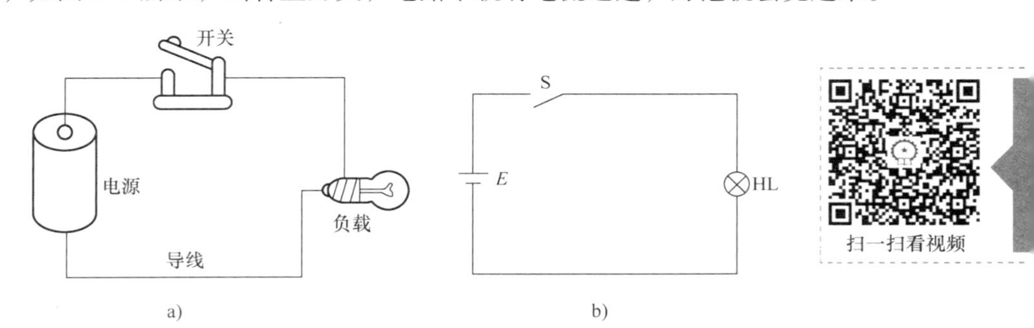

图 1-1　电路与电路图

a）实物接线图　b）电路图

电路一般由以下四部分组成：

（1）电源

电源是提供电能的装置，其作用是将其他形式的能量转换为电能，如发电机、蓄电池、光电池等都是电源。

（2）负载

负载是消耗电能的电器或设备，其作用是将电能转换为其他形式的能量，如电灯、电炉、电动机等都是负载。

（3）导线

连接电源与负载的金属线称为导线。导线用于将电路的各种元件、各个部分连接起来，形成完整的电路。导线通过一定的电流，以实现电能或电信号的传输与分配。

（4）开关

开关是控制电路接通和断开的装置。

需要注意的是在电路中，根据需要还装配有其他辅助设备，如测量仪表用来测量电路中的电量；熔断器用来执行保护任务等。

电路的工作状态有三种：通路、断路（开路）和短路。

2. 电流

（1）电流的形成

在正常状况下，原子核所带的正电荷数等于核外电子所带的负电荷数，所以原子是中性的，不显电性，物质也不显带电的性能。当给予一定外加条件（如接上电源）时，金属中的电子就被迫发生有规则运动。**电荷有规则地定向移动称为电流。**在金属导体中，电流是电子在外电场作用下有规则地运动形成的。**电流不仅有大小，而且有方向，习惯上规定正电荷移动的方向为电流的方向。**

（2）电流的大小

为了比较准确地衡量某一时刻电流的大小或强弱，引入了电流这个物理量，符号为 I。**电流的大小等于通过导体横截面的电荷量与通过这些电荷量所用时间的比值。**如果在时间 t 内通过导体横截面的电荷量为 q，那么电流 I 为

$$I = \frac{q}{t}$$

式中，电流 I 的单位是安培，简称安，用字母 A 表示；电量 q 的单位是库仑，简称库，用字母 C 表示；时间 t 的单位为秒，用字母 s 表示。

如果在 1 秒（1s）内通过导体横截面的电量为 1 库仑（1C），则导体中的电流就是 1 安培（1A）。除安培外，常用的电流单位还有千安（kA）、毫安（mA）和微安（μA）等，其换算关系如下：

$$1\text{kA} = 10^3\text{A}$$

$$1\text{A} = 10^3\text{mA}$$

$$1\text{mA} = 10^3\mu\text{A}$$

3. 电压

电压又称电位差，是衡量电场力做功的物理量。

水要有水位差才能流动，与此相似，要使电荷有规则地移动，必须在电路两端有一个电位差，也称为电压。电压用符号 U 表示（直流电压用大写字母 U 表示，交流电压用小写字母 u 表示）。

电压的单位是伏特，简称伏，用字母 V 表示，例如干电池两端电压一般是 1.5V，电灯电压为 220V 等。有时也会采用比伏更大或更小的单位，如千伏（kV）、毫伏（mV）、微伏（μV）等。这些单位之间的换算关系如下：

$$1\text{kV} = 10^3\text{V}$$

$$1\text{V} = 10^3\text{mV}$$

$$1\text{mV} = 10^3\mu\text{V}$$

电压和电流一样，不仅有大小，而且有方向，即有正负。对于负载来说，规定

电流流进端为电压的正端，电流流出端为电压的负端。电压的方向由正指向负。

电压的方向在电路图中有两种表示方法，一种用箭头表示，如图 1-2a 所示；另一种用极性符号表示，如图 1-2b 所示。

在正常工作时，对于电阻负载来说，没有电流就没有电压，有电压一定有电流。电阻两端的电压被称为电压降。

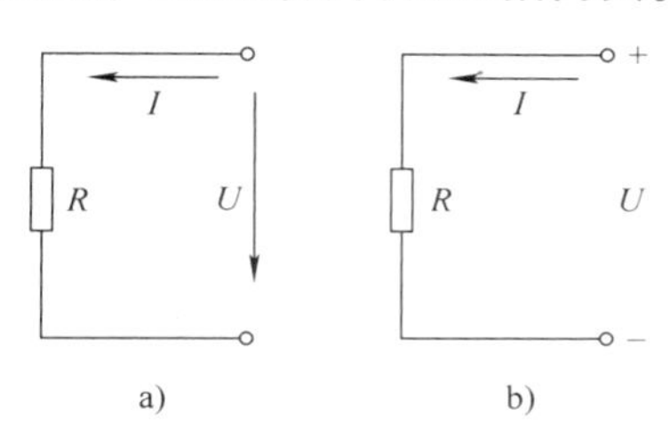

图 1-2　电压的方向

a）用箭头表示　b）用极性符号表示

4. 电动势

电动势是衡量电源将非电量转换成电量本领的物理量。电动势的定义为：在电源内部，外力将单位正电荷从电源的负极移动到电源的正极所做的功。

一个电源（例如发电机、电池等）能够使电流持续不断地沿电路流动，就是因为它能使电路两端维持一定的电位差，这种使电路两端产生和维持电位差的能力就叫作电源的电动势。电动势常用符号 E 表示（直流电动势用大写字母 E 表示；交流电动势用小写字母 e 表示）。

电动势的单位与电压相同，也是伏特（V）。**电动势的方向规定是：在电源内部由负极指向正极。**直流电动势的两种图形符号如图 1-3 所示。

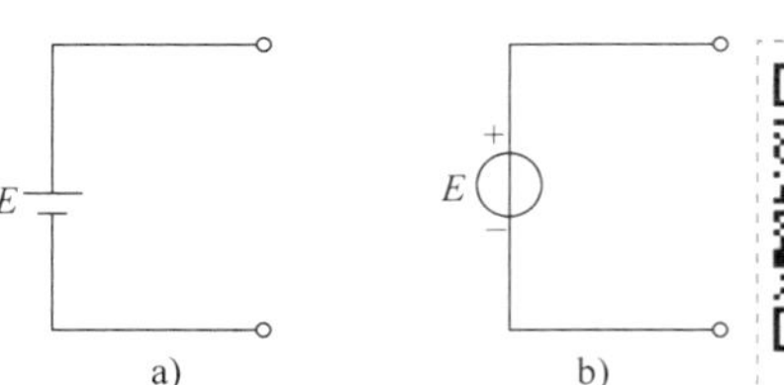

图 1-3　直流电动势的两种图形符号

a）第一种图形符号　b）第二种图形符号

扫一扫看视频

对于一个电源来说，既有电动势，又有端电压，电动势只存在于电源内部，而端电压则是电源加在外电路两端的电压，其方向由正极指向负极。一般情况下，电源的端电压总是低于电源内部的电动势，只有当电源开路时，电源的端电压才与电源的电动势相等。

5. 电阻与电导

（1）电阻

电流在导体中通过时所受到的阻力称为电阻。电阻是反映导体对电流起阻碍作用大小的一个物理量。不但金属导体有电阻，其他物体也有电阻。

电阻常用字母 R 或 r 表示，其单位是欧姆，简称欧，用字母 Ω 表示。若导体两端所加的电压为 1V，导体内通过的电流是 1A，这段导体的电阻就是 1Ω。

扫一扫看视频

除欧姆外，常用的电阻单位还有千欧（kΩ）、兆欧（MΩ），它们之间的换算关系如下：

$$1\text{k}\Omega = 10^3\Omega$$

$$1\text{M}\Omega = 10^3\text{k}\Omega = 10^6\Omega$$

（2）电阻定律

导体的电阻是客观存在的，它不随导体两端电压大小而变化。即使没有电压，导体仍然有电阻。实验证明，导体的电阻 R 与导体的长度 l 成正比，与导体的横截面积 A 成反比，并与导体的材料性质有关，即

$$R=\rho\frac{l}{A}$$

上式称为电阻定律。式中的 ρ 是与导体材料性质有关的物理量，称为导体的电阻率或电阻系数。

（3）电导

电阻的倒数称为电导。电导用符号 G 表示，即：

$$G=\frac{1}{R}$$

电导的单位是西门子，简称西，用字母 S 表示。**导体的电阻越小，电导就越大。电导大表示导体的导电性能好。**

各种材料的导电性能有很大的差别。在电工技术中，各种材料按照它们的导电能力，一般可分为导体、绝缘体、半导体和超导体。

1.1.2 欧姆定律

1. 部分电路欧姆定律

欧姆定律是用来说明电压、电流、电阻三者之间关系的定律，是电路分析的基本定律之一，实际应用非常广泛。

部分电路欧姆定律的内容是：在某一段不含电源的电路（又称部分电路）中，流过该段电路的电流与该电路两端的电压成正比，与这段电路的电阻成反比，如图 1-4所示，其数学表达式为

$$I=\frac{U}{R}$$

式中 I——流过电路的电流（A）；

U——电路两端电压（V）；

R——电路中的电阻（Ω）。

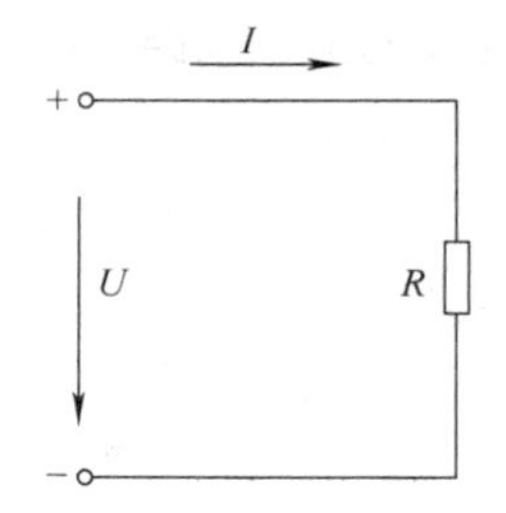

图 1-4　部分电路

上式还可以改写成 $U=IR$ 和 $R=\frac{U}{I}$ 两种形式。这样就可以很方便地从已知的两个量求出另一个未知量。

2. 全电路欧姆定律

全电路是指含有电源的闭合电路，如图 1-5 所示。

由图 1-5 可以看出，全电路是由内电路和外电路组成的闭合电路的整体。图 1-5中的虚线框代表一个实际电源的内部电路，称为内电路。电源内部一般都是有电阻的，这个电阻称为电源的内电阻（内阻），一般用字母 r（或 R_0）表示。为

了看起来方便，通常在电路图中把内电阻 r 单独画出。事实上，内电阻 r 在电源内部，与电动势 E 是分不开的。因此，内电阻也可以不单独画出，而在电源符号的旁边注明内电阻的数值即可。

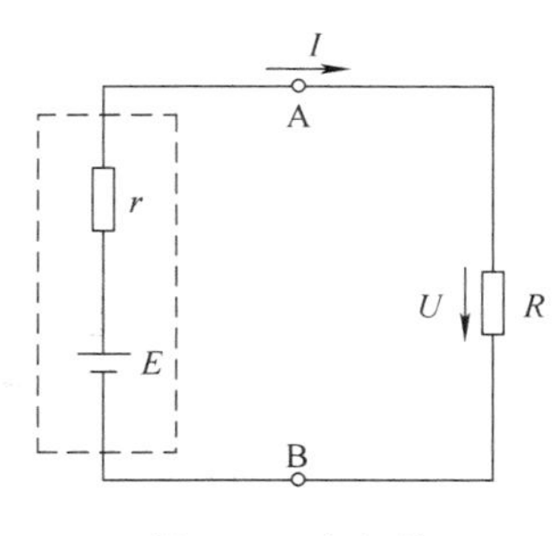

图1-5 全电路

全电路欧姆定律是用来说明当温度不变时，一个含有电源的闭合回路中电动势、电流、电阻之间的关系的基本定律。

全电路欧姆定律的内容是：在全电路中，电流与电源的电动势成正比，与整个电路的内、外电阻之和成反比，其数学表达式为

$$I=\frac{E}{R+r}$$

式中 E——电源的电动势（V）；

R——外电路（负载）的电阻（Ω）；

r——内电路（电源）的电阻（Ω）；

I——电路中的电流（A）。

1.1.3 电阻的串联与并联

1. 电阻的串联

将两个或两个以上的电阻器，一个接一个地依次连接起来，组成无分支的电路，使电流只有一条通道的连接方式叫作电阻的串联。如图1-6a所示为由三个电阻构成的串联电路。

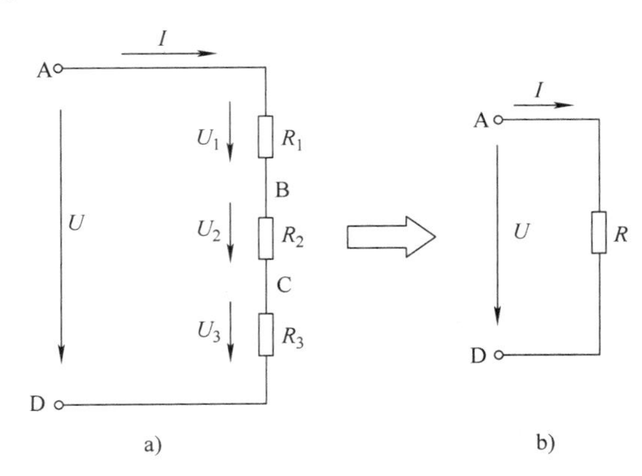

图1-6 电阻的串联及其等效电路

a）串联电路 b）串联电路的等效电路

（1）串联电路的基本特点

1）**串联电路中流过每个电阻的电流都相等**，即

$$I=I_1=I_2=I_3=\cdots=I_n$$

2）**串联电路两端的总电压等于各电阻两端的电压**（即各电阻上的电压降）**之和**，即

$$U = U_1 + U_2 + U_3 + \cdots + U_n$$

（2）串联电路的总电阻

在分析串联电路时，为了方便起见，常用一个电阻来表示几个串联电阻，这个电阻称为串联电路的总电阻（又称等效电阻），如图 1-6b 所示。

用 R 代表串联电路的总电阻，I 代表串联电路的电流，在图 1-6 中，总电阻应该等于总电压 U 除以电流 I，即

$$R = \frac{U}{I} = \frac{U_1 + U_2 + U_3}{I} = \frac{IR_1 + IR_2 + IR_3}{I} = R_1 + R_2 + R_3$$

也就是说，串联电路的总电阻等于各个电阻之和。同理，可以推导出

$$R = R_1 + R_2 + R_3 + \cdots + R_n$$

2. 电阻的并联

把两个或两个以上的电阻并列连接在两点之间，使每一个电阻两端都承受同一电压的连接方式叫作电阻的并联。图 1-7a 所示电路是由三个电阻构成的并联电路。

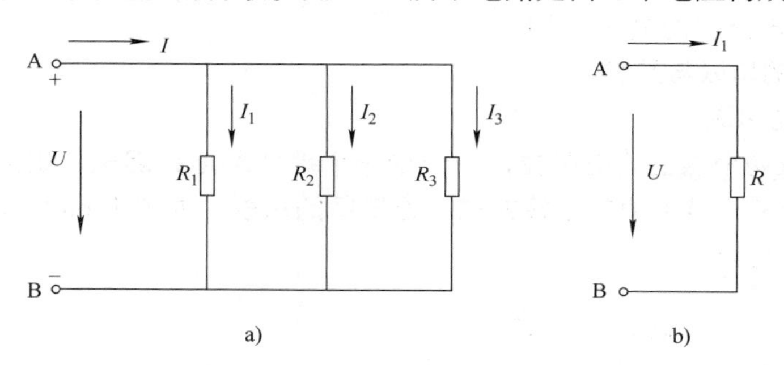

图 1-7　电阻的并联及其等效电路

a）并联电路　b）并联电路的等效电路

（1）并联电路的基本特点

1）**并联电路中，各电阻**（或各支路）**两端的电压相等，并且等于电路两端的电压**，即

$$U = U_1 = U_2 = U_3 = \cdots = U_n$$

2）**并联电路中的总电流等于各电阻**（或各支路）**中的电流之和**，即

$$I = I_1 + I_2 + I_3 + \cdots + I_n$$

（2）并联电路的总电阻

在分析并联电路时，为了方便起见，常用一个电阻来表示几个并联电阻，这个电阻称为并联电路的总电阻（又称等效电阻），如图 1-7b 所示。

用 R 代表并联电路的总电阻，U 代表并联电路各支路两端的电压，在图 1-7 中，根据欧姆定律可得

$$I = \frac{U}{R},\ I_1 = \frac{U}{R_1},\ I_2 = \frac{U}{R_2},\ I_3 = \frac{U}{R_3}$$

因为

$$I = I_1 + I_2 + I_3$$

即

$$\frac{U}{R} = \frac{U}{R_1} + \frac{U}{R_2} + \frac{U}{R_3}$$

所以

$$\frac{1}{R} = \frac{1}{R_1} + \frac{1}{R_2} + \frac{1}{R_3} + \cdots + \frac{1}{R_n}$$

1）当只有两个电阻并联时，可得

$$R = R_1 /\!/ R_2 = \frac{R_1 R_2}{R_1 + R_2}$$

上式中的“//”是并联符号。

2）若并联的 n 个电阻值都是 R_0，则

$$R = \frac{R_0}{n}$$

可见，并联电路的总电阻比任何一个并联电阻的阻值都小。

1.1.4　基尔霍夫第一定律

1. 电路的基本术语

（1）支路

电路中的每一个分支称为支路，它由一个或几个相互串联的电路元件所构成。在同一支路内，流过所有元件的电流相等。在图1-8中有三条支路，即bafe、be、bcde。其中，**含有电源的支路称为有源支路，不含电源的支路称为无源支路。**

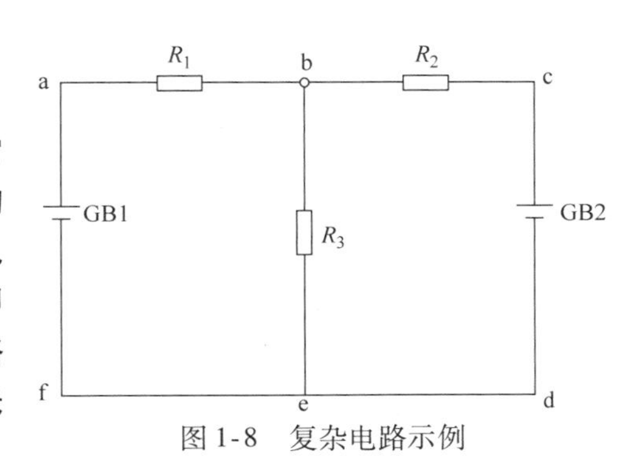

图1-8　复杂电路示例

（2）节点

三条或三条以上支路的连接点称为节点。在图1-8中，b点和e点都是节点。

（3）回路

电路中任意一个闭合路径称为回路。在图1-8中，abefa、bcdeb、abcdefa都是回路。

（4）网孔

内部不含多余支路的单孔回路称为网孔。在图1-8中，只有abefa、bcdeb回路是网孔。

2. 基尔霍夫第一定律的内容

基尔霍夫第一定律又称为基尔霍夫电流定律（KCL）或节点电流定律。此定律说明了连接在同一个节点上的几条支路中电流之间的关系，其内容是：**对电路中的任意一个节点，在任一时刻流入节点的电流之和恒等于流出该节点的电流之和**，即

$$\sum I_{入} = \sum I_{出}$$

例如，对于图 1-9 中的节点 A，有 6 条支路会聚于该点，其中，I_1和 I_4是流入节点的，I_2、I_3、I_5和 I_6是流出节点的，于是可得

$$I_1 + I_4 = I_2 + I_3 + I_5 + I_6$$

或

$$I_1 + I_4 - I_2 - I_3 - I_5 - I_6 = 0$$

基尔霍夫第一定律也可以表达为：设流入节点的电流为正，流出节点的电流为负，则电路中任何一个节点在任意时刻全部电流的代数和恒等于零，即

$$\sum I = 0$$

基尔霍夫第一定律不仅适用于节点，也可以推广应用于任意假定的封闭面。如图 1-10 所示的电路，假定一个封闭面 S 把电阻 $R_1 \sim R_5$构成的电路全部包围起来，则流进封闭面 S 的电流应等于从封闭面 S 流出的电流，故得

$$I_1 = I_2$$

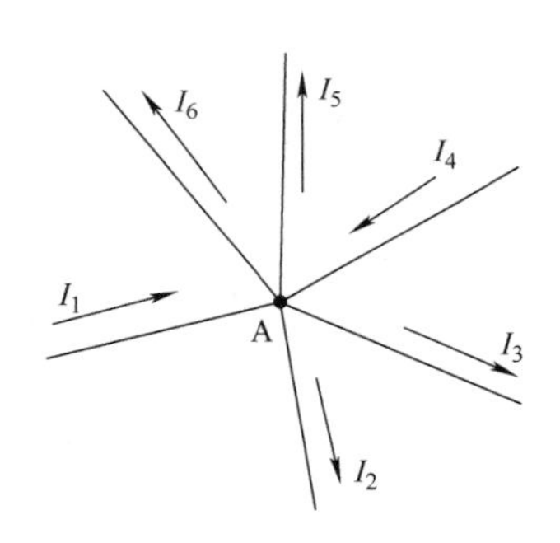

图 1-9　节点电流

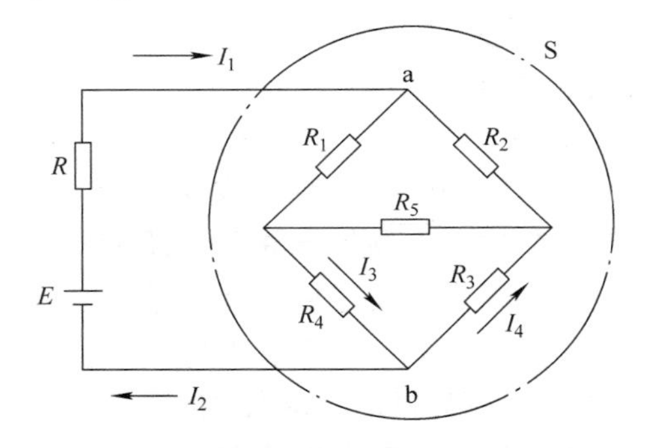

图 1-10　流入与流出封闭面的电流相等

这说明电路中的任何一处的电流都是连续的，在节点上不会有电荷积累，更不会自然生成。

应该指出，在分析与计算复杂电路时，往往事先不知道每一支路中电流的实际方向，这时可以任意假定各个支路中电流的方向（称为参考方向），并且标在电路图上。然后根据参考方向进行分析计算，若计算结果中某一支路的电流为正值，表明该支路电流实际方向与参考方向相同；如果某一支路的电流为负值，表明该支路电流实际方向与参考方向相反。

1.1.5　基尔霍夫第二定律

基尔霍夫第二定律也称基尔霍夫电压定律（KVL）或回路电压定律。此定律

说明了在同一个闭合回路中各部分电压之间的相互关系。其内容是：**在任意一个闭合回路中，在任一时刻，沿回路绕行方向的各段电压的代数和等于零**，即

$$\sum U = 0$$

根据基尔霍夫第二定律可以列写出任何一个回路的电压方程。在列写回路电压方程之前，除了要指定各支路电流的参考方向之外，还必须选定回路绕行方向。回路绕行方向可任意选定，通常选为顺时针方向。

沿回路绕行方向列写回路电压方程时，凡电压方向与回路绕行方向一致的，该电压取正号；凡电压方向与回路绕行方向相反的，该电压取负号，例如，在图1-11中，沿图中虚线所示绕行方向，各部分电压分别为

$$U_{ab} = I_1R_1$$
$$U_{bc} = E_1$$
$$U_{cd} = I_2R_2$$
$$U_{de} = -E_3$$
$$U_{ef} = -I_3R_3$$
$$U_{fa} = -I_4R_4$$

图1-11　闭合电路

沿整个闭合回路的电压方程应为

$$U_{ab} + U_{bc} + U_{cd} + U_{de} + U_{ef} + U_{fa} = 0$$

即

$$I_1R_1 + E_1 + I_2R_2 - E_3 - I_3R_3 - I_4R_4 = 0$$

将上式中的电动势移到等号右端得

$$I_1R_1 + I_2R_2 - I_3R_3 - I_4R_4 = -E_1 + E_3$$

上式表明，对于电路中任意一个闭合回路，在任一时刻，沿闭合回路各个电阻上电压的代数和恒等于各个电动势的代数和。这是基尔霍夫第二定律的另一种表达形式，即

$$\sum IR = \sum E$$

应用基尔霍夫第二定律列写回路电压方程时，通常采用上述表达形式，其方法

步骤如下：

1）假设各支路电流的参考方向。

2）选定回路绕行方向。

3）将闭合回路中全部电阻上的电压 IR 写在等号的左边，若通过电阻的电流方向与绕行方向一致，则该电阻上的电压取正号，反之取负号。

4）将闭合回路中全部电动势写在等号的右边，若电动势的方向（由负极指向正极）与绕行方向一致，则该电动势取正号，反之取负号。

1.1.6 电池组

一个电池所能提供的电压不会超过它的电动势，其输出的电流也有一个最大限度，超出了这个限度，电池就会损坏。但是在实际应用中，有时需要较高的电压或者较大的电流，这是就需要根据具体要求将几个相同的电池串联或并联在一起使用，连在一起使用的几个电池就称为电池组。

1. 电池的串联

把第一个电池的负极与第二个电池的正极相连接，再把第二个电池的负极与第三个电池的正极相连接，像这样依次将几个电池连接起来，就组成了串联电池组。第一个电池的正极就是电池组的正极，最后一个电池的负极就是电池组的负极。

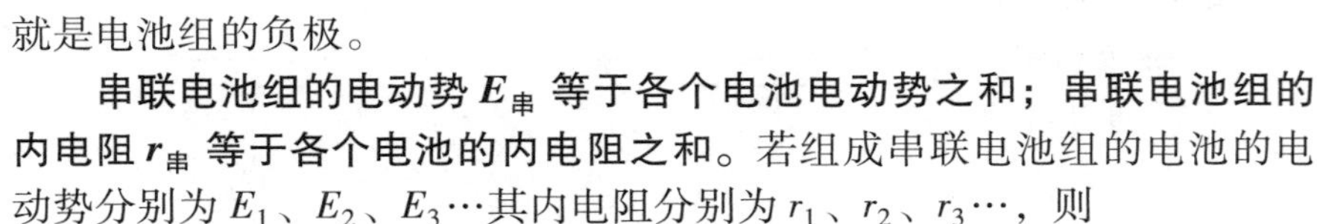

扫一扫看视频

串联电池组的电动势 $E_{串}$ 等于各个电池电动势之和；串联电池组的内电阻 $r_{串}$ 等于各个电池的内电阻之和。若组成串联电池组的电池的电动势分别为 E_1、E_2、E_3…其内电阻分别为 r_1、r_2、r_3…，则

$$E_{串} = E_1 + E_2 + E_3 + \cdots$$

$$r_{串} = r_1 + r_2 + r_3 + \cdots$$

由于串联电池组的电动势比单个电池的电动势高，所以，当用电器的额定电压高于单个电池的电动势时，可以采用串联电池组供电，但是这时全部电流都要通过每个电池，所以用电器的额定电流必须小于单个电池允许通过的最大电流。

2. 电池的并联

电池也可以并联使用，组成并联电池组。但是只有电动势相同的电池才可以并联。

把电动势相同的电池的正极和正极相连接，负极和负极相连接，就可组成并联电池组。并联在一起的正极是电池组的正极，并联在一起的负极是电池组的负极。

扫一扫看视频

由 n 个电动势和内电阻都相同的电池组成的并联电池组的电动势 $E_{并}$ 等于一个电池的电动势 E，并联电池组的内电阻 $r_{并}$ 等于一个电池的内电阻 r 的 $\frac{1}{n}$。若组成并联电池组的电池的电动势都是 E，其内电阻都是 r，则

$$E_{并} = E$$

$$r_{并} = \frac{r}{n}$$

并联电池组的电动势虽然不高于单个电池的电动势，但是并联电池组允许通过的电流是单个电池允许通过的最大电流的 n 倍。因此，当用电器的额定电流比单个电池允许通过的最大电流大时，可以采用并联电池组供电，但是用电器的额定电压必须等于单个电池的电动势。

1.2　磁场与电磁感应

1.2.1　电流产生的磁场

1. 磁极

在一个磁体上，一般总可以发现两个端点的磁性表现特别显著，这两点称为磁极。

把一个条形或针形磁体悬挂起来，使它能在水平面里自由转动，就可以观察到：当它在静止时，总是一个磁极指北，另一个磁极指南（接近于地球的南北方向）。这说明磁体的两个磁极具有不同的磁性。称指北的一个磁极为北极，用 N 表示；指南的一个磁极为南极，用 S 表示。

与电荷间的相互作用力相似，**磁极间也有相互作用力，即同性磁极互相排斥，异性磁极互相吸引。**

2. 磁场和磁力线

人们通过长期的探索和研究，发现当两个互不接触的磁体靠近时，它们之间之所以会发生相斥或相吸，是因为**在磁体周围存在着一个作用力的空间，这一作用力的空间称为磁场。**

磁体周围的磁场可以用磁力线（又称磁感应线）**来形象描述。磁力线的方向就是磁场的方向**，可用小磁针在各点测知。用磁力线来描述磁场时，磁力线具有以下特点：

1）磁力线在磁体外部总是由 N 极指向 S 极，而在磁体内部则是由 S 极指向 N 极，磁力线出入磁体总是垂直的。

2）磁力线的疏密程度反映了磁场的强弱。

3）磁力线是一些互不相交的闭合曲线。

4）磁力线均匀分布而又相互平行的区域称为均匀磁场；反之则称为非均匀磁场。

扫一扫看视频

3. 通电直导线周围的磁场

用一根长直导体垂直穿过水平玻璃板或硬纸板。在板上撒一些铁屑，使电流通过这个垂直导体，并用手指轻敲玻璃板，振动板上的铁屑，这时铁屑在电流磁场的作用下排成磁力线的形状，如图 1-12a 所示。再将小磁针放在玻璃板上，可以确定磁力线的方向。如果改变电流的方向，则磁力线的方向也随之改变。

通电直导线产生的磁力线方向与电流方向之间的关系可用右手螺旋定则来说明，如图 1-12b 所示。**用右手握住通电直导线，并把拇指伸出，让拇指指向电流方**

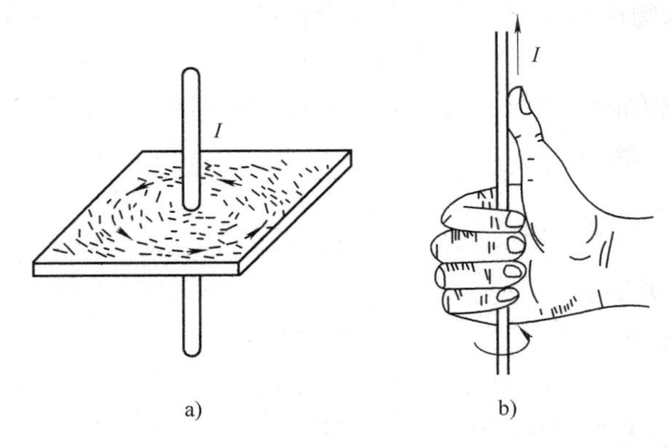

图 1-12　通电直导线产生的磁场

a）磁力线形状　b）右手螺旋定则

向，则四指环绕的方向就是磁力线的方向。

4. 通电螺线管的磁场

如果把导线制成螺线管，通电后磁力线的分布情况如图 1-13a 所示。在螺线管内部的磁力线绝大部分是与管轴平行的，而在螺线管外面就逐渐变成散开的曲线。每一根磁力线都是穿过螺线管内部，再由外部绕回的闭合曲线。

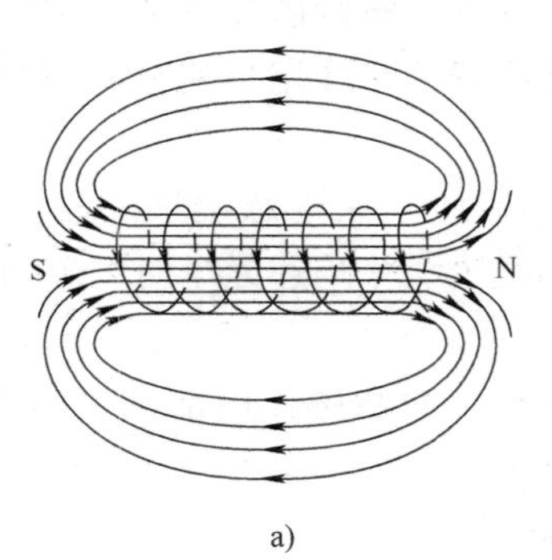

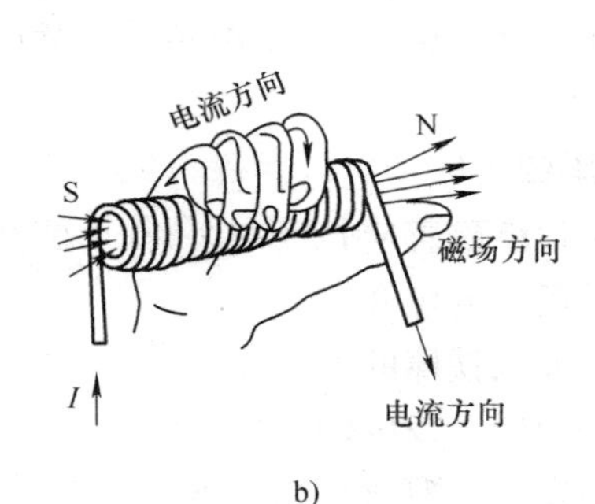

图 1-13　通电螺线管产生的磁场

a）通电后磁力线的分布情况　b）右手螺旋定则

将通电螺线管作为一个整体来看，管外的磁力线从一端发出，到另一端回进，其表现出来的磁性类似一个条形磁体，一端相当于 N 极，另一端相当于 S 极。如果改变电流的方向，它的 N 极、S 极也随之改变。

通电螺线管产生的磁力线方向与电流方向之间的关系也可用右手螺旋定则来说明，如图 1-13b 所示。**用右手握住螺线管，使弯曲的四指指着电流的方向，则伸直的拇指所指的方向就是螺线管内部磁力线的方向**。也就是说，拇指所指的是螺线管的 N 极。

1.2.2　磁场的基本物理量及计算公式

1. 磁通

磁场在空间的分布情况可以用磁力线的多少和疏密程度来形象描述，但它只能定性分析。磁通这一物理量的引入可用来定量地描述磁场在一定面积上的分布情况。

通过与磁场方向垂直的某一面积上的磁力线的总数称为通过该面积的磁通量，简称磁通，用字母 Φ 表示。磁通的单位是韦伯，简称韦，用字母 Wb 表示。当面积一定时，通过该面积的磁通越大，则磁场就越强。

2. 磁感应强度

磁感应强度（又称磁通密度）**是用来表示磁场中各点强弱和方向的物理量**。磁感应强度用字母 B 表示。磁感应强度的单位是特斯拉，简称特，用字母 T 表示。

在均匀磁场中，磁感应强度可表示为

$$B = \frac{\Phi}{A} \tag{1-1}$$

式中　B——磁感应强度（T）；

Φ——磁通量（Wb）；

A——与磁感应强度方向垂直的某一截面积（m^2）。

式（1-1）表明磁感应强度 B 等于单位面积的磁通量，所以，有时磁感应强度也称为磁通密度。**磁感应强度是一个矢量，其方向为该磁场中的小磁针的 N 极所指的方向。**

3. 磁导率

磁场中各点磁感应强度 B 的大小不仅与电流的大小以及通电导体的形状有关，而且还与磁场中的媒介质的性质有关，这一点可以通过下面的实验来验证。

用一个插入铁棒的通电线圈去吸引铁钉，然后把通电线圈中的铁棒换成铜棒再去吸引铁钉，便会发现两种情况下的吸引力大小明显不同，前者比后者大得多。这表明不同的媒介质对磁场的影响是不同的，影响的程度与媒介质的导磁性质有关。

磁导率（又称导磁系数）**就是一个用来表示媒介质导磁性能的物理量，不同的媒介质有不同的磁导率。**

磁导率用希腊字母 μ 表示，其单位为亨/米，用 H/m 表示。

由实验测得，真空中的磁导率是一个常数，用 μ_0 表示，$\mu_0 = 4\pi \times 10^{-7}$ H/m。**一般把任一媒介质的磁导率与真空中磁导率的比值称为相对磁导率** μ_r，即

$$\mu_r = \frac{\mu}{\mu_0} \tag{1-2}$$

式中　μ_r——相对磁导率，它是一个无量纲的量；

μ——任一媒介质的磁导率（H/m）；

μ_0——真空磁导率（H/m）。

相对磁导率只是一个比值，它表示其他条件相同的情况下，媒介质中的磁导率相对真空磁导率的倍数。

根据物质相对磁导率μ_r的不同，可把物质分成三类。一类叫顺磁物质，其μ_r稍大于1；另一类叫反磁物质，其μ_r稍小于1。顺磁物质与反磁物质一般被称为非铁磁物质，如空气、铜、铝、木材、橡胶等。还有一类叫铁磁物质，如铁、钴、镍、硅钢、坡莫合金、铁氧体等，其相对磁导率μ_r远大于1，可达几百甚至数万以上，且不是一个常数。铁磁物质可用来制作电机、变压器、电磁铁等的铁心。

4. 磁场强度

磁场中各点磁感应强度的大小与媒介质的性质有关，这就使磁场的计算显得比较复杂。因此，为了消除磁场中的媒介质对计算磁场强弱的影响，引入磁场强度这一物理量。**磁场中任一点的磁场强度的大小只与产生磁场的电流大小和通电导体的几何形状有关，而与媒介质的性质无关。**

磁场强度用字母$\boldsymbol{H}$表示，它是一个矢量，其方向和所在点的磁感应强度B的方向相同。磁场强度的单位为安/米，用A/m表示。

磁场强度的大小定义为磁场中某点的磁感应强度B与媒介质磁导率μ的比值，即

$$\boldsymbol{H}=\frac{B}{\mu} \tag{1-3}$$

式中 $\boldsymbol{H}$——磁场强度（A/m）；

B——磁感应强度（T）；

μ——磁导率（H/m）。

1.2.3 全电流定律

设空间有n根载流导体，导体中的电流分别为I_1、I_2、I_3…，则沿任何一条闭合路径l，磁场强度$\boldsymbol{H}$的线积分$\oint_l \boldsymbol{H}\cdot \mathrm{d}\boldsymbol{l}$恰好等于该闭合路径所包围的导体电流的代数和，即

$$\oint_l \boldsymbol{H}\cdot \mathrm{d}\boldsymbol{l}=\sum I \tag{1-4}$$

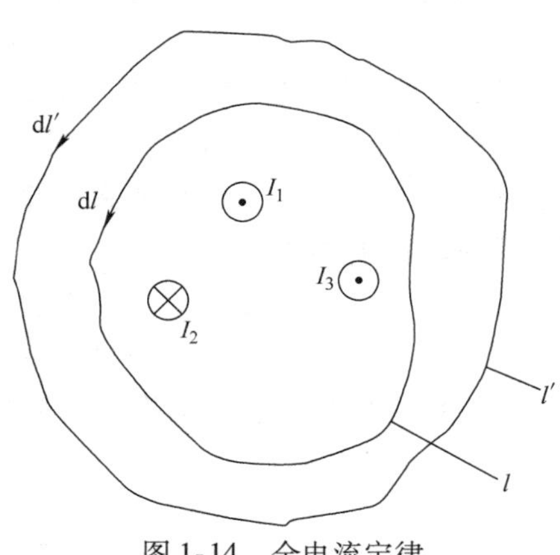

图1-14 全电流定律

这就是全电流定律。$\sum I$是闭合回路所包围的全电流。在式（1-4）中，若导体的电流的方向与积分回路的绕行方向符合右手螺旋关系，该电流取正号，反之取负号。对于图1-14所示的电流方向，I_1和I_3应取正号，而I_2应取负号。

应用全电流定律时应注意：**无论线积分路径的长度和形状如何，只要被闭合路径包围的全电流相同，积分的结果就必然相等**。例如在图 1-14 中，虽然 l' 的积分路径长，但它距离载流导体较远，磁场强度 H' 较弱，所以

$$\oint_{l'} \boldsymbol{H}' \cdot \mathrm{d}\boldsymbol{l}' = \oint_{l} \boldsymbol{H} \cdot \mathrm{d}\boldsymbol{l}$$

1.2.4　磁路的欧姆定律

图 1-15 是一个具有无分支铁心的磁路的示意图。铁心上绕有 N 匝线圈，线圈中通有电流 i，产生的沿铁心闭合的主磁通为 Φ。设铁心的截面积为 A，平均磁路长度为 l，铁心的磁导率为 μ（μ 不是常数，随磁感应强度 B 变化），若不计漏磁通 Φ_σ（即令 $\Phi_\sigma=0$），并且认为磁路 l 上的磁场强度 H 处处相等，于是，根据全电流定律有

$$Hl = Ni \tag{1-5}$$

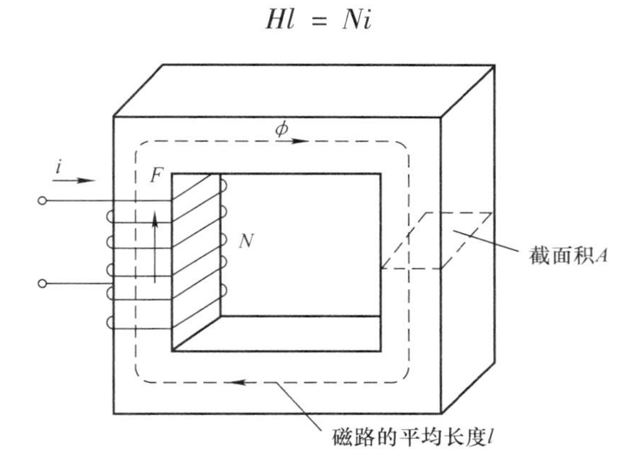

图 1-15　无分支铁心的磁路示意图

由于 $H=B/\mu$，而 $B=\Phi/A$，故可由式（1-5）推得

$$\Phi = \frac{Ni}{l/(\mu A)} = \frac{F}{R_\mathrm{m}} = \Lambda_\mathrm{m} F \tag{1-6}$$

式中　$F=Ni$——磁动势（A）；

$R_\mathrm{m}=\dfrac{l}{\mu A}$——磁阻（A/Wb）；

$\Lambda_\mathrm{m}=\dfrac{1}{R_\mathrm{m}}=\dfrac{\mu A}{l}$——磁导（Wb/A 或 H）。

式（1-6）即为磁路欧姆定律。它表明，当磁路尺寸和材料一定时，磁路磁阻 R_m 就一定，此时磁动势 F 越大，磁路的磁通 Φ 会越大；当线圈的匝数和电流一定时，磁路的磁动 F 势就一定，此时磁阻 R_m 越大，磁路的磁通 Φ 将会越小。磁路的磁阻与磁导率成反比，由于空气的磁导率 μ_0 远远地小于铁磁材料的磁导率 μ_Fe，所以空气的磁阻 R_m0 远远地大于铁磁材料的磁阻 R_mFe，故有时分析时可忽略漏磁通 Φ_σ。

磁路的欧姆定律与电路的欧姆定律 $I=\dfrac{U}{R}=UG$ 是一致的，并且磁通 $\varPhi$ 与电流 I、磁动势 F 与电动势 E、磁阻 R_m 与电阻 R、磁导 $\varLambda_\mathrm{m}$ 与电导 G 保持一一对应的关系。

1.2.5　磁路的基尔霍夫第一定律

图 1-16 是一个有分支的铁心磁路，若完全忽略各部分的漏磁作用，设各条支路的主磁通如图 1-16 所示，在主磁通 $\varPhi_1$、$\varPhi_2$ 和 $\varPhi_3$ 的汇合处作一个闭合面，令穿出闭合面的磁通为正、进入闭合面的磁通为负，根据磁通连续性定律，就有

$$-\varPhi_1-\varPhi_2+\varPhi_3=0$$

或

$$\sum\varPhi=0$$

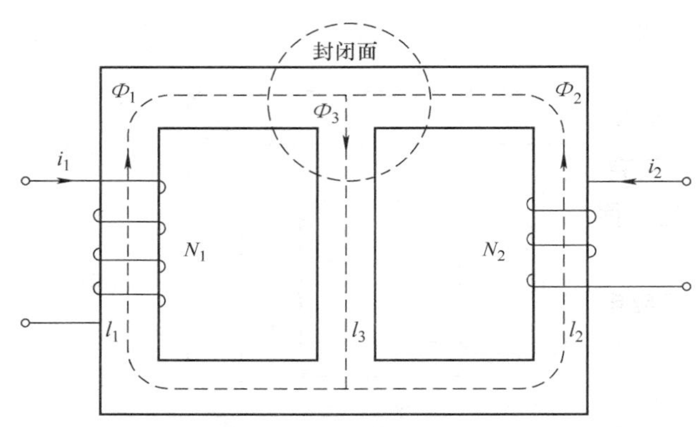

图 1-16　有分支铁心磁路示意图（忽略漏磁通）

这就是**磁路的基尔霍夫第一定律**。该定律表明，**进入或穿出任一闭合面的总磁通量的代数和等于零，或穿入任一闭合面的磁通等于穿出该闭合面的磁通**。磁路的基尔霍夫第一定律与电路的基尔霍夫第一定律具有相同的形式。

1.2.6　磁路的基尔霍夫第二定律

把全电流定律应用到具有多个线圈的多段闭合磁路时，全电流定律可改写成

$$\sum_{k=1}^{n}H_kl_k=\sum_{k=1}^{n}N_kI_k=F \tag{1-7}$$

式中　H_k——第 k 段磁路的磁场强度（A/m）；

l_k——第 k 段磁路的平均长度（m）；

H_kl_k——第 k 段磁路的磁压降（A）；

N_k——第 k 个线圈的匝数；

I_k——第 k 个线圈中的电流（A）；

N_kI_k——第 k 个线圈产生的磁动势（AT，安培 - 匝数），注意：当某线圈中的电流的正方向与该磁路中磁通的正方向符合右手螺旋关系时，则该

线圈产生的磁动势 N_kI_k 取正号，反之 N_kI_k 取负号；

F——总磁动势（AT，安培－匝数）。

式（1-7）说明，**一个闭合磁路中的总磁压降等于作用在该闭合磁路的总磁动势，这就是磁路的基尔霍夫第二定律。**

基尔霍夫第二定律表明，任一闭合回路的磁动势的代数和恒等于磁压降的代数和，这与电路的基尔霍夫第二定律 $\sum e = \sum u$ 在意义上也是一样的。

1.2.7　电磁感应定律

1. 电磁感应现象

法拉第通过大量实验发现，当导体相对于磁场运动而切割磁力线，或者线圈中的磁通发生变化时，在导体或线圈中都会产生感应电动势。若导体或线圈构成闭合回路，则导体或线圈中将有电流流过。这种由磁感应产生的电动势称为感应电动势，由感应电动势产生的电流称为感应电流，其方向与感应电动势的方向相同。这种磁感应出电的现象称为电磁感应。

需说明的是，**只有导体（或线圈）构成闭合回路时，导体（或线圈）中才会有感应电流的存在，而感应电动势的存在与导体（或线圈）是否构成闭合回路无关。**

2. 直导体的感应电动势

将一根直导体放入均匀磁场内，当在外力作用下，导体做切割磁力线运动时，该导体中就会产生感应电动势。

（1）感应电动势的大小

如果直导体的运动方向是与磁力线垂直的，那么感应电动势的大小与该导体的有效长度 l、该导体的运动速度 v、磁感应强度 B 有关，即感应电动势的表达式为

$$e = Blv \tag{1-8}$$

式中　e——导体中的感应电动势（V）；

B——磁场的磁感应强度（T）；

l——导体切割磁力线的有效长度（m）；

v——导体切割磁力线的线速度（m/s）。

如果直导体的运动方向不与磁力线垂直，而是成一角度 α，如图 1-17所示，则此时感应电动势的大小为

$$e = Blv\sin\alpha \tag{1-9}$$

（2）感应电动势的方向

直导体中感应电动势的方向可以用右手定则来判定，如图 1-18 所示。**将右手伸平，使拇指与其他四指垂直，将掌心对着磁场的北极（N 极），即让磁力线从手心垂直穿过，使拇指指向导体运动的方向，那么四指的指向就是导体内感应电动势的方向。**

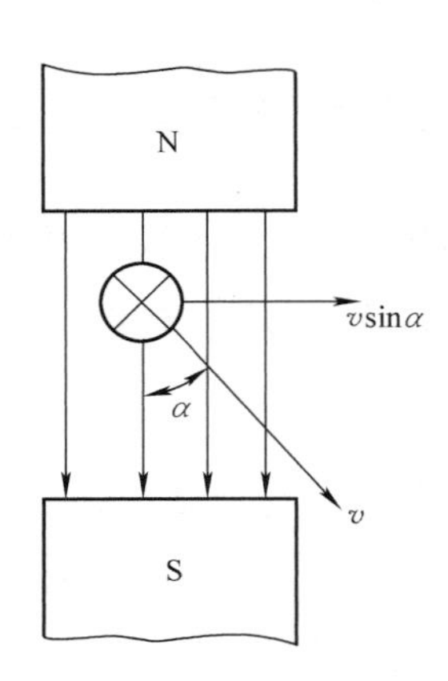

图 1-17　直导体在均匀磁场中的运动方向

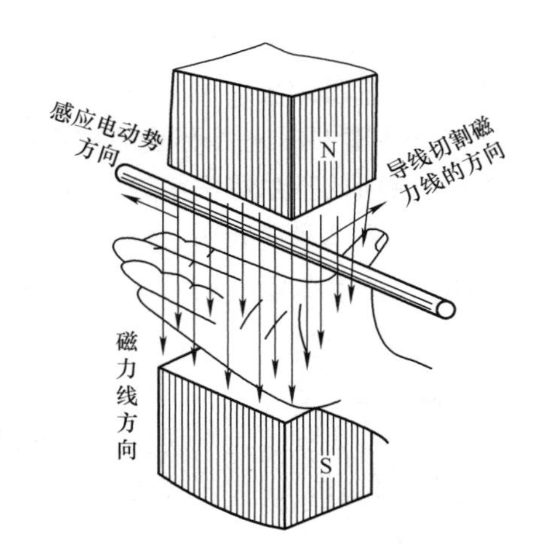

图 1-18　右手定则

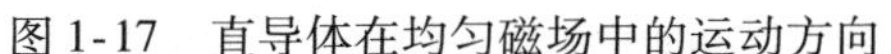

3. 线圈中的感应电动势

设一个匝数为 N 的线圈放在磁场中，不论什么原因，例如线圈本身的移动或转动、磁场本身发生变化等，造成了和线圈交链的磁通 $\boldsymbol{\Phi}$ 随时间发生变化，线圈内都会感应电动势。

如图 1-19 所示，匝数为 N 的线圈交链着磁通 $\boldsymbol{\Phi}$，当 $\boldsymbol{\Phi}$ 变化时，线圈 AX 两端将产生感应电动势 e。

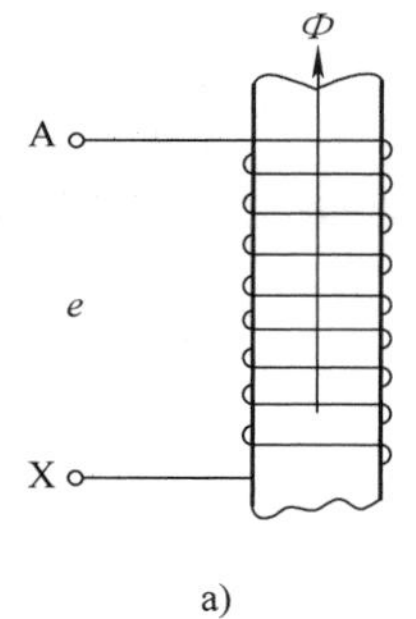

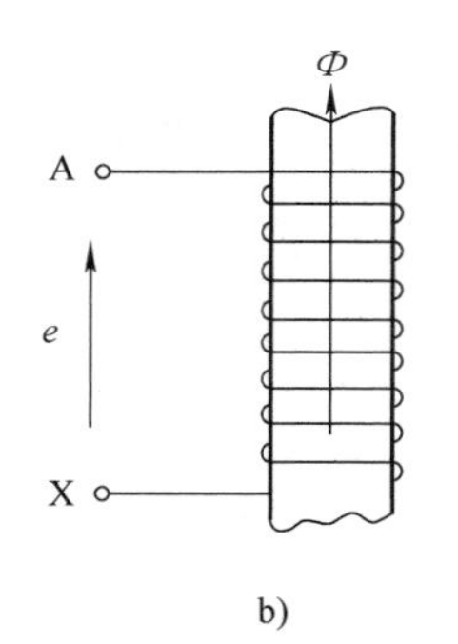

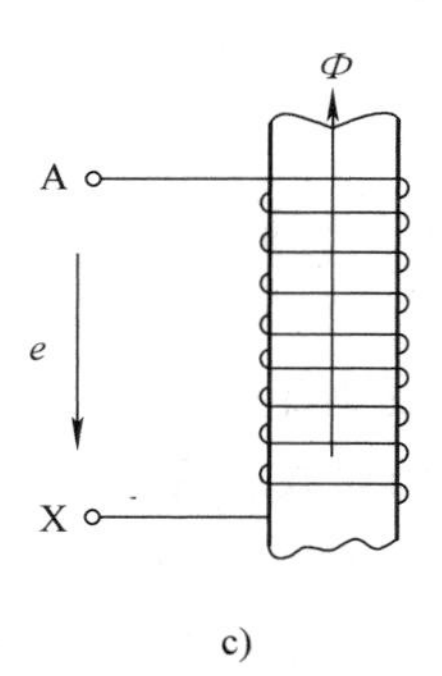

图 1-19　磁通及感应电动势

a）线圈示意图　b）按左手螺旋关系 e 和 $\boldsymbol{\Phi}$ 的正方向　c）按右手螺旋关系 e 和 $\boldsymbol{\Phi}$ 的正方向

（1）感应电动势的大小

线圈中感应电动势 e 的大小与线圈匝数 N 及通过该线圈的磁通变化率（即变化快慢）成正比。这一定律就称为电磁感应定律。

设 Δt 时间内通过线圈的磁通为 $\Delta\boldsymbol{\Phi}$，则线圈中产生的感应电动势为

$$|e| = \left|N\frac{\Delta\boldsymbol{\Phi}}{\Delta t}\right| \tag{1-10}$$

式中　e——在 Δt 时间内产生的感应电动势（V）；

N——线圈的匝数；

$\Delta\Phi$——线圈中磁通变化量（Wb）；

Δt——磁通变化 $\Delta\Phi$ 所需要的时间（s）。

式（1-10）表明，线圈中感应电动势的大小取决于线圈中磁通的变化速度，而与线圈中磁通本身的大小无关。$\frac{\Delta\Phi}{\Delta t}$越大，则 e 越大。当$\frac{\Delta\Phi}{\Delta t}=0$ 时，即使线圈中的磁通 Φ 再大，也不会产生感应电动势 e。

（2）感应电动势的方向

线圈中感应电动势的方向可由楞次定律确定。**楞次定律指出，如果在感应电动势的作用下，线圈中流过感应电流，则该感应电流产生的磁通起着阻碍原磁通变化的作用。**

如果规定感应电动势 e 的参考向与磁通 Φ 的参考方向符合右手螺旋关系，如图 1-19c 所示，则感应电动势可用下式表示。

$$e=-N\frac{\Delta\Phi}{\Delta t} \tag{1-11}$$

当磁通增加时，$\frac{\Delta\Phi}{\Delta t}$为正值，而由式（1-11）可知，$e$ 为负值，即 e 的实际方向与图 1-19c 中所标注的参考方向相反，因此在该瞬间，图 1-19c 中线圈内的感应电流应从 X 端流向 A 端，其产生的磁通将阻碍原磁通的增加。而当磁通减少时，$\frac{\Delta\Phi}{\Delta t}$为负值，而由式（1-11）可知，$e$ 为正值，即 e 的实际方向与图 1-19c 中所标注的参考方向相同，因此图 1-19c 中线圈内的感应电流应从 A 端流向 X 端，其产生的磁通将阻碍原磁通减少。

1.2.8　电磁力定律

1. 磁场对载流直导体的作用（电磁力定律）

在均匀磁场中悬挂一根直导体，并使导体垂直于磁力线。当导体中未通电流时，导体不会运动。如果接通直流电源，使导体中有电流通过，则通电直导体将受到磁场的作用力而向某一方向运动。若改变导体中电流的方向（或改变均匀磁场的磁极极性），则载流直导体将会向相反的方向运动。把**载流导体在磁场中所受的作用力称为电磁力**，用 F 表示。

扫一扫看视频

（1）电磁力的大小

实验证明，**电磁力 F 的大小与导体中电流的大小成正比，还与导体在磁场中的有效长度及载流导体所在位置的磁感应强度成正比**，即

$$F=Bli \tag{1-12}$$

式中　B——均匀磁场的磁感应强度（T）；

i——导体中的电流（A）；

l——导体在磁场中的有效长度（m）；

F——导体受到的电磁力（N）。

若载流直导体 l 与磁感应强度 B 方向成 α 角（见图 1-20），则导体在与 B 垂直方向的投影 l_L 为导体的有效长度，即 $l_L = l\sin\alpha$，因此导体所受的电磁力为

$$F = Bli\sin\alpha \tag{1-13}$$

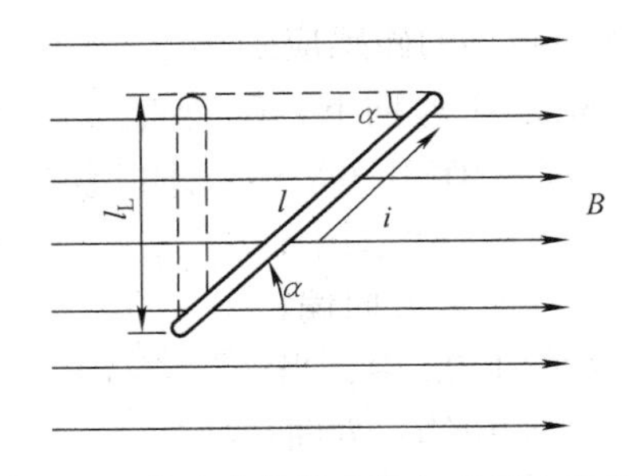

图 1-20　载流直导体在均匀磁场中的位置

从式（1-13）可以看出，当导体垂直于磁感应强度 B 的方向放置时，$\alpha = 90°$，$\sin 90° = 1$，导体所受到的电磁力最大；导体平行于磁感应强度 B 的方向放置时，$\alpha = 0°$，$\sin 0° = 0$，导体受到的电磁力最小，为零。

（2）电磁力的方向

载流直导体在磁场中的受力方向可以用左手定则来判定，如图 1-21 所示。**将左手伸平，使拇指与其他四指垂直，将掌心对着磁场的北极**（N 极），**即让磁力线从手心垂直穿过，使四指指向电流的方向，则拇指所指的方向就是导体所受电磁力的方向。**

2. 磁场对通电线圈的作用

磁场对通电线圈也有作用力。如图 1-22 所示，将一个刚性（受力后不变形）的矩形载流线圈放入均匀磁场中，当线圈在磁场中处于不同位置时，磁场对线圈的作用力大小和方向也不同。

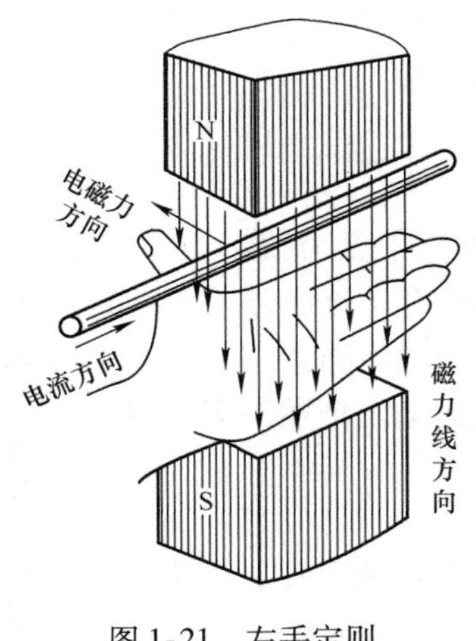

图 1-21　左手定则

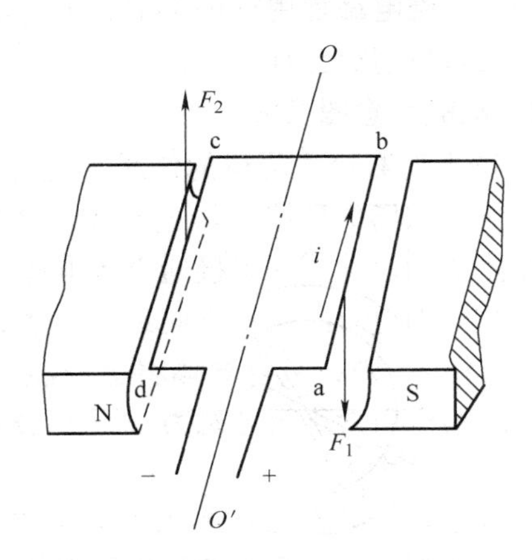

图 1-22　磁场对通电线圈的作用

从图 1-22 可以看出，线圈 abcd 可以看成是由 ab、bc、cd、da 4 根导体所组成的。当线圈平面与磁力线平行时，可以根据电磁力定律判定各导体的受力情况。

在图 1-22 中，导体 bc 和导体 da 与磁力线平行，不受电磁力作用；而导体 ab 和导体 cd 与磁力线垂直，受电磁力作用，设导体长度 ab = cd = l，线圈中的电流为 i，均匀磁场的磁感应强度为 B，则导体 ab 和导体 cd 所受电磁力的大小为 $F_1 = F_2 = Bli$，且 F_1向下，F_2向上。这两个力大小相等、方向相反、互相平行，这就构成了一个力偶矩（又称电磁转矩），使线圈以 OO'为轴，沿顺时针方向偏转。

如果改变线圈中电流的方向（或改变磁场的方向），则线圈 abcd 将以 OO' 为轴，沿逆时针方向偏转。

在图 1-22 中，当线圈 abcd 沿顺时针（或逆时针）方向旋转 90°时，电磁力 F_1 与 F_2大小相等、方向相反，但是作用在同一条直线上，因此这两个力产生的电磁转矩为零，线圈静止不动。

综上所述，**把通电的线圈放到磁场中，磁场将对通电线圈产生一个电磁转矩，使线圈绕转轴转动**。常用的电工仪表，如电流表、电压表、万用表等指针的偏转，就是根据这一原理实现的。

1.3　交流电路

在第 1 章第 1.1 节讨论的电路中，所有的**电流、电压、电动势，其大小和方向都是不随时间变化的恒定量，称为直流电**，用 DC 表示。但在工程中应用得更为广泛的还是交流电，用 AC 表示，正弦交流电则是交流电中最普遍的一种表示形式。

电流、电压、电动势大小和方向都随时间呈现周期性变化的称为交流电，简称交流。其中，**随时间按正弦规律变化的交流电称为正弦交流电；不按正弦规律变化的交流电称为非正弦交流电**。

1.3.1　交流电路常用物理量及计算公式

下面以正弦交流电动势为例来讨论表征正弦交流电的物理量。交流发电机中的感应电动势示意图及波形图如图 1-23 所示。其数学表达式为

$$e = E_{\mathrm{m}}\sin(\omega t + \varphi) \tag{1-14}$$

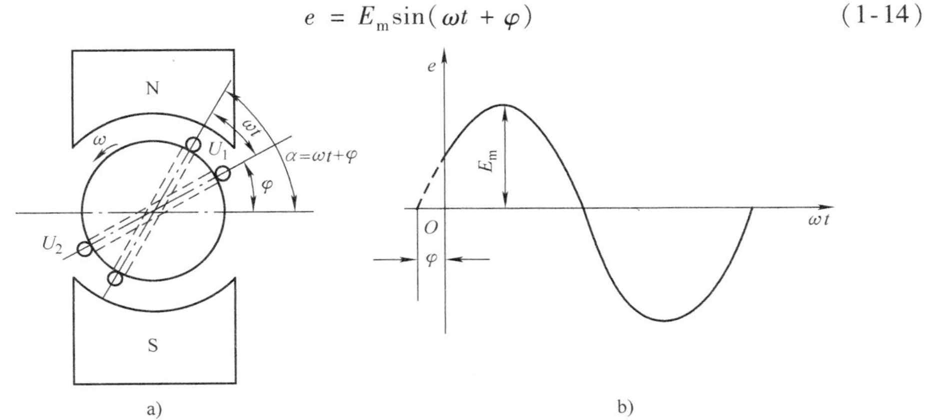

图 1-23　交流发电机中的感应电动势示意图及波形图

a）感应电动势示意图　b）感应电动势波形

式（1-14）称为正弦交流电动势瞬时值的函数表达式，式中 E_m 为振幅（也称为幅值、最大值）；ω 为角频率；φ 为初相角（简称初相）。由此可见，电动势 e 与时间 t 的关系由 E_m、ω 和 φ 决定，这 3 个参数一经确定，正弦电量就唯一确定了。同时这 3 个量也是正弦量之间进行比较和区别的依据，因此**振幅、角频率**（或者**频率**）**、初相角称为正弦交流电的三要素**。

1. 瞬时值、最大值

（1）瞬时值

正弦交流电在变化过程中，某一时刻所对应的交流量的数值称为在这一时刻交流电的瞬时值。电动势、电压和电流的瞬时值分别用小写字母 e、u 和 i 表示，例如，在图 1-24 中，e 在 t_1 时刻的瞬时值为 e_1。

（2）最大值

正弦交流电变化一个周期中出现的最大瞬时值称为交流电的最大值（也称为振幅、幅值或峰值）。电动势、电压和电流的最大值分别用 E_m、U_m 和 I_m 表示。在波形图中，曲线的最高点对应的值即为最大值，例如，在图 1-24 中，e 的最大值为 E_m。

2. 周期、频率、角频率

（1）周期

正弦交流电完成一次周期性变化所需的时间称为交流电的周期，用字母 T 表示。周期的单位为秒（s）。常用单位还有毫秒（ms）、微秒（μs）、纳秒（ns）。在图 1-25 中，在横坐标轴上，由 0 到 a 或由 b 到 c 的这段时间就是一个周期。

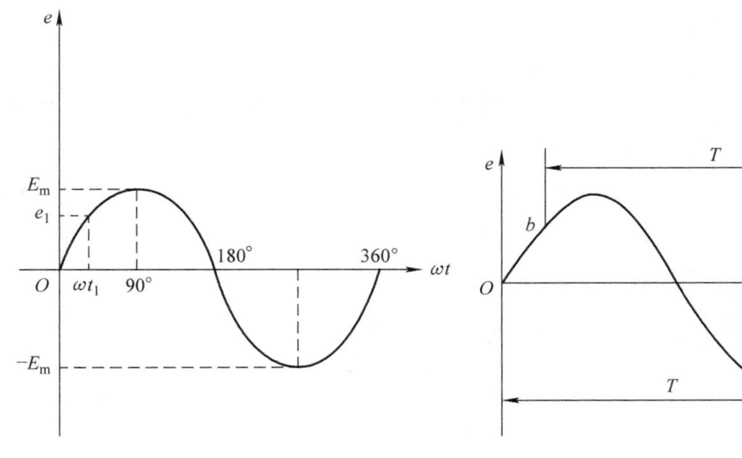

图 1-24　正弦交流电的瞬时值和最大值

图 1-25　交流电的周期

（2）频率

正弦交流电在单位时间（1s）内完成周期性变化的次数称为交流电的频率，用字母 f 表示。频率的单位是赫兹，简称赫，用 Hz 表示。

一般 50Hz、60Hz 的交流电称为工频交流电。

根据定义，周期和频率互为倒数，即

$$f = \frac{1}{T} \quad 或 \quad T = \frac{1}{f} \tag{1-15}$$

频率和周期都是反映交流电变化快慢的物理量，周期越短（频率越高），**那么交流电就变化越快。**

（3）角频率

交流电变化得快慢，除了用周期和频率表示外，还可以用角频率表示。**通常交流电变化一周也可用 2π 弧度或 360°来计量。正弦交流电单位时间**（1s）**内所变化的弧度数**（指电角度）**称为交流电的角频率**，用字母 ω 表示。角频率的单位是弧度/秒，用 rad/s 表示。

交流电在一个周期中变化的电角度是 2π 弧度。因此，角频率、频率和周期的关系为

$$\omega = 2\pi f = \frac{2\pi}{T} \tag{1-16}$$

在我国供电系统中，交流电的频率 $f = 50\text{Hz}$，周期 $T = 0.02\text{s}$，角频率 $\omega = 2\pi f = 314\text{rad/s}$。

3. 相位、初相位、相位差

（1）相位

由式 $e = E_m \sin(\omega t + \varphi)$ 可知，电动势的瞬时值 e 是由振幅 E_m 和正弦函数 $\sin(\omega t + \varphi)$ 共同决定的。也就是说，交流电瞬时值何时为零，何时最大，不是简单由时间 t 来确定，而是由 $\omega t + \varphi$ 来确定的。把 t 时刻线圈平面与中性面的夹角 $\omega t + \varphi$ 称为该正弦交流电的相位或相角。

相位对于确定交流电的大小和方向起着重要作用。

（2）初相位

交流电动势在开始时刻（常确定为 $t = 0$）所具有的电角度称为初相位（或初相角），简称初相，用字母 φ 表示，如图 1-26 所示。初相位是 $t = 0$ 时的相位，它反映了正弦交流电起始时刻的状态。

交流电的初相位可以为正，也可以为负或零。初相位一般用弧度表示，也可用电角度表示，通常用不大于 180°的角来表示，例如图 1-26 中，e_1 的初相位 $\varphi_1 = +60°$；e_2 的初相位 $\varphi_2 = -75°$。

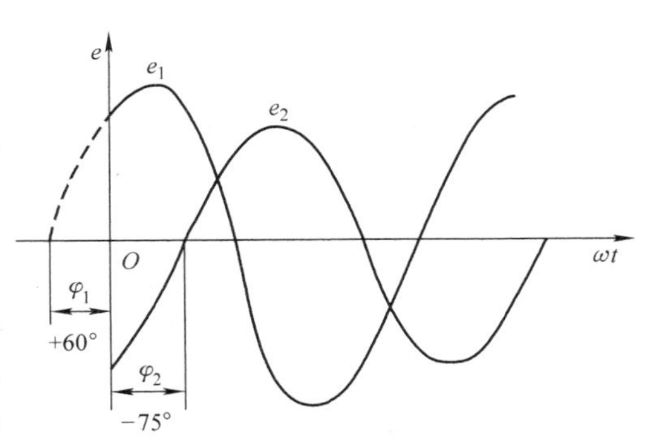

图 1-26　相位和相位差

(3) 相位差

两个同频率交流电的相位(或初相位)之差称为相位差,如

$$e_1 = E_{m1}\sin(\omega t + \varphi_1)$$

$$e_2 = E_{m2}\sin(\omega t + \varphi_2)$$

以上两个交流电动势的相位差为

$$\varphi_{12} = \omega t + \varphi_1 - (\omega t + \varphi_2) = \varphi_1 - \varphi_2$$

应该注意的是,**初相位的大小与时间起点的选择**(计时时刻)**密切相关,而相位差与时间起点的选择无关。如果交流电的频率相同,则相位差是恒定的,不随时间而改变**。

根据两个同频率交流电的相位差可以确定两个交流电的相位关系。若 $\varphi_{12} = \varphi_1 - \varphi_2 > 0$,则称 e_1 超前于 e_2,或称 e_2 滞后于 e_1,如图1-26所示,e_1 超前 e_2 135°,或 e_2 滞后 e_1 135°;若 $\varphi_{12} = 0$,表示 e_1 与 e_2 的相位相同,称为同相,如图1-27所示;若 $\varphi_{12} = 180°$,表示 e_1 与 e_2 的相位相反,称为反相,如图1-28所示;若 $\varphi_{12} = \pm 90°$,称 e_1 与 e_2 相位正交。

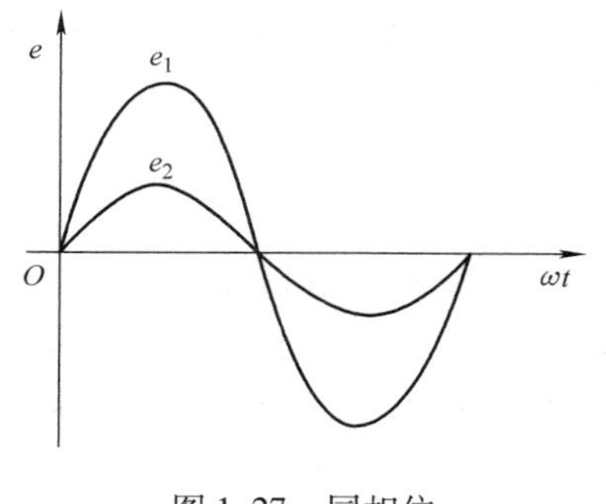

图1-27 同相位

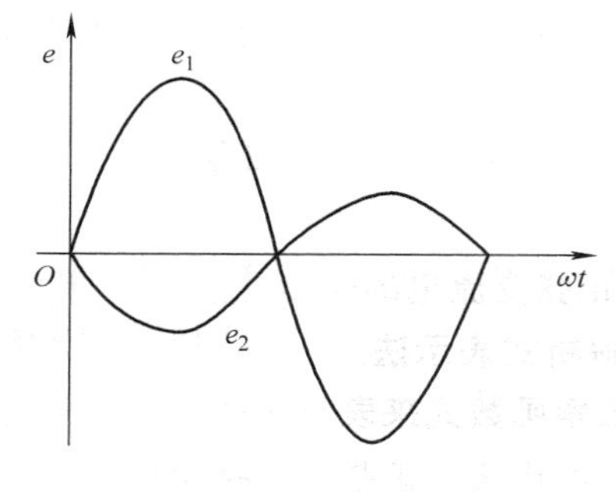

图1-28 反相位

4. 有效值、平均值

(1) 有效值

正弦交流电的瞬时值是随时间变化的,在工程实际中,往往不需要知道它某一时刻的大小,而只要知道它在电功率等方面能反映效果的数值。**通常用与热效应相等的直流电来表示交流电的大小,称为交流电的有效值**。也就是说,交流电的有效值是根据电流的热效应来规定的,**在单位时间内,让一个交流电流和一个直流电流分别通过阻值相同的两个电阻,若两个电阻产生的热量相等,那么就把这一直流电的数值称为这一交流电的有效值**。交流电动势、电压和电流的有效值分别用大写字母 E、U 和 I 表示。

可以证明,正弦交流电有效值与最大值之间的关系如下。

$$E = \frac{1}{\sqrt{2}}E_m = 0.707E_m \quad 或 \quad E_m = \sqrt{2}E = 1.414E$$

$$U = \frac{1}{\sqrt{2}}U_{m} = 0.707U_{m} \quad 或 \quad U_{m} = \sqrt{2}U = 1.414U$$

$$I = \frac{1}{\sqrt{2}}I_{m} = 0.707I_{m} \quad 或 \quad I_{m} = \sqrt{2}I = 1.414I$$

通常所说的交流电的电动势、电压、电流的值，没有特别说明时，都是指有效值，例如，照明电路的电源电压为220V，动力电路的电源电压为380V 等。用交流电压表和交流电流表测得的数值都是有效值；交流电气设备的名牌所标的电压、电流的数值也都是指有效值。

（2）平均值

正弦交流电的波形是对称于横轴的，在一个周期内的平均值恒等于零。所以，在通常情况下，所说的**正弦交流电的平均值是指半个周期内的平均值**。交流电动势、电压和电流的平均值用字母 E_{av}、U_{av}和 I_{av}表示。根据分析、计算，正弦交流电在半个周期内的平均值与正弦交流电最大值的关系如下。

$$E_{av} = \frac{2}{\pi}E_{m} = 0.637E_{m}$$

$$U_{av} = \frac{2}{\pi}U_{m} = 0.637U_{m}$$

$$I_{av} = \frac{2}{\pi}I_{m} = 0.637I_{m}$$

1.3.2　正弦交流电的表示方法

1. 解析式表示法

用三角函数式来表示正弦交流电与时间之间的变化关系的方法称为解析式表示法，简称解析法。正弦交流电的电动势、电压和电流的瞬时值表达式就是正弦交流电的解析式，即

$$e = E_{m}\sin(\omega t + \varphi_{e})$$
$$u = U_{m}\sin(\omega t + \varphi_{u})$$
$$i = I_{m}\sin(\omega t + \varphi_{i})$$

如果知道了交流电的有效值（或最大值）、频率（或周期）和初相位，就可以写出它的解析式，便可计算出交流电任意瞬间的瞬时值。

2. 波形图表示法

正弦交流电还可用与解析式相对应的波形图，即正弦曲线来表示，如图 1-29 所示。图中的横坐标表示时间 t 或角度 ωt，纵坐标表示交流电的瞬时值。从波形图中可以看出交流电的最大值、周期和初相位。

有时为了比较几个正弦量的相位关系。也可以把它们的曲线画在同一坐标系内。图 1-30 画出了交流电压 u 和交流电流 i 的曲线，但由于它们的单位不同，故纵坐标上电压、电流可分别按照不同的比例来表示。

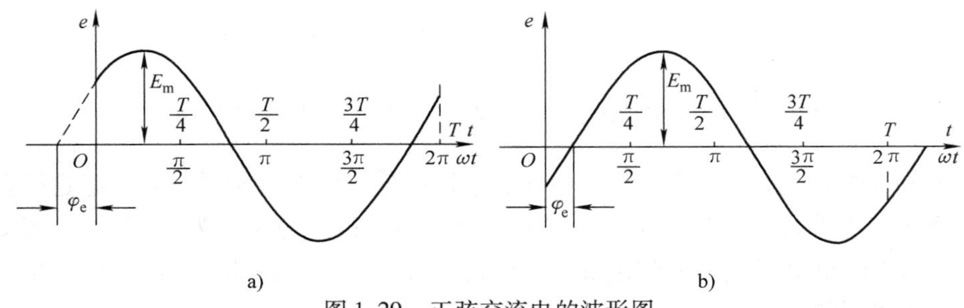

图 1-29　正弦交流电的波形图

a）初相位大于零　b）初相位小于零

3. 相量图表示法

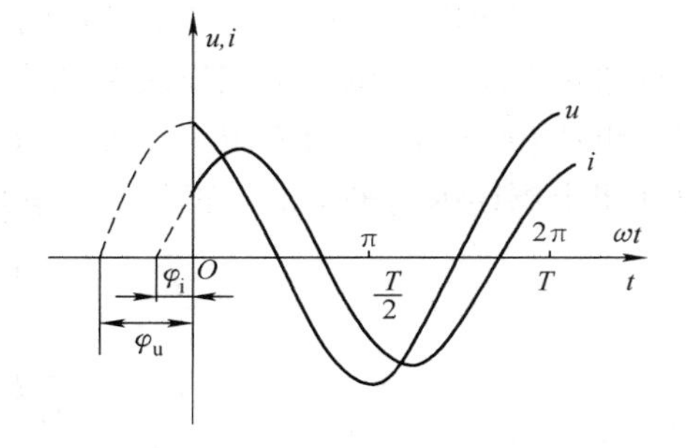

图 1-30　交流电压 u 和交流电流 i 的波形图

正弦交流电也可以采用相量图表示法。所谓**相量图表示法，就是用一个在直角坐标系中绕原点旋转的矢量来表示正弦交流电的方法**。现以正弦电动势 $e = E_m\sin(\omega t + \varphi)$ 为例说明如下。

如图 1-31 所示，在直角坐标系内，作一个矢量 OA，并使其长度等于正弦交流电电动势的最大值 E_m，使矢量与横轴 Ox 的夹角等于正弦交流电动势的初相位 φ，令矢量以正弦交流电动势的角频率 ω 为角速度，绕原点按逆时针方向旋转，如图 1-31a 所示。这样，旋转矢量在任一瞬间与横轴 Ox 的夹角即为正弦交流电动势的相位 $\omega t + \varphi$，旋转矢量任一瞬间在纵轴 Oy 上的投影就是对应瞬时的正弦交流电

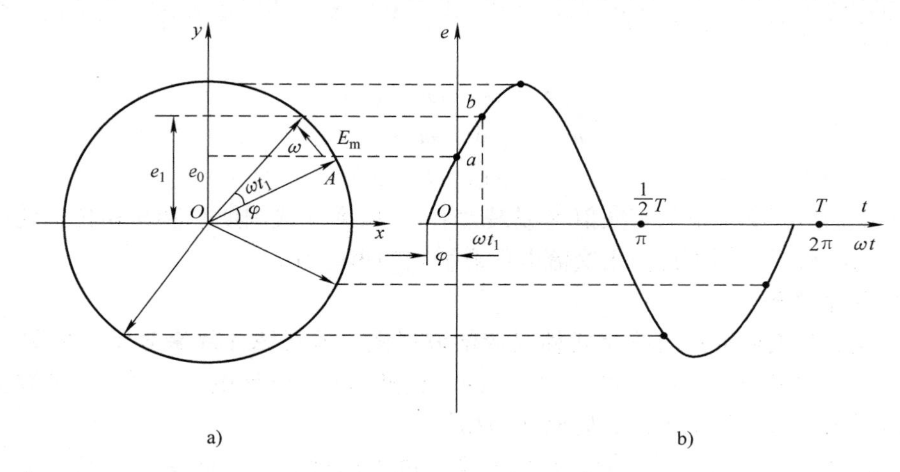

图 1-31　相量图表示原理

a）相量图表示法　b）正弦交流电动势波形

动势的瞬时值，例如，当 $t=0$ 时，旋转矢量在纵轴上的投影为 e_0，相当于图1-31b中电动势波形的a点；当 $t=t_1$ 时，旋转矢量与横轴的夹角为 $\omega t_1+\varphi$，此时旋转矢量在纵轴上的投影为 e_1，相当于图1-31b中电动势波形的b点。如果旋转矢量继续旋转下去，就可得出正弦交流电动势的波形图。

从以上分析可以看出，一个正弦量可以用一个旋转矢量来表示。但实际上交流电本身不是矢量，因此它们是时间的正弦函数，所以能用旋转矢量的形式来描述它们。为了与一般的空间矢量（如力、电场强度等）相区别，把表示正弦交流电的这一矢量称为相量，并用大写字母加黑点的符号来表示，如 $\dot{E}_m$、$\dot{U}_m$ 和 $\dot{I}_m$ 分别表示电动势相量、电压相量和电流相量。

实际应用中也常采用有效值相量图，这样，相量图中每一个相量的长度不再是最大值，而是有效值，这种相量称为有效值相量，用符号 $\dot{E}$、$\dot{U}$、$\dot{I}$表示。而原来最大值的相量称为最大值相量。

把同频率的正弦交流电画在同一相量图上时，由于它们的角频率都相同，所以不管其旋转到什么位置，彼此之间的相位关系始终保持不变。因此，在研究同频率的相量之间的关系时，一般只按初相位画出相量，而不必标出角频率，如图1-32所示。

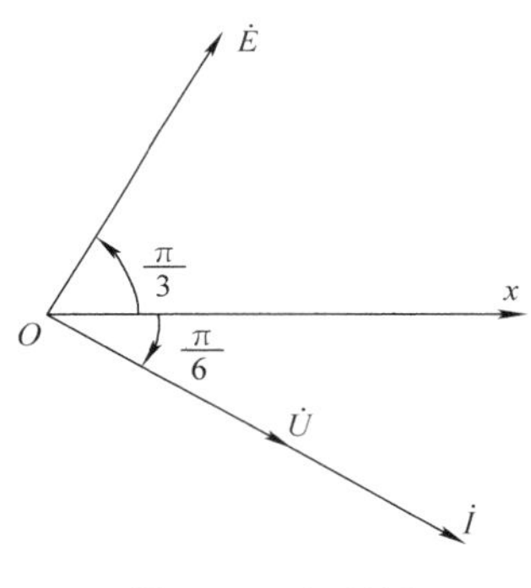

图1-32　相量图

用相量图表示正弦交流电后，在计算几个同频率交流电之和（或差）时，可以按平行四边形法则进行，比解析式和波形图要简单得多，而且比较直观，故它是研究交流电的重要工具之一。

1.3.3　纯电阻电路

只含有线性电阻的交流电路称为纯电阻电路，如图1-33a所示。负载为白炽灯、电炉、电烙铁等的交流电路都可近似看成是纯电阻电路。在这些电路中，当外加电压一定时，影响电流大小的主要因素是电阻 R。

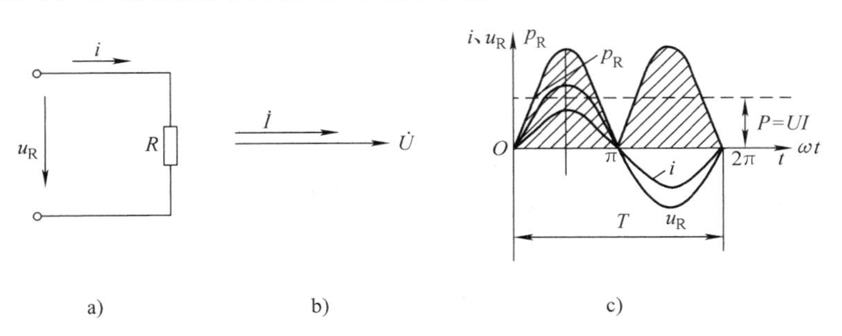

图1-33　纯电阻电路

a）电路图　b）相量图　c）波形图

1. 电流与电压的相位关系

在纯电阻电路中，设加在电阻两端的正弦电压为

$$u_{\mathrm{R}} = U_{\mathrm{Rm}}\sin\omega t$$

实验证明，在任一瞬间通过电阻的电流 i 仍可用欧姆定律计算，即

$$i = \frac{u_{\mathrm{R}}}{R} = \frac{U_{\mathrm{Rm}}}{R}\sin\omega t = I_{\mathrm{m}}\sin\omega t \tag{1-17}$$

可见，在纯电阻电路中，电流 i 与电压 u_{R} 是同频率、同相位的正弦量，即电阻对电流和电压的相位关系没有影响。它们的相量图和波形图分别如图 1-33b 和图 1-33c所示。

2. 电流与电压的数量关系

由式（1-17）可知，通过电阻的最大电流为

$$I_{\mathrm{m}} = \frac{U_{\mathrm{Rm}}}{R} \tag{1-18}$$

若把式（1-18）两边同除以$\sqrt{2}$，则得

$$I = \frac{U_{\mathrm{R}}}{R}$$

这就是纯电阻电路中欧姆定律的表达式。这个表达式与直流电路中欧姆定律的形式完全相同，所不同的是在交流电路中电压和电流要用有效值。

3. 纯电阻电路的功率

在交流电路中，由于电流、电压都是随时间变化的，所以功率也是随时间变化的。在任一瞬间，电阻中电流的瞬时值 i 与同一瞬间的电阻两端电压的瞬时值 u 的乘积称为瞬时功率，用小写字母 p 表示，即

$$p = ui$$

所以，纯电阻正弦交流电路的瞬时功率为

$$p = u_{\mathrm{R}}i = U_{\mathrm{Rm}}\sin\omega t I_{\mathrm{m}}\sin\omega t \tag{1-19}$$

根据式（1-19），把同一瞬间电压 u 与电流 i 的数值逐点对应相乘，就可以画出瞬时功率曲线，如图 1-33c 所示。由于电流和电压同相位，所以 p 在任一瞬间的数值都是正值或等于零，这就说明电阻总是要消耗功率的，是耗能元件。

由于瞬时功率时刻变动，所以瞬时功率的计算和测量很不方便，一般只用于分析能量的转换过程。为了了解电阻所消耗功率的大小，在工程上通常用电阻在交流电一个周期内消耗功率的平均值来表示功率的大小，称为平均功率。平均功率又称为有功功率，用大写字母 P 表示，单位是瓦特，简称瓦，用字母 W 表示。当电压、电流用有效值表示时，平均功率的计算与直流电路相同，即

$$P = U_{\mathrm{R}}I = I^2R = \frac{U_{\mathrm{R}}^2}{R} \tag{1-20}$$

式中　P——有功功率（W）；

U_R——电阻两端的交流电压的有效值（V）；

I——通过电阻的交流电流的有效值（A）；

R——电阻（Ω）。

式（1-20）与直流电路计算功率的公式形式一样。但应注意的是，这里的 P 是平均功率，U_R和 I 是有效值。

1.3.4　纯电感电路

在交流电路中，如果只用电感线圈作负载，而且线圈的电阻和分布电容均可忽略不计，那么，这样的电路就称为纯电感电路，如图 1-34 所示。空载变压器、电力线路中限制短路电流的电抗器等都可视为纯电感负载。

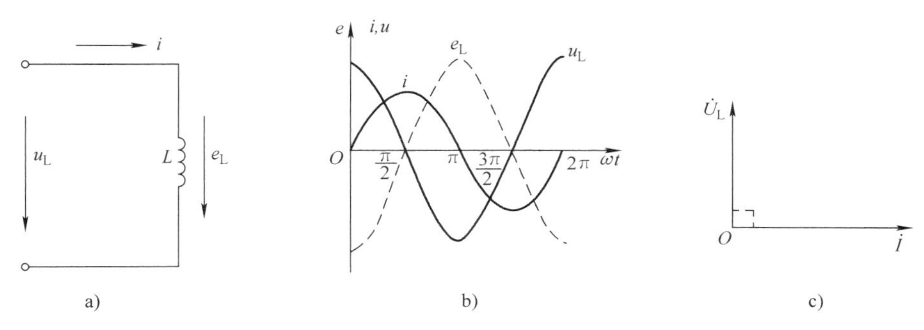

图 1-34　纯电感电路

a）电路图　b）波形图　c）相量图

1. 电流与电压的相位关系

当纯电感电路中有交变电流 i 通过时，根据电磁感应定律，电感（线圈）L 上将产生自感电动势 e_L，在图 1-34a 所示的 i 和 e_L的参考方向下，其表达式为

$$e_L = -L\frac{\Delta i}{\Delta t}$$

取电感（线圈）两端电压 u_L与 e_L的参考方向一致，有 $u_L = -e_L$，即

$$u_L = -e_L = L\frac{\Delta i}{\Delta t}$$

设通过电感（线圈）L 中的电流为

$$i = I_m \sin\omega t$$

其电流波形如图 1-34b 所示。

由数学推导可得

$$u_L = L\frac{\Delta i}{\Delta t} = L\frac{\Delta(I_m \sin\omega t)}{\Delta t} = \omega L I_m \sin\left(\omega t + \frac{\pi}{2}\right)$$

$$= U_{Lm}\sin\left(\omega t + \frac{\pi}{2}\right) \qquad (1\text{-}21)$$

由式（1-21）可知，在纯电感电路中，在相位上电压 u_L 比电流 i 超前 $\frac{\pi}{2}$，或者说，电流 i 比电压 u_L 滞后 $\frac{\pi}{2}$，其波形图如图 1-34b 所示。其相量图如图 1-34c 所示。而且由式（1-21）还可知，电流与电压两者的频率相同。

2. 电流与电压的数量关系

同样，由式（1-21）可知，电流与电压最大值之间的关系为

$$U_{Lm} = \omega L I_m$$

同理可得到电流与电压有效值之间的关系为

$$U_L = \omega L I \quad \text{或} \quad I = \frac{U_L}{\omega L}$$

若将 ωL 用符号 X_L 表示，则可得到

$$I = \frac{U_L}{X_L}$$

这说明在纯电感正弦交流电路中，电流与电压的最大值及有效值也符合欧姆定律。

3. 感抗

对比纯电阻电路欧姆定律可知，X_L 与 R 相当，表示电感对交流电流的阻碍作用，所以 X_L 称为电感元件的电抗，简称感抗，其单位为欧姆（Ω）。感抗的计算公式为

$$X_L = \omega L = 2\pi f L$$

显然，**感抗的大小取决于线圈的电感 L 和流过它的电流的频率 f**。对某一个线圈而言，f 越高，则 X_L 越大，因此电感线圈对高频电流的阻碍作用很大。对直流电而言，由于 $f=0$，则 $X_L=0$，电感线圈可视为短路。可见，感抗只有在交流电路中才有意义。

应该注意，感抗 X_L 只等于电感元件上电压与电流的最大值或有效值的比值，不等于电压和电流的瞬时值的比值，这是因为 u_L 和 i 相位不同，而且感抗只对正弦电流才有意义。

4. 纯电感电路的功率

（1）瞬时功率

纯电感正弦交流电路中的瞬时功率等于电压瞬时值与电流瞬时值的乘积，即

$$p_L = u_L i = U_{Lm}\sin\left(\omega t + \frac{\pi}{2}\right) \times I_m \sin\omega t \tag{1-22}$$

由式（1-22）确定的功率曲线如图 1-35 所示。从图中可以观察到，在纯电感正弦交流电路中，其瞬时功率也是时间的正弦函数，其频率为电流频率的两倍。

由图 1-35 可知，在第一和第三个 1/4 周期内，p_L 为正值，即电源将电能传给

线圈，并以磁能形式储存于线圈中；在第二和第四个 1/4 周期内，p_L为负值，即线圈将磁能转换成电能，向电源充电。这样，在一个周期内，纯电感电路的平均功率为零（有功功率 $P=0$），所以纯电感电路中没有能量损耗，只有电能和磁能的周期性的转换。因此，电感元件是一种储能元件。

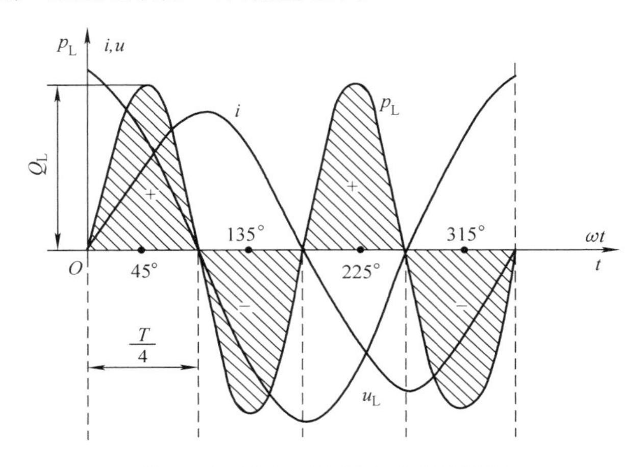

图 1-35　纯电感电路中功率的波形

（2）无功功率

虽然在纯电感电路中平均功率为零，但事实上，电路中时刻进行着能量的交换，所以瞬时功率并不为零。把瞬时功率的最大值称为无功功率，用符号 Q_L表示。无功功率的单位是乏尔，简称乏，用 var 表示。无功功率的单位也可是千乏（kvar）。无功功率 Q_L的数学表达式为

$$Q_L = U_L I = I^2 X_L = \frac{U_L^2}{X_L} \tag{1-23}$$

无功功率反映的是储能元件与外界交换能量的规模。因此，**无功的含意是交换，而不是消耗**。它是相对于有功而言的，绝不能理解为无用。它是具有电感的设备建立磁场、储存磁能必不可少的工作条件。

1.3.5　纯电容电路

在交流电路中，如果只用电容器作为负载，而且电容器的绝缘电阻很大，介质损耗和分布电感均可忽略不计，那么这样的电路就称为纯电容电路，如图 1-36a 所示。

1. 电流与电压的相位关系

当电容器接到交流电源上时，由于交流电压的大小和方向不断变化，电容器就不断进行充放电，便形成了持续不断的交流电流 i，其瞬时值等于电容器极板上电荷变化率，即

$$i = \frac{\Delta q}{\Delta t}$$

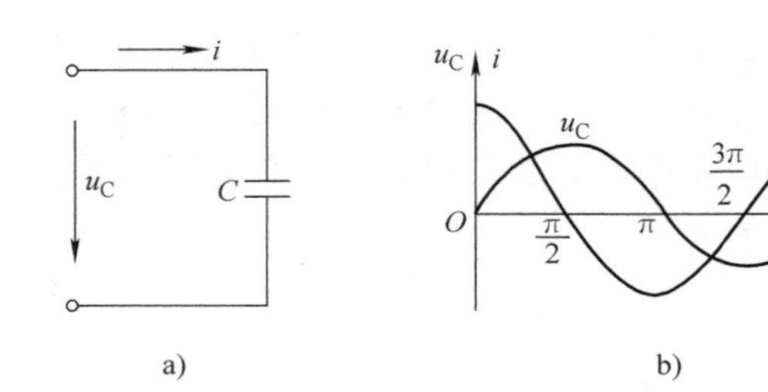

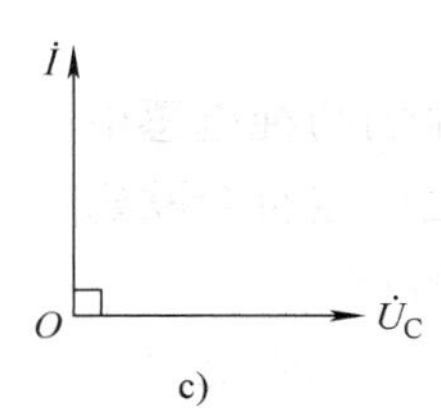

图 1-36　纯电容电路

a）电路图　b）波形图　c）相量图

式中　Δq——电容器上电荷量的变化值；

Δt——时间的变化值。

$$\because \quad q = Cu_C$$

$$\therefore \quad i = C\frac{\Delta u_C}{\Delta t}$$

式中　$\frac{\Delta u_C}{\Delta t}$——电容器两端电压的变化率。

设加在电容器两端的电压 u_C 为

$$u_C = U_{Cm}\sin\omega t$$

其电压波形如图 1-36b 所示。

由数学推导可得

$$i = C\frac{\Delta u_C}{\Delta t} = C\frac{\Delta(U_{Cm}\sin\omega t)}{\Delta t} = \omega CU_{Cm}\sin\left(\omega t + \frac{\pi}{2}\right)$$

$$= I_m\sin\left(\omega t + \frac{\pi}{2}\right) \tag{1-24}$$

由式（1-24）可知，在纯电容电路中，在相位上电流 i 比电压 u_C 超前$\frac{\pi}{2}$。或者说，电压 u_C 比电流 i 滞后$\frac{\pi}{2}$，其波形图如图 1-36b 所示，相量图如图 1-36c 所示。而且由式（1-24）还可知，电流与电压两者的频率相同。

2. 电流与电压的数量关系

同样由式（1-24）可知，电流与电压最大值之间的关系为

$$I_m = \omega CU_{Cm}$$

同理，可得到电流与电压有效值之间的关系为

$$I = \omega CU_C = \frac{U_C}{\frac{1}{\omega C}} \quad 或 \quad U_C = \frac{I}{\omega C}$$

若将$\frac{1}{\omega C}$用符号 X_C 表示，则可得到

$$I = \frac{U_C}{X_C}$$

这说明与纯电感电路相似，在纯电容正弦交流电路中，电流与电压的最大值及有效值之间也符合欧姆定律。

3. 容抗

对比纯电阻电路欧姆定律可知，X_C 与 R 相当，表示电容对电流的阻碍作用。所以 X_C 称为电容器的电抗，简称容抗，其单位为欧姆（Ω），和电阻、感抗的单位相同。容抗的计算公式为

$$X_C = \frac{1}{\omega C} = \frac{1}{2\pi fC}$$

显然，**容抗的大小与频率和电容量成反比**。当电容量 C 一定时，频率 f 越高，则容抗 X_C 越小。而在直流电路中，频率 $f=0$，$X_C \to \infty$，可视为开路，所以直流电不能通过电容元件，这就是电容元件的隔直通交作用。

与感抗相似，容抗 X_C 只等于电容元件上电压与电流的最大值或有效值之比，不等于它们的瞬时值之比，而且容抗只对正弦电流才有意义。

4. 纯电容电路的功率

（1）瞬时功率

纯电容正弦交流电路的瞬时功率同样等于电压瞬时值与电流瞬时值的乘积，即

$$p_C = u_C i = U_{Cm}\sin\omega t \times I_m \sin\left(\omega t + \frac{\pi}{2}\right) \tag{1-25}$$

由式（1-25）确定的功率曲线如图 1-37 所示。从图中可以观察到，纯电容正弦交流电路瞬时功率也是时间的正弦函数，其频率为电流频率的两倍。

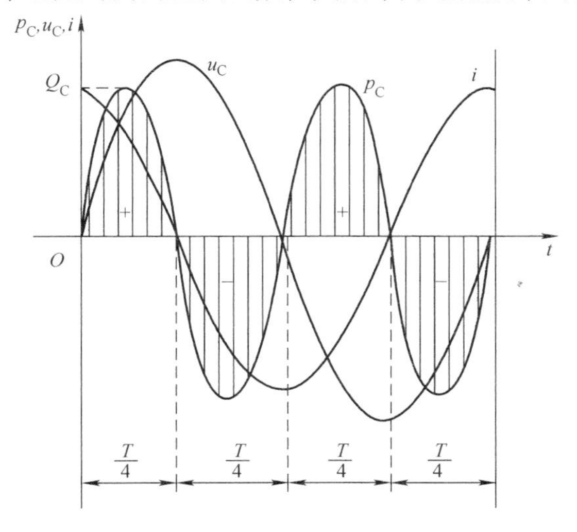

图 1-37　纯电容电路中功率的波形

由图 1-37 可以看出，纯电容电路的平均功率为零（即有功功率 $P=0$），但是电容器与电源之间进行着能量的交换：在第一个和第三个 1/4 周期内，电容器吸取电源能量，并以电场能的形式储存起来；在第二个和第四个 1/4 周期内，电容器又向电源释放能量。

（2）无功功率

为了衡量电容元件与电源之间进行能量交换的规模，和纯电感电路一样，瞬时功率的最大值被定义为纯电容电路的无功功率，用符号 Q_C 表示，其单位为 var 或 kvar。数学表达式为

$$Q_C = U_C I = I^2 X_C = \frac{U_C^2}{X_C}$$

1.3.6 电阻、电感、电容的串联电路

由电阻 R、电感 L 和电容 C 组成的串联电路，简称 $R-L-C$ 串联电路，如图 1-38a所示。

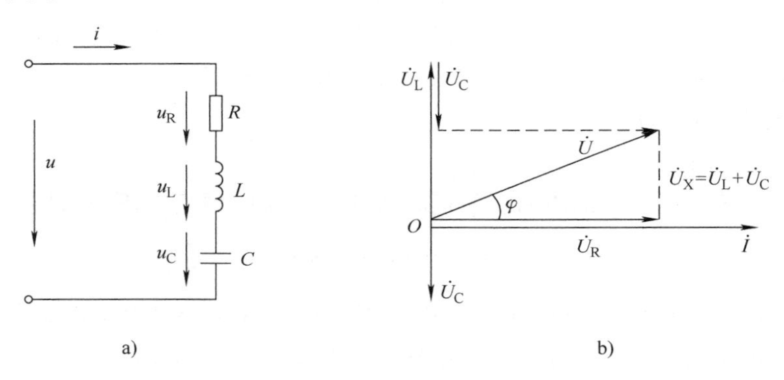

图 1-38　$R-L-C$ 串联电路和相量图

a）电路图　b）相量图

1. 电流与电压的相位关系

设在 $R-L-C$ 串联电路中，通过的正弦交流电为 i，则电阻电压 u_R、电感电压 u_L、电容电压 u_C 都是和电流 i 同频率的正弦量。

由于流过各元件的电流均为 I，所以以电流 $\dot{I}$ 为参考相量，电阻 R 两端的电压 $U_R=IR$，电压 $\dot{U}_R$ 与电流 $\dot{I}$ 同相位；电感 L 两端的电压 $U_L=IX_L$，电压 $\dot{U}_L$ 超前电流 $\dot{I}$ 90°；电容 C 两端的电压 $U_C=IX_C$，电压 $\dot{U}_C$ 滞后电流 $\dot{I}$ 90°。因此，$R-L-C$ 串联电路的相量图如图 1-38b 所示，对应的相量关系为

$$\dot{U} = \dot{U}_R + \dot{U}_L + \dot{U}_C$$

2. 电流与电压的数量关系

假设 $U_L > U_C$，即 $X_L > X_C$，由相量图可以看出：电感上电压 U_L 与电容上电压 U_C 相位相反，把两个电压的相量和称为电抗电压，用 U_X 表示，则其相量形式为

$$\dot{U}_X = \dot{U}_L + \dot{U}_C$$

根据相量图可以求出

$$\dot{U} = \dot{U}_R + \dot{U}_L + \dot{U}_C = \dot{U}_R + \dot{U}_X$$

如图 1-38b 所示，$\dot{U}_R$、$\dot{U}_X$ 和 $\dot{U}$ 组成电压三角形，由它们可以求出总电压的有效值，即

$$\begin{aligned} U &= \sqrt{U_R^2 + (U_L - U_C)^2} \\ &= \sqrt{(IR)^2 + (IX_L - IX_C)^2} \\ &= I\sqrt{R^2 + (X_L - X_C)^2} \end{aligned} \tag{1-26}$$

3. 阻抗

式（1-26）中的 $\sqrt{R^2 + (X_L - X_C)^2}$ 可用字母 Z 表示，即

$$Z = \sqrt{R^2 + (X_L - X_C)^2} = \sqrt{R^2 + X^2}$$

式中　Z——电路的阻抗，它包括电阻 R 和电抗 X 两部分（Ω）；

X——电抗，它是由感抗和容抗两部分构成的，即 $X = X_L - X_C$（Ω）。

将电压三角形各边同除以电流 I，可得到阻抗三角形，斜边为阻抗 Z，直角边为电阻 R 和电抗 X，如图 1-39 所示。

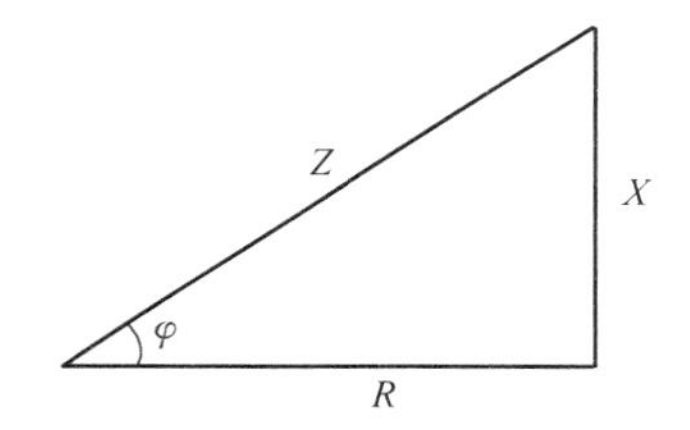

图 1-39　$R-L-C$ 串联电路的阻抗三角形

阻抗三角形中，Z 与 R 两边的夹角 φ 称为阻抗角，它就是总电压 $\dot{U}$ 和电流 $\dot{I}$ 的相位差，即

$$\varphi = \arctan\frac{X}{R} = \arctan\frac{X_L - X_C}{R}$$

由上式可见，总电压 $\dot{U}$ 与电流 $\dot{I}$ 的相位差与 R、X_L、X_C 有关，其方向取决于 X_L 和 X_C 之差。

当 $X_L > X_C$ 时，$\varphi > 0$，$X_L - X_C$ 和 $U_L - U_C$ 均为正值，总电压超前于电流，称电路为感性电路。

当 $X_L < X_C$ 时，$\varphi < 0$，$X_L - X_C$ 和 $U_L - U_C$ 均为负值，总电压滞后于电流，称电路为容性电路。

当 $X_L = X_C$ 时，$X_L - X_C = 0$，$\varphi = 0$，$U_L = U_C$，这时总电压与电流同相位，电路中电流 $I = \dfrac{U}{R}$ 最大，此时总电路呈电阻性，这种状态称为串联谐振。

4. 电路中的功率和功率因数

$R-L-C$ 串联电路中的瞬时功率是三个元件瞬时功率之和，即

$$p = p_R + p_L + p_C$$

（1）有功功率

整个电路消耗的有功功率等于电阻消耗的有功功率，即

$$P = I^2R = U_RI$$

（2）无功功率

$$Q = Q_L - Q_C = I^2X_L - I^2X_C = U_LI - U_CI = (U_L - U_C)I = U_XI$$

当 $X_L > X_C$ 时，Q 为正，表示电路为感性无功功率；当 $X_L < X_C$ 时，Q 为负，表示电路为容性无功功率；$X_L = X_C$ 时，$X = 0$，无功功率 $Q = 0$，电路处于谐振状态，只有电感与电容之间进行能量交换。

（3）视在功率

$$S = UI$$

视在功率、有功功率、无功功率组成功率三角形，如图 1-40 所示。

由功率三角形可得

$$S = \sqrt{P^2 + Q^2}$$
$$P = S\cos\varphi$$
$$Q = S\sin\varphi$$

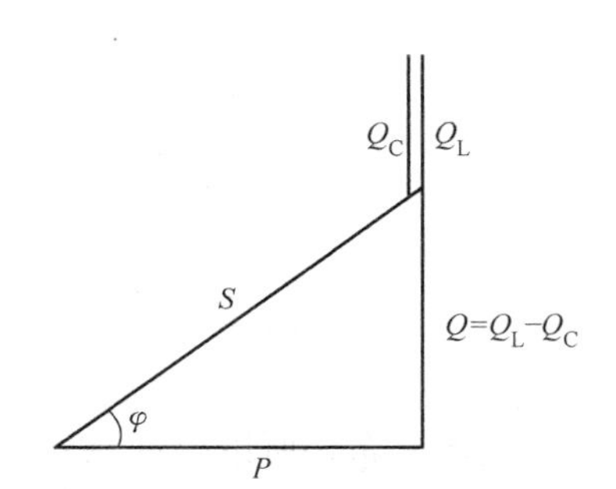

图 1-40　$R-L-C$ 串联电路的功率三角形

（4）功率因数

$$\cos\varphi = \frac{P}{S} = \frac{U_R}{U} = \frac{R}{Z}$$

1.3.7　三相交流电

本章 1.3.1 节～1.3.6 节分析的单相正弦交流电路中的电源，都是以两个输出端与负载连接的，即电源只有一个交变电动势。如果在交流电路中有几个电动势同时供电，每个电动势的频率相同、最大值相等，只有初相位不同，那么就称这种电路为多相制电路。其中每一个电动势所构成的电路称为多相制的一相。

目前工程上应用最为广泛的是三相制的交流电路，其三相电动势频率相同、最大值相等，相位彼此相差 120°电角度。

1. 三相正弦交流电动势的产生

三相正弦交流电动势一般是由三相同步发电机产生的，其工作原理如图 1-41 所示。

三相同步发电机的转子是一对磁极，定子铁心槽内分别嵌有 U、V、W 三相定子绕组，U1、V1、W1 分别为三相绕组的首端，U2、V2、W2 分别为三相绕组的末端，三相绕组匝数相等，结构相同，沿定子铁心的内圆彼此相隔 120°电角度放置（注意，U、V、W 三相分别对应于 L1、L2、L3 三相；其中 U1、V1、W1 分别对应于三相绕组的首端 A、B、C；U2、V2、W2 分别对应于三相绕组的末端 X、Y、Z）。

发电机的转子由原动机带动旋转，当直流电经电刷、集电环通入励磁绕组后，转子就会产生磁场。由于转子是在不停旋转着的，所以这个磁场就成为一个旋转磁场，它与静止的定子绕组间形成相对运动，于是在定子绕组中就会感应出交流电动势来。由于设计和制造发电机时，有意使转子磁极产生的磁感应强度的大小沿圆周

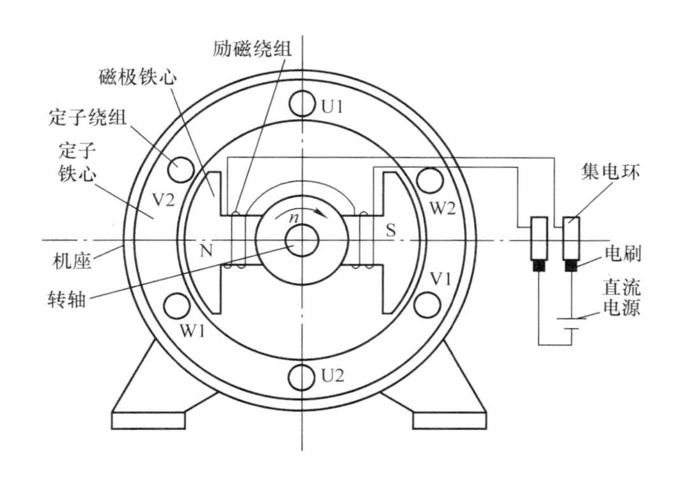

图1-41　三相同步发电机的工作原理

按正弦规律分布，所以定子绕组中产生的感应电动势也随着时间按正弦规律变化。

转子磁极的轴线处磁感应强度最高（磁力线最密），所以当某相定子绕组的导体正对着磁极的轴线时，该相绕组中的感应电动势就达最大值。由于三相绕组在空间互隔120°电角度，所以三相绕组的感应电动势不能同时达到最大值，而是按照转子的旋转方向，即按图1-41中的箭头 n 所示的方向，先是U相达到最大值，然后是V相达到最大值，最后是W相达到最大值，如此循环下去。这三相电动势的相位互差120°，它们随时间变化的规律如图1-42a所示。这种最大值相等、频率相同、相位互差120°的三个正弦电动势称为对称三相电动势。

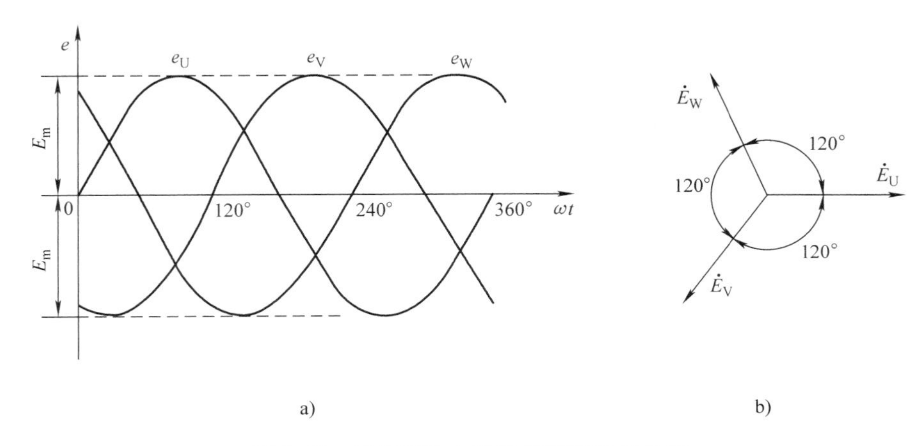

图1-42　三相对称电动势波形图和相量图
a）波形图　b）相量图

2. 三相正弦交流电动势的表示方法

若以 U 相绕组中的感应电动势为参考正弦量，则三相电动势的瞬时值表达式为

$$
\begin{aligned}
e_U &= E_m \sin\omega t \\
e_V &= E_m \sin(\omega t - 120°) \\
e_W &= E_m \sin(\omega t - 240°) = E_m \sin(\omega t + 120°)
\end{aligned}
\tag{1-27}
$$

三相对称电动势的波形和相量图如图 1-42 所示。

3. 相序

三相电动势中，各相电动势出现某一值（例如正最大值）的先后次序称为三相电动势的相序。在图 1-42 中，三相电动势达到正最大值的顺序为 e_U、e_V、e_W，其相序为 U-V-W-U，称为正序或顺序；若最大值出现的顺序为 U-W-V-U，恰好与正序相反，则称为负序或逆序。工程上通用的相序是正序。

1.3.8 三相电源的联结

三相电源的三相绕组一般都按两种方式连接起来向负载供电：一种方式是星形（Y）联结，另一种方式是三角形（△）联结。

1. 三相电源的星形联结

三相电源的星形联结如图 1-43a 所示。

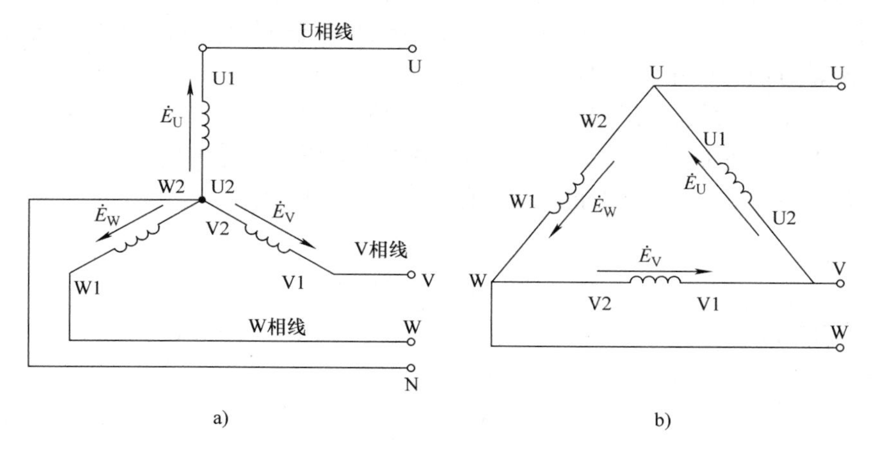

图 1-43 三相交流电源的联结
a）星形联结 b）三角形联结

将三相发电机中三相绕组的末端 U2、V2、W2 连在一起，首端 U1、V1、W1 引出作输电线，这种连接称为星形联结，用Y表示。从三相绕组的首端 U1、V1、W1 引出的三根导线称为相线或端线，俗称火线；三相绕组的末端 U2、V2、W2 连接在一起，称为电源的中性点，简称中点，用 N 表示。从中性点引出的导线称为中性线，简称中线。低压供电系统的中性点是直接接地的，故把接大地的中性点称

为零点，而把接地的中性线称为零线。

在图 1-43a 中，任一根相线与中性线之间的电压称为相电压，用 U_{φ}（或 U_{ph}）表示，三相的相电压分别记为 $\dot{U}_{U}$、$\dot{U}_{V}$、$\dot{U}_{W}$；三根相线中，任意两根相线之间的电压称为线电压，用 U_{L}表示，三相之间的线电压分别记作 $\dot{U}_{UV}$、$\dot{U}_{VW}$、$\dot{U}_{WU}$。从图 1-43a中各电压的参考方向可得线电压与相电压的关系为

$$
\begin{aligned}
\dot{U}_{UV} &= \dot{U}_{U} - \dot{U}_{V} \\
\dot{U}_{VW} &= \dot{U}_{V} - \dot{U}_{W} \\
\dot{U}_{WU} &= \dot{U}_{W} - \dot{U}_{U}
\end{aligned} \tag{1-28}
$$

相电压和线电压的相量图如图 1-44 所示。作相量图时，可以先画出相量 $\dot{U}_{U}$、$\dot{U}_{V}$、$\dot{U}_{W}$，然后根据式（1-28）分别画出相量 $\dot{U}_{UV}$、$\dot{U}_{VW}$、$\dot{U}_{WU}$。由图 1-44 可见，三相线电压也是对称的，在相位上比相应的相电压超前 30°。

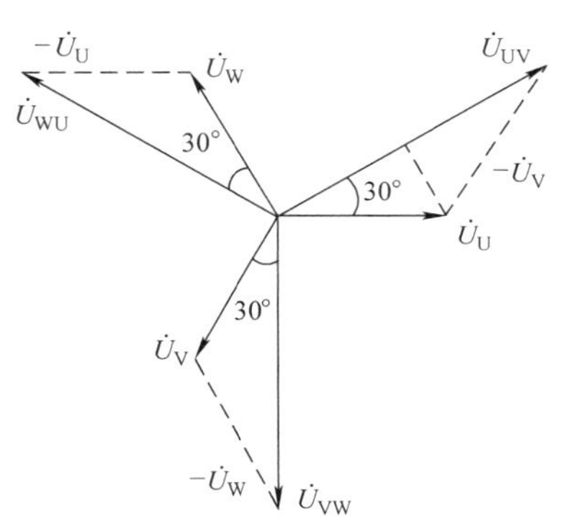

图 1-44　三相四线制线电压与相电压的相量图

至于线电压与相电压的数量关系，可从图 1-44中的等腰三角形得出，即

$$U_{UV} = 2U_{U}\cos30° = 2U_{U} \times \frac{\sqrt{3}}{2} = \sqrt{3}U_{U} \tag{1-29}$$

由此得出对称三相电源星形连接时线电压 U_{L}与相电压 U_{φ} 的数量关系为

$$U_{L} = \sqrt{3}U_{\varphi} \tag{1-30}$$

三相电源星形联结时，无中性线引出，仅有三根相线向负载供电的方式称为三相三线制供电；有中性线引出，共有四根线向负载供电的方式称为三相四线制供电，这种供电方式可向负载提供两种电压，即相电压和线电压。

2. 三相电源的三角形联结

将三相发电机中三相绕组的各末端与相邻绕组的首端依次相连，即 U2 与 V1、V2 与 W1、W2 与 U1 相连，如图 1-43b 所示，使三个绕组构成一个闭合的三角形回路，这种连接方式称为三角形联结，用△表示。

由图 1-43b 可以明显看出，三相电源作三角形联结时，线电压就是相电压，即

$$U_{L} = U_{\varphi} \tag{1-31}$$

因为三角形联结不存在中性点，不能引出中性线，所以这种连接方法只能引出三根相线向负载供电，故只能向负载提供一种电压。

若三相电动势为对称三相正弦电动势，则三角形闭合回路的总电动势等于零，即

$$\dot{E} = \dot{E}_{U} + \dot{E}_{V} + \dot{E}_{W} = 0$$

这时三相发电机的绕组内部不存在环流。但是，若三相电动势不对称，则闭合回路的总电动势就不为零，此时，即使外部没有接负载，由于各相绕组本身的阻抗均较小，闭合回路内将会产生很大的环流，这将使绕组过热，甚至烧毁。因此，三**相发电机的绕组一般不采用三角形联结。三相变压器的绕组有时采用三角形联结，但要求连接前必须检查三相绕组的对称性及接线顺序。**

1.3.9　三相负载的联结

三相负载是指同时需要三相电源供电的负载，三相负载实际上也是由三个单相负载组合而成的。通常把各相负载相同（即阻抗大小相同，阻抗角也相同）的三相负载称为对称三相负载，如三相异步电动机、三相电炉等。如果各相负载不同，就称为不对称三相负载，如由三个单相照明电路组成的三相负载。

在一个三相电路中，如果三相电源和三相负载都是对称的，则称为对称三相电路，反之称为不对称三相电路。本节重点讨论对称三相电路。

三相负载也有两种联结方式，即星形联结（Y）和三角形联结（△），现分述如下。

1. 三相负载的星形联结

将三相负载分别接在三相电源的相线和中性线之间的接法称为三相负载的星形联结（常用Y标记），如图1-45所示，图中，Z_U、Z_V、Z_W为各相负载的阻抗，N′为负载的中性点。

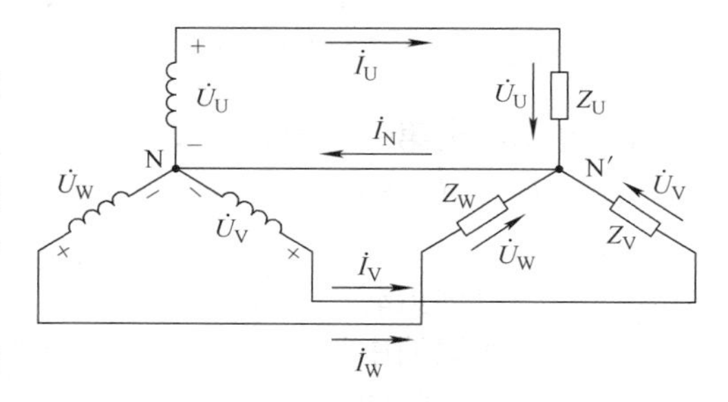

图1-45　三相负载的星形联结

在三相电路中，每相负载两端的电压称为负载的相电压，用符号 U_φ（或 U_{ph}）表示；流过每相负载的电流称为负载的相电流，用符号 I_φ（或 I_{ph}）表示；相线与相线之间的电压称为线电压，用符号 U_L表示；流过相线的电流称为线电流，用符号 I_L表示。

三相负载为星形联结时，设各物理量的参考方向如图1-45所示，即负载相电压的参考方向规定为自相线指向负载的中性点N′，分别用 $\dot{U}_U$、$\dot{U}_V$、$\dot{U}_W$表示；相电流的参考方向与相电压的参考方向一致；线电流的参考方向为从电源端指向负载端；中性线电流的参考方向规定为由负载中性点N′指向电源中性点N。

由图1-45可知，在忽略输电线上的电压降时，负载的相电压就等于电源的相电压，三相负载的线电压就是电源的线电压。因此，三相负载星形联结时，负载的相电压 U_φ 与负载的线电压 U_L的关系仍然是

$$U_L = \sqrt{3}U_\varphi$$

线电压的相位仍超前对应的相电压30°，其相量图与图1-44一样。

三相星形负载接上三相电源后，就有电流产生。由图1-45可见，线电流的大小等于相电流，即

$$I_L = I_\varphi$$

三相电路的每一相就是一个单相电路，所以各相电流与相电压的数量关系和相位关系都可以用单相电路的方法来讨论。

若三相负载对称，则各相负载的阻抗相等，即 $Z_U = Z_V = Z_W = Z_\varphi$，因各相电压对称，所以各负载中的相电流大小相等，即

$$I_U = I_V = I_W = I_\varphi = \frac{U_\varphi}{Z_\varphi}$$

而且，各相电流与各相电压的相位差也相等，即

$$\varphi_U = \varphi_V = \varphi_W = \varphi = \arccos\frac{R_\varphi}{Z_\varphi}$$

式中　R_φ——各相负载的电阻。

因为三个相电压 $\dot{U}_U$、$\dot{U}_V$、$\dot{U}_W$ 的相位差互为 120°，所以三个相电流 $\dot{I}_U$、$\dot{I}_V$、$\dot{I}_W$ 的相位差也互为 120°，如图 1-46 所示，从相量图上很容易得出：三相电流的相量和为零，即

$$\dot{I}_U + \dot{I}_V + \dot{I}_W = 0$$

或

$$i_U + i_V + i_W = 0$$

根据基尔霍夫第一定律，由图 1-45 可得

$$\dot{I}_N = \dot{I}_U + \dot{I}_V + \dot{I}_W = 0$$

即中性线电流为零。

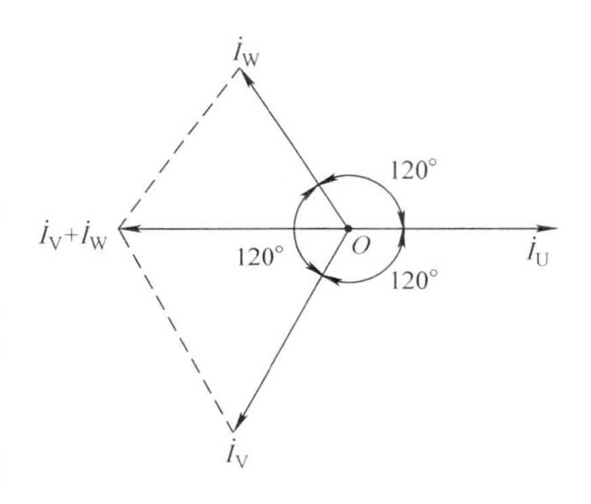

图 1-46　三相对称负载星形联结时的电流相量图

由于三相对称负载星形联结时，其中性线电流为零，因而取消中性线也不会影响三相电路的正常工作，三相四线制实际变成了三相三线制。各相负载的相电压仍为对称的电源相电压。

当三相负载不对称时，各相电流的大小就不相等，相位差也不一定是 120°，因此，中性线电流就不为零，此时中性线绝不能取消。因为当有中性线存在时，它能平衡各相电压，保证三相成为三个互不影响的独立回路，此时各相负载电压等于电源的相电压。如果中性线断开，各相负载的相电压就不再等于电源的相电压了。这时，阻抗较小的负载的相电压可能低于其额定电压，而阻抗较大的负载的相电压可能高于其额定电压，这将使负载不能正常工作，甚至会造成严重事故。所以，**在三相负载不对称的三相四线制中，规定不允许在中性线上安装熔断器或开关**。另一方面，在连接三相负载时应尽量使其平衡，以减小中性线电流，例如在三相照明电路中，应尽量将照明负载平均分接在三相上，而不要集中在某一相或两相上。

2. 三相负载的三角形联结

把三相负载分别接在三相电源的两根相线之间的接法称为三相负载的三角形联

结（常用△标记），如图 1-47a 所示。这时不论负载是否对称，各相负载所承受的电压均为对称的电源线电压。

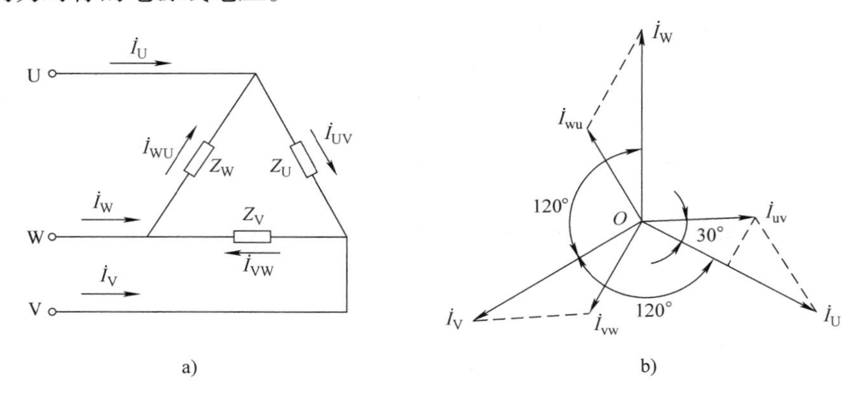

图 1-47　三相负载的三角形联结及电流相量图

a）接线图　b）相量图

三相负载三角形联结时，负载的线电压 U_L 等于负载的相电压 U_φ，即

$$U_L = U_\varphi$$

三角形联结的负载接通三相电源后，就会产生线电流和相电流，从图 1-47a 中可以看出，其相电流与线电流是不一样的。这种三相电路的每一相，同样可以按照单相交流电路的方法来计算相电流 I_φ。若三相负载是对称的，各相负载的阻抗为 Z_φ，则各相电流的大小相等，即

$$I_{UV} = I_{VW} = I_{WU} = I_\varphi = \frac{U_\varphi}{Z_\varphi}$$

同时，各相电流与各相电压的相位差也相同，即

$$\varphi_U = \varphi_V = \varphi_W = \varphi = \arccos\frac{R_\varphi}{Z_\varphi}$$

式中　R_φ——各相负载的电阻。

因为三个相电压的相位差互为 120°，所以三个相电流的相位差也互为 120°。

根据图 1-47a 所示的各电流的参考方向，由基尔霍夫第一定律可知，线电流为

$$\dot{I}_U = \dot{I}_{UV} - \dot{I}_{WU} = \dot{I}_{UV} + (-\dot{I}_{WU})$$
$$\dot{I}_V = \dot{I}_{VW} - \dot{I}_{UV} = \dot{I}_{VW} + (-\dot{I}_{UV})$$
$$\dot{I}_W = \dot{I}_{WU} - \dot{I}_{VW} = \dot{I}_{WU} + (-\dot{I}_{VW})$$

由此可作出线电流和相电流的相量图，如图 1-47b 所示。从图中可以看出，各线电流在相位上比各自相应的相电流滞后 30°。又因为相电流是对称的，所以线电流也是对称的，即各线电流之间的相位差也互为 120°。

由图 1-47b 所示的电流相量图可以明显看出

$$I_U = 2I_{UV}\cos 30° = 2I_{UV} \times \frac{\sqrt{3}}{2} = \sqrt{3}I_{UV}$$

由此得出对称三相负载三角形联结时，线电流 I_L 与相电流 I_φ 的数量关系为

$$I_L = \sqrt{3} I_\varphi$$

综上所述，三相负载既可以星形联结，也可以三角形联结。具体如何连接，应根据负载的额定电压和三相电源的额定线电压而定，务必使每相负载所承受的电压等于额定电压，例如，**对线电压为 380V 的三相电源来说，当每相负载的额定电压为 220V 时，三相负载应作星形联结；当每相负载的额定电压为 380V 时，三相负载应作三角形联结。**

1.3.10　三相电路的功率

1. 三相电路功率的一般计算

在三相交流电路中，三相负载的有功功率 P 等于各相负载有功功率之和；三相负载的无功功率 Q 等于各相负载无功功率之和，即

$$\begin{aligned} P &= P_U + P_V + P_W \\ &= U_U I_U \cos\varphi_U + U_V I_V \cos\varphi_V + U_W I_W \cos\varphi_W \\ Q &= Q_U + Q_V + Q_W \\ &= U_U I_U \sin\varphi_U + U_V I_V \sin\varphi_V + U_W I_W \sin\varphi_W \end{aligned}$$

式中　U_U、U_V、U_W——分别为各相负载相电压的有效值；

I_U、I_V、I_W——分别为各相负载相电流的有效值；

φ_U、φ_V、φ_W——分别为各相相电压比相电流超前的相位差；

$\cos\varphi_U$、$\cos\varphi_V$、$\cos\varphi_W$——分别为各相负载的功率因数。

三相负载的总视在功率 S 一般不等于各相视在功率之和，通常用下式计算，即

$$S = \sqrt{P^2 + Q^2}$$

三相电路的功率因数则为

$$\cos\varphi = \frac{P}{S}$$

2. 对称三相电路的功率

因为在对称三相电路中，各相的相电压、相电流的有效值以及功率因数角均相等，即

$$U_U = U_V = U_W = U_\varphi$$

$$I_U = I_V = I_W = I_\varphi$$

$$\varphi_U = \varphi_V = \varphi_W = \varphi$$

所以，对称三相电路总的有功功率 P、无功功率 Q、视在功率 S、功率因数 $\cos\varphi$ 分别为

$$P = 3 U_\varphi I_\varphi \cos\varphi$$

$$Q = 3 U_\varphi I_\varphi \sin\varphi$$

$$S = 3 U_\varphi I_\varphi$$

$$\cos\varphi = \frac{P}{S}$$

即对称三相电路的功率等于每相功率的三倍，而功率因数为每相的功率因数。

若三相电路的线电压 U_L、线电流 I_L 为已知，当三相负载为星形联结时，有

$$U_\varphi = \frac{1}{\sqrt{3}}U_L;\ I_\varphi = I_L$$

当三相负载为三角形联结时，有

$$U_\varphi = U_L;\quad I_\varphi = \frac{1}{\sqrt{3}}I_L$$

所以，不论三相负载是星形联结还是三角形联结，均有

$$3U_\varphi I_\varphi = \sqrt{3}U_L I_L$$

因此，对称三相电路的有功功率、无功功率、视在功率还可用线电压、线电流表示为

$$P = \sqrt{3}U_L I_L\cos\varphi$$

$$Q = \sqrt{3}U_L I_L\sin\varphi$$

$$S = \sqrt{3}U_L I_L \tag{1-32}$$

要注意式（1-32）中的 φ 仍是相电压与相电流之间的相位差，即相电压超前相电流的角度，也是每相负载的阻抗角，并非线电压与线电流之间的相位差。由于线电压、线电流比相电压、相电流容易测量，所以，式（1-32）更具有实用意义。

1.4 电工常用法定计量单位

电工常用法定计量单位见表 1-1。

表 1-1 电工常用法定计量单位

物理量的名称和符号		法定计量单位的名称和符号		习用非法定计量单位的名称和符号		单位换算关系
名称	符号	名称	符号	名称	符号	
长度	$l(L)$	米	m	里(市制)		1 里 = 500m
宽度	b	分米	dm	丈(市制)		1 丈 = 10 尺 = (10/3) m = $3.\dot{3}$m
高度	h	厘米	cm	尺(市制)		1 尺 = (1/3) m = $0.3\dot{3}$m
厚度	$\delta(d.t)$	毫米	mm	寸(市制)		1 寸 = (1/30) m = $0.03\dot{3}$m
半径	R,r	微米	μm	分(市制)		1 分 = (1/300) m = $0.00\dot{3}$m
直径	D,d			英尺	ft	1ft = 12in = 0.3048m
距离	s			英寸	in	1in = 0.0254m
				码	yd	1yd = 3ft = 0.9144m
				英里	mile	1mile = 5280ft = 1760yd = 1609.344m
						1km = 1000m
						1m = 10dm
						1dm = 10cm
						1cm = 10mm
						1mm = 1000μm

（续）

物理量的名称和符号		法定计量单位的名称和符号		习用非法定计量单位的名称和符号		单位换算关系
名称	符号	名称	符号	名称	符号	
面积	$A(S)$	平方米	m^2	平方英尺 平方英寸 平方英里 亩	ft^2 in^2 $mile^2$	$1ft^2 = 144\ in^2 = 0.092903m^2$ $1in^2 = 6.4516 \times 10^{-4}m^2$ $1mile^2 = 2.58999 \times 10^6 m^2$ 1 亩 $= (10000/15)m^2 = 666.\dot{6}m^2$
体积 容积	V	立方米 升 毫升	m^3 L mL	立方英尺 立方英寸 美加仑 英加仑	ft^3 in^3 USgal UKgal	$1ft^3 = 0.0283168m^3$ $1in^3 = 1.6387 \times 10^{-5}m^3 = 16.387cm^3$ $1USgal = 3.785dm^3 = 3785cm^3$ $1UKgal = 4.546dm^3 = 4546cm^3$ $1L = 10^{-3}m^3$ $1mL = 10^{-3}L$
平面角	$\alpha,\beta,\gamma,\varphi,\theta$ 等	弧度 度 分 秒	rad ° ″ ′			“度”应优先使用十进制小数，其符号标于数字之后，例如15.27°
立体角	Ω，ω	球面度	sr			
时间	t	日 〔小〕时 分 秒	d h min s			1d = 24h = 86400s 1h = 60min = 3600s 1min = 60s
旋转速度	n	转每分	r/min			
角速度	ω	弧度每秒	rad/s			
角加速度	α	弧度每二次方秒	rad/s^2			
速度	v	米每秒	m/s	英尺每秒 英里每小时	ft/s mile/h	1ft/s = 0.3048m/s 1mile/h = 0.44704m/s
加速度	a	米每二次方秒	m/s^2	英尺每二次方秒	ft/s^2	$1ft/s^2 = 0.3048m/s^2$
质量 （重量）	m	吨 千克 〔公斤〕	t kg	斤（市制） 两（市制） 磅 盎司	 lb oz	1 斤 = 0.5kg 1 两 = 50g 1lb = 0.45359kg 1oz = 28.349g
力 重力	F $W(P,G)$	牛〔顿〕	N	达因 千克力 吨力	dyn kgf tf	$1dyn = 10^{-5}N$ 1kgf = 9.80665N 1tf = 9806.65N
力矩 转矩 力偶矩	M T T	牛〔顿〕米	N·m	千克力米 达因厘米	kgf·m dyn·cm	1kgf·m = 9.80665N·m $1dyn \cdot cm = 10^{-7}N \cdot m$

（续）

物理量的名称和符号		法定计量单位的名称和符号		习用非法定计量单位的名称和符号		单位换算关系
名称	符号	名称	符号	名称	符号	
压力 压强 正应力 切(剪)应力	P p σ τ	帕〔斯卡〕	Pa	达因每平方厘米 千克力每平方厘米 毫米水柱 毫米汞柱 标准大气压 工程大气压	dyn/cm^2 kgf/cm^2 mmH_2O mmHg atm at	$1dyn/cm^2=0.1Pa$ $1kgf/cm^2=0.0980665MPa\approx0.1MPa$ $1mmH_2O=9.80665Pa$ $1mmHg=133.322Pa$ $1atm=101325Pa=101.325kPa$ $1at=98066.5Pa=98.0665kPa$
功 能〔量〕 热,热量	$W(A)$ $E(W)$ Q	焦〔耳〕 电子伏 千瓦时	J eV kW·h	尔格 千克力米 卡 大卡,千卡	erg kgf·m cal kcal	$1erg=10^{-7}J$ $1kgf\cdot m=9.80665J$ $1cal=4.1868J$ $1kcal=4.1868kJ$
功率	P	瓦〔特〕 千瓦〔特〕	W kW	千克力米每秒 (公制)马力 (英制)马力 尔格每秒	kgf·m/s HP erg/s	$1kgf\cdot m/s=9.80665W$ 1 马力$=735.499W$ $1hp=745.700W$ $1erg/s=10^{-7}W$
电流	I	安〔培〕 千安 毫安 微安	A kA mA μA			$1kA=10^3A$ $1A=10^3mA$ $1mA=10^3\mu A$
电压 电动势	U E	伏〔特〕 千伏 毫伏 微伏	V kV mV μV			$1kV=10^3V$ $1V=10^3mV$ $1mV=10^3\mu V$
电阻	R	欧〔姆〕 千欧 兆欧	Ω kΩ MΩ			$1k\Omega=10^3\Omega$ $1M\Omega=10^3k\Omega=10^6\Omega$
电阻率	ρ	欧〔姆〕米	Ω·m			
电导	G	西〔门子〕	S			
电导率	ν,σ,k	西〔门子〕每米	S/m			
电容	C	法〔拉〕 微法 皮法	F μF pF			$1F=10^6\mu F=10^{12}pF$ $1\mu F=10^6pF$
自感 互感	L M	亨〔利〕 毫亨 微亨	H mH μH			$1H=10^3mH=10^6\mu H$ $1mH=10^3\mu H$
磁通〔量〕	Φ	韦〔伯〕	Wb	麦克斯韦	Mx	$1Mx\approx10^{-8}Wb$

（续）

物理量的名称和符号		法定计量单位的名称和符号		习用非法定计量单位的名称和符号		单位换算关系
名称	符号	名称	符号	名称	符号	
磁通〔量〕密度，磁感应强度	B	特〔斯拉〕	T	高斯	Gs，G	$1Gs = 10^{-4}T$
磁场强度	H	安〔培〕每米	A/m	奥斯特	Oe	$1 = (1000/4\pi) \approx 79.5775A/m$
磁导率	μ	亨〔利〕每米	H/m			
热力学温度摄氏温度	T,θ t,θ	开〔尔文〕 摄氏度	K ℃	华氏度	℉	当表示温度差或温度间隔时 1℃ = 1K 1℉ = (9/5)K = (9/5)℃ 当表示温度数值时 ℃ = K − 273.15 ℃ = (5/9)(℉ − 32)
发光强度	$I\,[I_v]$	坎〔德拉〕	cd	国际烛光		1 国际烛光 = 1.019cd
光通量	$\phi\,[\phi_v]$	流〔明〕	lm			
〔光〕亮度	$L\,[L_v]$	坎〔德拉〕每平方米	cd/m^2	熙提	sb	$1sb = 10000cd/m^2$
〔光〕照度	$E\,[E_v]$	勒〔克斯〕	lx			$1lx = 1lm/m^2$

第2章　电气工程图常用文字符号和图形符号

2.1　电气设备常用文字符号

2.1.1　电气设备基本文字符号

电气设备基本文字符号见表2-1。

表2-1　电气设备常用基本文字符号

<table>
<tr><th>单字母符号</th><th>中文含义（设备、装置和元器件种类）</th><th>双字母符号</th><th>中文含义（设备、装置和元器件种类进一步分类）</th><th>等同IEC</th><th>补充（惯用符号）</th></tr>
<tr><td rowspan="4">A</td><td rowspan="4">组件部件</td><td>AD</td><td>晶体管放大器</td><td>=</td><td rowspan="4">AA 低压配电屏
AC 控制屏（箱）
ACP 并联电容器
AD 直流配电屏
AF 低压负荷开关箱
AH 高压开关箱
AK 刀开关箱
AL 照明配电箱
ALE 应急照明箱
AM 多种电源配电箱
AP 动力配电箱
AR 继电器屏
ARC 漏电流断路器箱
AS 信号屏（箱）
AT 电源自动切换箱
AW 电能表箱、操作箱
AX 插座箱</td></tr>
<tr><td>AJ</td><td>集成电路放大器</td><td>=</td></tr>
<tr><td>AT</td><td>抽屉柜</td><td>=</td></tr>
<tr><td>AR</td><td>支架盘</td><td>=</td></tr>
<tr><td rowspan="4">B</td><td rowspan="4">非电量到电量变换器或电量到非变量变换器</td><td>BP</td><td>压力变换器</td><td>=</td><td rowspan="4">BK 时间测量传感器
BL 液位测量传感器
BM 温度测量传感器</td></tr>
<tr><td>BQ</td><td>位置变换器</td><td>=</td></tr>
<tr><td>BV</td><td>速度变换器</td><td>=</td></tr>
<tr><td>BT</td><td>温度变换器</td><td>=</td></tr>
<tr><td>C</td><td colspan="3">电容器</td><td>=</td><td>CE 电力电容器</td></tr>
<tr><td rowspan="5">D</td><td rowspan="5">二进制元件
延迟器件
储存器件</td><td>DI（c/a）</td><td>数字集成电器和器件</td><td>=</td><td rowspan="5"></td></tr>
<tr><td>DL</td><td>延迟线</td><td>=</td></tr>
<tr><td>DB</td><td>双稳态元件</td><td>=</td></tr>
<tr><td>DM</td><td>单稳态元件</td><td>=</td></tr>
<tr><td>DR</td><td>寄存器</td><td>=</td></tr>
</table>

（续）

单字母符号	中文含义（设备、装置和元器件种类）	双字母符号	中文含义（设备、装置和元器件种类进一步分类）	等同IEC	补充（惯用符号）
E	其他元器件	EH	发热元件	=	EE 电加热器、加热元件
		EV	空气调节器	=	
F	保护器件	FA	具有瞬时动作的限流保护器件	=	FF 跌落式熔断器 FTF 快速熔断器
		FR	具有延时动作的限流保护器件	=	
		FS	具有延时和瞬时动作的限流保护器件	=	
		FU	熔断器	=	
		FV	限压保护器件	=	
G	发生器 发电机电源	GS	发生器	=	GD 柴油发电机 GE（通用）发电机 GU 不间断电源 GV 稳压电源设备
			同步发电机	=	
		GA	异步发电机	=	
		GB	蓄电池	=	
		GF	旋转式或固定式变频机	=	
H	信号器件	HA	声响指示器	=	HL 信号灯（各种信号） HB 蓝色灯（必须遵守的指示） HG 绿色灯 HR 红色灯 HW 白色灯 HY 黄色灯
		HL	光指示器	=	
			指示灯	=	
K	继电器 接触器	KA	瞬时接触继电器	=	KA 中间继电器 KC 气体继电器 KCZ 零序电流继电器 KD 差动继电器 KE 接地继电器 KH 热继电器 KPR 压力继电器 KRr 重合闸继电器 KSP 绝缘监视继电器 KTE 温度继电器 KY 同步监视继电器 KA 电流继电器
			瞬时有或无继电器		
			交流继电器		
		KL	闭锁接触继电器（机械闭锁或永磁铁式有或无继电器）	=	
			双稳态继电器	=	
		KM	接触器	=	
		KP	极化继电器	=	
		KR	簧片继电器	=	
		KT	延时有或无继电器	=	
L	电感器、电抗器			=	LA 消弧线圈 LF 励磁线圈 LL 滤波电容器

（续）

<table>
<tr><th>单字母符号</th><th>中文含义（设备、装置和元器件种类）</th><th>双字母符号</th><th>中文含义（设备、装置和元器件种类进一步分类）</th><th>等同IEC</th><th>补充（惯用符号）</th></tr>
<tr><td rowspan="2">M</td><td rowspan="2">电动机</td><td>MS</td><td>同步电动机</td><td>=</td><td rowspan="2">MA 异步电动机
MC 笼型异步电动机
MD 直流电动机
MN 绕线转子异步电动机</td></tr>
<tr><td>MG</td><td>可作为发电机或电动机用的电机</td><td>=</td></tr>
<tr><td>N</td><td colspan="5">模拟器件</td></tr>
<tr><td rowspan="6">P</td><td rowspan="6">测试设备
实验设备</td><td>PA</td><td>电流表</td><td>=</td><td rowspan="6">PF 频率表
PJR 无功电能表
PPA 相位表
PPF 功率因数表
PR 无功功率表
PW 有功功率表</td></tr>
<tr><td>PC</td><td>（脉冲）计数器</td><td>=</td></tr>
<tr><td>PJ</td><td>电能表</td><td>=</td></tr>
<tr><td>PS</td><td>记录仪器</td><td>=</td></tr>
<tr><td>PT</td><td>时钟、操作时间表</td><td>=</td></tr>
<tr><td>PV</td><td>电压表</td><td>=</td></tr>
<tr><td rowspan="3">Q</td><td rowspan="3">电力电路的开关器件</td><td>QF</td><td>断路器</td><td>=</td><td rowspan="3">QE 接地开关
QFS 刀熔开关、熔断器
QI 有载分接开关
QK 刀开关
QL 负荷开关
QR 漏电流断路器
QT 转换开关
QS 起动器
QSA 自耦减压起动器
QSC 综合起动器
QSD 星三角起动器
QV 真空断路器</td></tr>
<tr><td>QM</td><td>电动机保护开关</td><td>=</td></tr>
<tr><td>QS</td><td>隔离开关</td><td>=</td></tr>
<tr><td rowspan="4">R</td><td rowspan="4">电阻器</td><td>RP</td><td>电位器</td><td>=</td><td rowspan="4">RC 限流电阻器
RD 放电电阻
RF 频敏变阻器
RG 接地电阻
RL 光敏电阻
TPS 压（力）敏电阻
RS 启动变阻器</td></tr>
<tr><td>RS</td><td>测量分路表</td><td>=</td></tr>
<tr><td>RT</td><td>热敏电阻器</td><td>=</td></tr>
<tr><td>RV</td><td>压敏电阻器</td><td>=</td></tr>
<tr><td rowspan="9">S</td><td rowspan="9">控制、记忆、信号电路的开关器件选择器</td><td rowspan="2">SA</td><td>控制开关</td><td>=</td><td rowspan="9">SA 电流表切换开关
SBE 紧急按钮
SBF 正转按钮
SBI 试验按钮
SBR 反转按钮
SBS 停止按钮
SH 手动按钮
SI 温度控制开关、辅助开关
SK 时间控制开关
SL 液位控制开关
SM 湿度控制开关
SP 压力控制开关
SQ 限位开关
SS 速度控制开关
DV 电压表切换开关</td></tr>
<tr><td>选择开关</td><td>=</td></tr>
<tr><td>SB</td><td>按钮</td><td>=</td></tr>
<tr><td>SL</td><td>液体标高传感器</td><td>=</td></tr>
<tr><td>SP</td><td>压力传感器</td><td>=</td></tr>
<tr><td>SQ</td><td>位置传感器（包括接近传感器）</td><td>=</td></tr>
<tr><td>SR</td><td>转数传感器</td><td>=</td></tr>
<tr><td>ST</td><td>温度传感器</td><td>=</td></tr>
</table>

（续）

单字母符号	中文含义（设备、装置和元器件种类）	双字母符号	中文含义（设备、装置和元器件种类进一步分类）	等同IEC	补充（惯用符号）
T	变压器	TA	电流互感器	=	TD 干式变压器 TI 隔离变压器 TL 照明变压器 TLC 有载调压变压器 TR 整流变压器 TT 试验变压器
		TC	控制电路电源用变压器	=	
		TM	电力变压器	=	
		TV	电压互感器	=	
U	调制器 变换器			=	UC 变换器 UI 逆变器 UR 可控制整流器
V	半导体管	VC	控制电路用电源的整流器	=	—
W	传输通道 波导 天线			=	W 照明分支线 WB 直流母线 WE 应急照明分支线 WEM 应急照明干线 WF 闪光母线 WLM 照明干线 WP 电力分支线
X	端子 插头 插座	XB	连接片	=	—
		XJ	测试插孔	=	
		XP	插头	=	
		XS	插座	=	
		XT	端子板	=	
Y	电器操作的机械器件	YA	电磁铁	=	YA 气动执行器 YC 合闸线圈 YE 电动执行器 YF 防火阀 YT 跳闸线圈 YL 电磁锁 YS 排烟阀
		YB	电磁制动器	=	
		YC	电磁离合器	=	
		YM	电动阀	=	
		YV	电磁阀	=	
Z	终端设备 混合变压器 滤波器 均衡器 限幅器			=	ZE 电延时元件

2.1.2 电气设备常用辅助文字符号

电气设备常用辅助文字符号见表2-2。

表2-2 电气设备常用辅助文字符号

序号	名称	文字符号	序号	名称	文字符号
1	电流	A	38	中	M
2	模拟	A	39	中间线	M
3	交流	AC	40	手动	M
4	自动	A，AUT			MAN
5	加速	ACC	41	中性线	N
6	附加	ADD	42	断开	OFF
7	可调	ADJ	43	闭合	ON
8	辅助	AUX	44	输出	OUT
9	异步	ASY	45	压力	P
10	制动	B，BRK	46	保护	P
11	黑	BK	47	保护接地	PE
12	蓝	BL	48	保护接地与中性线共用	PEN
13	向后	BW	49	不接地保护	PU
14	控制	C	50	记录	R
15	顺时针	CW	51	右	R
16	逆时针	CCW	52	反	R
17	延时（延迟）	D	53	红	RD
18	差动	D	54	复位	R
19	数字	D			RST
20	降	D	55	备用	RES
21	直流	DC	56	运转	RUN
22	减	DEC	57	信号	S
23	接地	E	58	起动	ST
24	紧急	EM	59	置位，定位	S
25	快速	F			SET
26	反馈	FB	60	饱和	SAT
27	正，向前	FW	61	步进	STE
28	绿	GN	62	停止	STP
29	高	H	63	同步	SYN
30	输入	IN	64	温度	T
31	增	INC	65	时间	T
32	感应	INC	66	无噪声（防干扰）接地	TE
33	左	L	67	真空	V
34	限制	L	68	速度	V
35	低	L	69	电压	V
36	闭锁	LA	70	白	WH
37	主	M	71	黄	YE

2.2　常用电气图用图形符号

常用电气图用图形符号见表 2-3。

表 2-3　常用电气图用图形符号

新符号		旧符号	
名称	图形符号	名称	图形符号
（1）限定符号和常用的其他符号			
直流		直流电	
交流		交流电	
交直流		交直流电	
接地一般符号		接地一般符号	
无噪声接地 （抗干扰接地）			
保护接地			
接机壳或接底板	形式1 形式2	接机壳	或
永久磁铁		永久磁铁 注：允许不注字母 N、S	N　S
（2）导线和连接器件			
导线，电缆和 母线一般符号		导线及电缆	
		母线	
三根导线的 单线表示	或 3	三根导线的 单线表示	
插头和插座		插接器一般符号	或

（续）

新符号		旧符号	
名称	图形符号	名称	图形符号
（2）导线和连接器件			
接通的连接片	形式1 形式2	连接片	
断开的连接片		换接片	
（3）电阻器			
电阻器的一般符号		电阻器的一般符号	
可调电阻器		变阻器	或
压敏电阻器或变阻器	U	压敏电阻	U
热敏电阻器 注：θ 可用 $t°$ 代替	θ	热敏电阻	$t°$
带滑动触点的电阻器		可断开电路的电阻器	
带滑动触点的电位器		电位器的一般符号	
带滑动触点和预调的电位器		微调电位器	
（4）电机、变压器及交流器			
三角形联结的三相绕组		三角形联结的三相绕组	
开口三角形联结的三相绕组		开口三角形联结的三相绕组	
星形联结的三相绕组		星形联结的三相绕组	
中性点引出的星形联结的三相绕组		有中性点引出的星形联结的三相绕组	
星形联结的六相绕组		星形联结的六相绕组	
交流测速发电机	TG ～		

（续）

新符号		旧符号	
名称	图形符号	名称	图形符号
（4）电机、变压器及交流器			
直流测速发电机	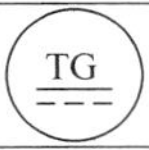 TG		
交流力矩电动机	 TM ~		
直流力矩电动机	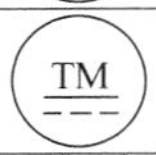 TM		
串励直流电动机	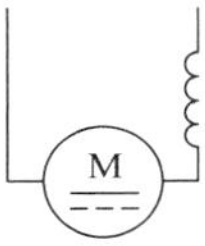 M	串励式直流电机	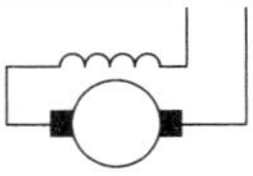 或 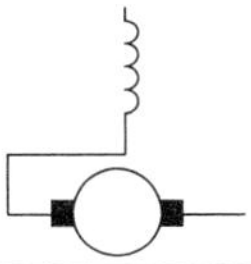
并励直流电动机	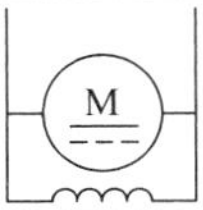 M	并励式直流电机	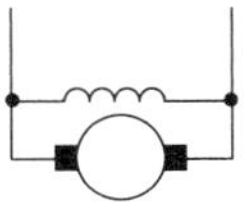
他励直流电动机	 M	他励式直流电机	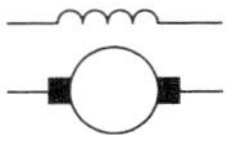
复励直流发电机	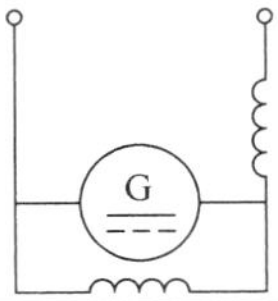 G	复励式直流电机	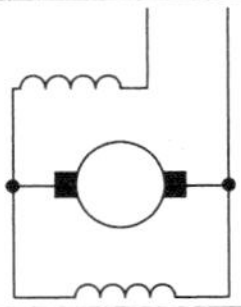
永磁直流电动机	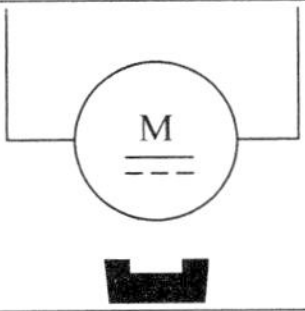 M	永磁直流电机	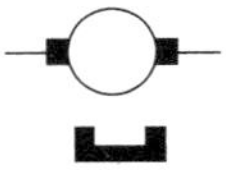
单相交流串励电动机	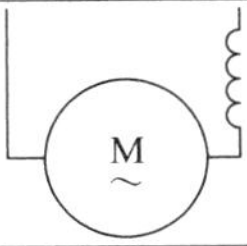 M ~	单相交流串励换向器电动机	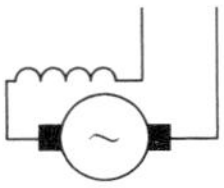 ~
三相交流串励电动机	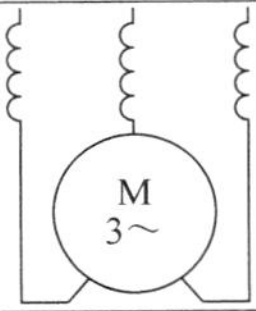 M 3~	三相串励换向器电动机	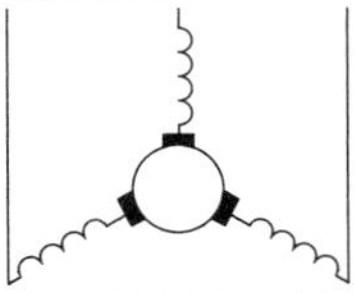

（续）

新符号		旧符号	
名称	图形符号	名称	图形符号
（4）电机、变压器及交流器			
单相永磁同步电动机	MS 1～	永磁单相同步电动机	
三相永磁同步电动机	MS 3～	永磁三相同步电动机	或
三相笼型异步电动机	M 3～	三相鼠笼异步电动机	
单相笼型异步电动机	M 1～	单相鼠笼异步电动机	
三相线绕转子异步电动机	M 3～	三相滑环异步电动机	
变压器的铁心		变压器的铁心	
双绕组变压器（黑点表示瞬时电压极性）	形式1 形式2	双绕组变压器	单线 多线

（续）

新符号		旧符号	
名称	图形符号	名称	图形符号
（4）电机、变压器及交流器			
三绕组变压器	形式1 形式2	三绕组变压器	单线 多线
单相自耦变压器	形式1 形式2	单相自耦变压器	单线 多线
电抗器、扼流圈		电抗器	
电流互感器、脉冲变压器	形式1 形式2	单次级绕组电流互感器	单线 多线

（续）

新符号		旧符号	
名称	图形符号	名称	图形符号
（5）开关控制和保护装置			
动合（常开）触点（开关的一般符号）	形式1 形式2	开关和转换开关的动合（常开）触头	或
		继电器的动合（常开）触头	或
		接触器（辅助触头）、控制器的动合（常开）触头	
动断（常闭）触点		开关和转换开关的动断（常闭）触头	
		继电器的动断（常闭）触头	或
		接触器（辅助触头）、启动器、控制器的动断（常闭）触头	
先断后合的转换触点		开关和转换开关的切换触点	或
		接触器和控制器的切换触点	
		单极转换开关的2个位置	
中间断开的双向触点		单极转换开关的3个位置	或
先合后断的双向转换触点（桥接）	形式1 形式2	不切断转换开关的触点	
		继电器先合后断的触点	
		接触器、启动器、控制器的不切断切换触点	

（续）

新符号		旧符号	
名称	图形符号	名称	图形符号
（5）开关控制和保护装置			
（当操作器件被吸合时）延时闭合的动合触点		时间继电器延时闭合的动合（常开）触点	
		接触器延时闭合的动合（常开）触点	
（当操作器件被释放时）延时断开的动合触点		时间断电器延时开启的动合（常开）触点	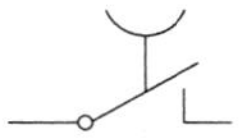
		接触器延时开启的动合（常开）触点	
（当操作器件被释放时）延时闭合动断（常闭）触点		时间断电器延时闭合动断（常闭）触点	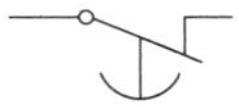
		接触器延时闭合动断（常闭）触点	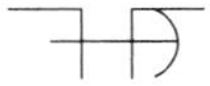
（当操作器件被吸合时）延时断开动断（常闭）触点		时间继电器延时开启动断（常闭）触点	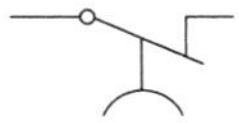
		接触器延时开启动断（常闭）触点	
吸合时延时闭合和释放时延时断开的动合（常开）触点		时间继电器延时闭合和延时开启动合（常开）触点	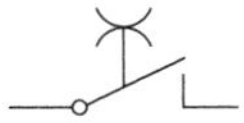
		接触器延时闭合和延时开启动合（常开）触点	
手动开关的一般符号			
动合（常开）按钮开关（不闭锁）		带动合（常开）触点，能自动返回的按钮	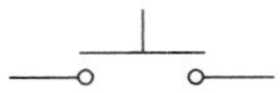
动断（常闭）按钮开关（不闭锁）	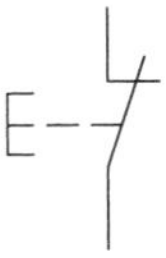	带动断（常闭）触点，能自动返回的按钮	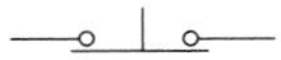

（续）

新符号		旧符号	
名称	图形符号	名称	图形符号
（5）开关控制和保护装置			
带动断（常闭）和动合（常开）触点的按钮开关（不闭锁）		带动断（常闭）和动合（常开）触点，能自动返回的按钮	
自动复位的手动拉拔开关（不闭锁）			
无自动复位的手动旋钮开关		带闭锁装置的按钮	
液位开关		液位继电器触点	
带动合触点的位置开关 带动合触点的限制开关		与工作机械联动的开关动合（常开）触点	
带动断触点的位置开关 带动断触点的限制开关		与工作机械联动的开关动断（常闭）触点	
组合位置开关			
带动合触点的热敏开关 （θ 可用动作温度代替）	θ	温度继电器动合（常开）触点	或 $t°>$

（续）

新符号		旧符号	
名称	图形符号	名称	图形符号
（5）开关控制和保护装置			
具有热元件的气体放电管荧光灯启动器	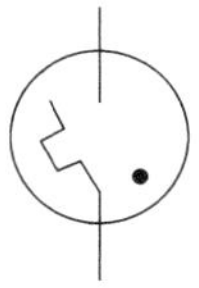	荧光灯触发器	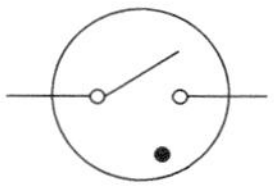
惯性开关（突然减速而动作）		离心式非电继电器触点	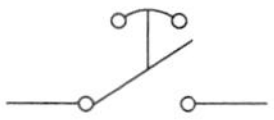
		转速式非电继电器触点	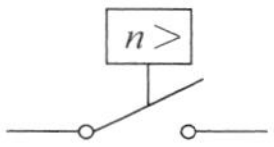 n>
单极四位开关	形式1 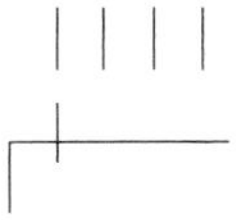 形式2 	单极四位转换开关	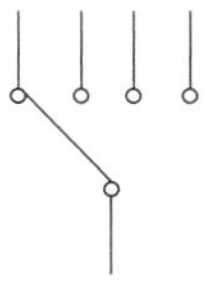
三极开关单线表示		三极开关单线表示	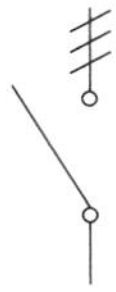 或 
三极开关多线表示	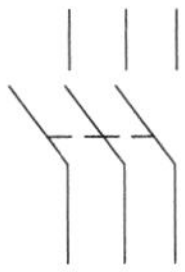	三极开关多线表示	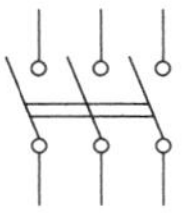 或 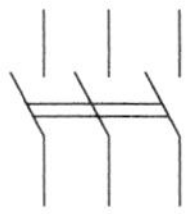
接触器（在非动作位置触点断开）		接触器动合（常开）触头	
		带灭弧装置接触器动合（常开）触点	
		带电磁吸弧线圈接触器动合（常开）触点	

（续）

新符号		旧符号	
名称	图形符号	名称	图形符号
（5）开关控制和保护装置			
接触器（在非动作位置触点闭合）		接触器动断（常闭）触点	
		带灭弧装置接触器动断（常闭）触点	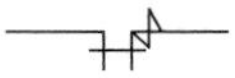
		带电磁吸弧线圈接触器动断（常闭）触点	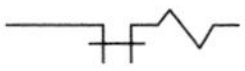
负荷开关（负荷隔离开关）		带灭弧罩的单线三极开关	
		单线三极高压负荷开关	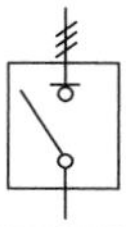
隔离开关		单极高压隔离开关	
		单线三极高压隔离开关	
具有自动释放功能的负荷隔离开关		自动开关的动合（常开）触点	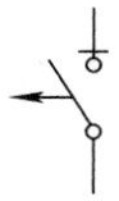
断路器		自动开关的动合（常开）触点	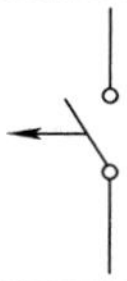
		高压断路器	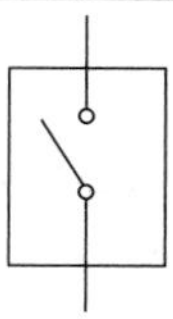 或 
电动机起动器一般符号			

（续）

新符号		旧符号	
名称	图形符号	名称	图形符号
（5）开关控制和保护装置			
步进起动器			
调节起动器			
带自动释放的起动器			
可逆式电动机：直接在线接触器式起动器或满压接触器式起动器			
星-三角起动器			
带自耦变压器的起动器			
带晶闸管整流器的调节起动器			
操作器件的一般符号	形式1 形式2	接触器、继电器和磁力起动器的线圈	或
具有两个绕组的操作器件组合表示法		双线圈接触器和继电器的线圈	或
具有两个绕组的操作器件分离表示法	形式1 形式2	双线圈	
		有 n 个线圈时相应画出 n 个线圈	n
缓慢释放（缓放）继电器线圈		时间继电器缓放线圈	

（续）

新符号		旧符号	
名称	图形符号	名称	图形符号
（5）开关控制和保护装置			
缓慢吸合（缓吸）继电器线圈		时间继电器缓吸线圈	
缓吸和缓放继电器线圈			
快速继电器（快吸和快放）线圈			
剩磁继电器线圈	形式1 形式2		
过电流继电器线圈	$I>$	过流继电器线圈	$I>$
欠电压继电器线圈	$U<$	欠压继电器线圈	$U<$
电磁吸盘		电磁吸盘	
电磁阀		电磁阀线圈	
电磁离合器		电磁离合器	
电磁转差离合器或电磁粉末离合器		电磁转差离合器或电磁粉末离合器	
电磁制动器		电磁制动器	

（续）

新符号		旧符号	
名称	图形符号	名称	图形符号
（5）开关控制和保护装置			
接近传感器	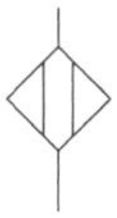		
接近开关动合触点	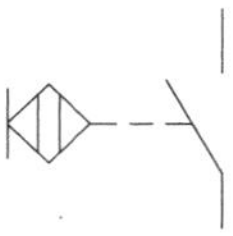		
接触传感器	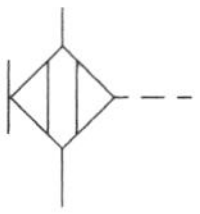		
接触敏感开关动合触头	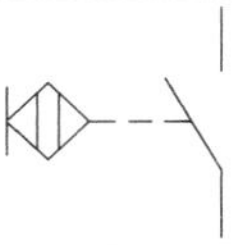		
热继电器的驱动元件（热元件）	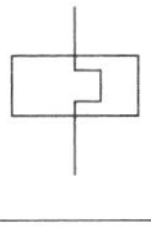	热继电器热元件	
热继电器动断（常闭）触头	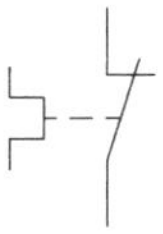	热继电器常闭触头	
熔断器一般符号		熔断器	
熔断器熔断后仍可使用，供电端用粗线表示的熔断器			
带机械连杆的熔断器（撞击器式熔断器）	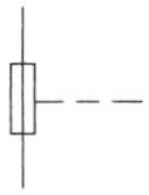		
熔断器开关		刀开关－熔断器	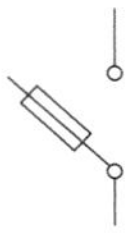

（续）

新符号		旧符号	
名称	图形符号	名称	图形符号
（5）开关控制和保护装置			
熔断器式隔离开关，熔断器式隔离器		隔离开关－熔断器	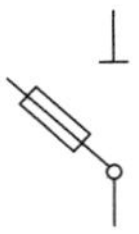
熔断器负荷开关组合电器			
独立报警熔断器	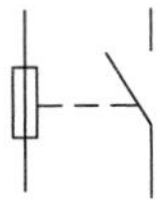	有信号的熔断器	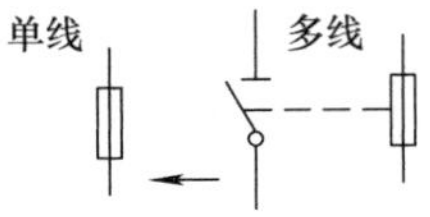 单线 多线
火花间隙		火花间隙	
双火花间隙			
避雷器		避雷器的一般符号	

2.3 常用半导体器件图形符号

常用半导体器件图形符号见表2-4。

表2-4 常用半导体器件图形符号

图形符号	名称及说明	图形符号	名称及说明
	半导体二极管一般符号	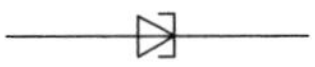	隧道二极管
	发光二极管（LED）一般符号	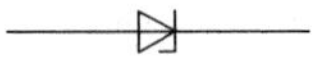	单向击穿二极管或齐纳二极管，电压调整二极管
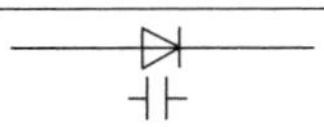	变容二极管		双向击穿二极管

（续）

图形符号	名称及说明	图形符号	名称及说明
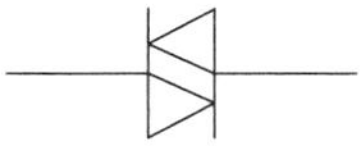	双向二极管	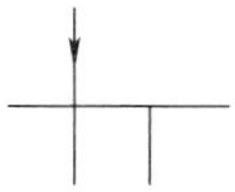	N 型沟道结型场效应晶体管
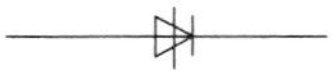	反向阻断二极闸流晶体管	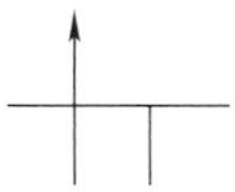	P 型沟道结型场效应晶体管
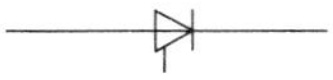	无指定形式的三极闸流晶体管	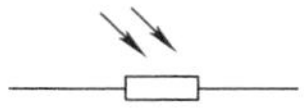	光敏电阻
	反向阻断三极闸流晶体管，N 栅（阳极受控）	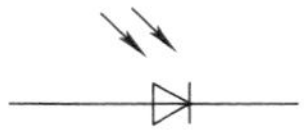	光电二极管
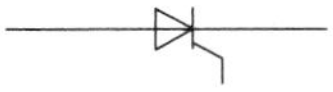	反向阻断三极闸流晶体管，P 栅（阴极受控）	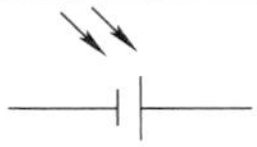	光电池
	PNP 型晶体管	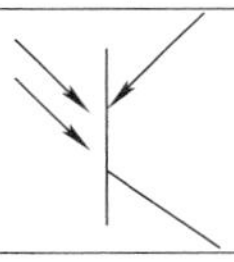	光电晶体管（示出 PNP 型）
	NPN 型晶体管	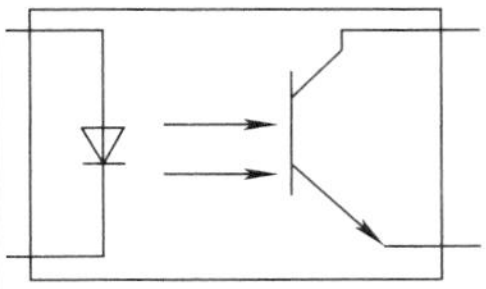	光耦合器件 光隔离器
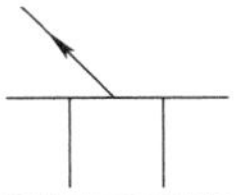	具有 P 型双基极单结晶体管		
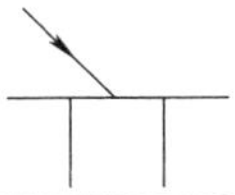	具有 N 型双基极单结晶体管		

2.4　建筑电气工程图常用图形符号

2.4.1　发电厂和变电所图形符号

发电厂和变电所图形符号见表 2-5。

表 2-5　发电厂和变电所图形符号

符号名称	图形符号	备　　注
发电站（站）	 运行的　规划(设计)的	同 IEC 标准
热电站	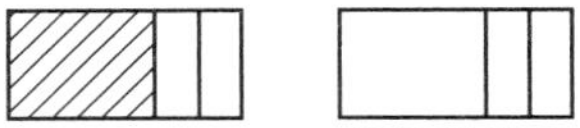 运行的　规划(设计)的	
变电所，配电所	运行的　规划(设计)的	同 IEC 标准

（续）

符号名称	图形符号	备 注
水力发电站	运行的 规划(设计)的	同 IEC 标准
火力发电站	运行的 规划(设计)的	同 IEC 标准
核能发电站	运行的 规划(设计)的	同 IEC 标准
变电所（示出改变电压）	V/V 运行的 V/V 规划(设计)的	
杆上变电站	运行的 规划(设计)的	
地下变电所	运行的 规划(设计)的	

2.4.2 电气线路图形符号

电气线路图形符号及说明见表 2-6。

表 2-6 电气线路图形符号及说明

图形符号	说 明	图形符号	说 明
	导线、导线组、电线、电缆、电路、传输通路（如微波技术）、线路、母线（总线）一般符号。 注：当用单线表示一组导线时，若需示出导线数可加小短斜线或画一条短斜线加数字表示		不需要示出电缆芯数的电缆终端头
		3 3	直通接线盒（单线表示），用单线表示三根导线
		3 3 3	连接盒（单线表示）用单线表示带 T 形连接的三根导线
	软连接	*F* *T* *V* *S*	电话 电报和数据传输 视频通路（电视） 声道（电视或无线电广播）
	绞合导线（示出二根）		
	屏蔽导体	*F*	示例：电话线路或电话电路

（续）

图形符号	说　　明	图形符号	说　　明
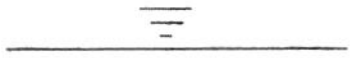	地下线路		向下配线
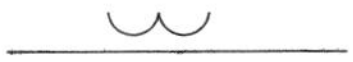	水下（海底）线路		
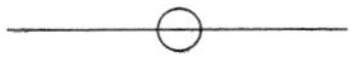	架空线路		垂直通过配线
	沿建筑物明敷设通信线路		
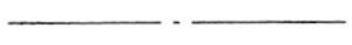	滑触线	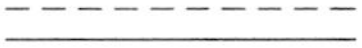	电缆铺砖保护
	中性线		电缆穿管保护（可加注文字符号表示其规格数量）
	保护线		
	保护和中性共用线		电缆预留 母线伸缩接头
	具有保护线和中性线的三相配线	(1) (2)	接地装置 （1）有接地极 （2）无接地极
	向上配线		

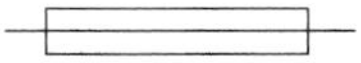

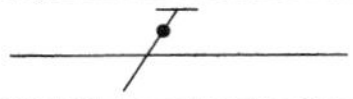

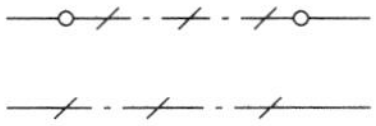

2.4.3　电杆及附属设备图形符号

电杆及附属设备图形符号及说明见表 2-7。

表 2-7　电杆及附属设备图形符号及说明

图形符号	说　　明	图形符号	说　　明
 $\bigcirc^{AB}_{C}$	电杆的一般符号（单杆、中间杆） 注：加可注文字符号表示 A—杆材或所属部门 B—杆长 C—杆号	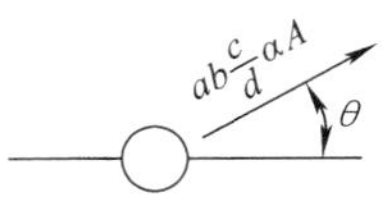 $ab\frac{c}{d}\alpha A$　θ	装有投光灯的架空线电杆 一般画法 a—编号 b—投光灯型号 c—容量 d—投光灯安装高度 α—俯角 A—连接相序 θ —偏角 投照方向偏角的基准线可以是坐标轴线或其他基准线
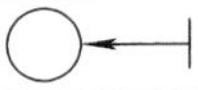	带撑杆的电杆		
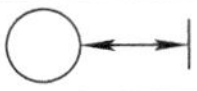	带撑拉杆的电杆		
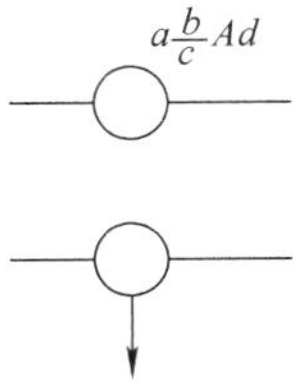 $a\frac{b}{c}Ad$	带照明灯的电杆 （1）一般画法 a—编号 b—杆型 c—杆高 d—容量 A—连接相序 （2）需要示出灯具的投照方向时	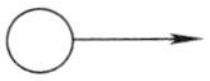	拉线一般符号（示出单方拉线）
			有高桩拉线的电杆

2.4.4 配电箱、配线架图形符号

配电箱、配线架图形符号见表2-8。

表2-8 配电箱、配线架图形符号

名称	图形	名称	图形
变电所		杆上变电所	
设备、器件、功能单元、功能器件	符号轮廓内填入或加上适当的代号或符号，以表示物件的类别	屏、盘、架（一般符号）	注：可用文字符号或型号表示设备名称
多种电源配电箱（盘）		电力配电箱（盘）	
照明配电箱（盘）		事故照明配电箱（盘）	
电源自动切换箱（屏）		直流配电盘（屏）	---
交流配电盘（屏）	~	熔断器箱	
信号箱（屏）	⊗	刀开关箱	
低压断路器箱		立柱式按钮箱	
组合开关箱		壁龛电话交接箱	
列架（一般符号）		人工交换台、中继台、测量台、业务台等（一般符号）	
总配线架		中间配线架	

2.4.5 照明灯具图形符号

照明灯具图形符号及说明见表2-9。

表2-9 照明灯具图形符号及说明

名称	图形	名称	图形
灯（一般符号）	⊗ 如果要求指出灯光源类型，则在靠近符号处标出下列代码： Na—钠气 Hg—汞	荧灯光（一般符号），发光体（一般符号）	
		二管荧光灯	
		三管荧光灯	

（续）

名称	图形	名称	图形
五管荧光灯	5	投光灯（一般符号）	
聚光灯		泛光灯	
气体放电灯的辅助设备	注：仅用于辅助设备与光源不在一起时	在专用电路上的事故照明灯	
自带电源的事故照明灯		障碍灯、危险灯，红色闪烁、全向光束	
顶棚灯座（裸灯头）		墙上灯座（裸灯头）	
深照型灯		广照型灯（配照型灯）	
防水防尘灯		球形灯	
局部照明灯		矿山灯	
安全灯		隔爆灯	
顶棚灯		花灯	
弯灯		壁灯	
应急疏散指示标志灯	EEL	应急疏散指示标志灯（向右）	EEL
应急疏散指示标志灯（向左）	EEL	应急疏散照明灯	EL
一般电杆		带照明灯具的电杆	

2.4.6　插座、开关图形符号

插座、开关图形符号及说明见表 2-10。

表 2-10　插座、开关图形符号及说明

图形符号	说　　明
	单相插座 暗装 密闭（防水） 防爆
	带保护接点插座 带接地插孔的单相插座 暗装 密闭（防水） 防爆
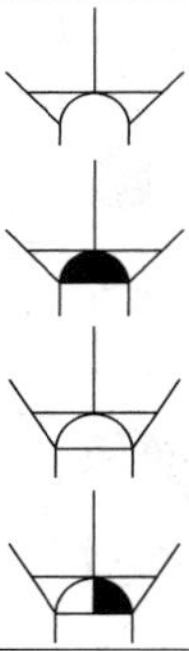	带接地插孔的三相插座 带接地插孔的三相插座暗装 密闭（防水） 防爆
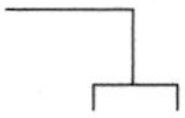	电信插座的一般符号 注：可用文字或符号加以区别 如：TP—电话 TX—电传 TV—电视 ＊—扬声器（符号表示） M—传声器 FM—调频
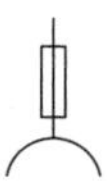	带熔断器的插座
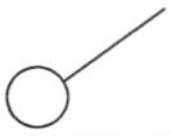	开关一般符号
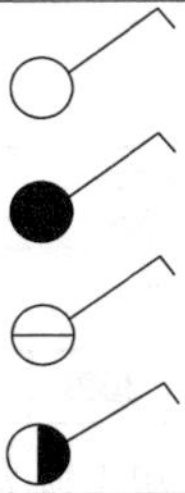	单极开关 暗装 密闭（防水） 防爆
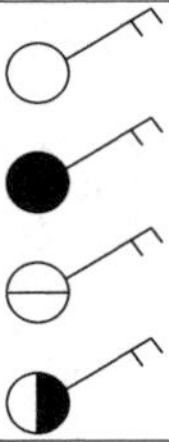	双极开关 暗装 密闭（防水） 防爆
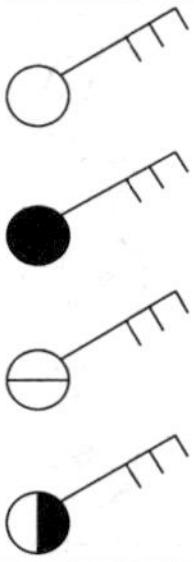	三极开关 暗装 密闭（防水） 防爆
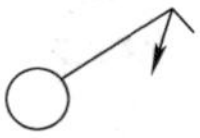	单极拉线开关
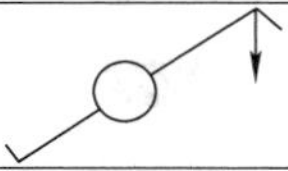	单极双控拉线开关
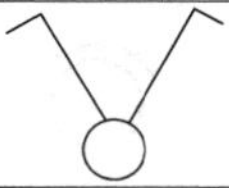	多拉开关（如用于不同照度）
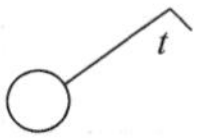 t	单极限时开关
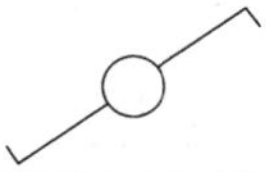	双控开关（单极三线）
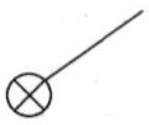	具有指示灯的开关
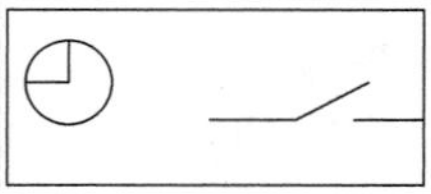	定时开关

（续）

图形符号	说　　明	图形符号	说　　明
	钥匙开关		阀的一般符号
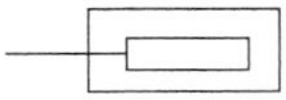	电阻加热装置	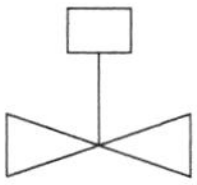	电磁阀
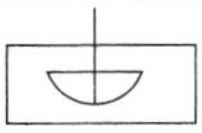	电弧炉	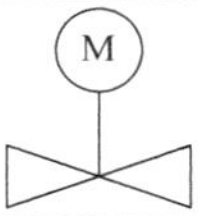 M	电动阀
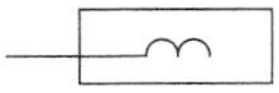	感应加热炉		电磁分离器
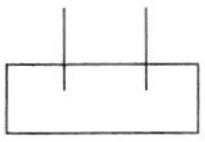	电解槽或电镀槽	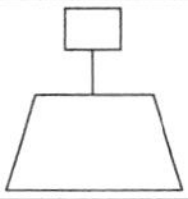	电磁制动器
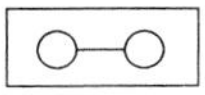	直流电焊机		按钮的一般符号 注：若图面位置有限，又不会引起混淆，小圆允许涂黑
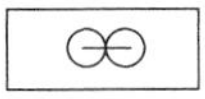	交流电焊机	a) b) 	一般或保护型按钮盒 a）示出一个按钮 b）示出两个按钮
	盒（箱）一般符号		
	连接盒或接线盒		

第3章 电工识图基础

3.1 阅读电气工程图的基本知识

电气工程图是根据国家颁布的有关电气技术标准和通用图形符号绘制而成的。它是电气安装工程的“语言”，可以简练而直观地表明设计意图。

电气工程图种类很多，各有其特点和表达方式，各有规定画法和习惯画法，有一些规定是共同的，还有许多基本的规定和格式是各种图样都应共同遵守的。

3.1.1 电气工程图的幅面与标题栏

1. 图纸的幅面

图纸的幅面是指短边和长边的尺寸。一般分为六种，即0号、1号、2号、3号、4号和5号。具体尺寸见表3-1。表中代号的意义如图3-1所示。

表3-1 图幅尺寸 （单位：mm）

幅面代号	0	1	2	3	4	5
宽×长（$B \times L$）	841×1189	594×841	420×594	297×420	210×297	148×210
边宽（c）	10	10	10	5	5	5
装订侧边宽（a）	25	25	25	25	25	25

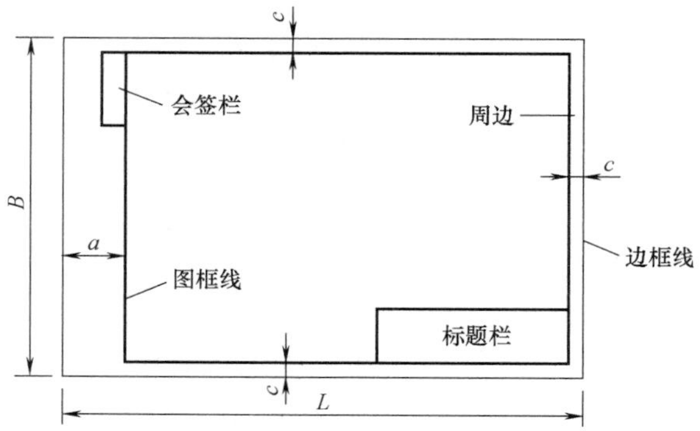

图3-1 图面的组成

当图纸不需装订时，图纸的四个边宽尺寸均相同，即a和c一样。

2. 标题栏

用以标注图样名称、图号、比例、张次、日期及有关人员签署等内容的栏目，称为标题栏。标题栏的位置一般在图纸的右下方。标题栏中的文字方向为看图的方向。图3-2为图纸标题栏示例，其格式目前我国还没有统一规定。

<table>
<tr><td colspan="4">设计单位名称</td><td colspan="2">×××工程</td><td></td></tr>
<tr><td>总工程师</td><td></td><td>主要设计人</td><td></td><td colspan="3" rowspan="4">(图名)</td></tr>
<tr><td>设计总工程师</td><td></td><td>校核</td><td></td></tr>
<tr><td>专业工程师</td><td></td><td>制图</td><td></td></tr>
<tr><td>组长</td><td></td><td>描图</td><td></td></tr>
<tr><td>日期</td><td></td><td>比例</td><td></td><td>图号</td><td colspan="2">电×××</td></tr>
</table>

40　7　180

图3-2　标题栏格式（单位：mm）

3.1.2　电气工程图的比例、字体与图线

1. 比例

比例即工程图样中的图形与实物相对应的线性尺寸之比。大部分电气工程图不是按比例绘制的，只有某些位置图按比例绘制或部分按比例绘制。常用的比例一般有1:10、1:20、1:50、1:100、1:200、1:500。

2. 字体

工程图纸中的各种字，如汉字、字母和数字等，要求字体端正、笔画清楚、排列整齐、间隔均匀，以保证图样的规定性和通用性。汉字应写成长仿宋体，并采用国家正式公布的简体字。字母和数字可以用正体，也可以用斜体。字体的高度分为20mm、14mm、10mm、7mm、5mm、3.5mm等几种，字体的宽度约等于字体高度的$\frac{2}{3}$。

3. 图线

绘制电气工程图所用的各种线条统称为图线。工程图样中采用不同的线型、不同的线宽来表示不同的内容。电气工程图样中常用的图线名称、形式和应用举例见表3-2。

表3-2　图线名称、形式和应用举例

序号	名称	代号	形式	宽度	应用举例
1	粗实线	A	————	b	简图主要用线、可见轮廓线、可见过渡线、可见导线、图框线等
2	中实线		————	约$b/2$	土建平、立面图上门、窗等的外轮廓线
3	细实线	B	————	约$b/3$	尺寸线、尺寸界线、剖面线、分界线、范围线、辅助线、弯折线、指引线等
4	波浪线	C	～～	约$b/3$	未全画出的折断界线、中断线、局部剖视图或局部放大图的边界线等

（续）

序号	名称	代号	形式	宽度	应用举例
5	双折线（折断线）	D	——\/——	约 $b/3$	被断开的部分的边界线
6	虚线	F	- - - - - - - - - - -	约 $b/3$	不可见轮廓线、不可见过渡线、不可见导线、计划扩展内容用线、地下管道（粗虚线 b）、屏蔽线
7	细点画线	G	———·———	约 $b/3$	物体（建筑物、构筑物）的中心线、对称线、回转体轴线、分界线、结构围框线、功能围框线、分组围框线
8	粗点画线	J	———·———	b	表面的表示线、平面图中大型构件的轴线位置线、起重机轨道、有特殊要求的线
9	双点画线	K	———··———	约 $b/3$	运动零件在极限或中间位置时的轮廓线、辅助用零件的轮廓线及其剖面线、剖视图中被剖去的前面部分的假想投影轮廓线、中断线、辅助围框线

注：表中实线非国家标准规定，因绘图时需要而列此项。

3.1.3 方位、安装标高与定位轴线

1. 方位

电气工程图一般按上北下南，左西右东来表示建筑物和设备的位置和朝向。但在许多情况下都是用方位标记表示。方位标记如图3-3所示，其箭头方向表示正北方向（N）。

图3-3 方位标记

2. 安装标高

电气工程图中用标高来表示电气设备和线路的安装高度。标高有绝对标高和相对标高两种表示方法，其中绝对标高又称为海拔；相对标高是以某一平面作为参考面（零点）而确定的高度。建筑工程图样一般以室外地平面为±0.00mm。

在电气工程图上有时还标有另一种标高，即敷设标高，它是电气设备或线路安装敷设位置与该层地坪或楼面的高差。

3. 定位轴线

建筑电气工程图通常是在建筑物断面上完成的。在建筑平面图中，建筑物都标有定位轴线。凡承重墙、柱子、大梁或屋架等主要承重构件，都应画出定位轴线并对轴线编号确定其位置。定位轴线编号的原则是：在水平方向采用阿拉伯数字，由左向右注写；在垂直方向上采用汉语拼音字母由下向上注写，但其中字母I、Z、O不得用作轴线编号，以免与阿拉伯数字1、2、0混淆。数字和字母用点划线引出，通过定位轴线可以很方便地找到电气设备和其他设备的具体安装位置。图3-4所示为定位轴线的标注方法。

3.1.4　图幅分区与详图

1. 图幅分区

电气工程图上的内容有时是很多的，对于幅面大且内容复杂的图，需要分区，以便在读图时能很快找到相应的部分。图幅分区的方法是将相互垂直的两边框分别等分，分区的数量视图的复杂程度而定，但要求必须为偶数，每一分区的长度一般为25～75mm。分区线用细实线。每个分区内，竖边方向分区代号用大写拉丁字母从上到下顺序编写；水平方向分区代号用阿拉伯数字从左到右顺序编写。分区代号由拉丁字母和阿拉伯数字组合而成，字母在前，数字在后，如B4、C5等。图3-5为图幅分区示例。

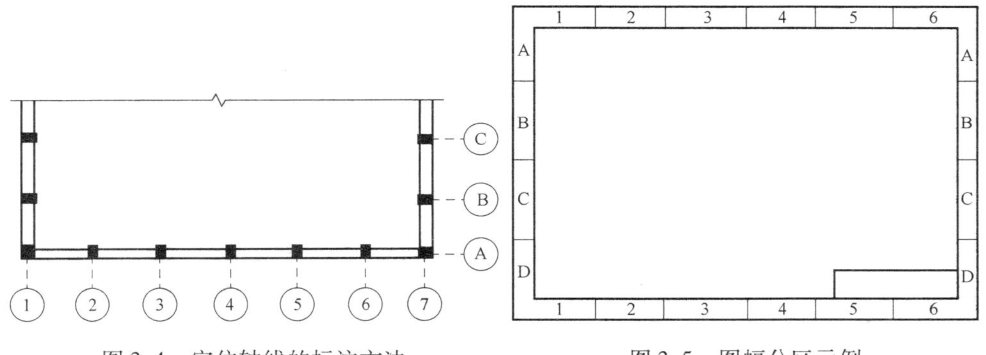

图3-4　定位轴线的标注方法　　　　图3-5　图幅分区示例

2. 详图

电气设备中某些零部件、连接点等的结构、做法、安装工艺要求无法表达清楚时，通常将这些部分用较大的比例放大画出，称为详图。详图可以画在同一张图纸上，也可以画在另一张图纸上。为便于查找，应用索引符号和详图符号来反映基本图与详图之间的对应关系，见表3-3。

表3-3　详图的标示方法

图例	示意	图例	示意
2/—	2号详图与总图画在一张图上	5/2	5号详图被索引在2号图样上
2/3	2号详图画在3号图样上	D××× 4/6	图集代号为D×××，详图编号为4，详图所在图集页码编号为6
5	5号详图被索引在本张图样上	D××× 8/—	图集代号为D×××，详图编号为8，详图在本页（张）上

3.1.5 指引线的画法

电气工程图中的指引线（用来注释某一元器件或某一部分的指向线），用细实线表示，指向被标注处，且根据其末端不同，加注不同标记，图 3-6 列举了三种指引线的画法。

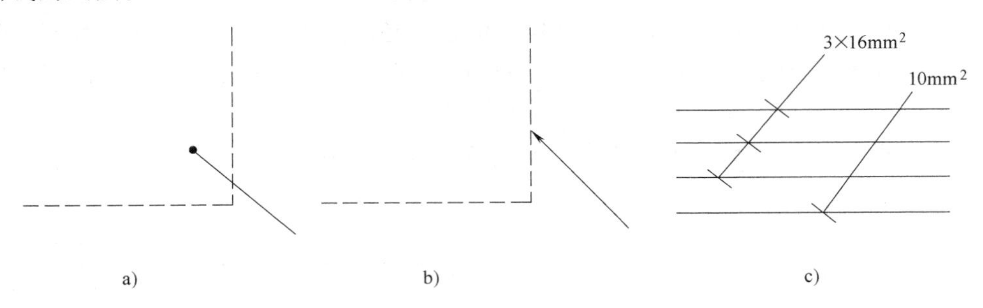

图 3-6 指引线的画法

a）指引线末端在轮廓线内 b）指引线末端在轮廓线上 c）指引线末端在回路线上

3.1.6 尺寸标注的规定

按国家标准规定，标准的汉字、数字和字母，都必须做到“字体端正、笔画清楚、排列整齐、间隔均匀”。汉字应写成长仿宋体，并应采用国家正式公布的简化字。数字通常采用正体。字母有大写、小写和正体、斜体之分。

标注尺寸时，一般需要有尺寸线、尺寸界线、尺寸起止点的箭头或 45°短划线、尺寸数字和尺寸单位几部分。尺寸线、尺寸界线一般用细实线表示。尺寸箭头一般用实心箭头表示，建筑图中则常用 45°短划线表示。尺寸数字一般标注在尺寸线的上方或中断处。尺寸单位可用其名称或代号表示，电气工程图上除标高尺寸、总平面图和一些特大构件的尺寸单位一般以米（m）为单位外，其余尺寸一般以毫米（mm）为单位。凡是尺寸单位为 mm 的，不必注明尺寸单位，如图 3-7 所示，采用其他单位的尺寸，必须注明尺寸单位。在一张图中每一个尺寸一般只标注一次（建筑电气图上允许标注重复尺寸）。

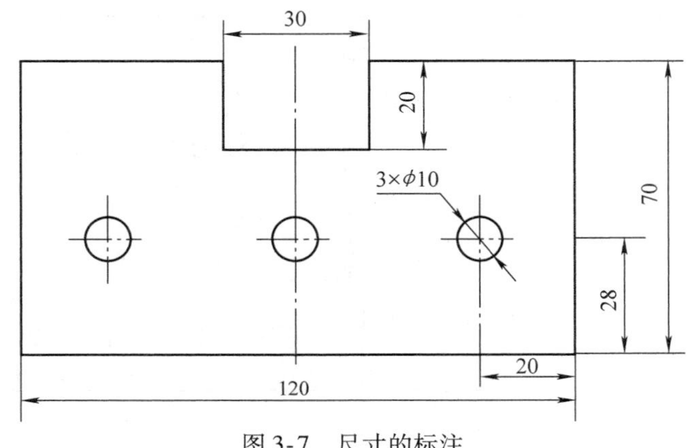

图 3-7 尺寸的标注

3.2　常用电气工程图的类型

3.2.1　电路的分类

电路通常可按如下划分：

- 电路
  - 按电能性质分
    - 直流电路
    - 交流电路
      - 正弦电路
      - 非正弦电路
  - 按功能分
    - 一次电路——发、输、变、配、用电能电路
    - 二次电路——控制、保护、测量、监察、指示及自动装置
  - 按电压分
    - 高压电路
    - 低压电路
  - 按电压及负荷属性分
    - 强电系统
      - 电能传输——发电、输电、变电、配电、用电电路，防雷与接地等电路
      - 负荷——动力、照明、工业、农业、生活、军工、船舶、医疗等用电电路
    - 弱电系统——电子、电信、电视、计算机、自动装置、广播音响、监控报警等电路

3.2.2　常用电气工程图的分类

电气工程图是电气工程中各部门进行沟通、交流信息的载体。由于电气工程图所表达的对象不同，提供信息的类型及表达方式也不同，这样就使电气工程图具有多样性。同一套电气设备，可以有不同类型的电气工程图，以适应不同使用对象的要求。对于供配电设备来说，主要电气工程图是指一次回路和二次回路的电路图。但要表示清楚一项电气工程或一种电气设备的功能、用途、工作原理、安装和使用方法等，光有这两种图是不够的，例如，表示系统的规模、整体方案、组成情况、主要特性需用概略图；表示系统的工作原理、工作流程和分析电路特性需用电路图；表示元件之间的关系、连接方式和特点需用接线图。在数字电路中，由于各种数字集成电路的应用，使电路能实现逻辑功能，因此就有反映集成电路逻辑功能的逻辑图。

根据各电气工程图所表示的电气设备、工程内容及表达形式的不同，通常可分为以下类型。

1. 按表达方式分类

按表达方式的不同，可分为以下两大类：

（1）概略类型的图

概略图是表示系统、分系统、装置、部件、设备软件中各项目之间的主要关系和连接的相对简单的简图。它体现的是设计人员对某一电气项目的初步构思、设想，用以表示理论和理想的电路。概略图并不涉及具体的实现方式，主要有系统图和框图、功能图、功能表图、等效电路、逻辑图和程序图，通常采用单线表示法。

（2）详细类型的图

详细类型的电气图是将概略图具体化，将设计理论、思路转变实施电气技术文件。其主要由电路图、接线图或接线表、位置图等构成。

以上两类电气图是从各种图的功能及其产生顺序来划分的，是整个项目中的不同部分。

2. 其他常用分类

1）按电能性质分类，可分为交流系统图和直流系统图。

2）按线数分类，可分为单线图和三线图。

3）按表达内容分类，可分为一次电路图、二次电路图、建筑电气安装图和电子电路图等。

4）按表达的设备分类，可分为机床电气控制电路图、电梯电气电路图、汽车电路图、空调控制系统电路图、电信系统图、计算机系统图、广播音响系统图、电视系统图及电机绕组连接图等。

5）按表达形式和使用场合分类，电气图可分为以下几种：

① 系统图或框图。系统图或框图就是用符号或带注释的框概略表示系统或分系统的基本组成、相互关系及其主要特征的一种简图。它通常是某一系统、某一装置或某一成套设计图中的第一张图样。

② 电路图。电路图又称为电气原理图或原理接线图，是表示系统、分系统、装置、部件、设备、软件等实际电路的简图。按照所表达电路的不同，电路图又可分为一次电路图和二次电路图。按照用途的不同，二次电路图又可分为原理图、位置图及接线图。

③ 接线图或接线表。接线图或接线表是表示成套装置、设备或装置的连接关系的简图或表格，用于进行设备的装配、安装和检查、试验、维修。

接线图（表）可分为以下 4 种：

a. 单元接线图或接线表。它是表示成套装置或设备中一个结构单元内部的连接关系的接线图或接线表。“结构单元”一般是指可独立运行的组件或某种组合体，如电动机、继电器、接触器等。

b. 互连接线图或接线表。它是表示成套装置或设备不同单元之间连接的接线图或接线表。其元件和连接线应绘制在同一平面上。

c. 端子接线图或接线表。它表示成套装置或设备的端子以及接在端子上的外部接线（必要时包括内部接线）的一种接线图或接线表。

d. 电缆接线图或接线表。它是提供设备或装置的结构单元之间铺设电缆所需的全部信息，必要时还应包括电缆路径等信息的一种接线图或接线表。

④ 设备元件表（或称主要电气设备明细表）。它是成套装置、设备和装置中各个组成部分的代号、名称、型号、规格和数量等列成的表格。它一般不单独列出，而列在相应的电路图中。在一次电气图中，各设备项目自上而下依次编号列出，二次电气图中则紧接标题栏自下而上依次编号列出。

⑤ 位置简图或位置图。它是表示成套装置、设备或装置中各个项目的布置、安装位置的图。其中，位置简图一般用图形符号绘制，用来表示某一区域或某一建

筑物内电气设备、元器件或装置的位置及其连接布线；而位置图是用正投影法绘制的图，它表达设备、装置或元器件在平面、立面、断面、剖面上的实际位置、布置及尺寸。为了表达清晰，有时还要画出大样图（比例为1∶2、1∶5、1∶10等）。

⑥ 功能图。它是表示理论的或理想的电路，而不涉及具体实现方法的图，用以作为提供绘制电路图等有关图的依据。

⑦ 功能表图。它是表示控制系统（如一个供电过程或生产过程的控制系统）作用和状态的图。它往往采用图形符号和文字叙述相结合的表示方法，用以全面表达控制系统的控制过程、功能和特性，但并不表达具体实施过程。

⑧ 等效电路。它是表示理论的或理想的元件（如电阻、电感、电容、阻抗等）及其连接关系的一种功能图，供分析和计算电路特性、状态用。

⑨ 逻辑图。它是一种主要用二进制逻辑（“与”“或”“异或”等）单元图形符号绘制的一种简图。一般的数字电路图属于这种图。只表示功能而不涉及实现方法的逻辑图，称为纯逻辑图。

⑩ 程序图。它是一种详细表示程序单元和程序片及其互相连接关系的简图，而要素和模块的布置应能清楚地表示出其相互关系，目的是便于对程序运行的理解。

⑪ 数据单。它是对特定项目给出详细信息的资料。列出其工作参数，供调试、检测、使用和维修之用。数据单一般都列在相应的电路图中而不单列。

以上是电气工程图的基本分类。因表达对象的不同，目的、用途、要求的差异，所需要设计、提供的图样种类和数量往往相差很多。在表达清楚、满足要求的前提下，图样越少越简练越好。

3.2.3　电气工程的项目与电气工程图的组成

电气工程一般是指某一工程（如工厂、高层建筑、居住区、院校、商住楼、宾馆饭店、仓库、广场及其他设施）的供电、配电、用电工程。

表达电气工程的电气图即称电气工程图。按电气工程的项目不同，可分为不同的电气工程图。

1. 电气工程的主要项目

电气工程主要有以下项目：

1）变配电工程，由变配电所、变压器及一整套变配电电气设备、防雷接地装置等组成。

2）发电工程，包括自备发电站及其附属设备设施。

3）外线工程，包括架空线路、电缆线路等室外电源的供电线路。

4）内线工程，包括室内、车间内的动力、照明线路及其他电气线路。

5）动力工程，包括各种机床、起重机、水泵、空调器、锅炉、消防等用电设备及其动力配电箱、配电线路等。

6）照明工程，包括各类照明的配电系统、管线、开关、各种照明灯具、电光源、电扇、插座及其照明配电箱等。

7）弱电工程，包括电话通信、电传等各种电信设备系统，计算机管理与监控系统，保安防火、防盗报警系统，共用天线电视接收系统，闭路电视系统，卫星电视接收系统，电视监控系统，广播音响系统等。

8）电梯的配置和选型，包括确定电梯的功能、台数及供电管线等。

9）空调系统与给排水系统工程，包括供电方案、配电管线和选择相应的电气设备。

10）防雷接地工程，包括避雷针、避雷线、避雷网、避雷带和接地体、接地线及其附属零配件等。

11）其他，如锅炉房、洗手间、室内外装饰广告及景观照明、洗衣房、电气炊具等。

2. 电气工程图的组成

按电气工程的不同项目，电气工程图一般由以下几类图样组成：

（1）首页

首页相当于整个电气工程项目的总概要说明。它主要包括该电气工程项目的图样目录、图例、设备明细表及设计说明、施工说明等。图样目录按类别顺序列出；图例只标明该项目中所用的特殊图形符号，凡国家标准统一规定的不用标出；设备明细表列出该项目主要电气设备元件的文字代号、名称、型号、规格、数量等，供读图及订货时参考；设计或施工说明主要表述该项目设计或施工的依据、基本指导思想与原则，用以补充图样中没有阐明的项目特点、分期建设、安装方法、工艺要求、特殊设备的使用方法及使用与维护注意事项等。

（2）电气总平面图

电气总平面图是在建筑总平面图上表示电源及电力负荷分布的图样，主要表示各建筑物的名称和用途、电路负荷的装机容量、电气线路的走向及变配电装置的位置、容量和电源进户的方向等。通过电气总平面图可了解该项工程的概况，掌握电气负荷的分布及电源装置等。一般大型工程都有电气总平面图，中小型工程则由动力平面图或照明平面图代替。

（3）电气系统图

用以表达整个电气工程或其中某一局部工程的供配电方案、方式、一般指一次电路图或主接线图。电气系统图是用单线图表示电能或电信号按回路分配出去的图样，主要表示各个回路的名称、用途、容量以及主要电气设备、开关元件及导线电缆的规格型号等。通过电气系统图可以知道该系统的回路个数及主要用电设备的容量、控制方式等。建筑电气工程中系统图用得很多，动力、照明、变配电装置、通信广播、电缆电视、火灾报警、防盗保安、微机监控、自动化仪表等都会用到。

（4）电气设备平面图

电气设备平面图是在建筑物的平面图上标出电气设备、元件、管线实际布置的图样，主要表示其安装位置、安装方式、规格型号数量及接地网等。通过平面图可以知道每幢建筑物及其各个不同标高上装设的电气设备、元件及其管线等。建筑电气平面图用得很多，动力、照明、变配电装置、各种机房、通信广播、电缆电视、火灾报警、防盗安保、微机监控、自动化仪表、架空线路、电缆线路及防雷接地等都会用到。

（5）控制原理图

控制原理图是单独用来表示电气设备及元件控制方式及其控制线路的图样，主要表示电气设备及元件的起动、保护、信号、联锁、自动控制及测量等。通过控制原理图可以知道各设备元件的工作原理、控制方式，掌握电气设备的功能实现的方法等。控制原理图用的很多，动力、变配电装置、火灾报警、防盗保安、微机控制、自动化仪表、电梯等都会用到控制原理图，较复杂的照明及声光系统也会用到控制原理图。

（6）二次接线图（接线图）

二次接线图是与控制原理图配套的图样，用来表示设备元件外部接线以及设备元件之间接线。通过接线图可以知道系统控制电路的接线及控制电缆、控制线的走向及布置等。动力、变配电装置、火灾报警、防盗保安、微机监控、自动化仪表、电梯等都会用到接线图。一些简单的控制系统一般没有接线图。

（7）大样图

大样图一般是用来表示某一具体部位或某一设备元件的结构或具体安装方法的，通过大样图可以了解该项工程的复杂程度。一般非标的控制柜、箱，检测元件和架空线路的安装等都会用到大样图。大样图通常均采用标准通用图集，剖面图也是大样图的一种。

（8）订货图

订货图用于重要设备（如发电机、变压器、高压开关柜、低压配电屏、继电保护屏及箱式变电站等）向制造厂的订货。通常要详细画出并说明该设备的型号规格、使用环境、与其他有关设备的相互安装位置等，如变配电所的电气主接线图、高压开关柜安装图、低压配电屏安装图、变压器安装图等。

（9）电缆清册

电缆清册是用表格的形式表示该系统中电源的规格、型号、数量、走向、敷设方法、头尾接线部位等内容的，一般使用电缆较多的工程均有电缆清册，简单的工程通常没有电缆清册。

（10）图例

图例是用表格的形式列出该系统中使用的图形符号或文字符号的，目的是使读图者容易读懂图样。

（11）设备材料表

设备材料表一般都要列出系统主要设备及主要材料的规格、型号、数量、具体要求或产地。但是表中的数量一般只作为概算估计数，不作为设备和材料的供货依据。

（12）设计说明

设计说明主要标注图中交代不清或没有必要用图表示的要求、标准、规范等。

上述图样类别具体到工程上则按工程的规模大小、难易程度等原因有所不同，其中系统图、平面图、原理图是必不可少的，也是读图的重点，是掌握工程进度、质量、投资及编制施工组织设计和预决算书的主要依据。

3.2.4 系统图或框图

系统图或框图就是用符号或带注释的框概略表示系统或分系统的基本组成、相互关系及其主要特征的一种简图。它通常是某一系统、某一装置或某一成套设计图中的第一张图样。系统图或框图可分为不同层次绘制，可参照绘图对象逐级分解来划分层次。它还可以作为教学、训练、操作和维修的基础文件，使人们对系统、装置、设备等有一个概略的了解，为进一步编制详细的技术文件以及绘制电路图、接线图和逻辑图等提供依据，也为进行相关计算、选择导线和电气设备等提供重要依据。

电气系统图和框图原则上没有区别。在实际使用时，电气系统图通常用于系统或成套装置，框图则用于分系统或设备。系统图或框图布局采用功能布局法，能清楚地表达过程和信息的流向。

图3-8是某工厂的供电系统图。其10kV电源取自区域变电所，经两台降压变压器降压后，供各车间等负荷用电。该图表示了这些组成部分（如断路器、隔离器、熔断器、变压器、电流互感器等）的相互关系、主要特征和功能，但各部分都只是简略表示，而每一部分的具体结构、型号规格、连接方法和安装位置等并未详细表示。

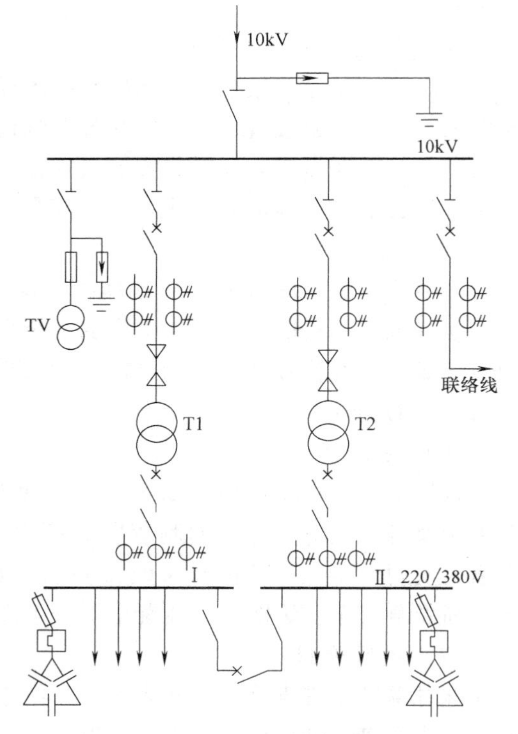

图3-8 某工厂的供电系统图

对于较为复杂的电子设备，除了电路原理图之外，往往还会用到电路框图。图3-9是被动式红外线报警器的原理框图。该报警器利用热释红外线传感器（该传感器对人体辐射的红外信号非常敏感）再配上一个菲涅尔透镜作为探头，对人体辐射的红外线信号进行检测。当有人从探头前经过时，探头会检测到人体辐射的红外线信号，该信号经过电子电路放大、处理后，驱动报警电路发出报警信号。

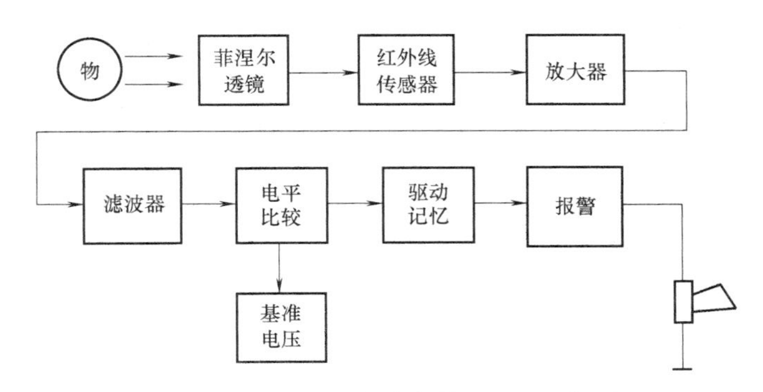

图 3-9　被动式红外线报警器的原理框图

电路框图和电路原理图相比，包含的电路信息比较少。在实际应用中，根据电路框图是无法弄清楚电子设备具体电路的，它只能作为分析复杂电子设备电路的辅助手段。

3.2.5　电路图

电路图以电路的工作原理及阅读和分析电路方便为原则，用国家统一规定的电气图形符号和文字符号，按工作顺序将图形符号从上而下、从左到右排列，详细表示电路、设备或成套装置的工作原理、基本组成和连接关系。电路图是表示电流从电源到负载的传送情况和电气元件的工作原理，而不考虑其实际位置的一种简图。其目的是便于详细理解设备工作原理，为编制接线图、安装和维修提供依据，所以这种图又称为电气原理图或原理接线图，简称原理图。

电路图在绘制时应注意设备和元件的表示方法。在电路图中，设备和元件采用符号表示，并应以适当的形式标注其代号、名称、型号、规格等，并应注意设备和元件的工作状态。设备和元件的可动部分通常应表示其在非激励或不工作时的状态或位置。符号的布置原则为：驱动部分和被驱动部分之间采用机械连接的设备和元件（例如接触器的线圈、主触点、辅助触点），以及同一个设备的多个元件（例如转换开关的各对触点）可在图上采用集中、半集中或分开布置。

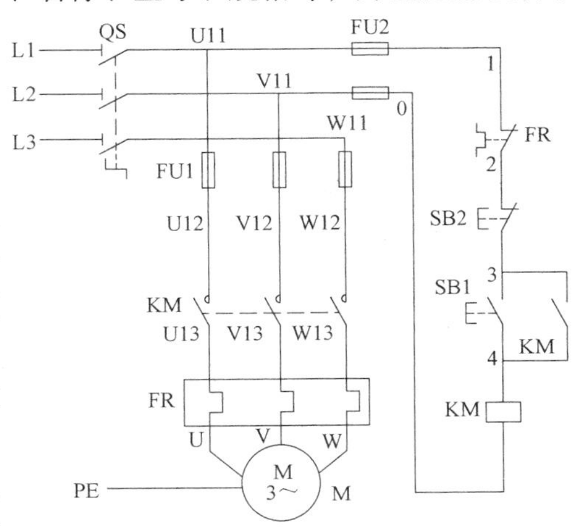

图 3-10　交流接触器控制三相异步电动机起动、停止电路原理图

控制原理图是单独用来表示电气设备及元件控制方式及其控制线路的图样，主要表示电气设备及元件的起动、保护、信号、联锁、自动控制及测量等。通过控制原理图可以知道各设备元件的工作原理、控制方式等。交流接触器控制三相异步电动机起动、停止电路原理图如图 3-10 所示，该图表示了系统的供电和控

制关系。

3.2.6 接线图

接线图（或接线表）是表示成套装置、设备、电气元件之间及其外部其他装置之间的连接关系，用以进行安装接线、检查、试验与维修的一种简图或表格。

图 3-11 是交流接触器控制三相异步电动机起动、停止电路接线图，它清楚地表示了各元件之间的实际位置和连接关系：电源（L1、L2、L3）接至端子排 XT，然后通过熔断器 FU1 接至交流接触器 KM 的主触点，再经过热继电器的发热元件接到端子排 XT，最后用导线接入电动机的 U、V、W 端子。

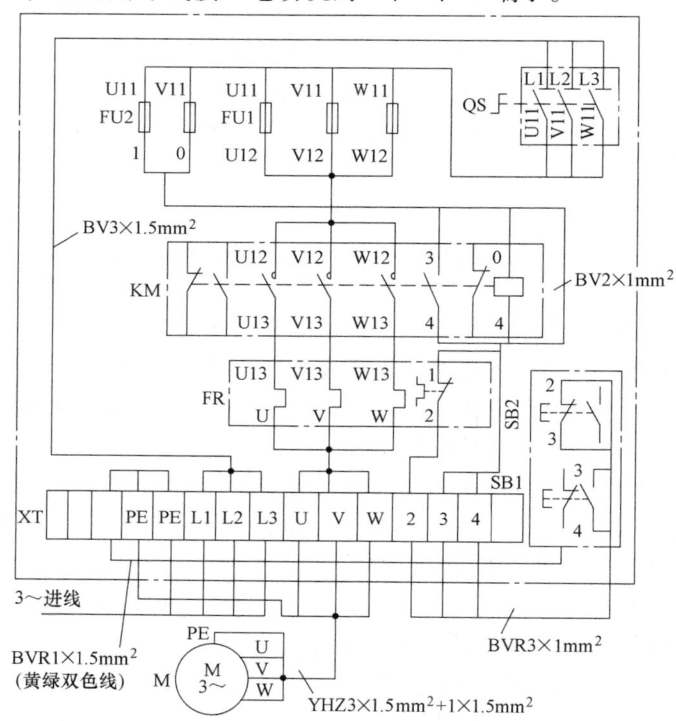

图 3-11 交流接触器控制三相异步电动机起动、停止电路接线图

1. 接线图的特点

1）电气接线图只标明电气设备和控制元件之间的相互连接线路，而不标明电气设备和控制元件的动作原理。

2）电气接线图中的控制元件位置要依据它所在实际位置绘制。

3）电气接线图中各电气设备和控制要按照国家标准规定的电气图形符号绘制。

4）电气接线图中的各电气设备和控制元件，其具体型号可标在每个控制元件图形旁边，或者画表格说明。

5）实际电气设备和控制元件结构都很复杂，画接线图时，只画出接线部件的电气图形符号。

2. 其他接线图

当一个装置比较复杂时，接线图又可分解为以下四种：

1）单元接线图。它是表示成套装置或设备中一个结构单元内各元件之间的连接关系的一种接线图。这里“单元结构”是指在各种情况下可独立运行的组件或某种组合体，如电动机、开关柜等。

2）互连接线图。它是表示成套装置或设备的不同单元之间连接关系的一种接线图。

3）端子接线图。它是表示成套装置或设备的端子以及接在端子上的外部接线（必要时包括内部接线）的一种接线图。

4）电线电缆配置图。它是表示电线电缆两端位置的一种接线图，必要时还包括电线电缆功能、特性和路径等信息。

3.2.7　位置图与电气设备平面图

1. 位置图（布置图）

位置图是指用正投影法绘制的图。位置图是表示成套装置和设备中各个项目的布局、安装位置的图。位置图一般用图形符号绘制。

2. 电气设备平面图

电气设备平面图是在建筑物的平面图上标出电气设备、元件、管线实际布置的图样，主要表示其安装位置、安装方式、规格型号数量及接地网等。通过平面图可以知道每幢建筑物及各个不同的标高上装设的电气设备、元件及管线等。建筑电气平面图用得很多，动力、照明、变配电装置、各种机房、通信广播、电缆电视、火灾报警、防盗保安、微机监控、自动化仪表、架空线路、电缆线路及防雷接地等都要用到平面图。

电气总平面图是在建筑总平面图上表示电源及电力负荷分布的图样，主要表示各建筑物电源及电力负荷名称和用途、电路负荷的装机容量、电气线路的走向及变配电装置的位置、容量和电源进户的方向等。通过电气总平面图可了解该项工程的概况，掌握电气负荷的分布及电源装置等。一般大型工程都有电气总平面图，中小型工程则由动力平面图或照明平面图代替。

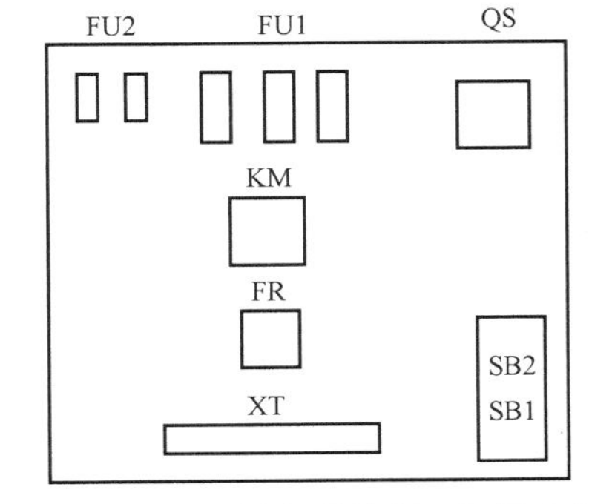

图 3-12　交流接触器控制三相异步电动机起动、停止电路平面布置图

电气平面图是表示电气工程项目的电气设备、装置和线路的平面布置图，例如为了表示电动机及其控制设备的具体平面布置，可采用图 3-12 所示的平面布置图。图中示出了交流接触器控制三相异步电动机起动、停止电路中开关、熔断器、接触器、热继电器、

接线端子等的具体平面布置。

3.2.8 逻辑图

逻辑图是用二进制逻辑单元图形符号绘制的、以实现一定逻辑功能的一种简图。它分为理论逻辑图（纯逻辑图）和工程逻辑图（详细逻辑图）两类。理论逻辑图以二进制逻辑单元，如各种门电路、触发器、计数器、译码器等的逻辑符号绘制，用以表达系统的逻辑功能、连接关系和工作原理等，一般不涉及实现逻辑功能的实际器件。工程逻辑图则不仅要求具备理论逻辑图的内容，而且要求确定实现相应逻辑功能的实际器件和工程化的内容，例如数字电路器件的型号、多余输入输出端的处理、未用单元的处理及电阻器、电容器等其他非数字电路元器件的型号及参数等。总之，理论逻辑图只表示功能而不涉及实现的方法，因此是一种功能图。工程逻辑图不仅表示功能，而且有具体的实现方法，因此是一种电路图。

二进制逻辑单元图形符号由方框、限定符号及使用时附加的输入线、输出线等组成，部分常用的二进制逻辑符号见表3-4。

表3-4 部分常用的二进制逻辑符号

名称	逻辑符号	逻辑式	逻辑规律
与门	A, B — & — Y	$Y=A\cdot B$	全1出1，有0出0
或门	A, B — ≥1 — Y	$Y=A+B$	全0出0，有1出1
非门	A — 1 —o Y	$Y=\overline{A}$	入0出1，入1出0
与非门	A, B — & —o Y	$Y=\overline{A\cdot B}$	全1出0，有0出1
或非门	A, B — ≥1 —o Y	$Y=\overline{A+B}$	全0出1，有1出0
与或非门	A, B, C, D — & ≥1 —o Y	$Y=\overline{AB+CD}$	某组全1出0，各组均有0出1
异或门	A, B — =1 —o Y	$Y=\overline{A}B+A\overline{B}$	入异出1，入同出0

3.3　绘制电路图的一般原则

3.3.1　连接线的表示法

连接线在电气图中使用最多，用来表示连接线或导线的图线应为直线，且应使交叉和折弯最少。图线可以水平布置，也可以垂直布置。只有当需要把元器件连接成对称的格局时，才可采用斜交叉线。连接线应采用实线，看不见的或计划扩展的内容用虚线。

（1）中断线

为了图面清晰，当连接线需要穿越图形稠密区域时，可以中断，但应在中断处加注相应的标记，以便迅速查到中断点。中断点可用相同文字标注，也可以按图幅分区标记。对于连接到另一张图纸上的连接线，应在中断处注明图号、张次、图幅分区代号等，如图3-13和图3-14所示。

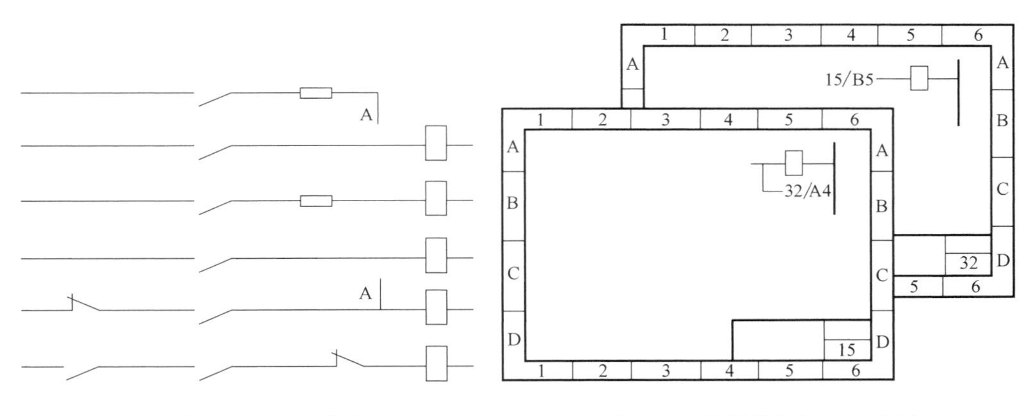

图3-13　带标记A的中断线示例　　图3-14　中断线标记方法示例

（2）单线表示法

当简图中出现多条平行连接线时，为了使图面保持清晰可读，绘图时可用单线表示法。单线表示法具体应用如下：

1）在一组导线中，如导线两端处于不同位置时，应在导线两端实际位置标以相同的标记，可避免大量交叉线，如图3-15所示。

2）当多根导线汇入用单线表示的线组时，汇接处应用斜线表示，斜线的方向应能使读图者易于识别导线汇入或离开线组的方向，并且每根导线的两端要标注相同的标记，如图3-16所示。

3）用单线表示多根导线时，如果有时还要表示出导线根数，可用图3-17所示的表示方法。

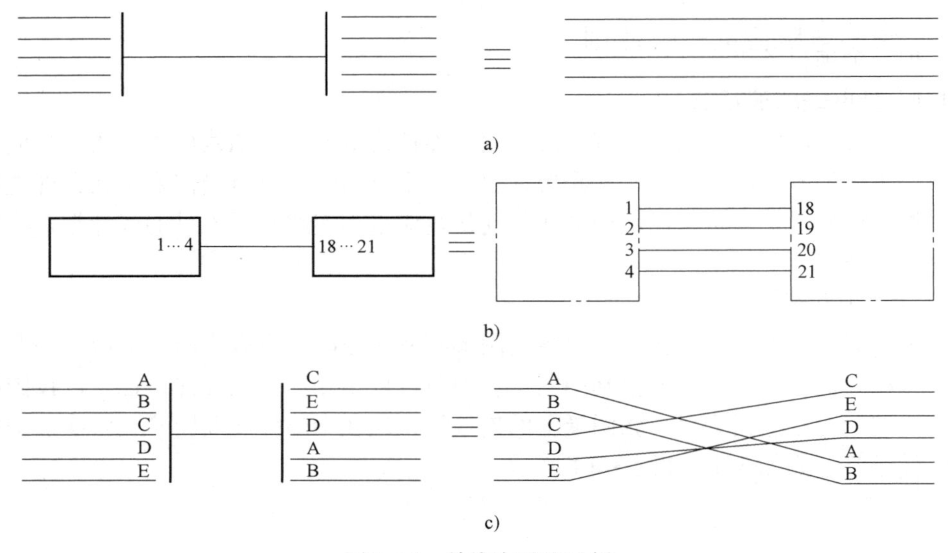

图 3-15　单线表示法示例

a）平行线表示法 1　b）平行线表示法 2　c）交叉线表示法

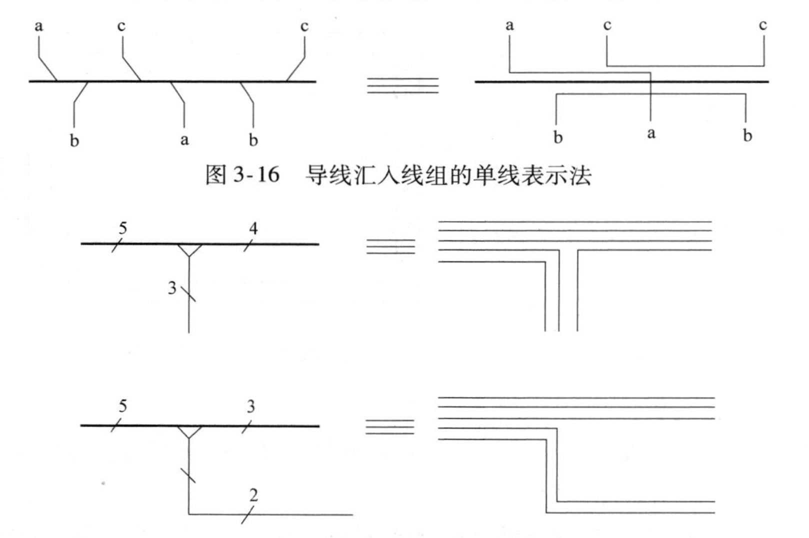

图 3-16　导线汇入线组的单线表示法

图 3-17　单线图中导线根数表示法

3.3.2　项目的表示法

项目是指在图上通常用一个图形符号表示的基本件、部件、组件、功能单元、设备、系统等。项目表示法主要分为集中表示法、半集中表示法和分开表示法。

（1）集中表示法

把一个项目各组成部分的图形符号在简图上绘制在一起的方法称为集中表示法，如图 3-18所示。

（2）半集中表示法

把一个项目各组成部分的图形符号在简图上分开布置，并用机械连接符号来表示它们之间关系的方法称为半集中表示法，如图 3-19 所示。

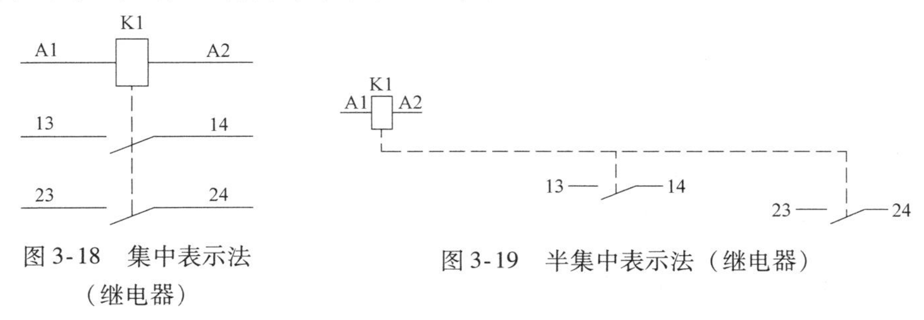

图 3-18　集中表示法（继电器）

图 3-19　半集中表示法（继电器）

（3）分开表示法

把一个项目各组成部分的图形符号在简图上分开布置，仅用项目代号来表示它们之间关系的方法称为分开表示法，如图 3-20 所示。

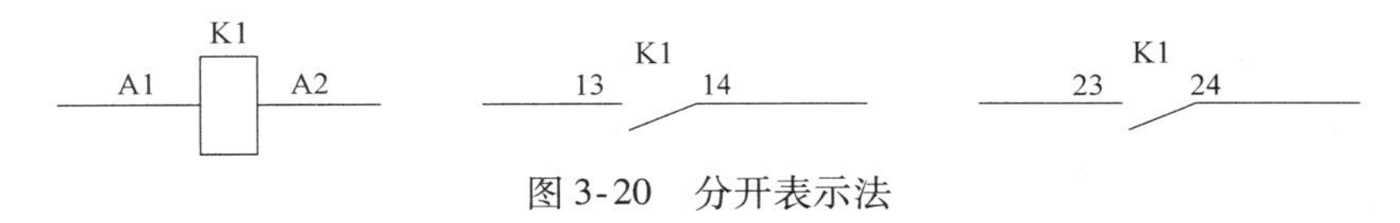

图 3-20　分开表示法

3.3.3　电路的简化画法

（1）并联电路

多个相同的支路并联时，可用标有公共连接符号的一个支路来表示，同时应标出全部项目代号和并联支路数，如图 3-21 所示。

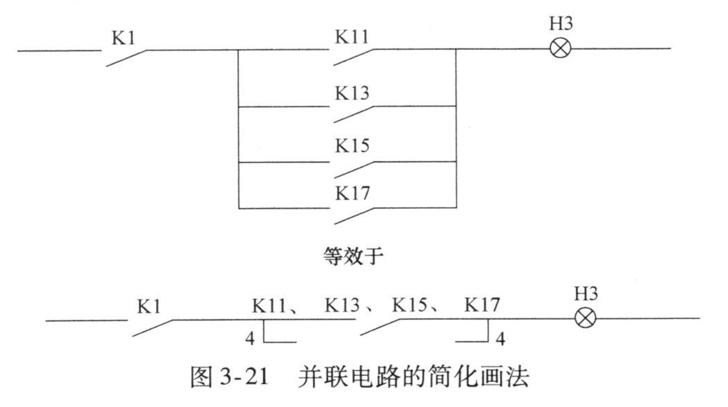

图 3-21　并联电路的简化画法

（2）相同电路

相同的电路重复出现时，仅需详细表示出其中的一个，其余的电路可用适当的说明代替。

（3）功能单元

功能单元可用方框符号或端子功能图来代替，此时应在其上加注标记，以便查找被其代替的详细电路。端子功能图应表示出该功能单元所有的外接端子和内部功能，以便能通过对端子的测量从而确定如何与外部连接。端子功能图的排列应与其所代表的功能单元的电路图的排列相同，内部功能可用下述方式表示：

1）方框符号或其他简化符号。

2）简化的电路图。

3）功能表图。

4）文字说明。

3.4 电气控制电路图的绘制

3.4.1 绘制原理图应遵循的原则

在绘制电气原理图时一般应遵循以下原则：

1）图中各元器件的图形符号均应符合最新国家标准，当标准中给出几种形式时，选择图形符号应遵循以下原则：

① 尽可能采用优选形式。

② 在满足需要的前提下，尽量采用最简单的形式。

③ 在同一图号的图中使用同一种形式的图形符号和文字符号。如果采用标准中未规定的图形符号或文字符号时，必须加以说明。

2）图中所有电气开关和触点的状态，均以线圈未通电、手柄置于零位、无外力作用或生产机械在原始位置的初始状态画出。

3）各个元件及其部件在原理图中的位置根据便于阅读的原则来安排，同一元件的各个部件（如线圈、触点等）可以不画在一起。但是，属于同一元件上的各个部件均应用同一文字符号和同一数字表示。如图 3-10 中的接触器 KM，它的线圈和辅助触点画在控制电路中，主触点画在主电路中，但都用同一文字符号标明。

4）图中的连接线、设备或元件的图形符号的轮廓线都应使用实线绘制。屏蔽线、机械联动线、不可见轮廓线等用虚线绘制。分界线、结构围框线、分组围框线等用点划线绘制。

5）原理图分主电路和控制电路两部分，主电路画在左边，控制电路画在右边，一般采用竖直画法。

6）电动机和电器的各接线端子都要编号。主电路的接线端子用一个字母后面附加一位或两位数字来编号，如 U1、V1、W1。控制电路的接线端子只用数字编号。

7）图中的各元件除标有文字符号外，还应标有位置编号，以便寻找对应的元件。

3.4.2 绘制接线图应遵循的原则

在绘制接线图时，一般应遵循以下原则：

1）接线图应表示出各元件的实际位置，同一元件的各个部件要画在一起。

2）图中要表示出各电动机、电器之间的电气连接、可用线条表示（见图 3-11），也可用去向号表示。凡是导线走向相同的可以合并画成单线。控制板内和板外各元件之间的电气连接是通过接线端子来进行的。

3）接线图中元件的图形符号和文字符号及端子编号应与原理图一致，以便对照查找。

4）图中应标明导线和走线管的型号、规格、尺寸、根数等，例如图 3-11 中按钮到接线端子的连接线为 BVR3 $\times 1\text{mm}^2$，表示导线的型号为 BVR，共有 3 根，每根导线的截面积为 1mm^2。

3.4.3　绘制电气原理图的有关规定

要正确绘制和阅读电气原理图，除了应遵循绘制电气原理图的一般原则外，还应遵守以下的规定：

1）为了便于检修线路和方便阅读，应将整张图样划分成若干区域，即图区。图区编号一般用阿拉伯数字写在图样下部的方框内，如图 3-22 所示。

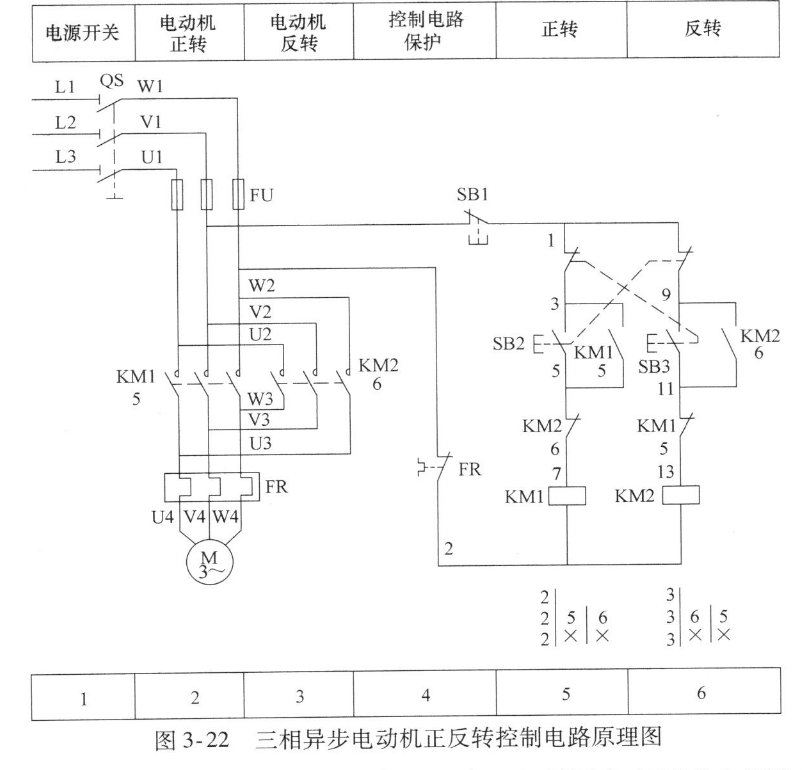

图 3-22　三相异步电动机正反转控制电路原理图

2）图中每个电路在生产机械操作中的用途，必须用文字标明在用途栏内，用途栏一般以方框形式放在图面的上部，如图 3-22 所示。

3）原理图中的接触器、继电器的线圈与受其控制的触点的从属关系应按以下方法标记：

① 在每个接触器线圈的文字符号（如 KM）的下面画两条竖直线，分成左、中、右三栏，把受其控制而动作的触点所处的图区号，按表 3-5 规定的内容填上。对备而未用的触点，在相应的栏中用记号“×”标出。

表 3-5　接触器线圈符号下的数字标志

左栏	中栏	右栏
主触点所处的图区号	辅助常开(动合)触点所处的图区号	辅助常闭(动断)触点所处的图区号

② 在每个继电器线圈的文字符号（KT）的下面画一条竖直线，分成左、右两栏，把受其控制而动作的触点所处的图区号，按表 3-6 规定的内容填上，对备而未用的触点，在相应的栏中用记号“×”标出。

表 3-6　继电器线圈符号下的数字标志

左栏	右栏
常开(动合)触点所处的图区号	常闭(动断)触点所处的图区号

③ 原理图中每个触点的文字符号下面表示的数字为使其动作的线圈所处的图区号。

例如，在图 3-22 中，接触器 KM1 线圈下面竖线的左边（左栏中）有三个 2，表示在 2 号图区有它的三副主触点；在第二条竖线左边（中栏中）有一个 5 和一个“×”，则表示该接触器共有两副常开（动合）触点，其中一副在 5 号图区，而另一副未用；在第二条竖线右边（右栏中）有一个 6 和一个“×”，则表示该接触器共有两副常闭（动断）触点，其中一副在 6 号图区，而另一副未用；在触头 KM1 下面有一个 5，表示它的线圈在 5 号图区。

3.5　电气原理图的识读

阅读电气原理图的步骤一般是从电源进线起，先看主电路电动机、电器的接线情况，然后再查看控制电路，通过对控制电路的分析，深入了解主电路的控制程序。

1. 电气原理图中主电路的识读

1）看供电电源部分。首先查看主电路的供电情况，是由母线汇流排或配电柜供电，还是由发电机组供电，并弄清电源的种类，是交流还是直流；其次弄清供电电压的等级。

2）看用电设备。用电设备指带动生产机械运转的电动机，或耗能发热的电弧炉等电气设备。要弄清它们的类别、用途、型号、接线方式等。

3）看对用电设备的控制方式。如有的采用刀开关直接控制，有的采用各种起动器控制，有的采用接触器、继电器控制，应弄清并分析各种控制电器的作用和功能等。

2. 电气原理图中控制电路的识读

1）看控制电路的供电电源。弄清电源是交流还是直流；其次弄清电源电压的等级。

2）看控制电路的组成和功能。控制电路一般由几个支路（回路）组成，有的在一条支路中还有几条独立的小支路（小回路）。弄清各支路对主电路的控制功能，并分析主电路的动作程序。例如，当某一支路（或分支路）形成闭合通路并有电流流过时，主电路中的相应开关、触点的动作情况及电气元件的动作情况。

3）看各支路和元件之间的并联情况。由于各分支路之间和一个支路中的元件，一般是相互关联或互相制约的。所以，分析它们之间的联系，可进一步深入了解控制电路对主电路的控制程序。

4）注意电路中有哪些保护环节，某些电路可以结合接线图来分析。

电气原理图是按原始状态绘制的，这时线圈未通电、开关未闭合、按钮未按下，但看图时不能按原始状态分析，而应选择某一状态进行分析。

3.6　电气控制电路的一般设计方法

一般设计方法（又称经验设计法）是根据生产工艺要求，利用各种典型的电路环节，直接设计控制电路。这种设计方法比较简单，但要求设计人员必须熟悉大量的控制线路。在设计过程中往往还要经过多次反复地修改、试验，才能使线路符合设计的要求。即使这样，所得出的方案也不一定是最佳方案。

一般设计法没有固定模式，通常先用一些典型线路环节拼凑起来实现某些基本要求，然后根据生产工艺要求逐步完善其功能，并加以适当的联锁与保护环节。由于是靠经验进行设计的，因而灵活性很大。

用一般方法设计控制电路时，应注意以下几个原则：

1）应最大限度地实现生产机械和工艺对电气控制电路的要求。

2）在满足生产要求的前提下，控制线路应力求简单、经济。

① 尽量选用标准的、常用的或经过实际考验过的电路和环节。

② 尽量缩减连接导线的数量和长度。特别要注意电气柜、操作点和限位开关之间的连接线，如图3-23所示。图3-23a所示的接线是不合理的，因为按钮在操作台上，而接触器在电气柜内，这样接线就需要由电气柜二次引出连接线到操作台上的按钮上。因此，一般都将起动按钮和停止按钮直接连接，如图3-23b所示，这样可以减少一次引出线。

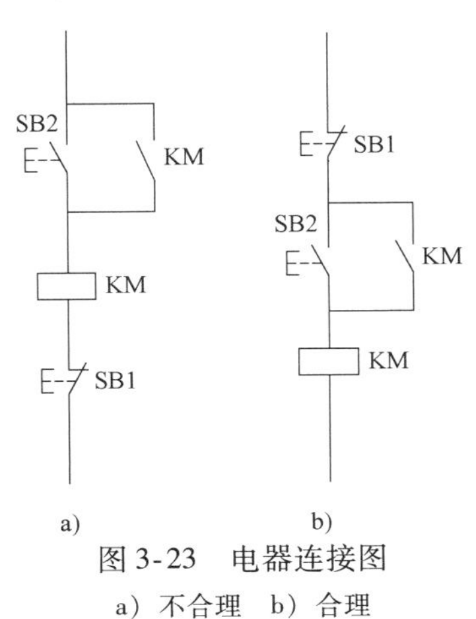

图3-23　电器连接图
a）不合理　b）合理

③ 尽量缩减电器的数量、采用标准件，并尽可能选用相同型号。

④ 应减少不必要的触点，以便得到最简化的线路。

⑤ 控制线路在工作时，除必要的电器必须通电外，其余的尽量不通电以节约电能。以三相异步电动机串电阻减压起动控制电路为例，如图 3-24a 所示，在电动机起动后接触器 KM1 和时间继电器 KT 就失去了作用。若接成图 3-24b 所示的电路时，就可以在起动后切除 KM1 和 KT 的电源。

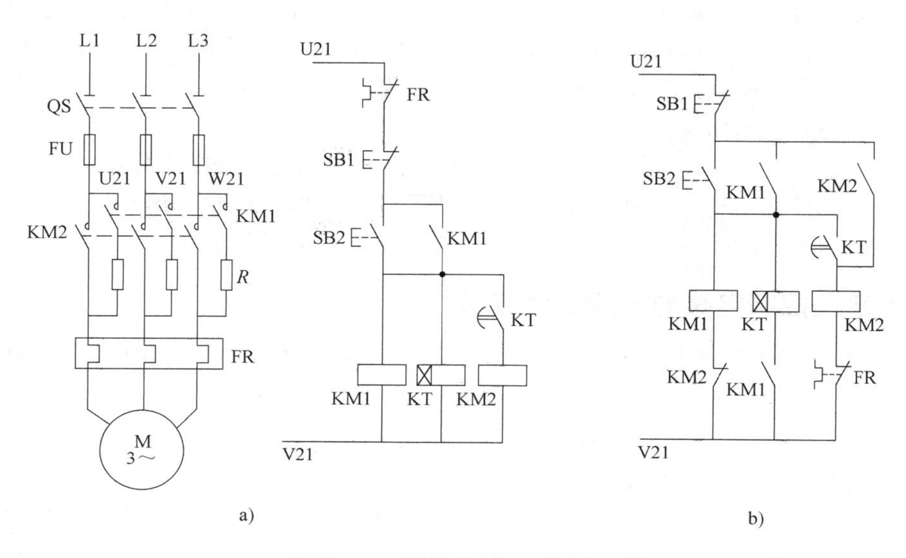

图 3-24　减少通电电器的控制电路
a）不合理　b）合理

3）保证控制线路的可靠性和安全性。

① 尽量选用机械和电气寿命长、结构坚实、动作可靠、抗干扰性能好的电气元件。

② 正确连接电器的触点。同一电器的常开和常闭辅助触点靠得很近，如果分别接在电源的不同相上（见图 3-25a），由于限位开关 S 的常开触点与常闭触点不是等电位，当触点断开产生电弧时，很可能在两触点间形成飞弧而造成电源短路。如果按图 3-25b 接线，由于两触点电位相同，就不会造成飞弧。

③ 在频繁操作的可逆电路中，正、反转接触器之间不仅要有电气联锁，而且要有机械联锁。

④ 在电路中采用小容量继电器的触点来控制大容量接触器的线圈时，要计算继电器触点断开和接通容量是否足够。如果继电器触点容量不够，应增加小容量接触器或中间继电器。

⑤ 正确连接电器的线圈。在交流控制电路中，不能串联接入两个电器的线圈，如图 3-26所示。即使外加电压是两个线圈额定电压之和，也是不允许的。因为交流电路中，每个线圈上所分配到的电压与线圈阻抗成正比，两个电器动作总是有先有后，不可能同时吸合。假如交流接触器 KM1 先吸合，由于 KM1 的磁路闭合，线

圈的电感显著增加，因而在该线圈上的电压降也相应增大，从而使另一个接触器KM2 的线圈电压达不到动作电压。因此，当两个电器需要同时动作时，其线圈应该并联。

⑥ 在控制电路中，应避免出现寄生电路。在控制电路的动作过程中，那种意外接通的电路称为寄生电路（或称假回路）。例如，图 3-27 所示是一个具有指示灯和热保护的正反向控制电路。在正常工作时，能完成正反向起动、停止和信号指示。但当热继电器 FR 动作时，电路中就出现了寄生电路，如图 3-27 中虚线所示，使正转接触器 KM1 不能释放，无法起到保护作用。因此，在控制电路中应避免出现寄生电路。

⑦ 应具有完善的保护环节，以避免因误操作而发生事故。完善的保护环节包括过载、短路、过电流、过电压、欠电压、失电压等保护环节，有时还应设有合闸、断开、事故等必需的指示信号。

4）应尽量使操作和维修方便。

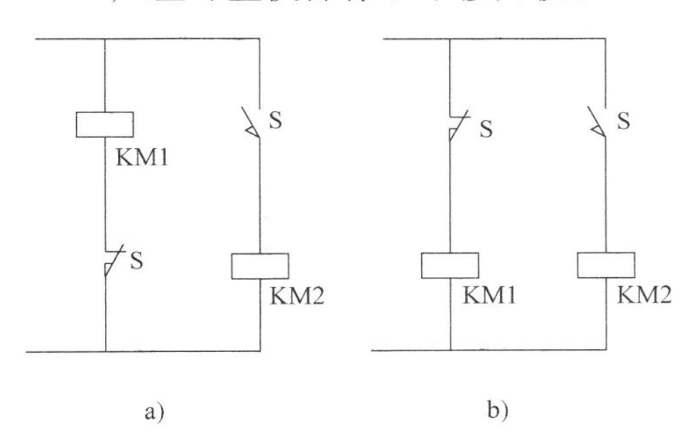

图 3-25　正确连接电器的触点的电路
a）不合理　b）合理

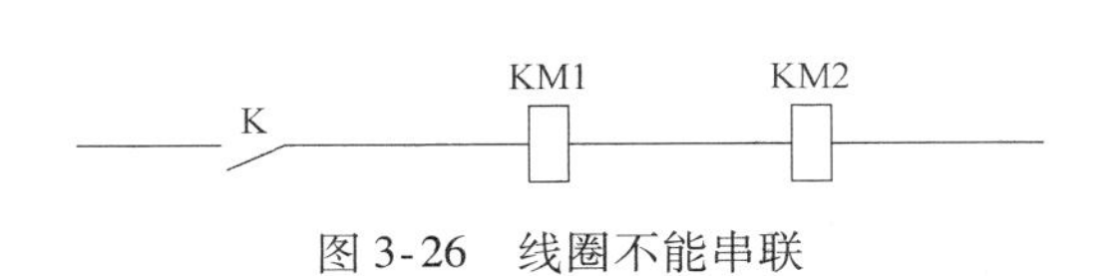

图 3-26　线圈不能串联

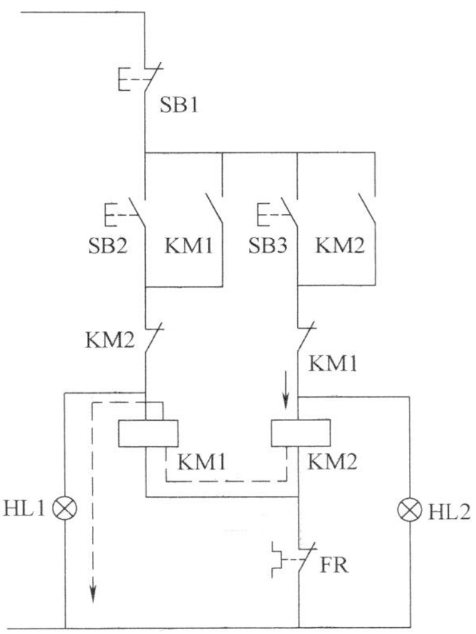

图 3-27　寄生电路

第 4 章　常用电工材料

4.1　裸电线

4.1.1　常用裸电线的型号、特性和用途

常用裸电线的型号、特性和用途见表 4-1。

表 4-1　常用裸电线的型号、特性和用途

类别	名称	型号	特性	用途
圆线	硬圆铜线 软圆铜线	TY TR	硬线的抗拉强度大，软线的延伸率高，半硬线介于两者之间	硬线主要用作架空导线；半硬线、软线主要用作电线、电缆及电磁线的线芯，亦用于其他电器制品
	硬圆铝线 软圆铝线	LY LR		
绞线	铝绞线 钢芯铝绞线 硬铜绞线	LJ LGJ TJ	导电性能、机械性能良好、钢芯铝绞线比铝绞线拉断力大一倍左右	用于高、低压架空电力线路
型线	硬扁铜线 软扁铜线	TBY TBR	铜、铝扁线和母线的机械特性和圆线相同。扁线、母线的结构形状均为矩形	铜、铝扁线主要用于制造电机、电器的线圈。铝母线主要用作汇流排
	硬扁铝线 软扁铝线	LBY LBR		
	硬铜母线 软铜母线	TMY TMR		
	硬铝母线 软铝母线	LMY LMR		
软接线	铜电刷线	TS TSX TSR TSXR	柔软、耐振动、耐弯曲	用作电刷连接线
	铜软绞线	TJR	柔软	用作引出线、接地线、整流器和晶闸管引出线等
	软铜编织线	TZ	柔软	用作汽车、拖拉机蓄电池连接线

4.1.2　常用圆铝、铜单线的规格

常用圆铝、铜单线的规格见表 4-2。

表4-2　常用圆铝、铜单线的规格

直径/mm	截面积/mm²	铝			铜		
		质量/(kg/km)	20℃时的直流电阻/(Ω/km)	75℃时的直流电阻/(Ω/km)	质量/(kg/km)	20℃时的直流电阻/(Ω/km)	75℃时的直流电阻/(Ω/km)
0.05	0.00196				0.0175	8970	11060
0.06	0.002836				0.0252	6210	7600
0.07	0.00385				0.0342	4570	5640
0.08	0.00503				0.0447	3500	4320
0.09	0.00636				0.0565	2760	3410
0.10	0.00785				0.0698	2240	2770
0.11	0.00950				0.0845	1854	2290
0.12	0.01131				0.1005	1556	1918
0.13	0.0133				0.1179	1322	1630
0.14	0.0154				0.1368	1142	1410
0.15	0.01767				0.157	995	1227
0.16	0.0201				0.179	875	1080
0.17	0.0227				0.202	775	956
0.18	0.0255				0.226	690	852
0.19	0.0284				0.262	620	765
0.20	0.0314	0.085	901	1100	0.279	560	692
0.21	0.0346	0.097	820	1000	0.308	506	628
0.23	0.0415	0.112	682	835	0.369	424	524
0.25	0.0491	0.133	577	705	0.436	359	443
0.27	0.0573	0.155	494	604	0.509	307	379
0.29	0.0661	0.178	428	524	0.587	266	329
0.31	0.0755	0.204	375	458	0.671	233	285
0.33	0.0855	0.231	331	405	0.760	206	254
0.35	0.0962	0.260	294	360	0.855	183	226
0.38	0.1134	0.306	250	305	1.008	156.0	191.3
0.41	0.1320	0.357	214	262	1.170	133.0	164
0.44	0.1521	0.411	186	227	1.352	116.0	142.5
0.47	0.1735	0.469	163	199.5	1.54	101.0	125.0
0.49	0.1886	0.509	150	183.5	1.68	93.3	115.0
0.51	0.204	0.550	138.6	169.5	1.81	86.0	106.2
0.53	0.221	0.600	128.0	156.5	1.98	79.4	98.2
0.55	0.238	0.643	119.0	145.5	2.12	73.7	91.2
0.57	0.225	0.689	111.0	135.5	2.27	68.8	85.2
0.59	0.273	0.734	103.6	127	2.42	64.2	79.5
0.62	0.302	0.813	93.8	114.7	2.68	58.0	72.0
0.64	0.322	0.868	88.0	107.5	2.86	54.5	67.4
0.67	0.353	0.950	80.2	98.0	3.13	49.6	61.5
0.69	0.374	1.01	75.7	92.5	3.32	47.0	58.0

（续）

直径/mm	截面积/mm²	铝			铜		
		质量/(kg/km)	20℃时的直流电阻/(Ω/km)	75℃时的直流电阻/(Ω/km)	质量/(kg/km)	20℃时的直流电阻/(Ω/km)	75℃时的直流电阻/(Ω/km)
0.72	0.407	1.10	69.5	85.0	3.62	43.0	53.3
0.74	0.430	1.16	65.8	80.5	3.82	40.6	50.5
0.77	0.466	1.26	60.7	74.4	4.14	37.6	46.5
0.80	0.503	1.36	56.3	68.9	4.47	34.9	43.1
0.83	0.541	1.46	52.4	64.0	4.81	32.4	40.1
0.86	0.581	1.57	48.7	59.6	5.16	30.2	37.3
0.90	0.636	1.72	44.5	54.5	5.66	27.5	34.1
0.93	0.679	1.83	41.7	51.7	6.04	25.8	31.9
0.96	0.724	1.95	39.1	47.8	6.43	24.3	30.0
1.00	0.785	2.12	36.1	44.1	6.98	22.3	27.6
1.04	0.849	2.28	33.3	40.9	7.55	20.7	25.6
1.08	0.916	2.47	30.9	37.8	8.14	19.20	23.7
1.12	0.985	2.65	28.8	35.1	8.75	17.80	22.0
1.16	1.057	2.85	26.8	32.8	9.40	16.6	20.6
1.20	1.131	3.05	25.0	30.6	10.05	15.50	19.17
1.25	1.227	3.31	23.1	28.2	10.91	14.3	17.68
1.30	1.327	3.58	21.5	26.1	11.80	13.2	16.35
1.35	1.431	3.86	19.8	24.2	12.73	12.30	14.10
1.40	1.539	4.15	18.4	22.5	13.69	11.40	13.90
1.45	1.651	4.45	17.15	20.9	14.70	10.60	13.13
1.50	1.767	4.77	16.00	19.6	15.70	9.33	12.28
1.56	1.911	5.15	14.80	18.1	17.0	9.18	11.35
1.62	2.06	5.56	13.73	16.8	18.32	8.53	10.5
1.68	2.22	5.98	12.75	15.6	19.7	7.90	9.78
1.74	2.38	6.40	11.95	14.54	21.1	7.37	9.12
1.81	2.57	6.95	11.00	13.45	22.9	6.84	8.45
1.88	2.78	7.49	10.2	12.45	24.7	6.31	7.80
1.95	2.99	8.06	9.46	11.60	26.5	5.88	7.26
2.02	3.20	8.65	8.85	10.8	28.5	5.50	6.78
2.10	3.46	9.34	8.18	10.1	30.8	5.11	6.27
2.26	4.01	10.83	7.05	8.63	35.7	4.39	5.41
2.44	4.68	12.64	6.05	7.40	41.6	3.76	4.63
2.63	5.43	14.65	5.22	6.37	48.3	3.24	4.00
2.83	6.29	16.98	4.50	5.50	55.9	2.80	3.45

4.1.3　LJ 型铝绞线技术数据

LJ 型铝绞线的技术数据见表 4-3。

表 4-3　LJ 型铝绞线技术数据

标称截面积 /mm²	结构（根数/直径）/(根/mm)	计算截面积 /mm²	外径 /mm	直流电阻 ≤ /(Ω/km)	计算拉断力 /N	质量 /(kg/km)
16	7/1.70	15.89	5.1	1.802	2840	43.5
25	7/2.15	25.41	6.45	1.127	4355	69.6
35	7/2.50	34.36	7.50	0.8332	5760	94.1
50	7/3.00	49.38	9.00	0.5786	7930	135.5
70	7/3.60	71.25	10.80	0.4018	10950	195.1
90	7/4.16	95.14	12.48	0.3009	14450	260.5
120	19/2.85	121.21	14.25	0.2373	19120	333.5
150	19/3.15	148.07	15.75	0.1943	23310	407.4
185	19/3.50	182.80	17.50	0.1574	28440	503.0
210	19/3.75	209.85	18.75	0.1371	32260	577.4
240	19/4.00	238.76	20.00	0.1205	36260	656.9
300	37/3.20	297.57	22.40	0.09689	46850	820.4
400	37/3.70	397.83	25.90	0.07247	61150	1097.0

4.1.4　LGJ 型和 LGJF 型钢芯铝绞线技术数据

LGJ 型和 LGJF 型钢芯铝绞线的技术数据见表 4-4。

表 4-4　LGJ 型和 LGJF 型钢芯铝绞线技术数据

标称截面积（铝/钢）/mm²	结构（根数/直径）/(根/mm)		计算截面积 /mm²			外径 /mm	直流电阻 ≤ /(Ω/km)	计算拉断力 /N	质量 /(kg/km)
	铝	钢	铝	钢	总计				
10/2	6/1.50	1/1.50	10.60	1.77	12.37	4.50	2.706	4120	42.9
16/3	6/1.85	1/1.85	16.13	2.69	18.82	5.55	1.779	6130	65.2
25/4	6/2.32	1/2.32	25.36	4.23	29.59	6.96	1.131	9290	102.6
35/6	6/2.72	1/2.72	34.86	5.81	40.67	8.16	0.8230	12630	141.0
50/8	6/3.20	1/3.20	48.25	8.04	56.29	9.60	0.5946	16870	195.1
60/30	12/2.32	7/2.32	50.73	29.59	80.32	11.60	0.5692	42620	372.0
70/10	6/3.80	1/3.80	68.05	11.34	79.39	11.40	0.4217	23390	275.2
70/40	12/2.72	7/2.72	69.73	40.67	110.40	13.60	0.4141	58300	511.3
95/15	26/2.15	7/1.67	94.39	15.33	109.72	13.61	0.3058	335000	380.8
95/20	7/4.16	7/1.85	95.14	18.82	113.96	13.87	0.3019	37200	408.9
95/55	12/3.20	7/3.20	96.51	56.30	152.81	16.00	0.2992	78110	707.7
120/7	18/2.90	1/2.90	118.89	6.61	125.50	14.50	0.2422	27570	379.0
120/20	26/2.38	7/1.85	115.67	18.82	134.49	15.07	0.2496	41000	466.8
120/25	7/4.72	7/2.10	122.48	24.25	146.73	15.74	0.2345	47880	526.6

（续）

标称截面积（铝/钢）/mm²	结构（根数/直径）/（根/mm）		计算截面积/mm²			外径/mm	直流电阻≤/（Ω/km）	计算拉断力/N	质量/（kg/km）
	铝	钢	铝	钢	总计				
120/70	12/3.60	7/3.60	122.15	71.25	193.40	18.00	0.2364	98370	895.6
150/8	18/3.20	1/3.20	144.76	8.04	152.80	16.00	0.1989	32860	461.4
150/20	24/2.78	7/1.85	145.63	18.82	164.45	16.67	0.1980	46630	549.4
150/25	26/2.70	7/2.10	148.86	24.25	173.11	17.10	0.1939	54110	601.0
150/35	30/2.50	7/2.50	147.26	34.36	181.62	17.50	0.1962	65020	676.2
185/10	18/3.60	1/3.60	183.22	10.18	193.40	18.00	0.1572	40880	584.0
185/25	24/3.15	7/2.10	187.04	24.25	211.29	18.90	0.1542	59420	706.1
185/30	26/2.98	7/2.32	181.34	29.59	210.93	18.88	0.1592	64320	732.6
185/40	20/2.80	7/2.80	184.73	43.10	227.83	19.60	0.1564	80190	848.2
210/10	18/3.80	1/3.80	204.14	11.34	215.48	19.00	0.1411	45140	650.7
210/25	24/3.33	7/2.22	209.02	27.10	236.12	19.98	0.1380	65990	789.1
210/35	26/3.22	7/2.50	211.73	34.36	246.09	20.38	0.1363	74250	853.9
210/50	30/2.98	7/2.98	209.24	48.82	258.06	20.86	0.1381	90830	960.8
240/30	24/3.60	7/2.40	244.29	31.67	275.96	21.60	0.1181	75620	922.2
240/40	26/3.42	7/2.66	238.85	38.90	277.75	21.66	0.1209	83370	964.3
240/55	30/3.20	7/3.20	241.27	56.30	297.57	22.40	0.1198	102100	1108
300/15	42/3.00	7/1.67	296.88	15.33	312.21	23.01	0.09724	68060	939.8
300/20	45/2.93	7/1.95	303.42	20.91	324.33	23.43	0.09520	75680	1002
300/25	48/2.85	7/2.22	306.21	27.10	333.31	23.76	0.09433	93410	1058
300/40	24/3.99	7/2.66	300.09	38.90	338.99	23.94	0.09614	92220	1133
300/50	26/3.83	7/2.98	299.54	48.82	348.36	24.26	0.09636	103400	1210
300/70	30/3.60	7/3.60	305.36	71.25	376.61	25.20	0.09463	128000	1402
400/20	42/3.51	7/1.95	406.40	20.91	427.31	26.91	0.07104	88850	1286
400/25	45/3.33	7/2.22	391.91	27.10	419.01	26.64	0.07370	95940	1295
400/35	48/3.22	7/2.50	390.88	34.36	425.24	26.82	0.07389	103900	1349
400/50	54/3.07	7/3.07	399.73	51.82	451.55	27.63	0.07232	123400	1511
400/65	26/4.42	7/3.44	398.94	65.06	464.00	28.00	0.07236	135200	1611
400/95	30/4.16	19/2.50	407.75	93.27	501.02	29.14	0.07087	171300	1860

注：LGJF 型的计算质量，应在表中规定值中增加防腐涂料的质量，其增值为：钢芯涂防腐涂料的增加 2%，内部铝铬各层间涂防腐涂料的增加 5%。

4.1.5 TJ 型硬铜绞线技术数据

TJ 型硬铜绞线的技术数据见表 4-5。

表 4-5　TJ 型硬铜绞线技术数据

标称截面积 /mm^2	结构 (根数/直径) /(根/mm)	铜截面积 /mm^2	导线直径 /mm	20℃时的直流电阻/(Ω/km)	拉断力 /N	质量 /(kg/km)
10	7/1.33	9.37	3.99	1.870	3508	88
16	7/1.68	15.5	5.04	1.200	5586	140
25	7/2.11	24.5	6.33	0.740	8643	221
35	7/2.49	34.5	7.47	0.540	12152	311
50	7/2.97	48.5	8.91	0.390	17100	439
70	19/2.14	68.3	10.70	0.280	24010	618
95	19/2.49	92.5	12.45	0.200	32634	837
120	19/2.80	117	14.00	0.158	41258	1058
150	19/3.15	148	15.75	0.123	50764	1338
185	37/2.49	180	17.43	0.103	63504	1627
240	37/2.84	234	19.88	0.078	82614	2120
300	37/3.15	288	22.05	0.062	98980	2608
400	37/3.66	389	25.62	0.047	133770	3521

4.1.6　常用铜、铝母线技术数据

常用铜、铝母线的技术数据见表 4-6。

表 4-6　常用铜、铝母线技术数据

尺寸 (宽×厚) /mm	TMY 型铜母线载流量/A						LMY 型铜母线载流量/A					
	交流（每相）			直流（每极）			交流（每相）			直流（每极）		
	1 片	2 片	3 片	1 片	2 片	3 片	1 片	2 片	3 片	1 片	2 片	3 片
15×3	210	—	—	210	—	—	165	—	—	165	—	—
20×3	275	—	—	275	—	—	215	—	—	215	—	—
25×3	340	—	—	340	—	—	265	—	—	265	—	—
30×4	475	—	—	475	—	—	365	—	—	370	—	—
40×4	625	—	—	625	—	—	480	—	—	480	—	—
40×5	700	—	—	705	—	—	540	—	—	545	—	—
50×5	860	—	—	870	—	—	665	—	—	670	—	—
50×6	955	—	—	960	—	—	740	—	—	745	—	—
60×6	1125	1740	2240	1145	1990	2495	870	1350	1720	880	1555	1940
80×6	1480	2110	2720	1510	2630	3220	1150	1630	2100	1170	2055	2460
60×8	1320	2160	2790	1345	2485	3020	1025	1680	2180	1040	1840	2330
80×8	1690	2620	3370	1755	3095	3850	1320	2040	2620	1355	2400	2975
60×10	1475	2560	3300	1525	2725	3530	1155	2010	2650	1180	2110	2720
80×10	1900	3100	3990	1990	3510	4450	1480	2410	3100	1540	2735	3440

注：1. 表中数据是指当环境温度为 25℃时的载流量，不同的环境温度需采用控制温度校正系数。
2. 导体扁平放置时，当导体宽度在 60mm 及以下时，载流量应按表中所列数值减少 5%；当导体宽度在 60mm 以上时，载流量应按表列数值减少 8%。

4.2　绝缘电线

4.2.1　绝缘电线的型号及用途

绝缘电线的型号及用途见表4-7。

表4-7　绝缘电线的型号及用途

名称	型号	用途
聚氯乙烯绝缘铜芯线 聚氯乙烯绝缘铜芯软线 聚氯乙烯绝缘聚氯乙烯护套铜芯线 聚氯乙烯绝缘铝芯线 聚氯乙烯绝缘铝芯软线 聚氯乙烯绝缘聚氯乙烯护套铝芯线	BV BVR BVV BLV BLVR BLVV	用于交流500V及以下的电气设备和照明装置的连接，其中BVR型软线适用于要求电线比较柔软的场合
橡皮绝缘铜芯线 橡皮绝缘铝芯线	BX BLX	用于交流500V及以下，直流1000V及以下的户内外架空、明敷、穿管固定敷设的照明及电气设备电路
橡皮绝缘铜芯软线	BXR	用于交流500V及以下，直流1000V及以下电气设备及照明装置要求电线比较柔软的室内安装
聚氯乙烯绝缘平型铜芯软线 聚氯乙烯绝缘绞型铜芯软线	RVB RVS	用于交流250V及以下的移动式日用电器的连接
聚氯乙烯绝缘聚氯乙烯护套铜芯软线	RVZ	用于交流500V及以下的移动式日用电器的连接
复合物绝缘平型铜芯软线 复合物绝缘绞型铜芯软线	RFB RFS	用于交流250V或直流500V及以下的各种日用电器、照明灯座等设备的连接

4.2.2　BV、BLV型聚氯乙烯绝缘铜芯、铝芯线技术数据

BV、BLV型聚氯乙烯绝缘铜芯、铝芯线的技术数据见表4-8。

表4-8　BV、BLV型聚氯乙烯绝缘铜芯、铝芯线技术数据

标称截面积/mm^2	导电线芯结构		绝缘厚度/mm	最大外径/mm		参考载流量/A			
						BV		BLV	
	根数	直径/mm		单芯	双芯	单芯	双芯	单芯	双芯
1.0	1	1.13	0.7	2.8	2.8×5.6	20	16	15	12
1.5	1	1.37	0.7	3.0	3.0×6.0	25	21	19	16
2.5	1	1.76	0.8	3.7	3.7×7.4	34	26	26	22
4.0	1	2.24	0.8	4.2	4.2×8.4	45	38	35	29
6.0	1	2.73	0.9	5.0	5.0×10	56	47	43	36
8.0	7	1.20	0.9	5.6	5.6×11.2	70	59	54	45
10.0	7	1.33	1.0	6.6	6.6×13.2	85	72	66	56
16	7	1.70	1.0	7.8	—	113	96	87	73
25	7	2.12	1.2	9.6	—	146	123	112	95
35	7	2.50	1.2	10.0	—	180	151	139	117
50	19	1.83	1.4	13.1	—	225	188	173	145
75	19	2.14	1.4	14.9	—	287	240	220	185
95	19	2.50	1.6	17.3	—	350	294	254	214

4.2.3 BVR、BLVR 型聚氯乙烯绝缘铜芯软线、铝芯软线技术数据

BVR、BLVR 型聚氯乙烯绝缘铜芯软线、铝芯软线的技术数据见表4-9。

表4-9 BVR、BLVR 型聚氯乙烯绝缘铜芯软线、铝芯软线技术数据

标称截面积/mm²	导电线芯结构		绝缘厚度/mm	最大外径/mm		参考载流量/A			
	根数	直径/mm		单芯	双芯	BVR		BLVR	
						单芯	双芯	单芯	双芯
1.0	7	0.43	0.7	3.0	3.0×6.0	20	16	15	12
1.5	7	0.52	0.7	3.3	3.3×6.6	25	21	19	16
2.5	19	0.41	0.8	4.0	4.0×8.0	34	26	26	22
4.0	19	0.52	0.8	4.6	4.6×9.2	45	38	35	29
6.0	19	0.64	0.9	5.5	5.5×11.0	56	47	43	36
8.0	19	0.74	0.9	5.7	5.7×11.4	70	59	54	45
10.0	49	0.52	1.0	6.7	6.7×13.4	85	72	66	56
16	49	0.64	1.0	8.5	—	113	96	87	73
25	98	0.58	1.2	11.1	—	146	123	112	95
35	133	0.58	1.2	12.2	—	180	151	139	117
50	133	0.68	1.4	14.3	—	225	188	173	145

注：表中载流量是指环境温度为25℃，载流导线线芯温度为70℃时，架空敷设的数据。

4.2.4 BVV、BLVV 型聚氯乙烯绝缘聚氯乙烯护套铜芯线、铝芯线技术数据

BVV、BLVV 型聚氯乙烯绝缘聚氯乙烯护套铜芯线、铝芯线的技术数据见表4-10。

表4-10 BVV、BLVV 型聚氯乙烯绝缘聚氯乙烯护套铜芯线、铝芯线技术数据

标称截面积/mm²	导电线芯结构		绝缘厚度/mm	护套厚度/mm		最大外径/mm			参考载流量/A					
	根数	直径/mm							BVV			BLVV		
				单、双芯	三芯	单芯	双芯	三芯	单芯	双芯	三芯	单芯	双芯	三芯
1.0	1	1.13	0.6	0.7	0.8	4.1	4.1×6.7	4.3×9.5	20	16	13	15	12	10
1.5	1	1.37	0.6	0.7	0.8	4.4	4.4×7.2	4.6×10.3	25	21	16	19	16	12
2.5	1	1.76	0.6	0.7	0.8	4.8	4.8×8.1	5.0×11.5	34	26	20	26	22	17
4.0	1	2.24	0.6	0.7	0.8	5.3	5.3×9.1	5.5×13.1	45	38	29	35	29	23
5.0	1	2.50	0.8	0.8	1.0	6.3	6.3×10.7	6.7×15.7	51	43	33	39	33	26
6.0	1	2.73	0.8	0.8	1.0	6.5	6.5×11.3	6.9×16.5	56	47	36	43	36	28
8.0	7	1.20	0.8	1.0	1.2	7.9	7.9×13.6	8.3×19.4	70	59	46	54	45	35
10.0	7	1.33	0.8	1.0	1.2	8.4	8.4×14.5	8.8×20.7	85	72	55	66	56	43

4.2.5 BX、BLX 型橡皮绝缘铜芯线、铝芯线技术数据

BX、BLX 型橡皮绝缘铜芯线、铝芯线的技术数据见表4-11。

表 4-11　BX、BLX 型橡皮绝缘铜芯线、铝芯线技术数据

标称截面积/mm^2	导电线芯结构		绝缘厚度/mm	电线最大外径/mm				参考载流量/A	
	根数	直径/mm		单芯	双芯	三芯	四芯	BX	BLX
0.75	1	0.97	1.0	4.4	—	—	—	13	—
1	1	1.13	1.0	4.5	8.7	9.2	10.1	17	—
1.5	1	1.37	1.0	4.8	9.2	9.7	10.7	20	15
2.5	1	1.70	1.0	5.2	10.0	10.7	11.7	28	21
4	1	2.24	1.0	8.8	11.1	11.8	13.0	37	28
6	1	2.73	1.0	6.3	12.2	13.0	14.3	46	36
10	7	1.35	1.2	8.1	15.8	16.9	18.7	69	51
16	7	1.70	1.2	9.4	18.3	19.5	21.7	92	69
25	7	2.12	1.4	11.2	21.9	23.5	26.1	120	92
35	7	2.50	1.4	12.4	24.4	26.2	29.1	148	115
50	19	1.83	1.6	14.7	28.9	31.0	34.6	185	143
70	19	2.14	1.6	16.4	32.3	34.7	38.7	230	185
95	19	2.50	1.8	19.5	38.5	41.4	46.1	290	225
120	37	2.00	1.8	20.2	38.9	42.9	47.8	355	270

注：表中载流量是环境温度为 35℃，明敷设时的数据。

4.2.6　BXR 型橡皮绝缘铜芯软线技术数据

BXR 型橡皮绝缘铜芯软线的技术数据见表 4-12。

表 4-12　BXR 型橡皮绝缘铜芯软线技术数据

标称截面积/mm^2	导电线芯结构		绝缘标称厚度/mm	电线最大外径/mm	参考载流量/A	标称截面积/mm^2	导电线芯结构		绝缘标称厚度/mm	电线最大外径/mm	参考载流量/A
	根数	直径/mm					根数	直径/mm			
0.75	7	0.37	1.0	4.5	13	50	133	0.68	1.6	15.8	185
1.0	7	0.43	1.0	4.7	17	70	189	0.68	1.6	18.4	230
1.5	7	0.52	1.0	5.0	20	95	259	0.68	1.8	21.4	290
2.5	19	0.41	1.0	5.6	28	120	259	0.76	1.8	22.2	355
4	19	0.52	1.0	6.2	37	150	336	0.74	2.0	24.9	400
6	19	0.64	1.0	6.8	46	185	427	0.74	2.2	27.3	475
10	49	0.52	1.2	8.2	69	240	427	0.85	2.4	30.8	580
16	49	0.64	1.2	10.1	92	300	513	0.85	2.6	34.6	670
25	98	0.58	1.4	12.6	120	400	703	0.85	2.8	38.8	820
35	133	0.58	1.4	13.8	148	—	—	—	—	—	—

4.2.7　RVB、RVS 型聚氯乙烯绝缘平型、绞型铜芯软线技术数据

RVB、RVS 型聚氯乙烯绝缘平型、绞型铜芯软线技术数据见表 4-13。

表 4-13　RVB、RVS 型聚氯乙烯绝缘平型、绞型铜芯软线技术数据

标称截面积 /mm²	导电线芯结构		绝缘厚度 /mm	电线最大外径/mm		参考载流量 /A
	芯数×根数	直径/mm		RVB	RVS	
0.2	2×12	0.15	0.6	2.0×4.0	4.0	4
0.3	2×16	0.15	0.6	2.1×4.2	4.2	6
0.4	2×23	0.15	0.6	2.3×4.6	4.6	8
0.5	2×28	0.15	0.6	2.4×4.8	4.8	10
0.75	2×42	0.15	0.7	2.9×5.8	5.8	13
1.0	2×32	0.20	0.7	3.1×6.2	6.2	20
1.5	2×48	0.20	0.7	3.4×6.8	6.8	25
2.0	2×64	0.20	0.8	4.1×8.2	8.2	30
2.5	2×77	0.20	0.8	4.5×9.0	9.0	34

4.2.8　RFB、RFS 型复合物绝缘平型、绞型铜芯软线技术数据

RFB、RFS 型复合物绝缘平型、绞型铜芯软线的技术数据见表 4-14。

表 4-14　RFB、RFS 型复合物绝缘平型、绞型铜芯软线技术数据

标称截面积 /mm²	导电线芯结构		绝缘厚度 /mm	电线最大外径/mm		参考载流量 /A
	芯数×根数	直径/mm		RFB	RFS	
0.2	2×12	0.15	0.6	2.0×4.0	4.0	4
0.3	2×16	0.15	0.6	2.1×4.2	4.2	6
0.4	2×23	0.15	0.6	2.3×4.6	4.6	8
0.5	2×28	0.15	0.6	2.4×4.8	4.8	10
0.75	2×42	0.15	0.7	2.9×5.8	5.8	13
1.0	2×32	0.20	0.7	3.1×6.2	6.2	20
1.5	2×48	0.20	0.7	3.4×6.8	6.8	25
2.0	2×64	0.20	0.8	4.1×8.2	8.2	30
2.5	2×77	0.20	0.8	4.5×9.0	9.0	34

4.3　电磁线

电磁线是一种具有绝缘层的金属电线，主要用于绕制电工产品的线圈或绕组，故又称绕组线。其作用是通过电流产生磁场或切割磁力线产生电流，以实现电能和磁能的相互转换。

电磁线的种类很多，按绝缘层和用途可分为漆包线、绕包线、无机绝缘电磁线和特种电磁线等四种。漆包线的漆膜均匀、光滑，广泛用于中小型或微型电工产品中；绕包线是用天然丝、玻璃丝、绝缘纸或合成树脂薄膜等紧密绕包在导线芯上制成的，绕包材料形成绝缘层或在漆包线上再绕包一层绝缘层，其承载能力较大，主要用于大、中型电工产品中；无机绝缘电磁线的绝缘层采用陶瓷、氧化铝膜等无机材料，其特点是耐高温、耐辐射，主要用于高温和有辐射的场合；特种电磁线有特殊绝缘结构与性能，适用于高温、高湿、超低温等特殊场合。

4.3.1　漆包线的品种、特性及主要用途

常用漆包线的品种、特性及主要用途见表 4-15，其中圆线规格以线芯直径表示，扁线以线芯窄边 a 及宽边 b 的长度表示。

表 4-15 常用漆包线品种、特性及主要用途

类别	名称	型号	耐热等级	优点	局限性	主要用途
缩醛漆包线	缩醛漆包圆铜线	QQ－1 QQ－2	E	1. 热冲击性能优 2. 耐刮性优 3. 耐水解性良	漆膜受卷绕应力容易产生裂纹（浸渍前需在120℃左右加热1h以上，以消除应力）	用于普通及高速中小型电机、微电机的绕组和油浸式变压器的绕组，电器、仪表的线圈
	缩醛漆包圆铝线	QQL－1 QQL－2				
	缩醛漆包扁铜线	QQB				
	缩醛漆包扁铝线	QQLB				
聚酯漆包线	聚酯漆包圆铜线	QZ－1 QZ－2	B	1. 在干燥和潮湿条件下耐电压击穿性能优 2. 软化击穿性能优	1. 耐水解性差（用于密封的电机、电器时需注意） 2. 热冲击性能尚可	广泛应用于中小型电机绕组，干式变压器和仪表的绕组
	聚酯漆包圆铝线	QZL－1 QZL－2				
	聚酯漆包扁铜线	QZB				
	聚酯漆包扁铝线	QZLB				
聚酯亚胺漆包线	聚酯亚胺漆包圆铜线	QZY－1 QZY－2	F	1. 在干燥和潮湿条件下耐电压击穿性能优 2. 热冲击性能良 3. 软化击穿性能优	在含水密封系统中易水解（用于密封的电机、电器时需注意）	用于高温电机和制冷设备电机的绕组，干式变压器的绕组和电器、仪表的线圈
	聚酯亚胺漆包扁铜线	QZYB				
聚酰胺酰亚胺漆包线	聚酰胺酰亚胺漆包圆铜线	QXY－1 QXY－2	H	1. 耐热性优，热冲击性能及软化击穿性能优 2. 耐刮性优 3. 在干燥和潮湿条件下耐电压击穿性能优 4. 耐化学药品腐蚀性能优		
	聚酰胺酰亚胺漆包扁铜线	QXYB				
聚酰亚胺漆包线	聚酰亚胺漆包圆铜线	QY－1 QY－2	H	1. 耐热性优 2. 热冲击性能及软化击穿性能优，能承受短期过载负荷 3. 耐低温性优 4. 耐溶剂及化学药品腐蚀性能优	1. 耐刮性尚可 2. 耐碱性差 3. 在含水密封系统中容易水解 4. 漆膜受卷绕应力容易产生裂纹（浸渍前需在150℃左右加热1h以上，以消除应力）	用于耐高温电机，干式变压器
	聚酰亚胺漆包扁铜线	QYB				

4.3.2　漆包圆铜线常用数据

各种漆包圆铜线常用数据见表 4-16。

表 4-16　漆包圆铜线常用数据

裸导线标称直径/mm	允许公差/mm	裸导线截面积/mm^2	直流电阻计算值(20℃)/(Ω/km)	漆包线最大外径/mm		单位长度漆包线的近似质量/(kg/km)	
				Q	QZ、QQ、QY、QXY	Q	QZ、QQ、QY、QXY
0.020	±0.002	0.00031	55587		0.035		
0.025		0.00049	35574		0.040		
0.030	±0.003	0.00071	24704		0.045		
0.040		0.00126	13920		0.055		
0.050		0.00196	8949	0.065	0.065	0.019	0.022
0.060		0.00283	6198	0.075	0.090	0.027	0.029
0.070		0.00385	4556	0.085	0.100	0.036	0.039
0.080		0.00503	3487	0.095	0.110	0.047	0.050
0.090		0.00636	2758	0.105	0.120	0.059	0.063
0.100	±0.005	0.00785	2237	0.120	0.130	0.073	0.076
0.110		0.00950	1846	0.130	0.140	0.088	0.092
0.120		0.01131	1551	0.140	0.150	0.104	0.108
0.130		0.01327	1322	0.150	0.160	0.122	0.126
0.140		0.01539	1139	0.160	0.170	0.141	0.145
0.150		0.01767	993	0.170	0.190	0.162	0.167
0.160		0.0201	872	0.180	0.200	0.184	0.189
0.170		0.0227	773	0.190	0.210	0.208	0.213
0.180		0.0255	689	0.200	0.220	0.233	0.237
0.190		0.0284	618	0.210	0.230	0.259	0.264
0.200		0.0314	588	0.225	0.240	0.287	0.292
0.210		0.0346	506	0.235	0.250	0.316	0.321
0.230		0.0415	422	0.255	0.280	0.378	0.386
0.250		0.0491	357	0.275	0.300	0.446	0.454
0.27	±0.010	0.0573	306	0.31	0.32	0.522	0.529
0.29		0.0661	265	0.33	0.34	0.601	0.608
0.31		0.0755	232	0.35	0.36	0.689	0.693
0.33		0.0855	205	0.37	0.38	0.780	0.784
0.35		0.0962	182	0.39	0.41	0.876	0.884
0.38		0.1134	155	0.42	0.44	1.03	1.04
0.41		0.1320	133	0.45	0.47	1.20	1.21
0.44		0.1521	115	0.49	0.50	1.38	1.39

（续）

裸导线标称直径/mm	允许公差/mm	裸导线截面积/mm^2	直流电阻计算值(20℃)/(Ω/km)	漆包线最大外径/mm		单位长度漆包线的近似质量/(kg/km)	
				Q	QZ、QQ、QY、QXY	Q	QZ、QQ、QY、QXY
0.47	±0.010	0.1735	101	0.52	0.53	1.57	1.58
0.49		0.1886	93	0.54	0.55	1.71	1.72
0.51		0.204	85.9	0.56	0.58	1.86	1.87
0.53		0.221	79.5	0.58	0.60	2.00	2.02
0.55		0.238	73.7	0.60	0.62	2.16	2.17
0.57		0.255	68.7	0.62	0.64	2.32	2.34
0.59		0.273	64.1	0.64	0.66	2.48	2.50
0.62		0.302	58.0	0.67	0.69	2.73	2.76
0.64		0.322	54.5	0.69	0.72	2.91	2.94
0.67		0.353	49.7	0.72	0.75	3.19	3.21
0.69		0.374	46.9	0.74	0.77	3.38	3.41
0.72	±0.015	0.407	43.0	0.78	0.80	3.67	3.70
0.74		0.430	40.7	0.80	0.83	3.89	3.92
0.77		0.466	37.6	0.83	0.86	4.21	4.24
0.80		0.503	34.8	0.86	0.89	4.55	4.58
0.83		0.541	32.4	0.89	0.92	4.89	4.92
0.86		0.518	30.1	0.92	0.95	5.25	5.27
0.90		0.636	27.5	0.96	0.99	5.75	5.78
0.93		0.679	25.8	0.99	1.02	6.13	6.16
0.96		0.724	24.2	1.02	1.05	6.53	6.56
1.00		0.785	22.4	1.07	1.11	7.10	7.14
1.04	±0.020	0.850	20.6	1.12	1.15	7.67	7.72
1.08		0.916	19.1	1.16	1.19	8.27	8.32
1.12		0.985	17.8	1.20	1.23	8.89	8.94
1.16		1.057	16.6	1.24	1.27	9.53	9.59
1.20		1.131	15.5	1.28	1.31	10.2	10.4
1.25		1.227	14.3	1.33	1.36	11.1	11.2
1.30		1.327	13.2	1.38	1.41	12.0	12.1
1.35		1.431	12.3	1.43	1.46	12.9	13.0
1.40		1.539	11.3	1.48	1.51	13.9	14.0
1.45		1.651	10.6	1.53	1.56	14.9	15.0
1.50		1.767	9.93	1.58	1.61	15.9	16.0
1.56		1.911	9.17	1.64	1.67	17.2	17.3
1.62		2.06	8.50	1.71	1.73	18.5	18.6

（续）

裸导线标称直径/mm	允许公差/mm	裸导线截面积/mm^2	直流电阻计算值(20℃)/(Ω/km)	漆包线最大外径/mm		单位长度漆包线的近似质量/(kg/km)	
				Q	QZ、QQ、QY、QXY	Q	QZ、QQ、QY、QXY
1.68	±0.025	2.22	7.91	1.77	1.79	19.9	20.0
1.74		2.38	7.37	1.83	1.85	21.4	21.4
1.81		2.57	6.81	1.90	1.93	23.1	23.3
1.88		2.78	6.31	1.97	2.00	25.0	25.2
1.95		2.99	5.87	2.04	2.07	26.8	27.0
2.02		3.21	5.47	2.12	2.14	28.9	29.0
2.10		3.46	5.06	2.20	2.23	31.2	31.3
2.26	±0.030	4.01	4.37	2.36	2.39	36.2	36.3
2.44		4.68	3.75	2.54	2.57	42.1	42.2

注：Q 表示油基性漆包线。

4.3.3 QNF 型耐冷冻剂漆包圆铜线规格

QNF 型耐冷冻剂漆包圆铜线规格见表 4-17。

表 4-17 QNF 型耐冷冻剂漆包圆铜线规格

规格	漆膜最小厚度/mm		最大外径/mm		计算质量/(kg/km)	
	QNF－1/155	QNF－2/155	QNF－1/155	QNF－2/155	QNF－1/155	QNF－2/155
0.020	0.003	—	0.025	0.027	0.003352	—
0.025	0.004	—	0.031	0.034	0.005030	—
0.030	0.004	—	0.040	0.043	0.007058	—
0.040	0.005	—	0.050	0.054	0.01216	—
0.050	0.005	—	0.062	0.068	0.01870	—
0.060	0.007	0.010	0.078	0.085	0.02732	0.02835
0.070	0.007	0.012	0.088	0.095	0.03675	0.03789
0.080	0.007	0.014	0.098	0.105	0.04757	0.04884
0.090	0.008	0.015	0.110	0.117	0.05969	0.06109
0.100	0.008	0.016	0.121	0.129	0.07374	0.07484
0.112	0.009	0.017	0.134	0.145	0.08880	0.08998
0.120	0.009	0.019	0.149	0.159	0.1052	0.1064
0.130	0.009	0.019	0.154	0.164	0.1238	0.1244
0.140	0.011	0.021	0.166	0.176	0.1431	0.1437
0.150	0.011	0.021	0.176	0.186	0.1638	0.1644
0.160	0.012	0.023	0.187	0.199	0.1861	0.1881

（续）

规格	漆膜最小厚度/mm		最大外径/mm		计算质量/(kg/km)	
	QNF－1/155	QNF－2/155	QNF－1/155	QNF－2/155	QNF－1/155	QNF－2/155
0.170	0.012	0.024	0.197	0.209	0.2096	0.2117
0.180	0.013	0.025	0.209	0.220	0.2345	0.2380
0.190	0.014	0.026	0.219	0.230	0.2608	0.2651
0.200	0.014	0.027	0.230	0.245	0.2884	0.2929
0.210	0.015	0.029	0.240	0.255	0.3174	0.3222
0.230	0.017	0.032	0.262	0.278	0.3833	0.3774
0.250	0.017	0.032	0.284	0.301	0.4507	0.4551
0.270	0.018	0.032	0.304	0.321	0.5251	0.5295
0.280	0.018	0.033	0.315	0.334	0.5639	0.5689
0.290	0.019	0.033	0.325	0.344	0.6044	0.6091
0.315	0.019	0.035	0.352	0.371	0.6892	0.6946
0.330	0.019	0.036	0.375	0.386	0.7797	0.7922
0.350	0.020	0.038	0.395	0.414	0.8750	0.8889
0.380	0.020	0.038	0.420	0.439	1.0303	1.0445
0.400	0.021	0.040	0.442	0.462	1.1404	1.5530
0.420	0.021	0.040	0.462	0.482	1.2560	1.2715
0.450	0.022	0.042	0.495	0.516	1.4400	1.4565
0.470	0.022	0.042	0.515	0.536	1.5695	1.5868
0.500	0.024	0.045	0.548	0.569	1.7743	1.7926
0.530	0.025	0.046	0.570	0.601	2.0007	2.0215
0.560	0.025	0.047	0.611	0.632	2.2221	2.2440
0.600	0.026	0.049	0.658	0.679	2.5580	2.5813
0.630	0.027	0.050	0.684	0.706	2.8178	2.8421
0.670	0.027	0.051	0.726	0.748	3.1837	3.2227
0.690	0.027	0.052	0.746	0.768	3.3751	3.4151
0.710	0.028	0.53	0.767	0.790	3.5720	3.6130
0.750	0.029	0.053	0.809	0.832	3.9890	4.0407
0.770	0.029	0.053	0.829	0.852	4.2036	4.2557
0.800	0.030	0.056	0.861	0.885	4.5349	4.5889
0.830	0.030	0.056	0.891	0.915	4.8787	4.9346
0.850	0.031	0.058	0.913	0.937	5.1149	5.1721
0.900	0.032	0.060	0.965	0.990	5.7229	5.7903
0.930	0.032	0.060	0.995	1.020	6.1157	6.1779
0.950	0.032	0.061	1.008	1.033	6.3798	6.4432
1.000	0.034	0.063	1.068	1.093	7.0834	7.1604
1.060	0.034	0.064	1.130	1.155	7.9623	8.0336

（续）

规格	漆膜最小厚度/mm		最大外径/mm		计算质量/(kg/km)	
	QNF-1/155	QNF-2/155	QNF-1/155	QNF-2/155	QNF-1/155	QNF-2/155
1.120	0.034	0.065	1.162	1.217	8.8821	8.9571
1.180	0.035	0.066	1.254	1.270	9.8520	9.9308
1.250	0.035	0.067	1.325	1.351	11.047	11.130
1.300	0.036	0.068	1.397	1.423	11.943	12.029
1.350	0.036	0.068	1.430	1.460	12.873	12.963
1.400	0.036	0.069	1.479	1.506	13.839	13.931
1.450	0.036	0.069	1.529	1.556	14.839	14.935
1.500	0.037	0.070	1.581	1.608	15.874	15.973
1.560	0.037	0.070	1.641	1.668	17.163	17.266
1.600	0.038	0.071	1.683	1.711	18.079	18.185
1.700	0.038	0.072	1.785	1.813	20.396	22.508
1.800	0.039	0.073	1.888	1.916	22.852	22.970
1.900	0.039	0.074	1.990	2.018	25.449	25.573
2.000	0.040	0.075	2.092	2.120	28.184	28.315
2.120	0.040	0.076	2.214	2.243	31.671	31.789
2.240	0.041	0.077	2.336	2.366	35.340	35.465
2.360	0.041	0.078	2.459	2.488	39.210	39.432
2.500	0.042	0.079	2.601	2.631	43.980	44.119

4.3.4 QYN 型漆包铜芯聚乙烯绝缘尼龙护套线规格

QYN 型漆包铜芯聚乙烯绝缘尼龙护套线规格见表 4-18。

表 4-18　QYN 型漆包铜芯聚乙烯绝缘尼龙护套线规格

标称截面积/mm²	导电线芯结构			绝缘标称厚度/mm	护套标称厚度/mm	电磁线平均外径上限/mm	导体直流电阻/(Ω/m)	
	根数/单线直径/(根/mm)	导体偏差/mm	最大外径/mm				最小值	最大值
0.28	1/0.60	±0.006	0.679	0.30	0.10	1.60	0.05876	0.0622
0.31	1/0.63	±0.006	0.706	0.30	0.10	1.65	0.05335	0.05638
0.35	1/0.67	±0.007	0.749	0.30	0.10	1.70	0.04722	0.04979
0.4	1/0.71	±0.007	0.790	0.30	0.10	1.75	0.04198	0.04442
0.45	1/0.75	±0.008	0.832	0.30	0.10	1.80	0.03756	0.03987
0.5	1/0.80	±0.008	0.885	0.30	0.10	1.85	0.03305	0.03500
0.56	1/0.85	±0.009	0.937	0.30	0.10	1.90	0.02025	0.03104
0.63	1/0.90	±0.009	0.990	0.30	0.10	1.95	0.02612	0.02765
0.71	1/0.95	±0.010	1.041	0.30	0.10	2.00	0.02342	0.02484

（续）

标称截面积/mm²	导电线芯结构			绝缘标称厚度/mm	护套标称厚度/mm	电磁线平均外径上限/mm	导体直流电阻/(Ω/m)	
	根数/单线直径/(根/mm)	导体偏差/mm	最大外径/mm				最小值	最大值
0.8	1/1.00	±0.010	10.93	0.30	0.10	2.05	0.02116	0.02240
0.9	1/1.06	±0.011	1.155	0.30	0.10	2.10	0.01881	0.01995
1	1/1.12	±0.011	1.217	0.30	0.12	2.20	0.01687	0.01785
1.12	1/1.18	±0.012	1.279	0.30	0.12	2.25	0.01519	0.01609
1.25	1/1.25	±0.013	1.351	0.30	0.12	2.30	0.01353	0.01435
1.4	1/1.32	±0.013	1.423	0.30	0.12	2.40	0.01214	0.01285
1.6	1/1.40	±0.014	1.506	0.30	0.12	2.45	0.01079	0.01143
1.8	1/1.50	±0.015	1.608	0.35	0.12	2.65	0.009402	0.009955
2	1/1.60	±0.016	1.710	0.35	0.12	2.75	0.008237	0.008749
2.24	1/1.70	±0.017	1.813	0.40	0.15	3.00	0.007320	0.007750
2.5	1/1.80	±0.018	1.916	0.45	0.15	3.20	0.006529	0.006913
2.8	1/1.90	±0.019	2.018	0.45	0.15	3.30	0.005860	0.006204
3.15	1/2.00	±0.020	2.120	0.45	0.15	3.40	0.005289	0.005600
3.55	1/2.12	±0.021	2.243	0.50	0.15	3.65	0.004708	0.004983
4	1/2.24	±0.022	2.366	0.50	0.15	3.75	0.004218	0.004462
4.5	1/2.36	±0.024	2.488	0.55	0.15	4.00	0.003797	0.004023
5	1/2.50	±0.025	2.631	0.55	0.15	4.10	0.003385	0.003584

注：1. 聚乙烯绝缘厚度平均值不小于标称值的90%，其最薄处的厚度应不小于标称值的80%；聚乙烯绝缘的熔体指数应不大于1.0g/10min。

2. 护套最薄处的厚度不小于标称值的70%，护套表面应光滑平整，无气泡、杂质及机械损伤。

4.3.5 SYN型绞合铜芯聚乙烯绝缘尼龙护套线规格

SYN型绞合铜芯聚乙烯绝缘尼龙护套线规格见表4-19。

表4-19 SYN型绞合铜芯聚乙烯绝缘尼龙护套线规格

标称截面积/mm²	导电线芯结构		绝缘标称厚度/mm	护套标称厚度/mm	电磁线平均外径上限/mm	导体直流电阻≤/(Ω/m)
	根数/单线直径/(根/mm)	线芯标称直径/mm				
3.55	7/0.80	2.40	0.55	0.15	3.90	0.005098
4.5	7/0.90	2.70	0.55	0.15	4.20	0.004028
5.6	7/1.00	3.00	0.60	0.15	4.60	0.003263
7.1	7/1.12	3.36	0.60	0.15	4.95	0.002601
6	19/0.63	3.15	0.65	0.15	4.85	0.003028
7.5	19/0.71	3.55	0.65	0.15	5.25	0.002384

（续）

标称截面积/mm^2	导电线芯结构		绝缘标称厚度/mm	护套标称厚度/mm	电磁线平均外径上限/mm	导体直流电阻≤/(Ω/m)
	根数/单线直径/(根/mm)	线芯标称直径/mm				
8.5	19/0.75	3.75	0.65	0.15	5.45	0.002137
9.5	19/0.80	4.00	0.65	0.15	5.70	0.001878
10.6	19/0.85	4.25	0.65	0.15	5.95	0.001664
11.8	19/0.90	4.50	0.65	0.15	6.20	0.001484
13.2	19/0.95	4.75	0.65	0.15	6.45	0.001332
15	19/1.00	5.00	0.70	0.15	6.85	0.001202
17	19/1.06	5.30	0.70	0.15	7.15	0.001070
19	19/1.12	5.60	0.75	0.15	7.50	0.0009582
21.2	19/1.18	5.90	0.75	0.15	7.80	0.0003633
23.6	19/1.25	6.25	0.75	0.15	8.20	0.0007693

注：1. 绞合导电线芯的表面应光洁、干燥，表面不应有擦伤、油污及氧化变色。

2. 聚乙烯绝缘厚度平均值应不小于标称值的90%，其最薄处的厚度应不小于标称值的80%；聚乙烯绝缘的熔体指数应不大于1.0g/10min。

3. 护套最薄处的厚度不小于标称值的70%，护套表面应光滑平整，无气泡、杂质及机械损伤。

4.4 电缆

4.4.1 常用电缆的型号、名称和用途

电缆用于电力设备的连接和电力线路中，它除了具有一般电线的性能外，还具有芯线间绝缘电阻高、不易发生短路和耐腐蚀等优点。其品种繁多，按其传输电流的性质分为交流电缆、直流电缆和通信电缆三类。其中，交流系统中常用的有电力电缆、控制电缆、通用橡套电缆和电焊机用电缆等。

常用电缆的型号、名称和用途见表4-20。

表4-20　常用电缆的型号、名称和用途

名称	型号	主要用途
轻型通用橡套软电缆	YQ	主要用于连接交流电压250V及以下的轻型移动电气设备
	YQW	主要用于连接交流电压250V及以下的轻型移动电气设备，并具有一定的耐油、耐气候性能
中型通用橡套软电缆	YZ	主要用于连接交流电压500V及以下的各种移动电气设备
	YZW	主要用于连接交流电压500V及以下的各种移动电气设备，并具有一定的耐油、耐气候性能
重型通用橡套软电缆	YC	主要用途同YZ，并能承受较大的机械外力作用
	YCW	主要用途同YZ，并具有耐气候和一定的耐油性能

（续）

名称	型号	主要用途
电焊机用橡套铜芯软电缆 电焊机用橡套铝芯软电缆	YH YHL	用于电焊机二次侧接线及连接电焊钳
铜芯聚氯乙烯绝缘聚氯乙烯护套控制电缆	KVV KVVP	用于供交流电压450V/750V及以下控制、监视回路及保护线路等场合。另外KVVP型控制电缆还具有屏蔽作用
聚氯乙烯绝缘聚氯乙烯护套电力电缆	VV VLV	主要用途是固定敷设，用来供交流500V及以下或直流1000V以下的电力电路使用

4.4.2　YQ、YQW型橡套电缆规格

YQ、YQW型橡套电缆规格见表4-21。

表4-21　YQ、YQW型橡套电缆规格

线芯数及标称截面积/(根×mm^2)	线芯结构 根数/线径/(根/mm)	绝缘厚度/mm	护套厚度/mm	成品外径/mm
2×0.3	16/0.15	0.5	0.8	5.5
3×0.3	16/0.15	0.5	0.8	5.8
2×0.5	28/0.15	0.5	1.0	6.5
3×0.5	28/0.15	0.5	1.0	6.8
2×0.75	42/0.15	0.6	1.0	7.4
3×0.75	42/0.15	0.6	1.0	7.8

4.4.3　YZ、YZW型橡套电缆规格

YZ、YZW型橡套电缆规格见表4-22。

表4-22　YZ、YZW型橡套电缆规格

线芯数及标称截面积/(根×mm^2)	线芯结构 根数/线径/(根/mm)	绝缘厚度/mm	护套厚度/mm	成品外径/mm
2×0.75 3×0.75 4×0.75	24/0.20	0.8	1.2 1.2 1.4	8.8 9.3 10.5
2×1.0 3×1.0 4×1.0	32/0.20	0.8	1.2 1.2 1.4	9.1 9.6 10.8
2×1.5 3×1.5	48/0.20	0.8	1.2 1.4	9.7 10.7
2×2.5 3×2.5	77/0.20	1.0	1.6	13.2 14.0

（续）

线芯数及标称截面积 /(根×mm²)	线芯结构 根数/线径/(根/mm)	绝缘厚度 /mm	护套厚度 /mm	成品外径 /mm
2×4.0 3×4.0	77/0.26	1.0	1.8	15.2 16.0
2×6.0 3×6.0	77/0.32	1.0	1.8 2.0	16.7 18.1

4.4.4　YC、YCW 型橡套电缆规格

YC、YCW 型橡套电缆规格见表 4-23。

表 4-23　YC、YCW 型橡套电缆规格

线芯数及标称截面积 /(根×mm²)	线芯结构 根数/线径/(根/mm)	绝缘厚度 /mm	护套厚度 /mm	成品外径 /mm
2×2.5 3×2.5	49/0.26	1.0	2.0	13.9 14.6
2×4.0 3×4.0	49/0.32	1.0	2.0 2.5	15.0 17.0
2×6.0 3×6.0	49/0.39	1.0	2.5	17.4 18.3

4.4.5　YH 型铜芯及 YHL 型铝芯电焊机用电缆规格

YH 型铜芯及 YHL 型铝芯电焊机用电缆规格见表 4-24。

表 4-24　YH 型铜芯及 YHL 型铝芯电焊机用电缆规格

标称截面积 /mm²	线芯结构 根数/线径/(根/mm)		绝缘厚度 /mm		成品外径 /mm		线芯直流电阻 /(Ω/km)		参考载流量 /A	
	YH	YHL	YH	YHL	YH	YHL	YH	YHL	YH	YHL
10	322/0.20		1.6		9.1		1.77		80	
16	513/0.20	228/0.30	1.8	1.8	10.7	10.7	1.12	1.92	105	80
25	798/0.20	342/0.30	1.8	1.8	12.6	12.6	0.718	1.28	135	105
35	1121/0.20	494/0.30	2.0	2.0	14.0	14.0	0.551	0.888	170	130
50	1596/0.20	703/0.30	2.2	2.2	16.2	16.2	0.359	0.624	215	165
70	999/0.30	999/0.30	2.6	2.6	19.3	19.3	0.255	0.493	265	205
95	1332/0.30	1332/0.30	2.8	2.8	21.1	21.1	0.191	0.329	325	250
120	1702/0.30	1702/0.30	3.0	3.0	24.5	24.5	0.150	0.258	380	295
150	2109/0.30	2109/0.30	3.0	3.0	26.2	26.2	0.112	0.208	435	340

4.4.6　常用聚氯乙烯绝缘电力电缆规格

常用聚氯乙烯绝缘电力电缆规格见表 4-25。

表 4-25　常用聚氯乙烯绝缘电力电缆规格

型号		芯数	额定电压/kV	
			0.6/1	3.6/6,6/6,6/10
铝芯	铜芯		导线线芯标称截面积/mm²	
VLV、 VLV22、VLV23	VV、 VV22、VV23	1	1.5～800 2.5～1000 10～1000	10～1000 10～1000 10～1000
VLV、 VLV22、VLV23	VV、 VV22、VV23	2	1.5～185 2.5～185 4～185	10～150 10～150 10～150
VLV、 VLV22、VLV23	VV、 VV22、VV23	3	1.5～300 2.5～300 4～300	10～300 10～300 10～300
VLV、 VLV22、VLV23	VV、 VV22、VV23	3+1	4～300 4～300	—
VLV、 VLV22、VLV23	VV、 VV22、VV23	4	4～185 4～185	—

4.5　绝缘材料

4.5.1　绝缘材料的分类及型号

绝缘材料的品种很多，一般按大类、小类、温度指数及品种的差异分类，其产品型号一般用四位阿拉伯数字表示，必要时在型号后附加英文字母或用连字符后接阿拉伯数字表示品种差异。绝缘材料的类别和温度指数代号见表4-26和表4-27，其产品型号含义如下：

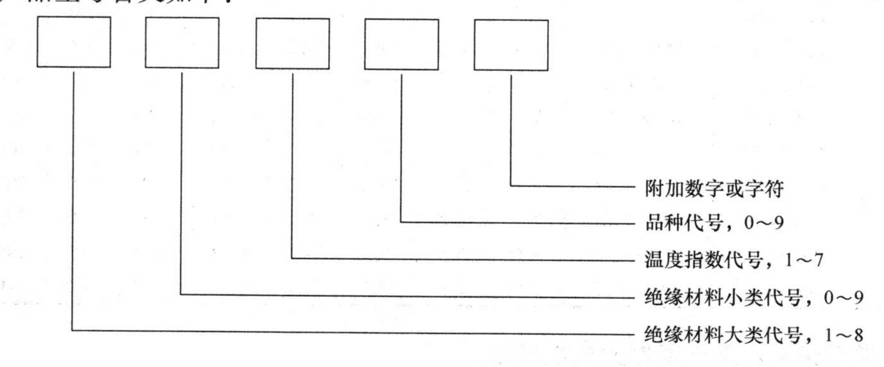

表 4-26　电气绝缘材料产品的分类代号

大类代号	大类名称	小类代号	小类名称
1	漆、可聚合树脂和胶类	0	有溶剂漆
		1	无溶剂可聚合树脂
		2	覆盖漆、防晕漆、半导电漆
		3	硬质覆盖漆、瓷漆
		4	胶粘漆、树脂
		5	熔敷粉末
		6	硅钢片漆
		7	漆包线漆、丝包线漆
		8	灌注胶、包封胶、浇铸树脂、胶泥、腻子
		9	—
2	树脂浸渍纤维制品类	0	棉纤维漆布
		1	—
		2	漆绸
		3	合成纤维漆布、上胶布
		4	玻璃纤维漆布、上胶布
		5	混织纤维漆布、上胶布
		6	防晕漆布、防晕带
		7	漆管
		8	树脂浸渍无纬绑扎带
		9	树脂浸渍适形材料
3	层压制品、卷绕制品、真空压力浸胶制品和引拔制品类	0	有机底材层压板
		1	真空压力浸胶制品
		2	无机底材层压板
		3	防晕板及导磁层压板
		4	—
		5	有机底材层压管
		6	无机底材层压管
		7	有机底材层压棒
		8	无机底材层压棒
		9	引拔制品
4	模塑料类	0	木粉填料为主的模塑料
		1	其他有机填料为主的模塑料
		2	石棉填料为主的模塑料

（续）

大类代号	大类名称	小类代号	小类名称
4	模塑料类	3	玻璃纤维填料为主的模塑料
		4	云母填料为主的模塑料
		5	其他矿物填料为主的模塑料
		6	无填料塑料
		7	—
		8	—
		9	—
5	云母制品类	0	云母纸
		1	柔软云母板
		2	塑型云母板
		3	—
		4	云母带
		5	换向器云母板
		6	电热设备用云母板
		7	衬垫云母板
		8	云母箔
		9	云母管
6	薄膜、黏带和柔软复合材料类	0	薄膜
		1	薄膜上胶带
		2	薄膜黏带
		3	织物黏带
		4	树脂浸渍柔软复合材料
		5	薄膜绝缘纸柔软复合材料、薄膜漆布柔软复合材料
		6	薄膜合成纤维纸柔软复合材料、薄膜合成纤维非织布柔软复合材料
		7	多种材质柔软复合材料
		8	—
		9	—
7	纤维制品类	0	非织布
		1	合成纤维纸
		2	绝缘纸
		3	绝缘纸板
		4	玻璃纤维制品

（续）

大类代号	大类名称	小类代号	小类名称
7	纤维制品类	5	纤维毡
		6	—
		7	—
		8	—
		9	—
8	绝缘液体类	0	合成芳香烃绝缘液体
		1	有机硅绝缘液体
		2	—
		3	—
		4	—
		5	—
		6	—
		7	—
		8	—
		9	—

表4-27　电气绝缘材料的温度指数代号

代号	温度指数≥	代号	温度指数≥
1	105	5	180
2	120	6	200
3	130	7	220
4	155		

4.5.2　绝缘材料的耐热等级

绝缘材料的耐热等级见表4-28。

表4-28　绝缘材料的耐热等级

级别	绝缘材料	极限工作温度/℃
Y	木材、棉花、纸、纤维等天然的纺织品，以醋酸纤维和聚酰胺为基础的纺织品，以及易于热分解和溶化点较低的塑料	90
A	工作于矿物油中的和用油或油树脂复合胶浸过的Y级材料、漆包线、漆布、漆丝及油性漆、沥青漆等	105
E	聚酯薄膜和A级材料复合，玻璃布、油性树脂漆、聚乙烯醇缩醛高强度漆包线、乙酸乙烯耐热漆包线	120

（续）

级别	绝缘材料	极限工作温度/℃
B	聚酯薄膜，经合适树脂浸渍涂覆的云母、玻璃纤维、石棉等制品、聚酯漆、聚酯漆包线	130
F	以有机纤维材料补强和石棉带补强的云母片制品、玻璃丝和石棉、玻璃漆布、以玻璃丝布和石棉纤维为基础的层压制品，以无机材料作补强和石棉带补强的云母粉制品、化学热稳定性较好的聚酯和醇酸类材料、复合硅有机聚酯漆	155
H	无补强或以无机材料为补强的云母制品、加厚的 F 级材料、复合云母、有机硅云母制品、硅有机漆、硅有机橡胶聚酰亚胺复合玻璃布、复合薄膜、聚酰亚胺漆等	180
C	耐高温有机黏合剂和浸渍剂及无机物如石英、石棉、云母、玻璃和电瓷材料等	180 以上

4.5.3 绝缘漆

绝缘漆主要以合成树脂或天然树脂等为漆基（成膜物质），与某些辅助材料（溶剂、稀释剂、填料、颜料等）组成。常用绝缘漆的主要性能和用途见表 4-29。

表 4-29 常用绝缘漆的主要性能和用途

名称	型号	颜色	溶剂	耐热等级	主要用途
沥青漆	1010 1011	黑色	200 号溶剂二甲苯	A	用于浸渍电机转子和定子线圈及其他不耐油的电器零部件
	1210 1211	黑色	200 号溶剂二甲苯	A	用于电机绕组覆盖，系晾干漆，干燥快，在不须耐油处可以代替晾干灰瓷漆用
耐油性青漆	1012	黄至褐色	200 号溶剂	A	用于浸渍电机、电器线圈
醇酸青漆	1030	黄至褐色	甲苯及二甲苯	B	用于浸渍电机、电器线圈外，也可作覆盖漆和胶粘剂
三聚氰胺醇酸漆	1032	黄至褐色	200 号溶剂二甲苯	B	用于热带型电机、电器线圈作浸渍之用
三聚氰胺环氧树脂浸渍漆	1033	黄至褐色	二甲苯和丁醇	B	用于浸渍湿热带电机、变压器、电工仪表线圈以及电器零部件表面覆盖
覆盖瓷漆	1320 1321	灰色	二甲苯	E	用于电机定子和电器线圈的覆盖及各种绝缘零部件的表面修饰
硅有机覆盖漆	1350	红色	甲苯及二甲苯	H	用于 H 级电机、电器线圈作表面覆盖层，可先在 110 ~ 120℃ 下预热，然后再进行 180℃ 烘干

4.5.4 绝缘浸渍纤维制品

绝缘浸渍纤维制品是用特制棉布、丝绸及无碱玻璃布浸渍各种绝缘漆后，经烘干制成的。常用绝缘浸渍制品（漆布）的型号、性能和用途见表4-30。

表4-30 常用绝缘浸渍制品（漆布）的型号、性能和用途

名称	型号	耐热等级	特性和用途
油性漆布（黄漆布）	2010 2012	A	2010柔软性好，但不耐油。可用于一般电机、电器的衬垫或线圈绝缘。2012耐油性好，可用于在变压器油或汽油侵蚀的环境中工作的电机、电器中作衬垫或线圈绝缘
油性漆绸（黄漆绸）	2210 2212	A	具有较好的电气性能和良好的柔软性。2210适用于电机、电器薄层衬垫或线圈绝缘；2212耐油性好，适用于在变压器油或汽油侵蚀的环境中工作的电机、电器中作衬垫或线圈绝缘
油性玻璃漆布（黄玻璃漆布）	2412	E	耐热性较2010、2012漆布好。适用于一般电机、电器的衬垫或线圈绝缘，以及在油中工作的变压器、电器的线圈绝缘
沥青醇酸玻璃漆布（黑玻璃漆布）	2430	B	耐潮性较好，但耐苯和耐变压器油性差，适用于一般电机、电器的衬垫或线圈绝缘
醇酸玻璃漆布	2432	B	耐油性较好，并具有一定的防霉性。可用作油浸变压器、油断路器等线圈绝缘
醇酸玻璃-聚酯交织漆布	2432-1		
环氧玻璃漆布	2433	B	具有良好的耐化学药品腐蚀性，良好的耐湿热性和较高的机械性能和电气性能，适用于化工电机、电器槽、衬垫和线圈绝缘
环氧玻璃-聚酯交织漆布	2433-1		
有机玻璃漆布	2450	H	具有较高的耐热性，良好的柔软性，耐霉、耐油和耐寒性好。适用于H级电机、电器的衬垫和线圈绝缘

4.5.5 电工用薄膜、黏带及复合材料

电工常用薄膜的性能和用途见表4-31。

表4-31 电工常用薄膜的性能和用途

名称	耐热等级	厚度/mm	用途
聚丙烯薄膜	A	0.006~0.02	电容器介质
聚酯薄膜	E	0.006~0.10	低压电机、电器线圈匝间、端部包扎、衬垫、电磁线绕包、E级电机槽绝缘和电容器介质
芳香族聚酰胺薄膜	H	0.03~0.06	E、H级电机槽绝缘
聚酰亚胺薄膜	C	0.03~0.06	H级电机、微电机槽绝缘，电机、电器绕组和起重电磁铁外包绝缘以及导线绕包绝缘

4.5.6 电工用黏带

电工常用黏带的性能和用途见表4-32。

表4-32 电工常用黏带的性能和用途

名称	耐热等级	厚度/mm	用途
聚酯薄膜黏带	E	0.06~0.02	耐热、耐高压，强度高。用于高低压绝缘密封
聚乙烯薄膜黏带	Y	0.22~0.26	较柔软，黏性强，耐热差。用于一般电线电缆接头包扎绝缘
聚酰亚胺薄膜黏带	H	0.05~0.08	具有良好的耐水性，耐酸性，耐溶性、抗燃性和抗氟利昂性。适用于H级电机、电器线圈绕包绝缘和槽绝缘
橡胶玻璃布黏带	F	0.18~0.20	玻璃布，合成橡胶黏合剂组成
有机硅玻璃布黏带	H	0.12~0.15	有较高耐热性、耐寒性和耐潮性，以及较好的电气性能和机械性能。可用于H级电机、电器线圈绝缘和导线连接绝缘
硅橡胶玻璃布黏带	H	0.19~0.25	具有耐热、耐潮、抗振动，耐化学腐蚀等特性，但抗拉强度较低。适用于高压电机线圈绝缘
自粘性橡胶黏带	E	—	具有耐热、耐潮、抗振动，耐化学腐蚀等特性，但抗拉强度较低。适用于电缆头密封

4.5.7 电工用复合材料

电工常用复合材料制品的性能和用途见表4-33。

表4-33 电工常用复合材料制品的性能和用途

名称	耐热等级	厚度/mm	用途
聚酯薄膜绝缘纸复合箔	E	0.15~0.30	用于E级电机槽绝缘、端部层间绝缘
聚酯薄膜玻璃漆布复合箔	B	0.17~0.24	用于B级电机槽绝缘、端部层间绝缘、匝间绝缘和衬垫绝缘。可用于湿热地区
聚酯薄膜聚酯纤维纸复合箔	B	0.20~0.25	同上
聚酯薄膜芳香族聚酰胺纤维纸复合箔	F	0.25~0.30	用于F级电机槽绝缘、端部层间绝缘、匝间绝缘和衬垫绝缘
聚酯亚胺薄膜芳香族聚酰胺纤维纸复合箔	H	0.25~0.30	同上，但适用于H级电机

4.5.8 层压制品

层压制品是由天然或合成纤维纸、布，浸或涂胶后经热压卷制而成，层压制品分为层压板、层压管和层压棒等。电工最常用的是层压板，常用层压板的型号、特性和用途见表4-34。

表 4-34　常用层压板的型号、特性和用途

名称	型号	耐热等级	特性和用途
酚醛层压纸板	3020	E	电气性能较好、耐油性好，适于用作电工设备中的绝缘结构件，并可在变压器油中使用
	3021	E	机械强度高，耐油性好，适于用作电工设备中的绝缘结构件，并可在变压器油中使用
	3022	E	有较高的耐潮性。适于在高湿度条件下工作的电工设备中的绝缘结构件
	3023	E	介质损耗低，适于作无线电、电话和高频设备中的绝缘结构件
酚醛层压布板	3025	E	机械强度高，适于作电器设备中的绝缘结构件，并可在变压器油中使用
	3027	E	电气性能好，吸水性小。适于作高频无线电装置中绝缘结构件
酚醛层压玻璃布板	3230	B	机械性能、耐水和耐热性比层压纸、布板好，但黏合强度低。适于用作电工设备中的绝缘结构件，并可在变压器油中使用
苯胺酚醛层压玻璃布板	3231	B	电气性能和机械性能比酚醛布板好，黏合强度与棉布板相近。可代替棉布板用作电机、电器中的绝缘结构件
环氧酚醛层压玻璃布板	3240	F	具有很高的机械强度，电气性能好，耐热性和耐水性较好，浸水后的电气性能较稳定。适于作要求高机械强度、高介电性能以及耐水性好的电机、电器绝缘结构件，并可在变压器油中使用
有机硅环氧层压玻璃布板	3250	H	电气性能和耐热性好，机械强度高。供作耐热和湿热地区 H 级电机、电器绝缘结构件
酚醛纸敷铜箔板	3420（双面）3421（单面）	E	具有高的抗剥强度，较好的机械性能、电气性能和机械加工性。适于作无线电、电子设备和其他设备中的印制电路板
环氧酚醛层压玻璃布敷铜箔板	3440（双面）3441（单面）	F	具有较高的抗剥强度和机械强度，电气性能和耐水性好。用于制造工作温度较高的无线电、电子设备及其他设备中的印制电路板

4.5.9　云母制品

云母制品是由胶黏漆将薄片云母或粉云母纸粘在单面或双面补强材料上，经烘

焙、压制而成的柔软或硬质绝缘材料。云母制品主要分为云母带、云母板、云母箔等，常用云母制品的规格、特性和用途见表4-35。

表4-35　常用云母制品的规格、特性和用途

名称	型号	耐热等级	特性和用途
醇酸纸云母带	5430	B	耐热性较高，但防潮性较差，可作直流电机电枢线圈和低压电机线圈的绕组绝缘
醇酸绸云母带	5432	B	
醇酸玻璃云母带	5434	B	
环氧聚酯玻璃粉云母带	5437-1	B	热弹性较高，但介质损耗较大，可作电机匝间和端部绝缘
醇酸纸柔软云母板	5130	B	用于低压交、直流电机槽衬和端部层间绝缘
醇酸纸柔软粉云母板	5130-1	B	
环氧纸柔软粉云母板	5136-1	B	用于电机槽绝缘及匝间绝缘
环氧玻璃柔软粉云母板	5137-1	B	用于低压电机槽绝缘和端部层间绝缘
醇酸衬垫云母板	5730	B	用于电机、电器衬垫绝缘
虫胶衬垫云母板	5731	B	
环氧衬垫粉云母板	5731-1	B	
醇酸纸云母箔	5830	B	用于一般电机、电器卷烘绝缘、磁极绝缘
虫胶纸云母箔	5831	E~B	
有机玻璃云母箔	5850	B	用于H级电机、电器卷烘绝缘、磁极绝缘

4.5.10　绝缘胶

绝缘胶广泛用于浇注电缆头和电器套管，起绝缘、密封、堵油的作用。

1. 电缆浇注胶

电缆浇注胶的组成、性能和用途见表4-36。

表4-36　电缆浇注胶的组成、性能和用途

序号	名称	型号	主要成分	软化点环球法/℃	击穿电压/(kV/2.5mm)	性能和用途
1	黄电缆胶	1810	松香或松香甘油酯、机油	40~50	>45	电气性能较好，抗冻裂性好，适于浇注10kV以上电缆接线盒和终端盒
2	沥青电缆胶	1811 1812	石油沥青或石油沥青、机油	65~75或85~95	>35	耐潮性好，适于浇注10kV以下电缆接线盒和终端盒
3	环氧电缆胶		环氧树脂、石英粉、聚酰胺树脂	—	>82	密封性好，电气、机械性能高。适于浇注10kV以下电缆接线盒和终端盒。用其浇注的终端盒结构简单、体积较小

2. 环氧树脂胶

环氧树脂胶主要由环氧树脂（主体）、固化剂、增塑剂、填料等组成。

1）环氧树脂：常用环氧树脂的种类及性能见表4-37。

表4-37　常用环氧树脂的种类及性能

序号	环氧树脂型号	环氧值（当量/100g）（盐酸吡啶法）	熔点/℃	软化点（水银法）/℃	有机氯值/（当量/100g）	无机氯值/（当量/100g）	特　性
1	E－51（618）	0.48～0.54	—	—	0.02	0.005	为双酚A型环氧树脂，黏度低，黏合力强，使用方便
2	E－44（6101）	0.41～0.47	—	12～20	0.02	0.005	为双酚A型环氧树脂，黏度比E－51稍高，其他性能相仿
3	E－42（634）	0.38～0.45	—	21～27	0.02	0.005	为双酚A型环氧树脂，黏度比E－44稍高，收缩率较小，为常用浇注树脂
4	E－35（637）	0.4～0.4	—	20～35	0.02	0.005	为双酚A型环氧树脂，黏度比E－42稍高
5	E－37（638）	0.23～0.38	—	40～55	0.02	0.005	为双酚A型环氧树脂，黏度比E－35稍高，但收缩率小
6	R－122（6207）	—	185	—	—	—	为脂环族环氧树脂，耐热性高，固化物热变形温度300℃，用适当固化剂配合时，黏度低
7	H－75（6201）	0.61～0.64	—	—	—	—	为脂环族环氧树脂，黏度低，工艺性好，可室温固化，热膨胀系数小，耐沸水
8	W－95（300，400）	1～1.03	55	—	—	—	为脂环族环氧树脂，固化物机械强度比双酚A型环氧树脂高50%，延伸性好，耐热性高
9	V－17（2000）	0.16～0.19	—	—	—	—	为环氧化聚丁二烯树脂，耐热性好
10	A－95（695）	0.9～0.95	95～115	—	—	—	为脂环族环氧树脂，固化物交联密度高，马丁温度达200℃，耐电弧性优异

注：括号中的型号为旧型号。

2）固化剂：环氧树脂必须加入固化剂后才能固化。常用固化剂有酸酐类固化剂等。

3）增塑剂：在环氧树脂中加入适量增塑剂，可提高固化物的抗冲击性。常用的增塑剂是聚酯树脂，一般用量为15%～20%。

4）填充剂：为了减小固化物的收缩率，提高导热性、形状稳定性、耐腐蚀性和机械强度以及降低成本，通常应加入适量的填充剂。常用填充剂有石英粉、石棉粉等。

4.6 磁性材料

磁性材料按特性和用途可分为软磁材料和硬磁材料（又称永磁材料）两大类。电工产品中应用最广的为软磁材料。软磁材料的磁导率高、矫顽力低，在较低的外磁场下，能产生高的磁感应强度，而且随着外磁场的增大能很快达到饱和；当外磁场去掉后，磁性又基本消失。常用的软磁材料主要有电工纯铁（又称电磁纯铁）和电工硅钢片等。

4.6.1 电磁纯铁

电磁纯铁的主要特征是饱和磁感应强度高，冷加工性好，但电阻率低、铁损耗高，故一般用于直流磁极。

电磁纯铁的牌号和磁性能见表4-38。

表4-38 电磁纯铁的牌号和磁性能

磁性等级	牌号	最大矫顽力 H_C/(A/m)	最大磁导率 μ_m/(mH/m)	在不同磁场强度下的磁感应强度 B/T				
				B_5	B_{10}	B_{25}	B_{50}	B_{100}
普通级	DT3，DT4 DT5，DT6	95	7.5	1.4	1.5	1.62	1.71	1.80
高级	DT3A，DT4A DT5A，DT6A	72	8.8					
特级	DT4E，DT6E	48	11.3					
超级	DT4C，DT6C	32	15.1					

4.6.2 电工硅钢片

电工硅钢片是电力和电信工业的主要磁性材料，按制造工艺不同，分为热轧和冷轧两种类型。冷轧硅钢片又分为取向和无取向两类。热轧硅钢片用于电机和变压器；冷轧取向硅钢片主要用于变压器，冷轧无取向硅钢片主要用于电机。

电工硅钢片的品种和主要用途见表4-39。

表4-39　电工硅钢片的品种和主要用途

分类			牌号	厚度/mm	应用范围
热轧硅钢片	热轧电机钢片		DR1200－100，DR740－50 DR1100－100，DR650－50	1.0、0.50	中小型发电机和电动机
			DR610－50，DR530－50 DR510－50，DR490－50	0.5	要求损耗小的发电机和电动机
			DR440－50，DR405－50 DR325－35	0.5 0.35	中小型发电机和电动机
			DR280－35，DR315－50 DR290－50，DR255－35	0.5 0.35	控制微电机、大型汽轮发电机
	热轧变压器钢片		DR360－35，DR325－35 DR405－50	0.35 0.50	电焊变压器、扼流器
			DR325－35，DR280－35，DR255－35 DR360－50，DR315－50，DR290－35	0.35 0.50	电力变压器、电抗器和电感线圈
冷轧硅钢片	无取向	电机用	DW540－50，DW470－50	0.50	大型直流电机、大中小型交流电机
			DW360－35，DW360－50	0.50 0.35	大型交流电机
		变压器用	DW540－50，DW470－50	0.50	电焊变压器、扼流器
			DW310－35，DW265－35 DW360－50，DW315－50	0.35 0.50	电力变压器、电抗器
	单取向	电机用	DQ230－35，DQ133－35，DQ179－30 DQ151－35，DQ133G－30，DQ180－30 DQ122G－30，DQ126G－35，DQ137G－35	0.35 0.30	大型交流发电机
			G1、G2、G3、G4	0.05、 0.2、0.08	中高频发电机、微电机
		变压器用	同电机用	0.35 0.30	电力变压器、音频变压器
			同电机用	0.30 0.35	电抗器、互感器
			G1、G2、G3、G4（日本牌号） DG1、DG2、DG3、DG4、DG5、DG6	0.30 0.35	电源变压器、高频变压器、脉冲变压器、扼流器等

4.7　其他电工材料

4.7.1　电刷

电刷主要用于电机的换向器或集电环上。常用电刷的主要技术特性及运行特性见表4-40。

表4-40　常用电刷的主要技术特性及运行特性

类别	型号	电阻率[①] /(Ω·mm²/m)	一对电刷接触电压降/V	最大摩擦系数	额定电流密度/(A/cm²)	最大圆周速度/(m/s)	适用范围
天然石墨电刷	S－3	14	1.9	0.25	11	25	电压为80～120V的直流电动机
树脂石墨电刷	S－201	200	4.5	0.20	12	25	电动工具用电动机
	S－4	115	4.25	0.20	12	40	换向困难的交流换向器电机和高速微型电动机
	S－5	120	3.65	0.19	10	35	换向困难的交流换向器电动机
	S－9	250	4.75	0.19	8	35	换向困难的交流换向器电动机
电化石墨电刷	D104	11	2.5	0.20	12	40	轧钢用直流电动机、汽轮发电动机
	D106	9.5	2.35	0.25	12	40	电压为80～120V的直流电动机
	D172	13	2.9	0.25	12	70	大型汽轮发电机集电环、励磁机、水轮发电机集电环和换向正常的直流电动机
	D202	24.5	2.6	0.23	10	45	电力机车用牵引电动机、电压为120～400V的直流发电机
	D213	31	3.0	0.25	10	40	汽车、拖拉机的发电机，有机械振动的牵引电动机
	D214	29	2.5	0.25	10	40	汽轮发电机的励磁机，换向困难，电压在200V以上的有冲击负荷的直流电动机、轧钢电动机、牵引电动机等
	D215	30	2.9	0.25	10	40	汽轮发电机的励磁机，换向困难，电压在200V以上的有冲击负荷的直流电动机、轧钢电动机、牵引电动机等
	D252	13	2.6	0.23	15	45	换向困难的直流电动机、牵引电动机、汽轮发电机的励磁机
	D308	40.5	2.4	0.25	10	40	牵引电动机、小型直流电动机和功率放大机等
	D309	35.5	2.9	0.25	10	40	牵引电动机、小型直流电动机和功率放大机等

（续）

类别	型号	电阻率①/(Ω·mm²/m)	一对电刷接触电压降/V	最大摩擦系数	额定电流密度/(A/cm²)	最大圆周速度/(m/s)	适用范围
电化石墨电刷	D374	55	3.0	0.25	12	50	换向困难的高速直流电动机、牵引电动机，汽轮发电机的励磁机，轧钢电动机
	D479	31.5	2.1	0.25	12	40	换向困难的直流电动机
金属石墨电刷	J101	0.09	0.2	0.20	20	20	低电压、大电流直流发电机
	J102	0.23	0.5	0.20	20	20	低电压、大电流直流发电机
	J103	0.23	0.5	0.20	20	20	低电压、大电流直流发电机
	J151	0.08	0.28	0.20	20	25	低电压、大电流直流发电机
	J164	0.10	0.28	0.20	20	20	低电压、大电流直流发电机
	J201	3.1	1.25	0.25	15	25	电压在 60V 以下的低电压、大电流直流发电机和绕线式转子异步电动机集电环
	J202	20	2.2	0.25	12	20	交流发电机集电环
	J203	8.5	1.9	0.25	12	20	电压在 80V 以下的充电发电机，小型牵引电动机，异步电动机的集电环
	J204	1.1	1.1	0.20	15	20	电压在 40V 以下的低电压、大电流直流电动机，汽车辅助电动机，异步电动机的集电环
	J205	6.5	<2.0	0.25	15	35	电压在 60V 以下的直流发电机，汽车、拖拉机用起动电动机，异步电动机的集电环
	J206	3.5	1.5	0.20	15	25	电压在 25～80V 以下的小型直流电动机
	J220	8	1.4	0.26	12	20	电压在 80V 以下的充电发电机，小型牵引电动机，异步电动机的集电环

① 电阻率的数值为平均值。

4.7.2 钢筋混凝土电杆

环形预应力钢筋混凝土电杆规格见表 4-41。

表 4-41　环形预应力钢筋混凝土电杆规格

梢径/mm	底径/mm	杆长/m	配用钢筋/mm	许用弯矩/(kg·m)	质量/kg
100	160	6	8×ϕ5	320	148
100	180	6	8×ϕ5	360	160
120	214	7	8×ϕ6	550	270
150	243	7	12×ϕ6	950	330
150	250	7.5	12×ϕ6	990	365
150	257	8	12×ϕ6	1020	400
150	263	8.5	12×ϕ6	1075	420
150	270	9	16×ϕ6	1370	465
150	283	10	16×ϕ6	1475	540
170	277	8	12×ϕ8	1950	500
170	284	8.5	12×ϕ8	2020	540
170	290	9	12×ϕ8	2100	580
170	303	10	12×ϕ8	2200	675
170	317	11	12×ϕ8	2320	760
190	350	12	16×ϕ8	3470	940
190	390	9+6	12×ϕ8 16×ϕ8	3600	9m 以上杆为 642 6m 以下杆为 630
190	430	12+6	16×ϕ8 20×ϕ8	4400	12m 以上杆为 930 6m 以下杆为 715

4.7.3　绝缘子

1）低压针式绝缘子型号规格见表 4-42。

表 4-42　低压针式绝缘子型号规格

型号	瓷件抗弯破坏荷重/kg	质量/kg	主要尺寸/mm		
			高	底径	顶径
PD1-1	1000	0.65	110	98	45
PD1-2	800	0.42	90	71	40
PD1-3	300	0.27	71	54	31

2）低压蝴蝶形绝缘子型号规格见表 4-43。

表 4-43　低压蝴蝶形绝缘子型号规格

型号	机械破坏负荷/kg	质量/kg	主要尺寸/mm			
			高	底径	顶径	内孔直径
ED1-1	1500	1.0	100	95	120	22
ED1-2	1500	0.5	80	78	90	20
ED1-3	1000	0.25	65	65	75	16

注：1. 耐压强度为 2kV 耐压试验电压。
　　2. 内孔直径和高度尺寸是作为选择穿芯螺栓规格的依据。

第 5 章　电工工具及仪器仪表的使用

5.1　电工工具的使用

5.1.1　电工常用工具

1. 电工刀

(1) 电工刀的结构与分类

电工刀是电工常用的一种切削工具。普通的电工刀由刀片、刀刃、刀柄、刀挂等构成，如图 5-1 所示。电工刀分为一用（普通式）、两用和多用三种。两用电工刀是在普通式电工刀的基础上增加了引锥（钻子）；三用电工刀增加了引锥和锯片；四用电工刀则增加了引锥、锯片和螺丝刀（标准术语称为螺钉旋具）。

扫一扫看视频

(2) 电工刀的用途

电工刀可用来削割导线绝缘层、木榫、切割圆木缺口等。多用电工刀汇集有多项功能，使用时只需一把电工刀便可完成连接导线的各项操作，无须携带其他工具，具有结构简单、使用方便、功能多样等优点。

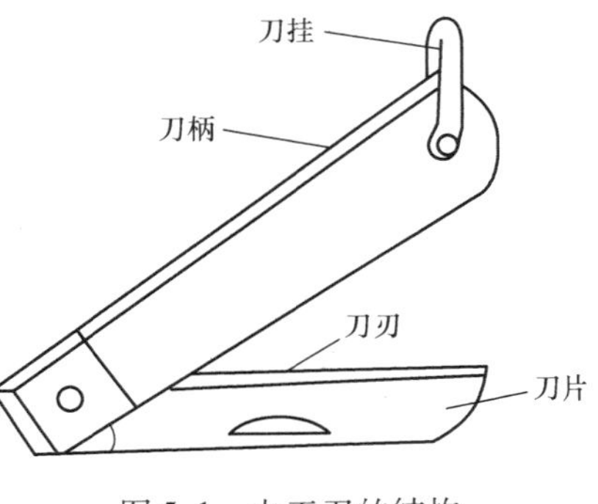

图 5-1　电工刀的结构

(3) 电工刀的使用方法

使用电工刀削割导线绝缘层的方法是：左手持导线，右手握刀柄，刀口倾斜向外，刀口一般以 45°角倾斜切入绝缘层，当切近线芯时，即停止用力，接着应使刀面的倾斜角度改为 15°左右，沿着线芯表面向线头端推削，然后把残存的绝缘层剥离线芯，再用刀口插入背部以 45°角削断。图 5-2 所示为塑料绝缘线绝缘层的剖削方法。

2. 螺钉旋具

(1) 螺钉旋具的结构与用途

螺钉旋具又称螺丝刀、改锥或起子，是一种紧固或拆卸螺钉的工具。螺钉旋具由旋具头部、握柄、绝缘套管等组成。

螺钉旋具是一种用来拧转螺钉以迫使其就位的工具，通常有一个薄楔形头，可插入螺钉头的槽缝或凹口内。十字形螺钉旋具专供紧固和拆卸十字槽的螺钉。

(2) 螺钉旋具的种类

螺钉旋具尺寸规格很多，按头部形状的不同分为一字形和十字形两种；按握柄

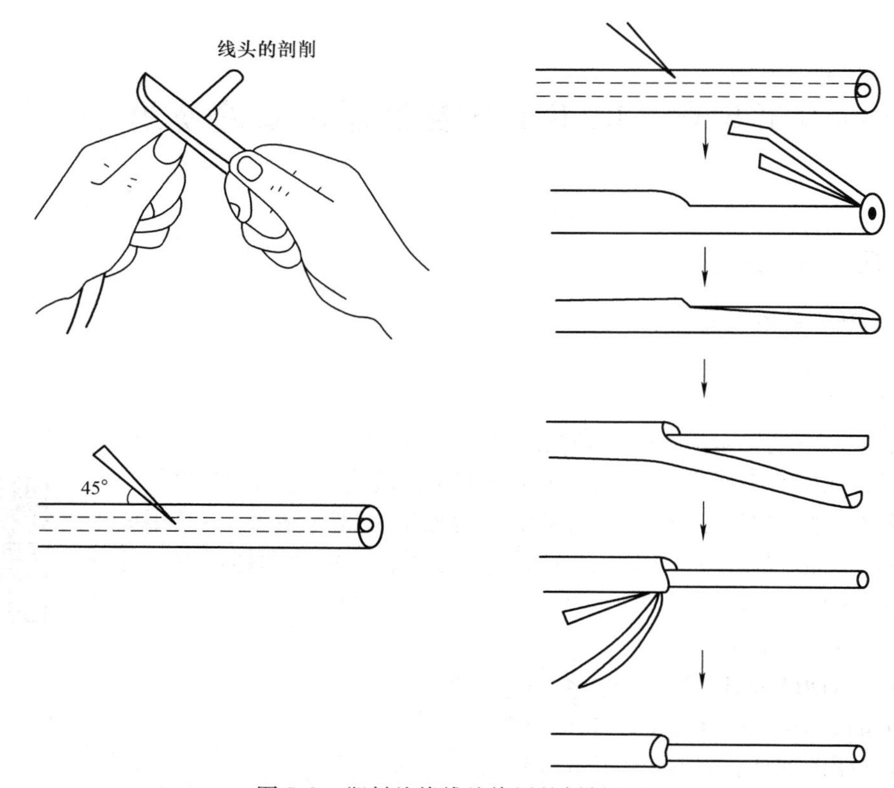

图 5-2　塑料绝缘线绝缘层的剖削方法

材料可分为木柄和塑料柄两种；螺钉旋具按结构特点还可以分普通螺钉旋具和组合型螺钉旋具。电工常用螺钉旋具如图 5-3 所示。

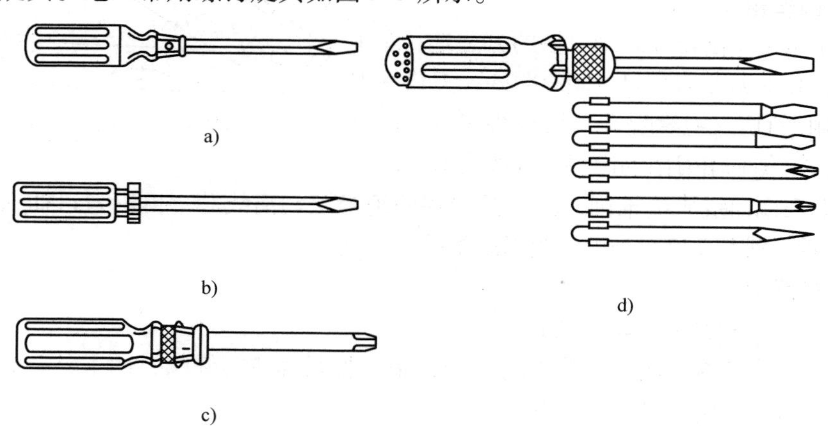

图 5-3　电工常用螺钉旋具

a）木柄一字形螺钉旋具　b）塑料柄一字形螺钉旋具　c）十字形螺钉旋具　d）多用螺钉旋具

另外，有的螺钉旋具的头部焊有磁性金属材料，可以吸住待拧的螺钉，可以准确定位、拧紧，使用方便。

（3）使用方法

1）大螺钉旋具一般用来紧固较大的螺钉。使用时除大拇指、食指和中指要夹住握柄外，手掌还要顶住柄的末端，这样就可防止螺钉旋具转动时滑脱。如图5-4a所示。

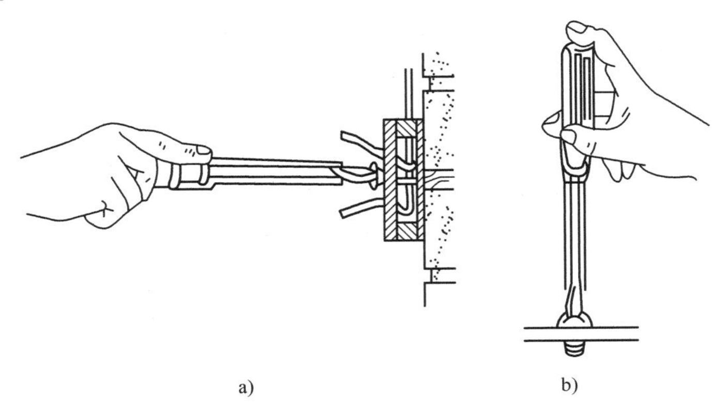

图5-4　螺钉旋具的使用方法

a）大螺钉旋具的用法　b）小螺钉旋具的用法

2）小螺钉旋具一般用来紧固电气装置接线桩头上的小螺钉，使用时可用手指顶住木柄的末端捻旋，如图5-4b所示。

3）使用大螺钉旋具时，还可用右手压紧并转动手柄，左手握住螺钉旋具中间部分，以使螺钉旋具不滑落。此时左手不得放在螺钉的周围，以免螺钉旋具滑出时将手划伤。

3. 钢丝钳

（1）钢丝钳的结构与用途

钢丝钳俗称克丝钳、手钳、电工钳，是电工用来剪切或夹持电线、金属丝和工件的常用工具。钢丝钳的结构如图5-5所示，主要由钳头和钳柄组成，钳头又由钳口、齿口、刀口和铡口四个工作口组成。

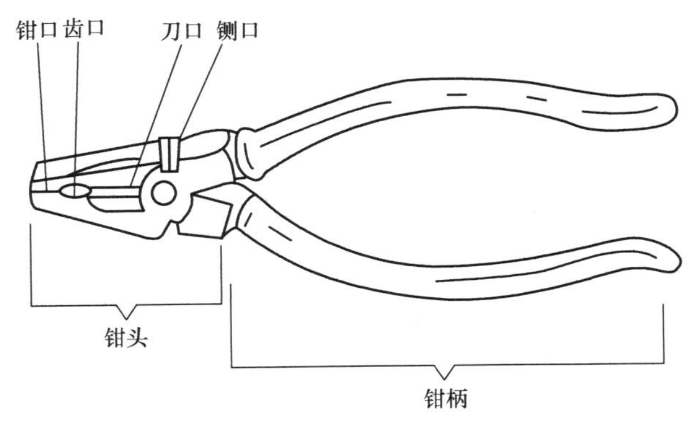

图5-5　钢丝钳的结构

钢丝钳用于夹持或弯折薄片形、圆柱形金属零件及切断金属丝，其旁刃口也可用于切断细金属丝。

（2）钢丝钳的规格

常用的钢丝钳的规格以150mm、175mm、200mm（6in、7in、8in）三种为主，7in的用起来比较合适，8in的力量比较大，但是略显笨重，6in的比较小巧，剪切稍微粗点的钢丝就比较费力。5in的就是迷你的钢丝钳了。

（3）使用方法

使用时，一般用右手操作，将钳头的刀口朝内侧，即朝向操作者，以便于控制剪切部位。再用小指伸在两钳柄中间来抵住钳柄，张开钳头，这样分开钳柄比较灵活。如果不用小指而用食指伸在两个钳柄中间，不容易用力。

1）钳口用来弯绞和钳夹线头；齿口用来旋转螺钉或螺母。

2）刀口用来切断电线、起拔铁钉、剥削绝缘层等；铡口用来铡断硬度较大的金属丝，如铁丝等。

3）根据不同用途，选用不同规格的钢丝钳。

4. 剥线钳

（1）剥线钳的分类

剥线钳的种类很多，根据形式可分为可调式端面剥线钳、自动剥线钳和多功能剥线钳等，常用剥线钳的外形如图5-6所示。

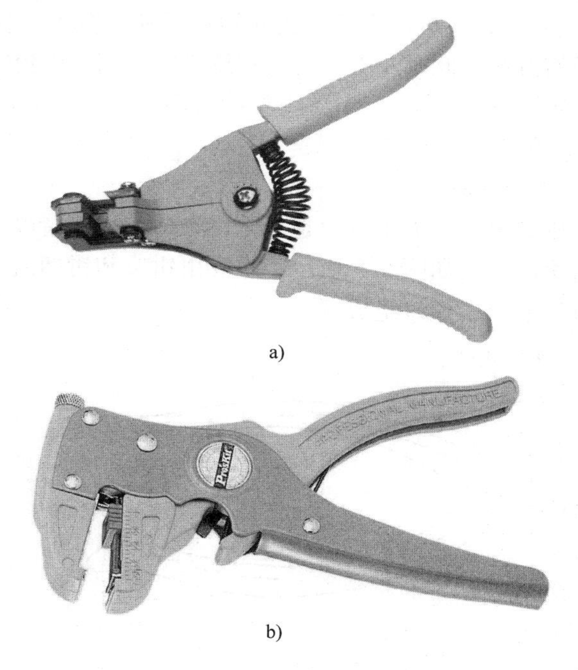

a)

b)

图5-6 剥线钳的外形图

a）自动剥线钳 b）多功能剥线钳

（2）剥线钳的结构、用途

剥线钳主要由钳头和钳柄两部分组成，剥线钳的钳柄上套有额定工作电压 500V 的绝缘套管，其结构的结构如图 5-7 所示。剥线钳的钳头部分由刃口和压线口构成，剥线钳的钳头有 0.5 ~3mm 多个不同孔径的切口，用于剥削不同规格导线的绝缘层。

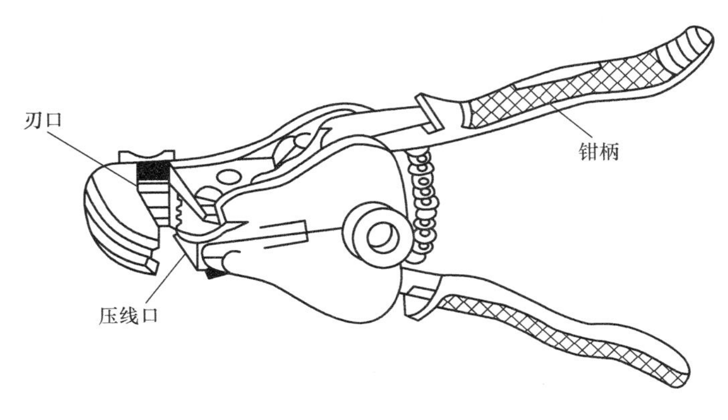

图 5-7　剥线钳的结构

剥线钳为内线电工，电动机修理、仪器仪表电工常用的工具之一。专供电工剥除电线头部的表面绝缘层用。其特点是操作简便，绝缘层切口整齐且不会损伤线芯。

（3）剥线钳的使用方法

剥线钳是用来剥削 $6mm^2$ 以下小直径导线绝缘层的专用工具，使用时，左手持导线，右手握钳柄，用钳刃部轻轻剪破绝缘层，然后一手握住剥线钳前端，另一手捏紧电线，两手向相反方向抽拉，适当用力就能剥掉线头绝缘层。

当剥线时，先握紧钳柄，使钳头的一侧夹紧导线的另一侧，要根据导线直径，选用剥线钳刀片的孔径。通过刀片的不同刃孔可剥除不同导线的绝缘层。

具体方法步骤如下：

1）将准备好的电缆放在剥线工具的刀刃中间，选择好要剥线的长度。

2）握住剥线工具手柄，将电缆夹住，缓缓用力使电缆外表皮慢慢剥落。

3）松开工具手柄，取出电缆线，这时电缆金属整齐露出外面，其余绝缘层完好无损。

5. 活扳手

（1）活扳手的结构、用途与分类

活动扳手简称活扳手，其结构如图 5-8 所示，主要由呆扳唇、活扳唇、蜗轮、轴销和手柄组成，转动活扳手的蜗轮，就可调节扳口的开口宽度。

活扳手是一种紧固或松开不同规格的螺母和螺栓的一种工具。防爆活扳手经大型摩擦压力机压延而成，具有强度高、机械性能稳定、使用寿命长等优点，活扳手

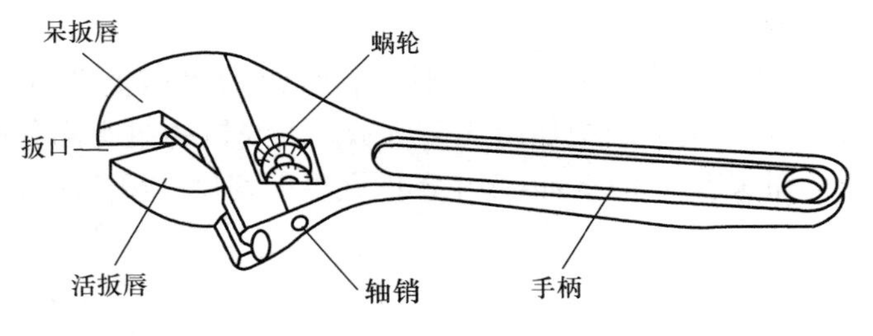

图 5-8　活扳手的结构

的受力部位不弯曲、不变形、不裂口。

活扳手的规格以长度×最大开口宽度（单位：mm）表示。电工常用的有：150mm×19mm（6in）、200mm×24mm（8in）、250mm×30mm（10in）和300mm×36mm（12in）等四种规格。

（2）使用方法

1）扳动较大螺母时，右手握手柄。手越靠后，扳动起来越省力，如图 5-9a 所示。

2）扳动较小螺母时，因需要不断地转动蜗轮，调节扳口的大小，所以手应握在靠近呆扳唇，并用大拇指调制蜗轮，以适应螺母的大小，如图 5-9b 所示。

3）活扳手的扳口夹持螺母时，呆扳唇在上，活扳唇在下。活扳手切不可反过来使用。

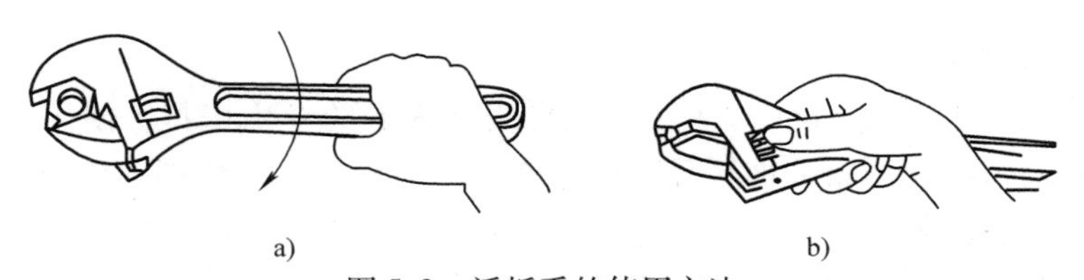

图 5-9　活扳手的使用方法

a）扳动较大螺母时的握法　b）扳动较小螺母时的握法

6. 电烙铁

（1）电烙铁的结构与工作原理

电烙铁是电工在设备检修时常用的焊接工具。其主要用途是焊接元件及导线。电烙铁的结构主要由烙铁头、烙铁心、外壳、支架等组成。外热式电烙铁的结构如图 5-10 所示；内热式电烙铁的结构如图 5-11 所示。电烙铁的工作原理是：当接通电源后，电流使电阻丝发热，加热烙铁头，达到焊接温度后即可进行焊接工作。

（2）使用方法

1）选用合适的焊锡，应选用焊接电子元件用的低熔点焊锡丝。

2）助焊剂，用 25% 的松香溶解在 75% 的酒精（重量比）中作为助焊剂。

3）电烙铁使用前要上锡，具体方法是：将电烙铁烧热，待刚刚能熔化焊锡时，涂上助焊剂，再用焊锡均匀地涂在烙铁头上，使烙铁头均匀地涂覆上一层锡。

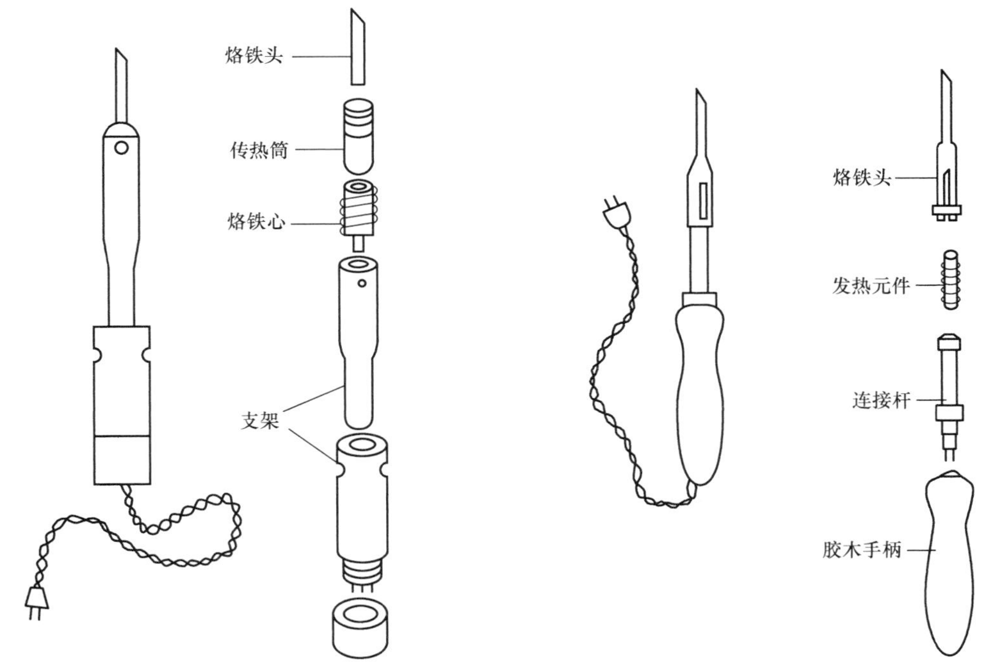

图 5-10 外热式电烙铁的结构

图 5-11 内热式电烙铁的结构

4）焊接方法，把焊盘和元件的引脚用细砂纸打磨干净，涂上助焊剂。用烙铁头蘸取适量焊锡，接触焊点，待焊点上的焊锡全部熔化并浸没元件引线头后，电烙铁头沿着元器件的引脚轻轻往上一提离开焊点。

5）焊点应呈正弦波峰形状，表面应光亮圆滑，无锡刺，锡量适中。

6）焊接完成后，要用酒精把线路板上残余的助焊剂清洗干净，以防炭化后的助焊剂影响电路正常工作。

7）集成电路应最后焊接，电烙铁要可靠接地，或断电后利用余热焊接。或者使用集成电路专用插座，焊好插座后再把集成电路插上去。

（3）烙铁头的选择

选择烙铁头时，应使烙铁头尖端的接触面积小于焊接处的面积。如果烙铁头接触面积太大，会使过量的热量传导给焊接部位，损坏元器件及印制电路板。

常用烙铁头的外形如图 5-12 所示。其中圆斜面式烙铁头适用于在单面板上焊接不太密集的焊点；凿式和半凿式烙铁头适用于电机电器的维修；尖锥式和圆锥式烙铁头适用于焊接高密度的焊点或小而怕热的元器件；斜面复合式烙铁头适用于焊接对象变化大的场合；弯形、大功率烙铁头适用于焊接大中型电动机绕组引线等焊接截面积大的部位。

7. 锤子

（1）锤子的结构、用途与分类

锤子是敲打物体使其移动或变形的工具。最常用来敲钉子，矫正或是将物件敲

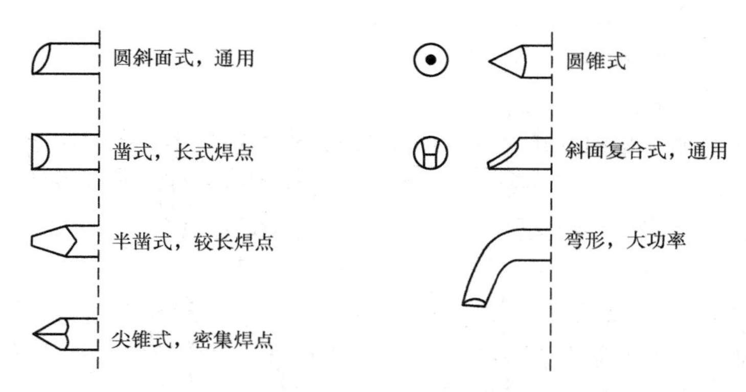

图 5-12　常用烙铁头的形状

开。锤子由锤头、锤柄和楔子组成，锤子有着各式各样的形式，常见的形式如图 5-13所示。锤头的一面是平坦的以便敲击，另一面的形状可以像羊角，也可以是楔形，其功能为拉出钉子。另外也有圆头形的锤头，通常称为榔头。

图 5-13　常用的锤子

（2）使用方法

1）锤子是主要的击打工具，使用锤子的人员，必须熟知工具的特点、使用、保管和维修及保养方法。工作前必须对工具进行检查，严禁使用腐蚀、变形、松动、有故障、破损等的不合格工具。

2）锤子的重量应与工件、材料和作用力相适应，太重和过轻都会不安全。从下式可以分析击打的能量与击打速度的关系

$$W = mv^2/2$$

式中　W——击打工件上的能量；

m——锤子本身的质量；

v——给予锤子击打时的速度。

锤子质量增加 1 倍时，能量增加 1 倍，速度增加 1 倍时，能量增加 4 倍。所以，为了安全，使用锤子时，必须正确选用锤子，并掌握击打时的速度。

3）使用手锤时，要注意锤头与锤柄的连接必须牢固，稍有松动就应立即加楔紧固或重新更换锤柄。

4）锤子的手柄长短必须适度，经验提供的比较合适的长度是手握锤头，前臂的长度与锤柄的长度近似相等；在需要较小的击打力时可采用手挥法，在需要较强的击打力时，宜采用臂挥法；采用臂挥法时应注意锤头的运动弧线。

5）使用时，一般为右手握锤，常用的握法有紧握锤和松握锤两种。紧握锤是指从挥锤到击锤的全过程中，全部手指一直紧握锤柄。松握锤是指在挥锤开始时，全部手指紧握锤柄，随着锤的上举，逐渐依次地将小指、无名指和中指防松，而在击锤的瞬间，迅速将放松了的手指全部握紧，并加快手腕、肘以至臂的运动。松握锤法如图 5-14 所示，松握锤可以加强锤击力量，而不宜疲劳。

6）羊角锤既可敲击、锤打，又可以起拔钉子，但对较大的工件锤打就不应使用羊角锤。

7）钉钉子时，锤头应平击钉帽，使钉子垂直进入木料，起拔钉子时，宜在羊角处垫上木块，增强起拔力矩。

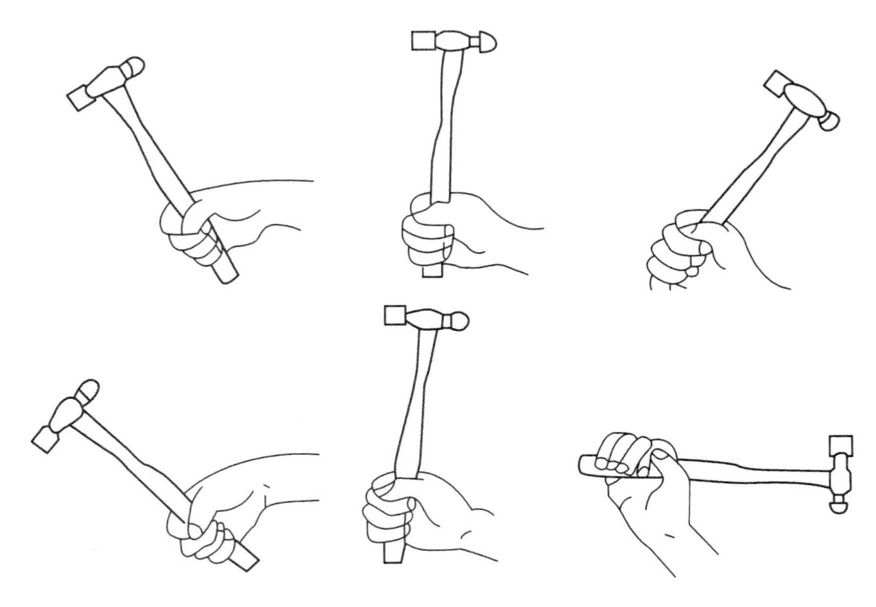

图 5-14　握锤的方法

8. 脚扣

（1）脚扣的结构、用途与分类

脚扣又称铁脚，是电工攀登电杆的主要工具。脚扣分两种：一种扣环上带有铁齿，供攀登木杆用；另一种在扣环上裹有橡胶，供攀登混凝土杆用。脚扣的结构如图 5-15所示。

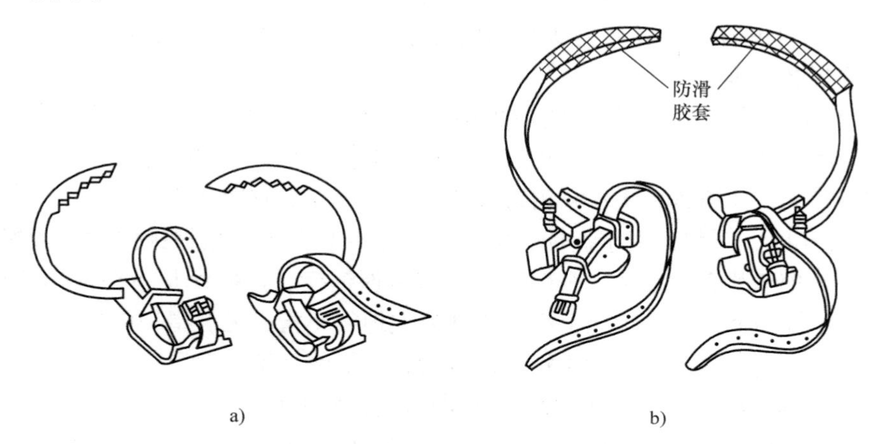

图 5-15　脚扣的结构

a）攀登木电杆用的脚扣　b）攀登混凝土电杆用的脚扣

脚扣具有重量轻、强度高、韧性好、可调性好、轻便灵活、安全可靠、携带方便等优点，用脚扣攀登电杆具有速度快、登杆方法简便等特点。

（2）工作原理

利用杠杆作用，借助人体自身重量，使另一侧紧扣在电线杆上，产生较大的摩擦力，从而使人易于攀登；而抬脚时因脚上承受重力减小，扣自动松开，这是利用了力学中的自锁现象。如果作用于物体的主动力的合力 Q 的作用线在摩擦角之内，则无论这个力怎样大，总有一个全反力 R 与之平衡，物体保持静止；反之，如果主动力的合力 Q 的作用线在摩擦角之外，则无论这个力多么小，物体也不可能保持平衡。这种与力大小无关而与摩擦角有关的平衡条件称为自锁条件，这种现象叫自锁现象。

（3）使用方法与注意事项

1）登杆前，应对脚扣进行仔细检查，查看脚扣的各部分有无断裂、锈蚀现象，脚扣皮带是否牢固可靠，发现破损应停止使用。

2）登杆前，应对脚扣进行人体载荷冲击试验。试验方法是，登一步电杆，然后使整个人的重量以冲击的速度加在一只脚扣上，试验没问题后才可正式使用。

3）用脚扣登杆时，上下杆的每一步必须使脚扣环完全套入，并可靠地扣住电杆，才能移动身体，以免发生危险。

4）当有人上下电杆时，杆下不准站人，以防上面掉落物品发生伤人事故。

5）安全绳经常保持清洁，用完后妥善存放好，弄脏后可用温水及肥皂水清洗，在阴凉处晾干，不可用热水浸泡或日晒火烧。

6）使用一年后，要做全面检查，并抽出使用过的1%做拉力试验，以各部件无破损或重大变形为合格（抽试过的不得再次使用）

9. 射钉枪

（1）射钉枪的结构、用途与分类

射钉枪又称射钉器。由于外形和原理都与手枪相似，故常称为射钉枪。它是利用发射空包弹产生的火药燃气作为动力，将射钉打入建筑体的工具。发射射钉的空包弹与普通军用空包弹只是在大小上有所区别，对人同样有伤害作用。

射钉枪是一种先进的紧固安装工具，它利用火药燃烧时释放的能量，将特制钉子打入混凝土、砖墙或其他基体内，用来代替预埋固定、打孔浇注、焊接等繁重作业，可大大减少施工量。射钉枪的结构如图5-16所示。

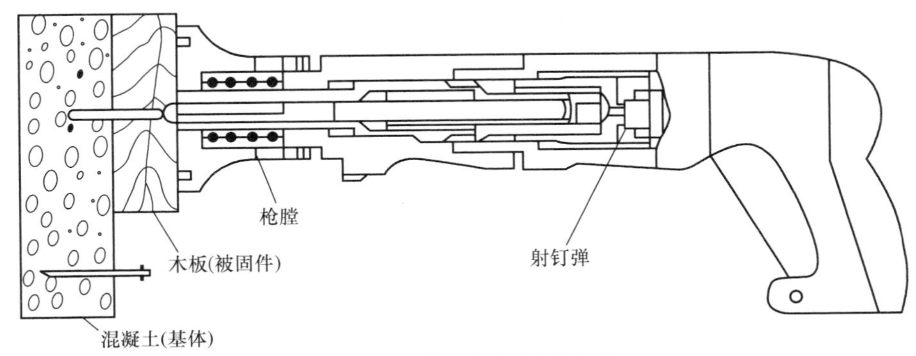

图5-16　射钉枪紧固示意图

射钉枪按照作用原理可分为直接作用射钉枪和间接作用射钉枪两大类。直接作用射钉枪是以火药气体直接作用于射钉，推动射钉运动。因此，射钉在飞离钉管时具有很高的速度和动能。间接作用射钉枪的火药气体不是直接作用于射钉，而是作用在射钉枪内的活塞上，能量通过活塞传给射钉。因而，射钉在离开钉管时的速度较低。间接作用射钉枪的可靠性和安全性远远优于直接作用射钉枪。目前除特殊情况外，一般都不使用直接作用射钉枪，而使用间接作用射钉枪。

（2）使用方法与注意事项

射钉枪操作简单，使用时将射钉和射钉弹装入射钉枪膛，垂直对准被固件和混凝土，解除保险，扣动扳机，火药气体推动射钉穿过被固件打入混凝土，从而达到固定目的，见图5-16。

射钉枪使用注意事项如下：

1）射钉枪使用者必须经培训考核合格，按规定程序操作，严禁乱射。

2）各种射钉枪均有说明书，使用前应阅读说明书，了解该射钉枪的原理、性能、结构、拆卸和装配方法，遵守规定的注意事项。

3）操作前，必须对射钉进行全面检查，然后按规定方法使用。

4）在轻质、薄墙上射钉时，对面不得有人经过和停留，应有专人监视，防止射穿墙体伤人。

5）对软质（如木质）被固件或基体射击，选择射钉弹威力要适当，威力过大，将会打断活塞杆。

6）严禁在易燃、易爆的场所施工。

7）射击时，枪口应与被固件、基体面保持垂直状态，并压紧。

8）在操作时才允许将钉、弹装入枪内。装好钉、弹的枪，严禁将枪口对人。

9）射击过程中，如遇射钉弹不发火，应静停5s以上，才能移动射钉枪。

10. 压接钳

（1）压接钳的结构、用途与分类

压接钳即导线压接接线钳，是一种用冷压的方法来连接铜、铝等导线的工具，特别是在铝绞线和钢芯铝绞线敷设施工中常要用到，其结构如图5-17所示。

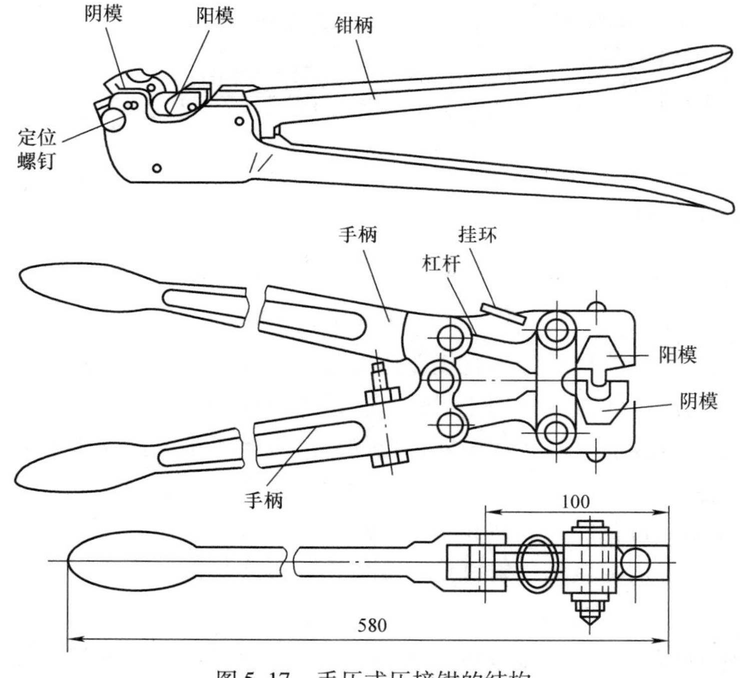

图5-17　手压式压接钳的结构

压接钳主要分为手压式、液压（油压）式和电动式三种。液压钳主要依靠液压传动机构产生压力而达到压接导线的目的。电工常用的是手压式和液压式。手压钳适用于35mm^2以下的导线；液压钳适用于压接35mm^2以上的多股铝、铜芯导线。

（2）铝芯导线直线连接的方法步骤

1）根据导线截面积选择压模和铝套管。

2）把连接处的导线绝缘护套剥除，剥除长度应为铝套管长度一半加上 5 ~ 10mm，然后用钢丝刷刷去芯线表面的氧化层（膜）。

3）用清洁的钢丝刷蘸一些凡士林锌粉膏（有毒，切勿与皮肤接触）均匀地涂抹在芯线上，以防氧化层重生。

4）用圆条形钢丝刷清除铝套管内壁的氧化层及污垢，最好也在管子内壁涂上凡士林锌粉膏。

5）把两根芯线相对插入铝套管，使两个接头恰好处在铝套管的正中连接。

6）根据铝套管的粗细选择适当的线模装在压接钳上，拧紧定位螺钉后，把套有铝套管的芯线嵌入线模。

7）对准铝套管，用力捏夹钳柄进行压接。压接时，先压两端的两个坑，再压中间的两个坑，压坑应在一条直线上。铝套管的弯曲度不得大于管长的 2%，否则应用木槌校直。

8）擦去残余的油膏，在铝套管两端及合缝处涂刷快干沥青漆。

9）然后在铝套管及裸露导线部位包两层黄蜡带，再包两层黑胶布。

（3）铝芯导线与设备螺栓压接式接线桩头的连接方法

1）根据线芯粗细选择合适的铝质接线耳（线鼻子）。

2）刷去芯线表面的氧化层，最好均匀地涂上凡士林锌粉膏。

3）把接线耳插线孔内壁的氧化层也刷去。最好在内壁也涂上凡士林锌粉膏。

4）把芯线插入接线耳的插线孔，要插到孔底。

5）选择适当的线模，在接线耳的正面压两个坑。先压外坑，再压里坑，两个坑要在一条直线上。

6）在接线耳根部和电线剖去绝缘层之间包缠绝缘带。

7）刷去接线耳背面的氧化层，并均匀地涂上凡士林锌粉膏。

8）使接线耳的背面朝下，套在接线桩头的螺钉上，然后依次套上平垫圈和弹簧垫圈，用螺母紧紧固定。

11. 紧线器

（1）紧线器的结构、用途与分类

紧线器又称耐张拉力器。紧线器是在架空线路敷设施工中用来拉紧导线的一种工具。

常用紧线器的结构如图 5-18 所示，主要由夹线钳头（上下活嘴钳口）、定位钩、收紧齿轮（收线器、棘轮）和手柄等组成。

机械紧线常用紧线器有两种，一种是钳形紧线器，又称虎头紧线器；另一种是活嘴形紧线器，又称弹簧形紧线器或三角形紧线器。钳形紧线器的钳口与导线的接触面较小，在收紧力较大时易拉坏导线绝缘护层或扎伤线芯，故一般用于截面积较小的导线。活嘴形紧线器与导线的接触面较大，且具有拉力越大活嘴咬线越紧的特点。

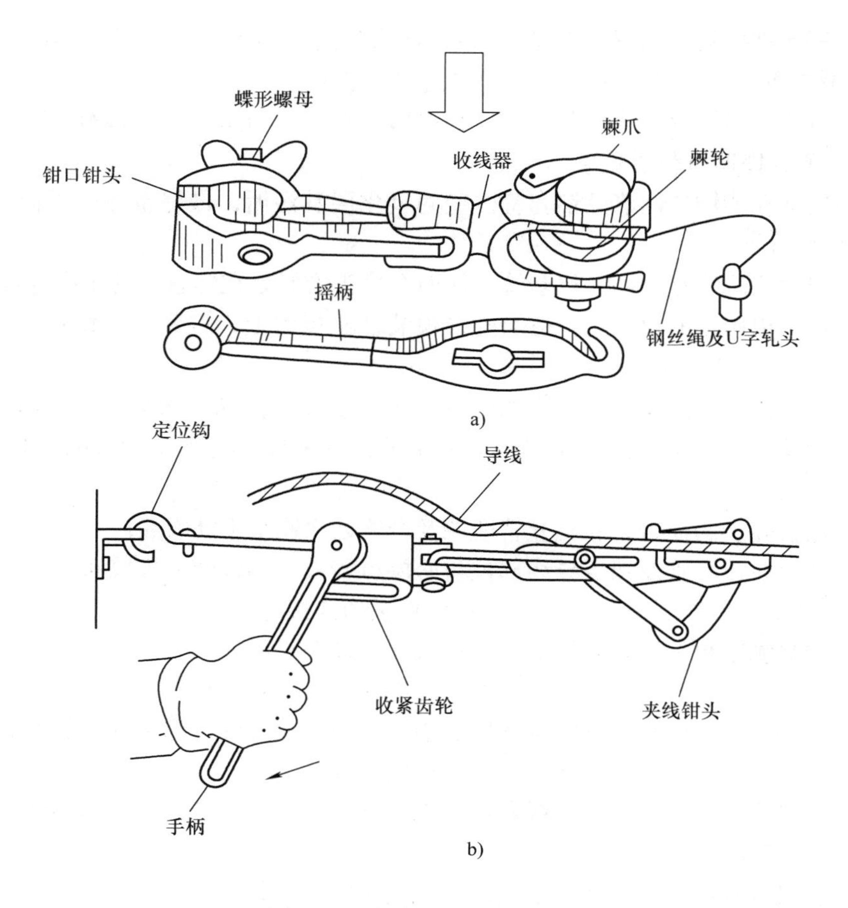

图 5-18 紧线器的结构示意图
a）钳形 b）活嘴形

（2）紧线器的使用方法

紧线器的使用方法如图 5-18a 所示。先将 ϕ4mm 镀锌钢丝绳绕于紧线器的滑轮（棘轮）上，定位钩必须钩住架线支架或横担。再用夹线钳夹的上、下活嘴钳口夹住需收紧导线的端部，然后扳动手柄。由于棘爪的防逆转作用，逐渐把钢丝绳或镀锌铁线绕在棘轮滚筒上，使导线收紧。最后把收紧的导线固定在绝缘子上。

（3）紧线器使用注意事项

1）使用前应检查紧线器有无断裂现象。

2）使用时，应将钢丝绳理顺，不能扭曲。

3）棘轮和棘爪应完好，不能有脱扣现象，使用时应经常加机油润滑。

4）要避免用一只紧线器在支架一侧单边收紧导线，以免支架或横担受力不均而在收紧时造成支架或横担倾斜。

5.1.2　常用测试工具

1. 验电笔

（1）用途与结构

验电笔又称低压验电器或试电笔，通常简称电笔。验电笔是电工中常用的一种辅助安全用具，用于检查 500V 以下导体或各种用电设备的外壳是否带电，操作简便，可随身携带。

验电笔常做成钢笔式结构，有的也做成小型螺钉旋具结构。氖管式验电笔由笔尖（探头）、电阻、氖管、笔身、弹簧等组成，其结构如图 5-19 所示。

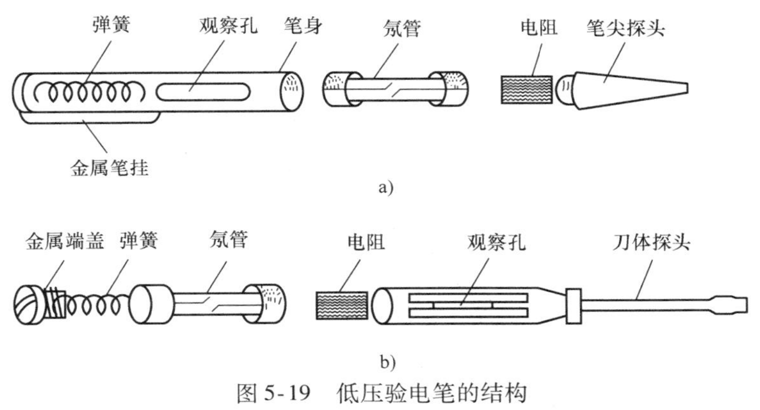

图 5-19　低压验电笔的结构

a）钢笔式　b）螺钉旋具式

扫一扫看视频

数字（数显）式验电笔由笔尖（工作触头）、塑料壳体（笔身）、发光二极管（指示灯）、显示屏、感应断点测试按钮（感应测量电极）、直接测量按钮（直接测量电极）、电池等组成，其结构如图 5-20 所示。

（2）分类

验电笔按结构与原理可分为氖管式验电笔、数字（数显）式验电笔和感应式验电笔；验电笔按测试方法可分为接触式和非接触式两种。

（3）使用方法

使用验电笔测试带电体时，操作者应用手触及验电笔笔尾的金属体（中心螺钉），如图 5-21 所示。用工作触头与被检测带电体接触，此时便由带电体经验电笔工作触头、电阻、氖管、人体和大地形成回路。当被测物体带电时，电流便通过回路，使氖管起辉；如果氖管不亮，则说明被测物体不带电。测试时，操作者即使穿上绝缘鞋（靴）或站在绝缘物上，也同样会形成回路。因为绝缘物的泄漏电流和人体与大地之间的电容电流足以使氖管起辉。只要带电体与大地之间存在一定的电位差，验电笔就会发出辉光。

使用数显式验电笔检测交流电时，切勿按感应检测按钮，将笔尖插入相线孔时，指示灯发亮，则表示有交流电；若需要电压显示时，则按直接检测按钮，显示数字为所测电压值。

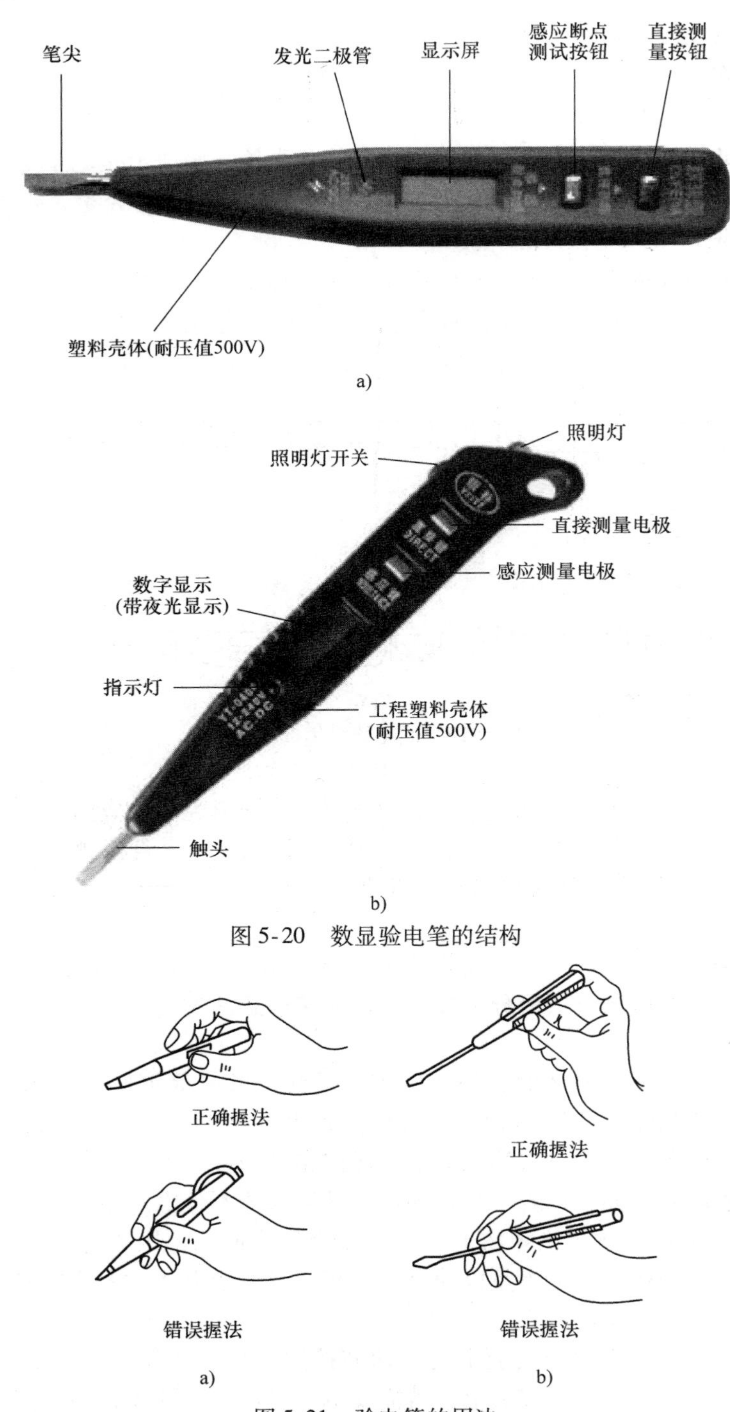

图 5-20　数显验电笔的结构

图 5-21　验电笔的用法

a）钢笔式验电笔的用法　b）旋具式验电笔的用法

使用数显式验电笔间接检测时，按住间接检测按钮，将触头靠近电源线，如果电源线带电的话，数显式验电笔的显示器上将有显示。

使用数显式验电笔进行断点检测时，按住感应检测按钮，将触头沿电源线纵向移动时，显示窗内无显示处即为断点处。

2. 高压验电器

（1）高压验电器的结构、用途与分类

高压验电器（也称高压测电器）是变电所常用的最基本的检测工具，它一般以辉光作为指示信号，新式高压验电器也有靠声光作为指示的。高压验电器的主要用途是用来检查高压线路、电缆线路和高压电力设备是否带电，也是保证在全部停电或部分停电的电气设备上工作人员安全的重要技术措施之一。

高压验电器的主要类型有发光型和声光型两种。常用高压验电器的外形如图 5-22所示。

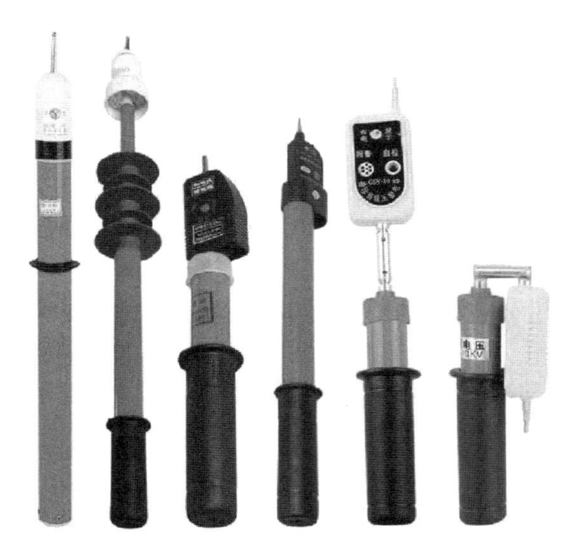

图 5-22　常用高压验电器的外形图

发光型高压验电器由握柄、护环、紧固螺钉、氖管窗、金属探针（钩）和氖管等部分组成。图 5-23 所示为发光型 10kV 高压验电器的结构。

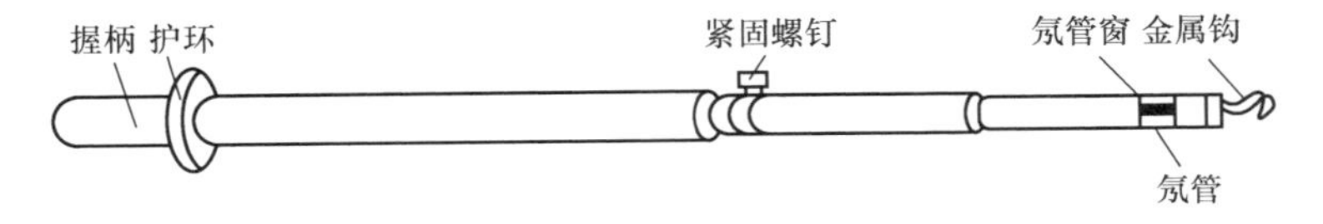

图 5-23　发光型 10kV 高压验电器的结构

（2）使用方法

1）使用验电器时必须注意其额定电压和被检验电气设备的电压等级相适应，

否则可能会危及验电操作人员的人身安全或造成误判断。

2）使用前，要按所测设备（线路）的电压等级将绝缘棒拉伸至规定长度，选用合适型号的指示器和绝缘棒，并对指示器进行检查，投入使用的高压验电器必须是经电气试验合格的。

3）验电时操作人员应佩戴绝缘手套，手握在罩护环以下的握柄部位，如图5-24所示。

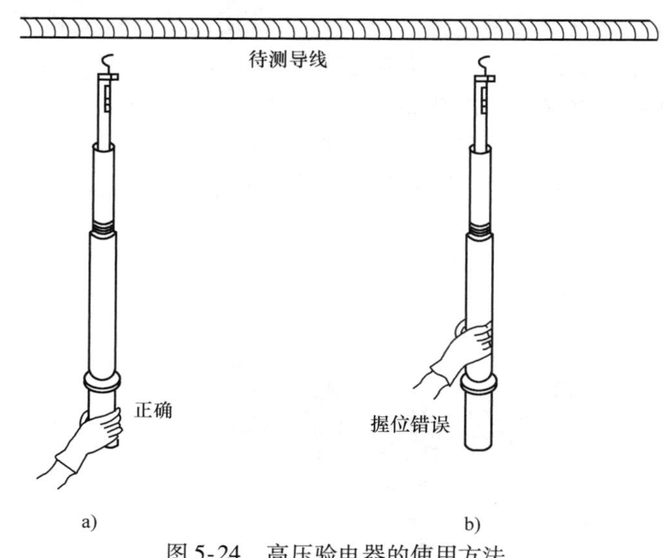

图5-24 高压验电器的使用方法

a）正确 b）错误

4）检验时应先在有电设备上进行检验，之后再渐渐将验电器移近带电设备至发光或发声时止，以确认验电器性能完好。有自检系统的验电器应先揿动自检钮确认验电器是否完好。

5）确认验电器完好后，再在需要进行验电的设备上检测，同时设专人监护。

6）检测时也应渐渐将验电器移近待测设备，直至触及设备导电部位，此过程若一直无声、光指示，则可判定该设备不带电，反之，如在移近过程中突然发光或发声，即认为该设备带电，即可停止移近，结束验电。

5.1.3 常用电工安全用具

电气安全管理中，把绝缘工具分为基本安全用具和辅助安全用具。所谓基本安全用具，是指绝缘强度足以承受电气运行电压的安全用具，如绝缘棒、绝缘夹钳、绝缘台（梯）。辅助安全用具是指不足以承受电气运行电压，在电气作业中，配合基本安全用具一起使用的安全用具，如绝缘手套、绝缘鞋、绝缘垫等。

1. 绝缘棒

（1）绝缘棒的特点与用途

绝缘棒又称令克棒、绝缘拉杆、操作杆等。绝缘棒由工作部分（工作头）、绝缘部分（绝缘杆）和握手部分（握柄）三部分构成，如图 5-25 所示。工作部分由金属制成 L 形或 T 形弯钩；绝缘棒的绝缘部分一般由胶木、塑料、环氧树脂玻璃布棒（管）等材料制成；握手部分与绝缘部分应有明显的分界线。隔离环（护环）的直径比握手部分大 20 ~ 30mm。一副绝缘棒一般由三节组成，常用绝缘棒的外形如图 5-26 所示。

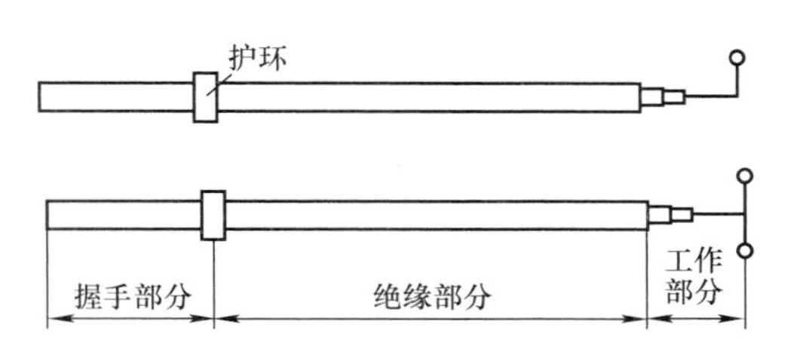

图 5-25　绝缘棒的结构

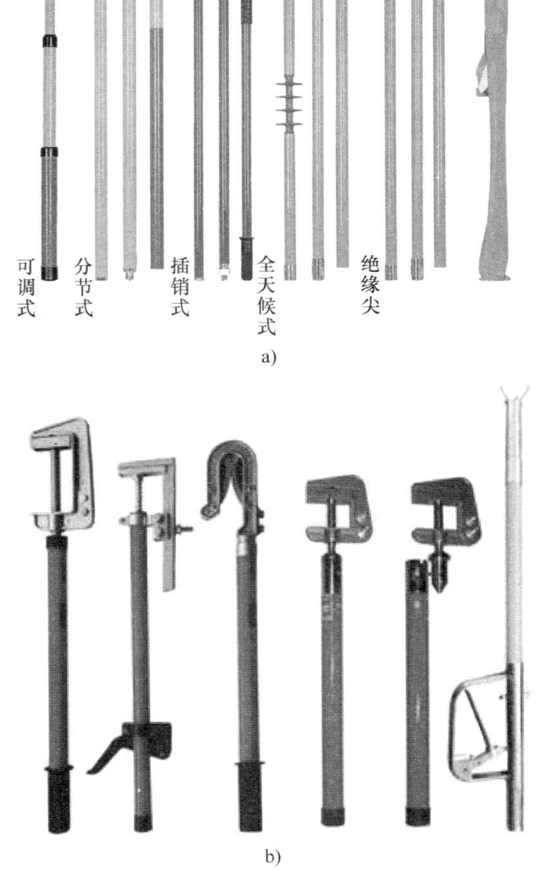

图 5-26　绝缘棒的外形图

绝缘棒主要用于用于短时间对带电设备进行操作的绝缘工具，如接通或断开高压隔离开关、跌落式熔断器，装拆携带式接地线，以及进行测量和试验时使用。

（2）使用方法

1）使用前必须对绝缘棒进行外观的检查，外观上不能有裂纹、划痕等外部损伤，并用清洁柔软又不掉毛的布块擦拭棒体。

2）绝缘棒必须适用于操作设备的电压等级，且核对无误后才能使用。

3）操作人员必须穿戴好必要的辅助安全用具，如绝缘手套和绝缘靴等。

4）在操作现场，轻轻地将绝缘棒抽出专用的工具袋，悬离地面进行节与节之间的丝扣连接，不可将绝缘棒置于地面上进行连接，以防杂草、沙土进入丝扣中或黏附在杆体的外表上。

5）连接绝缘棒时，丝扣要轻轻拧紧，不可将丝扣未拧紧即使用。

6）雨雪天气必须在室外进行操作的要使用带防雨雪罩的特殊绝缘棒。

7）使用时要尽量减少对棒体的弯曲力，以防损坏棒体。

2. 绝缘手套

（1）绝缘手套的特点与用途

电工绝缘手套是用绝缘性能较好的绝缘橡胶或乳胶经压片、模压、硫化或浸模成型的五指手套。绝缘手套的外形如图 5-27 所示。

绝缘手套是劳保用品，是在高压电气设备上操作时的辅助安全用具，也是在低压电气设备的带电部分上工作时的基本安全用具。一般需要配合其他安全用具一起使用。电工带电作业时带上绝缘手套，可防止手部直接触碰带电体，以免遭到电击，起到对手或者人体的保护作用。

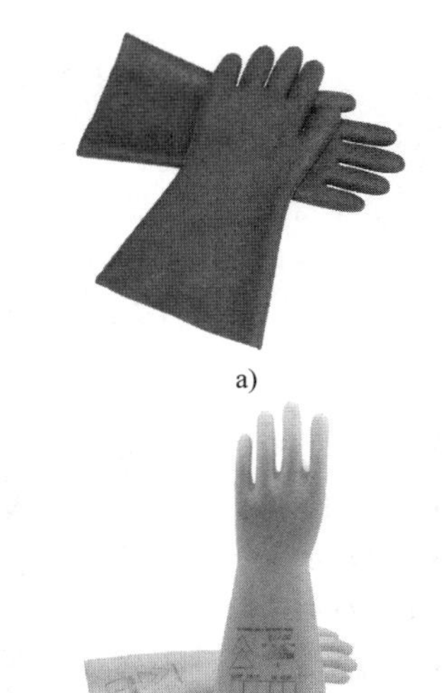

a)

b)

图 5-27　绝缘手套的外形图

（2）绝缘手套的使用方法与注意事项

1）在使用绝缘手套之前，须检查其有无粘黏现象，并检查其是否属于合格产品，是否还处于产品的保质期限内。

2）使用前还应检查绝缘手套是否完好，检查时将手套朝手指方向卷曲，发现有漏气或裂口等损坏时应停止使用。

3）在佩戴绝缘手套时，手套的指孔应与使用者的双手吻合。

4）使用者应穿束口衣服，并将袖口伸到手套伸长部分内。

5）使用时应避免与锋利尖锐物及污物接触，以免损伤其绝缘强度。

3. 绝缘鞋

（1）绝缘鞋的特点与用途

绝缘鞋、绝缘靴通称为电绝缘鞋。电绝缘鞋是使用绝缘材料制作的一种安全鞋，是从事电气作业时防护人身安全的辅助安全工具。良好的绝缘鞋是防止触电事故的重要措施。常用绝缘鞋的外形如图5-28所示。

a)　b)　c)

图5-28　绝缘鞋的外形图

在电气作业中，绝缘鞋一般需要与其他基本安全用具配合使用。绝缘鞋不可以接触带电部分，但可以防止跨步电压对人身的伤害。绝缘皮鞋及布面绝缘鞋，主要应用在工频1000V以下作为辅助安全用具。

（2）绝缘鞋的选择

1）根据有关标准要求，电绝缘鞋外底的厚度（不含花纹）不得小于4mm，花纹无法测量时，厚度不应小于6mm。

2）外观检查。鞋面或鞋底有标准号，有绝缘标志、安监证和耐电压数值。同时还应了解制造厂商的资质情况。

3）电绝缘鞋宜用平跟，外底应有防滑花纹、鞋底（跟）磨损不超过1/2。

4）电绝缘鞋应无破损，鞋底防滑齿磨平、外底磨透露出绝缘层者为不合格。

5）劳动安全监管部门，对购进绝缘鞋新品应进行交接试验。

（3）使用方法

1）绝缘鞋适宜在交流50Hz、1000V以下或直流1500V以下的电力设备上工作时，作为辅助安全用具和劳动防护用品穿着。

2）工作人员使用绝缘皮鞋，可配合基本用具触及带电部分，并可用于防护跨步电压所引起的电击。跨步电压是指：电气设备接地时，在地面最大电位梯度方向0.8m两点之间的电位差。

3）特别值得注意的是，5kV的电绝缘鞋只适合于电工在低电压（380V）条件下带电作业。如果要在高电压条件下作业，就必须选用20kV的电绝缘鞋，并配以绝缘手套才能确保安全操作。

4. 安全帽

(1) 安全帽的特点与用途

安全帽是防止冲击物伤害头部的防护用品。由帽壳、托带衬垫、下颊带和后箍等组成，如图 5-29 所示。

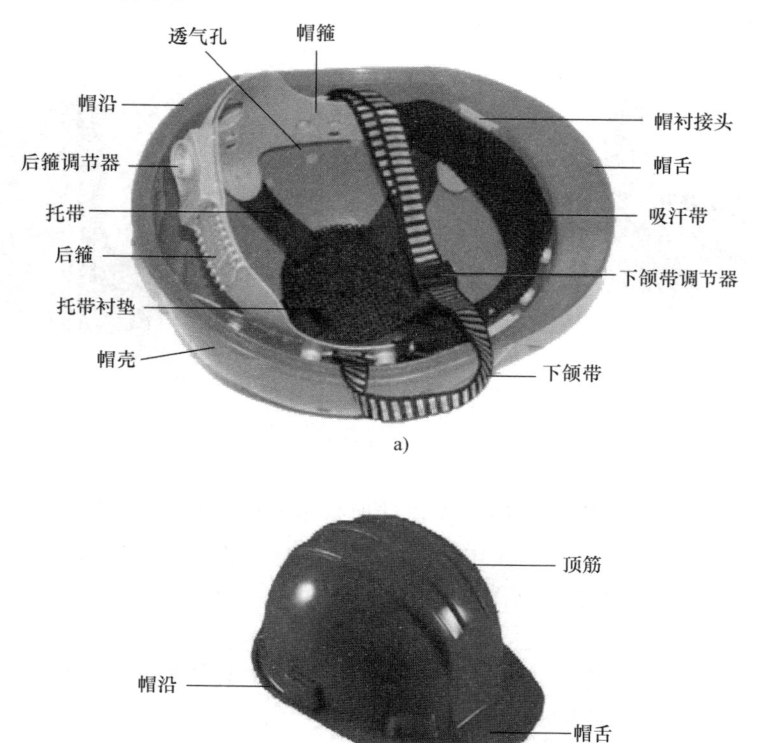

a)

b)

图 5-29 安全帽的结构

在电力建设施工现场上，工人们所佩戴的安全帽主要是为了保护头部不受到伤害。它可以在以下几种情况下保护人的头部不受伤害或降低头部伤害的程度。

1）飞来或坠落下来的物体击向头部时。

2）当作业人员从 2m 及以上的高处坠落时。

3）当头部有可能触电时。

4）在低矮的部位行走或作业，头部有可能碰撞到尖锐、坚硬的物体时。

(2) 使用方法

安全帽的佩戴要符合标准，使用要符合规定。如果佩戴和使用不正确，就起不到充分的防护作用。佩戴和使用安全帽的方法如下：

1）戴安全帽前应将帽后调整带按自己头型调整到适合的位置，然后将帽内弹性带系牢。缓冲衬垫的松紧由带子调节，人的头顶和帽体内顶部的空间垂直距离一般为 25 ~ 50mm。这样才能保证当遭受冲击时，帽体有足够的空间可供缓冲，平时也有利于头和帽体间的通风。

2）不要把安全帽歪戴，也不要把帽檐戴在脑后方。否则，会降低安全帽对于冲击的防护作用。

3）安全帽的下颚带必须扣在颌下，并系牢，松紧要适度，如图 5-30 所示。佩戴者在使用时一定要将安全帽戴正，不能晃动，调节好后箍以防安全帽脱落。

图 5-30　安全帽的佩戴方法

4）使用之前应检查安全帽的外观是否有裂纹、碰伤痕迹、凸凹不平、磨损，帽衬是否完整，帽衬的结构是否处于正常状态，安全帽上如存在影响其性能的明显缺陷就及时报废，以免影响防护作用。

5）在现场室内作业也要戴安全帽，特别是在室内带电作业时，更要认真戴好安全帽，因为安全帽不但可以防碰撞，而且还能起到绝缘作用。

6）平时使用安全帽时应保持整洁，不能接触火源。

5. 电工安全带

（1）电工安全带的特点与用途

电工安全带是电工高空作业时防止坠落的安全用具，是电杆上作业的必备用品。安全带分为不带保险绳和带有保险绳两种。电工安全带主要由保险绳、腰带和腰绳组成，其结构如图 5-31 所示。安全带的腰带和保险带、绳应有足够的机械强度，材质应有耐磨性，卡环（钩）应具有保险装置。保险带、绳使用长度在 3m 以上的应加缓冲器。

（2）使用电工安全带前的外观检查

1）组件完整、无短缺、无伤残破损。

2）绳索、编带无脆裂、断股或扭结。

3）金属配件无裂纹、焊接无缺陷、无严重锈蚀。

4）挂钩的钩舌咬口平整不错位，保险装置完整可靠。

5）铆钉无明显偏位，表面平整。

（3）使用方法

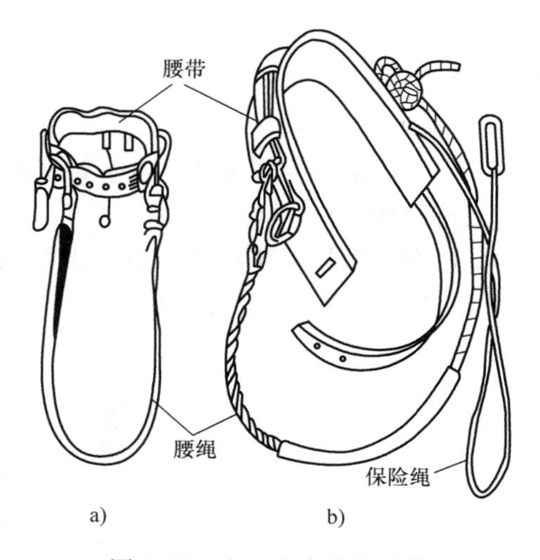

图 5-31　电工安全带的结构
a）无保险绳　b）有保险绳

电工安全带的保险绳的作用是用来防止万一失足而人体下落时不致坠地摔伤。使用时，一端要可靠地系在腰上，另一端用保险钩挂在牢固的横担或抱箍上。腰带用来系挂保险绳、腰绳和吊物绳，使用时应系结在臀部上，而不是系在腰间，否则操作时既不灵活又容易扭伤腰部。腰绳用来固定人体下部，以扩大上身活动幅度，使用时，应系结在电杆的横担或抱箍下方，以防止腰绳窜出电杆顶端，发生事故。

5.1.4　常用电动工具

电动工具是以电动机或电磁铁为原动力，通过传动机构驱动工作头的一种工具。由于电动工具结构轻巧，使用方便，工作效率比手工工具高出数十倍，能量利用率高，使用费用低，振动和噪声较小，便于携带，因此被广泛应用于各个领域。

1. 电钻

（1）电钻的特点与用途

电钻又称手枪钻、手电钻，是一种手提式电动钻孔工具，适用于在金属、塑料、木材等材料或构件上钻孔。通常，对于因受场地限制，加工件形状或部位不能用钻床等设备加工时，一般都用电钻来完成。电钻由钻夹头、减速箱、机壳、电动机、开关、手柄等组成，其结构如图 5-32 所示。

电钻工作原理是小容量电动机的转子运转，通过传动机构驱动作业装置，带动齿轮加大钻头的动力，从而使钻头刮削物体表面，更好地洞穿物体。

电钻按结构分为手枪式和手提式两大类；按供电电源分单相串励电钻、三相工频电钻和直流电钻三类。单相串励电钻有较大的起动转矩和软的机械特性，利用负载大小可改变转速的高低，实现无级调速。小电钻多采用交、直流两用的串励电动机，大电钻多采用三相工频电动机。

电钻的主要规格有 4mm、6mm、8mm、10mm、13mm、16mm、19mm、23mm、32mm、38mm、49mm 等，数字指在钢材上钻孔的钻头最大直径。

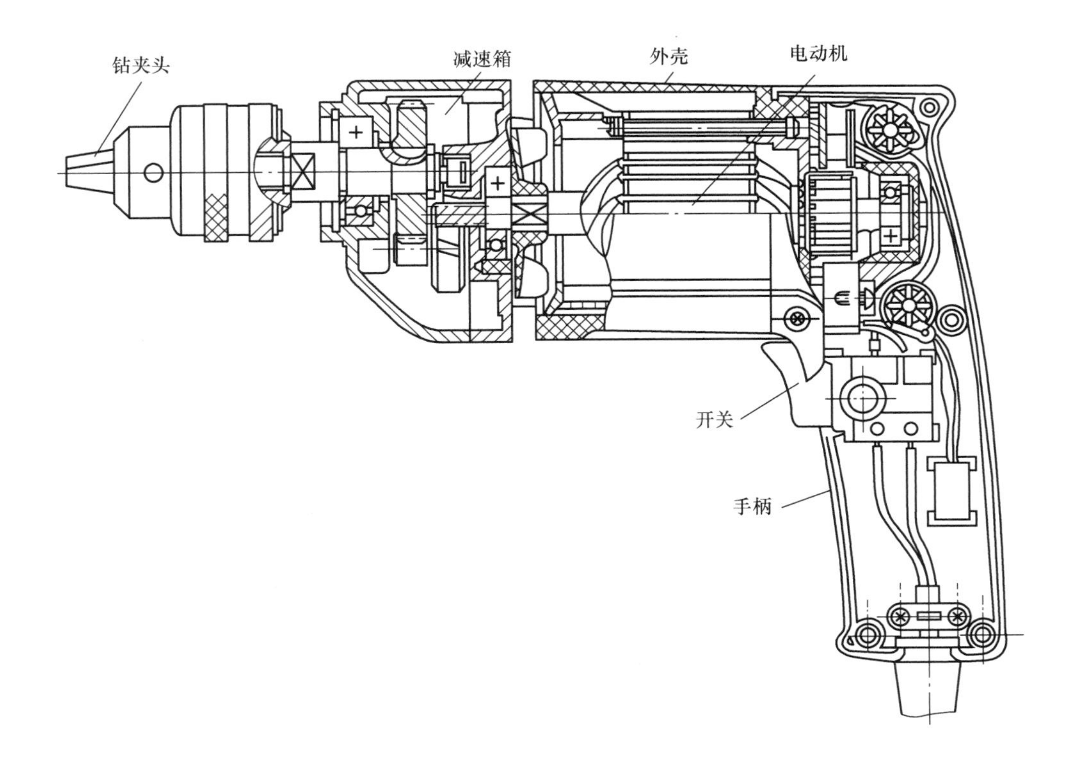

图 5-32　电钻的结构

（2）使用方法

1）应根据使用场所和环境条件选用电钻。对于不同的钻孔直径，应尽可能选择相应的电钻规格，以充分发挥电钻的性能及结构上的特点，达到良好的切削效率，以免过载而烧坏电动机。

2）与电源连接时，应注意电源电压与电钻的额定电压是否相符（一般电源电压不得超过或低于电钻额定电压的 10%），以免烧坏电动机。

3）使用前，应检查接地线是否良好。在使用电钻时，应戴绝缘手套、穿绝缘鞋或站在绝缘板上，以确保安全。

4）使用前，应空转 1min 左右，检查电钻的运转是否正常。三相电钻试运转时，还应观察钻轴的旋转方向是否正确，若转向不对，可将电钻的三相电源线任意对调两根，以改变转向。

5）在金属材料上钻孔应首先用在被钻位置处冲打上洋冲眼。

6）在钻较大孔眼时，预先用小钻头钻穿，然后再使用大钻头钻孔。

2. 电锤

(1) 电锤的特点与用途

电锤是一种具有旋转和冲击复合运动机构的电动工具，可用来在混凝土、砖石等脆性建筑材料或构件上钻孔、开槽和打毛等作业，功能比冲击电钻更多，冲击能力更强。

电锤由电动机、锤头、离合器、减速箱、曲柄连杆冲击机构、转钎机构、过载保护装置、电源开关及电源连接组件等组成，其结构如图5-33所示。

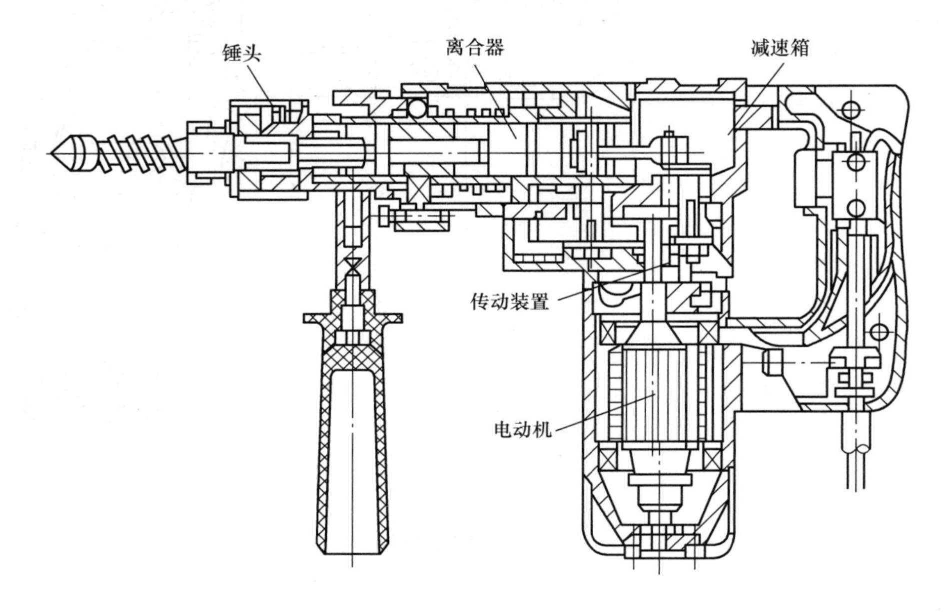

图5-33　电锤的结构

由于电锤的钻头在转动的同时还产生了沿着电钻杆的方向快速往复运动（频繁冲击），所以它可以在脆性大的水泥混凝土及石材等材料上快速打孔。高档电锤可以利用转换开关，使电锤的钻头处于不同的工作状态，即只转动不冲击，只冲击不转动，既冲击又转动。

电锤具有一个用于工作类型“冲击钻孔”及“凿钎”的工作类型转换开关，该工作类型转换开关具有一个可手动操作的转换旋钮及一个与转换旋钮连接的转换机构。

(2) 使用方法

1) 电锤应符合下列要求：外壳、手柄不出现裂缝、破损；电缆软线及插头等应完好无损，开关动作正常，保护接零连接正确、牢固可靠；各部防护罩齐全牢固，电气保护装置可靠。

2) 确认现场所接电源与电锤铭牌是否相符。是否接有漏电保护器。

3）钻头与夹持器应适配，并妥善安装。

4）确认电锤上的开关是否切断，若电源开关接通，则插头插入电源插座时电动工具将出其不意地立刻转动，从而可能导致人员伤害危险。

5）新电锤在使用前，应检查各部件是否紧固，转动部分是否灵活。如果都正常，可通电空转一下，观察其运转灵活程度，有无异常声响。

6）在使用电锤钻孔时，要选择无暗配电源线处，并应避开钢筋。对钻孔深度有要求的场所，可使用辅助手柄上的定位杆来控制钻孔深度；对上楼板钻孔时，应加装防尘罩。

7）工作时，应先将钻头顶在工作面上，然后再按下开关。在钻孔中若发现冲击停止时，应断开开关，并重新顶住电锤，然后再接通开关。

8）操作者要戴好防护眼镜，以保护眼睛，当面部朝上作业时，要戴上防护面罩。长期作业时要塞好耳塞，以减轻噪声的影响。

9）作业时应使用侧柄，双手操作，以免堵转时反作用力扭伤胳膊。

3. 电动扳手

（1）电动扳手的特点与用途

电动扳手就是以电源或电池为动力的扳手，是一种拧紧螺栓的工具。其主要分为冲击扳手、扭剪扳手、定扭矩扳手、转角扳手、角向扳手、液压扳手、扭力扳手、充电式电动扳手。电动扳手拆装扭力矩大、比手工更保险可靠。方便、美观、实用、便于随车携带，广泛用于钢结构桥梁、厂房、发电设备等设施的施工作业。

电动扳手和电动螺丝刀用于装卸螺纹连接件，它由电动机、电源开关、壳体、减速器和工作头等部分组成。冲击式电动扳手的基本结构如图 5-34 所示。

一般来说，对于高强螺栓的紧固都要先初紧再终紧，而且每步都需要有严格的扭矩要求。大六角高强螺栓的初紧和终紧都必须使用定扭矩扳手。故各种电动扳手就是为各种紧固需要而来的。

冲击式电动扳手主要是初紧螺栓的，它的使用很简单，就是对准螺栓扳动电源开关就行。电动扭剪扳手主要是终紧扭剪型高强螺栓的，它的使用就是对准螺栓扳动电源开关，直到把扭剪型高强螺栓的梅花头打断为止。电动定扭矩扳手既可初紧又可终紧，它的使用是先调节扭矩，再紧固螺栓。电动转角扳手也属于定扭矩扳手的一种，它的使用是先调节旋转度数，再紧固螺栓。电动角向扳手是一种专门紧固钢架夹角部位螺栓的扳手，它的使用和电动扭剪扳手原理一样。

（2）使用方法与注意事项

电动扳手和电动螺丝刀使用前的检查及使用中的注意事项基本上同电钻，但是还必须做到以下几点：

1）确认现场所接电源与电动扳手铭牌是否相符，是否接有漏电保护器。

2）在送电前确认电动扳手上的开关处于断开状态，否则插头插入电源插座时

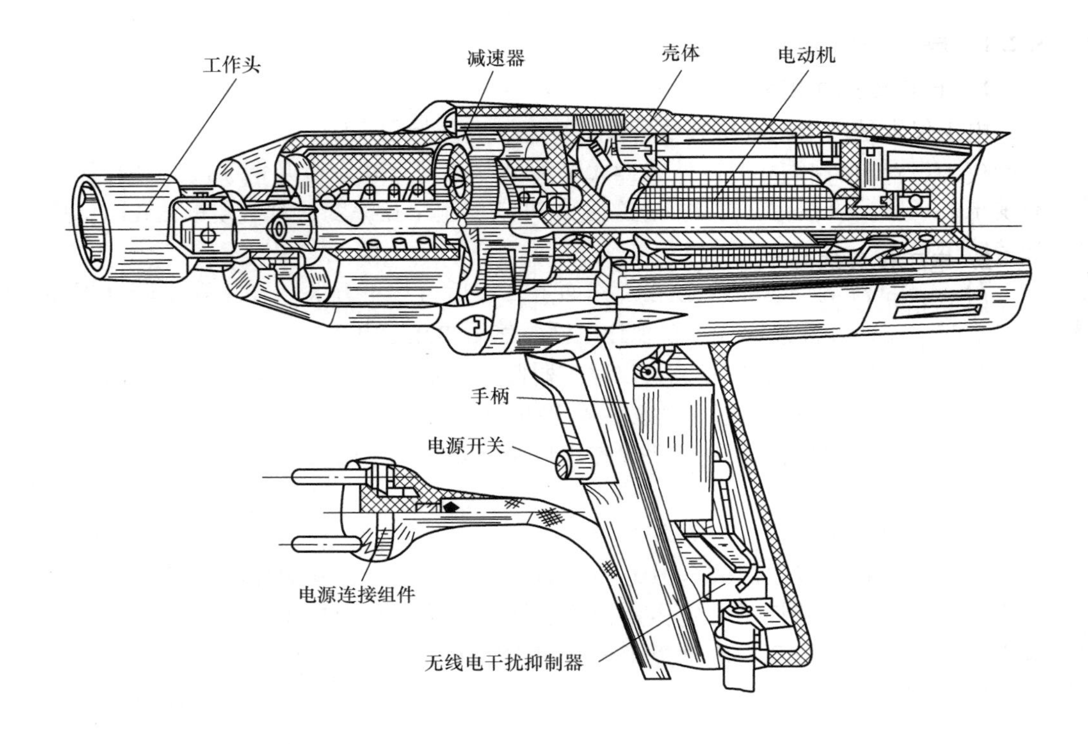

图 5-34　冲击式电动扳手的基本结构

电动扳手将出其不意地立刻转动，从而可能招致人员伤害危险。

3）严格遵守在持续率 25% 以下工作，持续率过高会损坏电动机。若需高持续率，则应更换大规格的扳手。

4）电动扳手使用的套筒应采用机动套筒，不应使用手动套筒，以避免由于强度不够造成套筒爆裂飞溅而引发事故。

5）合理地选择电动扳手的额定力矩，额定力矩必须满足螺纹件拧紧力矩的要求。选用的规格小，螺纹件达不到夹紧张力而不能紧固；选用的规格太大，则螺纹件因夹紧张力过大而破坏。

6）若进行拆卸螺栓，必须在电源切断后，方允许拨动正反转开关。

7）牙嵌离合器结构，在需调整输出扭矩值时，可更换或调整工作弹簧。

8）尽可能在使用时找好反向力矩支靠点，以防反作用力伤人。

9）站在梯子上工作或在高处作业应做好防坠落措施，梯子应有地面人员扶持。

5.2　电工仪表概述

5.2.1　电工仪表的用途与分类

1. 电工仪表的用途

电工仪表是用来测量电流、电压、电阻、电能、功率、相位角、频率等电气参数的仪表。常用的电工仪表有电流表、电压表、电能表、钳形表、绝缘电阻表、万用表等。

2. 电工仪表的分类

（1）指示仪表

在电工测量领域中，指示仪表品种最多，应用最为广泛，其分类方法如下：

1）按工作原理分类，有磁电系、电磁系、电动系、感应系、静电系仪表等类型。

2）按被测量分类，有电流表、电压表、电能表、功率表、绝缘电阻表等类型。

3）按使用方法分类，有便携式和安装式仪表。

4）按准确度等级分类，有0.1、0.2、0.5、1.0、1.5、2.5、5.0共7个准确度等级类型的仪表。

5）按使用条件分类，有A、B、C3组类型的仪表。

6）按仪表防御外界条件分类，有Ⅰ、Ⅱ、Ⅲ、Ⅳ这4种类型。

（2）比较仪表

比较仪表用于比较测量中，它包括各类交、直流电桥及直流电位差计等。比较法测量准确度高，但操作比较复杂。

（3）图示仪表

图示仪表主要用来显示两个相关量的变化关系，这类仪表显示直观、效果好，常用的有示波器。

（4）数字仪表

数字仪表是采用数字测量技术，将被测的模拟量转换成为数字量，直接读出，常用的有数字电压表、数字万用表等。

5.2.2　电工仪表的型号

1. 型号的基本构成

电工仪表的型号是按国家标准中有关电工仪表型号编制法编制的。通过电工仪表型号，可以了解仪表的用途及工作原理。

（1）固定安装式（开关板式）指示电工仪表

固定安装式（开关板式）指示电工仪表型号的含义如下：

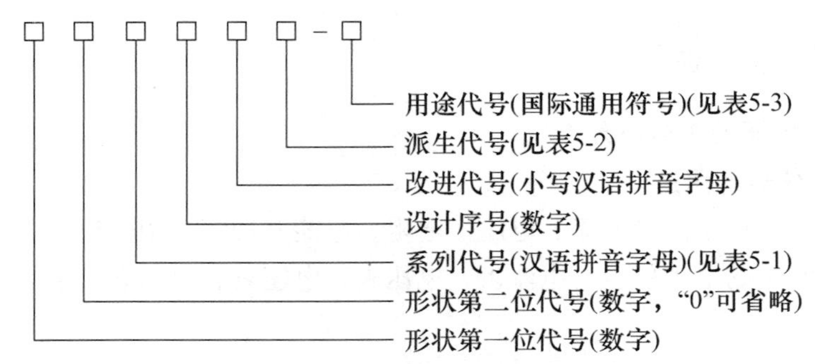

表 5-1 电工仪表的系列代号

名称	代号	名称	代号
磁电式	C	电磁式	T
电动式	D	光电式	U
热电式	E	电子式	Z
感应式	G	双金属式	S
整流式	L	热线式	R
静电式	Q	谐振式	B

表 5-2 电工仪表的派生代号

代号	T	TH	TA	G	H	F
意义	湿热干热两用	湿热带用	干热带用	高原用	船用	化工防腐用

表 5-3 电工仪表的用途代号

名称	符号	名称	符号
电流表	A、mA、μA、kA	电量表	Q
电压表	V、mV、μV、kV	多用表	V－A、V－A－Ω
有功功率表	W、kW、MW	频率表	Hz、MHz
无功功率表	var、kvar、Mvar	相位表	φ
欧姆表	Ω、mΩ、μΩ、kΩ、MΩ	功率因数表	$\cos\varphi$

（2）实验室用指示仪表的型号含义（无形状尺寸代号）

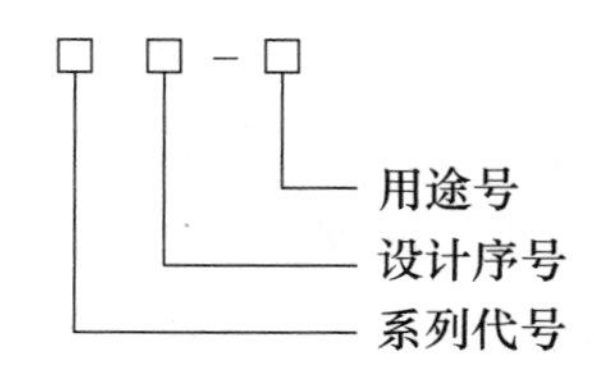

（3）便携式及其他仪表的型号的含义

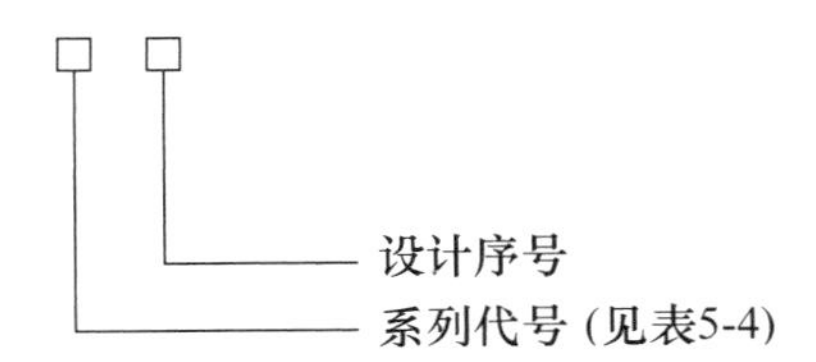

表 5-4　便携式及其他仪表系列代号

系列名称	代号	分类名称	代号
专用仪表	M	万用表 钳形电流表 成套仪表	MF MG MZ
电桥	Q	直流电桥 交流电桥 多用电桥	QJ QS QF
电阻表	Z	绝缘电阻表 接地电阻表	ZC ZC
电能表	D	单相交流电能表 三相交流电能表 三相四线交流电能表 直流电能表 无功电能表	DD DS DT DJ DX
数字式仪表	P	欧姆表 万用表 频率表	PC PF PP

2. 电工仪表型号示例

1）1C2－V 表示开关板式电表，磁电式（C）电压表（V），形状代号 1（“0”省略，实际为 10），即为Ⅲ型（方形）表，外形尺寸 160×160mm，设计序号 2。

2）44L2－A 表示开关板式电表，整流式（L）电流表（A），形状代号 44，即为Ⅱ型（矩形）表，外形尺寸 100×80mm，设计序号 2。

3）D26－W 表示实验室用电表，电动式（D）功率表（W），设计序号 26。

4）MF14 表示专用表（M），万（复）用表（F），设计序号 14。

5）QJ23 表示电桥（Q），直流（J），设计序号 23。

5.2.3　电工仪表的标志符号

1. 常用电工仪表及其测量项目（见表 5-5）

表 5-5 常用电工仪表及其测量项目

被测量种类	仪表名称	符号	适应设备名称
电流	电流表 毫安表	(A) (mA)	发电机、励磁机、电动机、变压器、线路
电压	电压表 千伏表 毫伏表	(V) (kV) (mV)	发电机、励磁机、变压器、母线
电功率（有功）	功率表 千瓦表	(W) (kW)	发电机、变压器、线路
电功率（无功）	无功功率表 千乏表	(WR) [kvar]	发电机、线路
电能量（有功）	电能表	[Wh]	发电机、变压器、线路
电能量（无功）	无功电能表	[WhR]	发电机、线路
相位	相位表、 功率因数表	(φ)	发电机、母线
频率	频率表	(Hz)	发电机、母线
电阻	欧姆表 绝缘电阻表	(Ω) (MΩ)	任何停电设备和线路

2. 电工仪表测量单位的符号（见表 5-6）

表 5-6　电工仪表测量单位的符号

仪表名称		文字符号	仪表名称		文字符号
电压表	毫伏表	mV	功率表	瓦特表	W
	伏特表	V		千瓦表	kW
	千伏表	kV		乏表	var
电流表	微安表	μA		千乏表	kvar
	毫安表	mA	安时表		Ah
	安培表	A	计量表	瓦时表	Wh
	千安表	kA		千瓦时表	kWh
检流计		G		乏时表	varh
欧姆表		Ω		千乏时表	kvarh
绝缘电阻表（兆欧表）		MΩ	功率因数表		$\cos\varphi$
频率表		Hz	温度表		T
相位表		φ	压力表		P
周期表		s	转速表		n

3. 常用电工仪表的面板符号（见表 5-7）

表 5-7　常用电工仪表的面板符号

1. 仪表工作原理的图形符号

名称	符号	名称	符号	名称	符号
磁电系仪表		感应系仪表		电动系比率表	
电动系仪表		磁电系比率表		整流系仪表	
电磁系仪表		铁磁电动系仪表		热电系仪表	
静电系仪表		动磁系仪表		电磁系比率表	

2. 工作位置的符号

名称	符号	名称	符号	名称	符号
标尺位置为垂直		标尺位置为水平		标尺位置与水平面倾斜成一个角度，例如：60°	60°

（续）

3. 绝缘强度的符号

名称	符号	名称	符号	名称	符号
不进行绝缘强度试验	0	绝缘强度试验电压为500V		绝缘强度试验电压为2kV	2

4. 按外界条件分组符号

名称	符号	名称	符号	名称	符号
Ⅰ级防外磁场及电场		Ⅲ级防外磁场及电场	Ⅲ Ⅲ	A组仪表工作环境温度0～40℃	A
				B组仪表工作环境温度－20～＋50℃	B
Ⅱ级防外磁场及电场	Ⅱ Ⅱ	Ⅳ级防外磁场及电场	Ⅳ Ⅳ	C组仪表工作环境温度－40～＋60℃	C

5. 准确度等级符号

名称	符号	名称	符号	名称	符号
以标尺量限百分数表示的准确度等级，例如1.5级	1.5	以标尺长度百分数表示的准确度等级，例如1.5级	1.5	以指示值百分数表示的准确度等级，例如1.5级	1.5

6. 电流种类符号

名称	符号	名称	符号
直流		三相交流	3～
交流	～	三相电表	3～
直流和交流		50Hz	～50

5.3 电流表与电流互感器的使用

5.3.1 常用电流表技术数据

1. 常用磁电系电流表的技术数据（见表5-8）

表 5-8　常用磁电系电流表的技术数据

型号	名称	量限	接入方法	准确度等级	外形尺寸/mm
44C1－A	直流电流表	50μA、100μA、150μA、200μA、300μA、500μA	直接接入	1.5	100×80×60
		1mA、2mA、3mA、5mA、10mA、20mA、30mA、50mA、75mA、100mA、150mA、200mA、300mA、500mA			
		1A、2A、3A、5A、7.5A、10A、15A、20A	经外附分流器		
		30A、50A、75A、100A、150A、200A、300A、500A、750A			
		1kA、1.5kA、2kA、3kA			
6C2－A	直流电流表	50μA、100μA、150μA、200μA、300μA、500μA	直接接入	1.5	80×80×85
		1mA、2mA、3mA、5mA、10mA、20mA、30mA、50mA、75mA、100mA、150mA、200mA、300mA、500mA			
		1A、2A、3A、5A、7.5A、10A、15A、20A、30A、50A			
		75A、100A、150A、200A、300A、500A、750A	外附分流器		
		1kA、1.5kA、2kA、3kA、4kA、5kA、6kA、7.5kA、10kA			

2. 常用电磁系电流表的技术数据（见表 5-9）

表 5-9　常用电磁系电流表的技术数据

型号	名称	测量范围	接入方法	准确度等级
1T1－A	交流电流表	0.5～1～3～5～7.5～10～15～20～30～50～75～100～150A	直接接入	2.5 1.5
		0.2～10kA	经电流互感器接入	
44T1－A 59T4－A	交流电流表	50mA、100mA、300mA、500mA 1A、2A、3A、5A、10A、20A、30A、50A	直接接入	2.5 1.5
		10A、20A、30A、50A、75A、100A、150A、200A、300A、600A、1000A、1500A	经电流互感器接入	

3. 常用电动系电流表的技术数据（见表 5-10）

表 5-10　常用电动系电流表的技术数据

型号	名称	测量范围	接入方法或用途	准确度等级
1D7－A	交流电流表	0.5～1～2～3～5～10～15～20～30～50A	直接接入	1.5
		5～10～15～20～30～50～75～100～150～200～300～400～600A～750A 1～1.5～2～3～4～5～6～7.5～10kA	经电流互感器接入	
D61－A D75－A	交直流两用电流表	0～2.5～5A	实验室用	0.2
D19－A	交直流两用电流表	0.5～20A	实验室用	0.5

4. 常用整流系电流表的技术数据（见表5-11）

表5-11 常用整流系电流表的技术数据

型号	名　称	量限	接入方法	准确度等级	外形尺寸/mm
44L1－A	交流电流表	0.5A、1A、2A、3A、5A、10A、20A	直接接入	1.5	100×80×60
		5A、10A、15A、20A、30A、50A、75A、100A、150A、250A、300A、450A、500A、600A	经电流互感器接入		
		1.5kA、2kA、3kA、4kA、5kA、6kA、7.5kA、10kA			
6L2－A	交流电流表	0.5A、1A、2A、3A、5A、10A、15A、20A、30A、50A	直接接入	1.5	80×80×85
		5A、10A、15A、20A、30A、50A、75A、100A、150A、200A、300A、400A、600A、750A	经电流互感器接入		
		1kA、1.5kA、2kA、3kA、5kA、6kA、7.5kA、10kA			

5. DP系列固定式直流数字电流表技术数据（见表5-12）

表5-12 DP系列固定式直流数字电流表技术数据

型　号	量程	分辨力	接入方式	准确度	最大允许输入
DP3(Ⅰ)－DA0.0002	200μA	100nA	直接输入	±0.5%满度±2个字	10mA
DP3(Ⅰ)－DA0.002	2mA	1μA			100mA
DP3(Ⅰ)－DA0.02	20mA	10μA			500mA
DP3(Ⅰ)－DA0.2	200mA	0.1mA			1A
DP3(Ⅰ)－DA2	2A	1mA			5A
DP3(Ⅰ)－DA20	20A	10mA	20A、75mV分流器		1.5倍满度值
DP3(Ⅰ)－DA30	30A	100mA	30A、75mV分流器	±1%满度±2个字	
DP3(Ⅰ)－DA50	50A	100mA	50A、75mV分流器		
DP3(Ⅰ)－DA100	100A	100mA	100A、75mV分流器	±0.5%满度±2个字	
DP3(Ⅰ)－DA150	150A	100mA	150A、75mV分流器		
DP3(Ⅰ)－DA200	200A	100mA	200A、75mV分流器		
DP3(Ⅰ)－DA300	300A	1A	300A、75mV分流器		
DP3(Ⅰ)－DA500	500A	1A	500A、75mV分流器		
DP3(Ⅰ)－DA1000	1000A	1A	1000A、75mV分流器		
DP3(Ⅰ)－DA1500	1500A	1A	1500A、75mV分流器		
DP3(Ⅰ)－DA2000	2000A	1A	2000A、75mV分流器		

6. DP 系列固定式交流数字电流表技术数据（见表 5-13）

表 5-13　DP 系列固定式交流数字电流表技术数据

型　号	量程	分辨力	接入方式	准确度	最大允许输入
DP3（I）－AA0.2	200mA	100μA	直接接入	±0.5%满度 ±2 个字	500mA
DP3（I）－AA2	2A	1mA			5A
DP3（I）－AA20	20A	10mA	经 20/5 电流互感器		1.2 倍满度值
DP3（I）－AA50	50A	100mA	经 50/5 电流互感器		
DP3（I）－AA100	100A		经 100/5 电流互感器		
DP3（I）－AA150	150A		经 150/5 电流互感器		
DP3（I）－AA200	200A		经 200/5 电流互感器		
DP3（I）－AA500	500A	1A	经 500/5 电流互感器	±1%满度 ±2 个字	
DP3（I）－AA1000	1000A		经 1000/5 电流互感器	±0.5%满度 ±2 个字	
DP3（I）－AA1500	1500A		经 1500/5 电流互感器		
DP3（I）－AA2000	2000A		经 2000/5 电流互感器		

5.3.2　电流表的选用

电流表的选择与使用方法如下：

1）类型的选择。当被测量是直流时，应选直流电流表，即磁电系测量机构的仪表。当被测量是交流时，应注意其波形与频率。若为正弦波，只需测出有效值即可换算为其他值（如最大值、平均值等），采用任意一种交流表即可。若为非正弦波，则应区分需测量的是什么值，有效值可选用电磁系或铁磁电动系测量机构的仪表；平均值则选用整流系测量机构的仪表。而电动系测量机构的仪表，常用于交流电流和电压的精密测量。

2）准确度的选择。因仪表的准确度越高，价格越贵，维修也较困难；而且，若其他条件配合不当，再高准确度等级的仪表，也未必能得到准确的测量结果。因此，**在选用准确度较低的仪表可满足测量要求的情况下，就不要选用高准确度的仪表**。通常 **0.1 和 0.2 级仪表作为标准表选用；0.5 和 1.0 级仪表作为实验室测量使用；1.5 级以下的仪表一般作为工程测量选用**。

3）量程的选择。要充分发挥仪表准确度的作用，还必须根据被测量的大小，合理选用仪表量限，如选择不当，其测量误差将会很大。**一般应使仪表对被测量的指示大于仪表最大量程的 1/2 ~ 2/3 以上，而不能超过其最大量程**。

4）内阻的选择。选择仪表还应根据被测阻抗的大小来选择仪表的内阻，否则会给测量结果带来较大的测量误差。因内阻的大小反映仪表本身功率的消耗。所以，在测量电流时，应选用内阻尽可能小的电流表。

5）正确接线。测量电流时，电流表应与被测电路串联。**测量直流电流时，必须注意仪表的极性，应使仪表的极性与被测量的极性一致**。

6）大交流电流的测量。**测量大电流时，必须采用电流互感器**。电流表的量程应与互感器二次的额定值相符。一般电流为5A。

7）直流电流量程的扩大。**当电路中的被测量超过仪表的量程时，可采用外附分流器**，但应注意其准确度等级应与仪表的准确度等级相符。

另外，还应注意仪表的使用环境要符合要求，要远离外磁场，使用前应使指针处于零位，读数时应使视线与标度尺平面垂直等。

5.3.3 电流的测量

1. 直流电流的测量

1）小电流的测量。测量直流小电流，采用直接接入法，如图5-35a所示。

2）大电流的测量。测量直流大电流，一般采用外附分流器接法，如图5-35b所示。**如果没有合适的分流器，可以选用电阻器**。

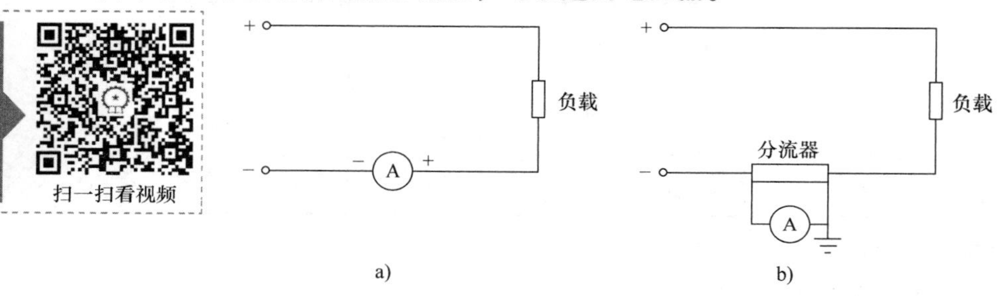

图5-35 直流电流的测量
a）电流表直接接入法 b）带有分流器的电流表接入法

2. 交流电流的测量

1）低电压小电流的测量。低电压小电流的测量通常采用直接接入法，如图5-36a所示。

2）高电压或低电压大电流的测量。高电压或低电压大电流的测量则需要使用电流互感器TA，采用互感器测量单相电流，如图5-36b所示；采用三只电流表测量三相电流，如图5-37a～图5-37c所示。用一只电流表测量多相电流还需接入电流换相开关SA，如图5-37d和图5-37e所示。

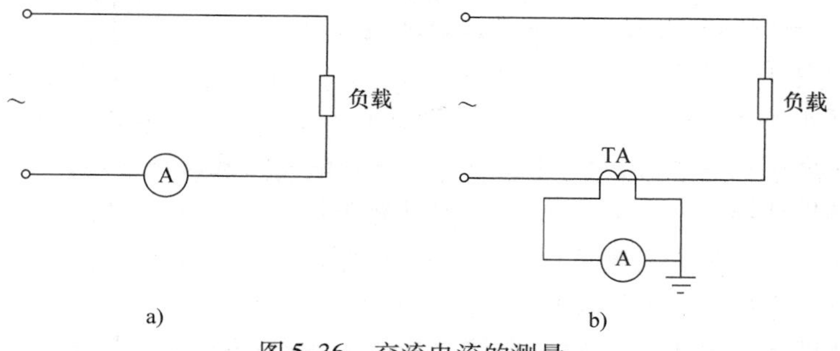

图5-36 交流电流的测量
a）电流表直接接入法 b）带有电流互感器的电流表接入法

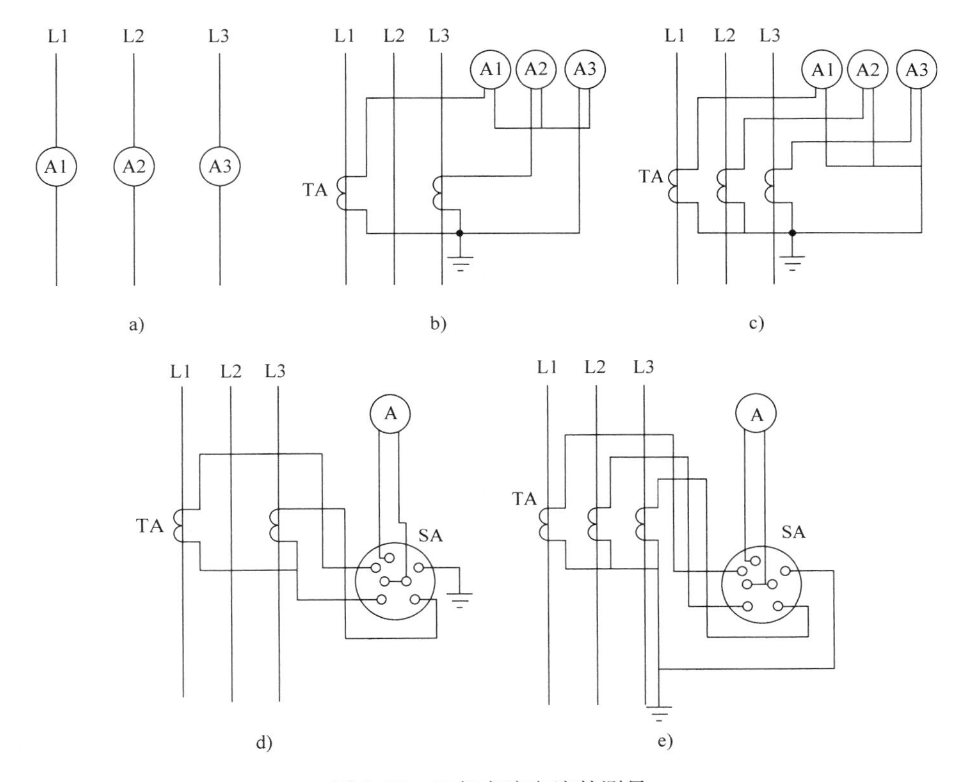

图5-37　三相交流电流的测量

a）直接接入法　b）两互感器三表测量三相电流　c）三互感器三表测量三相电流

d）两互感器一表一转换开关测量三相电流　e）三互感器一表一转换开关测量三相电流

TA—电流互感器　SA—电流换相开关

5.3.4　分流器与电流互感器的使用

1. 分流器

当被测电流较小时，分流器装在仪表的内部，称为内附分流器。当被测电流很大时（如50A以上），由于分流电阻发热很厉害，将影响测量机构的正常工作，而且分流电阻的体积也很大，所以一般将分流电阻做成单独的装置，使用时接在仪表的外面，称为外附分流器。

外附分流器及其接线如图5-38所示。外附分流器上有两对接线端钮，粗的一对称为电流端钮，测量时串接在被测电路中；细的一对称为电位端钮，测量时与表头连接。这种连接方式可以使分流电阻中不包含接触电阻，从而减小了测量误差。外附分流器上一般不标电阻值，而标“额定电流”和“额定电压”。额定电流是指电流表量程扩大后的最大电流值；额定电压是指当分流器工作在额定电流下，分流器电位端钮两端的电压值（即表头的电压量限）。国家标准规定，外附分流器的额定电压为30mV、45mV、75mV、100mV、150mV和300mV。表头与外附分流器连接后，其量程就等于外附分流器的额定电流。例如，某磁电系电流表，标明需配“150A，75mV”的分流器，它的标度尺按满量程150A标度。常用分流器的技术数据见表5-14。

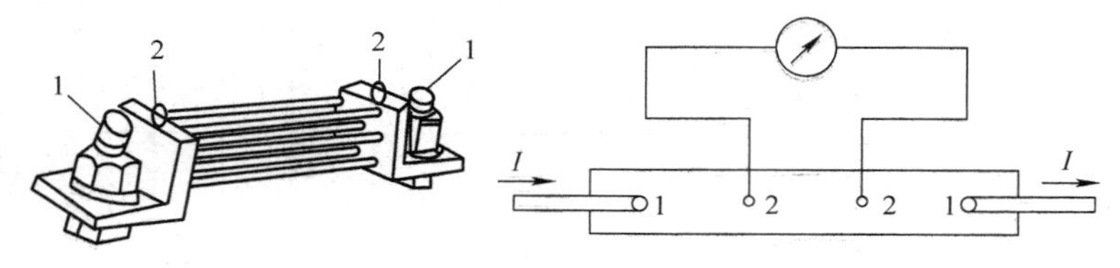

图5-38 外附分流器及其接线

1—电流端钮 2—电位端钮

表5-14 常用分流器技术数据

序号	型号	准确度等级	输出电压降/mV	量限范围/A
1	FL-2（固定式）	0.5（2~4000A） 1.0（5000~10000A）	45 75	2，3，5，10，15，20，30，50，75，100，150，200，300，500，750，1000，1500，2000，3000，4000，5000，6000，7500，10000
2	FL-27（固定式）	0.2	45、75	50，75，100，150，200，300，500，750，1000，1500，2000，3000，4000
3	FL-13	0.5	75	7.5，10，15，20，30，50
4	FL-29	0.5（75~750A） 1.0（1000~6000A）	75	75，100，150，200，250，300，400，500，600，750，1000，1500，2000，2500，3000，4000，5000，6000

2. 电流互感器

（1）电流互感器的用途

电流互感器是将高压系统中的电流或低压系统中的大电流，变成标准的小电流（5A或1A）的电器。它与测量仪表相配合时，可测量电力系统的电流；与继电器配合时，则可对电力系统进行保护。同时，它能使测量仪表和继电保护装置标准化，并与高电压隔离。

电流互感器的原理接线如图5-39所示。它的一次绕组应串联在电力线路中，二次绕组接测量仪表、继电保护装置及指示电路等。

（2）电流互感器的接线

电流互感器的图形符号和接线如图5-40所示。电流互感器一次绕组的匝数远比二次绕组的匝数少（故一次绕组的符号为一直线）。电流互感器一次绕组的头尾

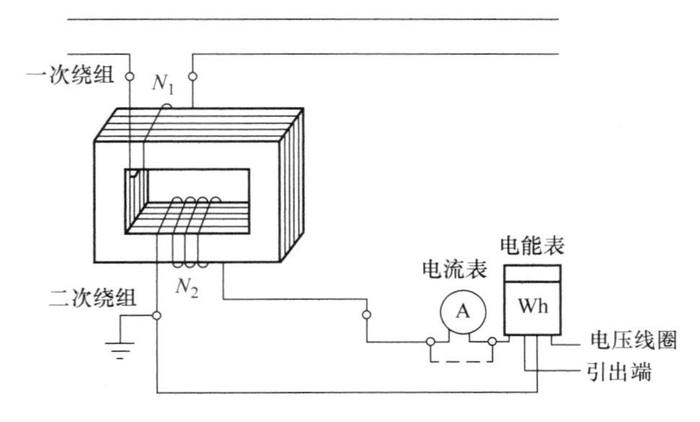

图 5-39　电流互感器的原理接线图

出线端分别用 L1 和 L2（或 P1 和 P2）标志；二次绕组的头尾出线端分别用 K1 和 K2（或 S1 和 S2）标志。L1 和 K1（或 P1 和 S1）为同极性端（同名端）；L2 和 K2（或 P2 和 S2）为同极性端（同名端）。其一次绕组 L1—L2 与被测电路串联，电流表侧串联接入二次绕组 K1—K2 回路中。由于接入二次线圈回路的电流表、功率表和电能表的电流线圈的阻抗都很小，所以工作中的电流互感器接近于短路状态。

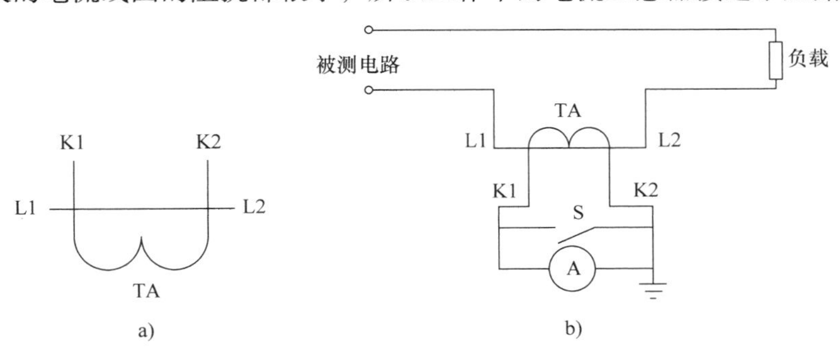

图 5-40　电流互感器图形符号与接线图
a）图形符号　b）接线图

电流互感器一次侧额定电流 I_{1N}与二次侧额定电流 I_{2N}之比称为电流互感器的额定电流比，用 K_{IN}表示，即

$$K_{IN}=\frac{I_{1N}}{I_{2N}}$$

额定变流比一般不以其比值表示，而是写成比式，例如 150/5A 等。额定电流比常标在电流互感器的铭牌上。若接在二次侧的电流表读数为 I_2，则可知一次侧电流为

$$I_1=K_{IN}I_2$$

在实际测量中，为了简化计算，对与电流互感器配合使用的电流表，常按一次侧电流进行显示。例如，按 5A 设计制造，但与额定电流比为 800/5 的电流互感器

配合使用的电流表，其标度尺按 800A 分度，这样便可直接读数。

（3）电流互感器的选择

1）额定电压的选择。选择的电流互感器一次回路允许最高工作电压 U_{max} 应大于或等于该回路的最高运行电压。也就是说，应该根据被测线路电压高低选择互感器的额定电压等级。

2）一次额定电流的选择。当电流互感器用于测量、计量时，其一次额定电流应尽量选择得比回路中正常工作电流大 1/3 左右，以保证测量仪表的最佳工作，并在过负荷时，使仪表有适当的指示。

选定电流互感器一次和二次额定电流之后，电流比就基本确定了。

3）电流互感器的二次额定电流的选择。电流互感器的二次额定电流有 5A 和 1A 两种，强电系统一般选 5A，弱电系统一般用 1A。

当使用直读式电流表时（安装式电流表一般为直读式）所选用的电流互感器应与电流表配套。例如，电流表规定用 100/5 的互感器（在表盘上标出），则应选用一次电流为 100A，二次电流为 5A 的互感器与之配套使用。此时电流表显示的读数即是被测量的实际数值。

4）电流互感器额定容量（额定二次负荷）的选择。电流互感器的额定容量（S_N）可按下式计算，即

$$S_N = I_N^2 Z_N$$

因为电流互感器的二次电流（I_{2N}）已标准化为 5A、1A，所以二次负荷主要决定于外接阻抗 Z_N，外接阻抗 Z_N 可按下式测量计算，即

$$Z_N = r_1 + r_2 + r_3 + r_4$$

式中 r_1——测量仪表电流线圈电阻（Ω）；

r_2——继电器电流线圈电阻（Ω）；

r_3——连接导线电阻（Ω）；

r_4——接触电阻，通常取 0.5Ω。

电流互感器额定二次负荷标准值为 5VA、10VA、15VA、20VA、25VA、30VA、40VA、50VA、60VA、80VA、100VA。当额定电流为 5A 时，相对应的额定负荷阻抗值为 0.2Ω、0.4Ω、0.6Ω、0.8Ω、1.0Ω、1.2Ω、1.6Ω、2.0Ω、2.4Ω、3.2Ω、4.0Ω。

仪表用的普通型电流互感器的额定容量推荐值为 2.5VA、5VA、10VA、15VA、30VA 五种。普通保护用电流互感器的标准额定伏安值为 2.5VA、5VA、10VA、15VA、30VA 共五种。30VA 已经可以满足一般保护装置的要求。

5）准确度等级的选择。**0.2 级一般用于精密测量**。工程中电流互感器准确度等级的选用，应根据负载性质来确定，如**电能计量一般选用 0.5 级；盘式指示仪表选用 1 级；继电保护选用 3 级；非精密测量及继电器选用 10 级**。

6）电流互感器二次绕组的数量选择。

电流互感器二次绕组的数量决定于测量仪表、保护装置和自动化装置的要求。一般情况下，测量仪表与保护装置宜分别接于不同的二次绕组，避免互相影响。

（4）电流互感器使用注意事项

使用电流互感器时必须注意以下几点：

1）使用电流互感器时，其二次侧不允许开路。如果二次侧开路，一方面将使铁损耗剧增，导致铁心发热，甚至烧毁绕组；另一方面，电流互感器的二次侧会感应出高电压，会导致绕组绝缘击穿，从而危及工作人员以及其他设备的安全。因此，电流互感器在运行时，若需在二次侧拆装仪表，必须先将二次侧短路才能拆装。而且，在电流互感器的二次侧不允许装设熔断器。

2）为安全起见，电流互感器的二次绕组必须可靠接地，以防止绝缘击穿后，电力系统的高电压危及二次侧工作人员和设备的安全。

5.4 电压表和电压互感器的使用

5.4.1 常用电压表技术数据

1. 常用磁电系电压表的技术数据（见表 5-15）

表 5-15 常用磁电系电压表的技术数据

型号	名 称	量限	接入方法	准确度等级	外形尺寸/mm
44C1 - V	直流电压表	1.5V、3V、5V、7.5V、10V、15V、20V、30V、50V、75V、100V、150V、200V、250V、300V、450V、500V、600V	直接接入	1.5	100×80×60
		0.75kV、1kV、1.5kV、2kV、3kV、5kV	外附附加电阻		
6C2 - V	直流电压表	1V、3V、5V、7.5V、10V、15V、20V、30V、50V、75V、100V、200V、250V、300V、450V、500V、600V	直接接入	1.5	80×80×85
		0.75kV、1kV、1.5kV	外附附加电阻		

2. 常用电磁系电压表的技术数据（见表 5-16）

表 5-16 常用电磁系电压表的技术数据

型号	名 称	测量范围	接入方法	准确度等级
1T1 - V	交流电压表	15～30～60～75～100～150～250～300～450～500V	直接接入	2.5 1.5
		0.6～460kV	经电压互感器接入	
44T1 - V 59T4 - V	交流电压表	30V、50V、100V、150V、250V、300V、450V	直接接入	2.5 1.5

3. 常用电动系电压表的技术数据（见表5-17）

表5-17 常用电动系电压表的技术数据

<table>
<tr><th>型号</th><th>名　称</th><th>测量范围</th><th>接入方法和用途</th><th>准确度等级</th></tr>
<tr><td rowspan="2">1D7 - V</td><td rowspan="2">交流电压表</td><td>15 ~ 30 ~ 50 ~ 75 ~ 150 ~ 250 ~ 300 ~ 450 ~ 600V</td><td>直接接入</td><td rowspan="2">1.5</td></tr>
<tr><td>3.6 ~ 7.2 ~ 12 ~ 18 ~ 42 ~ 150 ~ 300 ~ 460kV</td><td>经电压互感器接入</td></tr>
<tr><td>D19 - V</td><td>交直流两用电压表</td><td>75 ~ 600V</td><td>实验室用</td><td>0.5</td></tr>
</table>

4. 常用整流系电压表的技术数据（见表5-18）

表5-18 常用整流系电压表的技术数据

<table>
<tr><th>型号</th><th>名　称</th><th>量限</th><th>接入方法</th><th>准确度等级</th><th>外形尺寸/mm</th></tr>
<tr><td rowspan="2">44L1 - V</td><td rowspan="2">交流电压表</td><td>3V、5V、7.5V、10V、15V、20V、50V、75V、100V、150V、250V、300V、450V、500V、600V</td><td>直接接入</td><td rowspan="2">1.5</td><td rowspan="2">100 × 80 × 60</td></tr>
<tr><td>1kV、3kV、6kV、10kV、15kV、35kV、60kV、100kV、220kV、380kV</td><td>经电压互感器接入</td></tr>
<tr><td rowspan="2">6L2 - A</td><td rowspan="2">交流电压表</td><td>3V、5V、7.5V、10V、15V、20V、30V、50V、60V、75V、100V、120V、150V、200V、250V、300V、500V、600V</td><td>直接接入</td><td rowspan="2">1.5</td><td rowspan="2">80 × 80 × 85</td></tr>
<tr><td>1kV、3kV、6kV、10kV、15kV、35kV、220kV、380kV</td><td>经电压互感器接入</td></tr>
</table>

5. DP系列固定式直流数字电压表技术数据（见表5-19）

表5-19 DP系列固定式直流数字电压表技术数据

<table>
<tr><th>型号</th><th>量程</th><th>分辨力</th><th>输入阻抗/MΩ</th><th>准确度</th><th>最大允许输入/V</th></tr>
<tr><td>DP3(I) - DV0.2</td><td>200mV</td><td>0.1mV</td><td rowspan="5">5</td><td rowspan="4">±0.5%满度 +2个字</td><td>10</td></tr>
<tr><td>DP3(I) - DV2</td><td>2V</td><td>1mV</td><td>100</td></tr>
<tr><td>DP3(I) - DV20</td><td>20V</td><td>10mV</td><td>500</td></tr>
<tr><td>DP3(I) - DV200</td><td>200V</td><td>100mV</td><td>750</td></tr>
<tr><td>DP3(I) - DV500</td><td>500V</td><td>1V</td><td>±1%满度 +2个字</td><td>800</td></tr>
</table>

6. DP系列固定式交流数字电压表技术数据（见表5-20）

表 5-20　DP 系列固定式交流数字电压表技术数据

<table>
<tr><th>型号</th><th>量程</th><th>分辨力</th><th>输入方式</th><th>准确度</th><th>最大允许输入/V</th></tr>
<tr><td>DP3(I) - AV0.2</td><td>200mV</td><td>100μV</td><td rowspan="5">直接接入</td><td rowspan="5">±0.5%满度±2 个字</td><td>5(峰值)</td></tr>
<tr><td>DP3(I) - AV2</td><td>2V</td><td>1mV</td><td>10(峰值)</td></tr>
<tr><td>DP3(I) - AV20</td><td>20V</td><td>10mV</td><td>50(峰值)</td></tr>
<tr><td>DP3(I) - AV200</td><td>200V</td><td>100mV</td><td>500(峰值)</td></tr>
<tr><td>DP3(I) - AV600</td><td>600V</td><td>1V</td><td>1000(峰值)</td></tr>
<tr><td>DP3(I) - AV3k</td><td>3kV</td><td>10V</td><td>经电压互感器
3kV/100V</td><td rowspan="2">±1%满度±2 个字</td><td>—</td></tr>
<tr><td>DP3(I) - AV10k</td><td>10kV</td><td>10V</td><td>经电压互感器
10kV/100V</td><td>—</td></tr>
</table>

5.4.2　电压表的选用

因为电压表和电流表的测量机构基本相同。所以，电压表类型、准确度和量程的选择可以参考电流表的选择方法。但是应当注意电压表与电流表在测量线路中的连接有所不同。

1）内阻的选择。选择仪表还应根据被测阻抗的大小来选择仪表的内阻，否则会给测量结果带来较大的测量误差。因内阻的大小反映仪表本身功率的消耗。所以，**测量电压时，应选用内阻尽可能大的电压表。**

2）正确接线。测量电压时，电压表应与被测电路并联。**测量直流电压时，必须注意仪表的极性，应使仪表的极性与被测量的极性一致。**

3）高电压的测量。测量高电压时，必须采用电压互感器。**电压表的量程应与互感器二次的额定值相符。一般电压为 100V。**

4）直流电压量程的扩大。当电路中的被测量超过仪表的量程时，可采用分压器，但应注意其准确度等级应与仪表的准确度等级相符。

另外，还应注意仪表的使用环境要符合要求，要远离外磁场，使用前应使指针处于零位，读数时应使视线与标度尺平面垂直等。

5.4.3　电压的测量

1. 直流电压的测量

1）低电压的测量。直流低电压采用直接接入法测量，如图 5-41a 所示。

2）高电压的测量。直流高电压采用附加电阻的接入法测量，如图 5-41b 所示。定值附加电阻是提供磁电系直流电压表扩大测量范围时配套使用的外附装置。

2. 交流电压的测量

1）低电压的测量。交流低电压采用直接接入法测量，如图 5-42a 所示。

2）高电压的测量。交流高电压需接入电压互感器 TV，如图 5-42b 所示。

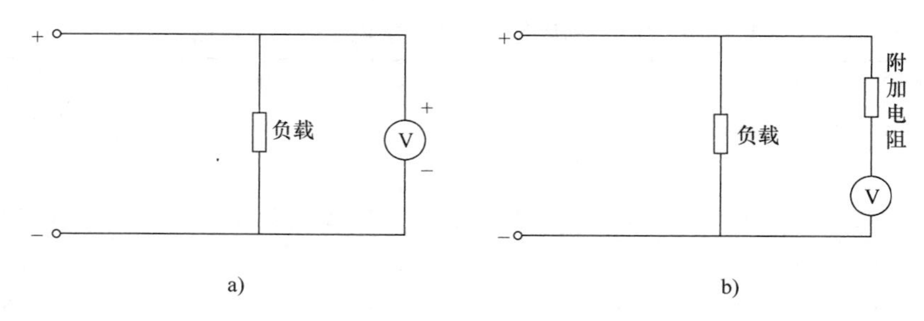

图 5-41　直流电压的测量

a）电压表直接接入法　b）带有附加电阻的电压表接入法

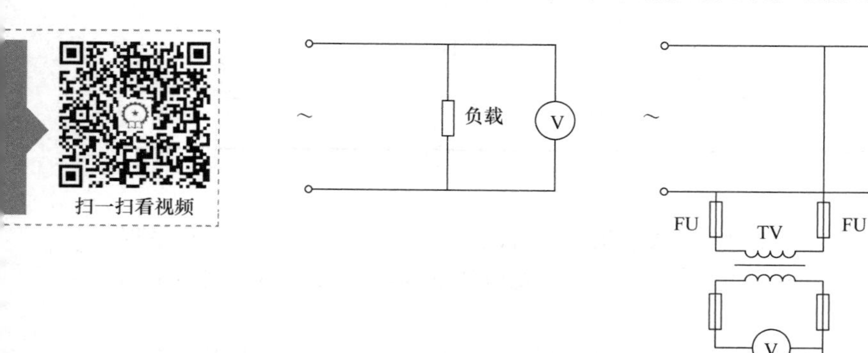

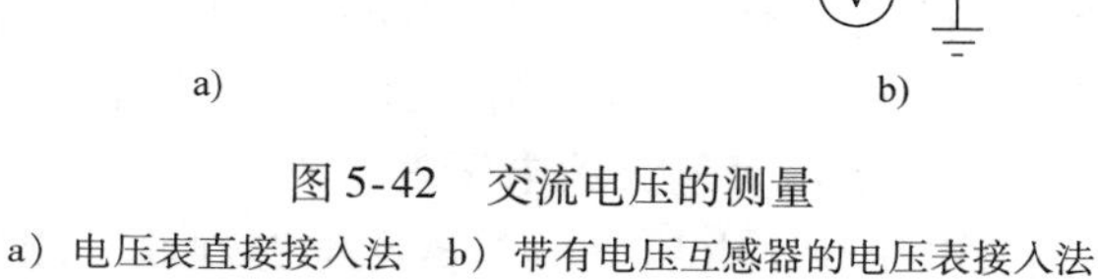

图 5-42　交流电压的测量

a）电压表直接接入法　b）带有电压互感器的电压表接入法

5.4.4　分压器与电压互感器的使用

1. 分压器

测量高电压除上述采用附加电阻或电压互感器外，还有以下几种方法。

（1）电阻分压器法

采用电阻分压器扩大仪表量限的测量电路，如图 5-43 所示。该测量电路可用于测量交流和直流高电压。**为了减小误差，要求电压表的内阻 $R_V \gg R_2$。**

被测电压 U_1 为

$$U_1 = \frac{R_1 + R_2}{R_2} U_2$$

式中　R_1 和 R_2——分压电阻；

U_2——由电压表测得。

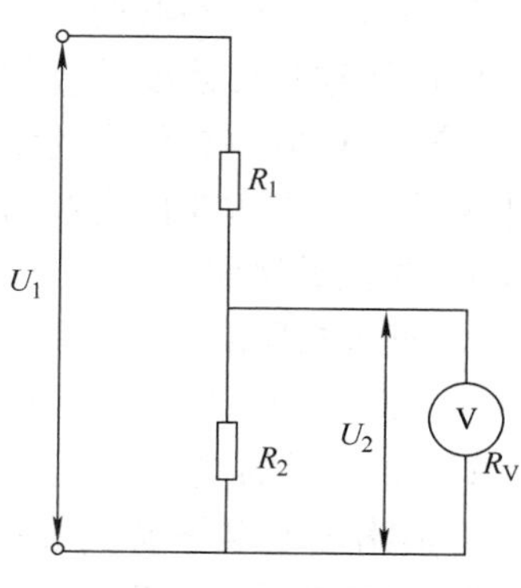

图 5-43　用电阻分压器扩大仪表量限的测量电路

（2）电容分压器法

采用电容分压器扩大仪表量限的测量电路，如图 5-44 所示。该测量电路主要用于扩大静电系电压表的量限，在测量交流高电压时，要求静电系电压表的内阻抗 $Z_V >> Z_2$。

被测电压 U_1 为

$$U_1 = \frac{Z_1 + Z_2}{Z_2} U_2$$

式中　Z_1 和 Z_2——分压阻抗；

U_2——由电压表测得。

$$Z_1 = \frac{1}{2\pi f C_1}; \qquad Z_2 = \frac{1}{2\pi f C_2}$$

式中　C_1 和 C_2——分压电容；

f——被测电压的频率。

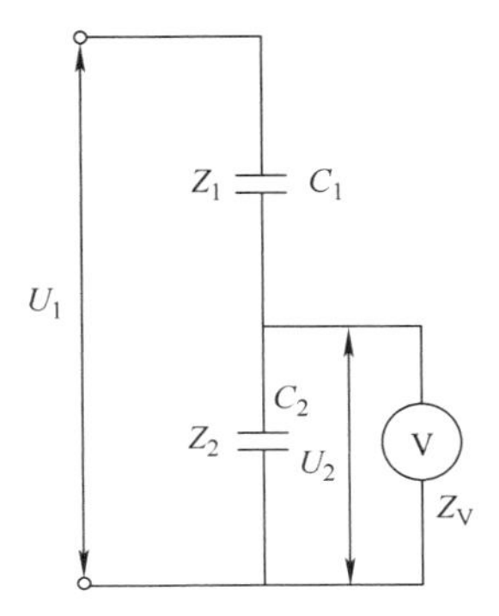

图 5-44　用电容分压器扩大仪表量限的测量电路

Z_1、Z_2—分压阻抗

Z_V—静电系电压表的内阻抗

2. 电压互感器

（1）电压互感器的用途

电压互感器是将电力系统的高电压变成标准的低电压[通常为 100V 或$(100/\sqrt{3})$V]的电器。**它与测量仪表配合时，可测量电力系统的电压；与继电保护装置配合时，则可对电力系统进行保护**。同时，它能使测量仪表和继电保护装置标准化，并与高压电隔离。

电压互感器的原理接线如图 5-45 所示。它的一次绕组应与被测线路并联，一次绕组的额定电压应与被测线路的电压一致。二次绕组与测量仪表、继电保护装置和指示电路等并联。

（2）电压互感器的接线

电压互感器的图形符号和接线如图 5-46 所示。电压互感器的一次绕组端钮 A—X 与被测电路并联，二次绕组端钮 a—x 接电压表。A 和 a 为同极性端（同名端）；X 和 x 为同极性端（同名端）。由于电压表阻抗较高，电压互感器在正常工作时近似于一个开路运行的变压器。

电压互感器一次绕组实际电压 U_1 与二次绕组实际电压 U_2 之比称为电压互感器的实际电压比，用 K_U 表示，即

$$K_U = \frac{U_1}{U_2}$$

电压互感器一次绕组额定电压 U_{1N} 与二次绕组额定电压 U_{2N} 之比称为电压互感器的额定电压比，简称电压比，用 K_{UN} 表示，即

$$K_{UN} = \frac{U_{1N}}{U_{2N}}$$

对与电压互感器配合使用的电压表同样可按一次侧电压标度。例如，按100V设计制造，但与额定电压比为10000/100的电压互感器配合使用的电压表，其标度尺按10000V分度。

电压互感器的常用接线方式及适用范围见表5-21。

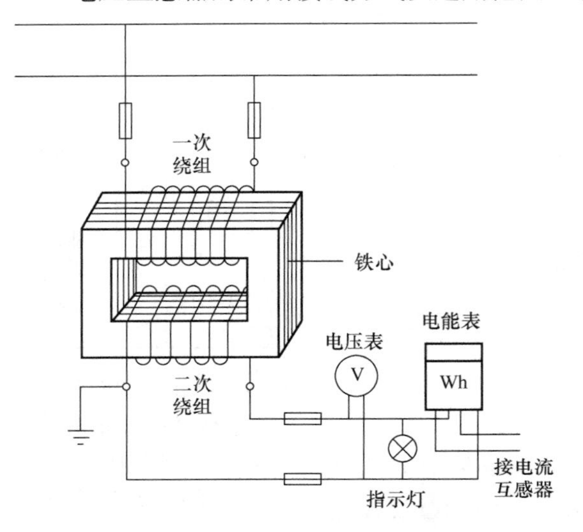

图5-45　电压互感器原理接线图

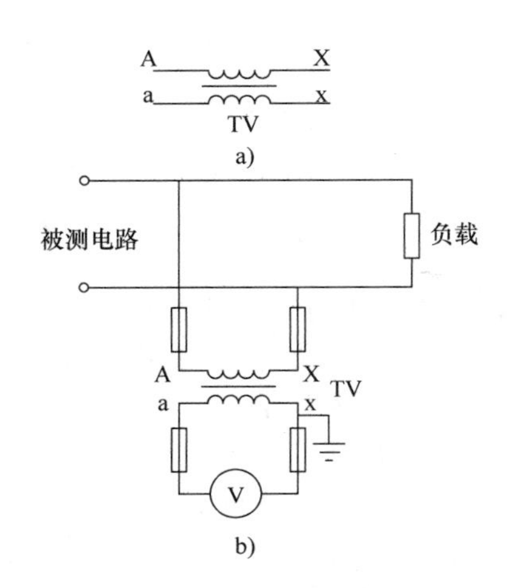

图5-46　电压互感器图形符号与接线图
a）图形符号　b）接线图

表5-21　电压互感器的常用接线方式及适用范围

序号	类别	接线圈	适用范围
1	一个单相电压互感器	L1 TV FU V L2	适用于电压对称的三相线路，供仪表、继电器接于一个线电压
2	两个单相电压互感器接成VV形	L1 TV FU V Wh L2 L3	适用于三相三线制线路，供仪表、继电器接于各个线电压，广泛用于高压系统中作为电压、电能测量

（续）

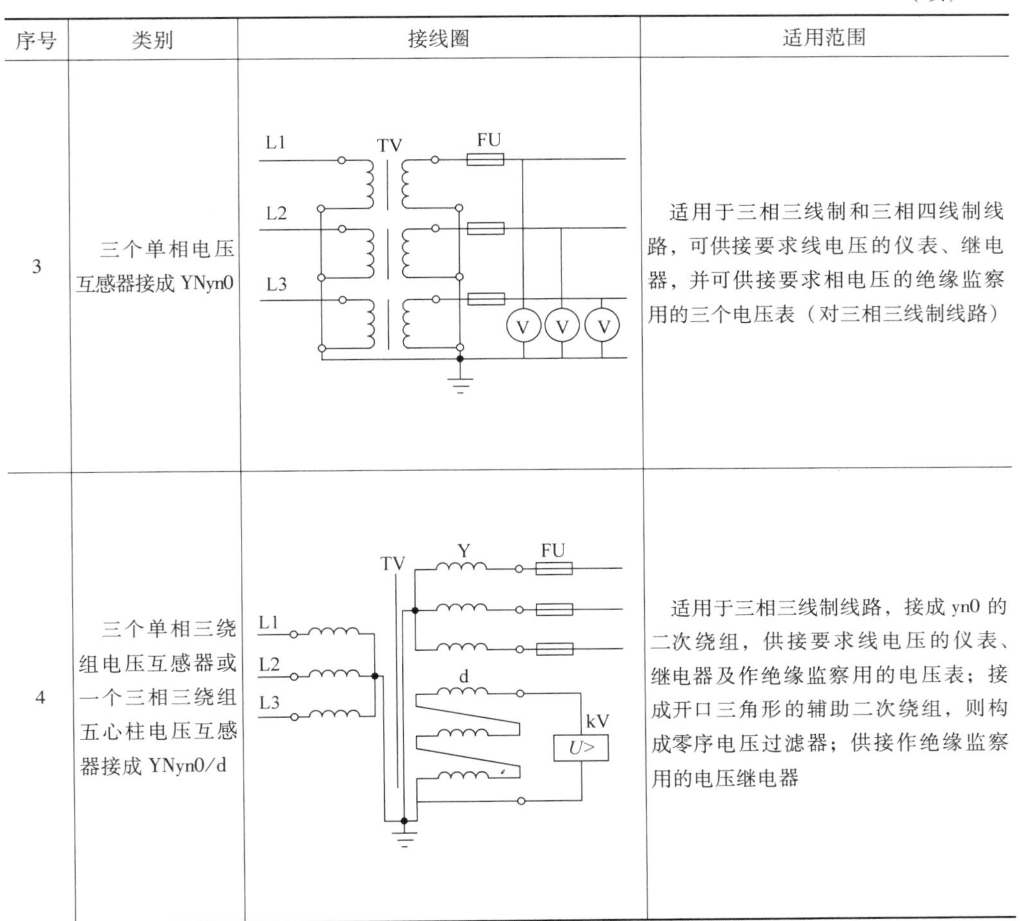

序号	类别	接线圈	适用范围
3	三个单相电压互感器接成 YNyn0		适用于三相三线制和三相四线制线路，可供接要求线电压的仪表、继电器，并可供接要求相电压的绝缘监察用的三个电压表（对三相三线制线路）
4	三个单相三绕组电压互感器或一个三相三绕组五心柱电压互感器接成 YNyn0/d		适用于三相三线制线路，接成 yn0 的二次绕组，供接要求线电压的仪表、继电器及作绝缘监察用的电压表；接成开口三角形的辅助二次绕组，则构成零序电压过滤器；供接作绝缘监察用的电压继电器

（3）电压互感器的选择

选择的电压互感器应满足变电所中电气设备的继电保护、自动装置、测量仪表及电能计量的要求。

1）按技术条件选择。

电压互感器正常工作条件时，按一次回路电压、二次负荷、准确度等级、机械荷载条件选择。

电压互感器承受过电压能力，按绝缘水平等条件选择。

环境条件按环境温度、污秽等级、海拔高度等条件选择。

2）型式选择。

① **10kV 配电装置一般采用油浸绝缘结构**；在高压开关柜中，可采用树脂浇注绝缘结构。当需要零序电压时，一般采用三相五柱电压互感器。

② **35kV～110kV 配电装置一般采用油浸绝缘结构电磁式电压互感器**。目前采

用电容式电压互感器，实现无油化运行，减少电磁谐振。

③ **220kV 配电装置，当容量和准确度等级满足要求时，一般采用电容式电压互感器。**

④ **安装在 110kV 及以上线路侧的电压互感器，当线路上装有载波通信时，应尽量与耦合电容器结合，统一选用电容式电压互感器。**

3）电压互感器电压选择

根据被测线路电压高低选择互感器的额定电压等级。电压互感器一次绕组是并联在电网上的，**故其一次侧电压必须与电网电压相匹配**。电压互感器的额定电压按表 5-22 选择。

表 5-22　电压互感器的额定电压选择

<table>
<tr><th>型式</th><th colspan="2">一次电压/V</th><th>二次电压/V</th><th>第三绕组电压/V</th></tr>
<tr><td rowspan="3">单相</td><td>接于一次线电压上（如 V/V 接法）</td><td>U_L</td><td>100</td><td>—</td></tr>
<tr><td rowspan="2">接于一次相电压上</td><td rowspan="2">$U_L/\sqrt{3}$</td><td rowspan="2">$100/\sqrt{3}$</td><td>中性点非直接接地系统 100/3、$100/\sqrt{3}$</td></tr>
<tr><td>中性点直接接地系统 100</td></tr>
<tr><td>三相</td><td colspan="2">U_L</td><td>100</td><td>100/3</td></tr>
</table>

注：表中 U_L 为线电压。

4）电压互感器的容量选择。

电压互感器的容量为二次绕组允许接入的负荷功率，以 V・A 值表示。每一个给定容量和一定的准确级相对应。

准确级为 0.2、0.5、1 时，额定容量分别为 150V・A、300V・A、500V・A。电容式电压互感器 0.2 级时容量为 150V・A、300V・A、400V・A、500V・A，0.5 级时容量为 150V・A，3 级时为 150V・A。正常运行中的电压互感器不应超过额定容量。

5）电压互感器的准确度等级选择。

按照测量所要求的准确度，选择合适的准确度等级的互感器。**一般选用互感器的准确度等级比测量仪表的准确度高 2 级**。例如，仪表为 2.5 级时，应选用 1.0 级的互感器。

准确级次的具体选用，应根据二次负载性质来确定，例如电压互感器用于主变压器计量时应选用 0.2 级，用于一般电能计量选用 0.5 级，用于测量控制选用 0.5 级，用于电压测量不应低于 1 级。

由于 220kV 变电设备要求双套主保护，并考虑到设备保护、自动装置和测量仪表的要求，**电压互感器一般应具有三个二次绕组，即两个主二次绕组、一个辅助二次绕组。其中一个主二次绕组的准确度等级应不低于 0.5 级。**

（4）电压互感器使用注意事项

使用电压互感器时必须注意以下事项：

1）使用电压互感器时，其二次侧不允许短路，否则会产生很大的短路电流，烧毁电压互感器的绕组。因此，**为防止短路，在电压互感器的一次侧和二次侧都应装有熔断器。**

2）为确保安全，电压互感器的二次绕组连同铁心一起，必须可靠接地。

3）**电压互感器二次侧不能并联过多的仪表，以免引起测量误差的增加。**

5.5　万用表

5.5.1　万用表的用途

万用表（又称多用表、复用表、繁用表）是一种多量限、多用途的电工仪表。

万用表由表头、测量电路及转换开关等三个主要部分组成。一般的万用表可测量直流电流、直流电压、交流电压、电阻等，有些万用表还可测量交流电流、功率、电感量、电容量、音频电平及半导体的一些参数等。

因为万用表有很多特殊功能，所以万用表是现代化的多用途电子测量仪器，是电工和无线电制作的必备工具。万用表主要用于物理、电气、电子等测量领域。

万用表不仅可以检测电工、电子元件的性能优劣，查找电子、电气线路故障，估测某些电气参数，有时还能代替专用测试仪器，获得比较准确的结果，基本上可以满足电工、电子专业人员和业余无线电爱好者的需要。

5.5.2　万用表的技术数据

1. 常用万用表的技术数据（见表 5-23）

表 5-23　常用万用表的技术数据

型　号	测量范围		灵敏度或电压降	准确度等级
500 型	直流电压	0～2.5～10～50～250～500V	20000Ω/V	2.5
		2500V	4000Ω/V	4.0
	交流电压	0～10～50～250～500V	4000Ω/V	4.0
		2500V	4000Ω/V	5.0
	直流电流	0～50μA～1～10～100～500mA	≤0.75V	2.5
	直流电阻	0～2～20～200kΩ～2～20MΩ	10Ω 中心	2.0
	音频电平	-10～+22dB（45～1000Hz）	—	—
MF-10 型 高灵敏度	直流电压	0～0.5～1～2.5～10～50～100V	100000Ω/V	2.5
		0～250～500V	20000Ω/V	
	交流电压	0～10～50～250～500V	20000Ω/V	4.0
	直流电流	0～10～50～100μA～1～10～100～1000mA	<0.5V	2.5
	直流电阻	0～2～20～200kΩ～2～20～200MΩ	10Ω 中心	2.5
	音频电平	-10～+22dB	—	4.0

（续）

型　号	测量范围		灵敏度或电压降	准确度等级
MF－47型袖珍式	直流电压	0～250mV～1～2.5～10～50～250～500～1000～2500V	20000Ω/V	2.5
	交流电压	0～10～50～250～500～1000～2500V	4000Ω/V	5.0
	直流电流	0～50～500μA～5～50～500mA～5A	≤0.3V	2.5
	直流电阻	×1Ω、×10Ω、×100Ω、×1kΩ、×10kΩ	22Ω中心	2.5
	音频电平	－10～＋22dB	—	—
	放大系数	h_{FE}：0～300	—	—
	电容	0.00001～0.03μF	—	—
	电感	20～1000H		
MF－30型袖珍式	直流电压	0～1～5～25V	20000Ω/V	2.5
		0～100～500V	5000Ω/V	2.5
	交流电压	0～10～100～500V	5000Ω/V	4.0
	直流电流	0～50～500μA～5～50～500mA	<0.75V	2.5
	直流电阻	0～2～20～200kΩ～2～20～200MΩ	25Ω中心	2.5
	音频电平	－10～＋22dB	—	4.0

2. 数字万用表的技术数据（见表5-24）

表5-24　数字万用表的技术数据

名称	型号	测量范围	分辨率	准确度	备注
袖珍式数字万用表	DT830	AC 0～1000V	100μV	0.5%	可测量晶体管放大倍数
		DC 0～750V	1mV	1%	
		AC 0～10A	1μA	0.5%	
		DC 0～10A	1μA	1%	
		R 0～20MΩ	0.1Ω	0.5%	
袖珍式数字万用表	DT860	AC 0～1000V	100μV	0.5%	可检查二极管和测晶体管放大倍数 自动量程切换
		DC 0～750V	1mV	0.75%	
		AC 0～10A	1μA	1%	
		DC 0～10A	1μA	1.2%	
		R 0～20MΩ	0.1Ω	0.75%	
袖珍式数字万用表	DT890	AC 0～1000V	100μV	0.5%	可检查二极管和测试晶体管
		DC 0～750V	100μV	0.8%	
		AC 0～10A	0.1μA	0.8%	
		DC 0～10A	1μA	1%	
		R 0～20MΩ	0.1Ω	0.8%	
		C 0～20μF	1pF	2.5%	

（续）

名称	型号	测量范围	分辨率	准确度	备注
数字万用表	PF33	AC 0～1000V	10μV	0.25%	外形尺寸：191×83×51（mm） 质量：0.4kg
		DC 0～750V	100μV	0.5%	
		AC 0～2A	1μA	0.75%	
		DC 0～2A	1μA	1.5%	
		R 0～20MΩ	0.1Ω	0.25%	

5.5.3　指针式万用表的选用

1. 指针式万用表的组成

指针式万用表主要由表头（又称测量机构）、测量线路和转换开关三大部分组成。表头用来指示被测量的数值；测量线路用来把各种被测量转换到适合表头测量的直流微小电流；转换开关用来实现对不同测量线路的选择，以适应各种测量要求。**转换开关有单转换开关和双转换开关两种。**

在万用表的面板上带有多条标度尺的刻度盘、转换开关的旋钮、在测量电阻时实现欧姆调零的电阻调零器、供接线用的接线柱（或插孔）等。各种型号的万用表外观和面板布置虽不相同，功能也有差异，但三个基本组成部分是构成各种型号万用表的基础。指针式万用表的面板如图 5-47 和图 5-48 所示。

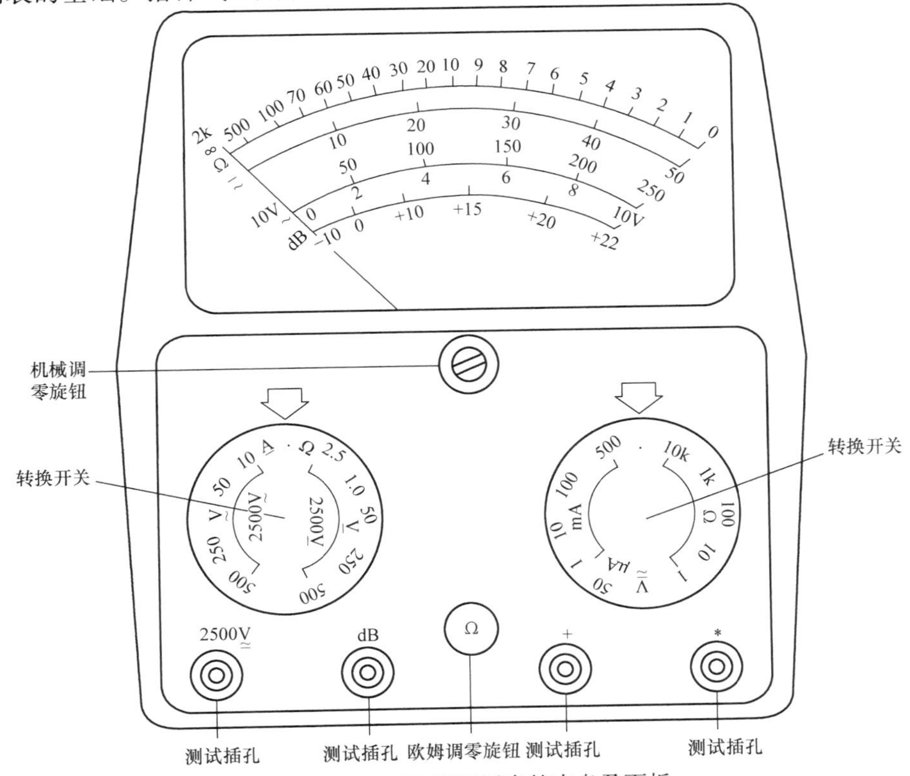

图 5-47　MF500 型万用表的表盘及面板

2. 指针式万用表的选择

万用表的用途广泛，可测量的电量较多，量程也多，其结构型式各不相同，往往会因使用不当或疏忽大意造成测量误差或仪表损坏事故，因此必须正确选用万用表，一般应注意以下几点：

（1）接线柱（插孔）的选择

在测量前，检查表笔应接插孔的位置，测量直流电流或直流电压时，红表笔的连接线应接在红色接线柱或标有“+”的插孔内，另一端接被测对象的正极；黑表笔的连接线应接在黑色接线柱或标有“*”的插孔内，另一端接被测对象的负极。**测量电流时，应将万用表串联在被测电路中；测量电压时，应将万用表并联在被测电路中。**

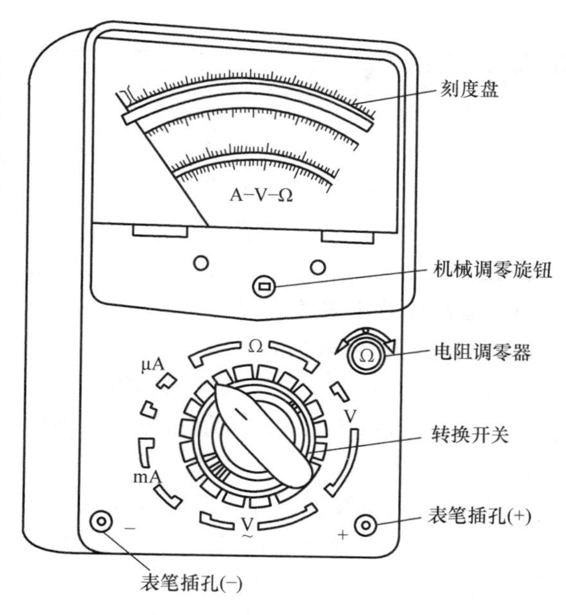

图 5-48　MF14 型万用表的表盘及面板

若不知道被测部分的正负极性，应先将转换开关置于直流电压最高档，然后将一表笔接入被测电路任意一极上，再将另一端表笔在被测电路的另一极上轻轻一触，立即拿开，观察指针的偏转方向，若指针往正方向偏转，则红表笔接触的为正极，另一极为负极；若指针往反方向偏转，则红表笔接触的为负极，另一极为正极。

（2）种类的选择

根据被测的对象，将转换开关旋至需要的位置。例如：需要测量交流电压，则将转换开关旋至标有“V”的区间，其余类推。

有的万用表面板上有两个旋钮：一个是种类选择旋钮，另一个是量限变换旋钮。使用时，应先将种类选择旋钮旋至对应被测量所需的种类，然后再将量限变换旋钮旋至相应的种类及适当的量限。

在进行种类选择时，要认真，否则若误选择，就有可能带来严重后果。例如，若需测量电压，而误选了测量电流或测量电阻的种类，则在测量时，将会使万用表的表头受到严重损伤，甚至被烧毁。所以，在选择种类以后，要仔细核对确认无误后，再进行测量。

（3）量限的选择

根据被测量的大致范围，将转换开关旋至该种类区间适当量限上。例如，测量220V 交流电压，应选用250V 的量程档。**通常在测量电流、电压时，应使指针的偏转在满量程的 1/2 或 2/3 附近，读数较为准确。**若预先不知被测量的大小，为避免量程选得过小而损坏万用表，应选择该种类最大量程预测，然后再选择合适的量程（测量时，使万用表的指针偏转到满量程的 1/2 ~ 2/3 处为宜），以减小测量误差。

（4）灵敏度的选择

万用表的性能主要以测量灵敏度来衡量，灵敏度以测量电压时每伏若干欧来表示，一般为 1000Ω/V，2000Ω/V，5000Ω/V，10000Ω/V 等，数值越大灵敏度越高，测量结果越准确。

3. 指针式万用表的使用方法

万用表的型号很多，但其基本使用方法是相同的。现以 MF30 型万用表为例，介绍它的使用方法。

1）使用万用表之前，必须熟悉量程选择开关的作用。明确要测什么？怎样去测？然后将量程选择开关拨在需要测试档的位置，切不可弄错档位。例如，测量电压时如果误将选择开关拨在电流或电阻档时，容易把表头烧坏。

扫一扫看视频

2）测量前观察一下指针是否指在零位。如果不指零位，可用螺丝刀调节表头上欧姆调零旋钮，使指针回零（一般不必每次都调）。红表笔要插入正极插口，黑表笔要插入负极插口。

3）交流电压的测量将量程选择开关的尖头对准标有 V̰ 的范围内。若是测直流电压则应指向 V̲ 处。依此类推，如果要改测电阻，开关应指向 Ω 档范围。测电流应指向 mA 或 μA。测量电压时，要把万用表的表笔并接在被测电路上。根据被测电路的大约数值，选择一个合适的量程位置。

扫一扫看视频

4）在实际测量中，遇到不能确定被测电压的大约数值时，可以把开关先拨到最大量程档，再逐档减小量程到合适的位置。测量直流电压时应注意正、负极性，若表笔接反了，指针会反偏。如果不知遭电路正负极性，可以把万用表量程放在最高档，在被测电路上很快试一下，看指针怎么偏转，就可以判断出正、负极性。测量交流电压时，表笔没有正负之分。

扫一扫看视频

4. 正确读数

万用表的标度盘上有多条标度尺，它们代表不同的测量种类。测量时，应根据转换开关所选择的种类及量程，在对应的标度尺上读数，并应注意所选择的量程与标度尺上的读数的倍率关系。例如，标有“DC”或“—”的标度尺为测量直流时用的；标有“AC”或“～”的标度尺为测量交流时用的（有些万用表的交流标度尺用红色特别标出）；在有些万用表上还有交流低电压档的专用标度尺，如 6V 或 10V 等专用标度尺；标有“Ω”的标度尺是测量电阻用的。

扫一扫看视频

测 220V 交流电。把量程开关拨到交流 500V 档。这时满刻度为 500V，读数按照刻度 1∶1 来读数。将两表笔插入供电插座内，指针所指刻度处即为测得的电压值。

测量干电池的电压时应注意，因为干电池每节最大值为 1.5V，所以可将转换开关放在 5V 量程档。这时在面板上指针满刻度读数的 500 应作 5 来读数，即缩小 100 倍。如果指针指在 300 刻度处，则读为 3V。注意量程开关尖头所指数值即为表头上指针满刻度读数的对应值，读表时只要据此折算，即可读出实值。除了电阻档外，量程开关所有档均按此方法读测量结果。

扫一扫看视频

电阻档有 R×1、R×10、R×100、R×1k、R×10k 各档，分别说明刻度的指示值再要乘上的倍数，才得到实际的电阻值（单位为欧姆）。例如用 R×100 档测量一个电阻，指针指示为“10”，那么它的电阻值为 10×100=1000，即 1k。

扫一扫看视频

需要注意的是，电压档、电流档的指示原理不同于电阻档，例如 **5V 档表示该档只能测量 5V 以下的电压，500mA 档只能测量 500mA 以下的电流**，若是超过量程，就会损坏万用表。

5. 欧姆档的正确使用

在使用万用表欧姆档测量电阻时还应注意以下几点：

扫一扫看视频

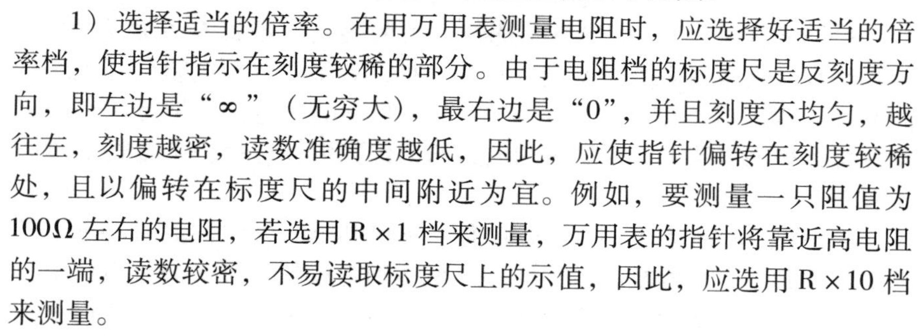

1）选择适当的倍率。在用万用表测量电阻时，应选择好适当的倍率档，使指针指示在刻度较稀的部分。由于电阻档的标度尺是反刻度方向，即左边是“∞”（无穷大），最右边是“0”，并且刻度不均匀，越往左，刻度越密，读数准确度越低，因此，应使指针偏转在刻度较稀处，且以偏转在标度尺的中间附近为宜。例如，要测量一只阻值为 100Ω 左右的电阻，若选用 R×1 档来测量，万用表的指针将靠近高电阻的一端，读数较密，不易读取标度尺上的示值，因此，应选用 R×10 档来测量。

扫一扫看视频

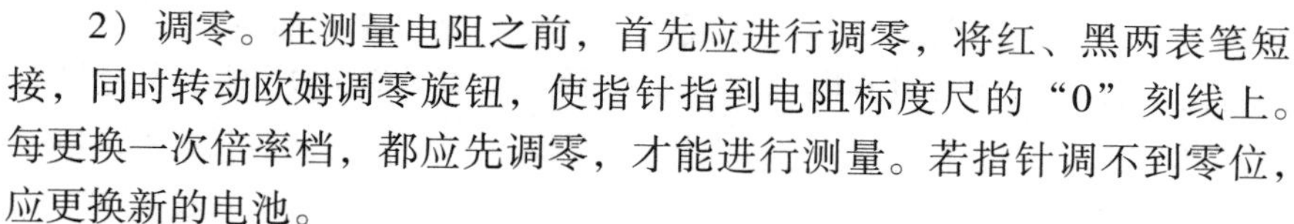

2）调零。在测量电阻之前，首先应进行调零，将红、黑两表笔短接，同时转动欧姆调零旋钮，使指针指到电阻标度尺的“0”刻线上。每更换一次倍率档，都应先调零，才能进行测量。若指针调不到零位，应更换新的电池。

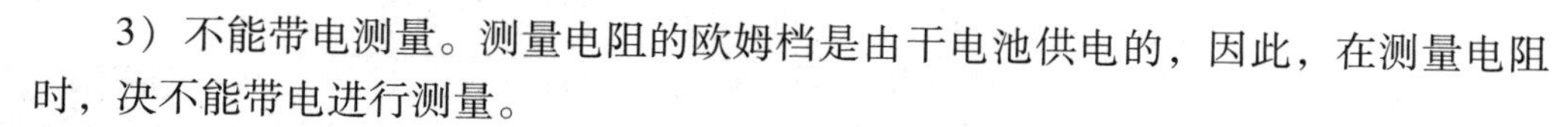

3）不能带电测量。测量电阻的欧姆档是由干电池供电的，因此，在测量电阻时，决不能带电进行测量。

4）被测对象不能有并联支路。当被测对象有并联支路存在时，应将被测电阻的一端焊下，然后再进行测量，以确保测量结果的准确。

5）在使用万用表欧姆档的间歇中，不要让两只表笔短接，以免浪费干电池。若万用表长期不用，应将表内电池取出，以防电池腐蚀损坏其他元件。

5.5.4 数字万用表的选用

1. 数字万用表的组成

数字万用表是指能将被测量的连续电量自动的变成断续电量，然后进行数字编码，并将测量结果以数字显示出来的电测仪表。

直流数字电压表主要由 A/D 转换器、计数器、译码显示器和控制器等组成，万用表的电路是在它的基础上扩展而成的，主要部分是由：功能转换器、A/D 转换器、显示器、电源和功能/量程转换开关等组成。数字万用表的面板如图 5-49 所示。

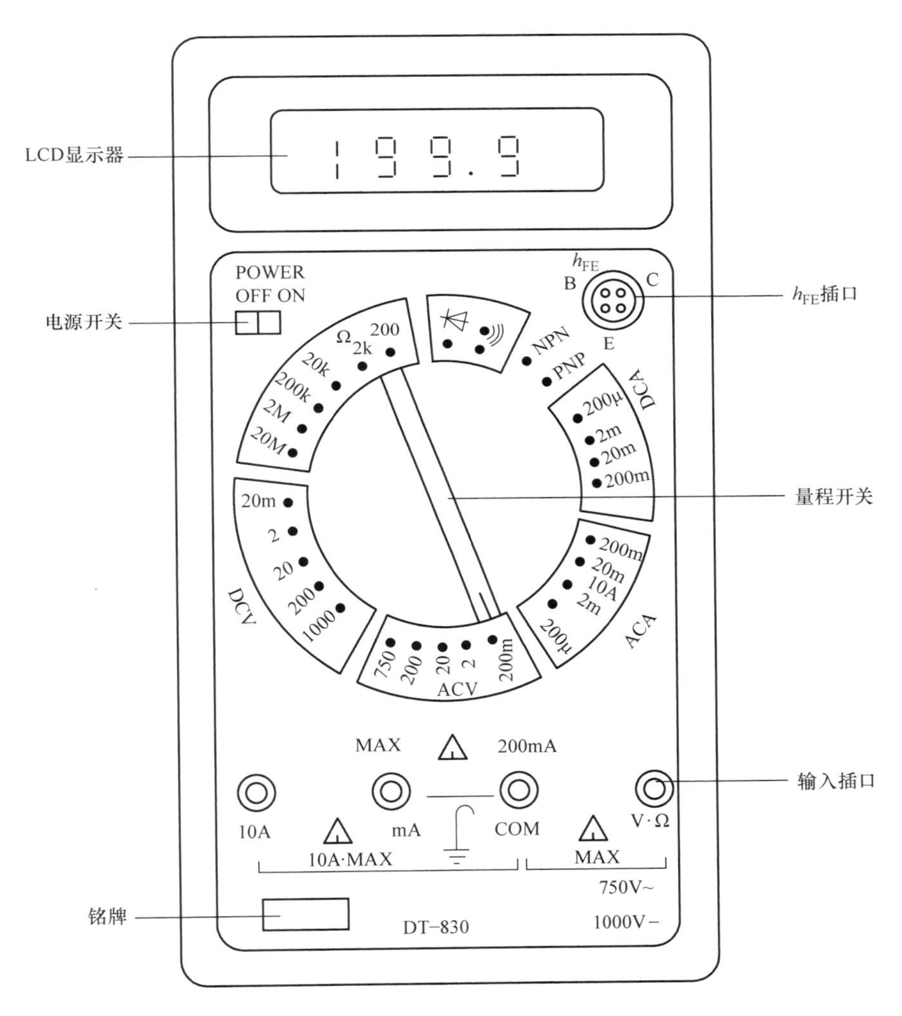

图 5-49　DT－830 型数字万用表的面板

2. 数字万用表的选择

数字万用表的选择方法可参考指针式万用表选择方法中的有关内容。下面以对比的方式，介绍指针式万用表和数字万用表的选用：

1）指针式万用表读取精度较差，但指针摆动的过程比较直观，其摆动速度幅度有时也能比较客观地反映了被测量的大小（比如测电视机数据总线（SDL）在传送数据时的轻微抖动）；数字万用表读数直观，但数字变化的过程看起来很杂乱，不太容易观看。

2）指针式万用表内一般有两块电池，一块低电压的1.5V，一块是高电压的9V或15V，其黑表笔相对红表笔来说是正端。数字万用表则常用一块6V或9V的电池。在电阻档，指针式万用表的表笔输出电流相对数字万用表来说要大很多，用R×1档可以使扬声器发出响亮的“哒”声，用R×10k档甚至可以点亮发光二极管（LED）。

3）在电压档，指针式万用表的内阻相对数字万用表的内阻来说比较小、测量精度比较差。某些高电压微电流的场合甚至无法测准，因为其内阻会对被测电路造成影响（比如在测电视机显像管的加速级电压时测量值会比实际值低很多）。数字万用表电压档的内阻很大，至少在兆欧级，对被测电路影响很小。但极高的输出阻抗使其易受感应电压的影响，在一些电磁干扰比较强的场合测出的数据可能是虚的。

总之，在相对来说大电流高电压的模拟电路测量中，可选用指针式万用表，比如电视机、音响功放。在低电压小电流的数字电路测量中，可选用数字万用表，比如BP机、手机等。但是，这不是绝对的，可根据情况选用。

3. 数字万用表的使用

数字万用表一般采用LCD液晶显示，同时，有自动调零和极性转换功能。当万用表内部电池电压低于工作电压时，在显示屏上显示“←”。表内有快速熔断器用来进行超载保护。另外，其还设有蜂鸣器，可以快速实现连续查找，并配有晶体管和二极管测试。

（1）测量直流电压

首先将万用表的功能转换开关拨到适当的“DC V”的量程上，黑表笔插入“COM”插孔（以下各种测量黑表笔的位置都相同），红表笔插入“V·Ω”插孔，将表的电源开关拨到“ON”的位置，然后再将两个表笔与被测电路并联后，就可以从显示屏上读数了。如果将量程开关拨到“200mV”档位，此时，显示值以mV（毫伏）为单位，其余各档均以V（伏）为单位。

注意，一般“V·Ω”和“COM”两插孔的输入直流电压最大不得超过1000V。同时，还需注意以下几点：

1）在测量直流电压时，要将两个表笔并联接在被测电路中。

2）在无法知道被测电压的大小时，应先将量程开关置于最高量程，然后再根据实际情况选择合适的量程（在交流电压、直流电流、交流电流的测量中也应如此）。

3）**若万用表的显示器上，仅在最高位显示“1”，其他各位均无显示，则表明已发生过载现象，应选择更高量程。**

4）**如果用直流电压档去测交流电压（或用交流电压档去测直流电压），万用**

表显示均为0。

5）**数字万用表由于电压档的输入电阻很高，当表笔开路时，万用表的低位上会出线无规律变化的数字，这属于正常现象，并不影响测量的准确度。**

6）**在测量高压**（100V以上）**或大电流**（0.5A以上）**时，严禁拨动量程开关。**

（2）测量交流电压

将万用表转换开关拨到适当的“AC V”的量程上，红、黑表笔接法以及测量与测量直流电压基本相同，**一般输入的交流电压不得超过750V**。同时，在使用时要注意以下几点：

1）在测交流电压时，应将黑表笔接在被测电压的低电位端，这样可以消除万用表输入端对地的分布电容影响，从而减小测量误差。

2）由于数字万用表频率特性比较差，所以，**交流电压频率不得超出45～500Hz**。

（3）测量直流电流

将万用表的转换开关转换到“DC A”的量程上，当被测电流小于200mA时，红表笔插入“mA”插孔，把两个表笔串联接入电路，接通电源，即可显示被测的电流值了。另外，还需注意以下几点：

1）在测量直流电流时，要将两个表笔串联接在被测电路中。

2）当被测的电流源内阻很低时，应尽量选用较大的量程，以提高测量的准确度。

3）当被测电流大于200mA时，应将红表笔插在“10A”的插孔内。在测量大电流时，测量时间不得超过15s。

（4）测量交流电流

将万用表的转换开关转换到适当的“AC A”的量程上，其他操作与测量直流电流基本相同。

（5）测量电阻

将万用表的转换开关拨到适当的“Ω”量程上，红表笔插入“V·Ω”或“V/Ω”插孔。若将转换开关置于20M或2M的档位上，显示值以MΩ为单位；若将转换开关置于200Ω档，显示值以Ω为单位，其余各档显示值均以kΩ为单位。

在使用电阻档测电阻时，不得用手碰触电阻两端的引线，否则会产生很大的误差。因为人体本身就是一个导体，有一定的阻值，如果用双手碰触到被测电阻的两端引线，就相当于在原来被测的电阻上又并联上一个电阻。另外，还需注意以下几点：

1）测电阻值时，特别是在用20M档位时，一定要待显示值稳定后方可读数。

2）测小阻值电阻时，要使两个表笔与电阻的两个引线紧密接触，防止产生接触电阻。

3）测二极管的正反向电阻时，要把量程开关置于二极管档位。

4）当将功能开关置于电阻档时，由于万用表的红表笔带的是正电，黑表笔带的是负电，所以，在检测有极性的元件时，必须注意表笔的极性。同时，在测电路上的电阻时，一定要将电路中的电源断开，否则，将会损坏万用表。

（6）测量晶体管

将被测的晶体管插入“h_{FE}”插孔，可以测量晶体管共发射极连接时的电流放大系数。根据被测管类型选择“NPN”或“PNP”位置，然后将c、b、e三个极插入相应的插孔里，接通电源，显示被测值。通常h_{FE}的显示值在40~1000之间。在使用h_{FE}档时，应注意以下几点：

1）晶体管的类型和晶体管的三个电极均不能插错，否则，测量结果将是错误的。

2）用“h_{FE}”插孔测量晶体管放大系数时，内部提供的基极电流仅有10μA，晶体管工作在小信号状态，这样一来所测出来的放大系数与实用时的值相差较大，所以测量结果仅供参考。

（7）测量电容

将功能转换开关置于“F”档。以DT-890型数字万用表为例，它具有5个量程，分别为2000pF、20nF、200nF、2μF和20μF。在使用时可根据被测电容的容量来选择合适的档位。同时，在使用电容档位测电容时，不得用手碰触电容器两端的引线，否则会产生很大的误差。

（8）检查线路通断

将万用表的转换开关拨到蜂鸣器位置，红表笔插入“V·Ω”插孔。如果被测线路电阻低于20Ω，蜂鸣器发声，说明电路是通的，否则，就不通。

5.6 钳形电流表

5.6.1 钳形电流表概述

1. 钳形电流表的用途与特点

钳形电流表又称卡表，它是用来在不切断电路的条件下测量交流电流（有些钳形电流表也可测直流电流）的携带式仪表。

钳形电流表是由电流互感器和电流表组合而成。电流互感器的铁心在捏紧扳手时可以张开；被测电流所通过的导线可以不必切断就可穿过铁心张开的缺口，当放开扳手后铁心闭合，即可测量导线中的电流。为了使用方便，表内还有不同量程的转换开关，具有测量不同等级电流的功能。

通常用普通电流表测量电流时，需要将电路切断停机后才能将电流表或电流互感器的一次绕组接入被测回路中进行测量，这是很麻烦的，有时正常运行的电动机不允许这样做。此时，使用钳形电流表就显得方便多了，无需切断被测电路即可测量电流。例如，用钳形电流表可以在不停电的情况下测量运行中交流电动机的工作电流，从而很方便地了解负载的工作情况。正是由于这一独特的优点，钳形电流表在电气测量中得到了广泛的应用。

钳形电流表具有使用方便，不用拆线、切断电源及重新接线等特点。但它只限于在被测线路电压不超过 500V 的情况下使用，且准确度较低，一般只有 2.5 级和 5.0 级。

2. 钳形电流表的分类

1）按工作原理分类，可分为整流系和电磁系两种。

2）按指示形式分类，可分为指针式和数字两种。

3）按测量功能分类，可分为钳形电流表和钳形多用表。钳形多用表兼有许多附加功能，不但可以测量不同等级的电流，还可以测量交流电压、直流电压、电阻等。

整流系钳形电流表由一个电流互感器和带整流装置的整流系表头组成。指针式整流系钳形电流表的结构如图 5-50 所示。

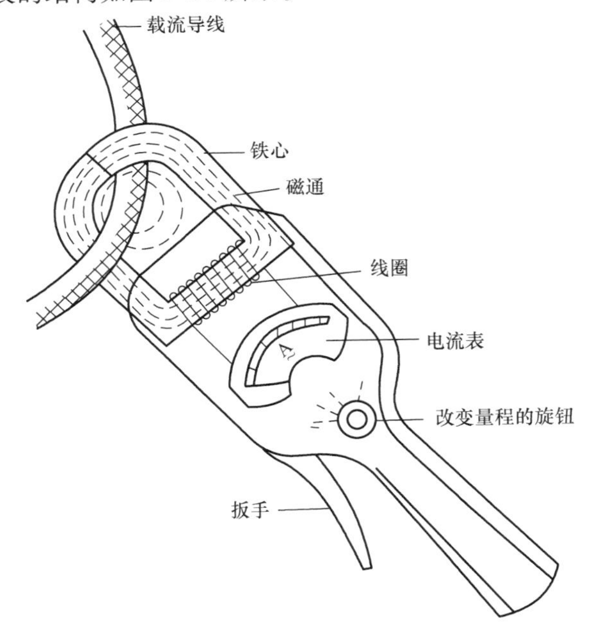

图 5-50　指针式整流系钳形电流表的结构图

数字钳形电流表是由电流互感器和电流表组合而成，其结构如图 5-51 所示。数字式钳形电流表具有自动量程转换（小数点自动移位）、自动显示极性、数据保持、过量程指示等功能；有的还具有测量电阻、电压、二极管及温度等功能。

5.6.2　钳形电流表的技术数据

1. 常用钳形电表的技术数据（见表 5-25）

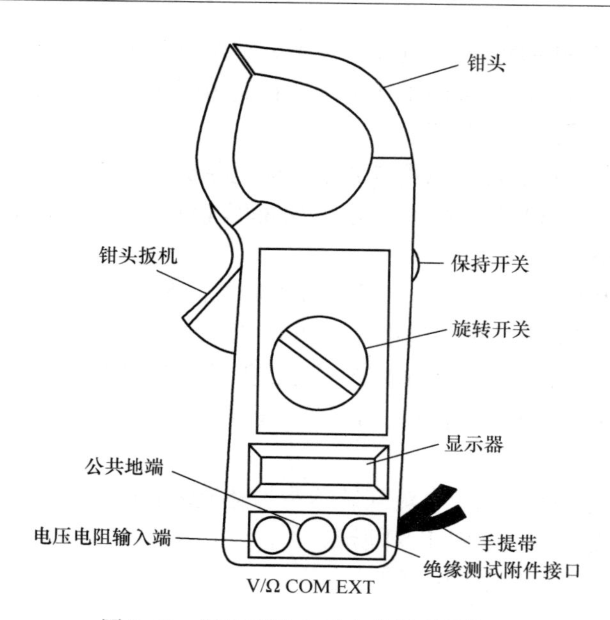

图 5-51　数字钳形电流表的外形结构图

表 5-25　常用钳形电表的技术数据

名　称	型号	测量范围	准确度等级	特　征
电压电流功率三用钳形表	MG4－1 （V A W） （MG4）	A：10～30～100～300～1000A V：150～300～600V W：1～3～10～30～100kW	A、V 为 2.5 级 W 为 5.0 级	MG4 不包括功率档
交流钳形电流表	MG－20	0～100A，0～200A，0～300A，0～400A，0～400A，0～600A	5.0 级	是唯一可以测量直流的钳形电流表，一般仅有一档量程
	MG－21	0～750A，0～1000A，0～1500A		
钳形交流电流表电压表（袖珍式）	MG－24	V：0～300～600V A：①5～25～50A ②5～50～250A	2.5 级	袖珍式钳形表，携带及使用均很方便
多用钳形表	MG28	交流、直流 V：0～50～250～500V 交流 A：0.5～10～1000mA 直流 A：5～25～50～100～250～500A Ω：1～10～100kΩ	5.0 级	由钳形互感器和袖珍式万用表组合而成，两者分开后，万用表可单独使用

2. 数字钳形电表的技术数据（见表5-26）

表5-26　数字钳形电表的技术数据

名　称	型号	准确度	测量范围
$3\frac{1}{2}$位数字钳形多用表	SB6266	±（0.5%读数+1字）	U_{DC}：1000V
		±（1%读数+4字）	U_{AC}：750V
		±（2%读数+5字）	I_{DC}：200A
		±（3%读数+5字）	I_{AC}：1000A
		±（1%读数+3字）	R：200Ω
		±（1%读数+1字）	R：20kΩ
$3\frac{1}{2}$位数字钳形多用表	MGS2	±（0.5%读数+0.1%满度）	U_{DC}：200V，1000V
		±（1.5%读数+0.2%满度）	I_{DC}：200A，1000A
		±（2%读数+0.2%满度）	I_{AC}：200A，1000A
		±（1%读数+0.2%满度）	U_{AC}：200V，1000V
		—	f：40～500Hz

5.6.3　指针式钳形电流表的使用

1）测量前，应检查钳形电流表的指针是否在零位，若不在零位，应调至零位。

2）用钳形电流表检测电流时，一定要夹住一根被测导线（电线）。若夹住两根（平行线）则不能检测电流。

3）钳形电流表一般通过转换开关来改变量程，也有通过更换表头来改变量程的。测量时，应对被测电流进行粗略估计，选好适当的量程。如被测电流无法估计时，应将转换开关置于最高档，然后根据测量值的大小，变换到合适的量程。对于指针式电流表，应使指针偏转满刻度的2/3以上。

4）应注意不要在测量过程中带电切换量程，应该先将钳口打开，将载流导线退出钳口，再切换量程，以保证设备及人身安全。

5）进行测量时，被测载流导线应置于钳口的中心位置，以减少测量误差。

6）为了使读数准确，钳口的结合面应保持良好的接触。当被测量的导线被卡入钳形电流表的钳口后，若发现有明显噪声或指针振动厉害时，可将钳口重新开合一次；若噪声依然存在，应检查钳口处是否有污物，若有污物，可用汽油擦净。

7）在变、配电所或动力配电箱内要测量母排的电流时，为了防止钳形电流表钳口张开而引起相间短路，最好在母排之间用绝缘隔板隔开。

8）测量5A以下的小电流时，为得到准确的读数，在条件允许时，可将被测导线多绕几圈放进钳口内测量，实际电流值应为仪表读数除以钳口内的导线根数。

9）为了消除钳形电流表铁心中剩磁对测量结果的影响，在测量较大的电流之后，若立即测量较小的电流，应将钳口开、合数次，以消除铁心中的剩磁。

10）禁止用钳形电流表测量高压电路中的电流及裸线电流，以免发生事故。

11）钳形电流表不用时，应将其量程转换开关置于最高档，以免下次误用而损坏仪表。并将其存放在干燥的室内，钳口铁心相接处应保持清洁。

12）在使用带有电压测量功能的钳形电流表时，电流、电压的测量须分别进行。

13）在使用钳形电流表时，为了保证安全，一定要带上绝缘手套，并要与带电设备保持足够的安全距离。

14）在雷雨天气，禁止在户外使用钳形电流表进行测试工作。

5.6.4 数字钳形电流表的使用

使用数字钳形电流表，读数更直观，使用更方便，其使用方法及注意事项与指针式钳形电流表基本相同，下面仅介绍在使用过程中可能遇到的几个常见问题。

1）在测量时，如果显示的数字太小，说明量程过大，可以转换到较低量程后重新测量。

2）如果显示过载符号，说明量程过小，应转换到较高量程后重新测量。

3）**不可在测量过程中转换量程，应将被测导线退出铁心钳口，或者按“功能”键3s关闭数字钳形表电源，然后再转换量程。**

4）如果需要保存数据，可在测量过程中按一下“功能”键，听到“嘀”的一声提示声后，此时的测量数据就会自动保存在LCD显示屏上。

5）使用具有万用表功能的钳形表测量电路的电阻、交流电压、直流电压时，将表笔插入数字钳形表的表笔插孔，量程选择开关根据需要分别置于“～V”（交流电压）、“－V”（直流电压）、“Ω”（电阻）等档位，用两表笔去接触被测对象，LCD显示屏即显示读数。

5.7 绝缘电阻表

5.7.1 绝缘电阻表概述

1. 绝缘电阻表的用途与特点

电器设备的绝缘性能是评价其绝缘好坏的重要标志之一，也是评价电器产品生产质量和电气设备修理质量的重要指标，而电气设备绝缘性能是通过绝缘电阻反映出来的。

绝缘电阻表俗称摇表，又称兆欧表或绝缘电阻测量仪。它是专供用来检测电气设备、供电线路绝缘电阻的一种可携式仪表。绝缘电阻表标度尺上的单位是兆欧，单位符号为MΩ。它本身带有高压电源。

绝缘电阻表是电力、邮电、通信、机电安装和维修以及利用电力作为工业动力或能源的工业企业部门常用而必不可少的仪表。它适用于测量各种绝缘材料的电阻值及变压器、电机、电缆及电器设备等的绝缘电阻。

数字绝缘电阻表在工作时，自身会产生高电压，而测量对象又是电气设备，所以必须正确使用，否则就会造成人身或设备事故。

2. 绝缘电阻表的分类

绝缘电阻表的种类很多，但基本结构相同，主要由一个磁电系的比率表和高压电源（常用手摇发电机或晶体管电路产生）组成。绝缘电阻表有许多类型，按照工作原理可分为采用手摇发电机的绝缘电阻表和采用晶体管电路的绝缘电阻表；按绝缘电阻的读数方式可分为指针式绝缘电阻表和数字绝缘电阻表。

手摇发电机供电的绝缘电阻表的外部主要由表盖、接线柱、刻度盘、提把、发电机手柄等组成。绝缘电阻表上有三个接线柱，分别为线路（L）接线柱、接地（E）接线柱和屏蔽（G）接线柱。由于绝缘电阻表中没有游丝装置，所以平时指针没有固定的位置。

常用的手摇发电机供电的指针式绝缘电阻表的外形如图5-52a所示；常用数字绝缘电阻表如图5-52b所示。

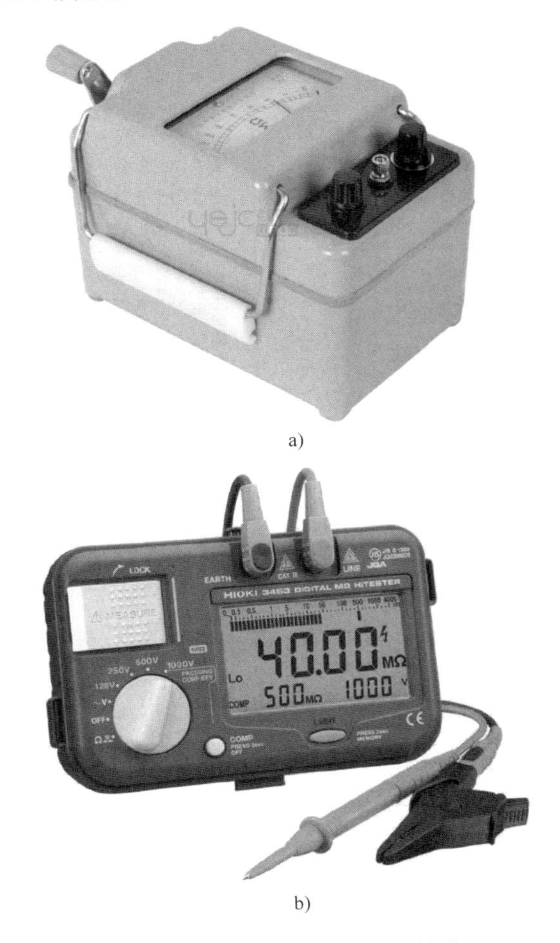

图5-52　常用绝缘电阻表的外形

a）指针式绝缘电阻表　b）数字绝缘电阻表

5.7.2 常用绝缘电阻表的技术数据

常用绝缘电阻表的技术数据见表5-27。

表5-27 常用绝缘电阻表的技术数据

型号	准确度等级	额定电压/V	测量范围/MΩ	电源	测量机构
ZC11－1	1.0	100±10%	0～500	手摇发电机供电，晶体管倍压整流	交叉线圈式流比计
ZC11－2		250±10%	0～1000		
ZC11－3		500±10%	0～2000		
ZC11－4		1000±10%	0～5000		
ZC11－5		2500±10%	0～10000		
ZC11－6		100±10%	0～20		
ZC11－7		250±10%	0～50		
ZC11－8		500±10%	0～100		
ZC11－9		50±10%	0～200		
ZC11－10		2500±10%	0～2500		
ZC14－1	1.5	100±20%	0～100	干电池供电，晶体管直流变换器整流	
ZC14－2		250±20%	0～250		
ZC14－3		500±20%	0～500		
ZC14－4		1000±20%	0～1000		
ZC25－1	1.0	100±10%	0～100	手摇发电机供电，晶体管整流	
ZC25－2		250±10%	0～250		
ZC25－3		500±10%	0～500		
ZC25－4		1000±10%	0～1000		
ZC30	1.5	2500±10%	0～100000	1号干电池10节或220V/50Hz 交流电（晶体管变换器）	磁电系指示仪表
ZC30－1		5000±10%	0～20000		
ZC30－2		500/1000/	0～50000		
KZC30		2500/5000	0.2～200000		
ZC37	2.5	2500±10%	0.5～1000	220V/50Hz 交流电（晶体管变换器）	
ZC44－1	1.5	50±10%	0～50	2号干电池8节，共12V	
ZC44－2		100±10%	0～100		
ZC44－3		250±10%	0～200		
ZC44－4		500±10%	0～500		

5.7.3 绝缘电阻表的选择

绝缘电阻表的选择主要是选择它的电压及测量范围。高压电气设备绝缘电阻要求高，须选用电压高的绝缘电阻表进行测试；低压电气设备内部绝缘材料所能承受的电压不高，为保证设备安全，应选择电压低的绝缘电阻表。

选用绝缘电阻表主要是考虑测量电压值，另一个是需要测量的范围，是否能满足需要。如测量很频繁最好选带有报警设定功能的绝缘电阻表。

（1）电压等级的选择

选用绝缘电阻表电压时，应使其额定电压与被测电气设备或线路的工作电压相适应，不能用电压过高的绝缘电阻表测量低电压电气设备的绝缘电阻，以免损坏被测设备的绝缘。不同额定电压的绝缘电阻表的使用范围见表5-28。

表5-28　不同额定电压的绝缘电阻表使用范围

被测对象	被测设备额定电压/V	绝缘电阻表额定电压/V
线圈的绝缘电阻	500以下	500
线圈的绝缘电阻	500以上	1000
发电机线圈的绝缘电阻	380以下	1000
电力变压器、发电机、电动机线圈的绝缘电阻	500以上	1000~2500
电气设备绝缘电阻	500以下	500~1000
电气设备绝缘电阻	500以上	2500
绝缘子、母线、隔离开关绝缘电阻	—	2500~5000

应按被测电气元件工作时的额定电压来选择仪表的电压等级。**测量埋置在绕组内和其他发热元件中的热敏元件等的绝缘电阻时，一般应选用250V规格的绝缘电阻表。**

（2）测量范围的选择

在选择绝缘电阻表测量范围时，应注意不能使绝缘电阻表的测量范围过多地超出所需测量的绝缘电阻值，以减少误差的产生。另外，还应注意绝缘电阻表的起始刻度，**对于刻度不是从零开始的绝缘电阻表（例如从1MΩ或2MΩ开始的绝缘电阻表），一般不宜用来测量低电压电气设备的绝缘电阻。**因为这种电气设备的绝缘电阻值较小，有可能小于1MΩ，在仪表上得不到读数，容易误认为绝缘电阻值为零，而得出错误的结论。

5.7.4　绝缘电阻表的接线方法

绝缘电阻表的接线柱共有三个：一个为“L”（即线路端），一个为“E”（即地端），再一个为“G”（即屏蔽端，也叫保护环），一般被测绝缘电阻都接在“L”和“E”端之间，但当被测绝缘体表面漏电严重时，必须将被测物的屏蔽层或外壳（即不须测量的部分）与“G”端相连接。这样漏电流就经由屏蔽端“G”直接流回发电机的负端形成回路，而不再流过绝缘电阻表的测量机构（可动线圈）。这样就从根本上消除了表面漏电流的影响，特别应该注意的是测量电缆线芯和外表之间的绝缘电阻时，除将缆芯（电线）接于“L”接线柱，将缆壳（电缆的皮）接于“E”接线柱外，还应将缆芯与缆壳之间的绝缘物接“G”接线柱，以消除因表面漏电而引起的误差。

当用绝缘电阻表摇测电器设备的绝缘电阻时，一定要注意“L”和“E”端不能接反，正确的接法是：“L”线端钮接被测设备的导体，“E”地端钮接被测设备的外壳，“G”屏蔽端接被测设备的绝缘部分。如果将“L”和“E”接反了，流过绝缘体内及表面的漏电流经外壳汇集到地，由地经“L”流进测量线圈，使“G”失去屏蔽作用而给测量带来很大误差。

由此可见，要想准确地测量出电气设备等的绝缘电阻，必须对绝缘电阻表进行正确的接线。**测量电气设备对地电阻时，L 端与回路的裸露导体连接，E 端连接接地线或金属外壳；测量回路的绝缘电阻时，回路的首端与尾端分别与 L、E 连接；测量电缆的绝缘电阻时，为防止电缆表面泄漏电流对测量准确度产生影响，应将电缆的屏蔽层接至 G 端**。否则，将失去了测量的准确性和可靠性。

5.7.5 手摇发电机供电的绝缘电阻表的使用

1）在使用绝缘电阻表测量前，先对其进行一次开路和短路试验，以检查绝缘电阻表是否良好。将绝缘电阻表平稳放置，先使“L”和“E”两个端开路，摇动手摇发电机的手柄，使发电机转速达到额定转速（转速约 120r/min），这时指针应指向标尺的“ ∞ ”位置（有的绝缘电阻表上有“∞ ”调节器，可调节使指针指在“∞ ”位置）；然后再将“L”和“E”两个端钮短接，缓慢摇动手柄，指针应指在“0”位。

扫一扫看视频

2）测量时，应将绝缘电阻表保持水平位置，一般左手按住表身，右手摇动摇柄。

3）摇动绝缘电阻表时，不能用手接触绝缘电阻表的接线柱和被测回路，以防触电。

4）摇动绝缘电阻表后，各接线柱之间不能短接，以免损坏。

5）当绝缘电阻表没有停止转动和被测物没有放电前，不可用手触及被测物的测量部分，或进行拆除导线的工作。

6）在测量大电容的电气设备绝缘电阻时，在测定绝缘电阻后，应先将“L”连接线断开，再松开手柄，以免被测设备向绝缘电阻表倒充电而损坏仪表。

5.7.6 数字绝缘电阻表的使用

1）测量前要先检查数字绝缘电阻表是否完好，即在数字绝缘电阻表未接被测物之前，打开电源开关，检测数字绝缘电阻表电池情况，如果数字绝缘电阻表电池欠电压应及时更换电池，否则测量数据不可取。

2）将测试线插入接线柱“线（L）和地（E）”，选择测试电压，断开测试线，按下测试按键，观察是否显示无穷大。再将接线柱“线（L）和地（E）”短接，按下测试按键，观察是否显示“0”。如液晶屏不显示“0”，表明数字绝缘电阻表有故障，应检修后再用。

3）测试线与插座的连接。将带测试棒（红色）的测试线的插头插入仪表的插座 L，将带大测试夹子的测试线的插头插入仪表的插座 E。将带表笔（表笔上带夹子）的测试线的插头插入仪表的插座 G。

4）测试接线。根据被测电气设备或电路进行接线，一般仪表的插座 E 的接线为接地线；插座 L 的接线为线路线；插座 G 的接线为屏蔽线，接在被测试品的表面（如电缆芯线的绝缘层上），以防止表面泄漏电流影响测试阻抗，从而影响测量准确度。接线时应先将转换开关置于“POWER OFF”位置，然后把大测试夹子接到被测设备的接地端，带表笔的小夹子接到绝缘物表面，红色高压测试棒接线路或被测极上。

5）额定电压选择。根据被测电气设备或电路的额定电压等级选择与之相适应的测试电压等级，这点与指针式绝缘电阻表是一样的。

扫一扫看视频

6）测试操作。当把测试线与被测设备或电路连接好了以后，按一下高压开关“PUSH”，此时“PUSH ON”的红色指示灯点亮，表示测试用高压输出已经接通。当测试开始后，液晶显示屏显示读数，所显示的数字即为被测设备或电路的绝缘电阻值。如果按下高压开关后，指示灯不亮，说明电池容量不足或电池连接有问题（例如极性连接有错误或接触不良）。

7）关机。测试完毕后，按一下高压开关“PUSH”，此时“PUSH ON”的红色指示灯熄灭，表示测试高压输出已经断开。将转换开关置于“POWER OFF”位置，液晶显示屏无显示。**对于大电感及电容性负载，还应先将测试品上的残余电荷泄放干净，以防残余电荷放电伤人，再拆下测试线**。至此测试工作结束。

注意：不同的数字绝缘电阻表所采用的操作步骤略有不同，应根据说明书的要求和操作方法进行操作。

5.7.7　用绝缘电阻表测量输电线路和电缆的绝缘电阻

1. 接线法

1）测量线路绝缘电阻时，将被测端接于“L”的接线柱上，而以良好的接地线接于“E”的接线柱上，如图 5-53 所示。

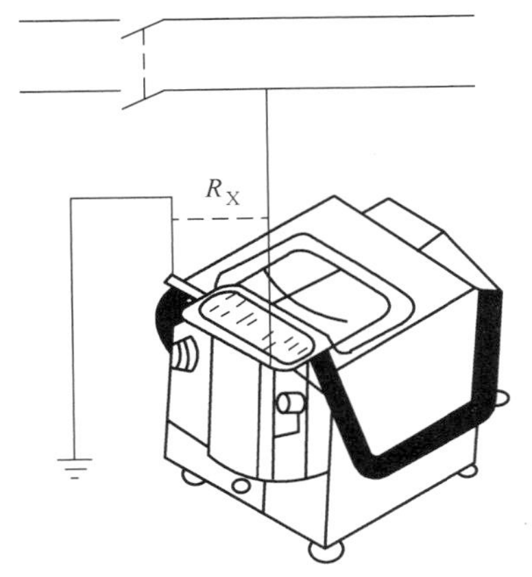

图 5-53　用绝缘电阻表测量线路绝缘电阻的正确接法

2）测量电缆的缆芯对缆壳的绝缘电阻时，除将缆芯（电线）接于“L”接线柱、缆壳（电缆的铁皮）接于“E”接线柱外，还应将缆芯与缆壳之间的绝缘物接于“G”接线柱，以消除因表面漏电而引起的误差，如图 5-54 和图 5-55 所示。

2. 方法步骤

1）由两人进行操作，佩戴绝缘手套。

2）选择适当量程（对于 500V 及以下的线路或电气设备，应使用 500V 或 1000V 的绝缘电阻表。对于 500V 以上的线路或电气设备，应使用 1000V 或 2500V 的绝缘电阻表）。

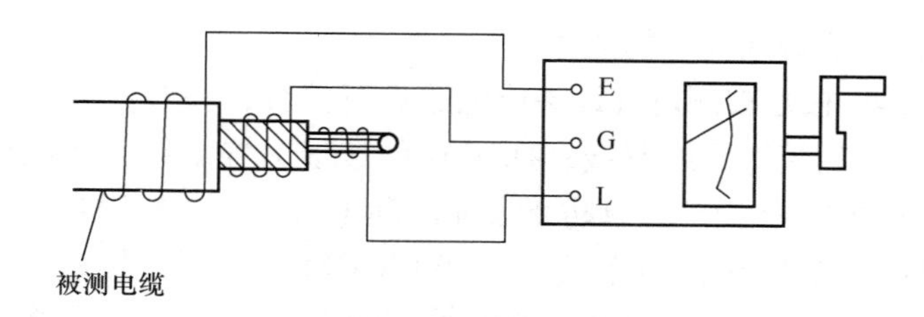

图 5-54　用绝缘电阻表测量电缆绝缘电阻的正确接法（一）

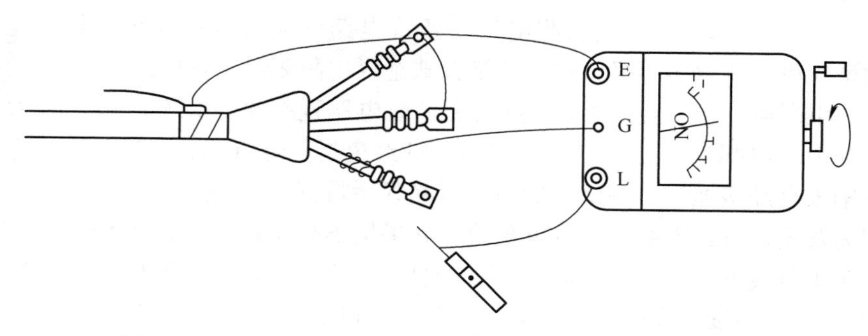

图 5-55　用绝缘电阻表测量电缆绝缘电阻的正确接法（二）

3）接线：G 屏蔽线，L 被测相，E 接地。接线方法应正确（接线前应先放电）。

4）校表：摇动绝缘电阻表，开路为∞，短接为零。

5）断开所接电源，验电（在什么地方验电，就在什么地方测绝缘电阻）。

6）测量时摇动绝缘电阻表手柄的速度均匀 120r/min；保持稳定转速 1min 后读数（以便躲开吸收电流的影响）。

7）测量 A、B、C 三相相间绝缘电阻，A、B、C 相对地绝缘电阻。即 A—B、C、地；B—A、C、地；C—A、B、地。共三次。

8）放电。将测量时使用的导线从绝缘电阻表上取下来与被测设备短接一下。

3. 注意事项

在测量绝缘电阻时应注意以下几点：

1）必须先切断电源。

2）绝缘电阻表使用时，必须平放。

3）绝缘电阻表在使用之前要先转动几下，看看指针是否在最大处的位置，然后再将“L”“E”两个接线柱短路，慢慢地转动绝缘电阻表手柄，查看指针是否在“零”处。

4）绝缘电阻表引线必须绝缘良好，两根线不要绞在一起。

5）绝缘电阻表进行测量时，要以转动 1min 后的读数为准。

6）在测量时，应使绝缘电阻表转数达到 120r/min。

7）绝缘电阻表的量程往往达几千兆欧，最小刻度在 1MΩ 左右，因而不适合测量 100kΩ 以下的电阻。

5.8　功率表

5.8.1　功率表的用途与分类

功率表又称瓦特表（或功率计），是一种测量电功率的仪器。电功率包括有功功率、无功功率和视在功率。**未作特殊说明时，功率表一般是指测量有功功率的仪表。**

功率表可以测量出电路的有功功率。功率表的种类很多，但基本结构相同。功率表有两组线圈：一组是电流线圈，一组是电压线圈。使用功率表时，电流线圈串联在电路中，电压线圈并联在电路中，两组线圈带“ * ”的一端要连接在一起。

功率表有许多类型，按照功率的读数方式可分为指针式功率表和数字功率表；按照用途及安装方式分类，可分为开关板式功率表、实验室用功率表、便携式功率表；按照供电线制分类，可分为单相功率表、三相三线两元件功率表、三相四线三元件功率表；按照被测信号频率分类，可分为直流功率计、工频功率表、变频功率表等。

5.8.2　功率表的技术数据

1. 常用开关板式功率表的技术数据（见表 5-29）

表 5-29　常用开关板式功率表的技术数据

序号	名称	型号	准确度等级	量程		备注
				电压/V	电流/A	
1	三相有功功率表	1D1－W 1D5－W	2.5	100，127，220，380	5	铁磁电动式，方形，可直接接入
2	单相或三相有功功率表	6L2－W				整流式，方形，可直接接入
3	有功功率表	44L1－W 59L2－W				整流式，矩形，经功率变换器接入
4	三相无功功率表	1D1－Var 1D5－Var				铁磁电动式，方形，可直接接入
5	单相或三相无功功率表	6L2－Var				整流式，方形，可直接接入
6	无功功率表	44L1－Var 59L2－Var				整流式，矩形，经功率变换器接入

2. 常用实验室用功率表的技术数据（见表 5-30）

表 5-30 常用实验室用功率表的技术数据

序号	名称	型号	准确度等级	量程		外形尺寸/mm（长×宽×高）
				电压/V	电流/A	
1	功率表	D1－W	0.5	150 75/150/300	5 0.5/1	230×190×115
2	功率表	D2－W	0.2	75/150/300	2.5/1 5/10 0.5/1	360×350×142
3	功率表	D4－W	0.1	75/150/300	2/4 5/10	368×350×165
4	低功率因数功率表	D5－W	1.0	75～600	0.25～10	289×232×172
5	功率表	D8－W	0.5	37.5～600	0.05～10	289×232×172
6	功率表	D9－W	0.5	150～300	0.15～10	285×220×160
7	功率表	D26－W	0.5	75～600	0.5～20	285×220×164
8	功率表	D28－W	0.5	30～600	0.02～10	150×205×90
9	功率表	D33－W	1.0	75～600	0.5～10	295×230×215
10	功率表	D34－W	0.5	25～600	0.25～10	285×270×164

5.8.3 功率表的选择

1. 功率表类型的选择

根据被测电路的供电形式选择功率表的类型，具体如下：

1）单相负载应选择单相功率表。

2）三相负载应选择三相三线两元件功率表。

3）三相四线负载应选择三相四线三元件功率表。

2. 电压等级的选择

根据被测电路的电压选择功率表的电压等级，具体如下：

1）400/230V 低压负载可按供电线制选择。

2）高压系统一律选用 5A 的功率表，并配备相应规格、相应电流等级的电压互感器。

3. 电流等级的选择

根据负载的大小选择功率表的电流等级，具体如下：

1）**对于一般的低压负载，50A 以下时可选用相应电流等级的功率表；50A 以上时，必须选用 5A 的功率表并配置相应电流等级的电流互感器。**

2）**对于重要的低压负载或有考核的负载，应选用 5A 的功率表，并配置相应的电流互感器。**

3）**高压负载不论其大小，一律选用 5A 的功率表，并配置相应电流等级的互**

感器。

4. 功率表种类的选择

根据被测电路的电流性质选择功率表的种类，具体如下：

1）交流电路选用交流功率表。

2）直流电路选用直流功率表。

5. 功率表准确度等级的选择

根据用途选择功率表的准确度等级，具体如下：

1）功率表用于重要经济核算时应选用 1.5 级的功率表。

2）一般负载可选用 2.5 级的功率表。

3）互感器的准确度等级应与功率表的准确度等级相对应。

6. 功率表量程的选择

功率表的量程包括三重含义，即电流量程、电压量程和功率量程。电流量程是指在仪表的串联回路中容许通过的最大工作电流；电压量程是指仪表的并联回路中所能承受的最高工作电压；功率量程则等于电流量程和电压量程的乘积，也即当负载功率因数 $\cos\varphi=1$ 时的仪表满刻度的功率值。

选择功率表量程时，不但要注意功率表的量程，而且还要注意功率表的电流量程和电压量程。只有这两个量程都满足要求时，功率表的量程才能满足。

例如，有一负载，其最大功率约为 800W，电压为 220V，电流为 4A。选择功率表量程时，应选额定电压 300V，额定电流 5A 的功率表，这样它的功率量程为 1500W，其功率、电压和电流量程都符合要求。如果选用额定电压 150V、额定电流 10A 的功率表，功率量程虽同样为 1500W，负载功率的大小并未超过它的值，但是由于负载电压 220V 已超过功率表所承受的 150V，故不能使用。

5.8.4　功率表的使用

1. 功率表的正确接线方式

电动系测量机构的转动力矩方向和两线圈中的电流方向有关，为了防止电动系功率表的指针反偏，功率表两个线圈对应于电流流进的端钮压上都标有“*”号，称为发电机端。功率表接线时应遵循“发电机端守则”，即

1）接线时功率表电流线圈标有“*”号的端钮必须接到电源的正极端，而电流线圈的另一端则应与负载相连，电流线圈以串联形式接入电路中。

2）功率表电压线圈标有“*”号的端钮可以接到电源端钮的任一端上，而另一电压端钮则应跨接到负载的另一端，电压线圈必须与被测负载并联。

这样就有两种不同的接线方式，即电压线圈前接和电压线圈后接，如图 5-56 所示。

当负载电阻远远大于电流线圈的电阻时，应采用电压线圈前接法。这时电压线圈的电压是负载电压和电流线圈电压之和，功率表测量的是负载功率和电流线圈功率损耗之和。如果负载电阻远远大于电流线圈的电阻，则可以略去电流线圈分压所

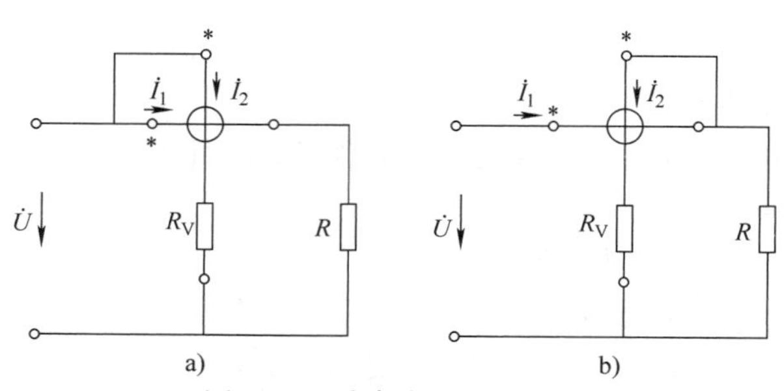

图 5-56 功率表的正确接线

a）电压线圈前接方式 b）电压线圈后接方式

造成的影响，测量结果比较接近负载的实际功率值。

当负载电阻远远小于电压线圈电阻时，应采用电压线圈后接法。这时电压线圈两端的电压虽然等于负载电压，但电流线圈中的电流却等于负载电流与功率表电压线圈中的电流之和，测量时功率读数为负载功率与电压线圈功率损耗之和。由于此时负载电阻远小于电压线圈电阻，所以电压线圈分流作用大大减小，其对测量结果的影响也可以大为减小。

2. 功率表的接线方式的选择

如前所述，功率表有两种不同的接线方式。**如果被测负载本身功率较大，可以不考虑功率表本身的功率损耗对测量结果的影响，则两种接法可以任意选择。但最好选用电压线圈前接法，**因为功率表中电流线圈的功率一般都小于电压线圈支路的功率。

如果功率表接线正确，指针却反偏，这表明负载端实际含有电源，反过来向外输出功率。此时应将电流端钮换接。

3. 功率表的读数

一般安装式功率表为直读单量程式，表上示数即为功率数。

但是，便携式功率表一般都是多量程的，而且共用一条或几条标度尺，所以功率表的标度尺只标分格数，而不标瓦特数。选用不同量程时，功率表标度尺上每一分格所代表的瓦特数都不相同。通常把每一分格所代表的瓦特数称为分格常数 C。一般在功率表的使用说明书上附有表格，标明功率表在不同电流、电压量程下的分格常数 C，以备查用。测量时，读取指针偏转格数后再乘以相应的分格常数 C，就可得到被测功率 P 的数值，即

$$P = Cn$$

式中 P——被测功率的瓦数（W）；

C——测量时所使用量程分格常数（W/格）；

n——指针偏转格数。

如果没给出分格常数 C，也可以按下式计算功率表的分格常数 C，即

$$C = \frac{U_N I_N}{N}$$

式中　U_N——功率表的电压量程（V）；

I_N——功率表的电流量程（A）；

N——标度尺的满偏转格数；

C——测量时所使用量程分格常数（W/格）。

如果使用电流互感器和电压互感器时，实际功率为功率表的读数乘以电流互感器和电压互感器的变比值。

4. 低功率因数功率表的使用

低功率因数功率表是一种专门用来测量功率因数较低的交流电路功率的仪表。低功率因数功率表的接线方式和普通功率表一样，要遵循发电机端守则。**对具有补偿线圈的低功率因数功率表，必须采用电压线圈后接方式。**

低功率因数功率表的使用方法与普通功率表相同，但设计时，使得其电流量程 I_N、电压量程 U_N 及额定功率因数 $\cos\varphi_N$（等于 0.1 或 0.2）下指针能作满刻度偏转，因此，低功率因数功率表的分格常数为

$$C = \frac{U_N I_N \cos\varphi_N}{N}$$

式中　U_N——功率表电压量程（V）；

I_N——功率表电流量程（A）；

$\cos\varphi_N$——功率表的额定功率因数；

N——功率表标度尺满度格数；

C——测量时所使用量程分格常数（W/格）。

$\cos\varphi_N$ 的值在功率表的表盘上标明，U_N、I_N 的值在功率表表壳相应的接线柱旁标明。计算出分格常数 C 后，再根据指针偏转格数，即可计算出被测功率数。

特别指出的是，**功率表上标明的额定功率因数 $\cos\varphi_N$ 并非测量时的负载功率因数，而是功率表刻度时，在电流量程或电压量程下能使指针作满刻度偏转的额定功率因数。**

在实际测量中应注意，被测电路的功率因数 $\cos\varphi$ 不能大于功率表的额定功率因数 $\cos\varphi_N$，否则，会出现电压、电流值未达额定值，而被测功率已超过仪表量程的情况。

5.8.5　功率表的应用

1. 一块功率表测量三相四线制对称负载电路的有功功率

在三相四线制电路中，只要电源与负载都是对称时，就可以用一块功率表测量三相功率，如图 5-57 所示。因为各相的功率相等，因此，只要测出其中一相的功率再乘以 3，就是三相电路的总功率。

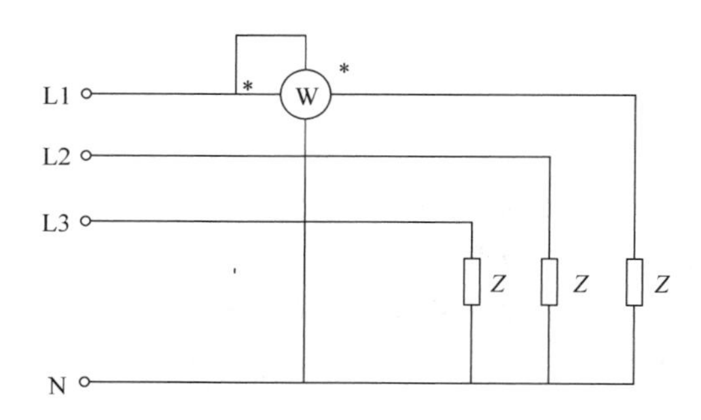

图 5-57 一块功率表测量三相四线制对称负载电路的有功功率

2. 两表法测量三相三线制不对称负载电路的有功功率

当三相负载不对称时，由于每相的功率是不相等的，因此，用一只功率表测量时，只能分别测出各相的功率，再将读数相加，获得总的功率。而在三相三线制电路中，可用两只功率表来测量其功率，其接线方法如图 5-58 所示。

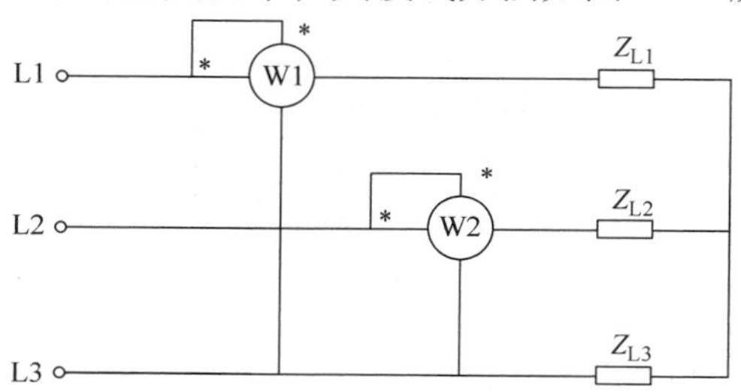

图 5-58 用两只功率表测量三相三线制电路的功率（二功率表法）

用“二功率表法”测量三相功率时，必须遵循以下接线规则：

1）两只功率表的电流线圈任意串联接入两线，使通过电流线圈的电流为三相电路的线电流（**电流线圈的发电机端必须接到电源侧**）。

2）**两只功率表的电压支路的发电机端必须接到该功率表电流线圈所在线，而两只功率表的电压支路的非发电机端必须同时接到没有接功率表电流线圈的第三线。**

3）“二功率表法”读数注意事项。用两只功率表测量三相功率时，电路的总功率等于两只功率表读数的代数和。也就是说，**必须将两只功率表的读数相应的符号考虑在内**，这一点是非常重要的。

3. 三表法测量三相四线制不对称负载电路的有功功率

当三相四线制的负载不对称时，每相的功率都不相等，因此，不能用一只功率表或两只功率表来测量功率，而必须采用三只功率表测量三相四线制的功率，即三功率表法，其接线方法如图 5-59 所示。

从图 5-59 中可以看出，三只功率表的电流线圈分别串联接入三相的相线上，并使发电机端接到电源侧，则通过电流线圈的电流分别为各相的相电流；三只功率表的电压线圈发电机端接到各自电流线圈所在的相线上，而非发电机端都接在中性

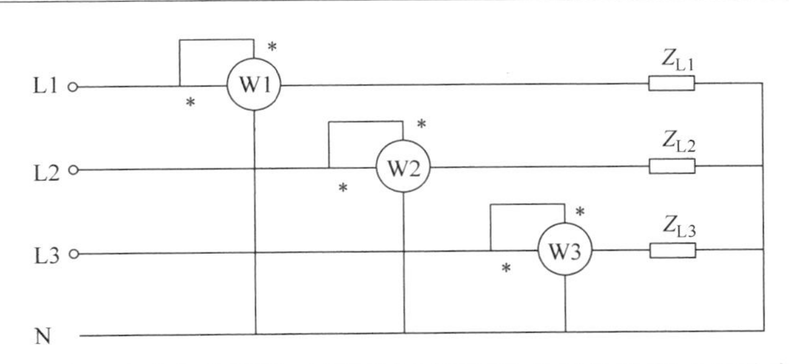

图5-59　用三只功率表测量三相四线制不对称负载的功率（三功率表法）

线上，则加在电压线圈支路上的电压，就是各相的电压。这时，每只功率表测量出一相的功率，则三相四线制电路的总功率就等于三只功率表读数之和。

4. 低压大电流线路上单相有功功率的测量

在低压大电流线路上测量单相有功功率，要采用电流互感器把电流变换为标准的额定电流。由于是低电压（在电网中是指380V以下的电压），所以电压部分不一定要经过电压互感器变换（要看功率表电压线圈的额定电压与电网的电压是否一致）。

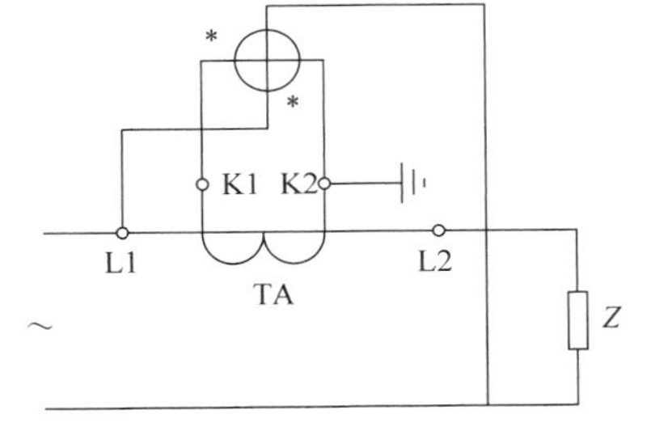

图5-60　采用电流互感器测量低压大电流线路上的单相功率

采用电流互感器测量低压大电流线路上的单相功率的接线图如图5-60所示，将所测得功率乘上电流互感器的电流比为最终值。采用图5-60所示电路测量时，要注意电流互感器和功率表的极性。

5. 高压大电流线路上单相有功功率的测量

在高压大电流线路上测量单相有功功率，要采用电流互感器和电压互感器。图5-61为采用电流互感器和电压互感器测量单相交流电功率的电路图，其特点是**被测电流和被测电压都必须通过电流互感器和电压互感器的变换才能接入功率表测量**，这时电路的功率为

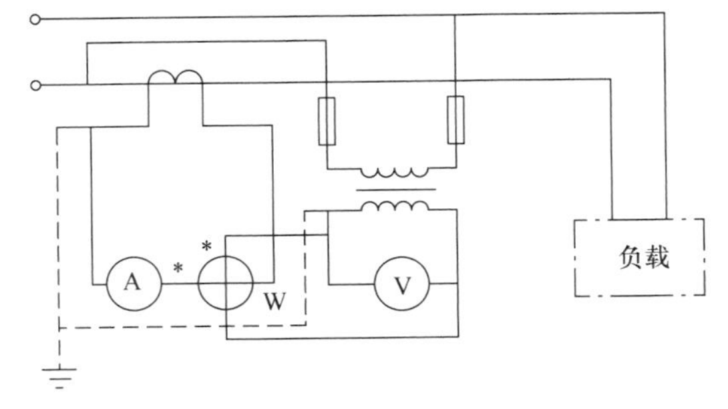

图5-61　采用电流互感器和电压互感器测量单相交流电功率的电路图

$$P = P_1 K_1 K_2$$

式中　P——被测功率；

P_1——功率表的读数；

K_1——电流互感器一次侧电流与二次侧电流之比；

K_2——电压互感器一次侧电压与二次侧电压之比。

第 6 章　电子元器件与常用电子电路

6.1　电路元件的种类及其应用

6.1.1　电阻器的种类、识别与选用

在生产实际中也可用到各种各样的电阻，这就需要专门制造一些电阻元件。**把具有一定阻值的实体元件称为电阻器**（有时也简称电阻）。

1. 电阻器的分类

1）按照构成电阻的材料分类：电阻器可分为碳膜电阻器、金属膜电阻器、金属氧化膜电阻器、线绕电阻器等。

2）按照物理性能分类：电阻器可分为热敏电阻器、光敏电阻器、压敏电阻器等。

3）按照结构形式分类：电阻器可分为固定电阻器、可变电阻器和电位器。常用的固定电阻器有线绕电阻器、薄膜电阻器、实心电阻器三种。**可变电阻器的阻值可在一定范围内变化，具有三个引出端的常称为电位器。**常用电阻器的外形如图 6-1所示。

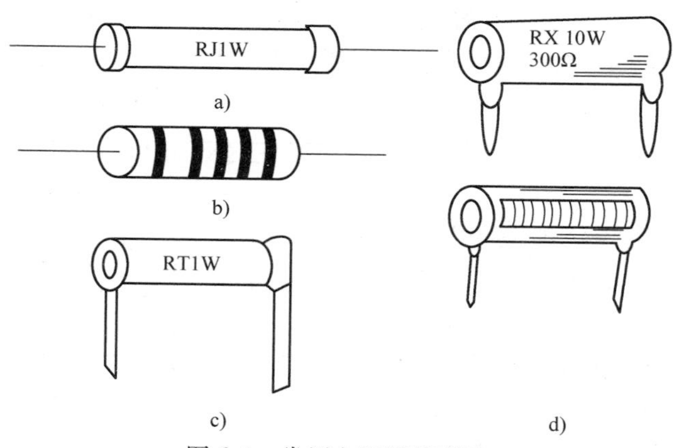

图 6-1　常用电阻器外形图

a）轴向引线金属膜或碳膜电阻器　b）轴向引线色环电阻器

c）径向引线碳膜电阻器　d）线绕电阻器

电位器是具有三个引出端、阻值可按某种变化规律调节的电阻元件。电位器通常由电阻体和可移动的电刷组成。当电刷沿电阻体移动时，在输出端即获得与位移量成一定关系的电阻值或电压。电位器既可作三端元件使用也可作二端元件使用。后者可视作可变电阻器。常用可变电阻器、电位器的外形如图 6-2 所示。

电位器有以下几种分类方法：

① 按阻值与转角关系分类，电位器可分为直线式（X）、对数式（D）、指数式（Z）。

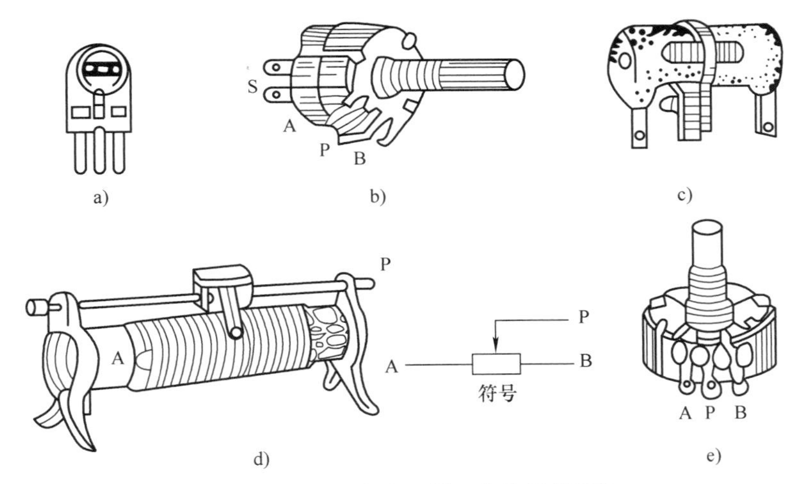

图6-2　常用可变电阻器、电位器外形图

a）微调硬膜电位器　b）线绕电位器（带开关）　c）线绕电位器

d）滑线式电阻器　e）硬膜电位器

② 按结构分类，电位器可分为单连、双连和多连；带开关和不带开关；可变多圈和半可变（或微调）；旋转式和推拉式。

2. 电阻器的主要参数

为了正确地选用电阻器，应该了解电阻器的主要技术参数，**电阻器的主要技术参数有标称阻值、容许偏差**（允许误差）**、额定功率等。**

（1）电阻器的标称阻值

标称电阻值是指电阻器表面所标注的电阻值。例如，某电阻器为10Ω，可以将它直接标注在电阻器表面上，也可以用色标来表示。为了便于生产，同时考虑到能够满足实际使用的需要，国家规定了一系列数值作为产品的标准，这一系列值叫电阻的标称系列值。E6、E12、E24系列的标称阻值见表6-1。

表6-1　电阻器和电位器的标称阻值和允许偏差

系列	精度等级	允许偏差	电　阻　值
E24	Ⅰ	±5%	1.0、1.1、1.2、1.3、1.5、1.6、1.8、2.0、2.2、2.4、2.7、3.0、3.3、3.6、3.9、4.3、4.7、5.1、5.6、6.2、6.8、7.5、8.2、9.1
E12	Ⅱ	±10%	1.0、1.2、1.5、1.8、2.2、2.7、3.3、3.9、4.7、5.6、6.8、8.2
E6	Ⅲ	±20%	1.0、1.5、2.2、3.3、4.7、6.8

注：1. 表中数字乘以10^0、10^1、10^2……可得出各种标称阻值。

2. 线绕、固定或非线绕电阻器的标称阻值应符合表中所示数值之一。

3. 线绕电位器的标称阻值采用E24、E12两个系列；允许偏差分为±10%、±5%、±2%、±1%四种，后两种仅限必要时采用。

4. 非线绕电位器的标称值采用E12、E6两个系列；允许偏差分为±20%、±10%、±5%三种，±5%仅限必要时采用。

（2）电阻器的允许偏差

电阻器的实际阻值与标称阻值不可能完全相等，总会存在着一定的误差（偏差）。当 R 为实际阻值，R_H为标称阻值时，允许偏差的表示式为$(R-R_H)/R_H$。**允许偏差表示电阻器阻值的准确程度，常用百分数表示。**电阻器的允许偏差等级有 ±0.5%、±1%、±5%、±10%、±15%、±20%等几种。**允许偏差越小的电阻器，它的精度就越高，稳定性也越好，但价格也越高。**

（3）电阻器的额定功率

当电流通过电阻器时，电阻器因消耗功率而发热，如果电阻器发热的功率大于它连续工作所能承受的最大功率，电阻器可能被烧坏。所以电阻器发热所消耗的功率不得超过某一数值。**电阻器的额定功率是指在一定温度和气压条件下，长期连续工作所能承受的最大功率。**

同标称阻值一样，电阻器的额定功率系列化的标称值有$\frac{1}{8}$W、$\frac{1}{4}$W、$\frac{1}{2}$W、1W、2W、5W、10W、20W 等。功率值的图示表示法如图 6-3 所示。

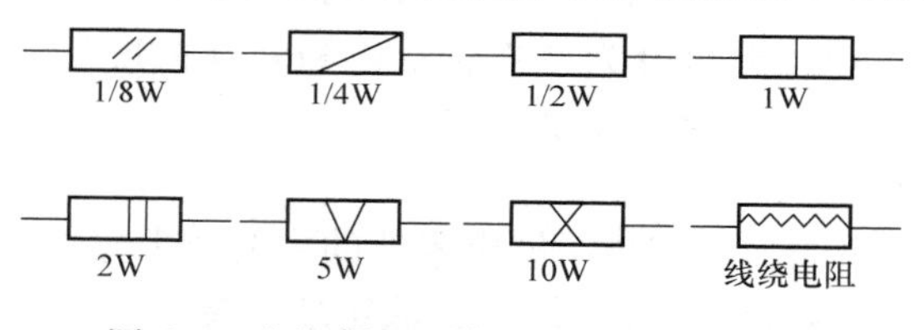

图 6-3　电阻器和电位器功率的通用符号

3. 标称阻值和允许偏差的表示方法

1）直接法。直接法即直接将标称阻值及允许偏差印在电阻器上。

2）文字符号法。文字符号法即将标称阻值及允许偏差用文字、数字符号标志在电阻器表面上。

3）色标法。色标法即用色图或色点来表示电阻器的标称阻值及允许偏差。在电阻器的一端标以色环，**一般电阻的色标由四个色环组成，第 1 和第 2 色环表示电阻值的有效数字，第 3 色环表示倍乘数，第 4 色环表示允许偏差，电阻器的色标由左向右排列。精密电阻器的色标由五个色环组成，第 1 至第 3 色环表示电阻值的有效数字，第 4 色环表示倍乘数，第 5 色环表示容许偏差**，各种颜色表示的数字、倍乘数和容许偏差见表 6-2。

① 一般电阻。图 6-4a 所示的电阻为一般电阻，其电阻值为（27000 ±5%）Ω。

② 精密电阻。图 6-4b 所示的电阻为精密电阻，其电阻值为（17.5 ±1%）Ω。

4. 常用电阻器的技术数据

（1）常用电阻器的性能指标（见表 6-3）

表 6-2　电阻器的色标

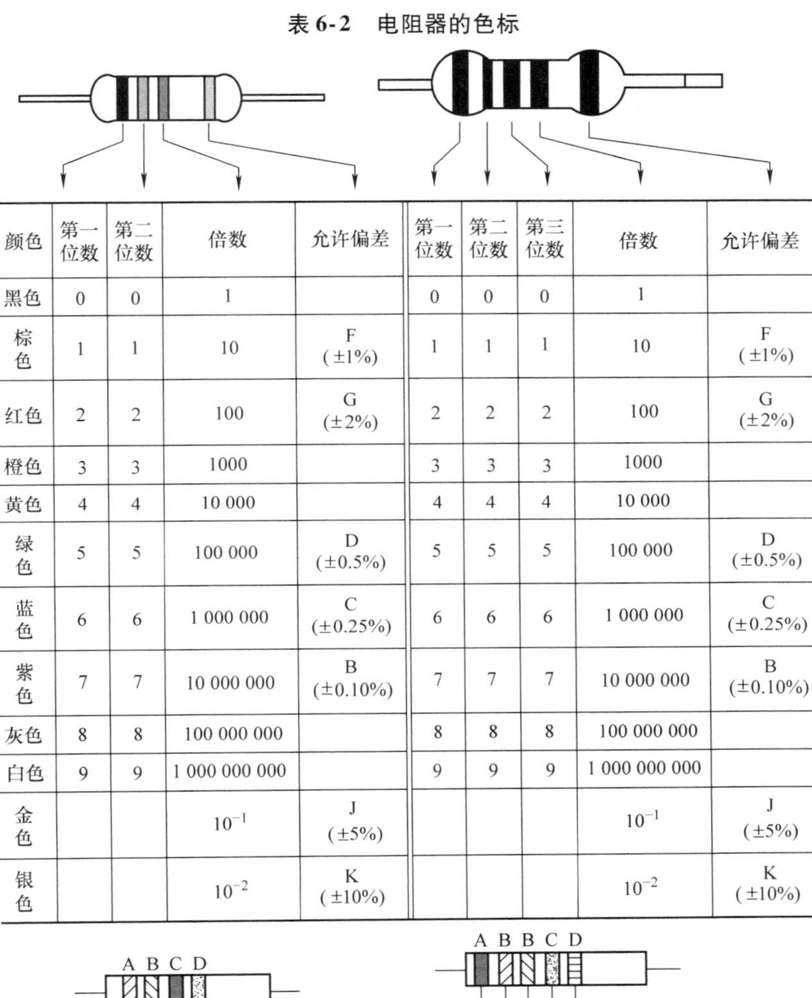

颜色	第一位数	第二位数	倍数	允许偏差	第一位数	第二位数	第三位数	倍数	允许偏差
黑色	0	0	1		0	0	0	1	
棕色	1	1	10	F (±1%)	1	1	1	10	F (±1%)
红色	2	2	100	G (±2%)	2	2	2	100	G (±2%)
橙色	3	3	1000		3	3	3	1000	
黄色	4	4	10 000		4	4	4	10 000	
绿色	5	5	100 000	D (±0.5%)	5	5	5	100 000	D (±0.5%)
蓝色	6	6	1 000 000	C (±0.25%)	6	6	6	1 000 000	C (±0.25%)
紫色	7	7	10 000 000	B (±0.10%)	7	7	7	10 000 000	B (±0.10%)
灰色	8	8	100 000 000		8	8	8	100 000 000	
白色	9	9	1 000 000 000		9	9	9	1 000 000 000	
金色			10^{-1}	J (±5%)				10^{-1}	J (±5%)
银色			10^{-2}	K (±10%)				10^{-2}	K (±10%)

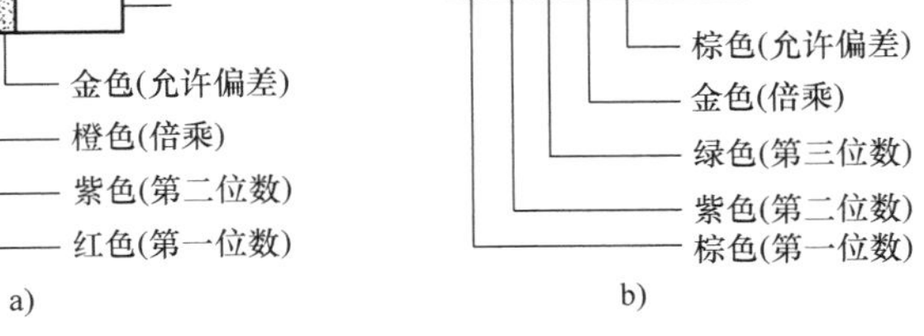

图 6-4　电阻器的色标表示法

a）一般电阻器　b）精密电阻器

表 6-3　常用电阻器的性能指标

名称和型号	额定功率 /W	标称电阻值范围 /Ω	允许偏差 (%)	最大工作电压/V	应用（频率）
RJ 型金属膜电阻	0.125 ~ 10	$30 \sim 10 \times 10^6$	±5 ±10	150 ~ 2000	精密电子设备（10MHz 以下）

（续）

名称和型号	额定功率/W	标称电阻值范围/Ω	允许偏差（%）	最大工作电压/V	应用（频率）
RT 型碳膜电阻	0.05 0.125～10	$10～100×10^3$ $5.1～10×10^6$	±5 ±10	150～2000	价格较 RJ 型低（10MHz 以下）
RT7 型精密碳膜电阻	0.125～1	$10～10×10^6$	±0.2 ±0.5，±1		测量仪表用（10MHz 以下）
RY 型金属氧化膜电阻	0.125～10	$10～100×10^3$	±5 ±10	180～2000	电子设备（10MHz 以下）
RJ7 型金属膜精密电阻	0.125～2	$100～5.1×10^6$	±0.2 ±0.5 ±1		精密电子设备（10MHz 以下）
RU 型硅碳膜电阻	0.125～2	$5.1～10×10^6$	±5 ±10		电子设备（10MHz 以下）
RX 型线绕电阻	0.25～100	$5.1～56×10^5$	±5 ±10		功率较大，精度较高的低频电路中
RS 型有机实心电阻器	0.25～0.5 1～2	10～22MΩ $47～22×10^6$	±10，±20	300～600	

（2）部分光敏电阻器的主要性能指标（见表6-4）

表6-4　部分光敏电阻器的主要性能指标

型号	输出功率（功耗）/mW	最高工作电压/V	光电特性		时间常数/ms	光谱响应范围/μm
			亮阻/kΩ	暗阻/kΩ		
UR－74A	50	100	0.7～1.2	10^3	40	0.4～0.8
UR－74B	30	50	1.2～4	10^4	20	0.4～0.8
UR－74C	50	100	0.5～2	10^5	6	0.5～0.9
MG41－2	20	100	1～10	10^6	≤20	0.4～0.76
MG41－4	100	150	100～200	$5×10^7$	≤20	0.4～0.76
MG45－0	5	20	2～20	10^6	≤20	0.4～0.76
MG45－1	10	50	2～10	$5×10^6$	≤20	0.4～0.76
MG45－3	50	150	2～20	$5×10^6$	≤20	0.4～0.76
MG45－5	200	250	2～10	$5×10^6$	≤20	0.4～0.76

注：从光照跃变开始到达稳定亮度的63%所需的时间，称为时间常数。

（3）WS 型有机实心电位器主要参数（见表6-5）

表6-5　WS型有机实心电位器主要参数

型号	额定功率/W	取值范围	线性形式	电位器直径/mm	旋柄长度/mm
WS-1	0.25	$100 \sim 4.7 \times 10^6 \Omega$	Z、D	13.6	12，16，20，25，32
WS-2	0.5	$10^3 \sim 10^6 \Omega$	X	13.6	12，16，20
WS-3	0.25	$10^3 \sim 10^6 \Omega$	Z、D	13.6	插接型

5. 电阻器的选择

要根据电路和设备的实际要求选用电阻器，在一般场合下，主要是根据阻值、额定功率、容许偏差的要求选择合适的电阻器。也就是说，**电阻器的标称阻值应和电路要求相符，额定功率应该是电阻器在电路中实际消耗的功率的1.5～2倍，容许偏差在要求的范围内。**

对于一般的电子电路，可选用碳膜电阻器（型号为RT）；对于稳定性和电性能要求较高的电子线路，可选用金属膜电阻器（RJ）；对于高频和高速脉冲电路，一般可以选用薄膜型电阻器；对于大功率的场合，可选用线绕电阻器（RX）、实心电阻器（RS）等。

6. 电阻器的检测

1）外部检查。检查电阻器的外部是否完好，有无损坏。

2）测量阻值。如果无法看清电阻器所标文字和色环标志，可用万用表测量。首先选择万用表合适的电阻档，两表笔不分极性与电阻器相接，但不要用双手接触被测电阻器，如果电阻值与标称电阻值相差较大，则表示电阻器已损坏。

7. 电阻器的代换

最好用同规格（同阻值、同功率）的电阻器代换。如果没有同规格的电阻器，一般情况下，**功率大的可以代替功率小电阻器；精度高的电阻器可以代替精度低的电阻器。**当阻值不符时，可将电阻器串联来增大电阻值，或将电阻器并联来减小电阻值。

6.1.2　电容器的特点、种类与选用

1. 电容器的特点

1）电容器是一种储能元件。**电容器的充电过程就是极板上电荷不断积累的过程，电容器充满电荷时，相当于一个等效电源。**对电容器进行放电，其原来储存的电场能量又全部释放出来。

2）**电容器具有隔直流的作用。**当电容器接通直流电源时，仅仅在刚接通的短暂时间内发生充电过程，即只有短暂的电流。当电容器充电至其两端电压和电源电动势相等时，电容器的充电电流为零，所以电容器具有隔直流的作用，通常把这一作用简称为隔直。

3）**电容器具有通交流的作用。**当电容器接通交流电源时，由于交流电源电压

的大小和方向是不断变化的，所以当电容器两端的电压低于电源电压时，电容器就开始充电；当电容器两端电压高于电源电压时，电容器就放电。电容器在交流电路中不断充、放电，其结果是在电路中出现连续的交流电流，这就是电容器具有的通过交流电的作用，简称通交。但应注意的是，**这里所指的交流电流是电容器反复充、放电而形成的，并非电荷能够直接通过电容器中的绝缘介质。**

2. 电容器的种类

电容器的种类繁多，按其结构可分为固定电容器、可变电容器和微调（半可变）电容器；按绝缘介质不同可分为纸介电容器、云母电容器、涤纶电容器、陶瓷电容器、聚苯乙烯电容器、金属化纸介电容器（金属膜电容器）及电解电容器等。

（1）固定电容器

电容量不可调节的电容器称为固定电容器。常见固定电容器的外形如图 6-5 所示。固定电容器常用于电源滤波、信号耦合、交流旁路、电信设备的调谐、定时电路、振荡电路、高频旁路、单相异步电动机的起动、提高电力系统及负荷的功率因数等。

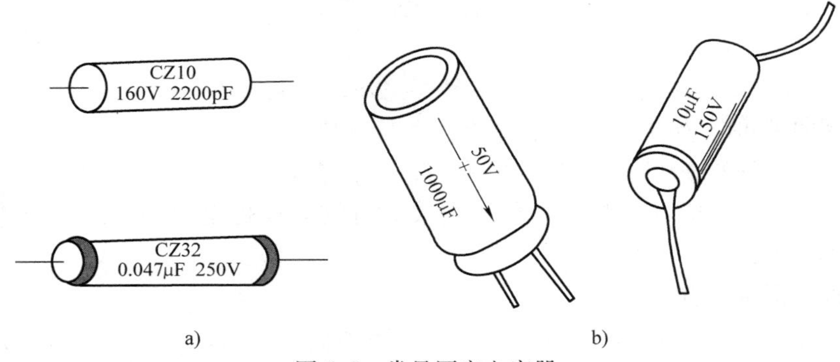

图 6-5 常见固定电容器

a）纸介电容器 b）电解电容器

（2）可变电容器

电容器在较大范围内能随意调节的电容器称为可变电容器。常用可变电容器的外形如图 6-6 所示。可变电容器由相互绝缘的两组铝片或铜片对应组成，中间以绝缘材料或空气为介质，其中一组叫动片，另一组叫定片或静片。**旋转动片，就改变了动片与定片的相对面积，从而可以调节电容量的大小**。动片旋入定片时，电容量最大；反之，电容量减小。可变电容器常用于电子电路，做调谐元件，以改变谐振回路的频率。

（3）微调电容器

电容器在某一小范围内可以调整的电容器称为微调电容器（又称为半可变电容器）。常用微调电容器的外形如图 6-7 所示。常见的陶瓷微调电容器是由两片小型金属弹片中间夹陶瓷介质构成的，其电容量能在某一小范围内调整，并能固定在某个值。通常用在调谐回路中微调频率。

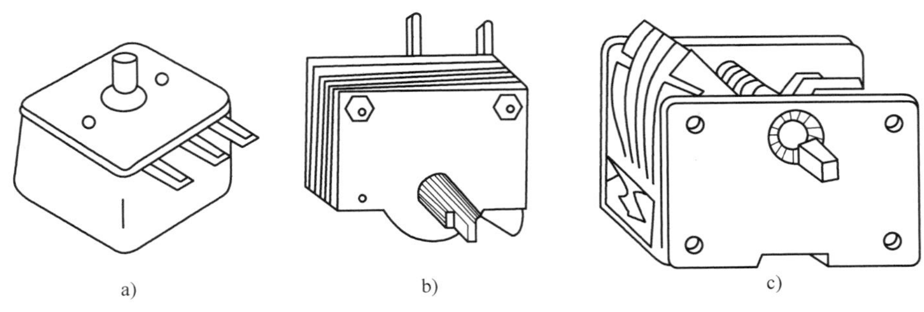

图 6-6　常用可变电容器

a）密封双联电容器　b）聚苯乙烯可变电容器　c）空气可变电容器

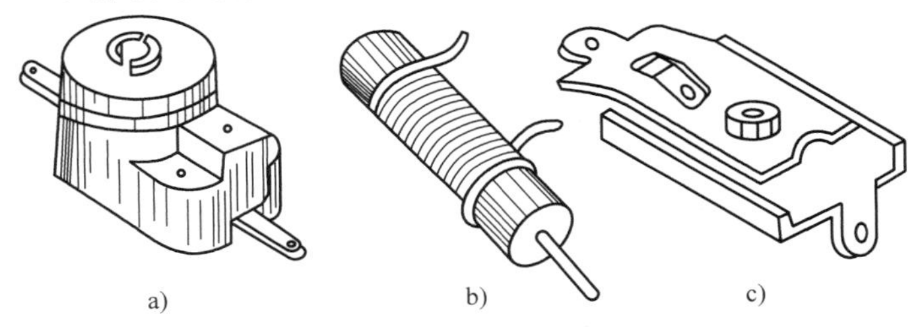

图 6-7　常用微调电容器

a）陶瓷微调电容器　b）拉线微调电容器　c）云母微调电容器

3. 电容器的技术数据

部分电容器的性能指标见表 6-6。

表 6-6　部分电容器的性能指标

名称	容量范围	直流工作电压/V	使用频率/MHz	精度	适用场所
CZ 型纸介电容器	470pF ~ 0.22μF	63 ~ 630	5 ~ 8	Ⅰ ~ Ⅲ	低频电路中的耦合和旁路电容
CJ 型金属化纸介电容器	0.01 ~ 0.47μF	160，250，400	5 ~ 8	Ⅰ ~ Ⅲ	低频电路、自动化仪表和家用电器中
CZJ 型金属壳密封纸介电容器	0.01 ~ 10μF	63，160，250，400	直流脉冲电流	Ⅰ ~ Ⅲ	同上 击穿后有自愈作用
CH 型有机薄膜电容器	3pF ~ 0.1μF	63 ~ 500	高频低频 50 ~ 80	Ⅰ ~ Ⅲ	高频电路、谐振回路和滤波电路
CY 型云母电容器	10pF ~ 0.01μF	100 ~ 1000	中型 75 ~ 100 小型 150 ~ 250	Ⅰ ~ Ⅲ	直流、交流和脉冲电路
CD 型铝电解电容器	1 ~ 10000μF	6.3 ~ 450	直流脉冲电压	Ⅳ、Ⅴ	有极性标志，适用于整流滤波、去耦和旁路
CA 型钽、铌电解电容器	0.47 ~ 1000μF	6.3 ~ 160	直流脉冲电压	Ⅲ、Ⅳ	性能优于 CD 型电容器，体积小，用于电源滤波电路
CI 型玻璃釉电容器	10pF ~ 3.9μF	63 ~ 100	50 ~ 3000	Ⅰ ~ Ⅲ	电子仪器中交流电路高频，脉冲电路
CC 型瓷介电容器	1 ~ 510pF	160 ~ 250	高频	Ⅰ ~ Ⅲ	高频电路
CL 型涤纶电容器	0.00047pF ~ 0.1μF	63 ~ 400	脉动电路	Ⅰ ~ Ⅲ	直流和脉动电路

4. 电容器的电容量

电容量是衡量电容器储存电荷本领的物理量。在国际单位制里，电容量的单位是法拉（简称法），用字母 F 表示。在实际使用中，一般电容器的电容量都比较小，因而常用比较小的单位，如微法（μF）和皮法（pF）。它们之间的换算关系如下：

$$1\text{F} = 10^6 \mu\text{F}$$

$$1\mu\text{F} = 10^6 \text{pF}$$

5. 电容器的串、并联

在实际使用中，往往会遇到电容器的电容量不合适，或者电容器的耐压不符合要求的情况，这时，可以将若干个电容器进行适当的连接，以满足实际电路的需要。

（1）电容器的串联

把两个或两个以上的电容器彼此相连，连成一个中间无分支的电路的连接方式称为电容器的串联。

电容器串联后的等效电容量（总电容量）C 的倒数等于各个电容器的电容量的倒数之和，即

$$\frac{1}{C} = \frac{1}{C_1} + \frac{1}{C_2} + \frac{1}{C_3} + \cdots$$

当两个电容器串联时，其等效电容量（总电容量）为

$$C = \frac{C_1 C_2}{C_1 + C_2}$$

n 个电容量均为 C_0 的电容器串联时，其等效电容量（总电容量）为

$$C = \frac{C_0}{n}$$

也就是说，**电容器串联的结果等于增加了电容器的厚度，相当于加大了两极板之间的距离，其总电容量因而减小**。因此，总电容量小于每一个电容器的电容量。

（2）电容器的并联

将两个或两个以上电容器相应的两端分别连在一起后，再接在同一个电路的两点之间的连接方式称为电容器的并联。

并联后的等效电容量（总电容量）等于各个并联电容器的电容量之和，即

$$C = C_1 + C_2 + C_3 + \cdots$$

电容器并联之后，相当于增大了两极板的面积，因此总电容器大于每个电容器的电容量。

6. 电容器选择

电力系统中，用以改善系统的功率因数时，应选择额定工作电压高、容量大的电力电容器；用于直流电源的滤波时，应选用大容量的电解电容器；在谐振回路

中，应选择稳定性高、介质损耗小的云母电容器或陶瓷电容器。

7. 电容器的检测

根据电容器有无充电、放电现象和电容器两端电压不能突变、充放电需要一定过渡时间的特点，可以判断电容器性能的好坏。电容器的简易测试接线如图6-8所示。操作步骤如下：

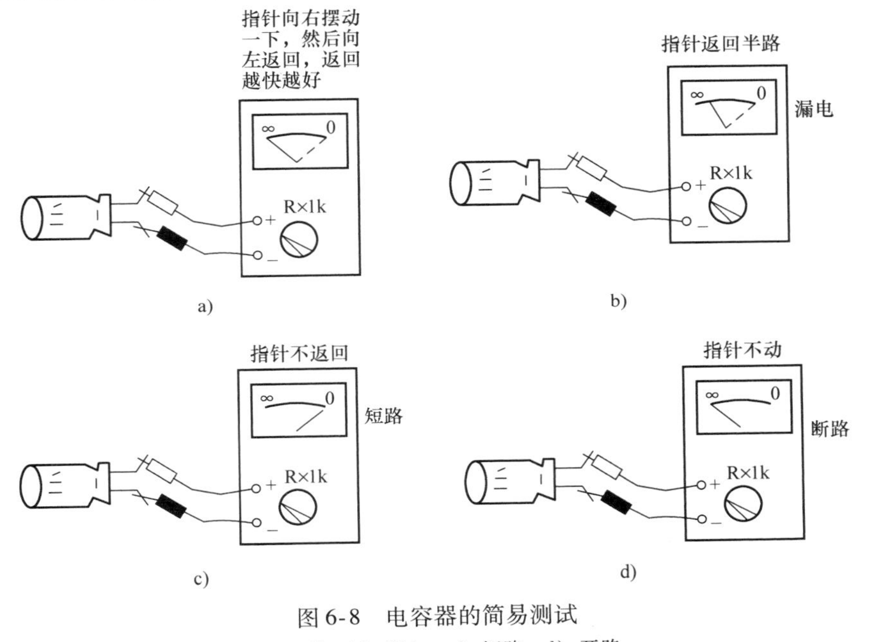

扫一扫看视频

图6-8　电容器的简易测试

a）正常　b）漏电　c）短路　d）开路

1）测试前，应根据被测电容量的大小，选择适当的电阻档量程。**小电容量**（小于4.7μF）**的电容器，选择R×10k档；中等电容量**（大于4.7μF，小于470μF）**的电容器，选择R×1k或R×100档；大电容量**（大于470μF）**的电容器，选择R×10档。**

2）将万用表黑表笔（内部电池正极）和红表笔分别接电容器的两个引脚。

3）观察万用表指针偏转，若指针向右偏转一定角度（表内电池向电容器充电），容量越大，充电时间越长。然后向左缓慢偏转（电容器放电），返回至无穷大，电阻为“∞”（即放电电流为“0”），则说明电容器性能良好，如图6-8a所示。

4）若万用表指针向左偏转不到“∞”，而是指在某个阻值上，如图6-8b所示，则说明电容器介质绝缘性能下降，有漏电现象。指针所指示的电阻值就是漏电阻阻值。有这种情况的电容器性能下降，则电容量减小。正常时的电容器漏电阻（绝缘电阻）是很大的，对小电容量的电容器来说，其绝缘电阻约为几十至几百兆欧。若漏电阻小于几兆欧，该电容器就不能再使用了。

5）若万用表的指针向右偏转到“0”位置，而不再返回，如图6-8c所示，则表明电容器内部短路或击穿，不能再使用。

6）若万用表的指针不向右偏，仍停在“∞”位置，如图6-8d所示，则表明该电容器内部开路（断路）。但如果是小电容量的电容器，由于电容量很小，充放电时间很快，也可能会造成此种现象，不能看作内部开路。

7）若万用表指针偏转到刻度中间位置后停止，交换表笔再测指针仍停在中间刻度的位置。这就如同测试一只电阻器，则表明该电容器已经失效，不可再用。

用万用表检测10pF以下的小电容器时应注意，因为10pF以下的固定电容器电容量太小，用万用表进行测量，只能定性地检查其是否有漏电、内部短路或击穿现象。测量时，可选用万用表R×10k档，用两表笔分别接电容器的任意两个引脚，阻值均应为无穷大。若测出阻值（指针向右摆动）为零，则说明电容器漏电损坏或内部击穿。

检测电解电容器时，黑表笔（与表内电池正极相连）接电容器的负极，而红表笔（与表内电池负极相连）接电容器的正极，相当于给电解电容器加反向电压，故测试时，指针一般都返回不到∞位置，说明电容器漏电，这是正常现象，因为电解电容器不允许加反向电压。

8. 电容器的代换

电容器损坏后，原则上应使用同类型、同参数的电容器代换。但是，如果找不到所需的电容器，可以用其他类型的电容器代换。

新换电容器的耐压值不应低于损坏的电容器，新换电容器的主要参数应与被换的电容器的主要参数相同或接近。

电源滤波电容器可以用容量较大的同类电容器代换；纸介电容器可以用聚丙烯电容器、低频瓷介电容器代换；云母电容器可以用瓷介电容器代换。

6.1.3 电感器的种类和选用

1. 电感器的特点

用绝缘导线绕制而成，具有一定匝数，能产生一定自感量或互感量的电子元件，常称为电感器（也称电感线圈、电感元件或电感）。为增大电感值，提高品质因数，缩小体积，常加入铁磁物质制成的铁心或磁心。

电感器是用电磁线在绝缘骨架上绕制成的线圈，骨架可以是空的，也可以带有铁磁材料制成的铁心。电感器一般由绕组、骨架、磁心、屏蔽罩等组成。常用电感器如图6-9所示。

电感器具有阻止交流电通过而让直流电顺利通过的特性，频率越高，线圈阻抗越大。因此，电感器的主要功能是对交流信号进行隔离、滤波或与电容器、电阻器等组成谐振电路。

电感器在电路中主要起到滤波、振荡、延迟等作用，还有筛选信号、过滤噪

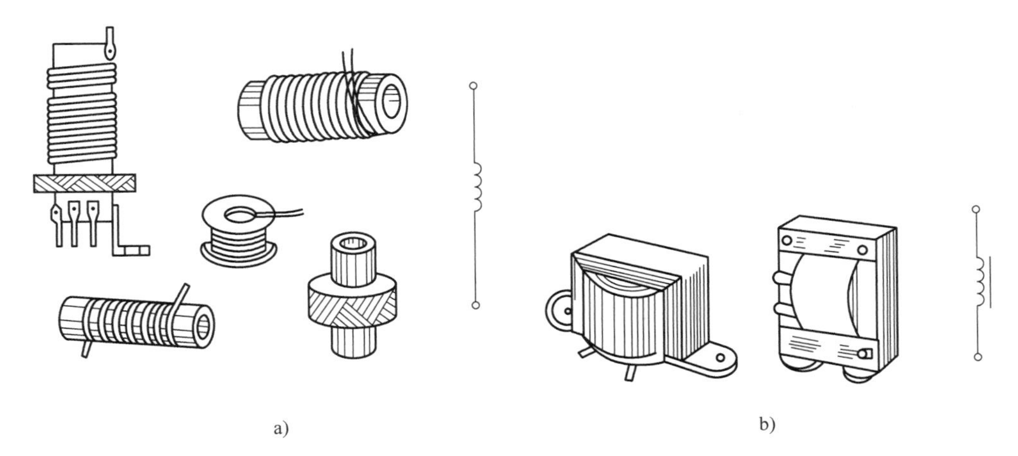

图 6-9　常用电感器
a）普通电感器　b）带铁心电感器

声、稳定电流及抑制电磁波干扰等作用。电感在电路最常见的作用就是与电容一起，组成 LC 滤波电路。电容具有“阻直流，通交流”的特性，而电感则有“通直流，阻交流”的功能。

2. 电感器的种类

1）按心（骨架内腔）的材料可以分为空心电感器、磁心电感器、铁心电感器等。

2）按频率范围可以分为高频电感器、中频电感器和低频电感器。

3）按安装方式可以分为立式、卧式电感器。

4）按用途可以分为振荡电感器、滤波电感器和阻流电感器等。

而且电感器还可分为小型固定电感器和微调互感器等。

3. 电感器的性能参数

电感器的基本参数有电感量、品质因数、固有电容量、稳定性、通过的电流和使用频率等。

（1）电感量 L

电感量是指电感器通过电流时，能产生自感能力的大小。电感量的大小，主要取决于线圈匝数、绕制方式、有无铁心及铁心的材料等。

电感量（也称电感）的单位是亨利，简称亨，用字母 H 表示。在实际使用中，电感量的常用单位还有毫亨（mH）、微亨（μH），它们之间的换算关系如下：

$$1\text{H} = 1 \times 10^3\ \text{mH}$$

$$1\text{mH} = 1 \times 10^3\ \mu\text{H}$$

值得注意的是，电感这个名词包含了双重意思，一方面它表示一种电器元件；另一方面，它又是一个电气参量。

（2）额定电流 I_N

额定电流是指电感器正常工作时所允许通过的最大电流值。若电感器的工作电流超过额定电流，电感器的性能参数就会发生改变，严重时还可能烧坏电感器。所以在使用电感器时，工作电流一定要小于额定电流值。

（3）品质因数

品质因数也称 Q 值，它是指电感器在某一频率的交流电压下工作时，所呈现的感抗与其等效损耗电阻之比，$Q=2\pi fL/R$。Q 值表示了线圈的“品质”，是衡量电感器质量好坏的主要参数。**电感器的 Q 值越高，其损耗越小，效率越高。**

（4）分布电容 C_0

分布电容是指线圈的匝与匝之间、线圈与铁心、线圈与屏蔽盒之间存在的电容。分布电容过大时，会与电感器线圈形成谐振，降低电感器线圈电感量的稳定性。所以电感器的分布电容越小，其稳定性越好。

4. 电感器的技术数据

（1）LG1 型和 LGX 型（卧式）固定电感器的主要技术数据（见表 6-7）

表 6-7　LG1 型和 LGX 型（卧式）固定电感器的主要技术数据

标称电感容量范围/μH	电感量允许偏差（%）	频率/kHz	额定电流/mA	电流组别	品质因数		直流电阻/Ω	外形尺寸（D×L）/mm
					LG1	LGX		
10～82	±5、±10、±20	10～200	50	A	40	35	2～5.7	φ5×15
1～8.2			300	C	50	40	1～1.2	
0.1～0.82			1600	E	80	70	0.03～0.06	
100～820			50	A	40	35	6～16	φ6×18
100～270			150	B	40	35	4～5	
10～82			300	C	40	35	1.2～3.5	
1～8.2			1600	E	35	30	0.07～0.18	
1000～10000			50	A	30	30	17～65	φ8×24
330～3300			150	B	40	35	5.2～15	
100～820			300	C	40	35	4～6.2	
3900～10000			150	B	30	30	16～27.5	φ10×30
1000			300	C	40	35	7.8	
10～27			1600	E	30	30	0.18～0.2	
35～560			1600	E	30	30	0.2～0.6	φ15×40

注：1. 型号中 L 表示电感器；G 表示高频；X 表示小型。

2. 电感量系列为 1，1.2，1.5，1.8，2.2，2.7，3.3，3.9，4.7，5.6，6.8，8.2 分别乘以 n，（n = 0.1，1，10，100，1000）。

3. 额定电流分 5 档，D 组的额定电流为 700mA。

（2）LG4 型（立式）固定电感器的主要技术数据（见表 6-8）

表 6-8　LG4 型（立式）固定电感器的主要技术数据

类别	电感量允许偏差（%）	频率/kHz	额定电流组别	电感量标称值/μH
饼类	±5、±10、±20	20～200	A、B	10、12、18、22、27、33、39、47、56、68、82、100、120、150、180、220、270、330、390、470、560、680、820
圆柱类			A、B、C、D	
圆柱类			A	1、1.2、1.5、1.8、2.2、2.7、3.3、3.9、4.7、5.6、6.8、8.2、10、12、18、22、27、33、39、47、56、68、82

5. 电感器的串联、并联

线圈的匝数越多，其电感量越大。如果两电感器互不影响，电感器串联得越多，电感量越大，串联后的总电感 L 为各电感之和，即

$$L = L_1 + L_2 + L_3 + \cdots$$

电感器越并联电感量越小，并联后的总电感量 L 的倒数等于各个电感器的电感量的倒数之和，即

$$\frac{1}{L} = \frac{1}{L_1} + \frac{1}{L_2} + \frac{1}{L_3} + \cdots$$

电感器的串、并联计算与电容器相反，与电阻器相同。

6. 电感器的选择

选用电感器时，需考虑其性能参数（电感量、额定电流、品质因数等）及外形尺寸是否符合要求。所以在选取电感器时，应注意以下几点：

1）电感量应与电路要求相同，尤其是调谐回路的线圈电感量数值要精确。当电感量过大或过小时，可以减少或增加线圈的匝数，以达到要求。对于带有可调磁心的线圈，在测量调试时，应将磁心调到中间位置。当电感量相差较大时，可采用串、并联的方法进行解决。

2）两个电感线圈电感量相同时，Q 值越高越好。

3）电感器的外加电压和通过电感器的电流不能超过其额定值。

4）对于有抗电强度要求的电感器，需选用封装材料耐电压高的品种，通常耐压较好的电感器防潮性能较好，采用树脂浸渍、包封、压铸工艺可满足该项的要求。

5）选择电感器时，要考虑电感器引线或引脚拉力、扭力、耐焊接和可焊性。

6）对于贴片式电感器，选用时需参照设计的焊盘尺寸。若选用带引脚的电感器，在无明确规定及安装位置足够的前提下，可用同参数的立式、卧式电感器互换。

7. 电感器使用注意事项

1）电感器的铁心与绕线容易因温升过高，导致电感量发生变化，因此需注意

其本体温度必须在允许使用温度范围内。

2）在电流通过电感元件的线圈后，容易形成电磁场。因此，在元件位置摆放时，需注意使相邻的电感器彼此远离，或绕线组互成直角，以减少相互间的感应量。

3）电感器的各层绕线间，尤其是多圈、细线的电感器会产生间隙电容量，造成高频信号旁路，会降低电感器的实际滤波效果。

4）用仪表测试电感值与 Q 值时，为求数据正确，测试引线应尽量缩短。

5）对于有屏蔽罩的电感器，使用时应将屏蔽罩接地，可以起到相互隔离的作用。

6）对于带磁心的电感器，缓慢调节磁心可以改变其电感量；对于多层分段线圈，移动分段的间距，可以微调其电感量。

8. 电感器的简易检测

（1）检查外观

电感器绕组不应松散或变形，外皮不应有破损，磁心转动应灵活。

（2）测量电感器的电阻

将万用表置于合适的电阻档档位，把表笔接到电感器两引脚上，观察万用表的电阻值。测得的电阻值应与电感器线圈的匝数成正比。一般高频电感器的电阻值为零至几欧；中频电感器的电阻值为几十欧至几百欧；低频电感器的电阻值为几百欧至几千欧。测量时，可将被测电感器与正常电感器对比，如果被测电感器的测量值明显小于正常值，则说明被测电感器短路；如果万用表读数偏大或为无穷大，则表示被测电感器损坏或开路。

（3）检查电感器的绝缘

对于有铁心的电感器，用万用表 R×10k 档测量电感器引出线与铁心间的电阻值应为“∞”，否则表明所测电感器绝缘不良。

9. 电感器的代换

1）代换电感器时，应尽量选用型号相同的电感器。如果没有相同型号的电感器时，一般情况下，只要电感量、额定电流相同，外形尺寸相近，可以直接代换使用。

2）在要求比较严格的电路（例如高频、中频、振荡电路）中，要求电感量的误差不超过10%，最大不能超过20%。在要求不太严格的电路（例如滤波电路）中，更换的电感器的电感量选得大一些比较好。

3）更换空心电感器线圈时，不要随便改动线圈的间距，否则其电感量会发生改变。

6.2　二极管及其应用电路

6.2.1　半导体的基础知识

自然界存在着各种物质，按导电能力的强弱可以分为导体、半导体和绝缘体。半导体的导电能力介于导体和绝缘体之间，主要有硅、锗、硒、砷化镓等。

半导体之所以被重视，是因为很多半导体的导电能力在不同的条件下有着显著的差异。有些半导体，如钴、锰、硒等的氧化物对温度的反应特别灵敏，环境温度升高时，它们的导电能力会明显增强，利用这些热敏特性可以制成各种热敏元件。有些半导体材料，如镉、铝的硫化物和硒化物等受到光照射时，它们的导电能力会变得很强；当无光照射时，又变得像绝缘体那样不导电，利用这种光敏特性，可制成各种光敏元件。

更为重要的是，如果在纯净的半导体中掺入微量的杂质元素，其导电能力会猛增很多倍。利用半导体的这种掺杂特性，可制成种类繁多的具有不同用途的半导体器件，如半导体二极管（又称为晶体二极管，简称二极管）、半导体三极管（又称为晶体三极管，简称晶体管或三极管）等。

1. N 型半导体和 P 型半导体

天然的半导体材料会有多种杂质，经过提纯（去除杂质）、拉单晶等工艺后，形成纯净的不含杂质的半导体，称为本征半导体。

若在本征半导体中掺入微量的杂质元素（晶体结构基本不变），就能显著改善半导体的导电性能。根据所掺杂质的不同，掺杂后的半导体可分为 N 型半导体和 P 型半导体两种。

2. PN 结的形成

PN 结是由 P 型半导体和 N 型半导体通过一定方式结合而成的。这里的结合并不是简单地将两种半导体接触在一起，而是在一块完整的本征半导体硅或锗上，采用掺杂工艺使一侧形成 P 型半导体，另一侧形成 N 型半导体，那么在 P 型和 N 型半导体的交界面上就会形成一个特殊的带电薄层，称为 PN 结。这是对 PN 结的一般认识。PN 结是构成各种半导体器件的基础。因此，只有掌握 PN 结的导电特性，才能掌握半导体器件的工作原理。

3. PN 结的单向导电性

PN 结由于有内电场，当外加不同方向的电压时，会产生不同的导电特性。

在 PN 结两端外加电压，称为给 PN 结以偏置。当 P 区电位高于 N 区电位时，称为正向偏置；反之，当 N 区电位高于 P 区电位时，称为反向偏置。

1）PN 结正向偏置。给 PN 结加正向偏置电压，即外电源的正极接 P 区，负极接 N 区，如图 6-10a 所示。

2）PN 结反向偏置。给 PN 结加反向偏置电压，即外电源的正极接 N 区，负极接 P 区，如图 6-10b 所示。

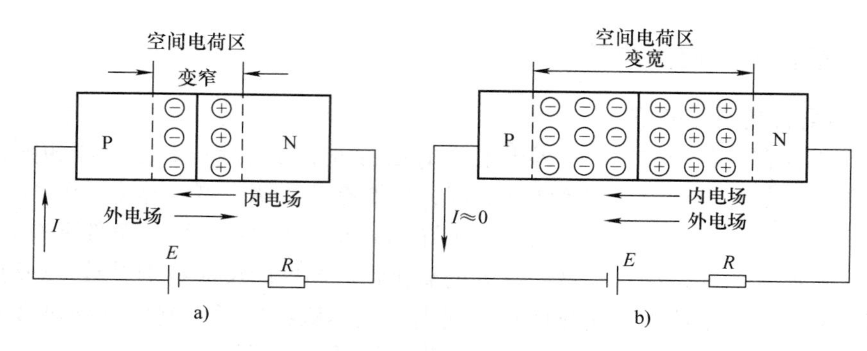

图 6-10 PN 结的单向导电性

a）加正向偏置电压 b）加反向偏置电压

PN 结正偏时，电路中有较大电流，PN 结呈导通状态；PN 结反偏时，电路中电流很小，几乎没有电流通过，PN 结呈截止状态。可见，PN 结具有单向导电性。

6.2.2 二极管的结构和分类

1. 二极管的结构

半导体二极管（又称晶体二极管，以下简称二极管）是用半导体材料制成的二端器件。它是由一个 PN 结加上相应的电极引线并用管壳封装而成的，其基本结构如图 6-11a 所示。P 型区的引出线为二极管的正极（阳极），N 型区的引出线为二极管的负极（阴极）。二极管通常用塑料、玻璃或金属材料作为封装外壳，外壳上印有标记，以便区分正负电极。

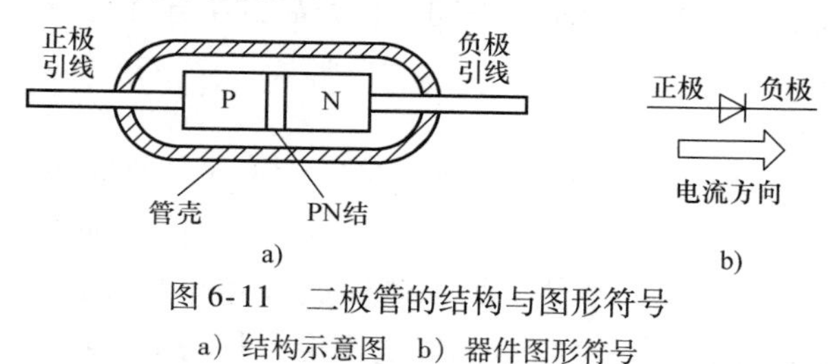

图 6-11 二极管的结构与图形符号

a）结构示意图 b）器件图形符号

在电路图中，并不需要画出二极管的结构，而是用约定的电路图形符号和文字符号来表示，二极管的器件图形符号如图 6-11b 所示，箭头的一边代表正极，另一边代表负极，而箭头所指方向是正向电流流通的方向。通常用文字符号 VD 代表二极管。

常见二极管的外形如图 6-12 所示。

2. 二极管的主要类型

1）按制造二极管的材料分类，可分为硅二极管和锗二极管。

2）按 PN 结的结构特点分类，可分为点接触型和面接触型。

3）按二极管的用途分类，可分为普通二极管、整流二极管、开关二极管、稳压二极管、变容二极管、发光二极管、光电二极管（又称光敏二极管）、热敏二极管等。

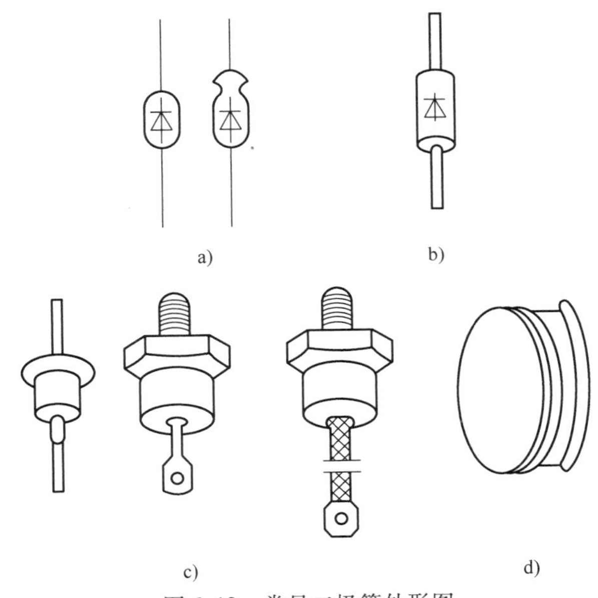

图 6-12　常见二极管外形图

a）玻璃封装二极管　b）塑料封装小功率二极管

c）金属封装中、大功率二极管　d）金属封装电极平板式二极管

3. 点接触型二极管和面接触型二极管的特点

点接触型二极管的内部结构如图 6-13a 所示。由于点接触型二极管的金属丝很细，形成的 PN 结面积很小，不能承受高的反向电压和大的电流，但其极间电容很小，所以主要适用于作为高频检波和脉冲数字电路的开关元件，也可用来进行小电流整流。

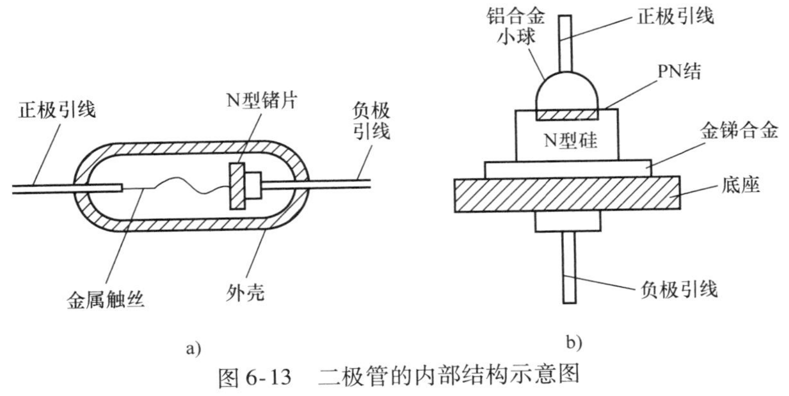

图 6-13　二极管的内部结构示意图

a）点接触型　b）面接触型

面接触型二极管的内部结构如图 6-13b 所示，其 PN 结是用合金法或扩散法制成的。由于面接触型二极管的 PN 结面积大，可承受较大的电流，但极间电容也大，所以主要适用于作为整流元件，而不宜用于高频电路。

6.2.3 二极管的型号

二极管的品种很多，每种二极管都有一个型号，按照国家标准的规定，国产半导体器件的型号由五个部分组成，其组成部分的符号及含义见表6-9。

表6-9 二极管型号命名方法

第一部分（数字）	第二部分（拼音字母）	第三部分（拼音字母）	第四部分（数字）	第五部分（拼音字母）
电极数目	材料与结构	类型	同类型的序号	规格号
2	A—N型，锗材料 B—P型，锗材料 C—N型，硅材料 D—P型，硅材料 E—化合物材料	P—普通管 Z—整流管 W—稳压管 K—开关管 L—整流堆 C—变容管 S—隧道管 N—阻尼管	1、2、3… 11、12、13…	表示同一型号器件某些参数有差别，可在型号后面附加A、B、C、D等，以示区别

二极管型号示例：

1）2AP9——N型锗材料，普通二极管，设计序号为9。

2）2CZ11B——N型硅材料，整流二极管，设计序号为11，规格代号为B。

6.2.4 二极管的特性及主要技术参数

1. 二极管的伏安特性

二极管的伏安特性是指加在二极管两端的电压和流过二极管的电流之间的关系，用于定量描述这两者的关系曲线称为伏安特性曲线，如图6-14所示。

在图6-14中，实线为硅二极管的伏安特性，虚线为锗二极管的伏安特性。从曲线的变化规律可以看出，二极管的伏安特性可以分为两大区域：正向区，二极管正偏；反向区，二极管反偏。正反向两个区坐标的标注不为同一数量级，电压电流不按比例变化，这说明二极管是一个非线性器件。

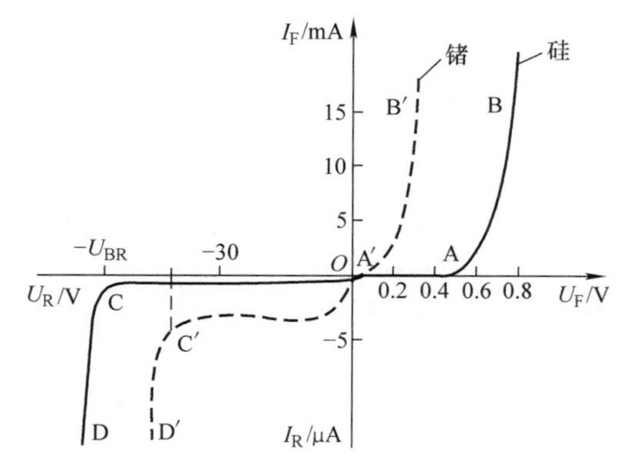

图6-14 二极管的伏安特性曲线

2. 二极管的主要参数

二极管的主要技术参数见表6-10。

表6-10 二极管的主要技术参数

参数	名称	定义
I_{FM}	最大整流电流	是指二极管长时间工作时，允许通过二极管的最大平均电流

（续）

参数	名称	定义
U_F	正向电压降	二极管通过额定正向电流（I_F）时，在管子两极间产生的电压降（平均值）
I_R	反向漏电流	二极管两端施加规定的反向电压（U_R）时，通过二极管的反向漏电流
U_{RM}	最高反向工作电压	允许长期加在二极管反向的恒定电压值
U_{BM}	反向击穿电压	发生反向击穿时的电压值
I_{FSM}	不重复正向浪涌电流	一种由于电路异常情况（如故障）引起的、并使结温超过额定结温的不重复性最大正向过载电流
I_F	正向电流	二极管正常工作时，通过的最大正向电流

6.2.5 常用二极管的技术数据

1. 常用检波二极管技术数据（见表6-11）

表6-11 常用检波二极管技术数据

型号	最高反向工作电压/V	反向击穿电压/V	最大整流电流/A	最高工作频率/MHz
2AP1	10	≥40	16	150
2AP2	25	≥45	16	
2AP3	25	≥45	25	
2AP4	50	≥75	16	
2AP5	75	≥110	16	
2AP6	100	≥150	12	
2AP7	100	≥150	12	
2AP8	10	≥20	35	
2AP9	10	≥20	8	100
2AP10	10	≥35	8	
2AP11	10	≥20	25	40
2AP12	10	≥20	40	
2AP13	30	≥45	20	
2AP14	30	≥45	30	
2AP15	30	≥45	30	
2AP16	50	≥75	20	
2AP17	100	≥150	15	

2. 常用整流二极管技术数据（见表6-12）

表6-12 常用整流二极管技术数据

型号	反向工作峰值电压/V	额定正向整流电流/A	正向不重复峰值电流/A	反向电流/μA	正向电压降/V
2CZ52	B～M 50～1000	0.1	2	5	≤1.0
2CZ53		0.3	6	5	
2CZ54		0.5	10	10	
2CZ55		1	20	10	
2CZ56	B～P 50～1400	3	65	≤20	≤0.65
2CZ57		5	105	≤20	
2CZ58		10	210	≤30	
2CZ59		20	420	≤40	
2CZ60		50	900	≤50	≤0.7
2CZ82	A～K 25～800	0.1	2	5	≤1.0
2CZ83		0.3	6	5	
2CZ85		1	20	≤3	
2CZ86		2	30	≤4	
2CZ87		3	50	≤3	
IN4001	50	1	30	5	1.1
IN4002	100				
IN4003	200				
IN4004	300				
IN4005	400				
IN5391	50	1.5	50	10	1.4
IN5392	100				
IN5393	200				
IN5394	300				
IN5395	400				
IN5396	500				

3. 常用光电二极管技术数据（见表6-13）

表 6-13　常用光电二极管技术数据

型号	最高反向工作电压/V	暗电流/μA	光电流/μA	灵敏度(μA/μW)	结电容/pF	响应时间/μs
2CU1A	10	≤0.2	≥80	≥0.5	≤8	0.1
2CU1B	20					
2CU1C	30					
2CU1D	40					
2CU1E	50					
2CU2A	10	≤0.1	≥30			
2CU2B	20					
2CU2C	30					
2CU2D	40					
2CU2E	50					
2CU3A	10	0.5	15	≥0.5	≤20	
2CU3B	20			≥0.5		
2CU3C	30			≥0.6		

4. 常用稳压二极管技术数据（见表 6-14）

表 6-14　常用稳压二极管技术数据

型号	最大耗散功率/W	稳定电流/mA	稳定电压/V	反向漏电流/μA	正向电压降/V
2CW50	0.25	83	1~2.8	≤10	≤1
2CW51		71	2.5~3.5	≤5	
2CW52		55	3.2~4.5	≤2	
2CW53		41	4~5.8	≤1	
2CW54	1	38	5.5~6.5	≤0.5	≤1
2CW55		33	6.2~7.5		
2CW56		27	7~8.8		
2CW57		26	8.5~9.5		
2CW58		23	9.2~10.5		
2CW59		20	10~10.8		
2CW60		19	11.5~12.5		
2CW61		16	12.2~14		
2CW62		14	13.5~17		
2CW63		13	16~19		
2CW64		11	18~21		
2CW65		10	20~24		≤0.5
2CW66		9	23~26		

6.2.6 二极管的使用常识

1. 二极管的简单测试

根据二极管正向电阻小、反向电阻大的特性，可用万用表的电阻档大致判断出二极管的极性和好坏。测试时应注意以下两点：第一，置万用表电阻档，此时，指针式万用表的红表笔接的是表内电池的负极，黑表笔接的是表内电池的正极，千万不要与万用表面板上表示测量直流电压或电流的“+”“-”符号相混淆，黑表笔接至二极管的正极，红表笔接至二极管的负极时为正向连接；第二，测量小功率二极管时，一般用 R×100 或 R×1k 档。R×1 档电流较大，R×10k 档电压较高，都可能使被测二极管损坏。

（1）极性的判断

用万用表来判断二极管的极性的方法如图 6-15 所示。若测得的电阻值较小，一般为几十欧至几百欧（硅管为几千欧），如图 6-15a 所示，则与黑表笔相接触的一端是二极管的正极，另一端是负极；反之，若测得的电阻值较大，一般为几十千欧至几百千欧，如图 6-15b 所示，则与红表笔相接触的一端是二极管的正极，另一端是负极。

扫一扫看视频

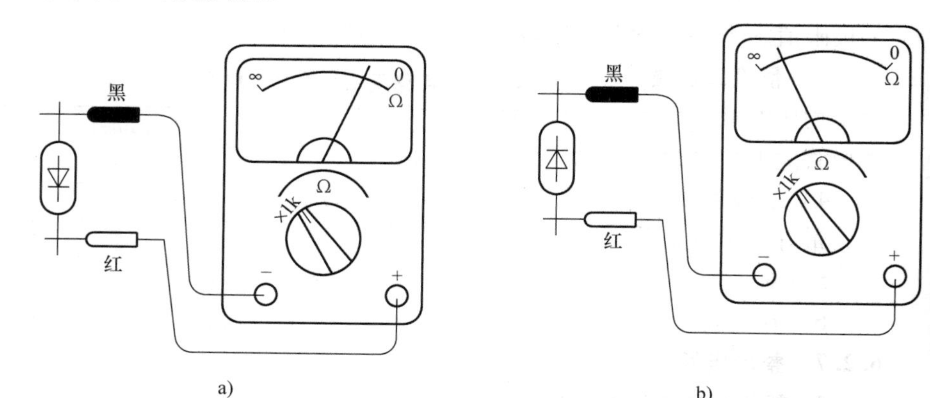

图 6-15 用万用表检测二极管
a）测量正向电阻 b）测量反向电阻

（2）好坏的判断

二极管具有单向导电性，因此测量出来的正向电阻值与反向电阻值相差越大越好。若相差不大，说明二极管性能不好或已损坏；若测量的正、反向电阻值都非常大，说明二极管内部已断路；若正、反向电阻值都非常小或为零，说明二极管电极之间已短路。

（3）判别硅二极管和锗二极管

使用万用表的电阻档（R×100 或 R×1k）分别测量二极管的正、反向电阻值，正向电阻值和反向电阻值都较大的是硅二极管，正向电阻值和反向电阻值都较小的是锗二极管。

2. 选用二极管的一般原则

二极管有点接触型和面接触型两种类型，材料有硅和锗。它们各具有一定的特点，应根据实际要求选用。选择二极管的一般原则如下：

1）要求导通电压低时选锗二极管，要求导通电压高时选硅二极管。

2）要求反向电流小时选硅二极管。

3）要求反向击穿电压高时选硅二极管。

4）要求热稳定性较好时选硅管。

5）要求导通电流大时选面接触型二极管。

6）要求工作频率高时选点接触型二极管。

例如，若要求导通后的正向电压和平均电流都较小，而信号频率较高，则应选用点接触型锗二极管；若要求平均电流大、反向电流小、反向电压高且热稳定性较好时，应选用面接触型硅二极管。

3. 二极管使用注意事项

1）二极管接入电路时，必须注意极性是否正确。

2）二极管的正向电流和反向电压峰值以及环境温度等不应超过二极管所允许的极限值。

3）**整流二极管不应直接串联或并联使用**。如需串联使用，每个二极管应并联一个均压电阻，其大小按每 100V（峰值）70kΩ 左右计算；如需并联使用，每个二极管应串联 10Ω 左右的均流电阻，以防器件过载。

4）二极管接入电路时，既要防止虚焊，又要注意不使管子过热受损。在焊接时，最好用 45W 以下的电烙铁，并用镊子夹住引脚根部，以免烫坏管芯。

5）对于大功率的二极管，需加装散热器时，应按规定安装散热器。

6）在安装时，应使二极管尽量远离发热器件，并注意通风降温。

6.2.7　整流电路

1. 整流电路的主要类型与整流器的组成

将交流电转变为直流电的过程称为整流，完成这种转换的电路称为整流电路。整流电路是利用二极管的单相导电特性进行整流的。

用作整流的二极管称为整流二极管，简称整流管。在分析整流电路时，为方便起见，可把二极管当作理想元件，即认为其正向导通时电阻为零，反向截止时电阻为无穷大。

根据交流电源的不同，可分为单相整流和三相整流；根据整流方式的不同，可分为半波整流和全波整流。

单相整流电路只适用于小功率负载，当负载功率较大时，若仍采用单相整流电路，会造成三相电网负载不平衡，对电力系统易产生不利影响。因此在需要大功率整流时，常采用三相整流电路。三相整流电路有三相半波整流和三相桥式整流两种电路形式。

将交流电转变为直流电的设备称为整流器。整流器一般由整流变压器、整流电路、滤波器等组成，如图 6-16 所示。直流稳压电源的组成框图如图 6-17 所示。

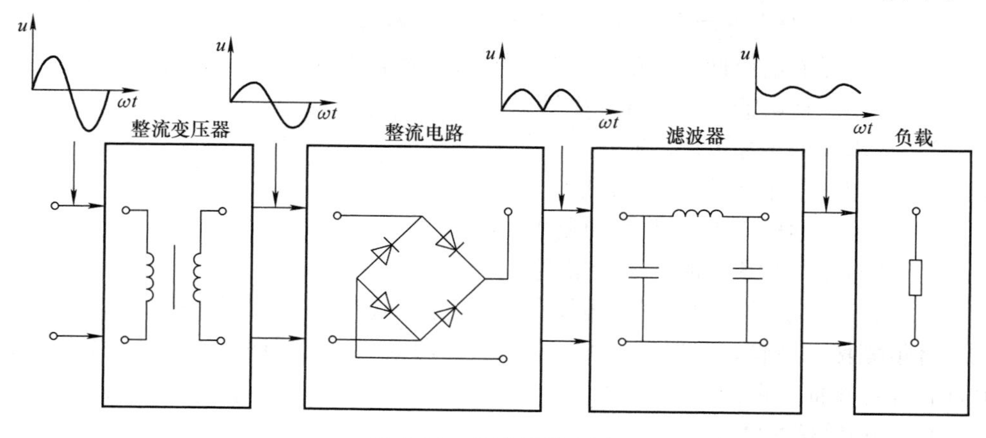

图 6-16 整流器示意图

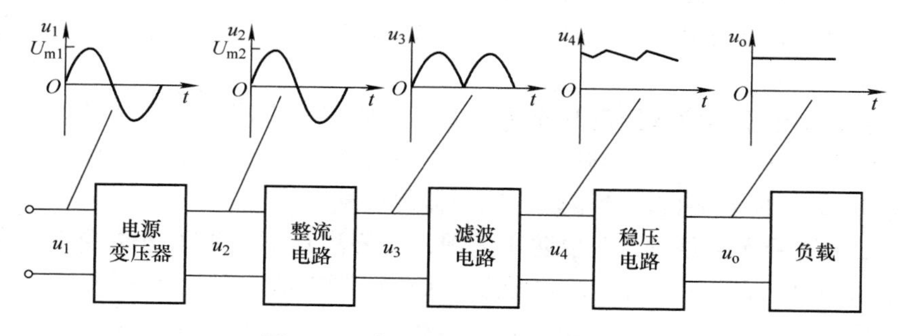

图 6-17 直流稳压电源的组成框图

电源变压器（又称整流变压器）的作用是将输入的交流电压降低或升高为整流电路所要求的电压值；整流电路的作用是将交流电变成方向不变，但大小随时间变化的脉动直流电，这种单方向脉动电压往往包含着很大的交流成分，一般不能作为电子电路的直流电源；滤波电路是由电容、电感等储能元件组成的，其作用是尽可能将单向脉动电压中的脉动成分滤掉，使输出电压尽可能平稳，滤波以后的直流电压尽管已比较平滑，但其输出电压受电网电压波动和负载变化的影响太大，还不能在要求较高的电子电路中使用；稳压电路的作用就是采取措施，使输出的直流电压不受电网电压波动和负载变化的影响而保持稳定。

2. 单相半波整流电路的工作原理

单相半波整流电路由电源变压器 T、整流二极管 VD 和用电负载 R_L组成，其电路及波形如图 6-18 所示。图中，u_2表示变压器的二次电压，其瞬时值表达式为 $u_2=\sqrt{2}U_2\sin\omega t$；$u_L$是脉动直流输出电压，即向直流用电负载提供的电压。

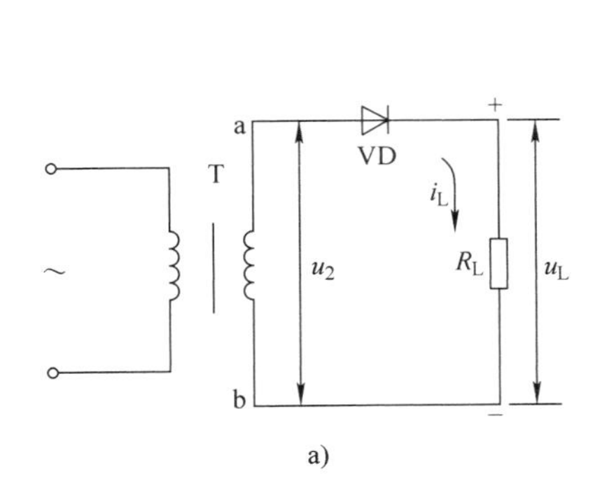

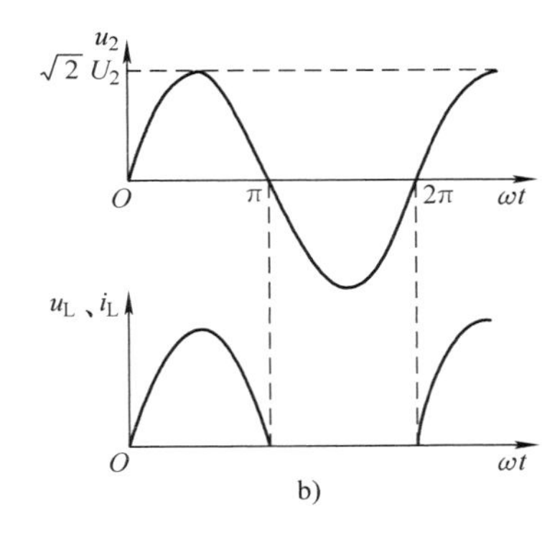

图 6-18　单相半波整流电路及波形
a）电路图　b）波形图

当变压器二次电压 u_2 为正半周时，设 a 端为正，b 端为负，二极管 VD 因承受正向电压而导通，此时，二极管的电压降近似为零，负载电阻 R_L 上有电流 i_L 通过，负载电阻 R_L 两端电压 u_L 近似等于变压器二次电压 u_2。当变压器二次电压 u_2 为负半周时，b 端为正，a 端为负，二极管 VD 因承受反向电压而截止，负载 R_L 上的电压 u_L 及通过负载电阻 R_L 的电流 i_L 为零。

由以上分析可知，在交流电一个周期内，整流二极管正半周导通，负半周截止，以后周期重复上述过程。这时整流二极管就像一个自动开关，u_2 为正半周时，它自动把电源与负载接通；u_2 为负半周时，则自动将电源与负载切断。因此，负载 R_L 上获得大小随时间改变，但方向不变的脉动直流电压 u_L，其波形如图 6-18b 所示。这种电路所获得的脉动直流电好像是交流电被“削掉”一半，故称为半波整流电路。

3. 单相全波整流电路

单相全波整流电路实际上是由两个单相半波整流电路组合而成的，其电路图及波形图如图 6-19 所示。该电路的特点是在变压器 T 的二次侧具有中心抽头。

对电路进行分析可知，在交流电一个周期内，二极管 VD1 和 VD2 交替导通，即两个整流器件构成的两个单相半

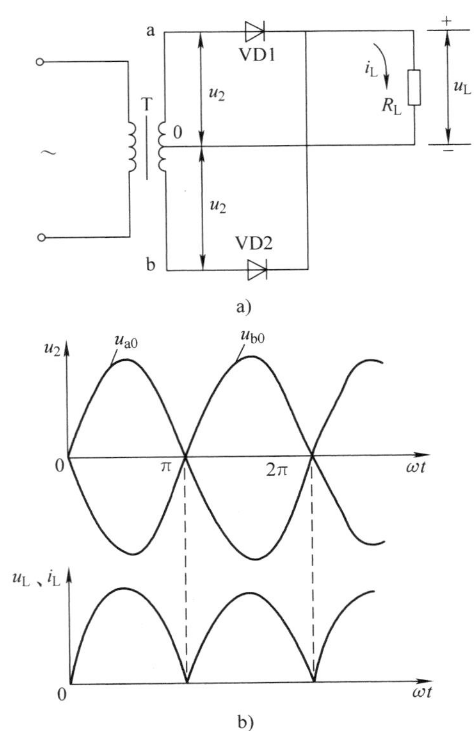

图 6-19　单相全波整流电路及波形
a）电路图　b）波形图

波整流电路轮流导通，从而使负载 R_L上得到了单一方向的全波脉动直流电压和电流，这种整流电路称为单相全波整流电路。

4. 单相桥式整流电路

单相桥式整流电路由变压器 T 、4 个整流二极管 VD1 ~ VD4 和负载 R_L组成。其中，4 个整流二极管组成桥式电路的 4 条臂，变压器二次绕组和接负载的输出端分别接在桥式电路的两对角线的顶点，电路如图 6-20 所示。必须注意 4 个整流二极管的连接方向，任一个都不能接反、不能短路，否则会引起整流二极管和变压器烧坏。

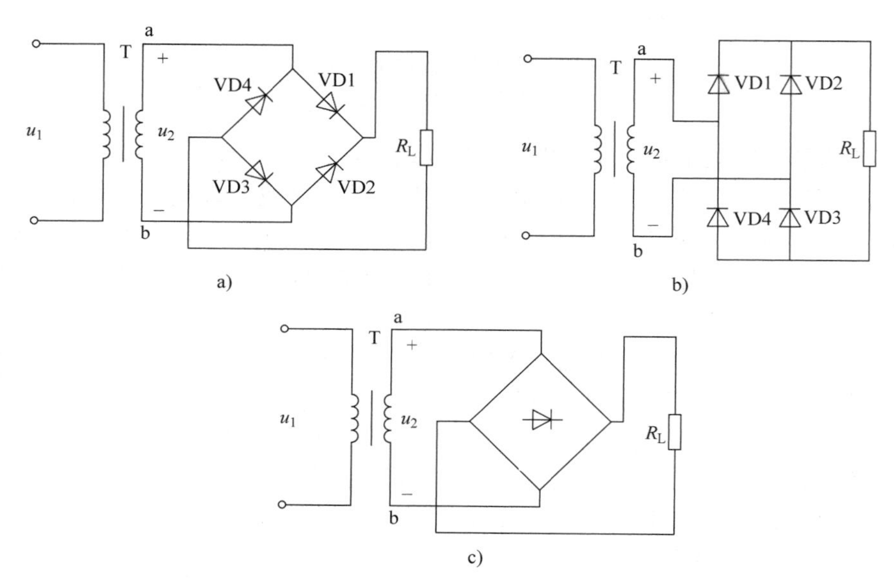

图 6-20　桥式整流电路

a）常用画法　b）变形画法　c）简化画法

对电路进行分析可知，在交流电正、负半周都有同一方向的电流流过负载 R_L，4 个二极管中两个为一组，两组轮流导通，在负载 R_L上得到全波脉动的直流电压和电流。所以这种整流电路属全波整流类型。

由于桥式整流电路优点显著，现已生产出二极管组件——硅桥式整流器，又称为硅整流桥堆，如图 6-21 所示。它将 4 个二极管集成在同一硅片上，再用绝缘瓷、环氧树脂等外壳封装成一体。

图 6-21 所示为单相整流桥堆，它有 4 个引脚，其中两个脚上标有“ ~ ”符号，它们与输入的交流电相连接；另外两个脚上分别标着“ + ”“ − ”，它们是整流输出直流电压的正、负端。

整流桥堆的主要参数是最大反向工作电压和最大整流电流。在选用时，要根据电路具体要求来选择这两个参数。

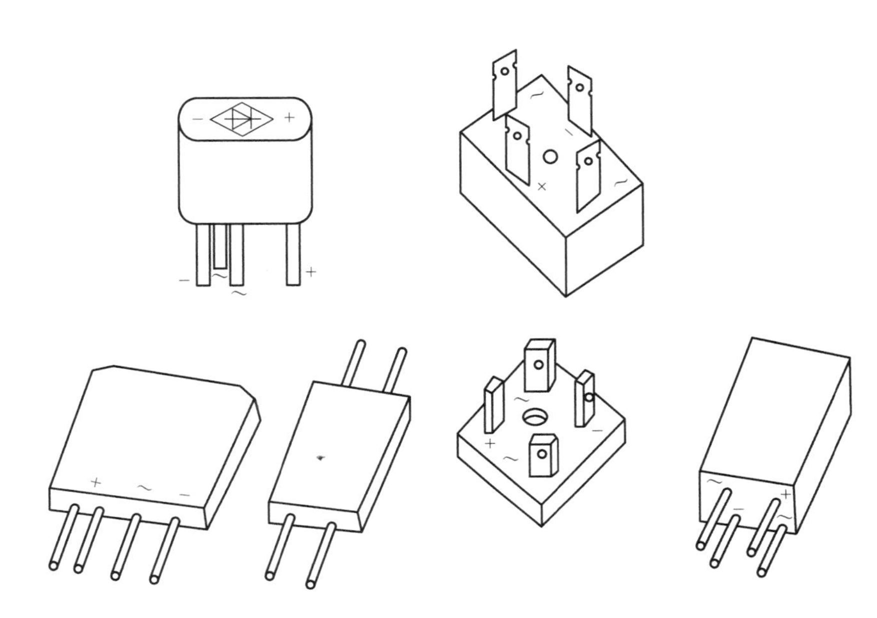

图 6-21　单相整流桥堆外形

单相整流电路的主要参数比较见表 6-15。

表 6-15　单相整流电路的主要参数比较

整流电路名称	单相半波	单相全波	单相桥式
输出直流电压 U_L	$0.45U_2$	$0.9U_2$	$0.9U_2$
输出直流电流 I_L	$0.45U_2/R_L$	$0.9U_2/R_L$	$0.9U_2/R_L$
二极管承受的最大反向工作电压	$1.41U_2$	$2.83U_2$	$1.41U_2$
流过每个二极管的平均电流	I_L	$I_L/2$	$I_L/2$
整流变压器平均计算容量	$3.09U_LI_L$	$1.48U_LI_L$	$1.23U_LI_L$
脉动系数 s	1.57	0.667	0.667
纹波系数 γ	1.21	0.484	0.484

注：表中 U_L 为输出直流电压，即整流电压平均值；U_2 为整流变压器二次电压；I_L 为输出直流电流，即整流电流平均值；R_L 为负载等效电阻，$R_L=U_L/I_L$；$s=\frac{\text{输出电流交流分量的基波振幅值}}{\text{输出电流直流分量（即平均值）}}$；$\gamma=\frac{\text{输出电流交流分量的有效值}}{\text{输出电流直流分量（即平均值）}}$。

5. 三相整流电路

三相半波整流电路及波形如图 6-22 所示。它的电源变压器是三相变压器，其一次侧为三角形联结，二次侧为星形联结。**三相半波整流电路中，整流元件的导电原则是：哪一相的相电压正值最大，串接在哪一相的整流元件即导通。**

三相桥式整流电路及波形如图 6-23 所示。它是由两个三相半波整流电路串联组成的，其中一个是共阴接法（见图 6-22），另一个是共阳接法。**共阳接法中，整**

流元件的导通原则是：在任何瞬间，哪一相的相电压负值最大，串接在哪一相的整流元件即导通。

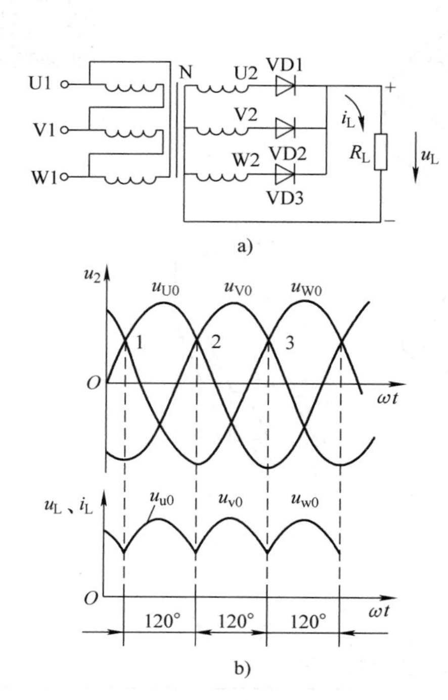

图 6-22　三相半波整流电路及波形

a）电路图　b）波形图

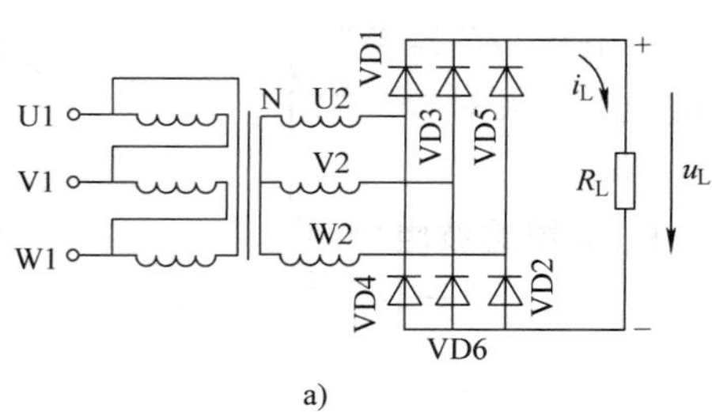

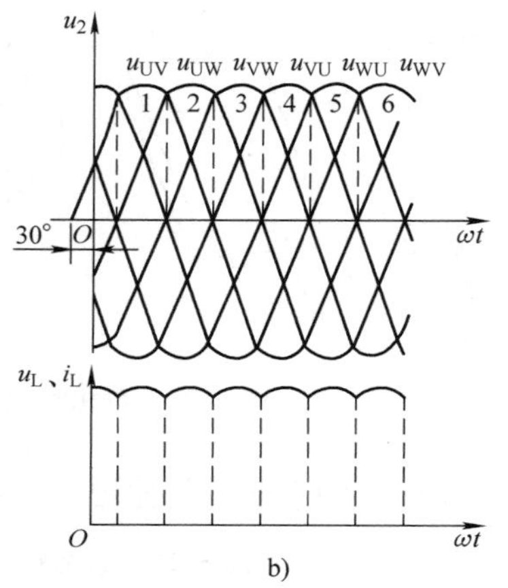

图 6-23　三相桥式整流电路及波形

a）电路图　b）波形图

三相整流电路的主要参数比较见表 6-16。

表 6-16　三相整流电路的主要参数比较（电阻负载）

整流电路名称	三相半波	三相桥式
输出直流电压 U_L	$1.17U_2$	$2.34U_2$
输出直流电流 I_L	$1.17U_2/R_L$	$2.34U_2/R_L$
二极管承受的最大反向电压	$2.45U_2$	$2.45U_2$
流过每个二极管的平均电流	$I_L/3$	$I_L/3$
脉动系数 s	0.25	0.057
纹波系数 γ	0.183	0.042

注：表中 U_L 为输出直流电压，即整流电压平均值；U_2 为整流变压器二次电压；I_L 为输出直流电流，即整流电流平均值；R_L 为负载等效电阻，$R_L = U_L/I_L$；$s = \dfrac{\text{输出电流交流分量的基波振幅值}}{\text{输出电流直流分量（即平均值）}}$；$\gamma = \dfrac{\text{输出电流交流分量的有效值}}{\text{输出电流直流分量（即平均值）}}$。

6.2.8　滤波电路

整流电路输出的电流是脉动的直流电流，含有直流分量和交流分量两种成分。

为了获得较平滑的直流电流，需要通过滤波电路进行滤波。滤波电路常用电容、电感、电阻组成不同的形式。利用电容对交流电流阻抗很小而直流电流不能通过的特性，将电容与负载并联，可以起到使交流分量旁路的作用；利用电感对交流电流的阻抗很大，而对直流阻抗很小的特性，将电感与负载串联，可以达到减小交流分量的作用。

1. 常用滤波电路（见图 6-24）

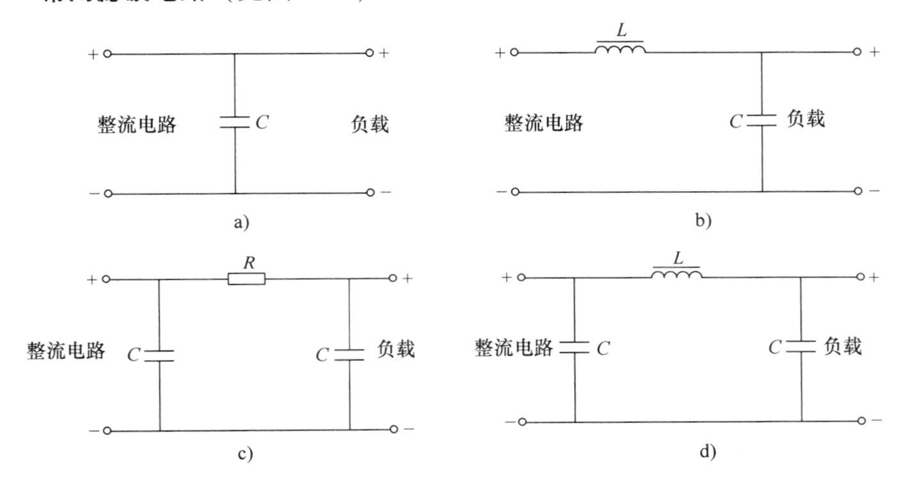

图 6-24　常用滤波电路

a）电容滤波　b）L 型滤波　c）阻容滤波　d）π 型滤波

2. 常用滤波电路的比较（见表 6-17）

表 6-17　常用滤波电路的比较

电路名称	电容滤波	L 型滤波	阻容滤波	π 型滤波
优点	1. 输出电压高 2. 小电流时滤波效果好 3. 结构简单	1. 带负载能力好 2. 大电流时滤波效果好 3. 和电容滤波相比，整流器不承受浪涌电流的损害	1. 结构简单 2. 能兼降压限流的作用 3. 滤波效果好	1. 滤波效果好 2. 输出电压高
缺点	1. 带负载能力差，负载加大时，输出电压减小 2. 电源起动时充电电流大，整流二极管承受很大的浪涌电流	1. 负载电流大时，需要体积和重量很大的电感，才能有较好的滤波效果 2. 输出电压低 3. 当负载电流变动时，电感上产生的反电动势可能击穿整流管	1. 带负载能力较差 2. 有直流电压损失	体积较大，成本高

（续）

电路名称	电容滤波	L 型滤波	阻容滤波	π 型滤波
适用场合	适用于负载电流较小的场合	适用于负载电流大，要求直流电流脉动很小的场合	适用于负载电阻大，电流较小，要求直流电流脉动很小的场合	适用于负载电流小，要求直流电流脉动很小的场合

注：1. 采用电容滤波时，若负载变化很大，可在输出端并联一个泄放电阻，泄放电阻可近似按 $10R_L$ 来选取。

2. 采用电感滤波时，若电感量较大，在断开电源时，电感线圈两端会产生较大的电动势，有可能击穿二极管。因此，所采用的二极管电压等级应有一定的裕度。

6.2.9 稳压电路

1. 稳压二极管

稳压二极管简称稳压管，是一种用特殊工艺制造的硅二极管，只要反向电流不超过其极限电流，管子工作在击穿区并不会损坏，属可逆击穿，这与普通二极管破坏性击穿是截然不同的。稳压二极管一般工作在反向击穿状态，利用其陡直的反向击穿特性，在电路中起稳定电压的作用。

稳压二极管的外形与图形符号如图 6-25 所示，其常用文字符号用 VS 表示。

2. 稳压二极管的伏安特性

稳压二极管的伏安特性曲线如图 6-26 所示。由图中可见，其正向特性与普通二极管相同。反向特性曲线在击穿区域比普通二极管更陡直，即反向电压较小时，反向电流很小；反向电压较大时，稳压管击穿，反向电流急剧增加，但管子两端电压几乎不变，近似于恒定。**稳压二极管正常工作于反向击穿区，用它来提供稳定的电压。**

稳压二极管主要用于恒压源、辅助电源和基准电源电路，在数字逻辑电路中还常用作电平转移等。

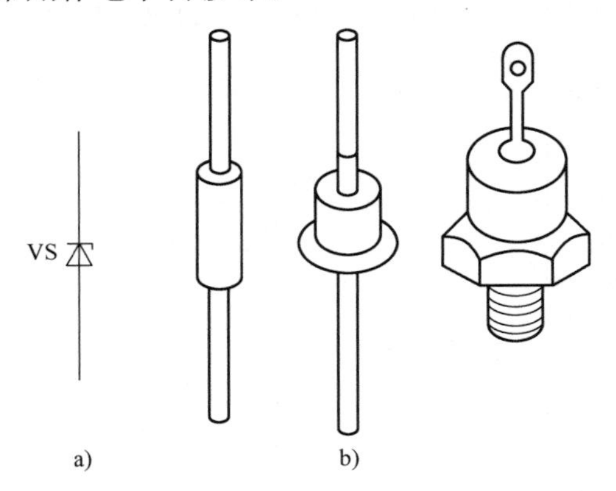

图 6-25　稳压二极管外形与图形符号

a）器件图形符号　b）外形

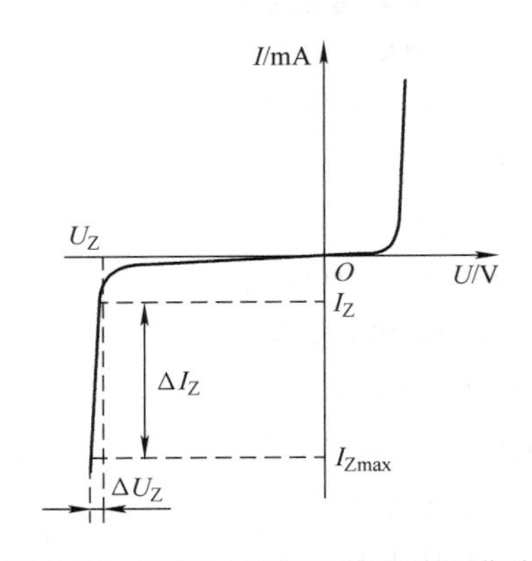

图 6-26　稳压二极管的伏安特性曲线

3. 稳压二极管稳压电路

目前，半导体直流稳压电路主要有三种类型：硅稳压二极管稳压电路、串联型晶体管稳压电路、集成稳压电路。

由稳压二极管 VS 和限流电阻 R 组成的最简单的直流稳压电路，如图 6-27 所示。其中稳压二极管 VS 与负载电阻 R_L 呈并联形式，所以又称为并联型稳压电路。电阻 R 起限流和分压作用。稳压二极管和输入电压来自整流滤波的输出电压。

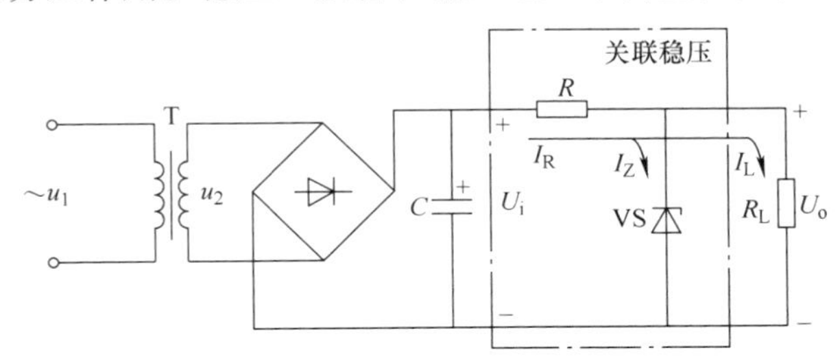

图 6-27 硅稳压二极管稳压电路

由此可知，稳压二极管稳压电路是由稳压二极管的电流调节作用和限流电阻 R 上的电压调节作用相互配合来实现稳压的。值得注意的是，R 除了起电压调整作用之外，还起限流作用，如果没有 R，则该电路不仅没有稳压作用，还会使稳压二极管流过很大电流，烧坏管子，故电阻 R 称为限流电阻。

稳压二极管稳压电路的结构简单，元器件少、成本低，但其输出电压和电流皆受稳压二极管的限制，因此，其输出电压不能调节且输出电流较小，只适用于小功率负载和负载电流变化不大的场合。

6.3 晶体管及其应用电路

6.3.1 晶体管的结构和分类

1. 晶体管的基本结构

半导体三极管又称为晶体三极管，简称晶体管或三极管。它是放大电路和开关电路的基本元件之一。

晶体管是由两个 PN 结组成的，两个 PN 结由三层半导体区构成，根据组成的形式不同，可分为 NPN 型和 PNP 型。在三层半导体区中，分别引出三个电极。晶体管的结构示意图和图形符号如图 6-28 所示。晶体管的文字代号通常用 VT 表示。

图 6-28a 是 NPN 型晶体管的管芯结构剖面图，图 6-28b 为其结构示意图。NPN 型晶体管的器件图形符号如图 6-28c 所示。与 NPN 型对应的是 PNP 型晶体管，PNP 型晶体管的结构示意图和图形符号分别如图 6-28d 和图 6-28e 所示。

NPN 型与 PNP 型晶体管是不能互相代换的，两种类型晶体管的图形符号区别仅在于基极与发射极之间箭头的方向，而**箭头方向就是发射结正向偏置时的电流方向**。因此，从晶体管图形符号中的箭头方向就可判断该管是 NPN 型还是 PNP 型。

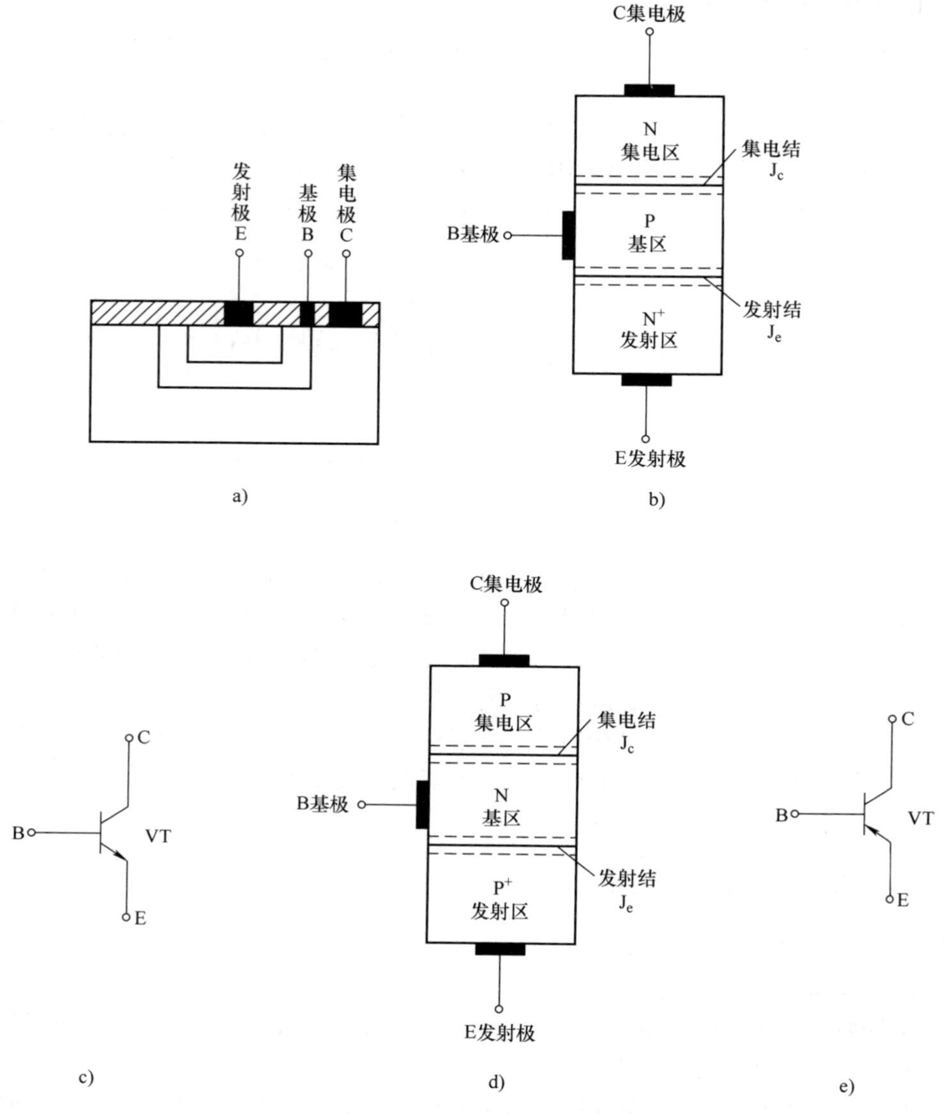

图 6-28　晶体管的结构示意图和图形符号

a）NPN 型的管芯结构剖面图　b）NPN 型的结构示意图　c）NPN 型器件图形符号

d）PNP 型结构示意图　e）PNP 型器件图形符号

2. 晶体管的主要类型

晶体管的种类很多，按半导体材料可分为硅晶体管、锗晶体管等；按两个 PN 结组合的方式可分为 NPN 型和 PNP 型两类，目前，我国制造的硅晶体管多为 NPN 型，而锗晶体管多为 PNP 型；按工作频率可分为低频、高频、超高频晶体管；按照额定功率可分为小功率、中功率、大功率晶体管；按外形封装可分为金属封装和塑料封装；根据工作的特性不同，晶体管又分为普通晶体管和开关晶体管。此外，还有一些特殊的晶体管。常见晶体管的外形和封装如图 6-29 所示。

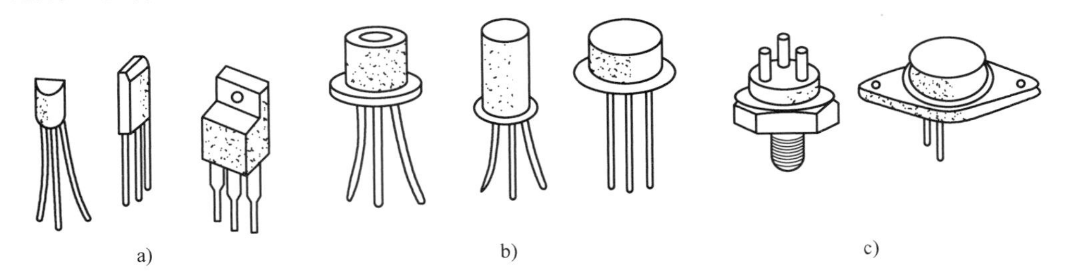

图 6-29　常见晶体管的外形和封装

a）硅酮塑料封装　b）金属封装小功率管　c）金属封装大功率管

6.3.2　晶体管的型号

按照国家标准的规定，国产晶体管的型号由五部分组成，见表 6-18。

表 6-18　晶体管的型号

第一部分		第二部分		第三部分		第四部分	第五部分
用数字表示器件电极的数目		用拼音字母表示器件的材料和极性		用拼音字母表示器件的类型		用数字表示器件的序号	用拼音字母表示规格代号
符号	意义	符号	意义	符号	意义		
3	晶体管	A B C D E	PNP 型，锗材料 NPN 型，锗材料 PNP 型，硅材料 NPN 型，硅材料 化合物材料	X G D A K CS T	低频小功率管 高频小功率管 低频大功率管 高频大功率管 开关晶体管 场效应晶体管 晶闸管 …	1、2、3… 11、12、13…	表示同一型号器件某些参数有差别，在型号后面加 A、B、C、D、E，以示区别

晶体管型号示例：

1）3AX31——PNP 型，锗材料，低频小功率晶体管，设计序号为 31。

2）3DG130——NPN 型，硅材料，高频小功率晶体管，设计序号为 130。

6.3.3　晶体管的特性曲线

晶体管的特性曲线是指各极间电压和各极电流之间的关系曲线，是晶体管内部载流子运动规律的外部表现。从使用晶体管的角度来看，了解晶体管的特性曲线比了解其内部载流子的运动规律更重要。

晶体管有三个极，要用两组特性曲线才能全面反映其性能。所以，晶体管的特性曲线分为输入特性曲线和输出特性曲线两种。

因为晶体管有三个极，在实际电路中必然有一个极成为输入和输出的公共端，以其中一个电极为公共端，就会有相应的特性曲线。

晶体管在放大电路中有三种连接方式（或称三种组态），即共基极、共发射极和共集电极连接，如图 6-30 所示。例如基极为输入回路和输出回路的公共端，发射极为输入端，集电极为输出端时，即为共基极连接，如图 6-30a 所示，其余类推。

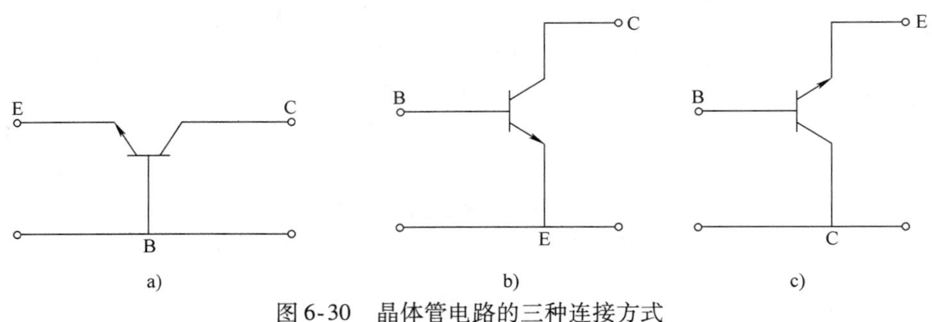

图 6-30　晶体管电路的三种连接方式

a）共基极电路　b）共发射极电路　c）共集电极电路

1. 晶体管输入特性曲线

当晶体管电路接成共发射极时，测试晶体管特性的电路如图 6-31 所示。

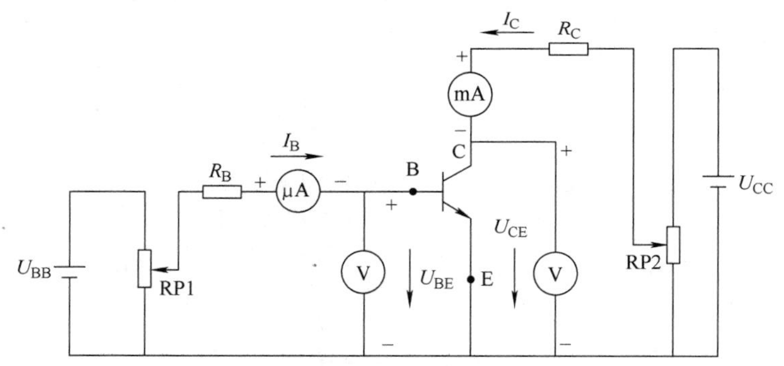

图 6-31　晶体管特性测试电路

由图 6-31 可知，当晶体管电路接成共发射极时，输入端的电流为 I_B，输入电压为 U_{BE}。晶体管共发射极输入特性曲线是指当集电极、发射极之间电压 U_{CE} 一定时，输入电流 I_B 随输入电压 U_{BE} 变化的关系曲线。

晶体管共发射极输入特性曲线是在 U_{CE} 一定的情况下改变 RP_1，测试出 I_B 与 U_{BE} 之间的对应值，然后以曲线方式表示它们之间的关系，如图 6-32 所示。

从晶体管输入特性曲线形状可以看出以下三点：

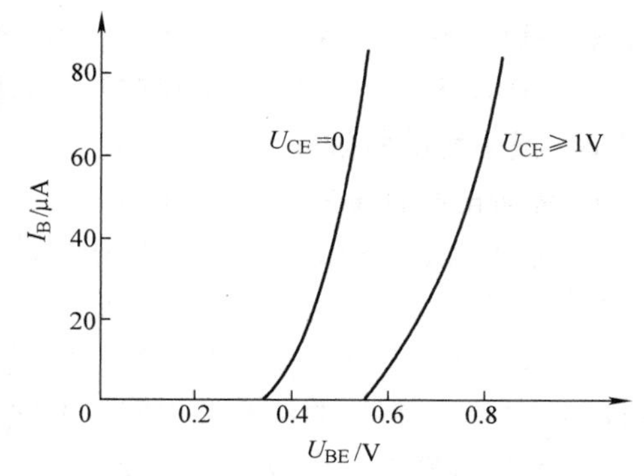

图 6-32　晶体管共发射极输入特性曲线

1）输入特性曲线是非线性的。

2）当输入电压 U_{BE} 小于某一值时，管子是不导通的，基极电流 I_B 为零，这个电压又称为阈值电压或死区电压。硅管的死区电压约为 0.5V，锗管的死区电压为 0.1V 左右。

3）晶体管正常工作时，硅管的发射结电压 U_{BE} 约为 0.7V，锗管的发射结电压约为 0.3V。

2. 晶体管输出特性曲线

当晶体管电路接成共发射极时，其输出特性曲线是指在基极电流 I_B 一定的条件下，晶体管输出回路集电极电流 I_C 随集电极 - 发射极电压 U_{CE} 变化的关系曲线。

测试时，每次把 I_B 固定为某一值，然后改变 U_{CE} 值，测试出相应的 I_C 值，即可得出和这个 I_B 值对应的一条输出特性曲线。改变 I_B 的值，就可得出输出特性曲线族，如图 6-33 所示。

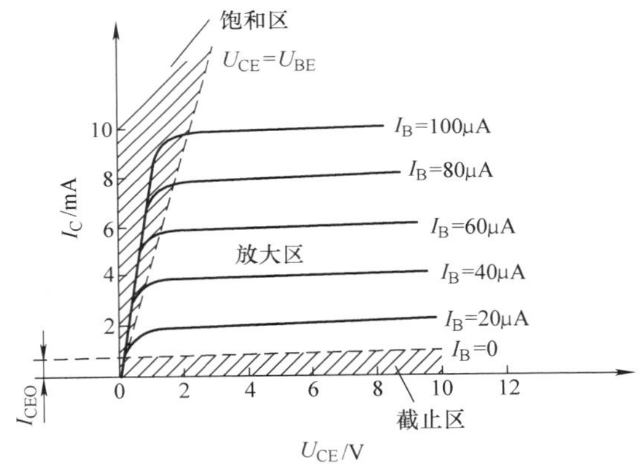

图 6-33　晶体管共发射极输出特性曲线

从图 6-33 可以看到，晶体管的工作状态可以分为三个区域：截止区、放大区和饱和区。**在放大电路中，晶体管应工作于放大区；在脉冲与数字电路中，晶体管常作为开关元件，多数时间工作于饱和区和截止区。**

6.3.4　晶体管的主要技术参数

晶体管的参数是用来表示管子的性能优劣和适用范围的，它是选用晶体管的基本依据，常用的有下列几个主要参数。

1. 直流电流放大系数

1）共发射极直流电流放大系数 $\bar{\beta}$。

$$\bar{\beta}=\frac{I_C-I_{CEO}}{I_B}$$

当 $I_C >> I_{CEO}$ 时，$\bar{\beta}$ 可近似表示为 $\bar{\beta}\approx\frac{I_C}{I_B}$。

$\overline{\beta}$值可由共发射极输出特性曲线求得。一般情况下，$\overline{\beta}$ 值不是常数，在 I_C 较小时，$\overline{\beta}$ 值随 I_C 增加而增加，当 I_C 增大到一定数值后，$\overline{\beta}$ 值将逐渐下降。元器件的数据**手册中常用 h_{FE}表示 $\overline{\beta}$**。

2）共基极直流电流放大系数 $\overline{\alpha}$。

$$\overline{\alpha}=\frac{I_C-I_{CBO}}{I_E}$$

当 $I_C >> I_{CBO}$时，可认为 $\overline{\alpha}\approx\frac{I_C}{I_E}$。

$\overline{\alpha}$ 值可由元器件的数据手册查得，也可由 $\overline{\alpha}=\frac{\overline{\beta}}{1+\overline{\beta}}$ 求得。

2. 交流电流放大系数

共发射极交流电流放大系数 β 定义为集电极电流变化量 Δi_C 与基极电流变化量 Δi_B 之比，即

$$\beta=\frac{\Delta i_C}{\Delta i_B}$$

显然 β 与 $\overline{\beta}$ 含义不同，**$\overline{\beta}$ 反映静态**（直流工作状态）**的电流放大特性；β 反映动态**（交流工作状态）**的电流放大特性**。当晶体管共发射极输出特性较平坦，而且各条曲线间的距离相等时，可认为 $\beta=\overline{\beta}$。**在手册中一般用 h_{fe}代表 β**。

3. 极间反向电流

1）集电极－基极反向截止电流（也称集电极－基极反向饱和电流）I_{CBO}。I_{CBO}是指发射极开路（$I_E=0$），且在集电极－基极间加上一定反向电压时形成的反向截止电流。它实际上和单个 PN 结的反向电流是一样的，因此，它只取决于温度和少数载流子的浓度。在一定温度下，这个反向电流基本上是个常数，所以也称为集电极－基极反向饱和电流。

2）集电极－发射极反向截止电流（也称集电极－发射极反向饱和电流）I_{CEO}。I_{CEO}是指基极开路（$I_B=0$），且在集电极－发射极间加上一定反向电压时形成的反向截止电流。由于这个电流从集电区穿过基区流至发射区，所以又称为集电极反向穿透电流，简称穿透电流。I_{CEO}与 I_{CBO}有如下关系：

$$I_{CEO}=(1+\beta)I_{CBO}$$

4. 极限参数

1）集电极最大允许电流 I_{CM}。当集电极电流 I_C 超过一定范围再增大时。$\overline{\beta}$ 将明显下降。一般 $\overline{\beta}$ 下降至最高值的$\frac{2}{3}$时所对应的集电极电流称为 I_{CM}。

2）集电极最大允许耗散功率 P_{CM}。集电结上消耗的功率称为集电结功率损耗（又称集电结耗散功率）。它是集电极电流 I_C 与集电极－发射极电压 U_{CE} 的乘积不应超过的极限值。当集电结耗散功率超过 P_{CM}时，集电结将过热，会使晶体管性能

变坏或烧毁。

3）反向击穿电压。

① BU_{CBO}指发射极开路（$I_E=0$）时，集电极－基极（即集电结）的反向击穿电压。

② BU_{CEO}指基极开路（$I_B=0$）时，集电极－发射极之间的反向击穿电压。

③ BU_{EBO}指集电极开路（$I_C=0$）时，发射极－基极之间（即发射结）的反向击穿电压。

5. 特征频率 f_T

因频率升高，当β下降到等于 1 时所对应的频率。

6.3.5　晶体管的技术数据

1. 常用高频晶体管主要参数（见表 6-19）

表 6-19　常用高频晶体管主要参数

型号	极限参数		直流参数						特征频率/MHz
	集电极最大耗散功率/mW	集电极最大允许电流/mA	集电极－基极反向击穿电压/V	集电极－发射极反向击穿电压/V	发射极－基极反向击穿电压/V	集电极－基极反向截止电流/A	集电极－发射极反向截止电流/A	共发射极直流放大系数 h_{FE}	
3DG103A	100	20	≥20	≥20	≥4	≤0.1	≤0.1	≥30	≥150
3DG103B			≥40	≥30					
3DG103C			≥20	≥20					≥300
3DG103D			≥40	≥30					
3DG130A	700	300	≥40	≥30	≥4	≤0.5	≤1	≥30	≥150
3DG130B			≥60	≥45					
3DG130C			≥40	≥30					≥300
3DG130D			≥60	≥45					
3DG141A	100	15	≥15	≥10	≥4	≤0.1	≤0.1	≥20	≥600
3DG141B									
3DG141C									
3DG142A	100	15	≥15	≥10	≥4	≤0.1	≤0.1	≥20	≥800
3DG142B									
3DG142C									
3DA150A	1000	100	≥100	≥100	≥5	≤1	≤5	≥40	≥50
3DA150B			≥150	≥150					
3DA150C			≥200	≥200					≥80
3DA150D			≥250	≥250					≥50
3DA150E			≥300	≥300					

2. 常用开关晶体管主要参数（见表6-20）

表6-20 常用开关晶体管主要参数

<table>
<tr><th rowspan="2">型号</th><th colspan="2">极限参数</th><th colspan="6">直流参数</th><th rowspan="2">特征频率/MHz</th></tr>
<tr><th>集电极最大耗散功率/mW</th><th>集电极最大允许电流/mA</th><th>集电极－基极反向击穿电压/V</th><th>集电极－发射极反向击穿电压/V</th><th>发射极－基极反向击穿电压/V</th><th>集电极－基极反向截止电流/A</th><th>集电极－发射极反向截止电流/A</th><th>共发射极直流放大系数 h_{FE}</th></tr>
<tr><td>3AK801A</td><td rowspan="4">50</td><td rowspan="4">20</td><td rowspan="4">≥30</td><td>≥12</td><td rowspan="4">≥3</td><td rowspan="4">≤30</td><td rowspan="4">≤50</td><td rowspan="4">30～150</td><td>≥100</td></tr>
<tr><td>3AK801B</td><td rowspan="3">≥51</td><td>≥150</td></tr>
<tr><td>3AK801C</td><td>≥200</td></tr>
<tr><td>3AK801D</td><td>≥150</td></tr>
<tr><td>3AK803A</td><td rowspan="4">100</td><td rowspan="4">30</td><td rowspan="4">≥30</td><td>≥12</td><td rowspan="4">≥3</td><td rowspan="4">≤30</td><td>≤100</td><td rowspan="4">30～150</td><td>≥100</td></tr>
<tr><td>3AK803B</td><td rowspan="3">≥51</td><td rowspan="3">≤50</td><td>≥150</td></tr>
<tr><td>3AK803C</td><td>≥200</td></tr>
<tr><td>3AK803D</td><td>≥150</td></tr>
<tr><td>3DK2A</td><td rowspan="3">200</td><td rowspan="3">50</td><td>≥30</td><td>≥20</td><td rowspan="3">≥4</td><td rowspan="3">≤0.1</td><td rowspan="3">≤0.1</td><td rowspan="3">≥20</td><td>≥150</td></tr>
<tr><td>3DK2B</td><td>≥30</td><td>≥20</td><td>≥200</td></tr>
<tr><td>3DK2C</td><td>≥20</td><td>≥15</td><td>≥150</td></tr>
<tr><td>3DK5A</td><td rowspan="4">75</td><td rowspan="4">30</td><td rowspan="2">≥30</td><td rowspan="2">≥20</td><td rowspan="4">≥4</td><td rowspan="3">≤0.5</td><td rowspan="3">≤0.5</td><td rowspan="2">≥10</td><td>≥150</td></tr>
<tr><td>3DK5B</td><td>≥200</td></tr>
<tr><td>3DK5C</td><td rowspan="2">≥20</td><td rowspan="2">≥15</td><td rowspan="2">≥20</td><td>≥150</td></tr>
<tr><td>3DK5D</td><td>≤1</td><td>≤1</td><td>≥200</td></tr>
<tr><td>3DK7A</td><td rowspan="3">300</td><td rowspan="3">50</td><td rowspan="3">≥25</td><td rowspan="3">≥15</td><td rowspan="3">≥5</td><td rowspan="3">≤0.1</td><td rowspan="3">≤0.1</td><td rowspan="3">20～200</td><td rowspan="3">≥120</td></tr>
<tr><td>3DK7B</td></tr>
<tr><td>3DK7C</td></tr>
<tr><td>3DK9A</td><td rowspan="4">700</td><td rowspan="4">800</td><td>≥25</td><td>≥20</td><td rowspan="4">≥5</td><td rowspan="4">≤5</td><td rowspan="4">≤50</td><td rowspan="4">20～200</td><td>≥100</td></tr>
<tr><td>3DK9B</td><td>≥50</td><td>≥35</td><td rowspan="3">≥120</td></tr>
<tr><td>3DK9C</td><td>≥75</td><td>≥60</td></tr>
<tr><td>3DK9D</td><td>≥100</td><td>≥80</td></tr>
</table>

3. CS9011～CS9018晶体管主要参数（见表6-21）

表6-21　CS9011～CS9018晶体管主要参数

型号	极限参数			直流参数			交流参数	类别
	P_{CM} /mW	I_{CM} /mA	$V_{(BR)CEO}$ /V	I_{CEO} /μA	$V_{CE(sat)}$ /V	h_{FE}	f_T /MHz	
CS9011	300	100	18	0.05	0.3	28	150	NPN
CS9011E						39		
CS9011F						54		
CS9011G						72		
CS9011H						97		
CS9011I						132		
CS9012	600	500	25	0.5	0.6	64	150	PNP
CS9012E						78		
CS9012F						96		
CS9012G						118		
CS9012H						144		
CS9013	400	500	25	0.5	0.6	64	150	NPN
CS9013E						78		
CS9013F						96		
CS9013G						118		
CS9013H						144		
CS9014	300	18	25	0.5	0.3	60	150	NPN
CS9014A						60		
CS9014B						100		
CS9014C						200		
CS9014D						400		

6.3.6　晶体管的使用常识

1. 用万用表判断晶体管的极性及管型

晶体管是具有两个PN结、三个电极（分别是发射极E、基极B和集电极C）的半导体器件。常见晶体管的外形和引脚排列如图6-34所示。

晶体管内部有三个区（分别是发射区、基区和集电区）和两个PN结（分别是发射结和集电结），根据内部掺杂的不同，晶体管分为NPN型和PNP型两种类型，NPN型晶体管内部PN结如图6-35所示，PNP型晶体管内部PN结如图6-36所示。

基极和其余两个极之间是两个PN结，故可通过测量正、反向电阻的方法来判定。具体方法是将万用表转换开关置于R×100档或R×1k档，用红表笔接晶体管的某一引脚，用黑表笔分别接另外两个引脚。测得三组（每组两次）读数，当其中

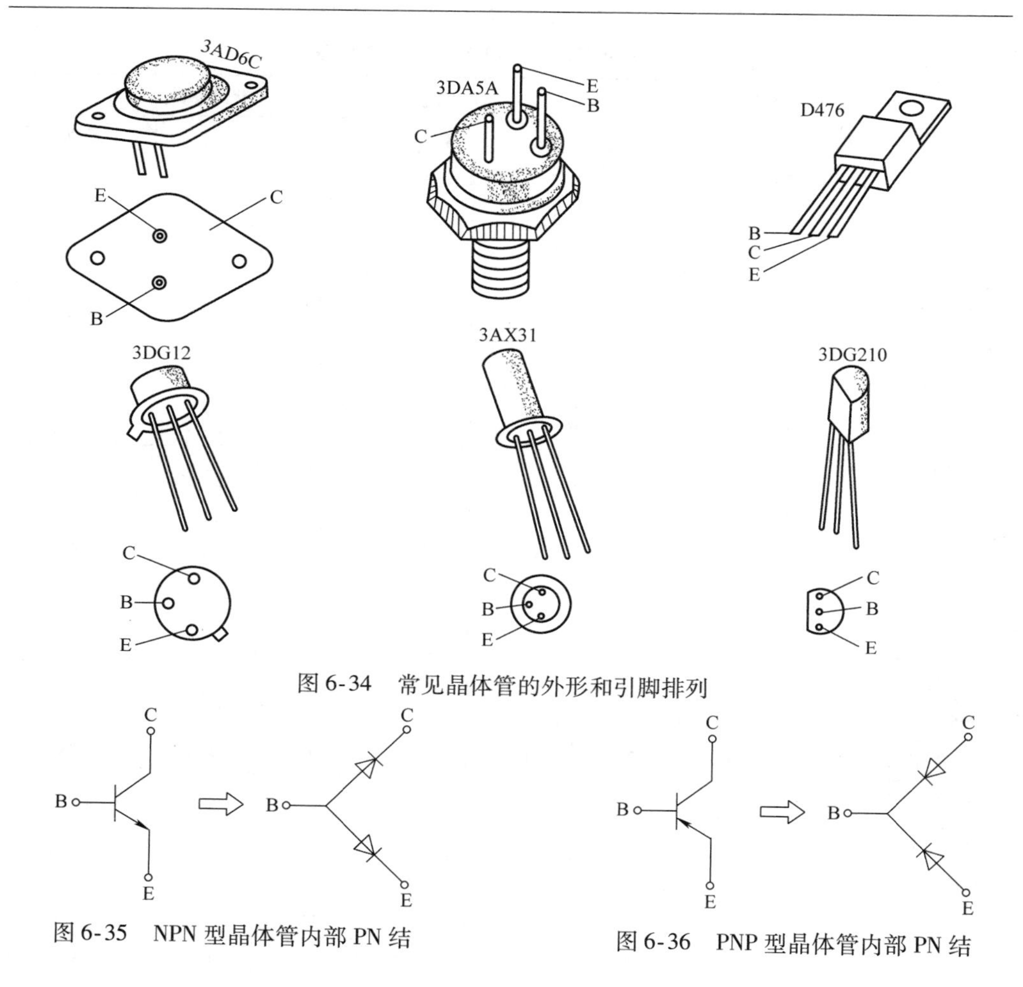

图 6-34　常见晶体管的外形和引脚排列

图 6-35　NPN 型晶体管内部 PN 结

图 6-36　PNP 型晶体管内部 PN 结

一组两次测得的阻值均小时，则红表笔所接的引脚为 PNP 型晶体管的基极，如图 6-37a 所示。方法同上，但以黑表笔为准，用红表笔分别接另外两个引脚，当其中一组两次测得的阻值均小时，则黑表笔所接的引脚为 NPN 型晶体管的基极，如图 6-37b 所示。

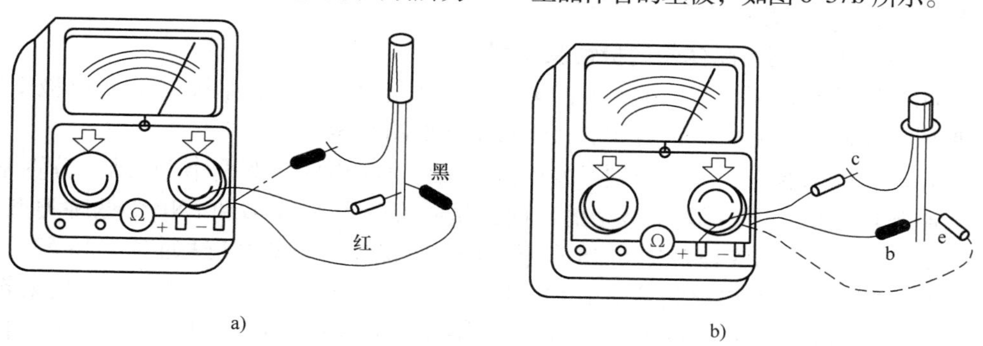

图 6-37　晶体管基极和管型的判断

a）PNP 型　b）NPN 型

2. 用万用表判断晶体管的集电极和发射极

当晶体管基极和类型确定后，用万用表测试晶体管的发射结、集电结的正向电阻值，即可判断出发射结和集电结。由晶体管的结构可知，PNP 型和 NPN 型晶体管的集电结和发射结结面是有区别的，因此发射结与集电结的正向电阻大小不同。测试操作方法如下：

1）将万用表的转换开关旋转至 R×100 或 R×1k 档。

2）选用一个 100kΩ 的电阻，将电阻的一端接基极，另一端接假定的集电极。

3）对于 NPN 型晶体管，将黑表笔接假定的集电极，红表笔接假定的发射极，记下此时的电阻值；然后再假定另一极为集电极，用同样的方法测得另一电阻值。两次测量中，阻值较小的那次黑表笔所接为集电极、红表笔所接为发射极，如图 6-38所示。

对于 PNP 型晶体管，只要将红表笔接假定的集电极，黑表笔接假定的发射极，同样可测得两个阻值。阻值较小的那次红表笔所接为集电极、黑表笔所接为发射极，如图 6-39 所示。

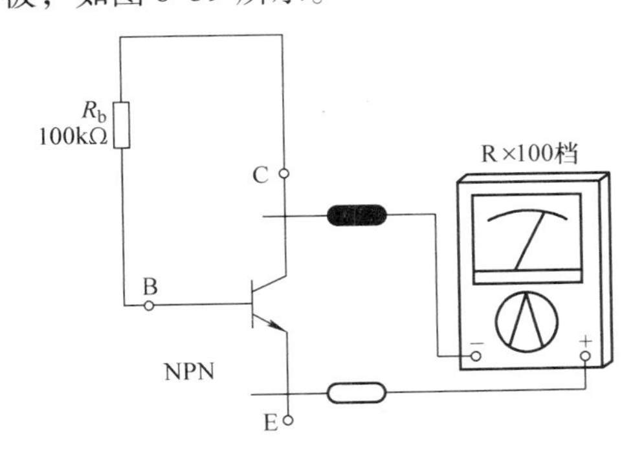

图 6-38　万用表判别 NPN 型晶体管的集电极和发射极

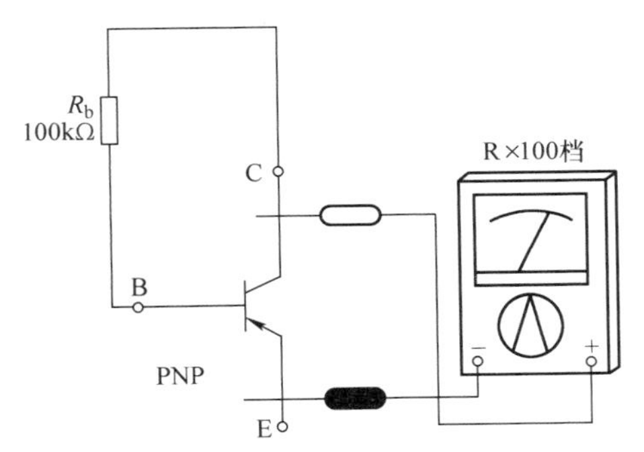

图 6-39　万用表判别 PNP 型晶体管的集电极和发射极

为了方便起见，在测试中可用比较潮湿的手指代替 100kΩ 的电阻，即只要用手指同时捏住基极和另一个假定的集电极即可。

3. 用万用表判断晶体管的穿透电流 I_{CEO}

晶体管的反向饱和电流 I_{CBO} 随着环境温度的升高而增长很快，I_{CBO} 的增加必然造成 I_{CEO} 的增大。而 I_{CEO} 的增大将直接影响管子工作的稳定性，所以在使用中应尽量选用 I_{CEO} 小的管子。

通过用万用表电阻档，直接测量晶体管 B－C 和 E－C 极之间电阻值，可间接估计 I_{CEO} 的大小。下面以 PNP 型晶体管为例介绍具体的测试方法。

将万用表的旋转开关置于 R×100 或 R×1k 档，然后将万用表的黑表笔接基极 B、红表笔接集电极 C。此时，给集电结加的是反向偏置电压，所测的电阻便是集电结的反向电阻值，希望测得的电阻值越大越好（电阻值越大，则管子的反向饱

和电流 I_{CBO}越小)，一般指示值应该在几百千欧或“∞”，如图 6-40a 所示。

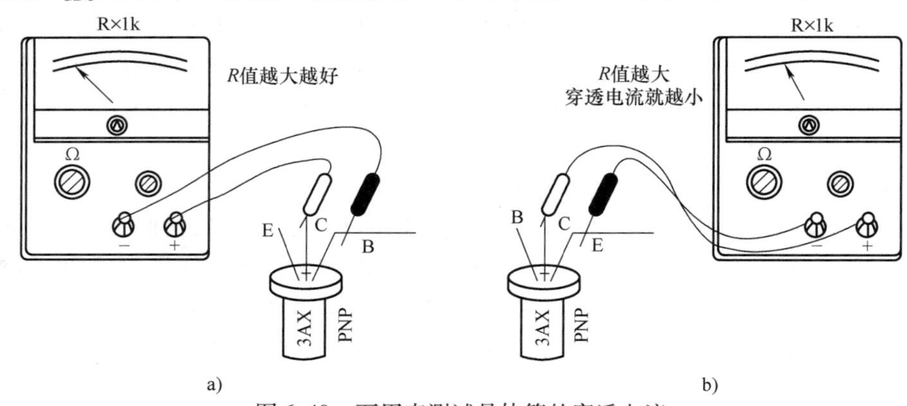

图 6-40　万用表测试晶体管的穿透电流

a）测试集电极反向饱和电流 I_{CBO}　b）测试穿透电流 I_{CEO}

再将万用表的黑表笔接发射极 E、红表笔接集电极 C。测量晶体管 E－C 间的电阻值，此电阻值越大，说明管子的 I_{CEO}越小，如图 6-40b 所示。反之，所测阻值越小，说明被测管的 I_{CEO}越大。**一般说来，对于小功率锗管此值应在几十千欧以上，对于小功率硅管此值应在几百千欧以上。**如果阻值很小或测试时万用表指针来回晃动，则表明 I_{CEO}很大，管子的性能不稳定。

如果测量的是 NPN 型晶体管，万用表的黑表笔应接集电极，判断方法同上。

4. 用万用表判断晶体管的电流放大倍数

（1）用数字万用表测量晶体管放大系数 h_{FE}的操作方法

1）将两表笔从插孔中拔下（也可不拔表笔）。

2）将转换开关拨在 h_{FE}挡，如图 6-41 所示。

3）打开电源开关（ON）。

4）选择与管型一致的 PNP 档或 NPN 档的插孔。再将被测晶体管的基极 B、发射极 E 和集电极 C 分别对应插入 h_{FE}测试插座的 B、E、C 插孔。

5）显示屏上显示的数值即被测晶体管的 h_{FE}值。

（2）使用 h_{FE}档的注意事项

1）当用 h_{FE}插孔测量晶体管电流放大系数时，管子的三个电极和选择的档位（NPN、PNP）均不得搞错。因此在插入 h_{FE}插孔时，一定先弄清楚管子属于 NPN 型还是 PNP 型。

2）由于设计 h_{FE}挡时，没有考虑穿透电流 I_{CEO}的影响，如果测量 3AX31、3AX81 等穿透电流较大的锗管时，测量值要比用晶体管特性参数测试仪测出的值偏高 20%～30%。

（3）用指针式万用表测量晶体管放大系数 h_{FE}的方法

如果用指针式万用表测试时，可将万用表的转换开关旋转到 R×1k 档。对于

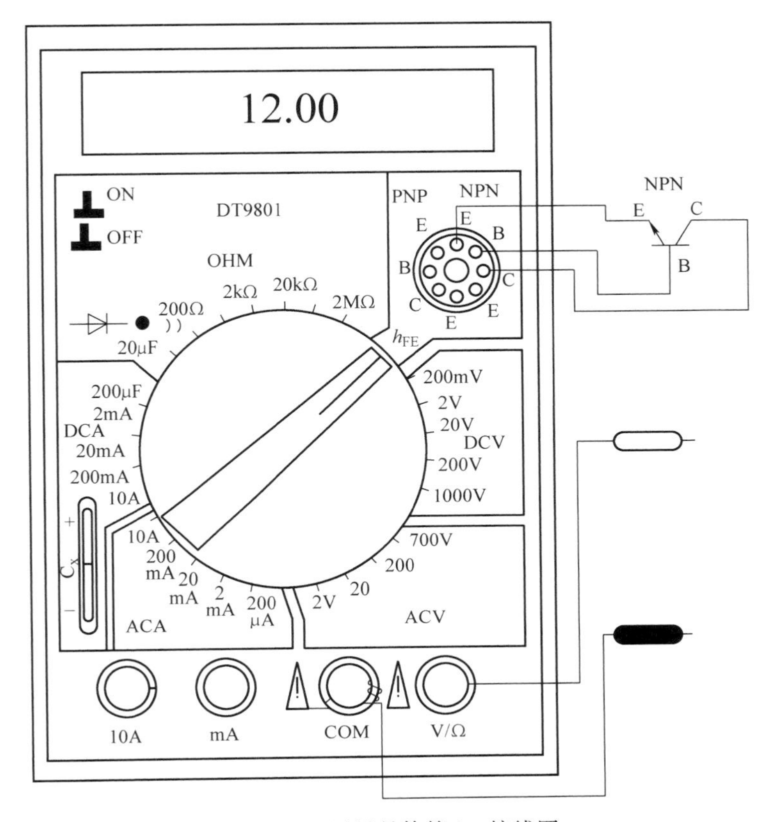

图 6-41　测量晶体管 h_{FE} 接线图

PNP 型晶体管，红表笔接集电极 C，黑表笔接 E，如图 6-42a 所示，测得的电阻值应很大。如果在集电极 C 与基极 B 之间跨接一个 100kΩ 的电阻，如图 6-42b 所示。指示的电阻值将变得很小，此时的电阻值越小越好。电阻值越小，表明晶体管的放大能力越强。NPN 型晶体管放大能力测试时，只要把两表笔对换即可。

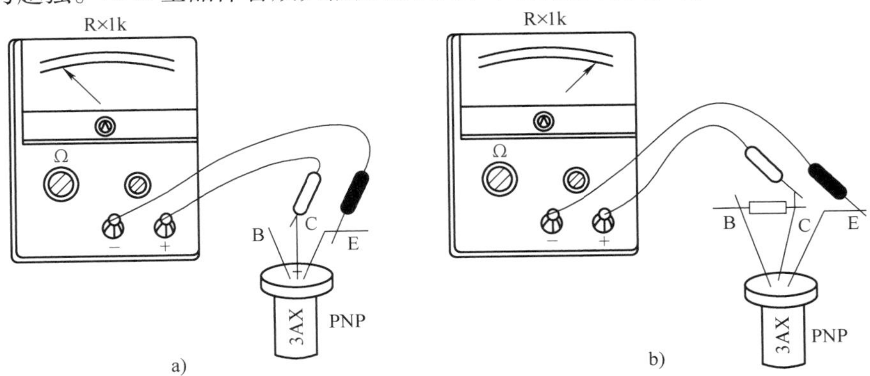

图 6-42　晶体管电流放大系数的测试

a）没接电阻之前　b）接电阻之后

5. 晶体管选用注意事项

选用晶体管时，应注意以下几点：

1）根据使用场合和电路性能选择合适类型的晶体管，例如，用于高、中频放大和振荡用的晶体管，应选用特征频率较高和极间电容较小的高频管，保证管子工作在高频段时仍有较高的功率和稳定的工作状态；用于前置放大的晶体管，应选用放大系数较大而穿透电流（I_{CEO}）较小的管子。

2）根据电路要求和已知工作条件选择晶体管，即确定晶体管的主要参数。参数选择原则见表 6-22。

表 6-22 晶体管主要参数的选择

参数	BU_{CEO}	I_{CM}	P_{CM}	β	f_T
选择原则	$\geqslant E_C$（电源电压）	$\geqslant$（2～3）I_C	$\geqslant P_0$（输出功率）	40～100	$\geqslant 3f$
说明	若是电感性负载，$BU_{CEO} \geqslant 2E_C$	I_C 为管子的工作电流	甲类功放：$P_{CM} \geqslant 3P_0$ 甲乙类功放：$P_{CM} \geqslant \left(\frac{1}{3}\sim\frac{1}{5}\right)P_0$	β 太高容易引起自励振荡，稳定性差	f 为工作频率

3）加在晶体管上的电流、电压、功率及环境温度等都不应超过其额定值。

4）用新晶体管替换原来的晶体管时，一般遵循就高不就低的原则，即所选管子的各种性能不能低于原来的管子。

5）使用大功率晶体管时，散热器要和管子的底部接触良好，必要时中间可涂导热有机硅胶。

6）安装晶体管时注意事项同二极管的使用注意事项。

7）要特别注意温度对晶体管的影响。

由于半导体器件的离散性较大，同型号晶体管的 β 值也可能相差很大。为了便于选用晶体管，国产晶体管通常采用色标来表示 β 值的大小，各种颜色对应的 β 值见表 6-23。进口晶体管通常在型号后加上英文字母来表示其 β 值，部分常用晶体管的 β 值表示方法见表 6-24。

表 6-23 部分晶体管色标对应的 β 值

色标	棕	红	橙	黄	绿	蓝	紫	灰	白	黑（或无色）
β	5～15	15～25	25～40	40～55	55～80	80～120	120～180	180～270	270～400	400 以上

表 6-24 部分常用晶体管对应的 β 值

型号	β								
	A	B	C	D	E	F	G	H	I
9011、9018				28～44	39～60	54～80	72～108	97～146	131～198
9012、9013				64～91	78～112	96～135	116～166	144～202	180～350
9014、9015	60～150	100～300	200～600	400～1000					
5551、5401	82～160	150～240	200～395						

6.3.7　晶体管的基本放大电路

1. 放大电路的种类

1）按信号的大小分类，可分为小信号放大电路和大信号放大电路。**小信号放大电路一般指电压放大电路；大信号放大电路一般指功率放大电路。**

2）按所放大信号的频率分类，可分为直流放大电路、低频放大电路和高频放大电路。

3）按被放大的对象分类，可分为电压放大电路、电流放大电路和功率放大电路。

4）按放大电路的工作组态（晶体管的连接方式）分类，可分为共发射极放大电路、共集电极放大电路和共基极放大电路。

5）按放大电路的构成形式分类，可分为分立元件放大电路和集成放大电路。

共发射极放大电路是最基本的放大电路，应用最为广泛。共发射极放大电路的分析方法也适用于其他两种放大电路。

2. 放大电路中电压和电流符号的规定

为了便于区别放大电路中电流或电压的直流分量、交流分量、总量等概念，对文字符号写法一般有如下规定：

1）直流分量用大写字母和大写下标的符号，如 I_B 表示基极的直流电流。

2）交流分量用小写字母和小写下标的符号，如 i_b表示基极的交流电流。

3）交、直流叠加，既有直流又有交流时的瞬时总量用小写字母和大写下标的符号，如 $i_B = I_B + i_b$，即 i_B 表示基极电流的总量。

4）交流有效值或振幅值用大写字母和小写下标的符号，如 I_b 表示基极的交流电流的有效值。

3. 三种组态的晶体管基本放大电路性能比较

三种组态的晶体管基本放大电路（共发射极、共集电极、共基极）各具有以下特点：

1）共发射极放大电路的电压、电流和功率放大倍数都较大，输入电阻和输出电阻适中，所以在多级放大电路中可作为输入、输出和中间级，用于放大信号。

2）共集电极放大电路的电压放大倍数 $A_u \approx 1$，但电流放大倍数大，输入电阻大，输出电阻小。因此，除了用作输入级、缓冲级以外，也常作为功率输出级。

3）共基极放大电路的主要特点是输入电阻小，其他性能指标在数值上与共发射极放大电路基本相同。因共基极放大电路的频率特性好，所以多用作宽频带放大电路。

三种组态的晶体管基本放大电路的性能比较表见表 6-25。

表 6-25　三种组态晶体管基本放大电路的性能比较

电路名称	共发射极电路	共集电极电路 （射极输出电路）	共基极电路
电路原理图 （PNP 型）	B C E R_C U_o U_i − +	B C E R_E U_i U_o − +	E C B R_C U_i U_o + −
输出与输入电压的相位	反相	同相	同相
输入阻抗	较小（约几百欧）	大（约几百千欧）	小（约几十欧）
输出阻抗	较大（约几十千欧）	小（约几十欧）	大（约几百千欧）
电流放大倍数	大（几十到两百倍）	大（几十到两百倍）	1
电压放大倍数	大（几百到千倍）	1	较大（几百倍）
功率放大倍数	大（几千倍）	小（几十倍）	较大（几百倍）
频率特性	较差	好	好
稳定性	差	较好	较好
失真情况	较大	较小	较小
对电源要求	采用偏置电路，只需一个电源	采用偏置电路，只需一个电源	需要两个独立电源
应用范围	放大、开关电路等	阻抗变换电路	高频放大、振荡

注：NPN 型三种接法的电源极性与 PNP 型的相反。

6.3.8　晶体管的多级放大电路

1. 晶体管多级放大电路的类型

因单级放大器的放大倍数一般只有几十倍，但在实际应用中，放大器的输入信号，通常都是极其微弱的，需要将其放大到几百倍、甚至几万倍，要完成这样的放大任务，靠单级放大器是不能胜任的，这就需要用几个单级放大器连接起来组成多级放大器，如图 6-43 所示，把前级的输出加到后级的输入，使信号逐级放大到所需要的数值。

图 6-43 中前面的几级称为前置级，主要用作电压放大。它们将微弱的输入信号放大到足够的幅度以推动后面的功率放大器（称末级）工作。

多级放大电路的耦合方式。**在多级放大器中，相邻两个放大电路之间的连接方**

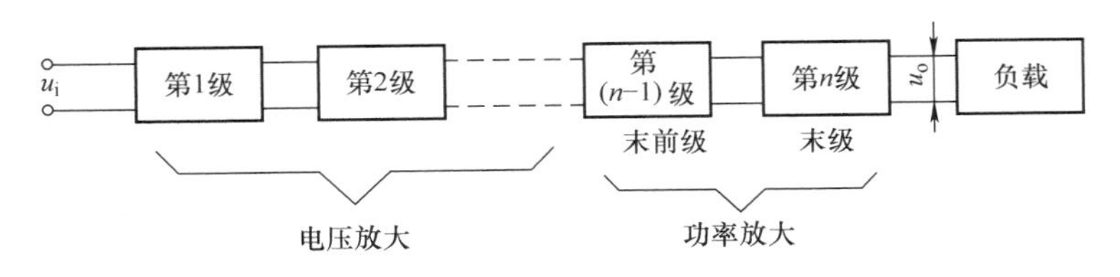

图6-43 多级放大电路的框图

式称为级间耦合，实现耦合的电路称为级间耦合电路。根据耦合的方式不同，**多级放大器可分为直接耦合、阻容耦合和变压器耦合等**。

2. 直接耦合多级放大电路的特点

直接耦合是指级间不通过任何电抗元件，把前级的输出端和后级的输入端直接（或通过电阻）连接起来。如图6-44所示为直接耦合二级放大电路，这种耦合方式多用于直流信号或缓慢变化的信号，以及集成电路放大器中。

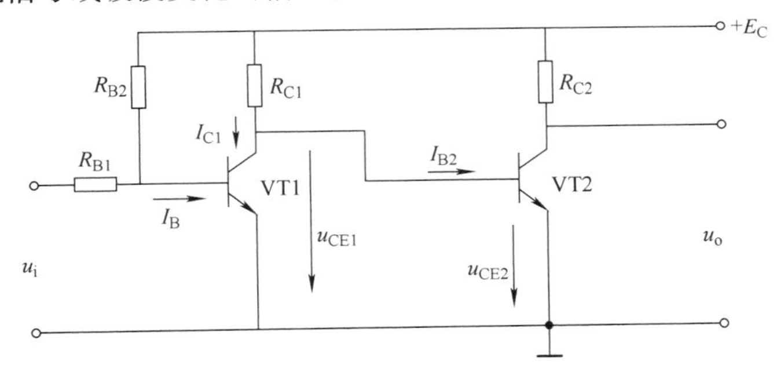

图6-44 直接耦合二级放大电路

3. 阻容耦合多级放大电路的特点

阻容耦合是指级间通过电阻器和电容器连接。如图6-45所示的阻容耦合二级放大电路，第一级的输出信号通过电容器C_2，耦合到第二级的输入电阻上。这种

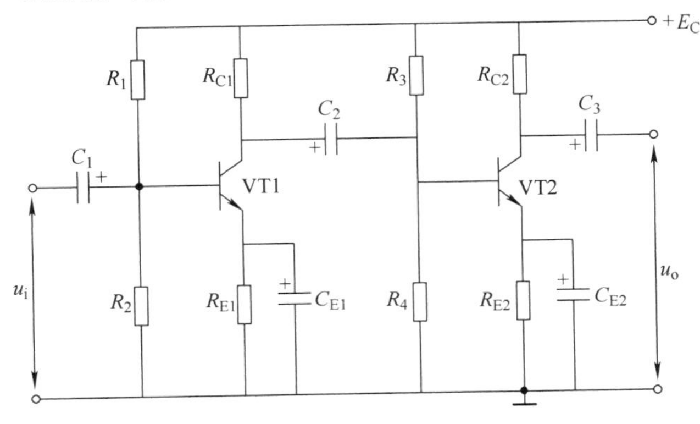

图6-45 阻容耦合二级放大电路

耦合的特点是：由于电容器的隔直作用，各级的直流工作状态互不影响，即各级的静态工作点可以单独设置。若耦合电容器容量越大，信号在传输过程中的损失越小，传输效率越高。该放大电路具有结构简单、成本低、体积小，频率响应好等特点，所以得到广泛应用。其缺点是不能放大频率极低的信号。

4. 变压器耦合多级放大电路的特点

变压器耦合多级放大电路是指把前级的输出交变信号通过变压器耦合到下一级。如图 6-46 所示的变压器耦合二级放大电路，这种耦合方式的特点是：由于变压器不传直流，故各级的静态工作点是相互独立的。另外，由于变压器有阻抗变换的作用，可使级间阻抗匹配，放大电路可获得较大的功率输出，所以此种耦合方式常用于功率放大电路。其缺点是体积大、成本高、不适应小型化或集成化，且不能放大频率极低的信号。

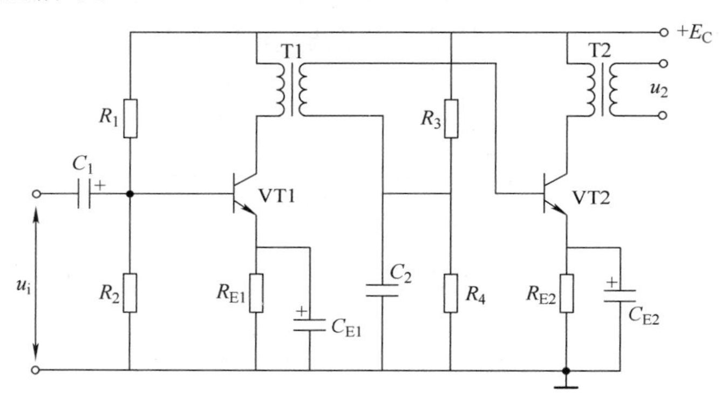

图 6-46 变压器耦合二级放大电路

6.3.9 功率放大电路

1. 功率放大电路的类型

多级放大电路的末级一般都是功率放大电路，它的任务是将前置级送来的低频信号进行功率放大，以推动负载工作。**功率放大的实质是利用晶体管的电流放大作用，把电源供给晶体管集电极电路的直流功率转变为交流输出功率。**由于功率放大电路中晶体管电压（电流）的变化范围大，所以信号失真是突出问题。因此，功率放大电路必须具有输出功率大、失真小、晶体管管耗小（效率高）等特点。

功率放大电路按静态工作点的设置位置分为甲类单管功率放大器、乙类推挽功率放大器和甲乙类推挽功率放大器三种。

功率放大电路按电路结构形式分为有输出变压器和无输出变压器两种。

2. 甲类单管功率放大器的特点

甲类单管功率放大器如图 6-47 所示。为充分利用晶体管，又使输出功率失真较小，通常晶体管的静态工作点选在集电极电流较大处，在信号的整个周期内，晶体管都工作在放大区。此种放大器简单，但功率传输效率很低。

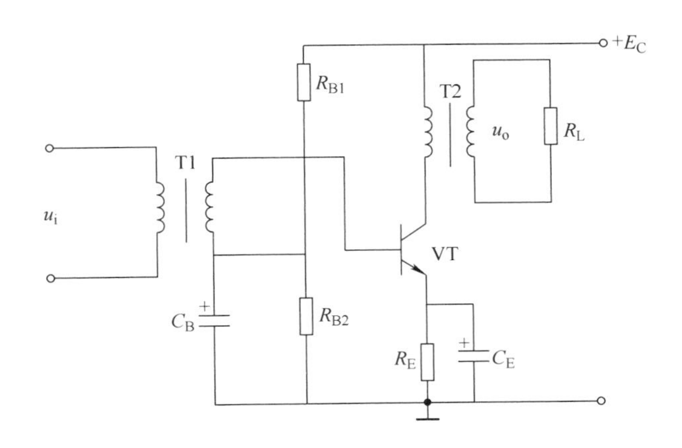

图 6-47　甲类单管功率放大器

3. 乙类推挽功率放大器的特点

乙类推挽功率放大器如图 6-48 所示。在图 6-48 中虽然两只晶体管交替导通，输出变压器中一次电流的方向也不断变化，但电源输出电流的方向却是单一方向的，所以电源输出电流等于连续正弦正半周电流的平均值。此种放大器采用双管推挽输出，功率传输效率较高，但存在交越失真。

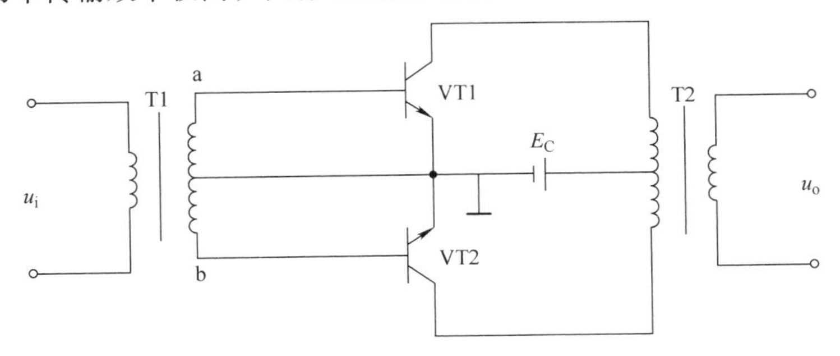

图 6-48　乙类推挽功率放大器

4. 甲乙类推挽功率放大器的特点

甲乙类推挽功率放大器如图 6-49 所示。其每个晶体管的静态工作点取在集电极电流接近于零处，两管交替工作，如信号在正半周时（a 为正，b 为负），晶体管 VT1 处于放大状态，VT2 因基极电压为负而截止。信号在负半周时情况相反，即每个晶体管只放大半个周期，但通过输出变压器后，却可得到全周期没有失真的输出信号。此种放大器克服了交越失真，功率传输效率较高，应用较为广泛。

6.3.10　反馈电路

将放大器输出电压或电流的一部分通过一定方式送回到输入端与输入信号发生联系，以影响输入回路和整个放大电路工作的电路，称为反馈电路。反馈放大器是

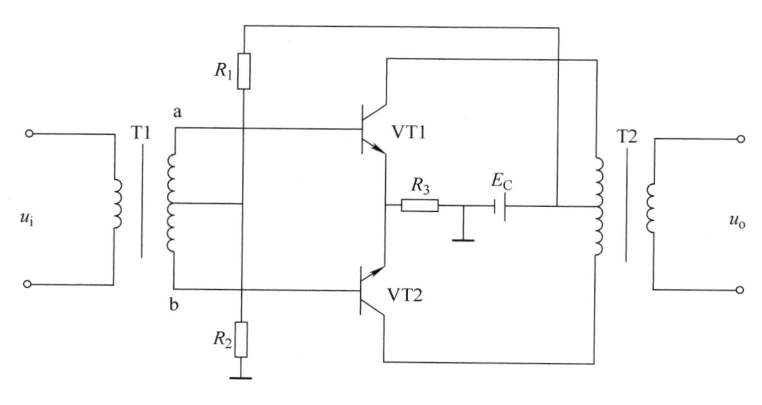

图 6-49　甲乙类推挽功率放大器

由基本放大电路和反馈电路两部分组成，如图 6-50 所示。

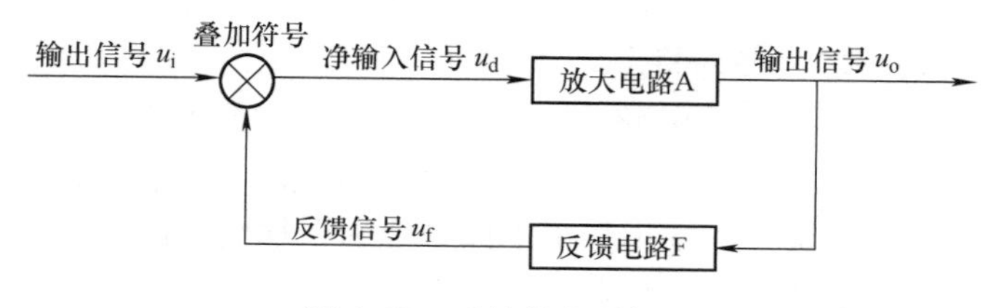

图 6-50　反馈放大器框图

1. 反馈的分类

1）正反馈和负反馈。**凡是反馈信号起到增强输入信号，使净输入信号增强，最后导致放大倍数上升的叫正反馈；凡是反馈信号起到削弱输入信号，使净输入信号减小，最后导致放大倍数下降的叫负反馈。**

2）直流反馈和交流反馈。**对直流量起反馈作用的叫直流反馈；对交流量起反馈作用的叫交流反馈。**

3）电压反馈和电流反馈。根据反馈信号从放大电路输出端取出的方式不同而分，**凡是反馈信号与输出电压成正比的，叫电压反馈；凡是反馈信号与输出电流成正比的，叫电流反馈。**通常电压反馈电路的取样端与放大电路输出端是并联的，而电流反馈电路的取样端则与放大电路的输出端是串联的。

4）串联反馈和并联反馈。根据反馈电路和放大电路输入端连接的方式不同而分，**凡是放大电路的净输入信号由原输入信号和反馈信号串联而成的，叫串联反馈；凡是放大电路的净输入信号由原输入信号和反馈信号并联而成的，叫并联反馈。**

2. 负反馈对放大电路性能的影响

1）负反馈使放大器的电压放大倍数降低。

2）负反馈使放大器的稳定性提高。

3）负反馈使放大器输出信号的波形失真大大减小。

4）负反馈使放大器输入电阻和输出电阻发生改变。

5）负反馈能减小干扰和噪声。

6.4　场效应晶体管及其应用电路

6.4.1　场效应晶体管的结构和分类

场效应晶体管（简称场效应管）也是一种具有 PN 结的半导体管，它是利用输入电压产生电场效应来控制输出电流的，故称为电压控制型器件。场效应晶体管有三个极，即栅极 G、漏极 D、源极 S，分别与晶体管的基极 B、集电极 C、发射极 E 相对应，其外形与晶体管相似。

场效应晶体管的分类如下：

1）按工艺结构分类，有结型场效应管和绝缘栅型场效应管（MOS）两类。

2）按导电沟道所用材料分类，有 N 型沟道和 P 型沟道。

3）按零栅压条件下源漏极通断状态分类，有耗尽型和增强型两种工作方式。当栅压为零时，有较大漏极电流的称耗尽型；只有当栅压达到一定值时才有漏极电流的称增强型。

场效应晶体管的外形如图 6-51 所示，其文字符号与晶体管一样用 T 或 VT 表示。

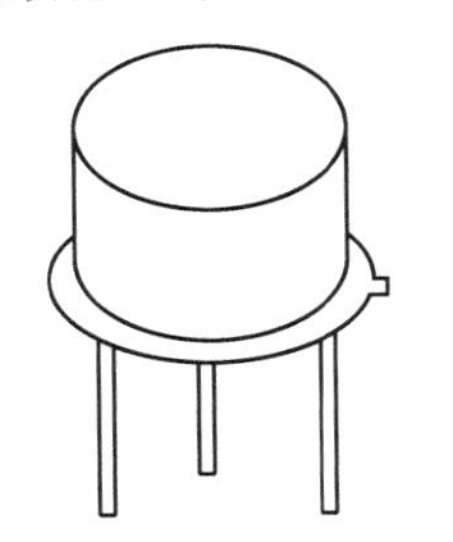
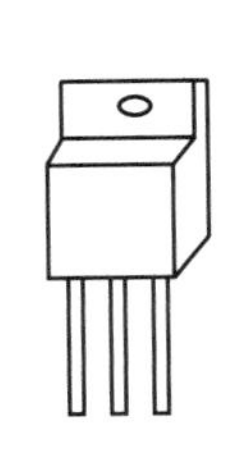
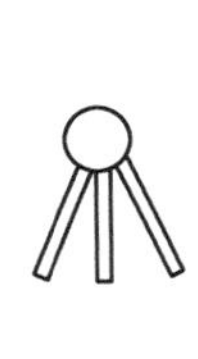
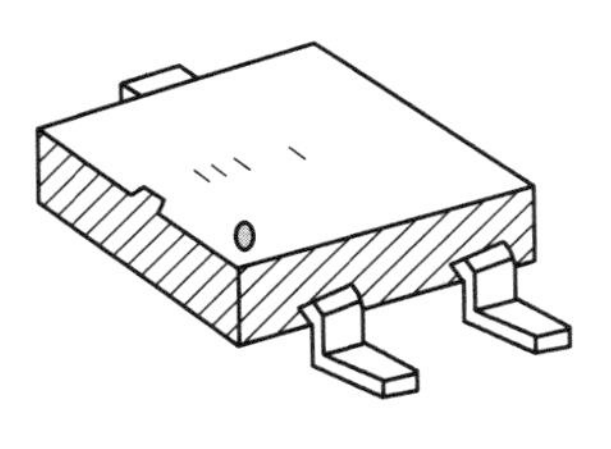

图 6-51　场效应晶体管的外形

6.4.2　场效应晶体管的特性及主要技术参数

1. 场效应晶体管的特性

场效应晶体管的外形虽然与晶体管相似，但是两者的工作原理却有本质的不同。晶体管是电流控制器件，即在一定条件下，其集电极电流受基极电流控制，而场效应晶体管则是电压控制器件，其漏极电流受栅源电压控制。因此，场效应晶体管的输入阻抗非常高，这是晶体管不能达到的。

场效应晶体管的性能可用转移特性、输出特性及一些技术参数来表示。栅源电压 U_{GS}与漏极电流 I_D（U_{DS}一定时）之间的关系曲线称为转移特性，它反映栅极的控制能力；漏源电压 U_{DS}与漏极电流 I_D（U_{GS}一定时）之间的关系曲线称为输出特性，它反映漏极的工作能力。

各类场效应晶体管的符号及伏安特性曲线见表 6-26。

表 6-26　各类场效应晶体管的符号及伏安特性曲线

结构类型	工作方式	符号	电压极性		转移特性	输出特性
			U_P 或 U_T	U_{DS}		
绝缘栅N沟道	耗尽型	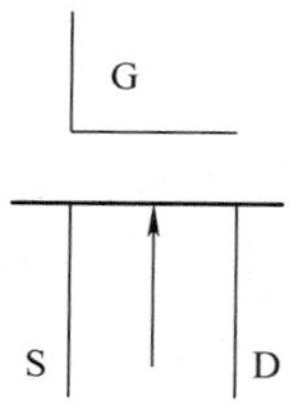 G S D	(−)	(+)	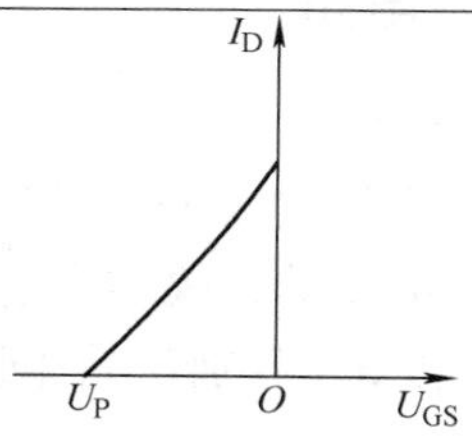 I_D U_P O U_{GS}	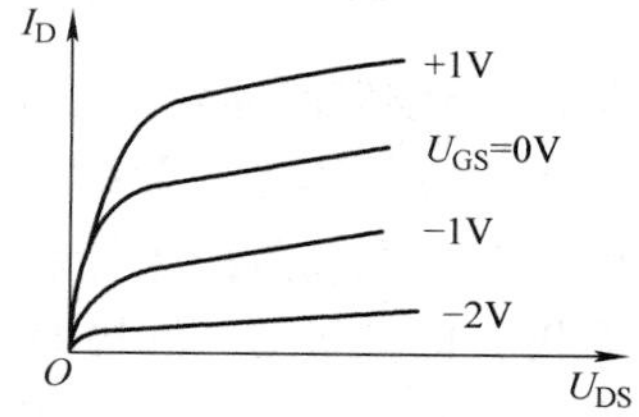 I_D +1V U_{GS}=0V −1V −2V O U_{DS}
	增强型	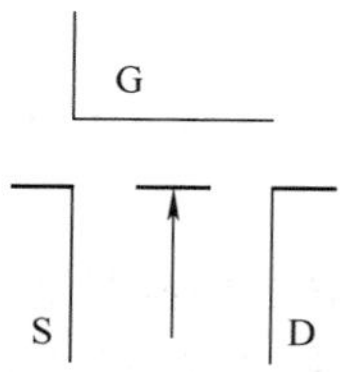 G S D	(+)	(+)	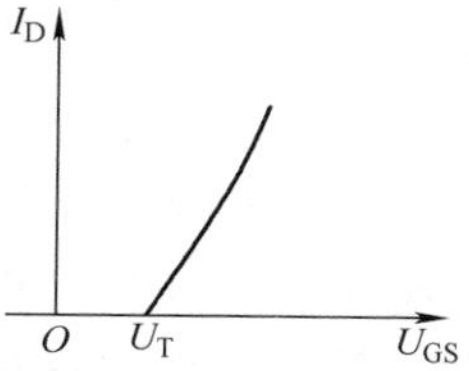 I_D O U_T U_{GS}	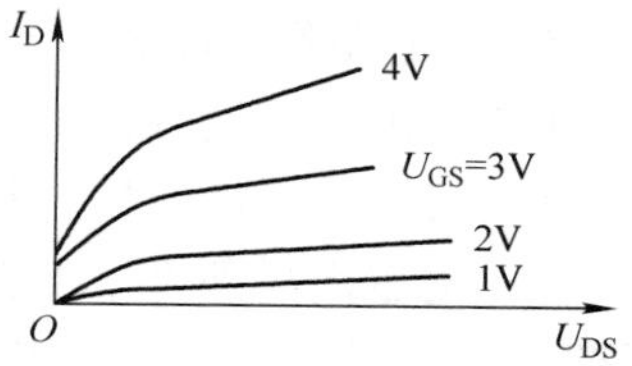 I_D 4V U_{GS}=3V 2V 1V O U_{DS}
绝缘栅P沟道	耗尽型	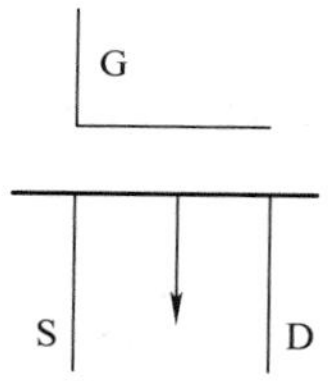 G S D	(+)	(−)	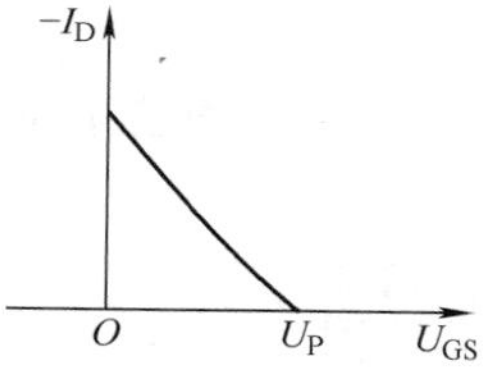 $-I_D$ O U_P U_{GS}	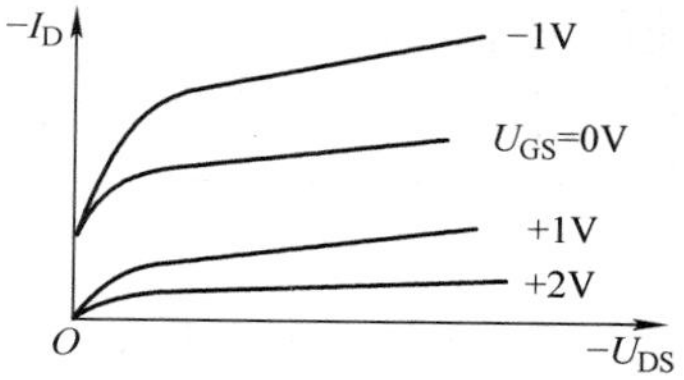 $-I_D$ −1V U_{GS}=0V +1V +2V O $-U_{DS}$
	增强型	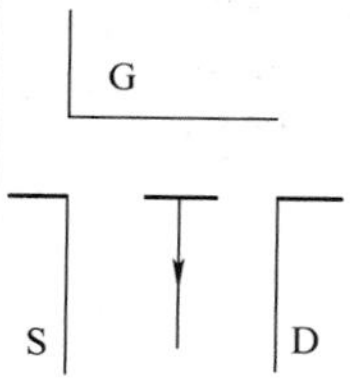 G S D	(−)	(−)	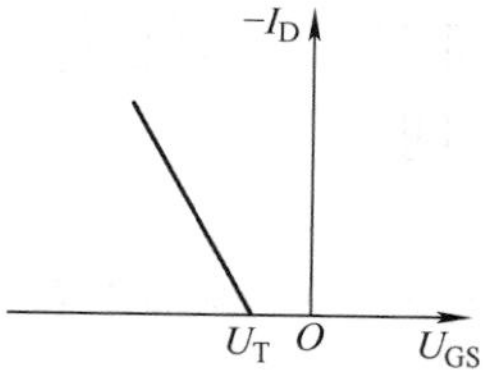 $-I_D$ U_T O U_{GS}	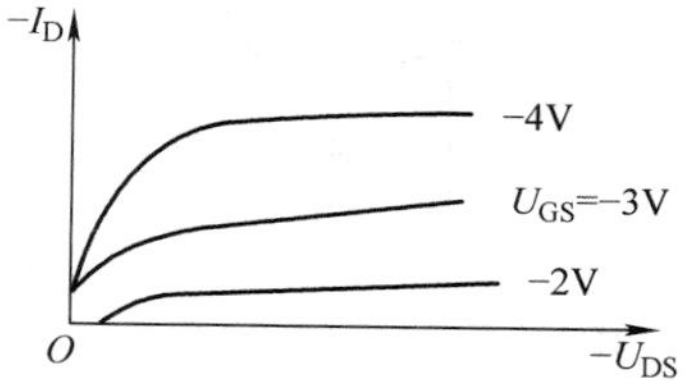 $-I_D$ −4V U_{GS}=−3V −2V O $-U_{DS}$
结型P沟道	耗尽型	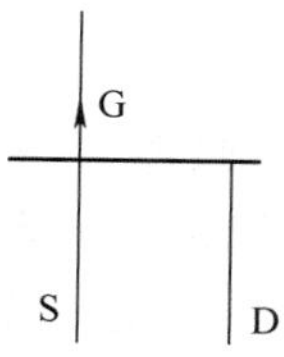 G S D	(+)	(−)	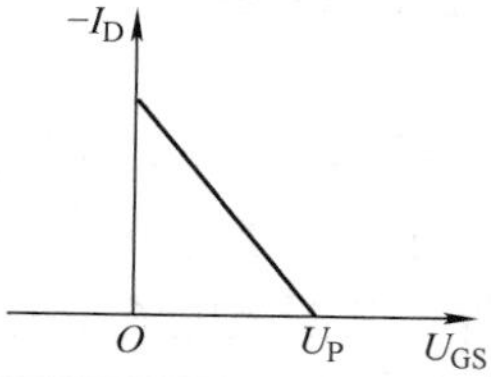 $-I_D$ O U_P U_{GS}	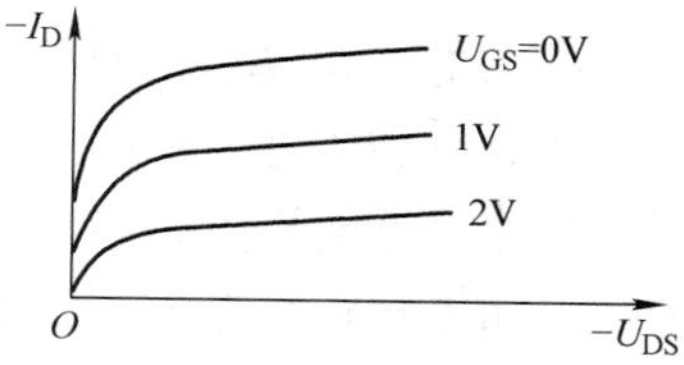 $-I_D$ U_{GS}=0V 1V 2V O $-U_{DS}$
结型N沟道	耗尽型	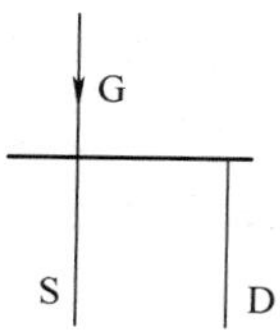 G S D	(−)	(+)	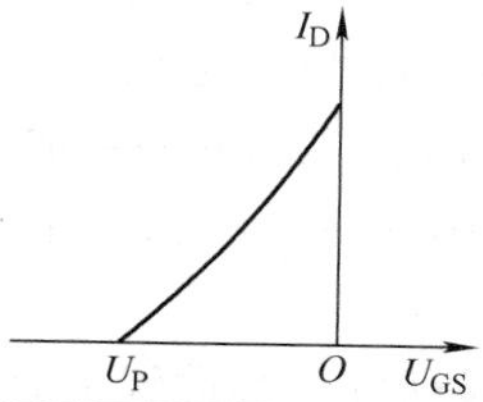 I_D U_P O U_{GS}	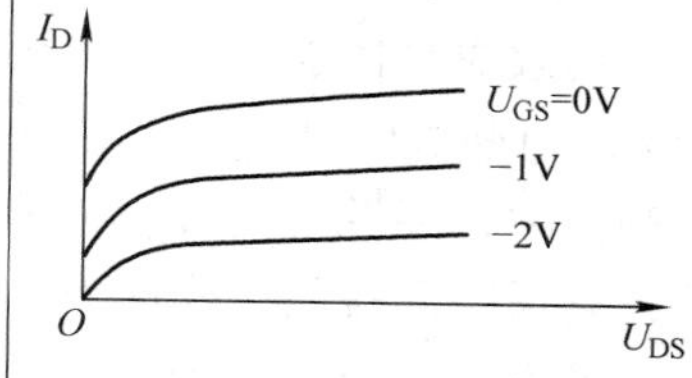 I_D U_{GS}=0V −1V −2V O U_{DS}

2. 场效应晶体管的主要技术参数（见表 6-27）

表 6-27　场效应晶体管的主要技术参数

参数	名　称	定　义
U_P	夹断电压	在耗尽型中，使沟道夹断，漏极电流 I_D 等于零的栅压
U_T	开启电压	在增强型中，原先没有沟道，使沟道开通出现漏极电流 I_D 的栅压
I_{DSS}	饱和漏极电流	当栅源电压 $U_{GS}=0$ 时的漏极电流
g_m	跨导	漏源电压 U_{DS}一定时，漏极电流增量和栅源电压增量之比
R_{DS}	漏极输出电阻	当栅源电压 U_{GS}一定时，在饱和区内栅源电压增量与漏极电流增量之比
R_{GS}	输入电阻	栅源 PN 结反向偏置时的反向电阻
BU_{GS}	最大栅源电压	栅源极间所能承受的最高电压
BU_{DS}	最大漏源电压	漏源极间所能承受的最高电压
I_{DSM}	最大漏源电流	漏源极间通过的最大电流
f_M	最高振荡频率	在规定条件下，使场效应晶体管振荡的最高频率
P_{DM}	漏极最大允许耗散功率	保证参数在规定范围内变化的最大漏极耗散功率

6.4.3　场效应晶体管的主要技术数据

场效应晶体管的主要技术数据见表 6-28 ~ 表 6-30。

表 6-28　N 沟道结型场效应晶体管的技术数据

<table>
<tr><th colspan="2">型号</th><th>I_{DSS} /mA</th><th>U_P/V</th><th>R_{GS} /Ω</th><th>g_m /μS</th><th>f_M /MHz</th><th>BU_{DS} /V</th><th>BU_{GS} /V</th><th>P_{DM} /mW</th><th>I_{DSM} /mA</th></tr>
<tr><td rowspan="5">3DJ2</td><td>D</td><td><0.35</td><td rowspan="3"><｜-4｜</td><td rowspan="5">>10^2</td><td rowspan="10">>2000</td><td rowspan="10">≥300</td><td rowspan="22">>20</td><td rowspan="22">>20</td><td rowspan="22">100</td><td rowspan="22">15</td></tr>
<tr><td>E</td><td>0.3 ~1.2</td></tr>
<tr><td>F</td><td>1 ~3.5</td></tr>
<tr><td>G</td><td>3 ~6.5</td><td rowspan="2"><｜-9｜</td></tr>
<tr><td>H</td><td>6 ~10</td></tr>
<tr><td rowspan="5">3DJ4</td><td>D</td><td><0.35</td><td rowspan="3"><｜-3｜</td><td rowspan="17">>10^8</td></tr>
<tr><td>E</td><td>0.3 ~1.2</td></tr>
<tr><td>F</td><td>1 ~3.5</td></tr>
<tr><td>G</td><td>3 ~6.5</td><td rowspan="2"><｜-6｜</td></tr>
<tr><td>H</td><td>6 ~10</td></tr>
<tr><td rowspan="5">3DJ6</td><td>D</td><td><0.35</td><td rowspan="3"><｜-4｜</td><td rowspan="5">>1000</td><td rowspan="5">≥30</td></tr>
<tr><td>E</td><td>0.3 ~1.2</td></tr>
<tr><td>F</td><td>1 ~3.5</td></tr>
<tr><td>G</td><td>3 ~6.5</td><td rowspan="2"><｜-9｜</td></tr>
<tr><td>H</td><td>6 ~10</td></tr>
<tr><td rowspan="7">3DJ7</td><td>D</td><td><0.35</td><td rowspan="3"><｜-4｜</td><td rowspan="7">>3000</td><td rowspan="7">≥90</td></tr>
<tr><td>E</td><td><1.2</td></tr>
<tr><td>F</td><td>1 ~3.5</td></tr>
<tr><td>G</td><td>3 ~11</td><td rowspan="4"><｜-9｜</td></tr>
<tr><td>H</td><td>10 ~18</td></tr>
<tr><td>I</td><td>17 ~25</td></tr>
<tr><td>J</td><td>24 ~35</td></tr>
</table>

表 6-29　P 沟道结型场效应晶体管的技术数据

<table>
<tr><th colspan="2">型号</th><th>I_{DSS}/mA</th><th>U_P/V</th><th>g_m/μS</th><th>BU_{GS}/V</th><th>P_{DM}/mW</th></tr>
<tr><td rowspan="5">3CJ1</td><td>D</td><td><0.35</td><td rowspan="3"><｜-4｜</td><td>>300</td><td rowspan="5">25</td><td rowspan="5">100</td></tr>
<tr><td>E</td><td>0.3～1.2</td><td>>500</td></tr>
<tr><td>F</td><td>1～3.5</td><td>>1000</td></tr>
<tr><td>G</td><td>3～6.5</td><td rowspan="2"><｜-9｜</td><td>>1500</td></tr>
<tr><td>H</td><td>10～20</td><td>>2000</td></tr>
</table>

表 6-30　常用 N 沟道耗尽型 MOS 场效应晶体管的技术数据

<table>
<tr><th colspan="2">型号</th><th>I_{DSS}
/mA</th><th>U_P/V</th><th>R_{GS}
/Ω</th><th>g_m
/μS</th><th>f_M
/MHz</th><th>BU_{DS}
/V</th><th>BU_{GS}
/V</th><th>P_{DM}
/mW</th><th>I_{DSM}
/mA</th></tr>
<tr><td rowspan="5">3DO1</td><td>D</td><td><0.35</td><td rowspan="11"><｜-9｜</td><td rowspan="11">≥10^8</td><td rowspan="5">≥1000</td><td rowspan="5">≥90</td><td rowspan="5">≥20</td><td rowspan="5">>40</td><td rowspan="11">100</td><td rowspan="11">15</td></tr>
<tr><td>E</td><td>0.3～1.2</td></tr>
<tr><td>F</td><td>1～3.5</td></tr>
<tr><td>G</td><td>3～6.5</td></tr>
<tr><td>H</td><td>6～10</td></tr>
<tr><td rowspan="6">3DO4</td><td>D</td><td><0.35</td><td rowspan="6">≥2000</td><td rowspan="6">≥300</td><td>≥12</td><td rowspan="6">>25</td></tr>
<tr><td>E</td><td>0.3～1.2</td><td rowspan="5">≥20</td></tr>
<tr><td>F</td><td>1～3.5</td></tr>
<tr><td>G</td><td>3～6.5</td></tr>
<tr><td>H</td><td>6～10.5</td></tr>
<tr><td>I</td><td>10～15</td></tr>
</table>

6.4.4　场效应晶体管的三种基本接法及偏置电路

场效应晶体管有放大和开关两种工作状态，在这两种状态下工作性能的好坏，不仅取决于电路的连接方式，也与栅压的偏置电路有关。

1. 场效应晶体管的三种基本接法

与晶体管相对应，场效应晶体管也有三种基本接法，即共源、共漏和共栅电路。三种电路的形式及性能比较见表 6-31。

表 6-31　结型场效应晶体管三种放大电路的形式及性能比较

形式	共源	共漏	共栅
电路图	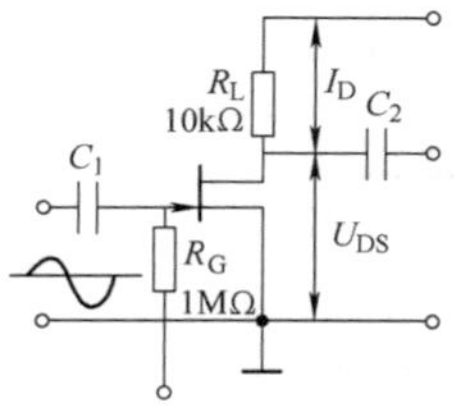 R_L 10kΩ, I_D, C_2, C_1, R_G 1MΩ, U_{DS}	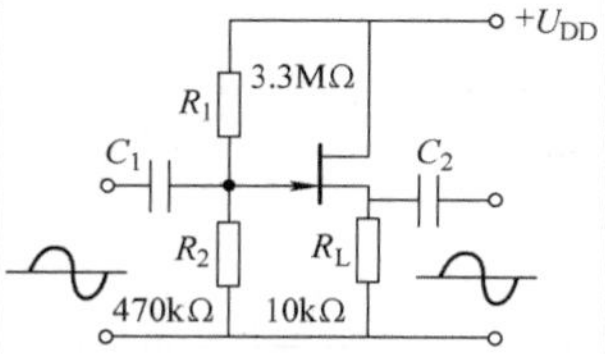 $+U_{DD}$, R_1 3.3MΩ, C_1, C_2, R_2 470kΩ, R_L 10kΩ	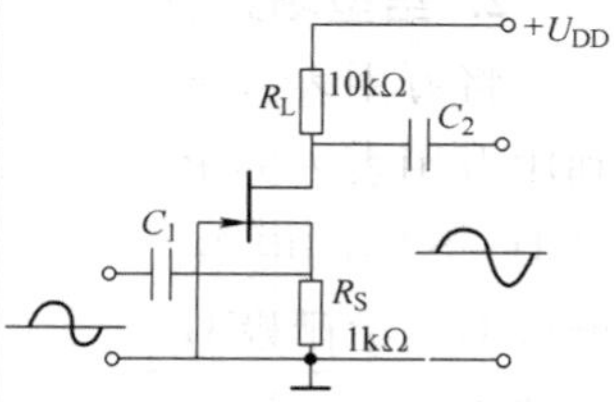 $+U_{DD}$, R_L 10kΩ, C_2, C_1, R_S 1kΩ

（续）

形式	共源	共漏	共栅
输入电阻 R_i	$R_G // r_{GS} \approx R_G$	$= R_1 // R_2$	R_i 很低 $\approx 1/g_m$
输出电阻 R_o	$R_L // r_{DS} \approx R_L$	$\approx R_L$	$\approx R_L$
电压放大倍数 K	$\approx -g_m R_L$	≈ 1	$\approx -g_m R_L$
特点	输入阻抗高、电压增益大，应用最广，但高频特性差	输入阻抗高、输出阻抗低，适用于阻抗变换，如缓冲放大器、电压跟随器	输入阻抗低、输出阻抗较高，频率特性好，常用于高频放大

2. 场效应晶体管的基本偏置电路

场效应晶体管工作时，也需要偏置电路来确定工作点，其基本偏置电路有固定偏置电路，带分压器的自给偏置电路和自给偏置电路。

6.4.5 场效应晶体管的检测

1. 电极的判断

利用结型场效应晶体管的源极与漏极的结构对称，可以利用互换使用的特点来判断电极。由结型场效应晶体管的结构可知，它们的内部有一个PN结，但N沟道和P沟道的栅极所接PN结的区（P区或N区）不一样，所以可以利用这一不同点来区分是P沟道还是N沟道。

将万用表置于R×100档或R×1k档。用黑表笔接触场效应晶体管的任意一个电极，而红表笔分别去接触其余两个电极，如果两次测得的电阻都很小（约几百欧），则黑表笔所接的电极是栅极G，另外两个电极为源极S和漏极D，同时也确定了被测场效应晶体管为N型沟道，如图6-52a所示。如果测出的两个阻值都很大（接近无穷大），则表明测出的是PN结的反向电阻，被测管为P沟道场效应管，如图6-52b所示。测量时，如果出现两阻值相差过大，则改换电极重测，直至测出的两个阻值都很大或很小为止。

当栅极G判别出以后，对于源极S、漏极D不一定要判别。由于在制造工艺上源极S和漏极D基本是对称的，可以互换使用。

对于有四个电极的管子，与其他三个电极都不相通的电极是屏蔽极（使用中接地）。

2. 结型场效应晶体管放大能力的检测

将万用表置于R×100档，黑表笔接漏极D，红表笔接源极S，让栅极G悬空，利用万用表内的电池给被测场效应晶体管加1.5V的正向电压，这时万用表测出的是D－S间的电阻值（万用表的指针有偏转，但不是太大），随后用手指碰触一下栅极G，给栅极G加一个人体的感应电压，如图6-53所示。正常时由于场效应管的放大作用，D－S间的电阻值会发生大幅度变化（万用表的指针有较大的偏转）。

若用手捏着栅极，指针偏转越大，则表明其放大能力越强。如果万用表指针偏转幅度较小，甚至根本不发生偏转，则表明场效应晶体管的放大能力不大或已损坏。

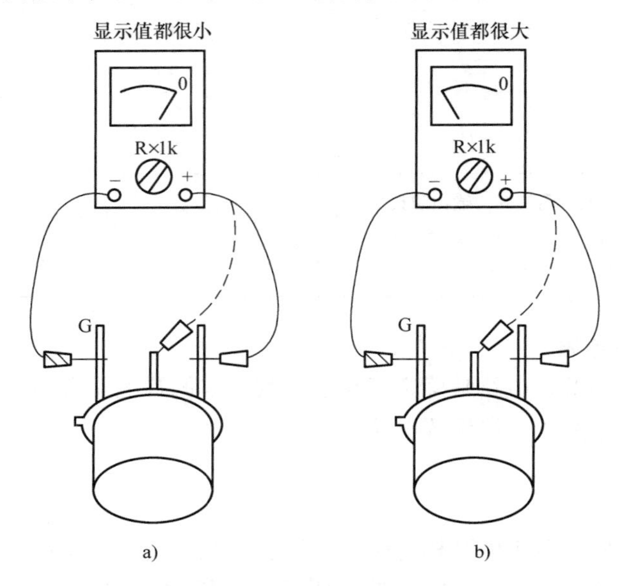

图 6-52　场效应晶体管管型的判断
a）N 沟道场效应晶体管　b）P 沟道场效应晶体管

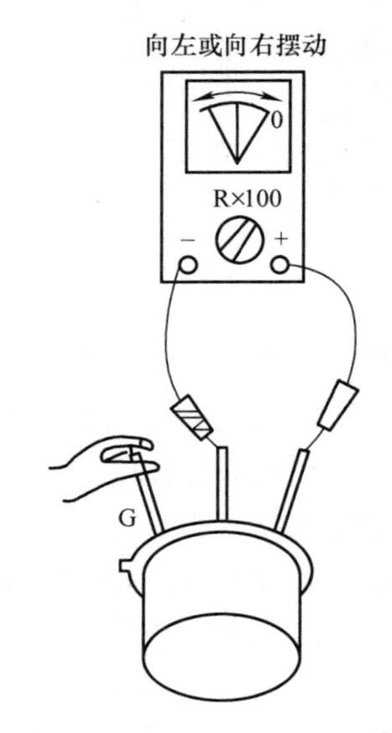

图 6-53　检测结型场效应晶体管的放大能力

6.5　集成电路

6.5.1　集成运算放大器概述

1. 集成电路

集成电路是把一个单元电路或一些功能电路，甚至某一整机的功能电路集中制作在一个晶片或瓷片上，再封装成一个便于安装、焊接的外壳中。集成电路有膜（薄膜、厚膜）集成电路、半导体集成电路及混合集成电路。半导体集成电路利用半导体工艺，将一些二极管、晶体管、电阻器、电容器及元件间的连接线等制作在同一块很小的半导体芯片上，形成一个完整电路，并封装在特制的外壳中，从壳内向壳外接出引线。半导体集成电路通常简称为集成电路。

常见集成电路的封装外形如图 6-54 所示。

2. 集成运算放大器的用途

在模拟电子技术领域，常用的模拟集成电路种类很多，有运算放大器、功率放大器、模－数转换器、数－模转换器等许多种。其中，集成运算放大器是通用性最强、品种和数量最多、应用最为广泛的一种。

集成运算放大器简称集成运放，是采用集成工艺制成的一种具有高放大倍数的多级直接耦合放大器。由于发展初期主要将其用在对模拟量进行各种函数运算的电

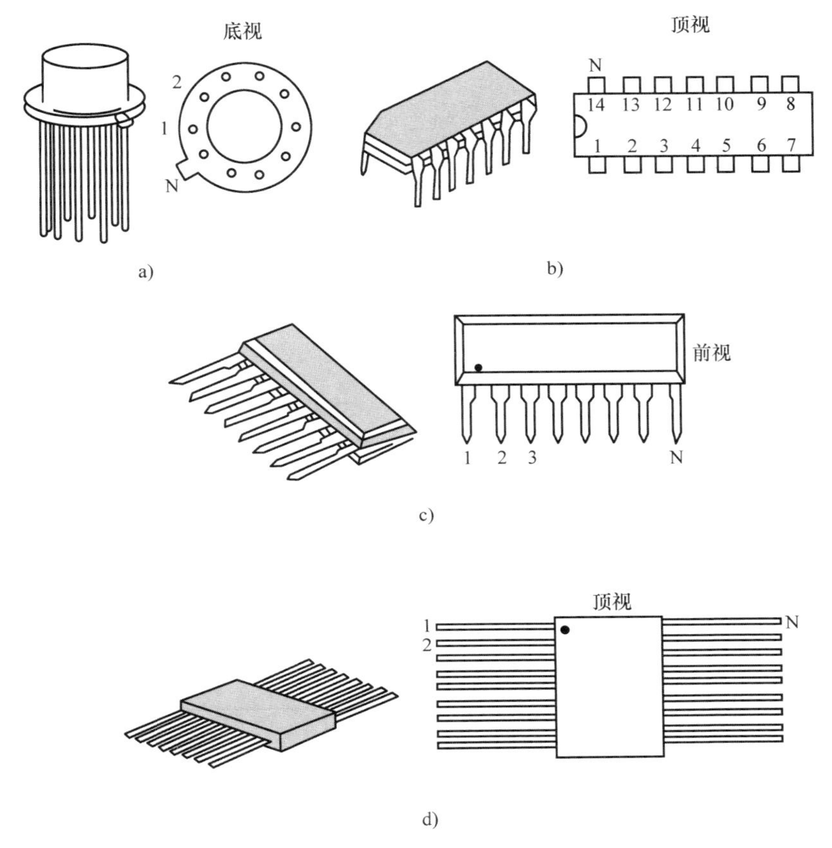

图 6-54　常见集成电路的封装外形
a）圆壳式　b）双列直插式　c）单列直插式　d）扁平式

子模拟计算机中而得此名，所以至今仍保留了运算放大器的名称。

目前，随着集成运算放大器性能的不断完善，其应用已远远超过了模拟运算的范畴，在自动控制、测量、无线电通信、信号变换等方面获得了广泛的应用。

3. 集成运算放大器的图形符号

下面以集成运算放大器 F741 为例，进行简要介绍。

图 6-55 所示电路为集成运算放大器 F741 的简化原理图，它由输入级、中间级、输出级和偏置电路四大部分组成。

集成运算放大器 F741 的外形为双列直插式，如图 6-56 所示。引脚排列按从顶面看的逆时针方向排列。F741 各引脚的名称和作用是：2、3 为输入端，当输入信号接 2、3 端时，为双端输入，当输入信号由 2 端对地输入时，是单端输入，此时输出信号电压与输入信号电压极性相反，因而也称为反相输入，2 端称为反相输入端，当输入信号由 3 端对地输入时，也是单端输入，此时，输出信号电压与输入信号电压极性相同，3 端称为同相输入端；6 为输出端；7 为正电源端；4 为负电源

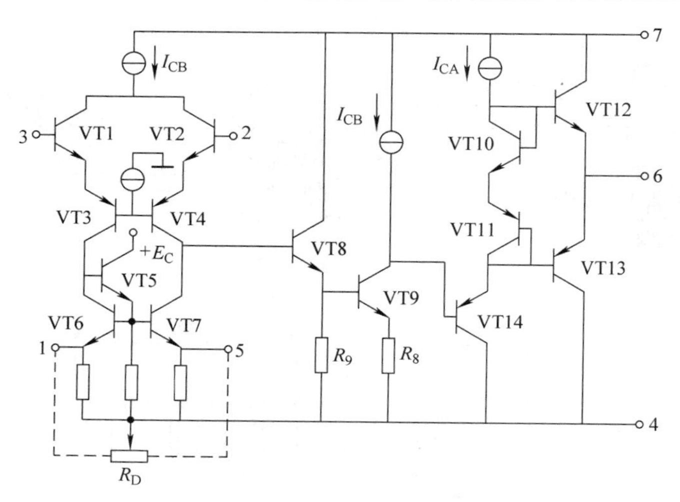

图 6-55 集成运算放大器 F741 的简化原理图

端。由于差动放大电路元器件参数不可能完全对称，即使不外加信号，也仍存在有双端输入信号，这种现象称为失调，故差动输入级需加有调零电路，以补偿失调电压；8 端为空脚。

集成运算放大器作为一个电路器件，在电路图中用图 6-57 所示符号的图形来表示。集成运算放大器有两个输入端，分别是同相输入端和反相输入端，有一个输出端。**各端信号分别表示为 u_+、u_-、u_o。如果不特殊说明，上述三个信号电压均指对地电压，**所以图 6-57a 可以简化表示为图 6-57b 所示形式。图 6-57b 中的"▷"表示信号的传输方向；"∞"表示理想集成运算放大器的开环电压放大倍数。

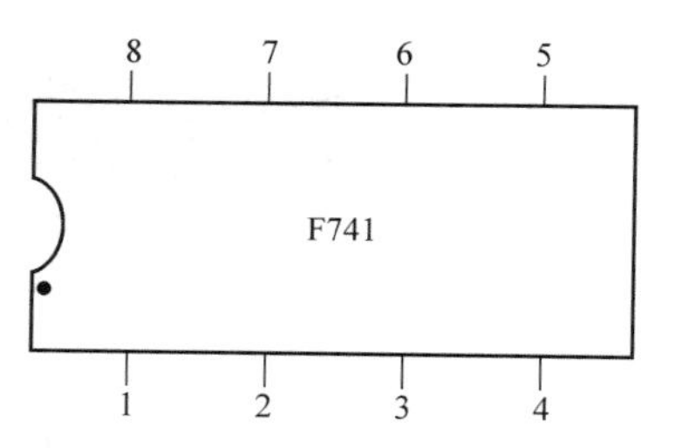

图 6-56 集成运算放大器 F741 的外形

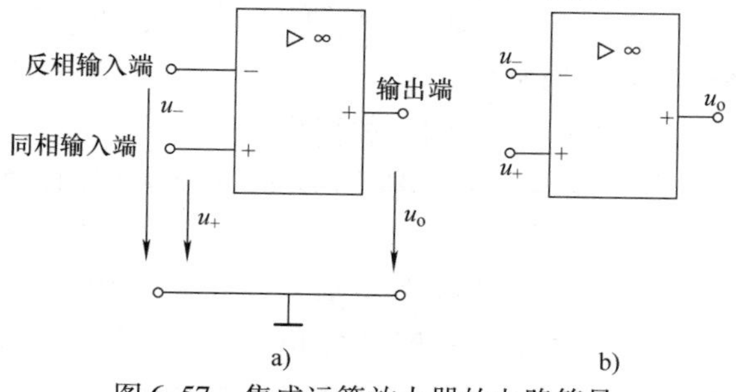

图 6-57 集成运算放大器的电路符号

a）图形符号 b）简化符号

6.5.2 集成运算放大器的特性

集成运算放大电路指的是由集成运算放大器与其他元器件组成的电路，是集成运算放大器的具体应用。

集成运算放大器作为一种通用性很强的放大器件，在模拟电子技术中的各个领域获得了广泛的应用。根据集成运算放大器的工作状态，集成运算放大器的应用可分为线性应用和非线性应用两大类。

1. 理想集成运算放大器

在分析由集成运算放大器构成的各种电路时，通常将它看成是一个理想集成运算放大器。理想化的条件是：开环电压放大倍数 $A_{uo}\to\infty$；差模输入电阻 $r_{id}\to\infty$；开环输出电阻 $r_o\to 0$；共模抑制比 $K_{CMR}\to\infty$。

实际的集成运算放大器当然不可能达到上述理想化的技术指标。但是，由于集成运算放大器工艺及电路设计水平的不断提高，将实际集成运算放大器视为理想集成放大器所造成的误差在工程上是允许的。

2. 电压传输特性

图 6-58a 是集成运算放大器开环运用时的示意图，u_+ 和 u_- 分别是其同相输入端电压和反相输入端电压；u_o 是其输出端电压；r_{id} 是差模输入电阻（见图 6-58a 中虚线连接）。

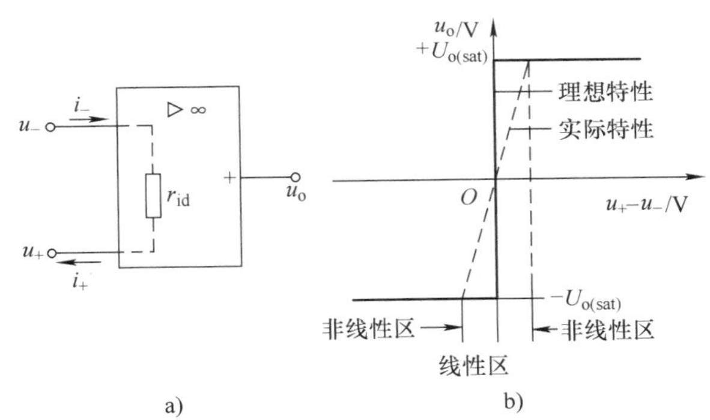

扫一扫看视频

图 6-58　集成运算放大器的电压传输特性

a）等效电路　b）传输特性

表示集成运算放大器输出电压与输入电压之间关系的特性曲线称为电压传输特性，如图 6-58b 所示。从图 6-58b 中可以看出，集成运算放大器有两个工作区，分别为线性区和非线性区。

当集成运算放大器工作在线性区时，其输出电压 u_o 与输入电压（$u_+ - u_-$）之间是线性关系，即

$$u_o = A_{uo}(u_+ - u_-)$$

由于集成运算放大器的开环电压放大倍数 A_{uo} 很高，即使输入毫伏级以下的信号，也足以使输出电压达到饱和值 $+U_{o(sat)}$ 或 $-U_{o(sat)}$。所以，**要使集成运算放大器工作在线性区，需要引入深度电压负反馈。**

理想集成运算放大器的电压传输特性如图 6-58b 中实线所示，由于理想集成运

算放大器的开环电压放大倍数 $A_{uo} \to \infty$，因此，其线性区为一条与纵轴重合的直线。

6.5.3 集成运算放大器的选用

1. 集成运算放大器的选择

选择集成运算放大器时，应根据电路的特点，恰当估计出对运算放大器性能的要求。电路的特点主要表现在以下几个方面：

1）信号源的性质。

2）负载的性质。

3）对精度的要求。

4）环境条件。

由于性能价格比是要考虑的重要因素之一，因此实际选择集成运算放大器的原则是，**在满足性能要求的条件下，尽量降低成本**。通常是，首先考虑选用通用型，如果通用型不能满足应用要求时，再根据需要选用相应的专用型运算放大器。

一般来说，高阻抗信号源应用电路、采样-保持电路、失调电压自动调整电路、高性能对数放大器、测量放大器和带通滤波器等应选用高阻型运算放大器；弱信号精密检测、精密模拟计算、自动控制仪表、高精度集成稳压器、高增益交流放大器及测量用可变增益放大器等应选用高精度型运算放大器；对于快速变化的输入信号系统，A-D 和 D-A 转换器、锁相环电路、视频放大器和模拟乘法器等应选用高速型运算放大器；对于对能源有严格限制的袖珍式仪器、野外操作系统和遥感、遥测装置等应选用低功耗型运算放大器。

在实际应用中，对集成运算放大器主要参数指标的需求还应进行必要的核算，以便得知所选择的运算放大器是否能满足应用电路的要求。

2. 集成运算放大器的简易检测

（1）用万用表测各引脚的对地电阻

将万用表转换开关置于 R×1k 档，黑表笔接被测集成电路的地线引脚，红表笔依次测量其他各引脚对地端的直流电阻值，然后与标准值比较，便可知有无问题。

（2）用万用表在线测试各引脚的对地电压

核查供电电压是否正常，在供电电压符合规定值的情况下，测得集成电路各引脚的对地电压，再与标准值（查电路原理图或有关手册）进行比较。若有与标准电压不符的引脚，必须再查与该引脚有关的外围元器件是否损坏，若无，便是集成电路的问题。

（3）用示波器检查信号波形

在动态工作情况下，用示波器检查有关引脚的波形，尤其是输出端引脚的波形，是否与电路图中对应点的标准波形相一致，可从中发现有无问题。

（4）用同型号的集成电路替换检查

若怀疑集成电路有问题，可用同型号进行替换，再通电试验，检查能否恢复正常功能。若能，说明替换下来的集成电路功能已失效，不能继续使用，这种方法往往见效较快。

6.5.4　集成稳压器分类及主要参数

用集成电路的形式制成的稳压电路称为集成稳压器，它将调整管、基准电压、比较放大器、取样电路和过热、过电流保护电路集成在同一芯片中，具有体积小、可靠性高、使用方便等优点。

集成稳压器按其输出电压是否可调可分为输出电压固定式集成稳压器和输出电压可调式集成稳压器。

集成电路按结构形式可分为串联型、并联型和开关型。

常见的集成稳压器为三端集成稳压器，其外形如图 6-59 所示。它有三个接线端，即输入端、输出端和公共端（或调整端），属于串联型稳压器。

1. 三端固定输出电压集成稳压器

目前，应用最普遍的三端固定输出电压集成稳压器是 CW78 × × 系列和 CW79 × × 系列。CW78 × × 系列是正电压输出，CW79 × × 系列为负电压输出，其外形及引脚排列如图 6-60 所示。

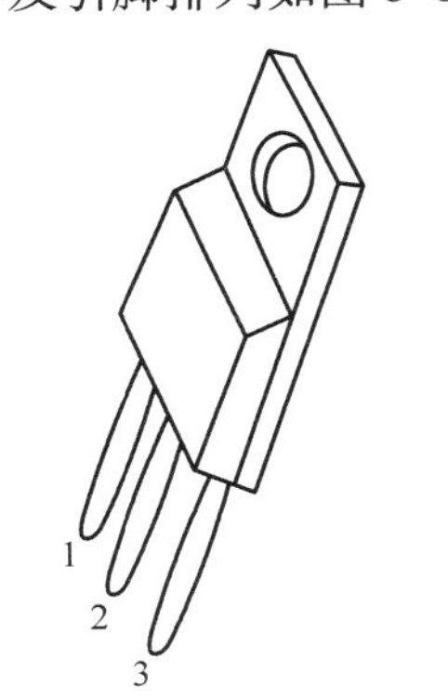

图 6-59　集成稳压器外形图

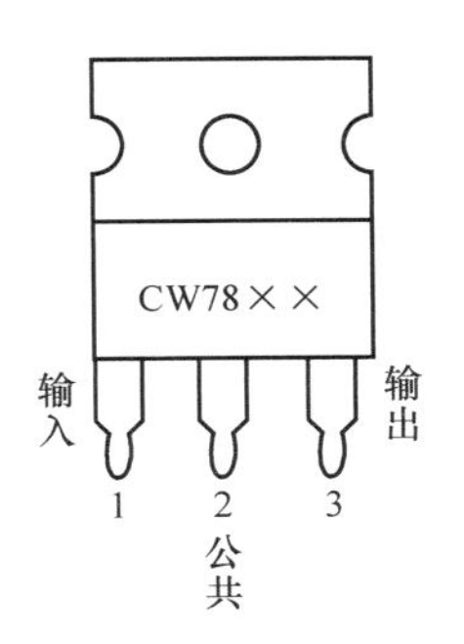

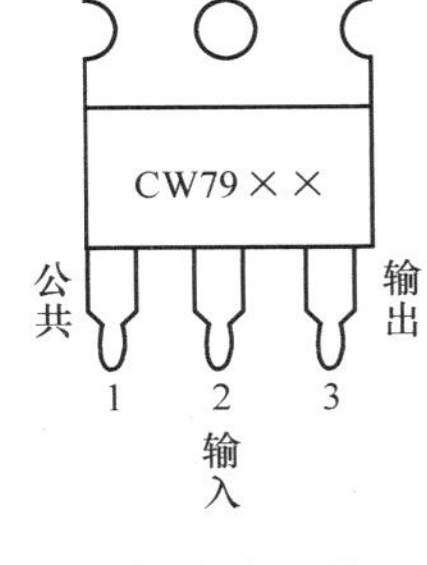

图 6-60　三端固定输出电压集成稳压器的外形及引脚排列图

三端固定输出电压集成稳压器的型号由五部分组成，其含义如下：

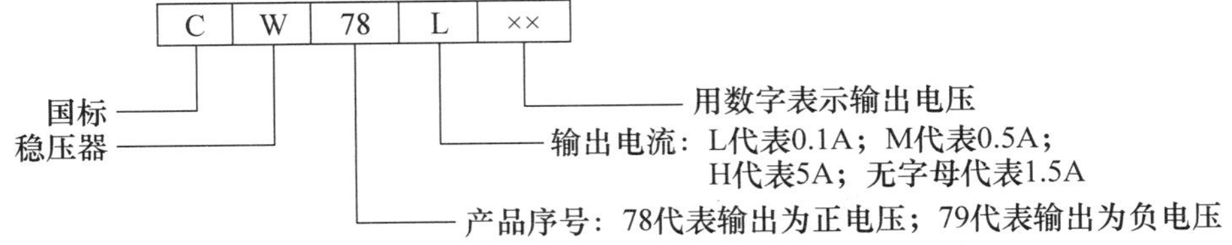

2. 三端可调输出电压集成稳压器

三端固定输出电压集成稳压器虽然可以通过外接电路构成输出电压可调的稳压

电路，但其性能指标有所降低，而且使用也不方便。因此，三端可调输出电压集成稳压器应运而生。

三端可调输出电压集成稳压器的三端是指电压输入端、电压输出端和电压调整端，它的输出电压可调，而且也分为正电压输出和负电压输出两类。这种稳压器使用非常方便，只要在输出端上外接两个电阻，就可获得所要求的输出电压值。

三端可调输出电压集成稳压器的型号由五部分组成，其含义如下：

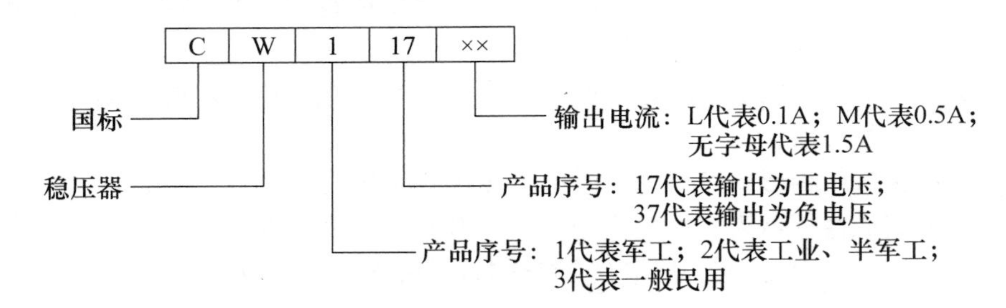

3. 集成稳压器的主要参数

（1）最大输入电压 U_{imax}

集成稳压器安全工作时允许外加的最大输入电压称为最大输入电压。若超过此值，稳压器有被击穿的危险。

（2）输出电压 U_o

稳压器的参数符合规定指标时输出的电压称为输出电压，对同一型号而言是一个常数。

（3）最大输出电流 I_{OM}

稳压器能保持输出电压不变的输出电流的最大值称为最大输出电流，一般也认为它是稳压器的安全电流。

6.5.5 三端固定输出电压集成稳压器的应用

1. 输出电压固定的基本稳压电路

图 6-61a 所示为正电压输出的输出电压固定的基本稳压电路。其输出电压数值完全由所选用的三端集成稳压器决定，例如需要 15V 输出电压，就选用 CW7815。在电路中，电容 C_1 的作用是消除输入连线较长时，其电感效应引起的自励振荡，减小波纹电压；电容 C_2 的作用是消除电路高频噪声。

如果需要用负电压输出，可改用 CW79××系列稳压器，电路的其他结构不变，如图 6-61b 所示。

2. 正、负电压同时输出的稳压电路

当用电设备需正、负两组电压输出时，可将正电压输出稳压器 CW78××系列和同规格的负电压输出稳压器 CW79××系列配合使用，组成正、负电压同时输出的稳压电路，如图 6-62 所示。

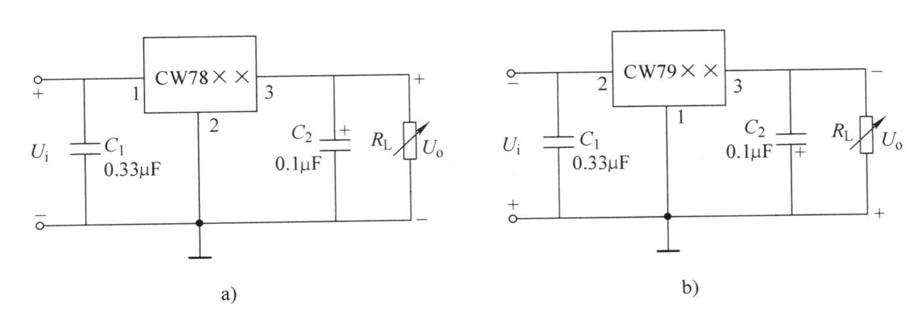

图 6-61　输出电压固定的基本稳压电路

a）CW78××基本稳压电路　b）CW79××基本稳压电路

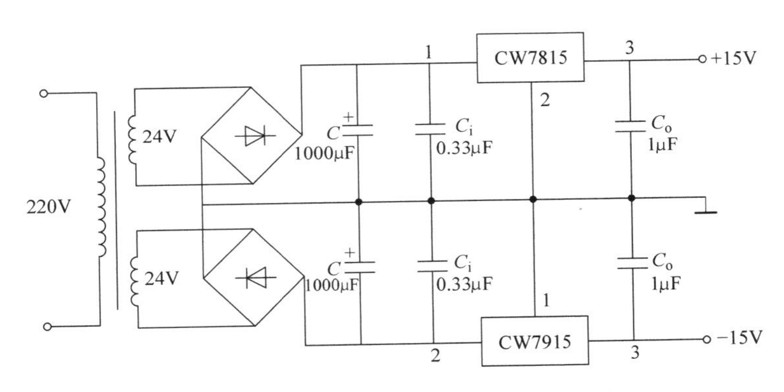

图 6-62　正、负电压同时输出的稳压电路

6.5.6　三端可调输出电压集成稳压器的应用

1. 输出电压可调的基本稳压电路

图 6-63a 和图 6-63b 分别是三端可调输出电压集成稳压器 CW117 和 CW137 的基本应用电路。电位器 RP 和电阻 R 为取样电阻，改变 RP 的值可使输出电压在 1.25～37V 范围内连续可调。C_1为高频旁路电容；C_2为消振电容。该电路的输出电压 U_o为

$$U_o \approx 1.25\left(1+\frac{RP}{R}\right)$$

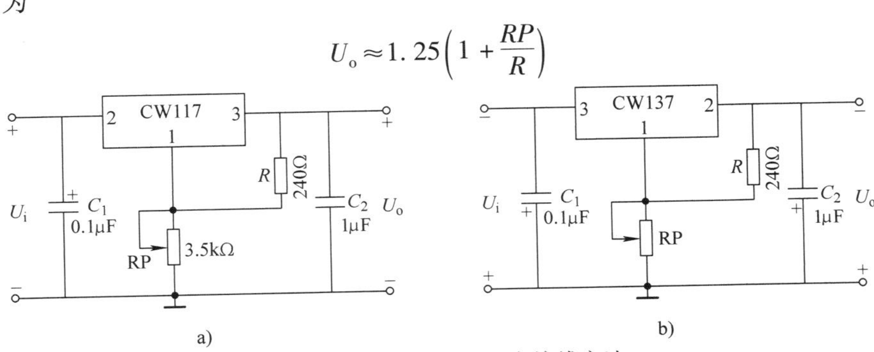

图 6-63　输出可调的基本接线方法

a）正电压输出　b）负电压输出

使用中，电阻 R 要紧靠在集成稳压器的输出端和调整端接线，以免当输出电流大时，附加电压降影响输出精度；电位器 RP 的接地点应与负载电流返回接地点相同；R 和 RP 应选择同种材料制作的电阻，精度尽量高一点。

2. 正、负电压同时输出的可调稳压电路

图 6-64 所示的电路是由 CW117 和 CW137 组成的正、负电压同时输出的可调稳压电路。其输出电压的调节范围为 ±1.2 ~ ±20V。

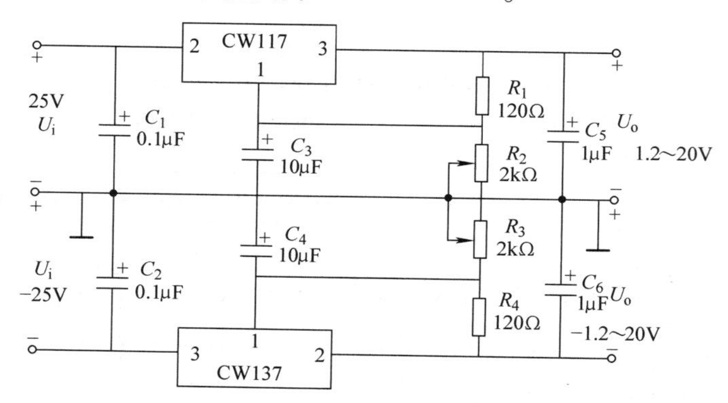

图 6-64 用集成稳压器组成的正、负电压同时输出的可调稳压电路

6.6 晶闸管及其应用电路

6.6.1 晶闸管概述

1. 晶闸管的用途

晶闸管是硅晶体闸流管的简称，它包括普通晶闸管、双向晶闸管、逆导晶闸管和快速晶闸管等。普通晶闸管曾称可控硅（常用 SCR 表示）。如果没有特殊说明，所说晶闸管皆指普通晶体管。**晶闸管是一种大功率半导体器件。**

晶闸管可以把交流电压变成固定或可调的直流电压（整流），也能把固定的直流电压变成固定或可调的交流电压（逆变），还能把固定的交（直）流电压变成可调的交（直）流电压，把固定频率的交流电变成可调频率的交流电。

晶闸管是一种不具有自身关断能力的半控型电力半导体器件，具有体积小、重量轻、效率高、使用和维护方便等优点，它既有单向导电的整流作用，又具有以弱电控制强电的开关作用。也就是说，晶闸管的出现，使半导体器件的应用进入了强电领域，应用于整流、逆变、调压和开关等方面。但是，晶闸管的过载能力和抗干扰能力较差，控制电路复杂。

2. 晶闸管的内部结构

晶闸管是一种大功率四层结构（P1、N1、P2、N2）的半导体器件，内部有三个 PN 结（J1、J2、J3），它是一种三端器件，有三个电极，A 称为阳极，K 称为阴极，G 称为门极，其内部结构和图形符号，如图 6-65 所示。

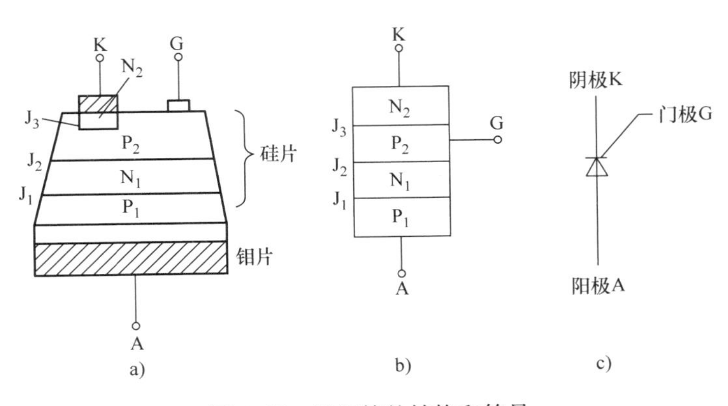

图 6-65　晶闸管的结构和符号

a）内部结构　b）结构示意图　c）图形符号

3. 晶闸管的外形

晶闸管的外形如图 6-66 所示。图 6-66a 所示为螺栓式晶闸管，螺栓是阳极，粗辫子为阴极，细辫子为门极，阳极做成螺栓式是方便与散热器相连，故冷却效果差，适用于 200A 以下的小、中容量器件；图 6-66b 为平板式晶闸管，其两侧是阳极和阴极，边缘引出的细辫子是门极，门极离阴极较近，由于它的阳极、阴极可以紧紧地被夹在散热器中间，散热效果好，故适用于 200A 以上的中、大容量器件。

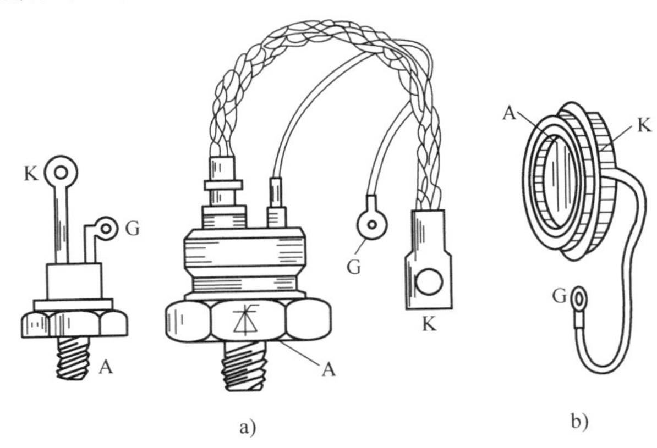

图 6-66　晶闸管的外形图

a）螺栓式　b）平板式

4. 晶闸管的工作原理

晶闸管的工作特性可通过图 6-67 所示的简单的实验电路加以说明。当开关 QS1 合向 1 端时，晶闸管加正向电压，即阳极 A 接电源正极，阴极 K 接电源负极，而开关 QS2 断开，即门极 G 不加正向电压，这时灯泡 HL 不亮，说明晶闸管未导通，处于正向阻断状态。如果 QS1 位置不变，晶闸管仍接正向电压，但是开关 QS2 合向 3 端，即门极 G 加正向电压（称触发电压，G 接电源正极，K 接电源负极）

时，灯泡 HL 就亮了，说明晶闸管正向导通了。

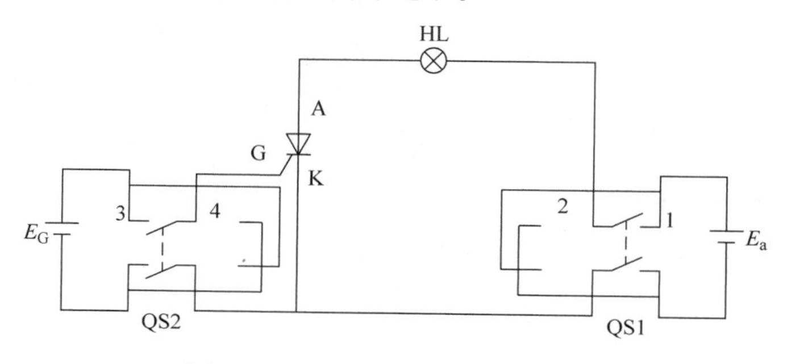

图 6-67 晶闸管工作特性实验电路

若将 QS2 断开，即去掉门极正向电压，灯泡仍然亮，这说明晶闸管门极的作用仅仅是触发晶闸管导通，一旦晶闸管导通，门极便失去作用。要使已导通的晶闸管关断，必须把阳极电压减小到一定值或零。

如果晶闸管加反向电压（QS1 合向 2 端），不管是否加控制电压（无论 QS2 合向 3 端还是 4 端），晶闸管均不会导通。若在门极加反向电压（QS2 合向 4 端），则在晶闸管阳极与阴极间无论加正向电压还是反向电压，晶闸管都不会导通。

综上所述，晶闸管导通必须具备以下条件：

1）阳极与阴极之间必须加正向电压。

2）控制极与阴极之间也要加正向触发电压。

3）阳极电流不小于维持电流。

晶闸管一旦触发导通，降低或是去掉门极电压，晶闸管仍然导通。要使导通后的晶闸管重新关断，应设法减小阳极电流，使其小于晶闸管的导通维持电流。常采用的方法有：降低阳极电压、切断阳极电流或给阳极加反向电压。

6.6.2 晶闸管的型号

晶闸管的型号由五个部分组成，各部分的含义如下：

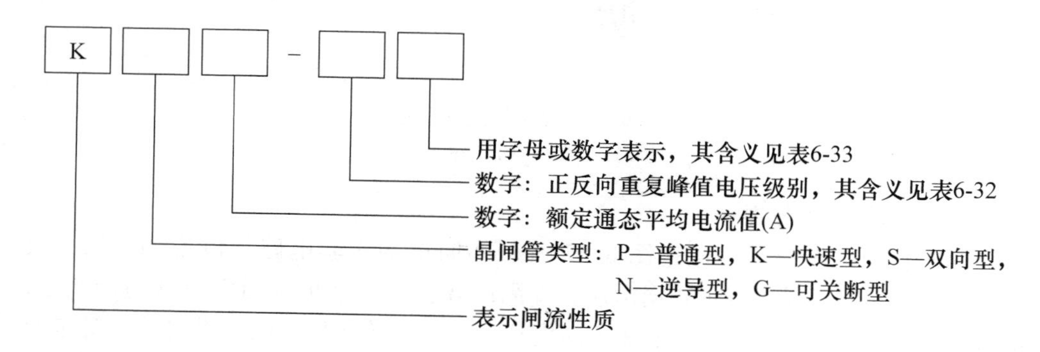

表 6-32　重复峰值电压（额定电压）级别

级数	1	2	3	4	5	6	7	8	9	10
重复峰值电压/V	100	200	300	400	500	600	700	800	900	1000
级数	12	14	16	18	20	22	24	25	26	28	30
重复峰值电压/V	1200	1400	1600	1800	2000	2200	2400	2500	2600	2800	3000

表 6-33　型号的第五列表示的不同类型的含义

KP型	通态平均电压级别	A	B	C	D	E	F	G	H	I
	通态平均电压/V	≤0.4	0.4～0.5	0.5～0.6	0.6～0.7	0.7～0.8	0.8～0.9	0.9～1	1～1.1	1.1～1.2

晶闸管型号示例：

1）KP100－12G 表示额定电流为 100A，额定电压为 1200V，管压降为 1V 的普通反向阻断型晶闸管。

2）KP200－18F 表示额定电流为 200A，额定电压为 1800V，管压降为 0.9V 的普通反向阻断型晶闸管。

6.6.3　晶闸管的伏安特性与主要参数

1. 晶闸管的伏安特性

晶闸管的伏安特性是指晶闸管的阳极电压 U_A（阳极与阴极间的电压）和阳极电流 I_A 之间的关系。普通晶闸管的伏安特性曲线如图 6-68 所示。位于第一象限的是正向特性，分为正向阻断区和正向导通区；位于第三象限的是反向特性，分为反向阻断区和反向击穿区。

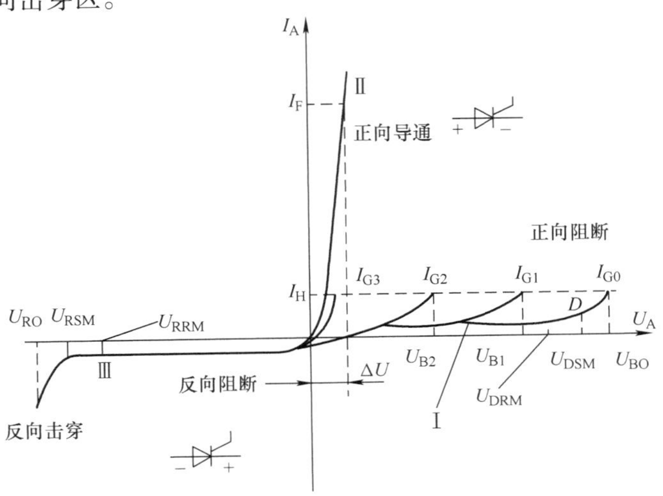

图 6-68　普通晶闸管的伏安特性曲线

（$I_{G3}>I_{G2}>I_{G1}>I_{G0}=0$）

2. 晶闸管的主要参数

晶闸管的主要参数及其定义见表6-34。

表6-34 晶闸管主要参数及其定义

名称	符号	定义
额定通态平均电流	$I_{T(AV)}$	即额定电流，是指在环境温度不大于40℃和规定的冷却条件下，晶闸管在电阻性负载、工频正弦半波、导通角不小于170°的电路中，不超过额定结温时所允许的最大通态平均电流，又称正向平均电流，简称正向电流
通态浪涌电流	I_{TSM}	电路异常引起的使结温超过额定值的不重复最大过载电流
反向重复峰值电流	I_{RRM}	管子加上反向重复峰值电压时的峰值电流
断态重复峰值电流	I_{DRM}	管子加上断态重复峰值电压时的峰值电流
维持电流	I_H	指在规定的环境温度和门极断路（开路）时，能够维持晶闸管继续导通的最小阳极电流。如果晶闸管的阳极电流小于I_H，导通的晶闸管会自动关断
擎住电流	I_L	晶闸管从断态进入通态，去掉门极触发信号后，能维持通态的最小阳极电流
门极触发电流	I_{GT}	在规定条件下，使管子由断态进入通态所必需的最小门极直流电流
通态电流临界上升率	$\mathrm{d}i/\mathrm{d}t$	在规定条件下，晶闸管被触发导通时，能承受而不致损坏的最大通态电流上升率
反向重复峰值电压	U_{RRM}	指在与断态重复峰值电压相同的条件下，可以重复加在晶闸管阳极与阴极之间的反向峰值电压。它反映了阻断状态下晶闸管能承受的反向电压
断态重复峰值电压	U_{DRM}	指在门极断路（又称开路）和晶闸管处于正向阻断状态下，晶闸管的结温为额定值时，可以重复加在晶闸管阳极与阴极之间的正向峰值电压，也称正向重复峰值电压。它反映了阻断状态下晶闸管能承受的正向电压
额定电压	U_{Tn}	通常取反向重复峰值电压和断态重复峰值电压中较小的那个值，并按标准等级取整数
通态平均电压	$U_{T(AV)}$	$U_{T(AV)}$（也称正向平均电压降，或称导通时管压降）是指在规定环境温度、标准散热条件和额定结温下，当通过晶闸管的电流为额定通态平均电流时，其阳极与阴极之间电压降的平均值

（续）

名称	符号	定　义
门极触发电流	I_{GT}	是指在规定的环境温度和晶闸管阳极与阴极之间为一定值正向电压条件下，使晶闸管从阻断状态转变为导通状态所需要的最小门极电流
门极触发电压	U_{GT}	是指在规定的环境温度和晶闸管阳极与阴极之间为一定值正向电压条件下，使晶闸管从阻断状态转变为导通状态所需要的最小门极直流电压，即对应门极触发电流时的最小门极直流电压
断态电压临界上升率	du/dt	在额定结温下，门极断开，不致使晶闸管由断态进入通态的最大阳极电压上升率
开通时间	t_{gt}	从晶闸管门极加上触发信号到其真正导通的时间
关断时间	t_q	从阳极电流下降到零瞬间起，到晶闸管恢复正向阻断能力能承受规定的断态电压而不致过零开通时的时间
额定结温	T_{JM}	正常工作时允许的最高结温

6.6.4 晶闸管的主要技术数据

1. KP系列普通晶闸管技术数据（见表6-35）

表6-35　KP系列普通晶闸管技术数据

型号	额定正向平均电流/A	正向阻断峰值电压/V	反向阻断峰值电压/V	正向平均漏电流/mA	反向平均漏电流/mA	最大正向平均电压降/V	最大维持电流/mA	门极触发电压/V	门极触发电流/mA	电压上升率/(V/μs)	5s过载倍数	冷却方式
KP1	1	30～3000	30～3000	<1	<1	≤1.2	20	≤3.5	≤20	20	2	自然冷却
KP5	5			<1.5	<1.5	≤1.2	40	≤3.5	≤50	20	2	
KP10	10			<1.5	<1.5	≤1.2	40	≤3.5	≤70	20	2	
KP20	20			<2	<2	≤1.2	60	≤3.5	≤70	20	2	
KP30	30			<2	<2	≤1.2	60	≤3.5	≤100	20	2	强迫冷却
KP50	50			<2.5	<2.5	≤1.2	60	≤3.5	≤100	20	2	
KP100	100			<5	<5	≤0.9	80	≤4	≤150	20	2	
KP200	200			<5	<5	≤0.8	100	≤4	≤200	20	2	
KP300	300			<10	<10	≤0.8	100	≤4	≤250	—	—	
KP500	500			<10	<10	≤0.8	100	≤4	≤250	—	—	
KP800	800			<10	<10	≤0.8	120	≤4	≤300	—	—	
KP1000	1000			<10	<10	≤0.8	150	≤4	≤300	—	—	

2. KK 系列快速晶闸管技术数据（见表 6-36）

表 6-36 KK 系列快速晶闸管技术数据

系列	$I_{T(AV)}$ /A	U_{DRM} U_{RRM} /V	I_{DRM} I_{RRM} /mA	t_q /μs	di/dt /(A/ms)	du/dt /(V/μs)	t_{gt} /μs	I_{GT} /mA	U_{GT} /V
KK1	1	100 ~ 2000	<1	≤5	—	≥100	≤3	3 ~ 30	≤2.5
KK5	5		<1	≤10	—		≤3	5 ~ 70	≤3.5
KK10	10		<2	≤10	≥50		≤4	5 ~ 100	≤3.5
KK20	20		<2	≤20	≥50		≤4	5 ~ 100	≤3.5
KK50	50		<3	≤20	≥50		≤5	8 ~ 150	≤3.5
KK100	100		<5	≤30	≥100		≤6	10 ~ 250	≤4
KK200	200		<5	≤40	≥100		≤6	10 ~ 250	≤4
KK300	300		<8	≤60	≥100		≤8	20 ~ 300	≤5
KK400	400		<10	≤60	≥100		≤8	20 ~ 300	≤5
KK500	500		<10	≤60	≥100		≤8	20 ~ 300	≤5

6.6.5 晶闸管的选用

1. 晶闸管的选择

（1）晶闸管额定电压的选择

晶闸管的过载能力差是其主要缺点之一，因此，在选择晶闸管时，必须留有安全裕量，通常按式（6-1）选取晶闸管的额定电压值。

$$U_{TN}=(2\sim 3)U_M \tag{6-1}$$

式中 U_{TN}——晶闸管的额定电压（V）；

U_M——晶闸管在电路中可能承受的最大正向或反向值。

例如，在单相电路中，交流侧正弦相电压的有效值是220V，晶闸管承受的最大电压为其峰值，即$\sqrt{2}\times 220V=311V$，按式（6-1）计算出晶闸管的额定电压U_{TN}为

$$U_{TN}=(2\sim 3)\times 311V=622\sim 933V$$

则应在此范围内按标准电压等级取700V（或800V、900V）。

（2）晶闸管额定电流的选择

由于晶闸管整流设备的输出端所接负载常用平均电流来衡量其性能，所以**晶闸管的额定电流**不像其他电气设备那样用有效值来标定，而是**用在一定条件下的最大通态平均电流（额定通态平均电流）按电流标准等级就低取整数来标定。**所谓额定通态平均电流，是指工频正弦半波（不小于170°）的通态电流在一周期内的平均值，常用$I_{T(AV)}$表示。

晶闸管在工作中，其结温不能超过额定值，否则会使晶闸管因过热而损坏。结

温的高低由发热和冷却两方面的条件决定。发热多少与流过晶闸管的电流的有效值有关，只要流过晶闸管的实际电流的有效值等于（小于更好）晶闸管额定电流的有效值，晶闸管的发热就被限制在允许范围之内。

若将晶闸管的额定电流用有效值表示，可根据额定通态平均电流 $I_{T(AV)}$ 的定义，求出两者关系为

$$I_{TN}=1.57I_{T(AV)} \tag{6-2}$$

式中　I_{TN}——晶闸管额定电流的有效值。

如式（6-2）所示，额定电流为100A的晶闸管，能通过的电流的有效值为157A，其余依此类推。

根据晶闸管可控整流电路的形式、负载平均电流 I_{Ld}、晶闸管导通角 θ 可以求出通过晶闸管的实际电流有效值 I_T。考虑到晶闸管的过载能力差，**在选择晶闸管的额定电流时，取实际需要值的1.5～2倍**，使之有一定的安全裕量，保证晶闸管可靠运行。因此，根据有效值相等原则，通常按式（6-3）计算晶闸管的额定通态平均电流 $I_{T(AV)}$。

$$I_{T(AV)}=(1.5\sim2)\frac{I_T}{1.57} \tag{6-3}$$

然后再按标准电流等级取整数。

2. 普通晶闸管的简易检测

（1）极性的判别

大部分晶闸管门极的引出线很细，一看便知，但小容量晶闸管的三个极引出线粗细是一样的。在实际使用时，晶闸管三个电极可以用万用表来判别，判别方法如图6-69所示。万用表应置于R×100或R×10档。

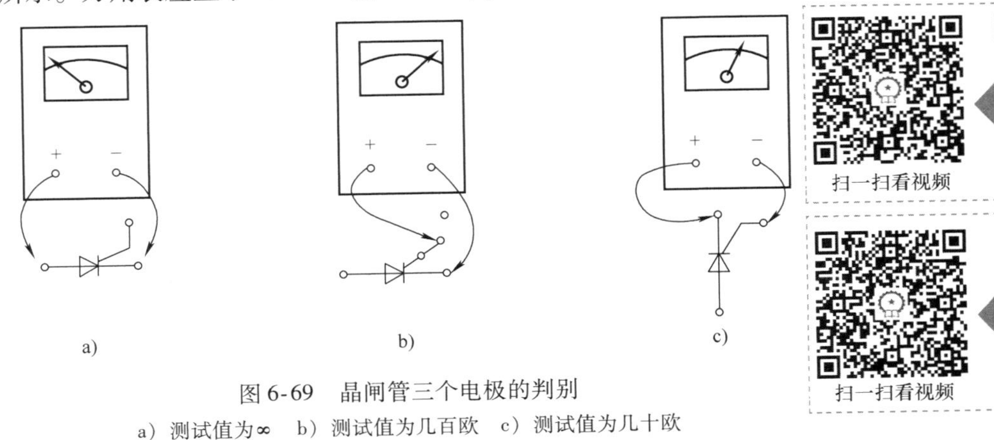

图6-69　晶闸管三个电极的判别

a）测试值为∞　b）测试值为几百欧　c）测试值为几十欧

（2）质量的判别

利用图6-69所示的方法也可以鉴别晶闸管的质量。将万用表置于R×1k档，若测得的阳极－阴极之间的正、反向电阻都很小，说明晶闸管已经短路；若测得的

门极 - 阴极之间的正、反向电阻都很大，说明已损坏或断路；若测得的门极 - 阴极之间的正、反向电阻都很小，尚不能说明晶闸管已坏，这时应将万用表置于 R ×1 档再测量一次，如仍然只有几欧或零，才表明晶闸管已损坏，这是因为当门极 - 阴极的 PN 结不理想时，其反向电阻也可能较小，但元器件仍算合格。

测量门极 - 阴极之间的正、反向电阻时，绝不允许使用 R ×10k 档测量，以防表内电池高压击穿门极 - 阴极的 PN 结。

（3）判断晶闸管能否投入工作

初步鉴别晶闸管好坏后，还需按图 6-70 所示的简易电路进行测试，判断晶闸管能否投入工作。

欲使晶闸管导通，需要同时具备两个条件，即在晶闸管阳极 - 阴极之间加正向电压，并在门极 - 阴极之间加正向电压，使足够的门极电流流入。因此，按图 6-70 接线，闭合开关 S 时，小灯泡 HL 不亮，再按一下按钮 SB，小灯泡如果发亮，说明晶闸管良好，能投入电路工作。

以上是鉴别晶闸管好坏的一种简易方法，如果想要进一步知道晶闸管的特性和有关参数，则需要查阅产品手册或用专门的测试设备进行测试。

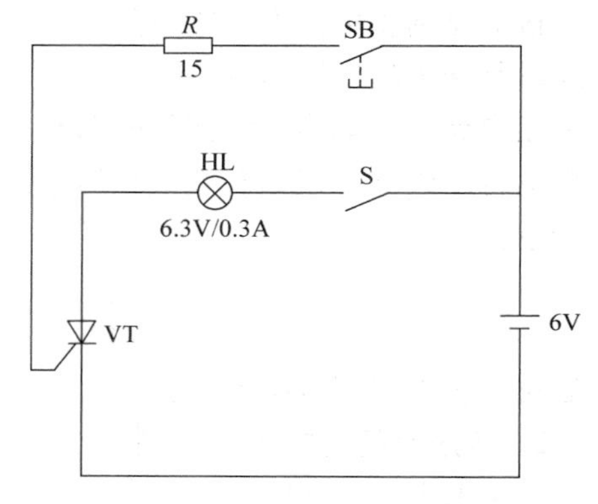

图 6-70 测试晶闸管的简易电路

3. 晶闸管使用注意事项

晶闸管在使用中应注意以下几点：

1）合理选择晶闸管额定电压、额定电流等参数和可控整流电路的形式。

2）晶闸管在使用前应进行测试与触发试验，保证器件良好。**测试时严禁用绝缘电阻表来检测晶闸管的绝缘情况。**

3）要有足够的门极触发电压和触发电流值。

4）大功率晶闸管应按要求加装散热器，并使散热器与晶闸管之间接触良好。特大功率的晶闸管，应按规定进行风冷或水冷。

5）当晶闸管在实际使用中不能满足标准冷却条件和环境温度时，应降低其允许工作电流。

6）应装设适当的过电压、过电流保护装置。

7）选用代用晶闸管时，其外形、尺寸要相同，例如螺栓式不能用平板式代换。

8）选用代用晶闸管时，参数不必要留有过大的余量，因为过大的余量不仅浪费，而且有时会起到不好的作用，例如额定电流提高后，其触发电流、维持电流等参数也会跟着提高，可能出现更换后不能正常工作的情况。

6.6.6　晶闸管可控整流的基本概念

根据晶闸管可控整流的基本工作原理定义以下六个基本概念：

1. 移相控制角 α

从晶闸管承受正向电压起，到触发导通之间的时间所对应的电角度称为移相控制角，用 α 表示。

2. 导通角 θ

晶闸管在一个周期内导通的时间所对应的电角度，用 θ 表示。

3. 移相

改变触发脉冲出现的时刻，即改变移相控制角 α 的大小，称为移相。**改变移相控制角 α 的大小，可以改变输出整流电压平均值的大小，即为移相控制技术。**

4. 移相范围

改变移相控制角 α 的数值，使输出整流电压平均值从最大值变化到最小值，α 角的变化范围即为触发脉冲移相范围。

5. 同步

为了使每一个周期中的 α 角或者 θ 角保持不变，必须使触发脉冲与整流电路电源电压之间保持频率和相位的协调关系，称为同步。

6. 换相

在多相晶闸管可控整流电路中，某一相晶闸管导通变换为另一相晶闸管导通的过程称为换相，实际上负载电流从一个晶闸管切换到另一个晶闸管上，就发生了晶闸管换相。

6.6.7　可控整流电路

1. 单相半波可控整流电路

单相半波可控整流电路的主电路是由整流变压器 T、一个晶闸管 VT 和负载 R_L 组成的，如图 6-71a 所示。

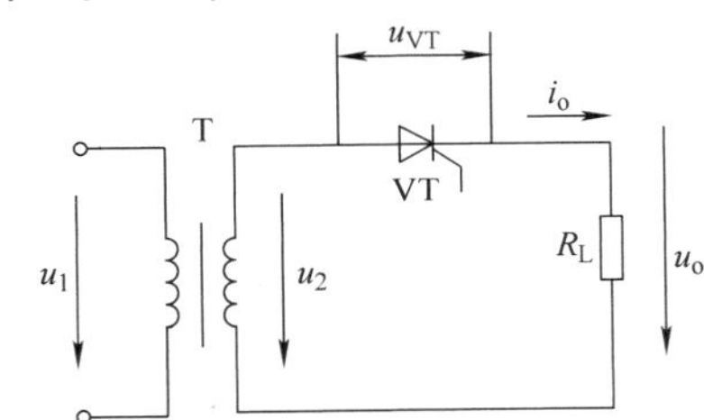

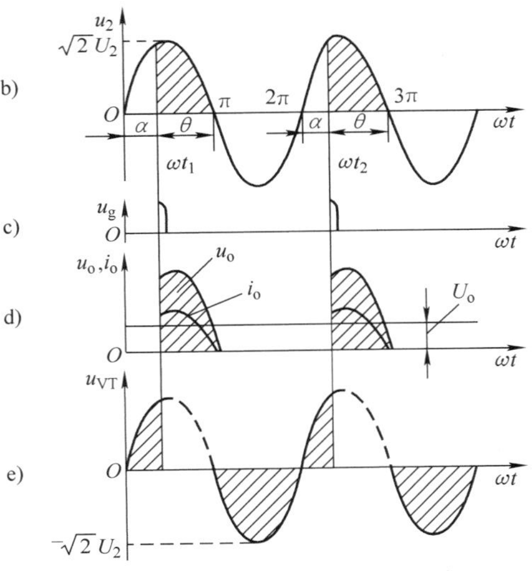

图 6-71　单相半波可控整流电路
a）原理电路　b）变压器二次电压 u_2
c）晶闸管触发脉冲电压 u_g　d）可控整流输出直流电压 u_o　e）晶闸管 VT 的管压降 u_{VT}

触发电压加在门极与阴极之间，当晶闸管承受输入交流电压正半周时，如果施加触发脉冲，晶闸管就导通；如果触发脉冲延迟到某时刻 t 才加到门极上，则晶闸管导通时间相应延迟到 t，此时导通角 θ 减小，负载上得到的电压就较低。改变移相控制角 α 的大小（即移相），就可得到不同的输出电压，即实现了整流输出的可控。

单相半波可控整流电路简单，当移相控制角 $\alpha=0$ 时，直流输出平均电压最大为 $0.45U_2$。晶闸管承受的最大峰值电压为$\sqrt{2}U_2$，移相范围为 $0\sim\pi$，最大导通角为 π。因为输出波形波动大，故主要用于波形要求不高的小电流负载。

2. 单相全波可控整流电路

单相全波可控整流电路相当于两个单相半波可控整流电路的并联，其电路如图6-72所示。电路由整流变压器（二次绕组带有中心抽头）、负载和两只晶闸管组成。

工作期间，两个晶闸管 VT1 和 VT2 轮流导通，改变移相控制角 α 可使两只晶闸管的导通角改变，输出电压大小也随之改变，负载 R_L 上得到的直流平均电压是单相半波可控整流时的两倍，每只晶闸管承受的最大峰值电压为 $2\sqrt{2}U_2$，导通平均电流为负载平均电流的一半。

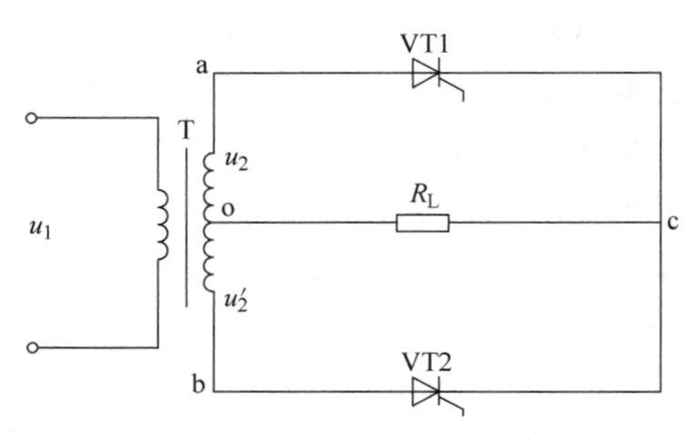

图6-72 单相全波可控整流电路

单相全波可控整流电路比单相半波可控整流电路输出电压的脉动小，输出的电压高。每只晶闸管承受的反向电压较高，需要选择反向重复峰值电压高的晶闸管。这种电路一般只适用于中小容量的低电压整流设备中。

3. 单相桥式全控整流电路

单相桥式全控整流电路的主电路是由整流变压器、负载和四只晶闸管组成的，其电路如图6-73所示。

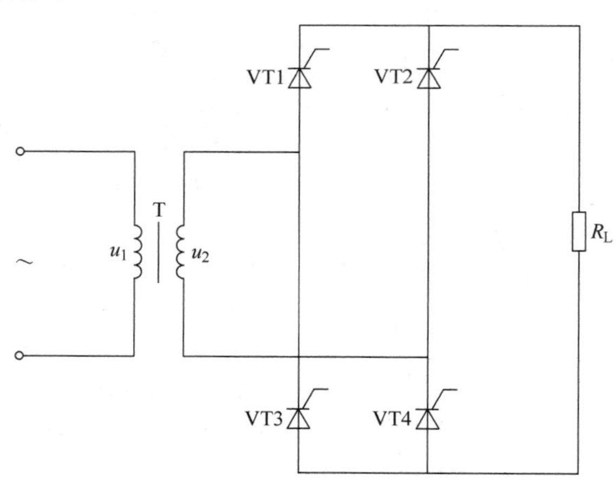

图6-73 单相桥式全控整流电路

图6-73 中的 VT1、VT4 为一对桥臂，VT2、VT3 为另一对桥臂。显然，欲使承

受正向电压的晶闸管导通，构成电流回路，必须同时给一对桥臂中的两个晶闸管加触发脉冲电压。

单相桥式全控整流电路的直流输出电压比单相半波可控整流电路高，最大为 $0.9U_2$，输出电压脉动程度小，整流变压器利用率高。其晶闸管最大峰值电压、移相范围和最大导通角与单相半波可控整流电路相同。这种电路主要用于对输出波形要求较高或要求逆变的小功率场合。

4. 单相桥式半控整流电路

单相桥式半控整流是由整流变压器、负载和两个晶闸管、两个二极管组成的，电路如图 6-74 所示。

单相桥式半控整流电路可以采用一个触发电路，把触发脉冲同时加到两个晶闸管的门极上，承受正向电压的晶闸管得到触发脉冲时导通，而另一个晶闸管因承受反向电压不会导通。因此，简化了触发电路，其他特点如直流输出电压、移相范围等与单相桥式全控整流电路一样。

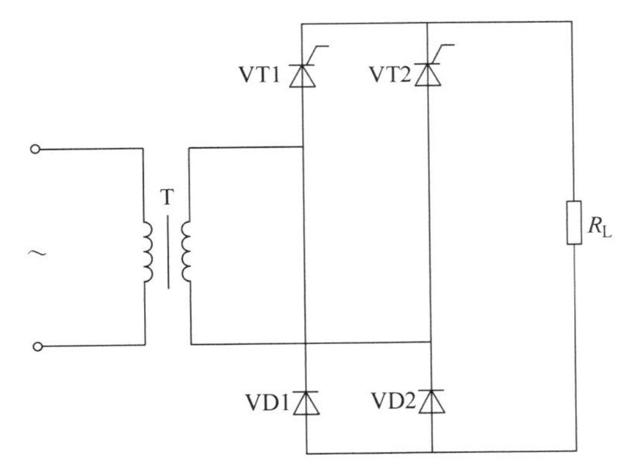

图 6-74　单相桥式半控整流电路

5. 三相半波可控整流电路

三相半波可控整流电路是由整流变压器、负载和三只晶闸管组成的，电路如图 6-75所示。

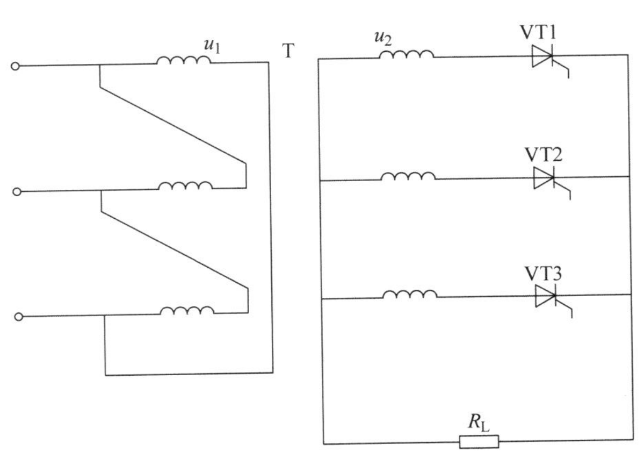

图 6-75　三相半波可控整流电路

三相半波可控整流电路的最大导通角为 120°，移相范围最大为 150°，输出电压随移相控制角的增大而减小。各个晶闸管正向通态平均电流均为负载电流的$\frac{1}{3}$。

触发脉冲应分别加在对应的各相晶闸管的门极上，各相触发脉冲相差120°，以保证三相输出相等。

三相半波可控整流电路较为简单，主要用于小功率场合。

6. 三相桥式全控整流电路

三相桥式全控整流电路是由整流变压器、负载和六只晶闸管组成的，如图6-76所示。

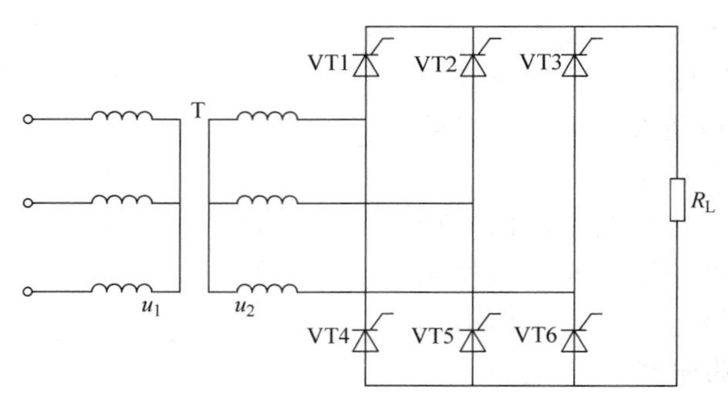

图6-76　三相桥式全控整流电路

三相桥式全控整流电路中晶闸管两端承受的最大峰值电压与三相半波可控整流电路相同，输出电压比三相半波可控整流电路增大一倍。整流变压器利用率比三相半波全控整流电路高。

三相桥式全控整流电路必须用双窄脉冲或宽脉冲触发，其移相范围为0°～120°，最大导通角为120°。它主要用于电压控制要求高或要求逆变的场合。

7. 三相桥式半控整流电路

三相桥式半控整流电路是由整流变压器、负载和三只晶闸管、三只二极管组成的如图6-77所示。

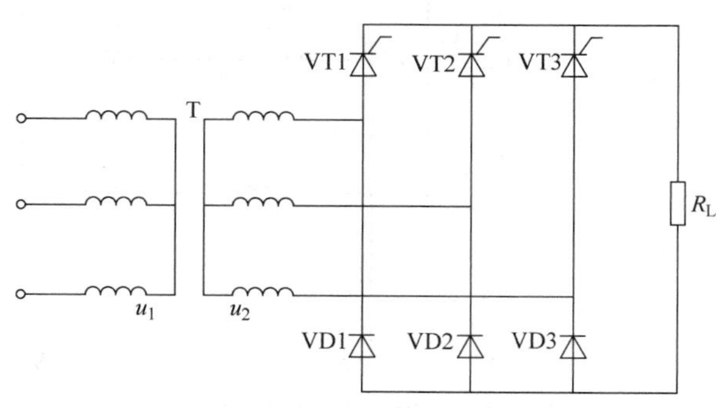

图6-77　三相桥式半控整流电路

三相桥式半控整流电路的移相范围为0°～180°，最大导通角为120°，每个晶闸管通态平均电流为负载平均电流的$\frac{1}{3}$，每只晶闸管承受的最大峰值电压为

$2.45U_2$。这种电路适用于功率较大、高电压的场合，但不能进行逆变工作。

6.6.8　晶闸管触发电路

1. 晶闸管对触发电路的要求

要使晶闸管由阻断变为导通，除了阳极和阴极之间加正向电压之外，还必须在门极和阴极之间施加触发电压。触发电压由触发电路产生。触发电压可以是交流、直流，也可以是脉冲。触发电路的种类很多，既可以由分立元器件组成，也可以由集成电路组成。

根据晶闸管的性能及主电路的实际需要，触发电路必须满足以下要求：

1）触发电路应能提供足够的触发功率。

2）触发脉冲应有足够的宽度。

3）触发脉冲必须与主电路同步。

4）触发脉冲要有一定的移相范围。

此外，还要求触发电路工作可靠、简单、经济、体积小、重量轻等。

2. 触发脉冲的输出方式

（1）直接输出方式

触发电路与晶闸管门极直接连接称为直接输出方式，如图 6-78a 所示。直接输出的优点是效率较高，电路简单，对脉冲前沿的陡度影响小；其缺点是触发电路与主电路有电的联系，只有在触发少量晶闸管，而且触发电路与主电路无须绝缘的情况下才能运用。

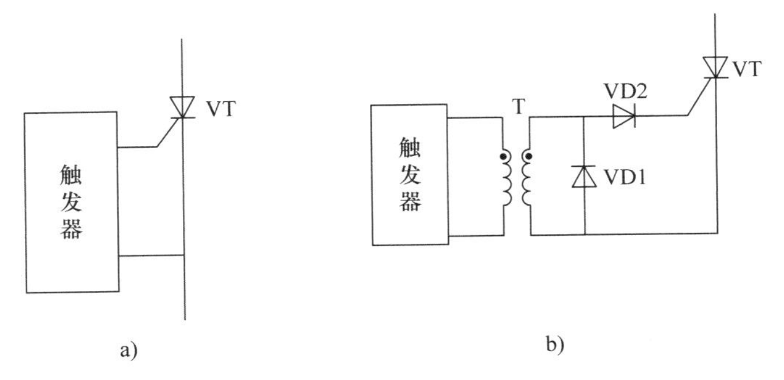

图 6-78　触发脉冲输出方式

a）直接输出　b）脉冲变压器输出

（2）脉冲变压器输出方式

当需要同时触发多个晶闸管时，常采用脉冲变压器输出方式，如图 6-78b 所示。其优点是主电路与触发电路没有电的联系，选择极性方便；缺点是脉冲变压器要消耗一部分触发脉冲功率，使输出脉冲的幅度与前沿陡度受到损失。

3. 常用触发电路的种类与性能

常用晶闸管触发电路的种类及其性能见表 6-37。

表 6-37　常用触发电路的性能比较

触发电路	脉冲宽度	脉冲前沿	移相范围	可靠性	应用范围
阻容二极管	宽	极平缓	170°	高	适用于小功率、控制精度要求不高的单相可控整流装置
稳压管	窄	较陡			
阻容移相电路	宽	极平缓	160°		
单结晶体管	窄	极陡	150°	高	广泛应用于各种单相、多相和不同功率可控整流电路中
晶体管	宽	较陡	150°～170°	稍差	适用于要求宽脉冲或受控触发移相的可控整流设备中
小晶闸管			取决于输入脉冲移相范围	较高	适用于大功率和多个大功率晶闸管串、并联使用的可控整流设备中

4. 常用触发电路实例

阻容移相触发电路结构简单、工作可靠、调整方便，适用于50A以下的单相晶闸管可控整流电路。

阻容移相触发电路由带中心抽头的同步变压器TS、电容器C和电位器RP组成阻容移相桥，如图6-79所示。

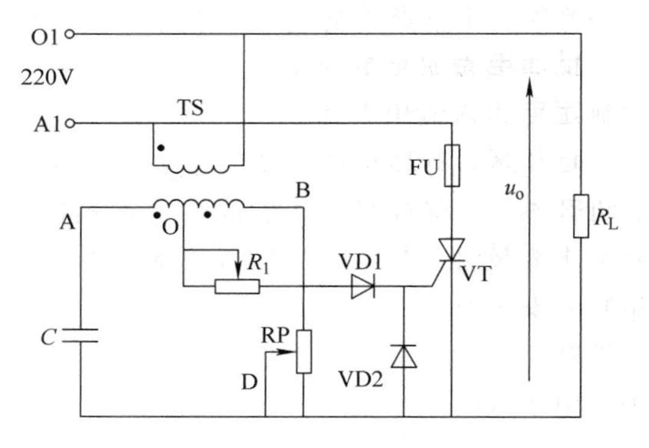

图6-79　阻容移相触发电路

阻容移相触发电路参数可由以下公式求得：

$$C \geqslant \frac{3I_{OD}}{U_{OD}}$$

$$R \geqslant K\frac{U_{OD}}{I_{OD}}$$

式中　U_{OD}——移相输出电压（V）；

I_{OD}——移相输出电流（mA）；

K——电阻系数，可由表6-38查得。

表 6-38　阻容移相范围

整流电路输出电压的调节倍数	2	2～10	10～50	>50
要求移相范围	90°	90°～144°	144°～164°	>164°
电阻系数	1	2	3～7	>7

调节电位器RP可以改变移相控制角α。RP增大时，α增大；反之，则α减小。

第 7 章　低 压 电 器

7.1　低压电器概述

7.1.1　低压电器的特点

电器是指能够根据外界的要求或所施加的信号，自动或手动地接通或断开电路，从而连续或断续地改变电路的参数或运行状态，以实现对电路或非电对象的切换、控制、保护、检测和调节的电气设备。简单地说，电器就是接通或断开电路或调节、控制、保护电路和设备的电工器具或装置。电器按工作电压高低可分为高压电器和低压电器两大类。

低压电器通常是指用于交流 50Hz（或 60Hz）、额定电压为 1200V 及以下、直流额定电压为 1500V 及以下的电路内起通断、保护、控制或调节作用的电器。

近年来，我国低压电器产品发展很快，通过自行设计新产品和从国外著名厂商引进技术，产品品种和质量都有明显的提高，符合新国家标准、部颁标准和达到国际电工委员会（IEC）标准的产品不断增加。当前，低压电器继续沿着体积小、质量轻、安全可靠、使用方便的方向发展，主要途径是利用微电子技术提高传统电器的性能。在产品品种方面，大力发展电子化的新型控制器，如接近开关、光电开关、电子式时间继电器、固态继电器等，以适应控制系统迅速电子化的需要。

目前，低压电器在我国工农业生产和人们的日常生活中有着非常广泛的应用，低压电器的特点是品种多、用量大、用途广。

7.1.2　低压电器的种类

低压电器的种类繁多，结构各异，功能多样，用途广泛，其分类方法很多。按不同的分类方式有着不同的类型。

1. 按用途分类

低压电器按用途分类见表 7-1。

表 7-1　低压电器按用途分类

电器名称		主要品种	用　途
配电电器	刀开关	刀开关 熔断器式刀开关 开启式负荷开关 封闭式负荷开关	主要用于电路隔离，也能接通和分断额定电流

（续）

电器名称		主要品种	用　途
配电电器	转换开关	组合开关 换向开关	用于两种以上电源或负载的转换和通断电路
	断路器	万能式断路器 塑料外壳式断路器 限流式断路器 漏电保护断路器	用于线路过载、短路或欠电压保护，也可用作不频繁接通和分断电路
	熔断器	半封闭插入式熔断器 无填料熔断器 有填料熔断器 快速熔断器 自复熔断器	用于线路或电气设备的短路和过载保护
控制电器	接触器	交流接触器 直流接触器	主要用于远距离频繁起动或控制电动机，以及接通和分断正常工作的电路
	继电器	电流继电器 电压继电器 时间继电器 中间继电器 热继电器	主要用于控制系统中，控制其他电器或用作主电路的保护
	启动器	电磁启动器 减压启动器	主要用于电动机的起动和正反向控制
	控制器	凸轮控制器 平面控制器 鼓形控制器	主要用于电气控制设备中转换主回路或励磁回路的接法，以达到控制电动机起动、换向和调速的目的
	主令电器	控制按钮 行程开关 主令控制器 万能转换开关	主要用于接通和分断控制电路
	电阻器	铁基合金电阻	用于改变电路的电压、电流等参数或变电能为热能
	变阻器	励磁变阻器 起动变阻器 频敏变阻器	主要用于发电机调压以及电动机的减压起动和调速
	电磁铁	起重电磁铁 牵引电磁铁 制动电磁铁	用于起重、操纵或牵引机械装置

2. 按操作方式分类

1）自动电器。自动电器是指通过电磁或气动机构动作来完成接通、分断、起动和停止等动作的电器，主要包括接触器、断路器、继电器等。

2）手动电器。手动电器是指通过人力来完成接通、分断、起动和停止等动作的电器，主要包括刀开关、转换开关和主令电器等。

3. 按工作条件分类

1）一般工业用电器。这类电器用于机械制造等正常环境条件下的配电系统和电力拖动控制系统，是低压电器的基础产品。

2）化工电器。化工电器的主要技术要求是耐腐蚀。

3）矿用电器。矿用电器的主要技术要求是能防爆。

4）牵引电器。牵引电器的主要技术要求是耐振动和冲击。

5）船用电器。船用电器的主要技术要求是耐腐蚀、颠簸和冲击。

6）航空电器。航空电器的主要技术要求是体积小、重量轻、耐振动和冲击。

4. 按工作原理分类

1）电磁式电器。电磁式电器的感测元件接收的是电流或电压等电量信号。

2）非电量控制电器。这类电器的感测元件接收的信号是热量、温度、转速、机械力等非电量信号。

5. 按使用类别分类

低压交流接触器和电动机起动器常用的使用类别如下：

1）AC－1 用于无感或低感负载，电阻炉等。

2）AC－2 用于绕线转子异步电动机的起动、分断等。

3）AC－3 用于笼型异步电动机的起动、分断等。

4）AC－4 用于笼型异步电动机的起动、反接制动或反向运转、点动等。

7.1.3　低压电器的型号

低压电器产品有各种各样的结构和用途，不同类型的产品有着不同的型号表示方法。低压电器的型号一般由类组代号、设计代号、基本规格代号和辅助规格代号等几部分组成，其表示形式和含义如下：

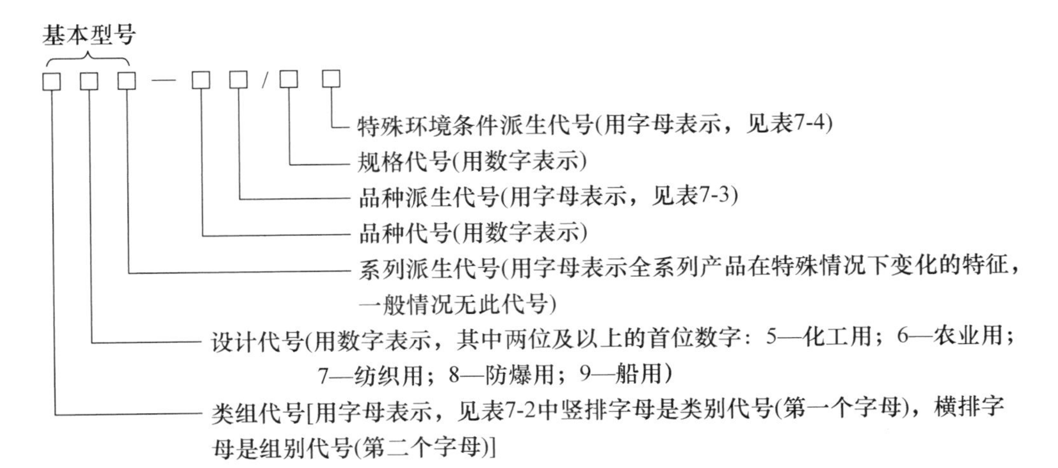

表 7-2　低压电器产品的类别及组别代号

代号	名称	A	B	C	D	G	H	J	K	L	M	P	Q	R	S	T	U	W	X	Y	Z
H	刀开关和转换开关				刀开关		封闭式负荷开关		开启式负荷开关					熔断器式刀开关	刀形转换开关					其他	组合开关
R	熔断器			插入式			汇流排式			螺旋式	封闭管式				快速	有填料管式			限流	其他	
D	低压断路器										灭磁				快速			万能式	限流	其他	塑料外壳式
K	控制器					鼓形						平面				凸轮				其他	
C	接触器					高压		交流				中频			时间	通用				其他	直流
Q	起动器	按钮式		磁力				减压							手动		油浸		星三角	其他	综合
J	控制继电器									电流				热	时间	通用		温度		其他	中间
L	主令电器	按钮						接近开关	主令控制器						主令开关	脚踏开关	旋钮	万能转换开关	行程开关	其他	
Z	电阻器		板形元件	冲片元件	带形元件	管形元件									烧结元件	铸铁元件			电阻器	其他	
B	变阻器			旋臂式						励磁		频敏	启动		石墨	起动调速	油浸起动	液体起动	滑线式	其他	
T	调整器				电压																
M	电磁铁												牵引					起重		液压	制动
A	其他		触电保护器	插销	灯		接线盒			电铃											

表7-3 低压电器型号的通用派生代号

派生字母	代表意义
A、B、C、D…	结构设计稍有改进或变化
J	交流、防溅型、较高通断能力型、节电型
Z	直流、自动复位、防振、重任务、正向、组合式、中性接线柱式
W	无灭弧装置、无极性、失压、外销用
N	可逆、逆向
S	有锁住机构、手动复位、防水式、三相、三个电源、双线圈、保持式、塑料熔管式
P	电磁复位、防滴式、单相、两个电源、电压的、电动机操作
K	开启式
H	保护式、带缓冲装置
M	密封式、灭磁、母线式
Q	防尘式、手车式、柜式
L	电流的、漏电保护、单独安装式
F	高返回、带分励脱扣、纵缝灭弧结构式、防护盖式
X	限流

表7-4 低压电器型号的特殊环境条件派生代号

派生代号	代表意义	派生代号	代表意义
T	按临时措施制造	G	高原、高电感、高通断能力
TH	湿热带	H	船用
TA	干热带	F	化工防腐用

注：特殊环境条件派生代号加注在全型号之后。

7.2 刀开关及熔断器组合电器

7.2.1 刀开关的用途与分类

1. 刀开关的用途

刀开关又称闸刀开关，是一种带有动触头（触刀），在闭合位置与底座上的静触头（刀座）相契合（或分离）的一种开关。它是手控电器中最简单且使用最为广泛的一种低压电器。主要用于各种配电设备和供电电路，可作为非频繁地接通和分断容量不大的低压供电线路之用，如照明线路或小型电动机线路。当能满足隔离功能要求时，刀开关也可以用来隔离电源。

2. 刀开关的分类

根据工作条件和用途的不同，刀开关有不同的结构型式，但工作原理是一致的。刀开关按极数可分为单极、双极、三极和四极；按切换功能（位置数）可分为单投和双投开关；按操作方式可分为中央手柄式和带杠杆操作机构式。

刀开关主要有开启式刀开关、封闭式开关熔断器组（铁壳开关）、开启式开关熔断器组（胶盖刀开关）、熔断器式刀开关、熔断器式隔离器、组合开关等，产品种类很多，尤其是近几年不断出现新产品、新型号，其可靠性越来越高。

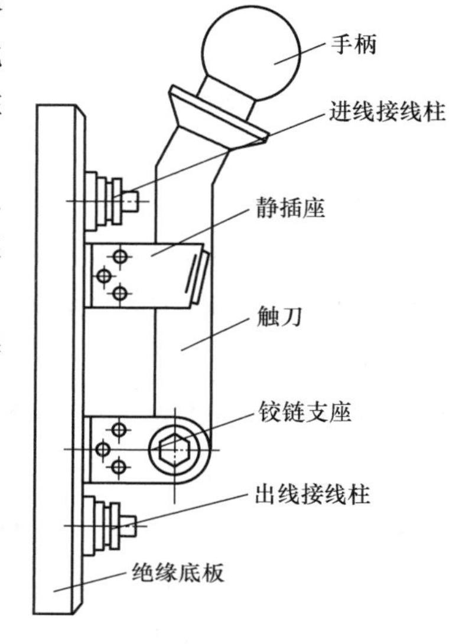

图 7-1　手柄操作式单极刀开关的结构

转换开关是刀开关的一种形式，它用于主电路中，可将一组已连接的器件转换到另一组已连接的器件。其中采用刀开关结构形式的，称为刀形转换开关，采用叠装式触头元件组合成旋转操作的，称为组合开关。

7.2.2　刀开关的选用

1. 刀开关的结构

刀开关的种类很多，手柄操作式单极刀开关的结构如图 7-1 所示。

2. 常用刀开关的技术数据

HD、HS 系列刀开关的技术数据见表 7-5。

表 7-5　HD、HS 系列刀开关的技术数据

型号	额定工作电压/V	额定工作电流/A	额定短时（1s）耐受电流/动稳定电流峰值/kA	通断能力/A		操作力/N	主要特征
				AC380V	DC220V		
HD13	AC380 DC220 DC440	100 200	6/20 10/30	100 200	100 200	≤300	中央杠杆操作机构式 有灭弧室和无灭弧室两种 极数：2，3
		400 600	20/40 25/50	400 600	400 600	≤400	
		1000 1500 2000 3000	30/60 40/80 50/100 50/100	1000 1500 2000 3000	1000 1500 2000 3000	≤450	
HD14	AC380 DC220 DC440	100 200	6/15 10/20	100 200	100 200	≤300	侧方手柄式 有灭弧室和无灭弧室两种
		400 600	20/30 25/40	400 600	400 600	≤400	

（续）

型号	额定工作电压/V	额定工作电流/A	额定短时（1s）耐受电流/动稳定电流峰值/kA	通断能力/A		操作力/N	主要特征
				AC380V	DC220V		
HS12	AC380 DC220 DC440	100 200	6/20 10/30	100 200	100 200	≤300	侧方正面杠杆操作机构式 有灭弧室和无灭弧室两种 极数：2，3
		400 600	20/40 25/50	400 600	400 600	≤400	
		1000	30/60	1000	1000	≤450	
HS13	AC380 DC220 DC440	100 200	6/20 10/30	100 200	100 200	≤300	中央杠杆操作机构式 有灭弧室和无灭弧室两种 极数：2，3
		400 600	20/40 25/50	400 600	400 600	≤400	

3. 刀开关的选择

（1）结构形式的确定

选用刀开关时，首先应根据其在电路中的作用和在成套配电装置中的安装位置，确定结构形式。如果电路中的负载由低压断路器、接触器或其他具有一定分断能力的开关电器（包括负荷开关）来分断，即刀开关仅仅是用来隔离电源时，则只需选用没有灭弧罩的产品；反之，如果刀开关必须分断负载，就应选用带有灭弧罩，而且是通过杠杆操作的产品。此外，还应根据操作位置、操作方式和接线方式来选用。

（2）规格的选择

刀开关的额定电压应等于或大于电路的额定电压，额定电流一般应等于或大于所分断电路中各个负载额定电流的总和。若负载是电动机，就必须考虑电动机的起动电流为额定电流的4～7倍，甚至更大，故应选用额定电流大一级的刀开关。此外，还要考虑电路中可能出现的最大短路电流（峰值）是否在该额定电流等级所对应的动稳定电流（峰值）以下，如果超出，就应当选用额定电流更大一级的刀开关。

4. 刀开关的使用

1）刀开关应垂直安装在开关板上，并要使静插座位于上方。若静插座位于下方，则当刀开关的触刀拉开时，如果铰链支座松动，触刀等运动部件可能会在自重作用下向下掉落，同静插座接触，发生误动作而造成严重事故。

2）电源进线应接在开关上方的静触头进线座，接负荷的引出线应接在开关下方的出线座，不能接反，否则更换熔体时易发生触电事故。

3）动触头与静触头要有足够的压力、接触应良好，双投刀开关在分闸位置时，刀片应能可靠固定。

4）安装杠杆操作机构时，应合理调节杠杆长度，使操作灵活可靠。

5）合闸时要保证开关的三相同步，各相接触良好。

7.2.3 开启式开关熔断器组的选用

1. 开启式开关熔断器组的结构

开启式开关熔断器组（开启式负荷开关）的结构如图 7-2 所示。

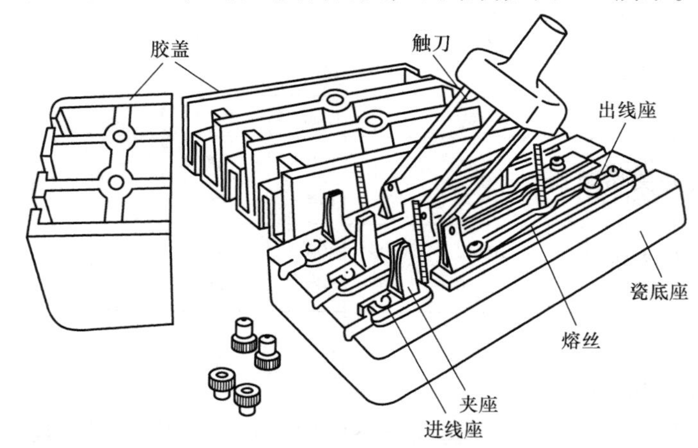

图 7-2 开启式开关熔断器组的结构

2. 常用开启式开关熔断器组的技术数据

HK 系列开启式开关熔断器组的技术数据见表 7-6。

表 7-6 HK 系列开启式开关熔断器组技术数据

型号	额定电压 /V	极数	额定电流 /A	开关的分断电流 /A	熔断器极限分断能力 /A
HK2－10/2 HK2－15/2 HK2－30/2	220	2	10 15 30	40 60 120	500 500 1000
HK2－15/3 HK2－30/3 HK2－60/3	380	3	15 30 60	30 60 90	500 1000 1500
HK4－10/2 HK4－16/2 HK4－32/2 HK4－63/2	220	2	10 16 32 63	40 64 128 192	1000 1500 2000 2500
HK4－16/3 HK4－32/3 HK4－63/3	380	3	16 32 63	48 96 189	1500 2000 2500

（续）

型号	额定电压/V	极数	额定电流/A	开关的分断电流/A	熔断器极限分断能力/A
HK8－10/2	220	2	10	40	1000
HK8－16/2			16	64	1500
HK8－32/2			32	128	2000
HK8－16/3	380	3	16	32	1000
HK8－32/3			32	64	2000
HK8－63/3			63	94.5	2500

3. 开启式开关熔断器组的选择

（1）额定电压的选择

开启式开关熔断器组用于照明电路时，可选用额定电压为220V或250V的二极开关；用于小容量三相异步电动机时，可选用额定电压为380V或500V的三极开关。

（2）额定电流的选择

在正常的情况下，开启式开关熔断器组一般可以接通或分断其额定电流。因此，当开启式开关熔断器组用于普通负载（如照明或电热设备）时，其额定电流应等于或大于开断电路中各个负载额定电流的总和。

当开启式开关熔断器组被用于控制电动机时，考虑到电动机的起动电流可达额定电流的4~7倍，因此不能按照电动机的额定电流来选用，而应把开启式开关熔断器组的额定电流选得大一些。换句话说，即开启式开关熔断器组应适当降低容量使用。根据经验，开启式开关熔断器组的额定电流一般可选为电动机额定电流的2倍左右。

（3）熔丝的选择

1）对于变压器、电热器和照明电路，熔丝的额定电流宜等于或稍大于实际负载电流。

2）对于配电线路，熔丝的额定电流宜等于或略小于线路的安全电流。

3）对于电动机，熔丝的额定电流一般为电动机额定电流的1.5~2.5倍。在重载起动和全电压起动的场合，应取较大的数值；而在轻载起动和减压起动的场合，则应取较小的数值。

4. 开启式开关熔断器组的使用

1）开启式开关熔断器组必须垂直地安装在控制屏或开关板上，并使进线座在上方（即在合闸状态时，手柄应向上），不允许横装或倒装，更不允许将其放在地上使用。

2）接线时，电源进线应接在上端进线座，而用电负载应接在下端出线座。这样当开关断开时，触刀（闸刀）和熔丝上均不带电，以保证换装熔丝时的安全。

3）刀开关和进出线的连接螺钉应牢固可靠、接触良好，否则接触处温度会明显升高，引起发热甚至发生事故。

4）开启式开关熔断器组的防尘、防水和防潮性能都很差，不可放在地上使用，更不应在户外、特别是农田作业中使用，因为这样易发生事故。

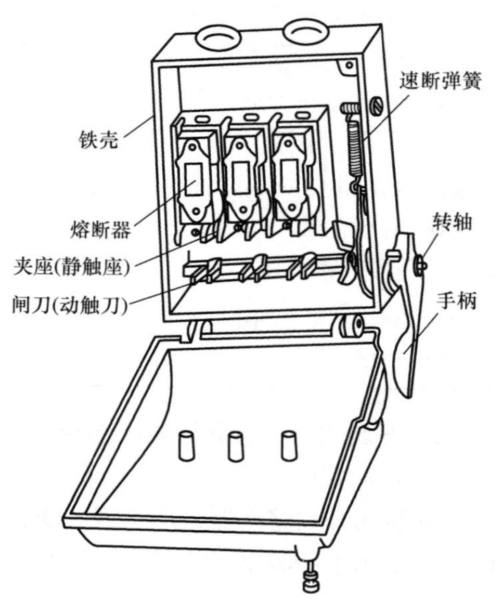

图 7-3　封闭式开关熔断器组的结构

7.2.4　封闭式开关熔断器组的选用

1. 封闭式开关熔断器组的结构

封闭式开关熔断器组的结构如图 7-3 所示。

2. 常用封闭式开关熔断器组的技术数据

HH3 系列封闭式开关熔断器组的技术数据见表 7-7。

表 7-7　HH3 系列封闭式开关熔断器组技术数据

产品型号	额定电压/V	额定电流/A	极数	熔体额定电流/A	熔体		外壳材料
					熔体材料	熔体直径/mm	
HH3－15/2	250	15	2	6 10 15	纯铜丝	0.26 0.35 0.46	钢板
HH3－15/3	440	15	3	6 10 15	纯铜丝	0.26 0.35 0.46	
HH3－30/2	250	30	2	20 25 30	纯铜丝	0.65 0.71 0.81	
HH3－30/3	440	30	3	20 25 30	纯铜丝	0.65 0.71 0.81	
HH3－60/2	250	60	2	40 50 60	纯铜丝	1.02 1.22 1.32	
HH3－60/3	440	60	3	40 50 60	纯铜丝	1.02 1.22 1.32	
HH3－100/2	250	100	2	80 100	纯铜丝	1.62 1.81	
HH3－100/3	440	100	3	80 100	纯铜丝	1.62 1.81	
HH3－200/2	250	200	2	200	纯铜片		
HH3－200/3	440	200	3	200	纯铜片		

3. 封闭式开关熔断器组的选择

封闭式开关熔断器组的选择可以参考开启式开关熔断器组的选择方法。

4. 封闭式开关熔断器组的使用

1）尽管封闭式开关熔断器组设有联锁装置以防止操作人员触电，但仍应当注意按照规定进行安装。开关必须垂直安装在配电板上，安装高度以安全和操作方便为原则，严禁倒装和横装，更不允许放在地上，以免发生危险。

2）开关的金属外壳应可靠接地或接零，严禁在开关上方放置金属零件，以免掉入开关内部发生相间短路事故。

3）开关的进出线应穿过开关的进出线孔并加装橡胶垫圈，以防检修时因漏电而发生危险。

4）接线时，应将电源线牢靠地接在电源进线座的接线端子上，如果接错了将会给检修工作带来不安全因素。

5）保证开关外壳完好无损，机械联锁正确。

7.2.5 组合开关的选用

1. 组合开关的结构

组合开关的种类非常多，常用组合开关的外形如和结构如图7-4所示。

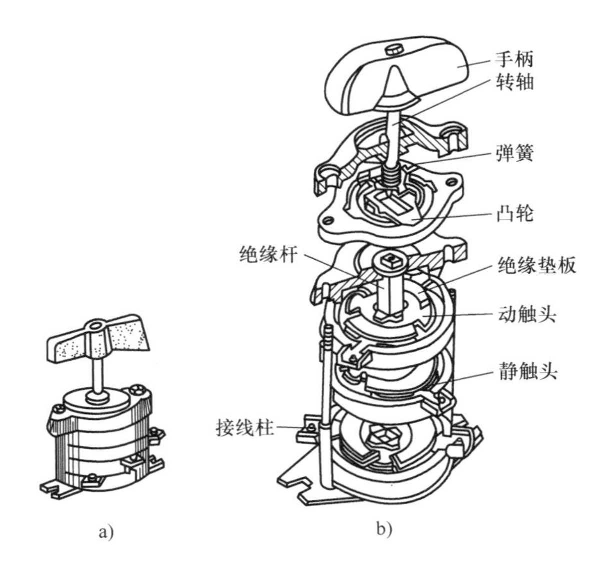

图7-4 组合开关的结构

a）外形 b）结构

2. 常用组合开关的技术数据

HZ10系列组合开关的技术数据见表7-8。

表 7-8　HZ10 系列组合开关的技术数据

<table>
<tr><th rowspan="3">型号</th><th rowspan="3">额定
电压/V</th><th rowspan="3">额定
电流/A</th><th rowspan="3">极数</th><th colspan="2" rowspan="2">极限分断能力①
/A</th><th colspan="2" rowspan="2">可控制电动机
最大容量和额定电流①</th><th colspan="2">额定电压及额定
电流下的通断次数</th></tr>
<tr><th colspan="2">交流 cosφ</th></tr>
<tr><th>接通</th><th>分断</th><th>容量/kW</th><th>额定电流/A</th><th>≥0.8</th><th>≥0.3</th></tr>
<tr><td rowspan="2">HZ10 - 10</td><td rowspan="5">交流
380</td><td>6</td><td>单极</td><td rowspan="2">94</td><td rowspan="2">62</td><td rowspan="2">3</td><td rowspan="2">7</td><td rowspan="4">20000</td><td rowspan="4">10000</td></tr>
<tr><td>10</td><td rowspan="4">2、3</td></tr>
<tr><td>HZ10 - 25</td><td>25</td><td>155</td><td>108</td><td>5.5</td><td>12</td></tr>
<tr><td>HZ10 - 60</td><td>60</td><td rowspan="2"></td><td rowspan="2"></td><td rowspan="2"></td><td rowspan="2"></td></tr>
<tr><td>HZ10 - 100</td><td>100</td><td>10000</td><td>5000</td></tr>
</table>

① 三极组合开关的参数。

3. 组合开关的选择

组合开关是一种体积小、接线方式多、使用非常方便的开关电器。选择组合开关时应注意以下几点：

1）组合开关应根据用电设备的电压等级、容量和所需触头数进行选用。组合开关用于一般照明、电热电路时，其额定电流应等于或大于被控制电路中各负载电流的总和；组合开关用于控制电动机时，其额定电流一般取电动机额定电流的 1.5～2.5 倍。

2）组合开关接线方式很多，应根据需要，正确地选择相应规格的产品。

3）组合开关本身是不带过载保护和短路保护的，如果需要这类保护，应另设其他保护电器。

4）虽然组合开关的电寿命比较高，但当操作频率超过 300 次/h 或负载功率因数低于规定值时，需要降低容量使用。否则，不仅会降低开关的使用寿命，有时还可能因持续燃弧而引发事故。

5）一般情况下，当负载的功率因数小于 0.5 时，由于熄弧困难，不易采用 HZ 系列的组合开关。

4. 组合开关的使用

1）组合开关应安装在控制箱内，其操作手柄最好是在控制箱的前面或侧面。

2）在安装时，应按照规定接线，并将组合开关的固定螺母拧紧。

3）由于组合开关的通断能力较低，故不能用来分断故障电流。当用于控制电动机作可逆运转时，必须在电动机完全停止转动后，才允许反向接通。

7.2.6 刀开关的常见故障及其排除方法

刀开关的常见故障及其排除方法见表 7-9；开启式开关熔断器组的常见故障及其排除方法见表 7-10；封闭式开关熔断器组的常见故障及其排除方法见表 7-11；组合开关的常见故障及其排除方法见表 7-12。

表7-9 刀开关的常见故障及其排除方法

故障现象	可能原因	排除方法
开关触头过热，甚至熔焊	1. 开关的刀片、刀座在运行中被电弧烧毛，造成刀片与刀座接触不良 2. 开关速断弹簧的压力调整不当 3. 开关刀片与刀座表面存在氧化层，使接触电阻增大 4. 刀片动触头插入深度不够，降低了开关的载流容量 5. 带负载操作起动大容量设备，致使大电流冲击，发生动静触头接触瞬间的弧光 6. 在短路电流作用下，开关的热稳定不够，造成触头熔焊	1. 及时修磨动、静触头（但不宜磨削过多），使之接触良好 2. 检查弹簧的弹性，将转动处的防松螺母或螺钉调整适当，使弹簧能维持刀片、刀座动静触头间的紧密接触与瞬间开合 3. 清除氧化层，并在刀片与刀座间的接触部分涂上一层很薄的凡士林 4. 调整杠杆操作机构，保证刀片的插入深度达到规定的要求 5. 属于违章操作，应严格禁止 6. 排除短路点，更换较大容量的开关
开关与导线接触部位过热	1. 导线连接螺钉松动，弹簧垫圈失效，致使接触电阻增大 2. 螺栓选用偏小，使开关通过额定电流时连接部位过热 3. 两种不同金属相互连接（如铝线与铜线柱）会发生电化锈蚀，使接触电阻加大而产生过热	1. 更换弹簧垫圈并予以紧固 2. 按合适的电流密度选择螺栓。 3. 采用铜铝过渡接线端子，或在导线连接部位涂敷导电膏

表7-10 开启式开关熔断器组的常见故障及其排除方法

故障现象	可能原因	排除方法
合闸后一相或两相没电压	1. 静触头弹性消失，开口过大，使静触头与动触头不能接触 2. 熔丝烧断或虚连 3. 静触头、动触头氧化或有尘污 4. 电源进线或出线线头氧化后接触不良	1. 更换静触头 2. 更换熔丝 3. 清洁触头 4. 检查进出线
闸刀短路	1. 外接负载短路，熔丝烧断 2. 金属异物落入开关或连接熔丝引起相间短路	1. 检查负载，待短路消失后更换熔丝 2. 检查开关内部，拿出金属异物或接好熔丝
动触头或静触头烧坏	1. 开关容量太小 2. 拉、合闸时动作太慢造成电弧过大，烧坏触头	1. 更换大容量的开关 2. 改善操作方法

表 7-11　封闭式开关熔断器组的常见故障及其排除方法

故障现象	可能原因	排除方法
操作手柄带电	1. 外壳未接地线或地线接触不良 2. 电源进出线绝缘损坏碰壳	1. 加装或检查接地线 2. 更换导线
夹座（静触头）过热或烧坏	1. 夹座表面烧毛 2. 触刀与夹座压力不足 3. 负载过大	1. 用细锉修整 2. 调整夹座压力 3. 减轻负载或调换较大容量的开关

表 7-12　组合开关的常见故障及其排除方法

故障现象	可能原因	排除方法
手柄转动 90°后，内部触头未动	1. 手柄上的三角形或半圆形口磨成圆形 2. 操作机构损坏 3. 绝缘杆变形（由方形磨成圆形） 4. 轴与绝缘杆装配不紧	1. 调换手柄 2. 修理操作机构 3. 更换绝缘杆 4. 紧固轴与绝缘杆
手柄转动后，三对静触头和动触头不能同时接通或断开	1. 开关型号不对 2. 修理后触头角度装配不正确 3. 触头失去弹性或有尘污	1. 更换开关 2. 重新装配 3. 更换触头或清除尘污
开关接线柱短路	由于长期不清扫，铁屑或油污附着在接线柱间，形成导电层，将胶木烧焦，绝缘破坏形成短路	清扫开关或调换开关

7.3　熔断器

7.3.1　熔断器的用途与分类

1. 熔断器的用途

熔断器是一种起保护作用的电器，它串联在被保护的电路中，当线路或电气设备的电流超过规定值足够长的时间后，其自身产生的热量能够熔断一个或几个特殊设计的和相应的部件，断开其所接入的电路并分断电源，从而起到保护作用。熔断器包括组成完整电器的所有部件。

熔断器结构简单、使用方便、价格低廉，广泛应用于低压配电系统和控制电路中，主要作为短路保护元件，也常作为单台电气设备的过载保护元件。

2. 按结构形式分类

熔断器按结构形式可分为

1）插入式熔断器。

2）无填料密闭管式熔断器。

3）有填料封闭管式熔断器。

4）快速熔断器。

7.3.2 插入式熔断器

1. 插入式熔断器的结构

插入式熔断器又称瓷插式熔断器，指熔断体靠导电插件插入底座的熔断器。常用的插入式熔断器主要有RC1A系列，其结构如图7-5所示。

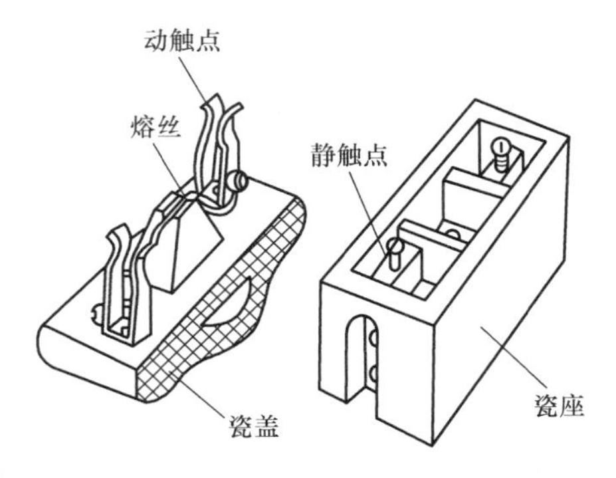

图7-5 RC1A系列插入式熔断器

2. 插入式熔断器的技术数据

RC1A系列插入式熔断器技术数据见表7-13。

表7-13 RC1A系列插入式熔断器技术数据

类别	型号	额定电压/V	额定电流/A	熔体额定电流等级/A
瓷插式熔断器	RC1A-5	交流 380 220	5	2、5
	RC1A-10		10	2、4、6、10
	RC1A-15		15	6、10、15
	RC1A-30		30	20、25、30
	RC1A-60		60	40、50、60
	RC1A-100		100	80、100

7.3.3 螺旋式熔断器

1. 螺旋式熔断器的结构

螺旋式熔断器是指熔体的载熔件靠螺纹旋入底座而固定于底座的熔断器，其实质上是一种有填料封闭式熔断器，具有断流能力大、体积小、熔丝熔断后能显示、更换熔丝方便、安全可靠等特点。螺旋式熔断器的外形和结构如图7-6所示。

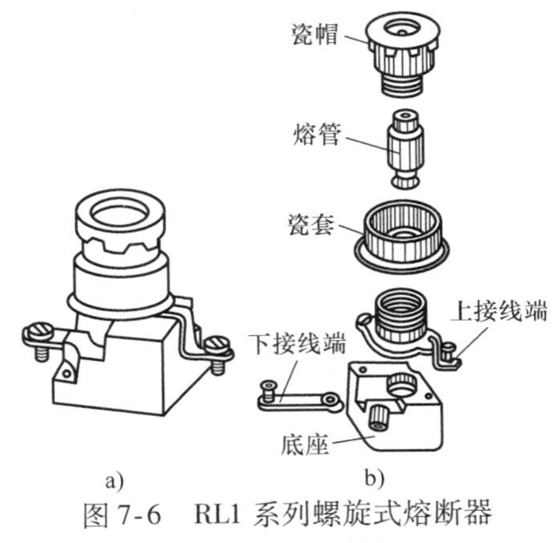

图7-6 RL1系列螺旋式熔断器

a）外形 b）结构

2. 螺旋式熔断器的技术数据

RL6、RL7 系列螺旋式熔断器技术数据见表 7-14。

表 7-14　RL6、RL7 系列螺旋式熔断器的技术数据

产品型号	额定电压/V	额定电流/A		额定分断能力/kA
		熔体支持件	熔体	
RL6－16	500	16	2、4、5、6、10、16	50
RL6－25		25	16、20、25	
RL6－63		63	35、50、63	
RL6－100		100	80、100、	
RL6－200		200	125、160、200	
RL7－25	660	25	2、4、6、10、20、25	25
RL7－63		63	35、50、63	
RL7－100		100	80、100	

7.3.4　无填料封闭管式熔断器

1. 无填料封闭管式熔断器的结构

无填料封闭管式熔断器（又称无填料密闭管式熔断器或无填料密封管式熔断器）是指熔体被密闭在不充填料的熔管内的熔断器。常用的无填料封闭管式熔断器产品主要有 RM10 系列。无填料封闭管式熔断器的外形和结构如图 7-7 所示。

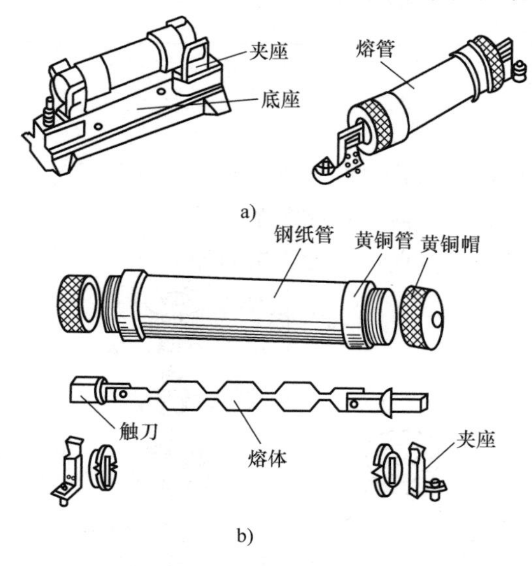

图 7-7　RM10 系列无填料封闭管式熔断器

a）外形　b）结构

2. 无填料封闭管式熔断器的技术数据

RM10 系列无填料密闭管式熔断器技术数据见表 7-15。

表7-15　RM10系列无填料密闭管式熔断器技术数据

产品型号	额定电压/V	额定电流/A		额定分断能力/kA
		熔断器	熔体	
RM10－15	交流500、380、220 直流440、220	15	6、10、15	1.2
RM10－60		60	15、20、25、30、40、50、60	3.5
RM10－100		100	60、80、100	10
RM10－200		200	100、125、160、200	10
RM10－350		350	200、240、260、300、350	10
RM10－600		600	350、430、500、600	10
RM10－1000		1000	600、700、850、1000	12

7.3.5　有填料封闭管式熔断器

1. 有填料封闭管式熔断器的结构

有填料封闭管式熔断器是指熔体被封闭在充有颗粒、粉末等灭弧填料的熔管内的熔断器。它是一种为增强熔断器的灭弧能力，在其熔管中填充了石英砂等介质材料而得名。有填料封闭管式熔断器的外形和结构如图7-8所示。

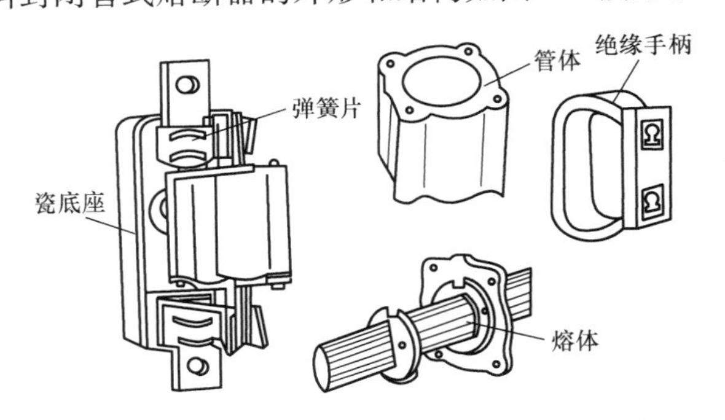

图7-8　有填料封闭管式熔断器的外形和结构

2. 有填料封闭管式熔断器的技术数据

RT0系列有填料封闭管式熔断器的技术数据见表7-16。

表7-16　RT0系列有填料封闭管式熔断器的技术数据

产品型号	熔断体			底座
	额定电流/A	额定电压/V	分断能力/kA	额定电流/A
RT0－100	30、40、50、60、80、100	380	50	100
RT0－200	80、100、120、150、200			200
RT0－400	150、200、250、300、350、400			400
RT0－600	350、400、450、500、550、600			600
RT0－1000	700、800、900、1000			1000

7.3.6 熔断器的选择

1. 熔断器选择的一般原则

1）应根据使用条件确定熔断器的类型。

2）选择熔断器的规格时，应首先选定熔体的规格，然后再根据熔体去选择熔断器的规格。

3）熔断器的保护特性应与被保护对象的过载特性有良好的配合。

4）在配电系统中，各级熔断器应相互匹配，**一般上一级熔体的额定电流要比下一级熔体的额定电流大2～3倍**。

5）对于保护电动机的熔断器，应注意电动机起动电流的影响。**熔断器一般只作为电动机的短路保护，过载保护应采用热继电器**。

2. 熔断器类型的选择

熔断器主要根据负载的情况和电路短路电流的大小来选择类型。例如，对于容量较小的照明线路或电动机的保护，宜采用RCIA系列插入式熔断器或RM10系列无填料密闭管式熔断器；对于短路电流较大的电路或有易燃气体的场合，宜采用具有高分断能力的RL系列螺旋式熔断器或RT（包括NT）系列有填料封闭管式熔断器；对于保护硅整流器件及晶闸管的场合，应采用快速熔断器。

熔断器的形式也要考虑使用环境，例如，管式熔断器常用于大型设备及容量较大的变电场合；插入式熔断器常用于无振动的场合；螺旋式熔断器多用于机床配电；电子设备一般采用熔丝座。

3. 熔体额定电流的选择

1）对于照明电路和电热设备等电阻性负载，因为其负载电流比较稳定，可用作过载保护和短路保护，所以熔体的额定电流（I_{rn}）应等于或稍大于负载的额定电流（I_{fn}），即

$$I_{rn}=1.1I_{fn}$$

2）电动机的起动电流很大，因此对电动机只宜作短路保护，对于保护长期工作的单台电动机，考虑到电动机起动时熔体不能熔断，即

$$I_{rn}\geqslant(1.5\sim2.5)I_{fn}$$

式中，轻载起动或起动时间较短时，系数可取近1.5；带重载起动、起动时间较长或起动较频繁时，系数可取近2.5。

3）对于保护多台电动机的熔断器，考虑到在出现尖峰电流时不熔断熔体，熔体的额定电流应等于或大于最大一台电动机的额定电流的1.5～2.5倍，加上同时使用的其余电动机的额定电流之和，即

$$I_{rn}\geqslant(1.5\sim2.5)I_{fnmax}+\sum I_{fn}$$

式中 I_{fnmax}——多台电动机中容量最大的一台电动机的额定电流；

$\sum I_{fn}$——其余各台电动机额定电流之和。

必须说明，由于电动机负载情况不同，其起动情况也各不相同，因此，上述系数只作为确定熔体额定电流时的参考数据，精确数据需在实践中根据使用情况确定。

4. 熔断器额定电压的选择

熔断器的额定电压应等于或大于所在电路的额定电压。

7.3.7 熔断器的使用

1）安装前，应检查熔断器的额定电压是否大于或等于线路的额定电压，熔断器的额定分断能力是否大于线路中预期的短路电流，熔体的额定电流是否小于或等于熔断器支持件的额定电流。

2）熔断器一般应垂直安装，应保证熔体与触刀以及触刀与刀座的接触良好，并能防止电弧飞落到临近带电部分上。

3）安装时应注意不要让熔体受到机械损伤，以免因熔体截面积变小而发生误动作。

4）安装时应注意使熔断器周围介质温度与被保护对象周围介质温度尽可能一致，以免使保护特性产生误差。

5）安装必须可靠，以免有一相接触不良，出现相当于一相断路的情况，致使电动机因断相运行而烧毁。

6）安装带有熔断指示器的熔断器时，指示器的方向应装在便于观察的位置。

7）熔断器两端的连接线应连接可靠，螺钉应拧紧。如接触不良，会使接触部分过热，热量传至熔体，使熔体温度过高，引起误动作。有时因接触不好产生火花，将会干扰弱电装置。

8）熔断器的安装位置应便于更换熔体。

9）安装螺旋式熔断器时，熔断器下接线板的接线端应在上方，并与电源线连接。连接金属螺纹壳体的接线端应装在下方，并与用电设备相连，有油漆标志端向外，两熔断器间的距离应留有操作的空间，不宜过近。这样更换熔体时螺纹壳体上就不会带电，以保证人身安全。

10）熔体烧断后，应先查明原因，排除故障。分清熔断器是在过载电流下熔断，还是在分断极限电流下熔断。一般在过载电流下熔断时响声不大，熔体仅在一两处熔断，且管壁没有大量熔体蒸发物附着和烧焦现象；而分断极限电流熔断时则与上面情况相反。

11）更换熔体时，必须选用原规格的熔体，不得用其他规格熔体代替，也不能用多根熔体代替一根较大熔体，更不准用细铜丝或铁丝来替代，以免发生重大事故。

12）更换熔体时，一定要先切断电源，将开关断开，不要带电操作，以免触电，尤其不得在负荷未断开时带电更换熔体，以免电弧烧伤。

7.3.8 熔断器的常见故障及其排除方法

熔断器的常见故障及其排除方法见表7-17。

表7-17 熔断器的常见故障及其排除方法

故障现象	可能原因	排除方法
电动机起动瞬间，熔断器熔体熔断	1. 熔体规格选择过小 2. 被保护电路短路或接地 3. 安装熔体时有机械损伤 4. 有一相电源发生断路	1. 更换合适的熔体 2. 检查线路，找出故障点并排除 3. 更换安装新的熔体 4. 检查熔断器及被保护电路，找出断路点并排除
熔体未熔断，但电路不通	1. 熔体或连接线接触不良 2. 紧固螺钉松脱	1. 旋紧熔体或将接线接牢 2. 找出松动处，将螺钉或螺母旋紧
熔断器过热	1. 接线螺钉松动，导线接触不良 2. 接线螺钉锈死，压不紧线 3. 触刀或刀座生锈，接触不良 4. 熔体规格太小，负荷过重 5. 环境温度过高	1. 拧紧螺钉 2. 更换螺钉、垫圈 3. 清除锈蚀 4. 更换合适的熔体或熔断器 5. 改善环境条件
瓷绝缘件破损	1. 产品质量不合格 2. 外力破坏 3. 操作时用力过猛 4. 过热引起	1. 停电更换 2. 停电更换 3. 停电更换，注意操作手法 4. 查明原因，排除故障

7.4 断路器

7.4.1 低压断路器的用途与分类

1. 断路器的用途

断路器曾称自动开关，是指能接通、承载以及分断正常电路条件下的电流，也能在规定的非正常电路条件（例如短路）下接通、承载一定时间和分断电流的一种机械开关电器。按规定条件，其可对配电电路、电动机或其他用电设备实行通断操作并起保护作用，即当电路内出现过载、短路或欠电压等情况时能自动分断电路的开关电器。

通俗地讲，断路器是一种可以自动切断故障线路的保护开关，它既可用来接通和分断正常的负载电流、电动机的工作电流和过载电流，也可用来接通和分断短路电流，在正常情况下还可以用于不频繁地接通和断开电路以及控制电动机的起动和停止。

断路器具有动作值可调整、安装方便、分断能力强，特别是在分断故障电流后一般不需要更换零部件等特点，因此应用非常广泛。

2. 断路器的分类

断路器的类型很多，分类方法见表7-18。

表7-18　断路器的分类

项目	种　　类
按使用类别分类	可分为非选择型（A类）和选择型（B类）两类
按结构型式分类	可分为万能式（曾称框架式）和塑料外壳式（曾称装置式）
按操作方式分类	可分为人力操作（手动）和无人力操作（电动、储能）
按极数分类	可分为单极、两极、三极和四极式
按用途分类	可分为配电用、电动机保护用、家用和类似场所用、剩余电流（漏电）保护用、特殊用途用等

7.4.2　万能式断路器

1. 万能式断路器的结构

万能式断路器曾称为框架式断路器，这种断路器一般都有一个钢制的框架（小容量的也可用塑料底板加金属支架构成），所有零部件均安装在这个框架内，主要零部件都是裸露的，导电部分需先进行绝缘，再安装在底座上，而且部件大多可以拆卸，便于装配和调整。万能式断路器的外形如图7-9所示。

图7-9　万能式断路器的外形图

2. 万能式断路器的技术数据

DW15系列万能式断路器技术数据见表7-19。

表7-19　DW15系列万能式断路器技术数据

型号	额定电压/V	额定电流/A	额定短路接通分断能力				
			电压/V	接通最大值/kA	分断有效值/kA	cosφ	短延时最大延时/s
DW15－200	380	200	380	40	20		—
DW15－400	380	400	380	52.5	25		—
DW15－630	380	630	380	63	30		—

（续）

型号	额定电压/V	额定电流/A	额定短路接通分断能力				
			电压/V	接通最大值/kA	分断有效值/kA	cosφ	短延时最大延时/s
DW15－1000	380	1000	380	84	40	0.2	—
DW15－1600	380	1600	380	84	40	0.2	—
DW15－2500	380	2500	380	132	60	0.2	0.4
DW15－4000	380	4000	380	196	80	0.2	0.4

7.4.3 塑料外壳式断路器

1. 塑料外壳式断路器的结构

塑料外壳式断路器曾称为装置式断路器，这种断路器的所有零部件都安装在一个塑料外壳中，没有裸露的带电部分，使用比较安全。塑料外壳式断路器的外形如图7-10所示，其主要由绝缘外壳、触头系统、操作机构和脱扣器四部分组成。

图7-10 塑料外壳式断路器的外形图

2. 塑料外壳式断路器的技术数据

DZ15系列塑料外壳式断路器技术数据见表7-20。

表7-20 DZ15系列塑料外壳式断路器技术数据

<table>
<tr><th colspan="2">型号</th><th>壳架额定电流/A</th><th>额定电压/V</th><th>极数</th><th>脱扣器额定电流/A</th><th>额定短路通断能力/kA</th><th>电气、机械寿命/次</th></tr>
<tr><td colspan="2">DZ15－40/1901</td><td rowspan="5">40</td><td>220</td><td>1</td><td rowspan="5">6，10，16，20，25，32，40</td><td rowspan="5">3（cosφ＝0.9）</td><td rowspan="5">15000</td></tr>
<tr><td colspan="2">DZ15－40/2901</td><td rowspan="4">380</td><td>2</td></tr>
<tr><td rowspan="2">DZ15－40/</td><td>3901</td><td rowspan="2">3</td></tr>
<tr><td>3902</td></tr>
<tr><td colspan="2">DZ15－40/4901</td><td>4</td></tr>
<tr><td colspan="2">DZ15－63/1901</td><td rowspan="5">63</td><td>220</td><td>1</td><td rowspan="5">10，16，20，25，32，40，50，63</td><td rowspan="5">5（cosφ＝0.7）</td><td rowspan="5">10000</td></tr>
<tr><td colspan="2">DZ15－63/2901</td><td rowspan="4">380</td><td>2</td></tr>
<tr><td rowspan="2">DZ15－63/</td><td>3901</td><td rowspan="2">3</td></tr>
<tr><td>3902</td></tr>
<tr><td colspan="2">DZ15－63/4901</td><td>4</td></tr>
</table>

7.4.4 漏电保护断路器

1. 漏电保护断路器的结构

漏电断路器具有漏电保护和过载保护功能，有些产品就是在断路器上加装漏电保护部分而成。漏电保护器的种类非常多，常用漏电断路器的外形如图7-11所示。

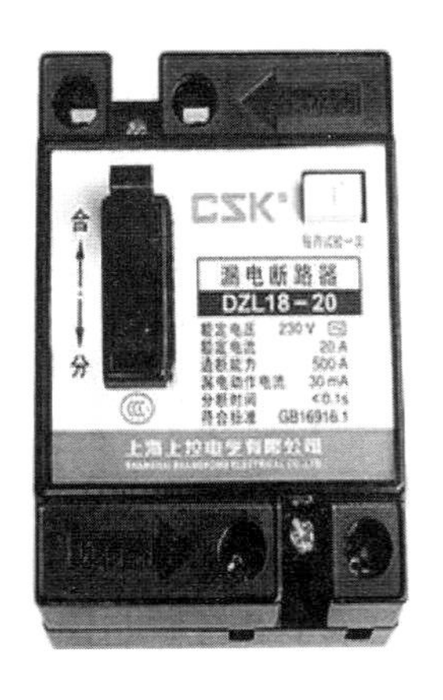

图7-11 常用漏电断路器的外形图

2. 漏电保护断路器的技术数据

DZL25系列塑壳漏电断路器的技术数据见表7-21。

表7-21 DZL25系列塑壳漏电断路器的技术数据

<table>
<tr><th>型号</th><th>额定电压/V</th><th>额定电流/A</th><th>短路通断能力/kA</th><th>额定漏电动作电流/mA</th><th>额定漏电不动作电流/mA</th><th>漏电通断能力/kA</th></tr>
<tr><td>DZL25－32</td><td rowspan="6">380</td><td>6、10、16、20、25、32</td><td>8</td><td>15、30、50</td><td>8、15、25</td><td>1</td></tr>
<tr><td>DZL25－63</td><td>25、32、40、50、63</td><td>5</td><td>30、50、100</td><td>15、25、50</td><td>1.5</td></tr>
<tr><td rowspan="2">DZL25－100</td><td rowspan="2">50、63、80、100</td><td rowspan="2">6</td><td>50/100/200</td><td>25/50/100</td><td rowspan="2">2</td></tr>
<tr><td>30、50、100</td><td>15、25、50</td></tr>
<tr><td rowspan="2">DZL25－200</td><td rowspan="2">80、100、125、160、180、200</td><td rowspan="2">10</td><td>50/100/200和100/200/500两档</td><td>25/50/100和50/100/200两档</td><td rowspan="2">3</td></tr>
<tr><td>100、200</td><td>50、100</td></tr>
</table>

注：有斜杠（/）处为分级可调，否则不可调。

7.4.5 断路器的选择

1. 类型的选择

应根据电路的额定电流、保护要求和断路器的结构特点来选择断路器的类型。具体如下：

1）对于额定电流600A以下，短路电流不大的场合，一般选用塑料外壳式断路器。

2）若额定电流比较大，则应选用万能式断路器；若短路电流相当大，则应选用限流式断路器。

3）在有漏电保护要求时，还应选用漏电保护式断路器。

4）断路器的类型应符合安装条件、保护功能及操作方式的要求。

5）一般情况下，保护变压器及配电线路可选用万能式断路器，保护电动机可选塑料外壳式断路器。

6）校核断路器的接线方向，如果断路器技术文件或端子上表明只能上进线，则安装时不可采用下进线。

2. 电气参数的确定

断路器的结构选定后，接着需选择断路器的电气参数。所谓电气参数的确定主要是指除断路器的额定电压、额定电流和通断能力外，如何选择断路器的过电流脱扣器的整定电流和断路器的保护特性等，以便达到比较理想的协调动作。选用的一般原则（指选用任何断路器都必须遵守的原则）如下：

1）断路器的额定工作电压大于等于线路额定电压。

2）断路器的额定电流大于等于线路计算负载电流。

3）断路器的额定短路通断能力大于等于线路中可能出现的最大短路电流（一般按有效值计算）。

4）断路器热脱扣器的额定电流大于等于电路工作电流。

5）根据实际需要，确定电磁脱扣器的额定电流和瞬时动作整定电流。

① 电磁脱扣器的额定电流只要等于或稍大于电路工作电流即可。

② 电磁脱扣器的瞬时动作整定电流为：作为单台电动机的短路保护时，电磁脱扣器的整定电流为电动机起动电流的1.35倍（DW系列断路器）或1.7倍（DZ系列断路器）；作为多台电动机的短路保护时，电磁脱扣器的整定电流为最大一台电动机起动电流的1.3倍再加上其余电动机的工作电流。

6）断路器欠电压脱扣器额定电压等于线路额定电压。并非所有断路器都需要带欠电压脱扣器，是否需要应根据使用要求而定。在某些供电质量较差的系统，选用带欠电压保护的断路器，反而会因电压波动而经常造成不希望的断电。在这种场合，若必须带欠电压脱扣器，则应考虑有适当的延时。

7）断路器分励脱扣器的额定电压等于控制电源电压。

8）电动传动机构的额定工作电压等于控制电源电压。

9）需要注意的是，选用时除一般选用原则外，还应考虑断路器的用途。配电用断路器和电动机保护用断路器以及照明、生活用导线保护断路器，应根据使用特点予以选用。

10）对于手持电动工具、移动式电气设备、家用电器等，一般应选择额定漏电动作电流不超过30mA的漏电保护式断路器；对于潮湿场所的电气设备，以及在发生触电后可能会产生二次伤害的场所，如高空作业或河岸边使用的电气设备，一般应选择额定漏电动作电流不超过10mA的漏电保护式断路器；对于医院中的医疗设备，建议选择额定漏电动作电流为6mA的漏电保护式断路器。

7.4.6 断路器的使用

1）安装前应先检查断路器的规格是否符合使用要求。

2）安装前先用500V绝缘电阻表检查断路器的绝缘电阻，在周围空气温度为(20±5)℃和相对湿度为50%～70%时，绝缘电阻应不小于10MΩ，否则应烘干。

3）安装时，电源进线应接于上母线，用户的负载侧出线应接于下母线。

4）安装时，断路器底座应垂直于水平位置，并用螺钉固定紧，且断路器应安装平整，不应有附加机械应力。

5）外部母线与断路器连接时，应在接近断路器母线处加以固定，以免各种机械应力传递到断路器上。

6）安装时，应考虑断路器的飞弧距离，即在灭弧罩上部应留有飞弧空间，并保证外装灭弧室至相邻电器的导电部分和接地部分的安全距离。

7）在进行电气连接时，电路中应无电压。

8）断路器应可靠接地。

9）不应漏装断路器附带的隔弧板，装上后方可运行，以防止切断电路因产生电弧而引起相间短路。

10）安装完毕后，应使用手柄或其他传动装置检查断路器工作的准确性和可靠性。如检查脱扣器能否在规定的动作值范围内动作，电磁操作机构是否可靠闭合，可动部件有无卡阻现象等。

7.4.7 断路器的常见故障及其排除方法

断路器的常见故障及其排除方法见表7-22。

表7-22　断路器的常见故障及其排除方法

常见故障	可能原因	排除方法
手动操作的断路器不能闭合	1. 欠电压脱扣器无电压或线圈损坏 2. 储能弹簧变形，闭合力减小 3. 释放弹簧的反作用力太大 4. 机构不能复位再扣	1. 检查线路后加上电压或更换线圈 2. 更换储能弹簧 3. 调整弹力或更换弹簧 4. 调整脱扣面至规定值
电动操作的断路器不能闭合	1. 操作电源电压不符 2. 操作电源容量不够 3. 电磁铁损坏 4. 电磁铁拉杆行程不够 5. 操作定位开关失灵 6. 控制器中整流管或电容器损坏	1. 更换电源或升高电压 2. 增大电源容量 3. 检修电磁铁 4. 重新调整或更换拉杆 5. 重新调整或更换开关 6. 更换整流管或电容器
有一相触头不能闭合	1. 该相连杆损坏 2. 限流开关斥开机构可折连杆之间的角度变大	1. 更换连杆 2. 调整至规定要求

（续）

常见故障	可能原因	排除方法
分励脱扣器不能使断路器断开	1. 线圈损坏 2. 电源电压太低 3. 脱扣面太大 4. 螺钉松动	1. 更换线圈 2. 更换电源或升高电压 3. 调整脱扣面 4. 拧紧螺钉
欠电压脱扣器不能使断路器断开	1. 反力弹簧的反作用力太小 2. 储能弹簧力太小 3. 机构卡死	1. 调整或更换反力弹簧 2. 调整或更换储能弹簧 3. 检修机构
断路器在起动电动机时自动断开	1. 电磁式过流脱扣器瞬动整定电流太小 2. 空气式脱扣器的阀门失灵或橡皮膜破裂	1. 调整瞬动整定电流 2. 更换
断路器在工作一段时间后自动断开	1. 过电流脱扣器长延时整定值不符要求 2. 热元件或半导体元件损坏 3. 外部电磁场干扰	1. 重新调整 2. 更换元件 3. 进行隔离
欠电压脱扣器有噪声或振动	1. 铁心工作面有污垢 2. 短路环断裂 3. 反力弹簧的反作用力太大	1. 清除污垢 2. 更换衔铁或铁心 3. 调整或更换弹簧
断路器温升过高	1. 触头接触压力太小 2. 触头表面过分磨损或接触不良 3. 导电零件的连接螺钉松动	1. 调整或更换触头弹簧 2. 修整触头表面或更换触头 3. 拧紧螺钉
辅助触头不能闭合	1. 动触桥卡死或脱落 2. 传动杆断裂或滚轮脱落	1. 调整或重装动触桥 2. 更换损坏的零件

7.5 接触器

7.5.1 接触器的用途与分类

1. 接触器的用途

接触器是指仅有一个起始位置，能接通、承载和分断正常电路条件（包括过载运行条件）下电流的一种非手动操作的机械开关电器。它可用于远距离频繁地接通和分断交、直流主电路和大容量控制电路，具有动作速度快、控制容量大、使用安全方便、能频繁操作和远距离操作等优点，主要用于控制交、直流电动机，也可用于控制小型发电机、电热

装置、电焊机和电容器组等设备，是电力拖动自动控制电路中使用最广泛的一种低压电器元件。

接触器能接通和断开负载电流，但不能切断短路电流，因此接触器常与熔断器和热继电器等配合使用。

2. 接触器的分类

接触器的种类繁多，有多种不同的分类方法，具体如下：

1）按操作方式分，有电磁接触器、气动接触器和液压接触器。

2）按接触器主触头控制电流种类分，有交流接触器和直流接触器。

3）按灭弧介质分，有空气式接触器、油浸式接触器和真空接触器。

4）按有无触头分，有有触头式接触器和无触头式接触器。

5）按主触头的极数，还可分为单极、双极、三极、四极和五极等。

目前应用最广泛的是空气电磁式交流接触器和空气电磁式直流接触器，习惯上简称为交流接触器和直流接触器。

7.5.2　交流接触器

1. 交流接触器的结构

交流接触器的种类很多。交流接触器的结构主要由触头系统、电磁机构、灭弧装置和其他部分等组成。交流接触器的结构如图7-12a所示，其工作原理示意图如图7-12b所示。

扫一扫看视频

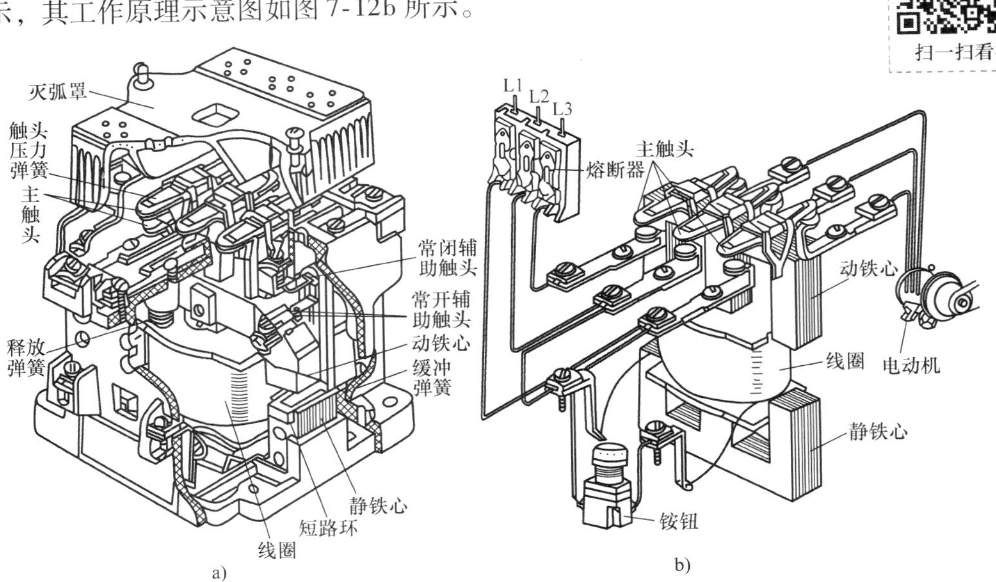

图7-12　交流接触器的结构和工作原理

a）结构　b）工作原理

2. 交流接触器的技术数据

CJ45系列交流接触器的技术数据见表7-23；3TB系列交流接触器的技术数据见表7-24。

表 7-23 CJ45 系列交流接触器技术数据

型号	额定绝缘电压 U_i/V	约定发热电流 I_{th}/A	断续周期工作下的额定电流 I_N/A AC-2 或 AC-3 220/230V	380/400V	660/690V	AC-4 220/230V	380/400V	660/690V	AC-3 类控制功率/kW 220/230V	380/400V	660/690V	操作频率/(次/h) AC-3	AC-4	无载操作	电寿命/万次 AC-3	AC-4	机械寿命/万次
CJ45-9	690	20	9	9	6.9	6.3	6.3	5	2.2	4	5.5	800	250	7000	100	5	1000
CJ45-12			12	12	9.1	9	9	6.7	3.0	5.5	7.5						
CJ45-16		30	16	16	12.5	12	12	8.9	4	7.5	11						
CJ45-25			25	25	12.5	16	16	8.9	6.1	11	11						
CJ45-32		45	32	32	22.1	25	25	17.8	8.5	15	18.5				60		
CJ45-40			40	40	22.1	32	32	17.8	11	18.5	18.5						

表 7-24 3TB 系列交流接触器技术数据

型号	额定绝缘电压 U_i/V	约定发热电流/A	额定工作电流 I_N/A AC-1 不间断工作制①	AC-2 或 AC-3 380V	660V	AC-4②	可控制电动机功率/kW AC-2 或 AC-3 220V	380~415V	500V	660V	在 AC-3 类操作频率/(次/h)	在 AC-3 类电寿命/次	机械寿命/次	辅助触头 U_i/V	辅助触头 I/A	线圈吸持功率/W
3TB40	660	32	—	9	7.2	—		4		5.5	1000	1.2×10^6	15×10^6	600	10	10
3TB41				12	9.5			5.5		7.5						
3TB42		35		16	13.5			7.5		11	750					
3TB43				22	13.5			11		11						
3TB44		55		32	18			15		15			10×10^6			
3TB46	750		80	45		24	15	22	30	37	500	10×10^6				16
3TB47	1000		90	63		34	18.5	30	37	37						20
3TB48			100	75		34	22	37	45	55						26
3TB50			160	110		52	37	55	75	90						32
3TB52			200	170		72	55	90	110	132						40
3TB54			300	250		103	75	132	160	200						48
3TB56			400	400		120	115	200	255	355						84
3TB58			630	630		150	190	325	430	560						470

① 在 35℃时。

② AC-4（100%点动）在 380~415V 下触头寿命为 20 万次时的额定电流。

7.5.3 直流接触器

1. 直流接触器的结构

直流接触器的种类很多。直流接触器的结构和工作原理与交流接触器基本相同，直流接触器主要由触头系统、电磁系统和灭弧装置三大部分组成。图7-13是平面布置整体式直流接触器的结构示意图。

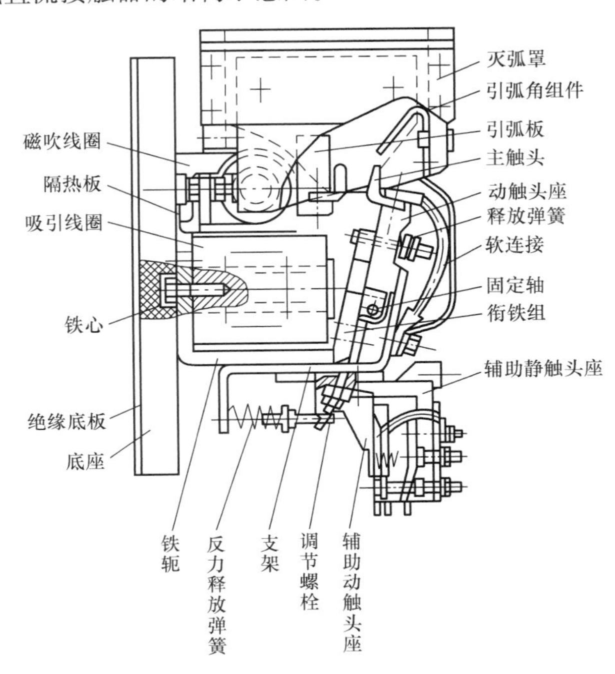

图7-13 平面布置整体式直流接触器的结构示意图

2. 直流接触器的技术数据

CZT系列直流接触器的技术数据见表7-25。

表7-25 CZT系列直流接触器技术数据

型号	额定绝缘电压/V	额定工作电压/V	额定工作电压（线圈电压）/V	额定工作电流/A	约定发热电流/A
CZT-10	440	110、220、440	24、48、110、220	20、17、12	100
CZT-20	440			40、35、25	100
CZT-40 CZT-60	440			125、120、85、80、60	100
CZT-100	440			320、290、200	100

7.5.4 接触器的选择

1. 接触器的选择方法

由于接触器的使用场所与控制的负载不同，其操作条件与工作的繁重程度也不同。因此，必须对控制负载的工作情况以及接触器本身的性能有一个较全面的了解，力求经济合理、正确地选用接触器。也就是说，在选用接触器时，应考虑接触器的铭牌数据，因铭牌上只规定了某一条件下的电流、电压、控制功率等参数，而具体的条件又是多种多样的，因此，在选择接触器时应注意以下几点：

扫一扫看视频

1）选择接触器的类型。接触器的类型应根据电路中负载电流的种类来选择。也就是说，交流负载应使用交流接触器，直流负载应使用直流接触器，若整个控制系统中主要是交流负载，而直流负载的容量较小，也可全部使用交流接触器，但触头的额定电流应适当大些。

2）选择接触器主触头的额定电流。主触头的额定电流应大于或等于被控电路的额定电流。

若被控电路的负载是三相异步电动机，其额定电流，可按下式推算，即

$$I_N = \frac{P_N \times 10^3}{\sqrt{3}U_N \cos\varphi\eta}$$

式中 I_N——电动机额定电流（A）；

U_N——电动机额定电压（V）；

P_N——电动机额定功率（kW）；

$\cos\varphi$——功率因数；

η——电动机效率。

例如，$U_N = 380$V，$P_N = 100$kW 以下的电动机，其 $\cos\varphi\eta$ 为0.7~0.82。

在频繁起动、制动和频繁正反转的场合，可将主触头的额定电流稍微降低使用。

3）选择接触器主触头的额定电压。接触器的额定工作电压应不小于被控电路的最大工作电压。

4）接触器的额定通断能力应大于通断时电路中的实际电流值；耐受过载电流能力应大于电路中最大工作过载电流值。

5）应根据系统控制要求确定主触头和辅助触头的数量和类型，同时要注意其通断能力和其他额定参数。

6）如果接触器用来控制电动机的频繁起动、正反转或反接制动时，应将接触器的主触头额定电流降低使用，通常可降低一个电流等级。

2. 选用注意事项

1）接触器线圈的额定电压应与控制电路的电压相同。

2）因为交流接触器的线圈匝数较少，电阻较小，当线圈通入交流电时，将产生一个较大的感抗，此感抗值远大于线圈的电阻，线圈的励磁电流主要取决于感抗的大小。如果将直流电流通入时，则线圈就成为纯电阻负载，此时流过线圈的电流会很大，使线圈发热，甚至烧坏。所以，在一般情况下，不能将交流接触器作为直流接触器使用。

7.5.5 接触器的使用

1）接触器在安装前应认真检查接触器的铭牌数据是否符合电路要求；线圈工

作电压是否与电源工作电压相配合。

2）接触器外观应良好，无机械损伤。活动部件应灵活，无卡滞现象。

3）检查灭弧罩有无破裂、损伤。

4）检查各极主触头的动作是否同步。触头的开距、超程、初压力和终压力是否符合要求。

5）用万用表检查接触器线圈有无断线、短路现象。

6）用绝缘电阻表检测主触头间的相间绝缘电阻，一般应大于10MΩ。

7）安装时，接触器的底面应与地面垂直，倾斜度应小于5°。

8）安装时，应注意留有适当的飞弧空间，以免烧损相邻电器。

9）在确定安装位置时，还应考虑到日常检查和维修方便性。

10）安装应牢固，接线应可靠，螺钉应加装弹簧垫和平垫圈，以防松脱和振动。

11）灭弧罩应安装良好，不得在灭弧罩破损或无灭弧罩的情况下将接触器投入使用。

12）安装完毕后，应检查有无零件或杂物掉落在接触器上或内部，检查接触器的接线是否正确，还应在不带负载的情况下检测接触器的性能是否合格。

13）接触器的触头表面应经常保持清洁，不允许涂油。

7.5.6 接触器的常见故障及其排除方法

接触器的常见故障及其排除方法见表7-26。

表7-26 接触器的常见故障及其排除方法

常见故障	可能原因	排除方法
通电后不能闭合	1. 线圈断线或烧毁 2. 动铁心或机械部分卡住 3. 转轴生锈或歪斜 4. 操作回路电源容量不足 5. 弹簧压力过大	1. 修理或更换线圈 2. 调整零件位置，消除卡住现象 3. 除锈、加润滑油，或更换零件 4. 增加电源容量 5. 调整弹簧压力
通电后动铁心不能完全吸合	1. 电源电压过低 2. 触头弹簧和释放弹簧压力过大 3. 触头超程过大	1. 调整电源电压 2. 调整弹簧压力或更换弹簧 3. 调整触头超程
电磁铁噪声过大或发生振动	1. 电源电压过低 2. 弹簧压力过大 3. 铁心极面有污垢或磨损过度而不平 4. 短路环断裂 5. 铁心夹紧螺栓松动，铁心歪斜或机械卡住	1. 调整电源电压 2. 调整弹簧压力 3. 清除污垢、修整极面或更换铁心 4. 更换短路环 5. 拧紧螺栓，排除机械故障

（续）

常见故障	可能原因	排除方法
接触器动作缓慢	1. 动、静铁心间的间隙过大 2. 弹簧的压力过大 3. 线圈电压不足 4. 安装位置不正确	1. 调整机械部分，减小间隙 2. 调整弹簧压力 3. 调整线圈电压 4. 重新安装
断电后接触器不释放	1. 触头弹簧压力过小 2. 动铁心或机械部分被卡住 3. 铁心剩磁过大 4. 触头熔焊在一起 5. 铁心极面有油污或尘埃	1. 调整弹簧压力或更换弹簧 2. 调整零件位置、消除卡住现象 3. 退磁或更换铁心 4. 修理或更换触头 5. 清理铁心极面
线圈过热或烧毁	1. 弹簧的压力过大 2. 线圈额定电压、频率或通电持续率等与使用条件不符 3. 操作频率过高 4. 线圈匝间短路 5. 运动部分卡住 6. 环境温度过高 7. 空气潮湿或含腐蚀性气体 8. 交流铁心极面不平	1. 调整弹簧压力 2. 更换线圈 3. 更换接触器 4. 更换线圈 5. 排除卡住现象 6. 改变安装位置或采取降温措施 7. 采取防潮、防腐蚀措施 8. 清除极面或调换铁心
触头过热或灼伤	1. 触头弹簧压力过小 2. 触头表面有油污或表面高低不平 3. 触头的超行程过小 4. 触头的断开能力不够 5. 环境温度过高或散热不好	1. 调整弹簧压力 2. 清理触头表面 3. 调整超行程或更换触头 4. 更换接触器 5. 降低容量使用
触头熔焊在一起	1. 触头弹簧压力过小 2. 触头断开能力不够 3. 触头开断次数过多 4. 触头表面有金属颗粒突起或异物 5. 负载侧短路	1. 调整弹簧压力 2. 更换接触器 3. 更换触头 4. 清理触头表面 5. 排除短路故障，更换触头
相间短路	1. 可逆转的接触器联锁不可靠，致使两个接触器同时投入运行而造成相间短路 2. 尘埃或油污使绝缘变坏 3. 零件损坏	1. 检查电气联锁与机械联锁 2. 经常清理保持清洁 3. 更换损坏零件

7.6 继电器

7.6.1 继电器的用途与分类

1. 继电器的用途

继电器是一种自动和远距离操纵用的电器，广泛地用于自动控制系统、遥控、遥测系统、电力保护系统以及通信系统中，起着控制、检测、保护和调节的作用，是现代电气装置中最基本的器件之一。

继电器定义为：当输入量（或激励量）满足某些规定的条件时，能在一个或多个电气输出电路中产生预定跃变的一种器件。也就是说，继电器是一种根据电气量（电压、电流等）或非电气量（热、时间、转速、压力等）的变化闭合或断开控制电路，以完成控制或保护的电器。电气继电器是当输入激励量为电量参数（如电压或电流）的一种继电器。

继电器的用途很多，一般可以归纳如下：

1）输入与输出电路之间的隔离。

2）信号转换（从断开到接通）。

3）增加输出电路（即切换几个负载或切换不同电源负载）。

4）重复信号。

5）切换不同电压或电流负载。

6）保留输出信号。

7）闭锁电路。

8）提供遥控。

2. 继电器的特点与分类（见表7-27）

表7-27　继电器的特点与分类

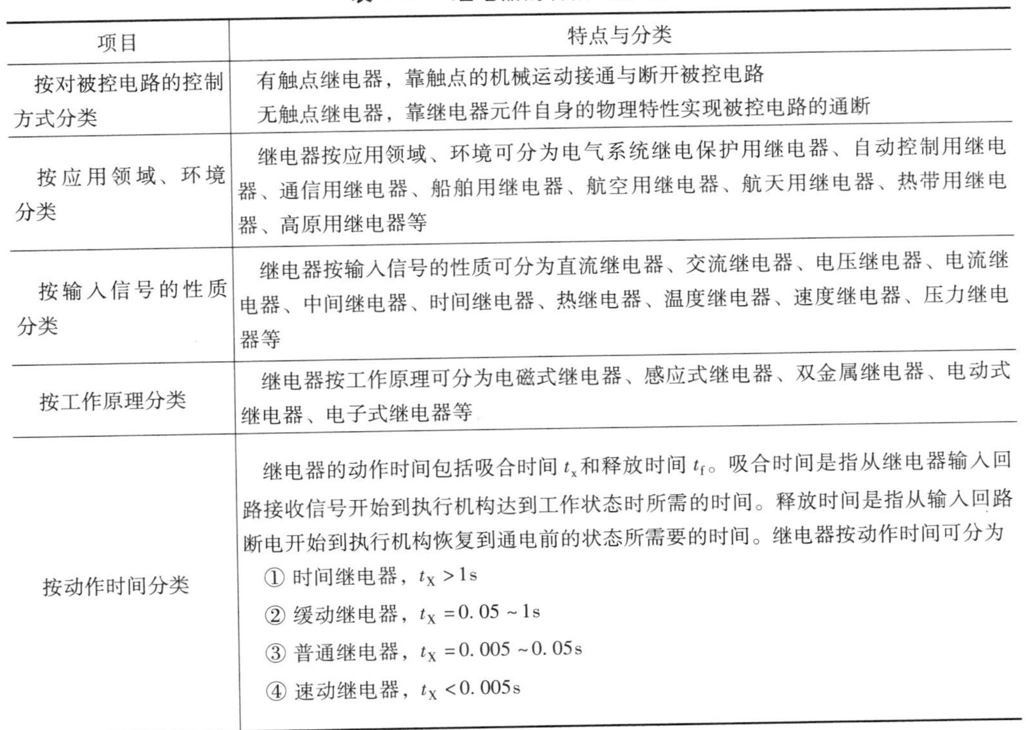

项目	特点与分类
按对被控电路的控制方式分类	有触点继电器，靠触点的机械运动接通与断开被控电路 无触点继电器，靠继电器元件自身的物理特性实现被控电路的通断
按应用领域、环境分类	继电器按应用领域、环境可分为电气系统继电保护用继电器、自动控制用继电器、通信用继电器、船舶用继电器、航空用继电器、航天用继电器、热带用继电器、高原用继电器等
按输入信号的性质分类	继电器按输入信号的性质可分为直流继电器、交流继电器、电压继电器、电流继电器、中间继电器、时间继电器、热继电器、温度继电器、速度继电器、压力继电器等
按工作原理分类	继电器按工作原理可分为电磁式继电器、感应式继电器、双金属继电器、电动式继电器、电子式继电器等
按动作时间分类	继电器的动作时间包括吸合时间 t_x 和释放时间 t_f。吸合时间是指从继电器输入回路接收信号开始到执行机构达到工作状态时所需的时间。释放时间是指从输入回路断电开始到执行机构恢复到通电前的状态所需要的时间。继电器按动作时间可分为 ① 时间继电器，$t_X > 1s$ ② 缓动继电器，$t_X = 0.05 \sim 1s$ ③ 普通继电器，$t_X = 0.005 \sim 0.05s$ ④ 速动继电器，$t_X < 0.005s$

3. 继电器与接触器的区别

不论继电器的动作原理、结构形式如何千差万别，它们都是由感测机构（又称感应机构）、中间机构（又称比较机构）和执行机构三个基本部分组成。感测机构把感测得到的电气量或非电气量传递给中间机构，将它与预定值（整定值）进行比较，当达到整定值（过量或欠量）时，中间机构便使执行机构动作，从而闭合或断开电路。

虽然继电器与接触器都是用来自动闭合或断开电路，但是它们仍有许多不同之处，其主要区别如下：

1）**继电器一般用于控制小电流的电路，触点额定电流不大于5A，所以不加灭弧装置，而接触器一般用于控制大电流的电路，主触头额定电流不小于5A，有的加有灭弧装置。**

2）**接触器一般只能对电压的变化做出反应，而各种继电器可以在相应的各种电量或非电量作用下动作。**

7.6.2 电流继电器的选用

1. 电流继电器的用途与分类

电流继电器是一种根据线圈中（输入）电流大小而接通或断开电路的继电器，即它是触点的动作与否与线圈动作电流大小有关的继电器。电流继电器按线圈电流的种类可分为交流电流继电器和直流电流继电器，按用途可分为过电流继电器和欠电流继电器。

电流继电器的线圈与被测量电路串联，以反映电路电流的变化，为不影响电路的工作情况，其线圈的匝数少、导线粗、线圈阻抗小。

过电流继电器的任务是，当电路发生短路或严重过载时，必须立即将电路切断。因此，当电路在正常工作时，即当过电流继电器线圈通过的电流低于整定值时，继电器不动作，只要超过整定值时，继电器才动作。**瞬动型过电流继电器常用于电动机的短路保护；延时动作型电流继电器常用于过载保护兼具短路保护**。过电流继电器复位分自动和手动两种。

欠电流继电器的任务是，当电路电流过低时，必须立即将电路切断。因此，当电路在正常工作时，即欠电流继电器线圈通过的电流为额定电流（或低于额定电流一定值）时，继电器是吸合的。只有当电流低于某一整定值时，继电器释放，才输出信号。欠电流继电器常用于直流电动机和电磁吸盘的失磁保护。

2. 电流继电器的用途与结构

电流继电器的种类很多，JT4 系列电流继电器的外形与结构如图 7-14 所示。

3. 电流继电器的技术数据

JL14 系列电流继电器的主要技术数据见表 7-28。JT4 系列过电流继电器的主要技术数据见表 7-29。

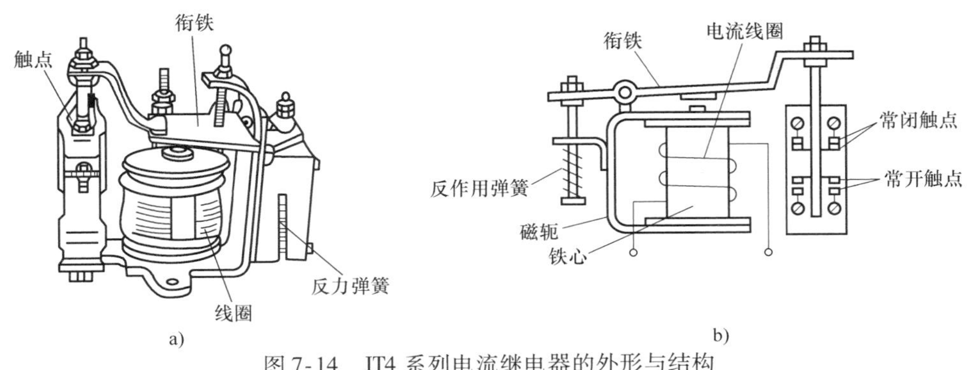

图7-14 JT4系列电流继电器的外形与结构

a）外形结构 b）动作原理

表7-28 JL14系列电流继电器的主要技术数据

电流种类	型号	线圈额定电流/A	吸合电流调整范围		触点参数			复位方式
			吸引	释放	电压/V	电流/A	触点组合	
直流	JL14－□□Z	1、1.5、2.5、5、10、15、25、40、60、100、150、300、600、1200、1500	（70%～300%）I_N		440	5	3常开，3常闭	自动
	JL14－□□ZS						2常开，1常闭	手动
	JL14－□□ZQ		（30%～65%）I_N	（10%～20%）I_N			1常开，2常闭 1常开，1常闭	自动
交流	JL14－□□J		（110%～400%）I_N		380	5	2常开，2常闭	自动
	JL14－□□JS						1常开，1常闭	手动
	JL14－□□JG						1常开，1常闭	自动

注：型号中的字母含义：J表示继电器；L表示电流；Z表示直流；J表示交流；S表示手动复位；Q表示欠电流；G表示高返回系数。

表7-29 JT4系列过电流继电器的主要技术数据

型号	吸引线圈规格/A	消耗功率/W	触点数量	复位方式		动作电流	返回系数
				自动	手动		
JT4－□□L	5，10，15，20，40，80，150，300，600	5	2常开2常闭或1常开1常闭	自动		吸引电流在线圈额定电流的110%～350%范围内调节	0.1～0.3
JT4－□□S（手动）					手动		

4. 电流继电器的选用

1）过电流继电器的选择。**过电流继电器的额定电流应当大于或等于被保护电动机的额定电流，其动作电流一般为电动机额定电流的1.7～2倍，频繁起动时，为电动机额定电流的2.25～2.5倍；对于小容量直流电动机和绕线式异步电动机，其额定电流应按电动机长期工作的额定电流选择。**

2）欠电流继电器的选择。**欠电流继电器的额定电流应不小于直流电动机的励磁电流，释放动作电流应小于励磁电路正常工作范围内可能出现的最小励磁电流，一般为最小励磁电流的0.8倍。**

7.6.3 电压继电器的选用

1. 电压继电器的用途与分类

电压继电器用于电力拖动系统的电压保护和控制，使用时电压继电器的线圈与负载并联，为不影响电路的工作情况，其线圈的匝数多、导线细、线圈阻抗大。

一般来说，**过电压继电器在电压升至额定电压的1.1～1.2倍时动作**，对电路进行过电压保护；**欠电压继电器在电压降至额定电压的0.4～0.7倍时动作**，对电路进行欠电压保护；**零电压继电器在电压降至额定电压的0.05～0.25倍时动作**，对电路进行零压保护。

（1）过电压继电器

过电压继电器线圈在额定电压时，动铁心不产生吸合动作，只有当线圈电压高于其额定电压的某一值（即整定值）时，动铁心才产生吸合动作，所以称为过电压继电器。因为直流电路不会产生波动较大的过电压现象，所以在产品中没有直流过电压继电器。交流过电压继电器在电路中起过电压保护作用。当电路一旦出现过高的电压时，过电压继电器就马上动作，从而控制接触器及时分断电气设备的电源。

（2）欠电压继电器

与过电压继电器比较，欠电压继电器在电路正常工作（即未出现欠电压故障）时，其衔铁处于吸合状态。如果电路出现电压降低至线圈的释放电压（即继电器的整定电压）时，则衔铁释放，使触头动作，从而控制接触器及时断开电气设备的电源。

扫一扫看视频

2. 电压继电器的结构

电压继电器的种类很多，常用电压继电器的外形如图7-15所示。

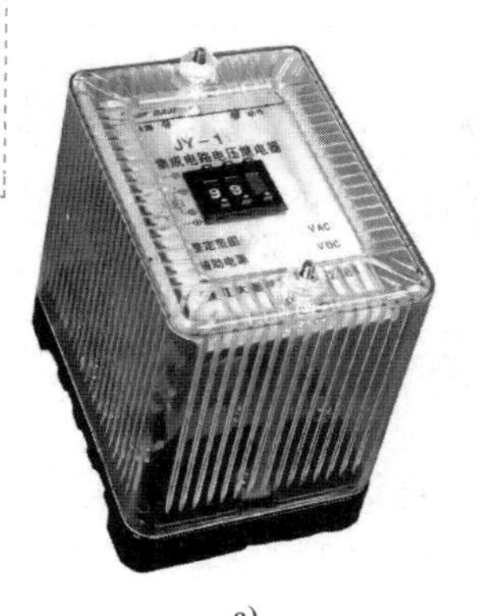

a)

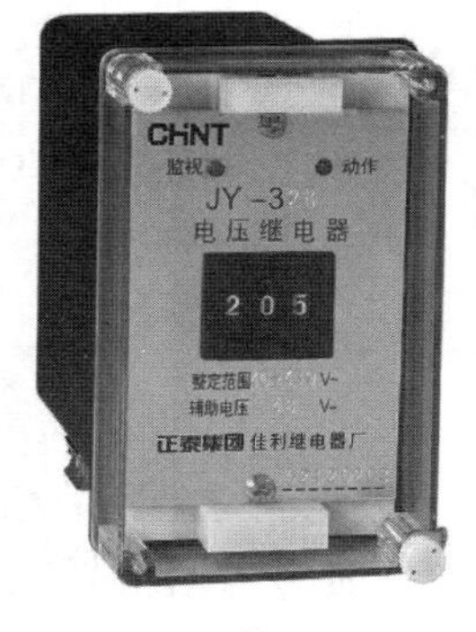

b)

c)

图7-15 常用电压继电器外形图

a）JY－1系列 b）JY－3系列 c）DY－3系列

3. 电压继电器的技术数据

电压继电器的主要技术数据见表7-30。

表7-30 电压继电器的主要技术数据

型号		最大整定电压/V	额定电压/V		长期允许电压/V		电压整定范围/V	动作电压/V	
			线圈并联	线圈串联	线圈并联	线圈串联		线圈并联	线圈串联
DY-32/60C		60	100	200	110	220	15~60	15~30	30~60
过电压	DY-31	60	30	60	35	70	15~60	15~30	30~60
	DY-32	200	100	200	110	220	50~200	50~100	100~200
	DY-33 DY-34	400	200	400	220	440	100~400	100~200	200~400
欠电压	DY-35	48	30	60	35	70	12~48	12~24	24~48
	DY-36	160	100	200	110	220	40~160	40~80	80~160
	DY-37 DY-38	320	200	400	220	440	80~320	80~160	160~320

4. 电压继电器的选择

1）电压继电器线圈电流的种类和电压等级应与控制电路一致。

2）根据继电器在控制电路中的作用（是过电压或欠电压）选择继电器的类型，按控制电路的要求选择触点的类型（动合或动断）和数量。

3）继电器的动作电压一般为系统额定电压的1.1~1.2倍。

4）零电压继电器常用一般电磁式继电器或小型接触器，因此选用时，只要满足一般要求即可，对释放电压值无特殊要求。

5. 电压继电器的使用方法

欠电压继电器的电磁线圈与被保护或检测电路并联，将欠电压继电器的触点（比如常开触点）接在控制电路中，电路正常时他的触点系统已经动作（其常开触点闭合），而当电压低至其设定值时，他的电磁系统产生的电磁力会减小，在复位弹簧的作用下，触点系统会复位（常开触点由闭合变为断开），从而使控制电路断电，进而控制主电路断电，保护用电器在低压下不被损坏。

7.6.4 中间继电器的选用

1. 中间继电器的用途

中间继电器是一种通过控制电磁线圈的通断，将一个输入信号变成多个输出信号或将信号放大（即增大触点容量）的继电器。中间继电器是用来转换控制信号的中间元件，其输入信号为线圈的通电或断电信号，输出信号为触点的动作。它的触点数量较多，触点容量较大，各触点的额定电流相同。

中间继电器的主要作用是，当其他继电器的触点数量或触头容量不够时，可借助中间继电器来扩大它们的触点数或增大触点容量，起到中间转换（传递、放大、

翻转、分路和记忆等）作用。中间继电器的触点额定电流比其线圈电流大得多，所以可以用来放大信号。将多个中间继电器组合起来，还能构成各种逻辑运算与计数功能的线路。

2. 中间继电器与接触器的区别

1）接触器主要用于接通和分断大功率负载电路，而中间继电器主要用于切换小功率的负载电路。

2）中间继电器的触点对数多，且无主辅触点之分，各对触点所允许通过的电流大小相等。

3）中间继电器主要用于信号的传送，还可以用于实现多路控制和信号放大。

4）中间继电器常用于扩充其他电器的触点数量和容量。

3. 中间继电器的基本结构

中间继电器的种类很多，中间继电器的结构如图 7-16 所示。

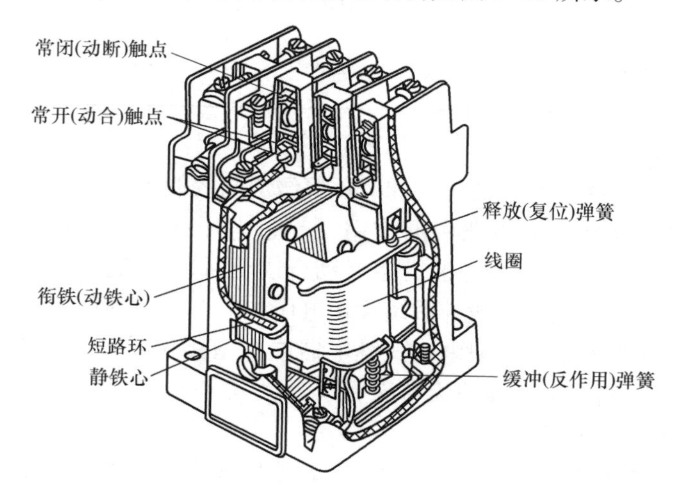

图 7-16　JZ7 系列中间继电器结构

4. 常用中间继电器技术数据

JZ7 系列中间继电器技术数据见表 7-31。

表 7-31　JZ7 系列中间继电器技术数据

型号	触点参数						操作频率/（次/h）	线圈消耗功率/W	线圈电压/V
	常开	常闭	电压/V	电流/A	分断电流/A	闭合电流/A			
JZ7－44	4	4	380	5	2.5	13	1200	12	12、24、36、48、110、127、220、380、420、440、500
JZ7－62	6	2	220		3.5	13			
JZ7－80	8	0	127		4	20			

5. 中间继电器的选择方法

1）中间继电器线圈的电压或电流应满足电路的需要。

2）中间继电器触点的种类和数量应满足控制电路的要求。

3）中间继电器触点的额定电压和额定电流也应满足控制电路的要求。

4）应根据电路要求选择继电器的交流或直流类型。

6. 中间继电器的使用

1）经常保持继电器的清洁。

2）检查接线螺钉是否紧固。

3）检查继电器的触点接触是否良好。继电器触点的压力、超程和开距等都应符合规定。

4）检查衔铁与铁心接触是否紧密，应及时清除接触处的尘埃和污垢。

7.6.5　时间继电器的选用

1. 时间继电器的用途

时间继电器是一种自得到动作信号起至触点动作或输出电路产生跳跃式改变有一定延时，该延时又符合其准确度要求的继电器，即从得到输入信号（线圈的通电或断电）开始，经过一定的延时后才输出信号（触点的闭合或断开）的继电器。时间继电器被广泛应用于电动机的起动控制和各种自动控制系统。

2. 时间继电器的分类与特点

（1）按动作原理分类

时间继电器按动作原理可分为电磁式、空气阻尼式（又称气囊式）、晶体管式（又称电子式）、同步电动机式等。

（2）按延时方式分类

时间继电器按延时方式可分为通电延时型和断电延时型。

1）通电延时型时间继电器接收输入信号后延迟一定的时间，输出信号才发生变化；当输入信号消失后，输出瞬时复原。

2）断电延时型时间继电器接收输入信号时，瞬时产生相应的输出信号；当输入信号消失后，延迟一定时间，输出才复原。

3. 时间继电器的基本结构

常用时间继电器的外形如图7-17所示，JS7－A系列空气阻尼式时间继电器的结构如图7-18所示，它是利用空气的阻尼作用进行延时的。其电磁系统为直动式双E型，触点系统是借用微动开关，延时机构采用气囊式阻尼器。

4. 时间继电器的图形符号和文字符号

时间继电器的图形符号和文字符号如图7-19所示，图中线圈通电时，延时闭合的常开触点指的是，当时间继电器的线圈得电时，触点延时闭合，当时间继电器线圈失电时，触点瞬时断开；图中线圈通电时，延时断开的常闭触点指的是，当时间继电器的线圈得电时，触点延时断开，当时间继电器线圈失电时，触点瞬时闭

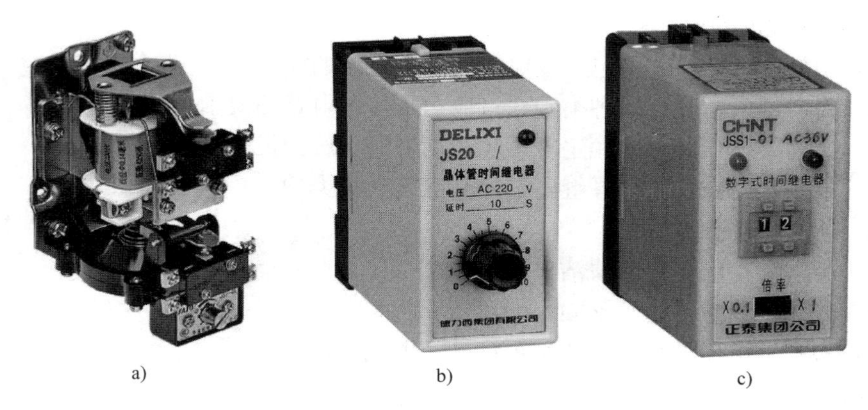

图 7-17　常用时间继电器的外形图

a）JS7 – A 系列　b）JS20 系列　c）JSS1 系列

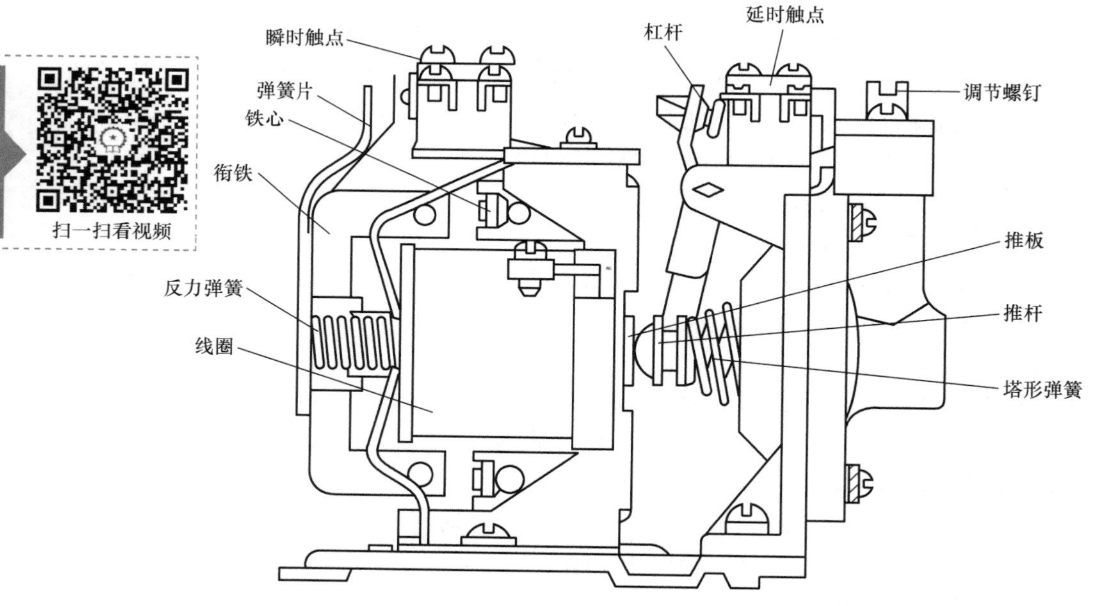

图 7-18　JS7 – A 系列空气阻尼式时间继电器结构图

合；图中线圈断电时，延时断开的常开触点指的是，当时间继电器的线圈得电时，触点瞬时闭合，当时间继电器线圈失电时，触点延时断开；图中线圈断电时，延时闭合的常闭触点指的是，当时间继电器的线圈得电时，触点瞬时断开，当时间继电器线圈失电时，触点延时闭合。

5. 时间继电器的技术数据

JS7 – A 系列空气阻尼式时间继电器的技术数据见表 7-32；常用数字时间继电器的技术数据见表 7-33。

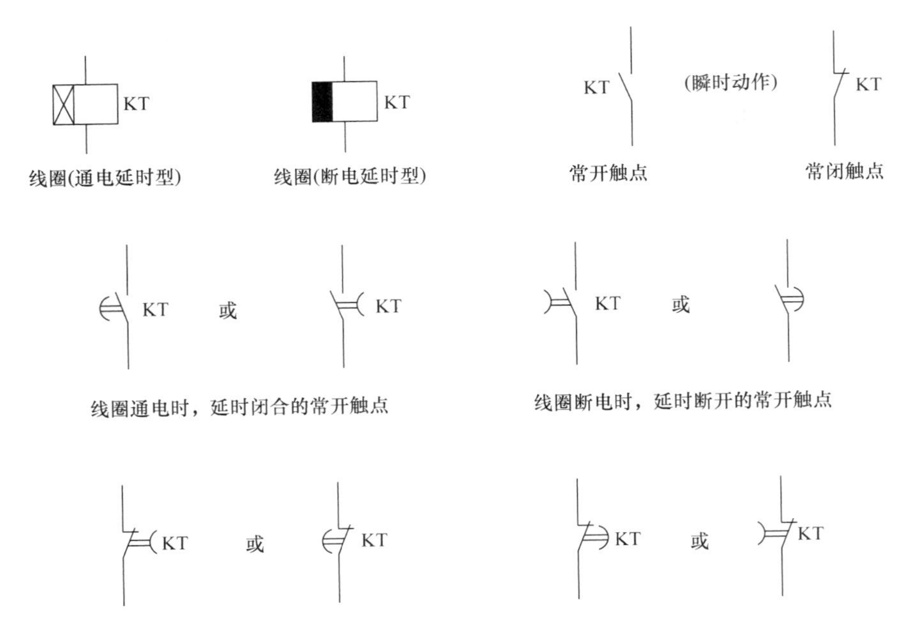

图7-19 时间继电器的图形符号和文字符号

表7-32 JS7-A系列空气阻尼式时间继电器技术数据

型号	瞬时动作触点数量		有延时的触点数量				触点额定电压/V	触点额定电流/A	线圈电压/V	延时范围/s	额定操作频率/(次/h)
			通电延时		断通延时						
	常开	常闭	常开	常闭	常开	常闭					
JS7-1A	—	—	1	1	—	—	380	5	24、36、110、127、220、380、420	0.4~60及0.4~180	600
JS7-2A	1	1	1	1	—	—					
JS7-3A	—	—	—	—	1	1					
JS7-4A	1	1	—	—	1	1					

表7-33 常用数字时间继电器技术数据

型号	延时范围	设定方式	工作方式	触点数量
JSS1-01	0.1~9.9s，1~99s	不标注：发光二极管指示 A：二位递增数显 C：三位递增数显 E：四位递增数显	不标注：通电延时 W：往复循环延时 D：断开延时	延时2转换
JSS1-02	0.1~9.9s，10~990s			
JSS1-03	1~99s，10~990s			
JSS1-04	0.1~9.9min，1~99min			
JSS1-05	0.1~99.9s，1~999s			
JSS1-06	1~999s，10~9990s			
JSS1-07	10~9990s，1~999min			
JSS1-08	0.1~999.9s，1~9999s			
JSS1-09	1~9999s，10~99990s			
JSS1-10	10~99990s，1~9999min			

（续）

型号	延时范围	设定方式	工作方式	触点数量
JSS20－11	0.1～9.9s，1～99s 0.1～9.9min，1～99min	按键开关	不标注：通电延时 Z：循环延时	延时1转换
JSS20－21				延时2转换
JSS20－48AM	0.1～9.9s，1～99s 1～99min	二位按键开关	通电延时	延时2转换
	0.01～9.99s，0.1～99.9s 1～.999s，1～999min	三位按键开关		
	0.01～99.9s，0.1～999.9s 1～.9999s，1～9999min	四位按键开关		
JSS27A－1	0.01～9.99s	三位按键开关	不标注： 通电延时 X：循环延时 D：断开延时	1常开无触点 4常开4常闭
JSS27A－2	0.1～99.9s			
JSS27A－3	1～999s			
JSS27A－4	1～999min			
JSS48P	0.01s～99.99s	四位按键开关	通电延时	延时1转换
	1s～99min59s			
	1min～99h59min			

注：常用数字时间继电器的额定工作电压有AC36V、110V、127V、220V、380V和DC24V，延时准确度≤1%，也可≤0.5%，触点容量AC220V为3A，DC28V为5A，电寿命1×10^5次，机械寿命1×10^6次。

6. 时间继电器的选择

1）时间继电器延时方式有通电延时型和断电延时型两种，因此选用时应确定采用哪种延时方式更方便组成控制电路。

扫一扫看视频

2）凡对延时精度要求不高的场合，一般宜采用价格较低的电磁阻尼式（电磁式）或空气阻尼式（气囊式）时间继电器；若对延时精度要求较高，则宜采用电动机式或晶体管式时间继电器。

3）延时触点种类、数量和瞬动触点种类、数量应满足控制要求。

4）应注意电源参数变化的影响。例如，在电源电压波动大的场合，采用空气阻尼式或电动机式比采用晶体管式好；而在电源频率波动大的场合，则不宜采用电动机式时间继电器。

5）应注意环境温度变化的影响。通常在环境温度变化较大处，不宜采用空气阻尼式和晶体管式时间继电器。

6）对操作频率也要加以注意。因为操作频率过高不仅会影响电气寿命，还可能导致延时误动作。

7）时间继电器的额定电压应与电源电压相同。

7. 时间继电器的使用

1）安装前，先检查额定电流及整定值是否与实际要求相符。

2）安装后，应在主触点不带电的情况下，使吸引线圈带电操作几次，试试继电器工作是否可靠。

3）空气阻尼式时间继电器不得倒装或水平安装，不要在环境湿度大、温度高、粉尘多的场合使用，以免阻塞气道。

4）对于时间继电器的整定值，应预先在不通电时整定好，并在试车时校正。

5）JS7－A系列时间继电器由于无刻度，故不能准确地调整延时时间。

8. 数字时间继电器的使用方法

1）把数字开关及时段开关预置在所需的位置后接通电源，此时数显从零开始计时，当到达所预置的时间时，延时触点实行转换，数显保持此刻的数字，实现了定时控制。

2）复零功能可作断开延时使用：在任意时刻接通复零端子，延时触点将回复到初始位置，断开后数显从0处开始计时。利用此功能，将复零端接外控触点可实现断开延时。

3）在任意时刻接通暂停端子，计时暂停，显示将保持此刻时间，断开后继续计时（利用此功能作为累时器时使用）。

4）在强电场环境中使用，并且复零暂停导线较长时，应使用屏蔽导线。须注意：复零及暂停端子切勿从外输入电压。

7.6.6 热继电器的选用

1. 热继电器的用途

热继电器是热过载继电器的简称，它是一种利用电流的热效应来切断电路的一种保护电器，常与接触器配合使用，热继电器具有结构简单、体积小、价格低和保护性能好等优点，主要用于电动机的过载保护、断相及电流不平衡运行的保护及其他电气设备发热状态的控制。

2. 热继电器的分类

1）按动作方式分，有双金属片式、热敏电阻式和易熔合金式三种。

① 双金属片式：利用双金属片（用两种膨胀系数不同的金属，通常为锰镍、铜板轧制成），受热弯曲去推动执行机构动作。这种继电器因结构简单、体积小、成本低，同时选择合适的热元件的基础上能得到良好的反时限特性（电流越大越容易动作，经过较短的时间就开始动作）等优点被广泛应用。

② 热敏电阻式：利用电阻值随温度的变化而变化的特性制成的热继电器。

③ 易熔合金式：利用过载电流发热使易熔合金达到某一温度时，合金熔化而使继电器动作。

2）按加热方式分，有直接加热式、复合加热式、间接加热式和电流互感器加热式四种。

3）按极数分，有单极、双极和三极三种。其中三极的又包括带有和不带断相保护装置的两类。

4）按复位方式分，有自动复位和手动复位两种。

3. 热继电器的基本结构

双金属片式热继电器的结构如图 7-20 所示。

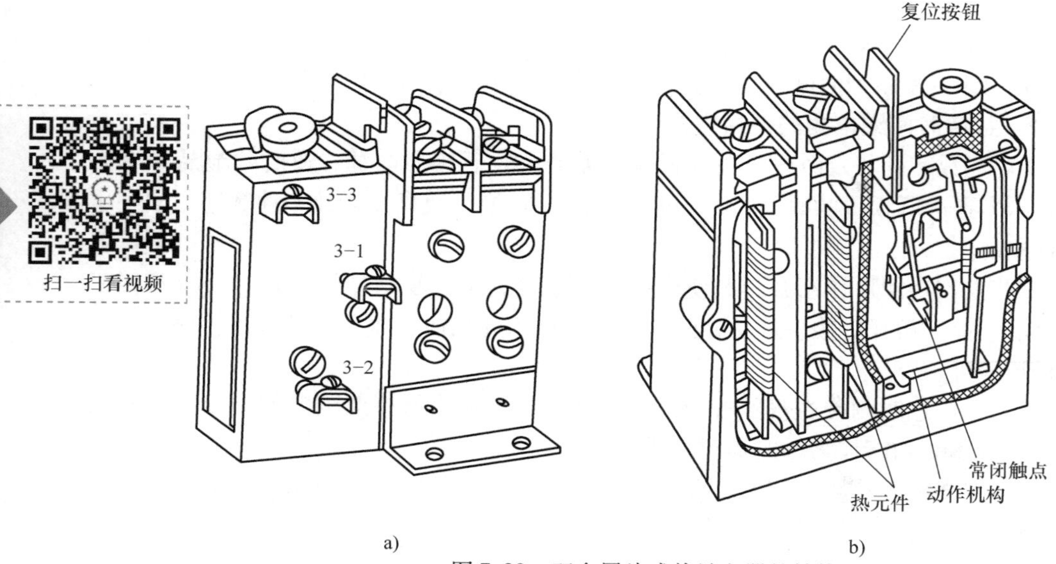

图 7-20　双金属片式热继电器的结构

a）外形　b）结构

4. 热继电器技术数据

JR36 系列热继电器的技术数据见表 7-34；3UA 系列双金属片式热继电器的技术数据见表 7-35。

表 7-34　JR36 系列热继电器技术数据

型号	额定工作电流/A	热元件等级		辅助触点	
		热元件额定电流/A	电流调节范围/A	额定电压/V	额定电流/A
JR36－20	20	0.35	0.25～0.35	380	0.47
		0.5	0.32～0.5		
		0.72	0.45～0.72		
		1.1	0.68～1.1		
		1.6	1～1.6		
		2.4	1.5～2.4		
		3.5	2.2～3.5		
		5	3.2～5		
		7.2	4.5～7.2		
		11	6.8～11		
		16	10～16		
		22	14～22		

（续）

型号	额定工作电流/A	热元件等级		辅助触点	
		热元件额定电流/A	电流调节范围/A	额定电压/V	额定电流/A
JR36－32	32	16 22 32	10～16 14～22 20～32	380	0.47
JR36－63	63	22 32 45 63	14～22 20～32 28～45 40～63		
JR36－160	160	63 85 120 180	40～63 53～85 75～120 100～160		

表7-35 3UA系列双金属片式热继电器技术数据

型号	额定工作电流/A	额定绝缘电压/V	整定电流范围/A
3UA50	14.5	660	0.1～0.16、0.16～0.25、0.25～0.4、0.32～0.5、0.4～0.63、0.63～1、0.8～1.25、1～1.6、1.25～2、1.6～2.5、2～3.2、2.5～4、3.2～5、4～6.3、5～8、6.3～10、8～12.5、10～14.5
3UA52	25	660	0.1～0.16、0.16～0.25、0.25～0.4、0.4～0.63、0.63～1、0.8～1.25、1～1.6、1.25～2、1.6～2.5、2～3.2、2.5～4、3.2～5、4～6.3、5～8、6.3～10、8～12.5、10～16、12.5～20、16～25
3UA54	36	660	4～6.3、6.3～10、10～16、12.5～20、16～25、20～32、25～36
3UA58	80	1000	16～25、20～32、25～40、32～50、40～57、50～63、57～70、63～80
3UA59	63	660	0.1～0.16、0.16～0.25、0.25～0.4、0.4～0.63、0.63～1、0.8～1.25、1～1.6、1.25～2、1.6～2.5、2～3.2、2.5～4、3.2～5、4～6.3、5～8、6.3～10、8～12.5、10～16、12.5～20、16～25、20～32、25～40、32～45、40～57、50～63
3UA62	180	1000	55～80、63～90、80～110、90～120、110～135、120～150、135～160、150～180
3UA66	400	1000	80～125、125～200、160～250、200～320、250～400
3UA68	630	1000	320～500、400～630

5. 热继电器的选择

热继电器选用是否得当，直接影响着对电动机进行过载保护的可靠性。通常选用时应按电动机型式、工作环境、起动情况及负载情况等几方面综合加以考虑。

1）**原则上热继电器（热元件）的额定电流等级一般略大于电动机的额定电流。**热继电器选定后，再根据电动机的额定电流调整热继电器的整定电流，使整定电流与电动机的额定电流相等。对于过载能力较差的电动机，所选的热继电器的额定电流应适当小一些，并且将整定电流调到是电动机额定电流的60%～80%。当电动机因带负载起动且起动时间较长或电动机的负载是冲击性的负载（如冲床等）时，则热继电器的整定电流应稍大于电动机的额定电流。

2）一般情况下可选用两相结构的热继电器。**对于电网电压均衡性较差、无人看管的电动机或与大容量电动机共用一组熔断器的电动机，宜选用三相结构的热继电器。定子三相绕组为三角形联结的电动机，应采用有断相保护的三元件热继电器作过载和断相保护。**

3）**热继电器的工作环境温度与被保护设备的环境温度的差不应超出15～25℃。**

4）对于工作时间较短、间歇时间较长的电动机（例如，摇臂钻床的摇臂升降电动机等），以及虽然长期工作，但过载可能性很小的电动机（例如，排风机电动机等），可以不设过载保护。

5）双金属片式热继电器一般用于轻载、不频繁起动电动机的过载保护。对于重载、频繁起动的电动机，则可用过电流继电器（延时动作型的）作它的过载和短路保护。因为热元件受热变形需要时间，故热继电器不能作短路保护。

因为热继电器是利用电流热效应，使双金属片受热弯曲，推动动作机构切断控制电路起保护作用的，双金属片受热弯曲需要一定的时间。当电路中发生短路时，虽然短路电流很大，但热继电器可能还未来得及动作，就已经把热元件或被保护的电气设备烧坏了，因此，**热继电器不能用作短路保护。**

6. 热继电器的使用

1）热继电器必须按产品使用说明书的规定进行安装。当它与其他电器装在一起时，应将其装在其他电器的下方，以免其动作特性受到其他电器发热的影响。

2）热继电器的连接导线应符合规定要求。

3）安装时，应清除触点表面等部位的尘垢，以免影响继电器的动作性能。

4）运行前，应检查接线和螺钉是否牢固可靠，动作机构是否灵活、正常。

5）运行前，还要检查其整定电流是否符合要求。

6）若热继电器动作后，必须对电动机和设备状况进行检查，为防止热继电器再次脱扣，一般采用手动复位；而对于易发生过载的场合，一般采用自动复位。

7）对于点动、重载起动，连续正反转及反接制动运行的电动机，一般不宜使用热电器。

8）使用中，应定期清除污垢，双金属片上的锈斑，可用布蘸汽油轻轻擦拭。

9）每年应通电校验一次。

7.6.7 固态继电器的选用

1. 固态继电器的特点

固态继电器是用分离的电子元器件、集成电路（或芯片）及混合微电路技术结合发展起来的一种具有继电特性的无触点式电子开关。用隔离器件实现了控制端与负载端的隔离。固态继电器的输入端用微小的控制信号，可直接驱动大电流负载。

2. 固态继电器的用途

固态继电器目前已广泛应用于计算机外围接口设备、恒温系统、调温、电炉加温控制、电动机控制、数控机械，遥控系统、工业自动化装置；信号灯、调光、闪烁器、照明舞台灯光控制系统；仪器仪表、医疗器械、复印机、自动洗衣机；自动消防，保安系统，以及作为电网功率因数补偿的电力电容的切换开关等，另外其在化工、煤矿等需防爆、防潮、防腐蚀场合中都有大量使用。

固态继电器可以具有短路保护，过载保护和过热保护功能，与组合逻辑固化封装就可以实现用户需要的智能模块，直接用于控制系统中。

3. 固态继电器的分类

（1）交流固态继电器

1）按开关方式分电压过零导通型（过零型）、电压随机导通型（随机型）。

2）按输出开关元件分双向晶闸管输出型、单向晶闸管反并联型（增加型）。

3）按安装方式分焊针式（线路板用，一般为小电流规格）、装置式（可配置散热器安装固定在金属底板上，大电流规格）。

（2）直流固态继电器

1）按输入端分光隔离型、高频磁隔离型、变压器耦合型。

2）按输出端分大功率晶体管型、功率场效应晶体管型。

（3）交直流固态继电器

有光电耦合器型、磁隔离型。

4. 固态继电器的结构与原理

常用固态继电器的外形如图7-21所示。

固态继电器型号规格繁多，但它们的工作原理基本上是相似的，主要由输入（控制）电路、驱动电路和输出（负载）电路三部分组成。固态继电器的结构框图和原理图分别如图7-22和图7-23所示。

5. 固态继电器的优缺点

（1）优点

1）由于固态继电器由固体器件完成触点功能，没有运动的零部件，因此能在高冲击、高振动的环境下工作。

a) b) c) d)

图 7-21 常用固态继电器的外形图

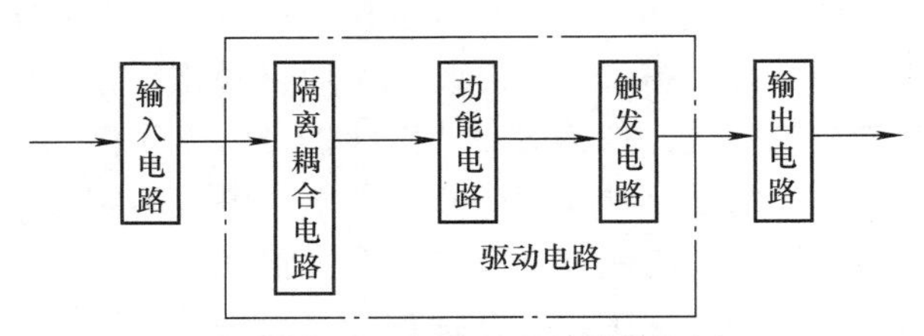

图 7-22 固态继电器的结构框图

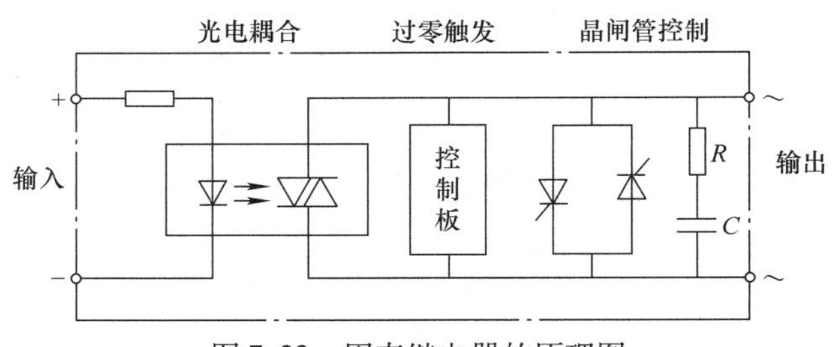

图 7-23 固态继电器的原理图

2）由于固态继电器无触头、无运动的零部件，所以固态继电器的寿命长、可靠性高。

3）固态继电器的输入电压范围较宽，驱动功率低，可与大多数逻辑集成电路兼容不需加缓冲器或驱动器。

4）灵敏度高、控制功率小、电磁兼容性好、可以快速转换，切换速度为几微秒至几毫秒。

5）固态继电器没有输入“线圈”，没有触点燃弧和回跳，因而减少了电磁干扰。

（2）缺点

1）导通后的管压降大，晶闸管或双向晶闸管的正向电降压可达 1 ~ 2V，一般功率场效应晶体管的导通电阻也较机械触点的接触电阻大。

2）半导体器件关断后仍可有数微安至数毫安的漏电流，因此不能实现理想的电隔离。

3）由于管压降大，导通后的功耗和发热量也大，大功率固态继电器的体积远远大于同容量的电磁继电器，成本也较高。

4）电子元器件的温度特性和电子线路的抗干扰能力较差。

5）固态继电器对过载有较大的敏感性，必须用快速熔断器或RC阻尼电路对其进行过载保护。

6）固态继电器的负载与环境温度明显有关，温度升高，负载能力将迅速下降。

6. 固态继电器的主要技术参数

固态继电器的主要技术参数见表7-36。

表7-36 固态继电器的主要技术参数

项目	解释
输入电压	输入电压是指在规定的环境温度下，施加至输入端能使固态继电器正常工作的电压
输入电流	输入电流是指在规定的环境温度下，在规定的输入电压下，流入固态继电器输入回路的电流值
保证接通电压	保证接通电压是指保证常开型固态继电器输出电路接通时施加在输入端电压的最低值，类似于电磁继电器的动作最大值。该值一般为固态继电器的输入电压范围的下限值，即在输入端施加该电压或大于该电压时固态继电器确保接通
保证关断电压	保证关断电压是指保证常开型固态继电器输出电路关断时施加在输入端的电压的最高值，类似于电磁继电器释放电压最小值，即在输入端施加该电压或低于该电压值时，固态继电器确保关断
输出电压	输出电压是指在规定的环境温度下固态继电器能够承受的最大稳态负载电源电压。一般还应规定，继电器能正常接通和关断的最小输出电压
输出电流	输出电流是指在规定的环境温度下，固态继电器允许使用的最大稳态负载电流值。一般还应规定继电器能正常接通和关断的最小输出电流
输出电压降或输出接通电阻	输出电压降或输出接通电阻是指在规定的环境温度下，固态继电器处于接通状态，在额定工作电流下，两输出端之间的电压降或电阻值
输出漏电流	输出漏电流是指在规定的环境温度下，固态继电器处于关断状态，输出端为额定输出电压时，流经负载的电流（有效）值
电压指数上升率$\left(\frac{du}{dt}\right)$	电压指数上升率$\left(\frac{du}{dt}\right)$是指在规定的环境温度下，固态继电器输入端施加零输入电压，输出端能够承受的不使其接通的最小电压上升率。总规范规定该值为100V/μs，某些产品可达200～500V/μs
绝缘电阻	绝缘电阻是指固态继电器的输入端、输出端与外壳之间加500V直流电压测量的电阻。不允许测量同一输入（或输出）电路引出端之间的绝缘电阻，测量之前应将它们短接
介质耐压	介质耐压是指固态继电器的输入端、输出端与外壳之间能承受的最大电压。不允许测量同一输入（或输出）电路引出端之间的介质耐压，测量之前应将它们短接

7. 固态继电器的选择

1）直流固态继电器的控制电压范围通常为3.6～7V，输入可与TTL电路兼容，其输入电流典型值为7mA左右。输入也可与CMOS电路兼容的固态继电器，其输入电流一般不超过250μA，但需加偏置电压。

2）固态继电器的输出电压通常是指加至继电器输出端的稳态电压。而瞬态电压则是指继电器输出端可以承受的最大电压。在使用中，一定要保证加至继电器输出端的最大电压峰值低于继电器的瞬态电压值。在切换交流感性负载、单相电动机和三相电动机负载，或给这些负载电路上电时，继电器输出端可能出现两倍于电源电压峰值的电压。对于此类负载，选型时应给固态继电器的输出电压留出一定余量。

3）对于感性负载和容性负载，当交流固态继电器在关断时，有较大的$\frac{du}{dt}$（电压指数上升率）加至继电器输出端，为此应选用$\frac{du}{dt}$较高的固态继电器。

4）固态继电器的输出电流通常是指流经继电器输出端的稳态电流。但是由于感性负载、容性负载引起的浪涌电流问题以及电源自身的浪涌电流问题，在选型时应给固态继电器的输出电流留出一定余量。

8. 固态继电器的使用与维护

1）在选用小电流规格印制电路板使用的固态继电器时，因引线端子由高导热材料制成，焊接时应在温度小于250℃、时间小于10s的条件下进行。

2）在选用继电器时应对被控负载的浪涌特性进行分析，然后再选择继电器，使继电器在保证稳态工作前提下能够承受浪涌电流，选择时可参考表7-37所示的各种负载时的降额系数（常温下）。

表7-37 各种负载时的降额系数（常温下）

负载特性	电阻	电热	白炽灯	交流电磁铁	变压器	电动机
降额系数	1	0.8	0.5	0.5	0.5	0.2

如所选用的继电器需在工作较频繁、寿命以及可靠性要求较高的场合工作时，则应在表7-37的基础上再乘0.6以确保工作可靠。

一般在选用时遵循上述原则，低电压要求信号失真小，可选用场效应晶体管作输出器件的直流固态继电器。对于交流阻性负载和多数感性负载，可选用过零型继电器，这样可延长负载和继电器寿命，也可减小自身的射频干扰；作为相位输出控制时，应选用随机型固态继电器。

3）使用环境温度的影响。在安装使用过程中，应保证其有良好的散热条件，额定工作电流在10A以上的产品应配散热器，100A以上的产品应配散热器加风扇进行强制冷却。在安装时应注意继电器底部与散热器的良好接触，并考虑涂适量导热硅脂以达到最佳散热效果。

4）在安装使用时应远离电磁干扰和射频干扰源，以防继电器误动作失控。

5）固态继电器开路且负载端有电压时，输出端会有一定的漏电流，在使用或设计时应注意。

6）固态继电器失效更换时，应尽量选用原型号或技术参数完全相同的产品，以便与原应用线路匹配，保证系统的可靠工作。

7）过电流、过电压闭合措施。在控制电路中增加快速熔断器和断路器予以保护；也可在继电器输出端并接RC吸收回路和压敏电阻（MOV）来实现输出保护。**选用原则是220V时，选用500～600V压敏电阻，380V时可选用800～900V压敏电阻。**

8）继电器输入回路信号。在使用时因输入电压过高或输入电流过大超出其规定的额定参数时，可考虑在输入端串接分压电阻或在输入端并接分流电阻，以使输入信号不超过其额定参数值。

9）稳压措施。在具体使用时，控制信号和负载电源要求稳定，波动不应大于10%，否则应采取稳压措施。

7.6.8 继电器的常见故障及其排除方法

1. 电流继电器、电压继电器和中间继电器的故障排除

1）使用时如发现有不正常噪声，可能是静铁心与衔铁极面间有污垢造成的，要清理极面。

2）继电器的触点上不得涂抹润滑油。

3）**由于中间继电器的分断电路能力很差，因此，不能用中间继电器代替接触器使用。**

4）更换继电器时，不要用力太猛，以免损坏部件，或使触点离开原始位置。

5）焊接接线底座时，最好用松香作为焊药焊接，以免水分或杂质进入底座，引起线间短路，而且这类故障会给查线带来困难，维修不便。接点焊好后应套上绝缘套或套上写有线号的聚氯乙烯套管，这样也能有效地防止线间短路故障的发生。

电流继电器、电压继电器和中间继电器的运行与维修、常见故障与处理可参阅接触器的各项内容进行。

2. 时间继电器的常见故障及其排除方法（见表7-38）

表7-38 时间继电器的常见故障及其排除方法

故障现象	产生原因	排除方法
延时触点不动作	1. 电磁铁线圈断线 2. 电源电压低于线圈额定电压很多 3. 电动式时间继电器的同步电动机线圈断线 4. 电动式时间继电器的棘爪无弹性，不能抓住棘齿 5. 电动式时间继电器游丝断裂	1. 更换线圈 2. 更换线圈或调高电源电压 3. 调换同步电动机 4. 调换棘爪 5. 调换游丝

（续）

故障现象	产生原因	排除方法
延时时间缩短	1. 空气阻尼式时间继电器的气室装配不严，漏气 2. 空气阻尼式时间继电器的气室内橡皮薄膜损坏	1. 修理或调换气室 2. 调换橡皮膜
延时时间变长	1. 空气阻尼式时间继电器的气室内有灰尘，使气道阻塞 2. 电动式时间继电器的传动机构缺润滑油	1. 清除气室内灰尘，使气道畅通 2. 加入适量的润滑油
延时有时长，有时短	环境温度变化，影响延时时间的长短	调整时间继电器的延时整定值（严格地讲，随着季节的变化，整定值应做相应的调整）

3. 热继电器的常见故障及其排除方法（见表 7-39）

表 7-39　热继电器的常见故障及其排除方法

常见故障	可能原因	排除方法
热继电器误动作	1. 电流整定值偏小 2. 电动机起动时间过长 3. 操作频率过高 4. 连接导线太细	1. 调整整定值 2. 按电动机起动时间的要求选择合适的热继电器 3. 减少操作频率，或更换热继电器 4. 选用合适的标准导线
热继电器不动作	1. 电流整定值偏大 2. 热元件烧断或脱焊 3. 动作机构卡住 4. 进出线脱头	1. 调整电流值 2. 更换热元件 3. 检修动作机构 4. 重新焊好
热元件烧断	1. 负载侧短路 2. 操作频率过高	1. 排除故障，更换热元件 2. 减少操作频率，更换热元件或热继电器
热继电器的主电路不通	1. 热元件烧断 2. 热继电器的接线螺钉未拧紧	1. 更换热元件或热继电器 2. 拧紧螺钉
热继电器的控制电路不通	1. 调整旋钮或调整螺钉转到不合适位置，以致触点被顶开 2. 触点烧坏或动触点杆的弹性消失	1. 重新调整到合适位置 2. 修理或更换新的触点或动触点杆

7.7　主令电器

7.7.1　主令电器的用途与分类

1. 主令电器的用途

主令电器是一种在电气自动控制系统中用于发送或转换控制指令的电器。它一般用于控制接触器、继电器或其他电器线路，从而使电路接通或分断，以实现对电力传输系统或生产过程的自动控制。

主令电器可以直接控制电路，也可以通过中间继电器进行间接控制。由于它是一种专门用于发送动作指令的电器，故称为“主令电器”。

2. 主令电器的分类

主令电器应用广泛，种类繁多，按其功能分，常用的主令电器有以下几种：控制按钮、行程开关、接近开关、万能转换开关、主令控制器。

3. 主要技术参数

主令电器的主要技术参数有额定工作电压、额定发热电流、额定控制功率（或工作电流）、输入动作参数、工作精度、机械寿命和电气寿命等。

7.7.2　控制按钮的选用

1. 控制按钮的用途

控制按钮又称按钮开关或按钮，是一种短时间接通或断开小电流电路的手动控制器，一般用于电路中发出起动或停止指令，以控制电磁起动器、接触器、继电器等电器线圈电流的接通或断开，再由它们去控制主电路。按钮也可用于信号装置的控制。

扫一扫看视频

2. 控制按钮的分类

随着工业生产的需求，按钮的规格品种也在日益增多。驱动方式由原来的直接推压式，转化为旋转式、推拉式、杠杆式和带锁式（即用钥匙转动来开关电路，并在将钥匙抽走后不能随意动作，具有保密和安全功能）。传感接触部件也发展为平头、蘑菇头以及带操纵杆式等多种形式。带灯按钮也日益普遍地使用在各种系统中。按钮的具体分类如下：

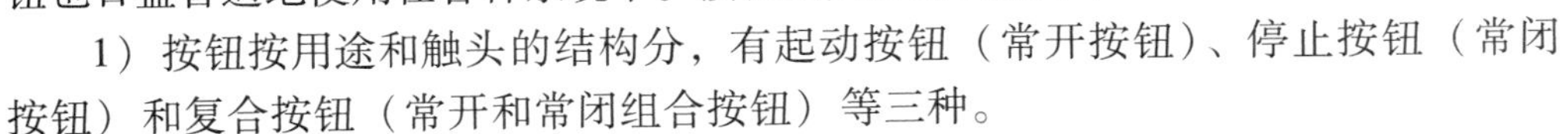

1）按钮按用途和触头的结构分，有起动按钮（常开按钮）、停止按钮（常闭按钮）和复合按钮（常开和常闭组合按钮）等三种。

2）按钮按结构形式、防护方式分，有开启式、防水式、紧急式、旋钮式、保护式、防腐式、钥匙式和带指示灯式等。

为了标明各个按钮的作用，通常将按钮做成红、绿、黑、黄、蓝、白等不同的颜色加以区别。**一般红色表示停止按钮，绿色表示起动按钮。**

3. 按钮的基本结构

按钮的种类非常多，常用按钮的外形如图7-24所示。控制按钮主要由按钮帽、复位弹簧、触头、接线柱和外壳等组成，其结构如图7-25所示。

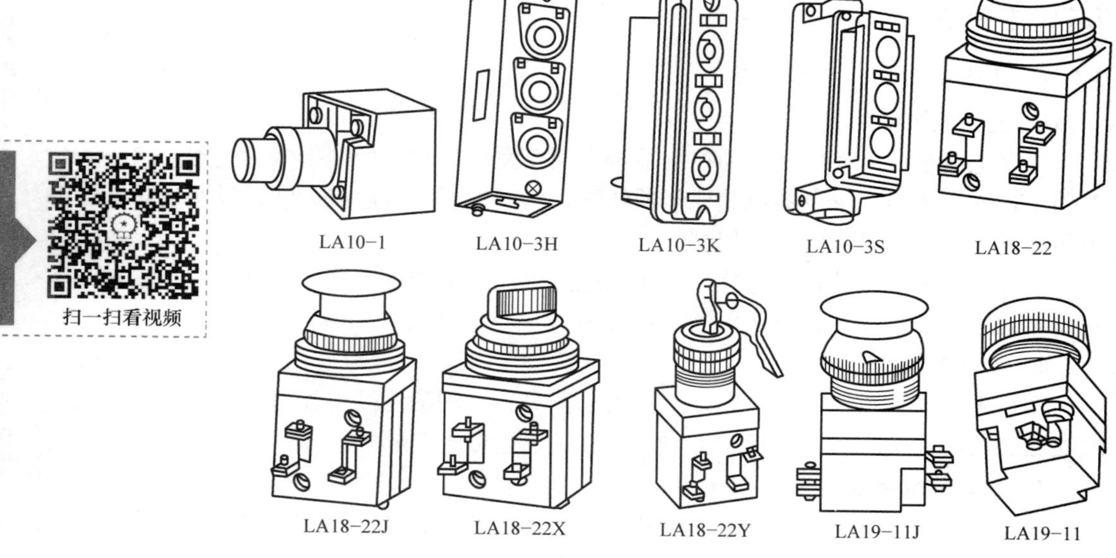

图 7-24　常用按钮的外形图

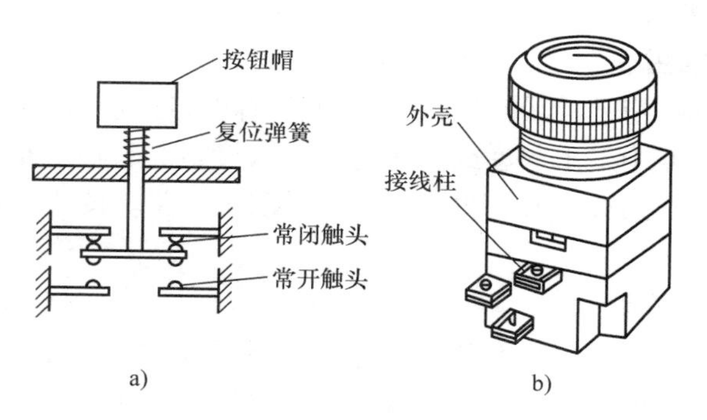

图 7-25　控制按钮的外形和结构

a）结构　b）外形

4. 控制按钮技术数据

常用按钮的主要技术数据见表 7-40。

表 7-40　常用按钮的主要技术数据

型号	额定电压/V	额定电流/A	结构形式	触头对数		按钮数	按钮颜色
				常开	常闭		
LA2	交流 500 直流 440	5	元件	1	1	1	黑、绿、红
LA10－2K			开启式	2	2	2	黑红或绿红
LA10－3K			开启式	3	3	3	黑、绿、红
LA10－2H			保护式	2	2	2	黑红或绿红
LA10－3H			保护式	3	3	3	黑、绿、红

（续）

型号	额定电压/V	额定电流/A	结构形式	触头对数		按钮数	按钮颜色
				常开	常闭		
LA18－22J	交流500 直流440	5	元件（紧急式）	2	2	1	红
LA18－44J			元件（紧急式）	4	4	1	红
LA18－66J			元件（紧急式）	6	6	1	红
LA18－22Y			元件（钥匙式）	2	2	1	黑
LA18－44Y			元件（钥匙式）	4	4	1	黑
LA18－22X			元件（旋钮式）	2	2	1	黑
LA18－44X			元件（旋钮式）	4	4	1	黑
LA18－66X			元件（旋钮式）	6	6	1	黑
LA19－11J			元件（紧急式）	1	1	1	红
LA19－11D			元件（带指示灯）	1	1	1	红、绿、黄、蓝、白

不同结构形式的按钮，分别用不同的字母表示，例如，A表示按钮；K表示开启式；S表示防水式；H表示保护式；F表示防腐式；J表示紧急式；X表示旋钮式；Y表示钥匙式；M表示蘑菇式；D表示带指示灯式；DJ表示紧急式带指示灯。

按钮的主要技术参数有额定电压、额定电流、结构型式、触头数及按钮颜色等。**常用的控制按钮的额定电压为交流电压380V，额定电流为5A。**

5. 按钮的选择方法

1）应根据使用场合和具体用途选择按钮的类型。例如，控制台柜面板上的按钮一般可用开启式；若需显示工作状态，则用带指示灯式；在重要场所，为防止无关人员误操作，一般用钥匙式；在有腐蚀的场所一般用防腐式。

2）应根据工作状态指示和工作情况的要求选择按钮和指示灯的颜色。如停止或分断用红色；起动或接通用绿色；应急或干预用黄色。

3）应根据控制电路的需要选择按钮的数量。例如，需要作“正（向前）”、“反（向后）”及“停”三种控制处，可用三只按钮，并装在同一按钮盒内；只需作“起动”及“停止”控制时，则用两只按钮，并装在同一按钮盒内。

4）对于通电时间较长的控制设备，不宜选用带指示灯的按钮。

6. 按钮的使用

1）按钮安装在面板上时，应布局合理，排列整齐。可根据生产机械或机床起动、工作的先后顺序，从上到下或从左到右依次排列。如果它们有几种工作状态（如上、下，前、后，左、右，松、紧等），应使每一组相反状态的按钮安装在一起。

2）按钮应安装牢固，接线应正确。通常红色按钮作停止用，绿色或黑色表示启动或通电。

3）安装按钮时，最好多加一个紧固圈，在接线螺钉处加套绝缘塑料管。

4）安装按钮的按钮板或盒，若是采用金属材料制成的，应与机械总接地母线相连，悬挂式按钮应有专用接地线。

5）使用前，应检查按钮帽弹性是否正常，动作是否自如，触头接触是否良好。

6）应经常检查按钮，及时清除它上面的尘垢，必要时采取密封措施。因为触头间距较小，所以应经常保持触头清洁。

7.7.3 行程开关的选用

1. 行程开关的用途

在生产机械中，常需要控制某些运动部件的行程，或运动一定行程使其停止，或在一定行程内自动返回或自动循环。这种控制机械行程的方式叫“行程控制”或“限位控制”。

行程开关（又叫限位开关）是实现行程控制的小电流（5A 以下）主令电器，其作用与控制按钮相同，只是其触头的动作不是靠手按动，而是利用机械运动部件的碰撞使触头动作，即将机械信号转换为电信号，通过控制其他电器来控制运动部件的行程大小、运动方向或进行限位保护。

2. 行程开关的分类

行程开关按用途不同可分为以下两类：

1）一般用途行程开关（即常用的行程开关）。它主要用于机床、自动生产线及其他生产机械的限位和程序控制。

2）起重设备用行程开关。它主要用于限制起重机及各种冶金辅助设备的行程。

3. 行程开关的基本结构

行程开关的种类很多。直动式（又称按钮式）行程开关结构原理图如图 7-26 所示；旋转式行程开关结构原理图如图 7-27 所示，它主要由滚轮、杠杆、转轴、凸轮、撞块、调节螺钉、微动开关和复位弹簧等部件组成。

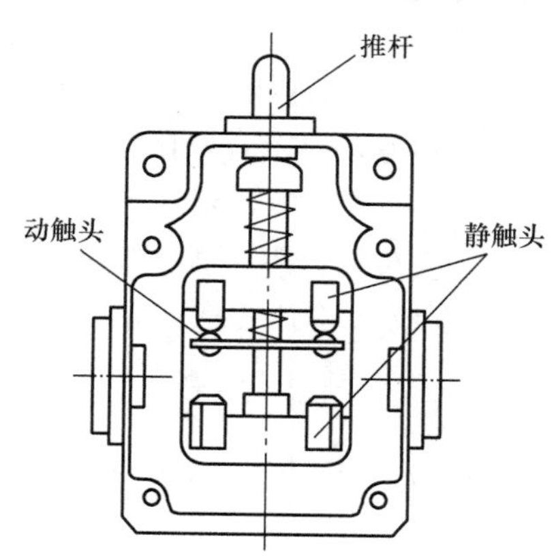

图 7-26 直动式行程开关的结构原理图

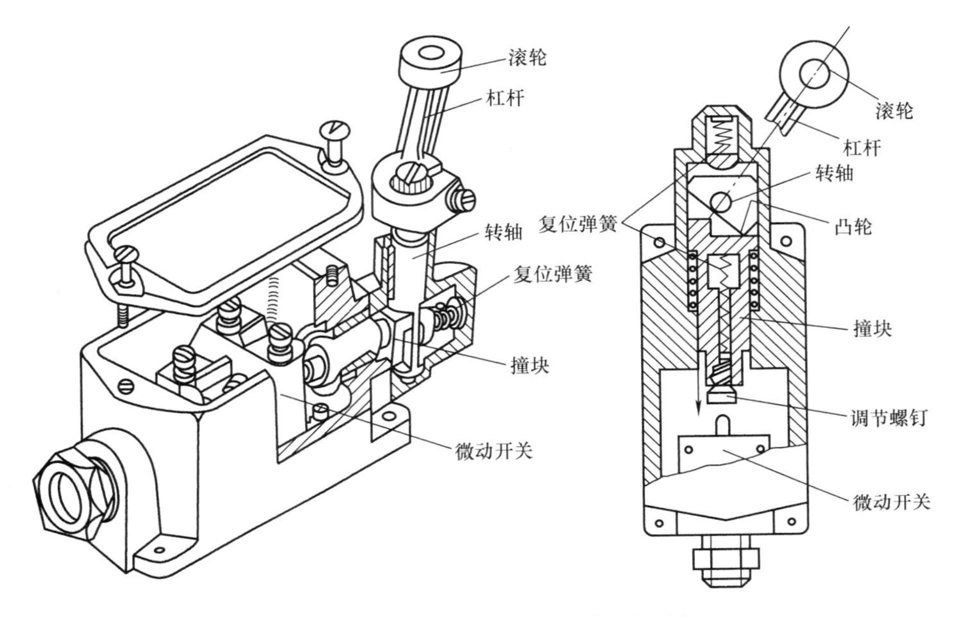

图7-27 旋转式行程开关的结构原理图

4. 行程开关技术数据

常用行程开关的主要技术数据见表7-41。

表7-41 常用行程开关的主要技术数据

型号	额定电压/V	额定电流/A	结构形式	触头对数		工作行程	超行程
				常开	常闭		
LX19K	交流380 直流220	5	元件	1	1	3mm	1mm
LX19-111			内侧单轮，自动复位	1	1	约30°	约20°
LX19-121			外侧单轮，自动复位	1	1	约30°	约20°
LX19-131			内外侧单轮，自动复位	1	1	约30°	约20°
LX19-212			内侧双轮，不能自动复位	1	1	约30°	约15°
LX19-222			外侧双轮，不能自动复位	1	1	约30°	约15°
LX19-232			内外侧双轮，不能自动复位	1	1	约30°	约15°
JLXK1-111			单轮防护式	1	1	12°~15°	≤30°
JLXK1-211			双轮防护式	1	1	约45°	≤45°
JLXK1-311			直动防护式	1	1	1~3mm	2~4mm
JLXK1-411			直动滚轮防护式	1	1	1~3mm	2~4mm

5. 行程开关的选择

1）根据使用场合和控制对象来确定行程开关的种类。当生产机械运动速度不是太快时，通常选用一般用途的行程开关；而当生产机械行程通过的路径不宜装设直动式行程开关时，应选用凸轮轴转动式的行程开关；而在工作效率很高、对可靠性及精度要求也很高时，应选用接近开关。

2）根据使用环境条件，选择开启式或保护式等防护形式。

3）根据控制电路的电压和电流选择不同的系列。

4）根据生产机械的运动特征，选择行程开关的结构形式（即操作方式）。

6. 行程开关的使用

1）行程开关应紧固在安装板和机械设备上，不得有晃动现象。

2）行程开关安装时，应注意滚轮的方向，不能接反。与挡铁碰撞的位置应符合控制电路的要求，并确保能与挡铁可靠碰撞。

3）检查行程开关的安装使用环境。若环境恶劣，应选用防护式，否则易发生误动作和短路故障。

4）应经常检查行程开关的动作是否灵活或可靠，螺钉有无松动现象，发现故障要及时排除。

5）应定期清理行程开关的触头，清除油垢或尘垢，及时更换磨损的零部件，以免出现误动作而引起事故的发生。

6）行程开关在使用过程中，触头经过一定次数的接通和分断后，表面会有烧损或发黑现象，这并不影响使用。若烧损比较严重，影响开关性能，应予以更换。

7.7.4 接近开关的选用

1. 接近开关的用途

接近开关是一种非接触式检测装置，也就是当某一物体接近它到一定的区域内，其信号机构就发出“动作”信号的开关。当检测物体接近它的工作面达到一定距离时，不论检测体是运动的还是静止的，接近开关都会自动地发出物体接近而“动作”的信号，而不像机械式行程开关那样需施以机械力，因此，接近开关又称为无接触行程开关。

接近开关可以代替有触头行程开关来完成行程控制和限位保护，还可用于高频计数、测速、液位控制、零件尺寸检测、加工程序的自动衔接等的非接触式开关。由于它具有非接触式触发、动作速度快、可在不同的检测距离内动作、发出的信号稳定无脉动、工作稳定可靠、寿命长、重复定位精度高以及能适应恶劣的工作环境等特点，所以在机床、纺织、印刷、塑料等工业生产中应用广泛。

2. 接近开关的分类

1）涡流式接近开关（也称为电感式接近开关）。这种接近开关所能检测的物体必须是导电体。

2）电容式接近开关。这种接近开关检测的对象，不限于导体，可以是绝缘的液体或粉状物等。

3）霍尔接近开关。这种接近开关的检测对象必须是磁性物体。

4）光电式接近开关。利用光电效应做成的开关叫光电开关。将发光器件与光电器件按一定方向装在同一个检测头内。当有反光面（被检测物体）接近时，光敏器件接收到反射光后便有信号输出，由此便可“感知”有物体接近。

5）热释电式接近开关。用能感知温度变化的元件做成的开关叫热释电式接近开关。这种开关是将热释电器件安装在开关的检测面上，当有与环境温度不同的物体接近时，热释电器件的输出便会发生变化，由此可检测出有物体接近。

6）超声波接近开关。利用多普勒效应可制成超声波接近开关、微波接近开关等。当有物体移近时，接近开关收到的反射信号会产生多普勒频移，由此可以识别出有无物体接近。

3. 接近开关的基本结构

接近开关的种类很多，常用接近开关的外形如图7-28所示。

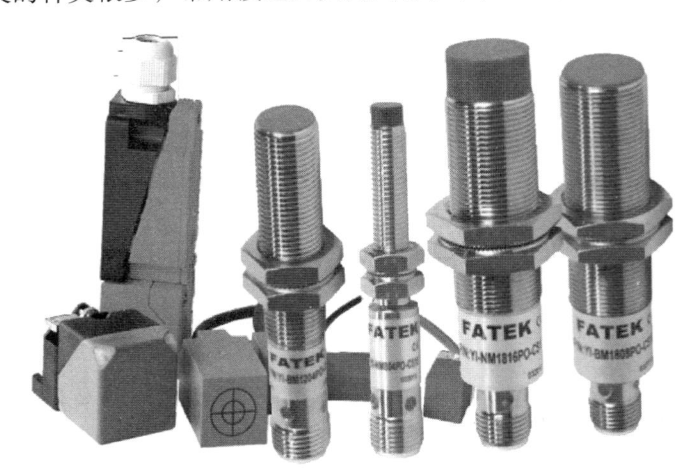

图7-28　常用接近开关的外形图

接近开关由接近信号辨识机构、检波、鉴幅和输出电路等部分组成。图7-29是晶体管停振型接近开关的框图。

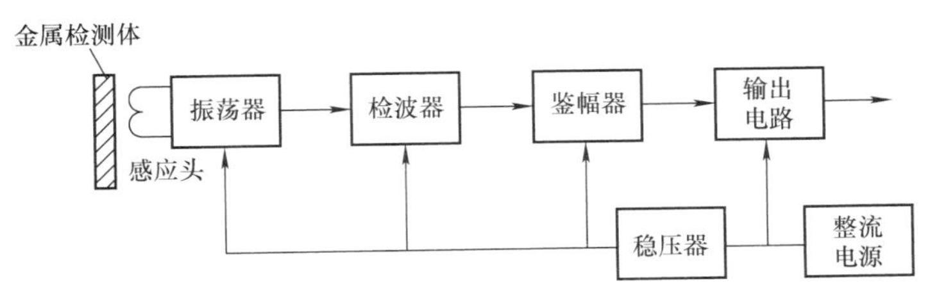

图7-29　晶体管停振型接近开关的框图

4. 接近开关的主要技术指标

接近开关的主要技术指标见表7-42。

表 7-42 接近开关的主要技术指标

技术指标	解释
动作距离	对不同类型的接近开关，其动作距离含义不同。大多数接近开关是以开关刚好动作时感应头与检测体之间的距离为动作距离。接近开关产品说明书中规定的是动作距离的标称值。在常温和额定电压下，开关的实际动作值不应小于其标称值，但也不应大于标称值的 20%
操作频率	操作频率与接近开关信号发生机构的原理和输出元件的种类有关。采用无触头输出形式的接近开关，其操作频率主要决定于信号发生机构及电路中的其他储能元件；若为有触头输出形式，则主要决定于所用继电器的操作频率
复位行程	复位行程是指开关从“动作”到“复位”位置的距离

5. 接近开关的技术数据

LXJ6 系列电感式接近开关适用于交流 50Hz/60Hz、电压为 100 ~ 250V 的电路中，作为机床及自动生产线的定位控制或信号检测之用。LXJ6 系列电感式接近开关的技术数据见表 7-43。

表 7-43 LXJ6 系列电感式接近开关的技术数据

<table>
<tr><th rowspan="2">型 号</th><th rowspan="2">动作距离
/mm</th><th rowspan="2">复位行程差
/mm</th><th colspan="2">额定工作电压/V</th><th colspan="2">输出能力</th><th>重复定位</th><th colspan="2">开关电压降/V</th></tr>
<tr><th>AC</th><th>DC</th><th>精度/mm</th><th>瞬时/ms</th><th>精度/mm</th><th>AC</th><th>DC</th></tr>
<tr><td>LXJ6 - 2/12</td><td>2 ± 1</td><td rowspan="4">≤1</td><td rowspan="7">100 ~ 250</td><td rowspan="7">10 ~ 30</td><td rowspan="7">100
30 ~ 200</td><td rowspan="7">1A
t≤1</td><td rowspan="5">± 0. 15</td><td rowspan="7"><9</td><td rowspan="7"><4. 5</td></tr>
<tr><td>LXJ6 - 2/18</td><td>2 ± 1</td></tr>
<tr><td>LXJ6 - 4/18</td><td>4 ± 1</td></tr>
<tr><td>LXJ6 - 4/22</td><td>4 ± 1</td></tr>
<tr><td>LXJ6 - 6/22</td><td>6 ± 1</td><td rowspan="3">≤2</td></tr>
<tr><td>LXJ6 - 8/30</td><td>8 ± 1</td><td rowspan="2">± 0. 3</td></tr>
<tr><td>LXJ6 - 10/30</td><td>10 ± 1</td></tr>
</table>

6. 接近开关的选择方法

1）接近开关较行程开关价格高，因此仅用于工作频率高、可靠性及精度要求均较高的场合。

2）按有关距离要求选择型号、规格。

3）按输出要求是有触头还是无触头以及触头数量，选择合适的输出型式。

7. 接近开关的使用

1）接近开关应按产品使用说明书中的规定正确安装，注意引线的极性、规定的额定工作电压范围和开关的额定工作电流极限值。

2）对于非埋入式接近开关，应在空间留有一个非阻尼区（即按规定使开关在空间偏离铁磁性或金属物一定距离）。接线时，应按引出线颜色辨别引出线的极性和输出型式。

3）在调整动作距离时，应使运动部件（被测工件）离开检测面轴向距离在驱动距离之内，例如，对于LJ5系列接近开关的驱动距离为约定动作距离的0~80%。

7.7.5 万能转换开关的选用

1. 万能转换开关的用途

万能转换开关是由多组相同结构的触头组件叠装而成的多回路控制电器，主要用于各种控制电路的转换，电气测量仪表的转换，以及配电设备（高压油断路器、低压空气断路器等）的远距离控制，也可用于控制小容量电动机的启动、制动、正反转换向及双速电动机的调速控制。由于它触头档数多、换接的线路多、用途广泛，所以常被称为“万能”转换开关。

2. 万能转换开关的分类

1）按手柄形式分，有旋钮、普通手柄、带定位可取出钥匙等。

2）按定位形式分，有复位式和定位式。定位角分30°、45°、60°、90°等数种，它由具体系列规定。

3）按接触系统档数分，如LW5分1、2、3、4、5、6、7、8、9、10、11、12、13、14、15、16等16种单列转换开关。

扫一扫看视频

3. 万能转换开关的基本结构

万能转换开关的种类很多，常用万能转换开关的外形如图7-30所示。

a)

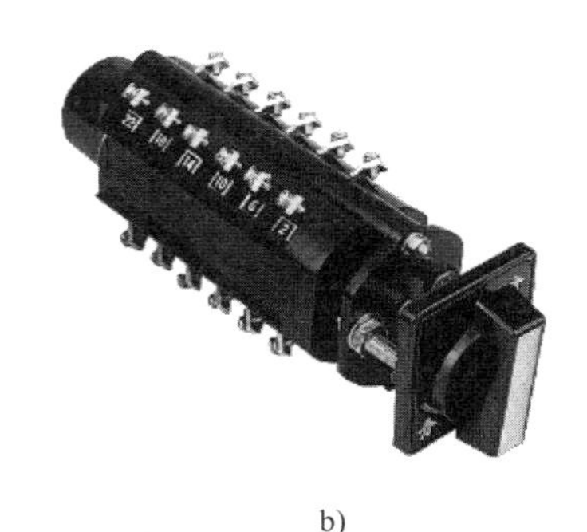

b)

图7-30 万能转换开关的外形图

图7-31为转换开关的结构原理图，它主要由操作机构、定位装置和触头三部分组成。其中，触头为双断点桥式结构，动触头设计成自动调整式以保证通断时的同步性。静触头装在触头座内。每个由胶木压制的触头座内可安装2~3对触头，而且每组触头上均装有隔弧装置。

4. 万能转换开关的技术数据

LW12系列万能转换开关的技术数据见表7-44。

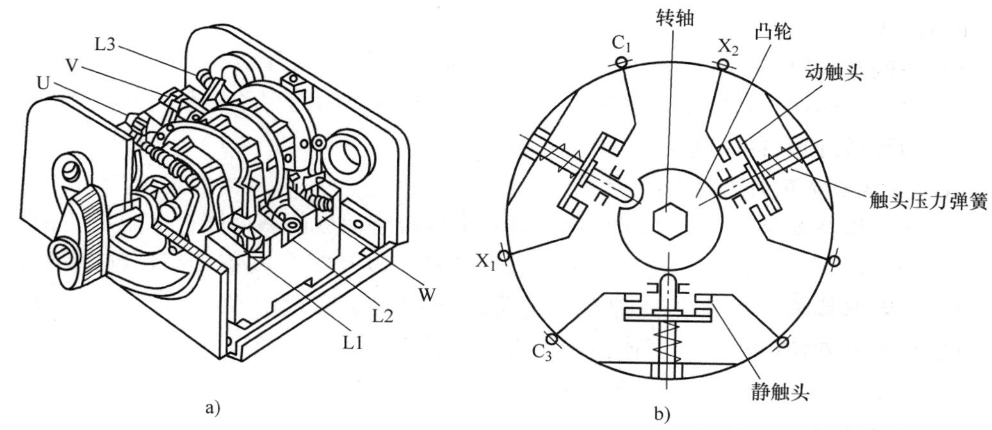

图 7-31 万能转换开关的结构

a）外形 b）结构

表 7-44 LW12 系列万能转换开关的技术数据

使用类别	AC－15		DC－13	AC－3	AC－4
额定工作电压/V	380	220	220	380	380
额定工作电流/A	2.60	4.60	0.27	12	12
电寿命/(×10^4次)	10		20	19.5	0.5
机械寿命/(×10^4次)	100				
操作频率/(次/h)	120				
额定绝缘电压/V	500				
约定发热电流/A	16				

5. 万能转换开关的选择方法

1）按额定工作电压和额定工作电流等参数选择合适的系列。

2）按操作需要选择手柄型式和定位特征。

3）选择面板型式及标志。

4）按控制要求，确定触头数量和接线图编号。

5）因转换开关本身不带任何保护，所以，必须与其他保护电器配合使用。

6. 万能转换开关的使用与维护

1）转换开关一般应水平安装在屏板上，也可倾斜或垂直安装，但应尽量使手柄保持水平旋转位置。

2）转换开关的面板从屏板正面插入，并旋紧在面板双头螺栓上的螺母，使面板紧固在屏板上，安装转换开关要先拆下手柄，安装好后再装上手柄。

3）有些型号（如 LW2－Y 等）的转换开关固定在屏板上时，必须预先从开关上拆下面板和固定垫板，旋出三个固定法兰盘与触头盒圆形凸缘连接的螺栓，然后松开三个压紧螺栓和转动固定垫板，使得在面板圆柱部分的四个凸楔旋出对应冲口，此后固定垫板就很容易脱离面板了。将已拆下的面板，从屏板的正面插入到已开好的孔内。从屏板的后面在面板的圆柱体部分先套上木质垫圈，然后旋在法兰盘上。同时将螺栓按水平方向旋紧，装牢转换开关。

4）转换开关应注意定期保养，清除接线端处的尘垢，检查接线有无松动现象等，以免发生飞弧短路事故。

5）当转换开关有故障时，必须立即切断电路。检验有无妨碍可动部分正常转动的故障、检验弹簧有无变形或失效、触头工作状态和触头状况是否正常等。

6）在更换或修理损坏的零件时，拆开的零件必须除去尘垢，并在转动部分的表面涂上一层凡士林，经过装配和调试后，方可投入使用。

7.7.6　主令控制器的选用

1. 主令控制器的用途

主令控制器（又称主令开关）是用来频繁地转换复杂的多个控制电路的主令电器。用它在控制系统中发出命令，通过接触器来实现控制电动机的起动、调速、制动和反转。

主令控制器主要用于电力传动装置中，按一定顺序分合触头，以达到发布命令或与其他控制线路联锁、转换的目的。

2. 主令控制器的分类

1）凸轮调整式主令控制器。凸轮片上开有孔和槽，其位置能按给定的分合表进行调整。它能直接通过减速器与操纵机械连接。在控制电路数较多时，为缩短开关长度，采用两组凸轮轴，两轴直接连接或通过减速器连接。

2）凸轮非调整式主令控制器。凸轮不能调整，只能按触头分合表作适当的排列组合。这种主令控制器适用于组成联动控制台，实现多点多位控制。若应用万向轴承，手柄可将在纵横倾斜的任意方向转动，能得到数十个位置，以达到控制起重机等负载作上下、左右、前后等方向运转的目的。

3. 主令控制器的基本结构

主令控制器的种类很多，常用主令控制器的外形如图7-32所示。

a)

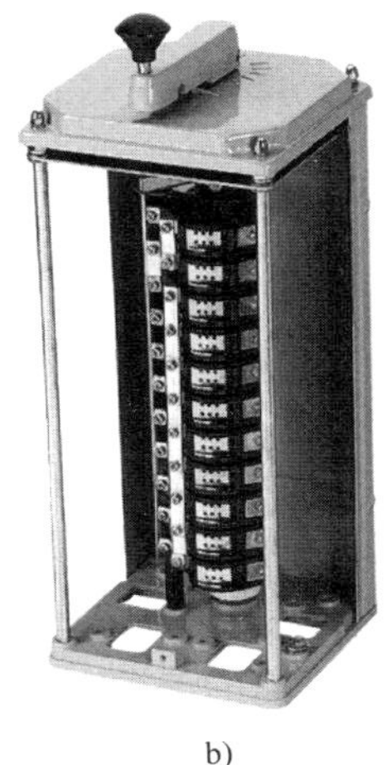

b)

图7-32　主令控制器的外形图

主令控制器的外形及结构如图7-33所示。它由触头、凸轮、定位机构、转动轴、面板及其支承件等部分组成。触头为双断点的桥式结构，适用于按顺序操作的多个控制电路。

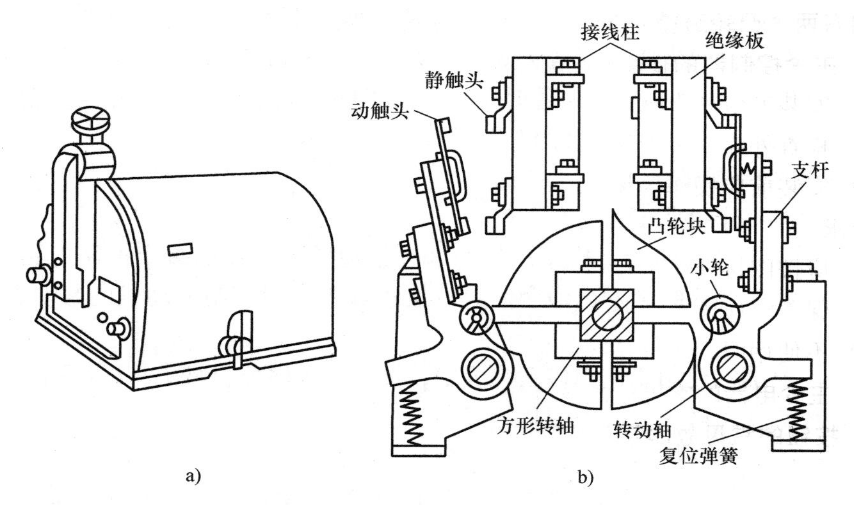

图7-33　主令控制器的外形及结构
a）外形　b）结构

4. 主令控制器的技术数据

LK17系列主令控制器的技术数据见表7-45。

表7-45　LK17系列主令控制器的技术数据

型号	额定电压/V	约定发热电流/A	额定控制容量	接通能力/A	分断能力/A	机械寿命/（$\times10^4$次）	电寿命/（$\times10^4$次）	开关档位数
LK17－2 LK17－3 LK17－4 LK17－5 LK17－6 LK17－7 LK17－8 LK17－9 LK17－10 LK17－11 LK17－12	AC380 DC220	10	AC1000V·A DC180W	AC：42 DC：57	AC：2.6 DC：0.8	100	AC：60 DC：30	1～6

5. 主令控制器的选择方法

1）使用环境：室内用应选用防护式，室外用应选用防水式。

2）电路数及控制电路的选择：全系列主令控制器的电路数有2、5、6、8、

16、24 等规格，一般选择时总留有若干电路空着作为备用。

3）减速器传动比的选择：LK 系列的减速器传动比有 1∶5、1∶20、1∶30、1∶36、1∶16.65 等几种型式，**其中 1∶16.65 的传动比为凸轮鼓串联型。串联是指控制器内有两个凸轮鼓交替旋转；并联是指两个凸轮鼓同时旋转。**

6. 主令控制器的使用与维护

1）安装前应认真查对产品铭牌上的技术数据与所选择的规格是否一致。

2）检查外壳、灭弧罩等是否损坏。

3）安装前应操作手柄不少于 5 次，检查有无卡滞现象，触头的开闭顺序是否符合要求。

4）应按图接线，经检查无误才能通电。

5）保养时应注意清除控制器内灰尘，所有活动部分应定期添加润滑油。

6）不使用时，手柄应停在零位。

7.7.7 主令电器的常见故障及其排除方法

1. 按钮的常见故障及其排除方法（见表 7-46）

表 7-46 按钮的常见故障及其排除方法

常见故障	可能原因	排除方法
按下起动按钮时有触电感觉	1. 按钮的防护金属外壳与连接导线接触 2. 按钮帽的缝隙间充满铁屑，使其与导电部分形成通路	1. 检查按钮内连接导线 2. 清理按钮
停止按钮失灵，不能断开电路	1. 接线错误 2. 线头松动或搭接在一起 3. 灰尘过多或油污使停止按钮两常闭触头形成短路 4. 胶木烧焦短路	1. 改正接线 2. 检查停止按钮接线 3. 清理按钮 4. 更换按钮
被控电器不动作	1. 被控电器损坏 2. 按钮复位弹簧损坏 3. 按钮接触不良	1. 检修被控电器 2. 修理或更换弹簧 3. 清理按钮触头

2. 行程开关的常见故障及其排除方法（见表 7-47）

表 7-47 行程开关的常见故障及其排除方法

常见故障	可能原因	排除方法
挡铁碰撞行程开关，触头不动作	1. 行程开关位置安装不对，离挡铁太远 2. 触头接触不良 3. 触头连接线松脱	1. 调整行程开关或挡铁位置 2. 清理触头 3. 紧固连接线

（续）

常见故障	可能原因	排除方法
开关复位后，常闭触头不闭合	1. 触头被杂物卡住 2. 动触头脱落 3. 弹簧弹力减退或卡住 4. 触头偏斜	1. 清理开关杂物 2. 装配动触头 3. 更换弹簧 4. 调整触头
杠杆已偏转，但触头不动作	1. 行程开关位置太低 2. 行程开关内机械卡阻	1. 调高开关位置 2. 检修

3. 万能转换开关的常见故障及其排除方法（见表7-48）

表7-48　万能转换开关的常见故障及其排除方法

常见故障	可能原因	排除方法
外部连接点放电，烧蚀或断路	1. 开关固定螺栓松动 2. 旋转操作过频繁 3. 导线压接处松动	1. 紧固固定螺栓 2. 适当减少操作次数 3. 处理导线接头，压紧螺钉
接点位置改变，控制失灵	开关内部转轴上的弹簧松软或断裂	更换弹簧
触头起弧烧蚀	1. 开关内部的动、静触头接触不良 2. 负载过重	1. 调整动、静触头，修整触头表面 2. 减轻负载或更换容量大一级的开关
开关漏电或炸裂	使用环境恶劣、受潮气、水及导电介质的侵入	改善环境条件、加强维护

4. 主令控制器的常见故障及其排除方法（见表7-49）

表7-49　主令控制器的常见故障及其排除方法

常见故障	可能原因	排除方法
触头过热或烧损	1. 电路电流过大 2. 触头压力不足 3. 触头表面有油污 4. 触头超行程过大	1. 选用较大容量主令控制器 2. 调整或更换触头弹簧 3. 清洗触头 4. 更换触头
手柄转动失灵	1. 定位机构损坏 2. 静触头的固定螺钉松脱 3. 控制器内有杂物	1. 修理或更换定位机构 2. 紧固螺钉 3. 清除杂物

7.8 起动器

7.8.1 起动器的用途与分类

1. 起动器的功能

起动器是一种供控制电动机起动、停止、反转用的电器。除少数手动起动器外，一般由通用的接触器、热继电器、控制按钮等电器元件按一定方式组合而成，并具有过载、失电压等保护功能。在各种起动器中，电磁起动器应用最广。

2. 起动器的分类

1）按起动方式可分为全压直接起动和减压起动两大类。其中，减压起动器又可再分为星－三角（Y－△）起动器、自耦减压起动器、电抗减压起动器、电阻减压起动器、延边三角形起动器等。

2）按用途可分为可逆电磁起动器和不可逆电磁起动器。

3）按外壳防护型式可分为开启式和防护式两种。

4）按操作方式可分为手动、自动和遥控三种。手动起动器是采用不同外缘形状的凸轮或按钮操作的锁扣机构来完成电路的分、合、转换，可带有热继电器、失压脱扣器、分励脱扣器。

7.8.2 电磁起动器

1. 电磁起动器用途

电磁起动器又称磁力起动器，是一种直接起动器。电磁起动器一般由交流接触器、热继电器等组成，通过按钮操作可以远距离直接起动、停止中小型的笼型三相异步电动机。

电磁起动器不具有短路保护功能，因此在使用时还要在主电路中加装熔断器或低压断路器。

2. 电磁起动器的分类

电磁起动器分为可逆型和不可逆型两种。

1）可逆电磁起动器具有两只接线方式不同的交流接触器，分别控制电动机的正、反转。

2）不可逆电磁起动器只有一只交流接触器，只能控制电动机单方向旋转。

3. 电磁起动器的结构特点

电磁起动器的种类很多。常用电磁起动器的结构如图7-34所示。

7.8.3 星－三角起动器

1. 星－三角起动器的用途与特点

对于正常运行时定子绕组为三角形联结的笼型三相异步电动机，若起动时将定子绕组接成星形，待起动完毕后再接成三角形，就可以降低起动电流，减轻电动机对电网的冲击。这样的起动方式称为星－三角减压起动，或简称为星－三角（Y－△）起动。

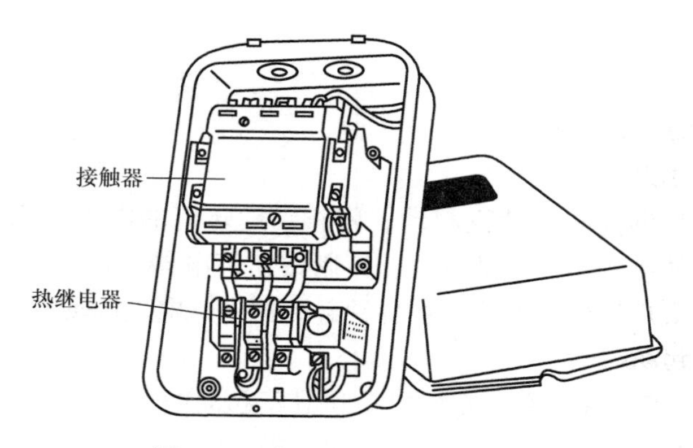

图 7-34　常用电磁起动器的结构

星－三角起动方式的主要优点如下：

1）起动电流小（起动电流为直接起动时的$\frac{1}{3}$），对电网的冲击小。

2）星－三角起动器结构简单，价格便宜。

3）当负载较轻时，可以让电动机就在星形联结下运行，从而实现额定转矩与负载间的匹配，提高电动机的运行效率。

星－三角起动方式的缺点，在于起动转矩为直接起动时的$\frac{1}{3}$，所以不能胜任重载起动。

2. 星－三角起动器的分类

星－三角起动器按操作方式可分为手动和自动两种。

（1）手动星－三角起动器

手动星－三角起动器主要由四个结构相似的触头元件和一个定位机构组成，并且有开启式和防护式两种结构。起动器有起动（Y）、停止（0）和运行（△）三个位置，且利用双滚轮卡棘轮的方式定位。四个触头元件的触头部分完全相同，都是双断点形式的银触头，其分合动作由不同外缘形状的凸轮控制。

手动星－三角起动器不带任何保护，所以要与熔断器等配合使用。当电动机因失压停转后，应立即将手柄扳到停止位置上，以免电压恢复时电动机自行全压起动。

常用的手动星－三角起动器产品有 QX1、QX2 系列和 QXS 系列等。

（2）自动星－三角起动器

自动星－三角起动器的控制电路分为按钮切换控制和时间继电器自动切换控制两种。时间继电器自动切换控制的星－三角起动器主要由接触器、热继电器、时间继电器和按钮等组成，能自动控制电动机定子绕组的星－三角换接，并具有过载和失电压保护。

常用的自动星－三角起动器产品有 QX3、QX4 等系列。

3. 星－三角起动器的外形

常用的 QX1 系列手动星－三角起动器的外形如图 7-35 所示。常用的 QX4 系列自动星－三角起动器的外形如图 7-36 所示。

图 7-35 QX1 系列星－三角起动器的外形

7.8.4 自耦减压起动器

1. 自耦减压起动器的用途与特点

自耦减压起动器又称起动补偿器，是一种利用自耦变压器降低电动机起动电压的控制电器。对容量较大或者起动转矩要求较高的三相异步电动机可采用自耦减压起动。

自耦减压起动器的优点如下：

1）由于自耦减压起动器有多种抽头降压，故可适应不同负载起动的需要，又能得到比星－三角起动更大的起动转矩。

a)

b)

图 7-36 QX4 系列星－三角起动器的外形

2）因设有热继电器和低电压脱扣器，故具有过载和失电压保护功能。

自耦减压起动器的主要缺点是体积大、重量大、价格昂贵及维修不便。

2. 分类

自耦减压起动器按操作方式可分为手动和自动两种。

手动式自耦减压起动器由箱体、自耦变压器、操作机构、接触系统和保护系统等五部分组成。箱体是由薄钢板制成的防护外壳。

3. 自耦减压起动器的基本结构

手动自耦减压起动器的外形和内部结构如图 7-37 所示。自耦减压起动柜的外形和内部结构如图 7-38 所示。

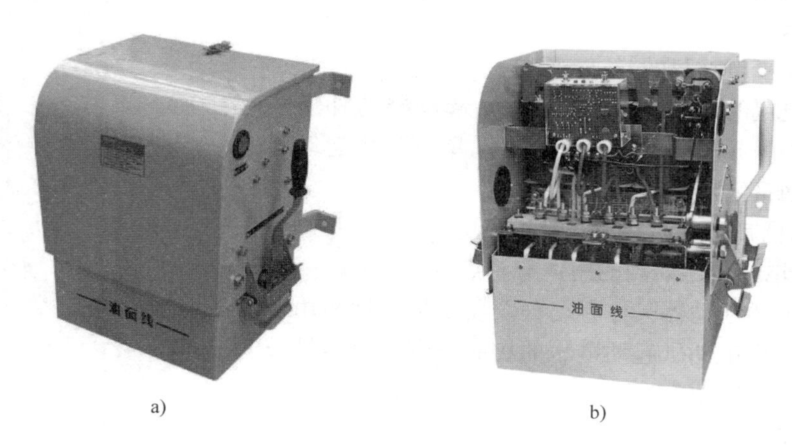

a)　　b)

图 7-37　手动自耦减压起动器的外形和内部结构

a）外形　b）内部结构

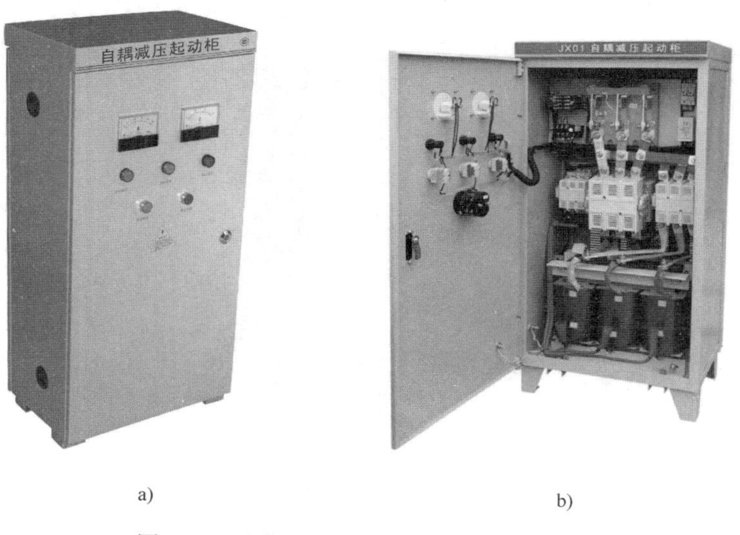

a)　　b)

图 7-38　自耦减压起动柜的外形和内部结构

a）外形　b）内部结构

4. 时间继电器控制的自耦减压起动器的工作原理

由时间继电器控制的自耦减压起动控制电路由自耦变压器、接触器、操作机构、保护装置和箱体等部分组成。自耦变压器的抽头电压有多种，可以根据电动机起动时的负载大小选择不同的起动电压。起动时，利用自耦变压器降低定子绕组的端电压；当电动机的转速接近额定转速时，切除自耦变压器，将电动机直接接入电源全电压正常运行。

7.8.5　起动器的选择

1. 起动方式的选择

笼型异步电动机的起动电流很大，一般为其额定电流的4~7倍，最大时甚至达到额定电流的十余倍。因此，笼型异步电动机的起动问题是其在运行过程中的一个特殊问题。起动方式选择不当，不仅会直接影响被控电动机负载的正常运行，而且会给电网带来不利的冲击。例如，当电动机的起动转矩小于其负载转矩（又称负载阻力矩）时，则电动机无法起动，并会因堵转而烧坏；对于轻负载，若采用直接起动方式，又常因起动转矩过大而发生机械冲撞，造成设备事故；当起动大容量电动机或同时起动多台电动机时，若电网容量偏小，则巨大的起动电流将给电网带来冲击，引起严重的线路电压降，使电网中的其他电气设备无法正常运行，供电质量也无法得到保障。所以，正确选用电动机的起动方式是十分重要的。

所谓起动方式的选择，就是要决定两件事情：**一是需要不需要采取减压起动方式；二是要选用哪一种减压起动方式。**

为了达到合理选用的目的，应从以下几个方面进行综合考虑：

1）**电动机的起动转矩必须大于其负载转矩（又称负载阻力矩）。**

2）必须考虑电动机起动时对电网的影响，一般可根据被控电动机容量与电网容量（或电源变压器容量）之比决定起动方式，见表7-50。

表7-50　起动方式与电源容量的关系

电动机功率/电源变压器容量	0.35以下	0.35~0.58	0.58以上
起动方式	直接启动	用串联电阻、电抗的方式或用星-三角减压起动	用自耦减压方式起动或延边三角形变换方式

2. 起动器的选择

选用起动器时，首先应对各种起动器的特点进行分析比较，确定起动器的型号。然后再根据被控电动机的功率决定起动器的容量等级。最后再按电动机的额定电流选择热元件的规格。

选用起动器时，还应注意以下几点：

1）选用时应考虑起动器的操作频率。

2）选用时还应考虑起动器与短路保护电器的协调配合。通常选用熔断器作为短路保护电器，且应安装于起动器的电源侧（综合起动器除外，其内已装有熔断器，一般起动器应按制造厂商要求选配合适的熔断器）。通常按起动器额定电流的2.5倍左右选择熔断器，以保证电动机起动时不发生误动作。

3）选用星-三角起动器时，要求被控电动机正常运行时应为三角形联结。

4）选用延边三角形起动器时，不仅要求被控电动机正常运行时应为三角形联结，而且要求被控电动机必须具备9个接线端头。

5）选用电磁起动器时，应先根据使用环境确定起动器是开启式（无外壳）的还是防护式（有外壳）的。再根据线路要求确定起动器是可逆式的、还是不可逆式的，是有热保护的、还是无热保护的。电磁起动器（其他装有热继电器的起动器也是一样）是否具有断相保护功能，取决于其所配用的热继电器是否具有这项功能。

6）选用自耦减压起动器（柜）时应注意其转换方式。开路转换在转换过程中电流有短暂中断，会产生电流冲击，造成转矩的突变和产生较高的过电压；闭路转换在转换过程中电流连续，电动机加速平滑，无转矩突变，可避免出现过电压。

7.8.6 起动器的使用

1）安装前，应对起动器内各组成元器件进行全面检查与调整、保证各参数合格。

2）检查内部接线是否正确，螺钉是否拧紧。

3）清除元器件上的油污与灰尘，将极面上的防锈油脂擦拭干净。

4）在转动部分加上适量的润滑油，以保证各元器件动作灵活，无卡住与损坏现象。

5）按产品使用说明书规定的安装方式进行安装。手动式起动器一般应安装在墙上，并保持一定高度，以利操作。

6）充油式起动器的油箱倾斜度不得超过允许值，而且油箱内应充入质量合格的变压器油，并在运行中保持清洁，油面高度应维持在油面线以上。

7）起动器的箱体应可靠接地，以免发生触电事故。

8）若自装起动设备，应注意各元器件的合理布局，如热继电器宜放在其他元器件下方，以免受其他元器件的发热影响。

9）安装时，必须拧紧所有的安装与接线螺钉，防止零件脱落，导致短路或机械卡住事故。

10）安装完毕后，应核对接线是否有误。

11）对于自耦减压起动器，一般先接在65%抽头上，若发现起动困难、起动时间过长时，可改接至80%抽头。

12）按电动机实际起动时间调节时间继电器的动作时间，应保证在电动机起动完毕后，及时地换接线路。

13）根据被控电动机的额定电流调整热继电器的动作电流值，并进行动作试验。应使电动机既能正常起动，又能最大限度地利用电动机的过载能力，并能防止电动机因超过极限容许过载能力而烧坏。

7.8.7 起动器的常见故障及其排除方法

1. 电磁起动器常见故障及其排除方法

电磁起动器的常见故障及其排除方法见表7-51。

表7-51 电磁起动器的常见故障及其排除方法

常见故障	可能原因	排除方法
通电后不能合闸	1. 线圈断线或烧毁 2. 衔铁或机械部分卡住 3. 转轴生锈或歪斜 4. 操作回路电源容量不足 5. 弹簧反作用力过大	1. 修理或更换线圈 2. 调整零件位置，消除卡住现象 3. 除锈上润滑油，或更换零件 4. 增加电源容量 5. 调整弹簧压力
通电后衔铁不能完全吸合	1. 电源电压过低 2. 触头弹簧和释放弹簧压力过大 3. 触头超程过大	1. 调整电源电压 2. 调整弹簧压力或更换弹簧 3. 调整触头超程
电磁铁噪声过大或发生振动	1. 电源电压过低 2. 弹簧反作用力过大 3. 铁心极面有污垢或磨损过度 4. 短路环断裂 5. 铁心夹紧螺栓松动，铁心歪斜或机械卡住	1. 调整电源电压 2. 调整弹簧压力 3. 清除污垢、修整极面或更换铁心 4. 更换短路环 5. 拧紧螺栓，排除机械故障
断电后接触器不释放	1. 触头弹簧压力过小 2. 衔铁或机械部分被卡住 3. 铁心剩磁过大 4. 触头熔焊在一起 5. 铁心极面有油污黏附	1. 调整弹簧压力或更换弹簧 2. 调整零件位置，消除卡住现象 3. 退磁或更换铁心 4. 修理或更换触头 5. 清理铁心极面
线圈过热或烧毁	1. 弹簧的反作用力过大 2. 线圈额定电压、频率或通电持续率等与使用条件不符 3. 操作频率过高 4. 线圈匝间短路 5. 运动部分卡住 6. 环境温度过高 7. 空气潮湿或含腐蚀性气体	1. 调整弹簧压力 2. 更换线圈 3. 更换接触器 4. 更换线圈 5. 排除卡住现象 6. 改变安装位置或采取降温措施 7. 采取防潮、防腐蚀措施

2. 自耦减压起动器常见故障及其排除方法

自耦减压起动器的常见故障及其排除方法见表7-52。

表7-52 自耦减压起动器的常见故障及其排除方法

故障现象	故障原因	排除方法
电动机本身无故障，起动器能合上，但不能起动	1. 起动电压过低，以致转矩太小 2. 熔丝熔断 3. 内部接线松脱或接错	1. 测量电源电压，向供电部门反映，或将变压器抽头提高一级 2. 检查故障所在处，更换熔丝 3. 按线路图检查，查出原因后做适当处理

（续）

故障现象	故障原因	排除方法
电动机起动太快	1. 自耦变压器抽头太高 2. 自耦变压器绕组匝间短路 3. 内部接线错误	1. 调整变压器的抽头 2. 查明原因后更换或重绕 3. 按线路图检查及处理
电动机未过载，操作手柄却无法停留在“运转”位置上	1. 热继电器动作后未复位 2. 欠电压脱扣器吸不上	1. 待双金属片冷却后，按复位按钮，使热继电器复位 2. 检查其接线是否正确，电磁机构是否有卡住现象，然后进行处理
自耦变压器发出嗡嗡声	1. 变压器铁心片未夹紧 2. 变压器有线圈接地	1. 拧紧螺栓，将铁心片夹紧 2. 查出接地部分，重加绝缘或重绕
油箱内发出特殊吱吱声	触头接触不良，触头上跳火花	检查触头表面质量并进行处理，若发现油量不足应添加
起动器发出爆炸声，同时箱内冒烟	1. 触头间发生火花放电 2. 绝缘层损坏，致使导电部分接地	1. 整修或更换触头 2. 查明故障点，并进行适当处理
电动机未过载而起动器却过热	1. 油箱因油中渗有水分而发热 2. 自耦变压器绕组有匝间短路 3. 触头接触不良	1. 更换绝缘油 2. 更换或重新绕制绕组 3. 检查触头表面质量及接触压力，并进行适当处理
欠电压脱扣器不动作	1. 接线错误 2. 欠电压线圈接线端未接牢 3. 欠电压线圈已烧坏 4. 电磁机构卡住	1. 按接线图检查，改正接错部分 2. 将接线端上的线重新接好 3. 更换欠电压线圈 4. 查明原因，进行适当处理
联锁机构不动作	锁片锈住或已磨损	用锉刀修整或进行更换

第8章 高压电器

8.1 高压断路器

8.1.1 高压断路器概述

1. 高压断路器的用途

高压断路器是最重要、最复杂的一种高压开关电器。它是电力系统不可或缺的主要控制、保护设备。

高压断路器由于具有完善的灭弧系统，不仅可以分、合断路器本身的额定电流，还可以切断短路故障电流。因此，断路器的主要用途是作为中、大型重要的电气设备（如变压器、高压电动机等）或电气线路的主开关，正常运行时，用来接通和开断电路中的负荷电流；在故障时，用来切断电路中的短路电流，切除故障电路。所以，高压断路器具有控制和保护的双重任务。

高压断路器在继电保护装置的配合下能自动切断故障电流，这时高压断路器是继电保护装置的执行装置。

高压断路器在自动装置的配合下能实现自动重合闸、备用电源自动投入等自动功能。有关的信号由自动装置进行接收、判断、处理，而最终由断路器去执行。

2. 高压断路器的主要类型

根据装设地点，断路器可分为户内式和户外式；根据灭弧介质，断路器可分为油断路器（又分多油和少油两类）、空气断路器、六氟化硫（SF_6）断路器、真空断路器、磁吹断路器和自产气断路器等。目前，我国电力系统中及其他电力用户使用的高压断路器主要有油断路器、空气断路器、六氟化硫（SF_6）断路器和真空断路器。根据发展趋势，真空断路器将逐步取代其他断路器。

断路器的操作结构，按合闸能源的不同可分为手动式、电磁式、弹簧式、气动式、液压式等。

8.1.2 高压油断路器

1. 高压油断路器的结构

图8-1是SN10－10型高压少油断路器的外形。这种断路器的导电回路是：上接线端子→静触头→导电杆（动触头）→中间滚动触头→下接线端子。少油断路器中的变压器油，主要起灭弧作用，其次，还起绝缘作用。

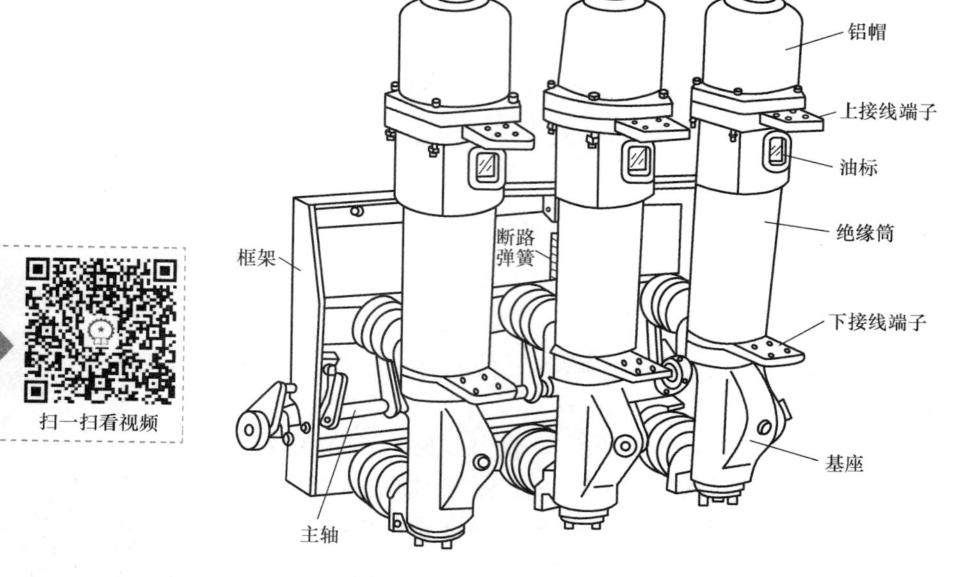

图 8-1　SN10－10 型高压少油断路器的外形

2. 油断路器的特点

油断路器作为第一代产品，过去和现在都发挥过和发挥着一定的作用，但它也有明显的缺点：

1）因为以可燃的变压器油作为灭弧介质，所以在有易燃易爆气体场合不能采用油断路器。

2）不允许频繁操作：频繁操作轻则引起喷油，重则导致断路器爆炸。

3）油断路器采用变压器油作为灭弧介质：油对环境会造成污染。

4）油断路器需要维修的零部件较多，维修的项目和工作量较大，维修费用高。

由于以上几个主要缺点，决定了油断路器将逐渐趋于淘汰。

8.1.3　高压真空断路器

1. 真空断路器的结构

真空断路器主要由真空灭弧室（又叫真空开关管）、支撑部分及操动机构组成。图 8-2 是 ZN12－12 型户内式真空断路器的结构图。真空断路器具有体积小、动作快、寿命长、安全可靠和便于维护检修等优点，但价格较贵。真空断路器配用 CD10 等型电磁操作机构或 CT7 等型弹簧操作机构。

2. 真空断路器的特点

真空断路器具有以下特点：

1）真空断路器以真空作为绝缘，没有油，没有易燃易爆物质。使用起来具有很高的可靠性和安全性。它的动、静触头皆密封在真空室内，其分合引出的电弧被密封在真空中，产生的炽热气体不外漏，无爆炸危险。

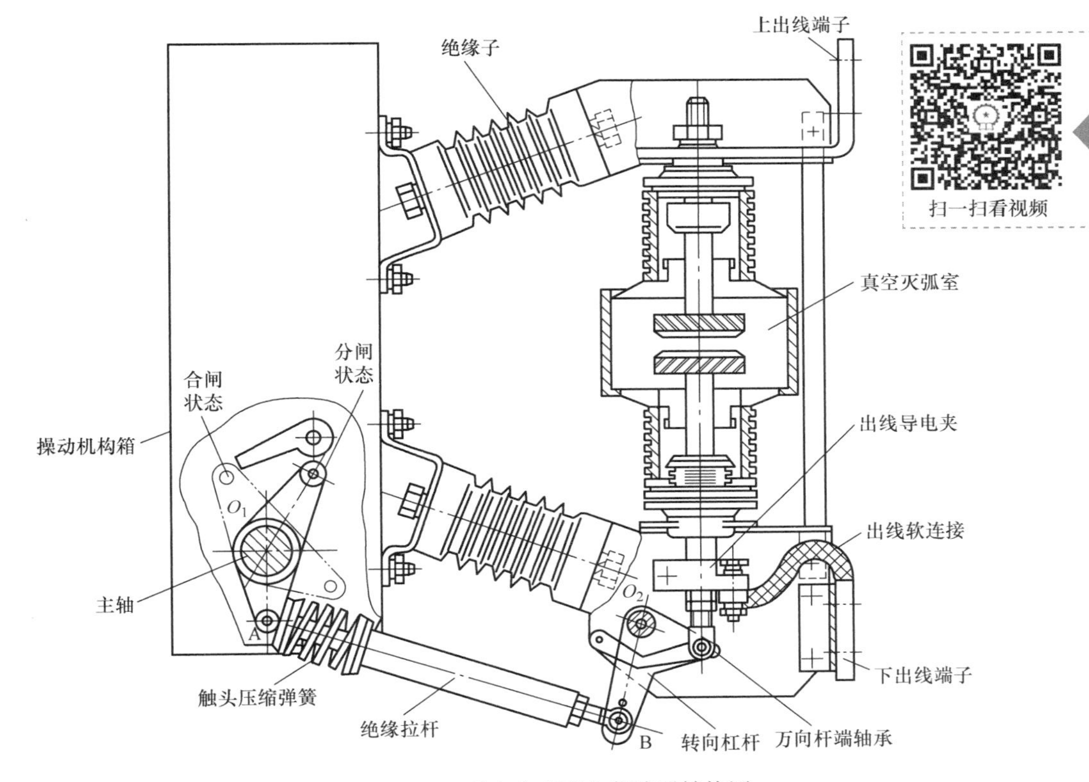

图 8-2　ZN12－12 型户内式真空断路器结构图

2）真空断路器在分断时，电弧在真空中很快被熄灭，之后，真空的绝缘性能迅速恢复，此外真空断路器的开关动作行程小，动导电杆惯性小，因而很适于频繁操作。

3）无油，对环境无污染。

4）操作简单，维修工作量小。真空断路器中的真空开关管本身是无须维修的。

8.1.4　高压六氟化硫断路器

1. 六氟化硫断路器的结构

六氟化硫（SF_6）断路器是利用 SF_6 气体做灭弧和绝缘介质的一种断路器。SF_6 是一种无色、无味、无毒且不易燃烧的惰性气体。

SF_6 断路器按其灭弧方式分，有双压式和单压式两类。双压式具有两个气压系统，压力低的作为绝缘，压力高的作为灭弧。单压式只有一个气压系统，灭弧时，SF_6 的气流靠压力活塞产生。单压式的结构简单，LN1、LN2 型断路器均为单压式。图 8-3 是 LN2－10 型户内式 SF_6 断路器的外形结构图。

2. SF_6 断路器的特点

SF_6 断路器有如下特点：

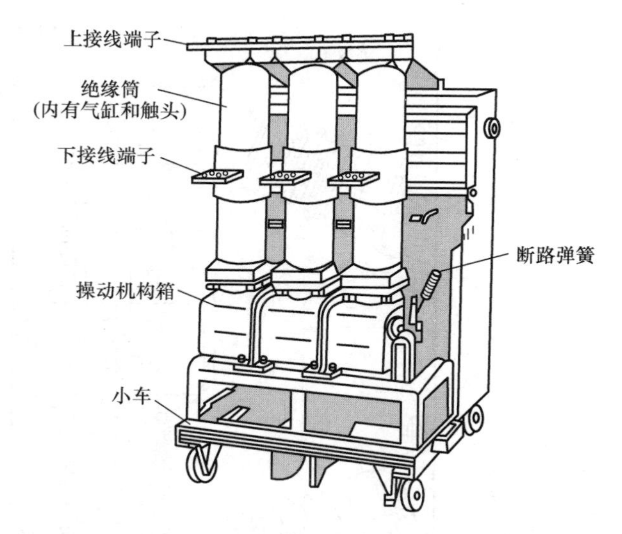

图 8-3 LN2－10 型户内式 SF_6 断路器的外形结构图

1）SF_6 气体介质绝缘强度高，灭弧能力强。

2）SF_6 气体介质绝缘恢复速度特别快，因此开断瞬故障性能好。

3）SF_6 气体的电弧中，不含碳等影响绝缘水平的物质。

4）真空断路器易产生较高的操作过电压，真空开关管的制造工艺较复杂。

SF_6 断路器和真空断路器一样，维修都非常简单。但 SF_6 的电弧分解物是有毒的，检修其灭弧室时要采取防护措施，防止人身中毒，而真空断路器没有这个问题。

8.1.5 高压断路器的技术数据

ZN 系列高压真空断路器的技术数据见表 8-1。

表 8-1 ZN 系列高压真空断路器技术数据

型 号	ZN5－10/ 630－20 1000－20，25	ZN12－10/ 1250－31.5 2000－31.5	ZN12－10/ 1600－40 3150－40	ZN12－10/ 2000－50 3150－50
额定电压/V	10	10	10	10
额定电流/A	630、1000	1250、2000	1600、3150	2000、3150
额定开断电流/kA	20、25	31.5	40	50
额定关合电流/kA	50	80	100	125
额定动稳定电流（峰值）/kA	50	80	100	125
额定热稳定电流（峰值）/kA	20（4s）	31.5（4s）	40（4s）	50（4s）
合闸时间/s	≤0.1	≤0.2	≤0.2	≤0.2
固有分闸时间/s	≤0.05	≤0.06	≤0.06	≤0.06
机械寿命/次数	10000	10000	10000	10000
配用操动机构型号	CD10－Ⅰ	CD17－Ⅲ或 CT□	CD17－Ⅳ或 CT□	CD17－Ⅳ或 CT□

（续）

型 号	ZN5－28/ 630－20 1250－20	ZN28－10/ 1000－25	ZN28－10/ 1250－31.5 2500－31.5	ZN28－10/ 3150－40
额定电压/V	10	10	10	10
额定电流/A	630、1250	1000	1250、2500	3150
额定开断电流/kA	20	25	31.5	40
额定关合电流/kA	50	63	80	100
额定动稳定电流（峰值）/kA	50	63	80	100
额定热稳定电流（峰值）/kA	20（4s）	20（4s）	31.5（4s）	40（4s）
合闸时间/s	≤0.2	≤0.2	≤0.2	≤0.2
固有分闸时间/s	≤0.05	≤0.05	≤0.06	≤0.06
机械寿命/次数	10000	10000	10000	10000
配用操动机构型号	CD17－Ⅱ或CT□	CD17－Ⅱ或CT□	CD17－Ⅲ或CT□	CD17－Ⅳ或CT□

8.1.6 高压断路器的选择

1. 高压断路器的选择方法

1）根据环境和工作地点选择断路器的型号。根据装设地点的不同，可选用户内型或户外型；工厂供电系统一般选择少油断路器，要求频繁操作的场合，可选择真空断路器或SF_6断路器。

2）断路器的额定电压不应低于电网电压。

3）断路器的额定电流应不小于所接电路的长期工作电流。

4）断路器的断流容量不应小于其安装地点的三相短路容量。

5）根据需要选择操动机构。操动机构应与断路器配套选用。

2. 选择高压断路器的注意事项

高压断路器是高压配电网络最核心的设备。必须严格遵守国家标准、企业标准以及相关的国际标准来选用。所以，选用高压电器时应注意以下几点：

1）断路器应符合安装处的环境条件。尤其污秽等级应符合环境条件的要求。

2）断路器的额定电压应与所在网络的额定电压相同。断路器的最高工作电压应与所在网络的最高电压一致。

3）**断路器开断、关合短路电流值应大于或等于所在网络短路电流的计算值。**

4）所选配的操作机构应与操作的断路器及其负荷等级相匹配。一般情况下，**室内采用电磁操作机构，室外采用弹簧机构为佳。**

5）应选用国家质量认证的产品，且必须附有各种例行试验说明书和安装使用说明书。

8.1.7 高压断路器的使用

1. 真空断路器的安装调试

安装真空断路器可按下列程序进行：

1）一般检查。首先清除各绝缘件上的尘土，在滑动摩擦部位加上干净的润滑油。然后核对产品铭牌上的数据是否符合图样要求，特别是核对分、合闸线圈的额定电压、断路器的额定电流和额定开断电流等参数是否有误。检查真空灭弧室有无异常现象，如发现灭弧室屏蔽罩氧化、变色，则说明灭弧室已经漏气，要及时更换。检查各部分紧固件有无松动现象，特别应检查导电回路的软连接部分，是否连接紧密可靠。最后用操作把手慢合几次，检查有无卡滞现象。

2）测量绝缘电阻。用2500V绝缘电阻表测量绝缘电阻值：**在合闸状态，每相对地的绝缘电阻值不应小于1000MΩ；在分闸状态，动、静触头之间的绝缘电阻值也不应小于1000MΩ。**

3）耐压试验。为检查真空灭弧室的真空度，可采用工频交流耐压试验，即在分闸状态下，动、静触头间加工频电压42kV，耐压1min。为检查绝缘部分，在断路器合闸状态下，触头与基座间加工频电压38kV，耐压1min，均应合格。

4）吊装就位并用螺母紧固。真空断路器的安装方向不受严格限制，只要操作机构在倾斜状态下能稳定工作即可。

5）检查触头超行程和触头开距。所谓超行程是利用压缩弹簧在一定行程下的弹力，保持真空灭弧室中的触头有足够的接触压力。检查开距的目的是保证三相触头合闸不同期性不超过1mm。真空断路器的超行程和开距均应符合有关技术要求。

6）传动试验。先手动分、合闸3～5次，应无异常；再在额定操作电压下进行电动分/合闸3～5次，应无异常；再以80%、110%额定合闸电压进行合闸，以65%、120%额定分闸电压进行分闸，各操作3～5次，应无问题。最后以30%额定分闸电压进行操作，应不能分闸。

2. 真空断路器的日常巡视检查项目

对于运行中的真空断路器，其日常巡视项目比较简单，具体如下：

1）首先要判定断路器的分、合闸状态应与模拟板一致。

2）观察有关仪表和继电保护装置应正常。

3）断路器应无异常声响和气味。

4）真空灭弧室应无异常。

5）在分闸操作时，如有条件应观察开断电流时的弧光颜色，以初步判断真空灭弧管的真空度是否正常。

6）真空断路器的外部常规巡视，可参照少油断路器巡检的相关内容。

8.2 高压隔离开关

8.2.1 高压隔离开关概述

1. 隔离开关的用途

高压隔离开关是一种最单的高压开关，类似低压刀开关。隔离开关是发电厂和变电所中使用最多的一种高压开关电器，因为它没有专门的灭弧结构，所以不能用来开断负荷电流和短路电流。隔离开关一般需与断路器配合使用，只有当断路器开断电流后才能进行分、合闸操作。但是，隔离开关可以接通和开断符合规定的小电流的电路。

隔离开关的主要用途如下：

1）隔离电压。保证将需检修的电气设备与带电的电网隔离，以确保被隔离的电气设备能安全地进行检修。

2）切换电路（倒闸操作）。在双母线的接线电路中，利用隔离开关将电气设备或电路从一组母线切换到另一组母线上。

3）切合小电流。接通或开断小电流电路。

扫一扫看视频

在电力系统中，室外型隔离开关，常用作把供电线路与用户分开的第一断路隔离开关；室内型隔离开关与高压断路器串联配套使用，以保证停电的可靠性。

在高压成套配电装置中，隔离开关常用作电压互感器、避雷器、配电所用变压器及计量柜的高压控制电器。

2. 隔离开关的主要类型

扫一扫看视频

隔离开关可按下列原则进行分类：

1）按绝缘支柱的数量可分为单柱式、双柱式和三柱式三种。

2）按闸刀的运行方式可分为水平旋转式、垂直旋转式、摆动式和插入式四种。

3）按装设地点可分为户内式和户外式两种。

4）按是否带接地闸刀可分为有接地闸刀和无接地闸刀两种。

5）按极数多少可分为单极式和三极式两种。

6）按配用的操动机构可分为手动、电动和气动等。

7）按用途分为一般用、快速分闸用和变压器中性点用。

8.2.2　户内式高压隔离开关

户内式隔离开关有单极式和三极式两种，一般为刀闸隔离开关，通常可动触头（触刀）与支柱绝缘子的轴垂直装设。

扫一扫看视频

图8-4为户内式三极隔离开关的典型结构。隔离开关的动触头每相有两条铜制闸刀，用弹簧紧夹在静触头两边形成线接触。这种结构的优点是电流平均流过两片闸刀，所产生的电动力使接触压力增大。为了提高短路时触头的电动稳定性，在触头上装有磁锁，它是由装在两闸刀外侧的钢片组成，当电流通过闸刀时，产生磁场，磁通沿钢片及其孔隙形成回路，而磁力线力图缩短本身的长度，使两侧钢片互相靠拢产生压力。在通过冲击电流时，触头便可得到很大的附加压力，因此提高了它的电动稳定性。

8.2.3　户外式高压隔离开关

户外式隔离开关的工作条件比户内式隔离开关差，受气候变化影响大，其要经受冰、风、雨、严寒和酷热等环境。因此，其绝缘强度和机械强度相应要求比较

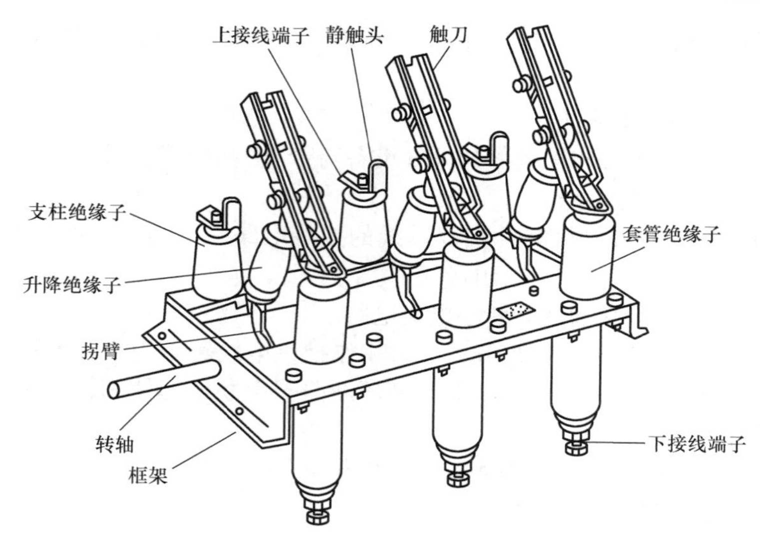

图 8-4　户内式三极隔离开关的结构

高。户外式隔离开关有三柱式、双柱式和单柱式三种。

户外式隔离开关一般都是单极式的，可做成三相连动。GW4 型隔离开关如图 8-5 所示，它采用双柱式结构，绝缘子为棒式，体积小、质量小，且技术性能较好。

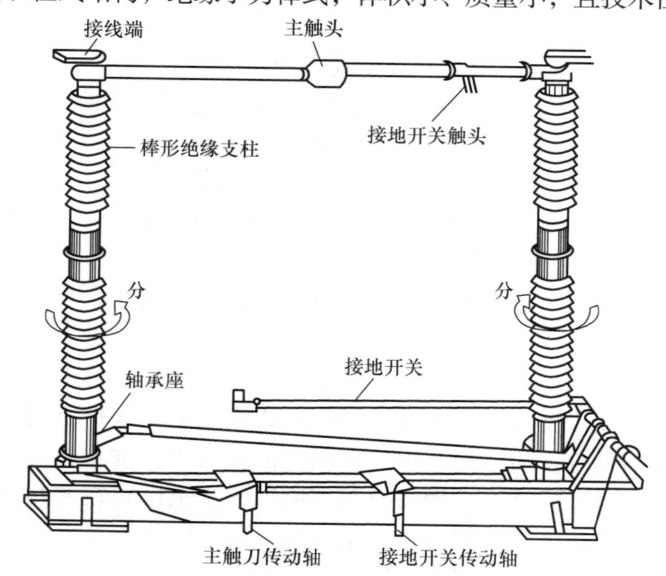

图 8-5　GW4 型户外式双柱式隔离开关（单极）

图 8-6 所示为 GW5 型 V 形隔离开关单极外形图，它目前在发电厂和变电所中应用较为广泛。这种隔离开关每极有两个棒式绝缘子，成 V 形布置，故称为 V 形隔离开关。触刀分为两半，可动触头成楔形连接。进行操作时，两个棒式绝缘子以相同速度反向（一个顺时针，另一个逆时针）转动 90°，使隔离开关接通或断开。

GW6 型隔离开关如图 8-7 所示，它采用单柱式，应用在 220kV 的配电装置中，由于其剪刀式结构，能有效地节约占地面积。

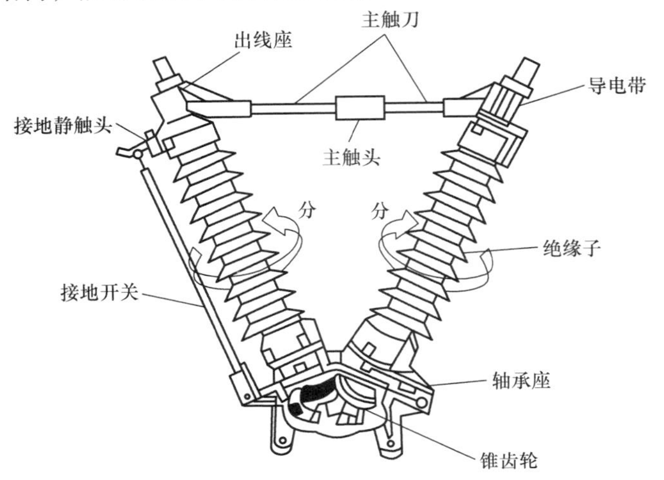

图8-6 GW5型V形隔离开关

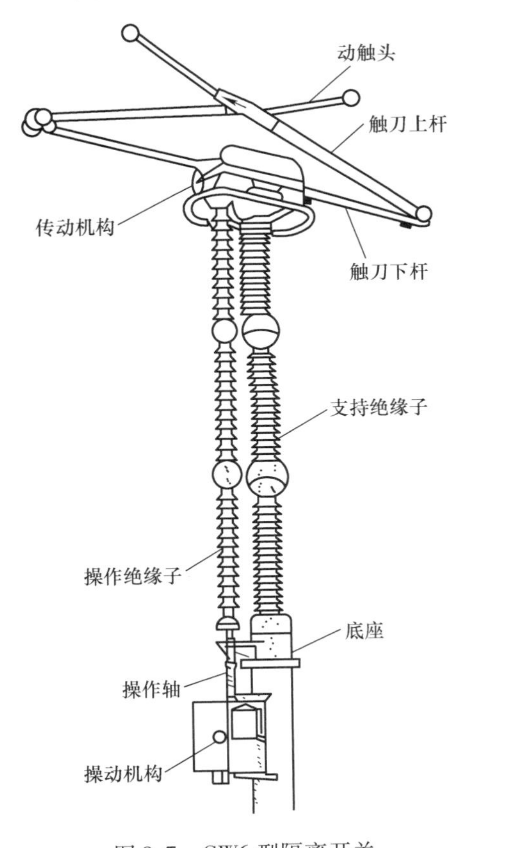

图8-7 GW6型隔离开关

8.2.4 高压隔离开关的技术数据

1. GN系列户内式高压隔离开关的技术数据（见表8-2）

表8-2 GN系列户内式高压隔离开关技术数据

型号		额定电压/kV	额定电流/A	4s短路时耐受电流/kA	额定峰值耐受电流/kA	1min工频耐压/kV	
						对地和相间	断口间
GN19-12/400	GN19-12C/400	12	400	12.5	31.5	42	53
GN19-12/630	GN19-12C/630		630	20	50		
GN19-12/1000	GN19-12C/1000		1000	31.5	80		
GN19-12/1250	GN19-12C/1250		1250	40	100		

注：GN19-12型为平装型；GN19-12C型为穿墙型。

2. GW系列户外式高压隔离开关的技术数据（见表8-3）

表8-3 GW系列户外式高压隔离开关技术数据

型号	额定电压/kV	额定电流/A	极限通过电流/kA		热稳定电流/kA		
			有效值	峰值	4s	5s	10s
GW4-35/600	35	600	—	50	15.8	—	—
GW4-35D/1000	35	1000		50	23.7		
GW4-35D(W)/600	35	600		50	15.8		
GW4-35D(W)/1000	35	1000		50	23.7		
GW5-35G/600	35	600	29	50	—	14	—
GW5-35G/1000	35	1000					
GW5-35GD/600	35	600					
GW5-35GD/1000	35	1000					
GW5-35GK/600	35	600					
GW5-35GK/1000	35	1000					
GW9-10GD/200	10	200	—	15	—	—	5
GW9-10GD/400	10	400		21			10
GW9-10GD/600	10	600		35			14

8.2.5 高压隔离开关的选择

1）隔离开关应按其额定电压、额定电流及使用的环境条件选择出合适的规格和型号，然后按短路电流的动、热稳定性进行校验。

2）按环境条件选择隔离开关时，可根据安装地点和环境条件选择户内式、户外式、普通型或防污型等类型。户外隔离开关应能耐受大气污染并应考虑到温度突变、雨、雾、覆冰等因素的影响；防污型用于污染严重的地方。

3）选择隔离开关的型式时，应根据配电装置的布置特点和使用要求等因素，进行综合技术经济比较后确定。

4）隔离开关按构造可分为三柱式、双柱式和V形结构，工矿企业35kV变电所户外多选用V形结构。

5）隔离开关还有带接地闸刀和不带接地闸刀两种，带接地闸刀的一般用于变电所进线。在选择隔离开关的同时还必须选定配套的手动、电动（或气动）操作机构，信号及位置指示器与联锁、闭锁装置等附属装置。

6）隔离开关应配备接地开关，以保证线路或其他电气设备检修时的安全。选用合适的隔离开关还应考虑配电装置空间尺寸的要求及引线位置与形式（架空线或电缆）。

7）**选用的隔离开关应具有切合电感性、电容性小电流的能力，**应使电压互感器、避雷器、空载母线、励磁电流不超过2A的空载变压器及电容电流不超过5A的空载线路等，在正常情况下操作时能可靠切断，并符合有关电力工业技术管理的规定。当隔离开关的技术性能不能满足上述要求时，应向制造部门提出，否则不得进行相应的操作。**隔离开关应能可靠切断断路器的旁路电流及母线环流。**

8.2.6 高压隔离开关的使用

1. 隔离开关的安装

安装高压隔离开关时，应满足以下要求：

1）户外式的隔离开关露天安装时应水平安装，使带有瓷裙的支持绝缘子确实能起到防雨作用。

2）户内式的隔离开关在垂直安装时，静触头在上方，带有套管的可以倾斜一定角度安装。

3）**一般情况下，静触头接电源，动触头接负荷，但安装在受电柜里的隔离开关采用电缆进线时，则电源在动触头侧，这种接法俗称“倒进火”。**

4）隔离开关两侧与母线及电缆的连接应牢固，遇有铜、铝导体接触时，应采用铜铝过渡接头。

5）隔离开关的动、静触头应对准，否则合闸时就会出现旁击现象，使合闸后动、静触头接触面压力不均匀，造成接触不良。

6）隔离开关的操动机构、传动机械应调整好，使分、合闸操作能正常进行。此外，**还要满足三相同期的要求，即分、合闸时三相动触头同时动作，不同期的偏差应小于3mm。**

7）**处于合闸位置时，**动触头要有足够的切入深度，以保证接触面积符合要求，但又不允许过头，**要求动触头距静触头底座有3～5mm的孔隙，否则合闸过猛时将敲碎静触头的支持绝缘子。**

8）**处于拉开位置时，动、静触头间要有足够的拉开距离，以便有效地隔离带电部分，这个距离应不小于160mm，或者动触头与静触头之间拉开的角度不应小于65°。**

2. 高压隔离开关的巡视检查周期和内容

对运行中的隔离开关进行巡视，在有人值班的配电所中应每班一次；在无人值班的配电所中，每周至少一次。

日常巡视的内容，主要是观察有关的电流表，确保其运行电流应在正常范围内；其次根据隔离开关的结构，检查其导电部分接触应良好，无过热变色，绝缘部分应完好，以及无闪络放电痕迹；再就是传动部分应无异常（如无扭曲变形、销轴脱落等）。

8.3 高压负荷开关

8.3.1 高压负荷开关概述

1. 高压负荷开关的用途

高压负荷开关是具有一定开断能力和关合能力的高压开关设备，其性能介于隔离开关和断路器之间。高压负荷开关与隔离开关一样有明显的断开点，不一样的是它有简单的灭弧装置，因而具有比隔离开关大得多的开断能力，**通常用来开断和关合电网的负荷电流。但是它不能开断电网的短路电流，这是负荷开关和一般断路器的主要区别。**

高压负荷开关的用途与它的结构特点是相对应的。

从结构上看，高压负荷开关主要有两种类型，一种是独立安装在墙上、架构上的，其结构类似于隔离开关；另一种是安装在高压开关柜中，特别是采用真空或SF_6气体的，则更接近于断路器。高压负荷开关的用途是这两种类型的高压负荷开关的综合。

1）高压负荷开关在断开位置时，像隔离开关一样有明显的断开点，因此可起电气隔离作用。对于停电的设备或线路提供可靠停电的必要条件。

2）高压负荷开关具有简易的灭弧装置，因而可分、合高压负荷开关本身额定电流之内的负荷电流。它可用来分、合一定容量的变压器、电容器组，以及一定容量的配电线路。有的车间变压器距高压配电室的断路器较远，停电时在车间变压器室中看不到明显的断开点，往往在变压器室的墙上加装一台高压负荷开关，这样既可以就近操作变压器的空载电流，又可以提供明显的断开点，确保停电的安全可靠。

3）配有高压熔断器的高压负荷开关，可作为断流能力有限的断路器使用。这时高压负荷开关本身用于分、合正常情况下的负荷电流，高压熔断器则用来切断短路故障电流。环网柜普遍采用这种组合：高压负荷开关、高压熔断器、接地刀闸、带有熔体熔断后能自动使负荷开关分断的操作机构。但这里的高压负荷开关多为真空式或SF_6式，整个环网柜体积不大，最大可带容量为1250kV·A的变压器。

2. 高压负荷开关的主要类型

高压负荷开关种类较多，从使用环境上分，有户内式、户外式；从灭弧形式和灭弧介质上分，有压气式、产气式、真空式、SF_6 式等。（以往的油负荷开关和磁吹负荷开关已被淘汰）。

高压负荷开关按用途分为一般型和频繁型两种，产气式和压气式为一般型，真空式和 SF_6 式为频繁型。频繁型适用于频繁操作的和大电流的系统，而一般型用在变压器中小容量范围。

对应 10kV 高压用户来说，老用户用的多为户内式压气式或产气式的；新用户采用环网柜，用的多为真空式的和 SF_6 式的。而 10kV 架空线路上用的则为户外式的。

8.3.2 户内式高压负荷开关

户内式压气式高压负荷开关是利用活塞和气缸在开断过程中相对运动压缩空气而灭弧的，增大活塞和气缸容积，加大压气量，就可以提高开断能力，但由此也带来了结构复杂和操作功率大等缺点。图 8-8 所示为 FN3－10RT 型室内压气式高压负荷开关的外形结构。由图 8-8 可知，该负荷开关是在隔离开关的基础上，加上一个简单的灭弧装置。负荷开关上端的绝缘子就是一个简单的灭弧室，它不仅起支撑绝缘子作用，且内部是一个气缸，装有操作机构主轴传动的活塞。当负荷开关分闸（断路）时，主轴转动而带动活塞，压缩气缸内的空气从喷嘴喷出，对电弧形成纵吹，使之迅速灭弧。当然分闸时电弧的迅速拉长及本身电流回路的电磁吹弧作用也有助于电弧熄灭。

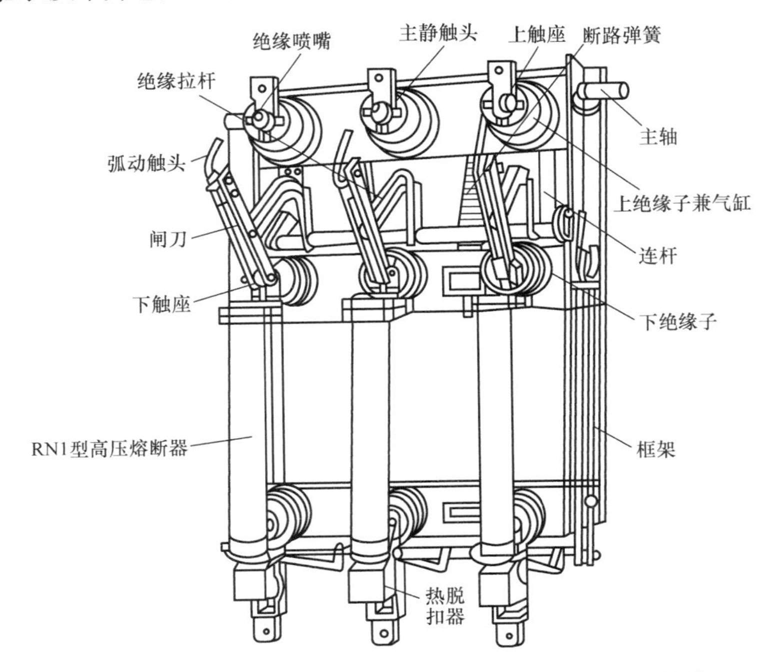

扫一扫看视频

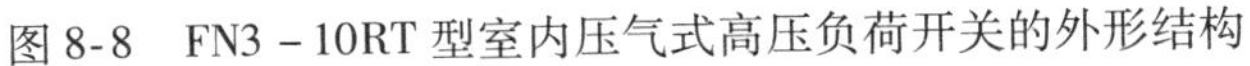
图 8-8 FN3－10RT 型室内压气式高压负荷开关的外形结构

8.3.3 户外式高压负荷开关

户外式真空式负荷开关是利用真空灭弧室作灭弧装置的负荷开关。其基本结构由导电回路、绝缘部分和操动机构组成。真空式负荷开关的外形如图8-9所示。

图8-9 真空式负荷开关的外形

真空灭弧室适用于开断大电流和频繁操作。而**真空式高压负荷开关只开断负荷电流和转移电流**。转移电流是指熔断器和负荷开关在转移职能时的三相对称电流值，当小于该值时，首相电流由熔断器断开，而后两相电流由负荷开关断开。这些电流远小于断路器的开断电流，因此真空灭弧室结构相对断路器要简单，而且管径小。

真空式高压负荷开关有分体式和整体框架式两种结构形式。

8.3.4 高压负荷开关的技术数据

1. FN系列户内式高压负荷开关的技术数据（见表8-4）

表8-4 FN系列户内式高压负荷开关技术数据

型号	额定电压/kV	额定电流/A	额定断流容量/MVA	最大开断电流/A	极限通过电流/kA		热稳定电流/kA	
					有效值	峰值	4s	5s
FN2－10/400	10	400	25	1200	14.5	25	—	8.5
FN2－10R/400	10	400	25	1200	14.5	25		8.5
FN2－6/400	6	400	20	1950	14.5	25	—	8.5
FN2－6R/400	6	400	20	1950	14.5	25		8.5
FN2－10/400	10	400	25	1450	14.5	25		8.5
FN2－10R/400	10	400	25	1450	14.5	25		8.5
FN2－10/600	10	600	50	3000	—	7.5	3	—

2. FW系列户外式高压负荷开关的技术数据（见表8-5）

表8-5 FW系列户外式高压负荷开关技术数据

型号	额定电压/kV	额定电流/A	最大开断电流/A	极限通过电流/kA		热稳定电流/kA	
				有效值	峰值	4s	5s
FW1－10/400	10	400	800	—	—	—	—
FW2－10G/200	10	200	1500	8	14	7.9	7.8
FW2－10G/400	10	400	1500	8	14	7.9	12.7

（续）

型号	额定电压/kV	额定电流/A	最大开断电流/A	极限通过电流/kA		热稳定电流/kA	
				有效值	峰值	4s	5s
FW4-10/200 FW4-10/400	10 10	200 400	800 800	8.7 8.7	15 15	5.8 5.8	—
FW5-10/200	10	200	1500	—	10	4	—

8.3.5 高压负荷开关的选择

选择高压负荷开关时应注意以下几点：

1）应按其额定电压、额定电流及使用的环境条件选择出合适的规格和型号，然后按使用环境条件进行校验。

2）所分断、关合的负荷电流应在其额定电流范围之内。

3）配手动操动机构的负荷开关，仅限于10kV及以下，其关合电流不大于8kA（峰值）。

4）开断和关合性能。高压负荷开关主要用以切断和关合负荷电流，与高压熔断器联合使用可代替断路器作短路保护，带有热脱扣器的高负荷开关还具有过载保护性能。

5）当保护变压器时，应能在变压器瓦斯、断相、温度升高时切除变压器。

6）当与断路器配合使用时，断路器应先动作开断短路电流，两者整定值应匹配。

7）合闸状态时，接触部件的热稳定性应满足要求。

8）开关的操作方式应与系统运行方式相匹配，所用操动机构中弹簧机构最佳。

8.3.6 高压负荷开关的使用

1. 高压负荷开关的使用方法

1）由于负荷开关出厂前经过认真装配，严格的调整和试验，使用时不必拆开调整。

2）使用时应进行几次空载分、合闸操作，确认操作机构和触头系统无误后，才能投入运行。

3）在使用中检查负荷电流是否在额定值的范围内，各部分有无过热现象及放电痕迹。

4）高压负荷开关不允许在短路情况下操作。

5）高压负荷开关能起隔离电源的作用，并能带负荷操作。

6）当高压负荷开关与高压熔断器配合使用时，继电保护应进行下列整定：

①当故障电流大于负荷开关的分断能力时，必须保证熔断器先熔断，然后高压负荷开关才能分断。

② 当故障电流小于负荷开关的分断能力时，则高压负荷开关断开，熔断器不动作。

2. 高压负荷开关的巡视检查

高压负荷开关巡视检查的内容如下：

1）瓷绝缘应无掉瓷、破碎、裂纹以及闪络放电的痕迹，表面应清洁。

2）连接点应无腐蚀及过热现象。

3）应无异常声响。

4）动、静触头接触应良好，应无发热现象。

5）操动机构及传动装置应完整，无断裂，操作杆的卡环及支持点应无松动和脱落的现象。

6）负荷开关的消弧装置应完整无损。

8.4 操动机构

8.4.1 高压开关操动机构概述

1. 操动机构的用途

高压开关的分合闸动作是经过以下三个环节实现的：

1）人或自动装置（如自动重合闸装置、继电保护装置等）接收到操作命令或动作信号。

2）专门设置的操动机构（操作机构）受到人的操作或自动信号的驱动，使操动机构内部的机械机构完成一定的动作，使操动机构对外伸出的主轴（杆）转动一定的角度或推拉一定的距离。

3）通过把操动机构的主轴（杆）和开关本身的转轴联系起来的传动机械，将操动机构的动作传递到开关上，从而带动开关执行分或合的动作。

上述第二个环节的操动机构和第三个环节的传动机械有时合起来称为操动机构（又称为操作机构）。实际上操动机构是标准化的定型产品，而传动机械是装配性的非标准化产品。

为了保证人身安全，操作人应与高压带电部分保持足够的安全距离，以防触电和电弧灼伤，必须借助于操动机构间接地进行高压开关的分、合闸操作。

另外，使用操动机构可以满足对受力情况及动作速度的要求，保证了开关动作的准确、可靠和安全。再有，操动机构可以与控制开关以及继电保护装置配合，完成远距离控制及自动操作。

总之，操动机构的作用是保证操作时的人身安全，满足开关对操动速度、力度的要求，根据运行方式需要实现自动操作。

例如，高压断路器都需配备操动机构。其操动机构的作用是使断路器合闸和分闸，并使合闸后的断路器维持在合闸状态。为了达到以上目的，断路器的操动机构必须具有合闸机构、分闸机构和维持机构。操动机构通常与断路器分离，使用时用传动机构与断路器连接起来。图8-10是断路器与操动机构之间的联系图。能源输入操动机构后，转变成机械能。操动机构的机械运动通过传动机构，把位移传递给提升机构，最终使断路器触头动作，达到合闸和分闸的目的。

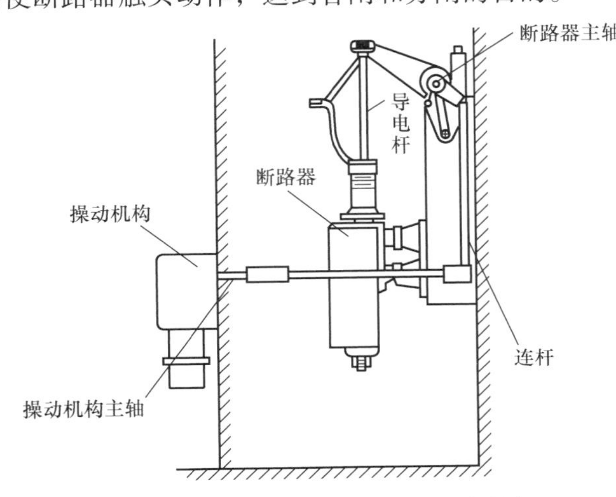

图8-10 断路器与操动机构的联系图

2. 操动机构的主要类型

操动机构的种类很多，按操动机构所用操作能源的能量形式不同，可分为以下几种。

1）手动机构——利用人力合闸的操动机构。

2）电磁机构——利用电磁铁合闸的操动机构。

3）弹簧机构——事先用人力或电动机使弹簧储能，实现合闸的弹簧合闸操动机构。

4）电动机机构——用电动机合闸与分闸的操动机构。

5）液压机构——用高压油推动活塞实现合闸与分闸的操动机构。

6）气动机构——用压缩空气推动活塞实现合闸与分闸的操动机构。

3. 操动机构的主要部件

操动机构由以下几个主要部件组成：

1）操作机构的功能是将人力能或电能通过电磁铁或弹簧或气（液）体压缩转换成使机构动作的机械能。

2）传动机构是连接操作机构和提升机构的过渡环节。

3）提升机构的功能是带动断路器动触头按一定轨迹运动，一般为直线运动或近似直线运动。

4）缓冲器的功能是吸收机构在动作过程中即将结束时残留的动能，减少对装置本身的冲击力，有些还兼有改变速度特性的作用。

5）信号指示器的功能是指示断路器分、合闸位置。

8.4.2 手动操动机构

用手直接合闸的操动机构称为手动操动机构。手动操动机构能手动和远距离分闸，但只能手动合闸，其结构简单，且为交流操作，因此相当经济实用。然而由于**其操作速度有限，一般用来操作电压等级较低、开断电流较小的断路器**，如 10kV 及以下配电装置的断路器。

CS6－1T 型手动操动机构外形如图 8-11 所示，它广泛地用于 GN 型隔离开关的手动合闸和手动分闸的操作。

CS6－1T 型手动操动机构为杠杆式手柄传动机构，机构本身具有自锁装置，可固定隔离开关“分”与“合”的位置。操作时，必须先拔出定位销，操作到位后，定位销在弹簧作用下插入新位置的定位孔中，从而实现锁定。

手动操动机构的优点是结构简单，缺点是不能自动重合闸，只能就地操作。在手动操动机构上可以安装过载脱扣器、失压脱扣器和分励脱扣器。

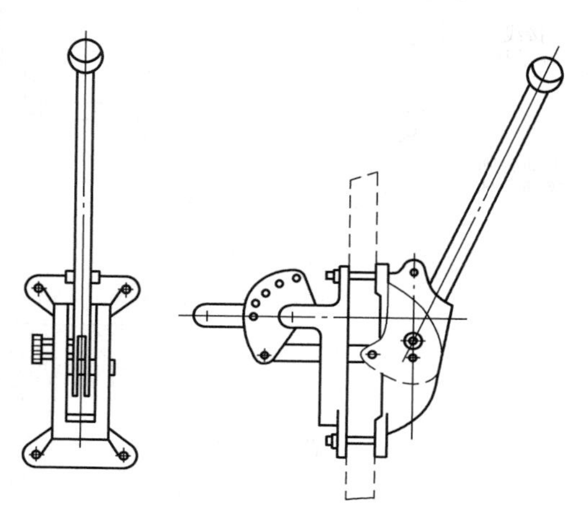

图 8-11 CS6－1T 型手动操动机构外形图

8.4.3 电磁操动机构

电磁操动机构是依靠电磁力合闸。电磁操动机构能手动和远距离操作断路器的分、合闸，可以实现自动合闸或自动重合闸，但需直流操作，且要求合闸功率大。

图 8-12a 是 CD10 型电磁操动机构的外形图。该电磁操动机构由做功元件、连扳系统、合闸维持和脱扣装置等几部分组成，其结构如图 8-12b 所示。

电磁操动机构的优点是结构简单、工作可靠、制造成本低，缺点是合闸线圈消耗的功率太大，机构结构笨重，合闸时间较长。由于合闸线圈消耗的功率大，一般可用来操作 10kV 和 35kV 的断路器，但很少在 35kV 以上的断路器上使用。

8.4.4 弹簧储能操动机构

利用已储能的弹簧为动力使断路器动作的操动机构称为弹簧储能操动机构。弹簧储能操动机构能手动和远距离操作断路器的分合闸，但其结构较复杂。

弹簧储能操动机构主要由储能机构、电磁系统和机械系统等组成。常用的 CT 型弹簧储能操动机构结构原理图如图 8-13 所示。

弹簧储能操动机构按操作方式可分为手动弹簧储能操动机构和电动弹簧储能操动机构两种。

手动弹簧储能操动机构是靠人力将弹簧储能，然后释放能量达到合闸目的。合

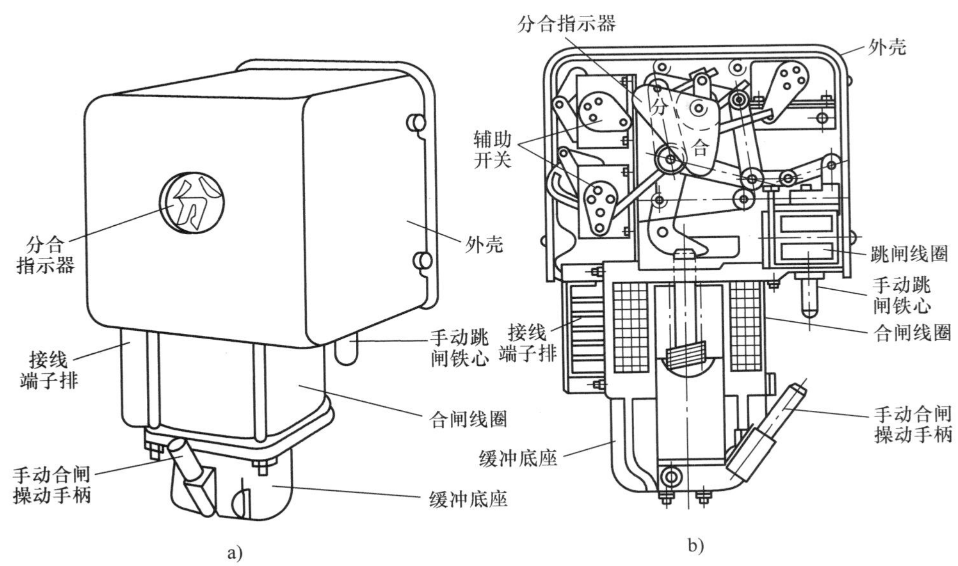

图 8-12　CD10 型电磁操动机构的外形图和剖面图

a）外形图　b）剖面图

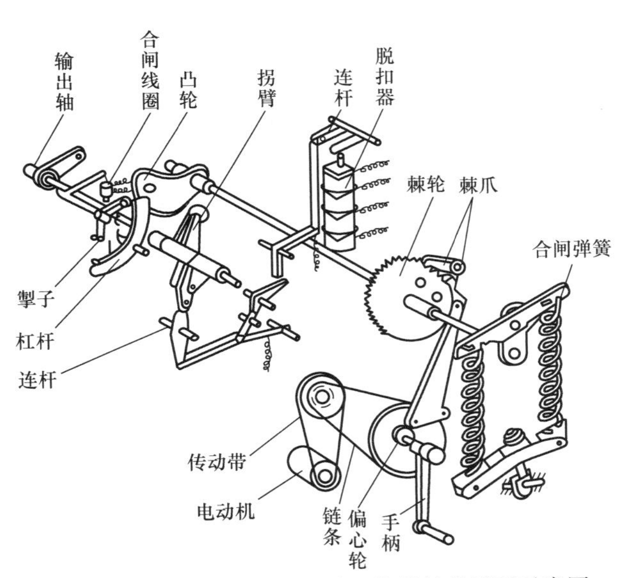

图 8-13　CT 型弹簧储能操动机构的结构原理示意图

闸的同时，又向分闸弹簧储能，以保证分闸时间和速度。电动弹簧储能操动机构是由电动机驱动，以棘轮使弹簧储能。

8.4.5　操动机构的使用

1. 手动操动机构的操作

手动操动机构的操作方式如下：

1）合闸操作。

① 合闸准备。先把手柄落到下方支持螺钉上，使操动机构到准备合闸位置。如果操动机构附装有失压脱扣器，在把手柄落到支持螺钉上的同时，还要用手柄压住推杆，把失压脱扣器扣住。

② 合闸。从下向上转动手柄，使操动机构保持在合闸位置。

2）分闸操作。

① 手动分闸。从上向下转动手柄，在断路器分闸弹簧的作用下，将断路器分闸。

② 电动分闸。分励脱扣器动作时，顶杆直接作用在脱扣杠杆上，使其扭转，之后的动作程序与手动分闸相同。

手动操动机构在合闸位置或在合闸过程中的任一位置时，都可以进行手动和电动分闸。

2. 电磁操动机构的操作

电磁操动机构的操作方式如下：

1）合闸。合闸信号发出，合闸电磁铁受电，铁心向上运动推动滚轮轴上移，通过连杆机构使输出轴顺时针转动，使断路器合闸。与此同时，断路器的分闸弹簧被拉伸储能。此时由于输出轴的转动带动了辅助开关，使合闸回路接点打开，合闸信号消失、合闸线圈断电，铁心下落，滚轮轴被托架支撑住，使断路器保持在合闸位置。

2）分闸。分闸信号发出，分闸电磁铁线圈受电，铁心向上运动，撞击连杆，使滚轮轴脱离托架，在断路器分闸弹簧的作用下，输出拐臂逆时针转动，使断路器分闸。与此同时，输出轴带动辅助开关运动，切断分闸回路，分闸信号消失，线圈失电，铁心回落。

合闸过程中，如果接到分闸信号，断路器在分闸弹簧力的作用下，可以实现自由脱扣。

3. 弹簧操动机构的操作

弹簧操动机构的操作方式如下：

1）合闸。手动方式是通过弹簧操动机构箱体面板上的控制按钮或扭把，电动方式是通过高压开关柜面板上的控制开关，使合闸电磁铁吸合。

2）分闸。手动方式是通过弹簧操动机构箱体面板上的控制按钮或扭把，电动方式又分为主动方式和被动（保护）方式两类。主动方式通过高压开关柜面板上的控制开关，可使分闸电磁铁吸合，被动方式通过过电流脱扣器或者通过失电压脱扣器来分闸。

弹簧操动机构也可装设各种脱扣器，并同时在其型号中标明。如 CT8 – 114 就是装有两个瞬时过电流脱扣器和一个分励脱扣器的弹簧操动机构。

弹簧操动机构除用来进行少油断路器的分、合闸操作外，还可用来实现自动重合闸或备用电源自动投入。

为防止合闸弹簧疲劳，合闸后可不再进行二次储能。但对于有自动重合闸或备用电源自动投入要求的，合闸弹簧应经常处于储能状态，即合闸后又自动使储能电动机起动，带动弹簧实现“二次储能”。

4. 操动机构的巡视检查

操动机构的作用是使断路器进行分闸、合闸并保持断路器在合闸状态。由于操动机构的性能在很大程度上决定了断路器的性能及质量优劣，因此，对于断路器来说，操动机构是非常重要的。由于断路器动作是靠操动机构实现的，而操动机构又是容易发生故障的部分，因此在巡视检查中，必须引起重视。主要检查项目有以下几点：

1）机构箱门开启应灵活，关闭应紧密良好。

2）操动机构应固定牢靠。操动机构外表应清洁、完整、无锈蚀。

3）连杆、弹簧、拉杆等亦应完整，紧急分闸机构应完好灵活。操动机构与断路器的联动应正常，无卡阻现象。

4）分闸、合闸指示应正确；压力开关、辅助开关动作应准确可靠，触头应无电弧烧损。辅助开关触头应光滑平整，位置正确。

5）端子箱内二次线的端子排应完好，无受潮、锈蚀、发霉等现象产生，电缆孔洞应用耐火材料封堵严密。

6）正常运行时，断路器操动机构动作应良好，断路器分闸、合闸位置与机构指示器及红、绿指示灯状态相符。

7）电气连接应可靠且接触良好。直流电源回路接线端子无松脱、无锈蚀。

8）电磁操动机构分、合闸线圈及合闸接触器线圈无冒烟或异味。

9）弹簧操动机构应检查如下几个方面：

① 当断路器在合闸运行时，储能电动机的电源刀闸，熔丝应在投入位置。

② 当断路器在分闸备用状态时，分闸连杆应复位，分闸锁扣到位，合闸弹簧应在储能位置。

③ 检查储能电动机，行程开关触点应无卡阻和变形，分、合闸线圈应无冒烟或异味。

④ 防凝露加热器应良好。

8.5 高压熔断器

8.5.1 高压熔断器概述

1. 高压熔断器的用途

熔断器是在电器设备中最简单并且最早使用的一种保护电器，它在电路中串联使用。

熔断器主要由金属熔体、连接熔体的触头装置和外壳组成。金属熔体是熔断器的主要元件，熔体的材料一般有铜、银、锌、铅和铅合金等。熔体在正常工作时，仅通过不大于熔体的额定电流值的负载电流，其正常发热温度不会使熔体熔断。当电路中通过过负荷电流或短路电流时，利用熔体产生的热量使自身熔断，切断电路，以达到保护的目的。

熔断器分为高压熔断器和低压熔断器。这两种熔断器的用途和工作原理几乎相同，但作用不同。

高压熔断器主要用于高压输电线路、变压器、电压互感器等电器设备的过载和短路保护。高压熔断器的作用是为高压系统提供短路保护，当运行的负荷量与熔体匹配合理时，还兼作过电流保护。

高压熔断器在工作中，如果电路中的电流超过了规定的值以后，其自身会产生热量使得熔体熔断，从而来断开电路，保护电器。**经过熔体上的电流越大，熔体熔断的速度就越快，**当然**熔断的时间和熔体的材料和熔断电流的大小也有一定的关系。**

高压系统中应用的熔断器分为户内型和户外型两种。户内型多数与负荷开关组合，用来保护变压器，在电压互感器柜和计量柜中用来作为电压互感器的保护。

熔断器的内部结构简单，而且成本价格低，维护也方便，使用也非常灵活。不过其也有一定的缺点，就是容量小，保护电器产品的特性不够稳定。

2. 高压熔断器的主要类型

熔断器的种类很多，按电压可分为高压和低压熔断器；按装设地点可分为户内型和户外型；按结构可分为螺旋式、插片式和管式；按是否有限流作用又可分为限流式和无限流式熔断器等。

8.5.2 户内型高压熔断器

户内型高压熔断器全部是限流型，又称限流式熔断器。RN1 和 RN2 系列熔断器的结构相同，是由两个支柱绝缘子、触座、熔丝管及底板 4 个部分组成。图 8-14为 RN1 和 RN2 型户内型高压熔断器的结构图，瓷熔管（熔丝管）卡在弹性

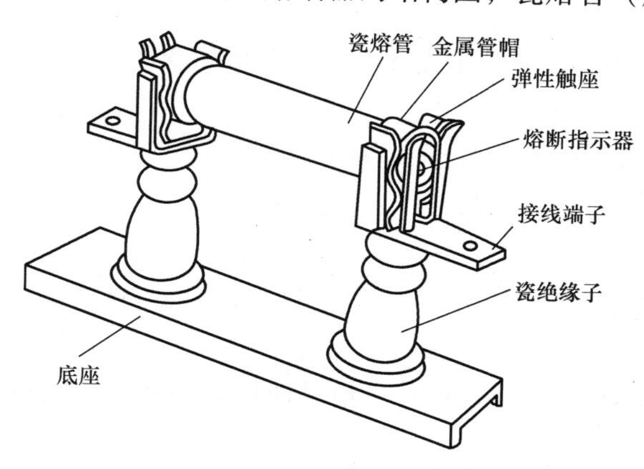

图 8-14　RN1 和 RN2 型户内型高压熔断器的结构图

触座（静触头座）内，弹性触座和接线端子（接线座）固定在瓷绝缘子（支持绝缘子）上，绝缘子固定在底座上。RN1 和 RN2 型户内型高压熔断器的熔管内部结构示意图如图 8-15 所示。

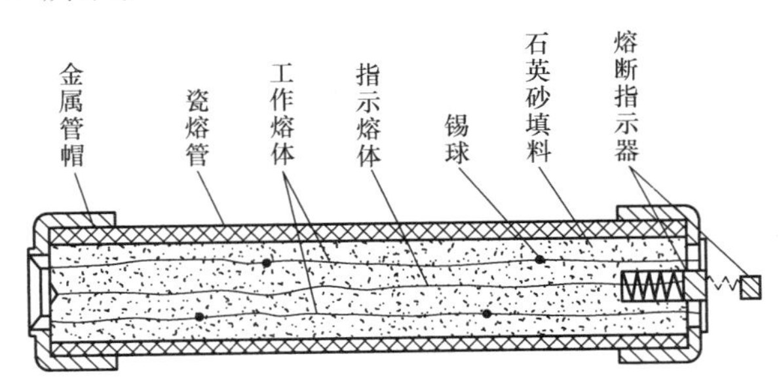

图 8-15 RN1 和 RN2 型户内型高压熔断器的熔管内部结构

1）熔丝管：熔丝管的外壳为瓷管，管内充填石英砂，以获得良好的灭弧性能。

2）触头座：熔丝管插接在触头座内，以便于更换熔丝管。触头座上有接线板，以便于与电路相连接。

3）绝缘子：是基本绝缘，用它支持触头座。

4）底板：钢制框架。

8.5.3 户外型高压熔断器

1. 户外型高压熔断器的基本结构

户外型高压熔断器的种类较多，如户外高压跌落式熔断器（又称跌开式熔断器，俗称跌落保险）、户外高压限流熔断器等。户外跌落式熔断器的结构如图 8-16 所示。

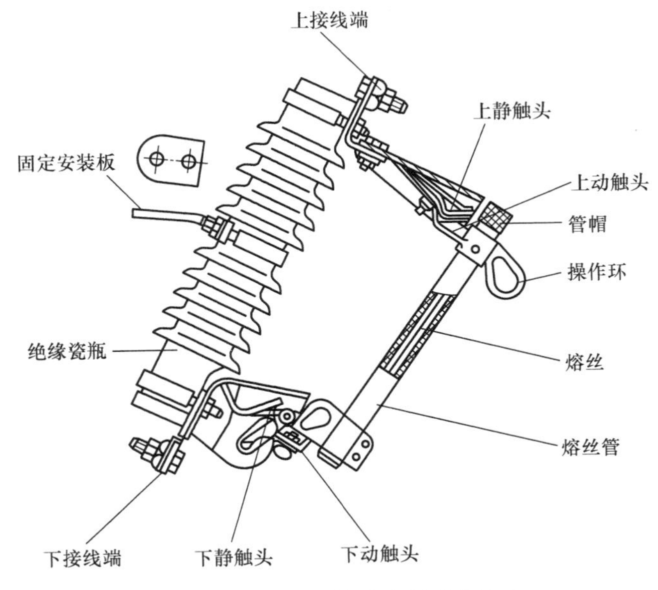

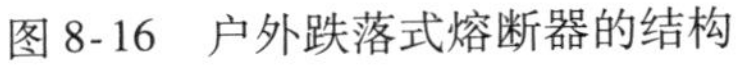
图 8-16 户外跌落式熔断器的结构

户外型跌落式熔断器由以下几个部分组成：

1）导电部分：上、下接线板，串联于被保护电路中；上静触头、下静触头，用来分别与熔丝管两端的上、下动触头相接触，以进行合闸，接通被保护的主电路。

2）熔丝管（熔体管）：由熔管、熔丝（熔体）、管帽、操作环、上动触头、下动触头、短轴等组成。熔管外层为酚醛纸管或环氧玻璃布管，管内壁套以消弧管，消弧管的材质是石棉，它的作用是防止熔丝熔断时产生的高温电弧烧坏熔管，另一个作用是产气有利于灭弧。

3）绝缘部分：绝缘瓷瓶。

4）固定部分：在绝缘瓷瓶的腰部有固定安装板。

2. 户外型高压熔断器的工作原理

跌落式熔断器的工作原理是将熔丝穿入熔管内，两端拧紧，并使熔丝位于熔丝管中间偏上的地方，上动触头由于熔丝拉紧的张力而垂直于熔丝管向上翘起，同时，下动触头后动关节被闭锁。用绝缘拉杆将带有球面突起的上动触头推入上静触头球面坑内，成闭合状态（合闸状态）并保持这一状态。

图 8-16 为正常工作状态，它通过固定安装板安装在线路中（成倾斜），上、下接线端与上、下静触头固定于绝缘瓷瓶上，下动触头套在下静触头中，可转动。熔丝管的动触头借助熔体张力拉紧后，推入上静触头内锁紧，成闭合状态，熔断器处于合闸位置。当线路发生故障时，大电流使熔体熔断，熔丝管上下动触头失去张力而转动下翻，使锁紧机构释放熔丝管，在触头弹力及熔丝管自重作用下，回转跌落，造成明显的可见断口。

8.5.4 高压熔断器的技术数据

1. RN3 系列户内高压熔断器的主要技术数据（见表 8-6）

表 8-6 RN3 系列户内高压熔断器的主要技术数据

型号	额定电压/kV	额定工作电压/kV	额定电流/A	最大断流容量（三相）/MV·A	熔断管额定电流/A
RN3－3	3	3.5	50	200	2，3，5，7.5，10，15，20，30，40，50
			75		75
			200		100，150，200
RN3－6	6	6.9	50		2，3，5，7.5，10，15，20，30，40，50
			75		75
			200		100，150，200
RN3－10	10	11.5	50		2，3，5，7.5，10，15，20，30，40，50
			75		75
			200		100，150

2. RW系列户外高压熔断器的主要技术数据（见表8-7）

表8-7　RW系列户外高压熔断器的主要技术数据

型　号	额定电压/kV	额定电流/A	熔体额定电流①/A	分合负荷电流/A	断流容量/MV·A	
					上限	下限
RW4－10/50 RW4－10/100 RW4－10/200	10	50 100 200	2，3，5，…		75 100 100	10 30 30
RW5－35/50 RW5－35/100 RW5－35/200	35	50 100 200	2，3，5，…		200 400 800	15 20 30
RW10－10(F)/50 RW10－10(F)/100 RW10－10(F)/200	10	50 100 200	2，3，5，…	50 100 200	200	40

① 常用熔体规格有2A、3A、5A、7.5A、10A、15A、20A、30A、40A、50A、75A、100A、150A、200A。同一规格的熔断器中，可以根据需要放入多个不同规格的熔体。

8.5.5　高压熔断器的选择

高压熔断器有户内型和户外型两种，**熔断器额定电压一般不超过35kV**。首先应根据使用环境、负荷种类、安装方式和操作方式等条件选择出合适的类型，然后按照额定电压、额定电流及额定断流能力选择熔断器的技术参数。户内型熔断器主要有RN1型和RN2型，RN1型用于线路和变压器的短路保护，而RN2型用于电压互感器保护。户外型跌落式熔断器需校验断流能力上下限值，应使被保护线路的三相短路的冲击电流小于其上限值，而两相短路电流大于其下限值。

高压熔断器在选择时，要注意以下几点：

1）熔断器的额定电压应与线路额定电压相同。

2）高压熔断器除了选择熔断器的额定电流，还要选择熔体的额定电流。

3）限流式熔断器额定电压应和电网电压相等同。**熔断器电压低于电网电压不能使用。**

4）**高压熔断器熔管的额定电流应不小于熔体的额定电流。**熔体的额定电流应按高压熔断器的保护熔断特性选择。

5）选择熔体时，应保证前后两级熔断器之间，熔断器与电源侧继电保护之间以及熔断器与负荷侧继电保护之间动作的选择性。

6）高压熔断器熔体在满足可靠性和下一段保护选择性的前提下，当在本段保护范围内发生短路时，应能在最短的时间内切断故障，以防止熔断时间过长而加剧被保护电器的损坏。

7）保护35kV及以下电力变压器的高压熔断器，其熔体的额定电流可表示为

$$I_{rn} = KI_{gmax}$$

式中 I_{rn}——熔体的额定电流（A）；

K——系数，当不考虑电动机自起动时，可取1.1～1.3，当考虑电动机自起动时，可取1.5～2；

I_{gmax}——电力变压器回路最大工作电流（A）。

对于100 kV·A及以下的变压器，熔丝的额定电流按变压器一次额定电流的2～3倍来选择，考虑到机械强度最小不得小于10A。**对于100 kV·A以上的变压器，熔丝的额定电流按变压器一次额定电流的1.5～2倍来选择。**

为了防止变压器突然投入时产生的励磁涌流损伤熔断器，变压器的励磁涌流通过熔断器产生的热效应可按10～20倍的变压器满载电流持续0.1s计算，必要时可再按20～25倍的变压器满载电流持续0.01s计算。

8）保护电压互感器的高压熔断器，只需额定电压和断流容量选择，熔体的选择只限于能承受电压互感器的励磁冲击电流，不必校验额定电流。

9）保护并联电容器的高压熔断器熔体的额定电流可表示为

$$I_{rn} = KI_{rC}$$

式中 I_{rn}——熔体的额定电流（A）；

K——系数，对限流式熔断器，当保护一台电力电容器时，系数可取1.5～2.0；当保护一组电力电容器时，系数可取1.43～1.55；

I_{rC}——电力电容器回路的额电电流（A）。

10）电动机回路熔断器的选择应符合下列规定：

① 熔断器应能安全通过电动机的容许过负荷电流。

② 电动机的起动电流不应损伤熔断器。

③电动机在频繁地投入开断或反转时，其反复变化的电流不应损伤熔断器。

8.5.6 高压熔断器的使用

1. 跌落式熔断器的安装

对跌落式熔断器的安装要求应满足产品说明书及电气安装规程的要求：

1）熔管轴线与铅垂线的**夹角一般应为15°～30°**。

2）熔断器的转动部分应灵活，熔管跌落时不应碰及其他物体而损坏。

3）抱箍与安装固定支架连接应牢固；高压进线、出线与上接线螺钉和下接线螺钉应可靠连接。

4）**相间距离，室外安装时应不小于0.7m；室内安装时，不应小于0.6m。**

5）熔管底端对地面的距离，**装于室外时以4.5m为宜；装于室内时，以3m为宜。**

6）**装在被保护设备上方时，与被保护设备外廓的水平距离，不应小于0.5m。**

7）各部元件应无裂纹或损伤，熔管不应有变形。

8）熔丝应位于消弧管的中部偏上处。

2. 跌落式熔断器操作注意事项

操作跌落式熔断器时，应有人监护，使用合格的绝缘手套，穿绝缘靴，并佩戴防护眼镜。

操作时动作应果断、准确而又不要用力过猛、过大。要用合格的绝缘杆来操作。对管的操作环往下拉。合闸时，先用绝缘杆金属端钩穿入操作环，令其绕轴向上转动到接近上静触头的地方，稍加停顿，看到上动触头确已对准上静触头，果断而迅速地向斜上方推，使上动触头与上静触头良好接触，并被锁紧机构锁在这一位置，然后轻轻退出绝缘杆。

对 RW3－10 型，拉闸时应往上顶鸭嘴；对 RW4－10 型，拉闸时应用绝缘杆金属端钩，穿入熔丝管的操作环中拉下。

操作时应戴上防护色镜，以免拉、合闸时发生意外故障产生弧光灼伤眼睛；同时站好位置，操作时果断迅速，用力适度，防止冲击力损伤瓷体。

操作跌开式熔断器有几个突出的安全事项必须严格遵守：

1）跌落式熔断器如同户外型隔离开关，**只能操作 500kV · A 及以下的空载变压器**。因此，操作前必须认真检查，确认该变压器低压侧总开关已处于断开状态，合或拉开跌落式熔断器之前必须履行此项检查。

2）一组三相跌落式熔断器由三个单极跌落式熔断器组成。为避免操作时造成相间弧光短路，要求合闸时，**先合两边相（遇有较强的与熔断器排列方向大体一致的风时，还要先合迎风相，后合背风相），再合中相；拉闸时，操作顺序恰恰与合闸顺序相反。**

3）不允许带负荷操作。

4）不可站在熔断器的正下方，应有60°的角度。

第9章　变　压　器

9.1　变压器基础知识

9.1.1　变压器的用途

变压器是一种静止的电气设备。它是利用电磁感应作用把一种电压等级的交流电能变换成频率相同的另一种电压等级的交流电能。变压器是电力系统中的重要设备，它在电能检测、控制等诸多方面也得到广泛的应用。另外，变压器还有变换电流、变换阻抗、改变相位和电磁隔离等作用。

由于变压器是利用电磁感应作用工作的，因此它的构成原则是：两个（或两个以上）相互相绝缘的绕组套在一个共同的铁心上，它们之间有磁的耦合，但没有电的直接联系。所以，如同旋转电机一样，变压器也是以磁场为媒介的。

在电力系统中，一方面，向远方传输电能时，因线路的功率损失与电流的二次方成正比，为减少线路上的电能损耗，需要通过升高电压、降低电流来传输电能；另一方面，又因用户的用电设备一般不能直接使用高压，需要降低电压，这就需要能实现电压变换的变压器。

此外，还有以大电流和恒流为特性的某些特殊工艺装备用变压器，如弧焊变压器（又称电焊变压器）、电炉变压器和电解或化工用的整流变压器等。

变压器在电力系统中的应用概况如图9-1所示。

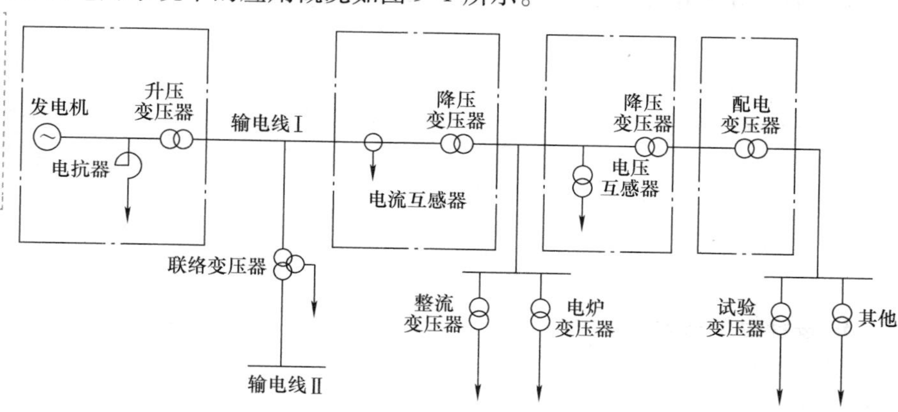

图9-1　变压器在电力系统中的应用

9.1.2　变压器的分类

变压器的品种和规格多种多样，但是原理相同，都是根据电磁感应原理制成的。常用变压器的分类及主要用途可归纳如下。

1. 按用途分类

变压器按用途可分为电力变压器、仪用变压器和特殊用途变压器。

（1）电力变压器

电力变压器用于电力系统中的升压或降压，供输电、配电和厂矿企业用电使用，是一种最普通的常用变压器。电力变压器又可分为

扫一扫看视频

1）升压变压器。将发电厂的低电压升高后输送到远距离的用电区。

2）降压变压器。将输送来的高电压降下来供各电网需要。

3）配电变压器。安装在各配电网络系统中，供工农业生产使用。

4）联络变压器。供两变电所联络信息使用。

5）厂用变压器。供厂矿企业使用。

扫一扫看视频

（2）仪用变压器

仪用变压器用于测量仪表和继电保护装置。仪用变压器可分为

1）电压互感器。

2）电流互感器。

（3）特殊用途变压器

特殊用途变压器可分为

扫一扫看视频

1）电炉变压器。供冶炼使用。

2）整流变压器。供电解和化工使用。

3）试验变压器。试验变压器有工频试验变压器、调压器等，供试验电器设备时使用，工频试验变压器可提高电压对高压电气设备进行试验。调压器可调节电压大小供试验时使用。

4）电焊变压器（又称弧焊变压器）。供焊接使用。

2. 按冷却介质和冷却方式分类

扫一扫看视频

变压器按冷却介质和冷却方式可分为油浸式变压器、干式变压器等。

1）油浸式变压器。有油浸自冷、油浸风冷、油浸水冷和强迫油循环和水内冷等。

2）干式变压器。有空气自冷、风冷等。依靠空气对流进行冷却，一般用于小容量、不能有油的场所。

3. 按绕组个数分类

扫一扫看视频

变压器按绕组个数可分为自耦变压器、双绕组变压器和三绕组变压器等。

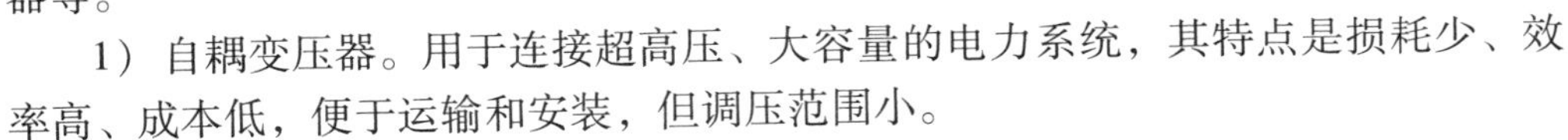

1）自耦变压器。用于连接超高压、大容量的电力系统，其特点是损耗少、效率高、成本低，便于运输和安装，但调压范围小。

2）双绕组变压器。用于连接两个电压等级的电力系统，应用最普遍。

3）三绕组变压器。用于连接三个电压等级的电力系统，多用于区域变电站。

4. 按调压方式分类

变压器按调压方式可分为无励磁调压变压器和有载调压变压器。

1）无励磁调压变压器。需断电，停止负载后进行调压。

2）有载调压变压器。可不停电带载调压。

5. 按相数分类

变压器按相数可分为单相变压器和三相变压器等。

1）单相变压器。用于单相负荷和三相变压器组。

2）三相变压器。用于三相系统的升、降电压。

6. 按铁心型式分类

变压器按铁心型式可分为芯式变压器和壳式变压器。

1）芯式变压器。用于普通电力系统中，应用比较广泛。

2）壳式变压器。多用于特殊变压器和单相小型变压器。

9.1.3 变压器的基本结构与工作原理

1. 变压器的基本结构

单相双绕组变压器的工作原理如图 9-2 所示。通常两个绕组中一个接到交流电源，称为一次绕组（又称原绕组或初级绕组）；另一个接到负载，称为二次绕组（又称副绕组或次级绕组）。

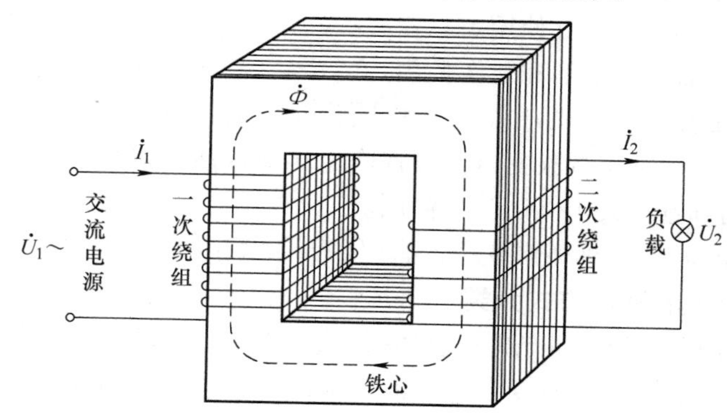

图 9-2 单相双绕组变压器的工作原理

2. 变压器的工作原理

当一次绕组接上交流电压$\dot{U}_1$时，一次绕组中就会有交流电流$\dot{I}_1$通过，并在铁心中产生交变磁通 $\dot{\Phi}$，其频率和外施电压的频率一样。这个交变磁通同时交链一、二次绕组，根据电磁感应定律，便在一、二次绕组中分别感应出电动势$\dot{E}_1$和$\dot{E}_2$。此时，如果二次绕组与负载接通，便有二次电流$\dot{I}_2$流入负载，二次绕组端电压$\dot{U}_2$就是变压器的输出电压，于是变压器就有电能输出，实现了能量传递。在这一过程中，一、二次绕组感应

电动势的频率都等于磁通的交变频率，即一次侧外施电压的频率。根据电磁感应定律，感应电动势的大小与磁通、绕组匝数和频率成正比，即

$$E_1 = 4.44 f N_1 \Phi_m$$

$$E_2 = 4.44 f N_2 \Phi_m$$

式中　E_1、E_2——一、二次绕组的感应电动势（V）；

N_1、N_2——一、二次绕组的匝数；

f——交流电源的频率（Hz）；

Φ_m——主磁通的最大值（Wb）。

以上两式相除，得

$$\frac{E_1}{E_2} = \frac{N_1}{N_2}$$

因为在常用的电力变压器中，绕组本身的电压降很小，仅占绕组电压的0.1%以下，因此，$U_1 \approx E_1$、$U_2 \approx E_2$，代入上式得

$$\frac{U_1}{U_2} = \frac{E_1}{E_2} = k$$

上式表明，**一、二次绕组的电压比等于一、二次绕组的匝数比。因此，只要改变一、二次绕组的匝数，便可达到改变电压的目的。**这就是利用电磁感应作用，把一种电压的交流电能转变成频率相同的另一种电压的交流电能的基本工作原理。

通常把一、二次绕组匝数的比值 k 称为变压器的电压比（或变比）。只要使 k 不等于1，就可以使变压器一、二次的电压不等，从而起到变压的作用。**如果 $k>1$，则为降压变压器；若 $k<1$，则为升压变压器。**

对于三相变压器来说，电压比是指相电压（或相电动势）的比值。

9.1.4　变压器的型号与额定值

1. 变压器的型号

电力变压器不论哪种分类也包含不了变压器的全部特征，在产品型号中往往要把所有的特征均表达出来。因此电力变压器产品型号表示方法如下：

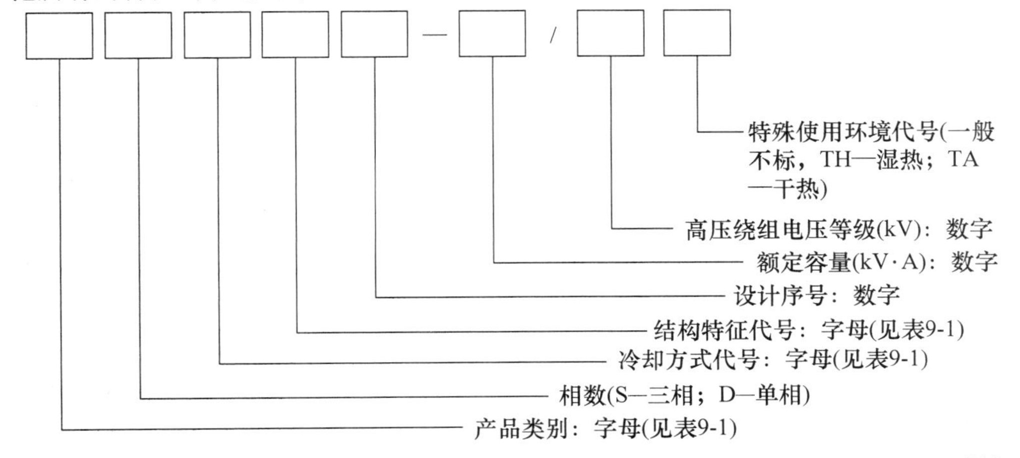

表 9-1　变压器产品代号及含义

内容	代号	含义	内容	代号	含义
产品类别（第一位）	O	自耦变压器（O在前为降压）	冷却方式（第三位）	G	干式
		（O在后为升压）		（略）	油浸自冷
	（略）	电力变压器		F	油浸风冷
	H	电弧炉变压器		W（S）	水冷
	ZU	电阻炉变压器		FP	强迫油循环风冷
	R	加热炉变压器		WP（SP）	强迫油循环水冷
	Z	整流变压器		P	强迫油循环
	K	矿用变压器	结构特征（第四位）	S	三线圈
	D	低压大电流用变压器		L	铝线
	J	电机车用变压器		（略）	铜线
		（机床用、局部照明用）		C	接触调压
	Y	试验用变压器		A	感应调压
	T	调压器		Y	移圈式调压
	TN	电压调整器		Z	有载调压
	TX	移相器		（略）	无激磁调压
	BX	焊接变压器		K	带电抗器
	HU	盐浴变压器		T	成套变电站用
	G	感应电炉变压器		Q	加强型
	BH	封闭电弧炉变压器			

变压器型号示例：

S9－500/10表示三相自冷油浸式双绕组铜导线电力变压器，其额定容量为500kV·A，高压绕组电压等级为10kV。

2. 变压器的额定值

额定值是制造厂商对变压器在指定工作条件下运行时所规定的一些量值。在额定状态下运行时，可以保证变压器长期可靠地工作，并具有优良的性能。额定值亦是变压器厂进行产品设计和试验的依据。额定值通常标在变压器的铭牌上，亦称为铭牌值。

扫一扫看视频

变压器的额定值主要如下：

1）额定容量 S_N：指在铭牌上所规定的额定状态下变压器的额定输出视在功率，以V·A、kV·A或MV·A表示。由于变压器效率高，通常把一、二次额定容量设计得相等。

2）额定电压 U_{1N} 和 U_{2N}：一次额定电压 U_{1N} 是指电网施加到变压器一次绕组上的额定电压值。二次额定电压 U_{2N} 是指变压器一次绕组上施加额定电压 U_{1N} 时，二次绕组的空载电压值。**三相变压器的额定电压均指线电压**。

3）额定电流 I_{1N} 和 I_{2N}：额定电流是指变压器在额定运行情况下允许发热所规定的线电流。根据额定容量和额定电压可以求出一、二次绕组的额定电流。

对单相变压器，一、二次绕组的额定电流为

$$I_{1N}=\frac{S_N}{U_{1N}}\qquad I_{2N}=\frac{S_N}{U_{2N}}$$

对三相变压器，一、二次绕组的额定电流为

$$I_{1N}=\frac{S_N}{\sqrt{3}U_{1N}}\qquad I_{2N}=\frac{S_N}{\sqrt{3}U_{2N}}$$

4）额定频率 f_N：我国规定工频为50Hz。

5）效率 η：变压器的效率为输出的有功功率与输入的有功功率之比的百分数。

6）温升：指变压器在额定状态下运行时，所考虑部位的温度与外部冷却介质温度之差。

7）阻抗电压：阻抗电压曾称短路电压，指变压器二次绕组短路（稳态），一次绕组流过额定电流时所施加的电压。

8）空载损耗：指当把额定交流电压施加于变压器的一次绕组上，而其他绕组开路时的损耗，单位以W或kW表示。

9）负载损耗：指在额定频率及参考温度下，稳态短路时所产生的相当于额定容量下的损耗，单位以W或kW表示。

10）联结组标号：指用来表示变压器各相绕组的连接方法以及一、二次绕组线电压之间相位关系的一组字母和序数。

9.1.5 三相变压器的联结组别

三相变压器绕组的联结不仅是构成电路的需要，还关系到一次侧、二次侧绕组电动势谐波的大小及并联运行等问题。例如多台变压器并联运行时，需要知道变压器一、二次绕组的联结方式和一、二次绕组对应的线电动势（或线电压）之间的相位关系，联结组别就是表征上述相位差的一种标志。

1. 星形联结和三角形联结

三相电力变压器广泛采用星形和三角形联结，如图9-3所示。

为了说明三相变压器连接方法，需要对绕组首末端的标记作以下规定：

1）变压器一次绕组的首端分别用A、B、C（或1U1、1V1、1W1）表示，一次绕组的末端分别用X、Y、Z（或1U2、1V2、1W2）表示。

2）变压器二次绕组的首端分别用a、b、c（或2U1、2V1、2W1）表示，二次绕组的末端分别用x、y、z（或2U2、2V2、2W2）表示。

3）变压器一次绕组为星形联结时，用Y表示；二次绕组为星形联结时，用y表示。当中性点有引出线时一、二次绕组分别用YN、yn表示。

4）变压器一次绕组为三角形联结时，用D表示；二次绕组为三角形联结时，用d表示。

在图9-3a中一次绕组为Y联结。当三相绕组采用三角形联结时，有两种连接

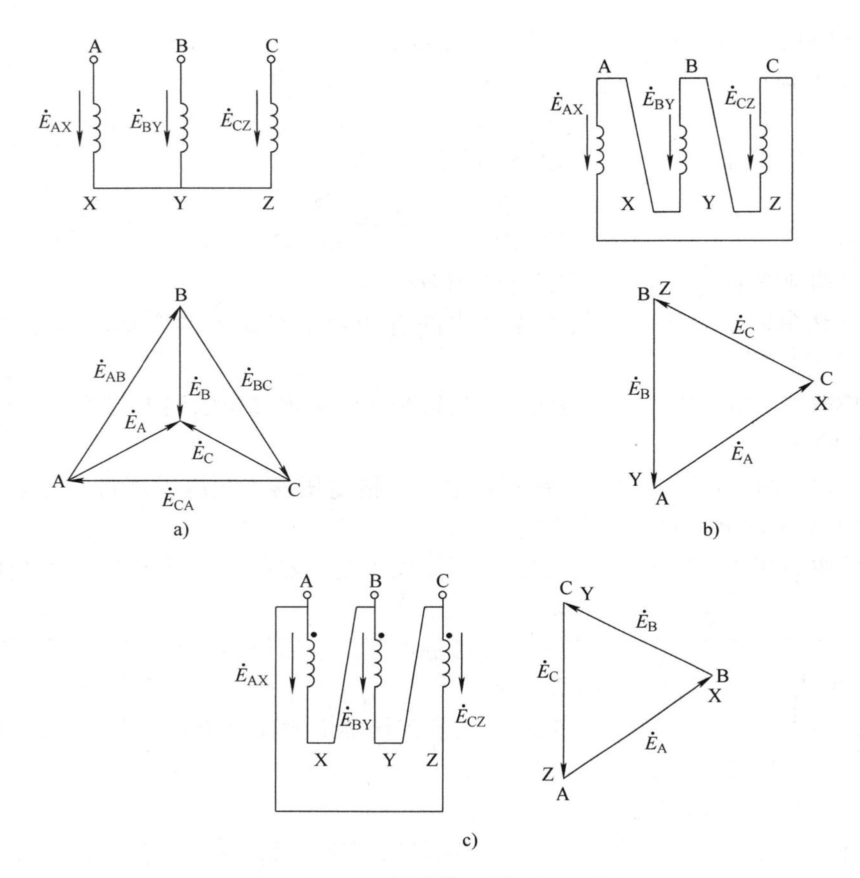

图 9-3　三相变压器三相绕组的联结

a）星形联结的三相绕组接线图与电动势相量图　b）三角形联结的三相绕组接线图与电动势相量图（1）
c）三角形联结的三相绕组接线图与电动势相量图（2）

方法：一种连接顺序为 A →X →C →Z →B→Y→A（或 a →x →c →z →b →y→a），然后从首端 A、B、C（或 a、b、c）向外引出，如图 9-3b 所示。另一种连接顺序为 A →X →B →Y →C→Z→A（或 a →x →b →y →c →z→a），然后从首端 A、B、C（或 a、b、c）向外引出，如图 9-3c 所示。

2. 三相变压器的联结组

三相变压器高、低压绕组的连接方式、绕组标志的不同，使高、低压绕组对应的线电动势之间相位差不同，联结组标号是用来反映三相变压器绕组的连接方式及对应线电动势之间相位关系的。

高、低压绕组的连接方式不同、绕组标志不同，对应的线电动势相位关系也不同，但是它们总是相差 30°的整倍数。由于时钟一周为 12h，表盘一圈为 360°，所以 1h 对应的圆周角为 30°。因此可以采用时钟法来表示三相变压器绕组的联结组标号和相位关系。同单相变压器类似，把高压侧的线电动势作为长针，固定指向钟

表盘的12点位置，低压侧相应的线电动势作为短针，它在钟面上所指的数字，即为三相变压器的联结组标号，即

$$\text{联结组标号} = \frac{\dot{E}_{ab}\text{滞后于}\dot{E}_{AB}\text{的相位角}}{30°}$$

三相变压器的联结组标号很多，下面通过具体的例子来说明如何通过相量图确定变压器的联结组标号。

联结组别标注的顺序为“一次侧接法（大写字母）—二次侧接法（小写字母）—连接组标号”，联结组的时钟为0～11。例如：

1）Yd11表示一次绕组为星形联结；二次绕组为三角形联结；时钟为11点，即二次侧线电动势滞后一次侧线电动势30°×11＝330°。

2）YNy0表示一次绕组为星形联结，有中性线引出；二次绕组为星形联结，时钟为0点（即12点），即二次侧线电动势与一次侧线电动势同相位。

新旧电力变压器绕组联结组标号的对照见表9-2。

双绕组三相变压器常用联结组见表9-3。

表9-2　新旧电力变压器绕组联结组标号的对照见表

名　称	旧标准（GB1094—1979）			新标准（GB1094—2013）		
	高压	中压	低压	高压	中压	低压
星形联结	Y	Y	Y	Y	y	y
星形联结并有中性点引出	Y_0	Y_0	Y_0	YN	yn	yn
三角形联结	△	△	△	D	d	d
组别数	用1～12，且前加横线			用0～11		
连接符号间	连接符号间用斜线			连接符号间不加逗号		
联结组标号举例	Y_0/△—11			YNd11		

表9-3　双绕组三相变压器常用联结组

绕组联结		相量图		联结组标号
高压	低压	高压	低压	
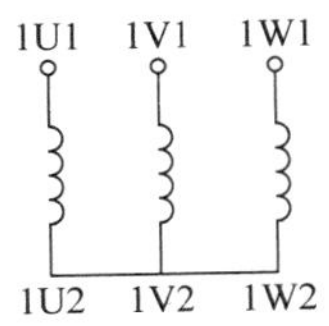 1U1 1V1 1W1 1U2 1V2 1W2	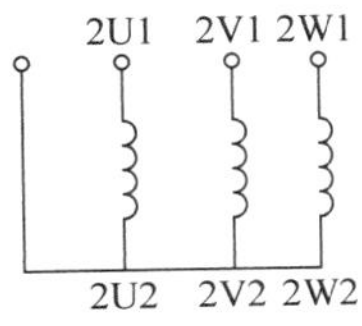 2U1 2V1 2W1 2U2 2V2 2W2	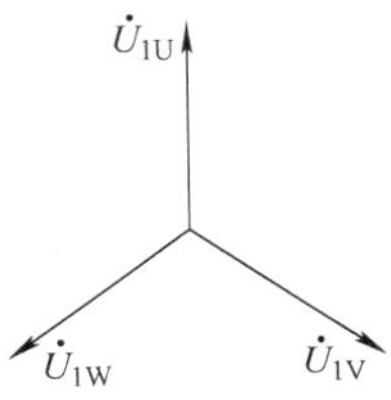 $\dot{U}_{1U}$ $\dot{U}_{1W}$ $\dot{U}_{1V}$	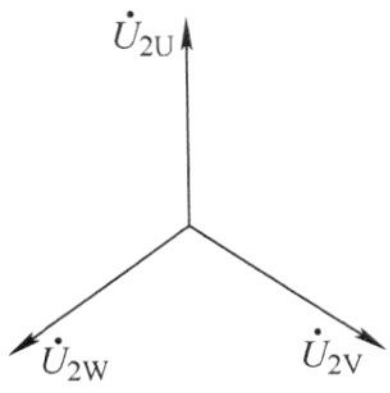 $\dot{U}_{2U}$ $\dot{U}_{2W}$ $\dot{U}_{2V}$	Yyn0（即以前的Y/Y_0－12）

（续）

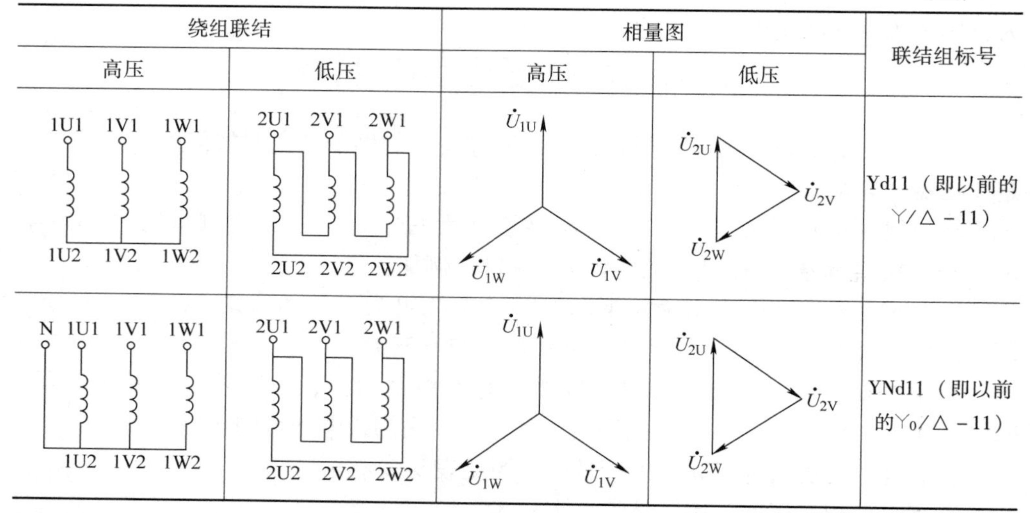

绕组联结		相量图		联结组标号
高压	低压	高压	低压	
				Yd11（即以前的Y/△-11）
				YNd11（即以前的Y_0/△-11）

9.1.6 变压器的并联运行

1. 变压器并联运行的优点

现代发电厂和变电站的容量都很大，单台电力变压器通常无法承担起全部负载，因此常采用多台电力变压器并联运行的供电方式。变压器的并联运行是指将两台或两台以上的变压器的一、二次侧绕组分别接到一、二次侧所对应的公共母线上的运行方式，如图 9-4 所示。

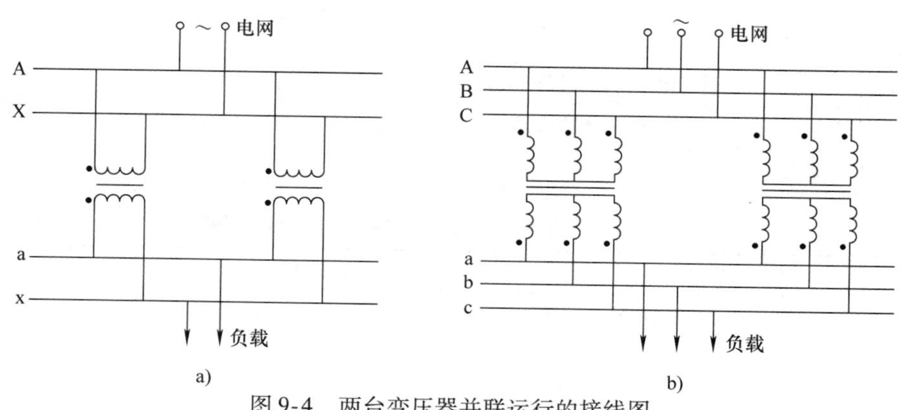

图 9-4 两台变压器并联运行的接线图

a）单相变压器并联运行接线图 b）三相变压器并联运行接线图

现代发电厂和变电站之所以采用变压器并联运行的供电方式，是因为变压器并联运行有以下有优点：

1）提高供电的可靠性。如果并联运行中的某台变压器发生故障或需要检修时，可以将它从电网上切除使其退出并联运行，其他几台变压器可继续向负载供电，不至于供电中断。

2）提高供电的经济性。如果变压器所供给的负载随昼夜或季节有较大变化时，则可根据实际负载的大小来适当的调整并联运行变压器的台数，从而可提高运行效率。

3）减小初次投资。也就是说变压器的台数可随变电站负载的增加而适当地增加，也有利于减少总的备用容量，即减少了安装时的一次性投资。

值得注意的是，并联变压器的台数也不宜过多，否则会使总投资和安装面积增加，造成运行复杂化。

2. 什么是理想并联运行

变压器理想并联运行如下：

1）空载时，各变压器的二次侧之间没有环流，这样，空载时各变压器二次绕组没有铜（铝）耗，一次绕组的铜（铝）耗也较小。

2）负载时各变压器所负担的负载电流按容量成比例分配，防止其中某一台变压器过载或欠载，使并联运行的各台变压器能同时达到满载状态，并使并联的各个变压器的容量得到充分利用。

3）负载时，各变压器所分担的电流应与总负载电流同相位，这样，当总的负载电流一定时，各变压器分担的电流为最小；如各变压器的电流一定时，则共同承担的总的负载电流为最大。

3. 理想并联运行的条件

要达到上述理想并联运行，并联运行的各变压器需满足下列条件：

1）各变压器一、二次侧额定电压分别相等（变比相等）；

2）各变压器的联结组标号必须相同；

3）各变压器的短路阻抗标幺值Z_k^*（或阻抗电压u_k）要相等，阻抗角要相同。

在上述三个条件中，满足条件1）、2），可以保证并联合闸后，并联运行的各变压器之间无环流，条件3）决定了并联运行的各变压器承担的负载合理分配。上述三个条件中，条件2）必须严格满足，条件1）、3）允许有一定误差。

9.2 油浸式电力变压器

9.2.1 电力变压器的用途与分类

用于电力系统升、降压等的变压器称为电力变压器。在电力系统中，由于绝缘水平的限制，发电机发出的电压一般只有10.5kV，为了将发出的电能向远方传输，减少线路上的损耗，需要把电压升高，以减小电流，这时就需要升压变压器（见图9-5），输电距离越远、输送的功率越高，则要求电压升得越高。但是，把电能输送到用电地区后，为了用户低电压的要求，这时就需要降压变压器来完成，降低的电压一般为6kV/以及380V、220V等。因此，在电力系统中，变压器对电能的经济传输、灵活分配和安全使用，具有重要的意义。

电力变压器小至电杆上数千伏安，巨至大型电站数十万千伏安的变压器，大小差别很大。习惯上又把降压后直接接负载的变压器称为配电变压器。

变压器在电力系统中的应用概况如图 9-5 所示。

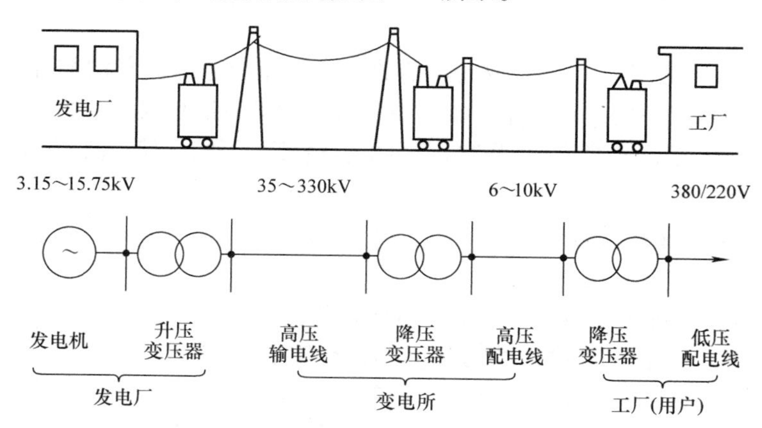

图 9-5　输配电系统示意图

9.2.2　油浸式变压器的结构

目前，油浸式电力变压器的产量最大，应用面最广。油浸式电力变压器的结构如图 9-6 所示。其主要由下列部分组成：

- 变压器
  - 器身
    - 铁心
    - 绕组
    - 引线和绝缘
  - 油箱
    - 油箱本体（箱盖、箱壁和箱底）
    - 油箱附件（放油阀门、活门、小车、油样活门、接地螺栓、铭牌等）
  - 调压装置－无励磁分接开关或有载分接开关
  - 冷却装置－散热器或冷却器
  - 保护装置－储油柜、油位计、安全气道、释放阀、吸湿器、测温元件、净油器、气体继电器等
  - 出线装置－高、中、低压套管，电缆出线等

扫一扫看视频

图 9-7 是油浸式电力变压器的器身装配后的外观图。它主要由铁心和绕组两大部分组成。在铁心和绕组之间、高低压绕组之间及绕组中各匝之间均有相应的绝缘。图中可看到高压侧的引线 1U、1V、1W，低压侧的引线 2U、2V、2W、N。另外，在高压侧设有调节电压用的无励磁分接开关。

扫一扫看视频

9.2.3　油浸式变压器的技术数据

1. 油浸式电力变压器额定电压组合

油浸式电力变压器额定电压组合见表 9-4。

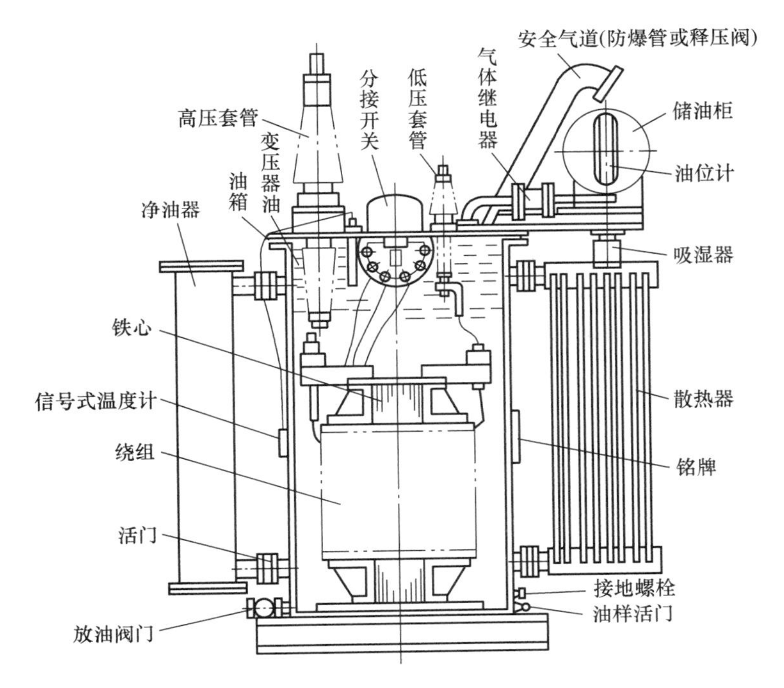

图9-6　油浸式电力变压器的结构图

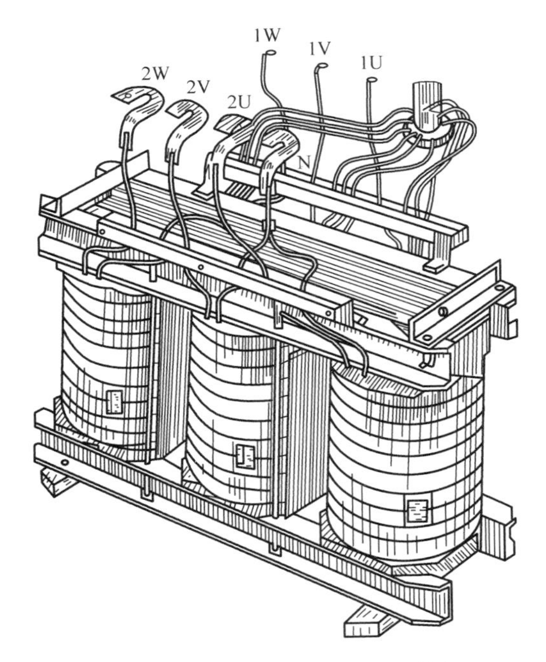

图9-7　油浸式电力变压器的器身

表 9-4　油浸式电力变压器额定电压组合

容量/（kV·A）	电压组合/kV		联结组标号
	高压	低压	
30～1600	6，10	0.4	Yyn0
630～6300	6，10	3.15，6.3	Yd11
50～1600	35	0.4	Yyn0
800～31500	35（38.5）	3.15～10.5（3.3～11）	Yd11（YNd11）

2. S13 系列油浸式电力变压器技术数据

S13 系列油浸式电力变压器技术数据见表 9-5。

表 9-5　S13 系列油浸式电力变压器技术数据

变压器型号	额定容量/kV·A	电压组合			联结组标号	短路阻抗①（%）	损耗/kW		空载电流①（%）
		高压/kV	高压分接范围	低压/kV					
S13－30	30	11 10.5 10 6.3 6	±5% 或 ±2×2.5%	0.4	Yyn0	4	0.08	0.60	1.40
S13－50	50						0.10	0.87	1.20
S13－63	63						0.11	1.04	0.97
S13－80	80						0.13	1.25	0.97
S13－100	100						0.15	1.50	0.97
S13－125	125						0.17	1.80	0.84
S13－160	160						0.20	2.20	0.84
S13－200	200						0.24	2.60	0.74
S13－250	250						0.29	3.05	0.64
S13－315	315						0.39	3.65	0.64
S13－400	400						0.41	4.30	0.54
S13－500	500						0.48	5.15	0.54
S13－630	630				Yyn0 或 Dyn11	4.5	0.57	6.20	0.54
S13－800	800						0.70	7.50	0.48
S13－1000	1000						0.83	10.30	0.42
S13－1250	1250						0.97	12.00	0.36
S13－1600	1600						1.17	14.50	0.36
S13－2000	2000						1.36	14.53	0.33
S13－2500	2500						1.50	17.27	0.32

① 此处为标幺值。在电机和变压器中，一般使用额定值作为基值。

3. D11 系列单相油浸式电力变压器技术数据

D11 系列单相油浸式电力变压器技术数据见表 9-6。

表9-6 D11系列单相油浸式电力变压器技术数据

额定容量/(kV·A)	电压组合			联结组标号	空载损耗/W	负载损耗/W	空载电流(%)	阻抗电压(%)
	高压/kV	高压分接范围	低压/kV					
5	6 6.3 10 10.5 11	±5% 或 ±2×2.5%	2×(0.22~0.24) 或 0.22~0.24	Ii0 Ii6	35	145	4.0	3.5
10					55	260	3.5	
16					65	365	3.2	
20					80	430	3.0	
30					100	625	2.8	
40					125	775	2.5	
50					150	950	2.3	
63					180	1135	2.1	
80					200	1400	2.0	
100					240	1650	1.9	
125					285	1950	1.8	
160					365	2365	1.7	

9.2.4 油浸式变压器容量的选用

电力变压器的容量选择很重要，如果容量选小了，会使变压器经常过载运行，甚至会烧毁变压器；如果容量选大了，会使变压器得不到充分利用，不仅会增加设备投资，还会使功率因数变低，增大线路和变压器本身耗损，效率降低。因此，变压器的容量一般按下式选择：

$$变压器容量=\frac{用电设备总容量\times 同时率}{用电设备功率因数\times 用电设备效率}$$

式中 同时率——同一时间投入运行的设备实际容量与用电设备总容量的比值，一般为0.7左右；

用电设备功率因数——一般为0.8~0.9；

用电设备效率——一般为0.85~0.9。

选择变压器容量时还应注意，一般用电设备的起动电流与额定电流不同，如三**相异步电动机的起动电流为额定电流的4~7倍**。因此，选择变压器时应考虑到这种电流的冲击。**一般直接起动的电动机中最大的一台电动机的容量，不宜超过变压器容量的30%**。

9.2.5 油浸式变压器的使用与维护

1. 变压器投入运行前的检查

新装或检修后的变压器，投入运行前应进行全面检查，确认符合运行条件后，方可投入试运行。

1）检查变压器的铭牌与所要求选择的变压器规格是否相符。例如各侧电压等级、联结组标号、容量、运行方式和冷却条件等是否与实际要求相符。

2）检查变压器的试验合格证是否在有效期内。

3）检查储油柜上的油位计是否完好，油位是否在与当时环境温度相符的油位线上，油色是否正常。

4）检查变压器本体、冷却装置和所有附件及油箱各部分有无缺陷、渗油、漏油等情况。

5）检查套管是否清洁、完整、有无破裂、裂纹，有无放电痕迹及其他异常现象，检查导电杆有无松动、渗漏等现象。

扫一扫看视频

扫一扫看视频

6）检查温度计指示是否正常，温度计毛细管有无硬度弯、压扁、裂开等现象。

7）检查变压器顶上有无遗留杂物。

8）检查吸湿器是否完好，呼吸应畅通、硅胶应干燥。

9）检查安全气道及其保护膜是否完好。

10）检查变压器高、低压两侧出线管以及引线、母线的连接是否良好，三相的颜色标记是否正确无误，引线与外壳及电杆的距离是否符合要求。

11）气体继电器内应无残存气体，其与储油柜之间连接的阀门应打开。

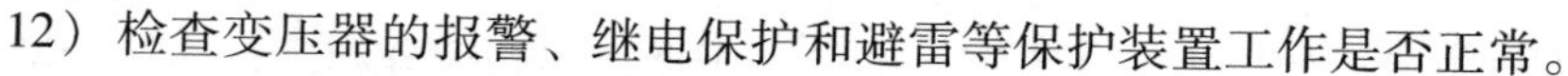

12）检查变压器的报警、继电保护和避雷等保护装置工作是否正常。

13）检查变压器各部位的阀门位置是否正确。

14）检查分接开关位置是否正确，有载调压切换装置的远方操作机构动作是否可靠。

15）检查变压器外壳接地是否牢固可靠，接地电阻是否符合要求。

16）检查变压器的安装是否牢固，所有螺栓是否紧固。

17）对于油浸风冷式变压器，应检查风扇电动机转向是否正确，电动机是否正常。经过一定时间的试运转，电动机有无过热现象。

18）对于采用跌落式熔断器保护的变压器，应检查熔丝是否合适，有无接触不良现象。

19）对于采用断路器和继电器保护的变压器，要对继电保护装置进行检查和核实，保护装置动作整定值要符合规定；操作和联动机构动作要灵活、正确。

20）对大、中型变压器要检查有无消防设施，如1211灭火器、黄沙箱等。

2. 变压器的试运行

试运行就是指变压器开始送电并带上一定负载，运行24h所经历的全部过程。试运行中应做好以下几方面的工作：

（1）试运行的准备

1）变压器投入试运行前，应再一次对变压器本体工作状态进行复查，确保没有安装缺陷，或在全部处理完安装缺陷后，方可进行试运行。

2）变压器试运行前，应对电网保护装置进行试验和整定合格，动作准确可靠。

（2）变压器的空载试运行

1）变压器投入前，必须确认变压器符合运行条件。

2）试运行时，先将分接开关放在中间一档位置上，空载试运行；然后再切换到各档位置，观察其接触是否良好，工作是否可靠。

3）变压器第一次投入运行时，可全压冲击合闸，如有条件时，应从零逐渐升压。冲击合闸时，变压器一般由高压侧投入。

4）变压器第一次带电后，运行时间不应少于10min，以便仔细监听变压器内部有无不正常杂声（可用干燥细木棒或绝缘杆一端触在变压器外壳上，一端放耳边细听变压器送电后的声响是否轻微和均匀）。若有断续的爆炸或突发的剧烈声响，应立即停止试运行（切断变压器电源）。

5）不论新装或大修后的变压器，均应进行5次全电压冲击合闸，应无异常现象发生，励磁涌流不应引起继电保护装置误动作，以考验变压器绕组的绝缘性能、机械性能、继电保护、熔断器是否合格。

6）对于强风或强油循环冷却的变压器，应检查空载下的温升。具体做法是：在不开动冷却装置的情况下，使变压器空载运行12～24h，记录环境温度与变压器上部油温；当油温升至75℃时，起动1～2组冷却器进行散热，继续测温并记录油温，直到油温稳定为止。

（3）变压器的负载试运行

变压器空载运行24h无异常后，可转入负载试运行。具体做法如下

1）**负载的加入要逐步增加，一般从25%负载开始投运，接着增加到50%、75%，最后满负载试运行**。这时各密封面及焊缝不应有渗漏油现象。

2）在带负载试运行中，随着变压器温度的升高，应陆续起动一定数量的冷却器。

3）带负载试运行中，尤其是满负载试运行中，应检查变压器本体及各组件、附件是否正常。

3. 变压器运行中的监视与检查

对运行中的变压器应经常进行仪表监视和外部检查，以便及时发现异常现象或故障，避免发生严重事故。

1）检查变压器的声响是否正常，是否有不均匀的响声或放电声等（均匀的“嗡嗡”声为正常声音）。

2）检查变压器的油位是否正常，有无渗、漏油现象。

3）检查变压器的油温是否正常。**变压器正常运行时，上层油温一般不应超过85℃，另外用手抚摸各散热器，其温度应无明显差别。**

4）检查变压器的套管是否清洁，有无裂纹、破损和放电痕迹。

5）检查各引线接头有无松动和过热现象（用示温蜡片检查）。

6）检查安全气道有无破损或喷油痕迹，防爆膜是否完好。

7）检查气体继电器是否漏油，其内部是否充满油。

8）检查吸湿器有无堵塞现象，吸湿器内的干燥剂（吸湿剂）是否变色。如硅胶（带有指示剂）由蓝色变成粉红色，则表明硅胶已失效，需及时处理与更换。

9）检查冷却系统是否运行正常。对于风冷油浸式变压器，检查风扇是否正常，有无过热现象；对于强迫油循环水冷却的变压器，检查油泵运行是否正常、油的压力和流量是否正常，冷却水压力是否低于油压力，冷却水进口温度是否过高。对于室内安装的变压器，检查通风是否良好等。

10）检查变压器外壳接地是否良好，接地线有无破损现象。

11）检查各种阀门是否按工作需要，应打开的都已打开，应关闭的都已关闭。

12）检查变压器周围有无危及安全的杂物。

13）当变压器在特殊条件下运行时，应增加检查次数，对其进行特殊巡视检查。

4. 变压器的特殊巡视检查

当变压器过负载或供电系统发生短路事故，以及遭遇特殊的天气时，应对变压器及其附属设备进行特殊巡视检查。

1）在变压器过负载运行的情况下，应密切监视负载、油温、油位等的变化情况；注意观察接头有无过热、示温蜡片有无熔化现象。应保证冷却系统运行正常，变压器室通风良好。

2）当供电系统发生短路故障时，应立即检查变压器及油断路器等有关设备，检查有无焦臭味、冒烟、喷油、烧损、爆裂和变形等现象，检查各接头有无异常。

3）在大风天气时，应检查变压器引线和周围线路有无摆动过近引起闪弧现象，以及有无杂物搭挂。

4）在雷雨或大雾天气时，应检查套管和绝缘子有无放电闪络现象，变压器有无异常声响，以及避雷器的放电记录器的动作情况。

5）在下雪天气时，应根据积雪融化情况检查接头发热部位，并及时处理积雪和冰凌。

6）在气温异常时，应检查变压器油温和是否有过负载现象。

7）在气体继电器发生报警信号后，应仔细检查变压器的外部情况。

8）在发生地震后，应检查变压器及各部分构架基础是否出现沉陷、断裂、变形等情况；有无威胁安全运行的其他不良因素。

5. 变压器重大故障的紧急处理

当发现变压器有下列情况之一时，应停止变压器运行。

1）变压器内部响声过大，不均匀，有爆裂声等。

2）在正常冷却条件下，变压器油温过高并不断上升。

3）储油柜或安全气道喷油。

4）严重漏油，致使油面降到油位计的下限，并继续下降。

5）油色变化过甚或油内有杂质等。

6）套管有严重裂纹和放电现象。

7）变压器起火（不必先报告，立即停止运行）。

9.2.6 油浸式变压器的常见故障及其排除方法

油浸式变压器的常见异常现象、可能原因及其排除方法，见表9-7。

表9-7 油浸式变压器运行中常见的异常现象及其排除方法

异常现象	判断	可能原因	排除方法
温度不正常	温度过高，温度指示不正确	1. 过载 2. Yyn0变压器三相负载不平衡 3. 环境温度过高，通风不良 4. 冷却系统故障 5. 变压器断线，如三角形联结时，对外一相断线，对内绕组有环流通过，发生局部过负载 6. 漏油引起油量不足 7. 变压器内部异常，如夹紧的螺栓松动，线圈短路、损坏，油质不良 8. 温度计损坏	1. 降低负载 2. 调整三相负载，要求中性线电流不超过低压绕组额定电流的25% 3. 降低负载；强迫冷却；改善通风 4. 修复冷却系统 5. 立即修复断线处 6. 补油；处理漏油处 7. 用感官、油试验等进行综合分析判断，然后再进行处理和检修 8. 核对温度计：把棒状温度计贴在变压器外壁上校核。若温度计损坏，应更换
不正常的响声或噪声、振动	用听音棒触到油箱上听内部发声情况。只要记住正常时的励磁声和振动情况，便可区分异常声音和振动	1. 电压过高或频率波动 2. 紧固部件松动 3. 铁心的紧固零件松动 4. 铁心叠片中缺片或多片 5. 铁心油道内或夹件下面有未夹紧的自由端 6. 分接开关的动作机构不正常 7. 冷却风扇、输油泵的轴承磨损 8. 油箱、散热管附件共振 9. 接地不良或未接地的金属部分静电放电 10. 大功率晶闸管负荷引起高次谐波 11. 电晕闪络放电声，如套管、绝缘子污脏或裂痕	1. 把电压分接开关调到与负荷电压相适应的位置 2. 查清声音及振动的部位，加以紧固 3. 检查并紧固紧固件 4. 应补片或抽片，并夹紧铁心 5. 检查紧固件，加以紧固 6. 检修分接开关 7. 修理或换上备用品；若不能运行时，应降低负荷 8. 检查电源频率；拧紧紧固部件 9. 检查外部接地情况，如外部正常，则应进行内部检查 10. 按高次谐波程度，有的可以正常使用，有的不能使用则要检修 11. 清扫或更换套管和绝缘子

（续）

异常现象	判断	可能原因	排除方法
臭味、变色	1. 温度过高 2. 导电部分、接线端子过热，引起变色、臭味 3. 外壳局部过热，引起油漆变色、发臭 4. 焦臭味 5. 干燥剂变色	1. 过负荷 2. 紧固螺钉松动，长时间过热，使接触面氧化 3. 涡流及漏磁通 4. 电晕闪络放电或冷却风扇、输油泵烧毁 5. 受潮	1. 降低负荷 2. 修磨接触面，紧固螺钉 3. 及早进行内部检修 4. 清扫或更换套管和绝缘子；更换风扇或输油泵 5. 换上新的干燥剂或作再生处理
渗油、漏油	油位计的指示低于正常位置	1. 密封垫圈未垫妥或老化 2. 焊接不良 3. 瓷套管破损 4. 因内部故障引起喷油	1. 重新垫妥或更换垫圈 2. 查出不良部位，重新焊好 3. 更换套管，处理好密封件，紧固法兰部分 4. 停用检修
异常气体	气体继电器的气体室内有无气体；气体继电器轻瓦斯动作	1. 绝缘材料老化 2. 铁心不正常 3. 导电部分局部过热 4. 误动作 5. 密封件老化 6. 管道及管道接头松动	1～4. 采集气体分析后再作处理（如停止运行、吊心检修等） 5. 更换密封件 6. 检修管道及管道接头
套管、绝缘子裂痕或破损	目测或用绝缘电阻表检查	外力损伤或过电压引起	根据裂痕的严重程度进行处理，必要时予以更换；检查避雷器是否良好
防爆装置不正常	防爆板龟裂、破损	1. 内部故障（根据继电保护动作情况加以判断） 2. 吸湿器不能正常呼吸而使内部压力升高引起	1. 停止运行，进行检测和检修 2. 疏通呼吸孔道
套管对地击穿	高压熔丝熔断	1. 套管有隐蔽的裂纹或有碰伤 2. 套管表面污秽严重 3. 变压器油面下降过多	平时巡视时，注意及时发现裂纹等隐患，清除污秽；故障后必须更换套管
套管间放电	高压熔丝熔断	1. 套管间有杂物 2. 套管间有小动物	更换套管
分接开关触头表面熔化与灼伤	1. 高压熔丝熔断 2. 触头表面产生放电声	1. 开关装配不当，造成接触不良 2. 弹簧压力不够	定期（每年一、两次）在停电后将分接开关转动几周，使其接触良好

（续）

异常现象	判断	可能原因	排除方法
分接开关相间触头放电或各分接头放电	1. 高压熔丝熔断 2. 储油柜盖冒烟 3. 变压器油发出“咕嘟”声	1. 过电压引起 2. 变压器油内有水 3. 螺钉松动，触头接触不良，产生爬电烧伤绝缘	定期（每年一、两次）在停电后将分接开关转动几周，使其接触良好
变压器油质变坏	变压器油色变暗	1. 变压器故障引起放电，造成油分解 2. 变压器油长期受热氧化严重，油质恶化	定期试验、检查，决定进行过滤或换油
气体继电器发出报警	轻瓦斯发出报警信号，重瓦斯作用于跳闸	油面过度降低（如漏油），变压器内部绝缘击穿，匝间短路，铁心故障，分接开关故障等。这时继电器内有气味。变压器引线端短路时，油面发生振荡	分析气体的数量、颜色、气味与可燃性等，确定故障性质和部位，做出相应的处理

9.3　干式电力变压器

9.3.1　干式变压器的特征

所谓干式电力变压器，是指这类变压器的铁心和绕组等构成的器身，都不浸在绝缘液体介质（变压器油）中，而是和空气直接接触（如干式自冷型），或和密封的固体绝缘接触（如环氧浇注型）。

干式电力变压器分为普通结构型和环氧浇注型两大类。干式电力变压器具有下列特征：

1）无油、无污染、难燃、阻燃及自熄防火，没有火灾和爆炸危险。

2）绝缘等级高，进一步提高了变压器的过载能力和使用寿命。

3）损耗低、效率高。

4）噪声小，通常可控制在50dB以下。

5）局部放电量小，可靠性高，可保证长期安全运行。

6）抗裂、抗温度变化，机械强度高，抗突发短路能力强。

7）防潮性能好，停运后不需干燥处理即可投入运行。

8）体积小、重量轻。不需单独的变电室，减少了土建造价。

9）安装便捷，无须调试，几乎不需维护；无须更换和检查油料，运行维护成本低。

10）配备有完善的温度保护控制系统，为变压器安全运行提供了可靠保障。

干式变压器的铁心和绕组一般为外露结构，不采用液体绝缘，不存在液体泄漏和污染环境问题；干式变压器结构简单，维护和检修比油浸式变压器要方便许多，同时干式变压器采用了阻燃性绝缘材料。基于以上这些优点，其被广泛应用在对安全运行要求较高的场合。许多国家和地区都规定，在高层建筑的地下变电站、地铁、矿井、电厂、人流密集的大型商业和社会活动中心等重要场所必须选用干式电力变压器供电。

9.3.2 干式变压器的型号

干式变压器的型号含义如下：

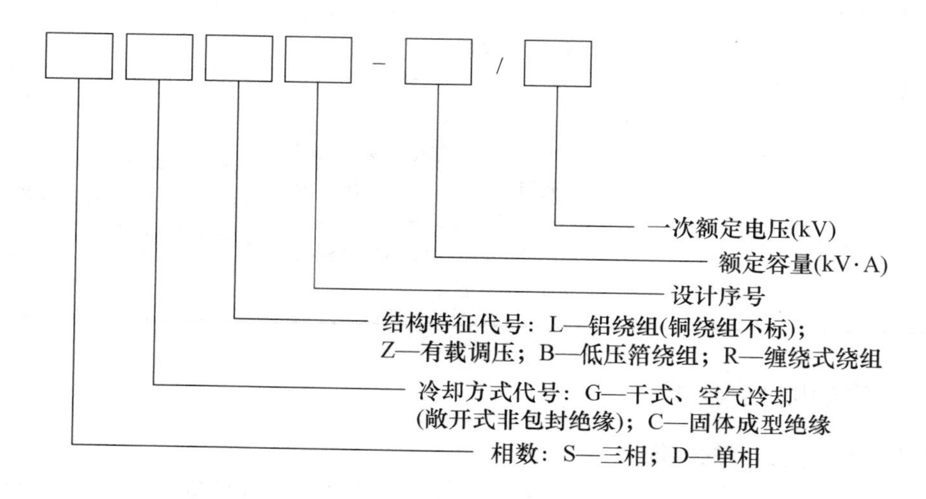

干式变压器型号示例：

SCZ（B）10－100/10 表示：三相环氧树脂绝缘、有载调压、低压为箔式绕组，设计序号为 10 的干式变压器，其额定容量为 100kV·A；一次侧额定电压为 10kV。

9.3.3 干式变压器的分类

干式变压器的分类方法很多，通常分类方法有以下几种。

1. 按外壳结构分类

1）密封干式变压器。它是放在密封保护外壳中，外壳中充有空气或其他气体，壳内气体不能与外界大气交换。

2）全封闭式干式变压器。它是放在保护外壳中，外壳中充有空气。外壳结构使壳内周围空气不能以循环方式来冷却铁心和绕组，但壳内空气可向大气呼吸。

3）封闭干式变压器。它是在保护外壳中充以空气的干式变压器，外壳结构使周围空气以循环方式来冷却铁心和绕组。

4）非封闭式干式变压器。它是一种没有外壳保护的干式变压器，它的铁心和绕组由外界空气冷却。

干式变压器外形结构又可分为有箱式（封闭式）和无箱式（非封闭式）两种，箱体有铁板结构和铝合金结构两种。

2. 按绝缘介质和制造工艺分类

干式变压器按绝缘介质和制造工艺可分为浸渍式、环氧树脂型浇注式、环氧树脂绕包式（又称缠绕式树脂包封）等。

在干式变压器中，空气自冷又分为非封闭式（开启式）和封闭式两种。环氧树脂浇注又可分为带填料的厚绝缘浇注和用玻璃纤维加强的薄绝缘浇注两种，即树脂加填料浇注和树脂浇注两种。

3. 按相数分类

干式变压器按相数可分为三相和单相两种。

9.3.4 干式变压器的结构

干式变压器的种类很多。浸渍式干式变压器的外形如图9-8所示；树脂浇注式干式变压器典型结构如图9-9所示。

图9-8 SG10型H级浸渍式干式变压器的外形

9.3.5 干式变压器的技术数据

1. SGZ3系列三相干式有载调压变压器技术数据

SGZ3系列三相干式有载调压变压器技术数据见表9-8。该系列变压器适用于高层建筑物、宾馆、机场、车站、地下铁道等场所的供电设备。用在交流50Hz、额定电压10kV的电力系统中。

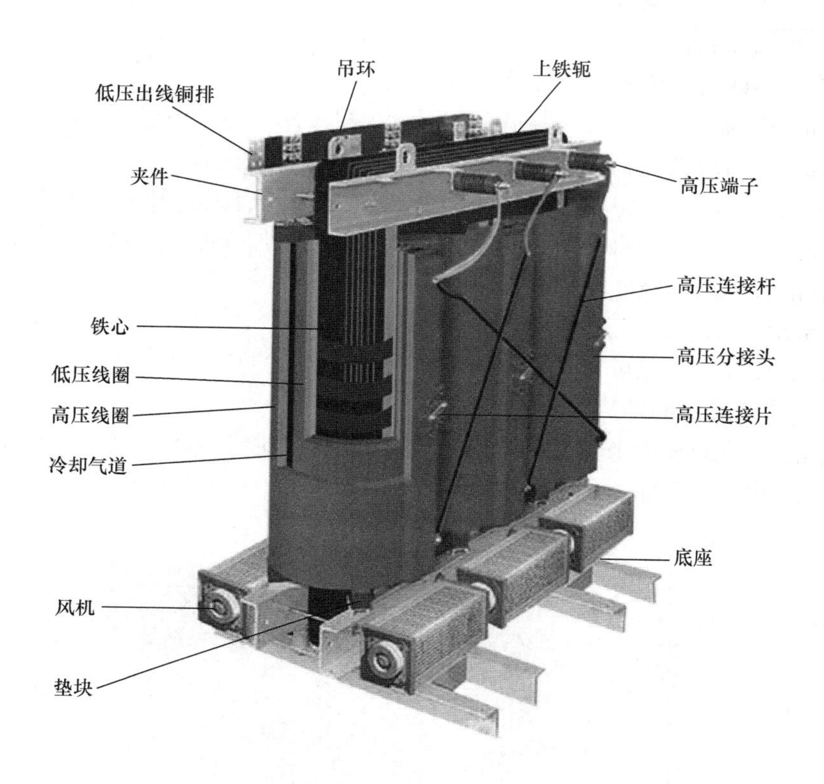

图 9-9　SCB9（10）型树脂浇注式干式变压器结构

表 9-8　SGZ3 系列三相干式有载调压变压器技术数据

型　号	额定容量/kV·A	额定电压/kV		联结组标号	阻抗电压（%）	空载电流（%）	损耗/kW	
		高压	低压				空载	负载
SGZ3－315/10	315	10	0.4	Yyn0	6.0	1.6	1.688	5.098
SGZ3－400/10	400						1.846	6.990
SGZ3－500/10	500						2.296	8.926
SGZ3－630/10	630						2.750	9.778
SGZ3－800/10	800						2.850	12.096
SGZ3－1000/10	1000						4.249	14.848
SGZ3－1250/10	1250						5.288	15.746
SGZ3－1600/10	1600						6.380	19.325

2. SC 系列环氧树脂干式变压器技术数据

SC 系列环氧树脂干式变压器技术数据见表 9-9。

表 9-9 SC 系列环氧树脂干式变压器技术数据

型 号	额定容量/kV·A	额定电压/kV		联结组标号	阻抗电压(%)	损耗/kW		外形尺寸/mm		
		高压	低压			空载	负载	长	宽	高
SC－50/10	50	10	0.4	Yyn0	4.0	0.32	1.10	930	720	840
SC－75/10	75					0.33	1.50	910	720	840
SC－100/10	100					0.38	1.70	930	720	1010
SC－125/10	125					0.38	2.00	910	750	1150
SC－160/10	160					0.55	2.10	1030	720	1060
SC－200/10	200					0.60	2.60	1030	720	1200
SC－250/10	250					0.79	2.70	1100	720	1180
SC－315/10	315					0.84	3.25	1140	870	1290
SC－400/10	400					0.95	3.60	1210	870	1300
SC－500/10	500					1.20	4.00	1210	870	1470
SC－630/10	630					1.50	6.20	1300	870	1605
SC－800/10	800					1.90	9.00	1510	1085	1690
SC－1000/10	1000					2.20	9.90	1510	1085	1820
SC－100/10R	100	10	0.4	Yyn0	4.0	0.31	1.90	910	720	1100
SC－125/10R	125					0.33	2.10	910	720	1170
SC－160/10R	160					0.46	2.20	1030	720	1120
SC－200/10R	200					0.51	2.70	1030	720	1240
SC－250/10R	250					0.62	2.90	1110	720	1230
SC－315/10R	315					0.68	3.50	1110	870	1420
SC－400/10R	400					0.75	4.00	1210	870	1480
SC－500/10R	500					0.93	4.60	1210	870	1610
SC－630/10R	630					1.10	6.40	1360	870	1670
SC－800/10R	800					1.20	7.90	1390	1085	1860
SC－1000/10R	1000					1.55	9.40	1480	1085	2150

9.3.6 干式变压器的使用与维护

1. 干式变压器的起动

1）安装工程结束并经验收后，干式变压器宜带电连续试运行24h。

2）干式变压器分接开关符合运行要求。若为无励磁分接开关，在调好运行分接位置后，测量该分接位置绕组的直流电阻，并符合有关规定。

3）接地部分接触紧密，牢固可靠，设备中及带电部分无遗留杂物，具备通电条件。

4）所有保护装置已全部投入，进行空载合闸5次，第一次带电时间不少于

10min，且无异常。

5）变压器并列运行时，应该核对相位。

6）在带电情况下将有载分接开关操作一个循环，逐级控制正常，电压调节范围与铭牌相符。

7）温控开关整定符合要求，温控与温显所指示的温度一致。

8）冷却装置自启动及运转正常。

9）干式电力变压器在高湿度下投运时，绕组外表无凝露。

10）投运干式电力变压器操作时，在中性点有效接地系统中的中性点必须先接地，投入后，可按系统需要决定中性点是否断开。

2. 干式变压器的运行环境

1）海拔：不超过1000m。

2）环境温度：最高气温+40℃；最高日平均气温+30℃；最高年平均气温+20℃；户外最低气温-30℃；户内最低气温-5℃。

3）湿度要求：因绕组不吸潮，铁心、夹件均有特殊的防蚀保护层，可在100%的相对湿度和其他恶劣环境中运行。

4）安装场合：因干式变压器缠绕绕组的玻璃纤维等绝缘材料具有自熄特性，阻燃防爆，不会因短路产生电弧，高温下树脂不会产生有毒有害气体，无公害，不污染环境。可以靠近负荷中心，就近安装。

3. 对干式变压器运行的有关要求

1）干式电力变压器外壳醒目处设有标牌，标明运行编号和相位，并悬挂警告牌。

2）有独立电源的通风系统。当机械通风停止时，能发出远传信号。

3）变压器室的门采用难燃或不燃材料，并加锁。门上标明干式电力变压器的名称和运行编号，门外挂警告标志牌。

4）安装在地震烈度为七级以上地区的干式电力变压器，采用下列防振措施：

① 将干式电力变压器垫脚固定于基础槽钢或轨道上。

② 干式电力变压器出线端子与软导线的连接适当放松，与硬导线连接时将过渡软连接适当加长。

5）对运行中的干式电力变压器采取限制短路电流的措施。**变压器保护动作的时间应小于承受短路耐热能力的持续时间。**

6）**当联结组标号相同、电压比相等且短路阻抗相等时，干式电力变压器可并列运行。**

4. 干式变压器运行中的巡视检查

1）检查绝缘子、绕组的底部和端部有无积尘。

2）观察绕组绝缘表面有无龟裂、爬电和碳化痕迹。

3）注意紧固部件有无松动、发热，声音是否正常。

4）干式变压器采用自然空气冷却（AN）时，可连续输出100%容量。

5）干式变压器配置风冷系统，采用强迫空气冷却（AF）方式时，输出容量可提高40%左右。

6）干式变压器超负荷运行中应密切注意变化，切忌因温升过高而损坏绝缘，无法恢复运行。

7）干式电力变压器在低负载下运行、温升较低时，风机可不投入运行。

值班人员发现干式电力变压器运行中有不正常现象时，应设法尽快消除，并报告上级和做好记录。

9.3.7 干式变压器的常见故障及其排除方法

干式变压器的常见故障及其排除方法见表9-10。

表9-10 干式变压器常见故障及其排除方法

故障现象	原因分析	排除方法
铁心产生悬浮电位放电现象	1. 由于铁心接地片与铁心没插紧 2. 接地片脱落，使铁心失去有效接地点	1. 接地片插在铁心由外向里第2或第3级处，插入深度为30～50mm 2. 将接地片插在铁心并紧固
铁心多点接地	1. 有金属异物遗留在铁心和结构件之间，造成铁心多点接地 2. 夹件绝缘、垫脚绝缘过薄，在重力作用下绝缘破裂，造成铁心多点接地	1. 清除干式变压器内存在的金属异物，保证变压器器身清洁 2. 采用较厚的夹件绝缘和垫脚绝缘，保证有效绝缘距离
短路	1. 由于变压器一次侧输入电源的短路造成变压器的短路 2. 变压器一次侧、二次侧由于引线距离的原因造成变压器的短路 3. 变压器线圈内部由于匝间、层间短路造成变压器的短路 4. 变压器相间由于绝缘距离不够造成变压器的短路	1. 排除一次侧故障 2. 适当增大引线的距离 3. 加强匝间、层间的绝缘 4. 适当增大相间的距离
树脂绝缘干式变压器绝缘故障	1. 线圈表面环氧树脂开裂，造成线圈表面有放电现象 2. 树脂配比的误差，使树脂电气性能及机械强度的下降 3. 线圈绝缘材料放置不当造成线圈浇注后整体绝缘结构不良	1. 修补开裂处，加强绝缘 2. 加强绝缘，提高使树脂电气性能及机械强度 3. 采取补救措施，增强绝缘
非包封干式变压器绝缘故障	1. 线圈匝间绝缘有破损，表面不清洁 2. 线圈表面有气泡，同时伴有严重的漆瘤	1. 清理线圈表面，修补破损的绝缘 2. 重新浸渍或补漆

（续）

故障现象	原因分析	排除方法
上电后显示器不亮	电源线未接好或电源欠压	检查输入电源
首次送电分接开关不动作	1. 连接插头未插好 2. 相序不正确	1. 检查各部位，并按要求接好 2. 重新校核
控制器操作，分接开关不动作	1. 控制器与分接开关连线错误 2. 插头未插好	1. 检查并正确连线 2. 按要求安装插头
分接开关保护失灵	1. 开关部件松动 2. 元器件击穿	1. 检查插头是否接通，紧固松动的部件 2. 更换击穿的元器件或咨询厂商维修
分接开关机械部分有卡滞现象或异常声音	1. 润滑部位未按要求注入润滑油 2. 机械零件是否损坏	1. 检查、加注润滑油 2. 咨询厂商维修
分接开关有放电现象	1. 绝缘部位脏污 2. 绝缘件击穿	1. 擦净绝缘部件 2. 更换绝缘件或咨询厂商维修

9.4 箱式变电站

9.4.1 箱式变电站的用途与型号

成套变电站是组合变电站、箱式变电站和移动变电站（预装式变电站）的统称，习惯上均简称为箱式变电站。箱式变电站是变换电压与分配电能的成套变电设备，适用于高层建筑、机场、宾馆、医院、矿山、居民住宅小区等室内、室外供电场所，在额定电压10kV及以下变配电系统作为变配电、动力及照明用。

1. 型号含义

成套变电站的型号含义如下：

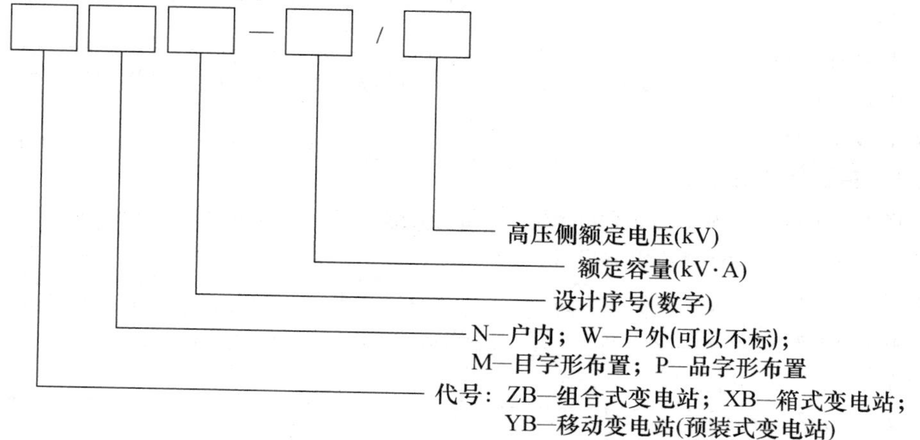

2. 布置方式

箱式变电站由高压开关设备、变压器及低压配电装置三个部分组成，总体布置有组合式和一体式。所谓组合式是这三个部分各为一室成“目”字形或“品”字形布置；而一体式变压器是以变压器为主体，熔断器及负荷开关等装在变压器箱体内，构成一体式布置。**箱式变电站组合式布置的“目”字形与“品”字形相比，接线方便，但“品”字形结构较为紧凑，当变压器室排布多台变压器时，按“品”字形布置较为有利。**

9.4.2 箱式变电站的特点

箱式变电站简称箱式变或箱变。箱式变电站是在工厂按用电线路要求，集高压开关设备、电力变压器和低压配电屏三位一体的户内、户外型配电设备。它具有体积小、重量轻、组装灵活、适应性强、运输安装方便、外形美观和造价低等特点，而且技术性能好、运行安全可靠、使用寿命长、施工快、维护工作量小，具有明显的经济效益。箱式变电站与土建变电所的简单比较见表9-11。

表9-11　箱式变电站与土建变电所的简单比较

项　目	类　型	
	土建变电所	箱式变电站
占地面积	大	小
建设投资	大	小
送电周期	长	短
综合成本	大	小

新型箱式变电站其外壳采用不锈钢全封闭结构，高压配电装置选用RM6型环网供电单元；电力变压器选用全封闭低损耗油浸式变压器；低压配电装置选用GGD型交流低压配电柜的结构和元器件，可装置低压电能计量装置和无功自动补偿装置等配套组件。

箱式变电站由于其独特的适应性能，被广泛用于城镇配电系统和住宅小区、商场、大厦等终端变电站，也可作为临时性用电的户内、户外变电站。

箱式变电站的进出线方式可为架空线进出、电缆进出、架空线进电缆出、电缆进架空线出四种。

9.4.3 箱式变电站的结构

图9-10是一台箱式变电站的外形和内部结构图。在箱壳内部装着高压配电装置、变压器和低压配电装置，在箱壳内壁上还装有照明设备。箱壳主要由底座、框架和顶盖三部分组成。框架侧板采用了双层板隔开的方式，在双层板之间加了钢丝网防止小动物入内，侧板拆卸方便，并在板上开了通风孔，使带有尘沙的冷空气在通过隔层时大部分尘沙下沉，因而进入箱壳内部的空气较为洁净。在柜体前后设有能左右打开的双扇门，用以操作和检修内部电气设备。顶盖由薄钢板弯制焊接而

成，也是双层结构，在内层薄板上冲有通风孔，顶盖的四周也有通风孔，箱体内部的热空气通过内层通风孔及顶盖四周的通风孔排出。高压配电装置与变压器用塑料电缆连接，电缆头套有绝缘筒。高压配电装置、变压器和低压配电装置之间，均有隔板隔开。低压配电装置内装有无功功率自动补偿装置，还可根据需要安装电能计量装置。变压器装卸可打开顶盖从上方吊出，或打开侧板，从侧面拉出。

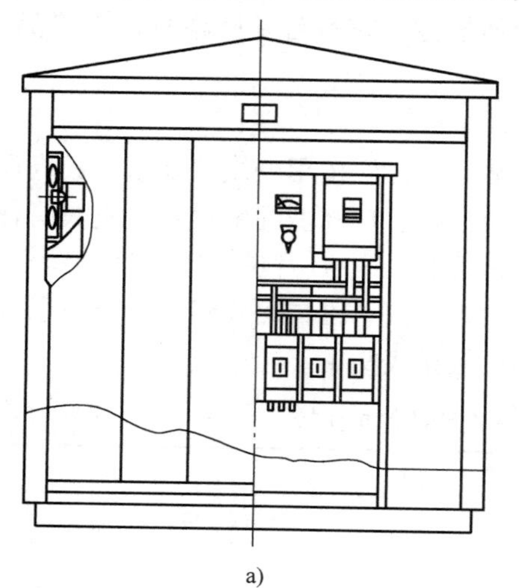

a)

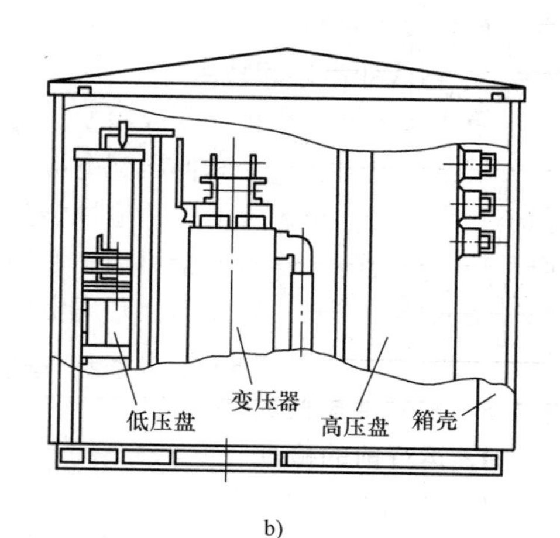

b)

图 9-10 箱式变电站的外形和内部结构图

a）外形图 b）内部结构图

9.4.4 箱式变电站的技术数据

1. XB 型箱式变电站技术数据

XB 型箱式变电站技术数据见表 9-12。

表 9-12 XB 型箱式变电站技术数据

型号	变压器容量 /kV·A	高压配电装置 /kV	低压配电装置 /V	外形尺寸/mm		
				长	宽	高
XB－30/10	30	10	400/230	3000	2200	2320
XB－50/10	50					
XB－80/10	80					
XB－100/10	100					
XB－160/10	160			3340	2200	2320
XB－200/10	200					
XB－250/10	250					
XB－315/10	315					
XB－400/10	400					
XB－500/10	500			3600	2400	2550
XB－630/10	630					
XB－800/10	800					
XB－1000/10	1000					
XB－1250/10	1250					

2. YB型移动变电站技术数据

YB型移动变电站技术数据见表9-13。

表9-13 YB型移动变电站技术数据

型号	变压器容量/kV·A	高压配电装置/kV	低压配电装置/V	外形尺寸/mm		
				长	宽	高
XB－100/10	100	6、10	400/230	7000	3200	2800
XB－160/10	160					
XB－200/10	200					
XB－250/10	250					
XB－315/10	315					
XB－400/10	400					
XB－500/10	500					
XB－630/10	630					

9.4.5 箱式变电站的使用与维护

1. 运行前的检查

1）检查箱式变电站内所有设备的外观是否完整。

2）检查所有紧固件、连接件是否松动，并重新紧固。

3）检查箱式变电站上是否有异物存在。

4）检查各接地点是否正确接地。

5）检查高压断路器、高压隔离开关、接地开关等，操作应灵活可靠，且指示准确。高压断路器储能操动机构手动、自动皆能正常工作。

6）检查断路器、隔离开关、接地开关、柜门之间的防误闭锁功能是否完备，即

① 接地开关在合位时，隔离开关、断路器应不能合闸。

② 断路器、隔离开关在合位时，接地开关应不能合闸接地。

③ 断路器在合位时，隔离开关不能分合闸。

④ 断路器、隔离开关在合位时，内层柜门不能打开。

⑤ 内层柜门打开时，隔离开关、断路器不能合闸（即防止隔离开关带负载分、合）。

7）采用短接和断开电触头温度计上触头的方式，检查换气扇的起动和停止是否正常。

2. 箱式变压器的运行

箱式变压器投入运行的方法步骤如下：

1）把无励磁分接开关调到相应的位置上。

2）将高压室、变压器室内的柜门关好，然后按送电程序操作。

3）合上外部高压进线电源，高压室内带电指示装置氖灯发光。

4）合上高压隔离开关，合上高压断路器，观察电压表，操动机构上分合闸指示标牌在合位，监听变压器空载声音是否正常。

5）合上低压进线隔离开关，按下合闸按钮，电动合上低压进线断路器，红色指示灯亮，操动机构上分合闸指示标牌在合位。

6）分别合上低压出线低压断路器，观察对应的电流表、红色指示灯（负载侧要有人监视，若有故障，立即分断断路器）。

7）将电容装置打到自动状态，观察电容器投、切变化，要求 $\cos\varphi$ 始终跟踪在0.95以上。

8）投入运行后，所带负载应由小到大逐渐增大，并检查内部有无异响。

3. 箱式变电站的维护

箱式变电站是一种无人值班、监护的集受、变、馈电为一体的成套电器装置，一般应每年进行一次检查，环境恶劣、污染严重的应每3~6个月进行一次检查。高低压开关按规定检修，每两年进行预防性试验一次，投运半年内出现故障的可能性较大，在此半年内应加强巡视。

箱式变电站检查维护内容如下：

1）检查开关柜内的元器件是否正常工作。

2）检查是否渗漏油，变压器油是否正常，定期抽取油样化验。

3）清除所有灰尘（注意带电），防止雨水及尘土进入高低压室内。

4）检查所有操作部件是否正常工作。

5）检查所有仪表是否正常工作。

6）检查熔丝、避雷器是否正常。

7）检查紧固件、连接件是否松动、导电零件及其他零件有无发热、生锈、腐蚀的痕迹，绝缘表面有无爬电痕迹和碳化等。

8）箱体为金属结构，虽经防腐处理，如巡视中发现锈蚀部分，应及时涂补。

9）检查转动部分及门锁是否灵活，并加润滑油。

10）检查箱内照明是否损坏，保持照明良好。

11）检查箱体通风孔是否堵塞，自动排风扇是否正常工作，否则应及时停运检修。

12）查看箱体内温升情况。

9.5 弧焊变压器

9.5.1 弧焊变压器的用途与特点

1. 弧焊变压器的用途

交流弧焊变压器（简称弧焊变压器或电焊变压器）又称交流弧焊机。

弧焊变压器是具有下降外特性的交流弧焊电源，它是通过增大主回路电感量来获得下降的外特性，以满足焊接工艺的需要。它实际上是一种特殊用途的降压变压器，在工业中应用极为广泛。

2. 弧焊变压器的特点

弧焊变压器按结构特点主要可分为**动铁心式、串联电抗器式、动线圈式和变换抽头式**。

弧焊变压器与普通变压器相比，其基本工作原理大致相同，都是根据电磁感应原理制成的。但是为了满足焊接工艺的要求，弧焊变压器与普通变压器仍有不同之处，具体如下：

1）普通变压器是在正常状态下工作的，而**弧焊变压器则在短路状态下工作**。

2）普通变压器在带负载运行时，其二次侧电压随负载变化很小，而**弧焊变压器则要求在焊接时具有一定的引弧电压（60~75V）**。当焊接电流增大时，输出电压急剧下降，当电压降到零时，二次侧电流也不致过大。

3）普通变压器的一、二次绕组是同心地套在同一个铁心柱上，而**弧焊变压器的一、二次绕组则分别装在两个铁心柱上**，这样就可以通过调节磁路间隙，使二次侧得到焊接所需要的工作电流。

9.5.2 弧焊变压器的基本结构

弧焊变压器的种类很多。BX1－330型弧焊变压器的结构如图9-11所示；BX－550型弧焊变压器的结构如图9-12所示。

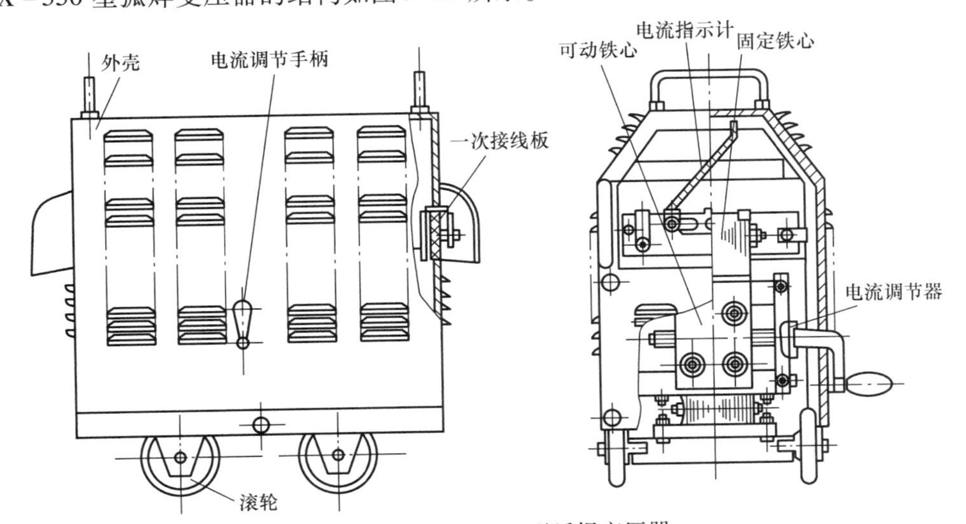

图9-11 BX1－330型弧焊变压器

9.5.3 弧焊变压器的工作原理与焊接电流的调节

1. 弧焊变压器的工作原理

图9-13是弧焊变压器原理电路图。它是由变压器T在二次侧回路串入电抗器

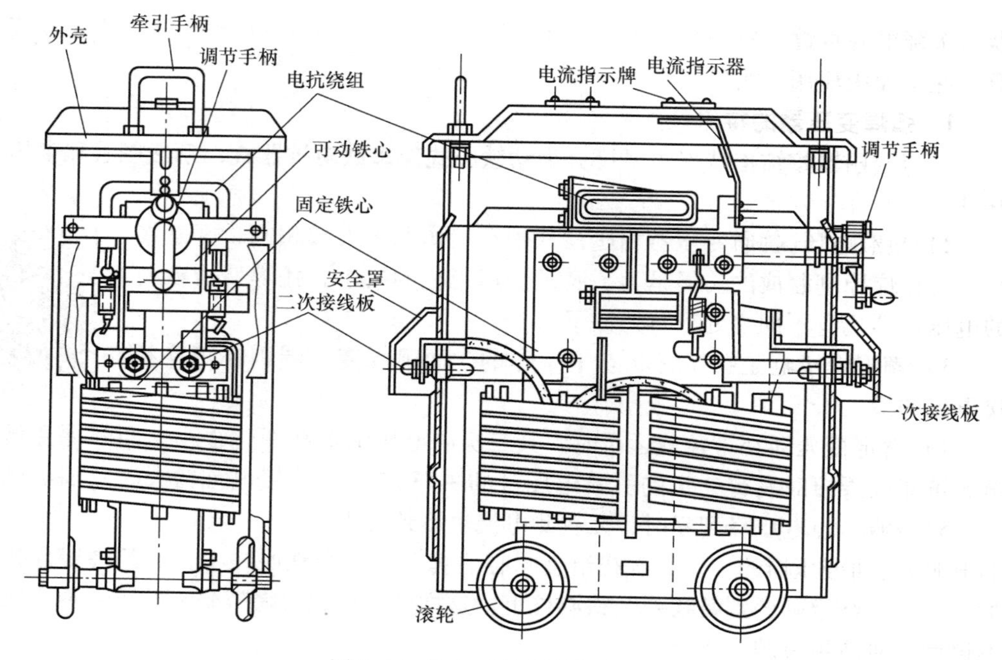

图 9-12　BX－550 型弧焊变压器

L 构成的。焊接时，焊钳夹持的电焊条与工件间产生电弧，该电弧的高温熔化焊条和工件金属，对工件实现焊接。焊接过程中，焊接电流在变压器二次侧回路中流通，电抗器起限流作用。

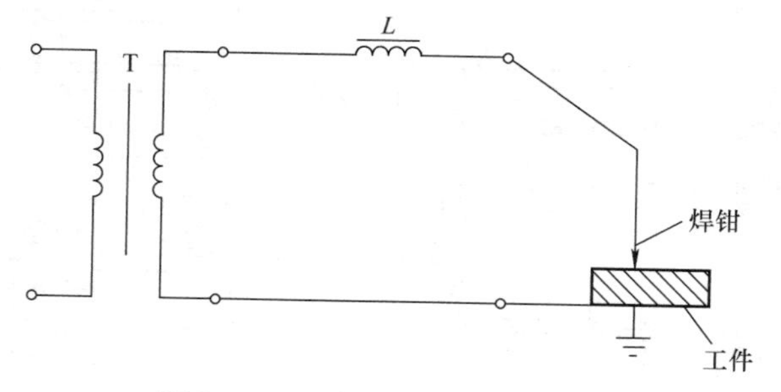

图 9-13　弧焊变压器原理电路图

未进行焊接时，变压器二次侧开路电压为 60～75V。开始焊接时，焊工用焊条迅速地轻敲工件，焊条接触工件后，随即较缓地离开，当焊条离开工件约 5mm 时，将产生电弧（起弧）。在电弧稳定燃烧进行焊接的过程中，焊钳与工件间电压为 20～40V。要停止焊接，只需把焊条与工件间的距离拉长，电弧即可熄灭。

2. 弧焊变压器焊接电流的调节

焊接不同的工件，要采用不同直径的电焊条，需要不同大小的焊接电流。由图 9-13可知，要调节变压器二次侧回路中流通的焊接电流，一种方法是改变变压器二次绕组的匝数，另一种是改变电抗器的电抗值的大小。通常改变电抗器的电抗值可通过改变其铁心状况、线圈匝数、绕组位置等方法来实现。

9.5.4 弧焊变压器的技术性能和参数

1）负载持续率（电焊机）：负载工作的持续时间与全周期时间的比值介于0~1，可用百分数表示。

2）负载电压（弧焊电源）：当一规定的电流通过实际上无感电阻负载时，在焊接电源输出端子间（即连接电极端子和返回导线的端子间）的电压。

扫一扫看视频

3）额定焊接电流：在约定焊接工作制，约定负载电压下，约定焊接电流的最大值。

4）额定最大（小）电流：在最大（小）档位（位置）约定负载电压下，对电源可能供给的最大（小）电流值，对附件是指定的最大（小）电流值。

5）额定短路电流：当外电路的总电阻介于0.008~0.01Ω时，具有下降特性的电源处于最大调节位置时所能供给的电流。

6）空载电压（弧焊电源）：外电路开路时，焊接电源输出端之间的电压，应不包括任何高频稳弧电压。

7）电弧电压：两电极间或电极与工件间，尽量靠近电弧处测得的电压

8）外特性（弧焊电源）：不同负载时，稳态负载电流与端电压之间的关系。

9）下降特性（弧焊电源）：在正常焊接范围内，电流增加时电压降大于7V/100A的外特性。

10）平特性（弧焊电源）：在正常焊接范围内，电流增加时，电压降小于7V/100A或上升小于10V/100A的外特性。

9.5.5 弧焊变压器的使用与维护

1. 弧焊变压器的使用

1）弧焊变压器应放在通风良好、避雨的地方。

2）弧焊变压器不允许在高温（**周围空气温度超过40℃**）、高湿（**空气中的相对湿度超过90%**）的环境中工作，更不应在有害工业气体、易燃和易爆气体场合下工作。

3）在弧焊变压器接入电网前，应注意检查其铭牌上的一次侧额定电压是否与电源电压一致，并检查接线是否正确。

4）弧焊变压器的外壳必须有牢固接地，应采用单独导线与接地网络连接在一起，多台弧焊变压器向一个接地装置连接时，应采取单独直接与地线网连接的方式。在焊机全部工作过程中不得随意拆除接地线。

5）要注意配电系统的开关、熔断器是否合格，导线绝缘是否完好，电源容量是否够用。

6）弧焊变压器的电源应由电力网供给，弧焊变压器的电源导线，可采用BXR

型橡皮绝缘铜线或橡皮套电缆，弧焊变压器的焊把线采用 YHH 型焊接用橡套铜芯软电缆（或 YHHR 型），须有良好绝缘，必要时应加保护层。

7）根据工作需要合理选择电缆截面积，使电缆电压降不大于4V。否则电弧不能稳定燃烧，影响焊接质量。

8）工作中不能用铁板、铁管线搭接代替电缆使用。

9）有时因生产需要，使用多台电焊机时，应考虑将电焊机接在三相交流电源网络上，使三相网络负载尽量平衡。

10）电焊机在使用前，应认真检查一次绕组的额定电压与电源电压是否相同，检查电焊机接线端子上的接线是否正确。如新电焊机或长期停用的电焊机重新使用时应用500V 绝缘电阻表摇测绝缘电阻，不应小于0.5MΩ。

11）按照焊接对象的需要，正确选用端子连接方式，以获得合适的焊接电流，切忌使绕组过载。

12）应按弧焊变压器的额定焊接电流和负载持续率进行工作，不得超载使用。在工作过程中，应注意弧焊变压器的温升不要超过规定值，以防烧坏弧焊变压器绕组的绝缘。

13）弧焊变压器一、二次接线端子，应紧固可靠，不得有松动现象。否则因接触不良端子过热，甚至把接线板烧损，造成事故，电缆接头应坚固可靠，保持接触面清洁、平整。

14）在焊接过程中，如发现接线松动或发热、发红时，应立即停止焊接，停电后进行处理。

15）电焊机不得过载运行，以免破坏绕组绝缘，在户外漏天使用时，应防雨水侵入和太阳曝晒等。

16）在焊接过程中，焊钳与工件相接触的时间不能过长，以免烧坏弧焊变压器。

17）工作完毕后，应及时切断弧焊变压器的电源，以确保安全。

2. 弧焊变压器的维护

弧焊变压器的日常检查和维护内容如下：

1）检查使用环境是否清洁、干燥。弧焊变压器在多尘或潮湿的环境中工作，容易造成绝缘电阻降低，引起漏电及短路故障。如果必须在这些场所工作，使用前应做好准备工作，尽量缩短作业时间，用后需对弧焊变压器进行除尘及干燥处理。若在户外工作，弧焊变压器应采取防雨、防晒措施。

扫一扫看视频

2）检查弧焊变压器是否漏电，金属外壳接地（接零）是否良好。

3）检查一次侧和二次侧接线是否牢固靠。尤其是二次侧，由于电流很大，连接不好容易造成接头过热及烧坏绝缘板。因此，每次焊接前都应认真检查，拧紧连接螺钉。若连接处有氧化层，应用细锉清理干净。

4）注意焊机的每个接头的牢固性，调节手柄应保持灵敏，指示准确。

5）检查变压器绕组和铁心是否过热，绝缘是否损坏。

6）检查一次侧电缆绝缘是否良好。由于弧焊变压器经常移动，电源电缆在地上拖来拖去容易有机械损伤，因此每次使用前都应检查电缆的绝缘是否良好。一次侧电缆一般采用500V单芯或多芯橡皮软线，切不可使用一般的绝缘导线，否则绝缘极易损坏而造成事故。

7）检查一次侧电缆截面积是否符合要求。**对于一般长度的单芯电缆，电流密度可取5～10A/mm²；如用三芯或敷设在管道内或长度较大时，可取3～6A/mm²**。

9.5.6 弧焊变压器的常见故障及其排除方法

交流弧焊变压器的常见故障及排除方法见表9-14。

表9-14 交流弧焊变压器的常见故障及排除方法

故障现象	可能原因	排除方法
焊机外壳漏电或绝缘电阻太低	1. 一、二次绕组接地 2. 电源线绝缘破损，与外壳接触 3. 焊接电缆线不慎碰机壳 4. 焊机外壳无接地线，或有接地线，但接触不良 5. 弧焊变压器被雨淋或受潮 6. 接线板烧焦，绝缘损坏	1. 检查并排除 2. 包扎或更换电源线 3. 消除碰机壳现象 4. 应有牢固的接地线 5. 进行烘干处理 6. 更换接线板
焊机在工作中，动铁心发出异常声音	1. 动铁心的制动螺钉或弹簧等松动 2. 铁心摇动手柄等损坏 3. 铁心叠片松弛 4. 绕组有短路现象	1. 紧固螺钉，调好弹簧压力 2. 修复摇动机构或更换部分零部件 3. 紧固铁心叠片 4. 修复绕组绝缘或重绕绕组
焊机过热	1. 焊机长时间过载 2. 变压器绕组有匝间短路 3. 固定夹紧的穿心螺杆绝缘损坏 4. 电源电压波动太大	1. 按说明书正确使用，适当减小焊接电流 2. 认真检查排除短路现象，加强绝缘 3. 修复或更换绝缘 4. 检查电源电压
焊机不起弧	1. 电源电压过低 2. 电源开关接触不良 3. 熔丝熔断 4. 焊机接线有误 5. 焊机绕组有短路或断路故障 6. 一、二次导线接触不良或断线	1. 查明故障原因并处理 2. 检修电源开关 3. 更换同规格的熔丝 4. 认真检查排除 5. 检查绕组，认真排除 6. 检查修复

（续）

故障现象	可 能 原 因	排 除 方 法
焊接电流过小	1. 电源电压过低 2. 焊接电缆线过长，电压降过大 3. 焊接电缆线过细，截面积太小 4. 二次接线端子过热烧焦 5. 焊钳接触不良 6. 电源线及焊接线盘绕成圈使用，造成电感很大，降低了电压 7. 弧焊变压器功率过小	1. 查明故障原因并处理 2. 应在焊机要求的距离内工作 3. 按焊机型号选配焊接电缆线 4. 修理并紧固接线端子 5. 检查并修复 6. 焊接电缆线不能盘绕成圈使用 7. 更换大功率的弧焊变压器
焊接电流不稳定	1. 焊接电缆线接触不良 2. 可动铁心松动 3. 电源线接触不好 4. 一台弧焊变压器两人同时使用 5. 电源容量过小	1. 紧固焊接电缆线的接头 2. 修复松动现象 3. 将电源线重新接好 4. 停止一处使用 5. 提高电源容量
焊接电流不可调	1. 动铁心传动机构失灵 2. 电抗器绕组重绕后，线圈匝数少于原匝数 3. 移动滑道上有障碍	1. 检查修复或更换受损部件 2. 按原匝数绕制 3. 清除障碍物
接线处过热或接线板烧焦	1. 焊接时间过长 2. 焊接电流过大 3. 接线螺栓松动或锈蚀 4. 接线螺栓是铁制的	1. 按规定负载持续率进行焊接 2. 减小焊接电流 3. 紧固接线螺栓或除锈后拧紧螺母 4. 更换为铜制螺栓
保护装置经常动作或熔体经常熔断	1. 保护装置和熔体选择、调整不当 2. 电源线有短路现象 3. 一次绕组或一次端子板接地 4. 一、二次绕组之间短路 5. 焊机长期过热，绝缘老化以致短路	1. 正确选择和调整保护装置及熔体 2. 检查更换 3. 检查修复、加强绝缘 4. 检查修复、增加绝缘 5. 重绕绕组

第 10 章　交流电动机

10.1　电机基础知识

10.1.1　电机的用途

电能在国民经济和国防建设中获得了广泛的应用，而电机是生产和应用电能的主要设备，电机的用途见表 10-1。

表 10-1　电机的用途

应用领域	用途	举例
电力工业	电机是发电厂的主要动力设备。如将水力、热力、风力、太阳能、核能等转换为电能，都需要使用发电机	如水轮发电机、汽轮发电机、风力发电机、柴油发电机等
工业企业	在机械、冶金、石油、煤炭和化学工业以及其他各种工业企业中，广泛地应用各种电动机。一个现代化工厂需要几百台至几万台电机	如各种机床都采用电动机拖动，尤其是数控机床，都需由一台或多台不同功率和形式的电动机来拖动和控制；各种专用机械，如高炉运料装置、轧钢机、吊车、风机、水泵、搅拌机、纺织机、造纸机、印刷机和建筑机械等都大量采用电动机驱动
交通运输业	随着城市交通运输和电气铁道的发展，需要大量具有优良起动和调速性能的牵引电动机	在航运和航空事业中，需要很多具有特殊要求的船用电机和航空电机。在铁路运输中，需要电力机车用电动机。在公路运输中，需要电动汽车用电动机等
农业和农副产品加工	在农业和农副产品加工中，随着农业机械化的进展，电动机的应用也日趋广泛	如电力排灌、脱粒、碾米、榨油、粉碎等农业机械，都是用电动机拖动
国防工业	在军事和各种自动控制系统中，如雷达、计算机技术和航天技术等，需要大量的控制电机作为自动控制系统和计算装置中的执行元件、检测元件和解算元件	如伺服电动机、测速发电机、步进电动机、自整角机、力矩电机、旋转变压器等
其他领域	在文教、医疗以及日常生活中，电机的应用也愈来愈广泛	如空调器和电冰箱中的压缩机电动机、风扇电动机、吸尘器电动机、洗衣机电动机以及教学仪器和医疗器械用电动机等

10.1.2　电机的分类

电机是一种进行机电能量转换或信号转换的电磁机械装置。其重要任务是进行能量转换。

电机的种类很多，分类方法也很多，常用的分类方法有以下几种。

1）按照能量转换型式来分类，电机可以分为

① 将机械能转换为电能——发电机。

② 将电能转换为机械能——电动机。

2）按照电流性质的不同，电机又可以分为下面两大类：

① 应用于直流电系统的电机——直流电机。

② 应用于交流电系统的电机——交流电机。在交流电机中两个主要的类型为同步电机和异步电机。

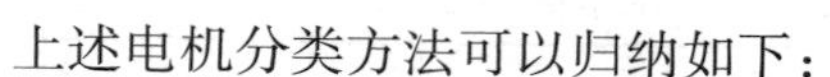
上述电机分类方法可以归纳如下：

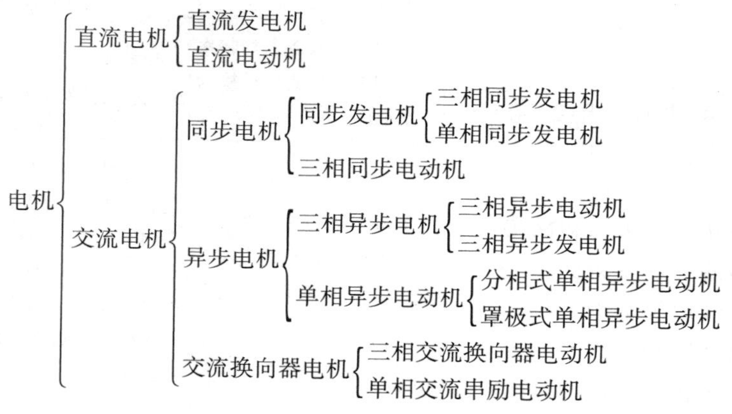

扫一扫看视频

10.1.3　电动机的选择

1. 电动机选择的一般原则

1）选择在结构上与所处环境条件相适应的电动机，如根据使用场合的环境条件选用相适应的防护型式及冷却方式的电动机。

2）选择电动机应满足生产机械所提出的各种机械特性要求，如速度、速度的稳定性、速度的调节以及起动、制动时间等。

3）选择电动机的功率能被充分利用，防止出现“大马拉小车”的现象。通过计算确定出合适的电动机功率，使设备需求的功率与被选电动机的功率相接近。

4）所选择的电动机的可靠性高并且便于维护。

5）互换性能要好，一般情况尽量选择标准电动机产品。

6）综合考虑电动机的极数和电压等级，使电动机在高效率、低损耗状态下可靠运行。

2. 电动机种类的选择

各种电动机具有的性能特点包括机械特性、起动性能、调速性能、所需电源、

运行是否可靠、维修是否方便及价格高低等，这是选择电动机种类的基本知识。常用电动机最主要的性能特点见表 10-2。

表 10-2　电动机最主要的性能特点

电动机种类		主要的性能特点
直流电动机	他励、并励	机械特性硬、起动转矩大、调速性能好
	串励	机械特性软、起动转矩大、调速方便
	复励	机械特性软硬适中、起动转矩大、调速方便
三相异步电动机	普通笼型	机械特性软硬、起动转矩不太大、可以调速
	高起动转矩	起动转矩大
	多速	多种转速可调节（2～4 速）
	绕线转子	起动电流小、起动转矩大、调速方法多、调速性能好
三相同步电动机		转速不随负载变化、功率因数可调
单相异步电动机		功率小、机械特性硬

3. 电动机防护型式的选择

常用电动机的防护型式有开启式、防滴式、封闭式和防爆式等。

开启式电动机的定子两侧和端盖上都有很大的通风口，散热好，价格便宜，但容易进灰尘、水滴和铁屑等杂物，只能在清洁、干燥的环境中使用。

防滴式（又称防护式）电动机的机座下面有通风口，散热好，能防止水滴、沙粒和铁屑等杂物落入电动机内，但不能防止潮气和灰尘侵入，适用于比较干燥、没有腐蚀性和爆炸性气体的环境。

封闭式电动机的机座和端盖上均无通风孔，完全封闭。封闭式又分为自冷式、自扇冷式、他扇冷式、管道通风式及密封式等。前四种电动机外部的潮气及灰尘不易进入，适用于尘土多、特别潮湿、有腐蚀性气体、易受风雨等较恶劣的环境。密封式电动机可以浸在液体中使用，如潜水泵。

防爆式电动机在封闭式基础上制成隔爆形式，机壳有足够的强度，适用于有易燃易爆气体的场所，如矿井、油库、煤气站等。

Y 系列电机的外壳防护型式有 IP23、IP44 和 IP54 等几种。

4. 电动机工作制的选择

电动机的工作制（又称工作方式或工作定额）是指电动机在额定值条件下运行时，允许连续运行的时间，即电动机的工作方式。

工作制是对电机各种负载，包括空载、停机和断电，及其持续时间和先后顺序情况的说明。根据电动机的运行情况，分为多种工作制。**连续工作制、短时工作制和断续周期工作制是基本的三种工作制，**是用户选择电动机的重要指标之一。

1）连续工作制。**其代号为 S1，是指该电动机在铭牌规定的额定值下，能够长时间连续运行。**适用于风机、水泵、机床的主轴、纺织机、造纸机等很多连续工作方式的生产机械。

2）短时工作制。**其代号为 S2，是指该电动机在铭牌规定的额定值下，能在限定的时间内短时运行**。我国规定的**短时工作的标准时间有 15min、30min、60min、90min 四种**。适用于水闸闸门启闭机等短时工作方式的设备。

3）断续周期工作制。**其代号为 S3，是指该电动机在铭牌规定的额定值下，只能断续周期性地运行。按国家标准规定每个工作与停歇的周期 $t_z = t_g + t_o \leqslant 10\text{min}$**。每个周期内工作时间占的百分数称为负载持续率（又称暂载率），用 FS% 表示，计算公式为

$$FS\% = \frac{t_g}{t_g + t_o} \times 100\%$$

式中 t_g——工作时间；

t_o——停歇时间。

我国规定的标准负载持续率有 15%、25%、40%、60%四种。

断续周期工作制的电动机频繁起动、制动，其过载能力强、转动惯量小、机械强度高，适用于起重机械、电梯、自动机床等具有周期性断续工作方式的生产机械。

5. 电动机额定电压的选择

电动机的额定电压和额定频率应与供电电源的电压和频率相一致。如果电源电压高于电动机的额定电压太多，会使电动机烧毁；如果电源电压低于电动机的额定电压，会使电动机的输出功率减小，若仍带额定负载运行，将会烧毁电动机。如果电源频率与电动机的额定频率不同，将直接影响交流电动机的转速，且对其运行性能也有影响。因此，电源的电压和频率必须与电动机铭牌规定的额定值相符。电动机的额定电压一般可按下列原则选用：

1）当高压供电电源为 6kV 时，额定功率不小于 200kW 的电动机应选用额定电压为 6kV 的电动机，额定功率小于 200kW 的电动机选用额定电压为 380V 的电动机。

2）当高压供电电源为 3kV 时，额定功率不小于 100kW 的电动机应选用额定电压为 3kV 的电动机，额定功率小于 100kW 的电动机应选用额定电压为 380V 的电动机。

6. 电动机额定转速的选择

额定功率相同的电动机，额定转速越高，电动机的体积越小，重量越轻，成本越低，效率和功率因数一般也越高，因此选用高速电动机较为经济。但是，由于生产机械对转速的要求一定，电动机的转速选得太高，势必加大传动机构的转速比，导致传动机构复杂化和传动效率降低。此外，电动机的转矩与“输出功率/转速”成正比，额定功率相同的电动机，极数越少，转速就越高，但转矩将会越小。因此，一般应尽可能使电动机与生产机械的转速一致，以便采用联轴器直接传动；如

果两者转速相差较多时可选用比生产机械的转速稍高的电动机，采用带传动等。

几种常用负载所需电动机的转速如下，仅供参考。

1）泵：主要使用2极、4极的三相异步电动机（同步转速为3000r/min或1500r/min）。

2）压缩机：采用带传动时，一般选用4极、6极的三相异步电动机（同步转速为1500r/min或1000r/min）；采用直接传动时，一般选用6极、8极的三相异步电动机（同步转速为1000r/min或750r/min）。

3）轧钢机、破碎机：一般选用6极、8极、10极的三相异步电动机（同步转速为1000r/min、750r/min或600r/min）。

4）通风机、鼓风机：一般选用2极、4极的三相异步电动机。

总之，选用电动机的转速需要综合考虑，既要考虑负载的要求，又要考虑电动机与传动机构的经济性等。具体根据某一负载的运行要求，进行方案设计。但一般情况下，多选同步转速为1500r/min的三相异步电动机。

7. 电动机额定功率的选择

电动机额定功率的选择是一个很重要又很复杂的问题。电动机的额定功率选择应适当，不应过小或过大。如果电动机的额定功率选择得过小，就会出现“小马拉大车”的现象，势必使电动机过载，也就必然会使电动机的电流超过额定值而使电动机过热，电动机内绝缘材料的寿命也会缩短，若过载较多，可能会烧毁电动机；如果电动机的额定功率选择得过大，就会变成“大马拉小车”，电动机处于轻载状况下运行，其功率因数和效率均较低，运行不经济。

通常，电动机额定功率选择的步骤如下：

1）计算负载功率P_L。

2）根据负载功率，预选电动机的额定功率P_N和其他参数。选择电动机的额定功率P_N大于等于负载功率P_L，即$P_N \geqslant P_L$，**一般取$P_N = 1.1P_L$**。

3）校核预选电动机。一般先校核温升，再校核过载倍数，必要时校核起动能力。两者都通过，预选得电动机便选定；若通不过，从第二步重新开始，直到通过为止。

在满足生产机械要求的前提下，电动机的额定功率越小越经济。

10.1.4 电动机绝缘电阻的测量

用绝缘电阻表测量电动机绝缘电阻的方法如图10-1所示，测量步骤如下：

1）校验绝缘电阻表。把绝缘电阻表放平，将绝缘电阻表测试端短路，并慢慢摇动绝缘电阻表的手柄，指针应指在“0”位置上；然后将测试端开路，再摇动手柄（约120r/min），指针应指在“∞”位置上。测量时，应将绝缘电阻表平置放稳，摇动手柄的速度应均匀。

2）将电动机接线盒内的连接片拆去。

3）测量电动机三相绕组之间的绝缘电阻。将两个测试夹分别接到任意两相绕

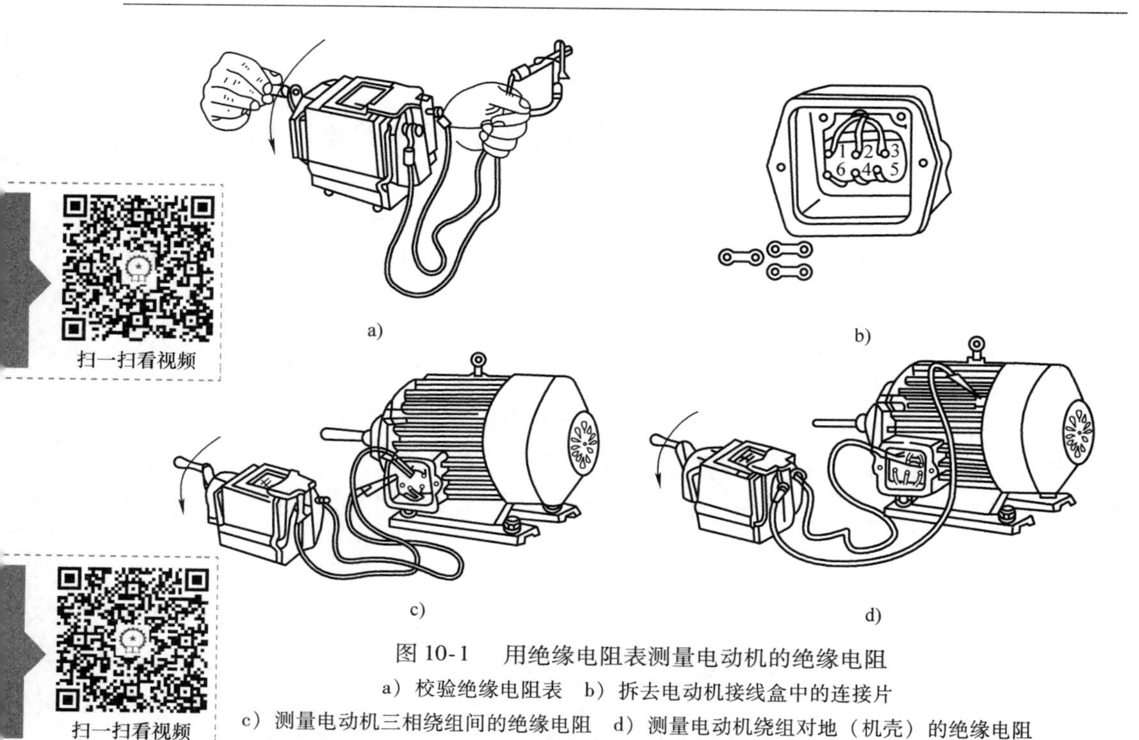

图 10-1　用绝缘电阻表测量电动机的绝缘电阻

a）校验绝缘电阻表　b）拆去电动机接线盒中的连接片

c）测量电动机三相绕组间的绝缘电阻　d）测量电动机绕组对地（机壳）的绝缘电阻

组的端点，以 120r/min 左右的速度匀速摇动绝缘电阻表 1min 后，读取绝缘电阻表指针稳定的指示值。

4）用同样的方法，依次测量每相绕组与机壳的绝缘电阻。但应注意，绝缘电阻表上标有“E”或“接地”的接线柱应接到机壳上无绝缘的地方。

测量单相异步电动机的绝缘电阻时，应将电容器拆下（或短接），以防将电容器击穿。

对于额定电压为 380V 的电动机，应选用额定电压为 500V 的绝缘电阻表进行测量，电动机的绝缘电阻值应大于 0.5MΩ。

10.2　三相异步电动机

10.2.1　三相异步电动机的用途与分类

三相交流异步电动机，又称为三相交流感应电动机。由于三相异步电动机具有结构简单、制造容易、工作可靠、维护方便、价格低廉等优点，现已成为工农业生产中应用最广泛的一种电动机。例如，在工业方面，它被广泛用于拖动各种机床、风机、水泵、压缩机、搅拌机、起重机等生产机械；在农业方面，它被广泛用于拖动排灌机械及脱粒机、碾米机、榨油机、粉碎机等各种农副产品加工机械。

为了适应各种机械设备的配套要求，异步电动机的系列、品种、规格繁多，其分类方法也很多。三相异步电动机的分类见表 10-3。

表 10-3　三相异步电动机分类表

序号	分类因素	主要类别
1	输入电压	（1）低压电动机（3000V 以下） （2）高压电动机（3000V 以上）
2	轴中心高等级	（1）微型电动机（<80mm） （2）小型电动机（80～315mm） （3）中型电动机（355～560mm） （4）大型电动机（≥630mm）
3	转子绕组型式	（1）笼型转子电动机 （2）绕线转子电动机
4	使用时的安装方式	（1）卧式 （2）立式
5	使用环境（防护功能）	（1）封闭式 （2）开启式 （3）防爆型 （4）化工腐蚀型 （5）防湿热型 （6）防盐雾型 （7）防震型
6	用途	（1）普通型 （2）冶金及起重用 （3）井用（潜油或水） （4）矿山用 （5）化工用 （6）电梯用 （7）隔爆的场合用 （8）附加制动器型 （9）可变速型 （10）高起动转矩型 （11）高转差率型

10.2.2　三相异步电动机的基本结构

三相异步电动机主要由两大部分组成：一个是静止部分，称为定子；另一个是旋转部分，称为转子。转子装在定子腔内，为了保证转子能在定子内自由转动，定子、转子之间必须有一定的间隙，称为气隙。此外，在定子两端还装有端盖等。笼型三相异步电动机的结构如图 10-2 所示，绕线转子三相异步电动机的结构如图 10-3所示。

10.2.3　三相异步电动机的工作原理

三相异步电动机工作原理的示意图如图 10-4 所示。在一个可旋转的马蹄形磁

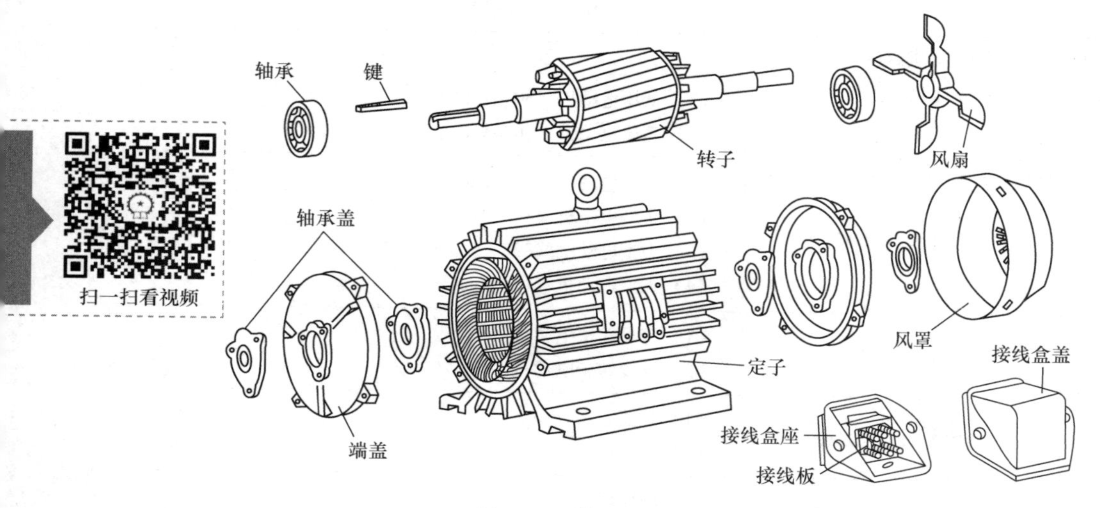

图 10-2　笼型三相异步电动机的结构

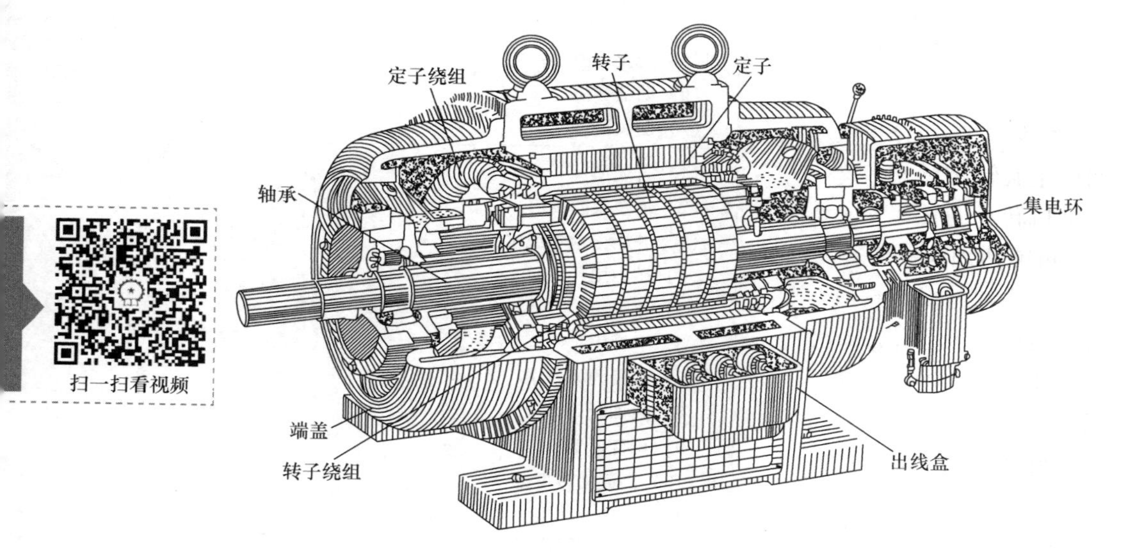

图 10-3　绕线转子三相异步电动机的结构

铁中，放置一个可以自由转动的笼型绕组，如图 10-4a 所示。当转动马蹄形磁铁时，笼型绕组就会跟着它向相同的方向旋转。这是因为磁铁转动时，它的磁场与笼型绕组中的导体（即导条）之间产生相对运动，若磁场顺时针方向旋转，相当于转子导体逆时针方向切割磁力线，根据右手定则可以确定转子导体中感应电动势的方向，如图 10-4b 所示。由于导体两端被金属端环短路，因此在感应电动势的作用下，导体中就有感应电流流过，如果不考虑导体中电流与电动势的相位差，则导体中感应电流的方向与感应电动势的方向相同。这些通有感应电流的导体在磁场中会受到电磁力f的作用，导体受力方向可根据左手定则确定。因此，在图10-4b中，N极范围内的导体受力方向向右，而S极范围内的导体的受力方向向左，这是一对大小相等、方向相反的力，因此就形成了电磁转矩T_e，使笼型绕组（转子）朝着磁场旋转的方向转动起来。这就是异步电动机的简单工作原理。

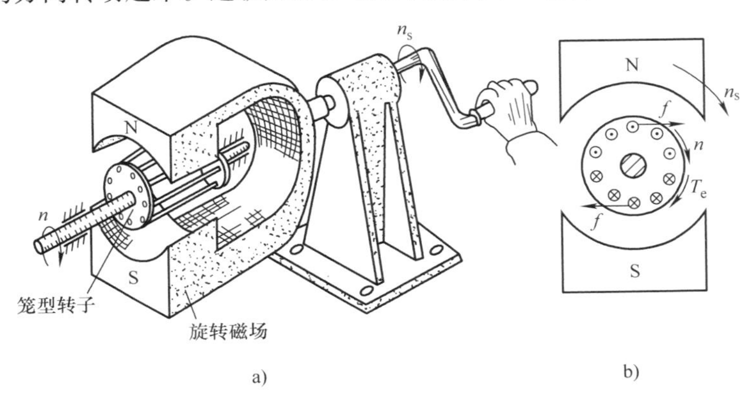

图10-4　三相异步电动机工作原理示意图

a）异步电动机的物理模型　b）异步电动机的电磁关系

实际的三相异步电动机是利用定子三相对称绕组通入三相对称电流而产生旋转磁场的，这个旋转磁场的转速n_s又称为同步转速。三相异步电动机转子的转速n不可能达到定子旋转磁场的转速，即电动机的转速n不可能达到同步转速n_S。因为，如果达到同步转速，则转子导体与旋转磁场之间就没有相对运动，在转子导体中就不能产生感应电动势和感应电流，也就不能产生推动转子旋转的电磁力f和电磁转矩T_e，所以异步电动机的转速总是低于同步转速，即两种转速之间总是存在差异，异步电动机因此而得名。由于转子电流由感应产生的，故这种电动机又称为感应电动机。

旋转磁场的转速为

$$n_s=\frac{60f_1}{p}$$

可见，旋转磁场的转速n_s与电源频率f_1和定子绕组的极对数p有关。

例如：一台三相异步电动机的电源频率$f_1=50\text{Hz}$，若该电动机是4极电动机，即电动机的极对数$p=2$，则该电动机的同步转速$n_s=\frac{60f_1}{p}=\frac{60\times50}{2}\text{r/min}=1500\text{r/min}$，而该电动机的转速$n$应略低于1500r/min。

10.2.4　三相异步电动机的型号

国产三相异步电动机的型号一律采用大写印刷体的汉语拼音字母和阿拉伯数字来表示。三相异步电动机的型号一般由三部分组成，排列顺序及含义如下：

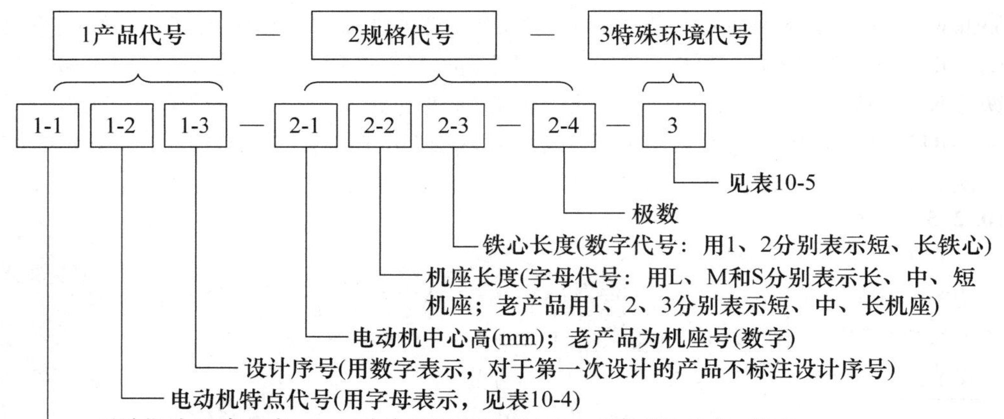

注：大型异步电动机的规格代号由功率(kW)–极数/定子铁心外径(mm)三个小节组成。

表 10-4 常用异步电动机的特点代号

特点代号	汉字意义	产品名称	新产品代号	老产品代号
—	—	笼型异步电动机	Y	J、JO、JS
R	绕	绕线转子异步电动机	YR	JR、JRZ
K	快	高速异步电动机	YK	JK
RK	绕快	绕线转子高速异步电动机	YRK	JRK
Q	起	高起动转矩异步电动机	YQ	JQ
H	滑	高转差率（滑差）异步电动机	YH	JH、JHO
D	多	多速异步电动机	YD	JD JDO
L	立	立式笼型异步电动机	YL	JLL
RL	绕立	立式绕线转子异步电动机	YRL	—
J	精	精密机床用异步电动机	YJ	JJO
Z	重	起重冶金用笼型异步电动机	YZ	JZ
ZR	重绕	起重冶金用绕线转子异步电动机	YZR	JZR
M	木	木工用异步电动机	YM	JMO

表 10-5 特殊环境代号

特殊环境条件	代　号	特殊环境条件	代　号
高原用	G	热带用	T
船用	H	湿热带用	TH
户外用	W	干热带用	TA
化工防腐用	F		

三相异步电动机的型号示例：

Y－100L2－4——表示三相异步电动机，中心高为100mm、长机座、2号铁心长、4极。

Y2－132S－6——表示三相异步电动机，第二次系列设计、中心高为132mm、短机座、6极。

YZR630－10/1180——表示大型起重冶金用绕线转子异步电动机，功率为

630kW、10 极、定子铁心外径为 1180mm。

J2－61－2——表示防护式三相异步电动机，第二次系列设计、6 号机座、1 号铁心长、2 极。

JO2－32－4——表示封闭式三相异步电动机，第二次系列设计、3 号机座、2 号铁心长、4 极。

10.2.5　三相异步电动机的额定参数

在电动机铭牌上标明了由制造厂规定的表征电动机正常运行状态的各种数值，如额定功率、额定电压、额定电流、额定频率、额定转速等，称为额定参数。异步电动机按额定参数和规定的工作制运行，称为额定运行。它们是正确使用、检查和维修电动机的主要依据。图 10-5 为一台三相异步电动机的铭牌实例，其中各项内容的含义如下：

三相异步电动机			
型号　Y132S－4			出厂编号
额定功率　5.5kW		额定电流　11.6A	
额定电压　380V	额定转速　1440r/min		噪声　Lw78dB
接法　△	防护等级 IP44	额定频率 50Hz	重量　68kg
标准编号	工作制　S1	绝缘等级　B 级	年　月
×　×　电机厂			

图 10-5　三相异步电动机的铭牌

1）型号。型号是表示电动机的类型、结构、规格及性能等的代号。

2）额定功率。异步电动机的额定功率，又称额定容量，指电动机在铭牌规定的额定运行状态下工作时，从转轴上输出的机械功率，单位为 W 或 kW。

3）额定电压。指电动机在额定运行状态下，定子绕组应接的线电压。单位为 V 或 kV。如果铭牌上标有两个电压值，表示定子绕组在两种不同接法时的线电压。例如，电压 220/380，接法△/Y，表示若电源线电压为 220V 时，三相定子绕组应接成三角形，若电源线电压为 380V 时，定子绕组应接成星形。

4）额定电流。指电动机在额定运行状态下工作时，定子绕组的线电流，单位为 A。如果铭牌上标有两个电流值，表示定子绕组在两种不同接法时的线电流。

5）额定频率。指电动机所使用的交流电源频率，单位为 Hz。我国规定电力系统的工作频率为 50Hz。

6）额定转速。指电动机在额定运行状态下工作时，转子每分钟的转数，单位为 r/min。一般异步电动机的额定转速比旋转磁场转速（同步转速 n_s）低 2%～5%，故从额定转速也可知电动机的极数和同步转速。电动机在运行中的转速与负载有关。空载时，转速略高于额定转速；过载时，转速略低于额定转速。

7）接法。接法是指电动机在额定电压下，三相定子绕组 6 个首末端头的连接方法，常用的有星形（Y）和三角形（△）两种。

8）工作制（或定额）。指电动机在额定值条件下运行时，允许连续运行的时间，即电动机的工作方式。

9）绝缘等级（或温升）。指电动机绕组所采用的绝缘材料的耐热等级，它表明电动机所允许的最高工作温度。

10）防护等级。电机外壳防护等级的标志由字母 IP 和两个数字表示。IP 后面的第一个数字代表第一种防护型式（防尘）的等级；第二个数字代表第二种防护型式（防水）的等级。**数字越大，防护能力越强。**

10.2.6 三相异步电动机的技术数据

Y2 系列（IP54）三相异步电动机技术数据见表 10-6。

表 10-6 Y2 系列（IP54）三相异步电动机技术数据（380V，50Hz）

<table>
<tr><th rowspan="2">型 号</th><th rowspan="2">额定功率/kW</th><th colspan="4">额定时</th><th rowspan="2">堵转电流/额定电流</th><th rowspan="2">堵转转矩/额定转矩</th><th rowspan="2">最大转矩/额定转矩</th><th rowspan="2">质量/kg</th></tr>
<tr><th>转速/(r/min)</th><th>电流/A</th><th>效率(%)</th><th>功率因数</th></tr>
<tr><td>Y2-801-2</td><td>0.75</td><td rowspan="2">2830</td><td>1.8</td><td>75</td><td>0.83</td><td>6.1</td><td rowspan="11">2.2</td><td rowspan="18">2.3</td><td>16</td></tr>
<tr><td>Y2-802-2</td><td>1.1</td><td>2.5</td><td>77</td><td rowspan="2">0.84</td><td rowspan="3">7.0</td><td>17</td></tr>
<tr><td>Y2-90S-2</td><td>1.5</td><td rowspan="2">2840</td><td>3.4</td><td>79</td><td>22</td></tr>
<tr><td>Y2-90L-2</td><td>2.2</td><td>4.8</td><td>81</td><td>0.85</td><td>25</td></tr>
<tr><td>Y2-100L-2</td><td>3.0</td><td>2870</td><td>6.3</td><td>83</td><td>0.87</td><td rowspan="14">7.5</td><td>33</td></tr>
<tr><td>Y2-112M-2</td><td>4.0</td><td>2890</td><td>8.2</td><td>85</td><td rowspan="3">0.88</td><td>45</td></tr>
<tr><td>Y2-132S1-2</td><td>5.5</td><td rowspan="2">2900</td><td>11.1</td><td>86</td><td>64</td></tr>
<tr><td>Y2-132S2-2</td><td>7.5</td><td>15.0</td><td>87</td><td>70</td></tr>
<tr><td>Y2-160M1-2</td><td>11</td><td rowspan="3">2930</td><td>21.3</td><td>88</td><td rowspan="2">0.89</td><td>117</td></tr>
<tr><td>Y2-160M2-2</td><td>15</td><td>28.7</td><td>89</td><td>125</td></tr>
<tr><td>Y2-160L-2</td><td>18.5</td><td>34.7</td><td>90</td><td rowspan="6">0.90</td><td>147</td></tr>
<tr><td>Y2-180M-2</td><td>22</td><td>2940</td><td>41.2</td><td>90.5</td><td rowspan="7">2.0</td><td>180</td></tr>
<tr><td>Y2-200L1-2</td><td>30</td><td rowspan="2">2950</td><td>55.3</td><td>91.2</td><td>240</td></tr>
<tr><td>Y2-200L2-2</td><td>37</td><td>67.9</td><td>92</td><td>255</td></tr>
<tr><td>Y2-225M-2</td><td>45</td><td rowspan="4">2970</td><td>82.1</td><td>92.3</td><td>309</td></tr>
<tr><td>Y2-250M-2</td><td>55</td><td>100.1</td><td>92.5</td><td>403</td></tr>
<tr><td>Y2-280S-2</td><td>75</td><td>134</td><td>93.2</td><td rowspan="4">0.91</td><td>544</td></tr>
<tr><td>Y2-280M-2</td><td>90</td><td>160.2</td><td>93.8</td><td>620</td></tr>
<tr><td>Y2-315S-2</td><td>110</td><td rowspan="6">2980</td><td>195.4</td><td>94</td><td rowspan="6">7.1</td><td rowspan="4">1.8</td><td rowspan="6">2.2</td><td>980</td></tr>
<tr><td>Y2-315M-2</td><td>132</td><td>233.3</td><td>94.5</td><td>1080</td></tr>
<tr><td>Y2-315L1-2</td><td>160</td><td>279.4</td><td>94.6</td><td rowspan="4">0.92</td><td>1160</td></tr>
<tr><td>Y2-315L2-2</td><td>200</td><td>347.8</td><td>94.8</td><td>1190</td></tr>
<tr><td>Y2-355M-2</td><td>250</td><td>432.5</td><td>95.3</td><td rowspan="2">1.6</td><td>1760</td></tr>
<tr><td>Y2-355L-2</td><td>315</td><td>543.2</td><td>95.6</td><td>1850</td></tr>
</table>

（续）

<table>
<tr><th rowspan="2">型 号</th><th rowspan="2">额定功率/kW</th><th colspan="4">额定时</th><th rowspan="2">堵转电流/额定电流</th><th rowspan="2">堵转转矩/额定转矩</th><th rowspan="2">最大转矩/额定转矩</th><th rowspan="2">质量/kg</th></tr>
<tr><th>转速/(r/min)</th><th>电流/A</th><th>效率(%)</th><th>功率因数</th></tr>
<tr><td>Y2-801-4</td><td>0.55</td><td rowspan="2">1390</td><td>1.5</td><td>71</td><td>0.75</td><td>5.2</td><td>2.4</td><td rowspan="18">2.3</td><td>17</td></tr>
<tr><td>Y2-802-4</td><td>0.75</td><td>2.0</td><td>73</td><td rowspan="2">0.77</td><td>6.0</td><td rowspan="7">2.3</td><td>18</td></tr>
<tr><td>Y2-90S-4</td><td>1.1</td><td rowspan="2">1400</td><td>2.8</td><td>75</td><td rowspan="7">7.0</td><td>22</td></tr>
<tr><td>Y2-90L-4</td><td>1.5</td><td>3.7</td><td>78</td><td>0.79</td><td>27</td></tr>
<tr><td>Y2-100L1-4</td><td>2.2</td><td rowspan="2">1430</td><td>5.1</td><td>80</td><td>0.81</td><td>34</td></tr>
<tr><td>Y2-100L2-4</td><td>3.0</td><td>6.7</td><td>82</td><td rowspan="2">0.82</td><td>38</td></tr>
<tr><td>Y2-112M-4</td><td>4.0</td><td rowspan="3">1440</td><td>8.8</td><td>84</td><td>43</td></tr>
<tr><td>Y2-132S-4</td><td>5.5</td><td>11.7</td><td>85</td><td>0.83</td><td>68</td></tr>
<tr><td>Y2-132M-4</td><td>7.5</td><td>15.6</td><td>87</td><td>0.84</td><td rowspan="10">2.2</td><td>81</td></tr>
<tr><td>Y2-160M-4</td><td>11</td><td rowspan="2">1460</td><td>22.3</td><td>88</td><td rowspan="4">0.85</td><td rowspan="2">7.5</td><td>123</td></tr>
<tr><td>Y2-160L-4</td><td>15</td><td>30.1</td><td>89</td><td>144</td></tr>
<tr><td>Y2-180M-4</td><td>18.5</td><td rowspan="3">1470</td><td>36.4</td><td>90.5</td><td rowspan="7">7.2</td><td>182</td></tr>
<tr><td>Y2-180L-4</td><td>22</td><td>43.1</td><td>91</td><td>190</td></tr>
<tr><td>Y2-200L-4</td><td>30</td><td>57.6</td><td>92</td><td>0.86</td><td>270</td></tr>
<tr><td>Y2-225S-4</td><td>37</td><td rowspan="4">1480</td><td>69.8</td><td>92.5</td><td rowspan="5">0.87</td><td>284</td></tr>
<tr><td>Y2-225M-4</td><td>45</td><td>84.5</td><td>92.8</td><td>320</td></tr>
<tr><td>Y2-250M-4</td><td>55</td><td>103.1</td><td>93</td><td>427</td></tr>
<tr><td>Y2-280S-4</td><td>75</td><td>139.7</td><td>93.8</td><td>562</td></tr>
<tr><td>Y2-280M-4</td><td>90</td><td rowspan="7">1490</td><td>166.9</td><td>94.2</td><td rowspan="7">6.9</td><td rowspan="7">2.1</td><td rowspan="7">2.2</td><td>667</td></tr>
<tr><td>Y2-315S-4</td><td>110</td><td>201.0</td><td>94.5</td><td rowspan="2">0.88</td><td>1000</td></tr>
<tr><td>Y2-315M-4</td><td>132</td><td>240.5</td><td>94.8</td><td>1100</td></tr>
<tr><td>Y2-315L1-4</td><td>160</td><td>287.9</td><td>94.9</td><td rowspan="2">0.89</td><td>1160</td></tr>
<tr><td>Y2-315L2-4</td><td>200</td><td>358.8</td><td>95</td><td>1270</td></tr>
<tr><td>Y2-355M-4</td><td>250</td><td>442.1</td><td>95.3</td><td rowspan="2">0.90</td><td>1700</td></tr>
<tr><td>Y2-355L-4</td><td>315</td><td>555.3</td><td>95.6</td><td>1850</td></tr>
<tr><td>Y2-801-6</td><td>0.37</td><td rowspan="2">890</td><td>1.3</td><td>62</td><td>0.70</td><td rowspan="2">4.7</td><td rowspan="2">1.9</td><td rowspan="2">2.0</td><td>17</td></tr>
<tr><td>Y2-802-6</td><td>0.55</td><td>1.7</td><td>65</td><td>0.72</td><td>19</td></tr>
<tr><td>Y2-90S-6</td><td>0.75</td><td rowspan="2">910</td><td>2.2</td><td>69</td><td>0.72</td><td rowspan="3">5.5</td><td rowspan="4">2.0</td><td rowspan="7">2.1</td><td>23</td></tr>
<tr><td>Y2-90L-6</td><td>1.1</td><td>3.1</td><td>72</td><td>0.73</td><td>25</td></tr>
<tr><td>Y2-100L-6</td><td>1.5</td><td rowspan="2">940</td><td>3.9</td><td>76</td><td>0.75</td><td>33</td></tr>
<tr><td>Y2-112M-6</td><td>2.2</td><td>5.5</td><td>79</td><td rowspan="3">0.76</td><td rowspan="4">6.5</td><td>45</td></tr>
<tr><td>Y2-132S-6</td><td>3.0</td><td rowspan="3">960</td><td>7.4</td><td>81</td><td rowspan="3">2.1</td><td>63</td></tr>
<tr><td>Y2-132M1-6</td><td>4.0</td><td>9.6</td><td>82</td><td>73</td></tr>
<tr><td>Y2-132M2-6</td><td>5.5</td><td>12.9</td><td>84</td><td>0.77</td><td>84</td></tr>
</table>

（续）

型 号	额定功率 /kW	额定时				堵转电流/额定电流	堵转转矩/额定转矩	最大转矩/额定转矩	质量 /kg
		转速 /(r/min)	电流 /A	效率 (%)	功率因数				
Y2－160M－6	7.5	970	17.0	86	0.77	6.5	2.0	2.1	119
Y2－160L－6	11		24.2	87.5	0.78				147
Y2－180L－6	15		31.6	89	0.81	7.0			195
Y2－200L1－6	18.5		38.1	90			2.1		220
Y2－200L2－6	22		44.5	90	0.83				250
Y2－225M－6	30	980	58.6	91.5	0.84		2.0		292
Y2－250M－6	37		71.0	92	0.86		2.1		408
Y2－280S－6	45		85.9	92.5				2.0	536
Y2－280M－6	55		104.7	92.8					595
Y2－315S－6	75	990	141.7	93.5			2.0		990
Y2－315M－6	90		169.5	93.8					1080
Y2－315L1－6	110		206.8	94		6.7			1150
Y2－315L2－6	132		244.8	94.2	0.87				1210
Y2－355M1－6	160		291.5	94.5	0.88		1.9		1600
Y2－355M2－6	200		363.6	94.7					1700
Y2－355L－6	250		455	94.9					1800
Y2－801－8	0.18	630	0.8	51	0.61	3.3	1.8	1.9	17
Y2－802－8	0.25	640	1.1	54					19
Y2－90S－8	0.37	660	1.4	62		4.0			23
Y2－90L－8	0.55		2.1	63				2.0	25
Y2－100L1－8	0.75	690	2.4	71	0.67				33
Y2－100L2－8	1.1		3.4	73	0.69	5.0			38
Y2－112M－8	1.5	680	4.4	75					50
Y2－132S－8	2.2	710	6.0	78	0.71	6.0			63
Y2－132M－8	3.0		7.9	79	0.73				79
Y2－160M1－8	4.0	720	10.2	81			1.9		118
Y2－160M2－8	5.5		13.6	83	0.74		2.0		119
Y2－160L－8	7.5		17.8	85.5	0.75				145
Y2－180L－8	11	730	25.2	87.5	0.76	6.6			184
Y2－200L－8	15		34.0	88					250
Y2－225S－8	18.5		40.5	90			1.9		266
Y2－225M－8	22	740	47.3	90.5	0.78				292
Y2－250M－8	30		63.4	91.0	0.79				405
Y2－280S－8	37		76.8	91.5					520

（续）

型 号	额定功率/kW	额定时				堵转电流/额定电流	堵转转矩/额定转矩	最大转矩/额定转矩	质量/kg
		转速/(r/min)	电流/A	效率(%)	功率因数				
Y2－280M－8	45	740	92.9	92	0.79	6.6	1.9	2.0	592
Y2－315S－8	55		112.9	92.8	0.81		1.8		1000
Y2－315M－8	75		151.3	93					1100
Y2－315L1－8	90		178	93.8	0.82	6.4			1160
Y2－315L2－8	110		216.9	94					1230
Y2－355M1－8	132		260.3	93.7					1600
Y2－355M2－8	160		310.0	94.2					1700
Y2－355L－8	200		386.3	94.5	0.83				1800
Y2－315S－10	45	590	99.67	91.5	0.75	6.2	1.5	2.0	810
Y2－315M－10	55		121.16	92					930
Y2－315L1－10	75		162.16	92.5	0.76				1045
Y2－315L2－10	90		191.03	93	0.77				1115
Y2－355M1－10	110		230	93.2	0.78	6.0	1.3		1500
Y2－355M2－10	132		275.11	93.5					1600
Y2－355L－10	160		333.47	93.5					1700

10.2.7　三相异步电动机的接法

1. 三相异步电动机的接线方法

三相异步电动机的接法是指电动机在额定电压下，三相定子绕组6个首末端头的连接方法，常用的有星形（Y）和三角形（△）两种。

三相定子绕组每相都有两个引出线头，一个称为首端，另一个称为末端。按国家标准规定，第一相绕组的首端用U1表示，末端用U2表示；第二相绕组的首端和末端分别用V1和V2表示；第三相绕组的首端和末端分别用W1和W2表示。这6个引出线头引入接线盒的接线柱上，接线柱标出对应的符号，如图10-6所示。

三相定子绕组的6根端头可将三相定子绕组接成星形（Y）或三角形（△）。星形联结是将三相绕组的末端连接在一起，即将U2、V2、W2接线柱用铜片连接在一起，而将三相绕组的首端U1、V1、W1分别接三相电源，如图10-6b所示。三角形联结是将第一相绕组的首端U1与第三相绕组的末端W2连接在一起，再接入一相电源；将第二相绕组的首端V1与第一相绕组的末端U2连接在一起，再接入第二相电源；将第三相绕组的首端W1与第二相绕组的末端V2连接在一起，再接入第三相电源。即在接线板上将接线柱U1和W2、V1和U2、W1和V2分别用铜片连接起来，再分别接入三相电源，如图10-6c所示。一台电动机是接成星形或

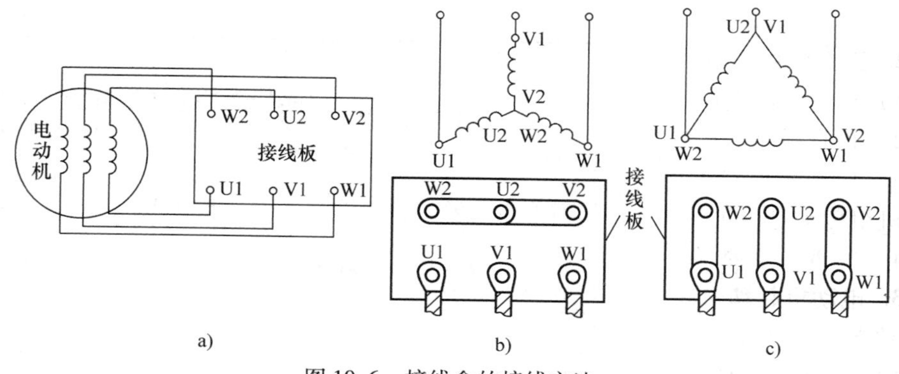

图 10-6　接线盒的接线方法

a）原理图　b）Y联结　c）△联结

是接成三角形，应视生产厂商的规定而进行，可从铭牌上查得。

三相定子绕组的首末端是生产厂商事先预定好的，绝不能任意颠倒，但可以将三相绕组的首末端一起颠倒，例如将 U2、V2、W2 作为首端，而将 U1、V1、W1 作为末端。但绝对不能单独将一相绕组的首末端颠倒，如将 U1、V2、W1 作为首端，将会产生接线错误。

2. 改变三相异步电动机旋转方向的方法

由三相异步电动机的工作原理可知，电动机的旋转方向（即转子的旋转方向）与三相定子绕组产生的旋转磁场的旋转方向相同。**倘若要想改变电动机的旋转方向，只要改变旋转磁场的旋转方向就可实现。即只要调换三相电动机中任意两根电源线的位置，就能达到改变三相异步电动机旋转方向的目的。**

10.2.8　三相异步电动机的使用与维护

1. 新安装或长期停用的电动机起动前的检查

1）用绝缘电阻表检查电动机绕组之间与及绕组对地（机壳）的绝缘电阻。通常对额定电压为 380V 的电动机，采用 500V 绝缘电阻表测量，其绝缘电阻值不得小于 0.5MΩ，否则应进行烘干处理。

2）按电动机铭牌的技术数据，检查电动机的额定功率是否合适，检查电动机的额定电压、额定频率与电源电压及频率是否相符。并检查电动机的接法是否与铭牌所标一致。

3）检查电动机轴承是否有润滑油，滑动轴承是否达到规定油位。

4）检查熔体的额定电流是否符合要求，起动设备的接线是否正确，起动装置是否灵活，有无卡滞现象，触头的接触是否良好。使用自耦变压器减压起动时，还应检查自耦变压器抽头是否选得合适，自耦变压器减压起动器是否缺油，油质是否合格等。

5）检查电动机基础是否稳固，螺栓是否拧紧。

6）检查电动机机座、电源线钢管以及起动设备的金属外壳接地是否可靠。

7）对于绕线转子三相异步电动机，还应检查电刷及提刷装置是否灵活、正常。检查电刷与集电环接触是否良好，电刷压力是否合适。

2. 正常使用的电动机起动前的检查

1）检查电源电压是否正常，三相电压是否平衡，电压是否过高或过低。

2）检查线路的接线是否可靠，熔体有无损坏。

3）检查联轴器的连接是否牢固，传送带连接是否良好，传送带松紧是否合适，机组传动是否灵活，有无摩擦、卡住、窜动等不正常的现象。

4）检查机组周围有无妨碍运动的杂物或易燃物品。

扫一扫看视频

3. 电动机起动时的注意事项

异步电动机起动时应注意以下几点：

1）合闸起动前，应观察电动机及拖动机械上或附近是否有异物，以免发生人身及设备事故。

2）操作开关或起动设备时，应动作迅速、果断，以免产生较大的电弧。

扫一扫看视频

3）合闸后，如果电动机不转，要迅速切断电源，检查熔丝及电源接线等是否有问题。绝不能合闸等待或带电检查，否则会烧毁电动机或发生其他事故。

4）合闸后应注意观察，若电动机转动较慢、起动困难、声音不正常或生产机械工作不正常，电流表、电压表指示异常，都应立即切断电源，待查明原因，排除故障后，才能重新起动。

5）应按电动机的技术要求，限制电动机连续起动的次数。**对于Y系列电动机，一般空载连续起动不得超过3次。满载起动或长期运行至热态，停机后又起动的电动机，不得连续超过2次**，否则容易烧毁电动机。

扫一扫看视频

扫一扫看视频

6）对于笼型电动机的星－三角起动或利用补偿器起动，若是手动延时控制的起动设备，应注意起动操作顺序，并控制好延时时间。

7）多台电动机应避免同时起动，应由大到小逐台起动，以避免线路上总起动电流过大，导致电压下降太多。

4. 三相异步电动机运行时的监视

正常运行的异步电动机，应经常保持清洁，不允许有水滴、油滴或杂物落入电动机内部；应监视其运行中的电压、电流、温升及可能出现的故障现象，并针对具体情况进行处理。

1）电源电压的监视。三相异步电动机长期运行时，**一般要求电源电压不高于额定电压的10%，不低于额定电压的5%；三相电压不对称的差值也不应超过额定值的5%**，否则应减载或调整电源。

2）电动机电流的监视。电动机的电流不得超过铭牌上规定的额定电流，同时还应注意三相电流是否平衡。**当三相电流不平衡的差值超过10%时，应停机处理。**

3）电动机温升的监视。监视温升是监视电动机运行状况的直接可靠的方法。当电动机的电压过低、电动机过载运行、电动机断相运行、定子绕组短路时，都会使电动机的温度不正常地升高。

所谓温升，是指电动机的运行温度与环境温度（或冷却介质温度）的差值。例如环境温度（即电动机未通电的冷态温度）为30℃，运行后电动机的温度为100℃，则电动机的温升为70℃。电动机的温升限值与电动机所用绝缘材料的绝缘等级有关。

4）电动机运行中故障现象的监视。对运行中的异步电动机，应经常观察其外壳有无裂纹，螺钉（栓）是否有脱落或松动、电动机有无异响或振动等。监视时，要特别注意电动机有无冒烟和异味出现，若嗅到焦煳味或看到冒烟，必须立即停机处理。

对轴承部位，要注意轴承的声响和发热情况。**当用温度计法测量时，滚动轴承发热温度不许超过95℃，滑动轴承发热温度不许超过80℃**。轴承声音不正常和过热，一般是轴承润滑不良或磨损严重所致。

对于联轴器传动的电动机，若中心校正不好，会在运行中发出响声，并伴随着电动机的振动和联轴器螺栓、胶垫的迅速磨损。这时应重新校正中心线。

对于带传动的电动机，应注意传动带不应过松而导致打滑，但也不能过紧而使电动机轴承过热。

对于绕线转子异步电动机还应经常检查电刷与集电环间的接触及电刷磨损、压力、火花等情况。如发现火花严重，应及时整修集电环表面，校正电刷弹簧的压力。

另外，还应经常检查电动机及开关设备的金属外壳是否漏电和接地不良。用验电笔检查发现带电时，应立即停机处理。

10.2.9 三相异步电动机的常见故障及其排除方法

异步电动机的故障是多种多样的，同一故障可能有不同的表面现象，而同样的表面现象也可能由不同的原因引起，因此，应认真分析，准确判断，及时排除。

三相异步电动机的常见故障及其排除方法见表10-7。

表10-7 三相异步电动机的常见故障及其排除方法

常见故障	可能原因	排除方法
电动机空载不能起动	1. 熔丝熔断	1. 更换同规格熔丝
	2. 三相电源线或定子绕组中有一相断线	2. 查出断线处，将其接好、焊牢
	3. 刀开关或起动设备接触不良	3. 查出接触不良处，予以修复
	4. 定子三相绕组的首尾端错接	4. 先将三相绕组的首尾端正确辨出，然后重新连接
	5. 定子绕组短路	5. 查出短路处，增加短路处的绝缘或重绕定子绕组
	6. 转轴弯曲	6. 校正转轴
	7. 轴承严重损坏	7. 更换同型号轴承
	8. 定子铁心松动	8. 先将定子铁心复位，然后固定
	9. 电动机端盖或轴承盖组装不当	9. 重新组装，使转轴转动灵活

（续）

常见故障	可能原因	排除方法
电动机不能满载运行或起动	1. 电源电压过低 2. 电动机带动的负载过重 3. 将三角形联结的电动机误接成星形联结 4. 笼型转子导条或端环断裂 5. 定子绕组短路或接地 6. 熔丝松动 7. 刀开关或起动设备的触头损坏，造成接触不良	1. 查明原因，待电源电压恢复正常后再使用 2. 减少所带动的负载，或更换大功率电动机 3. 按照铭牌规定正确接线 4. 查出断裂处。予以焊接修补或更换转子 5. 查出绕组短路或接地处，予以修复或重绕 6. 拧紧熔丝 7. 修复损坏的触头或更换为新的开关设备
电动机三相电流不平衡	1. 三相电源电压不平衡 2. 重绕线圈时，使用的漆包线的截面积不同或线圈的匝数有错误 3. 重绕定子绕组后，部分线圈接线错误 4. 定子绕组有短路或接地 5. 电动机“单相”运行	1. 查明电压不平衡的原因，予以排除 2. 使用同规格的漆包线绕制线圈，更换匝数有错误的线圈 3. 查出接错处，并改接过来 4. 查出绕组短路或接地处，予以修复或重绕 5. 查出线路或绕组断线或接触不良处，并重新焊接好
电动机的温度过高	1. 电源电压过高 2. 欠电压满载运行 3. 电动机过载 4. 电动机环境温度过高 5. 电动机通风不畅 6. 定子绕组短路或接地 7. 重绕定子绕组时，线圈匝数少于原线圈匝数，或导线截面积小于原导线截面积 8. 定子绕组接线错误 9. 电动机受潮或浸漆后未烘干 10. 多支路并联的定子绕组，其中有一路或几路绕组断路 11. 在电动机运行中有一相熔丝熔断 12. 定子、转子铁心相互摩擦（又称扫膛）	1. 调整电源电压或待电压恢复正常后再使用电动机 2. 提高电源电压或减少电动机所带动的负载 3. 减少电动机所带动的负载或更换大功率的电动机 4. 更换特殊环境使用的电动机或降低环境温度，或降低电动机的容量使用 5. 清理通风道里淤塞的泥土；修理被损坏的风叶、风罩；搬开影响通风的物品 6. 查出短路或接地处，增加绝缘或重绕定子绕组 7. 按原数据重新改绕线圈 8. 按接线图重新接线 9. 重新对电动机进行烘干后再使用 10. 查出断路处，接好并焊牢 11. 更换同规格熔丝 12. 查明原因，予以排除，或更换新轴承

（续）

常见故障	可能原因	排除方法
轴承过热	1. 装配不当使轴承受外力 2. 轴承内无润滑油 3. 轴承的润滑油内有铁屑、灰尘或其他污物 4. 电动机转轴弯曲，使轴承受到外界应力 5. 传动带过紧	1. 重新装配电动机的端盖和轴承盖，拧紧螺钉，合严止口 2. 适量加入润滑油 3. 用汽油清洗轴承，然后注入新润滑油 4. 校正电动机的转轴 5. 适当放松传动带
电动机起动时熔丝熔断	1. 定子三相绕组中有一相绕组接反 2. 定子绕组短路或接地 3. 工作机械被卡住 4. 起动设备操作不当 5. 传动带过紧 6. 轴承严重损坏 7. 熔丝过细	1. 分清三相绕组的首尾端，重新接好 2. 查出绕组短路或接地处，增加绝缘，或重绕定子绕组 3. 检查工作机械和传动装置是否转动灵活 4. 纠正操作方法 5. 适当调整传动带 6. 更换为新轴承 7. 合理选用熔丝
运行中产生剧烈振动	1. 电动机基础不平或固定不紧 2. 电动机和被带动的工作机械轴心不在一条线上 3. 转轴弯曲造成电动机转子偏心 4. 转子或带轮不平衡 5. 转子上零件松弛 6. 轴承严重磨损	1. 校正基础板，拧紧底脚螺栓，紧固电动机 2. 重新安装，并校正 3. 校正电动机转轴 4. 校正平衡或更换为新品 5. 紧固转子上的零件 6. 更换为新轴承
运行中产生异常噪声	1. 电动机“单相”运行 2. 笼型转子断条 3. 定、转子铁心硅钢片过于松弛或松动 4. 转子摩擦绝缘纸 5. 风叶碰壳	1. 查出断相处，予以修复 2. 查出断路处，予以修复，或更换转子 3. 压紧并固定硅钢片 4. 修剪绝缘纸 5. 校正风叶
起动时保护装置动作	1. 被驱动的工作机械有故障 2. 定子绕组或线路短路 3. 保护动作电流过小 4. 熔丝选择过小 5. 过载保护时限不够	1. 查出故障，予以排除 2. 查出短路处，予以修复 3. 适当调大 4. 按电动机规格选配适当的熔丝 5. 适当延长

（续）

常见故障	可能原因	排除方法
绝缘电阻降低	1. 潮气侵入或雨水进入电动机内 2. 绕组上灰尘、油污太多 3. 引出线绝缘损坏 4. 电动机过热后，绝缘老化	1. 进行烘干处理 2. 清除灰尘、油污后，进行浸渍处理 3. 重新包扎引出线 4. 根据绝缘老化程度，分别予以修复或重新浸渍处理
机壳带电	1. 引出线与接线板接头处的绝缘损坏 2. 定子铁心两端的槽口绝缘损坏 3. 定子槽内有铁屑等杂物未除尽，导线嵌入后即造成接地 4. 外壳没有可靠接地	1. 应重新包扎绝缘或套一个绝缘管 2. 仔细找出绝缘损坏处，然后垫上绝缘纸，再涂上绝缘漆并烘干 3. 拆开每个线圈的接头，用淘汰法找出接地的线圈，进行局部修理 4. 将外壳可靠接地

10.3　单相异步电动机

10.3.1　单相异步电动机的用途与分类

单相异步电动机是用单相交流电源供电的一种小容量交流电动机。其外形如图 10-7所示，它适用于只有单相电源的工业设备和家用电器中。

a)　b)　c)

图 10-7　单相异步电动机的外形

单相异步电动机与单相串励电动机相比，具有结构简单、成本低廉、维修方便、噪声低、振动小和对无线电系统的干扰小等特点，被广泛应用于工业和人们日常生活的各个领域，如小型机床、电动工具、医疗器械和诸如电冰箱、电风扇、排气扇、空调器、洗衣机等家用电器中。

单相异步电动机与同容量的三相异步电动机相比，具有体积大、运行性能较差、效率较低等缺点。因此，一般只制成小容量的（功率从 8 ~750W）。但是，由于单相异步电动机只需单相交流电源供电，在没有三相交流电源的场合（如家庭、农村、山区等）仍被广泛应用。

单相异步电动机最常用的分类方法，是按起动方法进行的。不同类型的单相异步电动机，产生旋转磁场的方法也不同，常见的有以下几种：①单相电容分相起动异步电动机；②单相电阻分相起动异步电动机；③单相电容运转异步电动机；④单相电容起动与运转异步电动机（又称单相双值电容异步电动机）；⑤单相罩极式异步电动机。

10.3.2 单相异步电动机的基本结构

单相异步电动机一般由机壳、定子、转子、端盖、转轴、风扇等组成，有的单相异步电动机还具有起动元件。

扫一扫看视频

扫一扫看视频

（1）定子

定子由定子铁心和定子绕组组成。单相异步电动机的定子结构有两种形式，大部分单相异步电动机采用与三相异步电动机相似的结构，也是用硅钢片叠压而成。但在定子铁心槽内嵌放有两套绕组：一套是主绕组，又称工作绕组或运行绕组；另一套是副绕组，又称起动绕组或辅助绕组。两套绕组的轴线在空间上应相差一定的电角度。容量较小的单相异步电动机有的则制成凸极形状的铁心，如图 10-8 所示。磁极的一部分被短路环罩住。凸极上放置主绕组，短路环为副绕组。

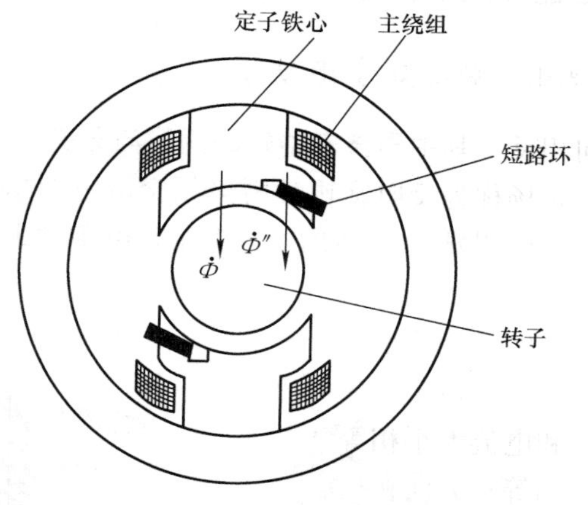

图 10-8 凸极式罩极单相异步电动机

（2）转子

单相异步电动机的转子与笼型三相异步电动机的转子相同。

（3）起动元件

单相异步电动机的起动元件串联在起动绕组（副绕组）中，起动元件的作用是在电动机起动完毕后，切断起动绕组的电源。常用的起动元件有以下几种：

1）离心开关。离心开关位于电动机端盖的里面，它包括静止和旋转两部分。当电动机静止时，无论旋转部分在什么位置，总有一个铜触片与静止部分的两个半圆形铜环同时接触，使起动绕组接入电动机电路。电动机起动后，当转速达到额定转速的70%～80%时，离心力克服弹簧的拉力，使动触头与静触头脱离接触，使起动绕组断电。

2）起动继电器。起动继电器是利用流过继电器线圈的电动机起动电流大小的变化，使继电器动作，将触点闭合或断开，从而达到接通或切断起动绕组电源的目的。

10.3.3 单相异步电动机的工作原理

分相式单相异步电动机的工作原理：在单相异步电动机的主绕组中通入单相正弦交流电后，将在电动机中产生一个脉振磁场，也就是说，磁场的位置固定（位于主绕组的轴线），而磁场的强弱却按正弦规律变化。

如果只接通单相异步电动机主绕组的电源，电动机不能转动。但如能加一外力预先推动转子朝任意方向旋转起来，则将主绕组接通电源后，电动机即可朝该方向旋转，即使去掉了外力，电动机仍能继续旋转，并能带动一定的机械负载。单相异步电动机为什么会有这样的特征呢？下面用双旋转磁场理论来解释。

双旋转磁场理论认为：脉振磁场可以认为是由两个旋转磁场合成的，这两个旋转磁场的幅值大小相等$\left(\text{等于脉振磁动势幅值的}\frac{1}{2}\right)$，同步转速相同$\left(\text{当电源频率为}f\text{，电动机极对数为}p\text{时，旋转磁场的同步转速}n_s=\frac{60f}{p}\right)$，但旋转方向相反。其中与转子旋转方向相同的磁场称为正向旋转磁场，与转子旋转方向相反的磁场称为反向旋转磁场（又称逆向旋转磁场）。

单相异步电动机的电磁转矩，可以认为是分别由这两个旋转磁场产生的电磁转矩合成的结果。

电动机转子静止时，由于两个旋转磁场的磁感应强度大小相等、方向相反，因此它们与转子的相对速度大小相等、方向相反，所以在转子绕组中感应产生的电动势和电流大小相等、方向相反，它们分别产生的正向电磁转矩与反向电磁转矩也大小相等、方向相反，相互抵消，于是合成转矩等于零。单相异步电动机不能够自行起动。

如果借助外力，沿某一方向推动转子一下，单相异步电动机就会沿着这个方向转动起来，这是为什么呢？因为假如外力使转子顺着正向旋转磁场方向转动，将使转子与正向旋转磁场的相对速度减小，而与反向旋转磁场的相对速度加大。由于两个相对速度不等，因此两个电磁转矩也不相等，正向电磁转矩大于反向电磁转矩，合成转矩不等于零，在这个合成转矩的作用下，转子就顺着初始推动的方向转动起来。

为了使单相异步电动机能够自行起动，一般是在起动时，先使定子产生一个旋转磁场，或使它能增强正向旋转磁场，削弱反向磁场，由此产生起动转矩。为此，人们采取了几种不同的措施，如在单相异步电动机中设置起动绕组（副绕组）。**主、副绕组在空间一般相差 90°电角度**。当设法使主、副绕组中流过不同相位的电流时，可以产生两相旋转磁场，从而达到单相异步电动机起动的目的（故该种电动机称为分相式单相异步电动机）。**当主、副绕组在空间相差 90°电角度，并且主、副绕组中的电流相位差也为 90°时，可以产生圆形旋转磁场**，此时单相异步电动机的起动性能和运行性能最好。否则，将产生椭圆形旋转磁场，电动机的起动性能和运行性能较差。

单相异步电动机常用的起动方法有以下几种：

1）电容分相起动法。

2）电阻分相起动法。

3）罩极起动法。

10.3.4 单相异步电动机的型号

单相异步电动机的型号由系列代号、设计序号、机座代号、特征代号及特殊环境代号组成，其含义如下

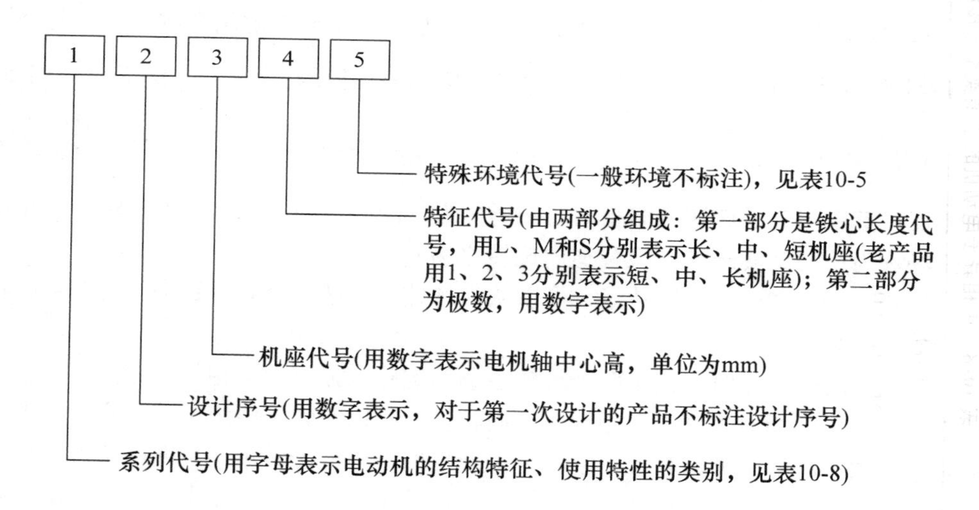

单相异步电动机的型号示例：

YU6324——表示单相电阻起动异步电动机，轴中心高为 63mm、2 号铁心长、4 极。

YC90L6——表示单相电容起动异步电动机，轴中心高为 90mm、长铁心、6 极。

BO5612 ——表示单相电阻起动异步电动机，轴中心高为 56mm，1 号铁心长，2 极。

DO_2 – 5014 ——表示单相电容运转异步电动机，第二次系列设计、轴中心高为 50mm、1 号铁心长、4 极。

表 10-8　单相异步电动机的主要类型与接线原理图

电动机类型	电阻起动	电容起动	电容运转	电容起动与运转	罩极式
基本系列代号	YU（JZ、BO、BO2）	YC（JY、CO、CO2）	YY（JX、DO、DO2）	YL	YJ
接线原理图	U1 起动开关 ~ 主绕组 U2 Z2 Z1 副绕组	U1 起动开关 ~ 主绕组 U2 起动电容 Z2 Z1 副绕组	U1 ~ 主绕组 U2 工作电容 Z2 Z1 副绕组	起动电容 起动开关 U1 ~ 主绕组 U2 工作电容 Z2 Z1 副绕组	U1 ~ 主绕组 U2 短路绕组
结构特点	定子具有主绕组和副绕组，它们的轴线在空间相差 90°电角度。副绕组经起动开关与主绕组并联于电源。当电动机转速达到 75% ~80% 同步转速时，通过起动开关，将副绕组切离电源，由主绕组单独工作	定子主绕组、副绕组分布与电阻启动电动机相同，副绕组和一个容量较大的起动电容器串联，经起动开关与主绕组并联于电源。当电动机转速达到 75% ~80% 同步转速时，通过起动开关，将副绕组切离电源，由主绕组单独工作	定子具有主绕组和副绕组，它们的轴线在空间相差 90°电角度。副绕组串联一个工作电容器（容量较起动电容器小得多）后，与主绕组并接于电源，且副绕组长期参与运行	定子绕组与电容运转电动机相同，但是副绕组与两个并联的电容器串联。当电动机转速达到 75% ~80% 同步转速时，通过起动开关，将起动电容器切离电源，而副绕组和工作电容器继续参与运行	一般采用凸极定子，主绕组是集中绕组，并在极靴的一小部分上套有短路环（又称罩极绕组）。另一种是隐极定子，其冲片形状和一般异步电动机相同，主绕组和罩极绕组均为分布绕组，它们的轴线在空间相差一定的电角度（一般为 45°），罩极绕组匝数少，导线粗

注：基本系列代号中括号内是老系列代号。

10.3.5 单相异步电动机的技术数据

1. YC 系列单相电容起动异步电动机的技术数据（见表 10-9）

表 10-9 YC 系列单相电容起动异步电动机技术数据

型号	额定功率/kW	额定电压/V	额定电流/A	额定频率/Hz	额定转速/(r/min)	效率(%)	功率因数	堵转电流/A	堵转转矩/额定转矩	最大转矩/额定转矩
YC7112	0.18	220	1.89	50	2800	60	0.72	12	3.0	1.8
YC7122	0.25		2.40			64	0.74	15	3.0	
YC8012	0.37		3.36			65	0.77	21	2.8	
YC8022	0.55		4.65			68	0.79	29	2.8	
YC90S-2	0.75		6.09			70	0.80	37	2.5	
YC90L-2	1.1		8.68			72	0.80	60	2.5	
YC100L1-2	1.5		11.38			74	0.81	80	2.5	
YC100L2-2	2.2		16.46			75	0.81	120	2.2	
YC7114	0.12		1.88		1400	50	0.58	9	3.0	
YC7124	0.18		2.49			53	0.62	12	2.8	
YC8014	0.25		3.11			58	0.63	15	2.8	
YC8024	0.37		4.24			62	0.64	21	2.5	
YC90S-4	0.55		5.49			66	0.69	29	2.5	
YC90L-4	0.75		6.87			68	0.73	37	2.5	
YC100L1-4	1.1		9.52			71	0.74	60	2.5	
YC100L2-4	1.5		12.45			73	0.75	80	2.5	
YC90S-6	0.25		4.21		900	54	0.50	20	2.5	
YC90L-6	0.37		5.27			58	0.55	25	2.5	
YC100L1-6	0.55		6.94			60	0.60	35	2.5	
YC100L2-6	0.75		9.01			61	0.62	45	2.2	

2. YL 系列单相双值电容异步电动机的技术数据（见表 10-10）

表 10-10　YL 系列单相双值电容异步电动机技术数据

型号	额定功率/kW	额定电压/V	额定电流/A	额定频率/Hz	额定转速/(r/min)	效率(%)	功率因数	堵转电流/A	堵转转矩/额定转矩	最大转矩/额定转矩
YL7112	0.37	220	2.73	50	2800	67	0.92	16	1.8	1.7
YL7122	0.55		3.88			70	0.92	21	1.8	
YL8012	0.75		5.15			72	0.92	29	1.8	
YL8022	1.1		7.02			75	0.95	40	1.8	
YL90S-2	1.5		9.44			76	0.95	55	1.7	
YL90L-2	2.2		13.67			77	0.95	80	1.7	
YL100L1-2	3		18.17			79	0.95	110	1.7	
YL100L2-2	3.7		23.63			82	0.98	104.5	1.7	
YL7114	0.25		2.00		1400	62	0.92	12	1.8	
YL7124	0.37		2.81			65	0.92	16	1.8	
YL8014	0.55		4.00			68	0.92	21	1.8	
YL8024	0.75		5.22			71	0.92	29	1.8	
YL90S-4	1.1		7.21			73	0.95	40	1.7	
YL90L-4	1.5		9.57			75	0.95	55	1.7	
YL100L1-4	2.2		13.85			76	0.95	80	1.7	
YL100L2-4	3		18.64			77	0.95	110	1.7	

10.3.6　单相异步电动机的使用与维护

1. 改变分相式单相异步电动机旋转方向的方法

分相式单相异步电动机旋转磁场的旋转方向与主、副绕组中电流的相位有关，由具有超前电流的绕组的轴线转向具有滞后电流的绕组的轴线。如果需要改变分相式单相异步电动机的转向，可把主、副绕组中任意一套绕组的首尾端对调一下，接到电源上即可，如图 10-9 所示。对于单相电容运转异步电动机，如果其主绕组与

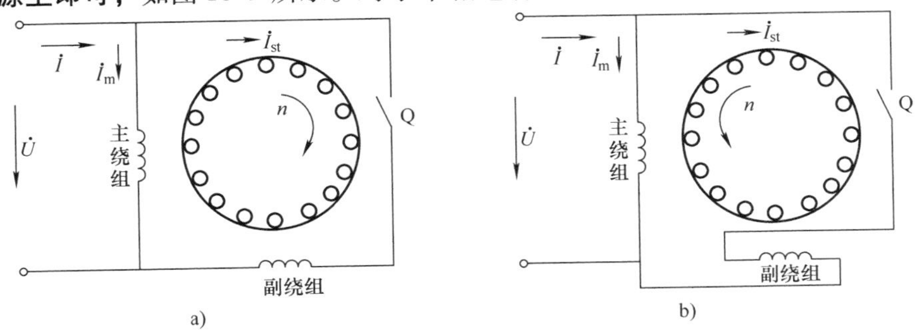

图 10-9　将副绕组反接改变分相式单相异步电动机的转向

a）原电动机为顺时针方向旋转　b）将副绕组反接后为逆时针方向旋转

副绕组相同（电磁绕截面积、线圈节距、绕组匝数等都相同），则将电容器串入到另一套绕组中，也可以改变电动机旋转方向。

2. 改变罩极式单相异步电动机旋转方向的方法

罩极式单相异步电动机转子的转向总是从磁极的未罩部分转向被罩部分，即使改变电源的接线，也不能改变电动机的转向。如果需要改变罩极式单相异步电动机的转向，则需要把电动机拆开，**将电动机的定子或转子反向安装，才可以改变其旋转方向，**如图 10-10 所示。

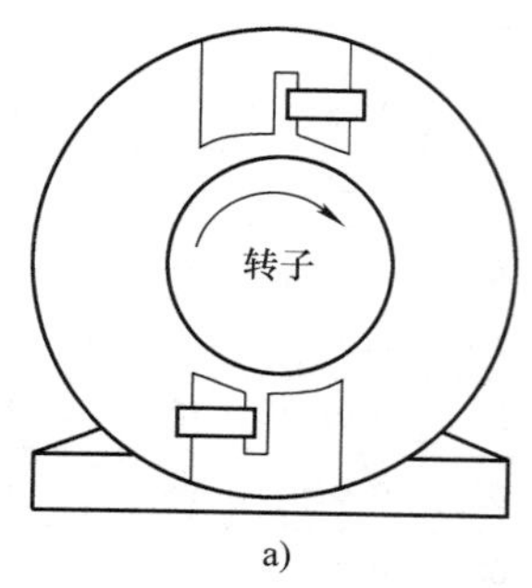

a)

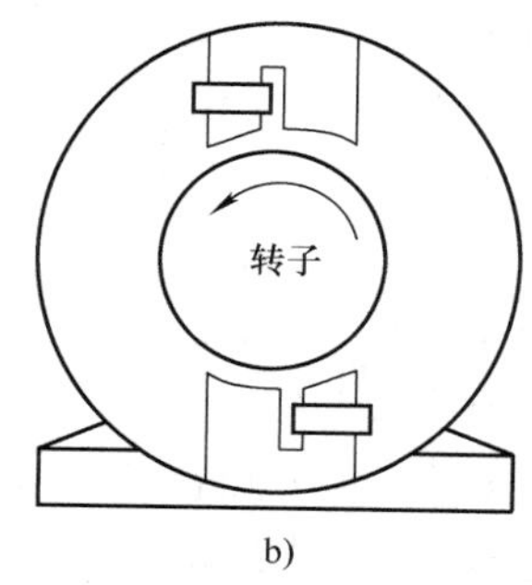

b)

图 10-10　将定子掉头装配来改变罩极式单相异步电动机的转向

a）调头前转子为顺时针方向旋转　b）调头后转子为逆时针方向旋转

3. 单相异步电动机使用注意事项

单相异步电动机的运行与维护和三相异步电动机基本相似，可参考三相异步电动机。但是，单相异步电动机在结构上有它的特殊性，如有起动装置（包括离心开关或起动继电器，有起动绕组及电容器），电动机的功率小，定子、转子之间的气隙小等。如果这些部件发生了故障，必须及时进行检修。

扫一扫看视频

使用单相异步电动机时应注意以下几点：

1）改变分相式单相异步电动机的旋转方向时，应在电动机静止时或电动机的转速降低到离心开关的触点闭合后，再改变电动机的接线 。

2）单相异步电动机接线时，应正确区分主、副绕组，并注意它们的首尾端。若绕组出线端的标志已脱落，电阻大的绕组一般为副绕组。

3）更换电容器时，应注意电容器的型号、电容量和工作电压，使之与原规格相符。

4）拆装离心开关时，用力不能过猛，以免离心开关失灵或损坏。

5）离心开关的开关板与后端盖必须紧固，开关板与定子绕组的引线焊接必须可靠。

6）紧固后端盖时，应注意避免后端盖的止口将离心开关的开关板与定子绕组连接的引线切断。

4. 离心开关的使用与检修

（1）离心开关短路的检修

离心开关发生短路故障后，当单相异步电动机运行时，离心开关的触头不能切断副绕组与电源的连接，将会使副绕组发热烧毁。

造成离心开关短路的原因，可能是由于机械构件磨损、变形；动、静触头烧熔黏结；簧片式开关的簧片过热失效、弹簧过硬；甩臂式开关的铜环极间绝缘击穿以及电动机转速达不到额定转速的80%等。

对于离心开关短路故障的检查，可采用在副绕组线路中串入电流表的方法。电动机运行时如副绕组中仍有电流通过，则说明离心开关的触头失灵而未断开，这时应查明原因，对症修理。

（2）离心开关断路的检修

离心开关发生断路故障后，当单相异步电动机起动时，离心开关的触头不能闭合，所以不能将电源接入副绕组。电动机将无法起动。

造成离心开关断路的原因，可能是触头簧片过热失效、触头烧坏脱落，弹簧失效以致无足够张力使触头闭合，机械机构卡死，动、静触头接触不良，接线螺丝松动或脱落，以及触头绝缘板断裂等。

对于离心开关断路故障的检查，可采用电阻法，即用万用表的电阻档测量副绕组引出线两端的电阻。**正常时副绕组的电阻一般为几百欧左右**，如果测量的电阻值很大，则说明起动回路有断路故障。若进一步检查，可以拆开端盖，直接测量副绕组的电阻，如果电阻值正常，则说明离心开关发生断路故障。此时，应查明原因，找出故障点予以修复。

10.3.7　单相异步电动机的常见故障及其排除方法

1. 分相式单相异步电动机的常见故障及其排除方法（见表10-11）

表10-11　分相式单相异步电动机的常见故障及其排除方法

常见故障	可能原因	排除方法
电源电压正常，通电后电动机不能起动	1. 电动机引出线或绕组断路 2. 离心开关的触头闭合不上 3. 电容器短路、断路或电容量不够 4. 轴承严重损坏 5. 电动机严重过载 6. 转轴弯曲	1. 认真检查引出线、主绕组和副绕组，将断路处重新焊接好 2. 修理触头或更换离心开关 3. 更换与原规格相符的电容器 4. 更换新轴承 5. 检查负载，找出过载原因，采取适当措施消除过载状况 6. 将弯曲部分校直或更换转子
电动机空载能起动或在外力帮助下能起动，但起动迟缓且转向不定	1. 副绕组断路 2. 离心开关的触头闭合不上 3. 电容器断路 4. 主绕组断路	1. 查出断路处，并重新焊接好 2. 检修调整触头或更换离心开关 3. 更换同规格电容器 4. 查出断路处，并重新焊接好
电动机转速低于正常转速	1. 主绕组短路 2. 起动后离心开关触头断不开，副绕组没有脱离电源 3. 主绕组接线错误 4. 电动机过载 5. 轴承损坏	1. 查出短路处，予以修复或重绕 2. 检修调整触头或更换离心开关 3. 查出接错处并更正 4. 查出过载原因并消除 5. 更换新轴承

（续）

常见故障	可能原因	排除方法
起动后电动机很快发热，甚至烧毁	1. 主绕组短路或接地 2. 主绕组与副绕组之间短路 3. 起动后，离心开关的触头断不开，使起动绕组长期运行而发热，甚至烧毁 4. 主、副绕组相互接错 5. 电源电压过高或过低 6. 电动机严重过载 7. 电动机环境温度过高 8. 电动机通风不畅 9. 电动机受潮或浸漆后未烘干 10. 定子、转子铁心相摩擦或轴承损坏	1. 重绕定子绕组 2. 查出短路处予以修复或重绕定子绕组 3. 检修调整离心开关的触头或更换离心开关 4. 检查主、副绕组的接线，将接错处予以纠正 5. 查明原因，待电源电压恢复正常以后再使用 6. 查出过载原因并消除 7. 应降低环境温度或降低电动机的容量使用 8. 清理通风道，恢复被损坏的风叶、风罩 9. 重新进行烘干 10. 查出相摩擦的原因，予以排除或更换轴承

2. 罩极式单相异步电动机的常见故障及其排除方法（见表10-12）

表10-12 罩极式单相异步电动机的常见故障及其排除方法

常见故障	可能原因	排除方法
通电后电动机不能起动	1. 电源线或定子主绕组断路 2. 短路环断路或接触不良 3. 罩极绕组断路或接触不良 4. 主绕组短路或被烧毁 5. 轴承严重损坏 6. 定、转子之间的气隙不均匀 7. 装配不当，使轴承受外力 8. 传动带过紧	1. 查出断路处，并重新焊接好 2. 查出故障点，并重新焊接好 3. 查出故障点，并焊接好 4. 重绕定子绕组 5. 更换新轴承 6. 查明原因，予以修复。若转轴弯曲应校直 7. 重新装配，上紧螺钉，合严止口 8. 适当放松传送带
空载时转速太低	1. 小型电动机的含油轴承缺油 2. 短路环或罩极绕组接触不良	1. 填充适量润滑油 2. 查出接触不良处，并重新焊接好
负载时转速不正常或难于起动	1. 定子绕组匝间短路或接地 2. 罩极绕组绝缘损坏 3. 罩极绕组的位置、线径或匝数有误	1. 查出故障点，予以修复或重绕定子绕组 2. 更换罩极绕组 3. 按原始数据重绕罩极绕组

（续）

常见故障	可能原因	排除方法
运行中产生剧烈振动和异常噪声	1. 电动机基础不平或固定不紧 2. 转轴弯曲造成电动机转子偏心 3. 转子或带轮不平衡 4. 转子断条 5. 轴承严重缺油或损坏	1. 校正基础板，拧紧底脚螺钉，紧固电动机 2. 校正电动机转轴或更换转子 3. 校平衡或更换新品 4. 查出断路处，予以修复或更换转子 5. 清洗轴承，填充新润滑油或更换轴承
绝缘电阻降低	1. 潮气侵入或雨水进入电动机内 2. 引出线的绝缘损坏 3. 电动机过热后，绝缘老化	1. 进行烘干处理 2. 重新包扎引出线 3. 根据绝缘老化程度，分别予以修复或重新浸渍处理

10.4　变频调速三相异步电动机

10.4.1　变频调速三相异步电动机概述

近年来，由于电力电子技术突飞猛进的发展，交流变频调速已成为电气传动的主流，正越来越多地取代传统的直流调速传动。变频调速在调速范围、动态响应、调速精度、低频转矩、转差补偿、功率因数、工作效率、使用方便等方面越来越表现出优越性，而且它还具有体积小、重量轻、通用性强、可靠性高、操作简便等优点，因而深受各行各业的欢迎，已广泛地应用于矿山、石油、化工、医药、纺织、机械、轻工、建材等领域，社会效益非常显著。

作为变频调速的执行电机的异步电动机，结构简单、运行可靠，在变频传动中的应用极为广泛。变频调速的异步电动机还具有高效的驱动性能和良好的控制特性，不仅可以节约大量电能，而且变频器自动控制性能的进一步改善也为变频调速系统提供了良好的发展前景。

普通异步电动机采用变频器供电与采用电网供电不同。**采用变频器供电时，普通异步电动机端输入的电压、电流非正弦量**，其中谐波分量对异步电动机的运行性能会产生显著影响，如电流增大，损耗增加，效率、功率因数降低，温升增加，还会出现转矩脉动、振动和噪声增大、绕组绝缘易老化等。而且采用普通的异步机进行变频调速时，电动机性能很难符合要求。这就要求从电动机本体出发，对变频调速异步电动机进行合理设计和整体优化。因此，人们开发设计了专用的变频调速异步电动机（称变频调速异步电动机，简称变频电机）。

10.4.2　变频调速电动机的结构特点

1. 变频调速异步电动机设计原则

1）变频调速电动机所选用的变频器为通用型变频器，控制方式为变压变频（VVVF）控制方式。

2）变频调速电动机在 Y2 系列电动机的基础上派生，相同功率等级所对应的机座号及安装尺寸与 Y2 系列一致，其外形总长度允许适当增加。

3）机座号中心高范围为 H80 ~ H315，基准同步转速为 1500r/min，额定频率为 50Hz；额定电压为 380V，连续额定工作方式。调速范围为：H80 ~ H225 为 5 ~ 100Hz，5 ~ 50Hz 为恒转矩调速，50 ~ 100Hz 为恒功率调速；H250 ~ H315 为 3 ~ 100Hz，3 ~ 50Hz 为恒转矩调速，50 ~ 100Hz 为恒功率调速。

4）为提高电动机的可靠性，绝缘等级选用 F 级（按 B 级考核）。

5）由于电动机在 Y2 系列上进行派生设计，结构件和冲片三圆与 Y2 系列通用，定转子槽形尽量考虑通用。

6）为了保证电动机在整个调速范围内的冷却效果，采用独立供电的轴向外风扇，对电动机进行强迫冷却。电动机的冷却方式为全封闭外表轴向风机冷却，也可按需要制成其他冷却方式。

7）电动机的定额是以连续工作制（S1）为基准的连续定额。

8）电动机的定子绕组接线，功率在 55kW 及以下为丫联结，功率在 55kW 以上为△联结。

2. 变频调速异步电动机加强绝缘的措施

1）选用合适的电磁线。**电磁线（漆包圆线）采用三层漆膜复合导线，或使用变频电动机专用耐电晕漆包圆铜线。**

2）加强槽绝缘和相间绝缘。**相间绝缘宜优先采用表面贴有聚酯绒布的 NHN、NMN 或 F 级 DMD 和薄膜组成的组合绝缘。**

3）采用真空压力浸渍工艺能使浸渍树脂充分渗透到电动机绕组。

4）合理的绕线、嵌线等加工工艺。严格按照匝间耐冲击电压试验及对地耐电压试验标准进行试验，以确保其电气绝缘性能的可靠。

5）提高绝缘结构的机械强度。

10.4.3 变频调速电动机的技术数据

YVF2 系列变频调速三相异步电动机的技术数据见表 10-13。

表 10-13 YVF2 系列变频调速三相异步电动机技术数据

标称功率/kW	型号	额定转矩/N · m	电流/A	匹配变频器容量/kV · A
0.55	YVF2 - 80M1 - 4	3.5	1.60	1.0
0.75	YVF2 - 80M2 - 4	4.7	2.00	1.0
1.1	YVF2 - 90S - 4	7.0	2.90	2.0
1.5	YVF2 - 90L - 4	9.5	3.80	2.0
	YVF2 - 100L - 6	14.3	4.0	
2.2	YVF2 - 100L1 - 4	14.0	5.2	3.0
	YVF2 - 112M - 6	21.0	5.7	

（续）

标称功率/kW	型号	额定转矩/N·m	电流/A	匹配变频器容量/kV·A
3	YVF2－100L2－4	19.0	7.0	4.0
	YVF2－132S－6	28.6	7.0	
4	YVF2－112M－4	25.4	9.3	6.0
	YVF2－132M1－6	38.2	9.1	
5.5	YVF2－132S－4	35.0	12.0	10
	YVF2－160M－6	52.5	12.5	
7.5	YVF2－132M－4	47.7	15.5	10
	YVF2－160L－6	71.6	17	
11	YVF2－160M－4	70.0	22.5	15
	YVF2－180M－6	105.0	24	
15	YVF2－160L－4	95.5	31.0	20
	YVF2－180L－6	143.2	30	
18.5	YVF2－180M－4	117.1	36.5	30
	YVF2－200L1－6	176.7	37	
22	YVF2－180L－4	140.9	43.5	30
	YVF2－200L2－6	210.0	45	
30	YVF2－200L－4	190.9	58	40
	YVF2－225M－6	286.5	58	
37	YVF2－225S－4	235.5	70	50
	YVF2－250M－6	353.3	71	
45	YVF2－225M－4	286.4	85	60
	YVF2－280S－6	429.7	86	
55	YVF2－250M－4	350.1	103	70
	YVF2－280M－6	525.2	105	
75	YVF2－280S－4	477.7	140	100
	YVF2－315S－6	716	141	
90	YVF2－280M－4	572.9	167	120
	YVF2－315M－6	860	170	
110	YVF2－315S－4	700.2	201	150
	YVF2－315L1－6	1050	206	
132	YVF2－315M－4	840.3	240	180
	YVF2－315L2－6	1260	249	
160	YVF2－315L1－4	1018.5	287	210
	YVF2－355M1－6	1528	301	

10.4.4 变频调速系统电动机容量的选择

在用通用变频器构成变频调速系统时，有时需要利用原有电动机，有时需要增加新电动机，但无论哪种情况，不仅要核算所必需的电动机容量，还要根据电动机的运行环境，选择相应的电动机的防护等级。同时，由于电动机由通用变频器供电，其机械特性与直接电网供电时有所不同，需要按通用变频器供电的条件选择，否则难以达到预期的目的，甚至造成不必要的经济损失。适用于通用变频器供电的电动机类型可分为普通异步电动机、专用电动机、特殊电动机等。下面以最常用的普通异步电动机为例，说明采用通用变频器构成变频调速系统时，如何选择或确定电动机的容量及一般需要考虑的因素。

1）**所确定的电动机容量应大于负载所需要的功率**，应以正常运行速度时所需的最大输出功率为依据，当环境较差时宜留一定的裕量。

2）应使所选择的电动机的最大转矩与负载所需要的起动转矩相比有足够的裕量。

3）所选择的电动机在整个运行范围内，均应有足够的输出转矩。当需要拆除原有的减速箱时，应按原来的减速比考虑增大电动机的容量，或另外选择电动机的形式。

4）应考虑低速运行时电动机的温升能够在规定的温升范围内，确保电动机的寿命周期。

5）针对被拖动机械负载的性质，确定合适的电动机运行方式。

考虑以上条件，实际的电动机容量可根据**电动机的容量 = 被驱动负载所需的容量 + 将负载加速或减速到所需速度的容量的原则来确定。**

10.4.5 变频调速的注意事项

1. 变频器选用注意事项

负载种类不同其转矩 T 与转速 n 的关系亦不同，选用通用变频器时应根据负载特性正确选择，否则不但不能充分发挥通用变频器的性能，有时还会发生损坏通用变频器和异步电动机的故障。实际上，负载在运行过程中随着工况的变化和工件状态的变化等影响，其呈现的负载特性是要变化的，并不是一成不变的，因此应根据工艺的要求和可能发生的工况变化及工件可能出现的状态，确定主要的负载特性，依此作为选择通用变频器的依据，并根据其他可能出现的特性，确定应采取的措施，必要时应选用相应的可选件协调运行。

2. 变频电动机选用注意事项

由于变频调速专用异步电动机需要和指定的通用变频器系列进行配合才能得到理想特性，在选用时应该注意厂商的说明，或选用变频器电动机一体机等。为了满足速度控制的需要，还可以根据需要在变频器专用异步电动机上安装作为速度传感器的编码器或光码盘，以达到利用通用变频器对速度进行闭环控制的目的。

3. 变频调速时基本控制方式选用注意事项

异步电动机变频调速时，根据 U_1 和 f_1 的不同比例关系，将有不同的变频调速方式。**保持 U_1/f_1 为常数的比例控制方式适用于调速范围不太大的恒转矩负载或转矩随转速下降而减少的负载**，例如风机、水泵等；**保持转矩 T 为常数的恒磁通控制方式适用于调速范围较大的恒转矩性质的负载**，例如升降机械、搅拌机、传动带等；**保持功率 P 为常数的恒功率控制方式适用于负载转矩随转速的增高而变轻的场合**，例如主轴传动、卷绕机等。

10.5　电磁调速三相异步电动机

10.5.1　电磁调速异步电动机的基本结构

电磁调速三相异步电动机是一种交流恒转矩无级调速电动机。其调速特点是调速范围大、无失控区、起动转矩大、可以强励起动，频繁起动时，对电网无冲击，适用于纺织、化工、冶金、建材、食品、矿山等部门。

电磁调速三相异步电动机由拖动电动机（Y 系列电动机）、电磁转差离合器、测速发电机等组成。中小型电磁调速异步电动机是组合式结构，如图 10-11 所示；较大的电磁调速异步电动机是整体式结构，如图 10-12 所示。笼型三相异步电动机为原动机；测速发电机安装在电磁调速异步电动机的输出轴上，用来控制和指示电动机的转速；电磁转差离合器是电磁调速的关键部件，电动机的平滑调速就是通过它来实现的。

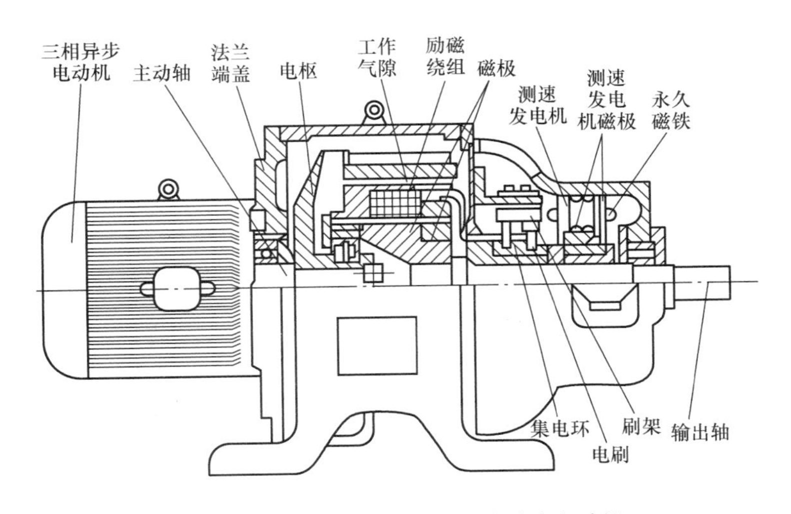

图 10-11　组合式结构电磁调速异步电动机

10.5.2　电磁调速异步电动机的工作原理

电磁转差离合器（又称电磁滑差离合器）是一种离合器，但与一般机械离合

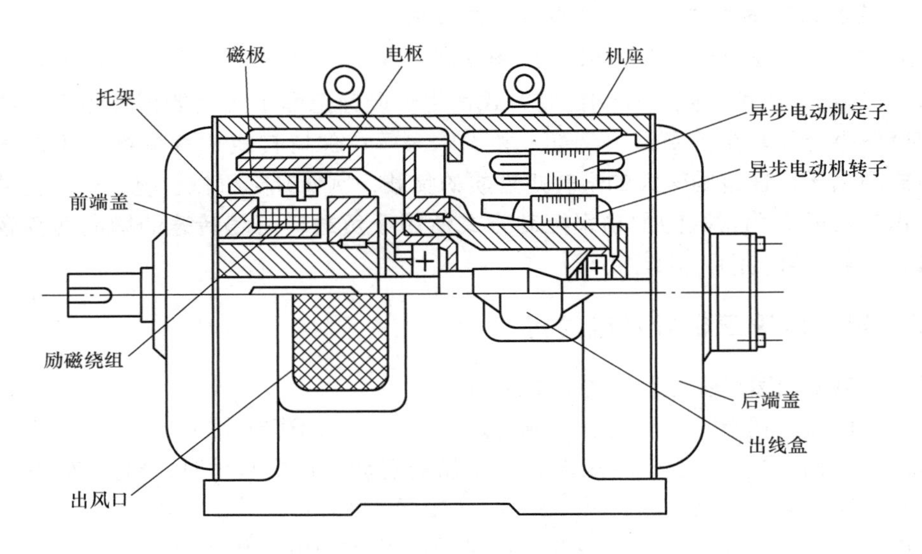

图 10-12　整体式结构电磁调速异步电动机

器的结构、原理及作用都不同。

电磁转差离合器主要由电枢和磁极两部分组成，它们能够独立旋转，两者之间无机械联系。电枢与普通笼型三相异步电动机连接，由电动机带动它旋转，称其为主动部分；磁极与负载（工作机械）相连，称其为从动部分。其示意图如图 10-13 所示。异步电动机带动电磁转差离合器的电枢旋转，通过电磁感应关系使得电磁转差离合器的磁极随之旋转，带动生产机械进行工作。利用晶闸管整流装置调节电磁转差离合器中的励磁电流，就可以达到调速的目的。电磁转差离合器与三相异步电动机装成一体，即同一个机壳时，称为电磁调速异步电动机或滑差电动机。

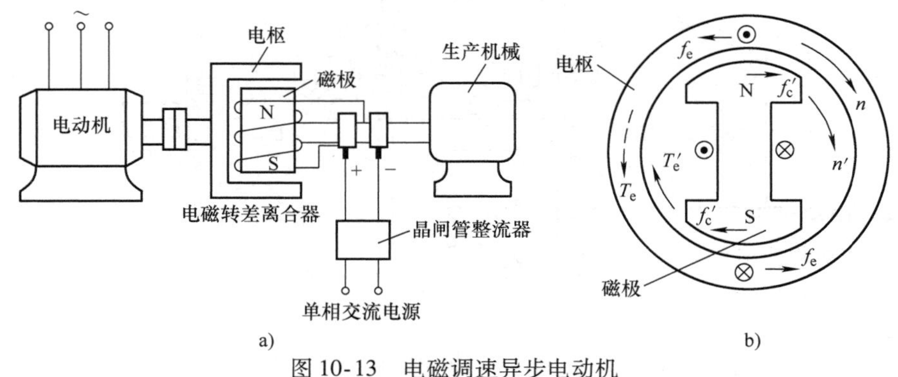

图 10-13　电磁调速异步电动机

a）连接原理图　b）电磁转差离合器工作原理

10.5.3　电磁调速异步电动机的技术数据

YCT 系列电磁调速三相异步电动机的技术数据见表 10-14。

表 10-14　YCT 系列电磁调速三相异步电动机技术数据

型号	标称功率/kW	额定转矩/N·m	转速范围/(r/min)	转速变化率(%)	轴承型号		质量/kg
					离合器	拖动电动机	
YCT112-4A	0.55	3.6	1250~125	≤2.5	205Z1	180205Z1	55
					204Z1	180204Z1	55
YCT112-4B	0.75	4.9	1250~125	≤2.5	205Z1	180205Z1	60
					204Z1	180204Z1	60
YCT132-4A	1.1	7.1	1250~125	≤2.5	306Z1	180306Z1	85
					205Z1	180205Z1	85
YCT132-4B	1.5	9.7	1250~125	≤2.5	306Z1	180306Z1	90
					205Z1	180205Z1	90
YCT160-4A	2.2	14	1250~125	≤2.5	307Z1	180308Z1	120
					206Z1	180206Z1	120
YCT160-4B	3	19	1250~125	≤2.5	307Z1	180308Z1	125
					206Z1	180206Z1	125
YCT180-4A	4	25	1250~125	≤2.5	307Z1	180308Z1	162
					306Z1	180306Z1	162
YCT200-4A	5.5	35	1250~125	≤2.5	309Z1	310Z1	220
					308Z1	180308Z1	220
YCT200-4B	7.5	47.7	1250~125	≤2.5	309Z1	310Z1	230
					308Z1	180308Z1	230
YCT225-4A	11	69	1250~125	≤2.5	310Z1	311Z1	465
					309Z1	309Z1	465
YCT225-4B	15	94	1250~125	≤2.5	310Z1	310Z1	475
					309Z1	309Z1	475
YCT250-4A	18.5	115	1320~132	≤2.5	312Z1	312Z1	490
					311Z1	311Z1	490
YCT250-4B	22	137	1320~132	≤2.5	312Z1	312Z1	510
					311Z1	311Z1	510
YCT280-4A	30	189	1320~132	≤2.5	313Z1	313Z1	750
					312Z1	312Z1	750
YCT315-4A	37	232	1320~132	≤2.5	314Z1	315Z1	800
					313Z1	313Z1	800
YCT315-4B	45	282	1320~132	≤2.5	314Z1	315Z1	800
					313Z1	313Z1	800

10.5.4　电磁调速异步电动机的使用与维护

1. 电磁调速电动机使用注意事项

使用电磁调速异步电动机时应注意的问题可参考普通三相异步电动机，并且还应注意以下几点：

1）在多粉尘环境中使用时，应采取防尘措施，以防电枢表面积尘过多，而导致电枢和磁极之间的间隙堵塞，影响调速。

2）为了避免电磁转差离合器存在摩擦转矩和剩磁而导致控制特性恶化或失控，**负载转矩一般不应小于 10%额定转矩。**

3）电磁调速异步电动机属于改变转差率调速方法，其特点是转差功率全部消耗于电磁转差离合器的电枢电路中，调速时发热较严重，低速时效率较低，应予以注意。

4）在电磁调速异步电动机无负载时，开机试车，虽然控制器旋钮可从低速调为高速，或从高速调为低速，但是电磁调速异步电动机的输出转速无明显的变化。这主要是负载转矩小于10%额定转矩的缘故。

2. 电磁调速电动机的试车、起动、调速和停车

（1）试车

当检查完毕，可先接通电源进行空载试车。试车时应注意电动机的旋转方向，如发现转向与所需要方向相反时，应立即停车，并将三相电源线的任意两根换接一下，即可改变方向。

起动后，如发现有任何不正常现象或响声时，须立即停车进行检查，待电动机空载运行正常后，才可将励磁电流送入离合器绕组，使输出轴随电动机同向旋转。缓缓调节控制器上的电位器，让输出轴的转速逐渐增高到电动机的同步转速附近。

如果电动机和离合器全部正常，便可连续空载运转1～2h，随时注意各轴承有无发热或漏油现象。

待空载试车确认正常后，方可投入运行。

（2）起动和调速

电磁调速电动机的拖动异步电动机都可满足直接起动。为了减小起动电流，可采用补偿变压器作减压起动。

待异步电动机起动完毕，并确认控制器的调速电位器是处于零转速位置后方可闭合控制器的电源开关，将励磁电流加入电磁离合器的绕组，使调速电动机带动负载而旋转，缓缓调节调速电位器，使电动机逐渐增速到所需转速。

（3）停车

短时间的停车，可将电位器调到零转速位置上，切断控制器的电源开关即可，无须切断异步电动机的电源，以减少异步电动机的再起动。

长时间的停车，要先将电位器调到最低转速位置，再依次切断控制器和电动机的电源开关。

遇到紧急停车时，可直接按下异步电动机的“停止”按钮，同时切断控制器电源，该要求应由系统线路联锁保护，并将电位器调到最低转速位置，以便下一次起动。

3. 电磁调速三相异步电动机的维护

电磁调速电动机的维护注意事项如下：

1）调速电动机在使用过程中，应经常注意清洁和检查，防止受潮和其他异物进入机体内部，并随时注意有无任何不正常的现象产生。每月至少停车检查一次，并用压缩空气清洁内部。

2）调速电动机使用日久，由于轴承的磨损，可能导致气隙不均，影响运转性能，甚至产生相擦现象。因此，必须经常注意检查气隙的大小，如发现气隙不均匀或电机过分发热时，应及时加以修整或调换新轴承。

3）保持周围环境清洁，防止控制器受潮。

4）印制电路板插脚必须保持清洁，确保接触可靠。

5）控制器长时间不运行，应在使用前作必要的检查。绝缘电阻不得低于 1MΩ，否则须干燥处理。

6）为了保证转速表的正确性，须根据实际要求定期校正。

10.5.5　电磁调速异步电动机的常见故障及其排除方法

电磁调速三相异步异步电动机中，电磁转差离合器的常见故障及其排除方法见表 10-15；三相异步异步电动机常见故障及其排除方法见表 10-7 。

表 10-15　电磁调速异步电动机中电磁转差离合器的常见故障及其排除方法

常见故障	可能原因	排除方法
电磁转差离合器不转	1. 励磁绕组短路或断路 2. 电磁转差离合器旋转部分被卡住或负载部分被卡住 3. 晶闸管损坏，没有励磁电压输出 4. 晶体管损坏或脉冲变压器断路，无输出脉冲 5. 无给定电压	1. 查出故障点，予以修复或更换绕组 2. 对症检查并修复 3. 检查晶闸管，损坏则更换 4. 检查并对症处理 5. 检查给定电压回路
转速异常	1. 没有速度负反馈。稍加给定电压，输出轴转速立即上升到最高速，而且转速表也没有指示 2. 没有锯齿波电压。加给定电压后，不能由低速均匀起动 3. 给定电压调不上去，只能低速运行 4. 电阻器接触不良，不能均匀调速 5. 稳压管损坏或性能变化，致使转速不稳定 6. 晶闸管触发特性与锯齿波电压配合不当，致使转速周期性振荡	1. 检查测速发电机有无故障，出线端有无松动脱落，并检查测速反馈电路元器件是否损坏。查出故障后对症处理 2. 检查锯齿波形成电路的元器件有无损坏，损坏则更换 3. 检查续流二极管是否烧毁，并检查放大环节有无故障，查出故障后，对症处理 4. 检查电阻器，损坏则更换 5. 更换稳压管 6. 应重新调整控制器

10.6　潜水电泵

10.6.1　潜水电泵的主要用途与特点

潜水电动机是一种用于水下驱动的动力源，它常与潜水泵组装成潜水电泵机组或直接在潜水电动机的轴伸端装上泵部件组成机泵合一的潜水电泵产品，潜入井下或江、河、湖泊、海洋水中以及其他任何场合的水中工作。

潜水电泵具有体积小、重量轻、起动前不需引水、不受吸程限制、不需另设泵房、安装使用方便、性能可靠、效率较高、价格低廉、可节约投资等优点。其广泛应用于从井下或江河、湖泊中取水、农业排灌、城镇供水、工矿企业给排水、城乡建筑排水、居民生活用水、城市或工厂污水污物处理，宾馆和饭店排污，纺织、印染、造纸和化工等行业浆料输送、养殖场排污、粪便处理以及盐场海水和卤水输送等场合。

潜水电动机也可作为各种水下机械的配套动力源，如桥梁建筑勘探用钻机驱动电动机、深海水下考察船用推进器动力源等。

10.6.2 潜水电泵的分类

潜水电泵（潜水电动机）的种类繁多，其分类的方法也很多，常用的分类方法有以下几种：

1. 按潜水电动机的内部结构分类

按潜水电动机内部的不同结构形式，可将潜水电泵和潜水电动机分为充水式、充油式、屏蔽式和干式四种基本的结构形式，如图 10-14 所示。

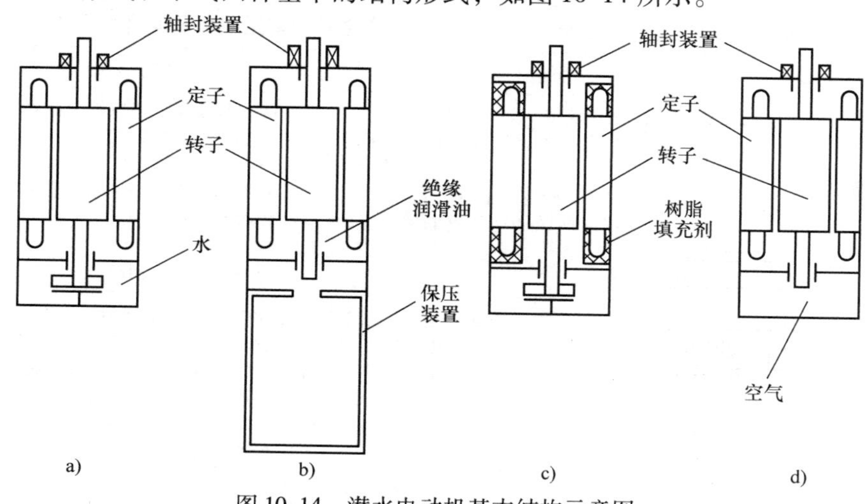

图 10-14 潜水电动机基本结构示意图

a）充水式 b）充油式 c）屏蔽式 d）干式

2. 按泵与电动机的配置方式分类

（1）按泵与电动机在电泵上、下不同的相对位置分类

1）上泵型潜水电泵，即泵位于电动机的上方，如图 10-15a 所示。

2）下泵型潜水电泵，即泵置于电动机的下方，如图 10-15b ~ d 所示。

（2）按电动机在潜水电泵中的装置位置分类

1）外装式潜水电泵，为下泵型潜水电泵，在电动机的外侧安装出水管作为水泵的出水流道，如图 10-15b 所示。

2）内装式潜水电泵，为下泵型潜水电泵，在电动机机座外面另有电泵外壳将其围绕起来，如图 10-15c 所示。

3）半内装式潜水电泵，为下泵型潜水电泵，泵出水管经过电动机机壳的部分与电动机机壳连成一体，如图 10-15d 所示。

4）贯流式潜水电泵，其电动机位于潜水电泵的外部，泵叶轮装在电动机转子内部，两者成为一体，泵输送的水流流经电动机转子内壁冷却转子，如图 10-15e 所示。

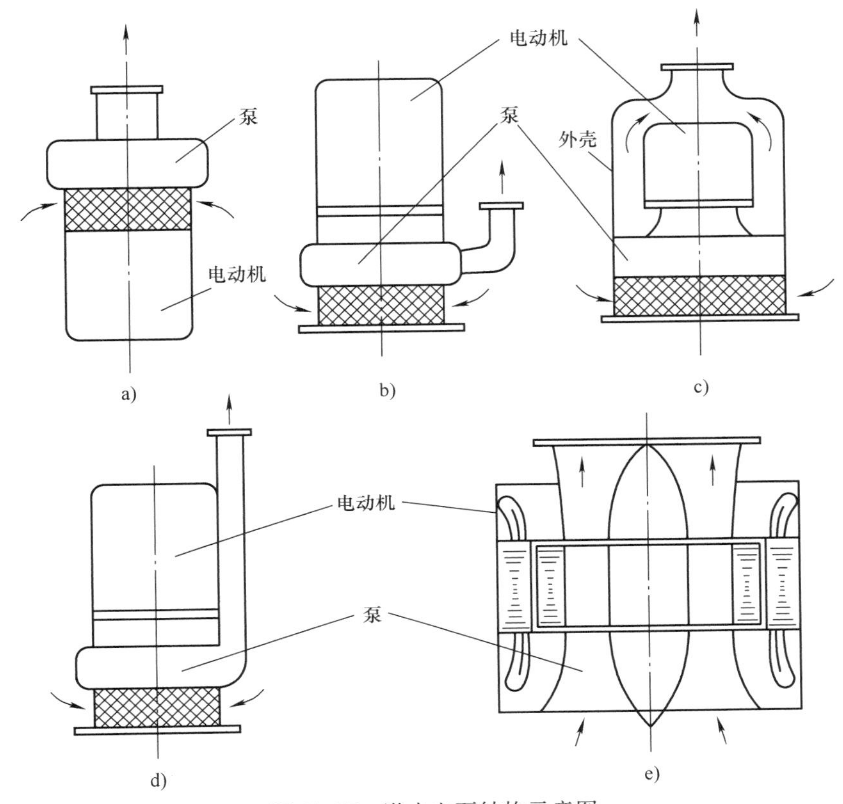

图 10-15　潜水电泵结构示意图

a）外装式上泵型　b）外装式下泵型　c）内装式下泵型　d）半内装式下泵型　e）贯流型

3. 按潜水电泵的用途分类

按潜水电泵的用途可将潜水电泵分为以下列七类：

1）井用潜水电泵，由井用潜水电动机与井用潜水泵组成，潜入井下水中，用于抽吸地下水或向高处或远距离输水的潜水电泵。

2）清水型潜水电泵，适用于浅水排灌，用于输送清水的潜水电泵。

3）污水污物型潜水电泵，适用于输送含有污物、固体颗粒等的污水的潜水电泵。

4）矿用隔爆型潜水电泵，适用于输送含有污物、煤粉、泥沙等固体颗粒的污水的潜水电泵。

5）轴流潜水电泵，适用于农田水利排灌、城市供水、下水道排水，特别适用于水位涨落很大的江、河、湖泊沿岸泵站的防洪抗涝。

6）矿、井用高压潜水电泵，主要适用于矿山排水和井中抽水，也可用于城市供水或江河取水。

7）大型潜水电泵，主要适用于江河、湖泊取水或城市供水，泵站给水、抗洪排涝。

10.6.3 潜水电泵的结构

充水式井用潜水电动机的结构如图10-16所示，其内腔充满清水或防锈润滑液（防锈缓蚀剂）。各止口接合面用O形橡胶密封圈或密封胶密封。

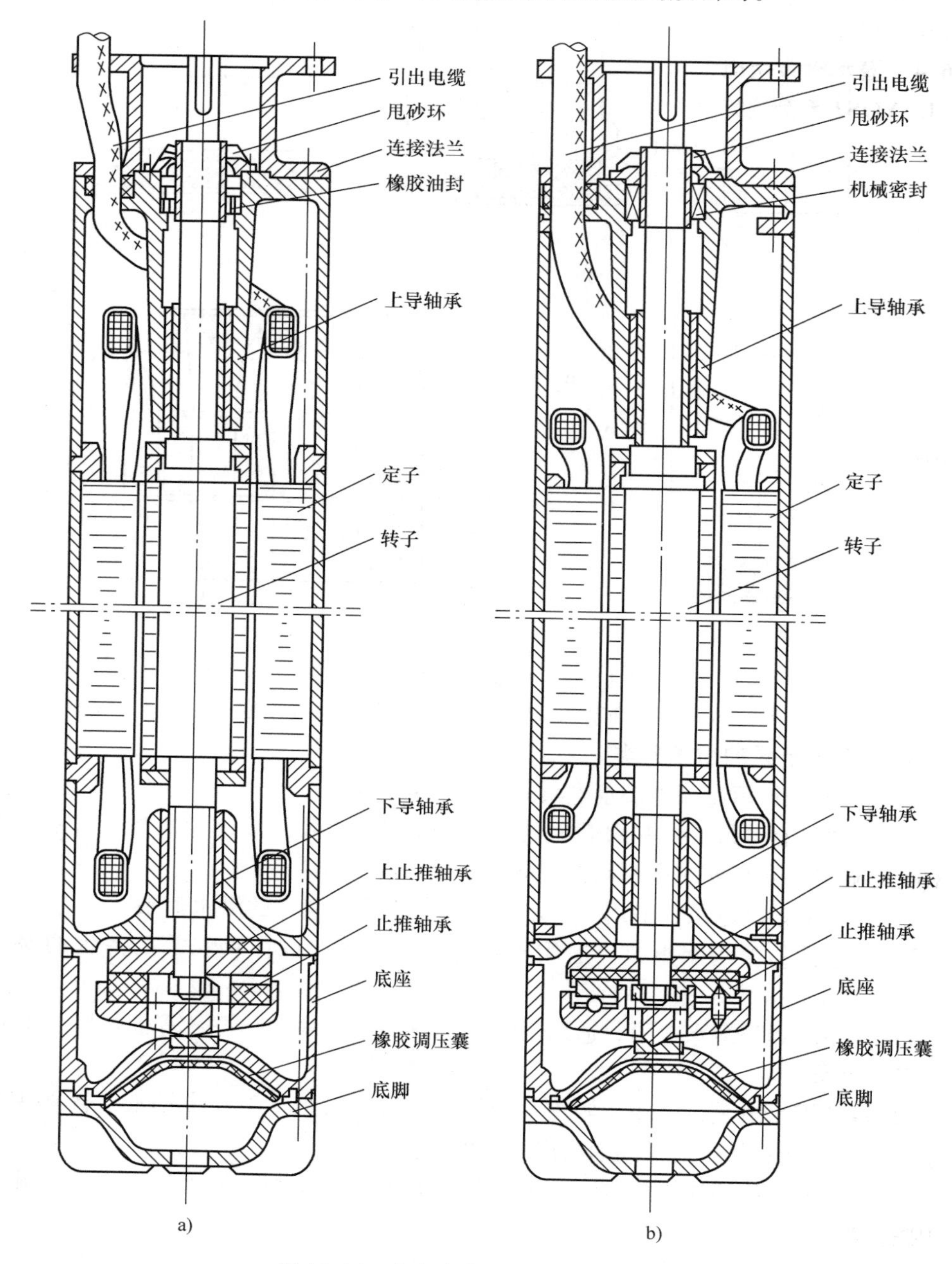

图10-16　充水式井用潜水电动机结构
a）薄钢板卷焊机壳结构　b）钢管机壳结构

图 10-16a 为电动机采用薄钢板卷焊机壳结构，轴伸端安装橡胶骨架油封或机械密封，适用于功率较小、铁心较短、机壳受力较小的井用潜水电动机。图 10-16b为采用钢管机壳的电动机结构，其整体刚性较好，适用于功率较大、铁心较长、机壳受力较大的井用潜水电动机。

10.6.4　潜水电泵用电动机的技术数据

1. YQS2 系列充水式潜水三相异步电动机技术数据（见表 10-16）

表 10-16　YQS2 系列充水式潜水三相异步电动机技术数据

型号	额定功率/kW	额定电压/V	额定频率/Hz	额定电流/A	额定转速/(r/min)	效率(%)	功率因数	堵转转矩/额定转矩	堵转电流/额定电流	最大外径/mm	总长/mm
YQS2－150	3	380	50	7.8	2800	74	0.79	1.2	7	143	840
	4			10.0		76	0.80				890
	5.5			13.3		77.5	0.81				925
	7.5			17.8		78	0.82				955
	9.2			21.1		80.5	0.82				973
	11			25.1		81	0.82				1045
	13			29.7		81	0.82				1140
	15			34		81.5	0.82	1.1			1190
YQS2－200	4	380	50	10	2880	76	0.80	1.2	7	184	784
	5.5			13.4	2860	77	0.81				799
	7.5			17.8	2855	78	0.82				829
	9.2			21.3	2845	79	0.83				856
	11			25.1	2860	80	0.83				904
	13			29.3	2840	81	0.83				909
	15			33.2	2835	81.5	0.84	1.1			934
	18.5			40.2	2880	83	0.84				994
	22			47.5	2880	83.5	0.84				1064
	25			53.8	2880	84	0.84				1124
	30			64.6	2880	84	0.84				1204
	37			79.2	2880	84.5	0.84	1.0			1294
	45			94.4	2880	85	0.85		6.5		1349
YQS2－250	11	380	50	25.5	2920	79	0.83	1.2	7	233	935
	13			29.7	2920	80	0.83				958
	15			33.5	2920	81	0.84	1.1			975
	18.5			40	2920	83	0.85				1045

（续）

<table>
<tr><th>型号</th><th>额定功率/kW</th><th>额定电压/V</th><th>额定频率/Hz</th><th>额定电流/A</th><th>额定转速/(r/min)</th><th>效率(%)</th><th>功率因数</th><th>堵转转矩/额定转矩</th><th>堵转电流/额定电流</th><th>最大外径/mm</th><th>总长/mm</th></tr>
<tr><td rowspan="10">YQS2－250</td><td>22</td><td rowspan="10">380</td><td rowspan="10">50</td><td>47</td><td>2915</td><td>84</td><td>0.85</td><td rowspan="3">1.1</td><td rowspan="4">7</td><td rowspan="10">233</td><td>1065</td></tr>
<tr><td>25</td><td>52.5</td><td>2915</td><td>85</td><td>0.85</td><td>1090</td></tr>
<tr><td>30</td><td>63</td><td>2915</td><td>85</td><td>0.85</td><td>1155</td></tr>
<tr><td>37</td><td>76</td><td>2910</td><td>86</td><td>0.86</td><td rowspan="7">1.0</td><td>1200</td></tr>
<tr><td>45</td><td>92.5</td><td>2910</td><td>86</td><td>0.86</td><td rowspan="6">6.5</td><td>1255</td></tr>
<tr><td>55</td><td>111</td><td>2910</td><td>87</td><td>0.86</td><td>1330</td></tr>
<tr><td>63</td><td>128</td><td>2910</td><td>87</td><td>0.86</td><td>1415</td></tr>
<tr><td>75</td><td>140</td><td>2910</td><td>87.5</td><td>0.87</td><td>1515</td></tr>
<tr><td>90</td><td>180</td><td>2910</td><td>87.5</td><td>0.87</td><td>1650</td></tr>
<tr><td>100</td><td>199</td><td>2900</td><td>87.5</td><td>0.87</td><td>1720</td></tr>
</table>

2. YQSY 系列充油式潜水三相异步电动机技术数据（见表 10-17）

表 10-17　YQSY 系列充油式潜水三相异步电动机技术数据

<table>
<tr><th>型号</th><th>额定功率/kW</th><th>额定电压/V</th><th>额定电流/A</th><th>效率(%)</th><th>功率因数</th><th>堵转电流/额定电流</th><th>堵转转矩/额定转矩</th><th>最大转矩/额定转矩</th><th>额定转速/(r/min)</th></tr>
<tr><td>YQSY150－3</td><td>3</td><td rowspan="22">380</td><td>8.3</td><td>73</td><td>0.75</td><td rowspan="22">7</td><td>1.2</td><td rowspan="22">2</td><td>2820</td></tr>
<tr><td>YQSY150－4</td><td>4</td><td>10.8</td><td>74</td><td>0.76</td><td>1.2</td><td>2820</td></tr>
<tr><td>YQSY150－5.5</td><td>5.5</td><td>14.5</td><td>75</td><td>0.77</td><td>1.2</td><td>2820</td></tr>
<tr><td>YQSY150－7.5</td><td>7.5</td><td>19.5</td><td>75</td><td>0.78</td><td>1.2</td><td>2820</td></tr>
<tr><td>YQSY150－9.2</td><td>9.2</td><td>23.6</td><td>76</td><td>0.78</td><td>1.2</td><td>2820</td></tr>
<tr><td>YQSY150－11</td><td>11</td><td>28.2</td><td>76</td><td>0.78</td><td>1.2</td><td>2820</td></tr>
<tr><td>YQSY150－13</td><td>13</td><td>32.5</td><td>77</td><td>0.79</td><td>1.2</td><td>2820</td></tr>
<tr><td>YQSY150－15</td><td>15</td><td>34.5</td><td>77</td><td>0.79</td><td>1.1</td><td>2820</td></tr>
<tr><td>YQSY150－18.5</td><td>18.5</td><td>46.2</td><td>77</td><td>0.79</td><td>1.1</td><td>2820</td></tr>
<tr><td>YQSY200－4</td><td>4</td><td>10.2</td><td>76</td><td>0.80</td><td>1.2</td><td>2850</td></tr>
<tr><td>YQSY200－5.5</td><td>5.5</td><td>13.4</td><td>77</td><td>0.81</td><td>1.2</td><td>2850</td></tr>
<tr><td>YQSY200－7.5</td><td>7.5</td><td>18.0</td><td>77.5</td><td>0.82</td><td>1.2</td><td>2850</td></tr>
<tr><td>YQSY200－9.2</td><td>9.2</td><td>21.6</td><td>78</td><td>0.83</td><td>1.2</td><td>2850</td></tr>
<tr><td>YQSY200－11</td><td>11</td><td>25.7</td><td>78.5</td><td>0.83</td><td>1.2</td><td>2850</td></tr>
<tr><td>YQSY200－13</td><td>13</td><td>29.8</td><td>79</td><td>0.84</td><td>1.1</td><td>2850</td></tr>
<tr><td>YQSY200－15</td><td>15</td><td>33.9</td><td>80</td><td>0.84</td><td>1.1</td><td>2850</td></tr>
<tr><td>YQSY200－18.5</td><td>18.5</td><td>41.3</td><td>81</td><td>0.84</td><td>1.1</td><td>2850</td></tr>
<tr><td>YQSY200－22</td><td>22</td><td>48.0</td><td>82</td><td>0.85</td><td>1.1</td><td>2850</td></tr>
<tr><td>YQSY200－25</td><td>25</td><td>54.2</td><td>82.5</td><td>0.85</td><td>1.1</td><td>2850</td></tr>
<tr><td>YQSY200－30</td><td>30</td><td>63.9</td><td>83</td><td>0.86</td><td>1.1</td><td>2850</td></tr>
<tr><td>YQSY200－37</td><td>37</td><td>78.3</td><td>83.5</td><td>0.86</td><td>1.0</td><td>2850</td></tr>
<tr><td>YQSY200－45</td><td>45</td><td>97.5</td><td>84</td><td>0.86</td><td>1.0</td><td>2850</td></tr>
</table>

10.6.5　潜水电泵的安装

潜水电泵安装前的注意事项如下：

1）潜水泵电动机用电缆应可靠地固定在泵管上，避免与井壁相碰。不允许将电缆当绳索使用。

2）电动机应有可靠的接地措施。如果限于条件，没有固定的地线时，可在电源附近或潜水电泵使用地点附近的潮湿土地中埋入2m的金属棒作为地线。

3）井用潜水泵使用前，应先对井径、水深度、水质情况进行测量检查，符合要求后才允许装机运行。

4）使用前应检查各零部件的装配是否良好，紧固件是否松动。充水式电动机内腔必须充满清水，充油式电动机必须充满绝缘油，并检查绝缘电阻。当测得的冷态绝缘电阻值低于1MΩ时，应检查定子绕组绝缘电阻降低的原因，排除故障，使绝缘电阻恢复到正常值后才能使用，否则可能造成潜水电动机定子绕组的损坏。

5）对于充油式潜水电泵和干式潜水电泵应检查电动机内部或密封油室内是否充满了油，如果未按规定加满，应补充注满至规定油面；对于充水式潜水电泵，电动机内腔应充满清水或按制造厂商规定配制的水溶液。

6）检查过载保护开关是否与潜水电动机的规格相符，以使潜水电泵在使用中发生故障时，能得到可靠的保护而不至于损坏潜水电动机的定子绕组。

7）使用前应先试验电动机转向，如不符合转向箭头的转向，应更正。

10.6.6　潜水电泵的使用

1）电泵潜入水中后，应再一次测量绝缘电阻，以检查电缆与接头的绝缘情况。

2）运转过程中应注意电流、电压值，且注意有无振动和异常声音。如发现中途水量减少或中断，应查明原因后再继续使用。

3）电泵不允许打泥浆水，更不能埋入河泥中工作，否则将使电泵散热不良，工作困难，会缩短电泵使用寿命，甚至烧坏电动机绕组。如果水中含砂量增加，密封块也容易磨损。在河流坑塘提水时，最好把电泵放在篮筐中再将泵吊起在水中架空使用，以免杂物扎进叶轮。

4）合理选用起动保护装置，必须设有过载保护和短路保护。

5）电泵起动前不需要引水，停止后不得立即再起动，否则负载过重，起动电流过大，会使电动机过热。

6）潜水电泵一般不应脱水运转，如需在地面上进行试运转时，其脱水运行时间一般不应超过2min。充水式潜水电泵如电动机内部未充满清水或不能充满清水（过滤循环式）时，严禁脱水运转。

10.6.7　潜水电泵的保养

1）放水：电泵在运转300h后，需将电泵底部的放水封口塞螺钉松开，进行放水检查，如图10-17所示。因电泵在运转时，有可能少量的水渗进机体。放出来的水或油水混合物如不超过20mL，电泵仍可以继续使用。若超过时，应检查密封磨块磨损情况或放水封口塞的橡胶衬垫是否损伤，经检修后方可使用。

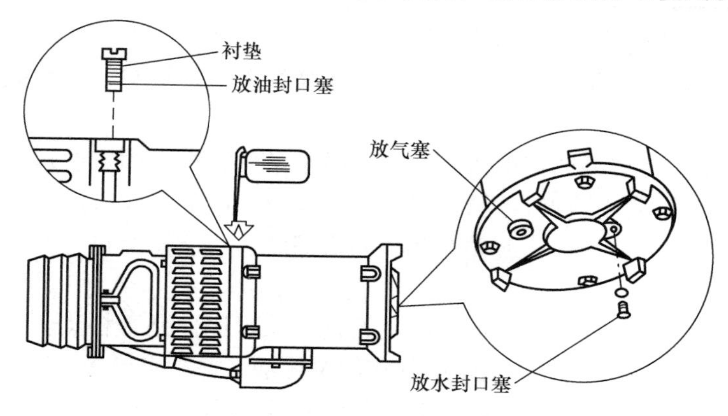

图 10-17　放水和加油的方法

2）换油：电泵中部的油室里充满了 10 号机油，起润滑和冷却密封磨块的作用。如果磨块磨损，水及其他杂质渗入，将使油变脏并含有水分，应及时处理磨损磨块并更换机油。每次放水时也应同时检查油的质量，如油质不好应及时换油。10 号机油可用变压器油代替。在换油过程中要检查封口塞的衬垫是否损伤。

3）潜水电动机应每年检修一次，更换易损零件。

4）机械密封装置重新装配前，动静磨块的工作面应重新研磨。

5）充水电动机在存放期间应放尽电动机内腔的清水。如存放时间过长，使用前应检查密封胶圈有无老化现象。

10.6.8　潜水电泵的定期检查与维护

潜水电泵在水下运行，使用条件比较恶劣，平时又难以直接观察潜水电泵在水下运行的情况，因此应经常对潜水电泵进行定期的检查与维护。

1）应经常利用停机间隙测量潜水电动机的绝缘电阻。停机后立即测得的定子绕组对地的热态绝缘电阻值，**对于充水式潜水电泵应不低于 0.5MΩ；对于充油式、干式和屏蔽式潜水电泵应不低于 1MΩ；如果测量冷态绝缘电阻，一般应不低于 5MΩ**。潜水电动机定子绕组的绝缘电阻若低于上述值，一般应进行仔细的检查，然后进行修理。

2）对潜水电动机运行电流应进行经常的监视，若三相电流严重不平衡或运行电流逐渐变大，甚至超过额定电流时，应尽快停机进行检查和修理。

3）对潜水电泵的运行情况应进行经常的监视，如发现流量突然减少或有异常振动或噪声时，应及时停机，进行检查和修理。

4）潜水电泵使用满一年（对频繁使用的潜水电泵，可适当缩短时间），应进行定期的检查和修理，更换油封、O 形圈等易损件、磨损件，并更换润滑油、清水等。

10.6.9　潜水电泵的常见故障及其排除方法

潜水电泵常见故障及其排除方法见表 10-18。

表10-18　潜水电泵的常见故障及其排除方法

常见故障	可能原因	排除方法
电泵不能起动	1. 熔丝熔断 2. 电源电压过低 3. 电缆接头损坏 4. 三相电源有一相或二相断线 5. 电动机定子绕组断路或短路 6. 定子绕组烧坏 7. 电泵的叶轮卡住，轴承损坏，定子与转子摩擦严重	1. 排除引起故障的因素，更换熔丝，重新起动 2. 将电压调整到额定值 3. 更换接头 4. 修复断线 5. 检修定子绕组 6. 修复定子绕组 7. 清除堵塞物或更换轴承，调整定子与转子的间隙
电泵出水量不足	1. 叶轮倒转 2. 叶轮磨损或损坏 3. 滤网、叶轮、出水管被堵 4. 电泵及泵管漏水 5. 转速过低 6. 电动机转子端环、导条断裂 7. 定子绕组短路	1. 调换电动机的任意两根接线 2. 修复或更换叶轮 3. 清除堵塞物 4. 检修漏水处，并进行处理 5. 提高转速 6. 修理或更换转子 7. 检修定子绕组
电泵突然不转	1. 电源断电 2. 开关跳闸或熔丝熔断 3. 定子绕组烧坏 4. 叶轮被杂物堵塞或轴瓦抱轴	1. 等通电后再起动 2. 排除引起故障的因素，更换熔丝后再起动 3. 修复定子绕组 4. 清除堵塞物，修理或更换轴瓦
运行声音不正常	1. 叶轮与导流壳摩擦 2. 电泵入水太浅 3. 轴承损坏 4. 三相电源有一相断线，导致单相运行 5. 定子绕组局部短路 6. 定子铁心在机座内松动，铁心损坏	1. 修理或更换叶轮 2. 必须放在水下0.5~3m深处 3. 更换轴承 4. 检查电动机和开关的接线、熔丝及电缆，修复断线，更换熔断的熔丝 5. 检修定子绕组 6. 检修或更换铁心
电动机定子绕组烧坏	1. 电源电压过低 2. 三相电源有一相断线，致使电动机单相运行 3. 水中含泥沙过多，致使电动机过载 4. 电泵叶轮被杂物堵塞 5. 电动机露出水面运行的时间过长 6. 电动机陷入泥沙中，散热不良 7. 电动机起动、停机过于频繁 8. 电缆破损后渗水，定子绕组受潮 9. 电泵密封失效，定子绕组进水	1. ~9. 查明引起故障的原因，修理或更换定子绕组

第 11 章　直流电机与特种电机

11.1　直流电机

11.1.1　直流电机的用途与分类

直流电机具有下列特点：

1）优良的调速性能，调速平滑、方便，调速范围广，速比可达 1∶200。

扫一扫看视频

2）过载能力大，短时过载转矩可达 2.5 倍，高的可达 10 倍，并能在低速下连续输出较大转矩。

3）能承受频繁的冲击性负载。

4）可实现频繁的快速起动、制动和反转。

5）能满足生产过程自动控制系统各种不同的特殊运行要求。

直流电动机广泛用于需要宽广、精确调速的场合和要求有特殊运行性能的自动控制系统，如冶金矿山、交通运输、纺织印染、造纸印刷以及化工与机床等工业；还可用于蓄电池电源供电的工业、交通传动系统。

直流电动机可按转速、电压、用途、容量、定额以及防护等级、结构、安装型式和通风冷却方式等进行分类。但按励磁方式分类则更有意义。因为不同励磁方式的直流电动机的特性有明显的区别，便于使用者快速地了解其特点。通常按励磁方式分类有：永磁、他励、并励、串励、复励等几种。

11.1.2　直流电机的基本结构

直流电机主要由两大部分组成：①静止部分，称为定子，主要用来产生磁通；②旋转部分，称为转子（通称电枢），是机械能转换为电能（发电机），或电能转换为机械能（电动机）的枢纽。在定子与转子之间留有一定的间隙，称为气隙。直流电机的结构如图 11-1 所示。

11.1.3　直流电动机的工作原理

图 11-2 为直流电动机的物理模型，如果将电刷 A、B 接直流电源，电枢线圈中就会有电流通过。假设由直流电源产生的直流电流从电刷 A 流入，经导体 ab、cd 后，从电刷 B 流出，如图 11-2a 所示，根据电磁力定律，载流导体 ab、cd 在磁场中就会受到电磁力的作用，其方向可用左手定则确定。在图 11-2a 所示瞬间，位于 N 极下的导体 ab 受到的电磁力 f，其方向是从右向左；位于 S 极下的导体 cd 受到的电磁力 f，其方向是从左向右，因此电枢上受到逆时针方向的力矩，称为电磁转矩 T_e。在该电磁转矩 T_e 的作用下，电枢将按逆时针方向转动。当电刷转过 180°，如图 11-2b 所示时，导体 cd 旋转到 N 极下，导体 ab 旋转到 S 极下。由于直

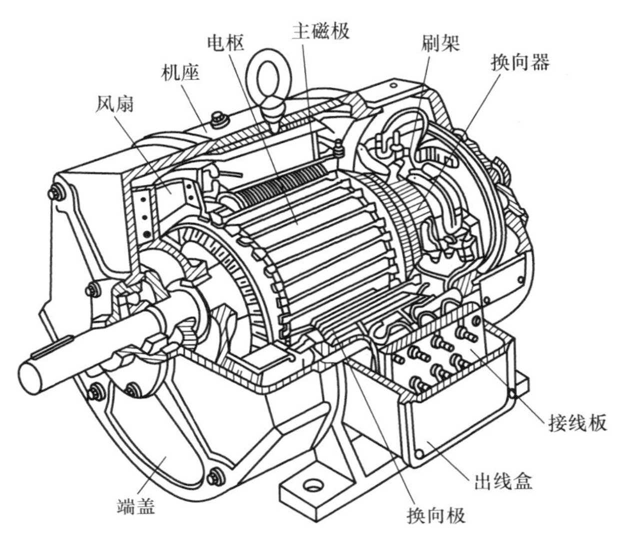

图 11-1 直流电动机结构图

流电源产生的直流电流方向不变，仍从电刷 A 流入，经导体 cd、ab 后，从电刷 B 流出。可见这时导体中的电流改变了方向，但产生的电磁转矩 T_e 的方向并未改变，电枢仍然为逆时针方向旋转。

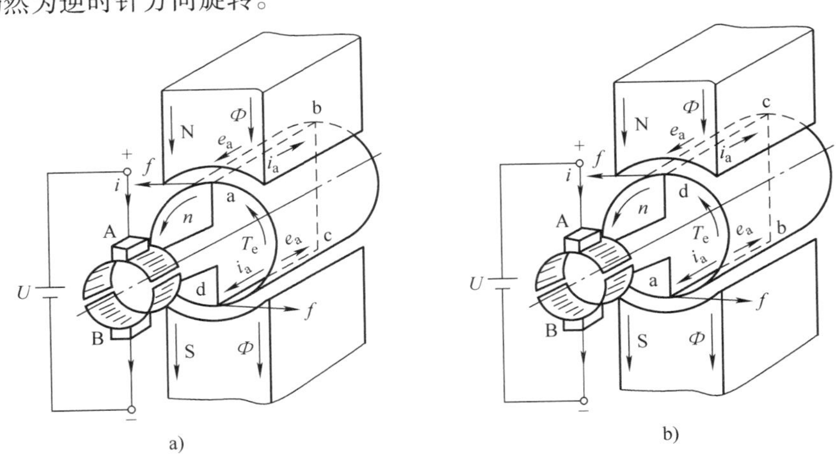

图 11-2 直流电动机的物理模型

a）电枢绕组通电瞬间 b）电枢旋转 180°时

实际的直流电动机中，电枢上也不是只有一个线圈，而是根据需要有许多线圈。但是，不管电枢上有多少个线圈，产生的电磁转矩却始终是单一的作用方向，并使电动机连续旋转。

11.1.4 直流电机的额定值

直流电机的额定值主要有下列几项：

1）额定功率 P_N：指电机在长期运行时所允许的输出功率，单位为 W 或 kW。**对发电机而言，额定功率为出线端输出的电功率；对电动机而言，额定功率为转轴上输出的机械功率。**

2）额定电压 U_N：指在运转情况下发电机电枢绕组两端的输出电压或电动机电枢回路两端的输入电压，单位为 V。

3）额定电流 I_N：发电机的额定电流是指发电机在长期连续运行时，允许供给负载的电流；电动机的额定电流是指电动机在长期连续运行时，允许从电源输入的电流，单位为 A。

而对于短时工作制的电机来说，则由于连续运行的时间不同而有几个允许电流值。

4）额定转速 n_N：指在额定电压、额定输出功率运转时，电机转子的旋转速度，单位为 r/min。

5）额定励磁电压 U_{fN}：指加在励磁绕组两端的额定电压，单位为 V。

6）额定励磁电流 I_{fN}：指在保证额定励磁电压值时，励磁绕组中的电流，单位为 A。

7）额定工作方式：指电机在正常使用时的持续时间，它**分为连续、断续周期与短时三种。**

8）额定温升：指电机在额定工况下所允许的温升，单位为 K（或℃）。

还有一些额定值，如额定效率 η_N、额定转矩 T_N等，不一定标在铭牌上。

发电机的额定功率 $P_N=U_NI_N$；电动机的额定功率 $P_N=U_NI_N\eta_N$。

11.1.5 直流电机的技术数据

1. Z2 系列小型直流电机基本特性（见表 11-1）

表 11-1 Z2 系列小型直流电机基本特性

项次	项目	基本特性
1	功率等级	微电机系列：0.4kW 以下 小型电机系列：0.6～100kW 中型电机系列：100kW 以上
2	电压等级	电动机：110V、220V 发电机：115V、230V
3	转速等级	电动机：600～6000r/min 发电机：960～2850r/min
4	绝缘等级	1～3 号机座： 转子为 E 级，定子为 B 级 4～11 号机座 转子和定子均为 B 级

（续）

项次	项目	基　本　特　性
5	励磁方式	有并励和他励两种，一般为并励，少量带串励绕组
6	通风方式	一般为自通风式（自带风扇轴向通风式），7～11 号机座电动机为外部通风式（自带鼓风机）
7	安装方式	B3：卧式，机座带有底脚，1～11 号机座 B34：卧式，机座带有底脚，端盖带有凸缘，1～8 号机座 B14：卧式，机座不带底脚，端盖带有凸缘，1～6 号机座 V1：立式，机座不带底脚，端盖有凸缘（轴身向下），1～11 号机座 V15：立式，机座带有底脚，端盖有凸缘（轴身向下），1～8 号机座
8	传动方式	用联轴器、正齿轮、V 形带传动

注：电动机的功率等级为 0.4kW、0.6kW、0.8kW、1.1kW、1.5kW、2.2kW、3kW、4kW、5.5kW、7.5kW、10kW、13kW、17kW、22kW、30kW、40kW、55kW、75kW、100kW、125kW、160kW、200kW；电动机的转速等级为 3000r/min、1500r/min、1000r/min、600r/min。

2. Z3 系列小型直流电机基本特性（见表 11-2）

表 11-2　Z3 系列小型直流电机基本特性

项次	项目	基　本　特　性
1	功率等级	0.25～200kW
2	电压等级	电动机：110V、160V、220V、440V 发电机：115V、230V
3	转速等级	电动机：1500r/min、1000r/min 发电机：1450r/min
4	绝缘等级	均为 B 级，绕组温升不超过 80℃（电阻法测量）
5	励磁方式	电动机为并励和他励，6～10 号机座带有少量串励绕组 发电机为复励和他励
6	冷却通风方式	一般为自通风式，8～10 号机座电动机为外通风式
7	安装方式	机座号 11～102：B3，卧式 机座号 11～73：B34、B35，卧式 机座号 11～62：B34、B14，卧式 机座号 11～102：V1、V18，立式 机座号 11～73：V15，立式
8	传动方式	1～7 号机座可用联轴器、正齿轮、V 形带传动；8～10 号机座可用联轴器、正齿轮传动

注：电动机的功率等级为 0.25kW、0.37kW、0.55kW、0.75kW、1.1kW、1.5kW、2.2kW、3kW、4kW、5.5kW、7.5kW、10kW、13kW、17kW、22kW、30kW、40kW、55kW、75kW、100kW、125kW、160kW、200kW。

3. Z4 系列小型直流电机基本特性（见表 11-3）

表 11-3　Z4 系列小型直流电机基本特性

项次	项目	基　本　特　性
1	功率等级	1.5～450kW
2	电压等级	160V、440V
3	转速等级	3000r/min、1500r/min、1000r/min、750r/min、600r/min、500r/min、400r/min
4	绝缘等级	均为 F 级
5	励磁方式	他励，一般不带串励绕组。中心高为 100～280mm，电机无补偿绕组；中心高为 315～350mm，电机有补偿绕组
6	冷却通风方式	中心高 100～180mm，全封闭自冷 中心高 160～250mm，外通风式 中心高 100～132mm，自通风式
7	安装方式	中心高 100～355mm：B3，卧式有底脚 中心高 160～315mm：B35，卧式有底脚，端盖有凸缘 中心高 100～280mm：V15，立式有底脚，端盖有凸缘

注：电动机的功率等级为 1.5kW、2.2kW、3kW、4kW、5.5kW、7.5kW、11kW、15kW、18.5kW、22kW、30kW、37kW、45kW、55kW、75kW、90kW、110kW、132kW、160kW、185kW、200kW、220kW、250kW、280kW、315kW、355kW、400kW、450kW。

11.1.6　直流电动机的励磁方式

励磁绕组的供电方式称为励磁方式。由于不同励磁方式的直流电机的运行性能有较大的差别，所以直流电机通常按照励磁方式分类。

直流电动机的励磁方式分为他励、并励、串励和复励四类。图 11-3 为直流电动机各种励磁方式的接线图，图中 I 为直流电动机的电流（即电源向电动机输入的电流）、I_a 为电枢电流、I_f 为励磁电流。

（1）他励式

他励式直流电动机的励磁绕组由其他电源（称为励磁电源）供电，励磁绕组与电枢绕组不相连接，其接线如图 11-3a 所示，永磁式直流电动机亦归属这一类，因为永磁式直流电动机的主磁场由永久磁铁建立，与电枢电流无关。在他励式直流电动机中 $I_a=I$；I_f 与 I_a 无关，I_f 等于励磁电压 U_f 除以励磁回路的总电阻 R_f，即$I_f=\dfrac{U_f}{R_f}$。

（2）并励式

励磁绕组与电枢绕组并联的就是并励式。并励直流电动机的接线如图 11-3b 所示。这种接法的直流电动机的励磁电流与电枢两端的电压有关。在并励式直流电动机中 $I_a=I-I_f$。

（3）串励式

励磁绕组与电枢绕组串联的就是串励式。串励直流电动机的接线如图 11-3c 所示。在串励式直流电动机中 $I_a=I=I_f$。

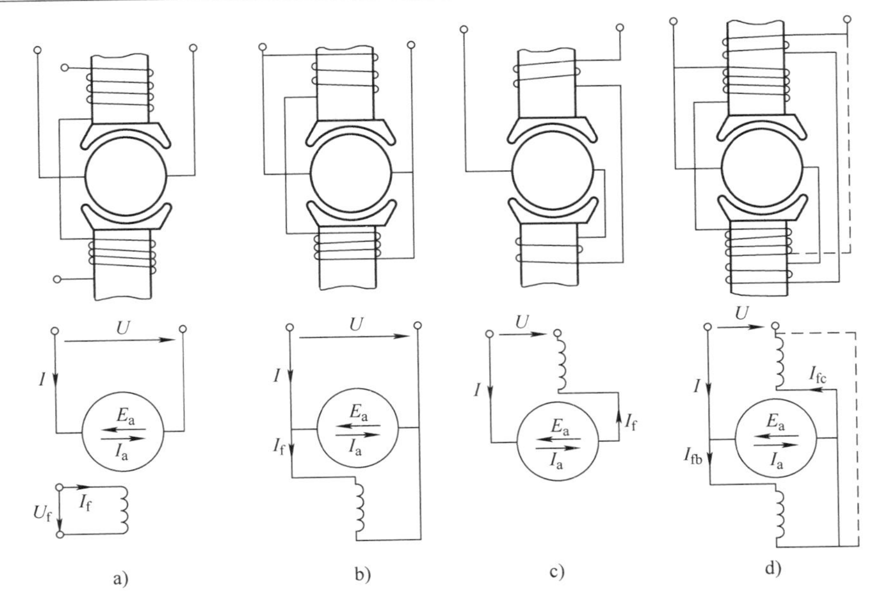

图 11-3　直流电动机各种励磁方式的接线图

a）他励式　b）并励式　c）串励式　d）复励式

（4）复励式

复励式直流电机既有并励绕组又有串励绕组，两种励磁绕组套在同一主极铁心上。这时，**并励和串励两种绕组的磁动势可以相加，也可以相减，前者称为积复励，后者称为差复励**。复励直流电动机的接线图如图 11-3d 所示。图中**并励绕组接到电枢的方法可按实线接法或虚线接法，前者称为短复励，后者称为长复励**。事实上，**长、短复励直流电动机在运行性能上没有多大差别，只是串励绕组的电流大小稍微有些不同而已**。

11.1.7　直流电机的使用与维护

1. 改变直流电动机旋转方向的方法

直流电动机旋转方向由其电枢导体受力方向来决定，如图 11-4 所示。根据左手定则，当电枢电流的方向或磁场的方向（即励磁电流的方向）两者之一反向时，电枢导体受力方向即改变，电动机旋转方向随之改变。但是，如果电枢电流和磁场两者方向同时改变时，则电动机的旋转方向不变。

扫一扫看视频

在实际工作中，**常用改变电枢电流的方向来使电动机反转**。这是因为励磁绕组的匝数多，电感较大，换接励磁绕组端头时火花较大，而且磁场过零时，电动机可能发生“飞车”事故。

2. 直流电动机使用前的准备及检查

1）清扫电机内部及换向器表面的灰尘、电刷粉末及污物等。

2）检查电机的绝缘电阻，对于额定电压为 500V 以下的电机，若绝缘电阻低于 0.5MΩ 时，需进行烘干后方能使用。

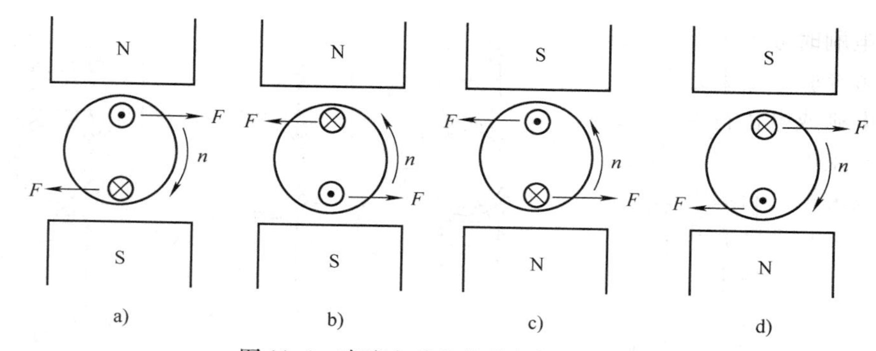

图 11-4　直流电动机的受力方向和转向

a）原电动机电流方向及转向　b）仅改变电枢电流方向时

c）仅改变励磁电流方向时　d）同时改变电枢电流方向和励磁电流方向时

3）检查换向器表面是否光洁，如发现有机械损伤、火花灼痕或换向片间云母凸出等，应对换向器进行保养。

4）检查电刷边缘是否碎裂、刷辫是否完整，有无断裂或断股情况。检查电刷是否磨损到最短长度，当电刷磨损至电刷长度的$\frac{1}{3}$时，应更换电刷。

5）检查电刷在刷握内有无卡涩或摆动情况、弹簧压力是否合适，各电刷的压力是否均匀。

6）检查各部件的螺钉是否紧固。

7）检查各操作机构是否灵活，位置是否正确。

3. 使用串励直流电动机的注意事项

因为串励直流电动机空载或轻载时，$I_f = I_a \approx 0$，磁通 Φ 很小，由电路平衡关系可知，电枢只有以极高的转速旋转，才能产生足够大的感应电动势 E_a与电源电压 U 相平衡。若负载转矩为零，串励直流电动机的空载转速从理论上讲，将达到无穷大。实际上因为电动机中有剩磁，串励直流电动机的空载转速达不到无穷大，但转速也会比额定情况下高出很多倍，以致达到危险的高转速，即所谓“飞车”，这是一种严重的事故，会造成电动机转子或其他机械部件的损坏。所以，**串励直流电动机不允许在空载或轻载情况下运行，也不允许采用传动带等容易发生断裂或滑脱的传动机构传动，而应采用齿轮或联轴器传动。**

4. 直流电动机电刷的合理选用

正确地选用电刷，对改善换向有很重要的意义。一般来说，碳－石墨电刷接触电阻最大，石墨电刷和电化石墨电刷次之，青铜－石墨电刷和纯铜－石墨电刷接触电阻最小。一方面为减小附加换向电流，宜选用接触电阻大的电刷，但这时电刷接触压降将增大，随之发热也增大；另一方面，接触电阻较大的电刷其允许的电流密度一般较小，因而增加了电刷的接触面积和换向器的尺寸。因此，**选用**

电刷时应考虑接触电阻、允许电流密度和最大速度（单位为m/s），权衡得失，参考经验，慎重处之。通常，对于换向并不困难的中、小型直流电动机，多采用石墨电刷或电化石墨电刷；对于换向比较困难的直流电机，常采用接触电阻较大的碳－石墨电刷；对于低压大电流直流电机，则常采用接触电压降较小的青铜－石墨电刷或纯铜－石墨电刷。对于换向问题严重的大型直流电机，电刷的选择应以电机制造厂的长期试验和运行经验为依据。

在更换电刷时，还应注意选用同一牌号的电刷或特性尽量相近的电刷，以免造成各电刷间电流分配不均匀而产生火花。

5. 直流电动机运行中的维护

1）注意电动机声音是否正常，定子、转子之间是否有摩擦。检查轴承或轴瓦有无异声。

2）经常测量电动机的电流和电压，注意不要过载。

3）检查各部分的温度是否正常，并注意检查主电路的连接点、换向器、电刷刷辫、刷握及绝缘体有无过热变色和绝缘枯焦等不正常现象。

4）检查换向器表面的氧化膜颜色是否正常，电刷与换向器间有无火花，换向器表面有无碳粉和油垢积聚，刷架和刷握上是否有积灰。

5）检查各部分的振动情况，及时发现异常现象，消除设备隐患。

6）检查电动机通风散热情况是否正常，通风道有无堵塞不畅情况。

11.1.8　直流电机的常见故障及其排除方法

直流电机的常见故障及其排除方法见表 11-4。

表 11-4　直流电机的常见故障及其排除方法

故障现象	可能原因	排除方法
电动机不能起动	1. 因电路发生故障，使电动机未通电	1. 检查电源电压是否正常；开关触点是否完好；熔断器是否良好；查出故障，予以排除
	2. 电枢绕组断路	2. 查出断路点，并修复
	3. 励磁回路断路或接错	3. 检查励磁绕组和磁场变阻器有无断点；回路直流电阻值是否正常；各磁极的极性是否正确
	4. 电刷与换向器接触不良或换向器表面不清洁	4. 清理换向器表面，修磨电刷，调整电刷弹簧压力
	5. 换向极或串励绕组接反，使电动机在负载下不能起动，空载起动后工作不稳定	5. 检查换向极和串励绕组极性，对错接者予以调换
	6. 起动器故障	6. 检查起动器是否接线有错误或装配不良；起动器接点是否被烧坏；电阻丝是否烧断，如是应重新接线或整修
	7. 电动机过载	7. 检查负载机械是否被卡住，使负载转矩大于电动机堵转转矩；负载是否过重，针对原因予以消除
	8. 起动电流太小	8. 检查起动电阻是否太大，应更换合适是起动器，或改接起动器内部接线
	9. 直流电源容量太小	9. 起动时如果电路电压明显下降，应更换直流电源
	10. 电刷不在中性线上	10. 调整电刷位置，使之接近中性线

（续）

故障现象	可能原因	排除方法
电动机转速过高	1. 电源电压过高 2. 励磁电流太小 3. 励磁绕组断线，使励磁电流为零，电机飞速 4. 串励电动机空载或轻载 5. 电枢绕组短路 6. 复励电动机串励绕组极性接错	1. 调节电源电压 2. 检查磁场调节电阻是否过大；该电阻接点是否接触不良；检查励磁绕组有无匝间短路，使励磁动势减小 3. 查出断线处，予以修复 4. 避免空载或轻载运行 5. 查出短路点，予以修复 6. 查出接错处，重新连接
励磁绕组过热	1. 励磁绕组匝间短路 2. 发电机气隙太大，导致励磁电流过大 3. 电动机长期过压运行	1. 测量每一磁极的绕组电阻，判断有无匝间短路 2. 拆开电机，调整气隙 3. 恢复正常额定电压运行
电枢绕组过热	1. 电枢绕组严重受潮 2. 电枢绕组或换向片间短路 3. 电枢绕组中，部分绕组元件的引线接反 4. 定子、转子铁心相擦 5. 电机的气隙相差过大，造成绕组电流不均衡 6. 电枢绕组中均压线接错 7. 发电机负载短路 8. 发电机端电压过低 9. 电动机长期过载 10. 电动机频繁起动或改变转向	1. 进行烘干，恢复绝缘 2. 查出短路点，予以修复或重绕 3. 查出绕组元件引线接反处，调整接线 4. 检查定子磁极螺栓是否松脱；轴承是否松动、磨损；气隙是否均匀，予以修复或更换 5. 应调整气隙，使气隙均匀 6. 查出接错处，重新连接 7. 应迅速排除短路故障 8. 应提高电源电压，直至额定值 9. 恢复额定负载下运行 10. 应避免起动，变向过于频繁
电刷与换向器之间火花过大	1. 电刷磨得过短，弹簧压力不足 2. 电刷与换向器接触不良 3. 换向器云母凸出 4. 电刷牌号不符合条件 5. 刷握松动 6. 刷杆装置不等分 7. 刷握与换向器表面之间的距离过大 8. 电刷与刷握配合不当	1. 更换电刷，调整弹簧压力 2. 研磨电刷与换向器表面，研磨后轻载运行一段时间进行磨合 3. 重新下刻云母片 4. 更换与原牌号相同的电刷 5. 紧固刷握螺栓，并使刷握与换向器表面平行 6. 可根据换向片的数量，重新调整刷杆间的距离 7. 一般调到2～3mm 8. 不能过松或过紧，要保证在热态时，电刷在刷握中能自由滑动

（续）

故障现象	可能原因	排除方法
电刷与换向器之间火花过大	9. 刷杆偏斜 10. 换向器表面粗糙、不圆 11. 换向器表面有电刷粉、油污等 12. 换向片间绝缘损坏或片间嵌入金属颗粒造成短路 13. 电刷偏离中性线过多 14. 换向极绕组接反 15. 换向极绕组短路 16. 电枢绕组断路 17. 电枢绕组和换向片脱焊 18. 电枢绕组和换向片短路 19. 电枢绕组中，有部分绕组元件接反 20. 电机过载 21. 电压过高	9. 调整刷杆与换向器的平行度 10. 研磨或车削换向器外圆 11. 清洁换向器表面 12. 查出短路点，消除短路故障 13. 调整电刷位置，减小火花 14. 检查换向极极性，在发电机中，换向极的极性应为沿电枢旋转方向，与下一个主磁极的极性相同；而在电动机中，则与之相反 15. 查出短路点，恢复绝缘 16. 查出断路元件，予以修复 17. 查出脱焊处，并重新焊接 18. 查出短路点，并予以消除 19. 查出接错的绕组元件，并重新连接 20. 恢复正常负载 21. 调整电源电压为额定值

扫一扫看视频

11.2　直流伺服电动机

11.2.1　伺服电动机的用途与特点

伺服电动机又称为执行电动机，在自动控制系统中作为执行元件，**把输入的电压信号变换成转轴的角位移或角速度输出**。输入的电压信号又称为控制信号或控制电压，**改变控制电压可以变更伺服电动机的转速及转向**。

伺服电动机按其使用的电源性质不同，可分为直流伺服电动机和交流伺服电动机两大类。因自动控制系统对电机快速响应的要求越来越高，使各种低惯量的伺服电动机相继出现。

伺服电动机的种类虽多，用途也很广泛，但自动控制系统对它们的基本要求可归结为以下几点：

1）宽广的调速范围：要求伺服电动机的转速随着控制电压的改变能在宽广的范围内连续调节。

2）机械特性和调节特性均为线性：**伺服电动机的机械特性是指控制电压一定时，转速随转矩的变化关系；调节特性是指电动机转矩一定时，转速随控制电压的变化关系**。线性的机械特性和调节特性有利于提高自动控制系统的动态精度。

3）无“自转”现象：要求伺服电动机在控制电压降为零时能立即自行停转。

4）快速响应：即电动机的机电时间常数要小，相应地伺服电动机要有较大的堵转转矩和较小的转动惯量。这样，电动机的转速才能随着控制电压的改变而迅速变化。

此外，还有一些其他的要求，如希望伺服电动机的重量轻、体积小、控制功率小等。

11.2.2 直流伺服电动机的分类

直流伺服电动机有传统式结构和低惯量型两大类。

传统直流伺服电动机的结构型式和普通直流电动机基本相同，也是由定子、转子两大部分组成，但其体积和容量都很小，无换向极，转子细长，便于控制。

传统直流伺服电动机按励磁方式可分为永磁式和电磁式两种。永磁式直流伺服电动机是在定子上装置永久磁铁做成的磁极；电磁式直流伺服电动机的定子通常由硅钢片冲制叠压而成，磁极和磁轭整体相连。电枢绕组和励磁绕组分别由两个独立电源供电，属于他励式。

常用的低惯量直流伺服电动机有以下几种：

1）盘形电枢直流伺服电动机。

2）空心杯形电枢永磁式直流伺服电动机。

3）无槽电枢直流伺服电动机。

11.2.3 直流伺服电动机的结构特点

1. 盘形电枢直流伺服电动机

盘形电枢直流伺服电动机如图 11-5 所示。它的定子由永久磁铁和前后磁轭组成，磁铁可在圆盘的一侧放置，也可以在两侧同时放置，电动机的气隙就位于圆盘的两边，圆盘上有电枢绕组，可分为印制绕组和绕线式绕组两种形式。

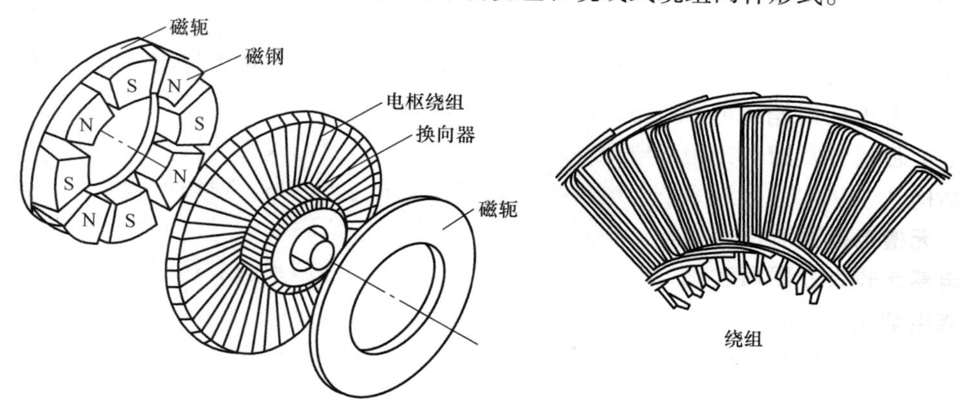

图 11-5 盘形电枢直流伺服电动机结构图

印制绕组是由印制电路工艺制成的电枢导体，两面的端部连接起来即成为电枢绕组，它可以是单片双面的，也可以是多片重叠的，以增加总导体数；绕线式绕组是先绕制成单个线圈，然后将绕好的全部线圈沿径向圆周排列起来，再用环氧树脂浇注成圆盘形。

在这种盘形电枢直流伺服电动机中，磁极有效磁通是轴向取向的，径向载流导体在磁场作用下产生电磁转矩。因此，**盘形电枢上电枢绕组的径向段为有效部分，弯曲段为端接部分**。另外，在这种电动机中也常用电枢绕组有效部分的裸导体表面兼作换向器，它和电刷直接接触。

2. 空心杯形电枢永磁式直流伺服电动机

空心杯形电枢永磁式直流伺服电动机如图 11-6 所示。它有一个外定子和一个内定子，通常外定子是由两个半圆形（瓦片形）的永久磁铁所组成；而内定子为圆柱形的软磁材料做成，仅作为磁路的一部分，以减小磁路的磁阻。也可采用与此相反的形式，内定子为永磁体，而外定子采用软磁材料。

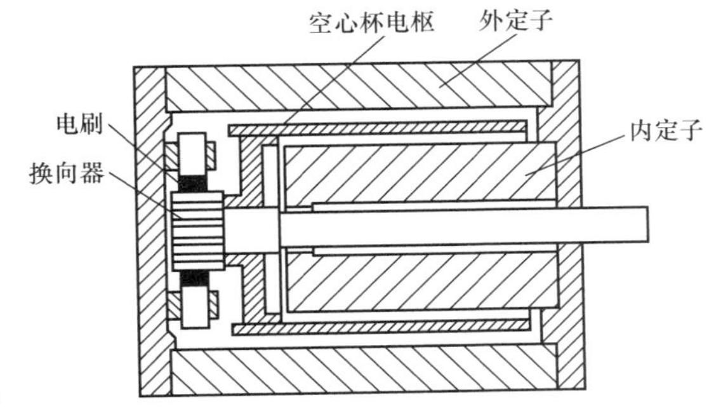

图 11-6　空心杯形电枢永磁式直流伺服电动机结构示意图

空心杯形电枢上的电枢绕组可采用印制绕组，也可以先绕成单个成型线圈，然后将它们沿圆周的轴向方向排列成空心杯形，再用环氧树脂热固化成型。空心杯电枢直接装在转轴上，在内、外定子间的气隙中旋转。电枢绕组接到换向器上，由电刷引出。

3. 无槽电枢直流伺服电动机

无槽电枢直流伺服电动机如图 11-7 所示。它的电枢铁心上并不开槽，电枢绕组直接排列在铁心表面，再用环氧树脂把它与电枢铁心粘成一个整体。其定子磁极可以用永久磁铁做成，也可以采用电磁式结构。

无槽电枢直流伺服电动机的转动惯量和电枢绕组电感比较大，因而其动态性能不如盘形电枢直流伺服电动机和空心杯形电枢永磁式直流伺服电动机。

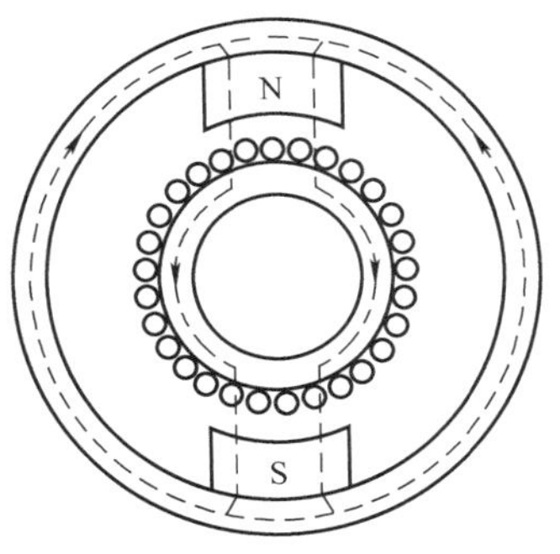

图 11-7　无槽电枢直流伺服电动机结构示意图

11.2.4　直流伺服电动机的控制方式

直流伺服电动机的原理如图 11-8 所示。其控制方式有两种：一种是改变电枢电压 U_a，称为电枢控制；另一种是改变励磁电压 U_f，即改变励磁磁通，称为磁场控制。

（1）电枢控制

直流伺服电动机实质上是一台他励直流电动机。当励磁电压 U_f 恒定（即励磁磁通不变），且负载转矩一定时，升高电枢电压 U_a，电动机的转速随之升高；反

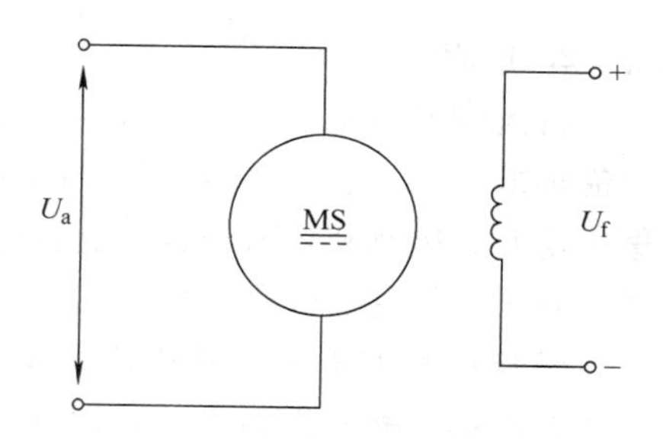

图 11-8　直流伺服电动机原理图

之，减小电枢电压 U_a，电动机的转速就降低；若电枢电压为零，电动机则不转。当电枢电压的极性改变后，电动机的旋转方向也随之改变。因此把电枢电压作为控制信号，就可以实现对直流伺服电动机的转速的控制，其电枢绕组称为控制绕组。

对于电磁式直流伺服电动机，采用电枢控制时，其励磁绕组由外施恒压的直流电源励磁；对于永磁式直流伺服电动机则由永磁磁极励磁。

（2）磁场控制

由直流电动机的工作原理可知，当他励直流电动机的励磁回路串联调节电阻调速时，若调节电阻增加，则励磁电流 I_f将减小，磁通 $\boldsymbol{\Phi}$ 也将减小，转速便升高。反之，若调节电阻减小，转速便降低。显然，引起转速变化的直接原因是磁通 $\boldsymbol{\Phi}$ 的变化。在直流伺服电动机中，并不是采用改变励磁回路调节电阻的方法来改变磁通 $\boldsymbol{\Phi}$，而是采用改变励磁电压 U_f的方法来改变磁通 $\boldsymbol{\Phi}$。因此，可以把励磁电压 U_f 作为控制信号，来实现对直流伺服电动机转速的控制。

由于励磁回路所需的功率小于电枢回路，所以磁场控制时的控制功率小。但是，磁场控制有严重的缺点，例如在某种负载范围内，出现控制信号改变了而转速不变的情况等，所以**在自动控制系统中，磁场控制很少被采用**，或只用于小功率电动机中。

11.2.5　直流伺服电动机的机械特性与调节特性

1. 直流伺服电动机的机械特性

直流伺服电动机的机械特性，如图 11-9 所示。从图中可以看出，机械特性是线性的。这些特性曲线与纵轴的交点为电磁转矩 T_{em}等于零时电动机的理想空载转速 n_0；机械特性曲线与横轴的交点为电动机堵转时（$n=0$）的转矩，即电动机的堵转转矩。

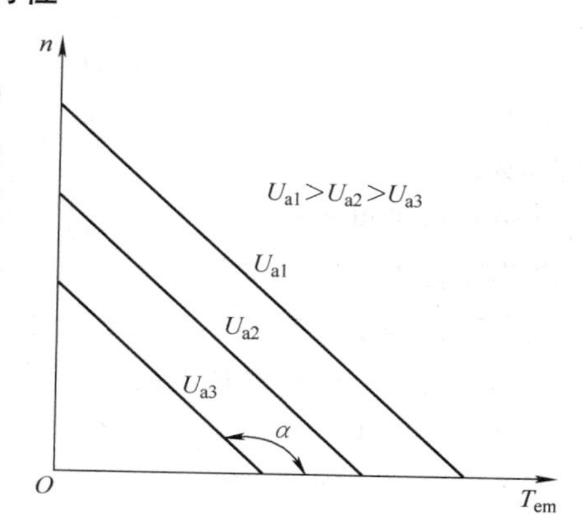

图 11-9　电枢控制时直流伺服电动机的机械特性

由图 11-9 可以看出，随着控制电压 U_a 增大，电动机的机械特性曲线平行地向转速和转矩增加的方向移动，但是它的斜率保持不变，所以电枢控制时直流伺服电动机的机械特性是一组平行的直线。

2. 直流伺服电动机的调节特性

直流伺服电动机的调节特性，如图 11-10 所示。这些调节特性曲线与横轴的交点，就表示在一定负载转矩时电动机的始动电压。若负载转矩一定时，电动机的控制电压大于相对应的始动电压，它便能转动起来并达到某一转速；反之，控制电压小于相对应的始动电压，则电动机的最大电磁转矩仍小于负载转矩，电动机就不能起动。**所以，调节特性曲线的横坐标从零到始动电压的这一范围称为在一定负载转矩时伺服电动机的失灵区**。显然，**失灵区的大小是与负载转矩成正比的**。

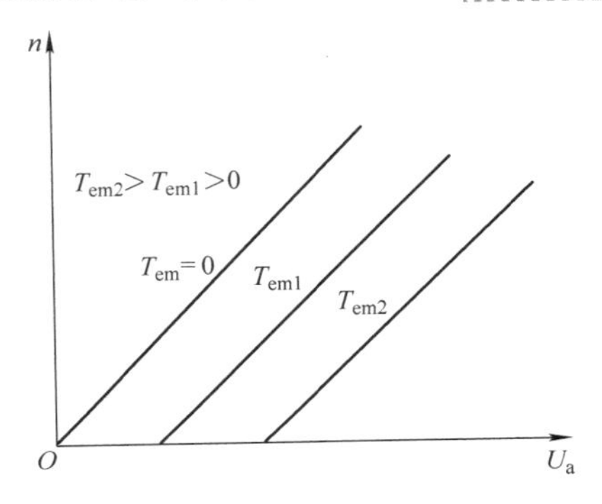

图 11-10　电枢控制时直流伺服电动机的调节特性

由以上分析可知，电枢控制时直流伺服电动机的机械特性和调节特性都是一组平行的直线。这是直流伺服电动机很可贵的特点，也是交流伺服电动机所不及的。但是上述的结论是在假设电动机的磁路为不饱和及忽略电枢反应的前提下得到的，实际的直流伺服电动机的特性曲线只是一组接近直线的曲线。

11.2.6　直流伺服电动机的技术数据

SZ 系列直流伺服电动机技术数据见表 11-5。

表 11-5　SZ 系列直流伺服电动机技术数据

型号	转矩 /N·m	转速 /(r/min)	功率 /W	电枢电压 /V	励磁电压 /V	电枢电流 /A	励磁电流 /A	允许顺逆转速差/(r/min)
36SZ01	0.017	3000	5	24		0.55	0.32	200
36SZ02	0.017	3000	5	27		0.47	0.3	200
36SZ03	0.017	3000	5	48		0.27	0.18	200
36SZ04	0.0145	6000	9	24		0.85	0.32	300
36SZ05	0.0145	6000	9	27		0.74	0.3	300
36SZ06	0.0145	6000	9	48		0.4	0.18	300
36SZ07	0.0145	6000	9	110		0.17	0.085	300
45SZ01	0.034	3000	10	24		1.1	0.33	200
45SZ02	0.034	3000	10	27		1.0	0.30	200
45SZ03	0.034	3000	10	48		0.52	0.17	200
45SZ04	0.034	3000	10	110		0.22	0.082	200
45SZ05	0.029	6000	18	24		1.60	0.33	300
45SZ06	0.029	6000	18	27		1.40	0.30	300
45SZ07	0.029	6000	18	48		0.80	0.17	300

（续）

型号	转矩/N·m	转速/(r/min)	功率/W	电枢电压/V	励磁电压/V	电枢电流/A	励磁电流/A	允许顺逆转速差/(r/min)
55SZ01	0.066	3000	20	24		1.55	0.43	200
55SZ02	0.066	3000	20	27		1.37	0.42	200
55SZ03	0.066	3000	20	48		0.79	0.22	200
55SZ04	0.066	3000	20	110		0.34	0.09	200
55SZ05	0.056	6000	35	24		2.7	0.42	300
55SZ06	0.056	6000	35	27		2.3	0.42	300
55SZ07	0.056	6000	35	48		1.34	0.22	300
55SZ08	0.056	6000	35	110		0.54	0.09	300
70SZ01	0.13	3000	40	24		3	0.5	200
70SZ02	0.13	3000	40	27		2.6	0.44	200
70SZ03	0.13	3000	40	48		1.6	0.25	200
70SZ04	0.13	3000	40	110		0.6	0.11	200
70SZ05	0.11	6000	68	24		4.8	0.5	300
70SZ06	0.11	6000	68	27		4.4	0.44	300
70SZ07	0.11	6000	68	48		2.4	0.25	300
70SZ08	0.11	6000	68	110		1	0.11	300
90SZ01	0.33	1500	50	110		0.66	0.2	100
90SZ02	0.33	1500	50	220		0.33	0.11	100
90SZ03	0.3	3000	92	110		1.2	0.2	200
90SZ04	0.3	3000	92	220		0.6	0.11	200

11.2.7 直流伺服电动机的选用

1. 直流伺服电动机的选择

直流伺服电动机的选择不仅是指对电动机本身的要求，还应根据自动控制系统所采用的电源、功率和系统对电动机的要求来决定。如果控制系统要求线性的机械特性和调节特性、控制功率较大，则可选用直流伺服电动机。对随动系统，要求伺服电动机的响应快；对短时工作的伺服系统，要求伺服电动机以较小的体积和重量，给出较大的转矩和功率；对长期工作的伺服系统，要求伺服电动机的寿命要长。

为了便于选用，将部分直流伺服电动机的性能特点和应用范围介绍如下：

1）传统直流伺服电动机：机械特性和调节特性线性度好，机械特性下垂，在整个调速范围内都能稳定运行，低速性能好，转矩大；气隙小、磁通密度高、单位体积输出功率大、精度高；电枢齿槽效应会引起转矩脉动；电枢电感大、高速换向困难；过载性能好，转子热容量大，因而热时间常数大、耐热性能好。

永磁式直流伺服电动机一般可用作小功率直流伺服系统的执行元件，但不适合于要求快速响应的系统；电磁式直流伺服电动机可用作中、大功率直流伺服系统的执行元件。

2）空心杯形电枢直流伺服电动机：电枢比较轻、转动惯量极低、响应快；电枢电感小、电磁时间常数小、无齿槽效应；转矩波动小、运行平稳、换向良好、噪声低；机械特性和调节特性线性度好、机械特性下垂；气隙大、单位体积的输出功率小。适应于快速响应的伺服系统。空心杯形电枢直流伺服电动机功率较小，可用干电池供电，用于便携式仪器。

3）无槽电枢直流伺服电动机：在磁路上不存在齿饱和的限制，故气隙磁通密度较高；换向性能好；转动惯量小；机电时间常数小，响应快；低速时能平稳运行；调速比大，适用于需要快速动作而负载波动不大且功率较大的直流伺服系统作执行元件。

4）盘形电枢直流伺服电动机：电枢绕组全部在气隙中，散热良好，能承受较大的峰值电流；电枢由非磁性材料组成，轻而且电抗小；换向性能良好，转矩波动小；电枢转动惯量小，机电时间常数小，响应快。适用于低速和启动、制动、反转频繁的直流伺服系统。

2. 直流伺服电动机的使用注意事项

1）使用时应先接通励磁电压 U_{f}，再接电枢电压 U_{a}。

2）励磁回路不可开路。如果起动前励磁回路已断开，则电动机不能起动，否则起动持续的时间长，可能烧毁电动机。

3）为了获得大起动转矩，起动时励磁磁通应为最大。因此，**在起动时励磁回路的调节电阻必须短接，并在励磁绕组两端加上额定励磁电压。**

4）在运行中，不允许励磁回路断路，否则，电动机将出现“飞速”而损坏。

11.2.8　直流伺服电动机的维护保养

1. 直流伺服电动机维护

直流伺服电动机带有数对电刷，电动机旋转时，电刷与换向器摩擦而逐渐磨损。电刷异常或过度磨损，都会影响电动机的工作性能。因此，对电刷的维护是直流伺服电动机维护的主要内容。

数控车床、铣床和加工中心的直流伺服电动机应每年检查一次，频繁加、减速机床（如冲床）的直流伺服电动机应每两个月检查一次。检查要求如下：

1）在数控系统处于断电状态且电动机已经完全冷却的情况下进行检查。

2）取下橡胶刷帽，用螺钉旋具拧下刷盖取出电刷。

3）测量电刷长度，如直流伺服电动机的电刷磨损到其长度的1/3时，必须更换同型号的新电刷。

4）仔细检查电刷的弧形接触画是否有深沟或裂痕，以及电刷弹簧上有无打火痕迹。如有上述现象，则要考虑电动机的工作条件是否过分恶劣或电动机本身是否有问题。

5）用不含金属粉末及水分的压缩空气导入装电刷的刷孔，吹净粘在刷孔壁上的电刷粉末。如果难以吹净，可用螺钉旋具头部轻轻清理，直至孔壁全部干净为止，但要注意不要碰到换向器表面。

6）重新装上电刷，拧紧刷盖。如果更换了新电刷，应使电动机空载运行一段时间，以使电刷表面和换向器表面相吻合。

2. 直流伺服电动机的保养

1）用户在收到电动机后不要放在户外，保管场所要避开潮湿、灰尘多的地方。

2）当电动机存放一年以上时，要卸下电刷。如果电刷长时间接触在换向器上时，可能在接触处生锈，产生换向不良和噪声等现象。

3）要避免切削液等液体直接溅到电动机本体。

4）电动机与控制系统间的电缆连线，一定要按照说明书给出的要求接线。

5）若电动机使用直接联轴器、齿轮、带轮传动连接时，一定要进行周密计算，使加载到电动机轴上的力，不要超过其允许径向载荷及允许轴向载荷的参数指标。

6）电动机电刷要定期检查与清洁，以减少磨损或损坏。

因为直流伺服电动机的基本结构和运行情况与他励直流电动机相似。所以，直流伺服电动机的常见故障及其排除方法可参考直流电动机的常见故障及其排除方法。

11.3 交流伺服电动机

11.3.1 交流伺服电动机的性能

交流伺服电动机为两相异步电动机，其定子两相绕组在空间相距90°电角度。定子绕组中的一相作为励磁绕组，运行时接至电压为U_f的交流电源上；另一相则作为控制绕组，输入控制电压U_c，电压U_c与U_f为同频率。

为了满足自动控制系统对伺服电动机的要求，伺服电动机必须具有宽广的调速范围、线性的机械特性、无“自转”现象和快速响应等性能。为此，它和普通异步电动机相比，**具有转子电阻大和转动惯量小这两个特点。**

交流伺服电动机与直流伺服电动机的性能比较见表11-6。

表11-6 交、直流伺服电动机的性能比较

项目	类　型	
	直流伺服电动机	交流伺服电动机
机械性能和调速性能	机械特性硬、线性度好，不同控制电压下斜率相同，堵转转矩大，调速范围广	机械特性软、非线性，不同控制电压下斜率不同，系统的品质因数变坏，调速范围较小，受频率及极对数限制

（续）

项目	类　　型	
	直流伺服电动机	交流伺服电动机
体积、重量和效率	功率较大、体积较小、重量较轻、效率高	功率小、体积和重量较大、效率低
放大器	直流放大器产生“零点漂移”现象，精度低、结构复杂、体积和重量较大	交流放大器，结构简单、体积和重量较小
自转	不会产生自转	参数选择不当，制造工艺不良时会产生自转现象
结构、运行的可靠性及对系统的干扰	有电刷和换向器，结构和工艺复杂、维修不便、运行的可靠性差、换向火花会产生无线电干扰、摩擦转矩大	无电刷和换向器，结构简单、运行可靠、没有电火花，因而也无无线电干扰、摩擦转矩小

11.3.2　交流伺服电动机的结构特点

1. 笼型转子交流伺服电动机

笼型转子交流伺服电动机的结构如图11-11所示。励磁绕组和控制绕组均为分布绕组；转子结构与普通异步电动机的笼型转子一样，但是，**为了减小转子的转动惯量，需做成细长转子**。笼型导条和端环采用高电阻率的导电材料（如黄铜、青铜等）制造，也可采用铸铝转子，其导电材料为高电阻率的铝合金材料。

2. 空心杯形转子交流伺服电动机

空心杯形转子交流伺服电动机的结构如图11-12所示。外定子铁心和内定子铁心均由硅钢片冲制叠装而成，外定子槽内放置两相绕组，内定子铁心上通常都不放置绕组，仅作为主磁通的磁路。空心杯转子用铝、铝合金或纯铜等非磁性导电材料制成，其壁很薄，通常只有0.2～0.8mm。空心杯转子固定在转轴上，能随转轴在内、外定子之间自由转动。

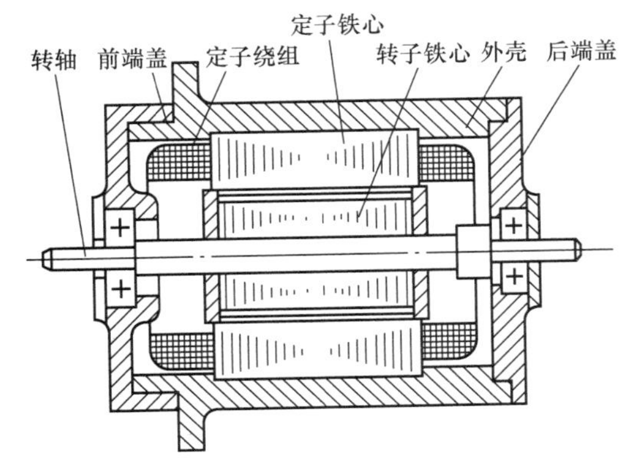

图11-11　笼型转子交流伺服电动机结构示意图

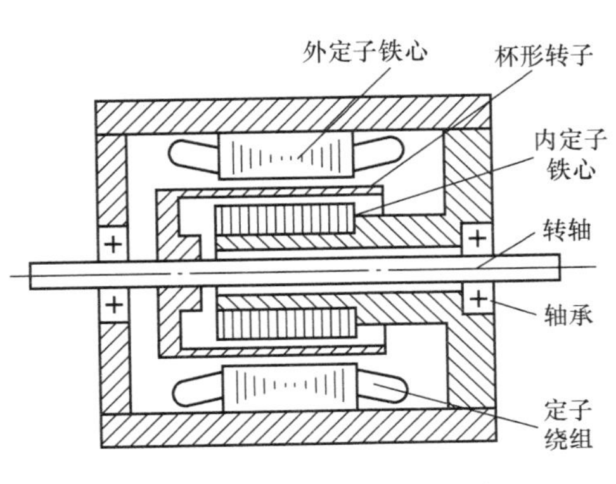

图11-12　空心杯形转子交流伺服电动机结构示意图

空心杯形转子交流伺服电动机的气隙较大，励磁电流占额定电流的80%～90%，因此效率低、功率因数低、体积和重量都较大。但是，与笼型转子相比，杯形转子的转动惯量小、摩擦力矩小，所以运行时反应灵敏、改变转向迅速、无噪声以及调速范围大等，这些优点使它在自动控制系统中得到了广泛应用。

11.3.3 交流伺服电动机的控制方式

常用的交流伺服电动机都采用两相异步电动机，其接线如图11-13所示。励磁绕组通常固定地接到电压U_f恒定的交流电源上，控制绕组接控制电压U_c。控制电压U_c的频率与励磁电压U_f的频率相同。

当控制电压U_c为零时，电动机气隙中的磁场为脉振磁场，不产生起动转矩，因此转子静止不动。当$U_c>0$，且使控制电流$\dot{I}_c$与励磁电流$\dot{I}_f$有不同的相位时，则电动机气隙中形成一个椭圆形或圆形的旋转磁场，使电动机产生起动转矩，转子就会自动旋转起来。

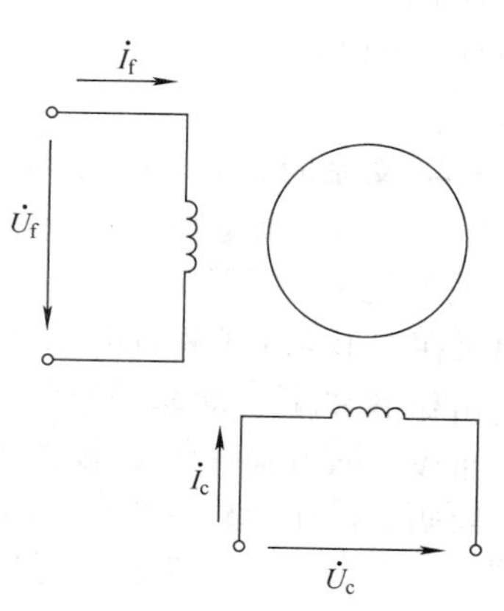

图11-13 两相交流伺服电动机接线图

由于电磁转矩的大小决定于气隙磁场的每极磁通量和转子电流的大小及相位，也即决定于控制电压$\dot{U}_c$的大小和相位，所以可采用下列三种方法来控制电动机，使之起动、旋转、变速或停止。

1）**幅值控制：即保持控制电压$\dot{U}_c$的相位角不变，仅改变其幅值的大小。**

2）**相位控制：即保持控制电压$\dot{U}_c$的幅值不变，仅改变其相位。**

3）**幅值－相位控制（或称电容控制）：同时改变控制电压$\dot{U}_c$的幅值和相位。**

以上三种控制方法的实质都是利用改变不对称两相电压中正序和负序分量的比例，来改变电动机中正转和反转旋转磁场的相对大小，从而改变它们产生的合成电磁转矩，以达到改变转速的目的。**为了使控制电压$\dot{U}_c$与励磁电压$\dot{U}_f$具有一定的相位差，通常采用在励磁回路或控制回路中串联电容器的方法来实现。**

11.3.4 交流伺服电动机的机械特性与调节特性

1. 交流伺服电动机的机械特性

采用幅值控制的交流伺服电动机在系统中工作时，励磁绕组通常是接在恒值的交流电源上，其值等于额定励磁电压。励磁电压$\dot{U}_f$和控制电压$\dot{U}_c$之间固定保持90°的相位差，而控制电压$\dot{U}_c$的大小却是经常地在变化。在实际使用中，为了方便起见，常将控制电压用其相对值来表示，同时考虑到控制电压是表征对伺服电动机所施加的控制电信号，所以称这个相对值为有效信号系数，用α_e表示，即

$$\alpha_e = \frac{U_c}{U_{cN}}$$

式中　U_c——实际控制电压；

U_{cN}——额定控制电压。

当控制电压 U_c 在 0 ~ U_{cN} 变化时，有效信号系数 α_e 在 0 ~ 1 变化。

幅值控制时交流伺服电动机的机械特性如图 11-14 所示。从图中可以看出，采用幅值控制时交流伺服电动机的机械特性曲线已不是直线，而是一组曲线。在相同负载情况下，有效信号系数 α_e 越大，电动机的转速就越高。当有效信号系数 α_e 减小时，电磁转矩 T_{em} 减小，机械特性往下移动，理想空载（$T_{em}=0$）时的转速也随之减小，只有当 $\alpha_e=1$ 圆形磁场时，理想空载转速才等于同步转速 n_s。

2. 交流伺服电动机的调节特性

扫一扫看视频

调节特性就是表示当输出转矩一定的情况下，转速与有效信号系数 α_e 的变化关系。这种变化关系，可以根据图 11-14 的机械特性来得到。如果在图 11-14 上作许多平行于横轴的转矩线，每一转矩与机械特性曲线相交很多点，将这些交点所对应的转速 n 及有效信号系数 α_e 画成关系曲线，就得到该输出转矩下的调节特性。不同的转矩线，就可得到不同输出转矩下的调节特性。幅值控制时交流伺服电动机的调节特性如图 11-15 所示。

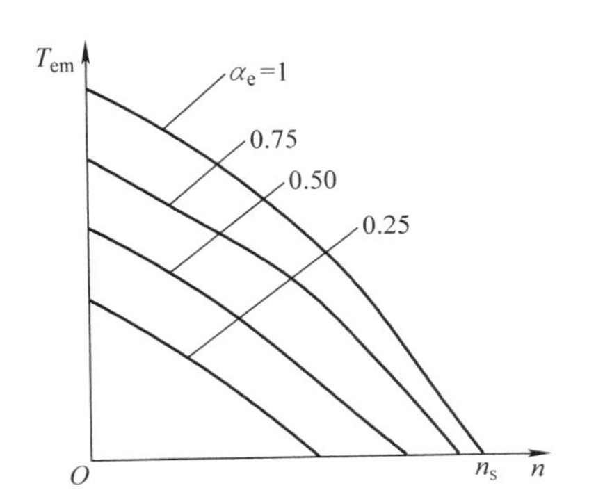

图 11-14　幅值控制时交流伺服电动机的机械特性

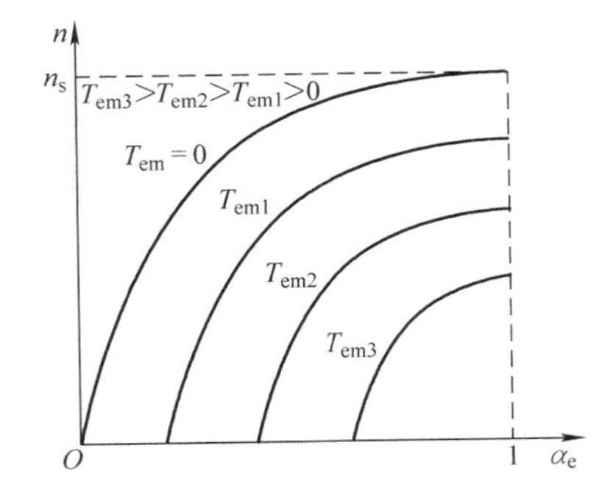

图 11-15　幅值控制时交流伺服电动机的调节特性

从图 11-15 中可以看出，幅值控制时交流伺服电动机的调节特性不是线性关系。只有在转速比较低和有效信号系数不大的范围内才近于线性关系。调节特性曲线与横轴的交点，表示一定负载转矩时，交流伺服电动机的最小控制电压值，该电压称为始动电压。**当负载转矩一定时，控制电压必须大于与该负载转矩对应的始动电压时，伺服电动机才能起动。**

11.3.5　交流伺服电动机的技术数据

SL 系列两相交流伺服电动机技术数据见表 11-7。

表 11-7　SL 系列两相交流伺服电动机技术数据

型号	极数	频率/Hz	电压/V		最小堵转转矩/N·m	堵转电流/A		每相输入功率/W	额定输出功率/W	空载转速/(r/min)	机电时间常数/ms
			励磁	控制		励磁	控制				
12SL02	4	400	26	26	0.0006	0.11	0.11	2	0.16	9000	20
20SL01	6	400	26	26	0.0015	0.11	0.15	2.5	0.25	6000	15
20SL02	6	400	36	36	0.0015	0.11	0.11	2.5	0.25	6000	15
20SL03	6	400	36	36	0.0015	0.11	0.15	2.5	0.25	6000	15
20SL04	4	400	36	36	0.0012	0.11	0.15	2.5	0.25	9000	20
20SL05	4	400	36	36	0.0012	0.11	0.11	2.5	0.32	9000	20
20SL06	4	400	36	36	0.0012	0.11	0.15	2.5	0.32	9000	20
28SL01	6	400	36	36	0.005	0.33	0.33	6.5	1.0	6000	20
28SL02	6	400	115	115	0.005	0.10	0.10	6.5	1.0	6000	20
28SL03	6	400	115	36	0.005	0.10	0.33	6.5	1.0	6000	20
36SL01	8	400	36	36	0.01	0.55	0.55	8.5	1.6	4800	20
36SL02	8	400	115	115	0.0098	0.17	0.17	8.5	1.6	4800	20
36SL03	8	400	115	36	0.0098	0.17	0.17	8.5	1.6	4800	20
36SL04	6	400	36	36	0.0069	0.48	0.48	8.5	2.0	9000	35
36SL05	6	400	115	115	0.0069	0.15	0.15	8.5	2.0	9000	35
36SL06	6	400	115	36	0.0069	0.15	0.15	8.5	2.0	9000	35
45SL01	8	400	36	36	0.0167	0.9	0.9	14	2.5	4800	20
45SL02	8	400	115	115	0.0167	0.28	0.28	14	2.5	4800	20
45SL03	8	400	115	36	0.0167	0.28	0.9	14	2.5	4800	20
45SL04	4	400	36	36	0.0147	1.0	1.0	18	4	9000	30
45SL05	4	400	115	115	0.0147	0.32	0.32	18	4	9000	30
45SL06	4	400	115	36	0.0147	0.32	1.0	18	4	9000	30
55SL01	8	400	115	115	0.0412	0.6	0.6	25	6.3	4800	25
55SL02	8	400	115	36	0.0412	0.6	1.9	25	6.3	4800	25
55SL03	4	400	115	115	0.033	0.57	0.57	32	10	9000	50
55SL04	4	400	115	36	0.033	0.57	1.8	32	10	9000	50
70SL01	8	400	115	115	0.1	1.1	1.1	55	16	4800	25
70SL02	4	400	115	115	0.065	1.1	1.1	55	20	9000	55

11.3.6　交流伺服电动机的选用

1. 交流伺服电动机的选择

（1）运行性能的选择

1）机械特性。交流伺服电动机的机械特性是非线性的。**从机械特性的线性度进行比较，相位控制时最好，而幅值-相位控制时为最差。从机械特性的斜率进行**

比较，幅值控制时机械特性斜率很大，所以在选择时要综合考虑。

2）快速响应。衡量伺服电动机的响应快慢（起动快慢）以机电时间常数为依据。一般来说，交流伺服电动机具有较好的快速响应特性。

3）自转。应注意在控制电压等于零时，交流伺服电动机应不产生自转现象。

4）使用频率。交流伺服电动机常用频率分低频和中频两大类。低频为50Hz（或60Hz），中频有400Hz（或500Hz）。因为频率越高，涡流损耗越大，所以**中频电动机的铁心采用0.2mm以下的硅钢片叠成，**以减少涡流损耗；**低频电动机的铁心则采用0.35～0.5mm的硅钢片**。低频电动机不应用中频电源，否则电动机的性能会变差。在不得已时，若低频电源与中频电源互相代替使用，应注意随频率正比地改变电压，以保持电流仍为额定值，这样，电动机发热可以基本上不变。

（2）结构型式的选择

1）笼型转子交流伺服电动机。叠片式定子铁心，细而长的笼型转子，转动惯量小，控制灵活，定、转子之间气隙小；重量轻、体积小、效率高、耐高温、机械强度高、可靠性高、价格低廉。ND系列应用于自动装置及计算机中作执行元件；SD系列应用领域同ND系列外，还可在上述领域作驱动动力；SA系列在控制系统中将电信号转换为轴上的机械传动量；SL系列应用在自动控制、随动系统及计算机中作执行元件。

2）空心杯形转子交流伺服电动机。转子用铝合金制成空心杯形状，转子细而长，重量轻，转动惯量小，快速响应好，运行平稳；但气隙大，电动机尺寸大，在高温和振动下容易变形。主要用于要求转速平稳的装置，如计算装置中的积分网络。

2. 交流伺服电动机使用注意事项

1）**50Hz工频的伺服电动机多为2或4极高速电动机，400Hz中频的多为4、6、8极的中速电机，**更多极数的慢速电动机是很不经济的。

2）为了提高速度适应性能，减小时间常数，应设法提高起动转矩，减小转动惯量，降低起动电压。

3）伺服电动机的起动和控制十分频繁，且大部分时间在低速下运行，所以需要注意散热问题。

交流伺服电动机因为没有电刷之类的滑动接触，故其机械强度高、可靠性高、寿命长，只要使用恰当，使用中发生的故障率通常较低。

11.3.7　交流伺服电动机的维护保养

1. 交流伺服电动机的维护保养

1）交流伺服电动机应按照制造厂商提供的使用维护说明书中的要求正确存放、使用和维护。对于超过制造厂商保证期的交流伺服电动机，必须对轴承进行清洗并更换润滑油脂，有时甚至需要更换轴承。经过这样的处理并重新进行出厂项目的性能测试后，便可以作为新出厂的电动机来使用。

2）要防止人体触及电动机内部危险部件，以及外来物质的干扰，保证电动机正常工作。但大部分切削液、润滑液等液态物质渗透力很强，电动机长时间接触这些液态物质，很可能会导致不能正常工作或使用寿命缩短。因此，在电动机安装使用时需采取适当的防护措施，尽量避免接触上述物质，更不能将其置于液态物质里浸泡。

3）当电动机电缆排布不当时，可能导致切削液等液态物质沿电缆导入并积聚到插接件处，继而引起电动机故障，因此在安装时尽量使电动机插接件侧朝下或朝水平方向布置。

4）当电动机插接件侧朝水平方向时，电缆在接入插接件前需作滴状半圆形弯曲。

5）当由于机器的结构关系，难以避免要求电动机接插件侧朝上时，需采取相应的防护措施。

交流伺服电动机因为没有电刷之类的滑动接触，故其机械强度高、可靠性高、寿命长，只要使用恰当，使用中发生的故障率通常较低。

2. 交流伺服电动机的检修

1）交流伺服电动机可以不需要维修，因为它没有易损件。但由于交流伺服电动机内含有精密检测器，因此，当发生碰撞、冲击时可能会引起故障，维修时应对电动机作如下检查：

① 是否受到任何机械损伤。

② 旋转部分是否可用手正常转动。

③ 带制动器的电动机，制动器是否正常。

④ 是否有任何松动螺钉或间隙。

⑤ 是否安装在潮湿、温度变化剧烈和有灰尘的地方。

2）交流伺服电动机维修完成后，安装伺服电动机要注意以下几点：

① 由于伺服电动机防水结构不是很严密，如果切削液、润滑油等渗入内部，会引起绝缘性能降低或绕组短路，因此，应注意电动机尽可能避免切削液的飞溅。

② 当伺服电动机安装在齿轮箱上时，加注润滑油时应注意齿轮箱的润滑油油面高度必须低于伺服电动机的输出轴，防止润滑油渗入电动机内部。

③ 固定伺服电动机联轴器、齿轮、同步带等连接件时，在任何情况下，作用在电动机上的力不能超过电动机容许的径向、轴向负载。

④ 按说明书规定，对伺服电动机和控制电路之间进行正确的连接。连接中的错误，可能引起电动机的失控或振荡，也可能使电动机或机械件损坏。当完成接线后，在通电之前，必须进行电源线和电动机壳体之间的绝缘测量，测量用500V绝缘电阻表进行。然后，再用万能表检查信号线和电动机壳体之间的绝缘。**注意，不能用绝缘电阻表测量脉冲编码器输入信号的绝缘。**

因为两相交流伺服电动机的基本结构和运行情况与电容式单相异步电动机相

似。所以，两相交流伺服电动机的常见故障及其排除方法可参考电容式单相异步电动机的常见故障及其排除方法。

11.4　测速发电机

11.4.1　测速发电机的用途与分类

测速发电机是一种测量转速的信号元件。它将输入的机械转速变换为电压信号输出。这就要求输出电压 U_2 与转速 n 成正比关系，如图 11-16 所示。其输出电压也可用下式表示：

$$U_2 = Kn$$

或

$$U_2 = K'\omega = K'\frac{\mathrm{d}\theta}{\mathrm{d}t}$$

式中　ω——测速发电机的角速度；

θ——测速发电机转子的转角（角位移）；

K、K'——比例系数。

由上式可知，测速发电机的输出电压正比于转子转角对时间的微分。因此，在解算装置中也可以把它作为微分或积分元件。所以，**测速发电机在自动控制系统和计算装置中通常作为测速元件、校正元件、解算元件和角加速度信号元件。**

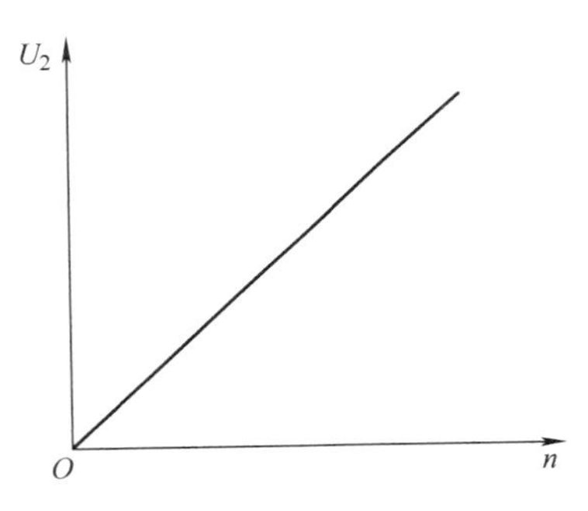

图 11-16　测速发电机输出电压与转速的关系

测速发电机主要分为交流和直流两大类。其中，交流测速发电机按工作原理可分为同步和异步（又称感应）两种；直流测速发电机按励磁方式可分为电磁式和永磁式两种。

11.4.2　直流测速发电机

直流测速发电机是一种微型直流发电机，它的定子、转子结构均和直流伺服电动机基本相同。若按定子磁极的励磁方式来分，直流测速发电机可以分为电磁式和永磁式两大类。若按电枢的不同结构型式来分，直流测速发电机可分为有槽电枢、无槽电枢、空心杯形电枢、盘形电枢等几种。

电磁式直流测速发电机的励磁方式通常为他励式；永磁式直流测速发电机不需要另加励磁电源，也不存在因励磁绕组温度变化而引起的特性变化，因此，永磁式直流测速发电机被广泛采用。

为满足控制的要求，有一些直流测速发电机采用了无槽电枢、空心杯形电枢或盘形电枢等特殊结构，以减小转动惯量、提高性能。与交流测速发电机相比，直流测速发电机突出的优点是灵敏度高、线性误差小，缺点是结构复杂，存在不灵敏区，这是由电刷和换向器的存在而引起的。

直流测速发电机可看成是直流伺服电动机的逆运行状态，其工作原理与一般直流发电机相同。励磁绕组接直流电源，电枢绕组作为输出绕组。在恒定磁场下，旋转的电枢导体切割磁通产生的感应电动势与转速成正比。因此，当测速发电机随被测机械一起旋转时，根据电枢电动势的大小，即可知道被测机械的转速。

11.4.3 同步测速发电机

1. 永磁式交流测速发电机

永磁式交流测速发电机实质上就是一台单相永磁同步发电机，转子由永磁体构成，定子绕组感应的交变电动势大小和频率都随输入信号（转速）而变化。由于感应电动势的频率随转速而改变，致使发电机本身的阻抗和负载阻抗均随转速而变化，所以这种测速发电机的输出电压不再和转速成正比关系。因此，尽管它结构简单，也没有滑动接触，但是仍不适用于自动控制系统，通常只作为指示式转速计。

2. 感应子式测速发电机

感应子式测速发电机的原理结构如图 11-17 所示。其定、转子铁心均由硅钢片冲制叠成，在定子内圆周和转子外圆周上都有均匀分布的齿槽。在定子槽中放置节距为一个齿距的输出绕组，通常组成三相绕组。定、转子的齿数应符合一定的配合关系。

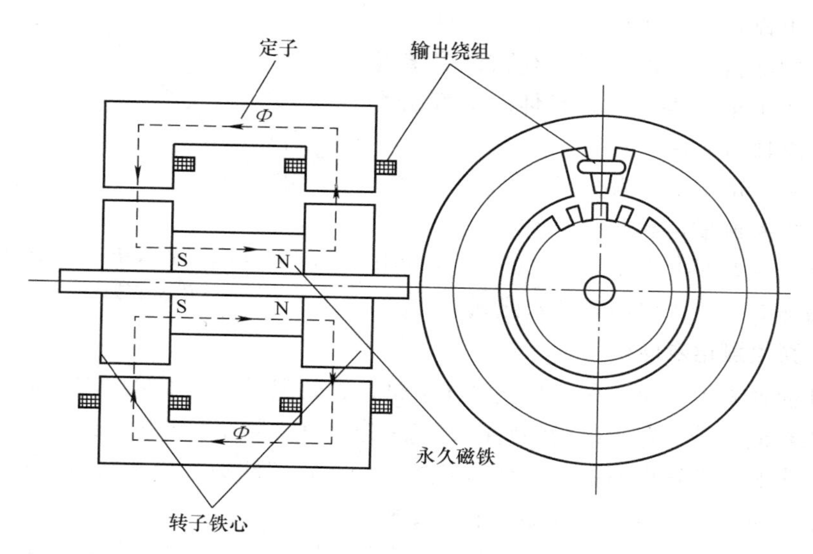

图 11-17 感应子式测速发电机的原理结构图

当转子不转时，由永久磁铁在发电机气隙中产生的磁通是不变的，所以定子输出绕组中没有感应电动势。但是，当转子以一定的速度旋转时，由于定、转子齿之间的相对位置发生了周期性的变化，则定子齿上的输出绕组所匝链的磁通大小也相应地发生了周期性的变化。于是输出绕组中就产生了交变的感应电动势。每当转子

转过一个齿距，输出绕组中的感应电动势也就变化一个周期。因此输出电动势的频率（Hz）为

$$f=\frac{z_r n}{60}$$

式中　z_r——转子的齿数；

n——发电机的转速（r/min）。

由于感应子式测速发电机的感应电动势频率和转速之间有严格的关系，所以属于同步发电机。相应地，感应电动势的大小也和转速成正比，故可以作为测速发电机用。但是，它也和永磁式同步测速发电机一样，由于电动势的频率随转速而变化，致使负载阻抗和发电机本身的内阻抗大小均随转速而变化，所以也不宜用于自动控制系统中，通常只作为指示式转速计。将感应子式测速发电机输出电压经整流后亦可作直流测速发电机使用。

3. 脉冲式测速发电机

脉冲式测速发电机和感应子式测速发电机的工作原理基本相同，都是利用定子、转子齿槽相互位置的变化，使输出绕组所匝链的磁通发生脉动，从而感应出电动势。

脉冲式测速发电机是以脉冲频率作为输出信号的。由于输出电压的脉冲频率和转速保持严格的比例关系，所以也属于同步发电机类型。其特点是输出信号的频率相当高，即使在较低的转速（如每分钟几转或几十转）下，也能输出较多的脉冲数，因而以脉冲个数显示的速度分辨率就比较高，适用于速度比较低的调节系统，特别适用于鉴频锁相的速度控制系统。

11.4.4　异步测速发电机

异步测速发电机（又称感应测速发电机）按其结构可分为笼型转子和空心杯形转子两种。

笼型转子异步测速发电机的结构与笼型转子两相伺服电动机的结构相似，它的输出特性的斜率大，但线性误差大，相位误差大，剩余电压高，一般用在对精度要求不高的系统中。

空心杯形转子异步测速发电机的结构与空心杯形转子伺服电动机的结构相似。不同的是，为了减小误差，使输出特性的线性度较好，性能稳定，测速发电机的空心杯形转子多采用电阻率较高和温度系数较低的材料制成，如磷青铜、锡锌青铜、硅锰青铜等。

空心杯形转子异步测速发电机输出特性的精度比笼型转子异步测速发电机要高得多，而且空心杯形转子的转动惯量小，有利于控制系统的动态品质。所以，目前在自动控制系统中广泛应用的是空心杯形转子异步测速发电机。

空心杯形转子异步测速发电机的工作原理如图 11-18 所示。定子的两相绕组应在空间位置上严格保持 90°电角度。其中的一相绕组作为励磁绕组，外施稳频稳压

的交流电源励磁；另一相绕组作为输出绕组，其两端的电压即为测速发电机的输出电压 U_2。

当频率为 f 的励磁电压 U_f 加在励磁绕组 W_f 上以后，在测速发电机内、外定子之间的气隙中，就会产生一个频率为 f 的脉振磁通 Φ_d，该磁通在空间按正弦规律分布，其幅值与励磁绕组 W_f 的轴线重合，故称为直轴磁通。空心杯形转子可以看成是由无数根导体所组成的闭合笼型线圈。

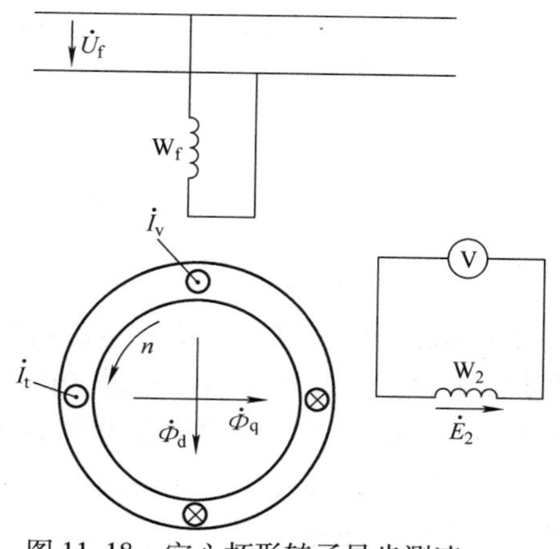

图 11-18　空心杯形转子异步测速发电机的工作原理图

11.4.5　测速发电机的技术数据

1. CY 系列永磁式直流测速发电机技术数据（见表 11-8）

表 11-8　CY 系列永磁式直流测速发电机技术数据

型号	输出特性斜率 /(10^{-3}V/r · min^{-1})	波纹系数(%)	最大线性工作转速 /(r/min)	线性误差 (%)	电枢电阻(±12.5%) /Ω
20CY002	3	1	0~3500	1.2~3	120
28CY001	7	3（在 100r/min 下）	0~12000	0.1	580
36CY001	10	1	0~6000	0.5~0.1	160
45CY002	15	3	0~3600	0.1	50
45CY003	15	3	0~3600	0.1	50
45CY004	15	3	0~3600	0.1	50
75CY001	120	≤1	0~2500	≤1	190
96CY001	60	5	0~4000	0.5	150

2. CK 系列空心杯形转子异步测速发电机技术数据（见表 11-9）

表 11-9　CK 系列空心杯形转子异步测速发电机技术数据

型号	励磁电压 /V	电源频率 /Hz	励磁电流 /mA	输出斜率 /(10^{-3}V/r · min^{-1})	零位电压 /mV	线性误差 (%)	最大线性工作速度 /(r/min)
20CK001	36	400	—	0.6	30	0.1	3600
24CK001	36	400	51	0.8	<20	0.1	3600

（续）

型号	励磁电压/V	电源频率/Hz	励磁电流/mA	输出斜率/(10^{-3}V/r·min^{-1})	零位电压/mV	线性误差(%)	最大线性工作速度/(r/min)
28CK001	115	400	30	1.5	50	0.1	—
36CK001	115	400	< 38	2	< 30	0.1	3600
36CK002	36	400	25	1	< 25	< 0.2	—
45CK001	115	400	< 40	3	< 30	0.1	3600
45CK002	115	400	38	2	50	0.1	3600

11.4.6　测速发电机的选用

1. 测速发电机的选择

在选择测速发电机时，应根据系统的频率、电压、工作速度的范围和系统中所起的作用来选。例如用作解算元件时，应选用精度高（即要求线性误差小、剩余电压低等）、输出电压稳定的异步测速发电机；用作测速或校正元件时，应着重考虑输出特性的斜率，即静态放大系数要大，希望转速的微小变化能引起输出电压较大的变动，而对于精度要求则是次要的。

当使用直流或异步测速发电机都能满足要求时，则需要考虑它们的优缺点，合理选用。

异步测速发电机的主要优点是：不需要电刷和换向器，因而结构简单、维护方便，惯量小、无滑动接触。因而其输出特性稳定，精度高，摩擦转矩小，不产生无线电干扰，工作可靠，正、反向旋转时，输出电压对称；其缺点是，存在剩余电压和相位误差，负载的大小和性质会影响输出电压的幅值和相位。

直流测速发电机不存在输出电压的相位移问题；转速为零时，输出绕组不切割励磁磁通，无感应电动势，因而无剩余电压。输出电路只有电阻上的电压降，因而输出特性斜率比异步测速发电机的大。然而，由于直流测速发电机具有电刷和换向器，因而结构复杂、维护不便、摩擦转矩大、有换向火花，产生干扰信号；正、反向旋转时，输出电压不对称。

经过上述比较后，如确定采用异步测速发电机，则还要在笼型转子异步测速发电机和空心杯形转子异步测速发电机之间作一选择。

笼型转子异步测速发电机输出特性的斜率大，但特性差、误差大，转子的转动惯量大，一般只用于精度要求不高的系统中。而空心杯形转子异步测速发电机的精度要高得多，转子的转动惯量也小，是目前应用最广泛的一种异步测速发电机。

2. 直流测速发电机使用注意事项

1）直流测速发电机在出厂前已经将电刷调整到合适位置以保证输出电压的不对称度符合要求，**使用中不允许松动刷架系统的紧固螺钉。**

2）**永磁直流测速发电机不允许将电枢从定子中抽出，以免失磁。**

3）应使测速发电机工作环境条件符合规定。**使用场合不允许有强的外磁场的存在，**以免影响测速发电机输出特性的稳定。

4）选型时应充分注意该测速发电机的负载情况，**不允许超出测速发电机的最大允许负载电流使用，**以免引起输出特性变坏或失磁。

5）在使用中，**转速不应超过产品的最大线性工作速度；负载电阻不应小于规定的负载电阻。**

3. 交流测速发电机使用注意事项

1）测速发电机与伺服电动机间的耦合齿轮间隙应尽量小，也可以选用交流伺服测速机组。

2）由于交流测速发电机的输出阻抗较大，负载阻抗在100kΩ以上，应考虑负载和使用条件的影响。**所以接负载后，应校正系统参数。**

3）由于杯形转子交流异步测速发电机输入阻抗较小，所以励磁电源的内阻应选用较小的。

4）在精密系统中，必须注意电源电压、频率的稳定，并注意温度的影响，必要时应采用温度补偿和温度控制措施。

11.4.7 测速发电机的维护保养

1. 直流测速发电机的维护保养

1）应注意由于发电机自身发热或环境温度的变化会导致输出斜率的降低或升高。

2）在电磁式直流测速发电机的励磁回路中，串接一个比励磁绕组电阻大几倍且温度系数小的电阻，可以减少温度变化所引起的输出电压变化误差。

3）应使测速发电机工作环境条件符合规定。

4）对于外形尺寸比较大的测速发电机，可以定期对电刷和换向器系统进行处理，除去磨损的炭粉。

2. 永磁同步测速发电机的维护保养

1）使用场合应避免有外加强磁场存在，以避免失磁或工作性能变坏。

2）严禁自行拆卸，特别是不允许将转子从定子腔内抽出，以免失磁（因为一般是不标明电机充磁状态的）。

3）应按照发电机规定的环境条件等级使用，并保持使用环境的清洁。长期未使用的电机重新使用时至少应检查其绝缘电阻是否符合规定。

4）测速发电机的永磁体多为铝镍钴系磁钢，矫顽力较小，加之设计时并未考虑过载能力，一旦过载就会失磁。出现这种情况，测速发电机就需要重新充磁。

3. 感应子测速发电机的维护保养

1）在选型和使用中应注意输出电压的极性不随发电机转向的变化而变化。

2）由于该测速发电机输出特征（线性误差和稳定度）的好坏在相当程度上取

决于其气隙磁场的稳定性，因此在使用时应注意保持其励磁电流的高稳定性（0.05% 以上）。

4. 空心杯形转子异步测速发电机的使用与维护

1）由于装配中紧固螺钉紧固不牢，造成发电机在运输和使用过程中紧固螺钉松动，导致内、外定子间相对位置变化，将会使剩余电压（即零速输出电压）增加，一般需送制造厂调整。

2）由于装配时接线混乱或使用中接线错误，导致输出电压相位倒相和剩余电压（零速输出电压）与出厂要求不符时，需改变接线。

3）使用时应根据系统的要求来选择合适的测速发电机型号，提出切合实际的技术要求。一项技术指标的合理降低可以使另一项指标得到明显改善。

4）异步测速发电机的输出特性一般都是在空载条件下给出的（**一般要求负载阻抗≥50 ~100kΩ**），使用时应注意到这一点，还应注意到输出特性还与负载性质（阻抗、容性或感性）有关。

5）异步测速发电机在出厂前都经过严格调试，以使其剩余电压（即零速输出电压）达到要求，调试后已用红色磁漆将紧固螺钉点封，使用中严禁拆卸，否则剩余电压将急剧增加以至无法使用（使用者是不易调整的）。

6）空心杯形转子异步测速发电机是一种精密控制元件，使用中应注意保证它和驱动它的伺服电动机之间连接的高同心度和无间隙传动，否则会使该测速发电机损坏或导致系统误差增加。此外应按照各品种规定的安装方式安装测速发电机，安装中应使发电机各部分受力均匀，以免导致剩余电压增加。

7）**异步测速发电机可以在超过其最大线性工作转速 1 倍左右的转速下工作，但应注意随着工作转速范围的扩大，其线性误差、相位误差都将增大。**

11.5　步进电动机

11.5.1　步进电动机的用途

步进电动机（简称步进电机）是一种用电脉冲信号进行控制，并将电脉冲信号转换成相应的角位移（或线位移）的一种控制电机。步进电机的运动形式与普通匀速旋转的电动机有一定的差别，它的运动形式是步进式的，所以称为步进电机。又因其绕组上所加的电源是脉冲电压，有时也称它为脉冲电动机。

一般电动机都是连续旋转的，而步进电动机则是一步一步转动的，它是由专用电源供给电脉冲，每输入一个电脉冲信号，电动机就转过一个角度，如图 11-19 所示。步进电机也可以直接输出线位移，每输入一个电脉冲信号，电动机就走一段直线距离。它可以看作是一种特殊运行方式的同步电动机。

由于步进电动机是受脉冲信号控制的，所以步进电机不需要变换，就能直接将数字信号转换成角位移或线位移。因此它很适合于作为数字控制系统的伺服元件。

近年来，步进电动机已广泛地应用于数字控制系统中，例如数控机床、绘图

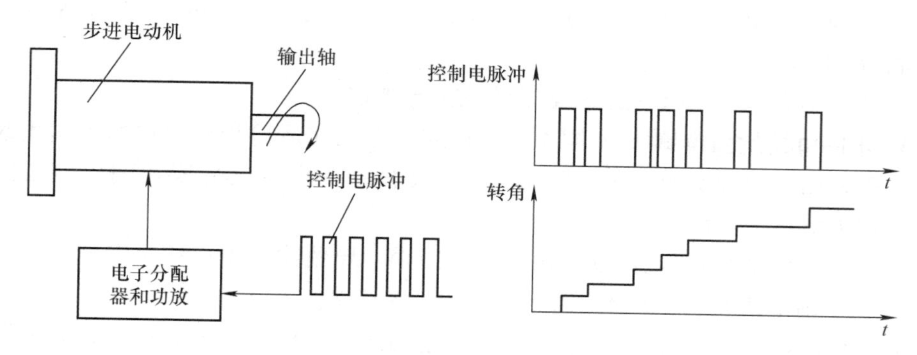

图 11-19 步进电动机的功用

机、计算机外围设备、自动记录仪表、钟表和数－模转换装置以及航空、导弹、无线电等工业中。

11.5.2 步进电动机的特点与分类

1. 步进电动机的优点

步进电动机具有以下优点：

1）步进电动机的角位移量（或直线位移量）与电脉冲数成正比，所以步进电动机的转速（或线速度）也与脉冲频率成正比。**在步进电动机的负载能力范围内，其步距角和转速大小不受电压波动和负载变化的影响，也不受环境条件如温度、气压、冲击和振动等影响，**仅与脉冲频率有关。因此，步进电动机适于在开环系统中作执行元件。

2）步进电动机控制性能好，通过改变脉冲频率的高低就可以在很大的范围内调节步进电动机的转速（或线速度），并能快速起动、制动和反转。若用同一频率的脉冲电源控制几台步进电动机时，它们可以同步运行。

3）步进电动机每转一周都有固定的步数，在不丢步的情况下运行，其步距误差不会长期积累。即每一步虽然有误差，但转过一周时，累积误差为零。这些特点使它完全适用于数字控制的开环系统中作为伺服元件，并使整个系统大为简化，而又运行可靠。当采用了速度和位置检测装置后，它也可以用于闭环系统中。

4）有些型式的步进电动机在停止供电状态下还有定位转矩，有些型式的步进电动机在停机后某些相绕组仍保持通电状态，具有自锁能力，不需要机械制动装置。

5）步进电动机的步距角变动范围较大，在小步距角的情况下，往往可以不经减速器而获得低速运行。

2. 步进电动机的缺点

步进电动机的主要缺点是效率较低，并且需要配上适当的驱动电源供给电脉冲信号。一般来说，它带负载惯量的能力不强，在使用时既要注意负载转矩的大小，又要注意负载转动惯量的大小，只有当两者选取在合适的范围时，步进电动机才能获得满意的运行性能。此外，共振和振荡也常常是运行中出现的问题，特别是内阻尼较小的反应式步进电动机，有时还要加机械阻尼机构。

3. 步进电动机的种类

步进电动机的种类很多，按运动形式分有旋转式步进电动机、直线步进电动机和平面步进电动机。按运行原理和结构型式分类，步进电动机可分为反应式、永磁式和混合式（又称为感应子式）等。按工作方式分类，步进电动机可分为功率式和伺服式，前者能直接带动较大的负载，后者仅能带动较小负载。其中反应式步进电动机用得比较普遍，结构也较简单。

当前最有发展前景的是混合式步进电动机，其有以下四个方面的发展趋势：①继续沿着小型化的方向发展；②改圆形电动机为方形电动机；③对电动机进行了综合设计；④向五相和三相电动机方向发展。

11.5.3　反应式步进电动机的基本结构

反应式步进电机（又称为磁阻式步进电机）是利用反应转矩（磁阻转矩）使转子转动的。因结构不同，又可分为单段式和多段式两种。

1. 单段式

单段式又称为径向分相式。它是目前步进电动机中使用得最多的一种结构形式，如图 11-20 所示。一般在定子上嵌有几组控制绕组，每组绕组为一相，但至少要有三相以上，否则不能形成起动转矩。定子的磁极数通常为相数 m 的 2 倍，每个磁极上都装有控制绕组，绕组形式为集中绕组，在定子磁极的极弧上开有小齿。转子由软磁材料制成，转子沿圆周上也有均匀分布的小齿，它与定子极弧上的小齿有相同的分度数，即称为齿距，且齿形相似。定子磁极的中心线即齿的中心线或槽的中心线。

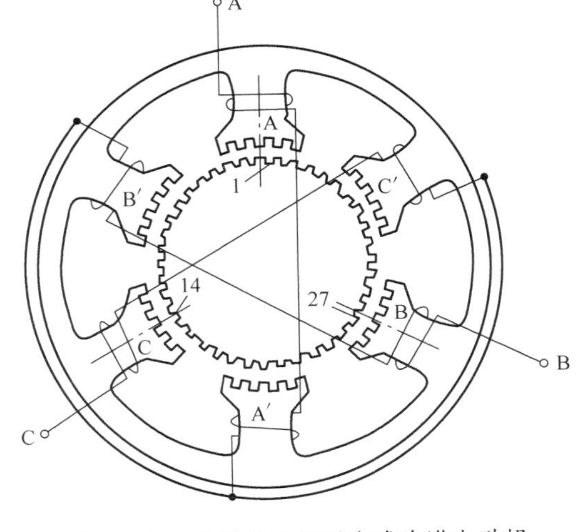

图 11-20　单段式三相反应式步进电动机（A 相通电时的位置）

单段式反应式步进电动机制造简便，精度易于保证；步距角也可以做得较小，容易得到较高的起动转矩和运行频率。其缺点是，当电动机的直径较小，而相数又较多时，沿径向分相较为困难。另外这种电动机消耗的功率较大，断电时无定位转矩。

2. 多段式

多段式又称为轴向分相式。按其磁路的特点不同，又可分为轴向磁路多段式和径向磁路多段式两种。

1）轴向磁路多段式步进电动机的结构如图 11-21 所示。定子、转子铁心沿电动机轴向按相数 m 分段，每一组定子铁心中放置一环形的控制绕组。定子、转子圆周上冲有形状相似、数量相同的小齿。定子铁心（或转子铁心）每相邻段错开 $1/m$ 齿距。

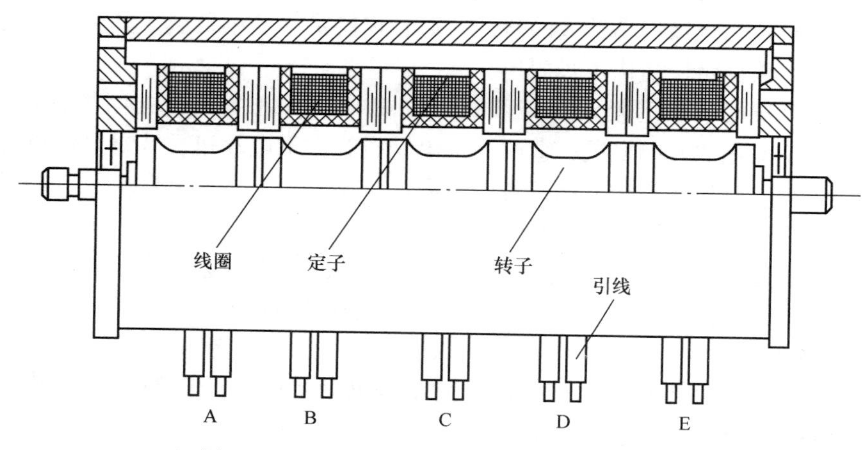

图 11-21　多段式轴向磁路反应式步进电动机

这种步进电动机的定子空间利用率较好，环形控制绕组绕制方便。转子的转动惯量低、步距角也可以做得较小，起动频率和运行频率较高。但是在制造时，铁心分段和错位工艺较复杂，精度不易保证。

2）径向磁路多段式步进电动机的结构如图 11-22 所示。定子、转子铁心沿电动机轴向按相数 m 分段，每段定子铁心的磁极上均放置同一相控制绕组。定子铁心（或转子铁心）每相邻两段错开 $1/m$ 齿距，对每一段铁心来说，定子、转子上的磁极分布情况相同。也可以在一段铁心上放置两相或三相控制绕组，相当于单段式电动机的组合。定子铁心（或转子铁心）每相邻两段则应错开相应的齿距。

这种步进电动机的步距角可以做得较小，起动和运行频率较高，对于相数多且直径和长度又有限制的反应式步进电动机来说，在磁极布置上要比以上两种灵活，但是铁心的错位工艺比较复杂。

11.5.4　反应式步进电动机的工作原理与通电方式

图 11-23 所示为一台最简单的三相反应式步进电动机的工作原理图。它的定子上有 6 个极，每个极上都装有控制绕组，每两个相对的极组成一相。转子是 4 个均匀分布的齿，上面没有绕组。反应式步进电动机是利用凸极转子交轴磁阻与直轴磁阻之差所产生的反应转矩（或磁阻转矩）而转动的，所以也称为磁阻式步进电动机。下面分别介绍不同通电方式时，反应式步进电动机的工作原理。

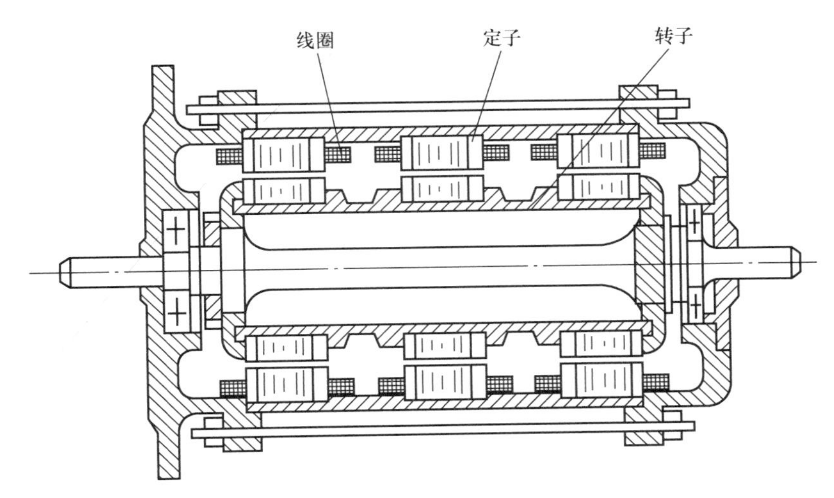

图 11-22　多段式径向磁路反应式步进电动机

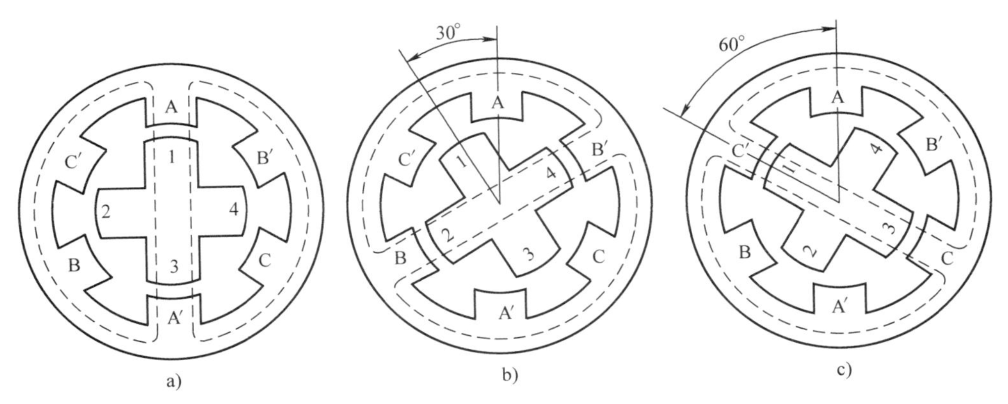

图 11-23　三相反应式步进电动机的工作原理图（图中 1 ~ 4 为转子齿）
a）A 相通电　b）B 相通电　c）C 相通电

（1）三相单三拍通电方式

反应式步进电动机采用三相单三拍通电方式运行的工作原理如图 11-23 所示，当 A 相控制绕组通电时，气隙磁场轴线与 A 相绕组轴线重合，因磁通总是要沿着磁阻最小的路径闭合，所以在磁拉力的作用下，将使转子齿 1 和 3 的轴线与定子 A 极轴线对齐，如图 11-23a 所示。同样道理，当 A 相断电、B 相通电时，转子便按逆时针方向转过 30°，使转子齿 2 和 4 的轴线与定子 B 极轴线对齐，如图 11-23b 所示。如再使 B 相断电、C 相通电时，则转子又将在空间转过 30°，使转子齿 1 和 3 的轴线与定子 C 极轴线对齐，如图 11-23c 所示。如此循环往复，并按 A→B→C→A 的顺序通电，步进电动机便按一定的方向一步一步地连续转动。步进电动机的转速直接取决于控制绕组与电源接通或断开的变化频率。若按 A→C→B→A 的顺序通电，则步进电动机将反向转动。

步进电动机的定子控制绕组每改变一次通电方式，称为一拍。此时步进电动机转子所转过的空间角度称为步距角 θ_s。上述的通电方式，称为三相单三拍运行。所谓“三相”，即三相步进电动机，具有三相定子绕组；“单”是指每次通电时，只有一相控制绕组通电；“三拍”是指经过三次切换控制绕组的通电状态为一个循环，第四次换接重复第一次的情况。很显然，在这种通电方式时，三相反应式步进电动机的步距角 θ_s 应为 30°。

三相单三拍运行时，步进电动机的控制绕组在断电、通电的间断期间，转子磁极因“失磁”而不能保持自行“锁定”的平衡位置，即所谓失去了“自锁”能力，易出现失步现象；另外，由一相控制绕组断电至另一相控制绕组通电，转子则经历起动加速、减速、至新的平衡位置的过程，转子在达到新的平衡位置时，会由于惯性而在平衡点附近产生振荡现象，故运行的稳定性差。因此，常采用双三拍或单、双六拍的控制方式。

（2）三相双三拍通电方式

反应式步进电动机采用三相双三拍通电方式运行的工作原理如图 11-24 所示，其控制绕组按 AB→BC→CA→AB 顺序通电，或按 AB→CA→BC→AB 顺序通电，即每拍同时有两相绕组同时通电，三拍为一个循环。当 A、B 两相控制绕组通电时，转子齿的位置应同时考虑到两对定子极的作用，只有当 A 相极和 B 相极对转子齿所产生的磁拉力相平衡时，才是转子的平衡位置，如图 11-24a 所示。若下一拍为 B、C 两相同时通电时，则转子按逆时针方向转过 30°。到达新的平衡位置，如图 11-24b 所示。

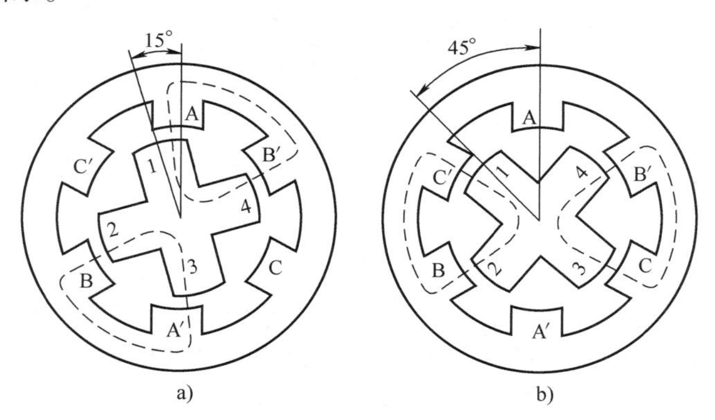

图 11-24　三相双三拍通电方式工作原理图（图中 1 ~ 4 为转子齿）

a）AB 相导通　b）BC 相导通

由图 11-24 可知，反应式步进电动机采用三相双三拍通电方式运行时，其步距角仍是 30°。但是三相双三拍运行时，每一拍总有一相绕组持续通电，例如由 A、B 两相通电变为 B、C 两相通电时，B 相始终保持持续通电状态，C 相磁拉力试图使转子逆时针方向转动，而 B 相磁拉力却起阻止转子继续向前转动的作用，即起到了一定的电阻尼作用，所以步进电动机工作比较平稳。而在三相单三拍运行时，由于没有这种阻尼作用，所以转子达到新的平衡位置容易产生振荡，稳定性不如三相双三拍运行方式。

（3）三相单、双六拍通电方式

反应式步进电动机采用三相单、双六拍通电方式运行的工作原理如图 11-25 所示，其控制绕组按 A→AB→B→BC→C→CA→A 顺序通电。或按 A→AC→C→CB→B→BA→A 顺序通电。也就是说，先 A 相控制绕组通电；以后再 A、B 相控制绕组同时通电；然后断开 A 相控制绕组，由 B 相控制绕组单独接通；再同时使 B、C 相控制绕组同时通电，依此进行。其特点是三相控制绕组需经 6 次切换才能完成一个循环，故称为“六拍”，而且通电时，有时是单个绕组接通，有时又为两个绕组同时接通，因此称为“单、双六拍”。

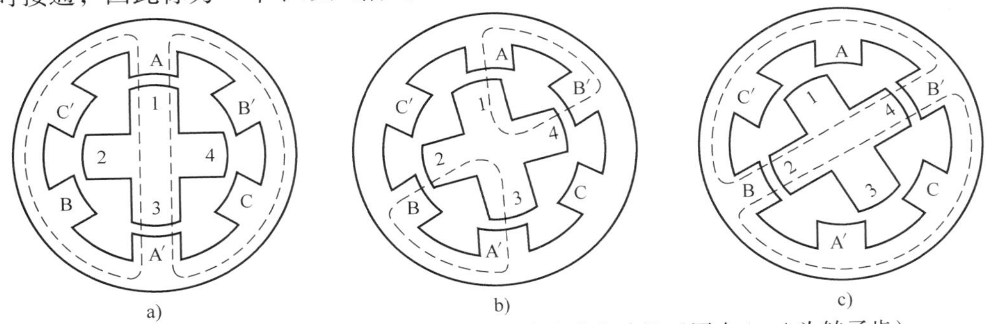

图 11-25　单、双六拍运行时的三相反应式步进电动机（图中 1 ~4 为转子齿）

a）A 相绕组通电　b）A、B 相绕组同时通电　c）C 相绕组通电

由图 11-25 可知，反应式步进电动机采用三相单、双六拍通电方式运行时，步距角也有所不同。当 A 相控制绕组通电时，与三相单三拍运行的情况相同，转子齿 1、3 和定子极 A、A′轴线对齐，如图 11-25a 所示。当 A、B 相控制绕组同时通电时，转子齿 2、4 在定子极 B、B′的吸引下是转子沿逆时针方向转动，直至转子齿 1、3 和定子极 A、A′之间的作用力与转子齿 2、4 和定子极 B、B′之间的作用力相平衡为止，如图 11-25b 所示。当断开 A 相控制绕组，而由 B 相控制绕组通电时，转子将继续沿逆时针方向转过一个角度，使转子齿 2、4 和定子极 B、B′对齐，如图 11-25c 所示。若继续按 BC→C→CA→A 的顺序通电，步进电动机就按逆时针方向连续转动。如果通电顺序变为 A→AC→C→CB→B→BA→A 时，步进电动机将按顺时针方向转动。

11.5.5　步进电动机的步距角和转速的关系

在三相单三拍通电方式中，步进电动机每一拍转子转过的步距角 θ_s 为 30°。采用三相单、双六拍通电方式后，步进电动机由 A 相控制绕组单独通电到 B 相控制绕组单独通电，中间还要经过 A、B 两相同时通电这个状态，也就是说要经过二拍转子才转过 30°，所以，在这种通电方式下，三相步进电动机的步距角 $\theta_s = \dfrac{30°}{2} =$

15°。即单、双六拍运行时的步距角比三拍通电方式时减小一半。

由以上分析可见，**同一台步进电动机采用不同的通电方式，可以有不同的拍数，对应的步距角也不同**。此外，六拍运行方式每一拍也总有一相控制绕组持续通电，具有电磁阻尼作用，使步进电动机工作也比较平稳。

上述这种简单结构的反应式步进电动机的步距角较大，如在数控机床中应用就会影响到加工工件的精度。图 11-20 中所示的结构是最常见的一种小步距角的三相反应式步进电动机。它的定子上有6 个极，分别绕有 A－A′、B－B′、C－C′三相控制绕组。转子上均匀分布 40 个齿。定子每个极上有 5 个齿。定、转子的齿宽和齿距都相同。

反应式步进电动机的步距角 θ_s 的大小是由转子的齿数 Z_r、控制绕组的相数 m 和通电方式所决定的。它们之间存在以下关系：

$$\theta_s=\frac{360°}{mZ_rC}=\frac{2\pi}{mZ_rC}$$

式中　C——状态系数，当采用单三拍和双三拍通电方式运行时，$C=1$；采用单、双六拍通电方式运行时，$C=2$。

如果以 N 表示步进电动机运行的拍数，则转子经过 N 步，将经过一个齿距。每转一圈（即 360°机械角），需要走 NZ_r 步，所以步距角又可以表示为

$$\theta_s=\frac{360°}{NZ_r}=\frac{2\pi}{NZ_r}$$

$$N=Cm$$

若步进电动机通电的脉冲频率为 f（拍/s 或脉冲数/s），则步进电动机的转速 n（r/min）为

$$n=\frac{60f}{mZ_rC}\quad 或\quad n=\frac{60f}{NZ_r}$$

由此可知，反应式步进电动机的转速与拍数 N、转子齿数 Z_r 及脉冲的频率 f 有关。相数和转子齿数越多，步距角越小，转速也越低。在同样脉冲频率下，转速越低，其他性能也有所改善，但相数越多，电源越复杂。目前步进电动机一般做到六相，个别的也有做成八相或更多相数。

同理，**当转子齿数一定时，步进电动机的转速与输入脉冲的频率成正比，改变脉冲的频率，可以改变步进电动机的转速**。

增加转子齿数是减小步进电动机步距角的一个有效途径，目前所使用的步进电动机转子齿数一般很多。对于相同相数的步进电动机，既可以采用单拍或双拍方式，也可以采用单、双拍方式。所以，同一台步进电动机可有两种步距角，如 3°/1.5°、1.5°/0.75°、1.2°/0.6°等。

11.5.6　永磁式步进电动机

1. 永磁式步进电动机的基本结构

永磁式步进电动机也有多种结构，图 11-26 是一种典型结构。它的定子为凸极

式，定子上有两相或多相绕组，转子为一对或几对极的星形磁钢，转子的极数应与定子每相的极数相同。图中定子为两相集中绕组（AO、BO），每相为两对极，因此转子也是两对极的永磁转子。

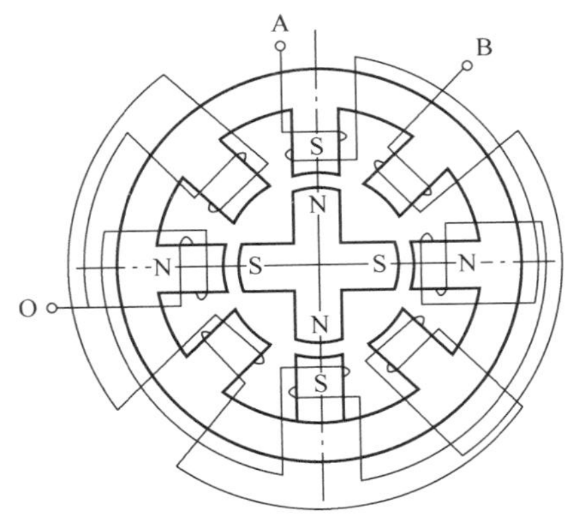

图 11-26　永磁式步进电动机的典型结构

2. 永磁式步进电动机的工作原理

由图 11-26 中可以看出，当定子绕组按 A→B→（－A）→（－B）→A…的顺序轮流通以直流脉冲时（如 A 相通入正脉冲，则定子上形成上下 S、左右 N 四个磁极），按 N、S 相吸原理，转子必为上下 N、左右 S，如图 11-26 所示。若将 A 相断开、B 相接通，则定子极性将顺时针转过 45°，转子也将按顺时针方向转动，每次转过 45°空间角度，也就是步距角 θ_s 为 45°。一般来说，步距角 θ_s 的值为

$$\theta_s = \frac{360^\circ}{2mp}$$

式中　m——相数；

p——转子极对数。

上述这种通电方式为两相单四拍。由以上分析可知，永磁式步进电动机需要电源供给正、负脉冲，否则不能连续运转。**一般永磁式步进电动机的驱动电路要做成双极性驱动，**这会使电源的线路复杂化。这个问题也可以这样来解决，即在同一个极上绕两套绕向相反的绕组，这样虽增加了用铜量和电动机的尺寸，但简化了对电源的要求，即电源只要供给正脉冲就可以了。

此外，还有两相双四拍通电方式［即 AB→B(－A)→(－A)(－B)→(－B)A→AB］和八拍通电方式。

永磁式步进电动机的步距角大，起动频率和运行频率低，但是它消耗的功率比反应式步进电动机小，在断电情况下有定位转矩，有较强的内阻尼力矩。

11.5.7　混合式步进电动机

混合式步进电动机（又称感应子式步进电动机）既具有反应式步进电动机小步距角的特点，也具有永磁式步进电动机效率高、绕组电感比较小的特点。

1. 两相混合式步进电动机的结构

图 11-27 为混合式步进电动机的轴向剖视图。它的定子铁心与单段反应式步进电动机基本相同，即沿着圆周有若干凸出的磁极，每个磁极的极面上有小齿，机身上有控制绕组；定子控制绕组与永磁式步进电动机基本相同，也是两相集中绕组，每相为两对极，控制绕组的接线如图 11-28 所示。

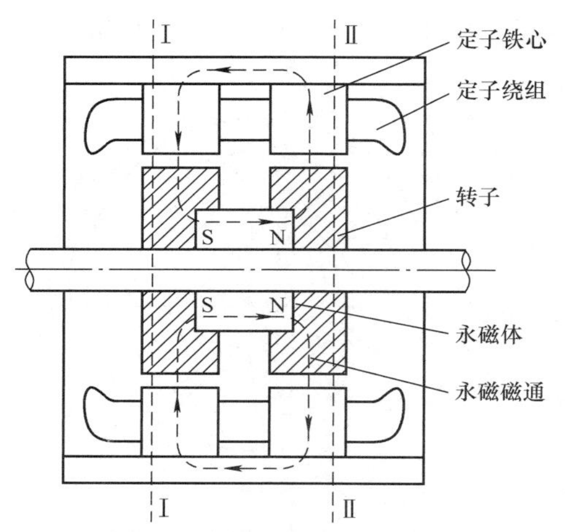

图 11-27　混合式步进电动机轴向剖视图

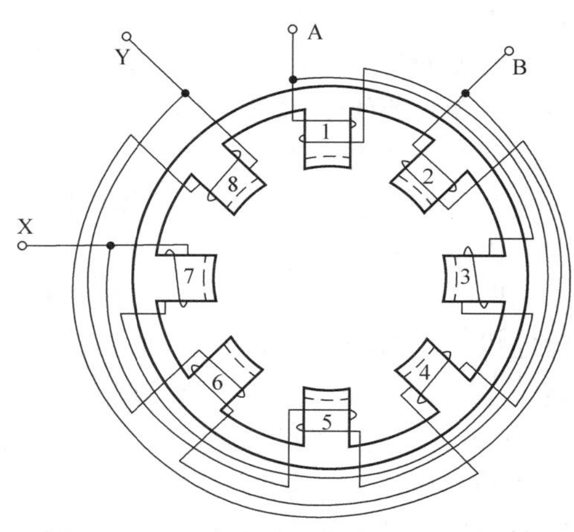

图 11-28　混合式步进电动机绕组接线图

转子中间为轴向磁化的环形永久磁铁，磁铁两端各套有一段转子铁心，转子铁心由整块钢加工或用硅钢片叠成，两段转子铁心上沿外圆周开有小齿，其齿距与定子小齿齿距相同，两端的转子铁心上的小齿彼此错过 1/2 齿距。定子、转子齿数的配合与单段反应式步进电动机相同。

混合式步进电动机作用在气隙上的磁动势有两个：一个是由永久磁钢产生的磁动势；另一个是由控制绕组电流产生的磁动势。这两个磁动势有时是相加的，有时是相减的，视控制绕组中的电流方向而定。这种步进电动机的特点是混入了永久磁钢的磁动势，故称为混合式步进电动机。

2. 两相混合式步进电动机的工作原理

由于定子同一个极的两端极性相同，转子两端极性相反，但错开半个齿距，所以当转子偏离平衡位置时，两端作用转矩的方向是一致的。在同一端，定子第一个极与第三个极的极性相反，转子同一端极性相同，但第一和第三极下定子、转子小齿的相对位置错开了半个齿距，所以作用转矩的方向也是一致的。当定子各相绕组按顺序通以正、负电脉冲时，转子每次将转过一个步距角 θ_s，其值为

$$\theta_s = \frac{360°}{2mZ_r}$$

式中　m——相数；

　　Z_r——转子齿数。

这种步进电动机也可以做成较小的步距角，因而也有较高的起动频率和运行频率；消耗的功率也较小；并具有定位转矩，兼有反应式和永磁式步进电动机两者的优点。但是它需要有正、负电脉冲供电，并且制造工艺比较复杂。

3. 两相混合式步进电动机常用的通电方式

（1）单四拍通电方式

每次只有一相控制绕组通电，四拍构成一个循环，两相控制绕组按 A—B—

(－A)—(－B)—A 的次序轮流通电。每拍转子转动 1/4 转子齿距，每转的步数为 $4Z_r$。

（2）双四拍通电方式

每次有两相控制绕组同时通电，四拍构成一个循环，两相控制绕组按 AB—B(－A)—(－A)(－B)—(－B)A—AB 的次序轮流通电。和单四拍相同，每拍转子转动 1/4 转子齿距，每转的步数为 $4Z_r$。但两者的空间定位不重合。

（3）单、双八拍通电方式

前面两种通电方式的循环拍数都等于四，称为满步通电方式。若通电循环拍数为八，称为半步通电方式，即按 A→AB→B→B(－A)→(－A)→(－A)(－B)→(－B)→(－B)A→A 的顺序轮流通电，每拍转子转动 1/8 转子齿距，每转的步数为 $8Z_r$。

（4）细分通电方式

若调整两相绕组中电流分配的比例和方向，使相应的合成转矩在空间可处于任意位置上，则循环拍数可为任意值，称为细分通电方式。实质上就是把步距角减小，如前面八拍通电方式已经将单四拍或双四拍细分了一半。**采用细分通电方式可使步进电动机的运行更平稳，定位分辨率更高，负载能力也有所增加，并且使其可作低速同步运行。**

11.5.8　步进电动机的主要性能指标

1. 最大静转矩 T_{max}

最大静转矩 T_{max} 是指在规定的通电相数下矩角特性上的转矩最大值。通常在技术数据中所规定的最大静转矩是指一相绕组通以额定电流时的最大转矩值。

2. 步距角 θ_s

步距角是指步进电动机在一个电脉冲作用下（即改变一次通电方式，通常又称一拍）转子所转过的角位移，也称为步距。步距角 θ_s 的大小与定子控制绕组的相数、转子的齿数和通电的方式有关。步距角的大小直接影响步进电动机的起动频率和运行频率。两台步进电动机的尺寸相同时，步距角小的步进电动机的起动频率、运行频率较高，但转速和输出功率不一定高。

3. 静态步距角误差 $\Delta\theta_s$

静态步距角误差 $\Delta\theta_s$ 是指实际步距角与理论步距角之间的差值，常用理论步距角的百分数或绝对值来表示。通常在空载情况下测定，$\Delta\theta_s$ 小意味着步进电动机的精度高。**步进电动机的精度由静态步距角误差来衡量。**因此，应尽量设法减小这一误差，以提高精度。

4. 起动频率 f_{st} 和起动频率特性

起动频率 f_{st} 是指步进电动机能够不失步起动的最高脉冲频率。技术数据中给出空载和负载起动频率。起动频率是一项重要的性能指标。

5. 运行频率 f_{ru} 和运行矩频特性

运行频率 f_{ru} 是指步进电动机起动后，控制脉冲频率连续上升而不失步的最高频率。通常在技术数据中也给出空载和负载运行频率，运行频率的高低与负载转矩的大小有关，所以又给出了运行矩频特性。

提高运行频率对于提高生产率和系统的快速性具有很大的实际意义。由于运行频率比起动频率高得多，所以在使用时，通常采用能自动升、降频控制电路，先在低频（不大于起动频率）下起动，然后再逐渐升频到工作频率，使电动机连续运行，升频时间在1s之内。

11.5.9 步进电动机的使用

1）根据需要的脉冲当量和可能的传动比决定步进电动机的步距角。

扫一扫看视频

2）根据负载需要的最大角速度和速度以及传动比，选择运行频率。

3）起动和停止的频率应考虑负载的转动惯量，大转动惯量的负载，起动和停止频率应选低一些。起动时先在低频下起动，然后再升到工作频率；停车时先把电动机从工作频率下降到低频再停止。

4）应尽量使工作过程中负载均称，避免由于负载突变而引起动态误差。

扫一扫看视频

5）采用强迫风冷的步进电动机，工作中冷却装置应正常运行。

6）发现步进电动机有失步现象时，应首先考虑是否超载，电源电压是否在规定范围内，指令安排是否合理。然后再检查驱动电源是否有故障，波形是否正常。在修理过程中，不宜随意更换元器件和改用其他规格的元器件代用。

11.5.10 步进电动机的常见故障及其排除方法

步进电动机的故障与一般电动机有共性也有特殊性。与一般电动机共性的故障如机壳带电、绝缘电阻降低等的排除方法可参考有关章节。步进电动机的常见故障及其排除方法，见表11-10。

表11-10 步进电动机的常见故障及其排除方法

常见故障	可能原因	排除方法
不能起动	1. 驱动电路的电参数没有达到样本的规定值，致使电动机出力下降	1. 需改进电路
	2. 遥控时距离较远，未考虑线路的电压降	2. 采取措施，减小线路电压降
	3. 电动机安装不合理，造成转子变形，使定子、转子相卡	3. 安装好后，可试用手旋动转子检查，应能自由转动
	4. 接线差错，即N、S的极性接错	4. 查出后，重新改接
	5. 电动机存放不善，造成定子、转子生锈卡住	5. 检修电动机，使其转动灵活
	6. 驱动电源有故障	6. 检查驱动电源，对症处理
	7. 电动机绕组匝间短路或接地	7. 查出短路或接地处，加强绝缘，或重新绕制
	8. 电动机绕组烧坏	8. 重新绕制
	9. 外电源电压降太大，致使电源电压过低	9. 查出原因，予以解决
	10. 没有脉冲控制信号	10. 检查控制电路

（续）

常见故障	可能原因	排除方法
严重发热	1. 说明书提供的性能一般是指三相六拍工作方式，如果使用时改为双三拍工作，则温升将很高 2. 为提高电动机的性能指标，采用了加高电压，或加大工作电流的办法 3. 电动机工作在高温和密闭的环境中，无法散热或散热条件非常差	1. 可降低参数指标使用或改选合适的步进电动机 2. 改变使用条件后，必须补做温升试验，证明无特高温升的才能使用 3. 加强散热通风，改善使用条件
绕组烧坏	1. 使用不慎，误将电动机接入市电工频电源 2. 高频电动机在高频下连续工作时间过长 3. 长期在温度较高的环境下运行，造成绕组绝缘老化 4. 线路已坏，致使电动机长期在高压下工作	1. 按照说明书，正确使用 2. 适当缩短连续工作时间 3. 改善使用条件，加强散热通风 4. 检修线路
噪声大	1. 电动机运行在低频或共振区 2. 纯惯性负载、短程序、正反转频繁 3. 磁路混合式或永磁式步进电动机的磁钢退磁 4. 永磁单向旋转步进电动机的定向机构已损坏	1. 消除齿轮间隙或其他间隙；采用尼龙齿轮；使用细分线路；使用阻尼器；降低电压，以降低出力 2. 可改长程序，并增加适当的摩擦阻尼以消振 3. 只需重新充磁即可改善 4. 检修定向机构
失步或多步	1. 负载过大，超过电动机的承载能力 2. 负载的转动惯量过大，则在起动时出现失步；而在停车时可能停不住 3. 由于转动间隙有大有小，因此失步数也有多有少 4. 传动间隙中的零件有弹性变形。如绳传动中，传动绳的材料弹性变形较大 5. 电动机工作在振荡失步区 6. 线路总清零使用不当 7. 定子、转子局部相擦	1. 更换大电动机 2. 减小负载的转动惯量，或采取逐步升频来加速起动，停车时采用逐步减速 3. 可采用机械消隙结构，或采用电子间隙补偿信号发生器，即当系统反向运转时，人为地多增加几个脉冲，用以补偿 4. 增加绳传动的张紧轮和张紧力，同时增大阻尼或提高传动零件的精度 5. 可用降低电压或增大阻尼的办法解决 6. 电动机执行程序的中途暂停时，不应再使用总清零 7. 查明原因，予以排除

（续）

常见故障	可能原因	排除方法
无力或出力下降	1. 驱动电源故障 2. 电源电压过低 3. 定子、转子间隙过大 4. 电动机输出轴有断裂隐伤 5. 电动机绕组内部接线有误	1. 检修驱动电源 2. 查明原因，予以排除 3. 更换转子 4. 检修电动机输出轴 5. 可用指南针来检查每相绕组产生的磁场方向，而接错的那一相指南针无法定位，应将其改接
	6. 电动机绕组线头脱落、短路或接地	6. 查出故障点，并修复或重新绕制

11.6 单相串励电动机

11.6.1 单相串励电动机的用途与特点

1. 单相串励电动机的用途

单相串励电动机又称单相串激电动机，是一种交直流两用的有换向器的电动机。

单相串励电动机主要用于要求转速高、体积小、重量轻、起动转矩大和对调速性能要求高的小功率电气设备中。例如电动工具、家用电器、小型机床、化工、医疗器械等。

单相串励电动机常常和电动工具等制成一体，如电锤、电钻、电动扳手等。

2. 单相串励电动机的优点

1）转速高、体积小、重量轻。单相串励电动机的转速不受电动机的极数和电源频率的限制。

2）调速方便。改变输入电压的大小，即可调节单相串励电动机的转速。

3）起动转矩大、过载能力强。

3. 单相串励电动机的主要缺点

1）换向困难，电刷容易产生火花。

2）结构复杂，成本较高。

3）噪声较大，运行可靠性较差。

11.6.2 单相串励电动机的基本结构

单相串励电动机主要由定子、电枢、换向器、电刷、刷架、机壳、轴承等几部分组成。其结构与一般小型直流电动机相似。

1）定子：定子由定子铁心和励磁绕组（原称激磁绕组）组成，如图 11-29 所示。定子铁心用 0.5mm 厚的硅钢片冲制的凸极形冲片叠压而成，如图 11-29a 所示。励磁绕组是用高强度漆包线绕制成的集中绕组，如图 11-29b 所示。

2）电枢（转子）：电枢是单相串励电动机的转动部分，它由转轴、电枢铁心、电枢绕组和换向器等组成，如图 11-30 所示。

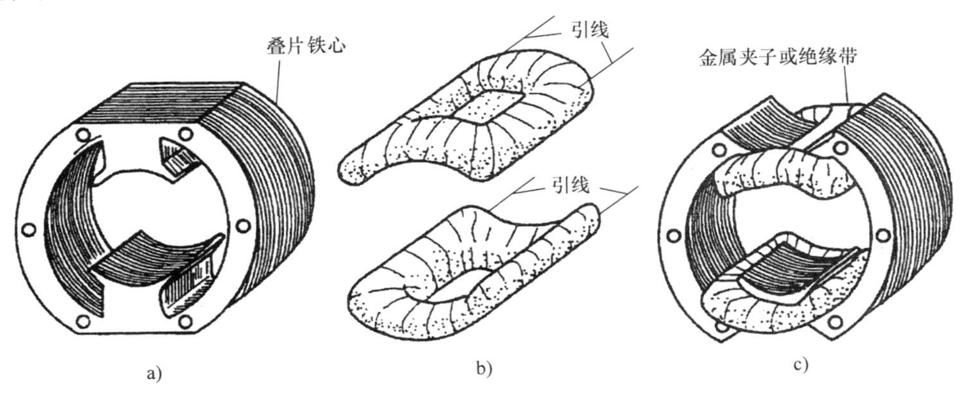

图 11-29　单相串励电动机的定子结构

a）定子铁心　b）励磁绕组　c）定子结构图

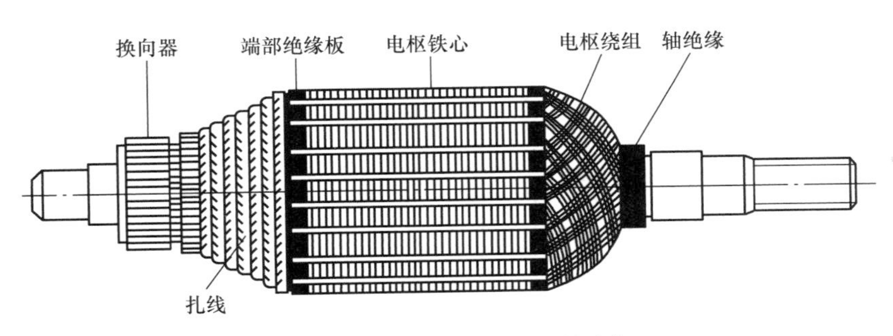

图 11-30　单相串励电动机的电枢

电枢铁心由 0.35 ~0.5mm 厚的硅钢片叠压而成，铁心表面开有很多槽，用以嵌放电枢绕组。电枢绕组由许多单元绕组（又称元件）构成。每个单元绕组的首端和尾端都有引出线，单元绕组的引出线与换向片按一定的规律连接，从而使电枢绕组构成闭合回路。

3）电刷架和换向器：单相串励电动机的电刷架一般由刷握和弹簧等组成。刷握按其结构形式可分为管式和盒式两大类。刷握的作用是保证电刷在换向器上有准确的位置，从而保证电刷与换向器的接触全面且紧密。换向器是由许多换向片组成的，各个换向片之间都要彼此绝缘。

11.6.3　单相串励电动机的工作原理

单相串励电动机的工作原理如图 11-31 所示。由于其励磁绕组与电枢绕组是串联的，所以当接入交流电源时，励磁绕组和电枢绕组中的电流随着电源电流的交变而同时改变方向。

当电流为正半波时，流经励磁绕组电流产生的磁场与电枢绕组中的电流相互作用，使电枢导体受到电磁力，根据左手定则可以判定，电枢绕组所受电磁转矩为逆

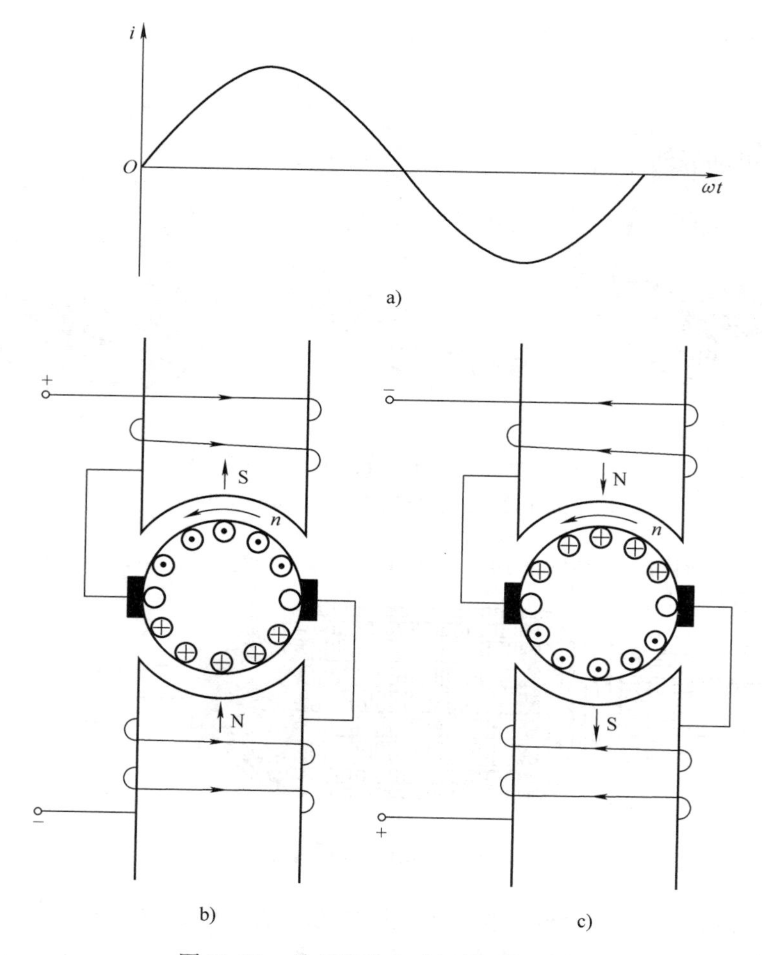

图 11-31　单相串励电动机的工作原理

a）交流电流变化曲线　b）当电流为正半波时，转子的旋转方向

c）当电流为负半波时，转子的旋转方向

时针方向。因此，电枢逆时针方向旋转，如图 11-31b 所示。

当电流为负半波时，励磁绕组中的电流和电枢绕组中的电流同时改变方向，如图 11-31c 所示。同样应用左手定则，可以判断出电动机电枢的旋转方向仍为逆时针方向。显然当电源极性周期性地变化时，电枢总是朝一个方向旋转，所以单相串励电动机可以在交、直流两种电源上使用。

在实际应用中，**如果需要改变单相串励电动机的转向，只需将励磁绕组（或电枢绕组）的首尾端调换一下即可。**

单相串励电动机的基本结构与一般小型直流电动机相似。但是，单相串励电动机和串励直流电动机比较，具有以下特点：

1）单相串励电动机的主极磁通是交变的，它将在主极铁心中引起很大的铁耗，使电动机效率降低、温升提高。为此，单相串励电动机的主极铁心以及整个磁路系统均需用硅钢片叠成，其定子结构如图11-29所示。

2）由于单相串励电动机的主极磁通是交变的，所以在换向元件中除了电抗电动势和旋转电动势外，还将增加一个变压器电动势，从而使其换向比直流电动机更困难。

3）由于单相串励电动机主极磁通是交变的，**为了减小励磁绕组的电抗以改善功率因数，应减少励磁绕组的匝数，这时为了保持一定的主磁通，应尽可能采用较小的气隙。**

4）为了减小电枢绕组的电抗以改善功率因数，除电动工具用的小容量电动机外，单相串励电动机一般都在主极铁心上装置补偿绕组，以抵消电枢反应。

11.6.4　单相串励电动机的使用与维护

1. 单相串励电动机使用前的准备及检查

1）清扫电动机内部及换向器表面的灰尘、电刷粉末及污物等。

2）检查电动机的绝缘电阻，对于额定电压为500V以下的电动机，若绝缘电阻低于0.5MΩ时，需进行烘干后方能使用。

3）检查换向器表面是否光洁，如发现有机械损伤、火花灼痕或换向片间云母凸出等，应对换向器进行保养。

4）检查电刷边缘是否碎裂、刷辫是否完整，有无断裂或断股情况，电刷是否磨损到最短长度。

5）检查电刷在刷握内有无卡涩或摆动情况、弹簧压力是否合适，各电刷的压力是否均匀。

6）检查各部件的螺钉是否紧固。

7）检查各操作机构是否灵活，位置是否正确。

2. 单相串励电动机运行中的维护

1）注意电动机声音是否正常，定子、转子之间是否有摩擦。检查轴承或轴瓦有无异声。

2）经常测量电动机的电流和电压，注意不要过载。

3）检查各部分的温度是否正常，并重点检查主电路的连接点、换向器、电刷刷辫、刷握及绝缘体等有无过热变色和绝缘枯焦等现象。

4）检查换向器表面的氧化膜颜色是否正常，电刷与换向器间有无火花，换向器表面有无碳粉和油垢积聚，刷架和刷握上是否有积灰。

5）检查各部分的振动情况，及时发现异常现象，消除设备隐患。

6）检查电动机通风散热情况是否正常，通风道有无堵塞不畅情况。

11.6.5　单相串励电动机的常见故障及其排除方法

单相串励电动机的常见故障及其排除方法见表11-11。

表 11-11 单相串励电动机的常见故障及其排除方法

常见故障	可能原因	排除方法
电路不通，电动机不能起动	1. 熔丝熔断 2. 电源断线或接头松脱 3. 电刷与换向器接触不良 4. 励磁绕组或电枢绕组断路 5. 开关损坏或接触不良	1. 更换同规格的熔丝 2. 将断线处重新焊接好，或紧固接头 3. 调整电刷压力或更换电刷 4. 查出断路处，接通断点或重绕 5. 修理开关或更换
电路通，但电动机空载时也不能起动	1. 电枢绕组或励磁绕组短路 2. 换向片之间严重短路 3. 电刷不在中性线位置 4. 轴承过紧，导致电枢被卡	1. 查出短路处，予以修复或重绕 2. 更换换向片之间的绝缘材料和更换换向器 3. 调整电刷位置 4. 更换轴承
电动机空载时能启动，但加负载后不能起动	1. 电源电压过低 2. 励磁绕组或电枢绕组受潮，有轻微的短路 3. 电刷不在中性线位置	1. 调整电源电压 2. 烘干绕组或重绕 3. 调整电刷，使之位于中性线位置
电刷冒火花	1. 电刷太短或弹簧压力不足 2. 电刷或换向器表面有污物 3. 电刷含杂质过多 4. 电刷端面与换向器表面不吻合 5. 换向器表面凹凸不平 6. 换向片之间的云母片突出 7. 电枢绕组或励磁绕组短路 8. 电枢绕组或励磁绕组接地 9. 电刷不在中性线位置 10. 换向片间短路 11. 换向片或刷握接地 12. 电枢各单元绕组有接反的	1. 更换电刷或调整弹簧压力 2. 清除污物 3. 更换电刷 4. 用细砂纸修磨电刷端面 5. 修磨换向器表面 6. 用小刀片或锯条刻除突出的云母片 7. 查出短路处，进行修复或重绕 8. 查出接地处，进行修复或重绕 9. 调整电刷位置 10. 重新进行绝缘处理 11. 加强绝缘或更换新品 12. 查出接错处，并且予以纠正
励磁绕组发热	1. 电动机负载过重 2. 励磁绕组受潮 3. 励磁绕组有少部分线圈短路	1. 适当减轻负载 2. 烘干励磁绕组 3. 重绕励磁绕组
电枢绕组发热	1. 电枢单元绕组有接反的 2. 电枢绕组有少数单元绕组短路 3. 电枢绕组中有少数单元绕组断路 4. 电动机负载过重 5. 电枢绕组受潮 6. 电枢铁心与定子铁心摩擦	1. 找出接反的单元绕组，并改接正确 2. 可去掉短路的单元绕组，不让其通过电流，或重绕电枢绕组 3. 查出断路处，予以修复或重绕 4. 适当减轻负载 5. 烘干电枢绕组 6. 更换轴承或校直转轴

（续）

常见故障	可能原因	排除方法
轴承过热	1. 电动机装配不当，使轴承受有外力 2. 轴承内无润滑油 3. 轴承的润滑油内有铁屑或其他脏物 4. 转轴弯曲使轴承受有外界应力 5. 传动带过紧	1. 重新进行装配，拧紧螺钉，合严止口 2. 适当加入润滑油 3. 用汽油清洗轴承，适当加入新润滑油 4. 校直转轴 5. 适当放松传动带
电动机转速太低	1. 电源电压过低 2. 电动机负载过重 3. 轴承过紧或轴承严重损坏 4. 轴承内有杂质 5. 电枢绕组短路 6. 换向片间短路 7. 电刷不在中性线位置	1. 调整电源电压 2. 适当减轻负载 3. 更换新轴承 4. 清洗轴承或更换轴承 5. 重绕电枢绕组 6. 重新进行绝缘处理或更换换向器 7. 调整电刷位置
电动机转速太高	1. 电动机负载过轻 2. 电源电压过高 3. 励磁绕组短路 4. 单元绕组与换向片的连接有误	1. 适当增加负载 2. 调整电源电压 3. 重绕励磁绕组 4. 查出故障所在，并予以改正
反向旋转时火花大	1. 电刷位置不对 2. 电刷分布不均匀 3. 单元绕组与换向片的焊接位置不对	1. 调整电刷位置 2. 调整电刷位置，使电刷均匀分布 3. 应将电刷移到不产生火花的位置，或重新焊接
电动机运行中产生剧烈振动或异常噪声	1. 电动机基础不平或固定不牢 2. 转轴弯曲，造成电动机电枢偏心 3. 电枢或带轮不平衡 4. 电枢上零件松动 5. 轴承严重磨损 6. 电枢铁心与定子铁心相互摩擦 7. 换向片凹凸不平 8. 换向片间云母突出 9. 电刷太硬 10. 电刷压力太大 11. 电刷尺寸不符合要求	1. 校正基础板，拧紧底脚螺钉，紧固电动机 2. 校正电动机转轴 3. 校平衡或更换新品 4. 紧固电枢上的零件 5. 更换轴承 6. 查明原因，予以排除 7. 修磨换向器 8. 用小刀或锯条剔除突出的换向片 9. 换用较软的电刷 10. 调整弹簧压力 11. 更换合适的电刷
绝缘电阻降低	1. 电枢绕组或励磁绕组受潮 2. 绕组上灰尘、油污太多 3. 引出线绝缘损坏 4. 电动机过热后，绝缘老化	1. 进行烘干处理 2. 清除灰尘、油污后，进行浸渍处理 3. 重新包扎引出线 4. 根据绝缘老化程度，予以修复或重新浸渍

（续）

常见故障	可能原因	排除方法
机壳带电	1. 电源线接地 2. 刷握接地 3. 励磁绕组接地 4. 电枢绕组接地 5. 换向器接地	1. 修复或更换电源线 2. 加强绝缘或更换刷握 3. 查出接地点，重新加强绝缘或重绕励磁绕组 4. 查出接地点，重新加强绝缘，接地严重时，应重绕电枢绕组 5. 加强换向片与转轴之间的绝缘或更换新换向器

11.7　无刷直流电动机

11.7.1　无刷直流电动机概述

与交流电动机相比，直流电动机具有运行效率高和调速性能好等优点。但传统的直流电动机采用电刷－换向器结构，以实现机械换向，因此不可避免地存在噪声、火花、无线电干扰以及寿命短等弱点，再加上制造成本高及维修困难等缺点，大大限制了其应用范围。

无刷直流电动机是随着电子技术发展而出现的新型机电一体化电动机。它是现代电子技术（包括电力电子、微电子技术）、控制理论和电机技术相结合的产物。无刷直流电动机采用半导体功率开关器件（晶体管、MOSFET、IGBT 等），用霍尔元件、光敏元件等位置传感器代替有刷直流电动机的换向器和电刷，以电子换向代替机械换向，从而提高了可靠性。

无刷直流电动机的外特性和普通直流电动机相似。无刷直流电动机具有良好的调速性能，主要表现为调速方便、调速范围宽、起动转矩大、低速性能好、运行平稳、效率高。因此，从工业到民用领域应用非常广泛。

无刷直流电动机是由电动机本体、位置检测器、逆变器和控制器组成的电动机，如图 11-32 所示。位置检测器检测转子磁极的位置信号，控制器对转子位置信号进行逻辑处理并产生相应的开关信号，开关信号以一定的顺序触发逆变器中的功

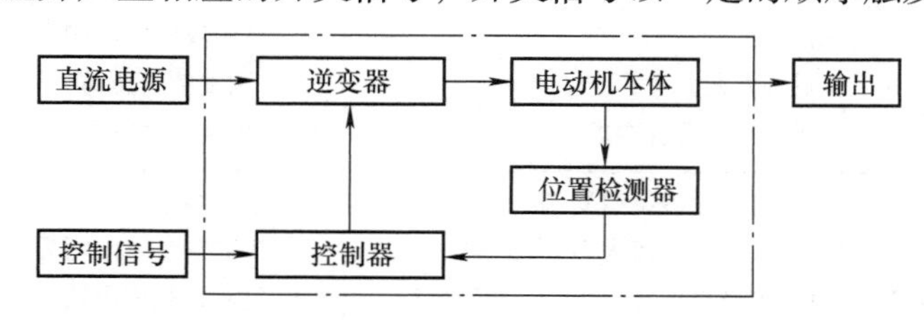

图 11-32　无刷直流电动机系统的组成

率开关器件，将电源功率以一定的逻辑关系分配给电动机定子各相绕组，使电动机产生连续转矩。

11.7.2　无刷直流电动机的特点与分类

1. 无刷直流电动机的特点

与有刷直流电动机相比较，无刷直流电动机具有以下特点：

1）经电子控制获得类似直流电动机的运行特性，有较好的可控性和较宽的调速范围。

2）需要转子位置反馈信息和电子多相逆变驱动器。

3）由于没有电刷和换向器的火花、磨损问题，可工作于高速，具有较高的可靠性，寿命长，无须经常维护，机械噪声低，无线电干扰小，可工作于真空、不良介质环境。

4）转子无损耗和发热，有较高的效率。

5）必须有电子控制部分，总成本比普通直流电动机的成本高。

6）与电子电路结合，有更大的使用灵活性（比如利用小功率逻辑控制信号可控制电动机的起动、停止、正反转），适用于数字控制，易于与微处理器和微型计算机连接。

2. 无刷直流电动机的分类

无刷直流电动机分类如下：

1）按气隙磁场波形分，无刷直流电动机有方波磁场和正弦波磁场。方波磁场电动机绕组中的电流也是方波；正弦波磁场电动机绕组中电流也是正弦波。**方波磁场电动机比相同有效材料的正弦波磁场电动机的输出功率大 10% 以上。**由于方波电动机的转子位置检测和控制更简单，因而成本也低。但是**方波磁场电动机的转矩脉动比正弦波磁场电动机的大，**对于要求调速比在 100 以上的无刷直流电动机，不适于用方波磁场电动机。本节主要介绍的是方波磁场无刷直流电动机。

2）按结构分，无刷直流电动机有柱形和盘式之分。柱形电动机为径向气隙，盘式电动机为轴向磁场。无刷直流电动机可以做成有槽的，也可以做成无槽的，目前柱形、有槽电动机比较普遍。

11.7.3　无刷直流电动机的基本结构

无刷直流电动机的结构原理如图 11-33 所示。它主要由电动机本体、位置传感器和电子开关电路三部分组成。无刷直流电动机在结构上是一台反装的普通直流电动机。它的电枢放置在定子上，永磁磁极位于转子上，与旋转磁极式同步电机相似。其电枢绕组为多相绕组，各相绕组分别与晶体管开关电路中的功率开关元件相连接。其中 A 相与晶体管 V1、B 相与 V2、C 相与 V3 相接。通过转子位置传感器，使晶体管的导通和截止完全由转子的位置角所决定，而电枢绕组的电流将随着转子位置的改变按一定的顺序进行换流，实现无接触式的电子换向。

无刷直流电动机本体在结构上与经典交流永磁同步电动机相似，但没有笼型绕组和其他起动装置。图 11-34 给出了典型无刷直流电动机本体基本结构。其定子绕组一般制成多相（三相、四相、五相等）；转子上镶有永久磁铁，永磁体按一定极对数（$2p=2$、4…）排列组成；由于运行的需要，还要有转子位置传感器。位置传感器检测出转子磁场轴线和定子相绕组轴线的相对位置，决定各个时刻各相绕组的通电状态，即决定电子驱动器多路输出开关的通/断状态，从而接通/断开电动机相应的相绕组。因此，无刷直流电动机可看成是由专门的电子逆变器驱动的有位置传感器反馈控制的交流同步电动机。

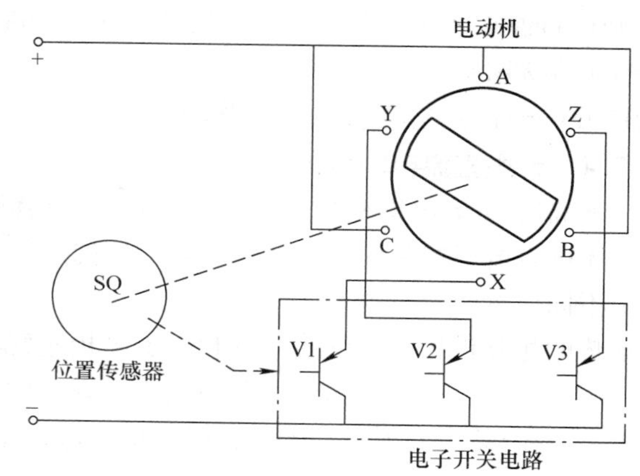

图 11-33　无刷直流电动机结构原理图

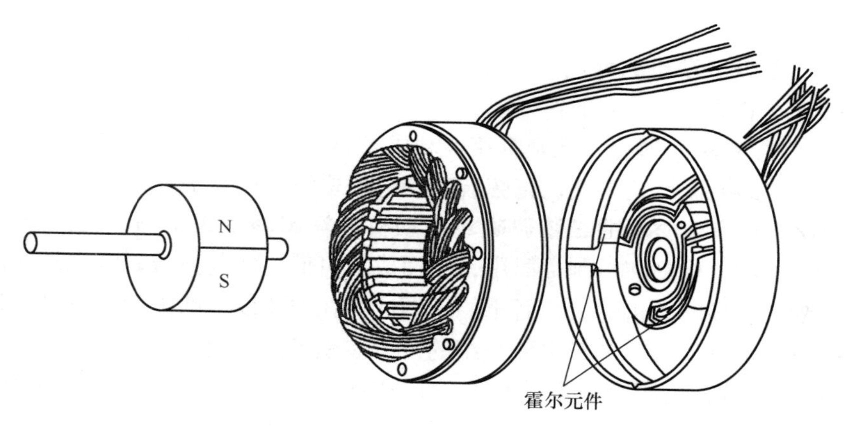

图 11-34　无刷直流电动机基本结构

无刷直流电动机中设有位置传感器，它的作用是检测转子磁场相对于定子绕组的位置，并在确定的位置处发出信号控制晶体管元件，使定子绕组中电流换向。位置传感器有多种不同的结构形式，如光电式、电磁式、接近开关式和磁敏元件（霍尔元件）式等。位置传感器发出的电信号一般都较弱，需要经过放大才能去控制晶体管。

直流无刷电动机的电子开关电路用来控制电动机定子上各相绕组通电的顺序和时间，主要由功率逻辑开关单元和位置传感器信号处理单元两个部分组成。功率逻辑开关单元是控制电路的核心，其功能是将电源的功率以一定逻辑关系分配给直流无刷电动机定子上各相绕组，以便使电动机产生持续不断的转矩。而各相绕组导通的顺序和时间，主要取决于来自位置传感器的信号。但位置传感器所产生的信号一般不能直接用来控制功率逻辑开关单元，往往需要经过一定逻辑处理后才能去控制逻辑开关单元。

11.7.4　无刷直流电动机的工作原理

下面以一台采用晶体管开关电路进行换流的两极三相绕组、带有光电位置传感器的无刷直流电动机为例，说明转矩产生的基本原理。图 11-35 表示电动机转子在几个不同位置时定子电枢绕组的通电状况。下面将通过电枢绕组磁动势和转子绕组磁动势的相互作用，来分析无刷直流电动机转矩的产生。

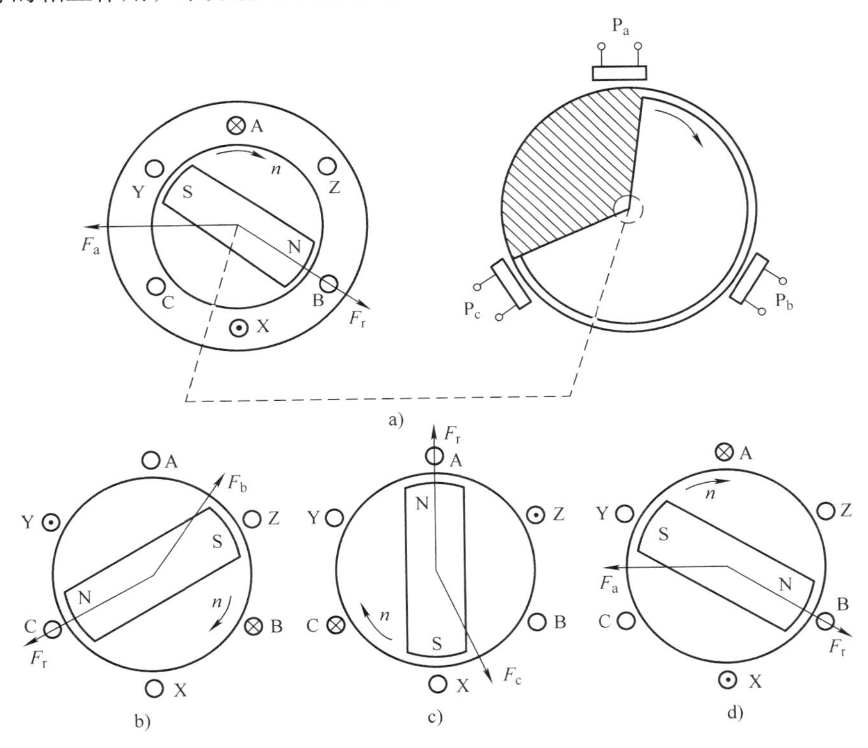

图 11-35　电枢磁动势和转子磁动势之间的相互关系

1）当电动机转子处于图 11-35a 所示瞬间，光源照射到光电池 P_a上，便有电压信号输出，其余两个光电池 P_b、P_c则无输出电压，由 P_a 的输出电压放大后使晶体管 V1 开始导通（见图 11-33），而晶体管 V2、V3 截止。这时，电枢绕组 AX 有电流通过，电枢磁动势 F_a 的方向如图 11-35a 所示。电枢磁动势 F_a 和转子磁动势 F_r 相互作用便产生转矩，使转子沿顺时针方向旋转。

2）当电动机转子在空间转过 2π/3 电角度时，光屏蔽罩也转过同样角度，从而使光电池 P_b开始有电压信号输出，其余两个光电池 P_a、P_c则无输出电压。P_b输出电压放大后使晶体管 V_2开始导通（见图 11-33），晶体管 V1、V3 截止。这时，电枢绕组 BY 有电流通过，电枢磁动势 F_b 的方向如图 11-35b 所示。电枢磁动势 F_b 和转子磁动势 F_r 相互作用所产生的转矩，使转子继续沿顺时针方向旋转。

3）当电动机转子在空间转过 4π/3 电角度时，光电池 P_c 使晶体管 V3 开始导通，V1、V2 截止，相应电枢绕组 CZ 有电流通过，电枢磁动势 F_c 的方向如图 11-35c所示。电枢磁动势 F_c 与转子磁动势 F_r 相互作用所产生的转矩，仍使转子沿顺时针方向旋转。

当电动机转子继续转过 2π/3 电角度时，又回到原来起始位置。这时通过位置传感器，重复上述的电流换向情况。如此循环进行，无刷直流电动机在电枢磁动势和转子磁动势的相互作用下产生转矩，并使电动机转子按一定的方向旋转。

从上述例子的分析可以看出，在这种晶体管开关电路电流换向的无刷直流电动机中，当转子转过 2π 电角度，定子绕组共有 3 个通电状态。每一状态仅有一相导通，而其他两相截止，其持续时间应为转子转过 2π/3 电角度所对应的时间。

11.7.5 无刷直流电动机的使用注意事项

1）使用前，应仔细阅读所用的无刷直流电动机及其驱动电路的有关说明，按要求进行接线。主电源极性不可反接，控制信号电平应符合要求。

2）除非熟悉无刷直流电动机的控制技术，一般建议采用电动机生产厂商配套的换向电路和控制电路。

3）**改变无刷直流电动机的转向时，应同时改变主绕组相序和位置传感器引线相序。**

4）无刷直流电动机在出厂时转子位置传感器的位置已调好，用户非必要时不要调整。电动机若需进行维修装卸，应注意电动机定子铁心与位置传感器之间的几何位置，装卸前后应能保证相对关系不变。

5）无刷直流电动机修理后，将主电路接某一较低电压，监视总电流，微调位置传感器的位置，使该电流调到尽可能小。

6）若电动机转子采用的是铝镍钴永磁材料，修理时不宜将转子从定子铁心内孔中抽出，否则会引起不可恢复的失磁。

7）对于高速无刷直流电动机，应按说明书的要求定时给轴承加规定的润滑油脂或定时更换同规格的轴承。

11.8 永磁电机

11.8.1 永磁电机概述

众所周知，电机是以磁场为媒介进行机电能量转换的电磁装置。为了在电机内建立进行机电能量转换所必需的气隙磁场，可以有两种方法。一种是在电机绕组内通以电流产生磁场，称为电励磁电机，例如普通的直流电机和同步电机。这种电励磁的电机既需要有专门的绕组和相应的装置，又需要不断地供给能量以维持电流流动。另一种是由永磁体来产生磁场。由于永磁材料的固有特性，它经过预先磁化

（充磁）以后，不再需要外加能量，就能在其周围空间建立磁场，这样既可以简化电机的结构，又可节约能量。

与传统的电励磁电机相比较，永磁电机（特别是稀土永磁电机）具有结构简单、运行可靠、体积小、质量轻、损耗少、效率高等显著优点。因而应用范围非常广泛，几乎遍及航空航天、国防、工农业生产和日常生活的各个领域。

11.8.2　永磁直流电动机

1. 永磁直流电动机的特点及用途

永磁直流电动机是由永磁体建立励磁磁场的直流电动机。它除了具有一般电磁式直流电动机所具备的良好的机械特性和调节特性以及调速范围宽和便于控制等特点外，还具有体积小、效率高、结构简单等优点。

永磁直流电动机的应用领域十分广泛。近年来由于高性能、低成本的永磁材料的大量出现，价廉的铁氧体永磁材料和高性能的钕铁硼永磁材料的广泛应用，使永磁直流电动机出现了前所未有的发展。特别是随着钕铁硼等高性能永磁材料的发展，永磁直流电动机已从微型向小型发展。

永磁直流电动机在家用电器、办公设备、医疗器械、电动自行车、摩托车、汽车用各种电动机等和在要求良好动态性能的精密速度和位置驱动的系统（如录像机、磁带记录仪、精密机械、直流伺服、计算机外部设备等）以及航空航天等国防领域中都有大量的应用。特别是家用电器、生活器具以及电动玩具用的铁氧体永磁直流电动机，其产量是无以类比的。

2. 永磁直流电动机的分类

永磁直流电动机的种类很多，分类方法也多种多样。一般按用途可分为驱动用和控制用；按运动方式和结构特点又可分为旋转式和直线式，其中旋转式包括有槽结构和无槽结构。有槽结构包括永磁直流电动机和永磁直流力矩电动机；无槽结构包括有铁心的无槽电枢永磁直流电动机和无铁心的空心杯电枢永磁直流电动机、印制绕组永磁直流电动机及线绕盘式电枢永磁直流电动机等。

3. 永磁直流电动机的结构

永磁直流电动机由永磁磁极、电枢、换向器、电刷、机壳、端盖、轴承等组成，其基本结构如图 11-36 所示。这种电动机的工作原理、基本方程和性能与传统的直流电动机相同，只是主磁通由永磁体产生，因而不能人为调节。永磁直流电动机仍然装有换向器和电刷，使维护工作量加大，并使电动机的最高转速受到一定限制。

4. 永磁直流电动机的机械特性与调节特性

（1）机械特性

当电动机的端电压恒定（U 为常数）时，电动机的转速 n 随电磁转矩 T_e 变化的关系曲线 $n=f(T_e)$，称为永磁直流电动机的机械特性，如图 11-37 所示。通常也将电动机的机械特性表示成电动机的转速 n 与输出转矩 T_2 之间的关系曲线。

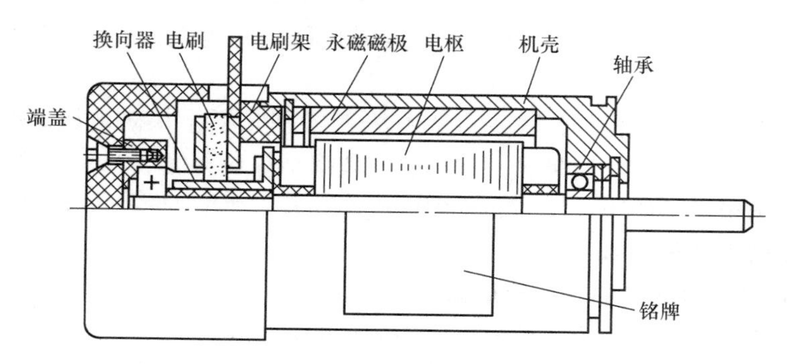

图 11-36 永磁直流电动机结构图

在一定温度下，普通永磁直流电动机的磁通基本上不随负载而变化，这与并励直流电动机相同，故转速随负载转矩的而稍微下降。对应于不同的电动机端电压 U，永磁直流电动机的机械特性曲线 $n=f(T_e)$ 为一组平行直线。

（2）调节特性

当电磁转矩恒定（T_e 为常数）时，电动机的转速 n 随电压 U 变化的关系 $n=f(U)$，称为永磁直流电动机的调节特性，如图 11-38 所示。

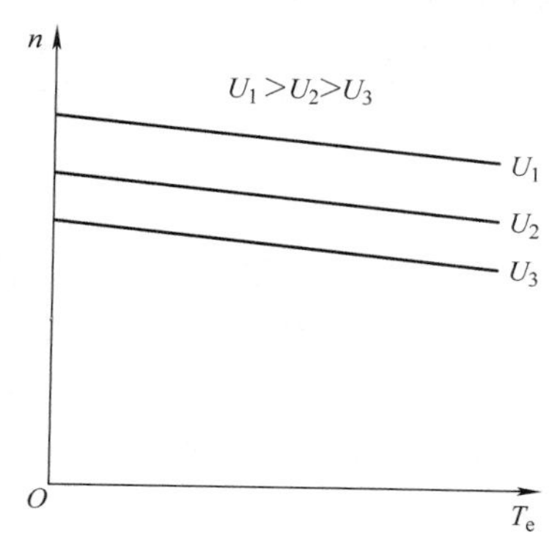

图 11-37 永磁直流电动机的机械特性

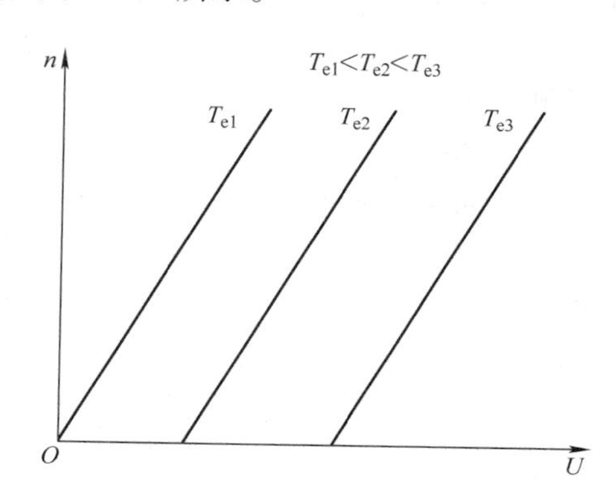

图 11-38 永磁直流电动机的调节特性

在一定温度下，普通永磁直流电动机的调节特性斜率为常数，故对应不同的 T_e 值，调节特性是一组平行线。调节特性与横轴的交点，表示在某一电磁转矩（如略去电动机的空载转矩，即为负载转矩）时，电动机的始动电压。在转矩一定时，电动机的电压大于相应的始动电压，电动机便能起动并达到某一转速；否则，电动机就不能起动。因此，调节特性曲线的横坐标从原点到始动电压点这一段所示的范围，称为在某一电磁转矩时永磁直流电动机的失灵区。

11.8.3 永磁同步电动机

1. 永磁同步电动机的特点

由电机原理可知，同步电动机的转速 n 与供电频率之间具有恒定不变关系，即

$$n = n_s = \frac{60f}{p}$$

永磁同步电动机的运行原理与电励磁同步电动机完全相同，都是基于定子、转子磁动势相互作用，并保持相对静止获得恒定的电磁转矩。其定子绕组与普通交流电动机定子绕组完全相同，但其转子励磁由永磁体提供，使电动机结构较为简单，省去了励磁绕组及集电环和电刷，提高了电动机运行的可靠性，又因无须励磁电流，不存在励磁损耗，提高了电动机的效率。

永磁同步电动机与异步电动机、电励磁式同步电动机相比较，具有以下特点：

（1）永磁同步电动机与笼型异步电动机相比较

1）转速与频率成正比。异步电动机的转速略低于电动机的同步转速，其转速随负载的增加或减小而有所波动，转速不太稳定；**永磁同步电动机的转速与频率严格成正比，电源频率一定时，电动机的转速恒定，与负载的变化无关，这一特点非常适合于转速恒定和精确同步的驱动系统中，**如纺织化纤、轧钢、玻璃等机械设备。

2）效率高节能。因为异步电动机有转差，所以有转差损耗；永磁同步电动机无转差，转子上没有基波铁损耗；永磁同步电动机为双边励磁，且主要是转子永磁体励磁，其功率因数可高达 1；功率因数高，一方面节约无功功率，另一方面也使定子电流下降，定子铜耗减少，效率提高。

3）与异步电动机相比，永磁同步电动机结构复杂、成本较高。

（2）永磁同步电动机与电励磁式同步电动机相比较

1）电励磁式同步电动机有电刷、集电环和励磁绕组，需要励磁电流，有励磁损耗；永磁同步电动机无须电流励磁，不设电刷和集电环，无励磁损耗，无电刷和集电环之间的摩擦损耗和接触电损耗。因此，永磁同步电动机的效率比电励磁式同步电动机要高，且结构简单，可靠性高。

2）电励磁式同步电动机的转子有凸极和隐极两种结构形式；永磁同步电动机转子结构多样，结构灵活，而且不同的转子结构往往带来自身性能上的特点，故永磁同步电动机可根据需要选择不同的转子结构型式。

3）永磁同步电动机在一定功率范围内，可以比电励磁式同步电动机具有更小的体积和重量。

2. 永磁同步电动机的类型

永磁同步电动机分类方法比较多，常用的分类方法有以下几种：

1）按主磁场方向的不同，可分为径向磁场式和轴向磁场式。

2）按电枢绕组的位置不同，可分为内转子式（常规式）和外转子式。

3）按转子上有无绕组，可分为无起动绕组的电动机和有起动绕组的电动机。

无起动绕组的永磁同步电动机用于变频器供电的场合，利用频率的逐步升高而起动，并随着频率的改变而调节转速，常称为调速永磁同步电动机；有起动绕组的永磁同步电动机既可用于调速运行，又可在某一频率和电压下，利用起动绕组所产生的异步转矩起动，常称为异步起动永磁同步电动机。

4）按供电电流波形的不同，可分为矩形波永磁同步电动机（简称无刷直流电动机）和正弦波永磁同步电动机（简称永磁同步电动机）。

永磁同步电动机起动时，常采用异步起动或磁滞起动方式。异步起动永磁同步电动机用于频率可调的传动系统时，形成一台具有阻尼（起动）绕组的调速永磁同步电动机。

3. 永磁同步电动机的基本结构

永磁同步电动机的定子与电励磁同步电动机的定子相同，定子绕组采用对称三相短距、分布绕组，只是转子上用永磁体取代了直流励磁绕组和主磁极，永磁同步电动机的结构如图 11-39 所示，永磁同步电动机横截面示意图如图 11-40 所示。

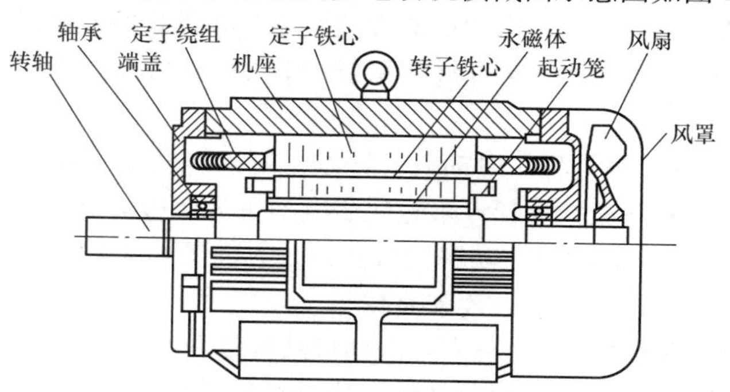

图 11-39　永磁同步电动机的结构

4. 永磁同步电动机的异步起动

异步起动永磁同步电动机是电动机的转子上除装设永磁体外，还装有笼型起动绕组，如图 11-41 所示。

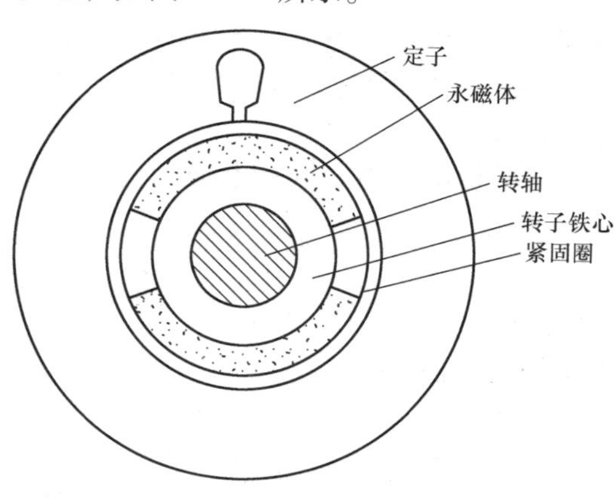

图 11-40　永磁同步电动机横截面示意图

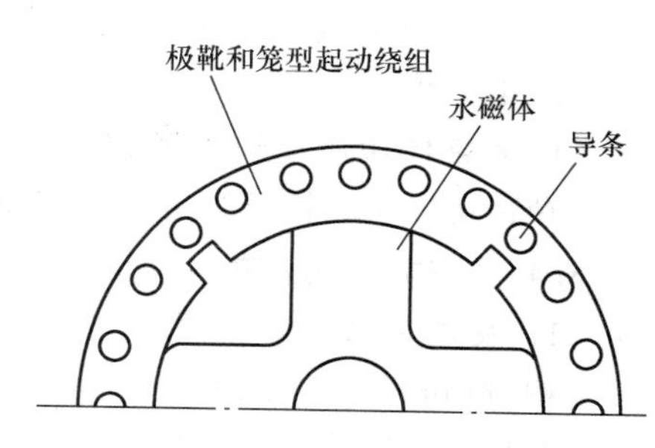

图 11-41　永磁同步电动机转子上的起动绕组

起动时，电网输入定子的三相电流将在气隙中产生一个以同步转速 n_s 旋转的磁动势和磁场，此旋转磁场与笼型绕组中的感应电流相互作用，将产生一个驱动性质的异步电磁转矩 T_M。另一方面，转子旋转时，永磁体在气隙内将形成另一个转速为 $(1-s)n_s$ 的旋转磁场，并在定子绕组内感应一组频率为 $f=(1-s)f_1$ 的电动势，这组电动势经过电网短路并产生一组三相电流；这组电流与永久磁体的磁场相作用，在转子上产生一个制动性质的电磁转矩 T_G，此情况与同步发电机三相稳态短路时类似。起动时的合成电磁转矩 T_e 是 T_M 和 T_G 的叠加，如图 11-42 所示，在 T_e 的作用下，电动机将起动。

5. 永磁同步电动机的磁滞起动

采用磁滞起动的永磁同步电动机的转子由永磁体和磁滞材料做成的磁滞环组合而成，如图 11-43 所示。

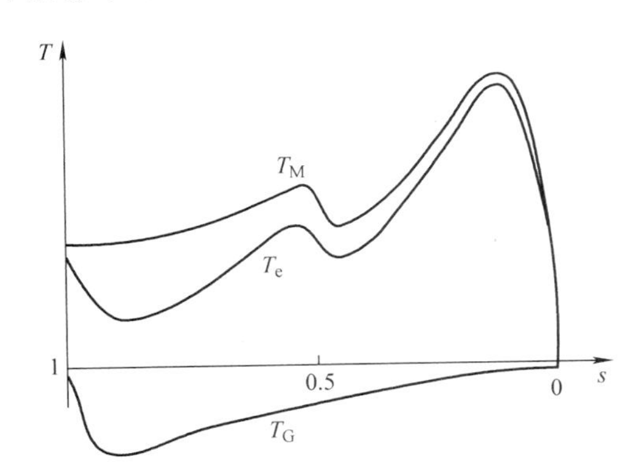

图 11-42　永磁同步电动机起动过程中的平均电磁转矩

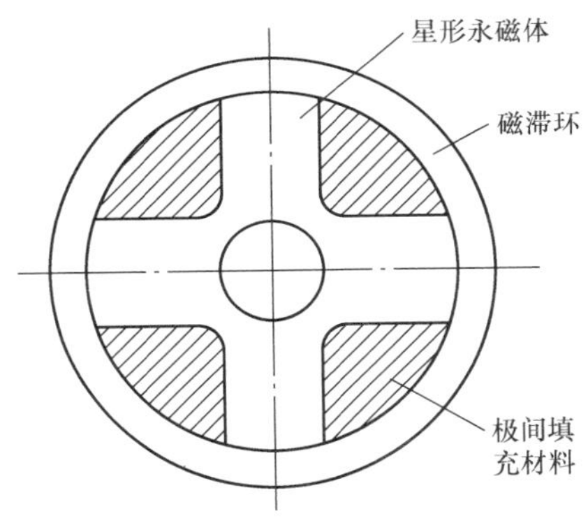

图 11-43　采用磁滞起动的永磁同步电动机的转子

当定子绕组通入三相交流电流产生气隙旋转磁场，使转子上的磁滞环磁化时，由于磁滞作用，转子磁场将发生畸变，使环内磁场滞后于气隙磁场一个磁滞角 α_h，从而产生驱动性质的磁滞转矩。磁滞转矩的大小与所用材料的磁滞回线面积的大小有关，而与转子转速的高低无关，当电源电压和频率不变时，磁滞转矩为一常值。在磁滞转矩的作用下，电动机将起动并牵入同步。

图 11-44 表示一个由磁滞材料做成的转子置于角速度为 ω_s 的旋转磁场中时，转子中的磁场状况。图中 BD 为旋转磁场的轴线，AC 为转子磁场的轴线，ω_r 为转子的角速度，AC 滞后于 BD 的角度即为磁滞角 α_h。

11.8.4　永磁同步发电机

1. 永磁同步发电机的特点

根据电机的可逆原理，永磁同步电动机都可以作为永磁同步发电机运行。但由于发电机和电动机两种运行状态下对电机的性能要求不同，它们在磁路结构、参数分析和运行性能计算方面既有相似之处，又有各自的特点。

永磁同步发电机具有以下特点：

1）由于省去了励磁绕组和容易出问题的集电环和电刷，结构较为简单，加工和装配费用减少，运行更为可靠。

2）由于省去了励磁损耗，效率得以提高。

3）制成后难以调节磁场以控制其输出电压和功率因数。随着电力电子器件性能价格比的不断提高，目前正逐步采用可控整流器和变频器来调节电压。

4）采用稀土永磁材料的永磁同步发电机，制造成本比较高。

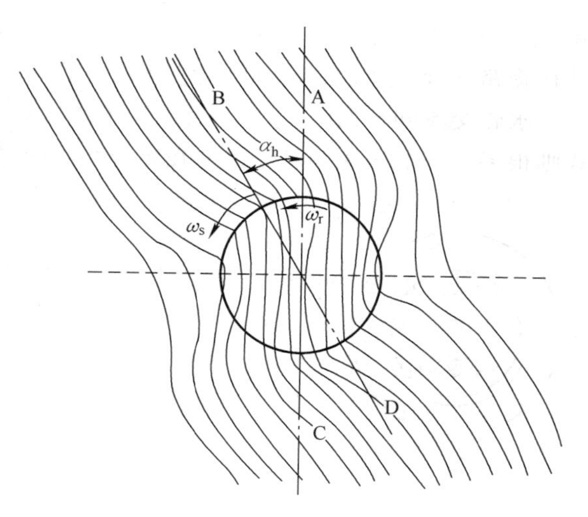

图 11-44　采用磁滞材料的转子置于旋转磁场中时的磁滞角

永磁同步发电机的应用领域广阔，功率大的如航空、航天用主发电机，大型火电站用副励磁机，功率小的如汽车、拖拉机用发电机，小型风力发电机、微型水力发电机、小型柴油（或汽油）发电机组等都广泛使用各种类型的永磁同步发电机。

2. 永磁同步发电机的工作原理

永久磁铁在经过外界磁场的预先磁化以后，在没有外界磁场的作用下，仍能保持很强的磁性，并且具有 N、S 两极性和建立外磁场的能力。因此，可以采用永久磁铁取代交流同步发电机的电励磁。这种采用永久磁铁作为励磁的交流同步发电机，称为永磁交流同步发电机。

为了说明以上原理，取一块最简单的矩形永久磁铁，两端加工成圆弧形。如果先将磁铁放置在外界磁场中沿长度方向（圆弧直径方向）充磁，则充磁后的磁铁呈现出径向的 N－S 两个极性，如图 11-45所示。现在把这块永磁转子装入交流同步电机的定子中，电机的气隙中就出现主磁通，于是就成为永磁交流同步电机。如果用原动机拖动永磁转子旋转，便成为一台永磁交流同步发电机。由此可知，永久磁铁替代了电磁式交流同步发电机的励磁绕组和磁极铁心。这样的替代，在原理上甚为简单，但为了达到工程实用的目的，其磁路结构就有多种多样的变

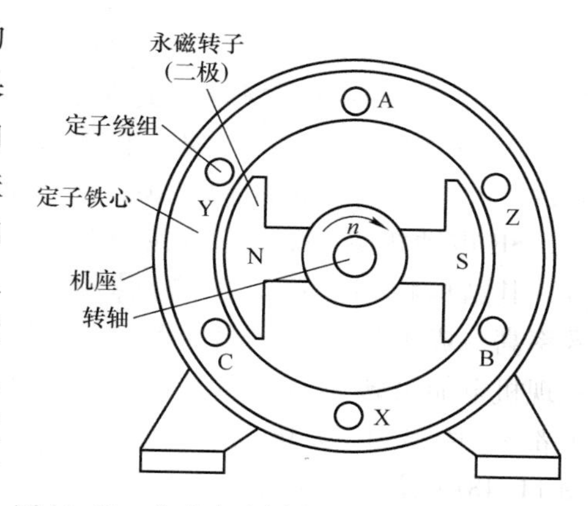

图 11-45　永磁交流同步发电机的结构原理图

化。它们的理论分析、设计计算和运行特性，与电磁式交流同步电机不尽相同，尤其在磁路的分析和计算方面，远比电磁式复杂得多。

永磁交流同步发电机的定子结构与电磁式交流同步发电机相似，而转子结构型式则很多。一般采用内转子式，典型结构如图 11-46 所示。

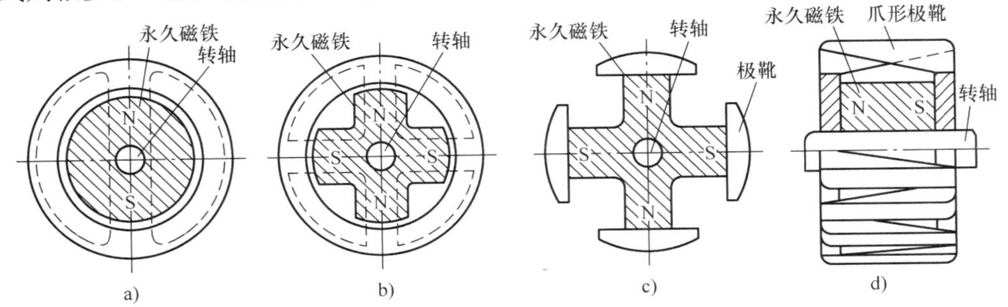

图 11-46　永磁交流同步发电机的几种转子结构

a）圆柱形转子　b）无极靴星形转子　c）有极鞭星形转子　d）爪极式转子

11.9　开关磁阻电动机

11.9.1　开关磁阻电动机传动系统的构成

开关磁阻电动机传动系统（SRD）是一种新型机电一体化交流调速系统。开关磁阻电动机传动系统主要由开关磁阻电动机（SRM 或 SR 电动机）、功率变换器、控制器和检测器等四部分组成，如图 11-47 所示。

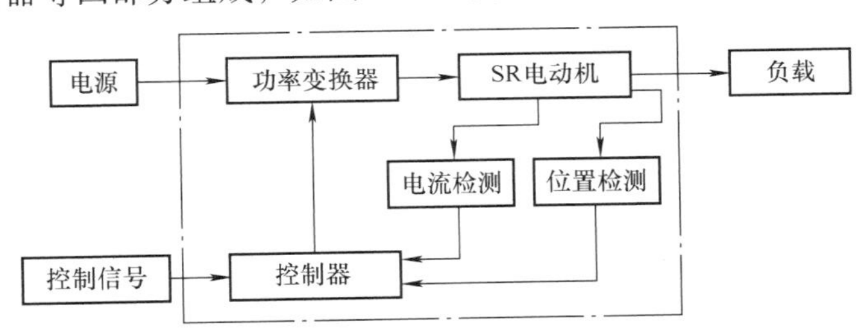

图 11-47　SRD 基本构成

SR 电动机是一种典型的机电一体化装置，其结构特别简单、可靠，调速性能好，效率高，成本低。SR 电动机是 SRD 系统中实现机电能量转换的部件，其结构和工作原理都与传统电动机有较大的差别。如图 11-48所示，SR 电动机为双凸极结构，其定、转子均由普通硅钢片叠压而成。转子上既无绕组也无永磁体，定子齿极上绕有集中绕组，径向相对的两个绕组可以串联或并联

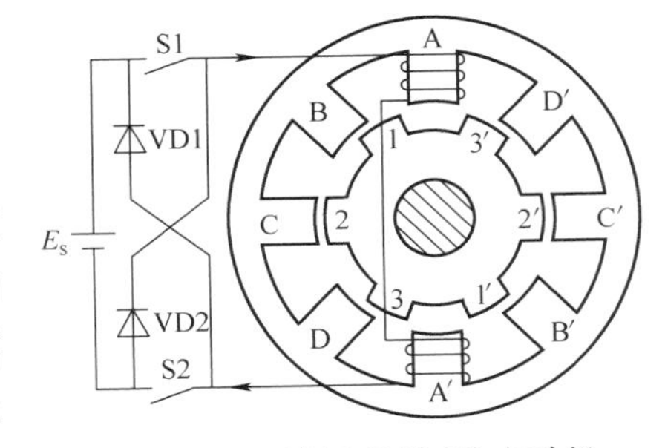

图 11-48　四相 8/6 极 SR 电动机的结构与驱动电路

在一起，构成“一相”。

功率变换器是SR电动机驱动系统中的重要组成部分，其作用是将电源提供的能量经适当转换后供给电动机。功率变换器是影响系统性能价格比的主要因素。由于SR电动机绕组电流是单向的，使得功率变换器主电路结构较简单。**SRD的功率变换器主电路结构形式与供电电压、电动机相数及主开关器件的种类有关。**

控制单元是SRD的核心部分，其作用是综合处理速度指令、速度反馈信号及电流传感器、位置传感器的反馈信息，控制功率变换器中主开关器件的通断，实现对SR电动机运行状态的控制。

检测单元由位置检测和电流检测环节组成，提供转子的位置信息以决定各相绕组的开通与关断，提供电流信息来完成电流斩波控制或采取相应的保护措施，以防止过电流。

11.9.2 开关磁阻电动机的基本结构与工作原理

图11-48所示为一定子有8个齿极、转子有6个齿极（简称8/6极）的开关磁阻电动机及一相驱动电路示意图。在结构上，开关磁阻电动机的定子和转子都为凸极式，由硅钢片叠压而成，但定子、转子的极数不相等。定子极上装有集中式绕组，两个径向相对极上的绕组串联或并联起来构成一相绕组，比如图11-48中A和A′极上的绕组构成了A相绕组。转子上没有绕组。

SR电动机的运行遵循“磁阻最小原理”——**磁通总是沿磁阻最小的路径闭合**。当定子某相绕组通电时，所产生的磁场由于磁力线扭曲而产生切向磁拉力，试图使相近的转子极旋转到其轴线与该定子极轴线对齐的位置，即磁阻最小位置。

下面以图11-48为例说明SR电动机的工作原理。

当A相绕组电流控制开关S1、S2闭合时，A相绕组通电励磁，所产生的磁通将由励磁相定子极通过气隙进入转子极，再经过转子轭和定子轭形成闭合磁路。当转子极接近定子极时，比如说转子极1－1′与定子极A－A′接近时，在磁阻转矩作用下，转子将转动并趋向使转子极中心线1－1′与励磁相定子极中心线A－A′相重合。当这一过程接近完成时，适时切断原励磁相电流，并以相同方式给定子下一相励磁，则将开始第二个完全相似的作用过程。若以图11-48中定子、转子所处位置为起始点，依次给D→A→B→C→D相绕组通电（B、C、D各相绕组图中未画出），则转子将按顺时针方向连续转动；反之，若按B→A→D→C→B顺序通电，则转子会沿逆时针方向转动。在实际运行中，也有采用二相或二相以上绕组同时导通的方式。但无论是同时一相导通，还是同时多相导通，当m相绕组轮流通电一次时，转子转过一个转子极距。

对于m相SR电动机，如定子齿极数为N_s，转子齿极数为N_r，转子极距角τ_r（简称为转子极距）为

$$\tau_r = \frac{2\pi}{N_r}$$

将每相绕组通电、断电一次转子转过的角度定义为步距角，则其值为

$$\alpha_p=\frac{\tau_r}{m}=\frac{2\pi}{mN_r}$$

转子旋转一周转过 360°（或 2π 弧度），故每转步数为

$$N_p=\frac{2\pi}{\alpha_p}=mN_r$$

由于转子旋转一周，定子 m 相绕组需要轮流通电 N_r 次，因此，SR 电动机的转速 n（r/min）与每相绕组的通电频率 f_{ph} 之间的关系为

$$n=\frac{60f_{ph}}{N_p}=\frac{60f_{ph}}{mN_r}$$

综上所述，我们可以得出以下结论：**SR 电动机的转动方向总是逆着磁场轴线的移动方向，改变 SR 电动机定子绕组的通电顺序，即可改变电动机的转向；而改变通电相电流的方向，并不影响转子转动的方向。**

SR 电动机的主要优点如下：

1）结构简单、制造方便、效率高、成本低。

2）损耗主要产生在定子边，所以冷却问题比较简单。

3）转子上没有绕组，所以可以做成高速电动机。

4）调速范围较宽。

SR 电动机的主要缺点如下：

1）有一定的转矩脉动，转矩与转速的稳定性稍差。

2）噪声较大，容量较大时噪声问题一般将变得较突出。

11.9.3　开关磁阻电动机相数与极数的关系

SR 电动机的转矩为磁阻性质，为了保证电动机能够连续旋转，当某一相定子齿极与转子齿极轴线重合时，相邻相的定子、转子齿极轴线应错开 $1/m$ 个转子极距。同时为了避免单边磁拉力，电动机的结构必须对称，故定子、转子齿极数应为偶数。通常，SR 电动机的相数与定子、转子齿极数之间要满足如下约束关系：

1）定子各相绕组和转子各相齿极应沿圆周均匀分布。

2）定子齿极数 N_s 应为相数 m 的两倍或 2 的整数倍。

3）定子、转子齿极数 N_s 和 N_r 的选择要匹配，要能产生必要的“重复”，以保证电动机能连续地转动。即要求某一相定子齿极的轴线与转子齿极的轴线重合时，相邻相的定、转子齿极的轴线应错开 τ_r/m 机械角，即定子、转子齿极数应满足

$$\left.\begin{aligned}N_s&=2km\\N_r&=N_s\mp2k\end{aligned}\right\}$$

式中　k——正整数，为了增大转矩、降低开关频率，一般在式中取“−”号，使定子齿极数多于转子齿极数。常用的较好的相数与极数组合见表 11-12。

表 11-12　SR 电动机常用的相数与极数组合

相数 m	定子齿极数（极数）N_s	转子齿极数（极数）N_r
2	4	2
	8	4
3	6	2
	6	4
	6	8
	12	8
4	8	6
5	10	8

电动机的极数和相数与电动机的性能和成本密切相关，一般来说极数和相数增多，电动机的转矩脉动减小，运行平稳，但导致结构复杂、主开关器件增多、增加了电动机的复杂性和功率电路的成本；相数减少，有利于降低成本，但转矩脉动增大，且两相以下的 SR 电动机没有自起动能力（指电动机转子在任意位置下，绕组通电起动的能力）。所以，目前应用较多的是三相 6/4 极结构、三相 12/8 极结构和四相 8/6 极结构。

11.9.4　开关磁阻电动机的基本控制方式

为了保证 SR 电动机的可靠运行，一般在低速（包括起动）时，一般采用电流斩波控制（简称 CCC 控制）；在高速情况下，一般采用角度位置控制（简称 APC 控制）。

1. CCC 控制

在 SR 电动机起动、低、中速运行时，电压不变，旋转电动势引起的电压降小，电感上升期的时间长，而 di/dt 的值相当大，为避免电流脉冲峰值超过功率开关器件和电动机的允许值，采用 CCC 控制模式来限制电流。

斩波控制一般是在相电感变化区域内进行的，由于电动机的平均电磁转矩 T_{av} 与相电流 I 的二次方成正比，因此通过设定相电流允许限值 I_{max} 和 I_{min}，可使 SR 电动机工作在恒转矩区。

2. APC 控制

在 SR 电动机高速运行时，为了使转矩不随转速的二次方下降，在外施电压一定的情况下，只有通过改变开通角 θ_{on} 和关断角 θ_{off} 的值获得所需的较大电流，这就是角度位置控制（APC 控制）。

在 APC 控制中，SR 电动机的转矩是通过开通角 θ_{on} 和关断角 θ_{off} 来调节，并由此实现速度闭环控制，即根据当前转速与给定转速 n_0 的差值自动调节电流脉冲的开通、关断位置，最后使转速稳定于 n_0。

11.9.5　开关磁阻电动机的控制系统

根据 SR 电动机的控制原理可以得到 SRD 控制系统原理图。如图 11-49 所示，SRD 系统采用转速外环、电流内环的双闭环控制，ASR（转速调节器）根据转速误差信号（转速指令 Ω^* 与实际转速 Ω 之差）给出转矩指令信号 T^*，而转矩指令可以直接作为电流指令 i^*；ACR（电流调节器）根据电流误差（电流指令 i^* 与实际电流 i 之差）来控制功率开关。

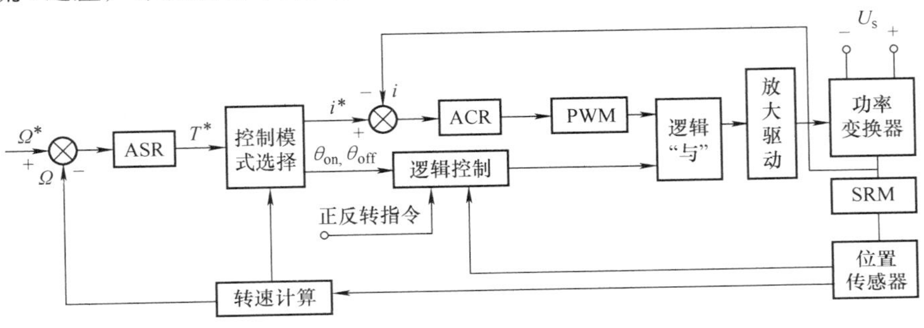

图 11-49　SRD 控制系统原理图

控制模式选择框是 SRD 系统控制策略的总体现，它根据实时转速信号确定控制模式——**在低速运行时，固定开通角 θ_{on} 和关断角 θ_{off}，采用 CCC 控制；在高速运行时，采用 APC 控制。**

在 APC 方式下，将电流指令 i^* 抬高，使斩波不再出现，由转矩指令 T^* 的增减来决定开通角 θ_{on} 和关断角 θ_{off} 的大小。

在 CCC 控制模式下，实际电流的控制是由 PWM 斩波实现的。ACR 根据电流误差来调节 PWM 信号的占空比，PWM 信号与换相逻辑信号相“与”，并经放大后用于控制功率开关的导通和关断。

第 12 章　常用小型发电设备

12.1　小型同步发电机

12.1.1　小型同步发电机的结构

三相交流同步发电机由定子、转子、风扇、前端盖、后端盖、接线盒等组成，如图 12-1 所示。

扫一扫看视频

小型同步发电机的接线盒装在发电机机座的右侧，盒内有 8 个接线柱。4 个较粗的接线柱表示中性线和三根相线（俗称火线），标记为 U、V、W、N；4 个较细的接线柱标有 L1、L2、S1、S2，其中 L1、L2 是励磁线圈的输入导线，S1、S2 是谐波绕组的输出导线。有的发电机出线盒内还装有 4 只硅整流元件组成的桥式整流电路，将谐波绕组中感应的电动势经整流后变为直流电供给发电机的励磁绕组。

12.1.2　小型同步发电机的工作原理

图 12-2 是一台三相交流同步发电机工作原理的示意图。它的转子是一对磁极，定子铁心槽中分别嵌有 U、V、W 三相定子绕组，U1、V1、W1 分别为三相绕组的首端，U2、V2、W2 分别为三相绕组的末端，三相绕组沿定子铁心的内圆，各相差 120°电角度放置（注：U、V、W 三相定子绕组分别对应于电工原理中的 A、B、C 三相；U1、V1、W1 分别对应于三相绕组的首端 A、B、C；U2、V2、W2 分别对应于三相绕组的末端 X、Y、Z）。

扫一扫看视频

发电机的转子由原动机（如柴油机或风力机等）带动旋转，当直流电经电刷、集电环通入励磁绕组后，转子就会产生磁场。由于转子是在不停地旋转着的，所以这个磁场就成为一个旋转磁场。它与静止的定子绕组间形成相对运动，相当于定子绕组的导体在不断切割磁力线，于是在定子绕组中就会感应出交流电动势来。由于在设计和制造发电机时，有意安排尽量使磁极磁场的气隙磁通密度的大小沿圆周按正弦规律分布，所以每根导体中感应出来的电动势的大小，也随着时间按正弦规律变化。

扫一扫看视频

转子不停地旋转，磁场的磁力线被 U、V、W 三相定子绕组切割，于是就在三相绕组中感应出三相交流电来。

由于转子磁极的轴线处磁通密度最高（即磁力线最密），所以当某相绕组的导体正对着磁极的轴线时，该相绕组中的感应电动势就达到最大值。由于三相绕组在空间互隔 120°电角度，所以三相绕组的电动势不能同时达到最大值，而是按照转子的旋转方向，即按图 12-2 中的箭头 n 所示的方向，

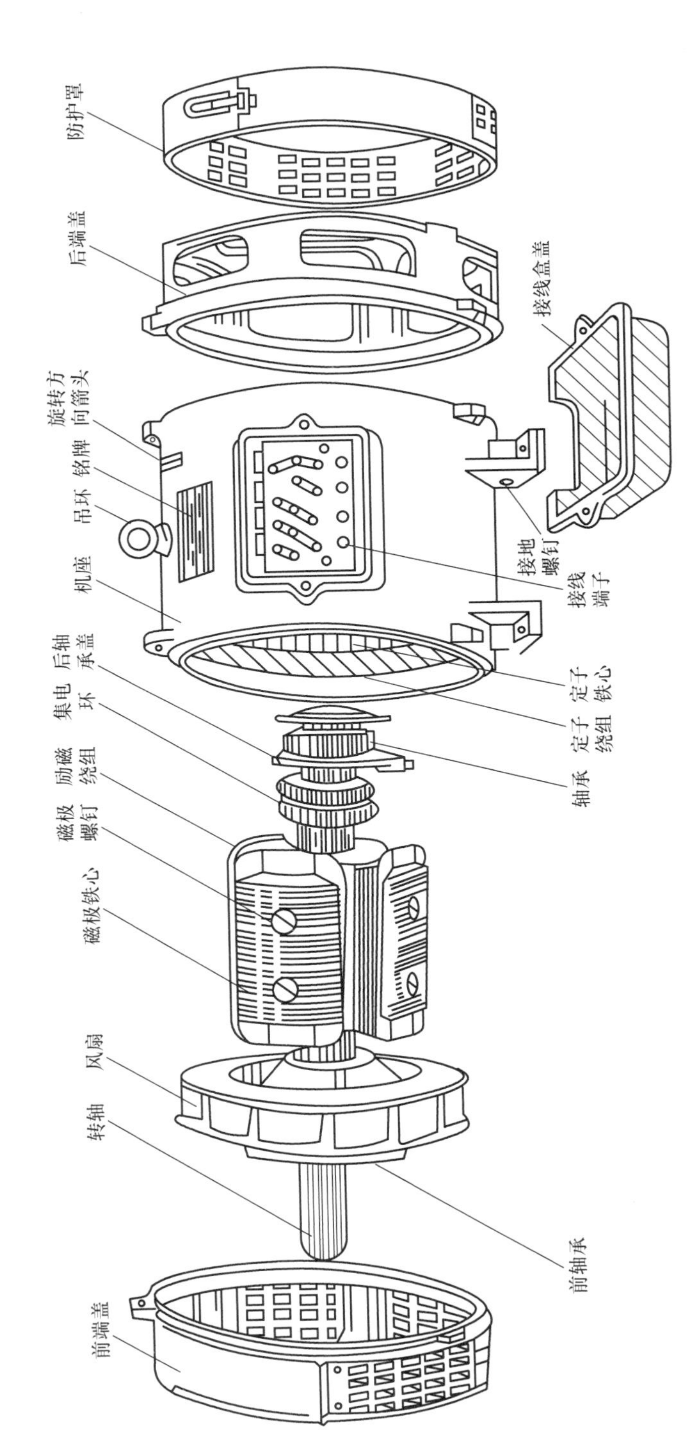

图 12-1　小型同步发电机结构图

先是 U 相达到最大值，然后是 V 相达到最大值，最后是 W 相达到最大值，如此循环下去。三相电动势随时间变化的规律如图 12-3 所示。

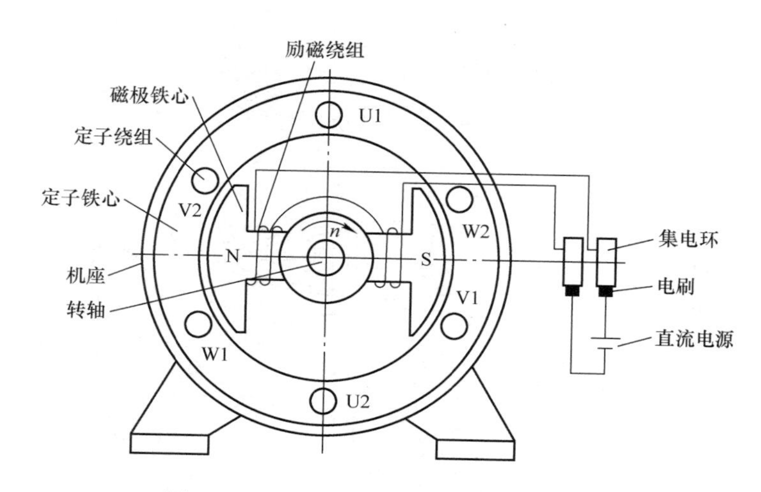

图 12-2　三相交流同步发电机的工作原理

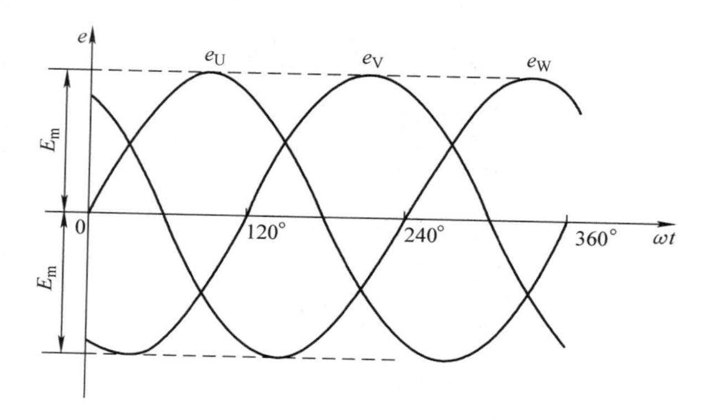

图 12-3　三相电动势的波形

12.1.3　常用小型发电机的技术数据

1. T2 系列三相交流同步发电机

T2 系列系小型三相同步发电机，采用自励恒压励磁系统。T2 系列三相同步发电机的技术数据见表 12-1。

2. TFW 系列无刷三相交流同步发电机

TFW 系列无刷三相交流同步发电机是在 T2 系列基础上发展起来的更新换代产品，通常与柴油机配套组成柴油发电机组或移动电站。TFW 系列无刷三相交流同步发电机技术数据见表 12-2。

表12-1 T2系列三相同步发电机的技术数据

机座号	额定功率/kW	额定电压/V	额定频率/Hz	额定转速/(r/min)	满载时					空载时	
					电流/A	功率因数(滞后)	效率(%)	励磁电压/V	励磁电流/A	励磁电压/V	励磁电流/A
160S1	3	400	50	1500	5.4	0.8	75	43.1	5.45	12.95	1.9
160S2	5				9.02		81.5	41.2	6.75	13.3	2.54
180S1	10				18.1		84	35.4	13.7	10.62	4.83
180S2	12				21.7		85	39.2	13.84	11.7	4.83
200S	20				36.1		87.5	25.8	24.7	8.5	9.04
200M	24				43.3		88.5	28.2	24.1	9.6	9.15
200L	30				54.1		89	31.8	23.9	10.3	8.93
225M	40				72.2		90	37.9	28.9	12	10.7
225L	50				90.2		90.5	43.8	29.6	13.8	10.9
250M	64				115.5		91	89	21.2	27.6	7.46
250L	75				135.3		91.4	96.6	21.1	30.1	7.46
280S	90				162.4		91.8	84.7	26	29.05	10.15
280L	120				216.5		92.2	98.8	26.8	32.6	10.05
355M	200				361		92.6	108.4	28.9	35	10.6

表12-2 TFW系列无刷三相交流同步发电机技术数据（400V、50Hz）

型号	额定功率		额定电流/A	额定转速/(r/min)	效率(%)	质量/kg	直接起动电动机最大功率/kW
	/kV·A	/kW					
TFW-225S-4	37.5	30	54.1	1500	89	500	22
TFW-225M-4	50	40	72.2	1500	89.8	560	30
TFW-225L-4	62.5	50	90.2	1500	90.3	590	30
TFW-250M-4	80	64	115	1500	90.6	740	30
TFW-250L-4	93.8	75	135	1500	91	770	30
TFW-280S-4	113	90	162	1500	91.5	1060	55
TFW-280L-4	150	120	216	1500	92	1160	55
TFW-355S1-4	188	150	271	1500	92.4	1250	75
TFW-355S2-4	250	200	361	1500	92.6	1360	75
TFW-355M-4	312.5	250	451	1500	92.8	1500	75

12.1.4 常用小型发电机的使用

1. 发电机的安装

发电机一般安装在水泥礅上。水泥礅的面积应根据发电机底脚的大小而定，高度要视原动机和发电机之间的拖动情况而定，但**通常不应低于120mm**。在砌礅时，要预先安放四根底脚螺钉。螺钉与螺钉之间的纵横距离，必须根据发电机的底脚螺孔距离而定。**为了安全和可靠起见，从发电机通往开关控制板的电线，要穿套钢管，并应把钢管埋在200mm深的地下，同时要予以接地。**

2. 试车前的准备

1）检查各部位线路接线是否正确，并应特别注意各连接部分是否紧密可靠。检查熔丝和连接发电机导线的截面积是否与铭牌上或技术特性中的额定电流相符合，并了解负荷性质。

2）吹净积尘，发电机进出风口必须通畅无杂物堵塞。

3）集电环、电刷应紧固，集电环表面应清洁，电刷压力应适当，并且接触良好。

4）检查发电机安装是否正确，转动是否平稳，与原动机连接是否可靠，慢慢转动发电机转子，应该灵活无异常声音。

5）检查负荷是否断开，也就是说连接发电机的一切负荷开关都需断开。

6）测量发电机各绕组绝缘电阻。用500V绝缘电阻表测量，**绕组对地绝缘电阻应不小于1MΩ**。测量时应将各个回路之间的电气连接全部断开。整流管、电容器等应从所有电路中断开。如绝缘电阻太低时，须查明原因排除故障，如是受潮应予以烘干。

7）发电机接地标志处应接好保护地线，连接必须牢固，接触必须良好。

3. 试车的步骤

1）先做空载低速运转。断开所有开关，起动原动机，使机组低速运行。观察内部有无碰撞，运转声音是否正常，振动是否超过要求。如有异常现象应停机进行检查。

2）空载额定转速运行。空载低速运行一段时间，如果情况正常则将转速升到额定值后再进行观察。可空载运转2~3h，轴承温升应不超过额定值，同时观察电刷、集电环接触是否良好。

3）机组带负荷运行。原动机拖动发电机至额定转速时，发电机即能靠剩磁自励建立电压。这时磁场变阻器（即励磁调节电阻）可放在电压升高位置（与励磁绕组并接时即应将变阻器放在电阻最大位置），以利于自动起励。在发电机达到额定转速时，发电机的空载电压应为400V，如偏低或偏高，可调节磁场变阻器。合上发电机与线路连接开关，逐渐增加负荷，最后应使发电机满载运行。运行中，根据负载变化调节原动机的转速，使频率维持额定值。

4）停车。逐渐降低原动机出力，同时调节磁场变阻器，减少励磁电流，以保证电压不升高。当发电机负载全减时，断开发电机与线路连接开关，使原动机停止运转，停车后，要立即检查发电机绕组、硅元件、磁场变阻器、连接导线以及有关接触部分的发热状况和接触状况，观察有无异常现象，判断发电机的运行和线路安装是否合乎要求，有问题应立即研究解决。

在起动或运行中出现不正常情况时，必须随时停车检查，待查明原因排除故障后才能再行试车。

4. 发电机的运行

1）配电盘上各种仪表的指示，不应高于技术规格或铭牌上所规定的数值，特别是电流表和电压表的数值。

2）检查轴承的温度，一般不允许比周围空气的温度高出 60 ~ 65℃。如用手摸轴承盖以不烫手为原则。

3）检查发电机的温度上升情况。其发电机绕组上的温度不应高于允许值（即额定温升与室温之和）。

4）检查机组是否安放平稳，防止振动，随时监听运转声音是否正常。

5）如发电机没有自动电压调整器，遇到负载变化时，须及时调整变阻器，使电压保持平稳。否则电压变动太大，突增突减，易损坏发电机，烧毁线路。

6）要保持集电环光滑清洁，无擦伤及烧痕，并经常检查和擦拭。

7）要经常检查电刷磨损情况。电刷破损或磨损过多均须及时更换。新换电刷的磨合按照接触部位顺集电环旋转方向进行，换后须调整好电刷的压力。

8）要检查轴承及轴承润滑脂，隔一定时间应对轴承进行清洗、换油。

9）要定期检查各线圈部分的绝缘电阻，如绝缘电阻过低须查明原因，如为变潮应予以烘干。还要检查磁极线圈有否变形，极间连接线是否松动等，如有问题须及时处理。

10）要经常检查各接触部分是否良好，风扇是否紧固。否则应予以调整、紧固。

12.1.5　常用小型发电机的常见故障及其排除方法

发电机是电站的主要设备，一旦发生事故，将直接影响生产。运行中必须注意检查，发现故障后，应认真分析原因，及时处理，确保发电机正常运行。常用同步发电机常见故障及其排除方法见表 12-3。

表 12-3　常用同步发电机常见故障及其排除方法

故障现象	原因	排除方法
绝缘电阻低于标准或产品技术条件规定的数值	在运输、存放、长时间停机时有水滴入发电机内部，使线圈受潮	受潮发电机可用短路法干燥，将发电机旋转至额定转速，并将电枢绕组短路，调节励磁，使电枢绕组的每相电流在 1 ~ 2h 内上升到额定值，并在此情况下运转，直至发电机烘干、绝缘电阻符合要求为止

（续）

故障现象	原因	排除方法
发电机不发电	1. 接线错误 2. 转速太低 3. 剩磁电压低 4. 整流器损坏 5. 励磁线圈断路 6. 接线头松动或开关接触不良 7. 电刷与集电环接触不良或电刷压力不够 8. 刷握生锈，电刷不能上下滑动 9. 谐波绕组不通 10. 励磁绕组接线错误，极性有误 11. 发电机定子绕组断线、短路或接错 12. 励磁机磁场变阻器断线 13. 原动机旋转方向不对 14. 触发器不工作	1. 按接线图检查接对 2. 测量转速，保持额定值 3. 用蓄电池充电，“+”接 L1；“-”接 L2 4. 调换同规格整流元件 5. 将断线重新焊牢，包扎绝缘 6. 将接线头拧紧，检查开关接触部分，用 00 号砂纸擦净接触面，如损坏应予以更换 7. 清洁集电环表面，使电刷表面与集电环弧面相吻合，增加电刷弹簧压力 8. 用 00 号砂纸擦净刷握内表面，如损坏应予以更换 9. 将励磁绕组一端打开，再接触一下，看有无火花，若无火花，则再检查断线处，查明后，将其接好 10. 改接绕组接线，按其极性用电池充电 11. 检查断线和短路点，并接好，如果接错应改正 12. 查明断线处，并接好 13. 改正原动机转向 14. 使触发器投入工作
相复励发电机电压不正常	1. 电抗器、电流互感器线圈断路或短路，不发电 2. 整定电阻太小，电压低 3. 电抗器气隙小，电压低 4. 电抗器气隙太大，电压偏高	1. 找出断路或短路处，消除故障或调换线圈 2. 适当增大整定电阻 3. 重新调整气隙，保持额定电压 4. 重新调整气隙，保持额定电压
谐波励磁发电机电压不正常	1. 谐波绕组断路或短路，不发电 2. 晶闸管短路，不发电 3. 触发装置损坏或工作不正常	1. 找出断路或短路处，消除故障或调换线圈 2. 查出短路原因，如晶闸管损坏，应予以更换 3. 拆下触发装置检查，调换损坏的元器件
晶闸管直接励磁发电机电压不正常	1. 晶闸管门极击穿或开路，不发电 2. 触发装置损坏，不发电或电压不正常	1. 用万用表检查晶闸管，如晶闸管已损坏，应予以更换 2. 拆下触发装置检查，调换损坏的元器件

（续）

故障现象	原因	排除方法
发电机端电压低的其他原因	1. 原动机转速低 2. 励磁回路电阻太大 3. 转子回路有短路，或接线松动 4. 电刷接触面积太小，压力不足，接触不良	1. 测量转速，使转速保持额定值 2. 调整磁场变阻器，如不起作用，可将电流表串接在励磁回路中，监视电流值，如测量结果很小，表明某接头处松动，应查明原因进行处理 3. 处理短路，拧紧螺钉 4. 如果是由于集电环表面不光引起的，可在低速下用 00 号砂纸磨光集电环表面，或调整弹簧压力
发电机过热	1. 过负荷 2. 电枢线圈、励磁线圈短路 3. 定转子有摩擦 4. 通风道阻塞	1. 应随时注意电流表，勿超过额定电流 2. 拆换已短路的线圈 3. 检查转轴、轴承室及轴承有无松动 4. 将发电机内部彻底吹净
轴承过热	1. 轴承磨损过度 2. 润滑脂规格不符合规定或装得太多 3. 传动带张力过大 4. 装配有误	1. 更换轴承 2. 用煤油洗净轴承，加润滑脂，润滑脂的体积约为轴承室体积的 2/3，不可过多 3. 适当调节传动带张力，勿过紧 4. 重新调整装配

12.2　柴油发电机组

12.2.1　柴油发电机组的组成

柴油发电机组主要由柴油机、发电机、联轴器、底盘、控制屏、燃油箱、蓄电池以及备件工具箱等组成。常用柴油发电机组的外形如图 12-4 所示，柴油发电机组的总装图如图 12-5 所示。有的机组还装有消声器和外罩。为了便于移动和在野外条件下使用，有的机组还固定安装在汽车或拖车上，作为移动电站使用。

在没有专用柴油发动机的情况下，可根据实际条件，自行组装简易柴油发电机组。简易柴油发电机组的型式较多。例如，可以利用现有的柴油机或拖拉机的发动机，通过带轮用传动带（或通过变速箱用齿轮传动），带动

a)

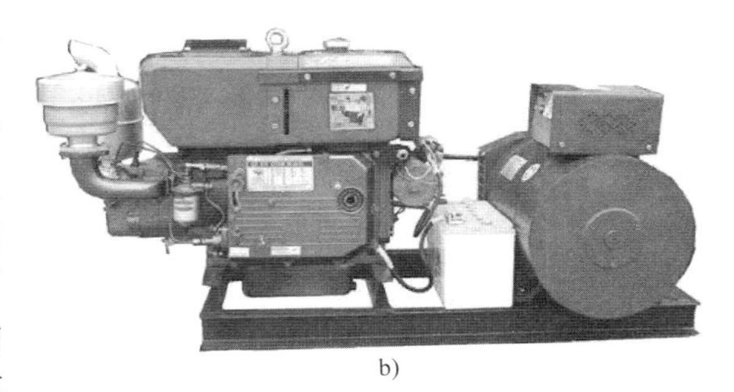

b)

图 12-4　常用柴油发电机组的外形

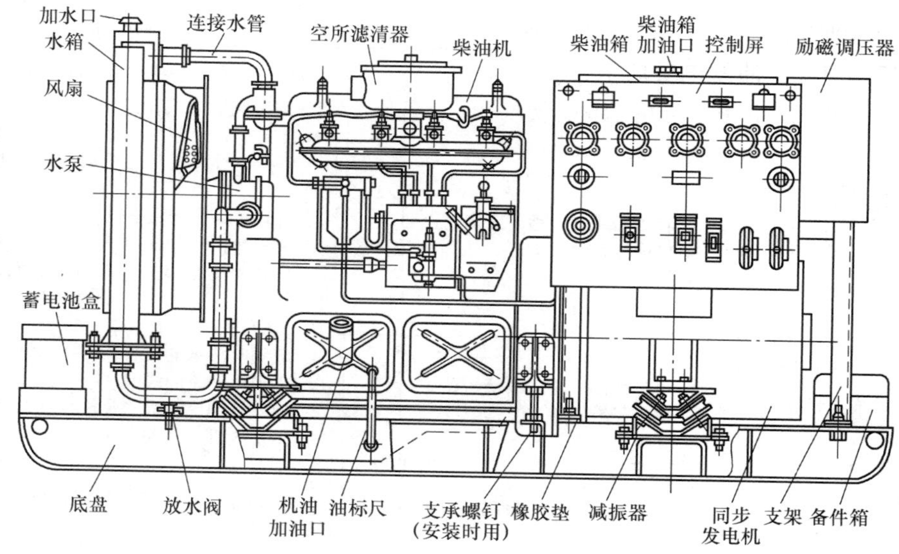

图 12-5 柴油发电机组的总装图

发电机发电。

12.2.2 柴油机的分类

1）按照工作循环过程分类，可分为

① 二冲程柴油机，活塞移动两个冲程，完成一个循环。

② 四冲程柴油机，活塞移动四个冲程，完成一个循环。

2）按照机体结构型式分类，可分为

① 单缸柴油机，一台柴油机只有一个气缸。

② 多缸柴油机，一台柴油机具有两个或两个以上气缸。

3）按照冷却方式分类，可分为

① 风冷柴油机，利用空气作为冷却介质。

② 水冷柴油机，利用水作为冷却介质。

4）按照进气方式分类，可分为

① 非增压式（又称自然吸入式）柴油机，柴油机没有增压器，空气是靠活塞的抽吸作用进入气缸内。

② 增压式柴油机，柴油机上装有增压器，空气通过增压器提高压力，然后进入气缸内。

5）按照气缸的布置方式分类，可分为

① 单列式柴油机，柴油机的气缸垂直单列布置，6 缸以下柴油机常为这种型式。

② 双列 V 形柴油机，柴油机的气缸呈 V 形斜向双列布置，8 缸以上柴油机常为这种型式。当 V 形夹角为 180°时称为对置式。

12.2.3　柴油发电机功率的标定

柴油发电机组是由柴油机和同步发电机组合而成的。柴油机允许使用的最大功率受零部件的机械负载和热负载的限制，因此，规定连续运转的最大功率，称为标定功率。

柴油机不能超过标定功率使用，否则会缩短使用寿命，甚至可能造成事故。

标定功率是内燃机的主要性能指标之一。我国根据内燃机的不同用途规定有四种标定功率，其名称定义和主要用途如下：

1）15min 功率，即内燃机允许连续运转 15min 的最大有效功率，是短时间内可能超负荷运转和要求具有加速性能的标定功率，如汽车、摩托车等内燃机的功率标定。

2）1h 功率，即内燃机允许连续运转 1h 的最大有效功率，如轮式拖拉机、机车、船舶等内燃机的功率标定。

3）12h 功率，即内燃机允许连续运转 12h 的最大有效功率，适用于电站机组、工程机械等内燃机的功率标定。

4）持续功率，即内燃机允许长期连续运转的最大有效功率。

在标定任一功率时，必须同时标出相应的转速。

对于一台机组，柴油机输出的功率是指它的曲轴输出的机械功率。根据规定，电站用柴油机的功率标定为 12h 功率。即柴油机在大气压力为 101.325kPa，环境气温为 20℃，相对湿度为 50% 的标准工况下，柴油机以额定转速连续 12h 正常运转时达到的有效功率。

扫一扫看视频

12.2.4　常用柴油发电机组的技术数据

1. GF 系列部分单相柴油发电机组技术数据（见表 12-4）

表 12-4　GF 系列部分单相柴油发电机组技术数据

机组型号	相数	额定值						传动方式	发电机型号	柴油机型号	起动方式
		功率/kW	电压/V	电流/A	转速/(r/min)	效率(%)	功率因数				
2GF	单相	2	230/115	8.7	3000	73	1.0	V 带	SB－DT－2	R175AN	手动起动
3GF		3		13		76			SB－DT－3	R175AN	
4GF		4		17.4		80			SB－DT－4	S195	
5GF		5		21.7		80			SB－DT－5	S195	
7.5GF		7.5		32.6		81			SB－DT－7.5	S195	

2. GF 系列部分三相柴油发电机组技术数据（见表 12-5）

表 12-5 GF 系列部分三相柴油发电机组技术数据

型号	相数	额定值					稳定电压调整率（%）	电压波动率（%）	发电机型号
		功率/kW	电压/V	电流/A	功率因数	转速/(r/min)			
20GF46	三相	20	400/230	36	0.8	1500	±3	1	T2S－20
24GF70		24		43.3					T2S－24
30GF59		30		54					T2S－30
40GF		40		72.2					TFW－40TH TZH－40TH
50GF		50		90.2					T2S－50
64GF		64		115					TFW－64TH TZH－64TH
75GF		75		135					T2S－75
90GF		90		162					T2S－90
120GF		120		217					T2S－120
160GF		160		289			±2.5 ±3	1	TZH－160－4 TZH－160－6
200GF		200		361			±2.5 ±3	0.5	TFW－200TH TZH－200TH
250GF		250		451			±2.5 ±3	0.5 1	TFW－250 TZH－250
320GF		320		577			±2.5 ±3	0.5 1	TFW－320－6 TZH－320－6
400GF		400		722			±2.5 ±3	0.5 1	TFW－400 TZH－400
500GF		500		902			±2.5 ±3	0.5 1	TFW－500－6 TZH－500
630GD		630		1137			±2.5 ±3	0.5 1	TFW－630 TZH－630
800GF		800		1443			±2.5 ±3	0.5 1	TFW－800－4 TZH－800－4
1000GF		1000		1805			±2.5 ±3	0.5 1	TFW－1000TH TZH－1000TH

12.2.5 柴油发电机组的选择

1. 柴油发电站总容量的选择

电站总容量应能满足全部用电设备的需要。电站的实际输出功率应有一定的富裕容量，以适应负载的变化。**富裕容量一般为实际运行容量的 10%～15%**。

2. 柴油发电机组台数的选择

机组台数应根据负载的大小，用户对供电连续性和可靠性的需求以及远景规划等条件来决定。农村小型柴油发电机组的台数一般为 1～2 台，同时并列运行的台数不宜超过 4～5 台。

3. 柴油发电机组型式的选择

（1）电源类型的选择

1）单相发电机组。单相发电机组适用于用电量较少，且集中在一处用电，又不需要三相电源的场合。家用电器的电压一般为 220V，故家用发电机组多选用单相发电机组。

2）三相发电机组。三相发电机组适用于用电量较大，且用电地点分布在相邻的几个地方（例如一个院内或一栋楼房）及需要使用三相交流电的场合。

（2）发电机组结构型式的选择

1）无刷与有刷发电机组。无刷与有刷系指发电机内部是否配备集电环和电刷而言的。前者适用于国防、邮电、通信、计算机等对防无线电干扰要求高的部门和场所；后者适用于除上述部门以外的各行业。

2）低噪声与一般型机组。低噪声机组适用于地处城镇及其对环境噪声污染有较高要求的部门；一般型机组由于结构简单、价格低廉，适用于对噪声污染无特殊要求的部门和场所。

3）罩式和开启式机组。罩式机组适用于室外及有沙尘、风雪的场所；开启式机组适用于室内及无污染的场所。

4）湿热型与普通型机组。湿热型机组适用于化工、轻工、医药、冶炼、海上作业等对防潮、防霉有要求的部门和场所；普通型机组适用于其他部门和场所。

为了有利于电站的维护、操作与管理，便于备件的互换，在机组选型时，同一个电站内的机组型号、容量、规格应尽可能一致。

为了减小磨损，增加机组的使用寿命，**常用电站宜选用额定转速不大于 1000r/min 的中、低速柴油机；备用电站可选用中、高速机组**。

4. 柴油发电机组单机容量的选择

选择柴油发电机组的单机容量时，应考虑当地环境条件对柴油机功率的影响。

国家标准规定柴油机的标定功率，也就是柴油机铭牌上标注的功率，是指柴油机连续运行 12h 的最大功率。持续长期运行的功率是标定功率的 90%；超过标定功率 10% 运行时，可超载运行 1h（包括在 12h 以内）。

标定功率是在标准大气状况（大气压力 101.325kPa、环境温度 20℃、相对湿

度50%）下发出的功率。当柴油机工作地点的大气状况与标准大气状况不符时，其实际输出功率应进行修正，即

$$P_e = K_3 P_{eN}$$

式中 P_e——柴油机的实际输出功率；

P_{eN}——柴油机的标定功率（或称额定功率）；

K_3——大气状况对非增压柴油机的功率修正系数，见表12-6和表12-7。

表12-6 环境条件修正系数 K_3（相对湿度为50%）

序号	海拔/m	大气压力/kPa	环境空气温度/℃									
			0	5	10	15	20	25	30	35	40	45
1	0	101.35	—	—	—	—	1.00	0.98	0.96	0.94	0.92	0.89
2	200	98.66	—	—	—	0.99	0.97	0.95	0.93	0.92	0.89	0.86
3	400	96.66	—	1.00	0.98	0.96	0.94	0.92	0.90	0.89	0.87	0.84
4	600	94.39	1.00	0.97	0.95	0.94	0.92	0.90	0.88	0.86	0.84	0.82
5	800	92.13	0.97	0.94	0.93	0.91	0.89	0.87	0.85	0.84	0.82	0.79
6	1000	89.86	0.94	0.92	0.90	0.89	0.87	0.85	0.83	0.81	0.79	0.77
7	1500	84.53	0.87	0.85	0.83	0.82	0.80	0.79	0.77	0.75	0.73	0.71
8	2000	79.46	0.81	0.79	0.77	0.76	0.74	0.73	0.71	0.70	0.68	0.65
9	2500	74.66	0.75	0.74	0.72	0.71	0.69	0.67	0.65	0.64	0.62	0.60
10	3000	70.13	0.69	0.68	0.66	0.65	0.63	0.62	0.61	0.59	0.57	0.55
11	3500	65.73	0.64	0.63	0.61	0.60	0.58	0.57	0.55	0.54	0.52	0.50
12	4000	61.59	0.59	0.58	0.56	0.55	0.53	0.52	0.50	0.49	0.47	0.46

表12-7 环境条件修正系数 K_3（相对湿度为100%）

序号	海拔/m	大气压力/kPa	环境空气温度/℃									
			0	5	10	15	20	25	30	35	40	45
1	0	101.35	—	—	—	—	0.99	0.96	0.94	0.91	0.88	0.84
2	200	98.66	—	—	1.00	0.98	0.96	0.93	0.91	0.88	0.85	0.82
3	400	96.66	—	0.99	0.97	0.95	0.93	0.90	0.88	0.85	0.82	0.79
4	600	94.39	0.99	0.97	0.95	0.93	0.91	0.88	0.86	0.83	0.80	0.77
5	800	92.13	0.96	0.94	0.92	0.90	0.88	0.85	0.83	0.80	0.77	0.74
6	1000	89.86	0.93	0.91	0.89	0.87	0.85	0.83	0.81	0.78	0.75	0.72
7	1500	84.53	0.87	0.85	0.83	0.81	0.79	0.77	0.75	0.72	0.69	0.66
8	2000	79.46	0.80	0.79	0.77	0.75	0.73	0.71	0.69	0.66	0.63	0.60
9	2500	74.66	0.74	0.73	0.71	0.70	0.68	0.65	0.63	0.61	0.58	0.55
10	3000	70.13	0.69	0.67	0.62	0.64	0.62	0.60	0.58	0.56	0.53	0.50
11	3500	65.73	0.63	0.62	0.61	0.59	0.57	0.55	0.53	0.51	0.48	0.45
12	4000	61.59	0.58	0.57	0.56	0.54	0.52	0.50	0.48	0.46	0.44	0.41

5. 柴油机与发电机的功率匹配

农用柴油机一般功率较小，结构较简单。一定功率的柴油机只能拖动一定大小的发电机，不能匹配错，否则不是浪费，就是超负荷。

柴油机功率 P_{eN}（以 hp 计）与发电机功率 P_N（以 kW 计）之比称为匹配比，通常用字母 K_1 表示，因此

$$P_{eN} = K_1 P_N \quad 或 \quad P_N = \frac{P_{eN}}{K_1}$$

式中　P_{eN}——柴油机的额定功率，单位为 hp；

P_N——发电机的额定功率，单位为 kW。

匹配比 K_1 与当地的海拔、大气温度、湿度等参数，以及机组的传动效率、发电机效率等有关。**对于在平原上使用的一般要求的机组（如固定电站等），匹配比 K_1 可取为 1.6∶1；对于要求较高的机组（如移动电站等），匹配比 K_1 可取为 2∶1。**

6. 柴油机与发电机的转速匹配

同步发电机的额定转速有 3000r/min、1500r/min、1000r/min、750r/min、600r/min 等，组装柴油发电机组时，应使柴油机的转速与发电机的转速一致。如果两者的转速不一致，可通过变速器使发电机的转速变为额定转速。变速器可以是带传动装置或齿轮变速箱。如果采用带传动方式，应考虑因传动带打滑而产生的转速比的变化。

12.2.6　柴油发电机组的起动

1. 起动前的准备工作

1）检查柴油发电机组各连接部件是否可靠，并排除不正常的故障。

2）检查起动线路的接线是否正确，并按要求将电量充足的蓄电池接线连接牢固。

3）向油底壳内部加注符合使用最低环境条件温度下的机油至油标尺的净满刻度。

4）检查柴油机油箱内部的存油量。

5）向水散热器内部加满冷却液，对采用开式循环冷却系统的应接通水源。

6）向发电机轴承处加注润滑脂。

7）向喷油泵、调速器内部加注机油至规定油平面。

8）排除柴油机低压油路内部的空气，方法是：松开喷油泵的放气螺钉，再拧开输油泵上部的手压泵进行重复性的按压，直到从放气螺钉处排除的柴油不再有空气为止。

若在柴油发电机组起动前，操作人员没有排除柴油机低压油路内部的空气而直接起动时，会造成柴油机起动困难或起动后柴油机转速不稳，有时会影响正常的发电频率。

9）拆下喷油泵观察窗口盖板，然后用一字形螺钉旋具依次连续撬动各分泵柱

塞，以使各缸高压油管内部充满柴油。

10）对装有预供润滑油泵的柴油机，应先开动预供油泵，每次运转不得超过30s，如一次运转达不到技术要求时，应停止30s后再重复运转，直到机油压力表的读数达到规定的要求为止。

11）对于平时停放作为应急用的柴油发电机组，为了在急用时能迅速起动运行，在停放期间，应每隔一周起动运行一次至水温、油温达到60℃左右为止。

12）在发电机控制屏上断开三相电的输出总开关。

13）对装有励磁开关的发电机，应将励磁开关置于断开的位置。

14）对装有手动/自动励磁转换开关的发电机，在起动前，应将转换开关的按钮置于手动位置。

2. 改善柴油机起动的简易方法

目前，改善柴油机起动的方法较多，具体如下：

1）减压法。采用对柴油机进气门或排气门减压的方法来达到减小压缩比，改善起动阻力的方法对柴油机进行起动。这种方法在冬季使用较多。对部分小型柴油机，生产厂商一般都设计了专门的减压装置，以减小起动时的阻力。

2）预热法。对柴油机预热的方法一般有空气预热法、机油预热法和冷却水预热法等。无论采用哪种方法进行预热，都要根据具体条件来确定。

3）人工盘车法。这种方法就是用大号的一字形螺钉旋具扳动柴油机飞轮齿圈，起动前一般要扳动飞轮齿圈两圈以上。这样做的主要目的是减小起动阻力。

3. 柴油机起动的具体步骤

1）将喷油泵-调速器操纵手柄推到转速为700r/min的位置。

2）装有接地开关的柴油机，应闭合接地开关。

3）打开电钥匙，按下起动按钮，使柴油机起动。若在12s内未能起动，应迅速断开按钮，过2min后再次起动。若连续三次不能起动时，应停止起动，找出未能起动的原因并排除后再起动。

4）柴油机起动后，应迅速释放起动按钮，并密切注视机油压力表的读数，若柴油机起动后15s内无机油压力显示，应停止柴油机运转，待找出故障原因并排除后再次起动柴油机。在正常情况下，柴油机起动后15s内应能显示读数，其读数应大于0.05kPa（0.5kgf/cm^2）。当机油压力表显示读数后，再将转速提高到750r/min左右运转5min，在这段时间内对柴油发电机组各部分的运转情况进行检查。

4. 起动柴油发电机组必须注意的问题

1）在冬季起动柴油机时要做好以下工作：

① 保证供油良好。

② 确保蓄电池的容量和电压。因为柴油机的起动转矩是靠蓄电池的容量和起动机本身质量决定的。

③ 对柴油机进行人工盘车。

④ 对进、排气门进行减压起动。

⑤ 对冷却水进行加热，保证柴油机的热状态。

2）柴油发电机组起动后，柴油机要有一个预热和润滑的过程，待此过程结束后方可正常供电。国内机组预热和润滑过程一般分为三种，每一种需要时间不一样。低速预热和润滑一般需要5min，中速需要5～8min，高速运转到水温、油温达到50℃左右，方可进行正常供电。柴油发电机组刚起动后，在预热和润滑过程中即开始供电，容易导致柴油机拉缸、气缸盖产生裂纹和机体产生裂纹等。

12.2.7 柴油发电机组的运行

1. 机组运行中的监视

1）注意观察机油压力、机油温度、冷却水温度、充电电流等仪表指示是否正常，其值应在规定的范围内（各种发电机组不完全一样）。**一般为机油压力0.15～0.4MPa；机油温度为75～90℃；出水温度为75～85℃。**

2）观察排气颜色是否正常。**正常情况下的排气颜色为无色或淡灰色；工作不正常时排气颜色变成深灰色；超负载时排气呈黑色。**

3）观察集电环、换向器有无不正常的火花。

4）观察机组各部位的固定和连接情况，注意有无松动或剧烈振动现象。

5）检查机组有无漏油、漏水、漏风、漏气、漏电现象。注意燃油、机油、冷却水的消耗情况，不足时应及时按规定的牌号添加。各人工加油点应按规定时间加油。

6）观察发电机及励磁装置，电气线路接头等处的工作情况。

7）观察机组的保护装置和信号装置是否正常。

8）监听机组运转声音是否正常，若发现不正常的敲击声，应查明原因。

9）注意机组各处有无异常气味，尤其是电气装置有无烧焦气味。

10）用手触摸发电机外壳和轴承盖，检查其温度是否过高。

11）严格防止机组在低温低速、高温超速或长期超负载情况下运行。柴油机长期连续运行时，应以90%额定功率为宜。柴油机以额定功率运行时，连续运行时间不允许超过12h。

12）注意观察发电机的电压、电流及频率的指示值。在负载正常时，发电机电压应为额定值，频率为50Hz，三相电流不平衡量应不超过允许值。

13）不能让水、油或金属碎屑进入发电机或控制屏内部。

14）使用过程中应有记录，记载有关数据以及停机时间、原因、故障的检查及修理结果等。

2. 柴油机运行中应注意事项

1）水冷蒸发式柴油机，冷却水应该在工作时沸腾蒸发，不必一出现“水开”就加水。但当冷却水不断蒸发减少至水箱浮子红色标志降到漏斗口时，须立即加水。采用自然对流冷却的柴油机，要经常观察有无漏水现象，如有漏水应立即排除，以免柴油机过热而损坏。

2）经常检查机油压力指示阀的红色标志是否升起，若发现下降，则应立即停机检查排除。

3）当油箱里的柴油剩下不多时，应及时加足，防止柴油用完时，将空气吸入油路中。

4）柴油机正常工作时，排出的废气应是无色或淡灰色的。若出现排气管冒黑烟、白烟或蓝烟的情况，说明柴油机工作不正常，应停机检查、排除，不允许在冒黑烟的情况下长期运行。

5）要经常倾听柴油机有无不正常的响声，若听到有异常声音时，应立即停机检查处理。

6）柴油机起动后，首先以中速空载运转 10～20min，然后逐渐加大节气门（油门），使转速升高至额定转速，待柴油机运转稳定正常后，才能加上负荷。

7）采用电动机起动的柴油机，应注意观察电流表的读数。

3. 供电

当柴油机温度正常，机油压力正常，转速稳定时，电站即可进行供电。

供电按以下步骤进行：

1）起励：将转换开关扳到“自动”位置。

2）调频：用调速手柄调节柴油机转速，使频率表指示为 51Hz。

3）调压：旋转三相转换开关，检查三相线电压均应为 400V。若电压过高或过低，可松开电压调节器电位器轴紧固螺母，用螺钉旋具轻轻转动电位器轴（不可用力过猛），调后再进行紧固。

4）供电：确认机组一切正常，接到供电信号，即可合上断路器（总开关）供电。

若电压自动调节失效，可将转换开关扳到“手动”位置，在合上断路器前后，均要用电抗器进行手动调压。

一般工频机组的供电操作，均按起励、调频、调压、供电的顺序进行。

12.2.8 柴油发电机组的停机

1. 机组的正常停机

1）在机组停机前应做一次全面的检查，了解有无不正常现象或故障，以便停机后进行修理。

2）停机前，应将蓄电池充足电（采用压缩空气起动应将储气瓶内充足压缩空气），供下次起动时用。

3）逐渐地卸去负荷，减小柴油机油门，使转速降低，然后将调速器上的油量控制手柄推到停机位置，关闭油门，使柴油机停止运转。

4）用钥匙断开电起动系统。

5）柴油机停转后，将控制屏上的所有开关和手柄恢复到起动前的准备位置。

6）如果停机时间较长，或在冬季工作环境温度为0℃以下时，停机后必须将冷却系统中所有冷却水放出。如采用防冻剂时可以不放水。

7）清扫现场，擦拭机组各部位，做好下次开机的准备。

停机的一般顺序是：停电、降压、灭磁、低速、停机，分述如下：

① 断开电源输出开关，停止供电。

② 把转换开关扳到“灭磁”位置。

③ 降低柴油机转速（约800r/min），运转几分钟。

④ 用停车手柄或喷油泵手柄停止供油，使柴油机停止运转，停机后手柄放回原位。

⑤ 关闭油箱开关。寒冷季节，必须放出全部冷却水（水放完后，须再转动曲轴十余转，使水泵里的积水完全排出），并拆走蓄电池，防止冰冻。

2. 机组的紧急停机

在一般情况下，应不采用紧急停机，只有当机组发生下列情况之一时，才可采取紧急停机：

1）机油压力过低或无压力时。

2）柴油机转速突然升高，超过最高空转转速时。

3）柴油机发出异常敲击声时。

4）发电机发出异常声音和烧焦气味时。

5）发电机集电环上火花很大时。

6）轴承严重磨损，机组螺钉松动，振动很强烈时。

7）有些运动着的零部件发生卡死时。

8）传动机构的工作有重大的不正常情况时。

9）发生人身安全事故时。

紧急停机的方法：对单缸柴油机可采取拆除高压油管或用布捂住空气滤清器的方法；对2105型柴油机可将两只喷油泵的开关手柄向逆时针方向转至极限位置，切断燃油的供给，柴油机便立即停止转动。

12.2.9 柴油发电机组的保养

一般柴油机的技术保养分为日常保养（每班或每日工作完毕时）、一级技术保养（柴油机累计运行100h后）和二级技术保养（柴油机累计运行500h后）。

1. 柴油发电机组的日常保养

1）检查机油油位，油量不足时应按规定添加机油。

2）检查并排除漏油、漏水和漏气现象。

3）检查地脚螺栓及各部件连接螺栓有无松动。

4）检查柴油机与发电机的连接情况。对采用带传动的机组，应检查传动带的接头是否牢靠。

5）检查电气线路及仪表装置的连接是否可靠。

6）擦拭设备，清除油污、水迹及尘土，尤其要注意燃油系统和电气系统的清洁。

7）在尘土多的地区，应于每班后清洗空气滤清器。

8）检查燃油箱内燃油是否足够。

9）排除所发现的故障及不正常现象。

2. 柴油发电机组的一级保养

1）完成日常保养的各项工作。

2）清洗机油滤清器，并更换机油（若机油比较清洁，可延长到200h再换油）。

3）清洗空气滤清器，并更换油池内的机油。若滤芯是纸质的，应更换新的滤芯。

4）清洗燃油箱和燃油滤清器（如使用经过沉淀及滤清的燃油，可每隔200h清洗一次）。

5）检查蓄电池电压及电解液密度，并检查电解液面是否高出极板10~15mm，不足时，添加蒸馏水补充。

6）检查风扇及充电发电机的传动带的松紧程度，并进行调整。

7）检查喷油泵机油存量，需要时添注机油。

8）按规定要求向各注油嘴处注入润滑脂或润滑油。

9）检查调整气门间隙。

10）重新装配因保养工作而拆卸的零部件时，应确保安装位置正确无误。

11）完成保养工作后起动柴油机，检查运转情况、排除所存在的故障和不正常现象。

3. 柴油发电机组的二级保养

1）完成一级技术保养的各项工作。

2）检查喷油器的喷油压力及喷雾情况，必要时清洗喷油器并进行调整。

3）检查喷油泵工作情况和喷油提前角是否正确，必要时加以调整。

4）拆下气缸盖，清除积灰，并检查进气门、排气门与气门座的密封是否良好，必要时用气门砂进行研磨；清除活塞、活塞环、气缸壁的积灰；活塞环间隙过大时，应予以更换。

5）检查连杆轴承间隙是否过大，活塞销是否空旷，必要时予以更换。检查连杆螺栓、主轴承螺栓的紧固及锁定情况，必要时重新紧固、锁定或更换。

6）清洗油底壳和机油冷却器内芯。

7）检查冷却系统结垢情况，如结垢严重，可放净冷却系统的存水，加入清洗液，静置8~12h后起动柴油机，当水温达到工作温度后停车放出清洗液，并用清水清洗。对于用铝合金制作的机体，可用弱碱水清洗液，加入冷却系统后起动柴油机，运转至正常温度后再运转1h，放出清洗液，并用清水冲洗。

8）每累计工作1000h后，将充电发电机及起动机拆下，洗掉旧的轴承油并更换新的，同时检查和清洗起动机的齿轮传动装置。

9）普遍检查机组各主要零部件，并进行必要的调整和修理。

10）拆洗和重新装配后，全面检查安装位置的正确性和紧固情况，擦拭干净并起动柴油机，检查运转情况，排除存在的故障及不正常现象。

4. 柴油发电机组冬季使用时的注意事项

在严寒的冬季，使用内燃机必须按下述冬季特殊方法操作，否则可能发生严重事故。

1）停机后约0.5h应放去冷却系统内的存水（放置防冻液或有保温措施的除外），如果长时间停机还必须把机油放干净，以免将机件冻裂。

2）在冬季换机油时，必须一停机就换，换入的机油要加热到60℃以上，但也不要超过90℃，否则会使机油变质。绝对禁止在明火上烤机油，最好使用带盖的锅具在水中加热。

3）冬季起动前，应将机油加热，使机油黏度降低，易于到达各摩擦表面。

4）起动前应用80~90℃的水由排气管上的出水口灌入。由气缸体侧面的放水开关（或水泵进水口）流出，一直放到放出的水温度在60℃以上为止。然后把放水开关关闭，把冷却系统注满。这样做可防止气缸盖等炸裂，且易于起动。冬季绝对不允许不加预热直接起动柴油机。

5）冬季必须绝对保证柴油机在热车状态下工作（水温在80℃以上），如水温太低，外界气温寒冷，柴油在气缸内燃烧时便会形成稠厚焦油层和积炭，黏在燃烧室壁、活塞头部、气门座和活塞环槽上，造成粘住气门和卡住活塞的故障。当胶结的排气门在导管内被粘住时，甚至能导致柴油机熄火。而且柴油机温度不够时，进气温度低，柴油发火延迟，会使柴油机工作粗暴，发出敲击声。同时，排气管由于燃烧不完全冒白烟。此时应使柴油机慢速运转，如果水温过低，要加换热水，同时采取保暖，待温度升高后，再接上负载。

12.2.10　柴油发电机组的常见故障及其排除方法

柴油发电机组常见故障及其排除方法见表12-8。

表12-8　柴油发电机组常见故障及其排除方法

故障现象	可能原因	排除方法
接地的金属部分有电	1. 接地不良，发电机绕组的绝缘电阻过低	1. 检修接地装置；如发电机受潮严重，应用热风法或红外线灯泡法烘干发电机绕组
	2. 接地不良，发电机引出线碰机壳	2. 检修接地装置；用绝缘胶布包扎引出线或更换引出线

（续）

故障现象	可能原因	排除方法
电表无读数	1. 发电机不发电 2. 熔断器熔断 3. 电表损坏 4. 电路中有断路现象	1. 参考发电机故障 2. 查明原因并排除故障 3. 检修或更换电表 4. 找出断路处并接好
电路各连接点、触头过热	1. 接头松动，接触不良 2. 触头烧伤	1. 找出松动的接头，擦净并接牢 2. 用细砂布擦修触头，并调整触头位置，使其接触良好
机组振动过大	1. 联轴器中心不对 2. 地脚螺栓松动或底盘安装不稳 3. 轴承损坏 4. 发电机转子偏心 5. 柴油机曲轴不平衡	1. 调整中心 2. 拧紧地脚螺栓，将底盘安装稳固 3. 修理或更换轴承 4. 校正转子中心线 5. 调整曲轴配重块，使其平衡

12.3 小型风力发电设备

12.3.1 风力机的分类

风力机是把风能转换成机械能而对外做功的一种动力机械，也称为风轮机、风动机或风车。

风力机的品种繁多，用途各异，原理上都是把风能转变成机械能，然后变成其他形式的能量使用。风力机从不同角度有多种分类方法。风力机通常的分类方法有以下几种：

1）按风轮轴与地面的相对位置可分为水平轴式风力机和垂直轴（立轴）式风力机。

2）按叶片工作原理可分为升力型风力机和阻力型风力机。

3）按风力机的用途可分为风力发电机、风力提水机、风力铡草机和风力脱谷机等。

4）按风轮叶片的叶尖线速度与吹来的风速之比的大小可分为高速风力机（比值大于等于3）和低速风力机（比值小于3），也有的把比值为2～5者称为中速风力机。

5）按风力机容量（功率）大小分类：国际上通常将风力机组分为小型（100kW以下）、中型（100～1000kW）和大型（1000kW以上）3种；我国则分成微型（1kW以下）、小型（1～10kW）、中型（10～100kW）和大型（100kW以上）4种；也有的将100kW以上的称为巨型风力机。

6）按风轮的叶片数量可分为双叶片、三叶片、四叶片及多叶片式风机，如

图 12-6所示。应用较多的是水平轴、升力型、少叶式的风力发电机（多数为两个或三个叶片）。

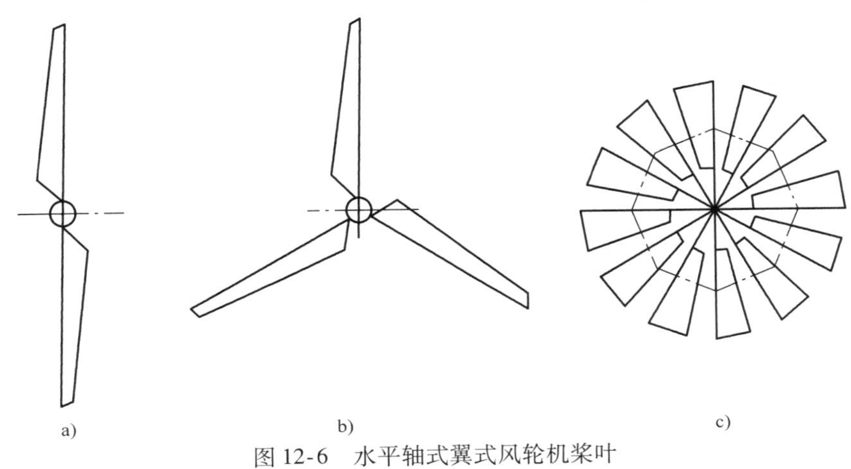

图 12-6　水平轴式翼式风轮机桨叶

a）双叶式　b）三叶式　c）多叶式

7）按风轮相对于塔架的位置可分为上风式（又称为前置式或迎风式）风力机和下风式（又称为后置式或顺风式）风力机，如图 12-7 所示。风力机一般为上风式。

8）按风轮转速可分为定速型和变速型。

9）按传动机构可分为升速型和直驱型。

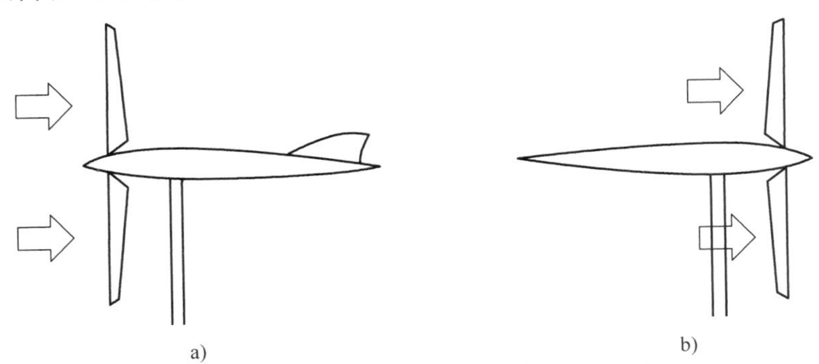

图 12-7　水平轴式翼式风轮机桨叶布置方案

a）上风式　b）下风式

12.3.2　风力发电机的基本结构与工作原理

1. 风力发电机的基本结构

把风能转变为电能是风能利用中最基本的一种方式。小型风力发电机一般由风轮（又称叶轮）、发电机、传动装置、调向器（尾翼）、塔架、限速安全机构和储能装置等组成。小型风力发电机的基本结构如图 12-8 所示；大中型风力发电机的基本结构如图 12-9 所示。

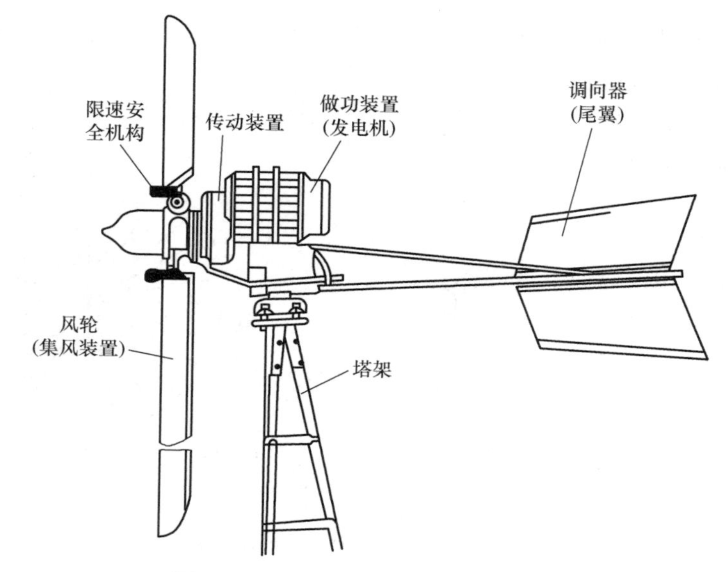

图 12-8　小型风力发电机的基本结构

2. 风力发电机的工作原理

风力发电机的工作原理比较简单。风轮在风力的作用下旋转，它把风的动能转换为风轮轴的机械能。发电机在风轮轴的带动下旋转发电，把机械能转换为电能。

风轮是集风装置，它的作用是把流动空气具有的动能转变为风轮旋转的机械能。一般风力发电机的风轮由2个或3个叶片构成。叶片在风的作用下产生升力和阻力，设计优良的叶片可获得大的升力和小的阻力。风轮叶片的材料因风力发电机的型号和功率的大小而定，如有玻璃钢、尼龙等。

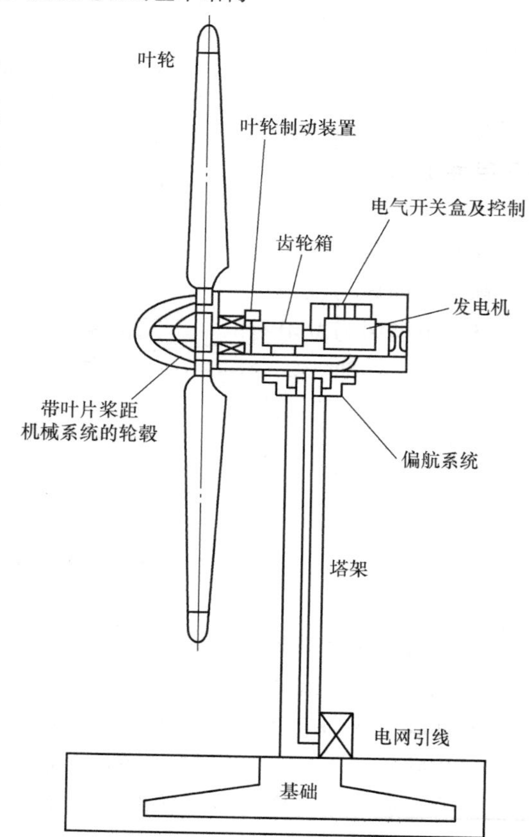

图 12-9　大中型风力发电机的基本结构

发电机是做功装置，它的作用是把机械能转换为电能。风力发电机采用的发电机有三种，即直流发电机、同步交流发电机和异步交流发电机。小功率风力发电机多采用同步或异步交流发电机，所发的交流电通过整流装置转换成直流电。与直流发电机相比，同步交流发电机的优点是效率高，而且在低风速下比直流发电机发的电能多，能适应比较宽的风速范围。

调向器的功能是尽量使风力发电机的风轮随时都迎着风向，从而能最大限度地获取风能。除了下风式风力发电机外，一般风力发电机几乎全部都是利用尾翼来控制风轮的迎风方向的。尾翼一般设在风轮的尾端，处在风轮的尾流区里。只有个别风力发电机的尾翼安装在比较高的位置上，这样可以避开风轮尾流对它的影响。尾翼的材料通常采用镀锌薄钢板。

限速安全机构是用来保证风力发电机安全运行的。风力发电机风轮的转速和功率与风的大小密切相关。风轮转速和功率随着风速的提高而增加，风速过高会导致风轮转速过高和发电机超负荷，从而危及风力发电机的运行安全。限速安全机构的设置可以使风轮的转速在一定的风速范围内保持基本不变。除了限速装置外，风力发电机一般还设有专门的停车制动装置，当保养、修理时或风速过高时，可以使风轮停转，以保证风力发电机在特大风速下的安全。

塔架是风力发电机的机架，用以支撑风力发电机的各部分结构，它把风力发电机架设在不受周围障碍物影响的高空中，从而有较大的风速。塔架的结构有支柱式和桁架式。一般为钢铁结构，小型风力发电机也有采用木结构的。

风力发电机的输出功率与风速的大小有关。由于自然界的风速是极不稳定的，风力发电机的输出功率也极不稳定。因此，**风力发电机发出的电能一般是不能直接用在电器上的，**先要储存起来。目前蓄电池是风力发电机采用的最为普遍的储能装置，即把风力发电机发出的电能先储存在蓄电池内，然后通过蓄电池向直流电器供电，或通过逆变器把蓄电池的直流电转变为交流电后再向交流电器供电。考虑到成本问题，目前风力发电机用的蓄电池多为铅酸蓄电池。

12.3.3　小型风力发电机的技术数据

（1）FD 系列小型风力发电机组技术数据（见表 12-9）

表 12-9　FD 系列小型风力发电机组的技术数据

型号	风轮直径 /m	额定功率 /W	额定风速 /(m/s)	起动风速 /(m/s)	工作风速 /(m/s)	叶片数	最大抗风能力 /(m/s)	塔架高度 /m	质量 /kg
FD2 - 200	2	200	8	3	3 ~ 25	2	40	5.5 ~ 7	85
FD2.2 - 300	2.2	300	8	3	3 ~ 25	3	40	5.5 ~ 7	96
FD2.5 - 500	2.5	500	8	3	3 ~ 25	3	40	5.5 ~ 7	125
FD2.8 - 1000	2.8	1000	9	3	3 ~ 25	2	40	5.5 ~ 7	175
FD4 - 2000	4	2000	10	3	3 ~ 25	2	40	5.5 ~ 7	330

（2）TFYF 系列永磁风力发电机组技术数据（见表 12-10）

表 12-10 TFYF 系列永磁风力发电机组技术数据

型号	额定功率/W	额定电压/V	额定电流/A	额定转速/(r/min)	最高转速/(r/min)	起始充电转速/(r/min)	效率(%)	起动阻转矩/N·m
TFYF80S	50	14；28	3.6；1.8	600	900	390	56	0.20
TFYF90S	100	14；28	7.2；3.6	400	600	260	65	0.30
TFYF90L	200	28；42	7.2；4.8	400	600	260	66	0.35
TFYF112S	300	28；42	10.8；7.2	300	500	195	70	0.50
TFYF112L	500	56；115	9；4.4	360	540	234	75	1.2
TFYF132S	500	56；115	9；4.4	360	540	234	75	1.2
TFYF160S	1000	115；230	8.7；4.4	240	360	156	77	1.5

12.3.4 小型风力发电机安装场地的选择

风力发电机安装场地的选择对于风力发电机的效率有重要的影响。场地选择的好，不仅可以使安装费用和维护费用减少，而且可以避免发生事故，保证正常运转。

1. 选择方法

首先应对风力发电机场地的气象情况进行认真了解。对风能利用最有用的气象资料是风速频度表，即在一定时期内出现某种速度的风的频繁程度。对于一定的地区，平均风速与各种风速频度有统计学上的相关关系，从风速频度表可以了解全年风能的实际值和风力设备的可能工作小时数，这对于风力发电机的选择和运行都很重要。

此外，还应了解地形地貌对风速的影响。许多地区都有相对多风的“风口”，这些地点的风速可以比周围高很多。如平原上的孤立山包，若坡度适宜，当气流掠过，犹如流过飞机机翼的凸面，可使风速加大，这种地方就是安装风力发电机的适宜场地，如图 12-10a 所示。

风力发电机安装场地的具体选择方法如下：

1）在平原上安装风力发电机应选择开阔或上风侧没有高大建筑物的地方。如果有障碍物时，小型风力发电机的风轮应超过障碍物一定的高度。

2）在河口、湖滨、山地有很多适宜安装风力发电机的地方，应在安装前进行详细了解。如果误将风力发电机安装在离风口非常远的地方，将会使风力发电机的输出功率较设计值大幅度减小。例如，当年平均风速由 6.6m/s 减少到 4.5m/s 时，功率将减少$\frac{2}{3}$左右。

3）在山区，山脊和山顶是自然的高塔，也是风速最高的地方。尤其是当山脊构成的方向和主风向垂直时，对风的加速作用最大，可成为最理想的安装风力发电机的场地。

总之，由于地形和建筑物对风向和风速有很大影响，无论高山、峡谷还是高楼

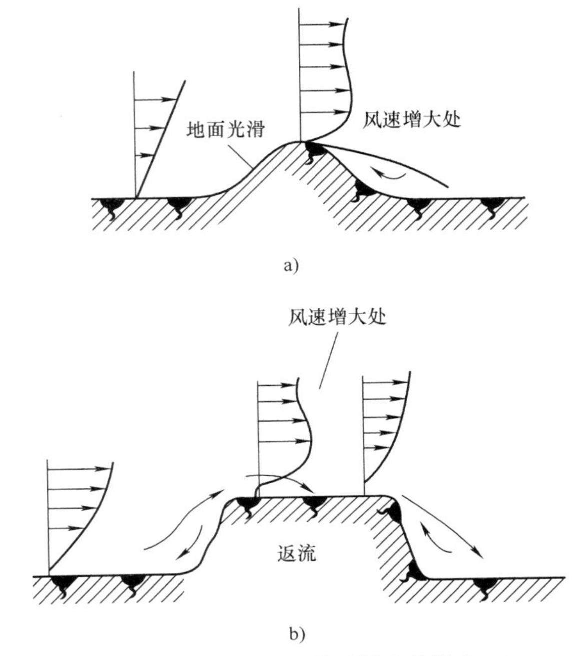

图 12-10　地形地貌对风速的影响

a）良好多风口——地面光滑的圆形小山丘　b）不适宜的场地——山顶太平坦且山坡太陡

周围、长墙空缝，有高风速的局部地方都可作为小型风力发电机的理想安装场地。要寻找风速高的地方并不很难，只要观察当地的树木情况就可以知其大概。有的树木对风的影响十分明显，向风面枝少叶疏，而背风面枝繁叶茂，常年风速越大的地方，这种变化越明显。因此，植物是选择风力发电机安装场地的指示物。

2. 注意事项

选择风力发电机安装场地时，还应注意以下事项：

1）应当避开那些风向和风速变化无常的地方。尤其在设置较大的风力发电机时，要对气象情况作深入了解，必要时可用气球进行观察或用风筝进行检查。

2）在干旱地区，应考虑到沙尘对风力发电机的损伤，为此需要做必要的保护。

3）在工厂区，应注意空气中有害气体的腐蚀作用。

4）在海边，必须认真对待盐雾的腐蚀问题。

5）在建筑物上，应注意风力发电机运转时产生的振动、噪声以及风力发电机事故性损害等问题。

总之，风力发电机的选址是风能利用中至关重要的环节，也是一个较难把握的问题，它是建立风力发电系统的最基础的工作之一。

12.3.5　小型风力发电机的安装

1. 基础的准备

安装前必须首先详细阅读使用说明书，并对照实物了解使用说明书中所说明的细节，然后再进行基础准备工作。基础准备工作是十分重要的，如果忽视这一工作，将会造成机组倒下，发生摔坏风力发电机等事故。

基础工作必须按照说明书的要求去施工，尤其对水泥基础，必须有保养期。对于四周有拉索的风力发电机，对拉索的基础应予以特别注意。因为它承担了风压的力量，一旦松脱，则会倒机。特别是地表比较松散的地区，往往拉索的基础需要比说明书的要求更加坚固。有些小型风力发电机，如50W、100W机型，没有专门的预制基础，一般用地脚螺钉和地锚直接打入地下。这些零件的长度设计是从一般地质状态来考虑的，如遇到岩石就必须按水泥地基的情况进行，如遇到松软的沙质土壤就必须做加深或其他加固处理。

2. 机组的安装

机组的安装必须严格遵守说明书中的安装程序，否则会造成安装中的倒机事故。

在机组的安装过程中必须特别注意叶片的安装。安装叶片时必须对准有关标记，认真清理结合面，以保证叶片安装角的精度。

在机体与塔杆连接时，要保证安装正确和螺栓的紧固，务必保证其中的弹簧垫圈平整。机组竖立起来时，要特别注意找正塔杆的垂直度。一般可采用吊线的方法，即用一根普通的线下缚一小块重物，用手拿着伸直手臂，下垂的线可作为铅垂线标准，用眼对准塔杆的边缘，调整拉索的松紧使塔杆保持垂直位置。应注意，这种方法必须在相互垂直的两个方位进行，如先在东面调整，然后再在南面调整。如此反复进行，方可奏效。

机组的安装工作必须在5级风以下进行，最好是风速在5~8m/s之间，这样既较安全又能及时了解安装后机组的运行情况。安装完毕后，必须观察机组在各风速下的运行情况。主要是起动时风速大小，在额定风速下是否达到额定功率，机组在运行中的振动情况如何等。

一般质量正常的风力发电机应能达到说明书中的技术指标。如果各数据与说明书中的规定有较大差异，首先应检查叶片的安装是否正确，因为叶片的安装位置正确与否直接影响机组的大部分技术参数。如果各部件均安装正确，则可与制造厂商联系，以进一步检查机组的制造质量。

若机组在运行中出现强烈振动，可以适当调整拉索的松紧度。一般希望振动出现在低风速情况下，即出现在5m/s左右的风速时。在风速较大时希望机组能平稳运转，放松拉索可改变机组的固有频率，否则在强烈振动下运行的机组很容易损坏。

3. 电气控制箱及蓄电池的安装

电气控制箱及蓄电池的安装与当地的地形、使用者到风力发电机的距离以及风力发电机的电压等级有直接关系。**一般对于输出电压为24V、12V的机组，希望电气控制箱及蓄电池装在离机组5m的距离之内，因为距离太长会造成线路电压降太**

大，影响使用。因此，选择机组时必须注意风力发电机的电压等级。例如海岛上居民都居住在无风的山下，而风力发电机必须安装在有风的山顶，两者距离常有300～500m，选用24V电压的机组就有困难，选用110V或220V电压的机组则比较合适。

12.3.6　小型风力发电机组的运行与维护

1. 定期检查与加油

风力发电设备暴露在大自然中，终日受到风吹、日晒、雨淋，设备的外面虽然有一定的防护层，但仍不能抵御长期的自然侵袭，必须定期加以清理。例如在北方干旱地区风沙较多，风力发电机的缝隙间会残留沙子，将增加机组转动部分的磨损和阻力；草原上的草尖也会像风沙一样给机组带来危害，因此也必须定期清除；而在沿海的各个小岛，对机组的腐蚀往往十分严重，因此需要定期加涂油漆。

机组旋转部分轴承的润滑油在暴晒下容易干涸，因此也要定期加油，以保证运转部分的磨损和阻力减少，使得机组能够正常工作。

在定期检查中，对一些紧固件，如螺栓、螺母、法兰、螺钉等，均应给予注意，发现松动、移位、锈蚀等应及时调整和更换，以免造成更大的事故。

检查中还要注意基础的情况，尤其是拉线基础。当出现基础松动的情况时，应予以加固。尤其是大风到来之前，更应着重检查。

2. 对电气控制器及其线路的检查与维护

风力发电机发出的交流电通过整流器变为直流电，并经过电气控制器送到蓄电池，使蓄电池得以充电，同时用电器也通过电气控制器得到稳定的直流电压。因此，从发电机到控制器再到蓄电池这一线路，是必须加强维护的。

由于一般机组的寿命往往比较长，而其他电气元件、线路的寿命比较短，因此对电气控制器及其线路必须经常检查。最好备有一定数量的备品，作维护时更换旧件之用。

由于外线的自然侵蚀，线路容易破坏，因此应及时维护，遇损后也应及时更换。

12.3.7　小型风力发电机组的常见故障及其排除方法

1. 限速部分出现卡死现象

风力发电机的限速装置是为了在风速超过额定风速值保持风轮转速不再上升而设置的机构。因此，保证一定精度的限速范围可使风力发电机正常运转，避免发生“飞车”事故。这种限速机构一般多用弹簧作为力平衡系统的重要部件，当相对运动部件之间有沙粒、草尖、锈蚀等情况时，就会出现卡死现象。

出现卡死现象，除上述原因外，有时是由于设计或制造质量的问题，有时是由于弹簧锈蚀失去弹力而不能回复等问题。这些都会造成限速失灵的现象。

当遇到上述现象时，除了设计上的原因之外，均可采取措施进行处理。首先要清除相对运动部件之间的污物，加注润滑油，再反复移动，使得各运动部件之间平滑无阻。另外，再检查弹簧，如果确是由于弹簧锈蚀而失去弹力，则应更换弹簧，这样就可以恢复限速机构的功能。

2. 制动机构出现卡死现象

对于小型风力发电机来说，制动机构是不常使用的，它主要用于维修时的停车要求。由于自然界的腐蚀，往往会出现制动后不能复原的情况，使风轮不能正常运转。遇到这种情况，可用工具帮助制动机构复原，也可在制动机构与轴之间加少量的油，使制动机构在其轴上转动灵活。

另外，应检查复位弹簧是否锈蚀。还应注意制动带与制动盘之间的间隙，若间隙太小，遇雨之后制动带膨胀，会使制动卡死。

3. 输电线扭曲

有些小型风力发电机的输电线由机体通过塔杆直接送到地面，中间未通过集电环。当有的地区出现旋转风时，就会使风力发电机的机体绕支撑轴旋转很多圈，致使输电线扭曲，对此用户应予以注意。在这样的地区，用户可以在输电线上加装插头座，发现电线扭曲时拔下插头，反转数圈，直至电线正常为止。

12.4 太阳能光伏发电

12.4.1 太阳能光伏发电系统的组成

太阳能光伏发电系统主要由太阳电池阵列、功率调节器（包含逆变器和并网保护装置等）、蓄电池（根据情况可不用）、负载以及控制保护装置等构成。

太阳能光伏发电系统的装置在实际应用时会根据系统的种类和用途而有所不同。图12-11为住宅用并网型太阳能光伏发电系统，太阳电池产生直流电，直流电通过功率调节器转换为交流电后并入电网，可以与电力公司提供的交流电一起使用。

12.4.2 太阳能光伏发电系统的主要类型

太阳能光伏发电系统根据应用领域可分为住宅用、公共设施用以及产业设施用等三种类型。住宅用太阳能光伏发电系统可以用于一家一户，也可以用于集合住宅以及由许多集合住宅构成的小区等；公共设施用太阳能光伏发电系统主要用于学校、道路、广场以及其他公用设施；产业设施用太阳能光伏发电系统主要用于工厂、营业所以及加油站等设施。

太阳能光伏发电系统根据其是否与电力系统并网可分为独立型和并网型，再根据负载的形式（直流、交流），蓄电池的有无等还可以分为多种多样的类型。

12.4.3 太阳电池单元、组件和阵列

太阳电池由将太阳的光能转换成电能的最小单元，即太阳电池单元（又称为太阳电池单体）构成。

单独的太阳电池单元的发电量很小，所以使用时必须串并联作为电池组件使用。

太阳电池组件由数十个太阳电池单元构成。把太阳电池组件内的太阳电池单元

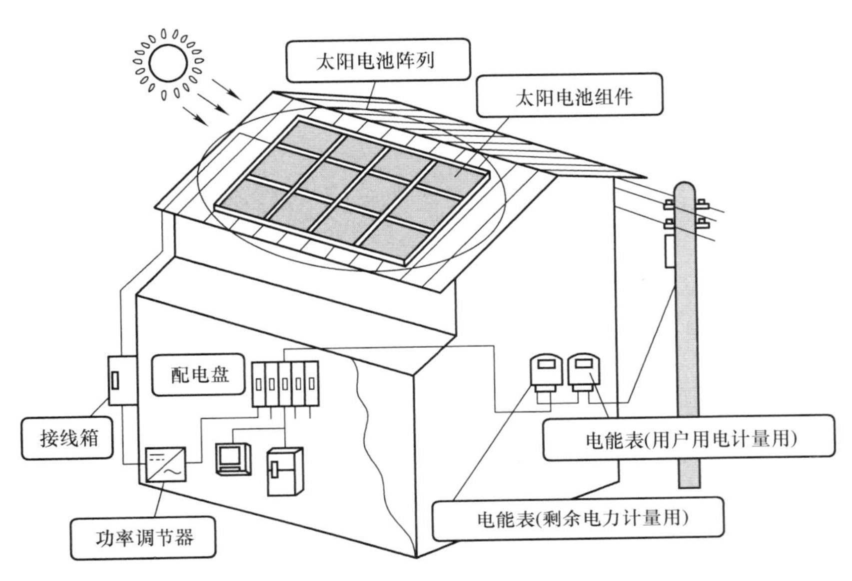

图 12-11　住宅用并网型太阳能光伏发电系统

以适当的方式串并联后，可以得到规定的电压和输出功率。

对太阳电池组件进行必要的组合，然后安装在房顶等处而构成的太阳电池全体称为太阳电池阵列（又称为太阳电池方阵）。太阳电池阵列由若干太阳电池组件经串、并联而组成的组件群以及支撑这些组件群的台架构成。

图 12-12 示出了太阳电池单元、太阳电池组件及太阳电池阵列之间的关系。

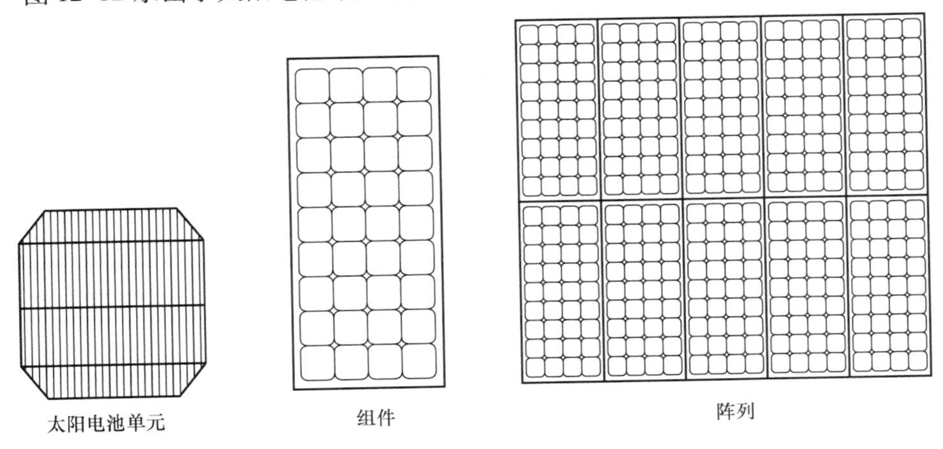

图 12-12　太阳电池阵列的构成

12.4.4　太阳电池阵列电路的构成

太阳电池阵列的电路是由太阳电池组件构成的太阳电池组件串（又称纵列组件）、逆流防止元件（二极管）VD_S、旁路元件（二极管）VD_b 和接线箱等构成的，其电路图如图 12-13 所示。这里所谓的纵列组件是根据所需输出电压将太阳电池组件串联而成的电路。各纵列组件经逆流防止元件并联构成。

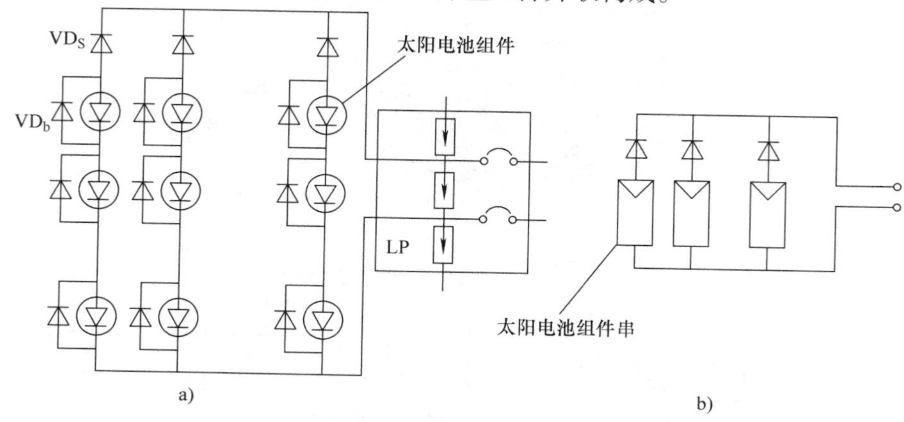

图 12-13 太阳电池阵列的电路图

（图中 VD_S 为逆流防止元件；VD_b 为旁路元件；LP 为避雷元件）

a）基本电路构成 b）电路构成框图

当太阳电池组件被鸟粪、树叶、日影覆盖时，太阳电池组件几乎不能发电。此时，各纵列组件之间的电压会出现不相等的情况，使各纵列组件之间的电压失去平衡，导致各纵列组件间以及阵列间出现环流，以及逆变器等设备的电流流向阵列的情况。为了防止逆流现象的发生，需在各纵列组件中串联逆流防止二极管。

另外，各太阳电池组件都并联了旁路二极管。这样，当太阳电池阵列的一部分被日影遮盖或组件的某部分出现故障时，可以使电流不流过未发电的组件而流经旁路二极管，并为负载提供电力。如果不接旁路二极管的话，纵列组件的输出电压的合成电压将对未发电的组件形成反向电压，发生过热现象，而且还会使全阵列的输出下降。

12.4.5 太阳电池组件的技术参数

太阳电池组件技术参数见表 12-11。

表 12-11 太阳电池组件技术参数

型号	峰值功率/W	最大工作电压/V	最大工作电流/A	开路电压/V	短路电流/A
150 - 12/A	150	34.4	4.36	43.2	4.87
		17.2	8.72	21.6	9.72
085 - 12/B	85	17.6	4.82	21.6	5
080 - 12/B	80	17.2	4.65	21.6	5
075 - 12/B	75	17.2	4.36	21.6	4.87
043 - 12/C	43	17.6	2.44	21.5	2.5
040 - 12/C	40	17.2	2.33	21.5	2.5
037 - 12/C	37	17.2	2.15	21.5	2.5

（续）

型号	峰值功率/W	最大工作电压/V	最大工作电流/A	开路电压/V	短路电流/A
034－12/C	34	17.2	1.97	21.5	2.4
026－12/D	26	16.8	1.55	21	1.61
024－12/D	24	16.8	1.43	21	1.61
022－12/D	22	16.8	1.31	21	1.61
020－12/E	20	16.8	1.19	21	1.21
018－12/E	18	16.8	1.07	21	1.21
016－12/E	16	16.8	0.95	21	1.21
014－12/F	14	16.8	0.83	21	0.97
012－12/G	12	16.8	0.71	21	0.81
010－12/H	10	16.8	0.59	21	0.66
008－12/I	8	16.8	0.48	21	0.58
006－12/J	6	16.8	0.36	21	0.39
005－12/J	5	16.8	0.3	21	0.39
004－12/K	4	8.5	0.47	10.5	0.58
002－12/L	2	8.5	0.24	10.5	0.33

12.4.6　太阳能光伏发电系统的安装

太阳能光伏发电系统的安装包括太阳电池阵列的安装、电气设备的安装、配线以及接地等。

太阳电池的安装方式根据太阳电池的设置场所的不同，主要有柱上安装方式、地上安装方式、建筑物屋上安装方式以及壁面安装方式等。

1. 太阳电池阵列在屋顶上的安装方法

（1）屋顶安装的方式与特点

对于住宅用太阳能光伏发电系统，太阳电池在屋顶上的安装方式有两种：一种是在屋顶已有的瓦或金属屋顶上固定台架，然后在台架上安装太阳电池，称为屋顶安装型（或称为屋顶直接放置型）；另一种是将建材一体型太阳电池组件直接安装在屋顶上，称为建材一体型（或称为屋顶建材型）。其中屋顶安装又分为整体式、直接式、间隙式以及架子式等四种型式。各种安装方式的固定方式与特点见表 12-12和表 12-13。

表 12-12　太阳电池在屋顶上的安装方式

安装方式	固定方式	概要
屋顶直接放置型	支撑金属件方式	把支撑金属件固定在屋顶材料或者屋面材料后，再安装支架，然后在支架上面安装太阳电池组件
屋顶建材型	太阳电池组件一体型屋顶材料	将太阳电池组件和一般的屋顶材料（如金属板等）组合在一起的屋顶材料
	屋顶材料型太阳电池组件	将太阳电池组件本身作为屋顶材料覆盖在屋顶的方式

表 12-13 屋顶安装太阳电池阵列的分类

方式	施工方法	优点	缺点
整体式 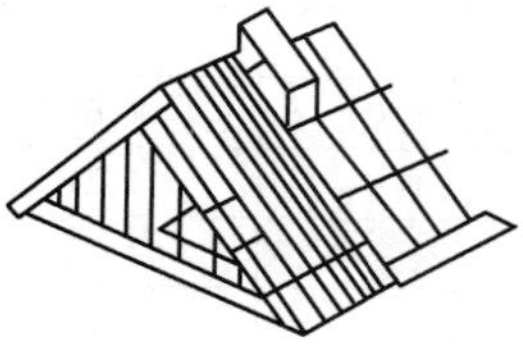	直接安装在屋顶的框架中	外形优美	适用于新建的屋顶
直接式 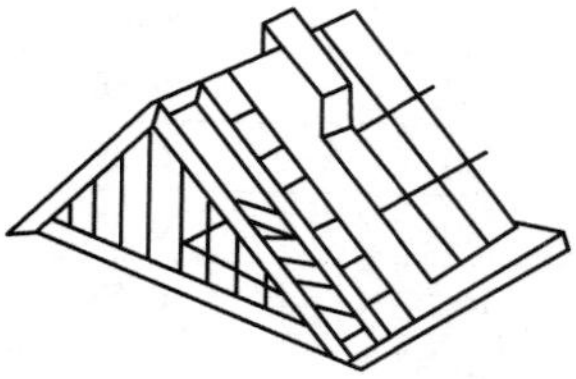	在屋顶的水平板上直接安装	适用于已建屋顶，可与使用的瓦互换；外形优美	组件升温容易
间隙式 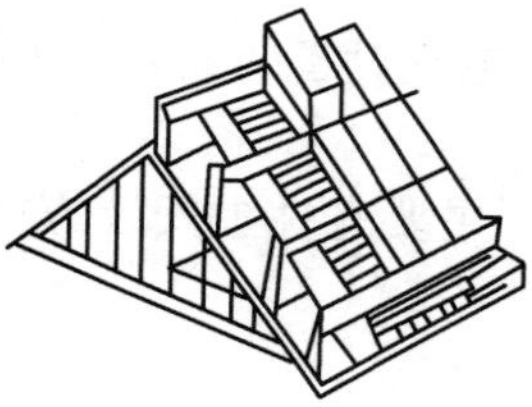	在已有的屋顶上设置安装台架（与屋顶面平行）	组件升温不高	由于设置了安装台架，会影响强度
架子式 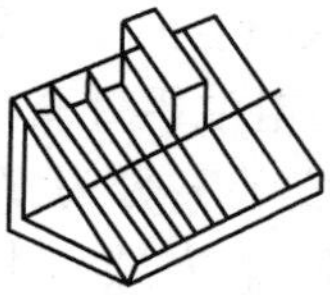	在已有的屋顶上设置安装台架（与屋顶面垂直）	可得到最佳的安装角；组件升温不高	外形较难看；由于设置了安装台架，会影响强度

（2）屋顶安装注意事项

1）屋顶作为安装太阳电池的场所，要有荷重（自重、积雪、风压等）的承受能力。

2）支架、支撑金属件和其他的安装材料，须由能在室外长期使用的耐用材料构成。在有盐雾的区域安装时，应采取必要的措施。

3）对于屋顶构造材料和支撑金属件的结合部位进行防水处理，确保住宅屋顶的防水性。

4）从太阳电池组件到室内的配线性能及保护方法，必须满足电气设备技术规定。

2. 太阳电池阵列在地面或平屋顶上的安装方法

太阳电池阵列的支架，通常由从钢筋混凝土基础上伸出的钢制热浸镀锌地脚螺栓或不锈钢地脚螺栓固定。

太阳电池阵列的基础的类型及适用范围见表 12-14。

表 12-14　太阳电池阵列的基础的类型及适用范围

基础类型	基础适用范围
直接基础	支撑层浅的场合采用
打桩基础	支撑层深的场合采用
深基桩基础	铁塔等基础上采用
沉箱基础	荷重规模大的场合采用①
钢管板桩基础	在河内建设桥梁等时采用
连续基础	支撑层深度大的场合采用

① 用于长而大的桥梁基础等。

直接基础是一种构造简单、价格低廉的施工方法，常用于地基比较硬的地面。直接基础由于形式不同，又分为独立底座基础和复合底座基础，分别如图 12-14a、b 所示。

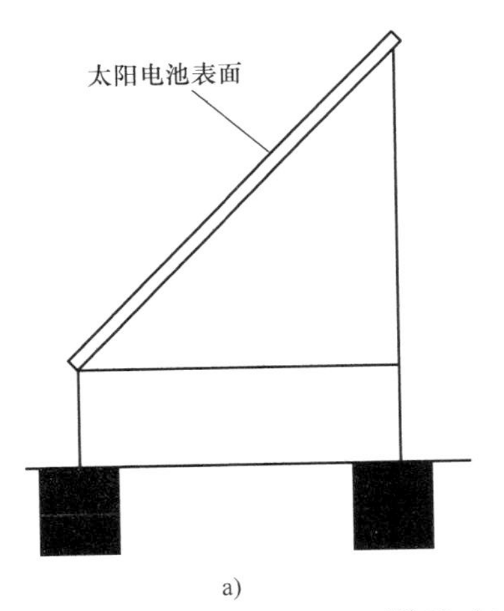

a)

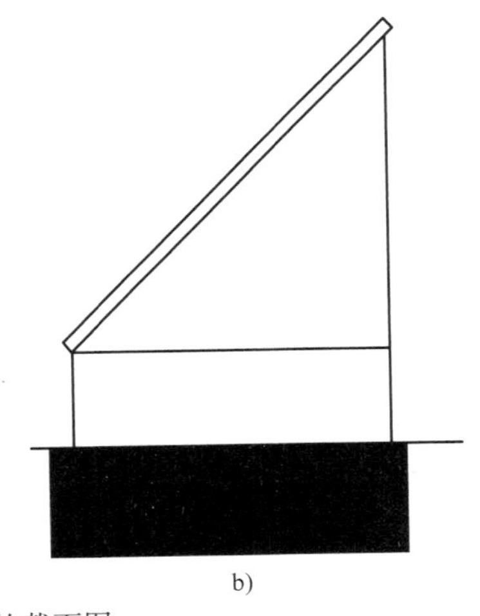

b)

图 12-14　直接基础的截面图

a）独立底座基础　b）复合底座基础

在房屋屋顶上采用混凝土基础的场合，将房屋的防水层揭开一部分，剥掉混凝土表面，在其钢筋上把固定阵列用的混凝土座的钢筋焊接在一起。若不能焊接钢筋时，为了借助混凝土的附着力和自重对抗风压，应使混凝土底座表面凹凸不平，以加大其附着力。然后，用防水填充剂进行二次防水处理。

如果上述方法不能实施时，可制作重量大的热浸镀锌的钢骨架，然后再在钢骨架上固定阵列支架。将钢骨架用螺栓连接在房上周围突出的压檐墙上，目的是风压不致使阵列及钢骨架移动，起辅助强化作用。

3. 电气设备的安装、配线以及接地

（1）电气设备的安装

电气设备的安装除了前面所述的太阳电池阵列之外，还有功率调节器、配电盘、接线盒（接线箱）、买电电能表、卖电电能表等。

功率调节器一般应安装在环境条件较好的地方。住宅用太阳能光伏发电系统用功率调节器如果安装在室内，一般安装在配电盘附近的墙壁上。如果安装在户外，则应安装在满足户外条件的箱体内。此时，要考虑周围温度、湿度、尘埃、换气、安装空间等因素。

关于配电盘，首先应检查已有的配电盘中是否有漏电断路器，是否有太阳能光伏发电系统中专用的配电用断路器。如果没有的话，则要对配电盘进行必要的改造，若已有的配电盘没有富裕的空间，则应准备另一个配电盘安装在现有的配电盘旁边。

接线盒一般安装在太阳电池阵列附近。由于接线盒的安装地点可能受到建筑物的构造、美观等条件的限制，但是要考虑以后的检查、电气设备部件的更换等因素，将接线盒安装在比较合适的地方。

卖电电能表一般应安装在电力公司安装的买电电能表的旁边。电能表一般采用户外式。室内式电能表一般应安装在带有开窗的户外用箱中。

（2）电气设备之间的配线

进行太阳电池组件与功率调节器之间的配线时，所使用的导线的截面积应满足短路电流的需要。从太阳电池组件里面引出两根线，接线时一定要注意电线的极性不要接错。先将太阳电池组件串所需的数个太阳电池组件串联，再将各组件串的引出线引到接线盒进行配线，在接线盒内将其并联，如图 12-15 所示。

功率调节器的输出部分的电气接线方式一般为单相接线，注意不要将交流侧的地线接错。

太阳电池阵列配线结束后，需要检查各组件的极性、电压、短路电流等是否与技术说明书一致。

（3）接地施工

住宅用太阳能光伏发电系统的接地施工图如图 12-16 所示。太阳能光伏发电系统一般不需接地，但必须将台架、接线盒、功率调节器外壳等电气设备、金属配线管等与地线相连接，然后通过接地电极接地，以保证人身、电气设备的安全。

（4）防雷措施

由于太阳电池阵列安装在户外，阵列的面积大，而且其周围一般无其他建筑物，因此容易受到雷电的影响而产生过电压。所以必须根据太阳能光伏发电系统的

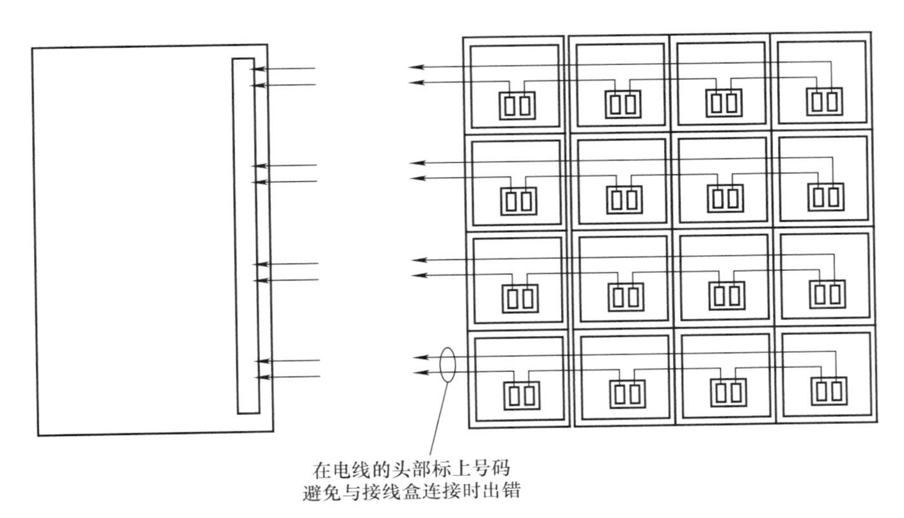

图 12-15　太阳电池阵列的配线施工图

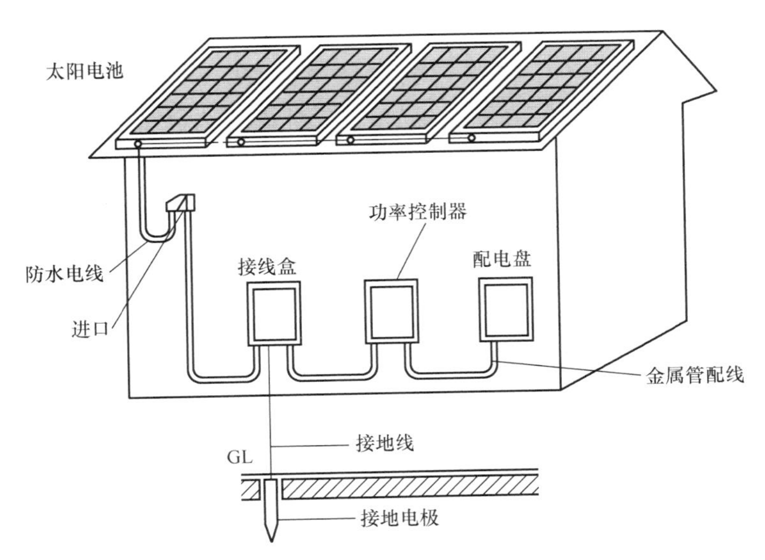

图 12-16　住宅用太阳能光伏发电系统的接地施工图

安装地点以及供电的要求等采取防雷措施。

通常采用的防雷措施有：在太阳电池阵列的主回路分散安装避雷装置；在功率调节器、接线盒内安装避雷装置；在配电盘内安装避雷装置以防止雷电从低压配电线侵入；在雷电较多的地区应考虑更加有效的防雷措施，如在交流电源侧设置防雷变压器等使太阳能光伏发电系统与电力系统绝缘，避免雷电侵入太阳能光伏发电系统。

12.4.7 太阳能光伏发电系统的维护

1. 太阳能光伏发电系统的检查

太阳能光伏发电系统的检查可分为系统安装完成时的检查、日常检查以及定期检查三种。

（1）系统安装完成时的检查

太阳能光伏发电系统安装结束后，应对系统进行全面的检查。检查内容除外观检查外，还应对太阳电池阵列的开路电压、各部分的绝缘电阻及接地电阻等进行测量。检查和测量项目见表12-15。

进行检查和测量时，应将检查结果和测量结果记录下来，为以后的日常检查和定期检查提供参考。

表12-15 检查和测量项目

检查对象	外观检查	测量试验
太阳电池	1. 表面是否有污物、破损 2. 外部布线是否损伤 3. 支架是否腐蚀、生锈 4. 接地线是否有损伤，接地端是否松动	1. 绝缘电阻测量 2. 开路电压测量（必要时）
接线箱	1. 外部是否腐蚀、生锈 2. 外部布线是否损伤，接线端子是否松动 3. 接地线是否损伤，接地线是否松动	绝缘电阻测量
功率调节器（包括逆变器、并网系统保护装置、绝缘变压器）	1. 外壳是否腐蚀、生锈 2. 外部布线是否损伤，接线端子是否松动 3. 接地线是否损伤，接线端子是否松动 4. 工作时声音是否正常，是否有异味产生 5. 换气口过滤网（有的场合）是否堵塞 6. 安装环境（是否有水、高温）	1. 显示部分的工作确认 2. 绝缘电阻测量 3. 逆变器保护功能试验
接地	布线是否损伤	接地电阻测量

（2）日常检查

日常检查主要是外观检查，一般一个月进行一次检查。日常检查项目见表12-16。在检查时，如果发现有异常现象应尽快与有关部门联系，以便尽早解决问题。

表12-16 日常检查项目

检查对象	外观检查
太阳电池阵列	1. 表面有无污物、破损 2. 支架是否腐蚀、生锈 3. 外部布线是否损伤

（续）

检查对象	外观检查
接线箱	1. 外壳是否腐蚀、生锈 2. 外部布线是否损伤
功率调节器（包括逆变器、并网系统保护装置、绝缘变压器）	1. 外壳是否腐蚀、生锈 2. 外部布线是否损伤 3. 工作时声音是否正常，是否有异味产生 4. 换气口过滤网（有的场合）是否堵塞（必要时进行清洗） 5. 安装环境（是否有水、高温）
接地	布线是否损伤
发电状况	通过显示装置了解是否正常发电

（3）定期检查

定期检查一般一年进行一次。在一般家庭中安装的小型太阳能光伏发电系统可根据实际需要自主决定定期检查时间和检查项目。若发现异常应及时向生产厂商和专业技术人员咨询。

2. 太阳能光伏发电系统的维护

1）太阳电池阵列应放置在周围没有高大建筑物、树木、电杆等遮挡太阳光的地方，以便于太阳光的接收。

2）应随季节的变化调整太阳电池阵列与地面的夹角，以便太阳电池阵列更充分地接收太阳光。

3）太阳电池阵列在安装和使用中要轻拿轻放，严禁碰撞、敲击，以免损坏封装玻璃，影响性能，缩短寿命。

4）遇有大风、暴雨、冰雹、大雪、地震等情况，应采取措施，对太阳电池阵列加以保护，以免损坏。

5）应保持太阳电池阵列采光面的清洁。如有尘土，应先用清水冲洗，然后再用干净的纱布将水迹轻轻擦干，切勿用硬物或腐蚀性溶剂冲洗、擦拭。

6）太阳电池阵列的引出线带有电源“+”“-”极性的标志，使用时应加以注意，切勿接反。

7）太阳电池阵列与蓄电池匹配使用时，太阳电池阵列应串联逆流防止二极管，然后再与蓄电池连接。

8）与太阳电池匹配使用的蓄电池，应严格按照蓄电池的使用与维护方法使用。

9）带有向日跟踪装置的太阳电池阵列，应经常检查维护跟踪装置，以保证其正常工作。

第 13 章　常用电动机控制电路

13.1　三相异步电动机基本控制电路

13.1.1　三相异步电动机单向起动、停止控制电路

扫一扫看视频

扫一扫看视频

扫一扫看视频

扫一扫看视频

三相异步电动机单向起动、停止电气控制电路应用广泛，也是最基本的控制电路，其原理图如图 13-1 所示，其接线图如图 13-2 所示。该电路能实现对电动机起动、停止的自动控制、远距离控制、频繁操作，并具有必要的保护，如短路、过载、失电压等保护。

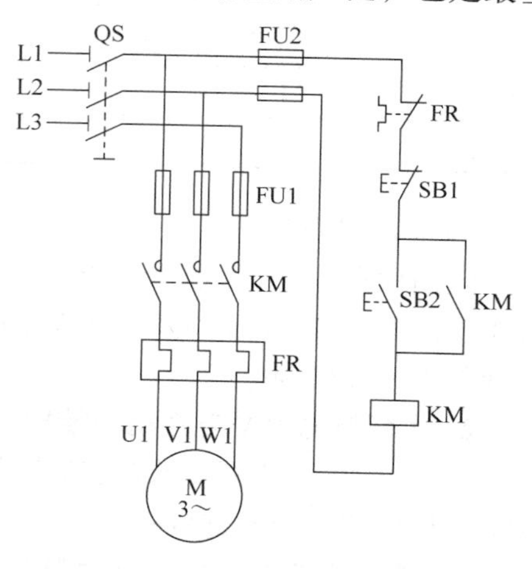

图 13-1　三相异步电动机单向起动、停止控制电路（原理图）

起动电动机时，合上 QS，按下起动按钮 SB2，接触器 KM 的吸引线圈得电，其三副常开主触点闭合，电动机起动，与 SB2 并联的接触器常开辅助触点 KM 也同时闭合，起自锁（自保持）作用。这样，当松开 SB2 时，接触器吸引线圈 KM 通过其辅助触点可以继续保持通电，维持其吸合状态，电动机继续运转。这个辅助触点通常称为自锁触点。

使电动机停转时，按下停止按钮 SB1，接触器 KM 的吸引线圈失电而释放，其常开触点断开，电动机停止运转。

13.1.2　电动机的电气联锁控制电路

一台生产机械有较多的运动部件，这些部件根据实际需要应有互相配合、互相制约、先后顺序等各种要求。这些要求若用电气控制来实现，就称为电气联锁。常用的电气联锁控制有以下几种：

（1）互相制约

互相制约联锁控制又称互锁控制。例如当拖动生产机械的两台电动机同时工作会造成事故时，要使用互锁控制；又如许多生产机械常常要求电动机能正反向工作，对于三相异步电动机，可借助正反向接触器改变定子绕组相序来实现，而正反向工作时也需要互锁控制，否则，当误操作同时使正反向接触器线圈得电时，将会

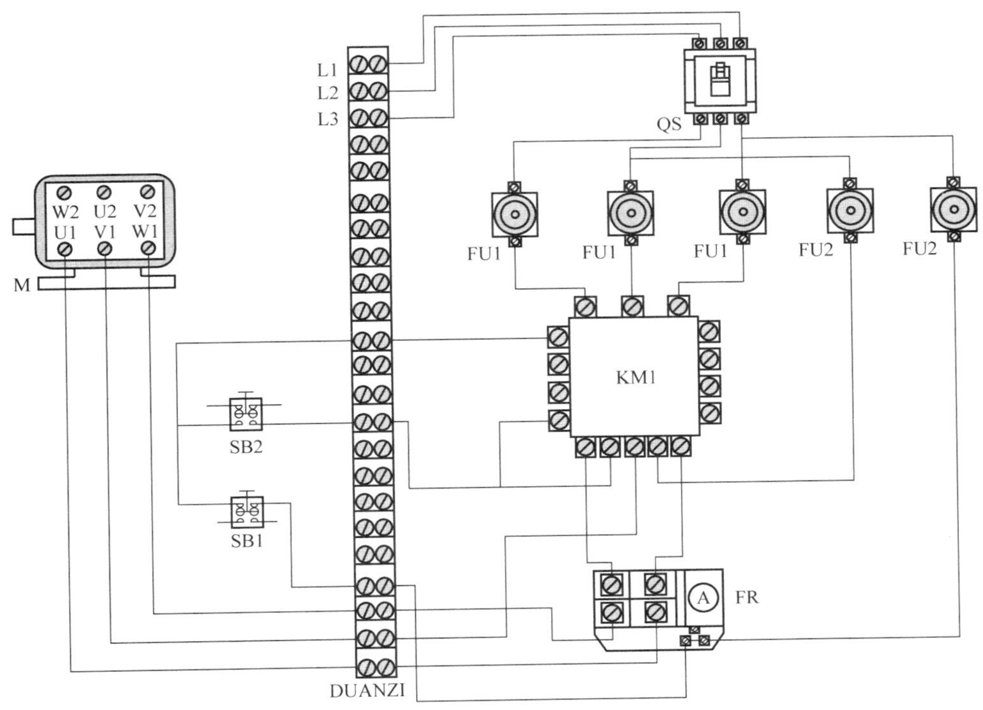

图 13-2　三相异步电动机单方向起动、停止控制电路（接线图）

造成短路故障。

互锁控制电路构成的原则：将两个不能同时工作的接触器 KM1 和 KM2 各自的常闭触点相互交换地串接在彼此的线圈回路中，如图 13-3 所示。

（2）按先决条件制约

在生产机械中，要求必须满足一定先决条件才允许开动某一电动机或执行元件时（即要求各运动部件之间能够实现按顺序工作时），就应采用按先决条件制约的联锁控制电路（又称按顺序工作的联锁控制电路）。例如车床主轴转动时要求油泵先给齿轮箱供油润滑，即要求保证润滑泵电动机起动后主拖动电动机才允许起动。

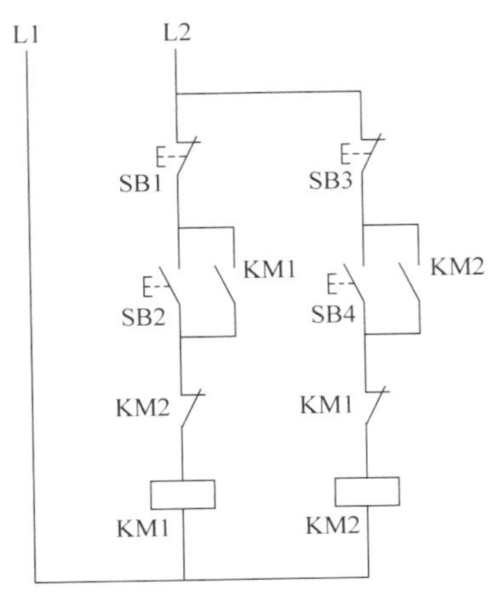

图 13-3　互锁控制电路

这种按先决条件制约的联锁控制电路构成的原则如下：

1）要求接触器 KM1 动作后，才允许接触器 KM2 动作时，则需将接触器 KM1 的常开触点串联在接触器 KM2 的线圈电路中，如图 13-4a、b 所示。

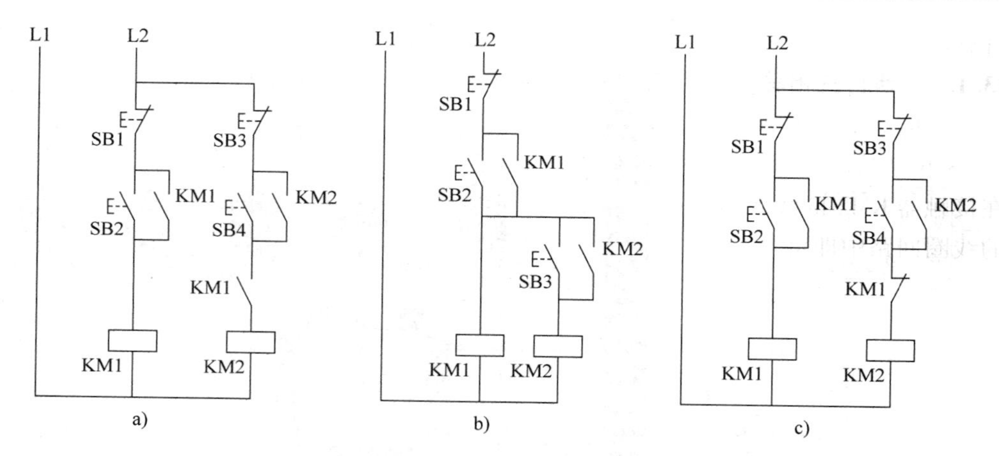

图 13-4 按先决条件制约的联锁控制电路

a）KM1 动作后，才允许 KM2 动作时 b）KM1 动作后，才允许 KM2 动作时

c）KM1 动作后，不允许 KM2 动作时

2）要求接触器 KM1 动作后，不允许接触器 KM2 动作时，则需将接触器 KM1 的常闭触点串联在接触器 KM2 的线圈电路中，如图 13-4c 所示。

（3）选择制约

某些生产机械要求既能够正常起动、停止，又能够实现调整时的点动工作时（即需要在工作状态和点动状态两者间进行选择时），须采用选择联锁控制电路。其常用的实现方式有以下两种：

1）用复合按钮实现选择联锁，如图 13-5a 所示。

2）用继电器实现选择联锁，如图 13-5b 所示。

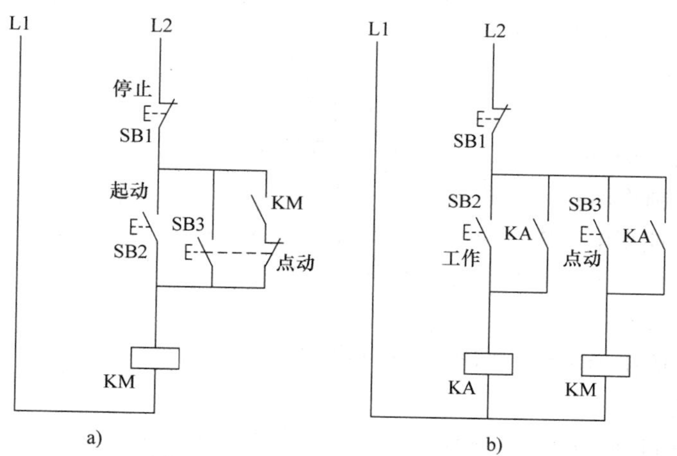

图 13-5 选择制约的联锁控制电路

a）用复合按钮实现联锁 b）用继电器实现联锁

工程上通常还采用机械互锁，进一步保证正反转接触器不可能同时通电，提高

可靠性。

13.1.3　两台三相异步电动机的互锁控制电路

当拖动生产机械的两台电动机同时工作会造成事故时，应采用互锁控制电路，图 13-6 是两台电动机互锁控制电路的原理图。将接触器 KM1 的常闭辅助触点串接在接触器 KM2 的线圈回路中，而将接触器 KM2 的常闭辅助触点串接在接触器 KM1 的线圈回路中即可。

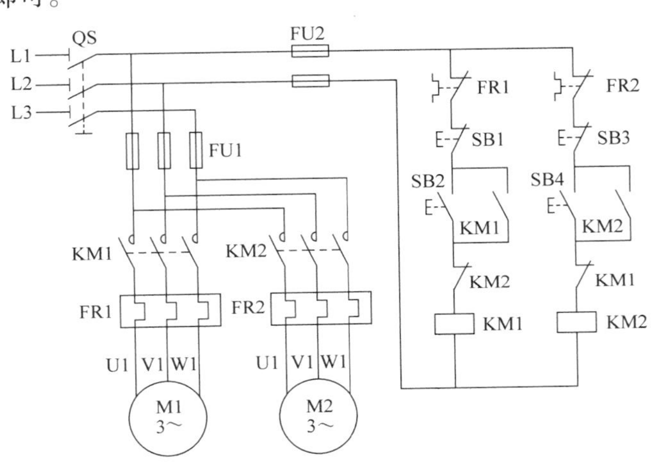

图 13-6　两台电动机互锁控制电路

下面以控制电动机 M1 起动、停止为例进行分析。

1）起动电动机 M1。

按下电动机 M1 的起动按钮 SB2→SB2 闭合→接触器 KM1 线圈得电而吸合→KM1 的三副主触点闭合→电动机 M1 得电起动运转；与此同时，KM1 常开辅助触点闭合，起自锁（自保持）作用。这样，当松开 SB2 时，接触器 KM1 的线圈通过其辅助触点 KM1 可以继续保持通电，维持其吸合状态，电动机 M1 继续运转。

电动机 M1 运行时，由于串联在接触器 KM2 回路中的 KM1 的常闭辅助触点已经断开（起互锁作用）。所以，如果此时按下电动机 M2 的起动按钮 SB4，接触器 KM2 的线圈不能得电，电动机 M2 不能起动运行。KM1 的常闭辅助触点起到了互锁作用。

2）停止电动机 M1。

按下停止按钮 SB1→SB1 断开→接触器 KM1 线圈失电而释放→KM1 的三副主触点断开（复位）→电动机 M1 断电并停止。与此同时，KM1 常开辅助触点断开（复位），解除自锁；KM1 常闭辅助触点闭合（复位），解除互锁。

13.1.4　三相异步电动机正反转控制电路

许多生产机械常常要求具有上下、左右、前后等相反方向的运动，这就要求电动机可以正反转控制（又称可逆控制）。对于三相异步电动机，可借助正反转接触器将接至电动机的三相电源进线中的任意两相对调，达到反转的目的。而正反转控制时需要一种联锁关系，否则当出现误操作同时使正反转接触器线圈得电时，将会造成短路故障。

1. 用接触器联锁的三相异步电动机正反转控制电路

图 13-7 是用接触器辅助触点作联锁（又称互锁）保护的正反转控制电路的原理图。图中采用两个接触器，当正转接触器 KM1 的三副主触点闭合时，三相电源的相序按 L1、L2、L3 接入电动机。而当反转接触器 KM2 的三副主触点闭合时，三相电源的相序按 L3、L2、L1 接入电动机，电动机即反转。

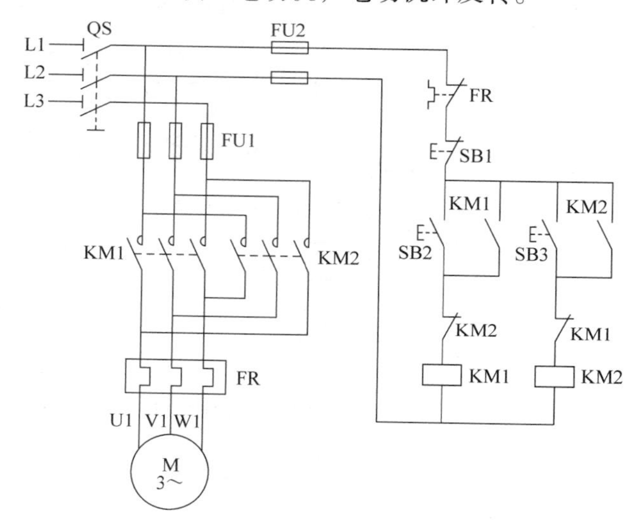

图 13-7　用接触器联锁的正反转控制电路

控制电路中接触器 KM1 和 KM2 不能同时通电，否则它们的主触点就会同时闭合，将造成 L1 和 L3 两相电源短路。为此在接触器 KM1 和 KM2 各自的线圈回路中互相串联对方的一副常闭辅助触点 KM2 和 KM1，以保证接触器 KM1 和 KM2 的线圈不会同时通电。这两副常闭辅助触点在电路中起联锁或互锁作用。

当按下起动按钮 SB2 时，正转接触器的线圈 KM1 得电，正转接触器 KM1 吸合，使其动合辅助触点 KM1 闭合自锁，其三副主触点 KM1 的闭合使电动机正向运转，而其常闭辅助触点 KM1 的断开，则切断了反转接触器 KM2 的线圈的电路。这时如果按下反转起动按钮 SB3，线圈 KM2 也不能得电，反转接触器 KM2 就不能吸合，可以避免造成电源短路故障。欲使正向旋转的电动机改变其旋转方向，必须先按下停止按钮 SB1，待电动机停下后，再按下反转起动按钮 SB3，电动机就会反向运转。

这种控制电路的缺点是操作不方便，因为要改变电动机的转向时，必须先按停止按钮。

2. 用按钮和接触器复合联锁的三相异步电动机正反转控制电路

用按钮、接触器复合联锁的正反转控制电路的原理图如图 13-8 所示。该电路的动作原理与上述正反转控制电路基本相似。但是，由于采用了复合按钮（注意，复合按钮触点的动作顺序：当按下复合按钮时，其常闭触点先断开，常开触点闭合；当松开复合按钮时，其常开触点先复位，常闭触点后复位），当按下反转起动按钮 SB3 时，首先使串接在正转控制电路中的反转按钮 SB3 断开，正转接触器 KM1 的线圈断电，接触器 KM1 释放，其三副主触点断开，电动机断电；接着反转按钮 SB3 的闭合，使反转接触器 KM2 的线圈得电，接触器 KM2 吸合，其三副主触点闭合，电动机反向运转。同理，由反转运行转换成正转运行时，也无须按下停止按钮 SB1，而直接按下正转起动按钮 SB2 即可。

这种控制电路的优点是操作方便，而且安全可靠。读者可根据上述方法自行分析该电路的工作原理。

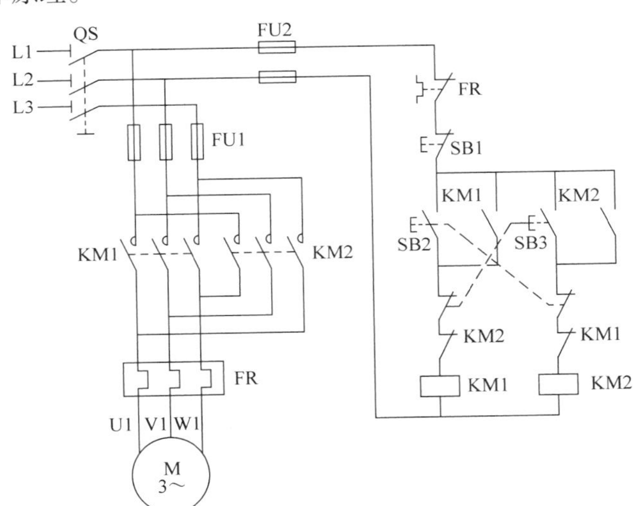

图 13-8 用按钮、接触器复合联锁的正反转控制电路

13.1.5 电动机点动与连续运行控制电路

某些生产机械常常要求既能够连续运行，又能够实现点动控制运行，以满足一些特殊工艺的要求。点动与连续运行的主要区别在于是否接入自锁触点，点动控制加入自锁后就可以连续运行。

1. 采用点动按钮联锁的电动机点动与连续运行控制电路

采用点动按钮联锁的三相异步电动机点动与连续运行的控制电路的原理图如图 13-9所示。

图 13-9c 所示的电路是将点动按钮 SB3 的常闭触点作为联锁触点串联在接触器 KM 的自锁触点电路中。当正常工作时，按下起动按钮 SB2，接触器 KM 得电并自保。当点动工作时，按下点动按钮 SB3，其常开触点闭合，接触器 KM 通电。但是，由于按钮 SB3 的常闭触点已将接触器 KM 的自锁电路切断，手一离开按钮，接触器 KM 就失电，从而实现了点动控制。

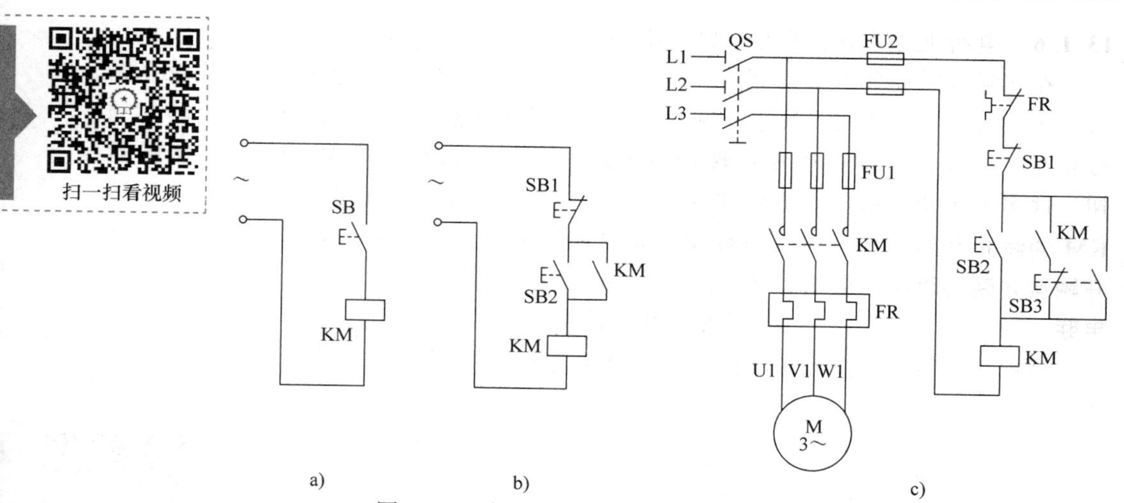

图 13-9　采用点动按钮联锁的点动与连续运行控制电路

a）点动运行　b）连续运行　c）点动与连续运行

值得注意的是，在图 13-9c 所示电路中，若接触器 KM 的释放时间大于按钮 SB3 的恢复时间，则点动结束，按钮 SB3 的常闭触点复位时，接触器 KM 的常开辅助触点尚未断开，将会使接触器 KM 的自锁电路继续通电，电路就将无法正常实现点动控制。

2. 采用中间继电器联锁的电动机点动与连续运行控制电路

采用中间继电器 KA 联锁的点动与连续运行的控制电路的原理图如图 13-10 所示。当点动工作时，按下点动按钮 SB3，接触器 KM 得电，由于接触器 KM 不能自锁（自保），从而能可靠地实现点动控制。当正常工作时，按下按钮 SB2，中间继电器 KA 得电，其常开触点闭合，使接触器 KM 得电并自锁（自保）。

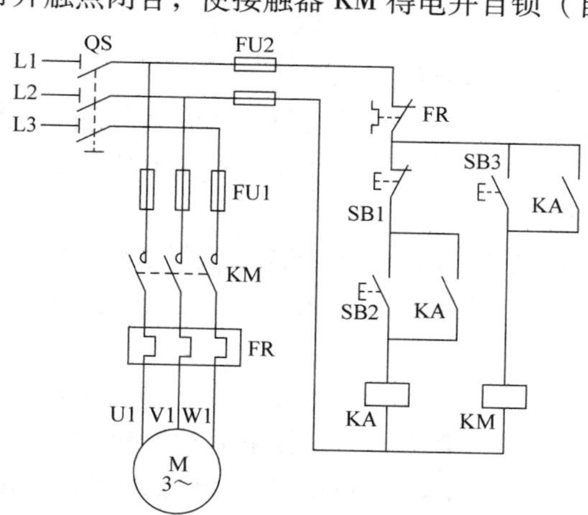

图 13-10　采用中间继电器联锁的点动与连续运行控制电路

13.1.6　电动机的多地点操作控制电路

在实际生活和生产现场中，通常需要在两地或两地以上的地点进行控制操作。因为用一组按钮可以在一处进行控制，所以要在多地点进行控制，就应该有多组按钮。这多组按钮的接线原则是：**在接触器 KM 的线圈回路中，将所有起动按钮的常开触点并联，而将各停止按钮的常闭触点串联。**图 13-11 是实现两地操作的控制电路。根据上述原则，可以推广于更多地点的控制。

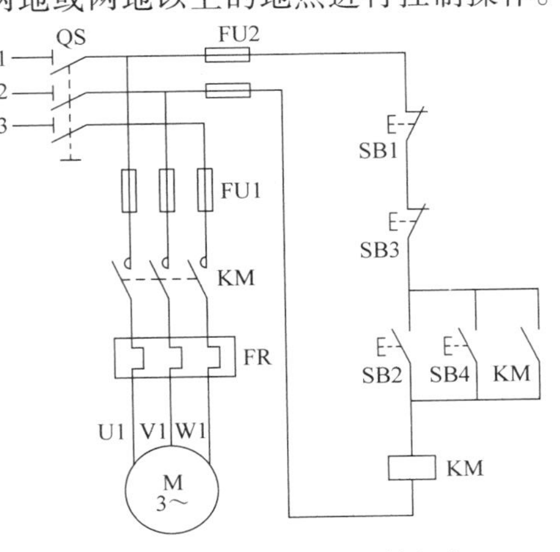

图 13-11　两地操作的控制电路

13.1.7　多台电动机的顺序控制电路

在装有多台电动机的生产机械上，各电动机所起的作用不同，有时需要按一定的顺序起动才能保证操作过程的合理和工作的安全可靠。例如，机械加工车床要求油泵先给齿轮箱供油润滑，即要求油泵电动机必须先起动，待主轴润滑正常后，主轴电动机才允许起动。这种顺序关系反映在控制电路上，称为顺序控制。

图 13-12 所示是两台电动机 M1 和 M2 的顺序控制电路的原理图。图 13-12a 中所示控制电路的特点是，将接触器 KM1 的一副常开辅助触点串联在接触器 KM2 线圈的控制电路中。这就保证了只有当接触器 KM1 接通，电动机 M1 起动后，电动机 M2 才能起动，而且，如果由于某种原因（如过载或失电压等）使接触器 KM1 失电释放而导致电动机 M1 停止时，电动机 M2 也立即停止，即可以保证电动机 M2 和 M1 同时停止。另外，该控制电路还可以实现单独停止电动机 M2。

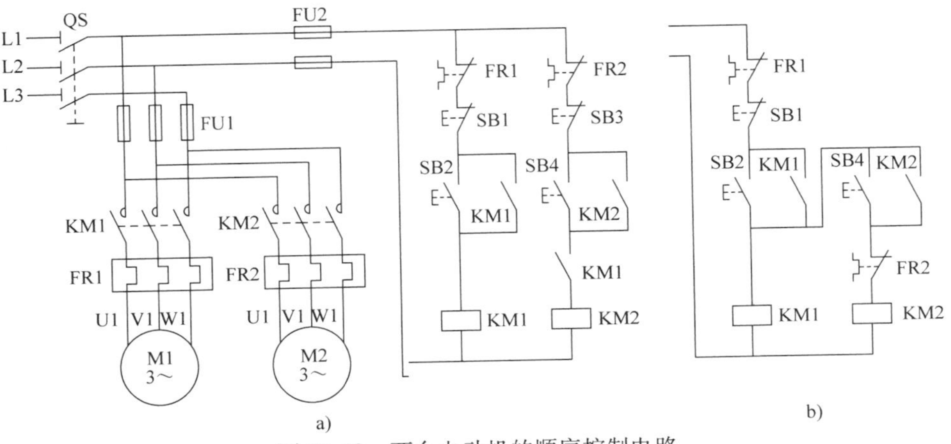

图 13-12　两台电动机的顺序控制电路

a）将 KM1 的常开触点串联在 KM2 线圈回路中　b）将 KM2 的控制电路接在 KM1 的常开触点之后

图 13-12b 所示控制电路的特点是，电动机 M2 的控制电路是接在接触器 KM1 的常开辅助触点之后，其顺序控制作用与图 13-12a 相同。而且还可以节省一副常开辅助触点 KM1。

13.1.8 行程控制电路

行程控制就是用运动部件上的档铁碰撞行程开关而使其触点动作，以接通或断开电路，来控制机械行程。

行程开关（又称限位开关）可以完成行程控制或限位保护。例如，在行程的两个终端处各安装一个行程开关，并将这两个行程开关的常闭触点串接在控制电路中，就可以达到行程控制或限位保护。

行程控制或限位保护在摇臂钻床、万能铣床、桥式起重机及各种其他生产机械中经常被采用。

图 13-13a 所示为小车限位控制电路的原理图，它是行程控制的一个典型实例。该电路的工作原理如下：先合上电源开关 QS；然后按下向前按钮 SB2，接触器 KM1 因线圈得电而吸合并自锁，电动机正转，小车向前运行；当小车运行到终端位置时，小车上的挡铁碰撞行程开关 SQ1，使 SQ1 的常闭触点断开，接触器 KM1 因线圈失电而释放，电动机断电，小车停止前进。此时即使再按下向前按钮 SB2，接触器 KM1 的线圈也不会得电，保证了小车不会超过行程开关 SQ1 所在位置。

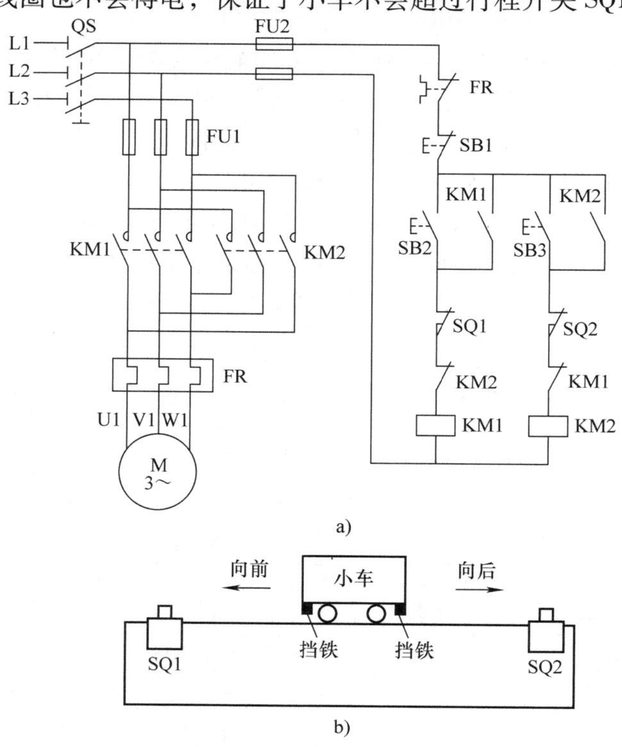

图 13-13 行程控制电路

a）控制电路原理图 b）小车运动示意图

当按下向后按钮 SB3 时，接触器 KM2 因线圈得电而吸合并自锁，电动机反转，小车向后运行，行程开关 SQ1 复位，触点闭合。当小车运行到另一终端位置时，行程开关 SQ2 的常闭触点被撞开，接触器 KM2 因线圈失电而释放，电动机断电，小车停止运行。

13.1.9　自动往复循环控制电路

有些生产机械，要求工作台在一定距离内能自动往复，不断循环，以使工件能连续加工。其对电动机的基本要求仍然是起动、停止和反向控制，所不同的是当工作台运动到一定位置时，能自动地改变电动机工作状态。

常用的自动往复循环控制电路如图 13-14 所示。

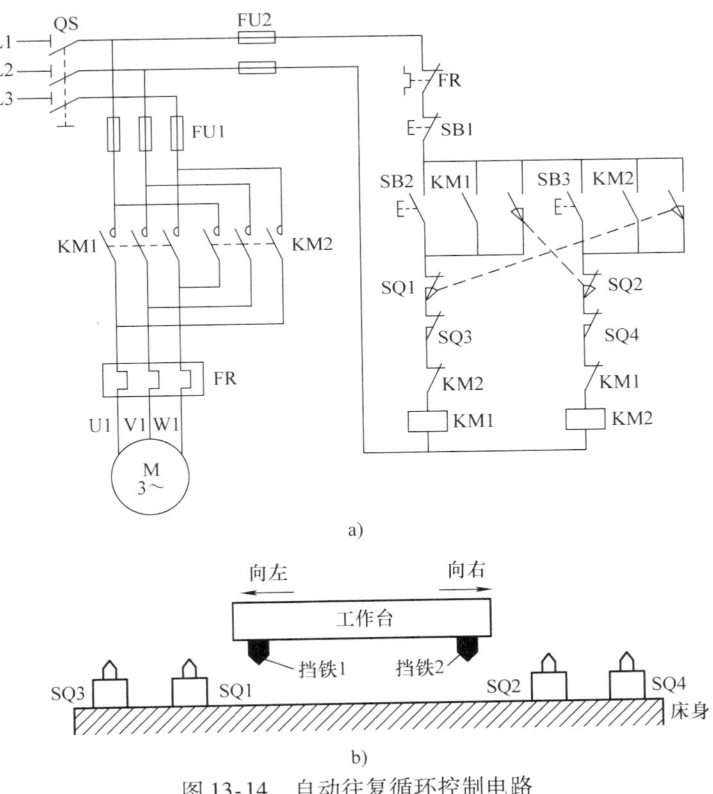

图 13-14　自动往复循环控制电路
a）控制电路　b）工作台运动示意图

先合上电源开关 QS，然后按下起动按钮 SB2，接触器 KM1 因线圈得电而吸合并自锁，电动机正转起动，通过机械传动装置拖动工作台向左移动，当工作台移动到一定位置时，挡铁 1 碰撞行程开关 SQ1，使其常闭触点断开，接触器 KM1 因线圈断电而释放，电动机停止，与此同时行程开关 SQ1 的常开触点闭合，接触器 KM2 因线圈得电而吸合并自锁，电动机反转，拖动工作台向右移动。同时，行程开关 SQ1 复位，为下次正转做准备。当工作台向右移动到一定位置时，挡铁 2 碰撞行程开关 SQ2，使其常闭触点断开，接触器 KM2 因线圈断电而释放，电动机停止，与此同时行程开关 SQ2 的常开触点闭合，使接触器 KM1 线圈又得电，电动机又开始正转，拖动工作台向左移动。如此周而复始，使工作台在预定的行程内自动往复移动。

工作台的行程可通过移动挡铁（或行程开关 SQ1 和 SQ2）的位置来调节，以适应加工零件的不同要求。行程开关 SQ3 和 SQ4 用来作限位保护，安装在工作台往复运动的极限位置上，以防止行程开关 SQ1 和 SQ2 失灵，工作台继续运动不停止而造成事故。

带有点动的自动往复循环控制电路如图 13-15 所示，它是在图 13-14 中加入了点动按钮 SB4 和 SB5，以供点动调整工作台位置时使用。其工作原理与图 13-14 基本相同。

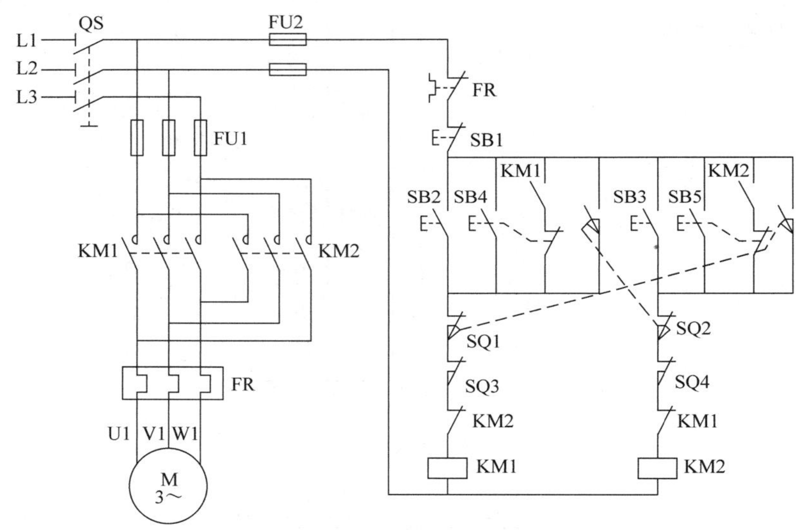

图 13-15　带有点动的自动往复循环控制电路

13.1.10　无进给切削的自动循环控制电路

为了提高加工精度，有的生产机械对自动往复循环还提出了一些特殊要求。以钻孔加工过程自动化为例，钻削加工时刀架的自动循环如图 13-16 所示。其具体要求是：刀架能自动地由位置 1 移动到位置 2 进行钻削加工；刀架到达位置 2 时不再进给，但钻头继续旋转，进行无进给切削以提高工件加工精度，短暂时间后刀架再自动退回位置 1。

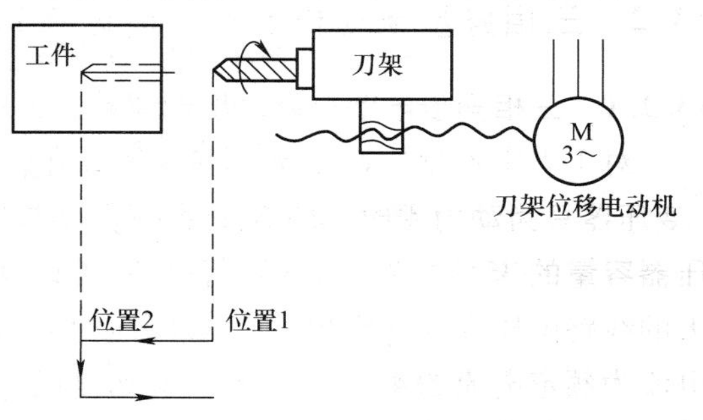

图 13-16　刀架的自动循环

无进给切削的自动循环控制电路如图13-17所示。这里采用行程开关SQ1和SQ2分别作为测量刀架运动到位置1和2的测量元件，由它们给出的控制信号通过接触器控制刀架位移电动机。按下进给按钮SB2，正向接触器KM1因线圈得电而吸合并自锁，刀架位移电动机正转，刀架进给，当刀架到达位置2时，挡铁碰撞行程开关SQ2，其常闭触点断开，正转接触器KM1因线圈断电而释放，刀架位移电动机停止工作，刀架不再进给，但钻头继续旋转（其拖动电动机在图13-17中未绘出）进行无进给切削。与此同时，行程开关SQ2的常开触点闭合，接通时间继电器KT的线圈，开始计算无进给切削时间。到达预定无进给切削时间后，时间继电器KT延时闭合的常开触点闭合，使反转接触器KM2因线圈得电而吸合并自锁，刀架位移电动机反转，于是刀架开始返回。当刀架退回到位置1时，挡铁碰撞行程开关SQ1，其常闭触点断开，反转继电器KM2因线圈断电而释放，刀架位移电动机停止，刀架自动停止运动。

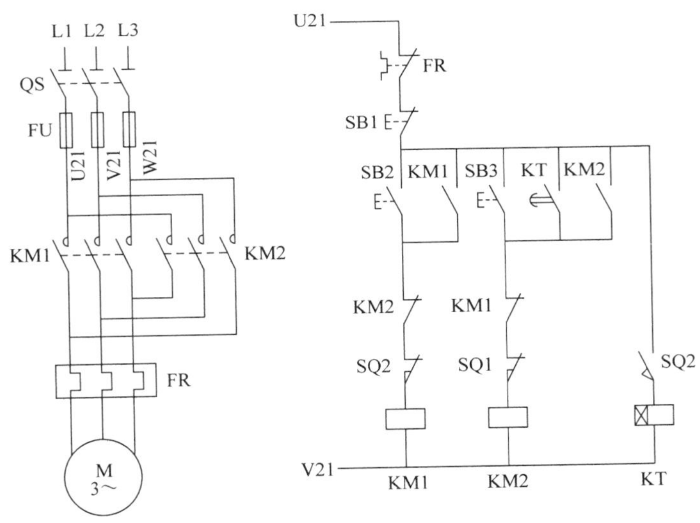

图13-17　无进给切削的自动循环控制电路

13.2　三相异步电动机起动、调速与制动

13.2.1　三相异步电动机起动控制电路

对于大中容量的笼型异步电动机，当电动机容量超过其供电变压器的规定值（**变压器只为动力用时，取变压器容量的25%；变压器为动力、照明共用时，取变压器容量的35%**）时，一般应采用减压起动方式，以防止过大的起动电流引起很大的线路电压降，并影响电网的供电质量。另外，由于笼型三相异步电动机的起动电流为额定电流的4~7倍，在电动机频繁起动的情况下，过大的起动电流将会造成电动机严重发热，以致加速绝缘老化，大大缩短电动机的使用寿命。因此，也应

采用减压起动方式。

减压起动（又称降压起动）是指降低电动机定子绕组的相电压进行起动，以限制电动机的起动电流。当电动机的转速升高到一定值时，再使定子绕组电压恢复到额定值。由于电动机的电磁转矩与定子绕组相电压的二次方成正比，减压起动时，电动机的起动转矩将大大降低，因此，**减压起动方法仅适用于空载或轻载时的起动。**

1. 笼型三相异步电动机定子绕组串电阻（或电抗器）减压起动控制电路

定子绕组串联电阻（或电抗器）减压起动是在三相异步电动机的定子绕组电路中串入电阻（或电抗器），起动时，利用串入的电阻（或电抗器）起降压限流作用，待电动机转速升到一定值时，将电阻（或电抗器）切除，使电动机在额定电压下稳定运行。由于定子绕组电路中串入的电阻要消耗电能，所以大、中型电动机常采用串电抗器的减压起动方法，它们的控制电路是一样的。现仅以串电阻起动控制电路为例说明其工作原理。

定子绕组串电阻（或电抗器）减压起动控制电路有手动接触器控制及时间继电器自动控制等几种形式。

时间继电器控制的串电阻减压起动控制电路的原理图如图 13-18 所示。由控制电路可以看出，接触器 KM1 和 KM2 是按顺序工作的。起动时只需按一次起动按钮，从起动到全压运行由时间继电器自动完成。

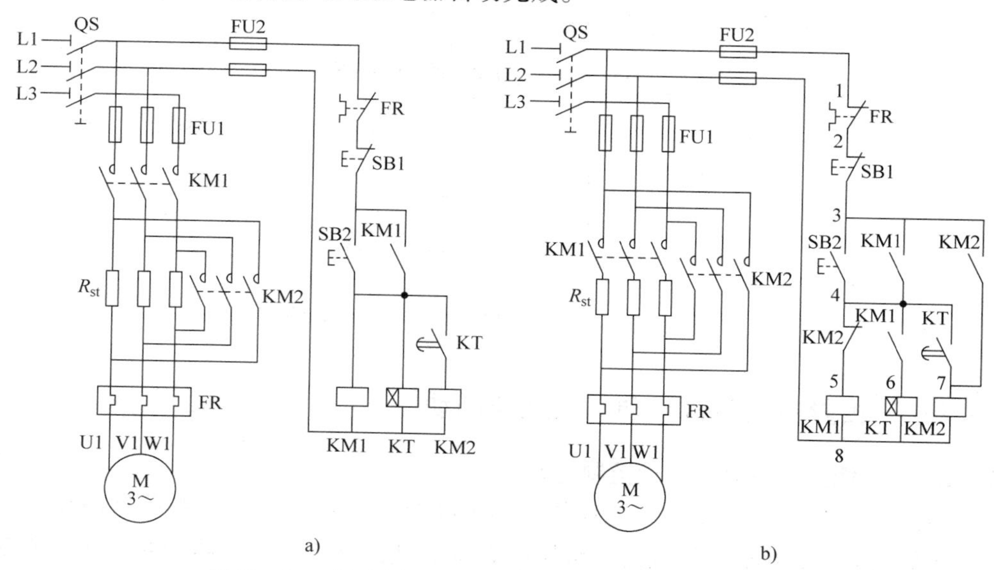

图 13-18　时间继电器控制的串电阻减压起动控制电路

a）起动结束后，KM1、KT 仍通电吸合　b）起动结束后，KM1、KT 断电释放

图 13-18a 所示控制电路工作原理如下：欲起动电动机，先合上电源开关 QS，然后按下起动按钮 SB2，接触器 KM1 与时间继电器 KT 因线圈得电而同时吸合并自

锁，接触器 KM1 主触点闭合，电动机 M 定子绕组串电阻 R_{st}减压起动。当时间继电器 KT 到达预先给定的延时值时，其延时闭合的常开触点闭合，接触器 KM2 因线圈得电而吸合，KM2 主触点闭合，将起动电阻 R_{st}短接，使电动机 M 全压运行。采用该控制电路，在电动机运行时，接触器 KM1、KM2 和时间继电器 KT 线圈内都通有电流。为了避免这一缺点，可改进为图 13-18b 所示的控制电路。

图 13-18b 所示控制电路工作原理如下：欲起动电动机，先合上电源开关 QS，然后按下起动按钮 SB2，接触器 KM1 与时间继电器 KT 因线圈得电而同时吸合并自锁，接触器 KM1 主触点闭合，电动机 M 定子绕组串电阻 R_{st}减压起动。当时间继电器 KT 到达预先给定的延时值时，其延时闭合的常开触点闭合，接触器 KM2 因线圈得电而吸合并自锁，KM2 主触点闭合，将起动电阻 R_{st}短接，使电动机 M 全压运行。与此同时，接触器 KM2 的常闭辅助触点断开，使接触器 KM1 因线圈断电而释放，时间继电器也因线圈断电而释放。所以电动机全压运行时，只有接触器 KM2 接入电路。

2. 手动控制的自耦减压起动器减压起动

图 13-19 所示为使用自耦减压起动器的控制电路原理图。自耦变压器的抽头可以根据电动机起动时负载的大小来选择。

起动时，先把操作手柄转到“起动”位置，这时自耦变压器的三相绕组连接成 Y 联结，三个首端与三相电源相连接，三个抽头与电动机相连接，电动机减压起动。当电动机的转速上升到较高转速时，将操作手柄转到“运行”位置，电动机与三相电源直接连接，电动机在全压下运行，自耦变压器失去作用。若欲停止，只要按下停止按钮，则失压脱扣器的线圈断电，机械机构使操作手柄回到“停止”位置，电动机即停止。

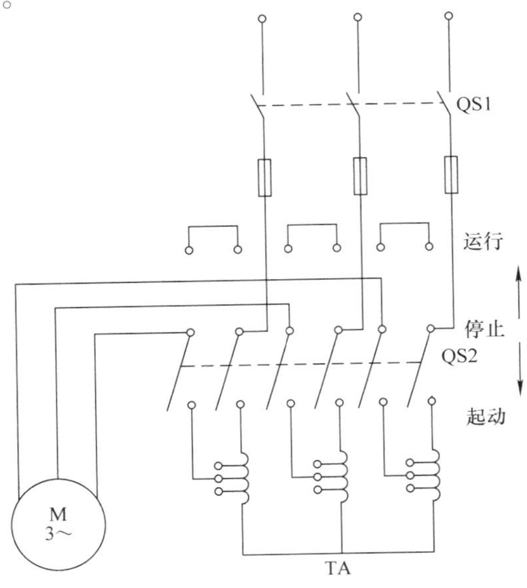

图 13-19　自耦减压起动器控制电路原理图

3. 笼型三相异步电动机自耦变压器（起动补偿器）减压起动控制电路

自耦变压器减压起动又称起动补偿器减压起动，是利用自耦变压器来降低起动时加在电动机定子绕组上的电压，达到限制起动电流的目的。起动结束后将自耦变压器切除，使电动机全压运行。自耦变压器减压起动常采用一种叫作自耦减压起动器（又称起动补偿器）的控制设备来实现，可分手动控制与自动控制两种。

图13-20所示为时间继电器控制的自耦变压器减压起动控制电路的原理图。起动时，先合上电源开关QS，然后按下起动按钮SB2，接触器KM1、KM2与时间继电器KT因线圈得电而同时吸合并自锁，接触器KM1、KM2的主触点闭合，电动机定子绕组经自耦变压器接至电源减压起动。当时间继电器KT到达延时值时，其常闭触点断开，使接触器KM1因线圈断电而释放，KM1主触点和辅助触点断开；与此同时，时间继电器KT延时闭合的常开触点闭合，使接触器KM3因线圈得电而吸合并自锁，KM3主触点闭合，电动机进入全压正常运行，而此时接触器KM3的常闭辅助触点也同时断开，使接触器KM2与时间继电器KT因线圈断电而释放，KM2主触点断开，将自耦变压器从电网上切除。

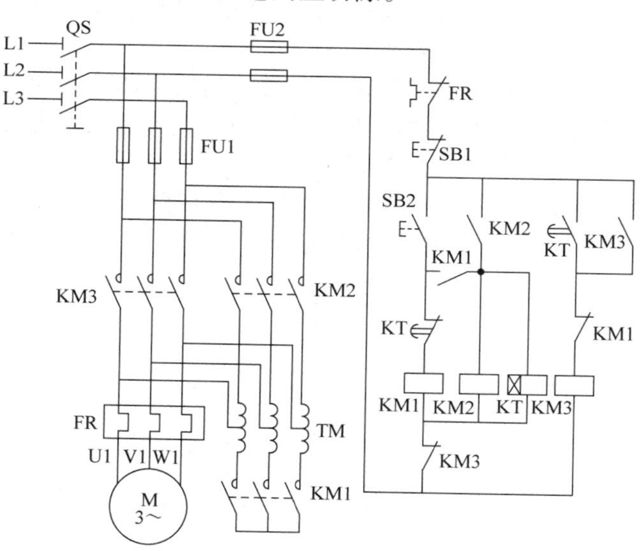

图13-20 时间继电器控制的自耦变压器减压起动控制电路

自耦变压器减压起动与定子绕组串电阻减压起动相比较，在同样的起动转矩时，对电网的电流冲击小，功率损耗小。其缺点是自耦变压器相对电阻器结构复杂、价格较高。因此，自耦变压器减压起动主要用于起动较大容量的电动机，以减小起动电流对电网的影响。

4. 笼型三相异步电动机星形-三角形（Y-△）减压起动控制电路

Y-△起动只能用于正常运行时定子绕组为△联结（其定子绕组相电压等于电动机的额定电压）的三相异步电动机，而且定子绕组应有6个接线端子。起动时将定子绕组接成Y联结$\left(\text{其定子绕组相电压降为电动机额定电压的}\frac{1}{\sqrt{3}}\text{倍}\right)$，待电动机的转速升到一定程度时，再改接成△联结，使电动机正常运行。Y－△起动控制电路有按钮切换控制和时间继电器自动切换控制两种。

图 13-21 为时间继电器控制Y－△减压起动控制电路的原理图。起动时，先合上电源开关 QS，然后按下起动按钮 SB2，接触器 KM、KM1 与时间继电器 KT 因线圈得电而同时吸合并自锁，接触器 KM1 的主触点闭合，将电动机的定子绕组接成Y形，而与此同时，接触器 KM 的主触点闭合，将电动机接至电源，电动机以Y联结起动。当时间继电器 KT 到达延时值时，其延时断开的常闭触点断开，使接触器 KM1 因线圈断电而释放，KM1 主触点断开，使电动机Y联结起动结束；而与此同时，时间继电器 KT 延时闭合的常开触点闭合，使接触器 KM2 因线圈得电而吸合并自锁，KM2 主触点闭合，将电动机的定子绕组接成△联结，使电动机按△联结投入正常运行。

扫一扫看视频

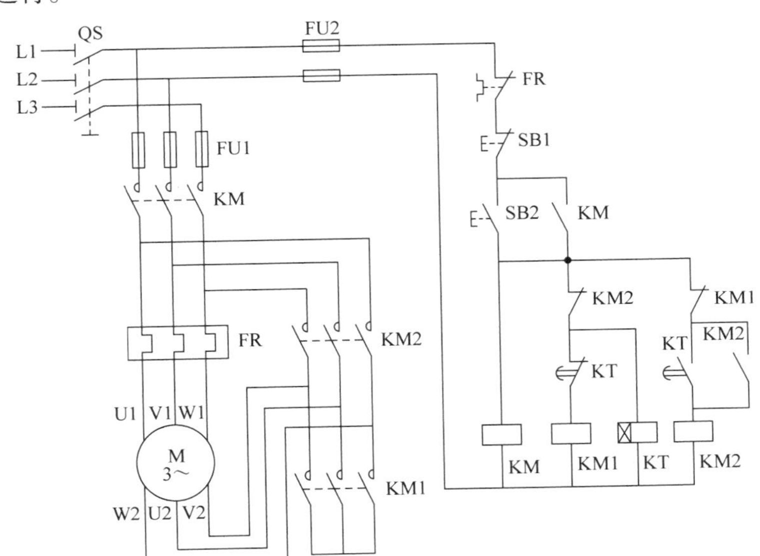

图 13-21　时间继电器控制Y－△减压起动控制电路

Y－△ 起动的优点在于Y联结起动时，起动电流只是原来 △联结时的$\frac{1}{3}$，起动电流较小，而且结构简单、价格便宜。其缺点是Y联结起动时，起动转矩也相应下降为原来△联结时的$\frac{1}{3}$，起动转矩较小，因而Y－△ 起动只适用于空载或轻载起动的场合。

5. 绕线转子三相异步电动机转子回路串电阻起动控制电路

对于笼型三相异步电动机，无论采用哪一种减压起动方法来减小起动电流时，电动机的起动转矩都随之减小。所以对于不仅要求起动电流小，而且要求起动转矩大的场合，就不得不采用起动性能较好的绕线转子三相异步电动机。

绕线转子三相异步电动机的特点是可以在转子回路中串入起动电阻，串接在三相转子绕组中的起动电阻，一般都接成Y联结。在开始起动时，起动电阻全部接入，以减小起动电流，保持较高的起动转矩。随着起动过程的进行，起动电阻应逐段短接（即切除）；起动完毕时，起动电阻全部被切除，电动机在额定转速下运行。实现这种切换的方法有采用时间继电器控制和采用电流继电器控制两种。

图 13-22 是用电流继电器控制的绕线转子三相异步电动机转子回路串电阻起动控制电路。

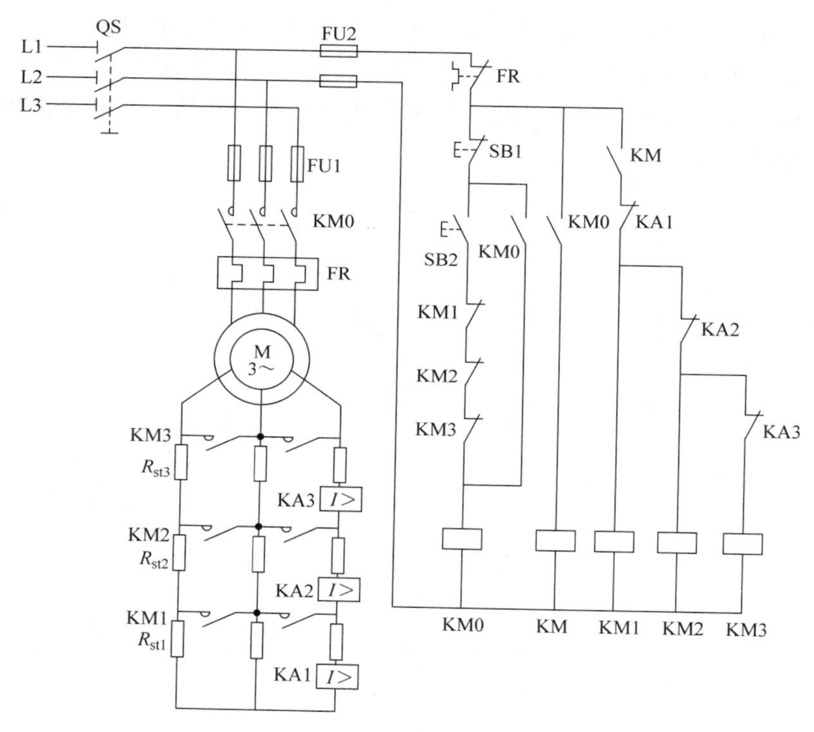

图 13-22　电流继电器控制绕线转子三相异步电动机转子回路串电阻起动控制电路

在图 13-22 所示的电动机转子回路中，也串联有三级起动电阻 R_{st1}、R_{st2} 和 R_{st3}。该控制电路是根据电动机在起动过程中转子回路里电流的大小来逐级切除起动电阻的。

图 13-22 中，KA1、KA2 和 KA3 是电流继电器，它们的线圈串联在电动机的转子回路中，电流继电器的选择原则是：它们的吸合电流可以相等，但释放电流不等，且使 KA1 的释放电流大于 KA2 的释放电流，而 KA2 的释放电流大于 KA3 的释放电流。图中 KM 是中间继电器。

起动时，先合上隔离开关 QS，然后按下起动按钮 SB2，使接触器 KM0 因线圈得电而吸合并自锁，KM0 的主触点闭合，电动机在接入全部起动电阻的情况下起动；同时，接触器 KM0 的动合辅助触点闭合，使中间继电器 KM 因线圈得电而吸合。另外，由于刚起动时，电动机转子电流很大，电流继电器 KA1、KA2 和 KA3 都吸合，它们的常闭触点断开，于是接触器 KM1、KM2 和 KM3 都不动作，全部起动电阻都接入电动机的转子电路。随着电动机的转速升高，电动机转子回路的电流逐渐减小，当电流小于电流继电器 KA1 的释放电流时，KA1 立即释放，其常闭触点闭合，使接触器 KM1 因线圈得电而吸合，KM1 的主触点闭合，把第一段起动电阻 R_{st1} 切除（即短接）。当第一段电阻 R_{st1} 被切除时，转子电流重新增大，随着转速上升，转子电流又逐渐减小，当电流小于电流继电器 KA2 的释放电流时，KA2 立即释放，其常闭触点闭合，使接触器 KM2 因线圈得电而吸合，KM2 主触点闭合，又把第二段起动电阻 R_{st2} 切除。如此继续下去，直到全部起动电阻被切除，电动机起动完毕，进入正常运行状态。

在控制电路中，中间继电器 KM 的作用是保证刚开始起动时，接入全部起动电阻。由于电动机开始起动时，起动电流由零增大到最大值需要一定时间，这样就有可能出现，在起动瞬间，电流继电器 KA1、KA2 和 KA3 还未动作，接触器 KM1、KM2 和 KM3 的吸合而将把起动电阻 R_{st1}、R_{st2} 和 R_{st3} 短接（切除），相当于电动机直接起动的情况。控制电路中采用了中间继电器 KM 以后，不管电流继电器 KA1 等有无动作，开始起动时可由 KM 的常开触点来切断接触器 KM1 等线圈的通电回路，这就保证了起动时将起动电阻全部接入转子回路。

6. 绕线转子三相异步电动机转子绕组串接频敏变阻器起动控制电路

频敏变阻器实质上是一个铁心损耗非常大的三相电抗器，通常接成星形。它的阻抗值随着电流频率的变化而显著地变化，电流频率高时，阻抗值也越高，电流频率越低，阻抗值也越低。所以，频敏变阻器是绕线转子异步电动机较为理想的一种起动设备，常用于较大容量的绕线转子三相异步电动机的起动控制。

起动时，将频敏变阻器串接在绕线转子三相异步电动机的转子回路中。在电动机起动过程中，转子感应电动势的频率是变化的，转子电流的频率也随之变化。刚起动时，转子转速 $n=0$，电动机的转差率 $s=1$，转子感应电动势的频率最高（$f_2=sf_1=f_1$），转子电流的频率也最高，频敏变阻器的阻抗也就最大。随着电动机转速上升，转差率 s 减小。转子电流的频率降低，频敏变阻器的阻抗也随之减小，相当于转子绕组串电阻起动控制电路中，随着电动机的转速上升，自动逐级切除起动电阻。

图 13-23 是一种采用频敏变阻器的起动控制电路。该电路可以实现自动和手动两种控制。

自动控制时，将转换开关 SA 置于“自动”位置，然后按下起动按钮 SB2，使接触器 KM1 因线圈得电而吸合并自锁，KM1 的主触点闭合，电动机转子绕组串接

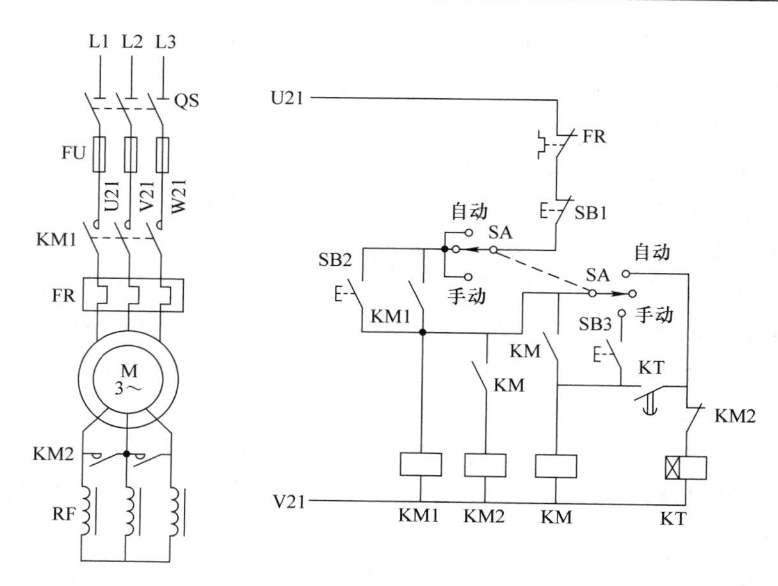

图 13-23 绕线转子三相异步电动机频敏变阻器起动控制电路

频敏变阻器 RF 起动，与此同时，时间继电器 KT 也因线圈得电而吸合。经过一段延时时间以后，时间继电器 KT 延时闭合的常开触点闭合，使中间继电器 KM 因线圈得电而吸合并自锁，KM 的常开触点闭合，使接触器 KM2 因线圈得电而吸合，KM2 的主触点闭合，使频敏变阻器被短接，电动机起动完毕，进入正常运行状态。与此同时，接触器 KM2 的常闭辅助触点断开，使时间继电器 KT 因线圈断电而释放。

手动控制时，将转换开关 SA 置于“手动”位置，然后按下起动按钮 SB2，使接触器 KM1 因线圈得电而吸合并自锁，KM1 的主触点闭合，电动机转子绕组串接频敏变阻器 RF 起动。待电动机的转速升到一定程度时，按下按钮 SB3，使中间继电器 KM 因线圈得电而吸合并自锁，KM 的常开触点闭合，使接触器 KM2 因线圈得电而吸合，KM2 的主触点闭合，使频敏变阻器被短接，电动机起动完毕，进入正常运行。

13.2.2 三相异步电动机调速控制电路

1. 单绕组双速变极调速异步电动机的控制电路

将三相笼型异步电动机的定子绕组，经过不同的换接，来改变其定子绕组的极对数 p，可以改变其旋转磁场的转速，从而改变转子的转速。这种通过改变定子绕组的极对数 p，而得到多种转速的电动机，称为变极多速异步电动机。由于笼型转子本身没有固定的极数，它的极数随定子磁场的极数而定，变换极数时比较方便，所以变极多速异步电动机都采用笼型转子。

由于单绕组变极双速异步电动机是变极调速中最常用的一种形式，所以下面仅以单绕组变极双速异步电动机为例进行分析。

图 13-24 是一台 4/2 极的双速异步电动机定子绕组接线示意图。要使电动机在低速时工作，只需将电动机定子绕组的 1、2、3 三个出线端接三相交流电源，而将 4、5、6 三个出线端悬空，此时电动机定子绕组为三角形（△）联结，如图 13-24a所示，磁极为 4 极，同步转速为 1500r/min。

要使电动机高速工作，只需将电动机定子绕组的 4、5、6 三个出线端接三相交流电源，而将 1、2、3 三个出线端连接在一起，此时电动机定子绕组为两路星形（又称双星形，用YY或 2Y表示）连接，如图 13-24b 所示，磁极为 2 极，同步转速为 3000r/min。

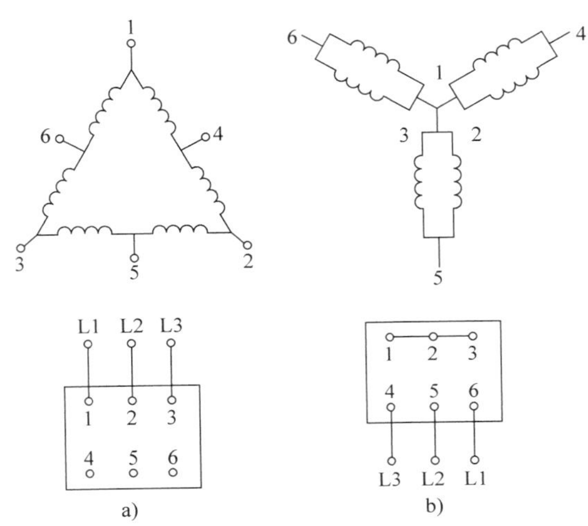

图 13-24　4/2 极双速异步电动机定子绕组接线示意图
a）三角形联结　b）两路星形联结

必须注意，从一种接法改为另一种接法时，为使变极后电动机的转向不改变，应在变极时把接至电动机的 3 根电源线对调其中任意 2 根，如图 13-24 所示。**一般的倍极比单绕组变极都是这样。**

单绕组双速异步电动机的控制电路，一般有以下两种：采用接触器控制单绕组双速异步电动机的控制电路和采用时间继电器控制的单绕组双速异步电动机的控制电路。

采用时间继电器控制的单绕组双速异步电动机的控制电路原理图如图 13-25 所示。该电路的工作原理如下：

先合上电源开关 QS，低速控制时，按下低速起动按钮 SB2，使接触器 KM1 因线圈得电而吸合并自锁，KM1 的主触点闭合，使电动机 M 成三角形联结，以低速运转。同时，接触器 KM1 的常闭辅助触点断开，使接触器 KM2、KM3 处于断电状态。

当电动机静止时，若按下高速起动按钮 SB3，电动机 M 将先作三角形联结，以低速起动，经过一段延时时间后，电动机 M 自动转为两路星形（YY）联结，再以高速运行。其动作过程如下：按下按钮 SB3，时间继电器 KT 因线圈得电而吸合，并由其瞬时闭合的常开触点自锁；与此同时 KT 的另一副瞬时闭合的常开触点闭合，使接触器 KM1 因线圈得电而吸合并自锁，KM1 的主触点闭合，使电动机 M 成三角形（△）联结，以低速起动；经过一段延时时间后，时间继电器 KT 延时断开的常闭触点断开，使接触器 KM1 因线圈断电而释放；而与此同时，时间继电器 KT 延时闭合的常开触点闭合，使接触器 KM2、KM3 因线圈得电而同时吸合，KM2、KM3 主触点闭合，使电动机 M 成两路星形（YY）联结，并且将电源相序改接，因此，电动机以高速同方向运行；而且，KM2、KM3 起联锁作用的常闭辅

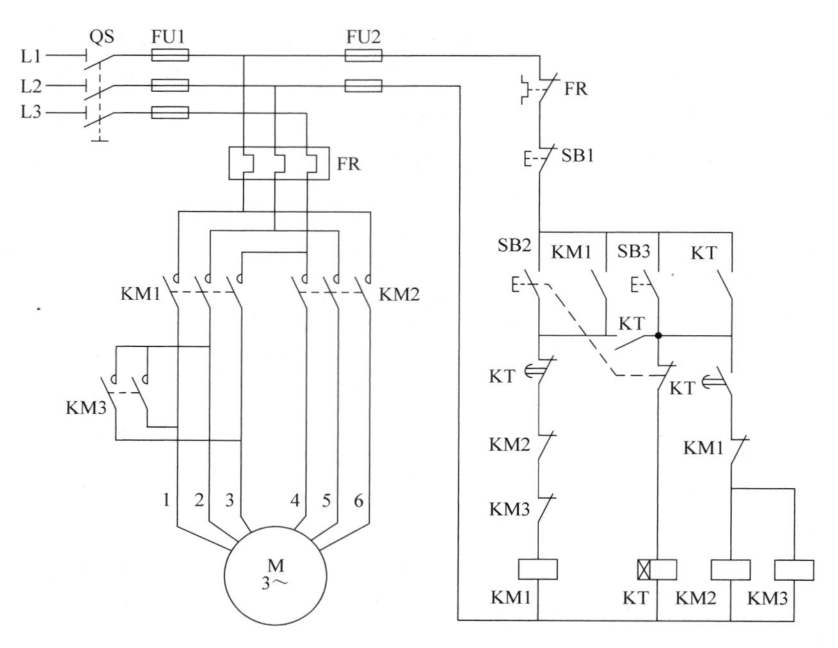

图 13-25 用时间继电器控制的单绕组双速异步电动机控制电路

助触点也同时断开，使 KM1 处于断电状态。

2. 绕线转子三相异步电动机转子回路串电阻调速控制电路

绕线转子三相异步电动机的调速可以采用改变转子电路中电阻的调速方法。随着转子回路串联电阻的增大，电动机的转速降低，所以串联在转子回路中的电阻也称为调速电阻。

绕线转子三相异步电动机转子回路串电阻调速的控制电路如图 13-26 所示。它也可以用作转子回路串电阻起动，所不同的是，一般起动用的电阻都是短时工作的，而调速用的电阻应为长期工作的。

按下按钮 SB2，使接触器 KM1 因线圈得电而吸合并自锁，KM1 主触点闭合，使电动机 M 转子绕组串接全部电阻低速运行。当分别按下按钮 SB3、SB4、SB5 时，将分别使接触器 KM2、KM3、KM4 因线圈得电而吸合并自锁，其主触点闭合，并分别将转子绕组外接电阻 $R_{\Omega 1}$、$R_{\Omega 2}$、$R_{\Omega 3}$短接（切除），电动机将以不同的转速运行。当外接电阻全部被短接后，电动机的转速最高。而此时接触器 KM2、KM3 均因线圈断电而释放，仅有 KM1、KM4 因线圈得电吸合。

按下按钮 SB1，接触器 KM1 等线圈断电释放，电动机断电停止。

绕线转子三相异步电动机转子回路串电阻调速的最大缺点是，如果把转速调得越低，就需要在转子回路串入越大的电阻，随之转子铜耗就越大，电动机的效率也就越低，故很不经济。但由于这种调速方法简单、便于操作，所以目前在起重机、吊车一类的短时工作的生产机械上仍被普遍采用。

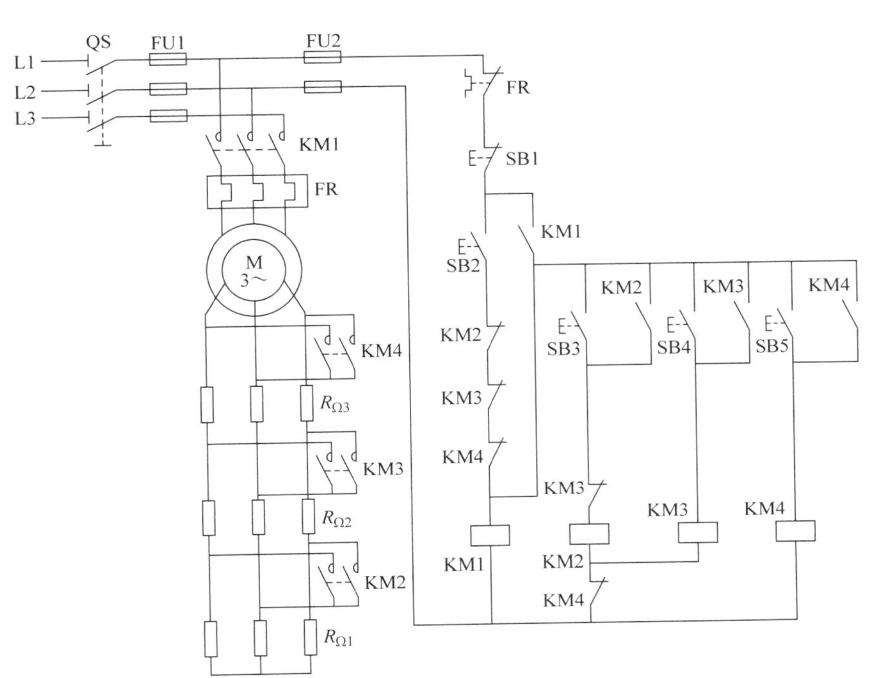

图 13-26　绕线转子三相异步电动机转子回路串电阻调速控制电路

3. 常用变频调速控制电路

（1）变频调速电动机正反转控制电路

变频调速电动机正反转控制电路如图 13-27 所示。该电路由主电路和控制电路等组成。主电路包括断路器 QF、交流接触器 KM 的主触点、变频器 UF 内置的转换电路以及三相交流电动机 M 等。控制电路包括变频器内置的辅助电路、旋转开关 SA、起动按钮 SB2、停止按钮 SB1、交流接触器 KM 的线圈和辅助触点以及频率给定电路等。

合上断路器 QF，控制电路得电。按下起动按钮 SB2 后，交流接触器 KM 的线圈得电吸合并自锁，KM 的主触点闭合，与此同时 KM 的常开辅助触点闭合，使旋转开关 SA 与变频器的 COM 端接通，为变频器工作做好准备。操作开关 SA，当 SA 与 FWD 端接通时，电动机正转；当 SA 与 REV 端接通时，电动机反转。需要停机时，先使 SA 位于断开位置，使变频器首先停止工作，再按下停止按钮 SB1，使交流接触器 KM 的线圈失电，其主触点断开三相交流电源。

（2）用单相电源变频器控制三相电动机

用单相电源变频器控制三相电动机的控制电路如图 13-28 所示。采用该控制电路，可以用单相电源控制三相异步电动机，进行变频调速。图中 SB2 是起动按钮，SB1 是停止按钮。

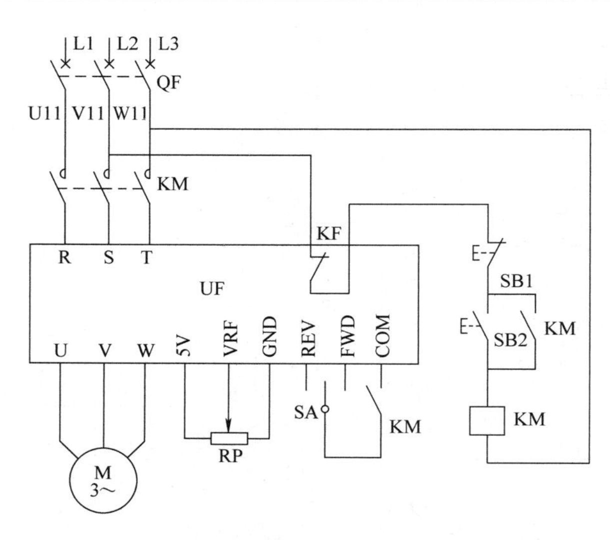

图 13-27 变频调速电动机正反转控制电路

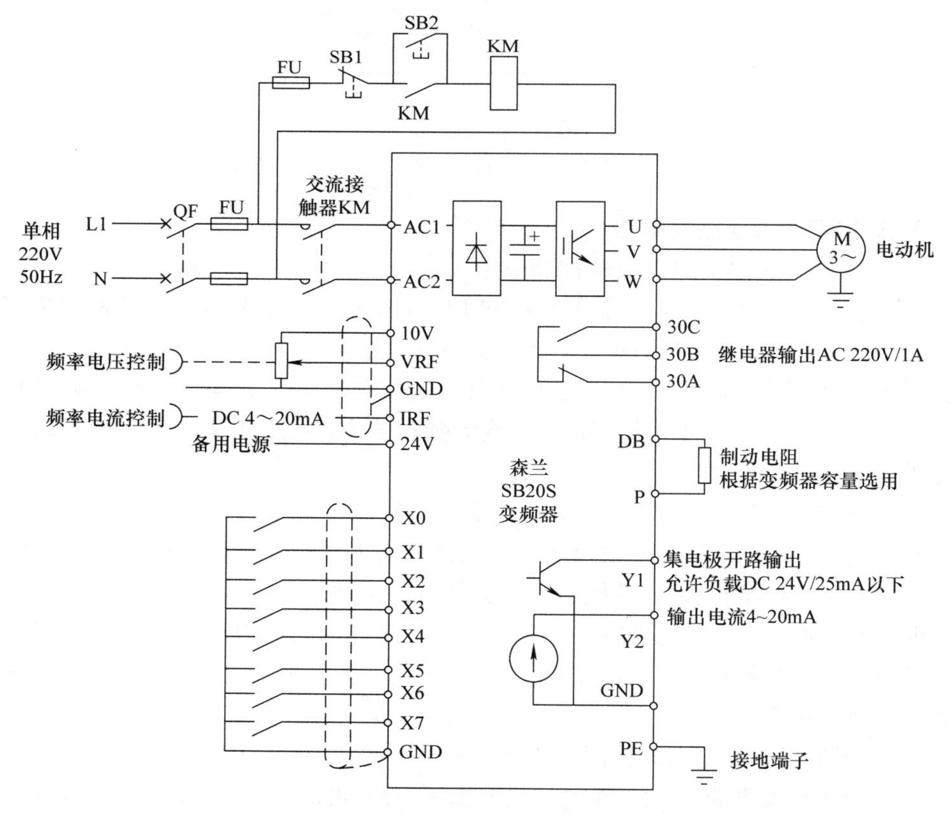

图 13-28 用单相电源变频器控制三相电动机

13.2.3　三相异步电动机制动控制电路

1. 三相异步异步电动机反接制动控制电路

当三相异步电动机运行时，若电动机转子的转向与定子旋转磁场的转向相反，转差率 $s>1$，则该三相异步电动机就运行于电磁制动状态，这种运行状态称为反接制动。实现反接制动有正转反接和正接反转两种方法。

正转反接的反接制动又称为改变定子绕组电源相序的反接制动（或称定子绕组两相反接的反接制动）。

正转反接的反接制动是将运行中电动机的电源反接（即将任意两根电源线的接法交换）以改变电动机定子绕组中的电源相序，从而使定子绕组产出的旋转磁场反向，使转子受到与原旋转方向相反的制动转矩而迅速停止。在制动过程中，当电动机的转速接近于零时，应及时切断三相电源，防止电动机反向起动。

三相异步电动机单向（不可逆）起动、反接制动控制电路的原理图如图 13-29 所示。该控制电路可以实现单向起动与运行，以及反接制动。

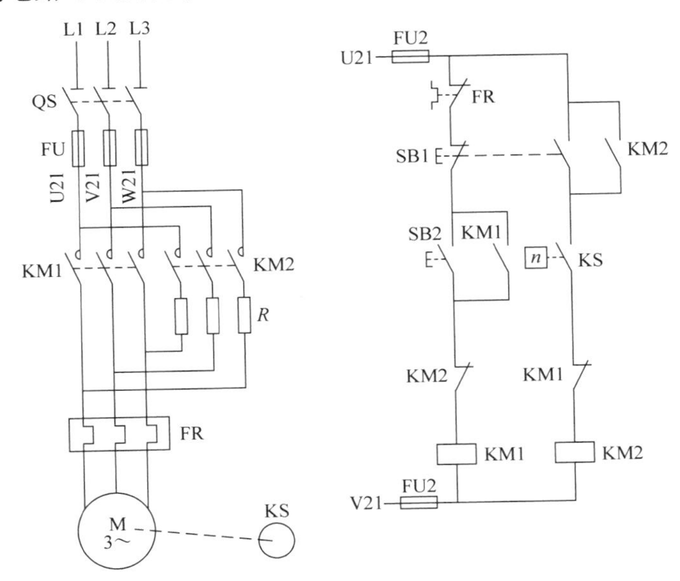

图 13-29　三相异步电动机单向（不可逆）起动、反接制动控制电路

起动时，先合上电源开关 QS，然后按下起动按钮 SB2，使接触器 KM1 因线圈得电而吸合并自锁，KM1 的主触点闭合，电动机 M 接通电源直接起动，当电动机转速升高到一定数值（此数值可调）时，速度继电器 KS 的常开触点闭合，因 KM1 的常闭辅助触点已断开，这时接触器 KM2 线圈不通电，KS 的常开触点的闭合，仅为反接制动做好了准备。

停车时，按下停止按钮 SB1，接触器 KM1 首先因线圈断电而释放，KM1 的主触点断开，电动机断电，作惯性运转，与此同时 KM1 的常闭辅助触点闭合复位，又由于此时电动机的惯性很高，速度继电器 KS 的常开触点依然处于闭合状态，所以按钮 SB1 的常开触点闭合时，使接触器 KM2 因线圈得电而吸合并自锁，KM2 的主触点闭合，电动机便串入限流电阻 *R* 进入反接制动状态，使电动机的转速迅速下降。当转速降至速度继电器 KS 整定值以下时，KS 的常开触点断开复位，接触器 KM2 因线圈断电而释放，电动机断电，反接制动结束，防止了反向起动。

由于反接制动时，旋转磁场与转子的相对速度很高，转子感应电动势很大，转子电流比直接起动时的电流还大。因此，**反接制动电流一般为电动机额定电流的 10 倍左右（相当于全压直接起动时电流的 2 倍），故应在主电路中串接一定的电阻 *R*，以限制反接制动电流**。反接制动电阻有三相对称和两相不对称两种接法。

2. 三相异步异步电动机能耗制动控制电路

所谓三相异步电动机的能耗制动，就是在电动机脱离三相电源后，立即在定子绕组中加入一个直流电源，以产生一个恒定的磁场，惯性运转的转子绕组切割恒定磁场产生制动转矩，使电动机迅速停转。

根据直流电源的整流方式，能耗制动分为半波整流能耗制动和全波整流能耗制动。根据能耗制动时间控制的原则，又可分为时间继电器控制和速度继电器控制两种。由于半波整流能耗制动控制电路与全波整流能耗制动控制电路除整流电路部分不同外，其他部分基本相同，所以下面仅以全波整流电路为例进行分析。

图 13-30 所示为一种按速度原则控制的全波整流单向能耗制动控制电路，它仅可用于单向（不可逆）运行的三相异步电动机。

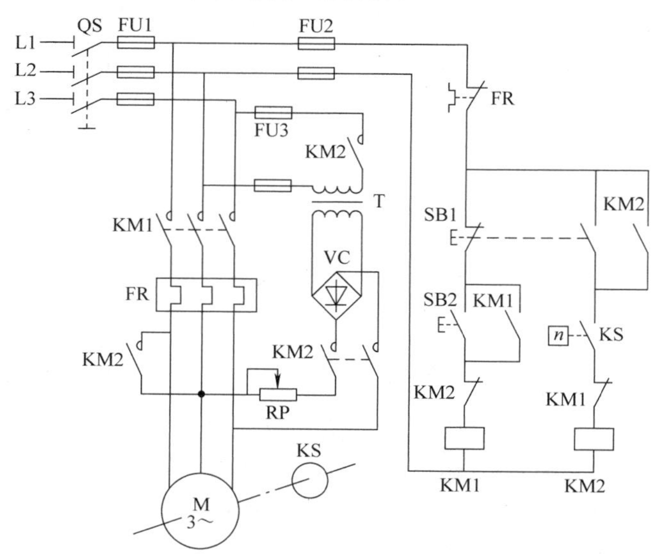

图 13-30　按速度原则控制的全波整流单向能耗制动控制电路

起动时，先合上电源开关 QS，然后按下起动按钮 SB2，使接触器 KM1 因线圈得电而吸合并自锁，KM1 的常闭点闭合，电动机 M 接通电源直接起动。与此同时，KM1 的常闭辅助触点断开。当电动机的转速升高到一定数值（此数值可调）时，速度继电器 KS 的常开触点闭合，因 KM1 的动断辅助触点已断开，这时接触器 KM2 线圈不通电，KS 的常开触点的闭合，仅为反接制动做好了准备。

停车时，按下停止按钮 SB1，接触器 KM1 首先因线圈断电而释放，KM1 的主触点断开，电动机断电，做惯性运转，而 KM1 的各辅助触点均复位；与此同时，接触器 KM2 因线圈得电而吸合并自锁，KM2 的主触点闭合，电动机通入直流电源，进入能耗制动状态，使电动机的转速迅速下降。当转速降至速度继电器 KS 的整定值以下时，KS 的常开触点断开，使接触器 KM2 因线圈断电而释放，KM2 的主触点断开，切断电动机的直流电源，能耗制动结束。

扫一扫看视频

扫一扫看视频

13.2.4　常用电力电阻器

1. 电阻器的分类

固定电阻器简称电阻器，电阻器按用途分类见表 13-1。

表 13-1　电阻器按用途分类

序号	类别	用途
1	起动电阻	用于起动电动机，限制电动机的起动电流
2	调节电阻	串联在电动机励磁回路，以改变电动机的转速，或用以调节电路内的电流，或改变电动机的输入端电压。一般包括直流电动机调速电阻、磁场调节电阻和磁场调压电阻
3	制动电阻	用于电动机能耗制动，以限制电动机制动时的电流
4	放电电阻	并接于电器的电压线圈或励磁绕组两端，以防止断电时线圈两端出现过电压
5	负载电阻	在试验发电机时，作为调节负载的电阻
6	限流电阻	在正常情况下，电阻值很小；电流增大时，电阻值增大，将短路电流限制在断路器额定分断电流之下
7	中性点接地电阻	接于地与发电机或变压器中性点之间，限制电路对地短路电流
8	经济电阻	在电路中与某一电气元件串联（例如接触器线圈），起动时电阻被短接，元件工作时将电阻投入，使元件两端电压降低，实现经济运行
9	稳定电阻	在发电机励磁回路中，通过此电阻引入反馈量，达到稳定电压的作用
10	整定电阻	在电路中，通过调节此电阻的大小，整定某一电器的运行参数，如动作值等
11	加热电阻	为了保证电器工作正常，需对元件加热而接入的电阻
12	附加电阻	为了改善电路工作特性而附加接入的电阻
13	标准电阻	在电气测量中作为比较而参考的标准电阻

2. 电阻器和变阻器的选择

选用电阻器时，应满足下列要求：

1）电阻器的额定电压应大于电路的工作电压。

2）电阻器功率应大于计算功率。一般来说，功率与电流都较小而电阻值大时可选用管形电阻器；而功率与电流大时，则可选用板形等电阻器；如需功率、电流与电阻都大时，则可采用多个电阻器串、并联或混联。

3）当电阻器的电阻值需进行调整的，可选用可调或带有抽头的电阻器，如需在正常运行中随时调整的，则可选用变阻器。

4）若电阻器的安装尺寸有一定限制，则需根据允许的安装尺寸选用电阻器型号。

5）若电阻器周围有耐温较差的材料、零件或仪器等，但又无法变更安装位置时，则应采用电阻器降容措施（即将电阻器降低功率使用），使电阻器表面温升降到周围元器件允许的温升。

6）电阻值的选择：接电持续率虽不同但又近似时，允许选用同一规格的电阻器。起动用电阻器各级电阻选用值与计算值允许偏差为 ±5%；为了缩减电阻器箱数，个别级的电阻其选用值允许偏差为 ±10%，但各相总电阻选用允许偏差不应超过 ±8%。

7）根据发热容量选择电阻器：起动用电阻器一般按重复短时工作制选择，一循环周期时间为 60s，接电持续率分别为 100%、70%、50%、35%、25%、17.5%、12.5%、8.8%、6.25%和4.4%。对于同一个电阻器而言，不同的接电持续率对应于不同的允许电流值。选用元件的允许电流值应不小于电动机额定电流。为了减少电阻箱数，个别级选用元件的允许电流可比电动机额定电流小 5%。调速用电阻器一般应按长期工作制选择，选用元件允许电流应不小于电动机额定电流。

3. 频敏变阻器的选择

选用频敏变阻器时，可参考电阻器的选择方法，并应注意以下几点：

1）根据电动机规格和操作频繁程度的不同，选择频敏变阻器的规格。

2）当起动冲击电流过大时，在保证频敏变阻器线圈能承载电动机转子电流的情况下，可适当调整线圈匝数及增加变阻器的串联数量，从而有效抑制起动冲击电流，确保输电网络正常。

3）当电动机起动转矩不够、起动较慢时，在保证电网电压正常的情况下，可适当调整线圈匝数及增加变阻器的并联数量，从而增大起动转矩，使设备正常工作。

4. 电阻器的使用与维护

电阻器和可变电阻器系高发热电器，安装时应注意：

1）变阻器应通风良好，便于散热，电阻器上方一般不宜再安装其他电器。

2）组装电阻器时，电阻器应位于垂直面上。电阻器垂直叠装不应超过 4 箱；当超过 4 箱时，应采用支架固定，并保持适当距离；当超过 6 箱时应另列一组。有特殊要求的电阻器，其安装方式应符合设计规定。电阻器底部与地面间应留有间隔，并且不应小于150mm。

3）电阻器与其他电器垂直布置时，应安装在其他电器的上方，两者之间应留有间隔。

4）对于敞开式电阻器应加护罩，以防人员触及。

5）电阻器与电阻元件的连接应采用铜或钢的裸导体，接触应可靠。

6）电阻器引出线夹板或螺栓应设置与设备接线图相应的标志；当与绝缘导线连接时，应采取防止接头处的温度升高而降低导线的绝缘强度的措施。

7）多层叠装的电阻箱的引出导线，应采用支架固定，并不得妨碍电阻的更换。

5. 变阻器的使用与维护

1）转换调节装置移动应均匀平滑、无卡阻，并应有与移动方向相一致的指示阻值变化的标志。

2）电动传动的转换调节装置，其限位开关及信号联锁接点的动作应准确和可靠。

3）齿轮传动的转换调节装置，可允许有半个节距的窜动范围。

4）由电动传动及手动传动两部分组成的转换调节装置，应在电动及手动两种操作方式下分别进行试验。

5）电阻器内部不得有断路或短路，其直流电阻值误差应符合产品的规定。

6）转换调节装置的滑动触头与固定触头的接触应良好，触头间的压力应符合要求，在滑动过程中不得开路。

6. 频敏变阻器的使用与维护

1）频敏变阻器应牢固地固定在基础上，**当基础为铁磁物质时应在中间垫放10mm以上的非磁性垫片**，以免影响其工作特性。

2）频敏变阻器的连接线应按电动机转子额定电流选用相应的截面积。

3）频敏变阻器的极性和接线应正确。

4）测量频敏变阻器线圈对地绝缘电阻，其绝缘电阻不小于1MΩ。

5）频敏变阻器的抽头和气隙调整，应使电动机起动特性符合机械装置的要求。

6）频敏电阻器配合电动机进行调整过程中，连续起动次数及总的起动时间，应符合产品技术文件的规定。

13.2.5　常用电力电抗器

1. 电抗器的分类

具有一定电感值的电器，通称为电抗器。从本质上讲，电抗器就是一种电感元件，用于电网、电路中，起限流、稳流、无功补偿、移相等作用。电抗器分为空心电抗器和铁心电抗器两大类。

（1）空心电抗器

空心电抗器只有绕组而中间无铁心，是一个空心的电感线圈。空心电抗器主要用作限流、滤波、阻波等，如限流电抗器，分裂电抗器，断路器、低压开关和接触器等型式试验用的试验电抗器，以及串联在高压输电线路上的阻波器。

空心电抗器的结构分为绝缘胶束包绕式、水泥柱式、固体绝缘夹持式。一般做成干式，也可以做成油浸式。

（2）铁心电抗器

铁心电抗器结构上与变压器相似，有铁心和绕组。在整体结构上，铁心式并联电抗器与变压器相似，有铁心、绕组、器身绝缘、变压器油、油箱等部件，所不同的是电抗器铁心有气隙，每相只有一个绕组。铁心电抗器绕组的结构形式与变压器一样，可采用连续、多层圆筒、饼式等形式。根据主磁通的磁路铁心电抗器可分为以下两种：

1）无气隙的铁心电抗器。铁心不带气隙而全部为硅钢片，磁路是一个闭合的铁心回路，具有这种铁心结构的电抗器包括饱和电抗器、平衡电抗器等。

2）有气隙的铁心电抗器。电抗器的铁心是有气隙的，带气隙的铁心柱外面套有绕组。具有这种铁心结构的电抗器包括铁心式并联电抗器、消弧电抗器、起动电抗器等。

2. 电抗器的使用与维护

1）电抗器的运行应按铭牌规范的要求进行，**运行中电压不得超过额定电压的10%，工作电流应不大于额定电流**。当环境温度高于35℃时，工作电流应适当降低，并加强通风。

2）在运行巡视时，要检查油温、油位是否正常，油色是否发黑。气体继电器应未渗油。

3）要检查接头是否接触良好，有无过热现象。

4）电抗器周围应无磁性物体，且无其他杂物。

5）检查套管、隔离开关、绝缘子有否污损破裂，吸湿器硅胶是否变色，支持瓷绝缘子应清洁无裂纹，安装牢固。

6）电抗器室内空气应流通，无漏水，栅栏应完好。

7）应注意电抗器运行中的振动和噪声。正常运行时，会发出均匀的“嗡嗡”声。

运行中一旦发生下列异常情况，应设法切除电抗器：防爆门破裂且向外喷油；严重漏油、油位计已不见油位，且响声异常或有放电声；套管破裂放电或接地；电抗器着火或冒烟；温度或温升超过极限值；分接开关接触不良严重；接地引线折断；隔离开关严重接触不良或根本不接触。

13.3 直流电动机基本控制电路

13.3.1 并励直流电动机可逆运行控制电路

1. 控制电路

因为并励和他励直流电动机励磁绕组的匝数多，电感量大，若要使励磁电流改变方向，一方面，在将励磁绕组从电源上断开时，绕组中会产生较大的自感电动势，很容易把励磁绕组的绝缘击穿；另一方面，在改变励磁电流方向时，由于中间有一段时间励磁电流为零，容易出现“飞车”现象。所以一般情况下，并励和他励直流电动机多采用改变电枢绕组中电流的方向来改变电动机的旋转方向。

图 13-31 是一种并励直流电动机正反向（可逆）运行控制电路，其控制部分与交流异步电动机正反向（可逆）运行控制电路相同，故工作原理也基本相同。

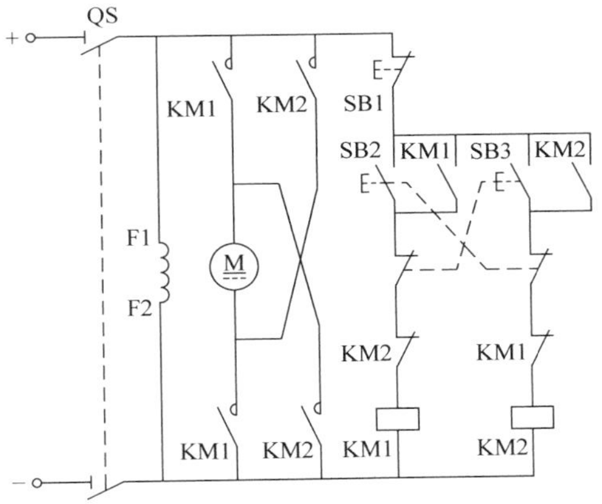

图 13-31　并励直流电动机正反向（可逆）运行控制电路

2. 原理分析

（1）正向起动

正转起动时，合上电源开关 QS，电动机的励磁绕组得到励磁电流，按下正向起动按钮 SB2→正转直流接触器 KM1 线圈得电吸合并自锁→KM1 的主触点闭合→接通电枢回路→电动机正向起动并运行。另外，由于在 KM1 通电时，其串联在 KM2 线圈电路中的常闭触点断开，切断了反转控制接触器 KM2 的回路，使 KM2 不能得电，起到互锁作用，确保电动机正转能正常进行。

（2）反向起动

若要使正在正转的电动机反转时，先按下停止按钮 SB1，使正转接触器断电复位后，再按下反转起动按钮 SB3→反转接触器 KM2 线圈得电并自锁→KM2 的主触点闭合→反向接通电枢回路→直流电动机反向起动并运行。另外，串联在 KM1 线圈电路中的 KM2 的常闭触点断开，使 KM1 不能得电，起到互锁作用。

（3）停止

若要电动机停转，只需按下停止按钮 SB1，KM1（或 KM2）的线圈断电，其主触点切断电动机电枢电源，电动机停转。

13.3.2　串励直流电动机可逆运行控制电路

因为串励直流电动机励磁绕组的匝数少，电感量小，而且励磁绕组两端的电压较低，反接较容易。所以一般情况下，串励直流电动机多采用改变励磁绕组中电流的方向的方法来改变电动机的旋转方向。图 13-32 是串励直流电动机正反向（可逆）运行控制电路图，其控制部分与图 13-31 完全相同，故其动作原理也基本相同。读者可自行分析。

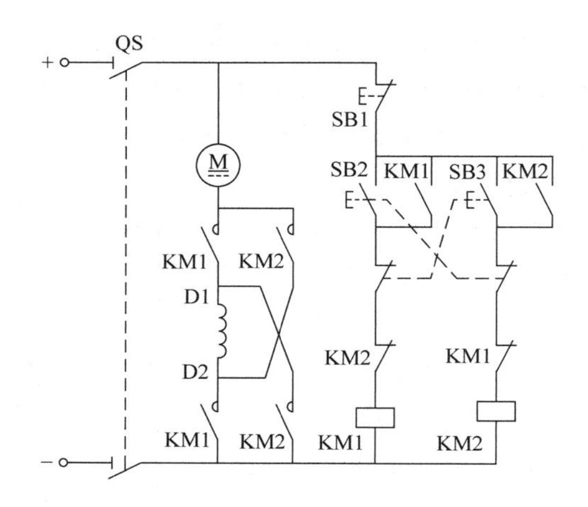

图 13-32 串励直流电动机可逆运行控制电路

13.4 直流电动机起动、调速与制动电路

13.4.1 直流电动机起动控制电路

1. 用起动变阻器手动控制直流电动机起动的控制电路

对于小容量直流电动机，有时可用人工手动办法起动。虽然起动变阻器的形式很多，但其原理基本相同。图 13-33所示为三点起动器及其接线图。起动变阻器中有许多电阻 R，分别接于静触点 1、2、3、4、5。起动器的动触点随可转动的手柄 6 移动，手柄上附有衔铁及其复位弹簧7，弧形铜条 8 的一端经电磁铁 9 与励磁绕组接通，同时环形铜条 8 还经电阻 R 与电枢绕组接通。

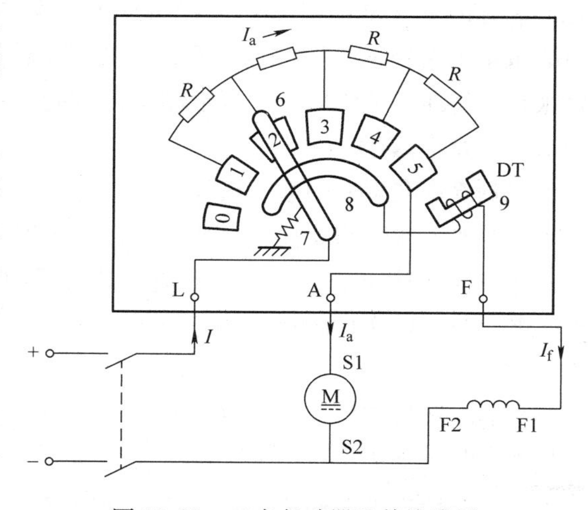

图 13-33 三点起动器及其接线图

起动时，先合上电源开关，然后转动起动变阻器手柄，把手柄从 0 位移到触点 1 上时，接通励磁电路，同时将变阻器全部电阻串入电枢电路，电动机开始起动运转，随着转速的升高，把手柄依次移到静触点 2、3、4 等位置，将起动电阻逐级切除。当手柄移至触点 5 时，电磁铁吸住手柄衔铁，此时起动电阻全部被切除，电动机起动完毕，进入正常运行。

当电动机停止工作切除电源或励磁回路断开时，电磁铁由于线圈断电，吸力消失，在恢复弹簧的作用下，手柄自动返回“0”位，以备下次起动，并可起失磁保护作用。

2. 他励直流电动机电枢回路串电阻分级起动控制电路

图 13-34 是一种用时间继电器控制的他励直流电动机电枢回路串电阻分级起动控制电路，它有两级起动电阻。图中 KT1 和 KT2 为时间继电器，其触点是当时间继电器释放时延时闭合的常闭触点，该触点的特点是当时间继电器吸合时，触点立即断开；当时间继电器释放时，触点延时闭合。该电路中，触点 KT1 的延时时间小于触点 KT2 的延时时间。

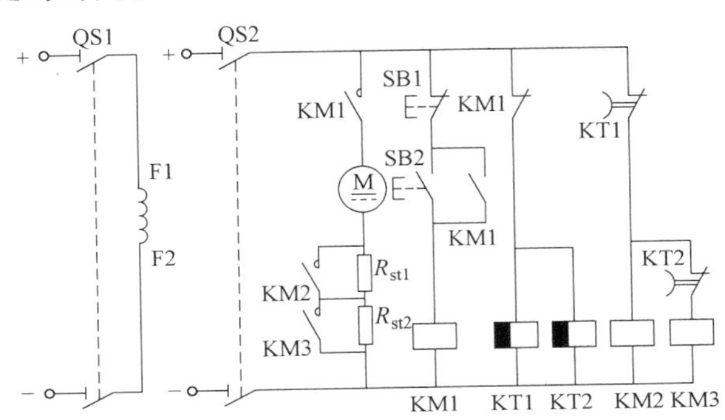

图 13-34　他励直流电动机电枢回路串电阻分级起动控制电路

起动时，首先合上开关 QS1 和 QS2，励磁绕组首先得到励磁电流，与此同时，时间继电器 KT1 和 KT2 因线圈得电而同时吸合，它们在释放时延时闭合的常闭触点 KT1 和 KT2 立即断开，使接触器 KM2 和 KM3 线圈断电，于是，并联在起动电阻 R_{st1} 和 R_{st2} 上的接触器常开触点 KM2 和 KM3 处于断开状态，从而保证了电动机在起动时全部电阻串入电枢回路中。

然后按下起动按钮 SB2，接触器 KM1 因线圈得电而吸合并自锁，电动机在串入全部起动电阻的情况下起动。与此同时，KM1 的常闭触点断开，使时间继电器 KT1 和 KT2 因线圈断电而释放。经过一段延时时间后，时间继电器 KT1 延时闭合的常闭触点闭合，接触器 KM2 因线圈得电而吸合，其常开触点闭合，将起动电阻 R_{st1} 短接，电动机继续加速。再经过一段延时时间后，时间继电器 KT2 延时闭合的常闭触点闭合，接触器 KM3 因线圈得电而吸合，其常开触点闭合，将起动电阻 R_{st2} 短接，电动机起动完毕，投入正常运行。

3. 并励直流电动机电枢回路串电阻分级起动控制电路

图 13-35 是一种用时间继电器控制的并励直流电动机电枢回路串电阻分级起动控制电路，除主电路部分与他励直流电动机电枢回路串电阻分级起动控制电路有所不同外，其余完全相同。因此，两种控制电路的动作原理也基本相同，故不赘述。

4. 串励直流电动机串电阻分级起动控制电路

图 13-36 是一种用时间继电器控制的串励直流电动机分级起动控制电路，它也是有两级起动电阻。图中时间继电器 KT1 和 KT2 的触点的动作原理与图 13-34 中

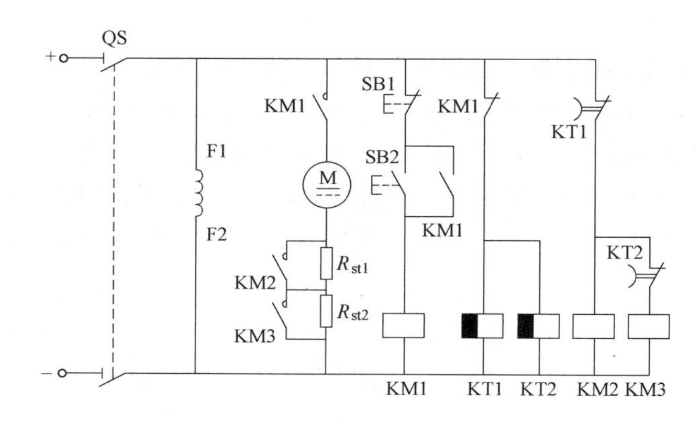

图 13-35　并励直流电动机电枢回路串电阻分级起动控制电路

的触点 KT1 和 KT2 相同。

起动时，先合上电源开关 QS，时间继电器 KT1 因线圈得电而吸合，其释放时延时闭合的常闭触点 KT1 立即断开。然后按下起动按钮 SB2，接触器 KM1 因线圈得电而吸合并自锁，KM1 的主触点闭合，接通主电路，电动机串电阻 R_{st1} 和 R_{st2} 起动，因刚起动时，电阻 R_{st1} 两端电压较高，时间继电器 KT2 吸合，其释放时延时闭合的常闭触点 KT2 立即断开；与此同时，KM1 的常闭辅助触点断开，使时间继电器 KT1 因线圈断电而释放。经过一段延时时间后，KT1 延时闭合的常闭触点闭合，接触器 KM2 因线圈得电而吸合，其常开触点闭合，将起动电阻 R_{st1} 短接，同时使时间继电器 KT2 因线圈电压为零而释放。再经过一段延时时间后，KT2 延时闭合的常闭触点闭合，接触器 KM3 因线圈得电而吸合，其常开触点闭合，将起动电阻 R_{st2} 短接，电动机起动完毕，投入正常运行。

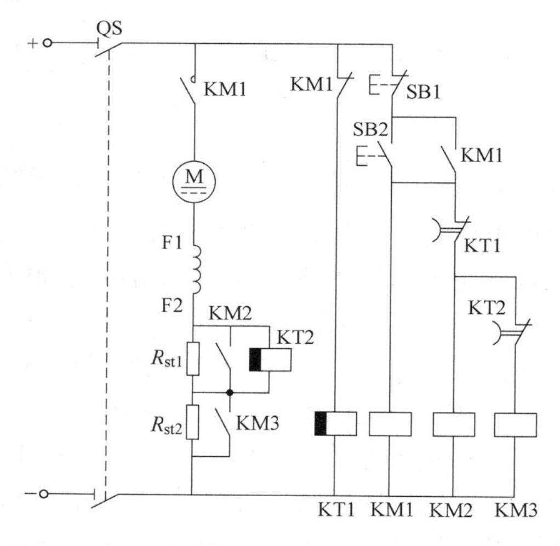

图 13-36　串励直流电动机分级起动控制电路

必须注意，串励直流电动机不能在空载或轻载的情况下起动、运行。

13.4.2　直流电动机调速控制电路

1. 改变电枢电压的调速控制电路

直流电动机改变电枢电压的简易调速控制电路的原理图如图 13-37 所示。该控制电路是将交流电压经桥式整流后的直流电压，通过晶闸管 V 加到直流电动机的电枢绕组上。调节电位器 RP 的值，则能改变 V 的导通角，从而改变输出直流电压的大小，实现对直流电动机调速。

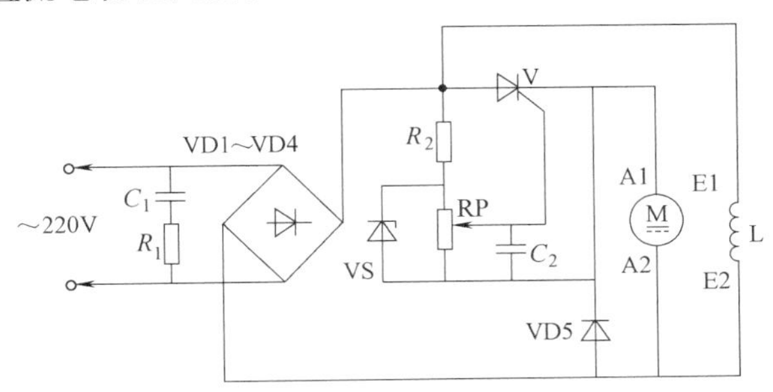

图 13-37　直流电动机改变电枢电压的简易调速控制电路

为了使电动机在低速时运转平稳，在移相回路中接入稳压管 VS，以保证触发脉冲的稳定。VD5 起续流作用。只要调节 RP 的电阻值就能实现调速。

本电路操作简单，在小容量直流电动机及单相串励式手电钻中得到广泛应用。

2. 电枢回路串电阻调速控制电路

并励直流电动机电枢回路串电阻调速的控制电路如图 13-38 所示。该电路的主电路部分与并励直流电动机电枢回路串电阻起动的控制电路基本相同。由直流电动机电枢回路串电阻多级起动可知，它也能实现调速，所不同的是一般起动用的电阻器都是短时工作的，而调速用的电阻器是长期工作的。

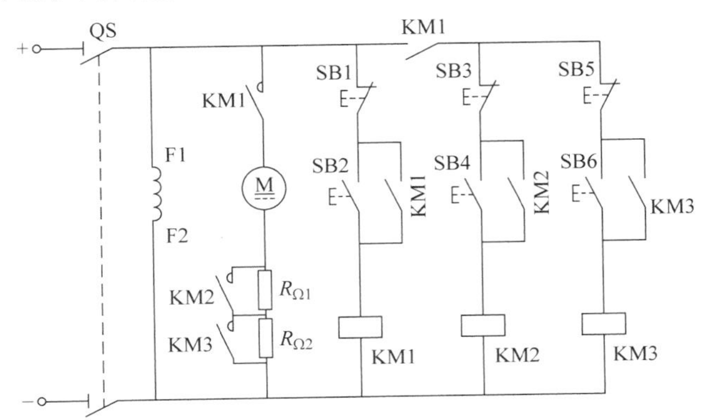

图 13-38　并励直流电动机电枢回路串电阻调速控制电路

在图 13-38 中，接触器 KM1 为主接触器，控制直流电动机起动与运行；接触器 KM2 和 KM3 分别用于将调速电阻 $R_{\Omega1}$ 和 $R_{\Omega2}$ 短路（即切除），使电动机中速或高速运行。

13.4.3　直流电动机制动控制电路

1. 并励直流电动机反接制动控制电路

图 13-39 是用按钮控制的并励直流电动机反接制动控制电路的原理图，图中，KM1 是运行接触器；KM2 是制动接触器。

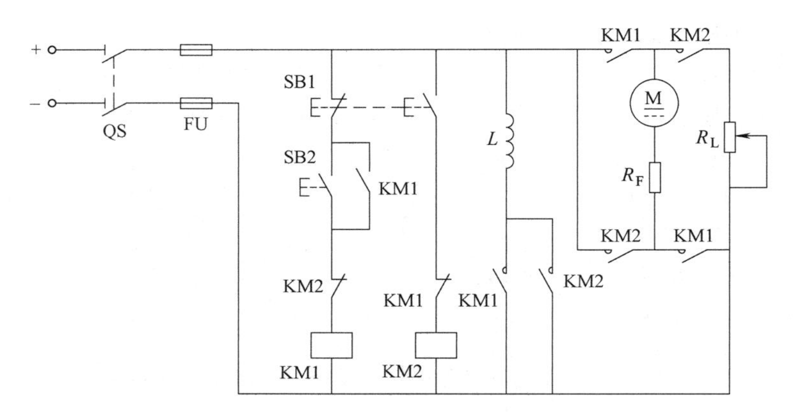

图 13-39　按钮控制的并励直流电动机反接制动控制电路

制动时，按下停止按钮 SB1，其常闭触点断开，使运行接触器 KM1 断电释放，切断电枢电源。与此同时 SB1 的常开触点闭合，接通制动接触器 KM2 线圈电路，KM2 吸合，将直流电动机电枢电源反接，于是电动机电磁转矩成为制动转矩，使电动机转速迅速下降到接近零时，松开停止按钮 SB1，制动过程结束。R_L为制动电阻。

2. 并励直流电动机能耗制动控制电路

图 13-40 是按钮控制的并励直流电动机能耗制动控制电路的原理图。当按下停止按钮 SB1 时，KM1 线圈断电释放，其常开触点将电动机的电枢从电源上断开，与此同时，接触器 KM2 得电吸合，接触器 KM2 的常开触点闭合，使电动机的电枢绕组与一个外加电阻 R_L（制动电阻）串联构成闭合回路，这时励磁绕组则仍然接在电源上。由于电动机的惯性而旋转使它成为发电机。这时电枢电流的方向与原来的电枢电流方向相反，电枢就产生制动性质的电磁转矩，以反抗由于惯性所产生的力矩，使电动机迅速停止旋转。调整制动电阻 R_L的阻值，可调整制动时间，制动电阻 R_L越小，制动越迅速，R_L值越大，则制动时间越长。

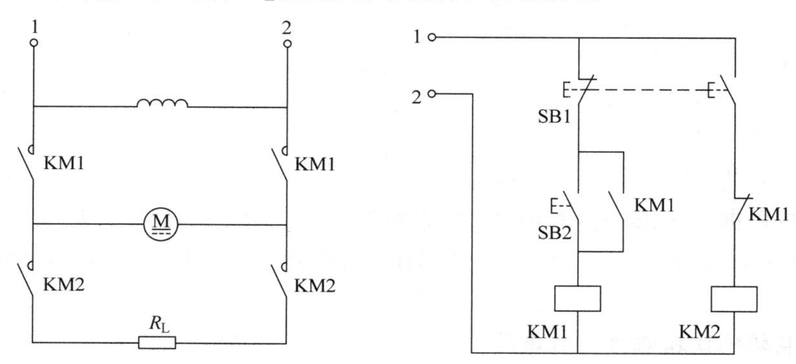

图 13-40　按钮控制的并励直流电动机能耗制动控制电路

直流电动机能耗制动时应注意以下几点：

1）对于他励或并励直流电动机，制动时应保持励磁电流大小和方向不变。切断电枢绕组电源后，立即将电枢与制动电阻 R_L 接通，构成闭合回路。

2）对于串励直流电动机，制动时电枢电流与励磁电流不能同时反向，否则无法产生制动转矩。所以，串励直流电动机进行能耗制动时，应在切断电源后，立即将励磁绕组与电枢绕组反向串联，再串入制动电阻 R_L，构成闭合回路，或将串励改为他励形式。

3）制动电阻 R_L 的大小要选择适当，电阻过大，制动缓慢；电阻过小，电枢绕组中的电流将超过电枢电流的允许值。

4）能耗制动操作简便，但低速时制动转矩很小，停转较慢。为加快停转，可加上机械制动闸。

13.5　软起动器的常用控制电路

13.5.1　电动机软起动器概述

三相异步电动机因为结构简单、体积小、重量轻、价格低廉、维护方便等特点，在生产和生活中得到了广泛的应用，成为当今传动工程中最常用的动力来源。但是，如果这些电动机连接电源系统直接起动，将会产生过大的起动电流，该电流通常达电动机额定电流的 4 ~7 倍，甚至更高。为了满足电动机自身起动条件、负载传动机械的工艺要求、保护其他用电设备正常工作的需要，应当在电动机起动过程中采取必要的措施控制其起动过程，降低起动电流冲击和转矩冲击。

为了降低起动电流，必须使用起动辅助装置。传统的起动辅助装置有定子串电抗器起动装置、转子串电阻起动（针对绕线电动机）装置、星 - 三角起动器、自耦变压器起动器等。但传统的起动辅助装置，要么起动电流和机械冲击仍过大，要么体积庞大笨重。随着电力电子技术和微机技术、现代控制技术的发展，出现了一些新型的起动装置，如变频器和晶闸管电动机软起动器。

由于变频器结构复杂性和价格高等因素，决定了其主要用于电动机调速领域，一般不单纯用于电动机起动控制。

晶闸管电动机软起动器也被成称为可控硅电动机软起动器，或者固态电子式软起动器，它是一种集电动机软起动、软停车、轻载节能和多种保护功能于一体的新颖电动机控制装置，它不仅有效地解决了电动机起动过程中电流冲击和转矩冲击问题，还可以根据应用条件的不同设置其工作状态，有很强的灵活性和适应性。晶闸管电动机软起动器通常都由微型计算机作为其控制核心，因此可以方便地满足电力拖动的要求，电动机的软起动器正得到越来越广泛地应用。

13.5.2　电动机软起动器应用实例

1. STR 系列电动机软起动器的基本接线图

STR 系列电动机软起动器的基本接线如图 13-41 所示。其接线图中的各外接端子的符号、名称及说明见表 13-2。

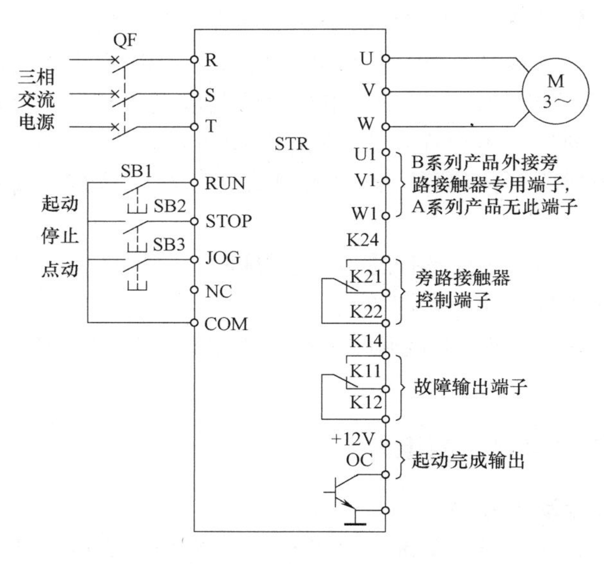

图 13-41　STR 系列电动机软起动器的基本接线图

表 13-2　STR 系列电动机软起动器各外接端子的符号、名称及说明

<table>
<tr><th colspan="3">符号</th><th colspan="2">端子名称</th><th>说明</th></tr>
<tr><td colspan="2" rowspan="3">主电路</td><td>R、S、T</td><td colspan="2">交流电源输入端子</td><td>通过断路器（MCCB）接三相交流电源</td></tr>
<tr><td>U、V、W</td><td colspan="2">软起动器输出端子</td><td>接三相异步电动机</td></tr>
<tr><td>U1、V1、W1</td><td colspan="2">外接旁路接触器专用端子</td><td>B 系列专用，A 系列无此端子</td></tr>
<tr><td rowspan="14">控制电路</td><td rowspan="5">数字输入</td><td>RUN</td><td colspan="2">外控起动端子</td><td>RUN 和 COM 短接即可外接起动</td></tr>
<tr><td>STOP</td><td colspan="2">外控停止端子</td><td>STOP 和 COM 短接即可外接停止</td></tr>
<tr><td>JOG</td><td colspan="2">外控点动端子</td><td>JOG 和 COM 短接即可实现点动</td></tr>
<tr><td>NC</td><td colspan="2">空端子</td><td>扩展功能用</td></tr>
<tr><td>COM</td><td colspan="2">外部数字信号公共端子</td><td>内部电源参考点</td></tr>
<tr><td rowspan="3">数字输出</td><td>+12V</td><td colspan="2">内部电源端子</td><td>内部输出电源，12V，50mA，DC</td></tr>
<tr><td>OC</td><td colspan="2">起动完成端子</td><td>起动完成后 OC 门导通（DC30V/100mA）</td></tr>
<tr><td>COM</td><td colspan="2">外部数字信号公共端子</td><td>内部电源参考点</td></tr>
<tr><td rowspan="6">继电器输出</td><td>K14</td><td>常开</td><td rowspan="3">故障输出端子</td><td rowspan="3">故障时K14—K12 闭合
K11—K12 断开
触点容量AC：10A/250V
DC：10A/30V</td></tr>
<tr><td>K11</td><td>常闭</td></tr>
<tr><td>K12</td><td>公共</td></tr>
<tr><td>K24</td><td>常开</td><td rowspan="3">外接旁路接触器控制端子</td><td rowspan="3">起动完成后K24—K22 闭合
K21—K22 断开
触点容量 AC：10A/250V 或 5A/380V</td></tr>
<tr><td>K21</td><td>常闭</td></tr>
<tr><td>K22</td><td>公共</td></tr>
</table>

2. 一台 STR 系列软起动器控制两台电动机的控制电路

有时为了节省资金，可以用一台电动机软起动器对多台电动机进行软起动、软停车控制，但要注意的是软起动器在同一时刻只能对一台电动机进行软起动或软停车，多台电动机不能同时起动或停车。一台 STR 系列软起动器控制两台电动机的控制电路如图 13-42 所示，图中右下侧为控制回路（也称二次电路）。

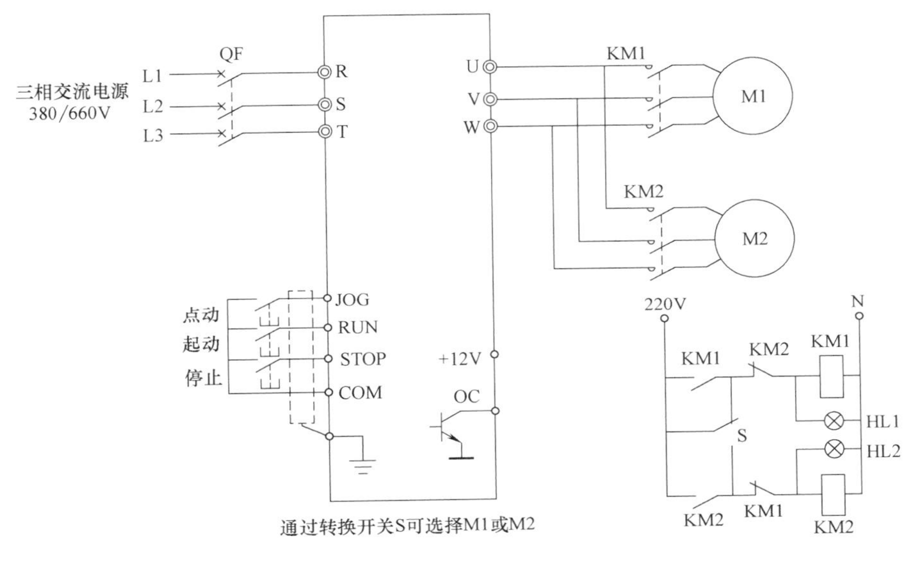

图 13-42　一台 STR 系列软起动器控制两台电动机

13.6　电动机节能技术

13.6.1　常用电动机节能电路

1. 用热继电器控制电动机Y－△转换节电电路

在机床上，电动机的额定容量是按照机床最大切削量设计的，实际在应用中，往往不能满负荷，很大程度上存在着大马拉小车的现象。那么利用三相异步电动机的△联结改为Y联结后，绕组承受的相电压将为原来的$\frac{1}{\sqrt{3}}$，线电流减小为原来的$\frac{1}{3}$。如果电动机的实际负载也减小为满负载的$\frac{1}{3}$，那么电动机可以在Y联结下安全运行，从而使线电流减小，功率因数提高，起到节电作用。

图 13-43 所示是用热继电器控制的电动机Y－△转换节电电路。当轻载时，热继电器不动作，接触器 KM1、KM2 吸合，电动机接成Y联结运行；当电动机处于重负荷下运行时，热继电器 FR 动作，其常开点闭合，自动将接触器 KM2 断开，并使接触器 KM3 吸合，电动机切换为△联结运行。

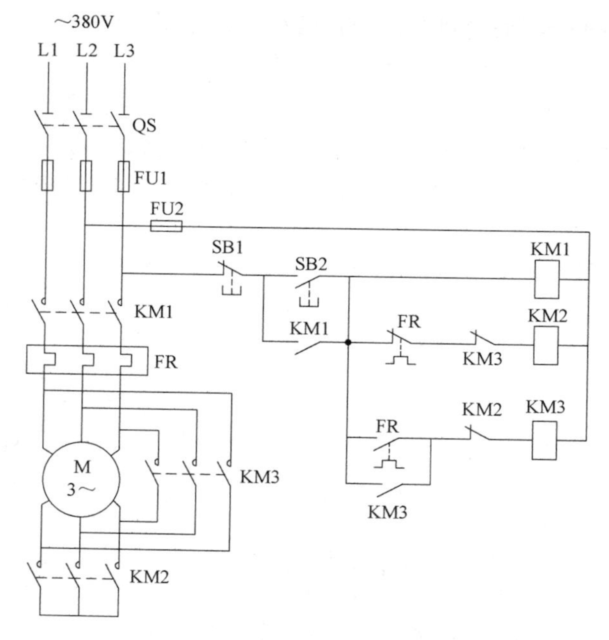

图 13-43 用热继电器控制的电动机Y-△转换节电电路

2. 用电流继电器控制电动机Y-△转换节电电路

用电流继电器控制的电动机Y-△转换节电电路如图 13-44 所示。当按下起动按钮 SB2 时，接触器 KM1、KM2 吸合，电动机成Y联结起动。图中的 SQ 限位开关受主轴操纵杆控制，主轴在工作运转时，SQ 压下闭合，时间继电器 KT 吸合。如空载或轻载时，电流继电器 KI 不动作，电动机Y联结运行不变；如重载时，KI 吸合，这时 KA 随之吸合，切断 KM2 线圈电路，KM2 断电释放，KM3 得电吸合，电动机改为△联结运行。工作完毕时，通过主轴操纵杆使 SQ 断开，KT 断电释放，KM3 释放，KM2 线圈得电吸合，于是电动机改为Y联结运行。

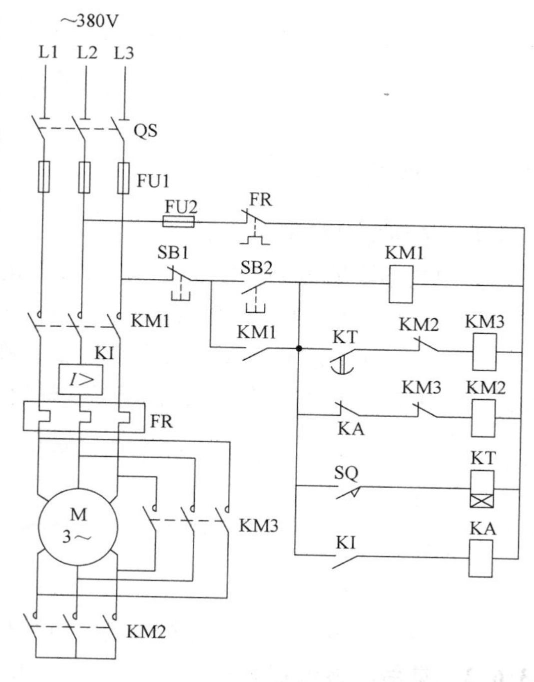

图 13-44 用电流继电器控制电动机Y-△转换节电电路

3. 直接起动异步电动机就地补偿电路

直接起动异步电动机就地补偿电路如图 13-45所示。该电路也可以用于自耦减压起动或转子串接频敏变阻器起动电路的就地补偿。该电路将电容器直接并接在电动机的引出线端子上。

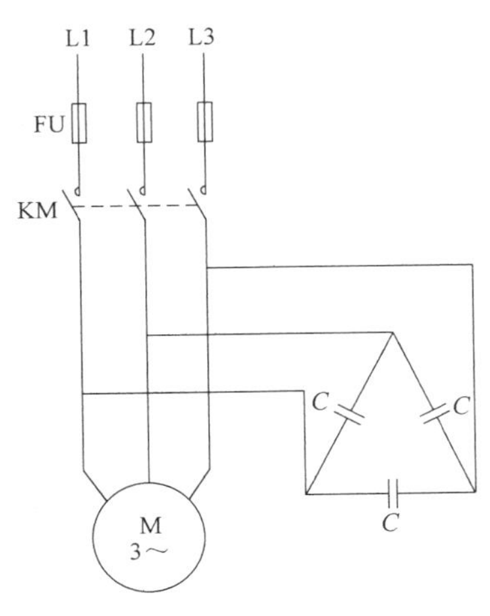

图 13-45　直接起动异步电动机就地补偿电路

4. ㄚ－△起动异步电动机就地补偿电路

ㄚ－△起动异步电动机就地补偿电路如图 13-46所示。

采用图 13-46a 所示线路时，当电动机绕组ㄚ联结起动时，和电容器连接的 U2、V2、W2 三个端子被短接，成为ㄚ联结的中性点，电容器短接无电压。起动完毕，电动机绕组改为△联结，电容器与电动机绕组并接。当停机时，电容器不能通过定子绕组放电，所以补偿电容器必须选用 BCMJ 型自愈式金属化膜电容器或类似内部装有放电电阻的电容器。

采用图 13-46b 所示电路时，每组单相电容器直接并联在电动机每相绕组的两个端子上。

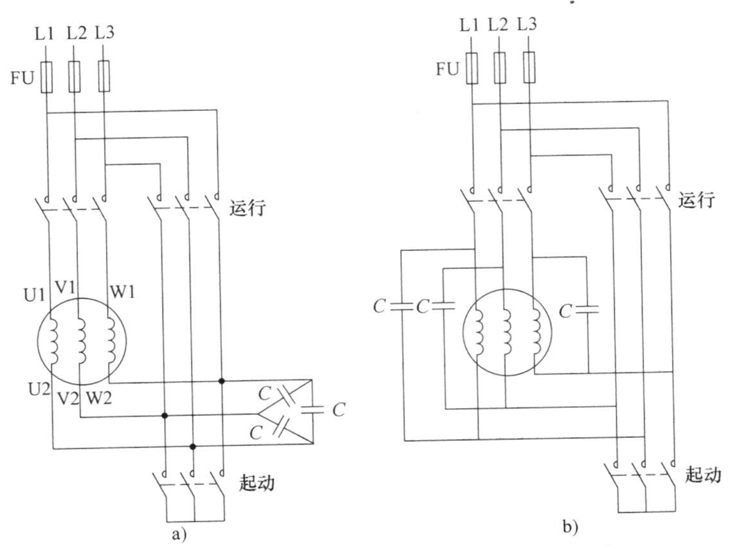

图 13-46　ㄚ－△起动异步电动机就地补偿电路
a）电路（一）　b）电路（二）

扫一扫看视频

13. 6. 2　常用电力电容器

1. 电力电容器的种类及用途

电力电容器的种类及用途见表 13-3。

表 13-3 常用电力电容器的种类及用途

序号	类别	系列代号	额定电压/kV	主要用途
1	高电压并联电容器	B	1.05~35	并联于50Hz或60Hz交流电力系统中，用于补偿感性无功功率，改善功率因数，改善电压质量，降低线路损耗，提高系统或变压器的有功输出
	低电压并联电容器		0.23~1.00	
	自愈式低电压并联电容器		0.23~1.00	
	集合式并联电容器		3.15~38.5	
2	串联电容器	C	0.6~2.0	串联于工频交流输配电线路中，补偿电力线路的感抗，减少线路电压降，增大传输容量，提高系统静、动态特性，改善线路电压质量
3	交流滤波电容器	A	1.25~18.0	通常用于电力整流装置附近交流线路一侧，与电抗器串联组成消除某次高次谐波的串联谐振电路，以达到改善电压波形的目的
4	直流滤波电容器	D	1~500	用于含有一定交流分量的直流电路中，降低直流电路的交流分量，如用于高压整流滤波装置及高压直流输电中
5	电动机电容器	E	0.25~0.66	与单相电动机辅助绕组相串联，以促成单相电动机起动或改善其运转特性，也可与三相异步电动机连接，以使其可由单相电源供电，还可用于电动机的异步发电
6	防护电容器	F	0.25~23	接于线路与地之间，配合避雷器保护发电机和电动机
7	断路器电容器	J	20~180	并联于高压交流断路器断口上，使各断口间的电压在开断时分布均匀
8	脉冲电容器	M	0.5~500	用于冲击电压和冲击电流发生器及振荡电路等高压试验装置，还可用于电磁成型、液电成型、储能焊接、海底探矿以及产生高温等离子、激光等装置中，即可用于连续脉冲装置中
9	耦合电容器	O	35~750	高压端接于输电线路中，低压端经耦合线圈接地，用于载波通信，也可作为测量、控制和保护以及抽取电能
10	电热电容器	R	0.375~2.0	用于电热设备中，以提高功率因数，改善电压、频率特性
11	谐振电容器	X	0.4~0.46	在电力系统中用来与电抗器组成谐振电路
12	标准电容器	Y	50~1100	与高压电桥配合，测量介质损耗和电容，也可用作电容分压

2. 并联电容器的选择

1）额定电压。电容器的额定电压≥接入系统的标称电压。当系统具有谐波源时，电容器的额定电压应高于系统最高工作电压，使其具有一定的承受过电压的能力。

2）额定容量。电容器总装机容量应满足补偿的需要。配电变压器按其额定容量的10%～15%；对电动机类的感性负荷按其空载电流的0.9倍计算电容器补偿容量，或按经验数据选择补偿容量。

3）当所在系统具有谐波且较严重时，应选用高性能电容器，且加装电抗器调谐装置。

4）电容器温度类别的上下限应与安装处的温度变化幅度相符。

5）电容器外壳防护等级：户内不得低于IP20；户外不得低于IP43。

3. 并联电容器定期停电检查的内容

电容器组应定期进行停电检查，检查内容如下：

1）检查各部螺钉接点的松紧及接触情况。

2）检查放电回路的完整性。

3）检查通风道的畅通情况。

4）检查电容器外壳的保护接地线是否完好（不允许接地者除外）。

5）检查继电保护装置的动作情况及熔丝是否完好。

6）检查电容器组的开关及线路等电气设备。

7）清扫检查架构瓷绝缘有无破裂等情况。

8）清扫检查电容器组回路其他设备元件。

4. 并联电容器组的日常维护

1）保持部件及电容器表面无油垢和灰尘，检查箱壳有无变形现象。

2）对运行中的电容器经常检查时，要做好运行情况记录，发现温升过高，箱壳膨胀及渗漏油严重等异常现象，应退出运行。

3）周围空气温度不应超过电容器的允许温度的范围，否则应将电容器与网络断开。可用温度计检查外壳上最热点的温度，用示温蜡片来监视电容器过热现象。

4）经常观察电容器的工作电压和电流，不应超过其允许值，以免影响使用寿命。在轻负荷下电压过分升高时，应将部分或全部电容器组与电网断开。

5）电容器回路中的任何连接处接触不良时，都可能引起高频振荡的电弧，将使电容器过热和场强过高而早期损坏，严重会使整个设备发生故障。所以各部接点必须牢固可靠。

6）对损坏的绝缘子、导线，应及时更换。

7）对外壳必要时应进行油漆处理。

13.7 电动机过载保护电路

13.7.1 电动机双闸式保护电路

三相交流电动机起动电流很大，一般是电动机额定电流的 4 ~ 7 倍，故选用的熔丝电流较大，一般只能起到短路保护的作用，不能起到过载保护的作用。若选用的熔丝电流小一些，可以起到过载保护的作用，但电动机正常起动时，会因为起动电流较大，而造成熔丝熔断，使电动机不能正常起动。这对保护运行中的电动机很不利。如果采用双闸式保护电路，则可以解决上述问题。电动机双闸式保护指用两只刀开关控制，电动机双闸式保护控制电路如图 13-47 所示。图中刀开关 Q1 用于电动机起动、刀开关 Q2 用于电动机运行。

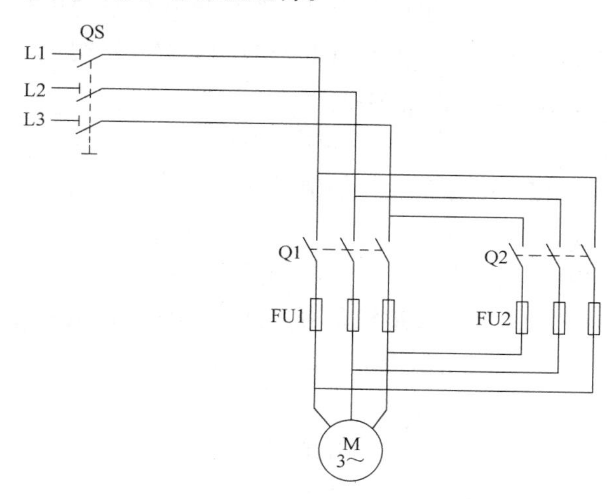

图 13-47　电动机双闸式保护控制电路

起动时先合上起动刀开关 Q1，由于熔断器 FU1 的熔丝额定电流较大（一般为电动机额定电流的 1.5 ~ 2.5 倍），因此电动机起动时熔丝不会熔断。当电动机进入正常运行后，再合上运行刀开关 Q2，断开起起动刀开关 Q1。由于熔断器 FU2 的熔丝额定电流较小（一般等于电动机的额定电流），所以在电动机正常运行的情况下，熔丝不会熔断。但是，当电动机发生过载或断相运行时，电流增加到电动机额定电流的 1.73 倍左右，可使熔断器 FU2 的熔丝熔断，断开电源，保护电动机不被烧毁。

13.7.2 采用热继电器作为电动机过载保护的控制电路

图 13-48 是一种采用热继电器作为电动机过载保护的控制电路。

热继电器是一种过载保护继电器，将它的发热元件串接到电动机的主电路中，紧贴热元件处装有双金属片（由两种不同膨胀系数的金属片压接而成）。若有较大的电流流过热元件时，热元件产生的热量将会使双金属片弯曲，当弯曲到一定程度时，便会将脱扣器打开，从而使热继电器 FR 的常闭触点断开。使接触器 KM 的线圈失电释放，接触器 KM 的主触点断开，电动机立即停止运转，从而达到过载保护的目的。

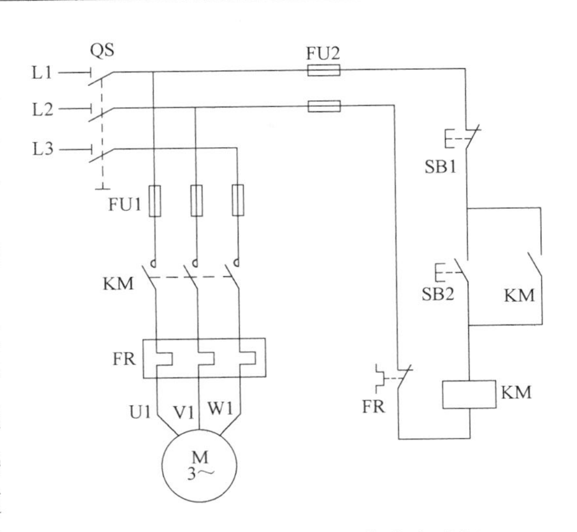

图 13-48　采用热继电器作为电动机过载保护的控制电路

13.7.3　起动时双路熔断器并联控制电路

由热继电器和熔断器组成的三相异步电动机保护系统，通常前者作为过载保护用，后者作为短路保护用。在这种保护系统中，如果热继电器失灵，而过载电流又不能使熔断器熔断，则会烧毁电动机。如果电动机能顺利起动，而运行时熔断器熔丝的额定电流等于电动机额定电流，则发生过载时，即使热继电器失灵，熔断器也会熔断，从而保护了电动机。图 13-49 所示为一种起动时双路熔断器并联控制电路。

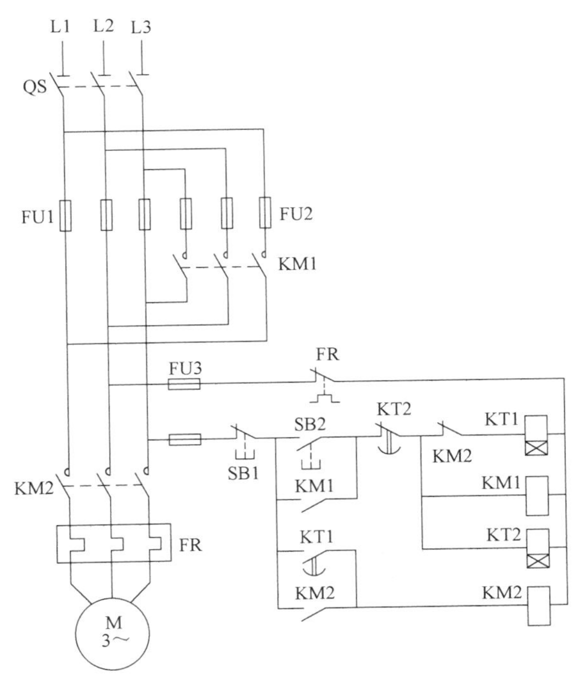

图 13-49　起动时双路熔断器并联控制电路

电动机起动时，两路熔断器装置并联工作。电动机起动完毕，正常运行时，第二路熔断器 FU2 自动退出。这样，由于第一路熔断器 FU1 的熔丝的额定电流和电动机的额定电流一致，一旦发生过电流或其他故障，能将熔丝熔断，保护电动机。

图 13-49 中时间继电器 KT1 延时动作触点的动作特点为当时间继电器线圈得电时，触点延时闭合，时间继电器 KT1 的作用是保证熔断器 FU2 并上后，接触器 KM2 再动作，电动机才开始起动，KT1 的延时时间应调到最小位置（一般为零点几秒）。

图 13-49 中时间继电器 KT2 延时动作触点的动作特点为当时间继电器线圈得电时，触点延时断开，时间继电器 KT2 的作用是待电动机起动结束后，切除第二路熔断器 FU2。KT2 的延时时间应调到电动机起动完毕。

选择熔丝时，FU1 熔丝的额定电流应等于电动机的额定电流，FU2 熔丝的额定电流一般与 FU1 的一样大，如果是重负荷起动或频繁起动，则应酌情增大。

13.7.4 电动机起动与运转熔断器自动切换控制电路

电动机起动与运转熔断器自动切换控制电路如图 13-50 所示，图中 KM2 与 FU2 分别为起动接触器与起动熔断器，图中 KM1 与 FU1 分别为运行接触器与运行熔断器。

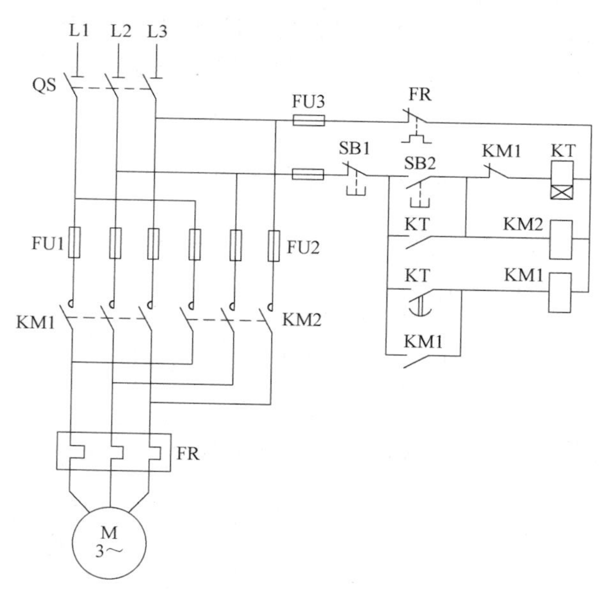

图 13-50 电动机起动与运转熔断器自动切换控制电路

图 13-50 中时间继电器 KT 延时动作触点的动作特点为当时间继电器线圈得电时，触点延时闭合。其作用是，在起动过程结束后，将时间继电器 KT 和起动接触器 KM2 切除。

电动机起动熔断器 FU2 熔丝的额定电流按满足起动要求选择，运行熔断器 FU1 熔丝的额定电流按电动机额定电流选择。时间继电器 KT 的延长时间（3 ~

30s）视负载大小而定。

13.7.5　采用电流互感器和热继电器的电动机过载保护电路

为了防止电动机过载损坏，常采用热继电器 FR 进行过载保护。对于容量较大的电动机，额定电流较大时，如果没有合适的热继电器，可以用电流互感器 TA 变流后，再接热继电器进行保护。如果起动时负载惯性转矩大，起动时间长（5s 以上），则在起动时可将热继电器短接，如图 13-51 所示。

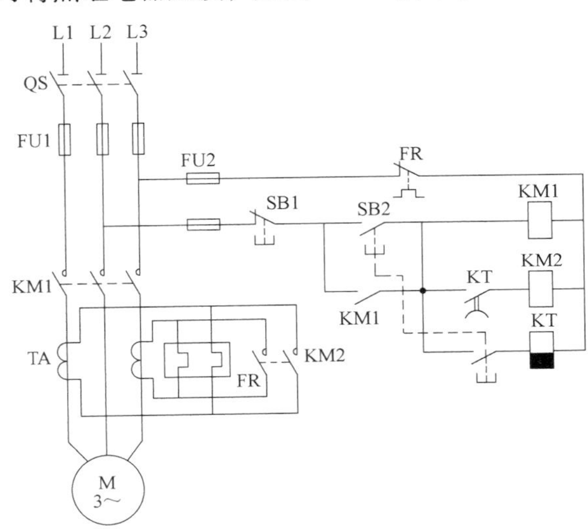

图 13-51　采用电流互感器和热继电器的电动机过载保护电路

图 13-51 中时间继电器 KT 延时动作触点的动作特点为当时间继电器线圈得电时，触点瞬时闭合；当时间继电器线圈断电时，触点延时断开。其作用是，在起动过程中，将热继电器短接。

热继电器动作电流一般设定为电动机额定电流通过电流互感器电流比换算后的电流。

13.7.6　采用电流互感器和过电流继电器的电动机保护电路

图 13-52 所示为由过电流继电器和电流互感器配合组成的电动机过电流保护电路。它的特点是灵敏度高、可靠性强、电路切断速度快。它既能对过载进行定时保护，又能对短路进行瞬时动作。该控制电路适用于大容量的电动机运行保护。

起动时，合上控制开关 SA，中间继电器线圈 KA 经过过电流继电器 KI1、KI2 的常闭触点得电吸合，KA 的常开触点闭合。这时按下按钮 SB2，接触器 KM 得电吸合，接通主电路，使电动机运转。

当电动机电流增大到某一数值时（约 10 倍的动作电流），过电流继电器迅速动作，其常闭触点 KI1、KI2 断开，使中间继电器线圈 KA 失电释放，KA 的常开触点断开，切断接触器 KM 的控制回路，从而使电动机即刻停止。

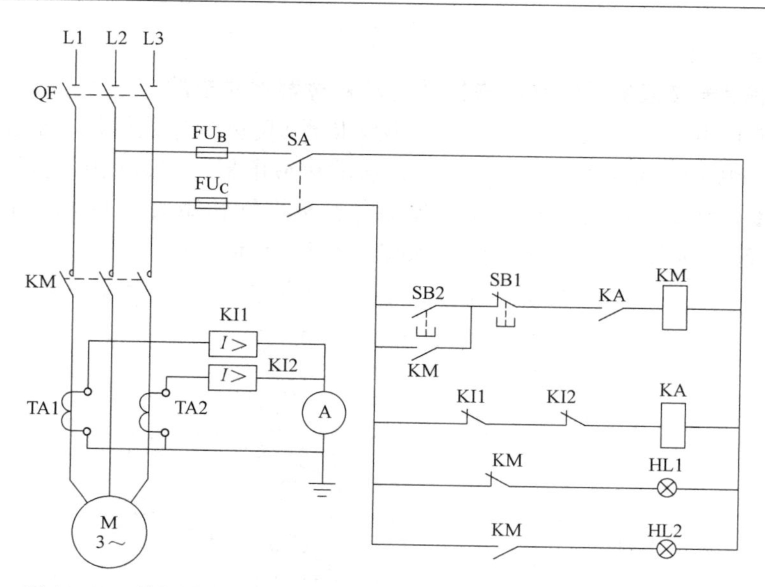

图 13-52 使用电流互感器和过电流继电器的电动机过电流保护电路

13.7.7 采用晶闸管的电动机过电流保护电路

采用晶闸管控制的电动机过电流保护电路，属于电流开关型保护电路，如图 13-53所示。

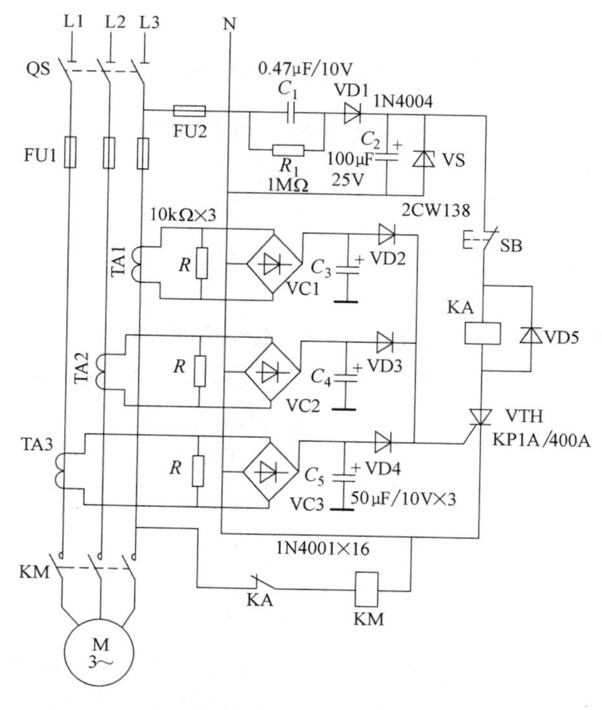

图 13-53 使用晶闸管控制的电动机过电流保护电路

合上电源开关 QS，因电流互感器 TA1 ~ TA3 的二次中无感应电动势，晶闸管 VTH 的门极无触发电压而关断，继电器 KA 处于释放状态，其常闭触点闭合，接触器 KM 线圈得电，主触点闭合，电动机起动运行。电动机正常运行时，TA1 ~ TA3 二次的感应电动势较小，不足以触发 VTH 导通。当电动机任一相出现过电流时，电流互感器二次的感应电动势增大，经整流桥 VC1、VC2、VC3 整流，C_3、C_4、C_5 滤波，通过或门电路（VD2 ~ VD4），使 VTH 触发导通，KA 线圈得电，其常闭触点断开，KM 线圈失电，主触点复位，电动机停转。

检修时，应断开电源开关 QS。如果未断开电源开关 QS，故障排除后，VTH 仍维持导通，此时应按一下复位按钮 SB，使 VTH 关断。

13.7.8　三相电动机过电流保护电路

三相电动机过电流保护电路如图 13-54 所示。它使用一只电流互感器来感应电流，在三相电动机电流出现超过正常工作电流时，KA 达到吸合电流而吸合，使主回路断电，从而保护电动机过电流时断开电源。

图 13-54 中的时间继电器 KT 有两个延时动作触点，其中一个延时动作触点与电流互感器并联，其动作特点为当时间继电器线圈得电时，触点延时断开。其中另一个延时动作触点经中间继电器的线圈与电流互感器串联，其动作特点为当时间继电器线圈得电时，触点延时闭合。

由于电动机在起动时，电流很大，所以本电路将时间继电器的常闭触点先短接电流互感器，当电动机起动完毕后，时间继电器 KT 动作，KT 的常闭触点断开，KT 的常开触点闭合，把中间继电器 KA 的线圈接入电流互感器电路中。电动机运行时，若电动机过电流，则中间继电器 KA 动作，其常闭触点断开。此时接触器 KM 的线圈失电释放，KM 的主触点断开，使电动机的主回路断电，从而使电动机过电流时断开电源，保护电动机。

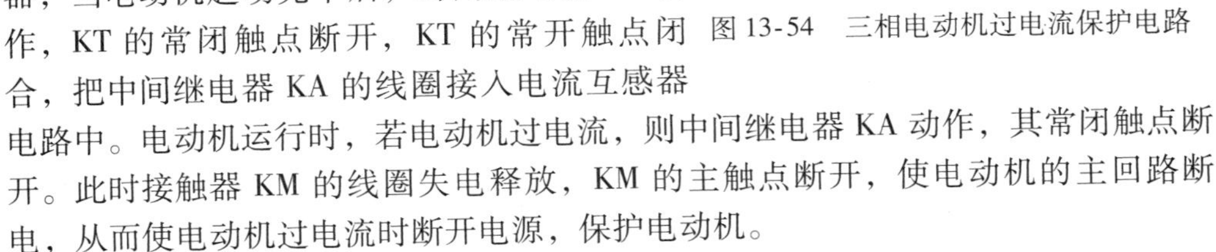

图 13-54　三相电动机过电流保护电路

13.8　电动机断相保护电路

13.8.1　电动机断相（断丝电压）保护电路

由于熔丝熔断造成电动机断相运行的情况相当普遍，从而提出了断丝电压（又称熔丝电压）保护电路。断丝电压保护只适用于因熔丝熔断而产生的断相运行，所以局限性较大。图 13-55 所示电路把电压继电器 KV1、KV2、KV3 分别并联在 3 个熔断器的两端。

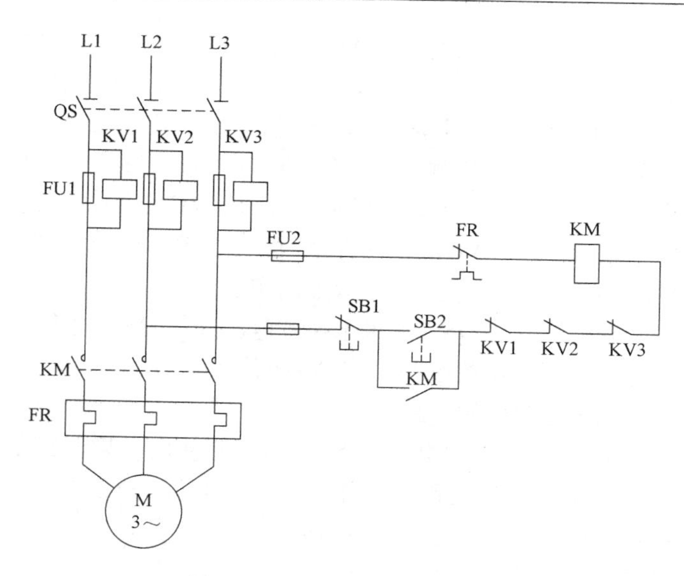

图 13-55　断丝电压保护电路

正常情况下，由于熔丝电阻很小，熔断器两端的电压很低，所以继电器不动作。当某相熔丝熔断时，在该相熔断器两端产生 30～170V 电压（0.5～75kW 电动机），在该相熔断器两端并联的继电器线圈得电，其常闭触点断开，从而使接触器 KM 线圈失电，KM 的主触点复位，电动机停转，起到熔丝熔断的保护。

熔丝熔断后，熔断器两端电压的大小与电动机所拖动的负载的大小（即电动机的转速）有关，利用断丝电压使继电器吸合，继电器的吸合电压一般整定为小于 60V。

13.8.2　采用热继电器的断相保护电路

三相异步电动机采用热继电器的断相保护电路如图 13-56 所示。对于Y联结的三相异步电动机，正常运行时，其Y联结的绕组中性点与零线 N 间无电流。当电动机因故障断相运行时，通过热继电器 FR2 的电流，使 FR2 的热元件受热弯曲，其常闭触点断开，KM 的线圈失电、KM 的主触点释放，电动机 M 停止运行。

热继电器的电流整定值应略大于Y联结的绕组中性点与零线 N 间的不平衡电流。该保护电路的特点是不管何处断相均能动作，有较宽的电流适应范围，通用性强；不另外使用电源，不会因保护电路的电源故障而拒动。

13.8.3　电动机断相自动保护电路

图 13-57 是一种采用三只互感器测量三相电流平衡状态的电动机断相自动保护电路。

当按下起动按钮 SB2 时，接触器 KM 得电，常开触点闭合，保护器电源接通工作。当电动机三相均有电流时 TA1、TA2、TA3 的感应电压经 VD1、VD2、VD3 使晶体管 VT1、VT2、VT3 饱和，晶体管 VT1、VT2、VT3 的集电极输出电位为零，VD4～

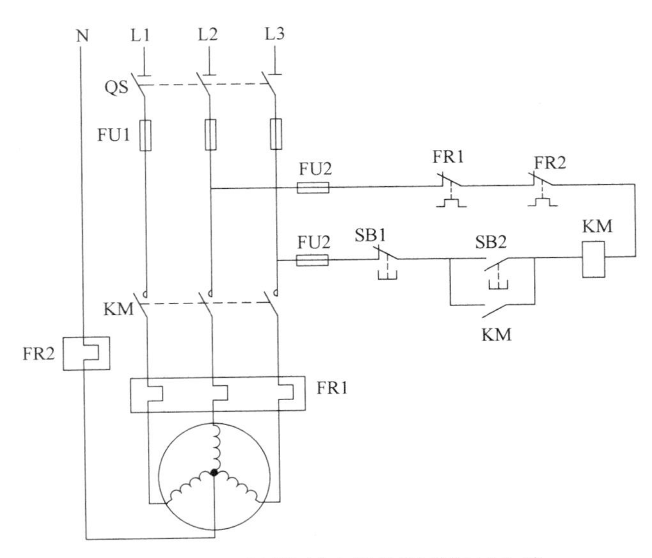

图 13-56　采用热继电器的断相保护电路

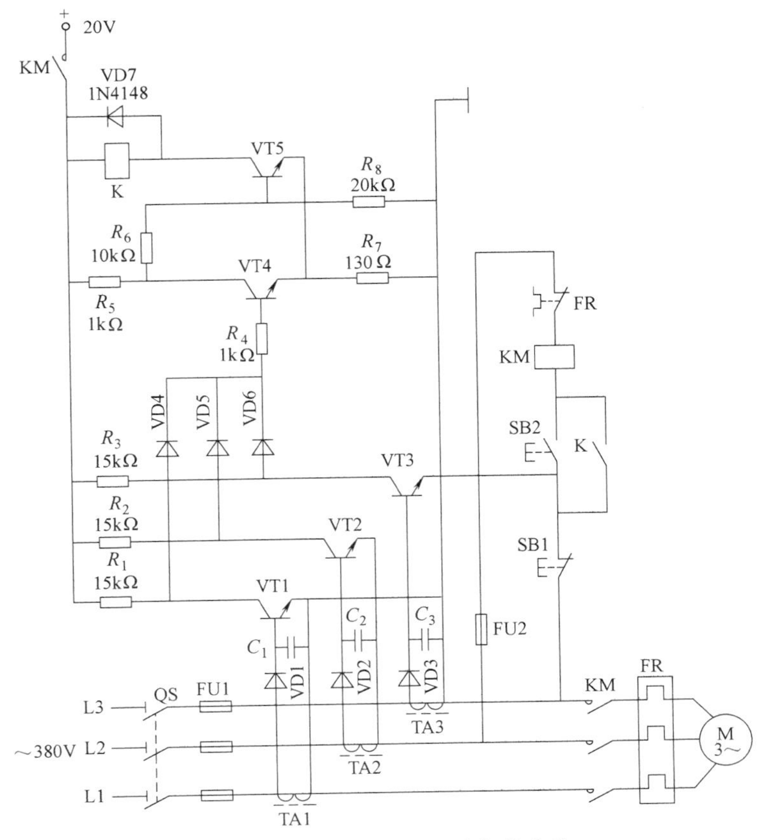

图 13-57　电动机断相自动保护电路

VD6 构成的二极管或门电路输出为零，VT4 截止，VT5 饱和，继电器 K 得电工作，其常开触点闭合，电动机正常运行。当断相起动或运行时，其中任意一只晶体管将截止，或门输出高电位，使 VT4 饱和，VT5 截止，继电器 K 失电断开，接触器 KM 线圈将失去自锁而失电释放，KM 三相主触点断开，电动机 M 停止运行。

图 13-57 中的晶体管 VT1 ~ VT4 选用 3DG6；VT5 选用 3DG12；继电器 K 选用 JR－4 型；VD1 ~ VD4 选用 1N4004，VD7 选用 1N4148。

13.8.4 由电容器组成的零序电压电动机断相保护电路

图 13-58 是一种由电容器组成的零序电压电动机断相保护电路，其特点是在电动机的三相电源接线柱上，各用导线引出，分别接在电容 C_1、C_2、C_3 上，并通过这 3 只电容器，使其产生一个人为的中性点，当电动机正常运行时，人为中性点的电压为零，与三相四线制电路的中性点电位一致，故此两点电压通过整流后无电压输出，继电器 KA 不动作。当电动机电源某一相断相时，则人为中性点的电压会明显上升，电压高达 12V 时，继电器 KA 吸合，其常闭触点断开，使接触器 KM 的线圈失电，KM 的主触点复位，从而使电动机断电，达到保护电动机的目的。

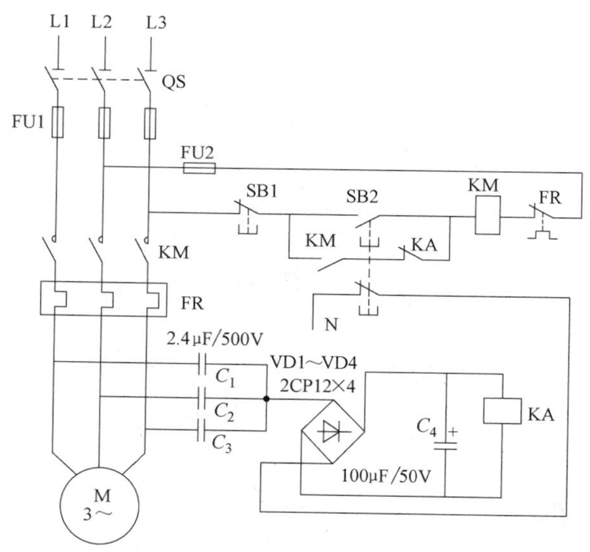

图 13-58 电容器组成的零序电压电动机断相保护电路

由于此断相保护电路是在三相电源上投入 3 只电容器进行运行工作，而电容器在低压交流电电网上又能起到无功功率补偿作用，故断相保护器在正常工作时，不浪费电，相反还会提高电动机的功率因数，具有节电和断相保护两种功能。该电路动作灵敏，在电动机断相小于或等于 1s 时，继电器 KA 便会动作。该电路无论负载轻重，也无论是星形联结的电动机，还是三角形联结的电动机均可使用。本电路适用于 0.1 ~ 22kW 的电动机。如换用容量更大的继电器，则可在 30kW 以上的电动机上使用。

为了防止电动机在起动时交流接触器触点不同步引起继电器误动作，该电路采用一常闭的双连按钮作起动按钮，可以在电动机起动的同时断开保护电路与三相四线制中性点的连线。待电动机起动完毕，操作者松手使按钮复位后，断相保护电路才能正常工作。

13.8.5　简单的星形联结电动机零序电压断相保护电路

图 13-59 是一种简单的星形联结电动机零序电压断相保护电路。因为星形联结的电动机的中性点对地电压为零，所以在中性点与地之间连接一个 18V 的继电器，即可起到电动机的断相保护作用。

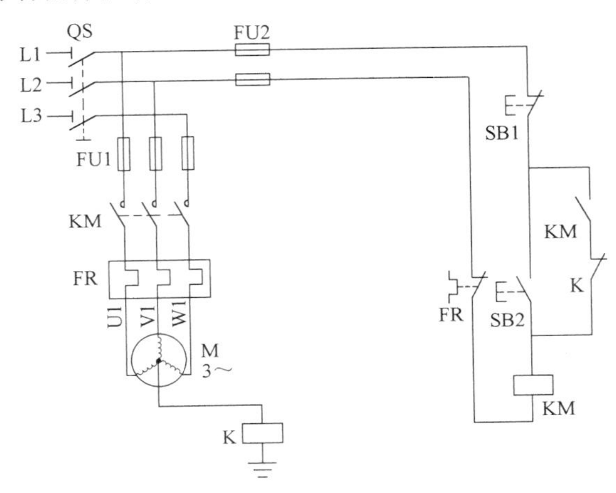

图 13-59　简单的星形联结电动机零序电压断相保护电路

对于Y联结的三相异步电动机，正常运行时，其Y绕组中性点与地之间无电压。当电动机因故障使某一相断电时，会造成电动机的中性点电位偏移，中性点与地存在电位差，从而使继电器 K 吸合，其常闭触点断开，使接触器 KM 的线圈失电，KM 的主触点断开，使电动机停转，保护电动机不被烧坏。此方法是一种简单易行的保护方法。

13.8.6　采用欠电流继电器的断相保护电路

图 13-60 是一种采用 3 只欠电流继电器的断相保护电路。

合上电源开关 QS，按下起动按钮 SB2，接触器 KM 线圈得电，KM 的主触点闭合，电动机起动运行，同时 3 只欠电流继电器 KA1、KA2、KA3 得电吸合，3 只欠电流继电器的常开触点闭合，与此同时接触器 KM 的常开辅助触点闭合，接触器 KM 的线圈自锁，电动机正常运行。

当电动机发生断相故障时，接在该断相上的欠电流继电器释放，其常开触点 KA1、KA2 或 KA3 复位，使得接触器 KM 的线圈自锁电路断开，KM 的主触点复位，电动机停转，从而保护了电动机。

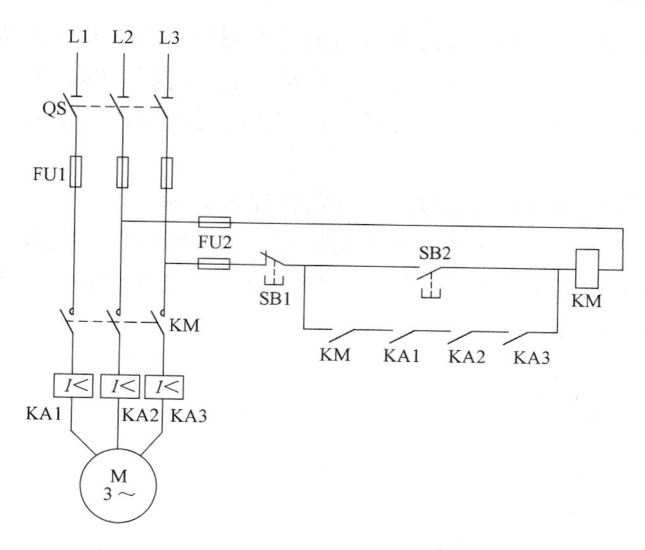

图 13-60　采用欠电流继电器的断相保护电路

13.8.7　零序电流断相保护电路

零序电流断相保护电路如图 13-61 所示，其特点是以零序电流使电子继电器动作，以达到断相保护的目的。图中 TA 是零序电流互感器。

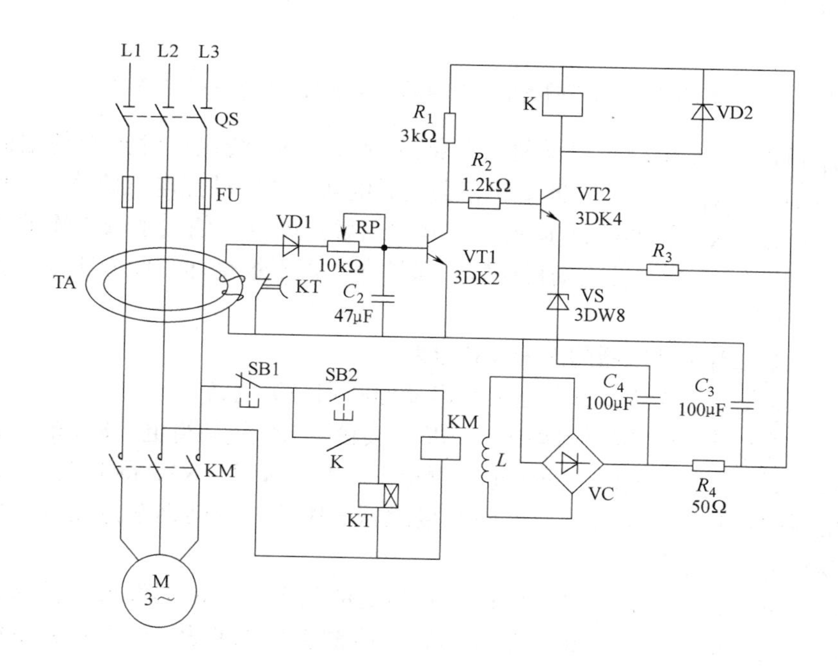

图 13-61　零序电流断相保护电路

按下起动按钮 SB2，接触器 KM 和时间继电器 KT 吸合，电动机 M 投入正常运行。此时电动机三相负载平衡，零序电流互感器 TA 二次电流等于零，晶体管 VT1 处于截止状态；晶体管 VT2 处于导通状态，继电器 K 吸合，K 的常开触点闭合，使 KM 和 KT 自锁。

当发生断相时，TA 次级产生的感应电流经二极管 VD1 整流，使 VT1 由截止转为导通，而 VT2 由导通转为截止（VT2 的电源由 KM 的线圈外加绕的 L 绕组取出 15～18V，经桥式整流电路 VC 整流后供给）。继电器 K 失电，K 的常开触头断开，使接触器 KM 和时间继电器 KT 的线圈失电，接触器 KM 的主触点断开，切断电动机电源，达到了电动机断相保护之目的。

时间继电器 KT 的作用是为了避开电动机起动时的不平衡电流，时间继电器 KT 的延时断开的常闭触点可以将 TA 的二次侧在电动机 M 起动过程中暂时短路。对于起动时三相电流平衡的电动机则无须增加 KT。

13.8.8　Y联结电动机断相保护电路

图 13-62 所示电路是一种Y联结电动机断相保护电路，该电路适用于 7.5kW 以下的电动机。

按下起动按钮 SB2，接触器 KM 的线圈得电，KM 吸合，松开 SB2，KM 自保，电动机 M 运行。当三相交流电中某一相断路时，电动机的中性点与零线之间出现电位差。此电压经过整流、滤波、稳压后，使继电器 K 得电吸合，其常闭触点断开，使 KM 失电释放，KM 的主触点断开，从而使电动机 M 断电，保护电动机定子绕组不被烧毁。

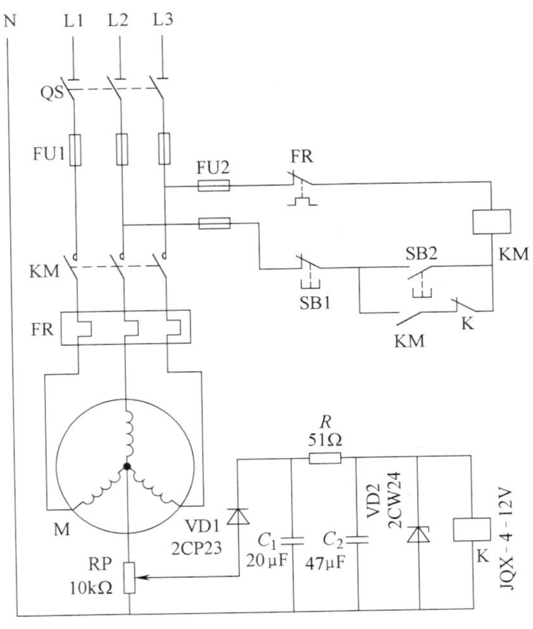

图 13-62　Y联结电动机断相保护电路

13.8.9　△联结电动机零序电压继电器断相保护电路

图 13-63 所示电路是一种△联结电动机零序电压继电器断相保护电路。该电路采用 3 只电阻 R_1～R_3 接成一个人为的中性点，当电动机断相时，此中性点的电位发生偏移，使继电器 K 得电吸合，其常闭触点断开，切断了接触器 KM 的线圈回路，KM 失电释放，KM 的主触点断开，从而使电动机 M 断电，保护电动机定子绕组不被烧毁。该电路中的电阻 R_1～R_3 可根据实际经验选定。

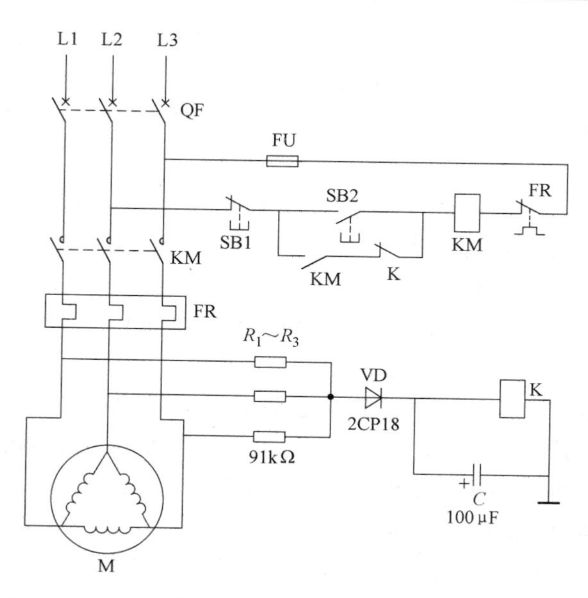

图 13-63 △联结电动机零序电压继电器断相保护电路

13.8.10 采用中间继电器的断相保护电路

采用中间继电器的断相保护电路，如图 13-64 所示。接触器线圈和继电器线圈分别接于电源 L1、L2 和 L2、L3 上。

合上电源开关 QS，中间继电器 KA 的线圈得电，其常开触点闭合，为接触器 KM 线圈得电做准备。按下起动按钮 SB2，接触器 KM 的线圈得电，KM 的主触点闭合，电动机起动运行。只有当电源三相都有电时，KM 才能得电工作，无论哪一相电源发生断相，KM 的线圈都会失电，KM 的主触点切断电源，以保护电动机。

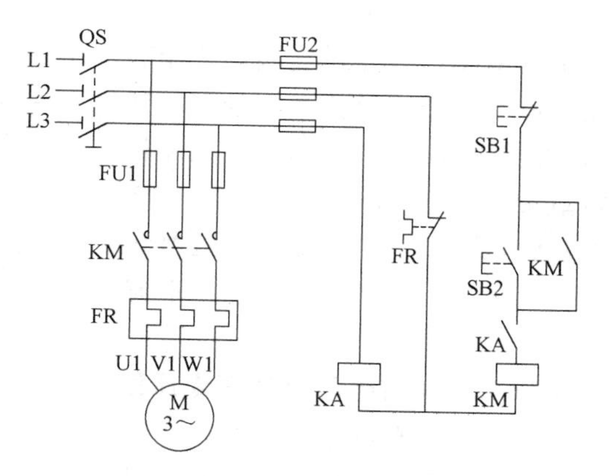

图 13-64 采用中间继电器的断相保护电路

电动机在运行中，若熔丝熔断，使其中一相电源断电，由于其他两相电源通过电动机可返回另一相断电的线圈上，为保证接触器、中间继电器可靠释放，应选择释放电压大于 190V 的接触器和中间继电器。

13.8.11 实用的三相电动机断相保护电路

图 13-65 是一种三相电动机断相保护电路。该交流三相电动机断相保护电路能在电源断相时，自动切断三相电动机电源，起到保护电动机的目的。

从图 13-65 中可以看出，电动机控制电路中多了一个同型号的交流接触器，当按下按钮 SB2 时，W 相电源经过按钮 SB1、SB2、接触器 KM1 的线圈到 V 相，使交流接触器 KM1 吸合，同时 KM1 的常开触点闭合，将交流接触器 KM2 的线圈接到 U 相与 W 相之间，使交流接触器 KM2 得电吸合，电动机 M 起动运转。这样，由于多用了一个同型号的接触器，两个接触器线圈的电压分别使用了 U、V、W 三相中的电压回路，故此在 U、V、W 任何一相断相时，都能使两个接触器中的一个或两个线圈都释放，从而保护电动机不因电源断相而烧毁。

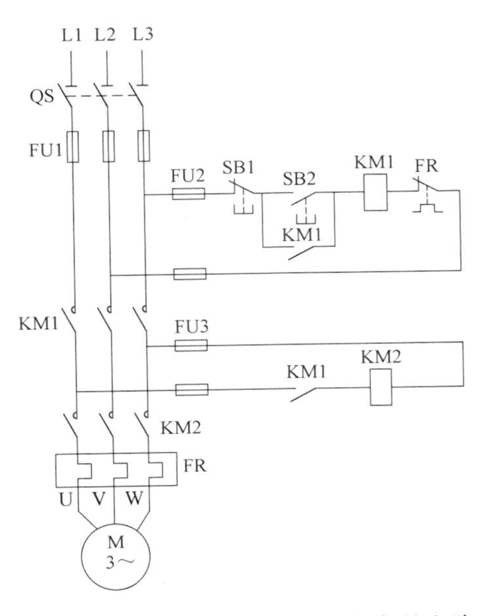

图 13-65　实用的三相电动机断相保护电路

此断相保护电路适用于 10kW 以上的较大型的电动机且负荷较重的场合，能可靠地对电动机进行断相保护。该电路简单、实用、取材方便，效果理想。

13.8.12　三相电源断相保护电路

三相电源断相保护电路如图 13-66 所示。该电路采用了电流互感器 TA 和双向晶闸管 VTH，适用于三相异步电动机的断相保护。合上电源开关 QS，按下起动按钮 SB2，交流接触器 KM 的线圈得电吸合，其主触点闭合，电动机起动运行。此时，电流互感器 TA 有感应信号输出，双向晶闸管 VTH 被触发导通，起到了交流接触器辅助触点自锁的作用。松开 SB2 后，接触器仍会保持吸合，电动机 M 继续运行。

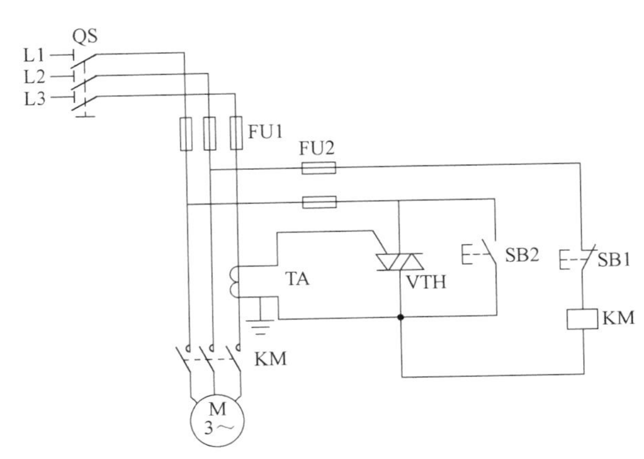

图 13-66　三相电源断相保护电路

该电路的特点是当三相电源中的任意一相断路时，三相异步电动机都可以自动脱离电源，停止运行。例如，当L1相或L2相断路时，接触器KM的线圈将失电释放，切断电动机的电源，实现断相保护；当L3相断路时，电流互感器TA就没有感应信号输出，晶闸管VTH将失去触发信号而关断，接触器KM则失电释放，电动机的电源被切断，也可以完成断相保护的任务。

13.9 直流电动机失磁、过电流保护电路

13.9.1 直流电动机的失磁保护电路

直流电动机失磁保护电路的作用是防止电动机工作中因失磁而发生“飞车”事故。这种保护是通过在直流电动机励磁回路中串入欠电流继电器来实现的。

他励直流电动机失磁保护电路如图13-67所示，当电动机的励磁电流消失或减小到设定值时，欠电流继电器KA释放，其常开触点断开，接触器KM1或KM2断电释放，切断直流电动机的电枢回路，电动机断电停车，实现保护电动机的目的。

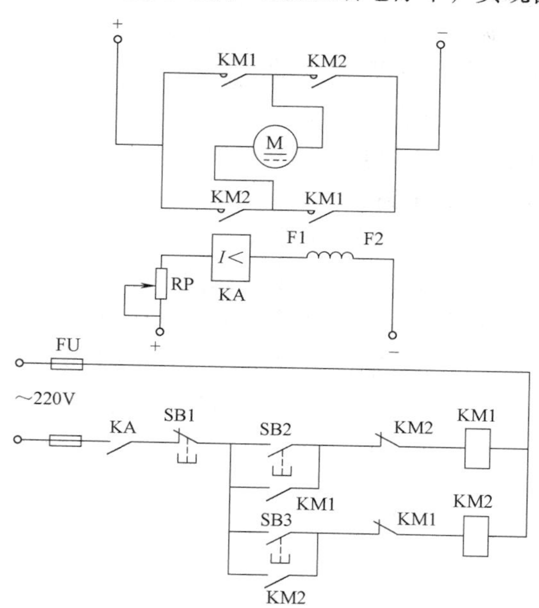

图13-67 他励直流电动机失磁保护电路

此外，也可以在直流电动机励磁绕组回路中串入硅整流二极管VD（其整流值只要大于直流电动机的励磁电流即可），并在其两端并联额定值为0.7V的电压继电器KV（JTX－0.7V），以此来控制主电路的接触器，也可以实现直流电动机失磁保护，达到防止“飞车”的目的。

当励磁绕组有电流时，二极管VD两端就有0.7V电压，使电压继电器KV得电吸合，其常开触点闭合，为控制电路中接触器KM的线圈得电做准备。当励磁绕

组无电流时，VD 两端无电压，KV 线圈不得电，其常开触点仍处于断开状态，这时控制回路 KM 线圈也不能得电，则主电路也不得电，电动机不工作。也就是说，若不先提供励磁电流，电动机就无法工作。

13.9.2　直流电动机励磁回路的保护电路

使用直流电动机时，为了确保励磁系统的可靠性，在励磁回路断开时需添加保护电路。直流电动机励磁回路的保护电路如图 13-68 所示。

在图 13-68a 所示电路中，电源经电抗器 L 降压，再经桥式整流器整流后，提供直流励磁电流给直流电动机的励磁绕组。电阻器 R 与电容器 C 组成浪涌吸收电路，防止电源的过电压进入励磁绕组。当励磁绕组电源断开时，在其两端并联一个释放电阻器 R'，以防止励磁绕组的自感电动势击穿电源中的整流二极管，其阻值约为励磁绕组电阻（冷态）的 7 倍，功率为 50 ~ 100W。

在图 13-68b 所示电路中，在励磁绕组两端并联一个压敏电阻器 R_V，取 R_V 的额定电压为励磁电压的 1.5 ~ 2.2 倍。当工作电压低于 R_V 的额定电压时，R_V 呈现高阻、断开状态；当工作电压高于 R_V 的额定电压时，R_V 呈现低阻、导通状态。当励磁绕组断开瞬间，若励磁绕组的自感电压高于压敏电阻 R_V 的额定电压，R_V 呈现低阻状态，限制了励磁绕组两端电压，起到保护作用。

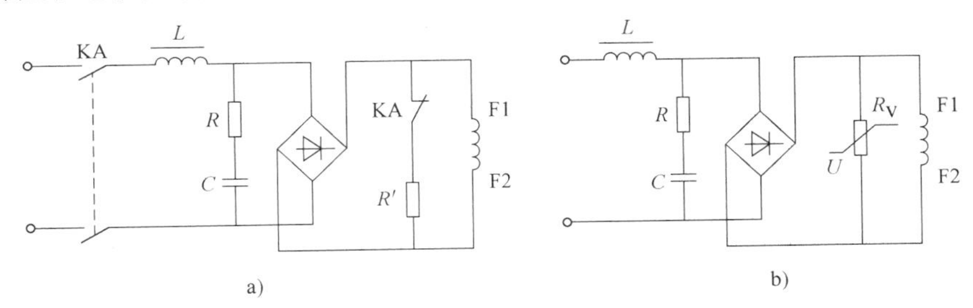

图 13-68　直流电动机励磁回路的保护电路
a）保护电路（一）　b）保护电路（二）

13.9.3　直流电动机失磁和过电流保护电路

为了防止直流电动机失去励磁而造成转速猛升（“飞车”），并引起电枢回路过电流，危及直流电源和直流电动机，因此励磁回路接线必须十分可靠，不宜用熔断器作为励磁回路的保护，而应采用失磁保护电路。失磁保护很简单，只要在励磁绕组上并联一只失电压继电器或串联一只欠电流继电器即可。用过电流继电器可以作电动机的过载及短路保护。

直流电动机失磁和过电流保护电路如图 13-69 所示，图中 KUC 为欠电流继电器，KOC 为过电流继电器。KT1、KT2 为时间继电器，其常开触点的动作特点是当时间继电器吸合时，其常开触点延时闭合。

闭合电源开关 QS，欠电流继电器 KUC 线圈得电，KUC 常开触点闭合，为接触器 KM1 线圈得电做准备。

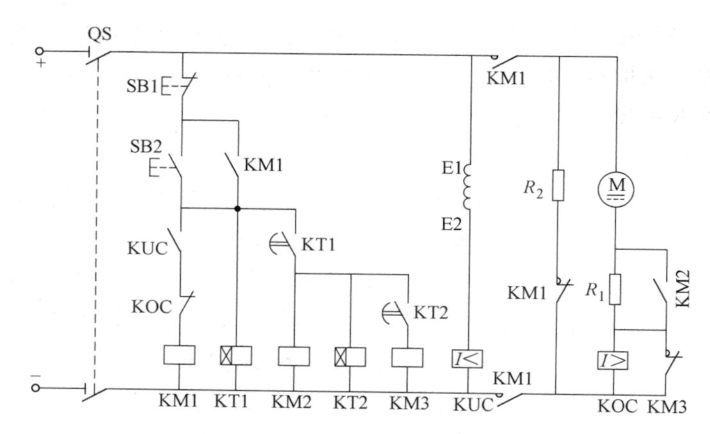

图 13-69　直流电动机失磁和过电流保护电路

过电流继电器 KOC 作直流电动机的过载及短路保护用。直流电动机电枢串电阻起动时，KOC 线圈被 KM3 短接，不受起动电流的影响。电动机正常运行时，KOC 处于释放状态、KOC 的常闭触点处于闭合状态。电动机过载或短路时，一旦流过 KOC 线圈的电流超过整定值，过电流继电器 KOC 吸合，KOC 的常闭触点马上断开，使接触器 KM1 的线圈失电，KM1 的主触点断开，切断直流电动机的电源，使电动机停转。过电流继电器一般可按电动机额定电流的 1.1 ~1.2 倍整定。

欠电流继电器 KUC 作直流电动机的失磁保护，串联在励磁回路中。电动机正常运行时，KUC 处于吸合状态，KUC 的常开触点处于闭合状态。当励磁失磁或励磁电流小于电流整定值时，欠电流继电器 KUC 释放，KUC 的常开触点复位，切断 KM1 的自锁回路，使接触器 KM1 的线圈失电，KM1 的主触点断开，切断直流电动机的电源，使电动机停转。要求欠电流继电器的额定电流应大于电动机的额定励磁电流，电流整定值按电动机的最小励磁电流的 0.8 ~0.85 倍整定。当 KM1 线圈失电时，KM1 常闭主触点复位，接通能耗制动电阻 R_2，使电动机迅速停转。

13.10　电动机保护器应用电路

13.10.1　电动机保护器典型应用电路

为了更有效地保护电动机，近年来涌现出了许多电动机保护器，电动机保护器又叫电子保护器。它与交流接触器组成电动机保护电路，主要用于对交流 50Hz、额定电流 600A 及以下三相电动机在运行中出现的断相、过载、堵转、三相电流不平衡等故障进行保护。

GT－JDG1－16A 型电动机保护器典型应用电路如图 13-70 所示。保护器设有电流刻度指示，可现场调节整定电流，操作简单、方便，用户无须现场带负荷调试，只要根据电动机的额定电流值进行调节即可。GT－JDG1－16A 型电动机保护器电流小，对于额定电流较小的电动机，其主电路可直接接在保护器主触点上即可。端子 A1、A2 接电压表 PV，端子 95、98 为保护器内部的一对常闭触点，只要电路发生故障，保护器立即动作，端子 95、98 内部的常闭触点动作断开，即可切断交流接触器 KM 线圈的电源，从而使电动机 M 停转。

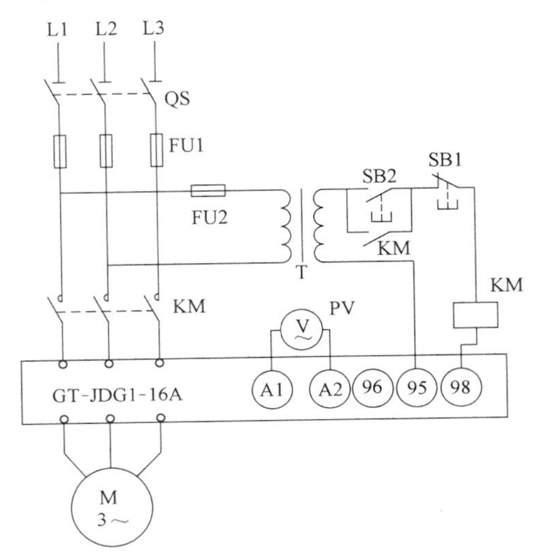

图 13-70　GT－JDG1－16A 型电动机保护器典型应用电路

13.10.2　电动机保护器配合电流互感器应用电路

GT－JDG1－16A 型电动机保护器的工作电流仅为 16A，要想控制较大额定电流的电动机，则可以采用图 13-71 所示电路。图中，TA 为电流互感器；T 为小型电源变压器；SB2 为起动按钮，SB1 为停止按钮。

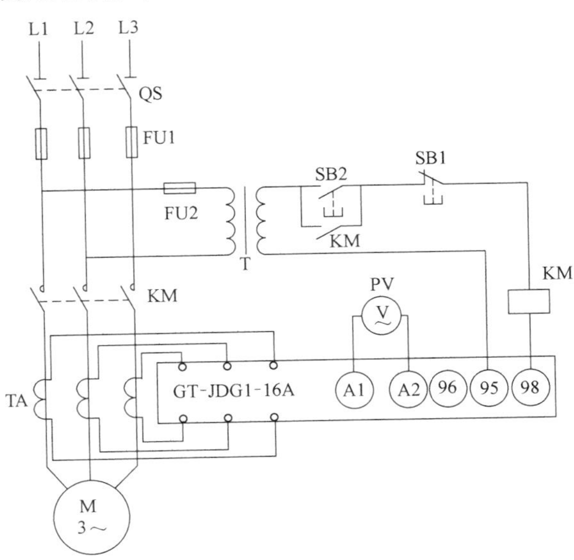

图 13-71　GT－JDG1－16A 型电动机保护器配合电流互感器应用电路

GT－JDG1－160A 型大功率电动机保护器，在外壳中部有三个穿心孔，这实际上是三相电流互感器，如图 13-72 所示，将电动机的三相电源线穿过这三个穿心孔，主电路即安装完毕。

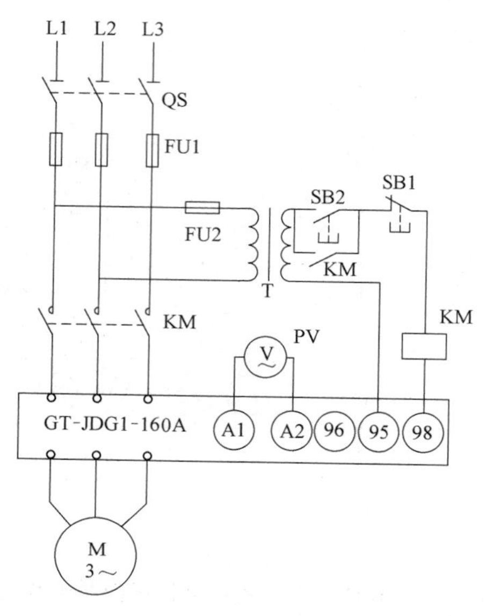

图 13-72　GT－JDG1－160A 型穿心式电动机保护器应用电路

第14章　变配电工程图的识读

变配电工程图主要包括一次系统图、二次回路电路图和接线图、变配电所设备安装平、剖面图、变配电所照明系统图和平面布置图、变配电所接地系统平面图等。

14.1　电力系统基本知识

14.1.1　电力系统的组成与特点

1. 电力系统的基本组成

由发电厂、电力网及电能用户组成的发电、输电、变电、配电和用电的整体称为电力系统，即电力系统是指通过电力网连接在一起的发电厂、变电所及用户的电气设备的总体。

在整个动力系统中，除发电厂的锅炉、汽轮机等动力设备外的所有电气设备都属于电力系统的范畴。电力系统主要包括发电机、变压器、架空线路、电缆线路、配电装置、各类电力、电热设备以及照明等用电设备，如图14-1所示。

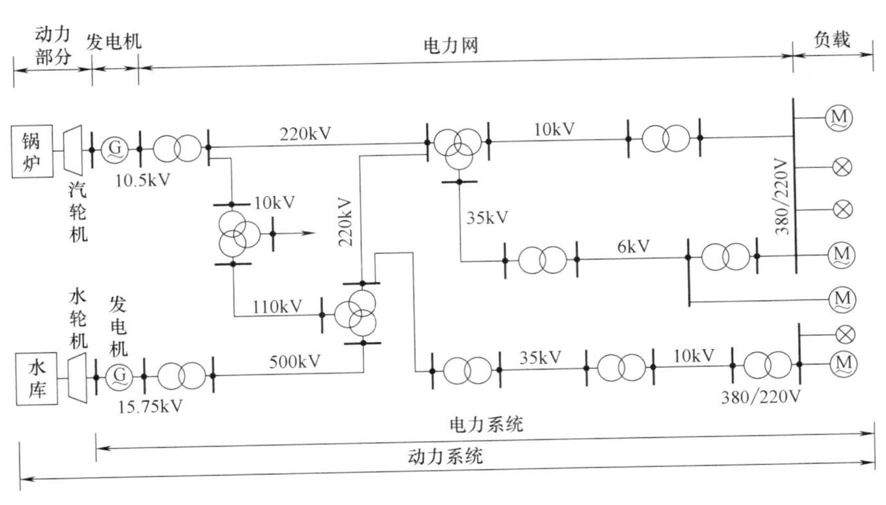

图14-1　动力系统、电力系统与电力网的构成

电力网是电力系统的一部分，它包括变电所、配电所及各种电压等级的电力线路。电能用户（又称电力用户或电力负荷）是指一切消耗电能的设备。

2. 一次系统与二次系统

电力系统中，电作为能源通过的部分称为一次系统，对一次系统进行测量、保

护、监控的部分称为二次系统。从控制系统的角度看，**一次系统相当于受控对象，二次系统相当于控制环节**，受控量主要有开关电器的开、闭等数字量和电压、功率、频率、发电机功率角等模拟量。

3. 联网运行的电力系统

图 14-2 所示为从发电厂经变电所通过电力线路至电能用户的送电过程示意图。

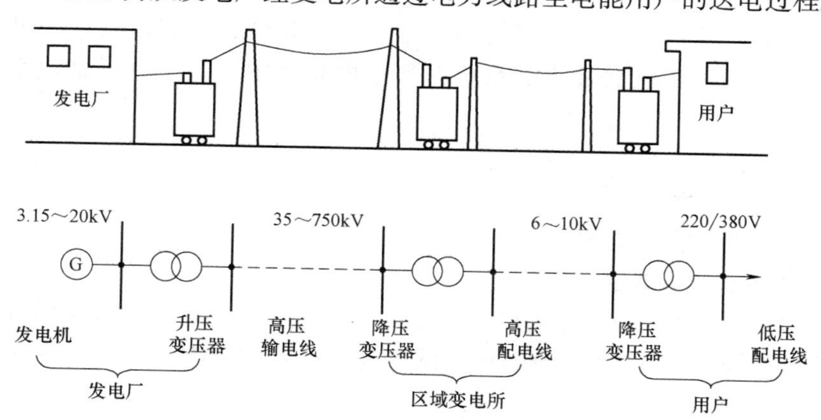

图 14-2　从发电厂到电能用户的送电过程示意图

如果各发电厂都是彼此独立地向用户供电，则当某个发电厂发生故障或停机检修时，由该厂供电的地区将被迫停电。为了确保对用户供电不中断，每个发电厂都必须配备一套备用发电机组，但这就增加了投资，而且设备的利用率较低。因此，有必要将各种类型发电厂的发电机、变电所的变压器、输电线路、配电设备以及电能用户等联系起来，组成一个整体，这称为电力系统的联网运行。这样，就可以减少备用发电设备的容量、提高发电设备的利用率、提高供电的可靠性、提高电能质量，实现经济运行。

14.1.2　变电所与电力网

1. 变电所的类型

变电所（站）是变换电能电压和接收分配电能的场所，是联系发电厂和电能用户的中间枢纽。**如果仅用以接收电能和分配电能，则称为配电所（站）或开闭所（站）；如果仅用以把交流电能变换成直流电能，则称为变流所（站）。**

变电所有升压和降压之分。升压变电所一般和大型发电厂结合在一起，把电能电压升高后，再进行长距离输送；降压变电所多设在用电区域，将高压适当降低后，对某地区或某用户供电。根据其所处的位置，降压变电所又可分为枢纽变电所、区域变电所、终端变电所以及工业企业的总降压变电所和车间变电所等。变电所类型如图 14-3 所示。

2. 电力网的特点与分类

在电力系统中，连接各种电压等级的输电线路、各种类型的变、配电所及用户

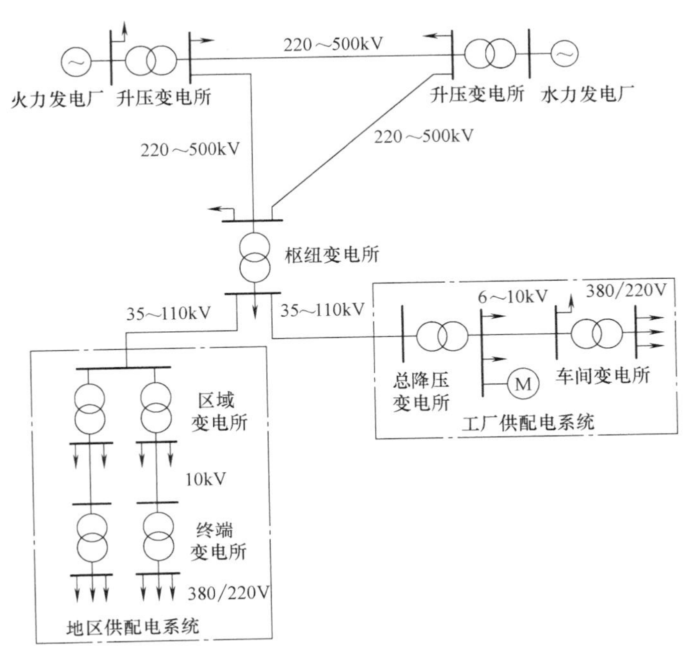

图 14-3　电力系统变电所类型示意图

的电缆和架空线路构成的输、配电网络称为电力网。电力网是输送电能和分配电能的通道，是联系发电厂、变电所和电能用户的纽带。

电力网按其在电力系统中作用的不同，分为输电网（供电网）和配电网。

输电网又称为供电网，是由输送大型发电厂巨大电力的输电线路和与其线路连接的变电站组成，是电力系统中的主要网络，简称主网，也是电力系统中的最高级电网，又称网架。

配电网是由配电线路、配电所及用户组成。它的作用是把电力分配给配电所或用户。

配电网按其额定电压又分为一次配网和二次配网，如图 14-4 所示。

一次配网是指高压配电线路组成的电力网，是由配电所、开闭站及 10kV 高压用户组成。**二次配网担负某地区的电力分配任务，主要向该地区的用户供电。**其供电半径不大，负荷也较小，例如系统中以低压三相 380V、220V 供电的配电网就是二次配网。

3. 输电线路与配电线路

从发电厂将生产的电能经过升压变压器输送到电力系统中的降压变压器及电能用户的 35kV 及以上的高压、超高压电力线路称为输电线路。

从发电厂将生产的电能直接配送给电能用户或由电力系统中的降压变压器供给电能用户的 10kV 以下的电力线路称为配电线路（又称为供电线路）。**3 ~ 10kV 线**

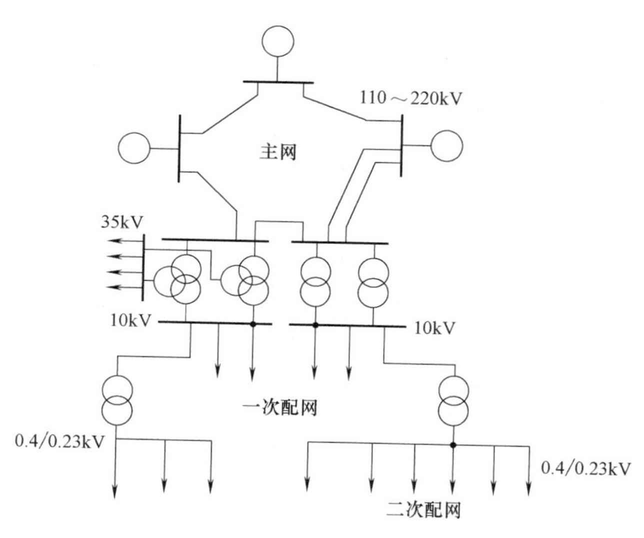

图 14-4　电力网示意图

路称为高压配电线路，1kV 及以下线路称为低压配电线路。

配电线路分为厂区高压配电线路和车间低压配电线路。厂区高压配电线路将总降压变电所、车间变电所和高压用电设备连接起来。车间低压配电线路主要用以向低压用电设备供应电能。

4. 配电系统的组成

配电系统主要由供电电源、配电网、用电设备等组成。配电系统的电源可以取自电力系统的电力网或企业、用户的自备发电机。配电系统的配电网由企业或用户的总降压变电所（或高压配电所）、高压输电线路、降压变电所（或配电所）、低压配电线路组成。

实际上配电系统的基本结构与电力系统的基本结构是极其相似的，所不同的是**配电系统的电源是电力系统的电力网，电力系统的用户实际上就是配电系统。**

配电系统中的用电设备根据额定电压分为高压用电设备和低压用电设备。

14.1.3　电力网中的额定电压

额定电压又称标称电压，是指电气设备的正常工作电压，是在保证电气设备规定的使用年限，能达到额定出力的长期安全、经济运行的工作电压。

变压器、发电机、电动机等电气设备均有规定的额定电压，而且在额定电压下运行，其经济效果最佳。

根据电气设备在电力系统中所处的位置不同，其额定电压也有不同的规定。例如在系统中运行的电力变压器有升压变压器、降压变压器，有主变压器也有配电变压器，由于所处在系统中的位置和作用的不同，额定电压的规定也不同。

1）电力变压器一次侧的额定电压直接与发电机相连接时（即升压变压器），其额定电压与发电机额定电压相同，即**高于同级线路额定电压的 5%**。如果变压器直接与线路连接，则一次侧额定电压与同级线路的额定电压相同。

2）变压器二次侧的额定电压是指二次侧开路时的电压，即空载电压。如果变压器二次侧供电线路较长（即主变压器），则**变压器的二次侧额定电压比线路额定电压高 10%**；如果二次侧线路不长（配电变压器），**变压器额定电压只需高于同级线路额定电压的 5%**。

我国三相交流电力网电力设备的额定电压可见表 14-1。

表 14-1　我国三相交流电力网电力设备的额定电压

分类	电网和用电设备的额定电压/kV	发电机的额定电压/kV	电力变压器的额定电压/kV	
			一次绕组	二次绕组
低压	0.38	0.4	0.38	0.4
	0.66	0.69	0.66	0.66
高压	3	3.15	3，3.15	3.15，3.3
	6	6.3	6，6.3	6.3，6.6
	10	10.5	10，10.5	10.5，11
	—	13.8，15.75，18，20，22，24，26	13.8，15.75，18，20，22，24，26	—
	35	—	35	38.5
	60	—	60	66
	110	—	110	121
	220	—	220	242
	330	—	330	363
	500	—	500	550
	750	—	750	825

我国对用户供电的额定电压，低压供电的为 380V，照明为 220V，高压供电为 10kV、35（63）kV、110kV、220kV、330kV、500kV，除发电厂直配供电可采用 3kV、6kV 外，其他等级电压应逐步过渡到上列额定电压。

例 1　已知图 14-5 所示电力系统中电网的额定电压 U_{LN}，试确定发电机和变压器的额定电压。

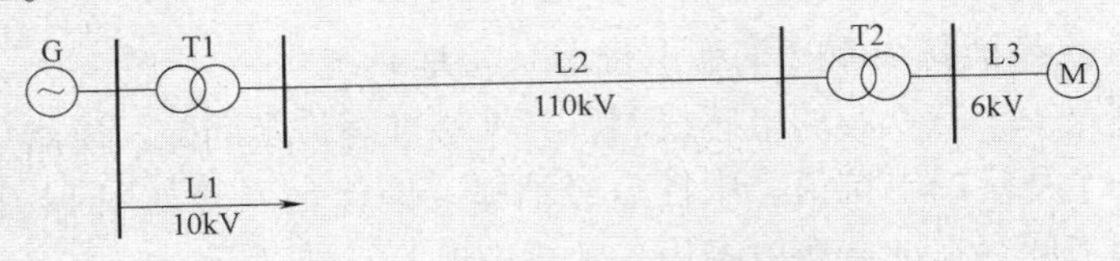

图 14-5　例 1 图

解：发电机 G 的额定电压 U_N：

$$U_{N}=1.05U_{LN}=1.05\times10kV=10.5kV$$

变压器 T_1 的额定电压 U'_{1N} 和 U'_{2N}：由于变压器 T_1 的一次绕组与发电机直接相连，所以其一次绕组的额定电压取发电机的额定电压，即

$$U'_{1N}=U_{N}=10.5kV$$

$$U'_{2N}=1.1U_{N}=1.1\times110kV=121kV$$

变压器 T_1 的电压比为 10.5kV/121kV。

变压器 T_2 的额定电压为

$$U''_{1N}=U_{N}=110kV$$

$$U''_{2N}=1.05U_{LN}=1.05\times6kV=6.3kV$$

变压器 T_2 的电压比为 110kV/6.3kV。

14.1.4 电力网中性点的接地方式

在电力网中，运行的发电机为星形联结时以及在电网中作为供电电源的电力变压器三相绕组为星形联结时，把三相绕组尾端连接在一起的公共连接点称为中性点。电力网的中性点就是指这些设备中性点的总称。

电力网中性点的接地方式有以下几种：

（1）中性点直接接地系统

中性点直接接地系统（又称为大电流接地系统）如图 14-6 所示。中性点直接接地系统的主要优点是：单相接地时，其中性点电位不变，非故障相的对地电压接近于相电压（可能略有增大），因此降低了电力网绝缘的投资，而且电压越高，其经济效益也越大。

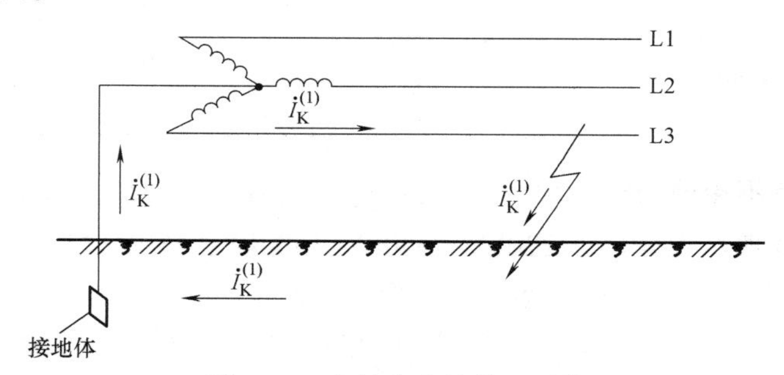

图 14-6 中性点直接接地系统

（2）中性点经消弧线圈（消弧电抗器）接地系统

消弧线圈是一个有铁心的电感线圈，其铁心柱有许多间隙，以避免磁饱和，使消弧线圈有一个稳定的电抗值。中性点经消弧线圈接地系统如图 14-7 所示，图中将相线与大地之间存在的分布电容用一个集中电容 C 来表示。

中性点经消弧线圈接地的电力系统，在单相接地时，其他两相对地电压将升高到线电压，即升高到原对地电压的 $\sqrt{3}$ 倍。中性点经消弧线圈接地系统属于小电流接

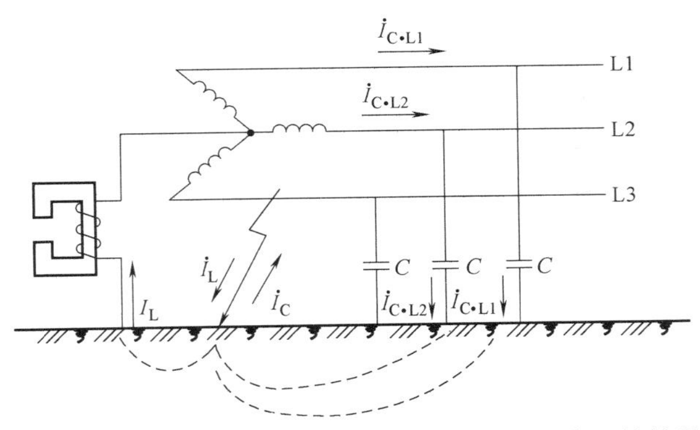

图 14-7　中性点经消弧线圈接地系统发生单相接地的情况

地系统，它与中性点不接地系统的特点相同。凡单相接地电流过大，不满足中性点不接地条件的电力网，均可采用中性点经消弧线圈接地系统。

（3）中性点经小电阻（低电阻）接地系统

中性点经小电阻接地系统如图 14-8 所示。中性点经小电阻接地系统具有大流接地系统的优点。

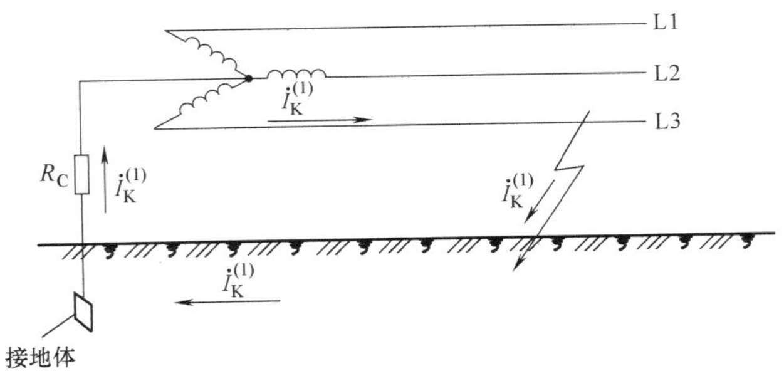

图 14-8　中性点经小电阻接地系统发生单相接地的情况

14.1.5　中性点不接地的电力网特点

中性点不接地系统如图 14-9 所示。

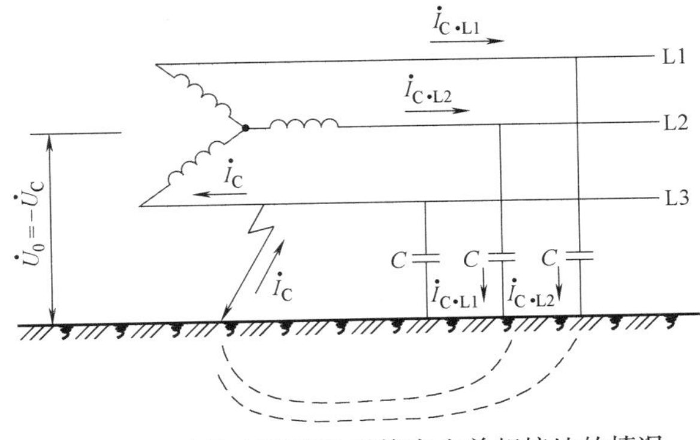

图 14-9　中性点不接地系统发生单相接地的情况

中性点不接地的供电方式，长期以来在10kV三相三线制供电系统中，得以广泛应用是因为有下述优点：

1）采用中性点不直接接地的供电系统，相对于中性点直接接地的供电系统来说，供电可靠性较高，断路器跳闸次数较少。特别是在发生单相瞬间对地短路时，由于该供电系统的故障电流是线路的对地电容电流，故障电流不大，瞬间接地故障比较容易消除，因而减小了设备的损害程度。

2）10kV电力网其线路对地面的距离较低，容易发生树枝误碰高压线路的瞬间接地故障，采用了中性点不接地的供电系统，当发生单相接地时，三相的电压对称性不被破坏，短时间继续运行不会造成大面积的停电事故。

对于供电范围不大，且电缆线路较短的10kV电力网，采用中性点不直接接地的供电方式，明显地减少了断路器的跳闸次数，缩小了停电范围，因而事故造成的损失也减少了。

中性点不直接接地的电力网还有以下缺点：

1）当发生单相接地故障时，非故障相的对地电压可能达到相电压的$\sqrt{3}$倍，这对线路绝缘水平不高的供电系统，如不能及时处理接地故障将会由于非故障相的绝缘损坏而导致大面积的停电，因此必须在2h以内清除故障才能保证可靠地供电。

2）在中性点不直接接地的供电系统中，采用了易饱和的小铁心电压互感器，当运行参数耦合时将会产生铁磁谐振过电压，因此也必须采取适当措施来避免这种过电压的产生。

14.1.6 电气接线及设备的分类

电气接线是指电气设备在电路中相互连接的先后顺序。按照电气设备的功能及电压不同，电气接线可分为电气主接线（一次接线）和二次接线。同理电力系统电气图可分为一次电路图（也称一次系统图、一次接线图或主接线图等）和辅助电路图（也称二次系统图、二次回路图等）。

电气一次接线泛指发电、输电、变电、配电、供电电路的接线。

变配电所中承担受电、变压、输送和分配电能任务的电路，称为一次电路，或一次接线、主接线。一次电路中的所有电气设备，如发电机、变压器，各种高、低压开关设备，母线、导线和电缆，及作为负载的照明灯和电动机等，称为电气一次设备或一次元器件。

为保证一次电路正常、安全、经济运行而装设的控制、保护、测量监察、指示及自动装置电路，称为副电路，也称为二次电路。二次电路中的设备，如控制开关、按钮、脱扣器、继电器、各种电测量仪表、信号灯、光字牌及警告音响设备、自动装置等，称为二次设备或二次元器件。

电流互感器TA及电压互感器TV的一次侧接在一次电路，二次侧接继电器和电气测量仪表，因此，它仍属于一次设备，但在电路图中应分别画出一、二次侧接线；熔断器FU在一、二次电路中都有应用，按其所装设的电路不同，分别归属于

一、二次设备；避雷器 FA 虽然是保护（防雷）设备，但并联在主电路中，因此它属于一次设备。

表达一次电路接线的电气图通常有：供配电系统图，电气主接线图，自备电源电气接线图，电路线路工程图，动力与照明工程图，电气设备或成套配电装置订货、安装图，防雷与接地工程图等。这里需要说明的是，“电路”是泛指由电源、用电器、导线和开关等电器元件连接而成的电流通路，而“回路”是电流通过器件或其他导电介质后流回电源的通路，通常指闭合电路。本书中根据通俗习惯并为区别起见，将发电、输电、变电、配电、用电的电路称为一次电路，而将二次电路称作“二次回路”。

14.2　一次电路图

14.2.1　电气主接线的分类

电气主接线是指一次电路中各电气设备按顺序的相互连接。

用国家统一规定的电气符号按制图规则表示一次电路中各电气设备相互连接顺序的图形，就是电气主接线图。

电气主接线图一般都用单线图表示，即一根线就代表三相接线。但在三相接线不相同的局部位置要用三线图表示，例如最为常见的接有电流互感器 TA 和电压互感器 TV、热继电器 FR 的部位（因为 TA、TV、FR 的接线方案有一相式、两相式和三相式）。

一幅完整的电气主接线图包括电路图（含电气设备接线图及其型号规格）、主要电气设备（元器件）、材料明细表、技术说明及标题栏、会签表。

电气主接线的基本形式，如图 14-10 所示。由图 14-10 可见，有无母线及母线的结构形式是区分不同电气主接线的关键。

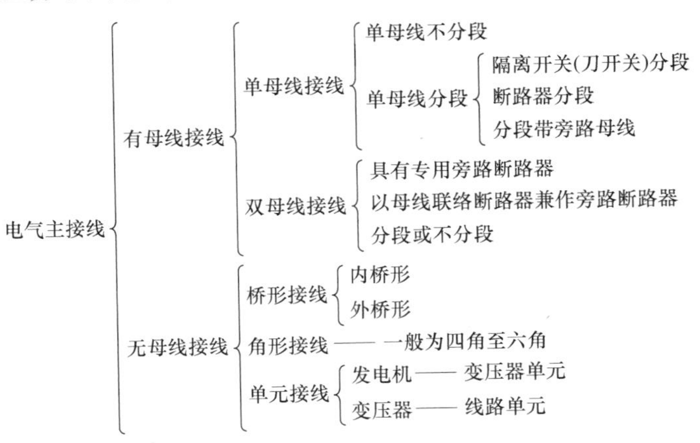

图 14-10　电气主接线的基本形式

14.2.2 电气主接线图的特点

1）电气主接线图一般用系统图（又称概略图）来描述。

2）在电气主接线图中，通常仅用符号表示各项设备，而对设备的技术参数、详细的电气接线、电气原理等都不作详细表示。详细描述这些内容则要参看分系统电气图、接线图、电路图等。

3）为了简化作图，对于相同的项目，其内部构成只描述了其中的一个，其余项目只在功能框内注以“电路同××”，避免了对项目的重复描述，使得图面更清晰，更便于阅读。

4）对于较小系统的电气系统图，除特殊情况外，几乎无一例外地画成单线图，并以母线为核心将各个项目（如电源、负载、开关电器、电线电缆等）联系在一起。

5）一般在母线的上方为电源进线，电源的进线如果以出线的形式送到母线，则将此电源进线引至图的下方，然后用转折线接到开关柜，再接到母线上。

6）通常母线的下方为出线，一般都是经过配电屏中的开关设备和电线电缆送至负载的。

7）为了突出系统图的功能，供使用维修参考，图中一般还标注了有关的设计参数，如系统的设备容量、计算容量、计算电流以及各路出线的安装功率、计算功率、计算电流、电压损失等。

14.2.3 对供电系统主接线的基本要求

1. 对工厂变配电所主接线有下列基本要求

（1）安全

主接线的设计方案应符合有关国家标准和技术规范的要求，应保证在任何可能的运行方式以及检修方式下，能充分保证人身和设备的安全。**架空线路之间尽量避免交叉。**

（2）可靠

应满足电力负荷特别是其中一、二级负荷对供电可靠性的要求。要保证断路器检修时，不影响供电；母线或电气设备检修时，要尽可能地减少停电线路的数量和停电时间，要保证对一、二次负荷的供电不受影响。

（3）灵活

主接线的设计应能适应必要的各种运行方式，主接线应力求简单、明显，没有多余的电气设备，应尽量便于人员对线路或设备进行操作和检修，且适应负荷的发展。

（4）经济

在满足上述要求的前提下，尽量使主接线简单，投资少，运行费用低，并节约电能和有色金属消耗量，使主接线的初始投资与运行费用达到经济合理。

2. 主接线图有两种绘制形式

（1）系统式主接线图

这是按照电力输送的顺序依次安排其中的设备和线路相互连接关系而绘制的一种简图。它全面系统地反映出主接线中电力的传输过程，但是它并不能反映其中各成套配电装置之间相互排列的位置。这种主接线图多用于变配电所的运行中。

（2）装置式主接线图

这是按照主接线中高压或低压成套配电装置之间相互连接关系和排列位置而绘制的一种简图，通常按不同电压等级分别绘制。从这种主接线上图可以一目了然地看出某一电压级的成套配电装置的内部设备连接关系及装置之间相互排列位置。这种主接线图多在变配电所施工图中使用。

14.2.4　供电系统主接线的基本形式

1. 单母线不分段接线

单母线不分段接线是最简单的主接线形式，它的每条引入线和引出线中都安装有隔离开关（低压线路为负荷开关）及断路器。单电源单母线不分段接线如图 14-11 所示；双电源单母线不分段接线如图 14-12 所示。单母线不分段接线的特点是母线 WB 是不分段的，图 14-12 中的变压器 T1、T2 及其线路 WL1、WL2 一般是互为备用。

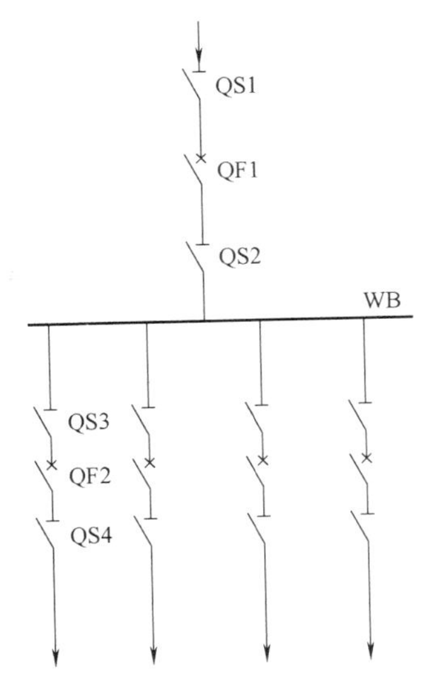

图 14-11　单电源单母线不分段接线

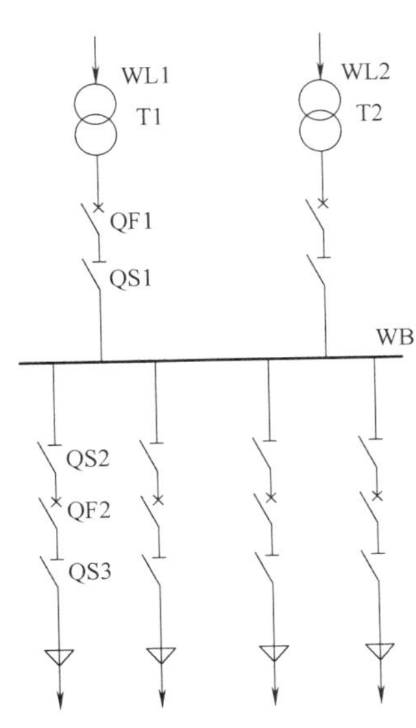

图 14-12　双电源单母线不分段接线

在单母线不分段接线中，断路器 QF 的作用是正常情况下接通负荷电流，事故情况下切断故障电流（短路电流及超过规定动作值的过负荷电流）。

靠近母线侧的隔离开关（或低压负荷开关）称为母线隔离开关，如图 14-11 中的 QS2、QS3，图 14-12 中的 QS1、QS2，它们的作用是隔离电源，以便检修断路器和母线。靠近线路侧的隔离开关，如图 14-11 中的 QS1、QS4，称为线路隔离开关，其作用是防止在检修线路断路器时从用户（负荷）侧反向供电，或防止雷电过电压侵入线路负荷，以保证设备和人员的安全。按设计规范，对 6～10kV 的引出线，有电压反馈可能的出线回路及架空出线回路，都应装设隔离开关。

单母线不分段接线简单，投资经济，操作方便，引起误操作的机会少，安全性较好，而且使用设备少，便于扩建和使用成套装置。但其可靠性和灵活性较差，因为当母线或任何一组母线隔离开关发生故障时，都将会因检修而造成全部负荷停电。因此，它只适用于出线回路较少，有备用电源的二级负荷或小容量的三级负荷，即出线回路数不超过 5 个及用电量不大的场合。

2. 单母线不分段带旁路母线接线

为了解决单母线不分段接线方式，在某出线回路断路器检修时该线路必须停运的缺点，可以采用单母线不分段带旁路母线接线的方式，如图 14-13 所示。该接线方式设置了一个旁路母线，每个出线回路安装一个旁路隔离开关，用于隔离或连接旁路母线（正常运行时将线路与旁路母线断开），所有出线回路共用一个旁路断路器。

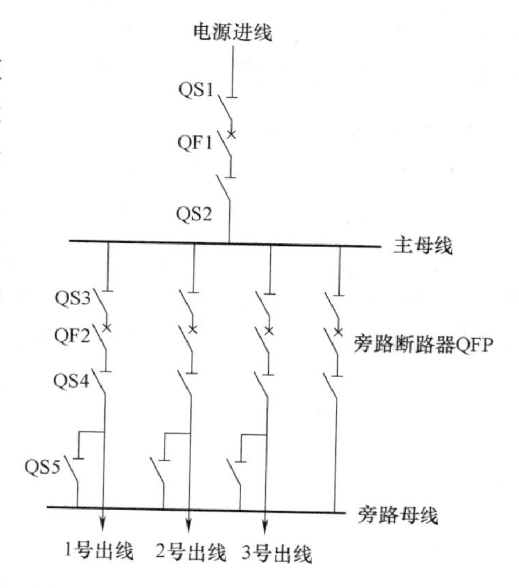

图 14-13　单母线不分段带旁路母线接线

例如，当 1 号出线的断路器 QF2 需要检修时，可以先闭合旁路断路器 QFP 两端的旁路隔离开关，再闭合旁路断路器 QFP，给旁路母线送电。然后闭合 1 号出线与旁路母线之间的旁路隔离开关 QS5，再断开 1 号出线的断路器 QF2，最后再断开该断路器 QF2 两端的隔离开关。这样则可安全检修 1 号出线的断路器 QF2。此时 1 号出线经旁路母线，从主母线获取电能。

此种接线方式运行较为灵活，当出线回路断路器检修时不需要停电，适用于出线回路较多，给重要负荷供电的变电所采用。但是，当主母线或主母线隔离开关发生故障和检修时，仍需要全部停电。

3. 单母线分段不带旁路母线接线

为了改善不分段接线方式在母线发生故障时引起全部设备停运的缺陷，可以采用单母线分段不带旁路母线接线方式，如图 14-14 所示。在该接线方式中，可利用分段断路器 QFD 将母线适当分为多段。

此种接线方式的分段数量取决于电源数量，一般分为 2～3 段比较合适。应尽量将电源、出线回路与负荷均衡分配于各段母线上。单母线分段不带旁路母线接线方式可采取分段单独运行和并列运行方式。

单母线分段不带旁路母线接线方式供电可靠性高、运行灵活，操作简单，但是需要多投资一套断路器和隔离开关设备，而且在某一母线故障或检修时，仍有部分出线回路停电。

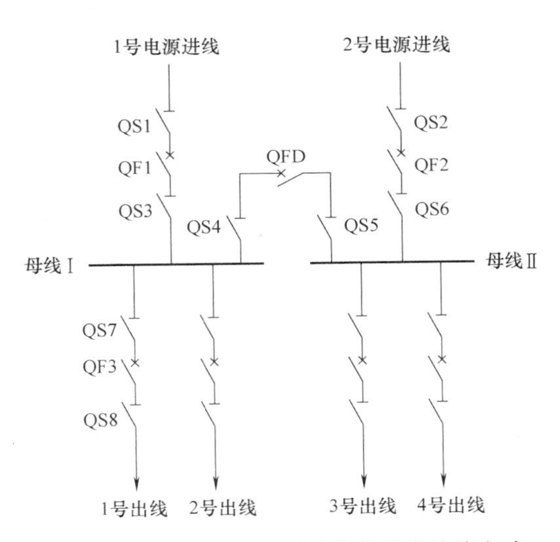

图 14-14　单母线分段不带旁路母线接线方式

4. 单母线分段带旁路母线接线

单母线分段带旁路母线接线方式如图 14-15 所示，分段断路器 QFD 兼做旁路断路器 QFP。以图 14-15a 为例，正常运行时，隔离开关 QS7、QS8 和分段断路器 QFD 合闸，系统处于单母线分段并列运行方式，而 QS10、QS11 和 QS4 分闸，使得旁路母线不带电。这种接线方式可以在任一出线回路断路器检修时，不停止对该回路的供电。

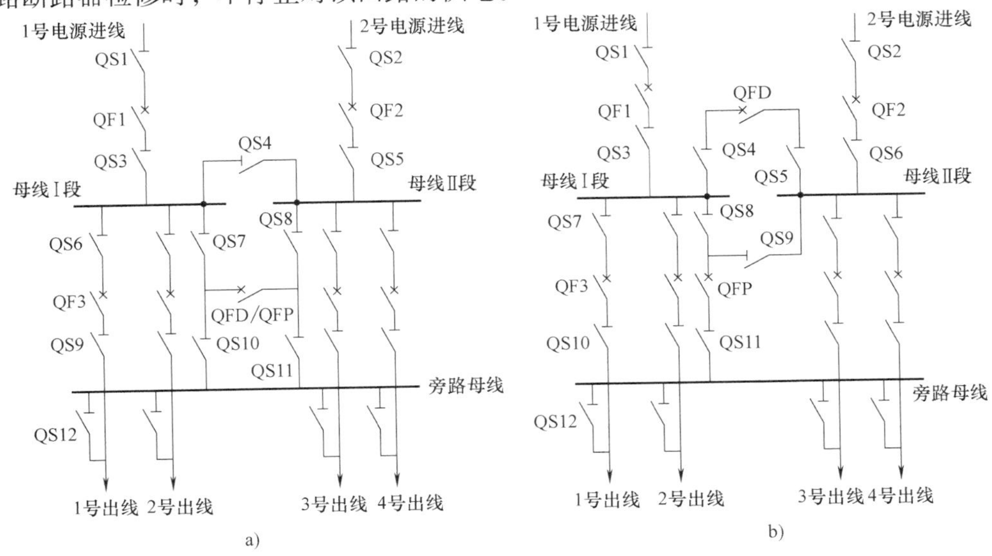

图 14-15　单母线分段带旁路母线接线方式

a）分段断路器兼做旁路断路器　b）分段断路器与旁路断路器分开

单母线分段带旁路母线的接线方式的可靠性比单母线分段不带旁路母线接线方式更高，运行更为灵活。适用于出线回路不多，给一、二级负荷供电的变电所。

5. 双母线不分段接线

双母线的接线方式有两条母线，分别为正常运行时使用的主母线和备用的副母线，主、副母线间通过母线联络断路器（简称母联断路器）QFL 相连。正常运行时，母线联络断路器 QFL 及其两端的隔离开关处于分闸状态，所有负荷回路都接在主母线上。在主母线检修或发生故障时，主、副母线之间通过倒闸操作，可以由副母线承担所有的供电任务。

双母线不分段接线方式如图 14-16 所示。其优点是检修任意母线时不会中断供电，检修任意回路的母线隔离开关时，只需要对该回路断电。

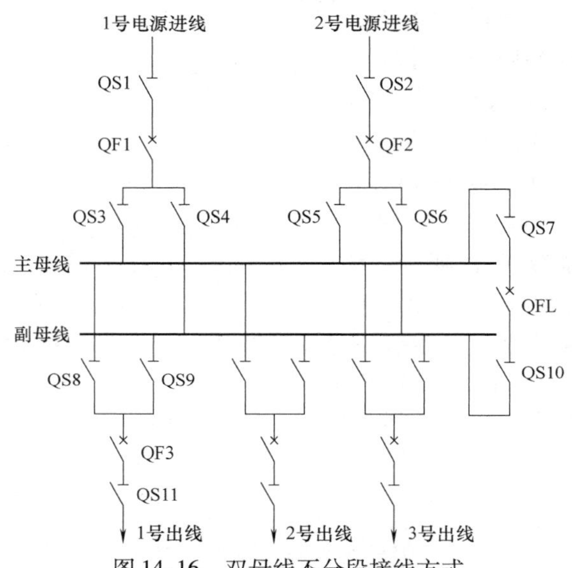

图 14-16　双母线不分段接线方式

双母线不分段接线方式的可靠性高、运行灵活、扩建方便。但是需要大量的母线隔离开关，投资较大，进行倒母线操作时步骤较为烦琐，容易造成误操作，而且检修任一条回路的断路器时，该回路仍需要停电（虽然可以用母联断路器替代线路断路器工作，但是仍要短时停电）。

6. 双母线不分段带旁路母线接线

为了克服了双母线不分段接线方式在检修线路断路器时将造成该线路停电的缺点，可采用双母线不分段带旁路母线接线方式，如图 14-17 所示。该接线方式正常工作时，旁路断路器 QFP 及其两端的隔离开关都断开，旁路母线不带电，所有电源和出线回路都连接到主、副母线上。当任一条线路的断路器检修时，只需接通旁路母线，然后将该线路挂接在旁路母线上即可，不需要让该线路停电。

双母线不分段带旁路母线接线方式大大提高了系统的可靠性，在检修母线或线路断路器时都不用停电。

7. 双母线分段接线

（1）双母线分段不带旁路母线接线

双母线分段不带旁路母线接线又分为双母线单分段和双母线双分段两种，分别如图 14-18a、b 所示。双母线分段不带旁路母线接线方式主要适用于进出线较多、容量较大的系统。

（2）双母线分段带旁路母线接线

为了提高运行可靠性，使得在任一条线路断路器检修时继续保持该线路的运行，除主、副母线外，还可以设置旁路母线。其接线方式可分为双母线单分段带旁路母线接线方式和双母线双分段带旁路母线接线方式两种。图 14-19为双母线单分段带旁路母线接线方式。

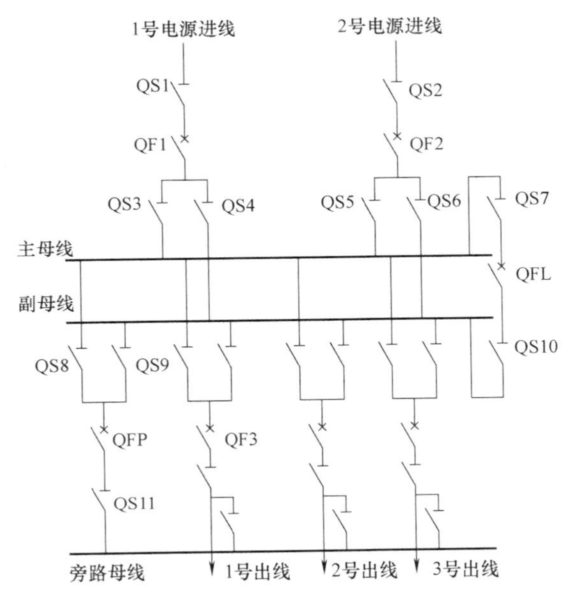

图 14-17　双母线不分段带旁路母线接线方式

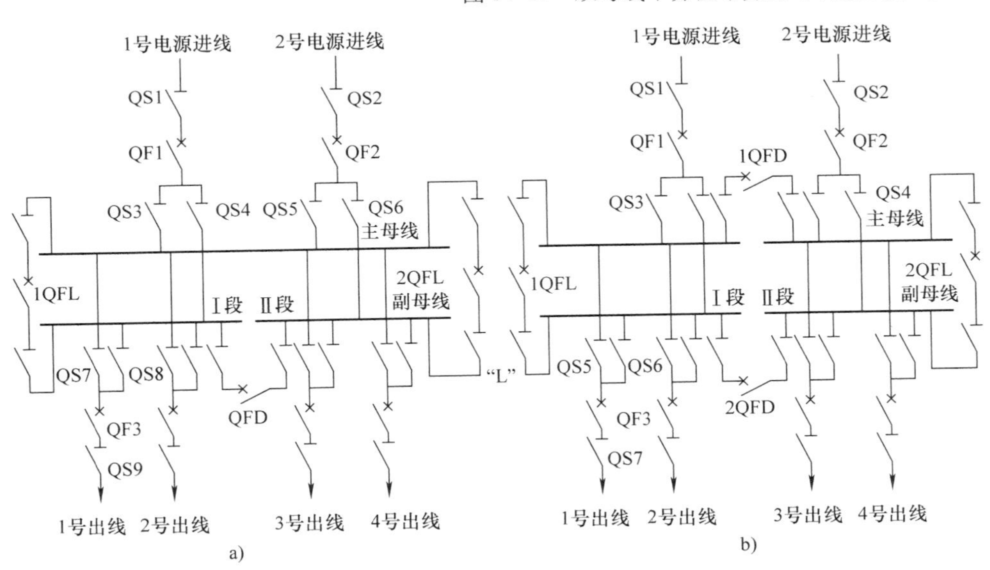

图 14-18　双母线分段不带旁路母线接线方式
a）双母线单分段　b）双母线双分段

双母线分段带旁路母线接线的优点是：运行调度灵活、检修时操作方便，当一组母线停电时，回路不需要切换；任一台断路器检修，各回路仍按原接线方式运行，不需切换。其缺点是：设备投资大、倒闸操作烦琐。

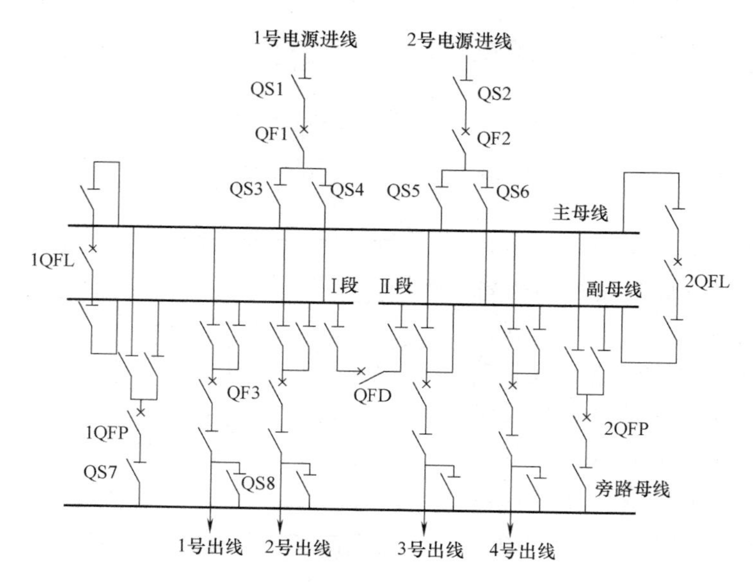

图 14-19 双母线单分段带旁路母线接线方式

8. 桥式接线

桥式接线属于无母线接线方式，仅适用于只有两条电源进线和两台变压器的系统。所谓桥式接线，是指两条电源进线之间跨接一个联络断路器 QFL，犹如一座桥，所以称之为桥式接线（或桥形接线）。根据联络断路器 QFL 的位置，桥式接线通常又分为内桥式和外桥式两种。

（1）内桥式接线

内桥式接线是将联络断路器 QFL 跨接在线路断路器的内侧，即跨接在线路断路器与变压器之间，如图 14-20a 所示。当任一条线路发生故障或检修时，将其线路断路器断开，然后将联络断路器 QFL 闭合，则该线路变压器由另一电源经联络断路器供电。

内桥式接线适用于电源线路较长、线路故障率较高而变压器不需经常切换的总降压变电所，其供电可靠性高和灵活性较好，适用于一、二级负荷。

（2）外桥式接线

外桥式接线是将联络断路器 QFL 跨接在线路断路器的外侧，即跨接在线路断路器与电源之间，如图 14-20b 所示。当任一台变压器发生故障或检修时，将其变压器断路器断开，然后将联络断路器 QFL 闭合，则另一线路变压器由双电源经联络断路器 QFL 供电。

外桥式接线对变压器回路操作较方便，但对电源进线侧的操作不变。它适用于供电线路比较短、线路故障率较低而变压器因负荷变动大而需要经常切换的一、二级负荷用电系统。

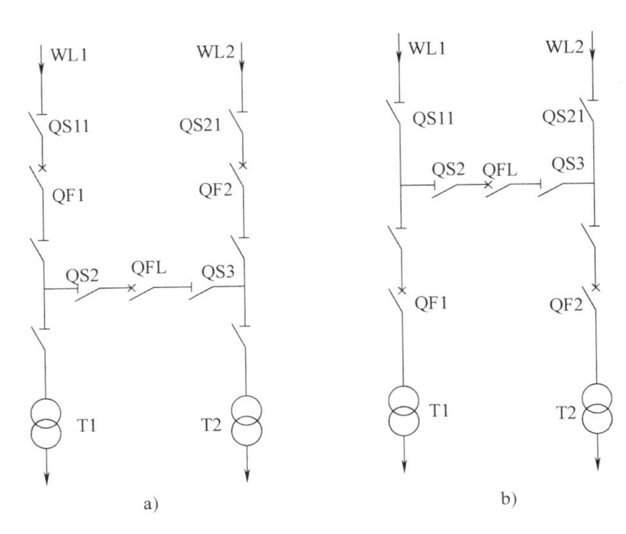

图 14-20　桥式接线方式
a）内桥式接线　b）外桥式接线

14.2.5　配电系统主接线的形式

工厂高、低压配电系统承担厂区内高压（大多为 6 ~ 10kV）和低压（220/380V）电能传输与分配的任务。配电系统的接线方式有三种基本类型：放射式、树干式和环形。

1. 工厂高压线路基本接线方式

（1）高压放射式接线

高压放射式接线如图 14-21 所示，其特点是电能在母线汇集后，分别向各高压配电线输送，放射式线路之间互不影响，因此供电可靠性高，而且便于装设自动装置，操作控制灵活方便，一般适用于二、三级负荷。其缺点是高压开关设备用得较多，且每台高压断路器须装设一个高压开关柜，从而增加了投资。

这种放射式线路发生故障或进行检修时，由线路所供电的负荷都要停电。要提高供电的可靠性，可采用双放射式接线，即采用来自两个电源的两路高压进线，然后经分段母线，由两段母线用双回路对用户交叉供电。

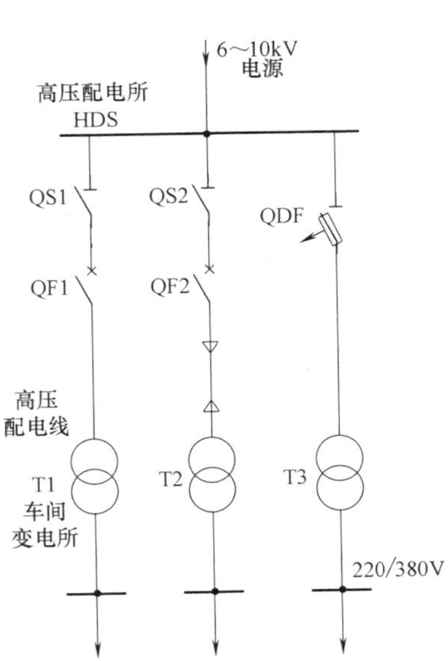

图 14-21　高压放射式接线图

（2）高压树干式接线

高压树干式接线如图 14-22 所示。高压树干式接线与图 14-21 所示高压放射式接线相比，其特点是电源经同一高压配电线向各线路配电，多数情况下，能减少线路的有色金属消耗量，采用的高压开关数量少，投资较省。其缺点是供电可靠性较低，一般只能用于对三级负荷供电。

当这种树干式线路的高压配电干线发生故障或检修时，接在干线上的所有变电所都要停电，且操作、控制不够灵活方便。要提高供电可靠性，可采用双干线供电或两端供电的接线方式。

（3） 高压环形接线

高压环形接线如图 14-23 所示，其特点是同一供电电源线路向各负载配电时组成环形网，即电源的始端与终端在同一点。

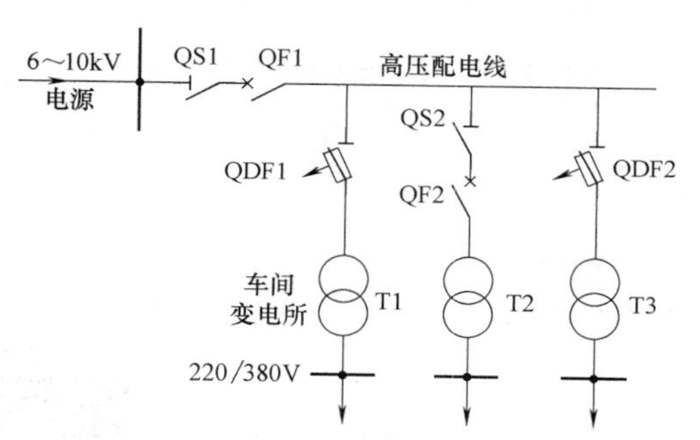

图 14-22　高压树干式接线图

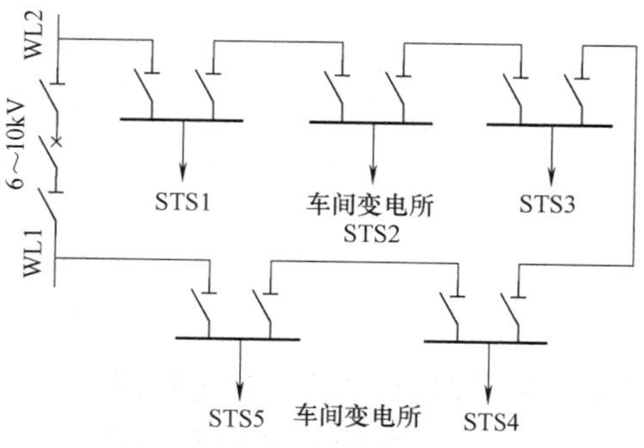

图 14-23　高压环形接线图

环形接线实质上是两端供电的树干式接线。这种接线方式供电可靠性高，投资较经济，在现代化城市电网中应用很广。但是难以实现线路保护的选择性。为了避免环形线路上发生故障时影响整个电网，也为了便于实现线路保护的速断性，因此大多数环形线路采用开环运行方式，即环形线路中有一处是断开的。一旦开环，其接线便形同树干式。

实际上，工厂的高压配电系统往往是几种接线方式的组合，依具体情况而定。不过一般地说，**高压配电系统宜优先考虑采用放射式，因为放射式的供电可靠性较高，且便于运行管理**。但放射式采用的高压开关设备较多，投资较大，因此**对于供电可靠性要求不高的辅助生产区和生活住宅区，可考虑采用树干式或环形配电，比较经济**。

2. 工厂低压线路基本接线方式

工厂的低压配电线路也有放射式、树干式和环式等基本接线方式。

（1） 低压放射式接线

低压放射式接线如图 14-24 所示。其特点是引出线发生故障时互不影响，供电可靠性较高，但是一般情况下，其有色金属消耗量较多，采用的开关设备也较多，且系统的灵活性较差。放射式接线方式适用于对一级负荷供电，或多用于对供电可靠性要求较高车间或公共场所，特别适用于对大型设备供电。

（2）低压树干式接线

低压树干式接线如图 14-25 所示。低压树干式接线的特点与放射式接线相反，其系统灵活性好，一般情况下，树干式采用的开关设备较少，有色金属消耗量也较少，但干线发生故障时，影响范围大，因此供电可靠性较低。

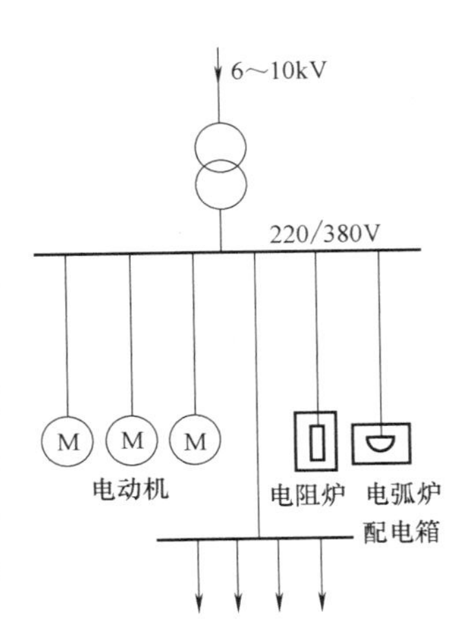

图 14-24　低压放射式接线图

树干式接线适用于用电设备布置比较均匀、容量不大且无特殊要求的三级负荷。例如在机械加工车间、工具车间、机修车间、路灯的配电中应用比较普遍，而且多采用成套的封闭性母线，灵活方便，也较安全。

（3）低压环形接线

图 14-26a 所示是由两台变压器供电的低压环形接线图；图 14-26b 所示是由一台变压器供电的低压环形

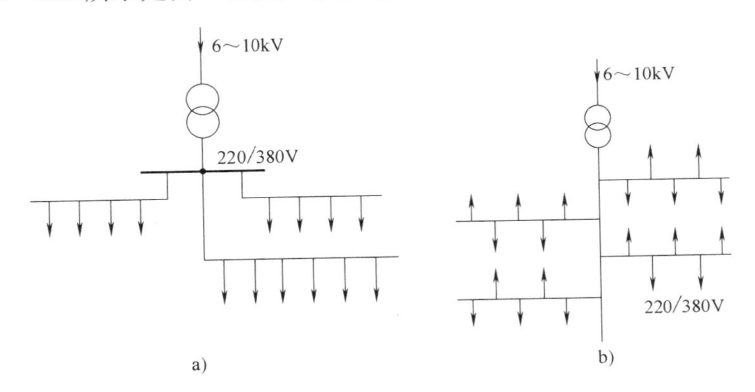

图 14-25　低压树干式接线图

a）低压母线配电树干式　b）“变压器－干线组”的树干式

扫一扫看视频

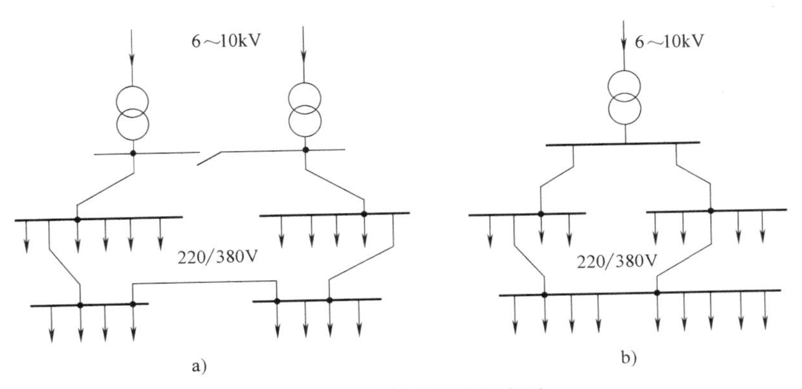

图 14-26　低压环形接线图

a）两台变压器供电　b）一台变压器供电

接线图。低压环形接线将工厂内的一些车间变电所低压侧通过低压联络线相互连接成为环形。环形接线的特点是供电可靠性较高，任一段线路发生故障或检修时，都不致造成供电中断，或只短时停电，一旦切换电源的操作完成，即能恢复供电。环形接线可使电能损耗和电压损耗减小，但是环形系统的保护装置及其整定配合比较复杂，如配合不当，容易发生误动作，反而会扩大故障停电范围。**实际上，低压环形接线一般也多采用开环运行方式。**

在工厂的低压配电系统中，也往往是采用几种接线方式的组合，依具体情况而定。不过在正常环境的车间或建筑内，当大部分用电设备不很大而无特殊要求时，一般采用树干式配电。

14.2.6 一次电路图的识读

1. 识读方法

一套复杂的电力系统一次电路图，是由许多基本电气图构成的。阅读比较复杂的电力系统一次电路图，首先要根据基本电气系统图主电路的特点，掌握基本电气系统图的识读方法及其要领。

1）识读一次电路图一般是从主变压器开始，了解主变压器的参数，然后先看高压侧的接线，再看低压侧的接线。

2）为进一步编制详细的技术文件提供依据和供安装、操作、维修时参考，一次电路图上一般都标注几个重要参数，如设备容量、计算容量、负荷等级、线路电压损失等。在读图时要了解这些参数的含义并从中获得有关信息。

3）电气系统一次电路图是以各配电屏的单元为基础组合而成的。所以，阅读电气系统一次电路图时，应按照图样标注的配电屏型号查阅相关手册，把有关配电屏电气系统一次电路图看懂。

4）看图的顺序可按电能输送的路径进行，即为从电源进线→母线→开关设备→馈线等顺序进行。

5）配电屏是系统的主要组成部分。因此，阅读电气系统图应按照图样标注的配电屏型号，查阅有关手册，把这些基本电气系统图读懂。

2. 识读注意事项

阅读变配电装置系统图时，要注意并掌握以下有关内容：

1）进线回路个数及编码、电压等级、进线方式（架空、电缆）导线电缆规格型号、计量方式、电流互感器、电压互感器及仪表规格型号数量、防雷方式及避雷器规格型号数量。

2）进线开关规格型号及数量、进线柜的规格型号及台数、高压侧联络开关规格型号。

3）变压器规格型号及台数、母线规格型号及低压侧联络开关（柜）规格型号。

4）低压出线开关（柜）的规格型号及台数、回路个数用途及编号、计量方式及表计、有无直控电动机或设备及其规格型号台数、起动方法、导线电缆规格型号，同时对照单元系统图和平面图查阅送出回路是否一致。

5）有无自备发电设备或UPS，其规格型号容量与系统连接方式及切换方式、切换开关及线路的规格型号、计量方式及仪表。

6）电容补偿装置的规格型号及容量、切换方式及切换装置的规格型号。

3. 识读工厂变配电所电气主接线图的大致步骤

电气主接线图在负荷计算、功率因数补偿计算、短路电流计算、电气设备选择和校验后才能绘制，它是电气设计计算、订货、安装、制作模拟操作图及变电所运行维护的重要依据。

在电气设计中，电气主接线图和装置式主电路图通常只绘制系统式电气主接线图，为订货及安装，还要另外绘制高、低压配电装置（柜、屏）的订货图。图中要具体表示出柜、屏相互位置，详细画出和列出柜、屏内所有一、二次电气设备。很明显，完整的装置式电气主接线图应兼有系统式电气主接线图和柜、屏订货图两者的作用。

识读工厂变、配电所电气主接线图的大致步骤如下：读标题栏→看技术说明→读接线图（可由电源到负载，从高压到低压，从左到右，从上到下依次读图）→了解主要电气设备材料明细表。

14.2.7 某工厂变电所10/0.4kV电气主接线

通常工厂变电所是将6~10kV高压降为220/380V的终端变电所，其主接线也比较简单。一般用1~2台主变压器。它与车间变电所的主要不同之处在于以下几个方面：

1）变压器高压侧有计量、接线、操作用的高压开关柜。因此需配有高压控制室。一般高压控制室与低压配电室是分设的。只有一台变压器且容量较小的工厂变电所，其高压开关柜只有2~3台，故允许两者合在一室，但要符合操作及安全规定。

2）小型工厂变电所的电气主接线要比车间变电所复杂。

1. 某工厂10kV变电所平面布置图与立面布置图

图14-27和图14-28分别为某小型工厂变电所的平面布置图和立面布置图（又称剖面图），表14-2为图中主要电气设备及材料明细表，表中的编号与图中的编号对应。识读图14-27和图14-28时，应结合其电气主接线图（见图14-29及图14-30）一并进行。该变电所为独立变电所。

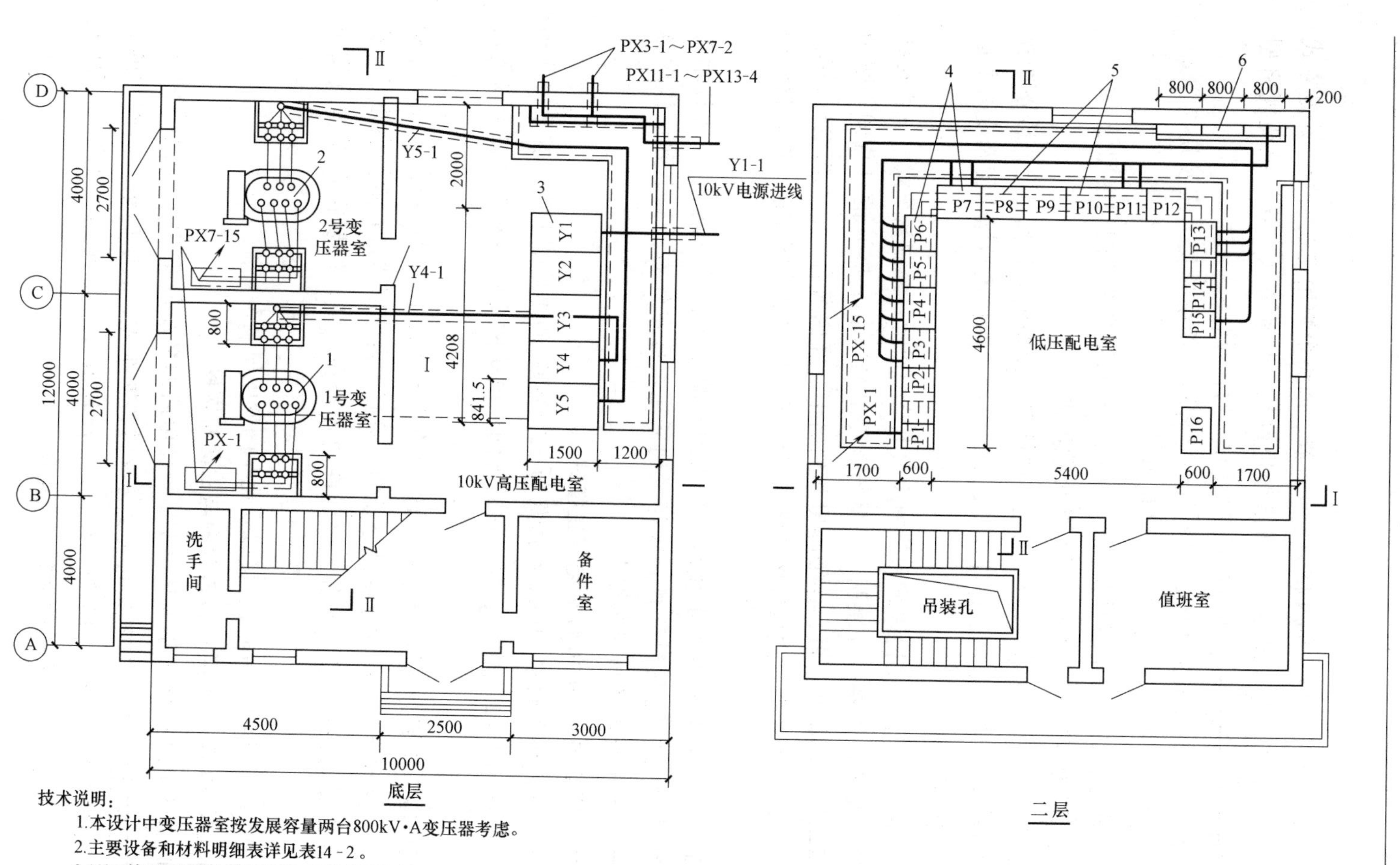

技术说明：

1.本设计中变压器室按发展容量两台800kV·A变压器考虑。

2.主要设备和材料明细表详见表14-2。

3.10kV的YJV29-10-3×35及3×70的交联塑料绝缘电力电缆的户内终端头，可采用干包，也可采用环氧树脂浇注法。

图 14-27　某工厂10kV变电所平面布置图（1:75）

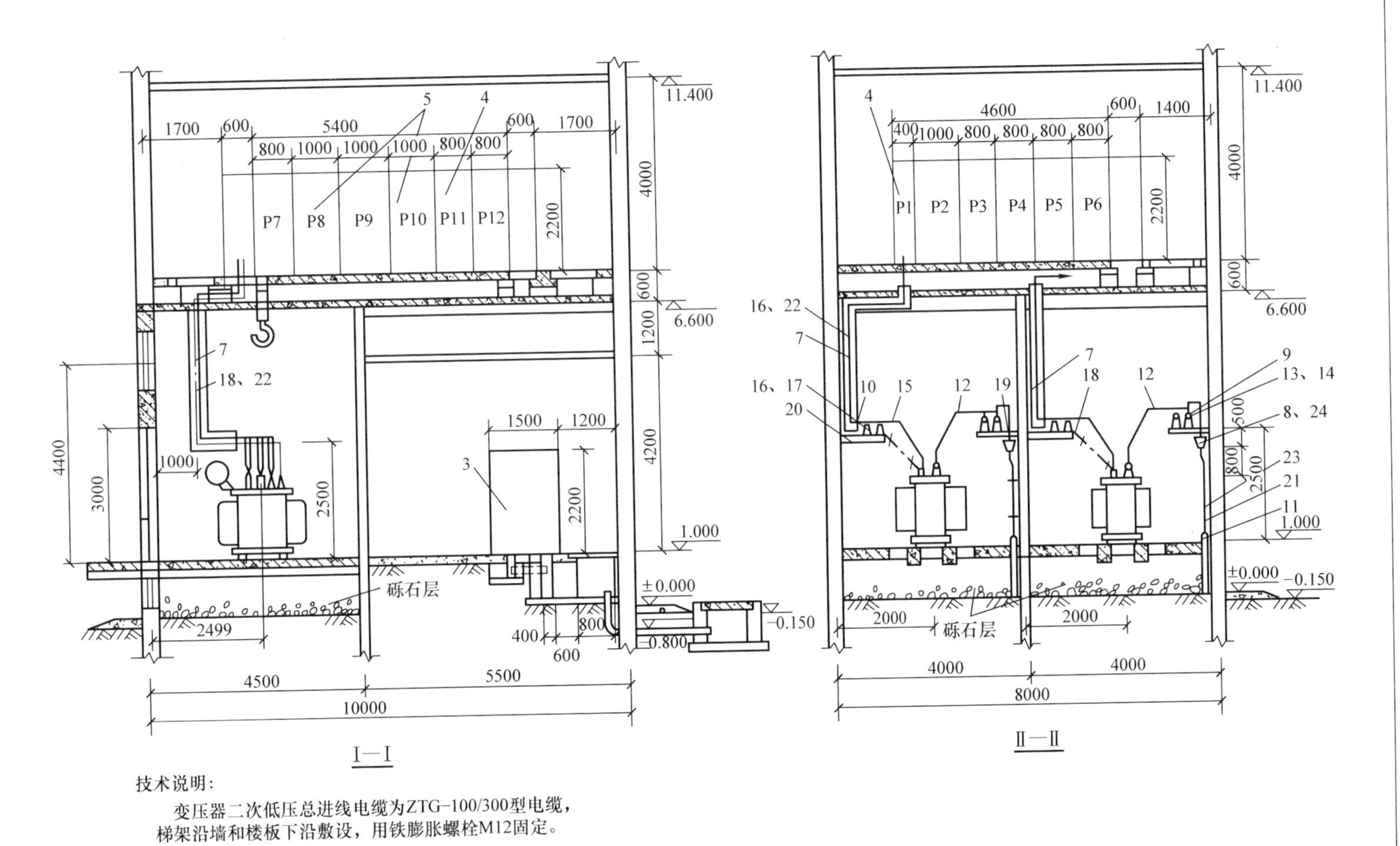

技术说明：

变压器二次低压总进线电缆为ZTG−100/300型电缆，梯架沿墙和楼板下沿敷设，用铁膨胀螺栓M12固定。

图 14-28　某工厂 10kV 变电所立面布置图（1:75）

表 14-2 图 14-27 和图 14-28 中主要电气设备及材料明细表

编号	名称	型号规格	单位	数量	备 注
1	电力变压器	S9－500/10，10/0.4kV，Yyn0	台	1	
2	电力变压器	S9－315/10，10/0.4kV，Yyn0	台	1	
3	手车式高压开关柜	JYN2－10，10kV	台	5	Y1～Y5
4	低压配电屏	PGL2	台	13	
5	电容自动补偿屏	PGJ1－2，112kvar	台	2	
6	电缆梯形架（一）	ZTAN－150/800	m	20	
7	电缆梯形架（二）	ZTAN－150/400、90DT－150/400	m	15	90°平弯形2个
8	电缆头	10kV	套	4	
9	电缆芯端接头	DT－50 $d=10$mm	个	12	
10	电缆芯端接头	DT－400 $d=28$mm	个	12	
11	电缆保护管	黑铁管 Φ100	m	80	
12	铜母线	TMY－30×4	m	16	高压侧
13	高压母线夹具		付	12	
14	高压支柱绝缘瓷瓶	ZA－10Y	个	12	
15	铜母线	TMY－60×6	m		低压侧
16	低压母线夹具		付	12	
17	电车线路绝缘子	WX－01	只	12	
18	铜母线	TMY－30×4	m	20	T二次侧引至低压配电屏
19	高压母线支架	形式15	套	2	∟50mm×5mm 共5.2m
20	低压母线支架	形式15	套	2	∟50mm×5mm 共5.2m
21	高压电力电缆	YJV29－10－3×35 10kV	m	40	
22	低压电力电缆	VV－1－1×500 无铠装	m	120	也可用VV－3×150＋1×50
23	电缆支架	3型	个	4	∟40mm×4mm 共1m
24	电缆头支架	—	个	2	∟40mm×4mm 共1m

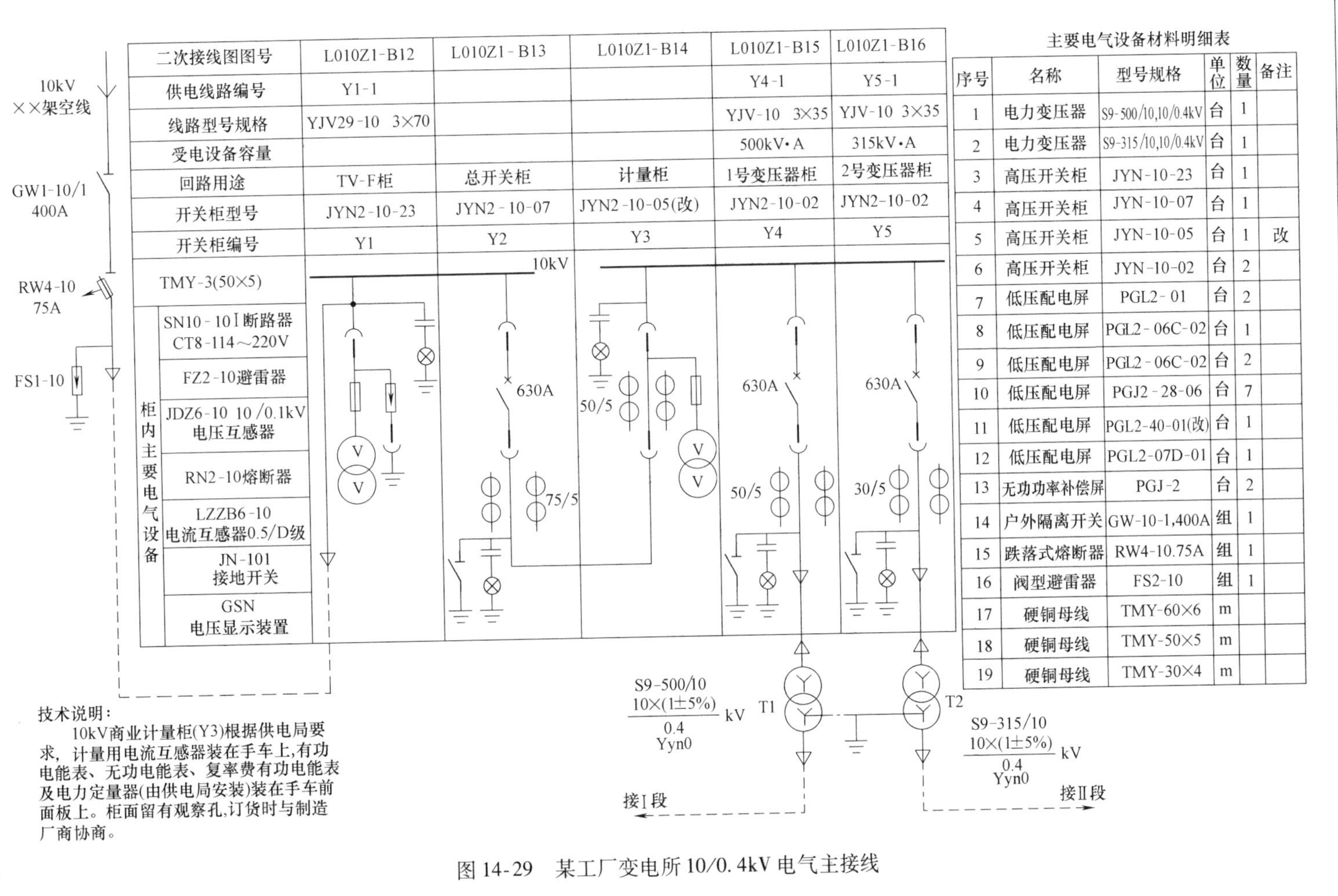

二次接线图图号	L010Z1-B12	L010Z1-B13	L010Z1-B14	L010Z1-B15	L010Z1-B16
供电线路编号	Y1-1			Y4-1	Y5-1
线路型号规格	YJV29-10　3×70			YJV-10　3×35	YJV-10　3×35
受电设备容量				500kV·A	315kV·A
回路用途	TV-F柜	总开关柜	计量柜	1号变压器柜	2号变压器柜
开关柜型号	JYN2-10-23	JYN2-10-07	JYN2-10-05(改)	JYN2-10-02	JYN2-10-02
开关柜编号	Y1	Y2	Y3	Y4	Y5

主要电气设备材料明细表

序号	名称	型号规格	单位	数量	备注
1	电力变压器	S9-500/10,10/0.4kV	台	1	
2	电力变压器	S9-315/10,10/0.4kV	台	1	
3	高压开关柜	JYN-10-23	台	1	
4	高压开关柜	JYN-10-07	台	1	
5	高压开关柜	JYN-10-05	台	1	改
6	高压开关柜	JYN-10-02	台	2	
7	低压配电屏	PGL2-01	台	2	
8	低压配电屏	PGL2-06C-02	台	1	
9	低压配电屏	PGL2-06C-02	台	2	
10	低压配电屏	PGJ2-28-06	台	7	
11	低压配电屏	PGL2-40-01(改)	台	1	
12	低压配电屏	PGL2-07D-01	台	1	
13	无功功率补偿屏	PGJ-2	台	2	
14	户外隔离开关	GW-10-1,400A	组	1	
15	跌落式熔断器	RW4-10.75A	组	1	
16	阀型避雷器	FS2-10	组	1	
17	硬铜母线	TMY-60×6	m		
18	硬铜母线	TMY-50×5	m		
19	硬铜母线	TMY-30×4	m		

技术说明：

10kV商业计量柜(Y3)根据供电局要求，计量用电流互感器装在手车上，有功电能表、无功电能表、复率费有功电能表及电力定量器(由供电局安装)装在手车前面板上。柜面留有观察孔，订货时与制造厂商协商。

图 14-29　某工厂变电所 10/0.4kV 电气主接线

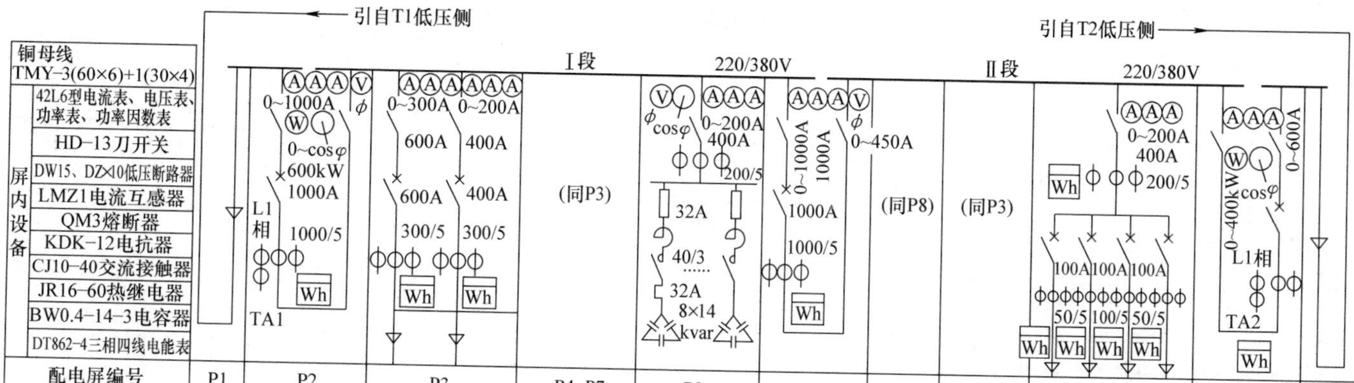

引自T1低压侧　　引自T2低压侧

Ⅰ段 220/380V　　Ⅱ段 220/380V

铜母线	
TMY-3(60×6)+1(30×4)	
屏内设备	42L6型电流表、电压表、功率表、功率因数表
	HD-13刀开关
	DW15、DZ×10低压断路器
	LMZ1电流互感器
	QM3熔断器
	KDK-12电抗器
	CJ10-40交流接触器
	JR16-60热继电器
	BW0.4-14-3电容器
	DT862-4三相四线电能表

配电屏编号	P1	P2	P3		P4~P7	P8	P9	P10	P11、P12	P13				P14	P15
配电屏型号	PGL2-01	PGL2-06C-01	PGL2-28-06		PGL2-28-06	PGJ1-2	PGL2-06C-02	PGJ1-2	PGL2-28-06	PGL2-40-01改				PGL2-07D-01	PGL2-01
配电线路编号	PX1		PX3-1	PX3-2	PX4~PX7				PX11、PX12	PX13-1	PX13-2	PX13-3	PX13-4		PX15
用途	电缆受电	1号变低压总开关	工装、恒温车间动力	机修车间动力	锻工、金工、冲压、装配等车间动力	电容自动补偿(1)	低压联络	电容自动补偿(2)	热处理车间等及备用	办公楼照明	生活区照明	防空洞照明	备用	2号变低压总开关	电缆受电
回路计算电流/A		750	300	200	200~300		750		60~400	50	100	50		600	
低压断路器脱扣器额定电流/A		1000	400	300	300~400		1000		100~600	80	100	80	100	800	
低压断路器瞬时脱扣器额定电流/A		3000	1200	900	900~1200		3000		500~1800	800	1000	800	1000	2400	
配电线路型号规格	3(VV-1 1×500)		VV29-1 3×150+1×50	VV29-1 3×95+1×35						VV29-1 3×35+1×10	同左	同左	同右		3(VV-1-1 ×500)
二次接线图图号		OZA、354、223	OZA、354、240		同P3		OZA、354、224		OZA 354、240	OZA、354、140(改)				OZA、354、223	
备注	电缆无铠装	TA1为电容补偿屏(1)用	Wh为DT862型220/380V		同P3	112kvar		112kvar	Wh为DT862 220/380V	Wh为三相四线屏宽改为800mm				TA2为电容屏(2)用	电缆无铠装

技术说明:

1.低压P13配电屏为厂区生活用电专用屏，根据供电局要求安装计费有功电能表。在屏前上部装有加锁的封闭计量小室，屏面有观察孔。订货时与制造厂商协商。

2.柜及屏外壳均为仿苹果绿色烘漆

3. TA1~TA2至各电容器屏均用BV-500(2×2.5)线。外包绝缘带。

4. 本图中除P2、P9、P14外，均选用DZX10型低压断路器。

图 14-30　某工厂变电所 380V 电气主接线

本变电所为两层建筑，具体识图步骤如下：

1）先了解总体概况。首先看两图的标题栏、技术说明及主要电气设备材料明细表，以便对图14-27和图14-28所示的整个变电所的概况有所了解。

2）看变电所的总体布置。由图14-28可见，该变电所分上下两层：底层为两间变压器室、高压配电室、辅助用房（含备件室和洗手间等），二层为低压配电室和值班室。

3）看供配电进出线。结合电气主接线图，把两图联系起来交替读图。由电气主接线图（见图14-29）可知，电源为10kV的架空线路，进入厂区后由电缆引入该变电所Y1高压开关柜，然后分别经Y4、Y5高压开关柜到1、2号变压器，降压为230/400V后经电缆引向2层低压配电室有关低压配电屏（P1、P15）的母线，再向全厂各车间等负荷配电。

4）看底层。

① 看高压配电室。该厂采用JYN2－10型手车式高压开关柜，如图14-29所示。图14-27左图中高压开关柜Y1～Y5分别为电压互感器——避雷器柜、总开关柜、计量柜和1号、2号变压器操作柜。图14-27右图表示了各屏的排列及安装位置。高压配电室高5.4m，柜列的前后左右尺寸均符合有关规范要求。

② 看变压器室。该变电所采用500kV·A及315kV·A电力变压器各1台，户内安装。考虑到今后扩容，变压器的尺寸布置均按800kV·A设计。由于无高压动力负载，配电低压为10/0.4kV，负载用220/380V电压。为有利于通风散热，除高度较高外，变压器室地坪抬高1m，下设挡油设施，事故时把油排向室外。下部装有百页纱窗以利通风，并防止小动物进入。为达到防火要求，变压器室的门采用钢材制作。

变压器室右侧是高压开关室，图中标出了高压柜的位置，10kV电源进线位置、低压各支路电缆出线位置。PX－3～PX－7、PX－11～PX－13为线路电缆。

5）看二层。二层为低压配电室，低压配电室高4m，低压配电屏P1～P15为Π形布置，低压配电屏采用PGL2型，电容补偿屏为PGJ1型，接线如图14-30所示。另有一台备用配电屏P16，各条电缆均敷设在电缆沟内。值班室在二楼，值班室与低压配电室毗邻。

在该变电所中，高、低压配电室的门都朝外开。该变电所还预留了今后发展扩容的位置。屏后与墙之间有电缆沟，相互距离为1.7m。吊装孔是用于2层低压配电屏等设备的吊运的。

由于是独立变电所，因此在底层室内设有单独的洗手间。

图14-28分别表示了Ⅰ－Ⅰ、Ⅱ－Ⅱ剖视。“剖面图”是建筑制图中的习惯称谓，严格来说这里应是剖视图。

2. 某工厂变电所10/0.4kV电气主接线图

图14-29所示为某工厂10/0.4kV变电所高、低压侧电气主接线图。该工厂电

源由地区变电所经10kV架空线路获取，进入厂区后用10kV电缆（电缆型号为YJV29－10）引入10/0.4kV变电所。

10kV高压侧为单母线隔离插头（相当于隔离开关，但结构不同）分段。采用低损耗的S9－500/10、S9－315/10电力变压器各一台，降压后经电缆分别将电能输往低压母线Ⅰ、Ⅱ段。220/380V低压侧为单母线断路器分段（见图14-30）。

高压侧采用JYN2－10型交流金属封闭型移开式高压开关柜5台，编号分别为Y1～Y5。Y1为电压互感器－避雷器柜，供测量仪表电压线圈、交流操作电源及防雷保护用；Y2为通断高压侧电源的总开关柜；Y3供计量电能及限电用（有电力定量器）；Y4、Y5分别为两台主变压器的操作柜。高压开关柜还装有控制、保护、测量、指示等二次回路设备。

低压母线为单母线断路器分段。单母线断路器分段的两段母线Ⅰ、Ⅱ分别经编号为P3～P7、P11～P13的PGL2型低压配电屏配电给全厂生产、办公、生活的动力和照明负荷，如图14-30所示。

P1、P2、P9、P14、P15各低压配电屏用于引入电能或分段联络；P8、P10是为了提高电路的功率因数而装设的PGJ12型无功功率自动补偿静电电容器屏。

在图14-30中，因图幅限制，P4～P7、P10～P12没有分别画出接线图，在工程设计图中，因为要分别标注出各屏引出线电路的用途等，是应详细画出的。

14.2.8 某化工厂变配电所的主接线

图14-31为某化工厂的总降压变电所。该总降压变电所有两路35kV电源进线，两台20MV·A的主变压器，采用外桥式接线。图中的数字（如3042）均为电气设备编号。主变压器将35kV的电压降为6kV的配电电压，6kV侧为单母线分段接线。6kV每段母线上有10路出线，分别给各车间或高压设备供电。

为了测量、监视、保护和控制主电路设备的需要，在35kV进线侧均装设了避雷器和电压互感器（计量用）。在6kV每段母线上装设了电压互感器，以进行测量和保护。在主变压器下方串接电抗器，其目的是为了限流。

由总降压变电所的6kV出线柜将6kV电源送至各车间变电所，图14-32所示为车间的6kV高压配电所（室）（由于车间设备多，容量大，故设置高压配电室）。该配电所为两回路进线，均来自于35kV总降压变电所的出线（525和526），采用单母线分段接线，供电可靠性高。配电所的出线供给车间的6kV高压设备，有两路出线（543和554）送至车间变电所的两台变压器，如图14-33所示。6kV经车间变压器降压为0.4kV（即为220V/380系统）供给低压设备。低压侧仍为单母线分段，采用抽屉式配电柜。为使图样清晰，图中只绘出了低压线路的一部分。图14-34为该车间变电所的装置式主接线图（只绘出一部分）。

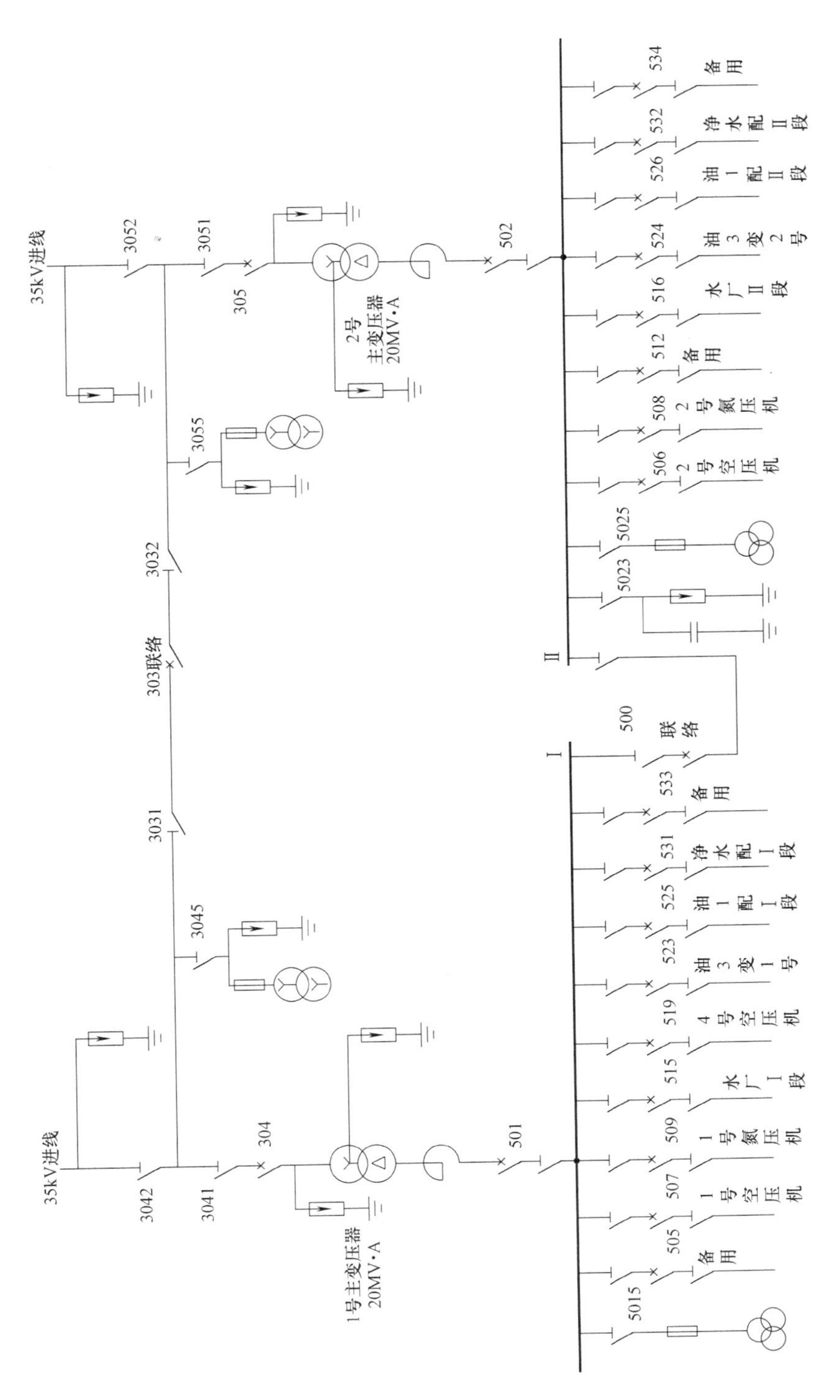

图 14-31　某总降压变电所的主接线

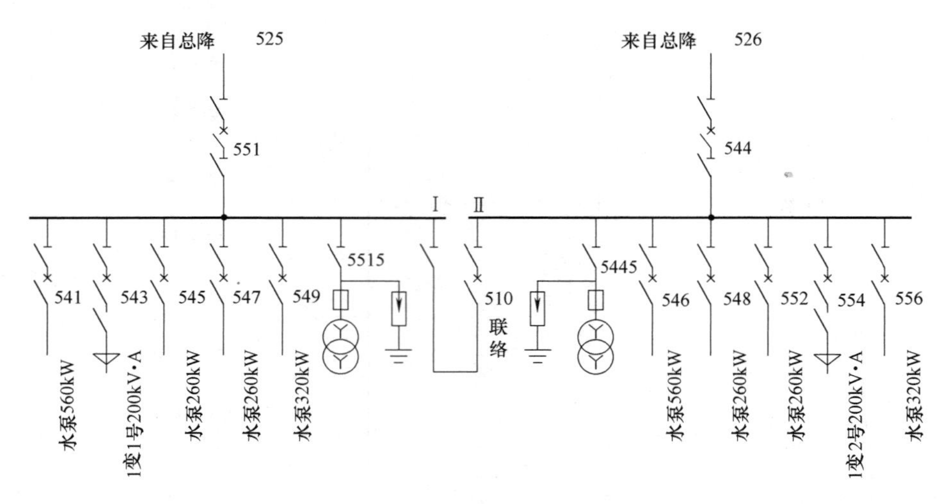

图 14-32 某高压配电所的主接线

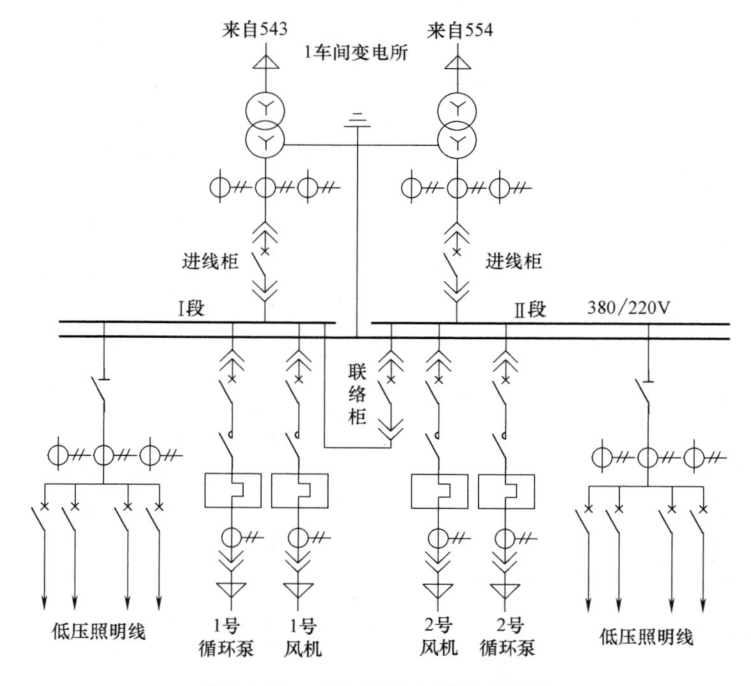

图 14-33 某车间变电所的主接线

低压开关柜编号			1AA	2AA		3AA	4AA		5AA
一次系统									
开关柜用途或用电设备名称			Ⅰ段进线柜	1号循环泵	1号风机	联络柜	2号风机	2号循环泵	Ⅱ段进线柜
一次方案编号			02	32	32	11	32	32	02
配电柜电气元件	开关	型号	3WT 2000A 3P	3VT 160H	3VT 63H	3WT 2000A 3P	3VT 63H	3VT 160H	3WT 2000A 3P
	电流互感器	型号	ALH-0.66	ALH-0.66	ALH-0.66		ALH-0.66	ALH-0.66	ALH-0.66
		规格	3(2000/1A)	150/1A	75/1A		75/1A	150/1A	3(2000/1A)
	接触器	型号		3TF50 44-0x	3TF47 44-0x		3TF47 44-0x	3TF50 44-0x	
	热继电器	型号		3UA62	3UA62		3UA62	3UA62	
		电流调节范围		80～110A	50～80A		50～80A	50～110A	

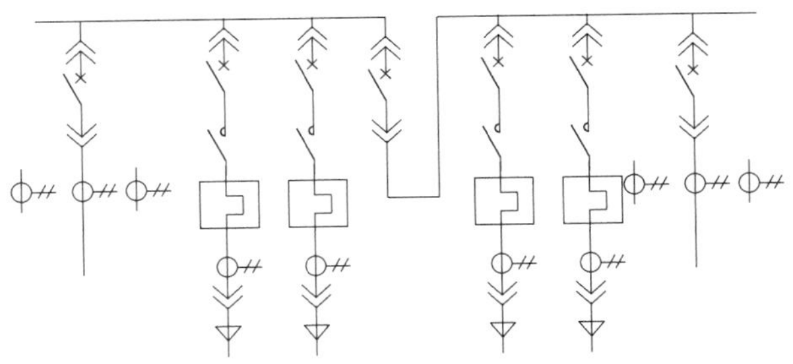

图 14-34　某高压配电所的装置式主接线

14.2.9　某车间变电所的电气主接线

图 14-35 为某中型工厂内 2 号车间变电所的电气主接线。该车间变电所是由 6kV 降至 380/220V 的终端变电所。由于该厂有高压配电所，因此该车间的高压侧开关电器、保护装置和测量仪表等按通常情况安装在高压配电线路的首端，即在高压配电所的高压配电室内。该车间变电所采用两路 6kV 电源进线、配电所内安装了两台 S9－630 型变压器，说明其一、二级负荷较多。低压侧母线（220/380V）采用单母线分段接线，并装有中性线。380/220V 母线后的低压配电，采用 PGL2 型低压配电屏（共五台），分别配电给动力和照明设备。其中照明线采用低压刀开关——低压断路器控制；而低压动力线均采用刀熔开关控制。低压配电出线上的电流互感器，其二次绕组均为一个绕组，供低压测量仪表和继电保护装置使用。

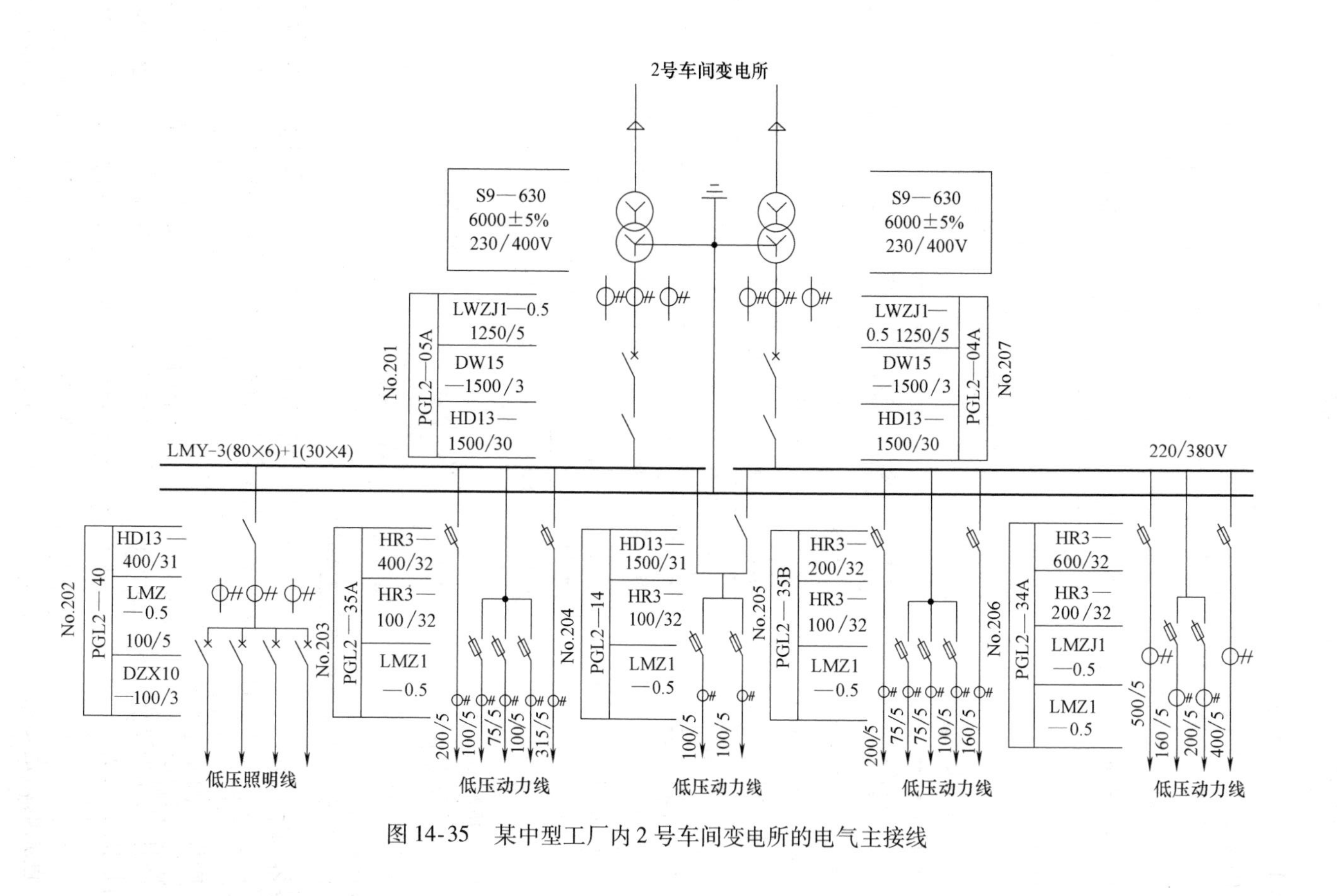

图 14-35　某中型工厂内 2 号车间变电所的电气主接线

14.3　二次回路图

14.3.1　二次回路图概述

在变电所中通常将电气设备分为一次设备和二次设备两大类。一次设备是指直接生产、输送和分配电能的设备，如主电路中变压器、高压断路器、隔离开关、电抗器、并联补偿电力电容器、电力电缆、送电线路以及母线等设备都属于一次设备。对一次设备的工作状态进行监视、测量、控制和保护的辅助设备称为二次设备，如测量仪器、控制和信号回路、继电保护装置等。二次设备通过电压互感器和电流互感器与一次设备建立电的联系。

二次设备按照一定的规则连接起来以实现某种技术要求的电气回路称为二次回路。二次回路是电力系统安全生产、经济运行、可靠供电的重要保障，它是变电所中不可缺少的重要组成部分。

二次回路包括变电所一次设备的控制、调节、继电保护和自动装置、测量和信号回路以及操作电源系统等。

控制回路是由控制开关和控制对象（断路器、隔离开关）的传递机构即执行（或操动）机构组成的。其作用是对一次开关设备进行“跳”“合”闸操作。

调节回路是指调节型自动装置。它是由测量机构、传送机构、调节器和执行机构组成的。其作用是根据一次设备运行参数的变化，实时在线调节一次设备的工作状态，以满足运行要求。

继电保护和自动装置回路是由测量部分、比较部分、逻辑判断部分和执行部分组成的。其作用是自动判别一次设备的运行状态，在系统发生故障或异常运行时，自动跳开断路器，切除故障或发出故障信号，待故障排除或异常运行状态消失后，快速投入断路器，系统恢复正常运行。

测量回路是由各种测量仪表及其相关回路组成的。其作用是指示或记录一次设备的运行参数，以便运行人员掌握一次设备的运行情况。它是分析电能质量、计算经济指标、了解系统电力潮流和主设备运行情况的主要依据。

信号回路是由信号发送机构、传送机构和信号器组成的。其作用是反映一、二次设备的工作状态。回路信号按信号性质可分为事故信号、预告信号、指挥信号和位置信号4种。

操作电源是给继电保护装置、自动装置、信号装置等二次电路及事故照明的电源。操作电源系统是由电源设备和供电网络组成的，它包括直源和交流电源系统，作用是供给上述各回路工作电源。变电所的操作电源多采用直流电源，简称直流系统，对于小型变电所也可采用交流电源或整流电源。

直流电源是专用的蓄电池或整流器；交流电源是站用变压器及电压互感器与电流互感器。一次系统的电压互感器和电流互感器还是二次回路电压与电流的信号源。

14.3.2 二次回路的分类

工厂供电系统或变配电所的二次回路（即二次电路）亦称二次系统，包括控制系统、信号系统、监测系统、继电保护和自动化系统等。二次回路在供电系统中虽是其一次电路的辅助系统，但对一次电路的安全、可靠、优质、经济地运行有着十分重要的作用，因此必须予以充分的重视。

二次回路按其电源性质分，有直流回路和交流回路。交流回路又分交流电流回路和交流电压回路。交流电流回路由电流互感器供电，交流电压回路由电压互感器供电。

二次回路按其用途分，有断路器控制（操作）回路、信号回路、测量和监视回路、继电保护和自动装置回路等。

二次回路操作电源，分直流和交流两大类。直流操作电源有由蓄电池组供电的电源和由整流装置供电的电源两种。交流操作电源有由所（站）用变压器供电的和通过仪用互感器供电的两种。

二次回路的操作电源是供高压断路器分、合闸回路和继电保护装置、信号回路、监测系统及其他二次回路所需的电源。因此对操作电源的可靠性要求很高，容量要求足够大，且要求尽可能不受供电系统运行的影响。

14.3.3 二次回路图的特点

二次回路图是电气工程图的重要组成部分，与其他电气图相比，显得更复杂一些。其复杂性主要因为自身表现出了以下几个特点：

1）二次设备数量多。二次设备比一次设备要多得多。随着一次设备电压等级的升高，容量的增大，要求的自动化操作与保护系统也越来越复杂，二次设备的数量与种类也越来越多。

2）二次连线复杂。由于二次设备数量多，连接二次设备之间的连线也很多，而且二次设备之间的连线不像一次设备之间的连线那么简单。通常情况下，一次设备只在相邻设备之间连接，且导线的根数仅限于单相2根、三相3根或4根（带零线）、直流2根，而二次设备之间的连线可以跨越很远的距离和空间，且往往互相交错连接。

3）二次设备动作程序多，工作原理复杂。大多数一次设备动作过程是通或断，带电或不带电等，而大多数二次设备的动作过程程序多，工作原理复杂。以一般保护电路为例，通常应由传感元件感受被测参量，再将被测量送到执行元件，或立即执行，或延时执行，或同时作用于几个元件动作，或按一定顺序作用于几个元件分别动作；动作之后还要发出动作信号，如音响、灯光显示、数字和文字指示等。这样，二次回路图必然要复杂得多。

4）二次设备工作电源种类多。在某一确定的系统中，一次设备的电压等级是很少的，如10kV配电变电所，一次设备的电压等级只有10kV和380V/220V。但二次设备的工作电压等级和电源种类却可能有多种。电源种类有直流、交流；电压等级多，380V 以下的各种电压等级有 380V、220V、100V、36V、24V、12V、6.3V、1.5V 等。

5）按照不同的用途，通常将二次回路图分为原理接线图（又称二次原理图）、展开接线图（又称接线图）和安装接线图（又称安装图）三大类。

14.3.4　二次回路原理接线图

二次回路原理接线图是用来以表示继电保护、测量仪表和自动装置中各元件的电气联系及工作原理的电气回路图。原理接线图以元件的整体形式表示二次设备间的电气连接关系，通常还将二次接线和一次设备中的相关部分画在一起，便于用来了解各设备间的相互联系。接线原理图能表明二次设备的构成、数量及电气连接情况，图形直观、形象、清晰，便于设计的构思和记忆。原理接线图可用来分析该电路的工作原理。

图 14-36 所示为某 10kV 线路的过电流保护原理接线图，图中每个元器件都以整体形式绘出，它对整个装置的构成有一个明确的概念，便于掌握其相互关系和工作原理。

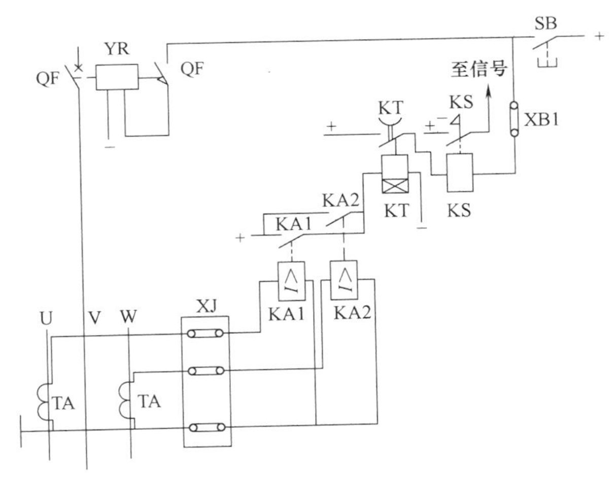

图 14-36　某 10kV 线路的过电流保护原理接线图

原理接线图的优点是较为直观；缺点是当元件较多时电路的交叉多，交、直流电路和控制与信号回路混合在一起，清晰度差，而且对于复杂线路，看图较困难。因此，原理接线图在实际应用中受到限制，而展开接线图应用更广泛。

14.3.5　二次回路展开接线图

展开接线图（展开式原理接线图）简称展开图，以分散的形式表示二次设备之间的电气连接关系。在这种图中，设备的触点和线圈分散布置，按它们动作的顺序相互串联，从电源的“+”极到“-”极，或从电源的一相到另一相，算作一条“支路”。依次从上到下排成若干行（当水平布置时），或从左到右排成若干列（当垂直布置时）。同时，展开图是按交流电压回路、交流电流回路和直流回路分别绘制的。

图 14-37 所示为与图 14-36 对应的展开接线图。它通常是按功能电路如控制回路、保护回路、信号回路等来绘制，方便于对电路的工作原理和动作顺序进行分析。不过由于同一设备可能具有多个功能，因而属于同一设备或元件的不同线圈和不同触点可能画在了不同的回路中。展开接线图的绘制有很强的规律性，掌握了这些规律看图就会很容易。

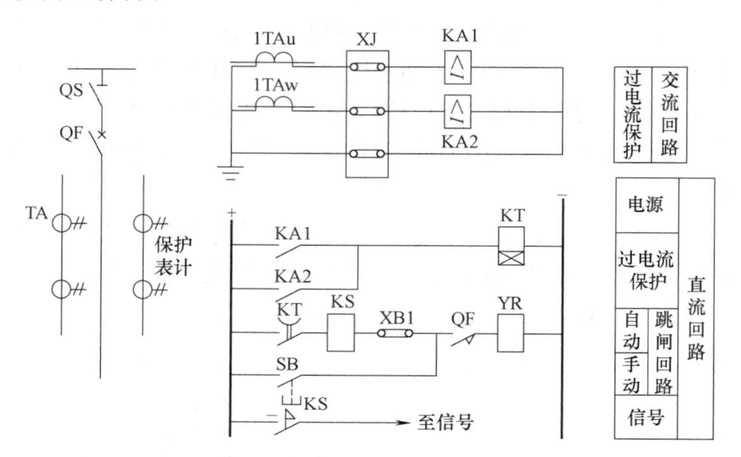

图 14-37　某 10kV 线路的过电流保护展开接线图（左侧为一次电路）

绘制展开接线图有如下规律：

1）直流母线或交流电压母线用粗线条表示，以示区别于其他回路的联络线。

2）继电器和各种电气元件的文字符号应与相应原理接线图中的文字符号一致。

3）继电器的作用和每一个小的逻辑回路的作用都在展开接线图的右侧注明。

4）继电器的触点和电气元件之间的连接线段都有回路标号。

5）同一个继电器的线圈与触点采用相同的文字符号表示。

6）各种小母线和辅助小母线都有标号。

7）对于个别继电器或触点在另一张图中表示，应在图样中说明去向。对任何引进触点或回路也说明出处。

8）直流“+”极按奇数顺序标号，“-”极则按偶数标号。回路经过电气元件（如线圈、电阻、电容等）后，其标号性质随着改变。

9）常用的回路都有固定的标号，如断路器 QF 的跳闸回路用 33 表示，合闸回路用 3 表示等。

10）交流回路的标号的表示除用三位数字外，前面还加注文字符号。交流电流回路标号的数字范围为 400～599，电压回路为 600～799。其中个位数表示不同回路；十位数表示互感器组数。回路使用的标号组，要与互感器文字后的“序号”

相对应。如电流互感器 TA1 的 U 相回路标号可以是 U411 ~ U419；电压互感器 TV2 的 U 相回路标号可以是 U621 ~ U629。

展开接线图中所有开关电器和继电器触点都是按照开关断开时的位置和继电器线圈中无电流时的状态绘制的。由图 14-37 可见，展开接线图接线清晰，回路顺序明显，便于了解整套装置的动作程序和工作原理，易于阅读，对于复杂线路的工作原理的分析更为方便。目前，工程中主要采用这种图形，它既是运行和安装中一种常用的图样，又是绘制安装接线图的依据。

14.3.6　二次回路安装接线图

根据电气施工安装的要求，用来表示二次设备的具体位置和布线方式的图形，称为二次回路的安装接线图。安装接线图是制造厂商生产加工变电站的控制屏、继电保护屏和现场安装施工接线所用的主要图样，也是变电站检修、试验等的主要参考图。

安装接线图是根据展开接线图绘制的。安装接线图是用来表示屏（成套装置）内或设备中各元器件之间连接关系的一种图形，在设备安装、维护时提供导线连接位置。图中设备的布局与屏上设备布置后的视图是一致的，设备、元件的端子和导线、电缆的走向均用符号、标号加以标记。

安装接线图包括：屏面布置图，表示设备和器件在屏面的安装位置，屏和屏上的设备、器件及其布置均按比例绘制；屏后接线图，表示屏内的设备、器件之间和与屏外设备之间的电气连接关系；端子排图用来表示屏内与屏外设备之间的连接端子以及屏内设备与安装于屏后顶部设备间的连接端子的组合。

14.3.7　二次回路端子排图

控制柜内的二次设备与控制柜外二次回路的连接，同一控制柜上各安装项目之间的连接，必须通过端子排。端子排由专门的接线端子排组合而成。端子排图是一系列数字和文字符号的集合，把它与展开图结合起来看就可以清楚地了解它的连接回路。

接线端子排分为普通端子、连接端子、试验端子和终端端子等，如图 14-38 所示。

普通端子排用来连接由控制屏（柜）外引至控制屏（柜）上或由控制屏（柜）上引至控制屏（柜）外的导线；连接端子排有横向连接片，可与邻近端子排相连，用来连接有分支的导线；试验端子排用来在不断开二次回路的情况下，对仪表、继电器进行试验，校验二次回路中的测量仪表和继电器的准确度；终端端子排是用来固定或分隔不同安装项目的端子排。

端子排图中间列的编号 1 ~ 20 是端子排中端子的顺序号。端子排图右列的标号是表示到屏内各设备的编号。

在接线图中，两端连接不同端子的导线有两种表示方法：

1）连续线表示法——端子之间的连接导线用连续线表示，如图 14-39a 所示。

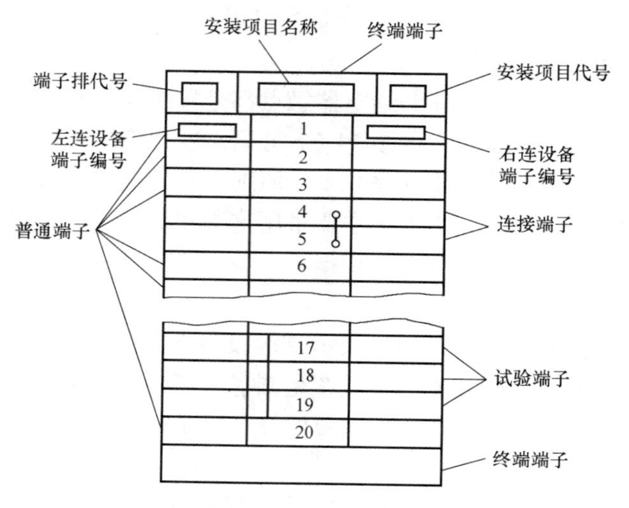

图 14-38　端子排标注图例

2）中断线表示法——端子之间的连接不连线条，只在需相连的两端子处标注对面端子的代号。即采用专门的“相对标号法”（又称“对面表示法”）。“相对标号法”是指每一条连接导线的任一端标以对侧所接设备的标号或代号，故同一导线两端的标号是不同的，并与展开图上的回路标号无关。利用这种方法很容易查找导线的走向，由已知的一端便可知另一端接至何处，如图 14-39b 所示。

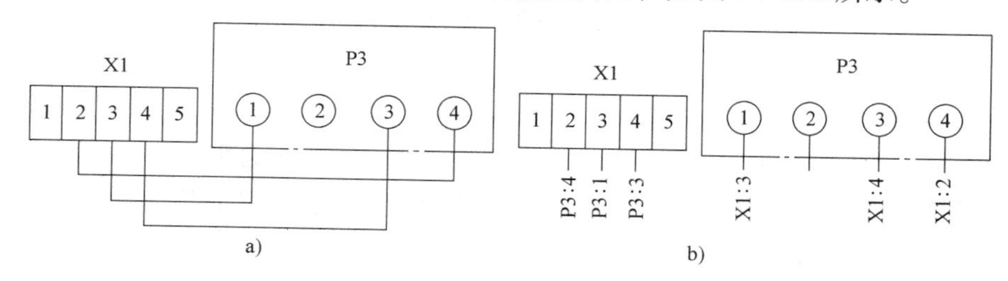

图 14-39　连接导线的表示方法

a）连续线表示法　b）中断线表示法

图 14-40 所示为高压配电线路二次回路接线图。该图包括主电路（这里仅画出了电流互感器接入部分）、仪表继电器屏（背面接线图）、端子排和操作板 4 部分。其端子排上方标注了安装项目名称（10kV 电源进线）、安装项目代号（WL1）和端子排代号（X1）；中列为端子编号（1～18）；左侧为连接各设备（图示为电流互感器、断路器跳闸线圈及电压小母线）的端子编号；右侧为连接各仪表、继电器的端子编号。

图 14-40 中的连接线采用了中断线表示和相对标号法。如连接 TA1 的 K1 端子与端子排 X1 的 1 号端子的导线，分别标注 X1: 1 和 TA1: K1；连接端子排 X1 的 1

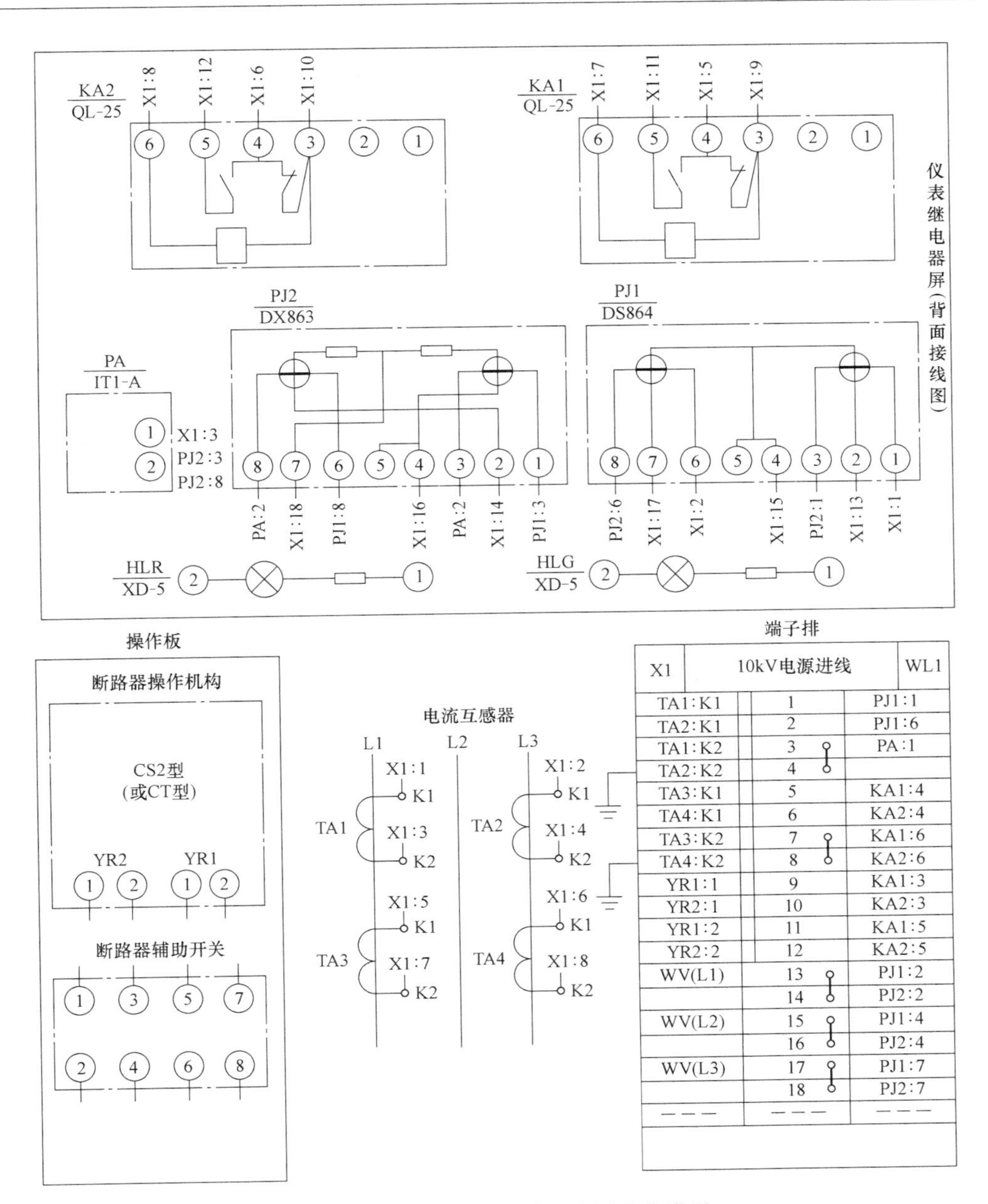

图 14-40　高压配电线路二次回路接线图

号端子与有功电能表 PJ1 的 1 号端子的导线，分别标注 PJ1:1 和 X1:1 等。

端子排使用注意事项如下：

1）屏内与屏外二次回路的连接、同一屏上各安装项目的连接以及过渡回路等均应经过端子排。

2）屏内设备与接于小母线上的设备（如熔断器、电阻、小开关等）的连接一般应经过端子排。

3）**各安装项目的“+”电源一般经过端子排，保护装置的“-”电源应在屏内设备之间接成环形，环的两端再分别接至端子排。**

4）交流电流回路、信号回路及其他需要断开的回路，一般需用试验端子。

5）屏内设备与屏顶较重要的小母线（如控制、信号、电压等小母线），或者在运行中、调试中需要拆卸的接至小母线的设备，均需经过端子排连接。

6）同一屏上的各安装项目均应有独立的端子排。各端子排的排列应与屏面设备的布置相配合。一般按照下列回路的顺序排列：交流电流回路、交流电压回路、信号回路、控制回路、其他回路、转接回路。

7）**每一安装项目的端子排应在最后留 2~5 个端子作备用**。正、负电源之间，经常带电的正电源与跳闸或合闸回路之间的端子排应不相邻或者以一个空端子隔开。

8）一个端子的每一端一般只接一根导线，在特殊情况下，最多接两根。

14.3.8 多位开关触点的状态表示法

在二次回路中常用的多位开关有组合开关、转换开关、滑动开关、鼓形控制器等。这类开关具有多个操作位置和多对触点。在不同的操作位置上，触点的通断状态是不同的，而且触点工作状态的变化规律往往比较复杂。怎样识别多位开关的工作状态，是读图和用图的难点。

下面介绍两种表示多位开关触点状态的方法。

（1）一般符号和连接表相结合的表示方法

这种方法是在二次电路图中画出多位开关的一般符号，将其各端子（触点）编出号码或字符（**一般都用阿拉伯数字，按左侧触点以奇数、右侧触点以偶数编号**），在图样的适当位置画出连接表，如图 14-41 及表 14-3 所示。

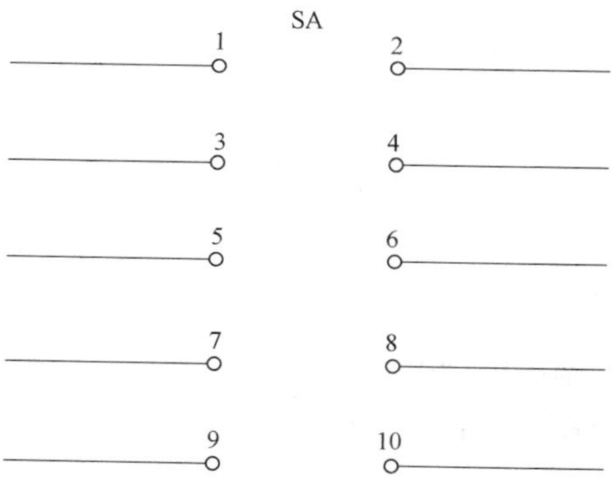

图 14-41 控制开关 SA 的一般符号

表 14-3 控制开关 SA 连接表示例

位置	端子（节点号）				
	1—2	3—4	5—6	7—8	9—10
Ⅰ	×	—	—	×	—
Ⅱ	—	×	×	—	—
Ⅲ	×	—	—	×	×

由表 14-3 可见，开关在位置Ⅰ时，1—2、7—8 通；在位置Ⅱ时，3—4、5—6 通；在位置Ⅲ时，1—2、7—8、9—10 通。

（2）图形符号表示方法

图形符号表示法是将开关的接线端子、操作位数、触点工作状态表示在图形符号上的方法。

图 14-42a 是一具有五对触点、五个位置的多位开关的图形符号。

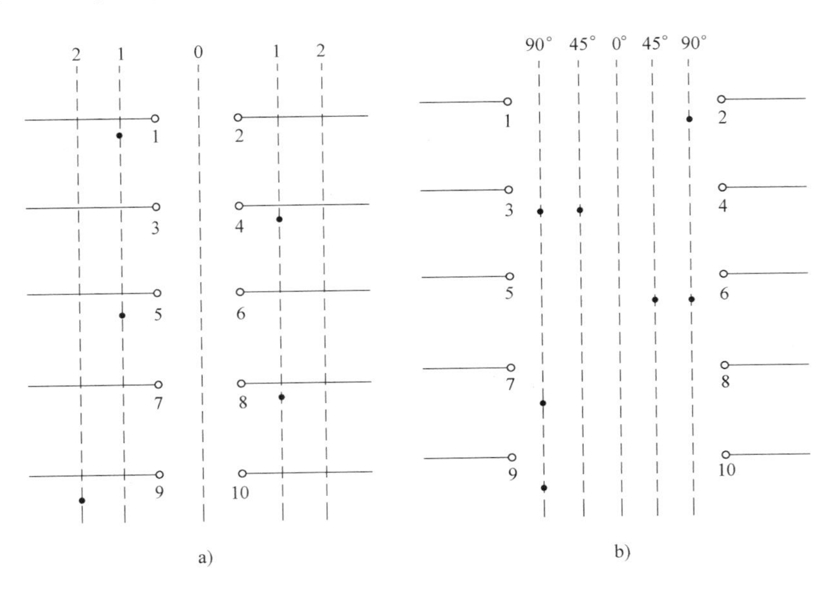

图 14-42　多位开关用图形符号表示示例

a）图形符号（一）　b）图形符号（二）

图中以“0”表示操作手柄在中间位置（停止位置），两侧的数字：“1”、“2”表示操作位置。操作位置也可以用“ON”“OFF”，“正转”“反转”，“起动”“停止”表示。垂直的虚线表示手柄操作的位置线。紧靠触点标在虚线上的黑点“●”表示手柄转在这一位置时，有黑点表示触点接通、无黑点的表示触点不接通。图 14-42a 中触点 1 ~ 10 的工作状态是：位置 0，都不通；右 1，3—4、7—8 通；右 2，不通；左 1，1—2、5—6 通；左 2，9—10 通。

图 14-42b 是多位开关用图形符号表示的另一种形式。图中操作位置用角度 0°、45°、90°表示，位置线画在触点的中间。图 14-42b 中触点 1 ~ 10 的工作状态是：位置 0°，都不通；右 45°，5—6 通；右 90°，1—2、5—6 通；左 45°，3—4 通；左 90°，3—4、7—8、9—10 通。

14.3.9　二次回路图的识图方法与注意事项

1. 二次回路图的识图方法

二次回路图阅读的难度较大。当识读二次回路图时，通常应掌握以下方法：

1）概略了解图的全部内容，例如图样的名称、设备明细表、设计说明等，然后大致看一遍图样的主要内容，尤其要看一下与二次电路相关的主电路，从而达到较为准确地把握住图样所表现的主题。

例如阅读具有过负荷保护的电路图时，首先就应带着“断路器 QF 是怎样实现自动跳闸的”这个问题，进而了解各个继电器动作的条件，阅读起来才会脉络清晰。如果对过负荷保护这一主题不明确，有些问题就不能理解。例如，时间继电器 KT 的作用，只有过负荷保护才需要延时动作，如果是短路保护，就不需要延时了。

2）在电路图中，各种开关触点都是按起始状态位置画的，如按钮未按下，开关未合闸，继电器线圈未通电，触点未动作等。这种状态称为图的原始状态。但看图时不能完全按原始状态来分析，否则很难理解图样所表现的工作原理。

为了读图的方便，将图样或图样的一部分改画成某种带电状态的图样，称为状态分析图。状态分析图是由看图者在看图过程中绘制的一种图，通常不必十分正规地画出，用铅笔在原图上另加标记亦可。

3）在电路图中，同一设备的各个元件位于不同的回路的情况比较多，在用分开表示法绘制的图中，往往将各个元件画在不同的回路，甚至不同的图样上。看图时应从整体观念上去了解各设备的作用。例如，辅助开关的开合状态就应从主开关开合状态去分析，继电器触点的开合状态就应从继电器线圈带电状态或从其他传感元件的工作状态去分析。一般来说，继电器触点是执行元件，因此**应从触点看线圈的状态，不要看到线圈去找触点。**

4）任何一个复杂的电路都是由若干基本电路、基本环节构成的。看复杂的电路图一般应将图分成若干部分来看，由易到难，层层深入，分别将各个部分、各个回路看懂，整个图样就能看懂。阅读较复杂的二次电路图，切忌“眉毛胡子一把抓”，这样势必无从下手，降低工作效率。

一般阅读电路图时，可先看主电路，再看二次电路；看二次电路时，一般从上至下，先看交流电路，再看跳闸电路，然后再看信号电路。在阅读过程中，可能会有某些问题一时难于理解，可以暂时留下来，待阅读完了其他部分，也就自然解决了。

5）二次图的种类较多。对某一设备、装置和系统，这些图实际上是从不同的使用角度、不同的侧面，对同一对象采用不同的描述手段。显然，这些图存在着内部的联系。因此，读各种二次图应将各种图联系起来阅读。掌握各类图的互换与绘制方法，是阅读二次图的一个十分重要的方法。

2. 二次回路图的识图注意事项

（1）阅读断路器控制及信号回路的原理图时，应注意并掌握的内容

1）断路器规格型号，操作机构的类别（手力操作机构、电磁操作机构、电动操作机构等）和规格型号，机构内熔断器、继电器、信号灯、操作转换开关、接触器、小型电动机、各类线圈、整流元件（二极管）的规格型号及作用功能。

2）操作电源类别（交流、直流）、名称及电压、各开关辅助触点和继电器触点的分布位置及作用功能、保护回路的作用功能及来自继电保护回路的触点编号、位置、接入方式。

3）断路器事故跳闸后，中央事故信号回路的工作状态。

4）继电保护回路动作后，断路器跳闸过程及信号系统的工作状态。

5）继电保护回路与断路器控制回路的连接方式、接点编号。

（2）阅读操作电源原理图时，应注意并掌握的内容

1）操作电源的类别（交流、直流）、元件规格型号及功能作用。

2）各组操作电源的形成及作用。

（3）阅读备用电源自动投入装置的原理图时，应注意并掌握的内容

1）自投开关的类别（自动开关、接触器）及继电器的规格型号、功能作用。

2）继电器及自投开关辅助触点的分布情况，其动作后对电路所产生的影响。

（4）阅读自动重合闸装置的原理图时，应注意并掌握的内容

1）重合闸继电器工作原理、功能作用、规格型号、各继电器功能作用、触点分布、转换开关的规格型号及功能作用。

2）自动重合闸回路与断路器控制回路及保护回路的关系和控制功能。

3）重合闸装置的电源回路。

（5）阅读电力变压器继电保护控制原理图时，应注意并掌握的内容

1）变压器规格型号、继电保护的方式（差动保护、瓦斯保护、过电流保护、低电压保护、过负荷保护、温度保护、低压侧单相接地）、各继电器规格型号及功能作用、继电器触点分布以及触点动作后对电路所产生的影响、电流互感器规格型号及装设位置。

2）继电保护回路与控制掉闸回路的连接方式、信号系统功能作用。

（6）阅读电力线路继电保护原理图时，应注意并掌握的内容

1）线路电压等级、继电保护方式（电流速断、过电流、单相接地、距离保护）、各继电器规格型号及功能作用，继电器触点分布、电流互感器规格型号及装设位置。

2）保护回路与控制掉闸回路的连接方式，信号系统功能作用。

（7）阅读开关柜控制原理图时，应注意并掌握的内容

1）开关柜规格型号、电压等级、功能作用及所控设备、采用的继电保护方式（短路、过电流、断相、温度等）、控制开关作用功能、继电器触点分布、电流互感器规格型号及装设位置。

2）保护回路与控制掉闸回路的连接方式，信号系统功能作用。

14.3.10　二次回路图的识图要领

二次回路图的逻辑性很强，在绘制时遵循着一定的规律，看图时若能抓住此规律就很容易看懂。读图前首先应弄清楚该张图样所绘制的继电保护装置的动作原理及

其功能和图样上所标符号代表的设备名称，然后再看图样。具体识图的要领如下：

（1）先交流，后直流

“先交流，后直流”是指先看二次接线图的交流回路，把交流回路看完弄懂后，根据交流回路的电气量以及在系统中发生故障时这些电气量的变化特点，向直流逻辑回路推断，再看直流回路。一般说来，交流回路比较简单，容易看懂。

（2）交流看电源，直流找线圈

“交流看电源，直流找线圈”是指交流回路要从电源入手。交流回路有交流电流和电压回路两部分，先找出电源来自哪组电流互感器或哪组电压互感器，在两种互感器中传输的电流量或电压量起什么作用，与直流回路有何关系，这些电气量是由哪些继电器反映出来的，找出它们的符号和相应的触点回路，看它们用在什么回路，与什么回路有关，在脑中形成一个基本轮廓。

（3）抓住触点不放松，一个一个全查清

“抓住触点不放松，一个一个全查清”是指继电器线圈找到后，再找出与之相应的触点。根据触点的闭合或开断引起回路变化的情况，再进一步分析，直至查清整个逻辑回路的动作过程。

（4）先上后下，先左后右，屏外设备一个也不漏

“先上后下，先左后右，屏外设备一个也不漏”，这个要领主要是针对端子排图和屏后安装图而言。看端子排图一定要配合展开图来看。

展开图上凡屏内与屏外有联系的回路，均在端子排图上有一个回路标号，单纯看端子排图是不易看懂的。端子排图是一系列数字和文字符号的集合，把它与展开图结合起来看就可以清楚它的连接回路。

14.3.11 硅整流电容储能式直流操作电源系统接线图

如果单独采用硅整流器作为直流操作电源，则在交流供电系统电压降低或电压消失时，将严重影响直流系统的正常工作，因此宜采用有电容储能的硅整流电源，在供电系统正常运行时，通过硅整流器供给直流操作电源，同时通过电容器储能，在交流供电系统电压降低或消失时，由储能电容器对继电保护和跳闸回路供电，使其正常动作。

图 14-43 所示是一种硅整流电容储能式直流操作电源系统的接线图，通过整流装置将交流电源变换为直流电源，以构成变电站的直流操作电源。为了保证直流操作电源的可靠性，采用两个交流电源和两台硅整流器。为了在交流系统发生故障时仍能使控制、保护及断路器可靠动作，该电源还装有一定数量的储能电容器。

在图 14-43 中，硅整流器 U1 的容量较大，主要用作断路器合闸电源，并可向控制、信号和保护回路供电。硅整流器 U2 的容量较小，仅向控制、保护和信号回路供电。两组直流装置之间用限流电阻 R 及二极管 VD3 隔离，即只允许合闸母线向控制母线供电，而不允许反向供电。

逆止元件 VD1 和 VD2 的主要功能：一是当直流电源电压因交流供电系统电压

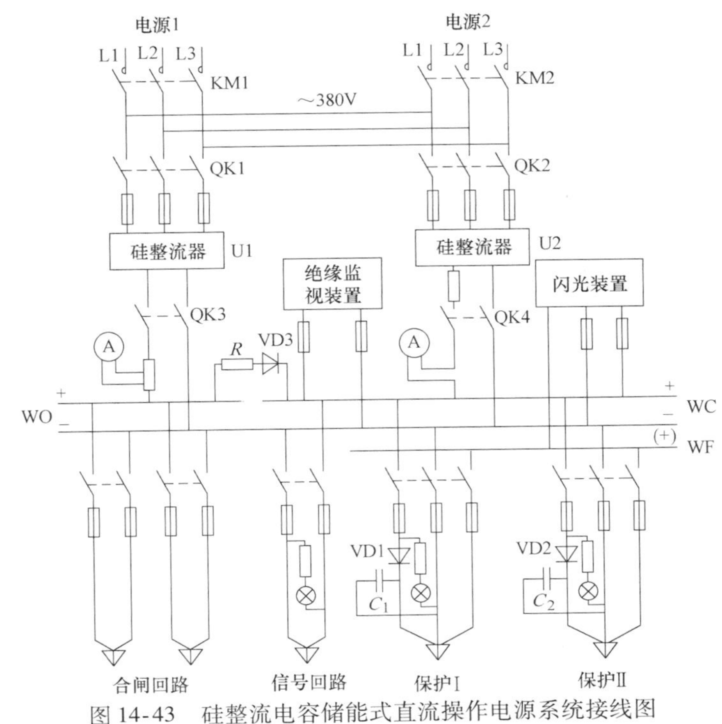

图 14-43　硅整流电容储能式直流操作电源系统接线图

C_1、C_2—储能电容器　WC—控制小母线　WF—闪光信号小母线　WO—合闸小母线

降低而降低，使储能电容 C_1、C_2 所储能量仅用于补偿自身所在的保护回路，而不向其他元件放电；二是限制 C_1、C_2 向各断路器控制回路中的信号灯和重合闸继电器等放电，以保证其所供的继电保护和跳闸线圈可靠动作。

在合闸母线与控制母线上分别引出若干条直流供电回路。其中只有保护回路中有储能电容器。储能电容器 C_1 用于对高压线路的继电保护和跳闸回路供电；储能电容器 C_2 用于对其他元件的继电保护和跳闸回路供电。储能电容器多采用容量大的电解电容器，其容量应能保证继电保护和跳闸线圈可靠地动作。正是由于断路器的跳闸功率远小于合闸功率，电容储能装置只能用于跳闸。

14.3.12　采用电磁操作机构的断路器控制和信号回路

在 6 ~ 10kV 的工厂供电系统中普遍采用电磁操作机构，它可以对断路器实现远距离控制。图 14-44 是采用电磁操作机构的断路器控制电路及其信号系统图。其操作电源采用硅整流电容储能的直流系统。该控制回路采用 LW5 型万能转换开关，其手柄有 4 个位置，手柄正常为垂直位置（0°）。顺时针扳转 45°，为合闸（ON）操作，手松开即自动返回零位（复位），但仍保持合闸状态。反时针扳转 45°，为分闸（OFF）操作，手松开也自动返回零位，但仍保持分闸状态。图中虚线上打黑点“●”的触点，表示在此位置时该触点接通；而虚线上标出的箭头（→），表示控制开关手柄自动返回的方向。

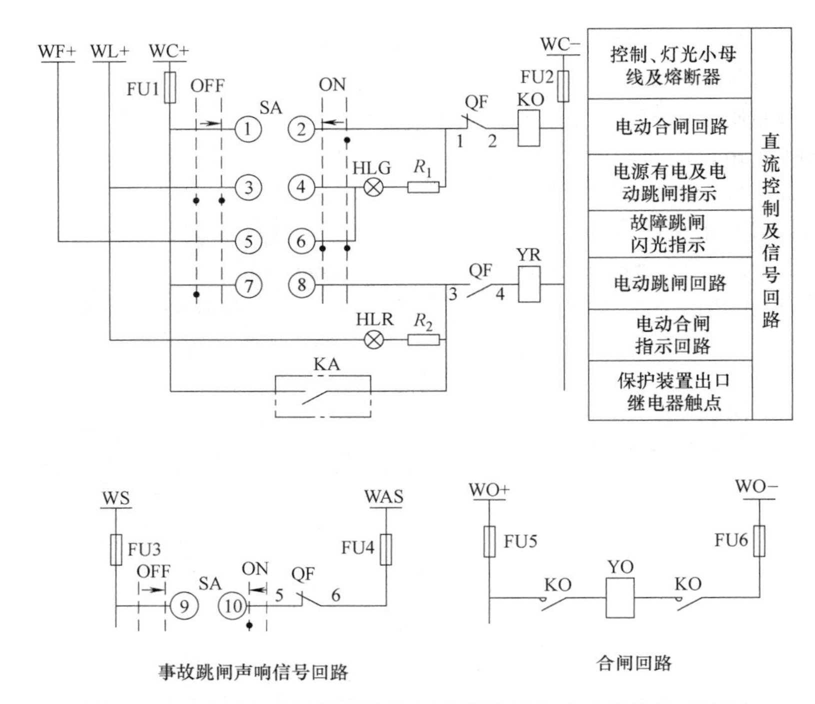

图 14-44　采用电磁操作机构的断路器控制电路及其信号系统图

WC—控制小母线　WL—灯光指示小母线　WF—闪光信号小母线　WS—信号小母线
WAS—事故音响小母线　WO—合闸小母线　SA—控制开关　KO—合闸接触器　YO—电磁合闸线圈
YR—跳闸线圈　ON—合闸操作方向　OFF—分闸操作方向　KA—保护装置出口继电器触点
QF—断路器辅助触点　HLG—绿色指示灯　HLR—红色指示灯

合闸时，将控制开关 SA 手柄顺时针扳转 45°，这时 SA 的触点 1 – 2 接通，合闸接触器 KO 通电（回路中断路器 QF 的常闭辅助触点 1 – 2 保持闭合），其主触点闭合使电磁合闸线圈 YO 通电，断路器 QF 合闸。合闸完成后，控制开关 SA 自动返回，其触点 1 – 2 断开，断路器 QF 的常闭辅助触点 1 – 2 也断开，绿色指示灯 HLG 熄灭，并切断合闸回路，同时断路器 QF 的常开辅助触点 3 – 4 闭合，红色指示灯 HLR 亮，指示断路器已经合闸，并监视着跳闸线圈 YR 回路的完好性。

分闸时，将控制开关 SA 手柄反时针扳转 45°，这时其触点 7 – 8 接通，跳闸线圈 YR 通电（回路中断路器 QF 的常开辅助触点 3 – 4 原已闭合），使断路器 QF 分闸（跳闸）。分闸完成后，控制开关 SA 自动返回，其触点 7 – 8 断开，断路器 QF 的常开辅助触点 3 – 4 也断开，红色指示灯 HLR 熄灭，并切断跳闸回路，同时控制开关 SA 的触点 3 – 4 闭合，QF 的常闭辅助触点 1 – 2 也闭合，绿色指示灯 HLG 亮，指示断路器已经分闸，并监视着合闸线圈 KO 回路的完好性。

由于红、绿色指示灯兼起监视分、合闸回路完好性的作用，长时间运行，因此耗电较多。为了减少操作电源中储能电容器能量的过多消耗，因此另设灯光指示小母线 WL（+），专用来接入红、绿色指示灯。储能电容器的电能只用来供电给控制小母线 WC。

当一次电路发生短路故障时，继电保护装置动作，其出口继电器 KA 的常开触点闭合，接通跳闸线圈 YR 回路（其中断路器 QF 的辅助触点 3－4 保持闭合），使断路器 QF 跳闸。随后断路器 QF 的辅助触点 3－4 断开，使红色指示灯 HLR 灭，并切断跳闸回路；同时断路器的辅助触点 QF1－2 闭合，而 SA 在合闸位置，其触点 5－6 也闭合，从而接通闪光电源 WF（＋），使绿色指示灯 HLG 闪光，表示断路器 QF 自动跳闸。由于控制开关 SA 仍在合闸后位置，其触点 9－10 闭合，而断路器 QF 已跳闸，QF 的辅助触点 5－6 也闭合，因此事故音响信号回路接通，发出事故跳闸的音响信号。当值班员得知事故跳闸信号后，可将控制开关 SA 的操作手柄扳向分闸位置（逆时针扳转 45°后松开让它返回），使 SA 的触点与 QF 的辅助触点恢复“对应”关系，全部事故信号立即解除。

14.3.13　6～10kV 高压配电线路电气测量仪表电路图

图 14-45 是 6～10kV 高压配电线路上装设的电气测量仪表电路图。图中通过电压、电流互感器装设有电流表、有功电能表和无功电能表各一只。如果不是送往单独经济核算单位时，可不装设无功电能表。

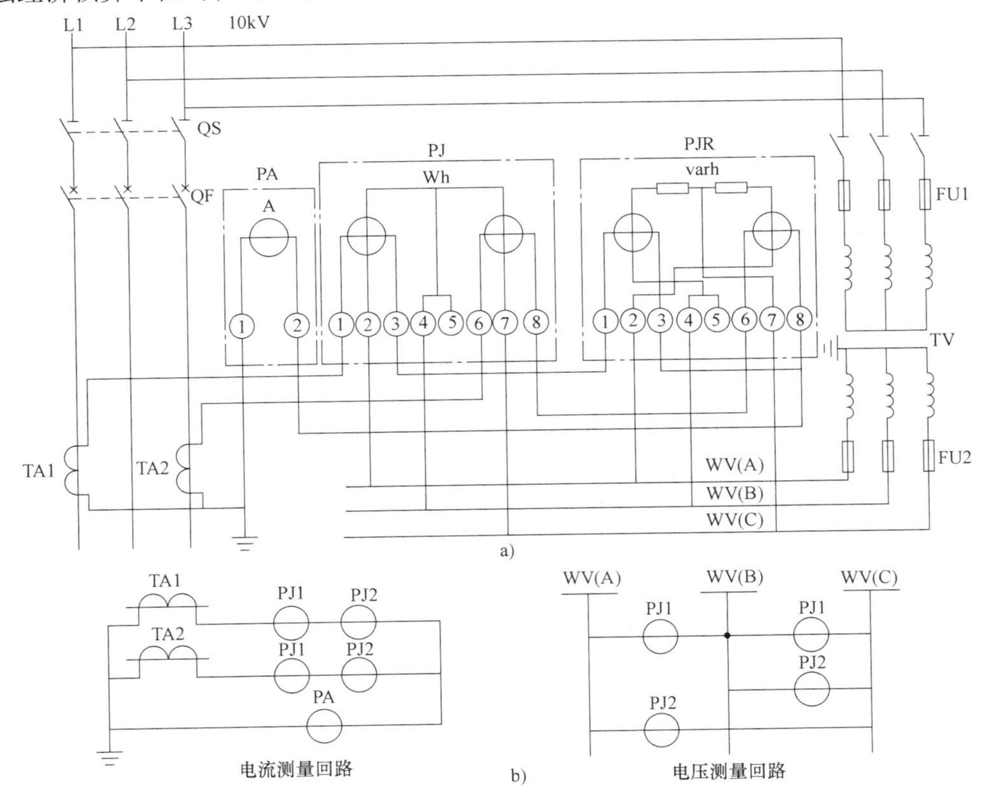

图 14-45　6～10kV 高压配电线路上装设的电气测量仪表电路图

a）原理图　b）展开图

TA1、TA2—电流互感器　TV—电压互感器　PA—电流表

PJ—三相有功电能表　PJR—三相无功电能表　WV—电压小母线

14.3.14　220V/380V 低压线路电气测量仪表电路图

在低压动力线路上，应装设一只电流表；低压照明线路及三相负荷不平衡度大于15%的线路上，应装设三只电流表分别测量三相电流。如需计量电能，一般应装设一只三相四线有功电能表。对于负荷平衡的三相动力线路，可只装设一只单相有功电能表，实际电能按其计量的3倍计。

图14-46是220V/380V低压线路上装设的电气测量仪表电路图，图中通过电流互感器装设有电流表3只、三相四线有功电能表1只。如果不是送往单独经济核算单位时，可不装设无功电能表。

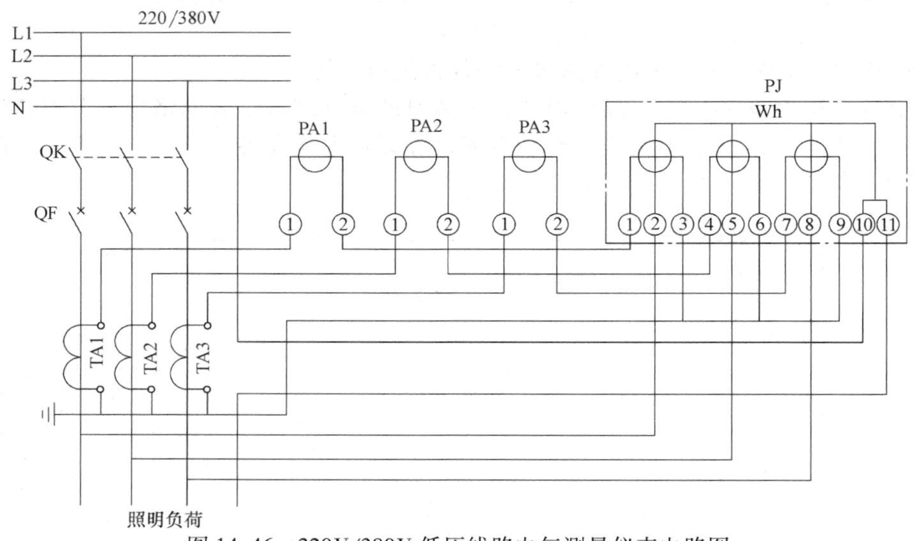

图14-46　220V/380V低压线路电气测量仪表电路图

TA—电流互感器　PA—电流表　PJ—三相四线有功电能表

14.3.15　6~10kV 母线的电压测量和绝缘监视电路图

电压测量电路的常用接线方式如图14-47所示。

最为常用的6~35kV电力系统的绝缘监视装置，可采用3只单相双绕组电压互感器和3只接在相电压上的电压表进行绝缘监视，如图14-47e所示。也可如图14-47f所示，采用3只单相三绕组的电压互感器，其中3只电压表接相电压，接在接成Y_0的二次绕组电路中。当一次电路中的某相发生单相接地故障时，与其对应相的电压表指零，其他两相的电压表读数升高为线电压；接成开口三角形的辅助二次绕组，构成零序电压过滤器，专用于供电给过电压继电器KV。在系统正常运行时，开口三角形的开口处电压接近于零，继电器KV不会动作；当一次电路发生单相接地故障时，在开口三角形的开口处将产生近100V的零序电压，使KV动作，从而接通信号回路，发出报警的灯光和音响信号。

图14-48是6~10kV母线的电压测量和绝缘监视电路图，它普遍应用于6~35kV母线的电路中。图中电压转换开关SA用于转换测量三相母线的各个相间电

压（线电压）。

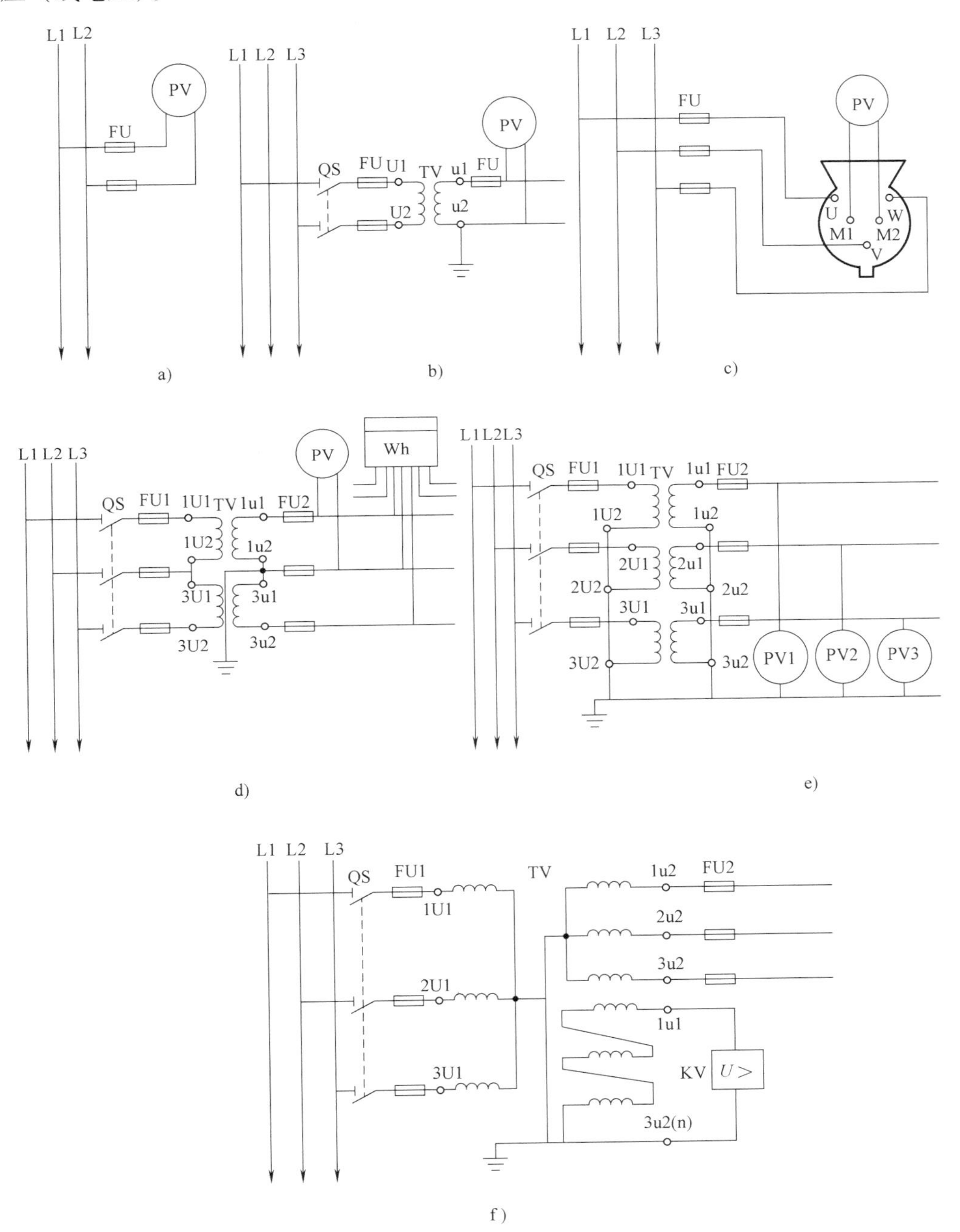

图 14-47　电压测量电路的各种接线图

a）直接测量电路　b）单相电压互感器测量电路　c）1 只电压表测量三相电压的测量电路

d）2 只单相电压互感器接电压表的测量电路　e）3 只单相电压互感器接 3 只电压表的测量电路

f）3 只单相三绕组电压互感器接成$Y_0/Y_0/\triangle$测量电路

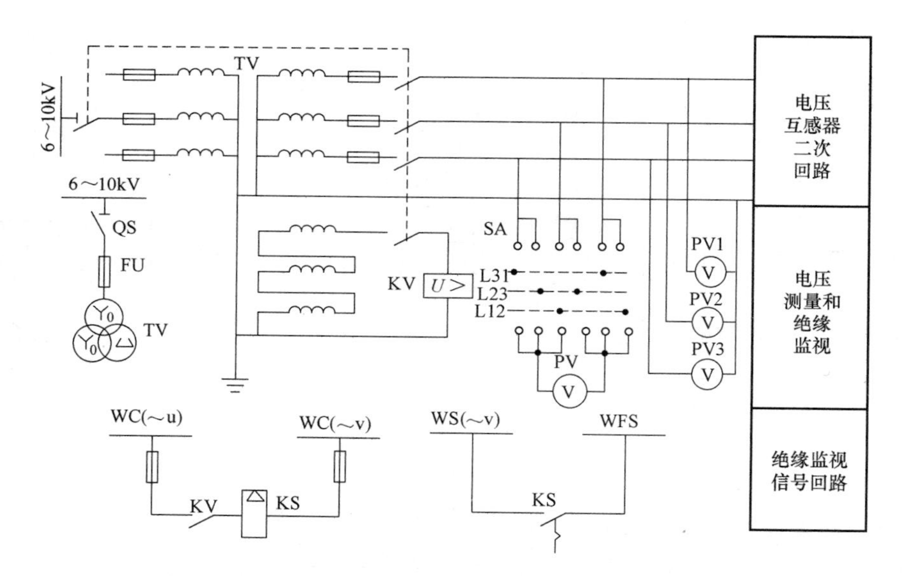

图 14-48　6～10kV 母线的电压测量和绝缘监视电路图

QS—隔离开关　FU—熔断器　TV—电压互感器　KV—电压继电器
KS—信号继电器　SA—电压换相开关　PV—电压表　WS—信号小母线
WC—控制小母线　WFS—预告信号小母线

第15章　低压架空线路与电缆线路

15.1　低压架空线路

扫一扫看视频

扫一扫看视频

15.1.1　低压架空线路的基本要求

低压架空线路应满足以下基本要求：

1）低压架空线路的路径应尽量沿道路平行敷设，避免通过起重机械频繁活动的地区和各种露天堆场，还应尽量减少与其他设备的交叉和跨越建筑物。

2）**向重要负荷供电的双电源线路，不应同杆架设；架设低压线路不同回路导线时，应使动力线在上，照明线在下，路灯照明回路应架设在最下层**。为了维修方便，**直线横担数不宜超过四层**，各层横担间要满足最小距离的要求。

3）低压线路的导线，一般采用水平排列，**其顺序为：面向负荷从左侧起，导线排列相序为L1、N、L2、L3。其线间距离不应小于规定数值。**

4）为保证架空线路的安全运行，架空线路在不同地区通过时，导线对地面、水面、道路、建筑物以及其他设施应保持一定的距离。

5）两相邻电杆之间的距离（俗称档距）应根据所用导线规格和具体环境条件等因素来确定。

15.1.2　低压架空导线的选择

1. 常用架空导线的种类

导线是架空线路的主体，负责传输电能。由于导线架设在电杆的上面，要经常承受自重、风、雨、冰、雪、有害气体的侵蚀以及空气温度变化的影响等，因此要求导线不仅具有良好的导电性能，还要有足够的机械强度和良好的抗腐蚀性能。

低压架空线路所用的导线分为裸导线和绝缘导线两种。按导线的结构可分为单股导线、多股绞线；按导线的材料又分为铜导线、铝导线、钢芯铝导线等。

2. 架空导线的选择

1）低压架空线路一般都采用裸绞线。只有接近民用建筑的接户线和街道狭窄、建筑物稠密、架空高度较低等场合才选用绝缘导线。**架空线路不应使用单股导线或已断股的绞线。**

2）应保证有足够的机械强度。架空导线本身有一定的重量，在运行中还要受到风雨、冰雪等外力的作用，因此必须具有一定的机械强度。为了避免发生断线事故，**用于低压架空线路的铝绞线和钢芯铝绞线的截面积一般不应小于16mm²，铜线的截面积也应在10mm²以上。**

3）导线允许的载流量应能满足负载的要求。导线的实际负载电流应小于导线的允许载流量。铝绞线和钢芯铝绞线的允许载流量和温度校正系数见表 15-1 和表 15-2。

表 15-1　铝绞线和钢芯铝绞线的允许载流量（环境温度为 25℃）

铝绞线		钢芯铝绞线	
型号	导线温度为 70℃时的户外载流量/A	型号	导线温度为 70℃时的户外载流量/A
LJ－16	105	LGJ－16	105
LJ－25	135	LGJ－25	135
LJ－35	170	LGJ－35	170
LJ－50	215	LGJ－50	220
LJ－70	265	LGJ－70	275
LJ－95	325	LGJ－95	335

表 15-2　铝导线允许载流量的温度校正系数

实际环境温度/℃	－5	0	＋5	＋10	＋15	＋20	＋25	＋30	＋35	＋40	＋45	＋50
温度校正系数	1.29	1.24	1.20	1.15	1.11	1.05	1.00	0.94	0.88	0.81	0.74	0.67

4）线路的电压损失不宜过大。由于导线具有一定的电阻，电流通过导线时会产生电压损失。导线越细、越长，负载电流越大，电压损失就越大，线路末端的电压就越低，甚至不能满足用电设备的电压要求。因此，**一般应保证线路的电压损失不超过 5%**。

5）380V 三相架空线路裸铝导线截面积的选择可参考表 15-3。

表 15-3　380V 三相架空线路裸铝导线截面积选择参考表

送电距离/km	0.2	0.3	0.4	0.5	0.6	0.7	0.8	0.9	1.0
输送容量/kW	裸铝导线截面积/mm^2								
6	16	16	16	16	25	25	35	35	35
8	16	16	16	25	35	35	50	50	50
10	16	16	25	35	50	50	50	70	70
15	16	25	35	50	70	70	95		
20	25	35	50	70	95				
25	35	50	70	95					
30	50	70	95						
40	50	95							
50	70								
60	95								

注：本表按 2A/kW，功率因数为 0.80，线间距离为 0.6m 计算，电压降不超过额定值的 5%。

15.1.3　施工前对器材的检查

在架空线路施工前，应对运到现场的材料及器具进行全面检查。所有材料、器具的生产厂商必须是国家承认的厂商。所有的材料及器具必须有生产厂商提供的材质、性能出厂质量合格证书，设备应有铭牌。

1）线材：不应有松股、交叉、折叠、断裂及破损等缺陷；不应有严重的腐蚀现象；钢绞线、镀锌铁线的镀锌层应良好、无锈蚀；绝缘线表面应平整、光滑、色泽均匀，绝缘层挤包紧密，易剥离，端部应有密封措施。

2）绝缘子及瓷横担绝缘子：瓷件无裂纹、斑点、缺釉及气泡，瓷釉应光滑；弹簧零件的弹力应适宜；瓷件与铁件的组合不歪斜，结合紧密，铁件镀锌良好。

3）金具：表面光洁，无裂纹、毛刺、砂眼；线夹应转动良好；镀锌层无锌皮剥落和锈蚀等。

4）附件与紧固件：由黑色金属制造的附件和紧固件，除地脚螺栓外，应采用热浸镀锌制品；各种连接螺栓要有防松装置；金属附件及螺栓表面不应有裂纹、砂眼、锌皮剥落及锈蚀；螺杆与螺母的配合应良好。

5）混凝土电杆与预制构件：混凝土电杆与预制构件的表面应光洁、壁厚均匀、无露筋等现象；纵、横向应无裂缝；杆身弯曲不应超过杆长的1/1000。

15.1.4　电杆的定位

1. 确定架空线路路径时应遵循的原则

1）应综合考虑运行、施工、交通条件和路径长度等因素。尽可能不占用或少占用农田，要求路径最短，尽量走近路，走直路，避免曲折迂回，减少交叉跨越，以降低基建成本。

2）应尽量沿道路平行架设，以便于施工维护；应尽量避免通过铁路起重机或汽车起重机频繁活动的地区和各种露天堆放场。

3）应尽量减少与其他设施的交叉和跨越建筑物；不能避免时，应符合规程规定的各种交叉跨越的要求。

4）尽可能避开易被车辆碰撞的场所，可能发生洪水冲刷的地方，易受腐蚀污染的地方，地下有电缆线路、水管、暗沟、煤气管等处所。禁止从易燃、易爆的危险品堆放点上方通过。

2. 杆位和杆型的确定

扫一扫看视频

路径确定后，应当测定杆位。常用的测量工具有测杆和测绳及测量仪。测量时，首先要确定首端电杆和终端电杆的位置，并且打好标桩作为挖坑和立杆的依据。必须有转角时，需确定转角杆的位置，这样首端杆、转角杆、终端杆就把整条线路划分成几个直线段。然后测量直线段距离，根据规程规定来确定档距，集镇和村庄为40～50m，田间为50～70m。当直线段距离达到1km时，应设置耐张段。遇到跨越时，如果线路从跨越物上方通过，电杆应靠近被跨越物。**新架线路在被交叉跨越物下方时，交叉点应尽量放在新架线路的档距中间，以**

便得到较大的跨越距离。

电杆位置确定后，杆型也就随之确定。跨越铁路、公路、通航河流、重要通信线时，跨越杆应是耐张杆或打拉线的加强直线杆。

3. 电杆的定位方法

低压架空线路电杆的定位，应根据设计图查看地形、道路、河流、树木和建筑物等的分布情况，确定线路如何跨越障碍物，拟定大致的方位，然后确定线路的起点、转角点和终点的电杆位置，再确定中间杆的位置。常用定位方法有交点定位法、目测定位法和测量定位法。

1）交点定位法。可按路边的距离和线路的走向及总长度，确定电杆档距和杆位。

为便于高、低压线路及路灯共杆架设及建筑物进线方便，高、低压线路宜沿道路平行架设，电杆距路边为0.5～1m。电杆的档距（即两根相邻电杆之间的距离）要适当选择，电杆档距选择得越大，电杆的数量就越少，但是档距越大，电杆就要越高，以使导线与地面保持足够的距离，保证安全。如果不加高电杆，那就需要把电线拉得紧一些，而当导线被拉得过紧时，由于风吹等原因，又容易断线，所以线路的档距不能太大。

2）目测定位法。目测定位是根据三点一线的原理进行定位的。目测定位法一般需要2～3人，定位时先在线路段两端插上花杆，然后其中一人观察和指挥，另一人在线路段中间补插花杆。也可采用拉线的方法确定中间杆位置。这种方法只适用于2～3档的杆位确定。

3）测量定位法。这种方法一般在地面不平整、地下设施较多的大型企业实施。在施工后作竣工图，用仪器测量，采用绝对标高测定杆的埋设深度及坐标位置。此种方法精度较高，效果好，有条件的单位可以使用。

15.1.5 基础施工

1. 电杆基坑的形式

架空电杆的基坑主要有两种形式，即圆形坑（又称圆杆坑）和梯形坑。其中，梯形坑又可分为三阶杆坑和两阶杆坑。圆形坑一般用于不带卡盘和底盘的电杆；梯形坑一般用于杆身较高、较重及带有卡盘的电杆。

（1）圆形杆坑

圆形杆坑的截面形式如图15-1所示，其具体尺寸应符合下列规定：

$$b = \text{基础底面} + (0.2 \sim 0.4)$$

$$B = b + 0.4h + 0.6$$

式中 h——电杆的埋入深度（m）。

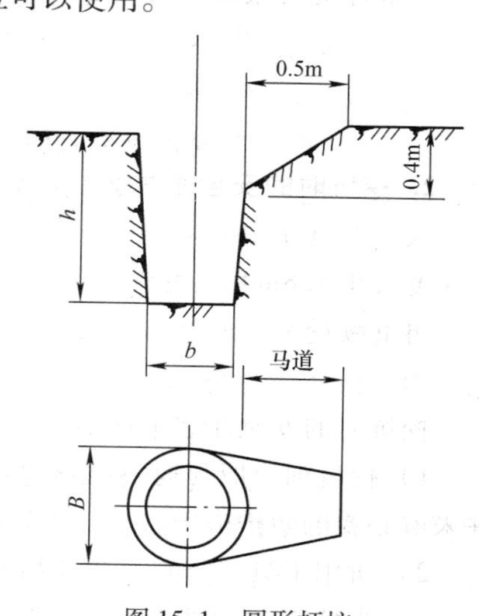

图15-1 圆形杆坑

（2）三阶杆坑

三阶杆坑的截面形式如图 15-2a 所示，其具体尺寸应符合下列规定：

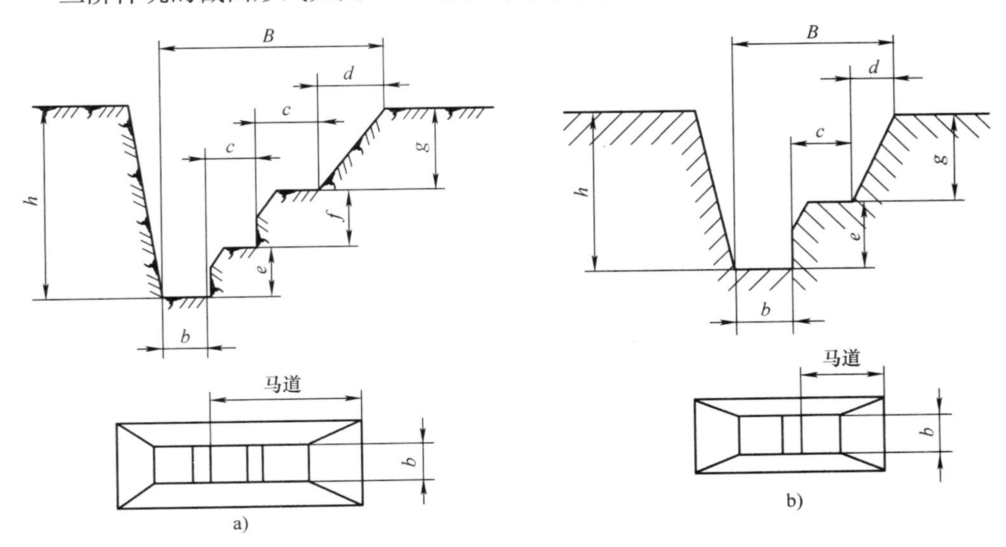

图 15-2　梯形杆坑

a）三阶杆坑　b）二阶杆坑

$B=1.2h$　　$b=$ 基础底面 $+(0.2\sim0.4)$

$c=0.35h$　　$d=0.2h$

$e=0.3h$　　$f=0.3h$　　$g=0.4h$

（3）二阶杆坑

二阶杆坑的截面形式如图 15-2b 所示，其具体尺寸应符合下列规定：

$B=1.2h$　　$b=$ 基础底面 $+(0.2\sim0.4)$

$c=0.7h$　　$d=0.2h$

$e=0.3h$　　$g=0.7h$

2. 挖坑时的安全注意事项

人工挖坑使用的工具一般为铁锹、镐等。当坑深小于 1.8m 时，可一次挖成；当深度大于 1.8m 时，可采用阶梯形，上部先挖成较大的圆形或长方形，以便于立足，再继续挖下部的坑。在地下水位较高或容易塌土的场合施工时，最好当天挖坑，当天立杆。

挖坑时的安全注意事项如下：

1）挖坑前，应与地下管道、电缆等主管单位联系，注意坑位有无地下设施，并采取必要的防护措施。

2）所用工具应坚固，并经常注意检查，以免发生事故。

3）当坑深超过 1.5m 时，坑内工作人员必须戴安全帽；当坑底面积超过

1.5m^2时，允许两人同时工作，但不得面对面或挨得太近。

4）严禁在坑内休息。

5）挖坑时，坑边不得堆放重物，以防坑壁垮塌。工具、器具禁止放在坑壁，以免掉落伤人。

6）在道路及居民区等行人通过地区施工时，应设置围栏或坑盖，夜间应装设红色信号灯，以防行人跌入坑内。

3. 杆坑位置的检查

杆坑挖完后，勘察设计时标志电杆位置的标桩已不复存在，这时为了检查杆坑的位置是否准确，采用的方法一般是在杆坑的中心立一根长标杆，使其与前后辅助标桩上的标杆成一直线，同时与两侧辅助标桩上的标杆成一直线，即被检查坑杆中心所立长标杆在两条直线的交点上，杆坑的位置就是准确的。

4. 杆坑深度的检查

不论是圆形坑还是方形坑，坑底均应基本保持平整，以便能准确地检查坑深；对带坡度的拉线坑的检查，应以坑中心为准。

杆坑深度检查一般以坑四周平均高度为基准，可用直尺直接测得杆坑深度，**杆坑深度允许误差一般为 ±50mm。当杆坑超深值在 100～300mm 时，可用填土夯实方法处理；当杆坑超深值在 300mm 以上时，其超深部分应用铺石灌浆方法处理。**

拉线坑超深后，如对拉线盘安装位置和方向有影响，可做填土夯实处理。若无影响，一般不做处理。

5. 电杆的埋设深度

电杆埋设深度，应根据电杆长度、承受力的大小和土质情况来确定。**一般 15m 及以下的电杆，埋设深度约为电杆长度的 1/6，但最浅不应小于 1.5m；变台杆不应小于 2m**；在土质较软、流沙、地下水位较高的地带，电杆基础还应做加固处理。

一般电杆埋设深度可参考表 15-4。

表 15-4　电杆埋设深度　（单位：m）

杆高	5.0	6.0	7.0	8.0	9.0	10.0	11.0	12.0	13.0	15.0
木杆埋深	1.0	1.1	1.2	1.4	1.5	1.7	1.8	1.9	2.0	—
混凝土杆埋深	—	—	1.2	1.4	1.5	1.7	1.8	2.0	2.2	2.5

6. 电杆基础的加固

电杆基础是指电杆埋入地下的部分，电杆的根部作为基础的一部分，基础的主要部件和电杆是一个整体。基础的主要部件包括底盘、卡盘和拉线盘等。直线杆通常受到线路两侧风力的影响，但又不可能在每档电杆左右都安装拉线，所以一般采用如图 15-3 所示的方法来加固杆基。即先在电杆根部四周填埋一层深 300～400mm 的卵石，在石缝中填足泥土捣实，然后再覆盖一层 100～200mm 厚的泥土并夯实，直至与地面齐平。

对于装有变压器和开关等设备的承重杆、跨越杆、耐张杆、转角杆、分支杆和终端杆等，或在土质过于松软的地段，可采用在杆基安装底盘的方法来减小电杆底部对土壤的压强。底盘一般用石板或混凝土制成方形或圆形，底盘的形状和安装方法如图 15-4 所示。

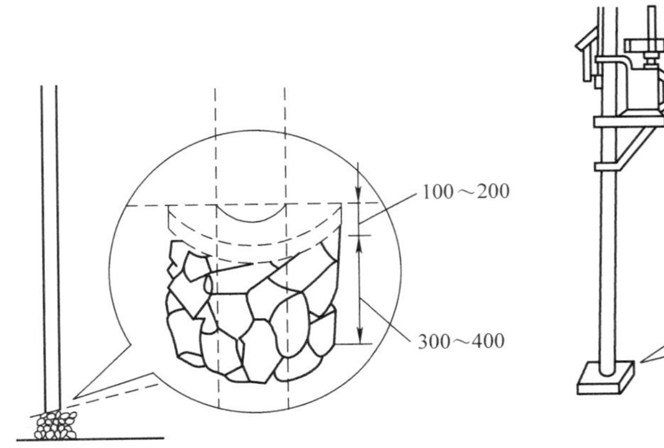

图 15-3　直线杆基的一般加固法

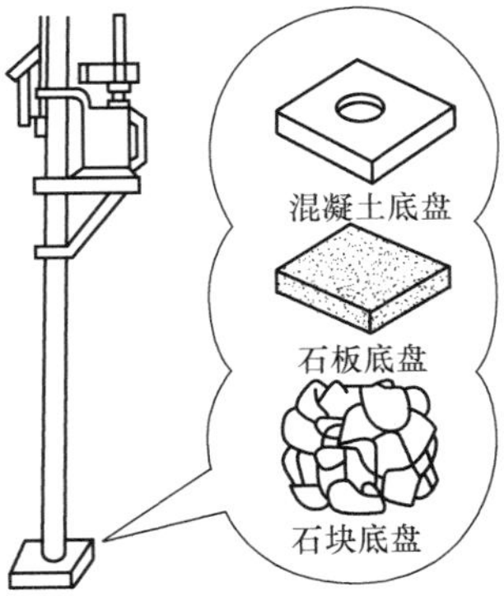

图 15-4　底盘的安装

15.1.6　电杆的组装

组装电杆时，安装横担有两种方法：一是在地面上将横担、金具全部组装在电杆上，然后整体立杆，杆立好以后，再调整横担的方向；另一种方法是先立杆，后组装横担，要求从电杆的最上端开始，由上向下组装。

1. 单横担的安装

单横担在架空线路中应用最广，一般的直线杆、分支杆、轻型转角杆和终端杆都用单横担，单横担的安装方法如图 15-5 所示。安装时，用 U 形抱箍从电杆背部抱起杆身，穿过 M 形抱铁和横担的两孔，用螺母拧紧固定。

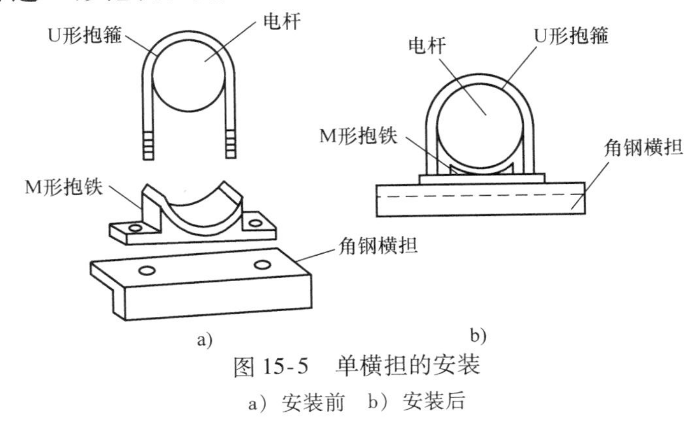

图 15-5　单横担的安装

a）安装前　b）安装后

2. 双横担的安装

双横担一般用于耐张杆、重型终端杆和受力较大的转角杆上。双横担的安装方法如图 15-6 所示。

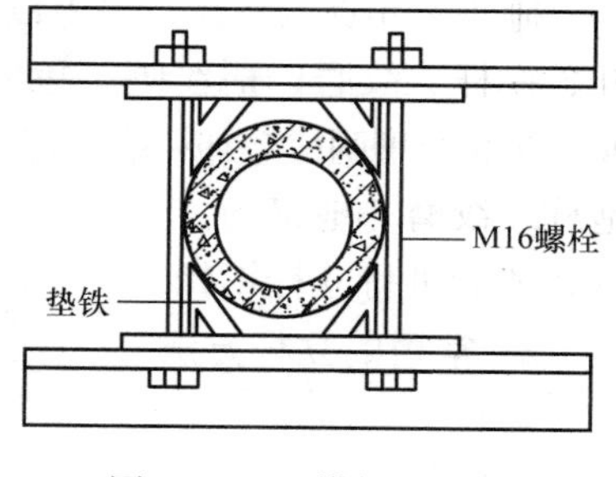

图 15-6　双横担的安装

3. 横担安装时的注意事项

1）横担的上沿，一般应装在离杆顶 100mm 处，并应水平安装，其倾斜度不得大于 1%。

2）在直线段内，每挡电杆上的横担应相互平行。

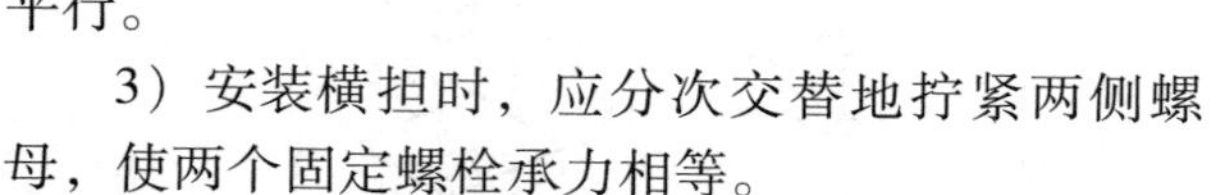

3）安装横担时，应分次交替地拧紧两侧螺母，使两个固定螺栓承力相等。

4）各部位的连接应紧固，受力螺栓应加弹簧垫或带双螺母，其外露长度不应小于 5 个螺距，但不得大于 30mm。

4. 绝缘子的安装

1）绝缘子的额定电压应符合线路电压等级要求。

2）安装前应把绝缘子表面的灰垢、附着物及不应有的涂料擦拭干净，经过检查试验合格后，再进行安装。要求安装牢固、连接可靠、防止积水。

3）绝缘子的表面应清洁。安装前应检查其有无损坏，并用 2500V 绝缘电阻表测试其绝缘电阻，不应低于 300MΩ。

4）紧固横担和绝缘子等各部分的螺栓直径应大于 16mm，绝缘子与横担之间应垫一层薄橡皮，以防紧固螺栓时压碎绝缘子。

5）螺栓应由上向下插入绝缘子中心孔，螺母要拧在横担下方，螺栓两端均需垫垫圈。螺母要拧紧，但不能压碎绝缘子。

6）针式绝缘子应与横担垂直，顶部的导线槽应顺线路方向。针式绝缘子不得平装或倒装。

7）蝶式绝缘子采用两片两孔铁拉板安装在横担上。两片两孔铁拉板一端的两孔中间穿螺栓固定蝶式绝缘子，另一端用螺栓固定在横担上。蝶式绝缘子使用的穿钉、拉板必须外观无损伤、镀锌良好，机械强度符合设计要求。

8）绝缘子裙边与带电部位的间隙不应小于 50mm。

15.1.7　立杆

1. 立杆前的准备

首先应对参加立杆的人员进行合理分工，详细交代工作任务、操作方法及安全注意事项。每个参加施工的人员必须听从施工负责人的统一指挥。当立杆工作量特别大时，为加快施工进度，可采用流水作业的方法，将施工人员分成三个小组，即准备小组、立杆小组和整杆小组。准备小组负责立杆前的现场布置；立杆小组负责按要求将电杆立至规定的位置，将四面（或三面）临时拉绳结扎固定；整杆小组负责调整电杆垂直至符合要求，埋设卡盘，填土夯实。

施工人员按分工做好所需材料和工具的准备工作，所用的设备和工具，如抱杆、撑杆、绞磨、钢丝绳、麻绳、铁锹、木杠等，必须具有足够的强度，而且达到操作灵活、使用方便的要求。要严密进行现场布置，起吊设备安放位置要恰当，如抱杆、绞磨、地锚的位置及打入地下的深度等。经过全面检查，确认完全符合要求后，才能进行立杆工作。

2. 常用的立杆方法

立杆的方法很多，常用的有汽车吊立杆、三脚架立杆、人字抱杆立杆和架杆立杆等。立杆的要求是一正二稳三安全，即电杆立好后不能斜，稳就是电杆立好后要稳定。

（1）汽车起重机立杆

这种立杆方法既安全，效率又高，是城镇干道旁电杆的常用立杆方法。立杆前，将电杆运到坑边，电杆重心不能距坑中心太远。立杆时，将汽车起重机开到距杆坑适当位置处加以稳固。然后从电杆的根部量起在电杆的$\frac{2}{3}$处，拴一根起吊钢丝绳，绳的两端先插好绳套，制作后的钢丝绳长度一般为 1.2m。将起吊钢丝绳绕电杆一周，使 A 扣从 B 扣内穿出并锁紧电杆，再把 A 扣端挂在汽车起重机的吊钩上，如图 15-7a 所示。再用一条直径为 13mm，长度适当的麻绳穿过 B 扣，作为带绳。

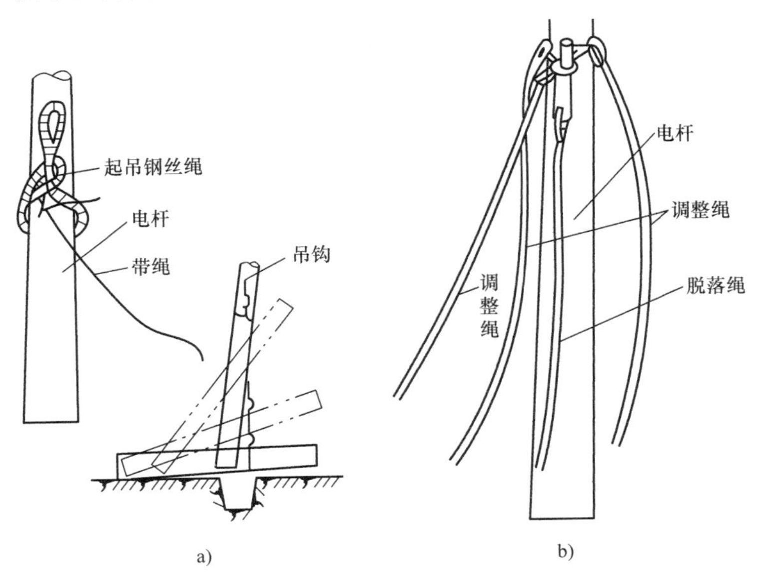

图 15-7　电杆起吊用绳索

a）起吊钢丝绳　b）调整绳

准备工作做好后，可由负责人指挥将电杆吊起，当电杆顶部离开地面 0.5m 高度时，应停止起吊，对各处绑扎的绳扣等进行一次安全检查，确认无问题后，拴好调整绳，再继续起吊。

调整绳是拴在电杆顶部500mm处，做调整电杆垂直度用。另外，再系一根脱落绳，以方便解除调整绳，如图15-7b所示。

继续起吊时，坑边站两人负责电杆根部进坑，另外由三人各拉一根调整绳，站成以杆基坑为中心的三角形，如图15-8所示。当吊车将电杆吊离地面约200mm时，坑边人员慢慢地把电杆移至基础坑，并使电杆根部放在底盘中心处。然后，利用吊车的扒杆和调整绳对电杆进行调整，电杆调整好后，可填土夯实。

图15-8　汽车起重机立杆

（2）固定式人字抱杆立杆

固定式人字抱杆立杆，是一种简易的立杆方法，主要是依靠绞磨和抱杆上的滑轮和钢丝绳等工具进行起吊作业，如图15-9所示。

如果起吊工具没有绞磨，在有电力供应的地方，也可采用电力卷扬机。

立杆前先把电杆放在电杆基础上，使电杆的中部，对正电杆基坑中心，并且将电杆根部位于基坑马道（电杆坑边的坡道）一侧。把抱杆两脚张开到抱杆长度的$\frac{2}{3}$的宽度，顺着电杆放置于地面上，沿放置电杆方向距杆坑前后15～20m处的地方，分别打入地锚，作绑扎晃绳用。

固定好绞磨，用起吊钢丝绳在绞磨盘上缠绕4～5圈，将起吊钢丝绳一端拉起，

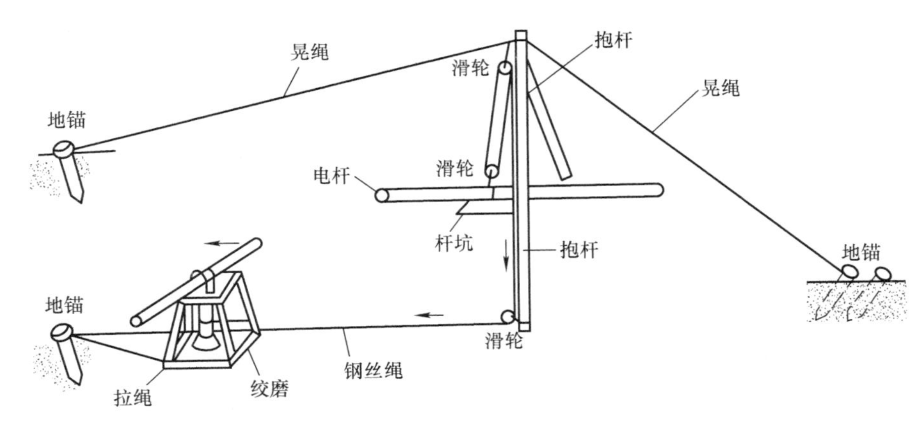

图 15-9 固定式人字抱杆立杆

穿过三个滑轮，并把下端滑轮吊钩挂在由电杆根部量起$\frac{1}{3}\sim\frac{1}{2}$杆长处的起吊钢丝绳的绳套上。

先用人工立起抱杆，拉紧两条抱杆的晃绳（钢丝绳），使抱杆立直，特别注意应将抱杆左右方向立直，不应倾斜。在抱杆根部地面上可挖两个浅坑，并可各放一块 3 ~5mm 厚的钢板，用于防止杆根下陷和抱杆根部发生滑移。

准备工作做好后，即可推动绞磨，起吊电杆。要由一人拉紧钢丝绳的一端，随着绞磨的旋转，用力拉绳，不可放松，以免发生事故。当电杆距地面 0. 5m 时，检查绳扣及各部位是否牢固，确认无问题后，在杆顶部 500mm 处拴好调整绳和脱落绳，再继续起吊。当起吊到一定高度时，把电杆根部对准电杆基坑，反向转动绞磨，直至电杆根部落入底盘的中心，再填土夯实。

15. 1. 8 拉线的制作与安装

拉线施工包括做拉线鼻子、埋设底把、连接等工作。

1. 拉线鼻子的制作

拉线和抱箍或拉线各段之间常常需要用拉线鼻子连接。做拉线鼻子以前，应先把镀锌铁线拉直，按需要的股数和长度剪断，然后排齐，使各股受力均匀，不要有死弯，并且用细线绑扎、防止松股，做拉线鼻子的步骤如图 15-10 所示。

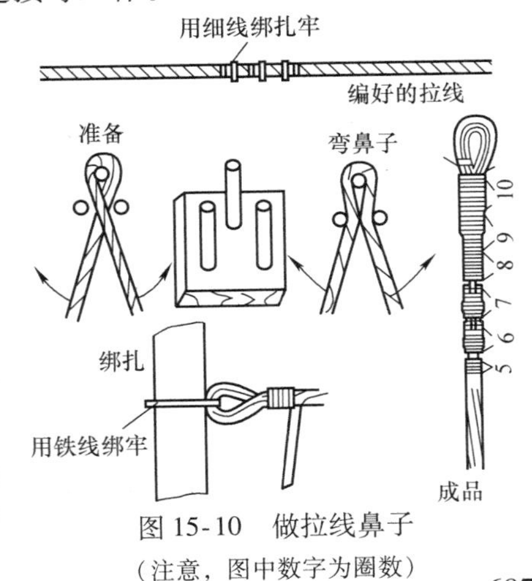

图 15-10 做拉线鼻子
（注意，图中数字为圈数）

做拉线鼻子时一般用拉线本身各股，一次一次地缠绕。在折回散开的拉线中先抽出一股，在合并部位用手钳用力紧密缠绕 10 圈后，再抽出第二股，将第一股压在下面留出 15mm 左右将多余部分剪断并把它弯回压在第二股的缠绕圈下，用第二股按同一方向用力紧绕 9 圈。这样依此类推，将缠绕圈数逐渐减少。一直降到缠绕 5 圈为止。如果拉线股数较少，降不到 5 圈也可以终止。

也可用另外的铁线去绑扎拉线鼻子。将拉线弯成鼻子后，用直径为 3.2mm 的铁线绑扎 200～400mm 长（把绑线本身也缠进去，以便拧小辫），然后把绑线端部两根线拧成小辫，防止绑线松开。

2. 拉线把制作

（1）上把制作

上把的结构形式如图 15-11a 所示，其中用于卡紧钢丝的钢线卡子必须用三副以上，每两副卡子之间应相隔 150mm。上把的组装顺序如图 15-11b 所示。

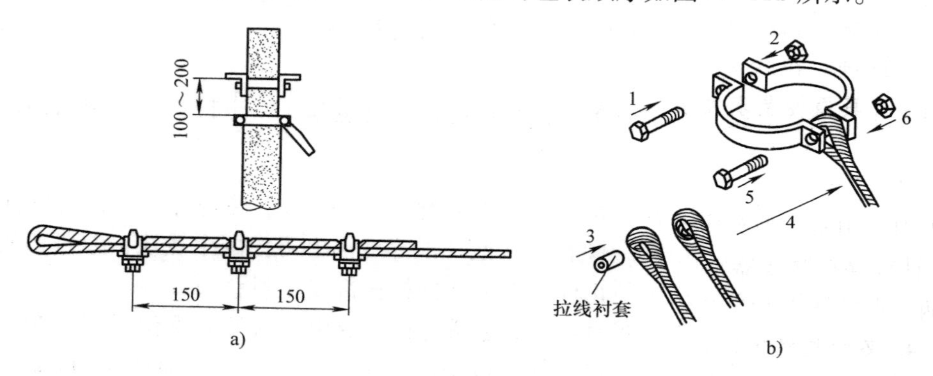

图 15-11 上把制作

a）结构形式 b）组装顺序

（2）中把制作

中把的做法与上把相同。中把与上把之间用拉线绝缘子隔离，如图 15-12 所示。

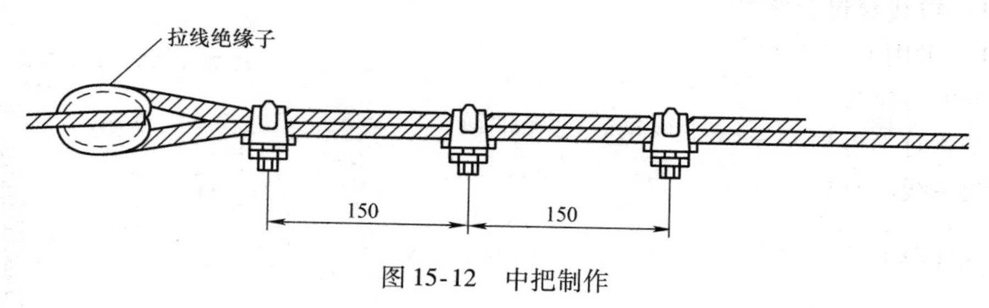

图 15-12 中把制作

（3）底把（下把）制作

底把可以选择花篮螺栓的结构形式，也可以使用 U 形、T 形及楔形线夹制作底把，如图 15-13 所示。由于花篮螺栓离地面较近，为防止人为弄松，制作完成后应用直径为 4mm 镀锌铁丝绑扎定位。

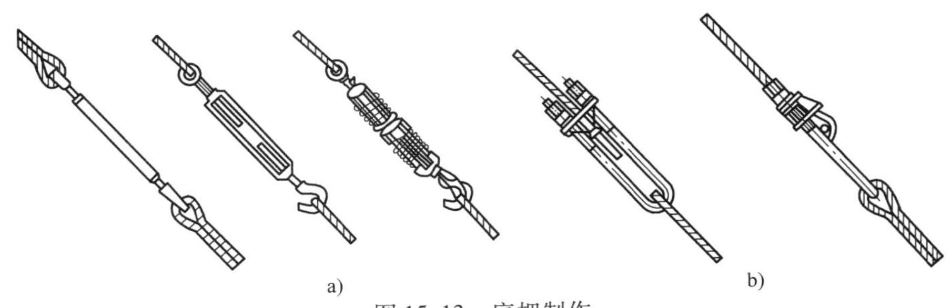

图 15-13　底把制作

a）花篮螺栓底把制作　b）U 形、T 形线夹底把制作

3. 拉线盘制作

拉线盘的材质多为钢筋混凝土，其拉线环已预埋。拉线盘的引出拉线可选用圆钢制作，**其直径要求大于 12mm，**拉线盘连接制作如图 15-14 所示。

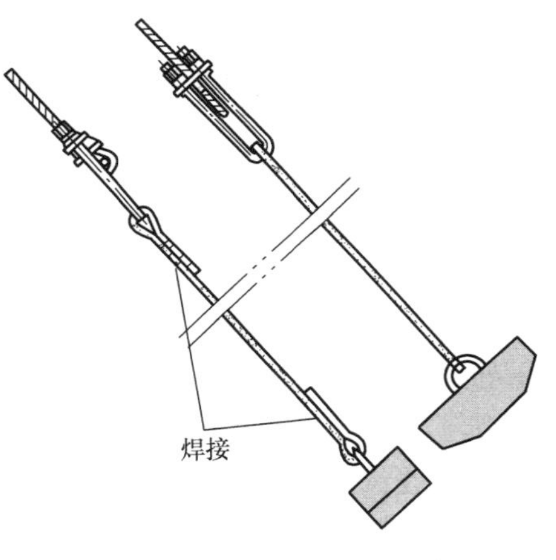

图 15-14　拉线盘连接制作

紧拉线时，应把上把的末端穿入下把鼻子内，用紧线器夹住上把，将上把的 1 ~ 2 股铁线穿在紧线器轴内，然后转动紧线器手柄，把拉线逐渐拉紧，直到紧好为止。

4. 安装拉线的注意事项

1）**拉线与电杆的夹角不宜小于 45°，当受到地形限制时也不应小于 30°。**

2）终端杆的拉线及耐张杆的承力拉线应与线路方向对正，防风拉线应与线路方向垂直。

3）**拉线穿过公路时，对路面中心的垂直距离应不小于 6m。**

4）采用 U 形、T 形及楔形线夹固定拉线时，应在线扣上涂润滑剂，线夹舌板与拉线接触应紧密，受力后无滑动现象，线夹的凸肚应在线尾侧，安装时不得损伤导线；拉线弯曲部分不应有明显松股，拉线断头处与拉线主线应有可靠固定，尾线回头后与本线应绑扎牢固。线夹处露出的拉线尾线长度为 300 ~ 500mm，线夹螺杆应露扣，并应有不小于$\frac{1}{2}$螺杆丝扣长度可供调紧，调紧后其双螺母应并紧。若用花篮螺栓，则应封固。

5）当一根电线杆装设多条拉线时，拉线不应有过松、过紧及受力不均匀等现象。

6）拉线底把应采用拉线棒，其直径应不小于 16mm，拉线棒与拉线盘的连接应可靠。

15.1.9 放线、挂线与紧线

1. 放线

放线就是把导线沿电杆两侧放好准备把导线挂在横担上。放线的方法有两种：一种是以一个耐张段为一个单元，把线路所需导线全部放出，置于电杆根部的地面，然后按档把全耐张段导线同时吊上电杆；另一种方法是一边放出导线，一边逐档吊线上杆。在放线过程中，若导线需要对接，一般应在地面先用压接钳进行压接，再架线上杆。放线时应注意以下事项：

1）放线时，要一条一条地放，速度要均匀，不要使导线出现磨损、断股和死弯。当出现磨损和断股时，应及时做出标记，以便处理。

2）最好在电杆或横担上挂铝制或木制的开口滑轮，把导线放在槽内，这样既省力又不磨损导线。用手放线时，应正放几圈反放几圈，不要使导线出现死弯。

3）放线需跨越带电导线时，应将带电导线停电后再施工；若停电困难，可在跨越处搭设跨越架。

4）放线通过公路时，要有专人观看车辆，以免发生危险。

2. 挂线

导线放完后，就可以挂线。对于细导线可由两人拿着挑线杆（在普通竹竿上装一个钩子）把导线挑起递给杆上人员，放在横担上或针式绝缘子顶部线沟中。如果导线较粗（截面积在 25mm^2 及以上），杆上人员可用绳子把导线吊上去，放在放线滑轮里。不要把导线放在横担上，以免紧线时擦伤。

3. 紧线

紧线一般在每个耐张段上进行。紧线时，先在线路一端的耐张杆上把导线牢固绑在蝶式绝缘子上，然后在线路另一端的耐张杆上用人力进行紧线，如图 15-15 所示。也可先用人力把导线收紧到一定程度，再用紧线器紧线。为防止横担扭转，可同时紧两侧的线。导线的收紧程度，应根据现场的气温、电杆的档距、导线的型号来确定。导线的弧垂可用如图 15-16 所示的方法测得，即在观测档距两头的电杆上，按要求的弧垂，从导线在横担或绝缘子上的位置向下量出从弧垂表中查得的弧垂数值，并按这个数值在两头电杆上各绑一块横板。在杆上的人员沿横板观察对面电杆上的横板，并指挥紧线人员紧线。当导线收紧的最低点与两块横板成为一条直线时，停止紧线。**当导线为新铝线时，应比弧垂表中规定的弧垂数值多紧 15% ~ 20%，这是因为新线受到拉力时会伸长。**

15.1.10 导线的连接

1. 钳压连接法

钳压连接法是将两根导线穿入连接管内加压，借管与线股间的握着力，使两根导线牢固地连接在一起。这种方法适用于铝绞线、钢芯铝绞线。钳压连接法需要的工具和材料有压接钳、连接管压接管、钢丝刷、棉纱、汽油、中性凡士林等。

钳压连接法操作中的注意事项如下：

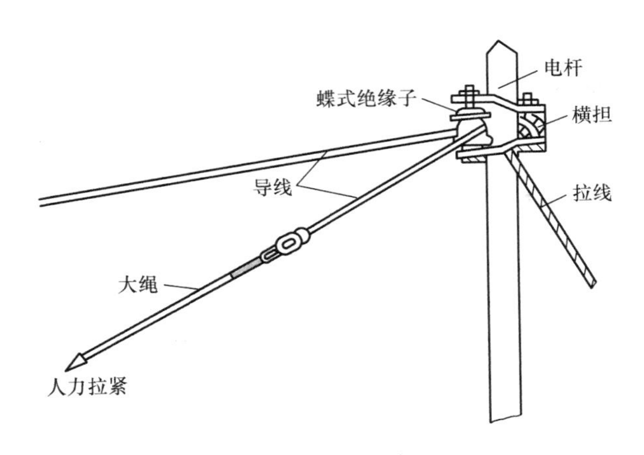

图 15-15　紧线

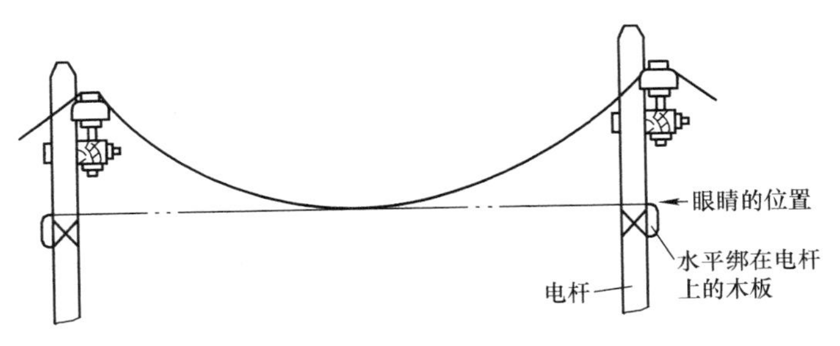

图 15-16　看弧垂

1）压接前应先检查压接钳是否完好、可靠、灵活。连接管型号与导线的规格是否配套，钢模是否与导线同一规格。

2）将导线的末端，用直径为 0.9～1.6mm 的金属线绑扎（以防松股）然后用钢锯将导线垂直锯齐。

3）清洗导线与连接管内壁，去除油垢与氧化膜，导线的清洗长度，应取连接部分的 1.25 倍。用汽油清洗过的导线表面和连接管内壁，应涂上一层凡士林锌粉膏。

4）将欲连接的导线，分别从连接管两端插入，并使线端露出管外 25～30mm。若是钢芯铝绞线，应在插入一根导线后，在中间插入一个铝垫片，然后再插入另一根导线，以使接触良好。

5）在压接钳上安装好压模，将连接管放入压接钳的压模中，并使两侧导线平直，按图 15-17 的顺序（铝绞线从一端开始，依次向另一端交错压接；钢芯铝绞线从中间开始，依次先向一端上下交错压接，压完一端再压另一端）进行压接。压口的深度和压口数见表 15-5。

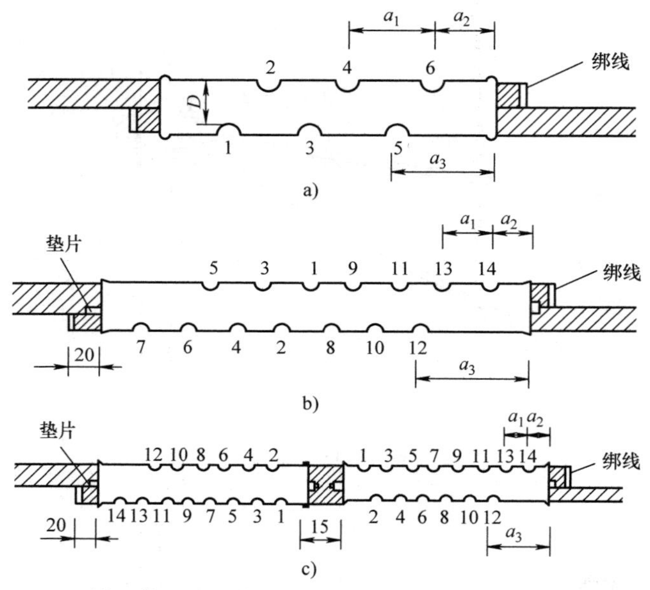

图 15-17 钳压管压接顺序（图中 1、2、3、…表示压接操作顺序）

a）LJ－35 铝绞线 b）LGJ－35 钢芯铝绞线 c）LGJ－240 钢芯铝绞线

表 15-5 导线钳压连接法技术数据

导线型号		钳接部位尺寸/mm			压后尺寸 D/mm	压口数
		a_1	a_2	a_3		
钢芯铝绞线	LGJ－16	28	14	28	12. 5	12
	LGJ－25	32	15	31	14. 5	14
	LGJ－35	34	42. 5	93. 5	17. 5	14
	LGJ－50	38	48. 5	105. 5	20. 5	16
	LGJ－70	46	54. 5	123. 5	25. 0	16
	LGJ－95	54	61. 5	142. 5	29. 0	20
	LGJ－120	62	67. 5	160. 5	33. 0	24
	LGJ－150	64	70	166	36. 0	24
	LGJ－185	66	74. 5	173. 5	39. 0	26
	LGJ－240	62	68. 5	161. 5	43. 0	2×14
铝绞线	LJ－16	28	20	34	10. 5	6
	LJ－25	32	20	36	12. 5	6
	LJ－35	36	25	43	14. 0	6
	LJ－50	40	25	45	16. 5	8
	LJ－70	44	28	50	19. 5	8
	LJ－95	48	32	56	23. 0	10

（续）

导线型号		钳接部位尺寸/mm			压后尺寸 D/mm	压口数
		a_1	a_2	a_3		
铝绞线	LJ－120	52	33	59	26.0	10
	LJ－150	56	34	62	30.0	10
	LJ－185	60	35	65	33.5	10

6）压完后，取出压好的接头，用砂纸磨光，再用浸蘸汽油的抹布擦净。

7）压接后导线端头露出长度，不应小于 20mm，导线端头绑线应保留。

8）连接管的弯曲度不应大于管长的 2%。有明显弯曲时应先校直，但应注意连接管不应有裂纹。

9）压后尺寸的允许误差，**铝绞线钳接管为 ±1.0mm；钢芯铝绞线钳接管为 ±0.5mm**。

10）连接管两端附近的导线，不得有鼓包。若鼓包大于原直径的 50% 时，必须切断重压。

11）**接头的抗拉强度，应不小于被连接导线本身抗拉强度的 90%。接头处的电阻值，不应大于相同长度导线的电阻值。**

2. 多股线交叉缠绕法

多股铜芯绞合线的交叉缠绕法（又称缠接法）如下：

1）将连接导线的线头（长度约为线芯直径的 15 倍）绞合层，按股线分散开并拉直。

2）把中间线芯剪掉一半，用砂布将每根导线外层擦干净。

3）将两个导线头按股相互交叉对插，用手钳整理，使股线间紧密合拢，如图 15-18a所示。

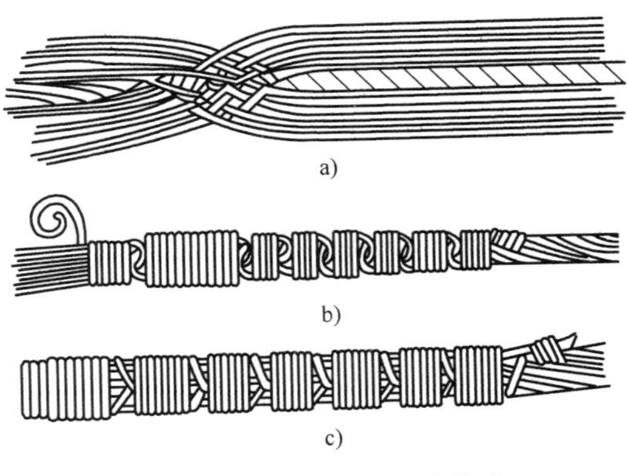

图 15-18　多股线交叉缠绕法

4）取导线本体的单股或双股，分别由中间向两边紧密地缠绕，每绕完一股（将余下线尾压住）再取一股继续缠绕，如图 15-18b 所示。直至股线绕完为止。

5）最后一股缠完后拧成小辫。缠绕时应缠紧并排列整齐，如图 15-18c 所示。

多股线交叉缠绕连接法的接头长度见表 15-6。

表 15-6 多股线交叉缠绕的接头长度和绑线直径

导线截面积/mm^2	16	25	50	70	95
接头长度/mm	200	300	400	500	600

15.1.11 导线在绝缘子上的绑扎方法

在低压架空线路上，一般都用绝缘子作为导线的支持物。直线杆上的导线与绝缘子的贴靠方向应一致；转角杆上的导线，必须贴靠在绝缘子外侧，导线在绝缘子上的固定，均采用绑扎方法。裸铝绞线因质地过软，而绑扎线较硬，且绑扎时用力较大，故在绑扎前需在铝绞线上包缠一层保护层（如铝包带），包缠长度以两端各伸出绑扎处 10～30mm 为准。

1. 蝶式绝缘子上导线的绑扎

绑扎前，先在导线绑扎处包缠 150mm 长的铝带，包缠时，铝带每圈排列必须整齐、紧密。

导线在蝶式绝缘子直线支持点上的绑扎方法如图 15-19 所示；导线在蝶式绝缘子始端和终端支持点上的绑扎方法如图 15-20 所示。

2. 针式绝缘子上导线的绑扎

绑扎前，先在导线绑扎处包缠 150mm 长的铝带。导线在针式绝缘子颈部的绑扎方法如图 15-21 所示；导线在针式绝缘子顶部的绑扎方法如图 15-22 所示。

15.1.12 架空线路的档距与导线弧垂的选择

1. 架空线路的档距的选择

档距是指相邻两电杆之间的水平距离。

档距与电杆高度之间相互影响。如加大档距，则可以减少线路电杆的数量，但弧垂会增加。为满足导线对地距离的要求，就必须增加电杆的高度。反之，将档距减少，就可减小电杆的高度。因此，档距应根据导线对地的距离、电杆的高度以及地形的特点等因素来确定。

380/220V 低压架空线路常用档距可参考表 15-7。

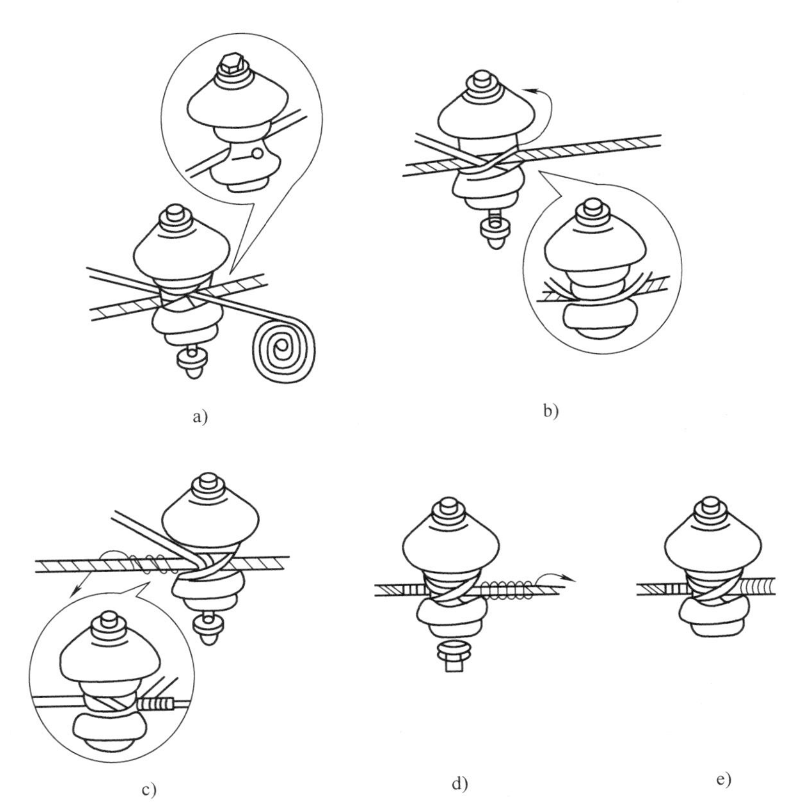

图 15-19　导线在蝶式绝缘子直线支持点上的绑扎方法

a）扎线与导线 X 形相交　b）扎线缠绕在绝缘子上

c）扎线缠紧导线　d）缠绕扎线另一端　e）绑扎完毕

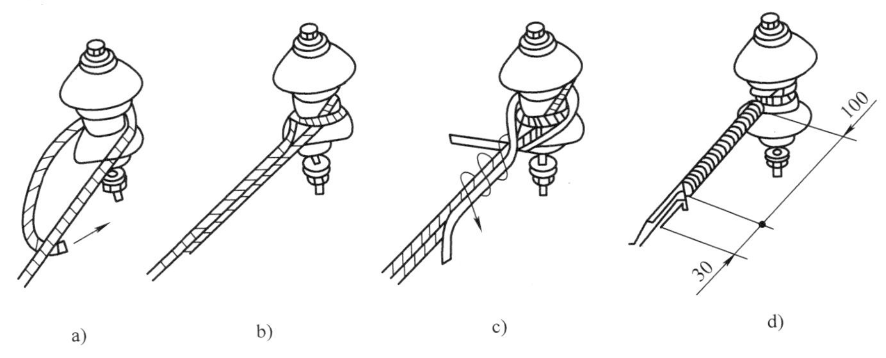

图 15-20　导线在蝶式绝缘子始端和终端支持点上的绑扎方法

a）导线末端的缠绕　b）导线短端的嵌入　c）扎线长端的缠扎　d）绑扎完毕

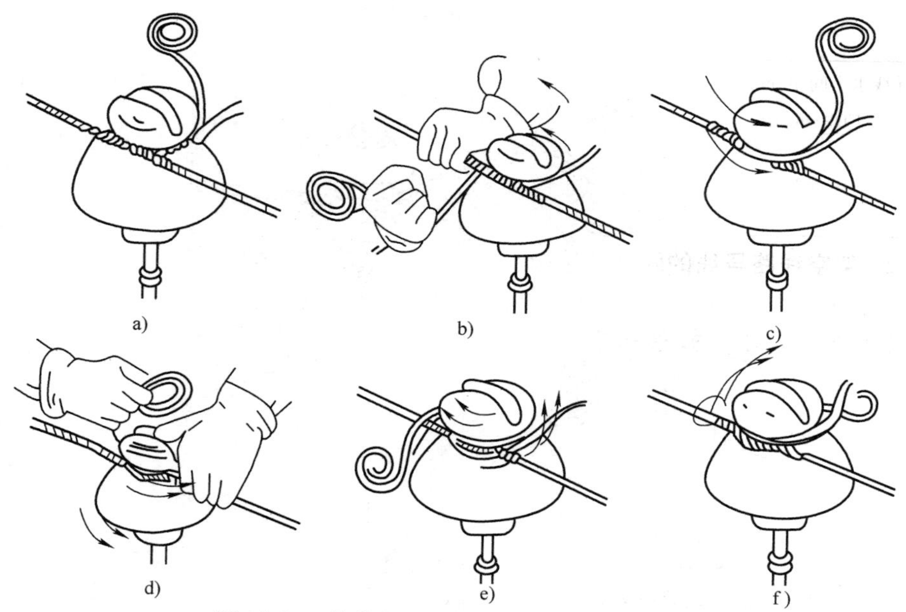

图 15-21 导线在针式绝缘子颈部的绑扎方法

a）扎线长短端互绞嵌入槽中 b）扎线长端的缠绕（一） c）扎线长端的缠绕（二） d）使扎线与导线成 X 形相交（一） e）使扎线与导线成 X 形相交（二） f）绑扎完毕

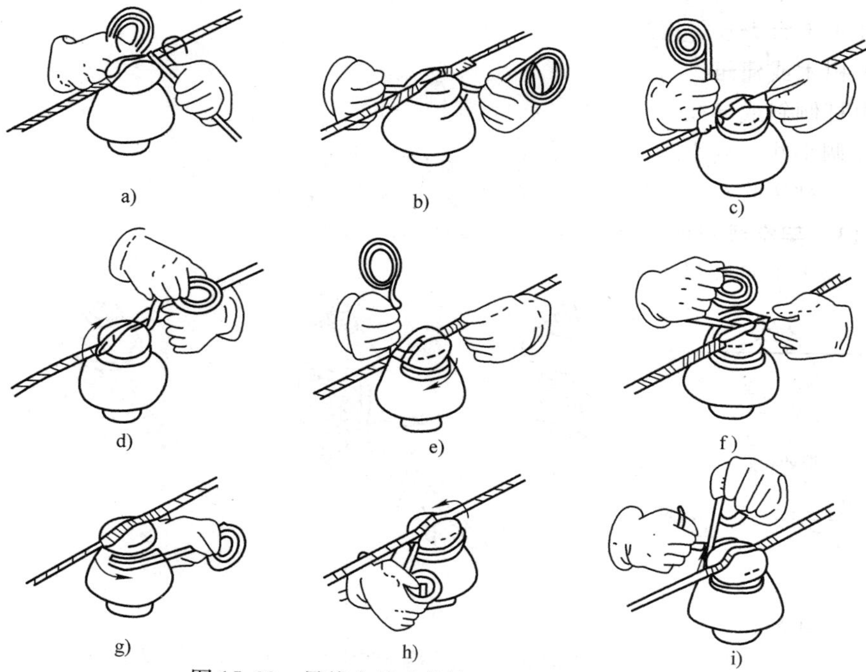

图 15-22 导线在针式绝缘子顶部的绑扎方法

a）加扎线缠绕 b）顺时针绕至左边内侧 c）在贴近绝缘子处缠绕 d）顺时针绕至右边外侧 e）再次绕至左侧 f）先绕至右侧，再绕回左侧 g）逆时针绕至右边内侧 h）将导线压成 X 形 i）绑扎完毕

表 15-7　380/220V 低压架空线路常用档距

导线水平间距/mm	300			400	
档距/m	25	30	40	50	60
适用范围	1. 城镇闹市街道 2. 城镇、农村居民点 3. 乡镇企业内部		1. 城镇非闹市区 2. 城镇工厂区 3. 居民点外围	1. 城镇工厂区 2. 居民点外围 3. 田间	

2. 架空线路导线的弧垂的选择

在两根电杆之间，导线悬挂点与导线最低点之间的垂直距离称为导线的弧垂（又称弛度），如图 15-23 所示。

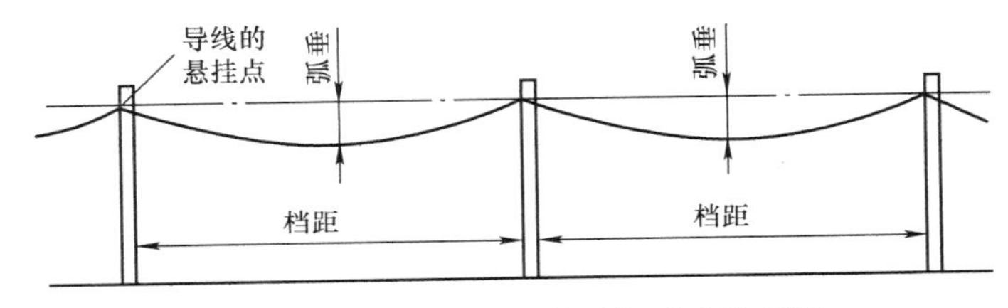

图 15-23　架空线路的档距与弧垂示意图

导线弧垂的大小不仅与导线的截面积有关，而且与当地的气候条件、风速、温度以及导线架设的档距有关。

弧垂不宜太长，以防止导线在受风力而摆动时发生相间短路，或者因过分靠近旁边的树木或建筑物，而发生对地短路；弧垂也不宜太小，否则导线内张力太大，会使电杆倾斜或导线本身断裂。此外，还要考虑到导线热胀冷缩等因素，冬季施工弧垂应调小些，夏季施工弧垂应调大些。同一档距内，导线的材料和弧垂必须相同，以防被风吹动时发生相间短路，烧伤或烧断导线。

15.1.13　架空线对地和跨越物的最小距离的规定

在最大弧垂和最大风偏时，架空线对地和跨越物的最小距离数值见表 15-8。

表 15-8　架空线对地和跨越物的最小距离

线路经过地区或跨越项目			最小距离/m
地面	市区、厂区、城镇		6.0
	乡、村、集镇		5.0
	自然村、田野、交通困难地区		4.0
道路	公路、小铁路、拖拉机跑道		6.0
	至铁路轨顶	公用	7.5
		非公用	6.0
	电车道	至路面	9.0
		至承力索或接触线	3.0

（续）

线路经过地区或跨越项目			最小距离/m
通航河流	常年洪水位		6.0
	航船桅杆		1.0
不能通航及不能浮运的河及湖	冬季至冰面		5.0
	至最高水位		3.0
管索道	在管道上面通过		1.5
	在管道下面通过		1.5
	在索道上、下面通过		1.5
房屋建筑①	垂直		2.5
	水平、最凸出部分		1.0
树木②	垂直		1.0
	水平		1.0
通信广播线	交叉跨越（电力线必须在上方）		1.0
	水平接近通信线③		倒杆距离
电力线	垂直交叉	0.5kV 以下	1.0
		6～10kV	2.0
		35～110kV	3.0
		154～220kV	4.0
	水平接近	0.5kV 以下	2.5
		6～10kV	2.5
		35～110kV	5.0
		154～220kV	7.0

① 架空线严禁跨越易燃建筑的屋顶。

② 导线与树木的距离，应考虑修剪周期内树木的生长高度。

③ 在路径受限制地区，1kV 以下最小为 1m，1～10kV 最小为 2m。

15.1.14 低压接户线与进户线

1. 低压线进户方式

从低压架空线路的电杆上引至用户室外第一个支持点的一段架空导线称为接户线。从用户户外第一个支持点至用户户内第一个支持点之间的导线称为进户线。常用的低压线进户方式如图 15-24 所示。

2. 低压接户线的敷设

1）**接户线的档距不宜超过 25m**。超过 25m 时，应在档距中间加装辅助电杆。**接户线的对地距离一般不小于 2.7m，**以保证安全。

2）接户线应从接户杆上引接，不得从档距中间悬空连接。接户杆杆顶的安装形式如图 15-25 所示。

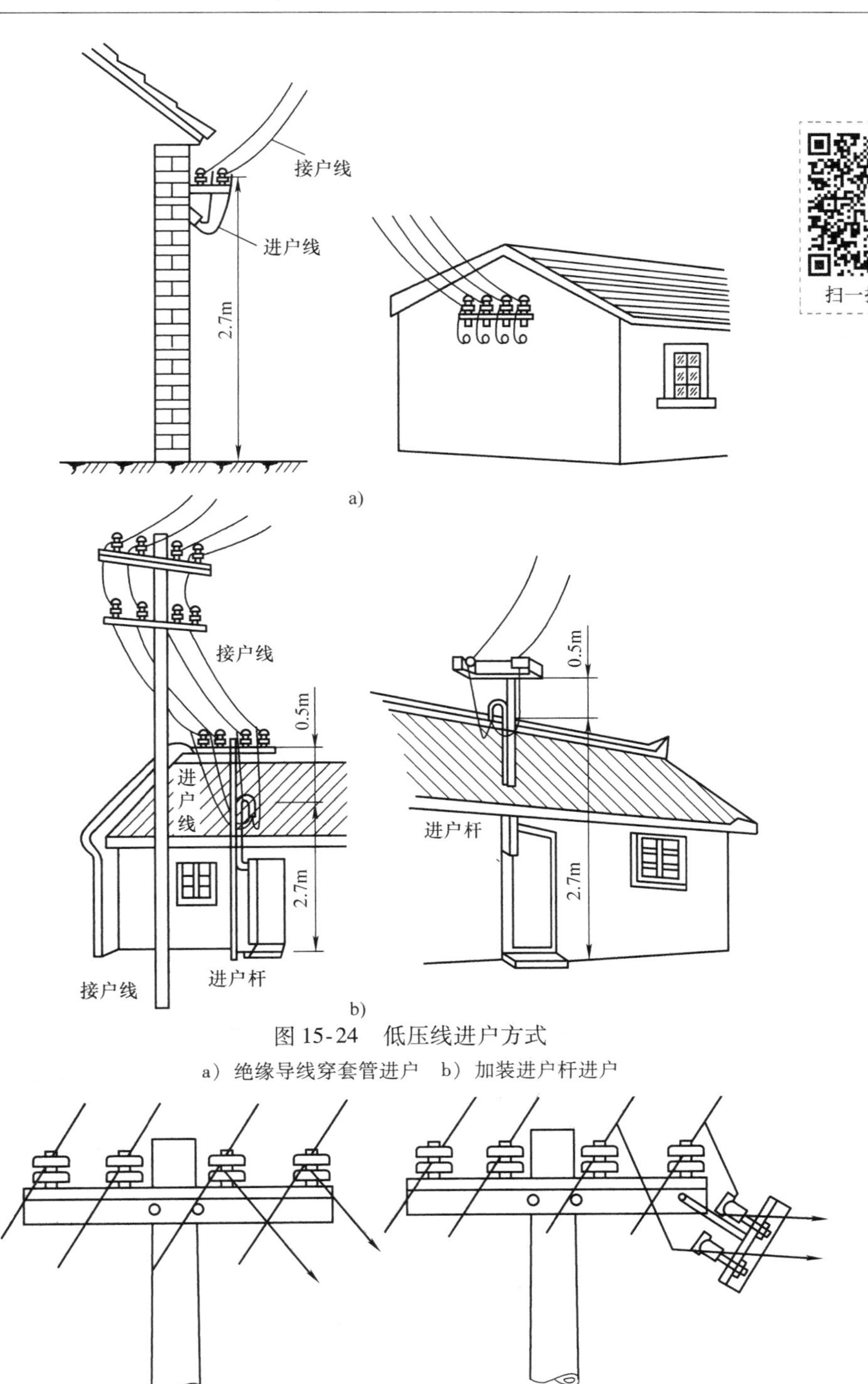

图 15-24　低压线进户方式

a）绝缘导线穿套管进户　b）加装进户杆进户

扫一扫看视频

a)　b)

图 15-25　接户杆杆顶安装形式

a）直接引接　b）丁字铁架引接

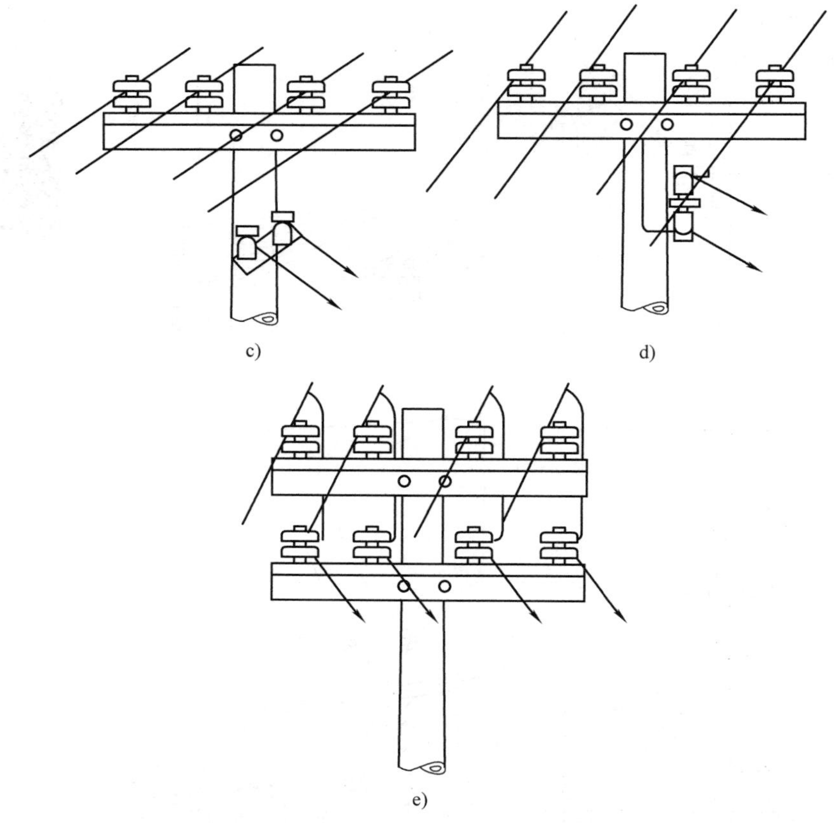

图 15-25　接户杆杆顶安装形式（续）

c）交叉横担引接　d）特殊铁架引接　e）平行横担引接

3）接户线安装施工中，低压接户线的线间距离，以及接户线的最小截面积必须同时符合表 15-9 和表 15-10 中的相关规定。

表 15-9　低压接户线允许的最小距离

敷设方式	档距/m	最小距离/m
自电杆上引下	25 及以下	0.15
	25 以上	0.20
沿墙敷设	6 及以下	0.10
	6 以上	0.15

表 15-10　低压接户线的最小截面积

敷设方式	档距/m	最小截面积/mm²	
		铜线	铝线
自电杆上引下	10 及以下	2.5	6.0
	10～25	4.0	10.0
沿墙敷设	6 及以下	2.5	4.0

4）接户线安装施工时，经常会遇到必须跨越街道、胡同（里弄）、巷及建筑物，以及与其他线路发生交叉等情况。为保证安全可靠供电，其距离必须符合表 15-11 中所列的相关规定。

表 15-11　低压接户线跨越交叉的最小距离

序号	接户线跨越交叉的对象		最小距离/m
1	跨越通车的街道		6
2	跨越通车困难的街道、人行道		3.5
3	跨越胡同（里弄）、巷		3①
4	跨越阳台、平台、工业建筑屋顶		2.5
5	与弱电线路的交叉距离	接户线在上方时	0.6②
		接户线在下方时	0.3②
6	离开屋面		0.6
7	与下方窗户的垂直距离		0.3
8	与上方窗户或阳台的垂直距离		0.8
9	与窗户或阳台的水平距离		0.75
10	与墙壁或构架的水平距离		0.05

① 住宅区跨越场地宽度在 3m 以上 8m 以下时，高度一般应不低于 4.5m。

② 如不能满足要求，应采取隔离措施。

3. 低压进户线的敷设

1）进户线应采用绝缘良好的铜芯或铝芯绝缘导线，并且不应有接头。**铜芯线的最小截面积不宜小于 $1.5mm^2$，铝芯线的最小截面积不宜小于 $2.5mm^2$。**

2）进户线穿墙时，应套上瓷管、钢管、塑料管等保护套管，如图 15-26 所示。

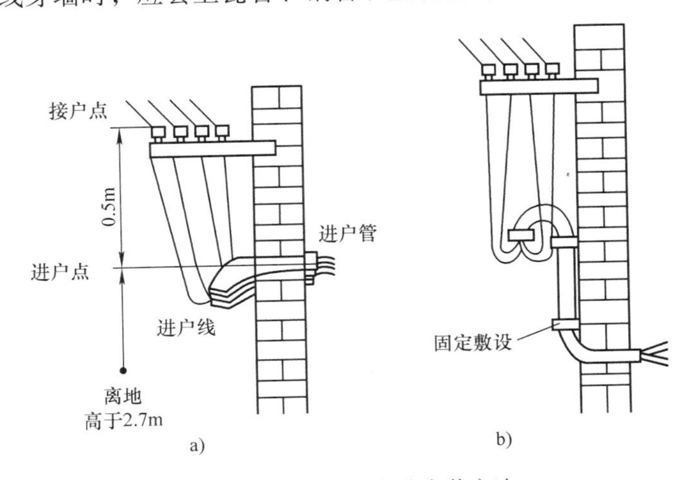

图 15-26　进户线穿墙安装方法

a）进户线穿瓷管安装　b）进户线穿钢管安装

3）进户线在安装时应有足够的长度，户内一端一般接总熔断器，如图 15-27a 所示。**户外一端与接户线连接后一般应保持 200mm 的弛度**，如图 15-27b 所示。户外一端进户线的长度不应小于 800mm。

4）**进户线的长度超过 1m 时，应用绝缘子在导线中间加以固定。**套管露出墙壁部分应不小于 10mm，在户外的一端应稍低，并做成方向朝下的防水弯头。

为了防止进户线在套管内绝缘破坏而造成相间短路，每根进户线外部最好套上软塑料管，并在进户线防水弯处最低点剪一小孔，以防存水。

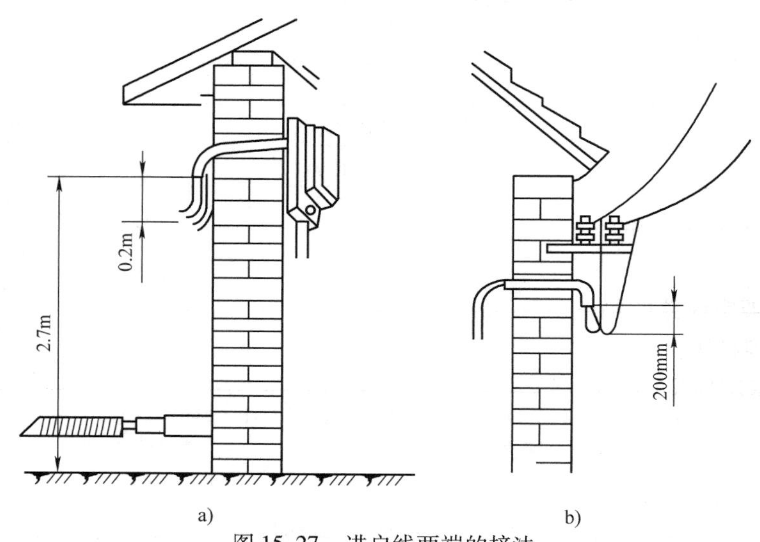

图 15-27 进户线两端的接法

a）户内一端进总熔断器 b）户外一端的弛度

15.1.15 杆上电气设备的安装

杆上电气设备安装的要求如下：

1）固定电气设备的支架、紧固件为热浸镀锌制品，紧固件及防松零件齐全。

2）电杆上电气设备安装应牢固可靠；电器连接应接触紧密；不同金属连接应有过渡措施；瓷件表面光洁、无裂缝、破损等现象。

3）杆上变压器及变压器台的安装，其水平倾斜不大于允许值；一次、二次引线排列整齐、绑扎牢固；储油柜及油位正常，无渗油现象；附件齐全、外壳干净；接地可靠，接地电阻值符合规定；套管压线螺栓等部件齐全。

4）跌落式熔断器的安装，要求各部分零件完整；转轴光滑灵活，铸件不应有裂纹、砂眼和锈蚀；瓷件良好、熔丝管不应有吸潮膨胀或弯曲现象；熔断器安装牢固、排列整齐，熔管轴线与地面的垂线夹角为 15°～30°；熔断器水平相间距离不小于 500mm；操作时灵活可靠，接触紧密。跌落式熔断器的上触头应有一定的压缩行程；上、下引线应压紧。

5）杆上断路器和负荷开关的安装，其水平倾斜不大于允许值。当采用绑扎连接时，连接处应留有防水弯，其绑扎长度应不小于150mm。外壳应干净，不应有漏油现象。外壳接地可靠，接地电阻值应符合规定。

6）杆上隔离开关分、合操动机构机械锁定可靠，分合时三相同期性好。分闸后，刀片与静触头间空气间隙距离不小于200mm；地面操作杆的接地（PE）可靠，且有标识。

7）杆上避雷器安装要排列整齐，高低一致，其间隔距离为：1～10kV不应小于350mm；1kV以下不应小于150mm。避雷器的引下线应连接紧密，当采用绝缘线时，其截面积应符合下列规定：

① 引上线：铜线不小于$16mm^2$，铝线不小于$25mm^2$。

② 引下线：铜线不小于$25mm^2$，铝线不小于$35mm^2$，引下线接地可靠，且接地电阻值符合规定。与电气部分连接，不应使避雷器产生外加应力。

8）低压熔断器和开关安装要求各部分接触应紧密，便于操作。低压熔体安装要求无弯折、压扁、伤痕等现象。

15.1.16　架空线路的检查与验收

1. 巡视检查

（1）基坑质量的巡视

基坑挖掘时往往深度会超过允许偏差，坑位偏斜超过基本要求，巡视时应利用工具仪器及时校正，并注意杆位测量时是否设立了标志杆，若未设立应通知承包商整改，以便挖坑后可测量目标。挖坑时，应把坑长的方向挖在线路的左侧或右侧，便于调整。

（2）电杆组立的巡视

水泥电杆应按设计要求在坑底放好底盘校正，施工中有时为了省钱、省力，水泥电杆不做底盘，对此监理巡视时要注意检查。当设计无要求时，可根据土壤情况与电杆性质进行适当调整，如当地土壤耐压力大于0.2MPa，直线杆可不装底盘，终端杆、转角杆等一定要装底盘。一般情况电杆安装时可不装卡盘，但在土壤耐压不好或斜坡上立杆应考虑使用。卡盘应装在自地面起至电杆的埋深$\frac{1}{3}$处。承力杆的卡盘应埋设在承力侧，直线杆的卡盘应与线路平行。

（3）横担组装的巡视

巡视检查时应注意横担安装位置是否正确，横担安装是否平直、牢固，根据规范要求，**直线杆的横担应装在受电侧，受力杆的横担应装于拉线侧**。为保证横担平直、牢固，应在横担与电杆之间加设M形垫片。

（4）导线架设与连接质量的巡视

巡视时应注意整盘放线时，是否采用了放线架或其他放线工具。导线有无断股、扭结和死弯，与绝缘子固定是否可靠。线路的跳线、过引线、接户线的线间和线对地间的安全距离是否符合规范要求。导线的接头如果在跳线处，可采用线夹连接，接头在其他位置，应采用套管压接连接。

（5）杆上电气设备安装质量的巡视检查

1）检查变压器的支架是否紧固，只有紧固后才能安装变压器。

2）变压器油位是否正常，有无渗油现象，呼吸孔道是否通畅。

3）跌落式熔断器安装的相间距离是否不小于500mm；试操作熔管能否自然打开旋下。

4）杆上隔离开关分、合操动和锁定是否灵活可靠，地面操作杆的接地是否可靠。

5）杆上避雷器相间距离、引线截面是否符合规范要求。

扫一扫看视频

2. 架空线路竣工时应检查的内容

架空线路竣工检查的内容如下：

1）电杆有无损伤、裂纹、弯曲和变形。

2）横担是否水平，角度是否符合要求。

3）导线是否牢固地绑在绝缘子上，导线对地面或其他交叉跨越设施的距离是否符合要求，弧垂是否合适。

4）转角杆、分支杆、耐张杆等的跳线是否绑好，与导线、拉线的距离是否符合要求。

5）拉线是否符合要求。

6）螺母是否拧紧，电杆、横担上有无遗留的工具。

7）测量线路的绝缘电阻是否符合要求。

3. 旁站

1）测量杆位是架空线路质量的关键。施工人员测定时，监理员应在现场检查测定方法、测定仪器是否符合要求。测定完毕后，监理员可根据情况进行复查或抽查，以保证定位准确。

2）基坑开始回填时，监理员应在现场检查是否按要求进行分层夯实，以保证电杆稳定、牢固，待正常后即可改为巡视。

3）杆上电气设备进行交接试验时，监理员应在现场旁站，检查试验方法、试验仪器、试验数据是否符合要求。

4. 验收

验收时应符合下列要求：

1）导线及各种设备的型号、规格应符合设计。

2）架线后，电杆、横担、拉线等的各项误差应符合规定。

3）拉线的制作和安装符合规定。

4）导线的弧垂、相间距离、对地距离及交叉跨越距离等应符合规定。

5）电器设备外观完整无缺陷。

6）油漆完整、相色正确、接地良好。

7）基础埋深、导线连接和修补质量符合规定。

8）绝缘子和线路的绝缘电阻符合要求，线路相位正确。

9）额定电压下对空载线路冲击合闸三次，线路绝缘应完好。

10）杆塔接地电阻符合要求。

15.1.17 架空线路的维护

1. 架空线路巡视检查的内容

架空线路巡视检查的主要内容如下：

1）检查电杆有无倾斜、变形或损坏，察看电杆基础是否完好。

2）检查拉线有无松弛、破损现象，拉线金具及拉线桩是否完好。

3）检查线路是否与树枝或其他物体相接触，导线上是否悬挂有树枝、风筝等杂物。

4）检查导线的接头是否完好，有无过热发红、氧化或断脱等现象。

5）检查绝缘子有无破损、放电或严重污染等现象。

6）沿线路的地面有无易燃、易爆或强腐蚀性物体堆放。

7）沿线路附近有无可能影响线路安全运行的危险建筑物或新建的违章建筑物。

8）检查接地装置是否完好，特别是雷雨季节前应对避雷器的接地装置进行重点检查。

9）检查是否有其他危及线路安全的异常情况。

2. 架空线路巡视检查的注意事项

1）巡视过程中，无论线路是否停电，均应视为带电，巡线时应走上风侧。

2）单人巡线时，不可做蹬杆工作，以防无人监护而造成触电。

3）巡线中发现线路断线，应设法防止他人靠近，在断线周围 8m 以内不准进入，并应找专人看守，设法迅速处理。

4）夜间巡视时，应准备照明用具，巡线员应在线路两侧行走，以防断线或倒杆危及人身安全。

5）对于检查中发现的问题，应在专用的运行维护记录中做好记载。

6）对能当场处理的问题应当即进行处理，对重大的异常现象应及时报告主管部门迅速处理。

3. 架空线路的日常维护

1）修剪或砍伐影响线路安全运行的树木。

2）对基础下沉的电杆和拉线填土夯实。

3）整修松弛的拉线，加封花篮螺钉和 UT 型线夹。

4）更换有裂纹和破损的绝缘子。

5）修补断股和烧伤的导线。

6）装拆和整修场院或田头的临时用电设备。

15.2 电缆线路

15.2.1 电缆的基本结构

电缆的结构主要由缆芯、绝缘层和保护层三部分组成，油浸纸绝缘电力电缆的结构如图15-28所示，交联聚乙烯绝缘电力电缆的结构如图15-29所示。

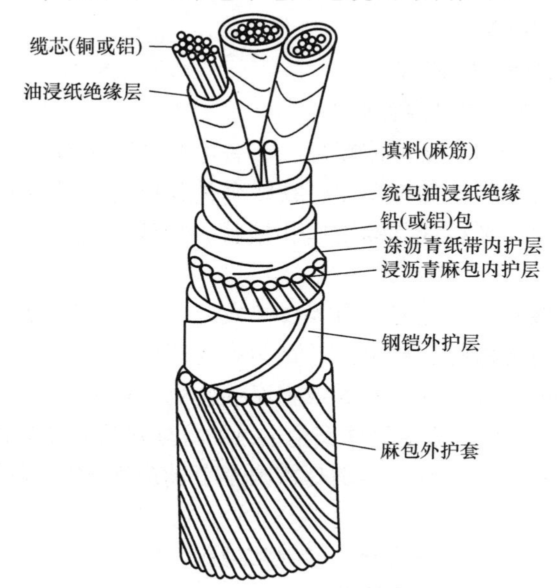

图15-28 油浸纸绝缘电力电缆的结构

1）缆芯：缆芯用来传输电流。缆芯材料采用高导电能力、抗拉强度较好、易于焊接的铜、铝等制成，缆芯截面形状有圆形、扇形和椭圆形等。

2）绝缘层：绝缘层用来保证缆芯之间、缆芯与外界之间的绝缘，使电流沿缆芯传输。绝缘层的材料有油浸纸、橡皮、塑料、纤维、交联聚乙烯等。

3）保护层：电缆的保护层分为内护层和外护层两部分。内护层用以直接保护绝缘层，所用材料有铅包、铝包、聚氯乙烯包套和聚乙烯套等；外护层用以保护电缆内护层免受机械损伤和化学腐蚀，所用材料有沥青麻护层、钢带铠装护层、钢丝铠装护层等。

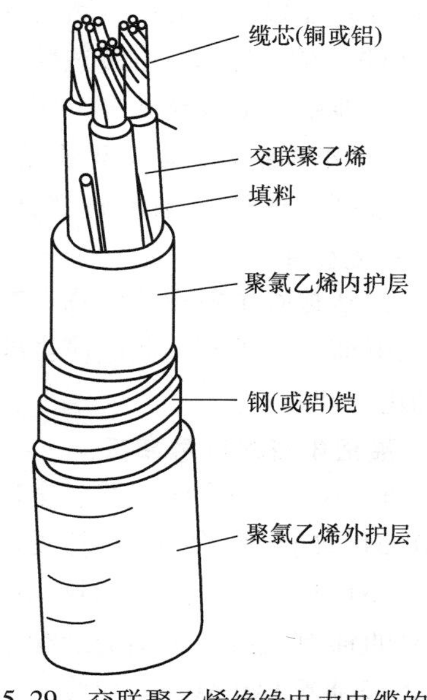

图15-29 交联聚乙烯绝缘电力电缆的结构

15.2.2　电缆的检验与储运

1. 电缆的检验

电缆及其附件到达现场后应进行下列检查：

1）产品的技术文件是否齐全。

2）电缆规格、型号是否符合设计要求，表面有无损伤，附件是否齐全。

3）电缆封端是否严密。

4）充油电缆的压力油箱，其容量及油压应符合电缆油压变化的要求。

电缆敷设施工前还应进行一些检查试验；对 6kV 以上的电缆，应做交流耐压和直流泄漏试验；对 6kV 及以下的电缆应用绝缘电阻表测试其绝缘电阻值。500V 电缆用 500V 绝缘电阻表测量，其绝缘电阻应大于 0.5 MΩ；对 1000V 及以上的电缆应选用 1000V 或 2500V 绝缘电阻表测量，其绝缘电阻值应大于 1MΩ/kV，并将测试记录保存好，以便与竣工试验时进行对比。

2. 搬运电缆的注意事项

电缆一般包装在专用电缆盘上，在运输装卸过程中，不应使电缆盘及电缆受到损伤，禁止将电缆盘直接由车上推下。电缆盘不应平放运输、平放储存。在运输和滚动电缆盘前，必须检查电缆盘的牢固性。对于充油电缆，则电缆至压力油箱间的油管应妥善固定及保护。电缆盘采用人工滚动时，应按电缆盘上所示的箭头方向滚动，即顺着电缆在盘上缠紧方向滚动。

3. 储存电缆的方法

电缆及附件如不立即安装敷设，则应按下述要求储存：

1）电缆应集中分类存放，盘上应标明型号、电压、规格、长度。电缆盘之间应有通道，地基应坚实，易于排水；橡塑护套电缆应有防晒措施。

2）充油电缆头的瓷套，在室外储存时，应有防止机械损伤措施。

3）电缆附件与绝缘材料的防潮包装应密封良好，并放于干燥的室内。

4）电缆在保管期间，应每三个月检查一次，电缆盘应完整，标志应齐全，封端应严密，铠装应无锈蚀。如有缺陷应及时处理。

充油电缆应定期检查油压，并做好记录，必要时可加装报警装置，防止油压降至最低值。如油压降至零或出现真空时，在未处理前严禁滚动。

15.2.3　展放电缆的注意事项

1）人工滚动电缆盘时，滚动方向必须顺着电缆的缠紧方向（盘上有方向标记），电缆从盘的上端引出。

2）注意人身安全：① 推盘人员不得站在电缆前方，两侧人员所站位置不得超过电缆盘的轴中心；② 在拐弯处敷设电缆时，操作人员必须站在电缆弯曲半径的外侧；③ 穿管敷设电缆时，往管中送电缆的手不可离管口太近，迎电缆时，眼及身体不可直对管口。

3）人力拖拉电缆时，可用特制的钢丝网套，套在电缆的一端进行拖拉，注意牵引强度不宜大于：铅护套 1kg/cm^2，铝护套 4kg/cm^2。使用机械拖拉大截面积或重型电缆时，要把特制的供牵引用拉杆（或称牵引头）插在电缆线芯中间，用铜线绑扎后，再用焊料把拉杆、导体和铅（铝）包皮三者焊在一起（注意封焊严密、以防潮气入内），如图 15-30 所示。但应注意牵引强度不宜大于：铜线芯7kg/cm^2，铝线芯 4kg/cm^2。

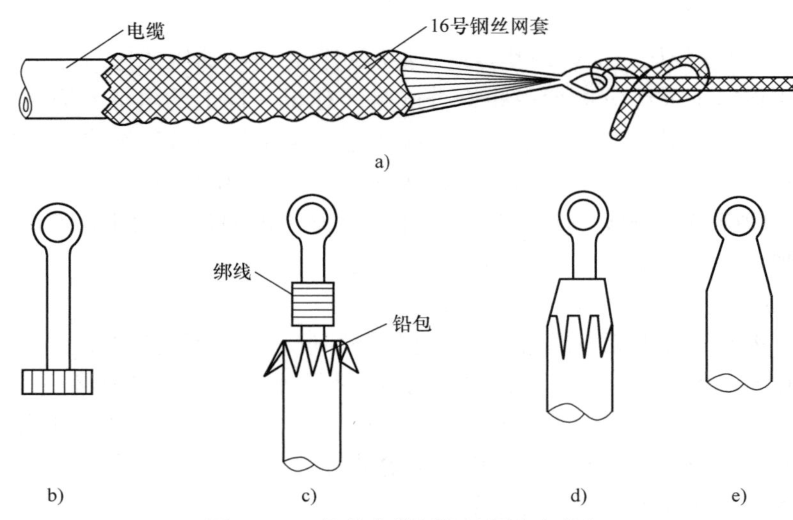

图 15-30　拖拉电缆用钢丝网套和拉杆

a）用钢丝网套拖拉电缆　b）拉杆　c）拉杆与电缆线芯绑扎在一起　d）封焊前　e）封焊后

4）为避免电缆在拖拉时受损，应把电缆放在滚轮上，如图 15-31 所示。电缆展放速度不宜过快，用机械展放时，以 8m/min 左右的速度较为合适。

图 15-31　电缆敷设放线

5）电缆最小允许弯曲半径与电缆外径的比值为：油浸纸绝缘电力电缆为 15；聚氯乙烯绝缘电力电缆为 10；橡皮绝缘裸铅护套电力电缆为 15；橡皮绝缘铅护套钢带铠装电力电缆为 20。

6）电缆敷设时的环境温度低于一定数值时应采取措施，否则不宜敷设。

15.2.4　电缆敷设路径的选择

电缆线路应根据供配电的需要，保证安全运行，便于维修，并充分考虑地面环境、土壤条件以及地下各种管道设施的情况，以节约开支，便于施工。选择电缆敷设路径时，应考虑下列原则：

1）应使电缆路径最短，尽量少拐弯。

2）应使电缆尽量少受外界的影响，如机械、化学等作用的破坏。

3）散热条件好。

4）尽量避免与其他管道交叉。

5）应避开规划中要挖土或构筑建筑物的地方。

6）以下场所应避免作为电缆路径：

① 有沟渠、岩石、低洼存水的地方。

② 存在化学腐蚀性物质的土壤地带。

③ 地下设施复杂的地方（如有热力管、水管、煤气管等）。

④ 存放或制造易燃、易爆、化学腐蚀性物质等危险物品的场所。

15.2.5　敷设电缆的要求

敷设电缆一定要严格遵守有关技术规程的规定和设计要求。竣工以后，要按规定的手续和要求进行检查和试验，确保线路的质量。部分重要的技术要求如下：

1）在敷设条件许可下，电缆长度可考虑留有 1.5% ~2% 的裕量，作为检修时备用。直埋电缆应做波浪形埋设。

2）下列各处的电缆应穿钢管保护：电缆由建筑物或构筑物引入或引出；电缆穿过楼板及主要墙壁处；电缆与道路、铁路交叉处；从电缆沟引出至电杆或设备，高度距地面 2m 以下的一段等。**所用钢管内径不得小于电缆直径的两倍。**

3）电缆不允许与煤气管道、天然气管道及液体燃料管道在同沟道中敷设；在热力管道的明沟或隧道内一般也不敷设电缆，个别地段可允许少数电缆敷设在热力管道的沟道内，但应于不同侧分隔敷设，或将电缆安放在热力管道的下面。

4）**直埋式敷设电缆埋地深度不得小于 0.7m，其壕沟距离建筑物基础不得小于 0.6m。**

5）电缆沟的结构应能防火或防水。

15.2.6　常用电缆的敷设方式和适用场合

电缆的敷设方式很多，常用的有直接埋地敷设、电缆沟内敷设、电缆隧道内敷设、电缆排管内敷设以及明敷设等。电缆的明敷设即架空敷设，这种方法是在室内外的构架上直接敷设电缆，可通过支架沿墙或天花板进行敷设，也可通过钢索挂钩将电缆吊在钢索上沿钢索敷设，还可沿电缆桥架敷设。

上述几种敷设方式各有优缺点，选用哪种敷设方式一般应根据环境条件、建筑物密度、电缆长度、敷设电缆根数、建设费用以及发展规划等因素来确定。

1）电缆直接埋地敷设适用于电缆根数较少、敷设距离较长的场所。这种敷设方式比较经济、便于散热，应用较广。

2）在工矿企业厂区、厂房以及变电所内的电缆敷设，可将电缆敷设在地沟内，装在构架上、墙壁上或天花板上，一般不宜采用直接埋地敷设。**当引出的电缆很多，并列敷设的电缆在40根以上时，应考虑建造电缆隧道。**

3）当电缆线路需通过已敷设多条电缆或其他管道设施密集区时，为便于敷设和检修，宜建造电缆隧道或敷设在排管中。

4）在酸碱腐蚀严重的地区，可将电缆架空或敷设在构架上。

5）在存在爆炸危险的场所、农村及其他人烟稀少的偏僻地区，可将电缆直接埋地敷设。

15.2.7 电缆的直埋敷设

电力电缆的直埋敷设是沿已选定的线路挖掘壕沟，然后把电缆埋在里面。电缆根数较少、敷设距离较长时多采用此法。

将电缆直接埋在地下，不需要其他结构设施，施工简单、造价低、土建材料也省。同时，埋在地下，电缆散热也好。但挖掘土方量大，尤其冬季挖冻土较为困难，而且电缆还可能受到土中酸碱物质的腐蚀等。

施工时应注意以下事项：

1）挖电缆沟时，如遇垃圾等有腐蚀性的杂物，需清除换土。

2）电缆应埋在冻土层以下。一般地区的埋设深度应不小于0.7m，穿越农田时不应小于1m，沟的宽度视电缆的根数而定。

3）沟底须平整，清除石块后，铺上100mm厚的细沙土或筛过的松土，作为电缆的垫层，如图15-32所示。

4）电缆敷设可以采用机械或人工牵引，应先在沟底放好滚轮。每隔2m左右放一只，切忌在地面上滚擦拖拉。

5）多根电缆并排敷设时，应有一定的间距。10kV及以下电力电缆和不同回路的多条电缆直埋时，其间距应符合要求，如图15-33所示。

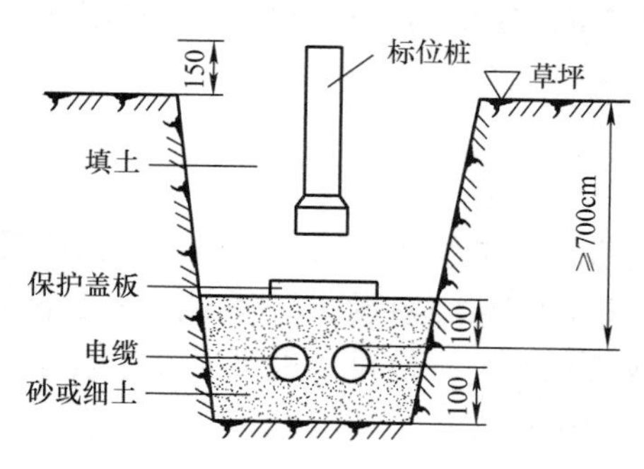

图15-32 电缆直埋敷设示意图

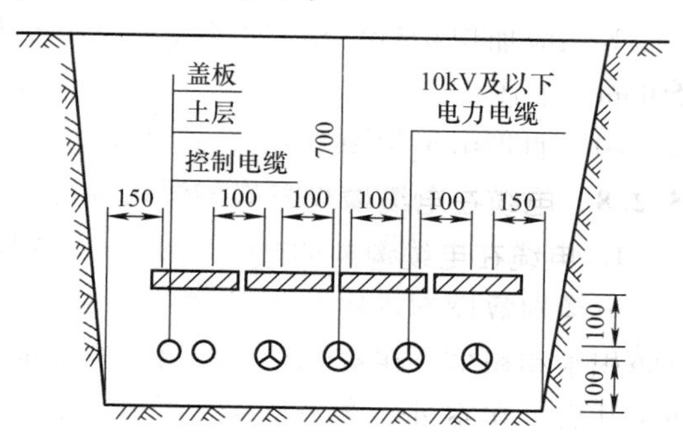

图15-33 多根电缆并排敷设间距

6）盖板采用预制钢筋混凝土板连接覆盖，如电缆数量较少，也可用砖代替。

7）直埋电缆在拐弯、接头、终端和进出建筑物等地段，应装设明显的方位标志，如图15-32所示。电缆直线段每隔50～100m处应适当增设标位桩（又称标示桩）。

8）电缆与其他设施交叉或平行时，其间距不应小于表 15-12 中的规定值，电缆不应与其他金属类管道较长距离平行敷设。

表 15-12　直埋电力电缆与各种设施的最小净距

项目		最小净距/m	
		平行	交叉
电力电缆间及其与控制电缆间	10kV 及以下	0.10	0.50（0.25）
	10kV 以上	0.25（0.10）	0.50（0.25）
控制电缆间		—	0.50（0.25）
电缆与不同使用部门的电缆间		0.50（0.10）	0.50（0.25）
电缆与热管道（管沟）及热力设备		2.00	0.50（0.25）
电缆与油管道（管沟）		1.00	0.50（0.25）
电缆与可燃气体及易燃液体管道（沟）		1.00	0.50（0.25）
电缆与其他管道		0.50	0.50（0.25）
电缆与公路边		1.50（0.50）	—
电缆与城市街道路面		1.00（0.50）	—
电缆与 1kV 以下架空线电杆基础（边线）		1.00（0.50）	—
电缆与建筑物基础（边线）		0.60（0.30）	—
电缆与排水沟		1.00（0.30）	—

注：表中括号内的数字是指局部地段电缆穿管、加隔板保护或隔热层保护后允许的最小净距。

9）电缆与电缆交叉、与管道（非热力管道）交叉、与沟道交叉、穿越公路、过墙等均应加保护管，保护管的长度应超出交叉点前后 1m，其净距离不应小于 250mm。上述要求如图 15-34 所示。保护管的内径不得小于电缆外径的 1.5 倍。

10）直埋电缆引至电杆的施工方法如图 15-35 所示。

15.2.8　电缆在电缆沟或隧道内的敷设

1. 电缆在电缆沟内的敷设

电缆沟敷设方式是将电缆敷设在建造的电缆沟内，其内壁应用水泥砂浆封护，以防积水和积尘。在室内时，电缆的盖板应与沟外地面平齐，沟沿做止口，盖板应便于开启。在室外，为了防水，如无车辆通过，电缆沟盖板应高出地坪 100mm，可兼作人行通道；如有车辆通过，电缆沟盖板顶部应低于地坪 300mm，并用细砂土覆盖压实，盖板缝隙均用水泥砂浆勾缝密封。另外，电缆沟应考虑防火和防水问题，如电缆沟进入厂房处应设防火隔板，沟底应有不小于 0.5% 的排水坡度；电缆的金属外皮、金属电缆头、保护钢管及构架等应可靠接地。采用电缆沟敷设电缆的方式适用于敷设多条电缆、经常检修的场合，其走线方便，但造价较高。变配电所

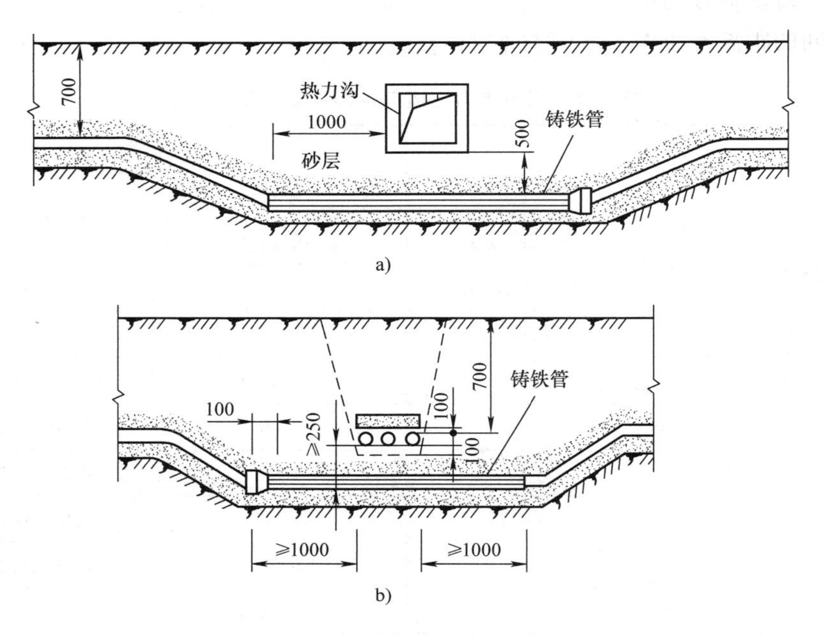

图 15-34　电缆与热力管线交叉做法

a）电缆与热力沟交叉做法　b）电缆与电缆交叉做法

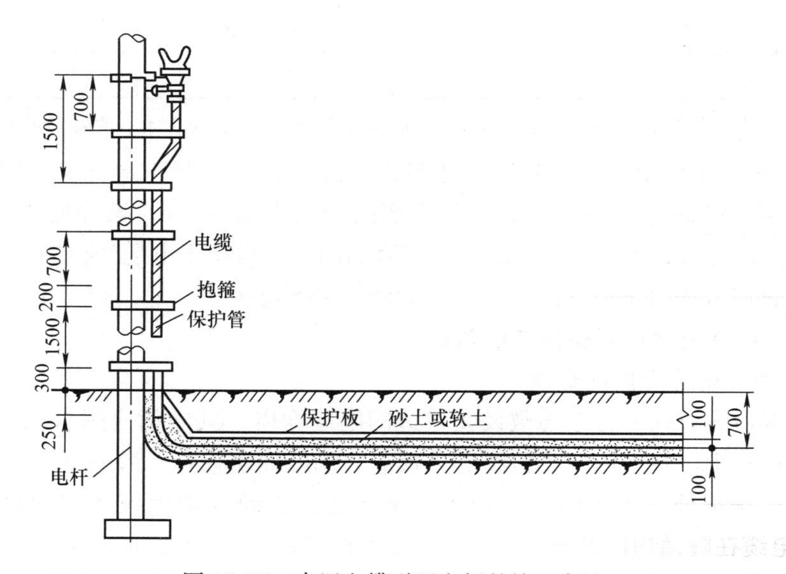

图 15-35　直埋电缆引至电杆的施工方法

中以及厂区内的电缆敷设经常采用这种方式。

电缆沟结构及安装尺寸如图 15-36 和表 15-13 所示。电缆沟盖板一般采用钢筋混凝土，每块盖板的重量小于 50kg。电缆支架一般由角钢焊接而成，其支架间或固定点间的距离不应大于表 15-14 所列数值。

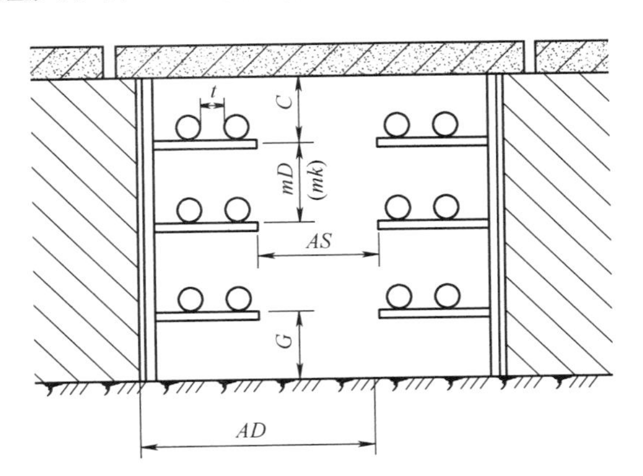

图 15-36　10kV 以下电缆沟结构示意图

表 15-13　电缆沟参考尺寸　（单位：mm）

结构名称		符号	推荐尺寸	最小尺寸
通道宽度	单侧支架	*AD*	450	300
	双侧支架	*AS*	500	300
电缆支架层间距离	电力电缆	*mD*	150～250	150
	控制电缆	*mk*	130	120
电力电缆水平净距		*t*	35	35
最上层支架至盖板净距		*C*	150～200	150
最下层支架至沟底净距		*G*	50～100	50

表 15-14　电缆支架间或固定点间的最大间距　（单位：m）

敷设方式	电缆种类		
	塑料护套、铅包、铅包钢带铠装		钢丝铠装
	电力电缆	控制电缆	
水平敷设	1.00	0.80	3.00
垂直敷设	1.50	1.00	6.00

2. 电缆在隧道内的敷设

电缆隧道敷设方式适用于电缆数量多，而且道路交叉较多，路径拥挤，又不宜采用直埋或电缆沟敷设的地段。电缆隧道敷设如图 15-37 所示。

在电缆沟及隧道内敷设电缆时，一般应符合如下规定：

1）电力电缆与控制电缆同沟敷设时，应将它们分别装在隧道或沟道的两侧。

如不便分开时，可将控制电缆敷设于电力电缆的下方。

2）隧道高度一般应不小于1.8m。

3）两侧有电缆托架时，隧道中间通道宽度一般为1m；当一侧有电缆架时，通道宽度为0.9m。

4）电力电缆托架层间的垂直净距一般为0.2m，控制电缆为0.1m。

5）隧道及沟道内的电缆接头，应用石棉板等物衬托，并用耐火隔板与其他电缆隔开。

6）电缆沟道内若有可能积水、积尘、积油时，应将电缆敷设在电缆支架上。

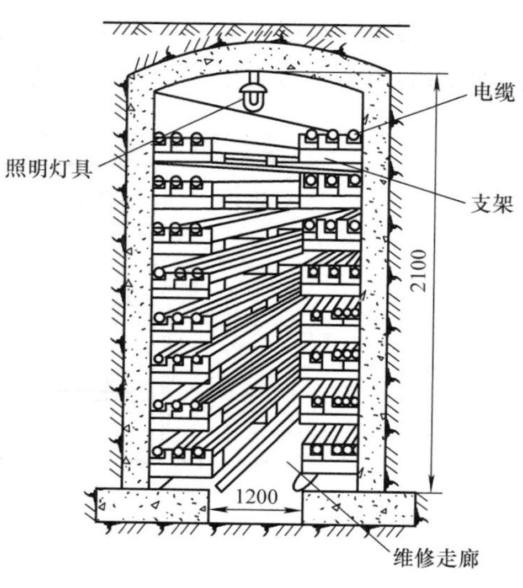

图15-37　电缆隧道敷设

15.2.9　电缆的排管敷设

有时为了避免在检修电缆时开挖地面，可以把电缆敷设在地下的排管中。用来敷设电缆的排管一般是用预制好的混凝土块拼接起来的（见图15-38），也可以用灰硬塑料管排成一定形式。

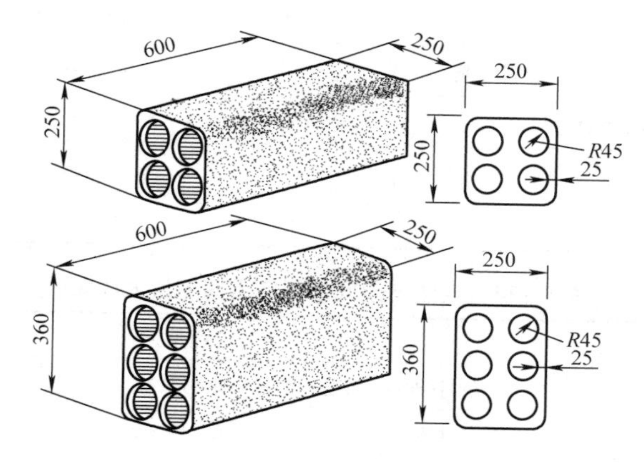

图15-38　预制电缆排管

电缆穿管敷设时，保护管的内径不应小于电缆外径的1.5倍；埋设深度室外不得小于0.7m，室内不做规定；保护管的直角弯不应多于两个；保护管的弯曲半径不能小于所穿入电缆的允许弯曲半径。

拉入电缆前，应先用排管扫除器清扫排管，使排管内表面光滑、清洁、无毛刺。

普通型电缆排管敷设如图 15-39 所示。加强型电缆排管敷设如图 15-40 所示。

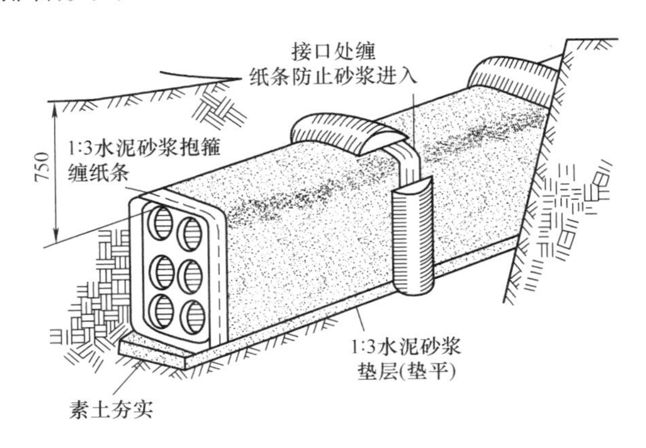

图 15-39　普通型电缆排管敷设

15.2.10　电缆的桥架敷设

电缆有时直接敷设在建筑物的构架上，可以像电缆沟中一样使用支架，也可使用钢索悬挂或挂钩悬挂。现在有专门的电缆桥架，用于电缆明敷。电缆桥架有梯级式、盘式和槽式，如图 15-41 所示。

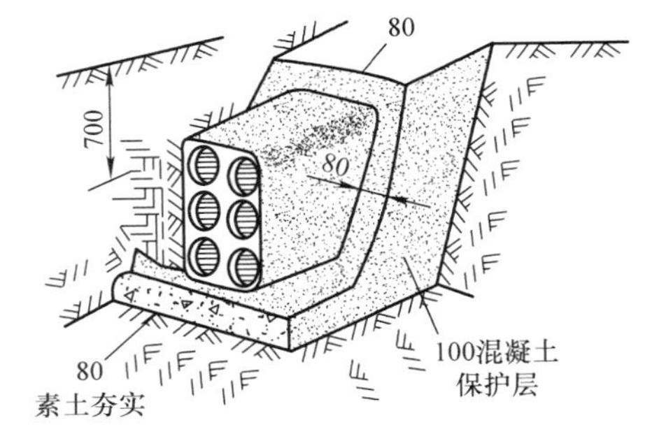

图 15-40　加强型电缆排管敷设

电缆桥架的安装方式如图 15-42 所示。表 15-15 为电缆桥架与各种管道的最小净距。

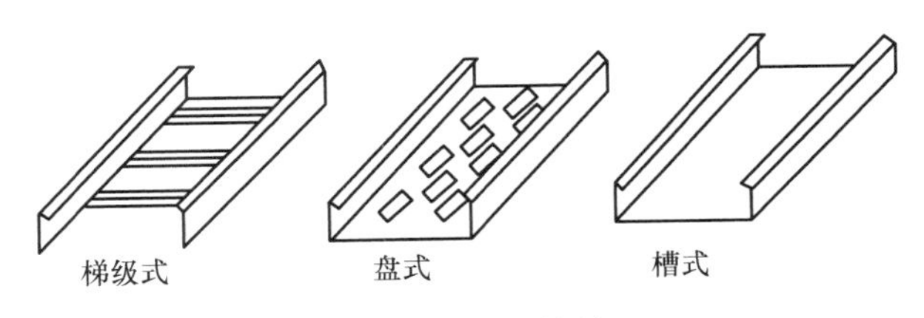

图 15-41　电缆桥架

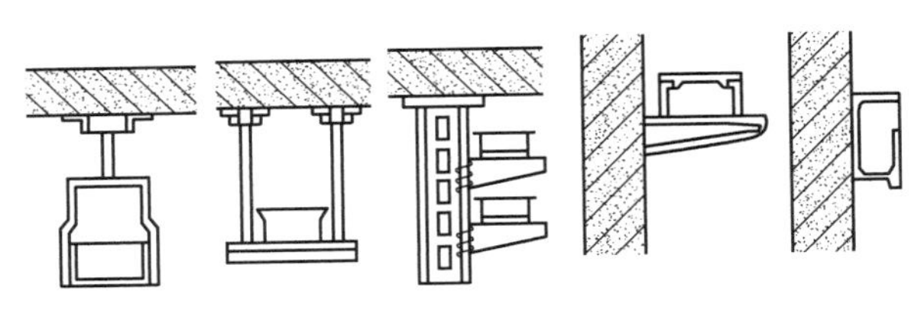

图 15-42　电缆桥架安装方式示意图

表 15-15 电缆桥架与各种管道的最小净距

管道类别		平行净距/m	交叉净距/m
一般管道		0.40	0.30
具有腐蚀性液体或气体管道		0.50	0.50
热力管道	有保温层	0.50	0.30
	无保温层	1.00	1.00

图 15-43 为托盘式电缆桥架空间布置示意图。电缆桥架内电缆的固定一般是单层布置，用塑料卡带将电缆固定在托盘上，大型电缆可采用电缆卡固定，如图 15-44所示。

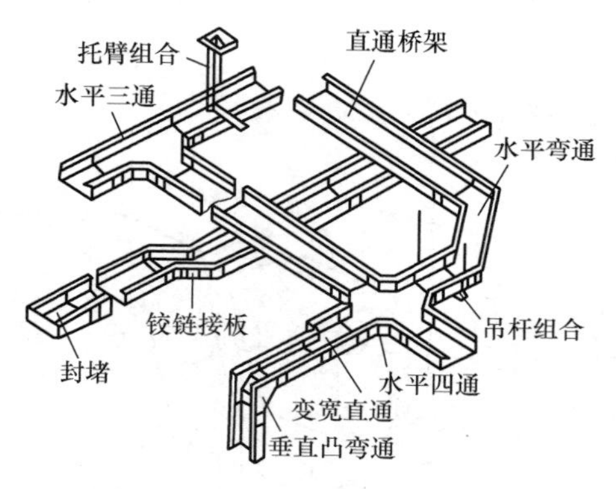

图 15-43 托盘式电缆桥架空间布置示意图

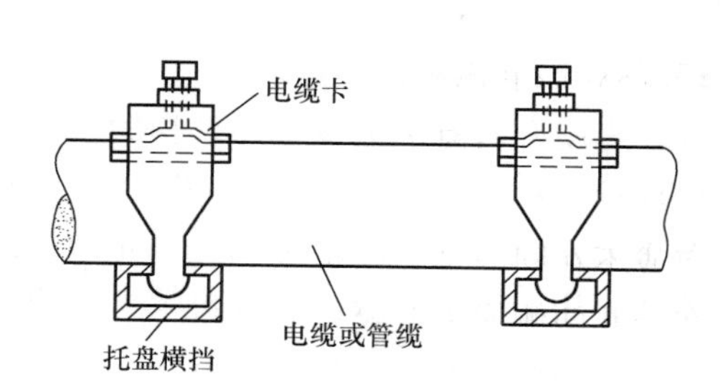

图 15-44 电缆桥架内电缆的固定

15.2.11 电缆的穿管保护

为保证电缆在运行中不受外力损伤，在以下处所应将电缆穿入具有一定机械强度的管子内或采取其他保护措施：

1）电缆引入和引出建筑物、隧道、沟道或楼板等处。

2）电缆通过道路、铁路时。

3）电缆引入和引出地面时，距离地面 2m 至埋入地下 0.1 ~0.25m 的一段。

4）电缆与各种管道、沟道交叉处。

5）电缆可能受到机械损伤的地段。

当电缆穿保护管时，如保护管的长度在 30m 以下，则管内径应不小于电缆外径的 1.5 倍；如保护管的长度在 30m 以上，则管内径应不小于电缆外径的 2.5 倍。

15.2.12 电缆在竖井内的布置

电缆竖井又称电气管道井。竖井内布线一般适用于多层和高层建筑内强电及弱电垂直干线的敷设，可采用金属管、金属线槽、电缆桥架及封闭式母线等布线方式。电缆竖井布线具有敷设、检修方便的优点。

电缆竖井的布置如图 15-45 所示，竖井一面设有操作检修门。

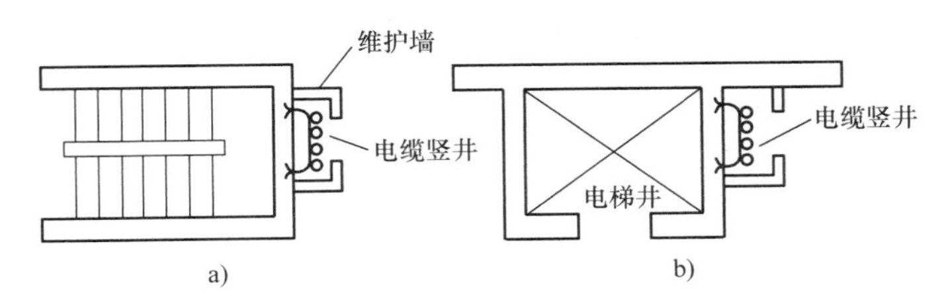

图 15-45　电缆竖井布置图
a）邻楼梯间布置　b）邻电梯井布置

竖井布线的要求如下：

1）竖井内垂直布线采用大容量单芯电缆、大容量母线作为干线时，应满足以下条件：

① 载流量要留有一定的裕度。

② 分支容易、安全可靠、安装及维修方便和造价经济。

2）竖井内的同一配电干线宜采用等截面积导体，当需变截面积时不宜超过二级，并应符合保护规定。

3）竖井内高压、低压和应急电源的电气线路相互之间应保持 0.3m 及以上距离或不在同一竖井内布线。如受条件限制必须合用时，强电与弱电线路应分别布置在竖井两侧或采取隔离措施，以防止强电对弱电的干扰。

4）竖井内应明设一接地母线，分别与预埋金属铁件、支架、管路和电缆金属外皮等良好接地。

500V 以下低压线路的电缆竖井，最小净深为 0.5m，如图 15-46 所示。

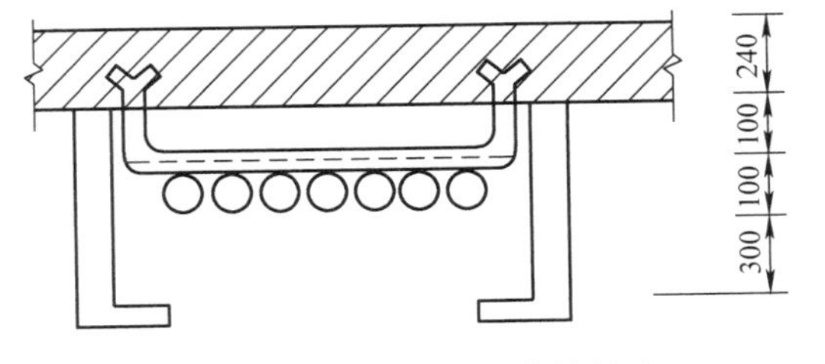

图 15-46　低压电缆竖井的尺寸

5）管路垂直敷设时，为保证管内导线不因自重而折断，应按下列规定装设导线固定盒，在盒内用线夹将导线固定。

① 导线截面积在 $50mm^2$ 及以下，长度大于 30m 时。

② 导线截面积在 $50mm^2$ 以上，长度大于 20m 时。

15.2.13　电缆支架的安装及电缆在支架上的敷设

1. 电缆支架的安装

（1）电缆沟内支架安装

电缆在沟内敷设时，需用支架支持或固定，因而支架的安装非常重要，其相互间距是否恰当，将会影响通电后电缆的散热状况、对电缆的日常巡视、维护和检修等。

1）当设计无要求时，**电缆支架最上层至沟顶的距离不应小于 150 ~ 200mm；**

电缆支架间平行距离不应小于100mm，垂直距离为150～200mm；电缆支架最下层距沟底的距离不应小于50～100mm。

2）室内电缆沟盖应与地面相平，对地面容易积水的地方，可用水泥砂浆将盖间的缝隙填实。室外电缆沟无覆盖层时，盖板高出地面不应小于100mm；有覆盖层时，盖板在地面下300mm。盖板搭接应有防水措施。

（2）电气竖井支架安装

电缆在竖井内沿支架垂直敷设时，可采用扁钢支架。支架的长度 W 可根据电缆的直径和根数确定。

扁钢支架与建筑物的固定应采用M10×80mm的膨胀螺栓紧固。支架每隔1.5m设置1个，**竖井内支架最上层距竖井顶部或楼板的距离不小于150～200mm，底部与楼（地）面的距离不宜小于300mm。**

（3）电缆支架接地

为保护人身安全和供电安全，金属电缆支架、电缆导管必须与PE线或PEN线连接可靠。如果整个建筑物要求等电位联结，则更应如此。此外，**接地线宜使用直径不小于ϕ12mm镀锌圆钢，并应在电缆敷设前与全部支架逐一焊接。**

2. 电缆在支架上的敷设

电缆在扁钢支架上吊挂敷设如图15-47所示。电缆在角钢支架上的敷设如图15-48所示。电缆沿墙吊挂敷设如图15-49所示。电缆在支架上进行敷设时，对于裸铅包电缆，为了防止损伤铅包，应加垫橡胶垫、麻带或其他软性材料。

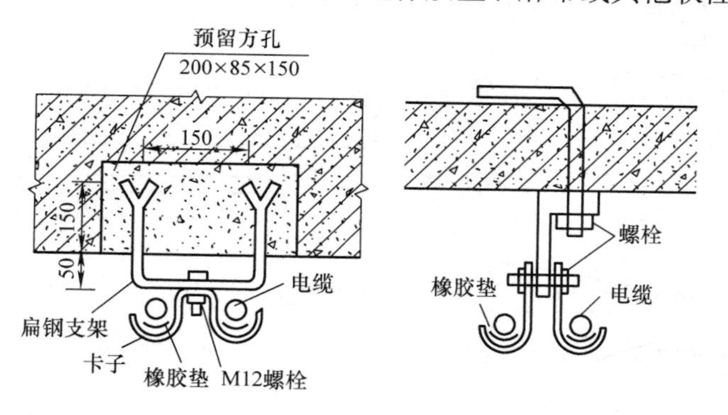

图15-47　电缆在扁钢支架上吊挂敷设

15.2.14　电缆中间接头的制作

1kV以下橡塑电缆中间接头的制作工艺较为简单，其结构尺寸如图15-50所示，其制作工艺如下：

1）确定接头中心位置，并做出记号。

2）剥切电缆护套，切去线芯绝缘，剖去的长度为每端200～300mm，并将线端涂上凡士林。

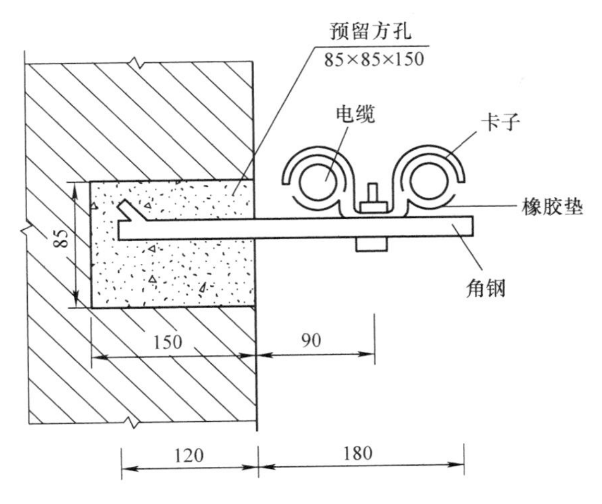

图 15-48　电缆在角钢支架上的敷设

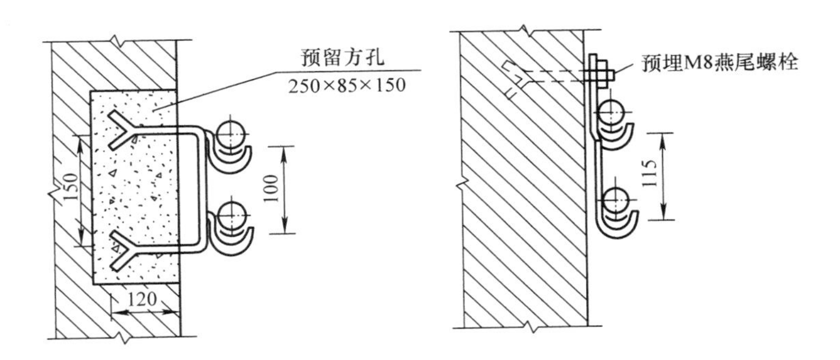

图 15-49　电缆沿墙吊挂敷设

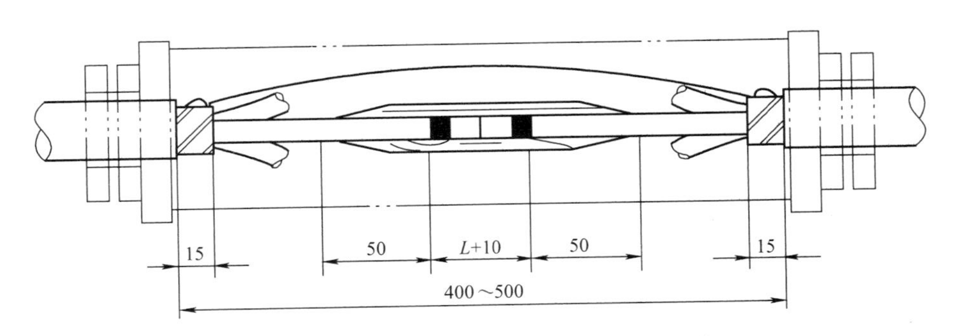

图 15-50　1kV 以下橡塑电缆中间接头的制作

3）套上塑料接头盒、端盒。

4）将导线压（焊）接后，用砂布打光擦净。

5）用聚氯乙烯带按半重叠法绕包绝缘。

6）将线芯合并，整体用聚氯乙烯绝缘带绕包三层。

7）用接地线锡焊连接两端钢带。

8）将接头盒移至中央，垫好橡胶圈，拧紧两端。为防止水浸入线芯内，可在接头盒内浇注绝缘胶，浇满后将浇注口封盖拧紧。

15.2.15 电缆终端头的制作

低压塑料电缆的室内终端头大多采用简单工艺来制作，其制作方法如下：

1）按线芯截面积准备好接线端子、相色绝缘带、相色套管等材料。

2）根据电缆固定点和连接部位的长度，剥去电缆内外护层。

3）锯割钢带，焊接地线，剥去线芯的内外护层。

4）在每相线芯端头上压接线鼻子（接线端子）。在每相线芯上包扎两层相色绝缘带。

5）固定好电缆头。

图 15-51 和图 15-52 为低压塑料电缆终端头的结构。

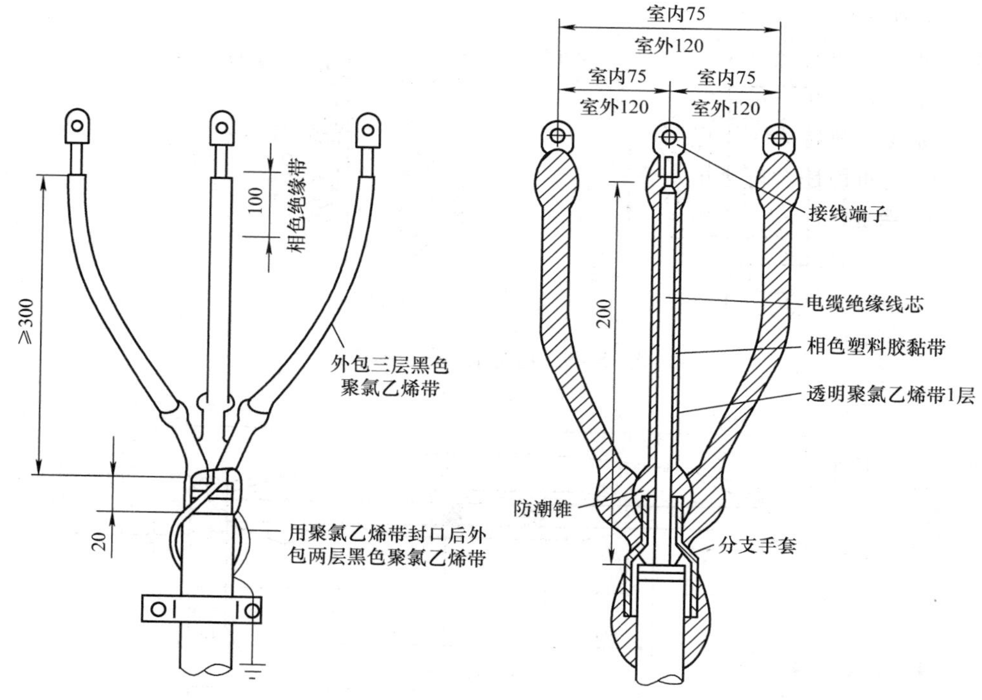

图 15-51 低压塑料电缆终端头的结构（一）

图 15-52 低压塑料电缆终端头的结构（二）

15.2.16 电缆线路的检查与验收

1. 电缆敷设的巡视检查

1）电缆敷设时，应注意有无绞拧、铠装压扁、护层断裂和表面严重划伤等现象。

2）注意电缆垂直敷设或大于45°倾斜敷设的固定是否可靠，交流单芯或分相后每相电缆在支架上固定时，夹具与支架不可形成闭合铁磁回路，以免产生涡流发热，影响通电后正常运行。

3）电缆转弯时，应用力适当，保护绝缘不受损坏，对于铠装电缆、防火电缆尤需注意。

4）电缆穿管敷设时，注意电缆的转弯半径及管口的封堵、保护应符合要求，特别是室外电缆进入建筑物的管口封堵尤为重要，否则进水后会酿成大祸。

2. 电缆头制作的巡视检查

（1）电缆终端头制作的巡视

电缆终端制作时，应巡视其剥切外护层时定位是否准确，剥切时是否伤及芯线，包附加绝缘时是否按程序套绝缘套管、包绝缘带及压接线端子等，若发现偷工减料或工艺尺寸与有关规定相差过大，应及时提出，以免完工后增大损失。

（2）电缆中间接头制作的巡视

巡视时应注意中间接头的位置，最好与承包单位协调后选择放在人平时不易触及且维修方便的地方。剥切绝缘时要求定位准确，不伤芯线；塑料接头盒应固定于压接接头的中间位置。

接线巡视时应注意铠装电力电缆的接地线是否采用铜绞线或镀锡铜编织线，接地线的截面积是否符合规定。

3. 旁站

1）制作终端头及中间接头时要使用专用工具与配件，如喷灯、套管等，而且绝缘层剥切后须立即做接头，否则受潮后耐压试验便达不到要求，所以施工初期阶段，监理员应跟班检查，并请生产厂商来现场指导或按供货合同要求，由厂商制作接头。

2）变电所进线电缆穿入预埋管后（尤其地下室内），封堵极为重要，而电缆外线工程通常由供电部门施工，管理极不方便。因此变电所进线时，监理员应旁站观测、检查，一定要保证管口封堵及时，质量可靠，防止进水后损坏贵重的电气设备。

3）高压电缆直流耐压试验、低压电缆绝缘电阻测试，监理员都必须旁站检测。

4. 电缆桥架、电缆沟、支架、导管验收

1）根据图样核对型号、规格、走向等是否符合设计要求。

2）根据现场巡视与旁站监理的记录，重点抽查金属电缆桥架、电缆沟金属支架、钢导管的接地、跨接线连接等是否符合要求。其他部分参照巡视记录抽查整改是否到位。

3）检查电缆桥架、电缆沟支架等的敷设是否横平竖直，美观整齐，所有金属部分外防腐层有无损坏，补漆是否到位。

4）电缆导管敷设要求参照电线导管要求。

5. 电缆敷设验收

1）高压电缆检查直流耐压试验是否符合国家标准 GB 50168—2018《电气装置安装工程　电缆线路施工及验收标准》的要求。

2）低压电缆检查绝缘电阻是否满足相对相、相对地的绝缘电阻大于 0.5MΩ 的要求。

3）根据巡视检查记录复查整改是否到位。

4）根据图样核对电缆型号、规格、数量等是否满足设计要求。

15.2.17　电缆线路的维护

1. 电缆线路投入运行的基本条件

电力电缆的投入运行的基本条件是：

1）新装电缆线路，必须经过验收检查合格，并办理验收手续后方可投入运行。

2）停电超过一个星期但不满一个月的电缆，重新投入运行前，应摇测其绝缘电阻值，并与上次试验记录比较（换算到同一温度下）不得降低 30%，否则须做直流耐压试验。而停电超过一个月但不满一年的，则必须做直流耐压试验，试验电压可为预防性试验电压的一半。如油浸纸绝缘电缆，试验电压为电缆额定电压的 2.5 倍，时间为 1min；停电时间超过试验周期的，必须做标准预防性试验。

3）重做终端头、中间头和新做中间头的电缆，必须核对相位，摇测绝缘电阻，并做耐压试验，全部合格后，才允许恢复运行。

2. 电缆线路定期巡视检查的周期

1）敷设在土壤、隧道以及沿桥梁架设的电缆，以及发电厂、变电所的电缆沟、电缆架等的巡查，每 3 个月至少一次。

2）敷设在竖井内的电缆，每半年至少一次。

3）电缆终端头，根据现场运行情况每 1 ~ 3 年停电检查一次；室外终端头每月巡视一次，每年的 2 月份及 11 月份进行停电清扫检查。

4）对挖掘暴露的电缆，酌情加强巡视。

5）雨后，对可能被雨水冲刷的地段，应进行特殊巡视检查。

3. 电缆线路巡视检查与维护

电缆线路大多是埋地敷设的，为保证电缆线路的安全、可靠运行，就必须全面了解电缆的敷设方式、走线方向、结构布置及电缆中间接头的位置等。

电缆线路一般要求每季进行一次巡视检查。对户外终端头，应每月检查一次。如遇大雨、洪水及地震等特殊情况或发生故障时，还需临时增加巡视次数。

电缆线路的巡视检查和维护内容如下：

1）经常监视电缆线路的负荷大小和电缆发热情况。不许超过安全载流量。连接点接触应良好，无发热现象。

2）电缆头及瓷套管应完整、清洁、无闪络放电痕迹，附近无鸟巢；对填充有电缆胶（油）的电缆头，还应检查有无漏油、溢胶现象。

3）检查电缆沟内有无鼠窝、积水、渗水现象，是否堆有杂物或易燃易爆危险品。

4）检查明敷或沟内电缆外表有无锈蚀、损伤和鼠咬现象，金属防护套是否腐蚀穿孔或胀裂，沿线支架、挂钩是否牢固，线路附近有无易燃易爆危险品或腐蚀性物质，电缆安装是否牢固。

5）检查电缆接地是否良好，有无锈蚀、松动和断股现象。

6）检查电缆进出口、缆沟密封是否良好、以防老鼠等小动物进入沟内以及水等侵入管内。

7）对暗敷及地埋电缆，应检查沿线的盖板和其他覆盖物是否完好，有无挖掘痕迹，路线标桩是否完整无缺。

8）检查有无其他危及电缆安全运行的异常情况。

在巡视中发现的异常情况，应记入专用记录本，重要情况应及时汇报上级，请示处理。

第 16 章　室内配线工程与常用照明电路

16.1　室内配线概述

16.1.1　室内配线的基本要求

室内配线不仅要求安全可靠，而且要使线路布置合理、整齐美观、安装牢固。其一般技术要求如下：

1）导线的额定电压应不小于线路的工作电压；导线的绝缘应符合线路的安装方式和敷设的环境条件。导线的截面积应能满足电气和机械性能要求。

2）配线时应尽量避免导线接头。导线连接和分支处不应受机械力的作用。**穿管敷设导线，在任何情况下都不能有接头，必要时尽量将接头放在接线盒的接线柱上。**

3）在建筑物内配线要保持水平或垂直。**水平敷设的导线，距地面不应小于 2.5m；垂直敷设的导线，距地面不应小于 1.8m。**否则，应装设预防机械损伤的装置加以保护，以防漏电伤人。

4）导线穿过墙壁时，应加套管保护，套管两端出线口伸出墙面的距离应不小于 10mm。在天花板上走线时，可采用金属软管，但应固定稳妥。

5）配线的位置应尽可能避开热源和便于检查、维修。

6）为了确保用电安全，室内电气管线和配电设备与其他管道、设备间的最小距离不得小于表 16-1 所规定的数值。否则，应采取其他保护措施。

表 16-1　室内电气管线和配电设备与其他管道、设备间的最小距离

（单位：m）

类别	管线及设备名称	管内导线	明敷绝缘导	裸母线	配电设备
平行	煤气管	0.1	1.0	1.0	1.5
	乙炔管	0.1	1.0	2.0	3.0
	氧气管	0.1	0.5	1.0	1.5
	蒸气管	1.0/0.5	1.0/0.5	1.0	0.5
	暖水管	0.3/0.2	0.3/0.2	1.0	0.1
	通风管	—	0.1	1.0	0.1
	上、下水管	—	0.1	1.0	0.1
	压缩气管	—	0.1	1.0	0.1
	工艺设备	—	—	1.5	

（续）

类别	管线及设备名称	管内导线	明敷绝缘导	裸母线	配电设备
交叉	煤气管	0.1	0.3	0.5	—
	乙炔管	0.1	0.5	0.5	—
	氧气管	0.1	0.3	0.5	—
	蒸气管	0.3	0.3	0.5	—
	暖水管	0.1	0.1	0.5	—
	通风管	—	0.1	0.5	—
	上、下水管	—	0.1	0.5	—
	压缩气管	—	0.1	0.5	—
	工艺设备	—	—	1.5	—

注：表中有两个数据的，第一个数值为电气管线敷设在其他管道之上的距离；第二个数值为电气管线敷设在其他管道下面的距离。

7）弱电线不能与大功率电力线平行，更不能穿在同一管内。如因环境所限，必须平行走线时，则应远离50cm以上。

8）报警控制箱的交流电源应单独走线、不能与信号线和低压直流电源线穿在同一管内。

9）同一根管或线槽内有几个回路时，所有绝缘导线和电缆都应具有与最高标称电压回路绝缘相同的绝缘等级。

10）配线用塑料管（硬质塑料管、半硬塑料管）、塑料线槽及附件，应采用阻燃制品。

11）配线工程中所有外露可导电部分的接地要求，应符合有关规程的规定。

16.1.2 室内配线的施工程序

室内配线无论采用什么配线方式，其施工步骤基本相同。通常包括以下工序：

1）根据施工图确定配电箱、灯具、插座、开关、接线盒等设备预埋件的位置。

2）确定导线敷设的路径，穿墙、穿楼板的位置。

3）配合土建施工，预埋好管线或配线固定材料、接线盒（包括开关盒、插座盒等）及木砖等预埋件。在线管弯头较多、穿线难度较大的场所，应预先在线管中穿好牵引铁丝。

4）安装固定导线的元件。

5）按照施工工艺要求，敷设导线。

6）连接导线、包缠绝缘，检查线路的安装质量。

7）完成开关、插座、灯具及用电设备的接线。

8）进行绝缘测试、通电试验及全面验收。

16.2 线槽配线

16.2.1 常用线槽的种类

线槽配线就是将导线放入线槽内的一种配线方式。在现代工业企业及民用建筑中，常采用线槽配线。按线槽采用的材质不同，分为金属线槽与塑料线槽两种。按敷设方式分，又分为明敷设与暗敷设两种。常用金属线槽和附件如图 16-1 所示；常用塑料线槽和附件如图 16-2 和图 16-3 所示。

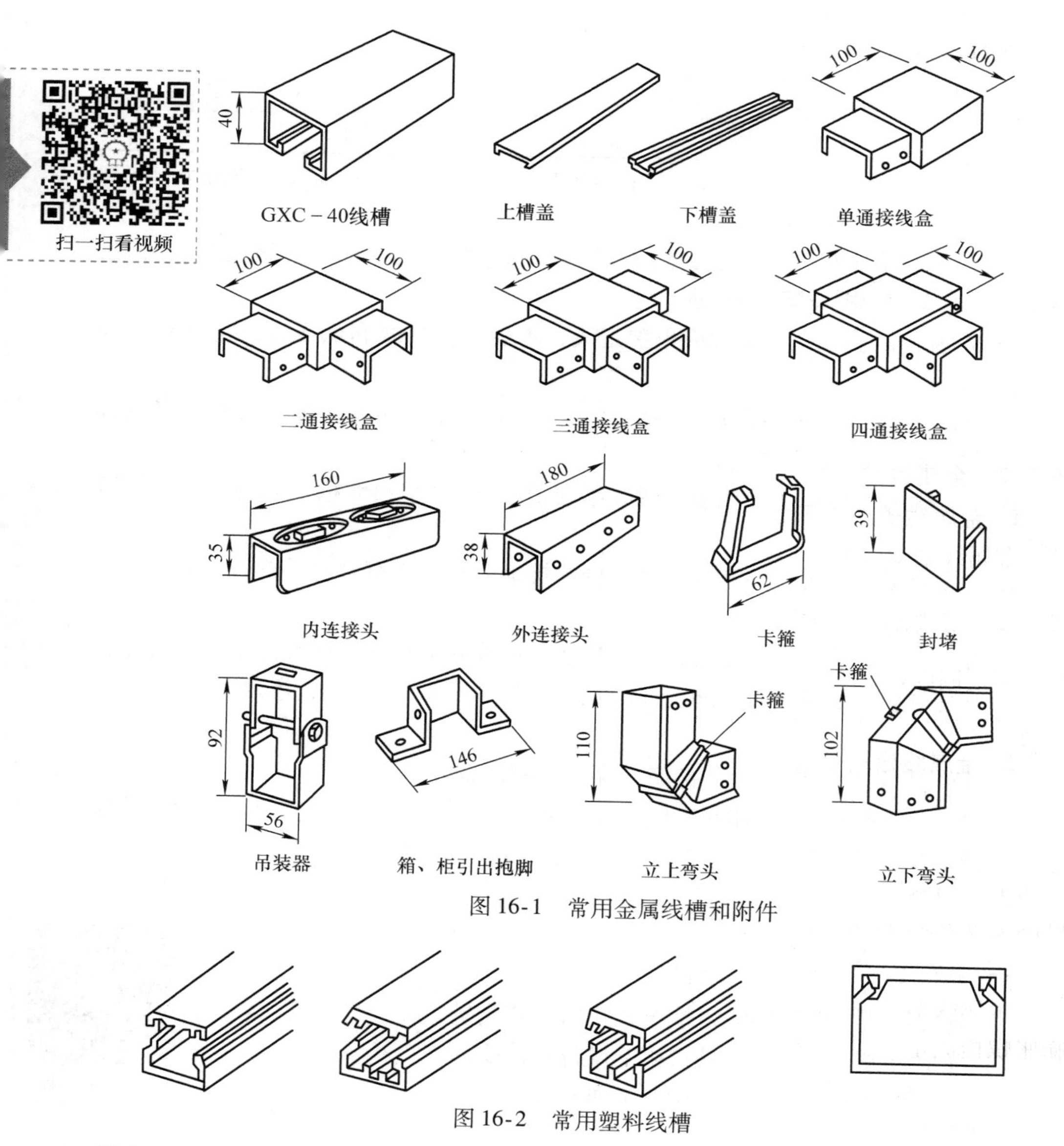

图 16-1 常用金属线槽和附件

图 16-2 常用塑料线槽

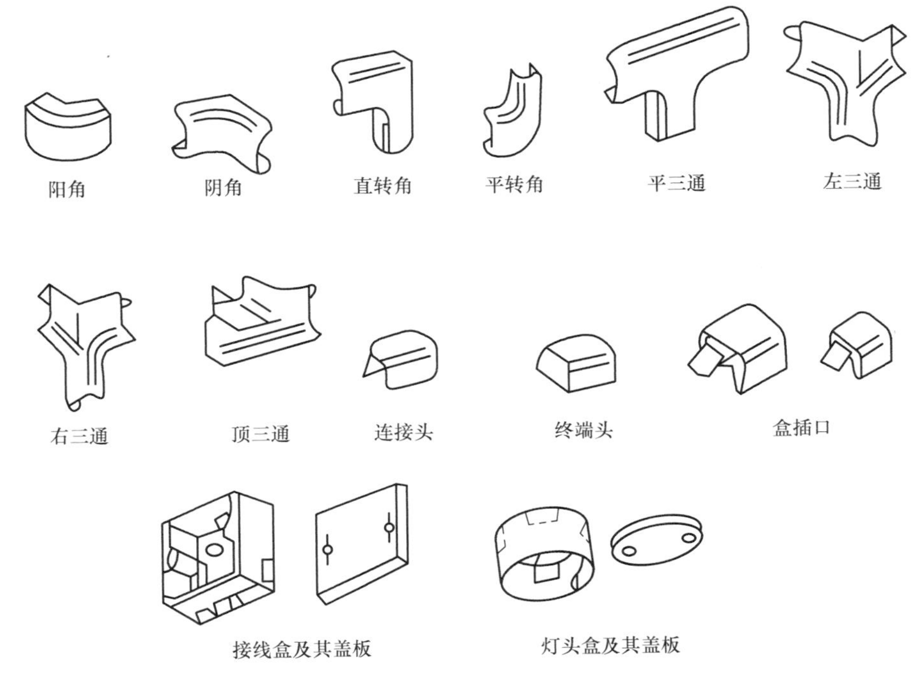

图 16-3　常用塑料线槽附件

16.2.2　金属线槽配线

1. 金属线槽的应用场合与基本要求

金属线槽敷设配线一般适用于正常环境（干燥和不易受机械损伤）的室内场所明敷设，由于金属线槽多由厚度为 0.4 ~ 1.5mm 的钢板制作而成，因此，在对金属线槽有严重腐蚀的场所，不应采用金属线槽布线。具有槽盖的封闭式金属线槽可在建筑顶棚内敷设。线槽应平整、无扭曲变形，内壁应光滑、无毛刺。金属线槽应做防腐处理。金属线槽应可靠接地或接零。

2. 金属线槽的安装

（1）金属线槽在墙上安装

金属线槽在墙上安装时，可采用半圆头木螺钉配木砖或半圆头木螺钉配塑料胀管固定。当线槽的宽度 $b \leqslant 100$mm 时，可采用单螺钉固定，如图 16-4a 所示；若线槽的宽度 $b > 100$mm 时，应用两个螺钉并列固定，如图 16-4b 所示。

（2）金属线槽在墙上水平架空安装

金属线槽在墙上水平架空安装可使用托臂支承。托臂在墙上的安装方式可采用膨胀螺栓固定，如图 16-5 所示。

（3）金属线槽用吊架悬吊安装

金属线槽用吊架悬吊安装时，可采用圆钢吊架安装或采用扁钢吊架安装。采用

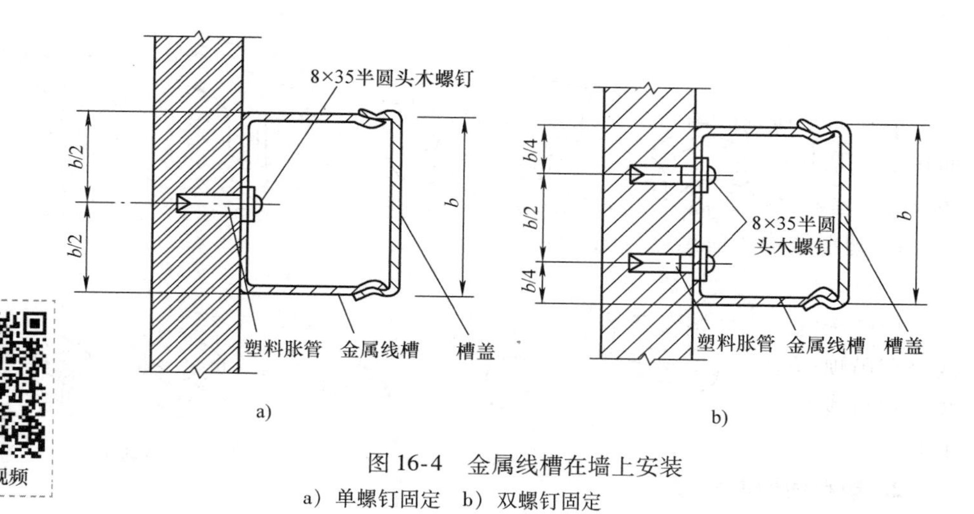

图 16-4　金属线槽在墙上安装

a）单螺钉固定　b）双螺钉固定

扁钢吊架安装如图 16-6 所示。

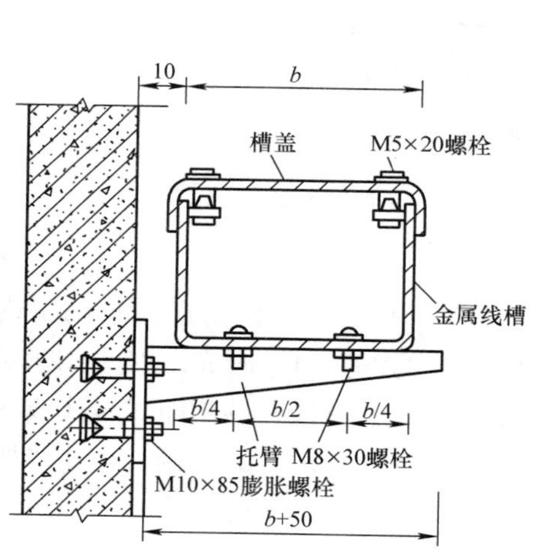

图 16-5　金属线槽在墙上水平架空安装

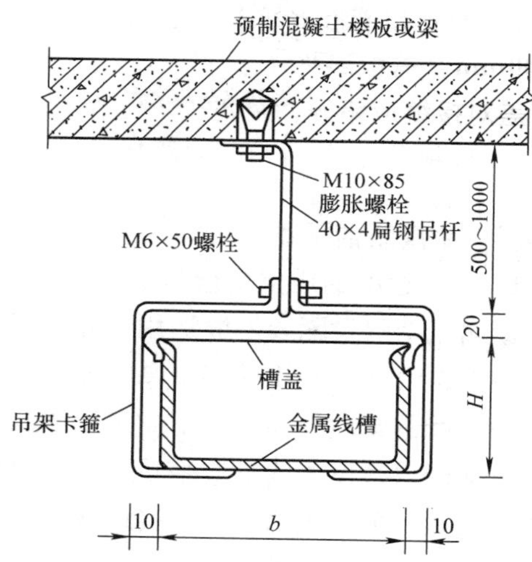

图 16-6　金属线槽用扁钢吊架安装

3. 电缆和导线的敷设

1）金属线槽组装成统一整体并经清扫后，才允许将导线装入线槽内。

2）为避免因感应而造成周围金属发热，同一回路的所有相线和中性线（如果有中性线时）以及设备接地线，应敷设在同一个金属线槽内。

3）同一路径无防干扰要求的线路可敷设于同一个金属线槽内。

4）**线槽内电线或电缆的总截面积（包括外护层）不应超过线槽内截面积的 40%，载流导线不宜超过 30 根。**

5）控制、信号或与其类似的线路（控制、信号等线路可视为非载流导线）的电线或电缆，其总截面积不应超过线槽内截面积的 50%。

6）导线的接头应置于线槽的接线盒内。电线或电缆在金属线槽内不宜有接头，但在易于检查的场所可允许线槽内有分支接头，电线、电缆和分支接头的总截面积（包括外护层）不应超过该点线槽内截面积的 75%。

16.2.3　塑料线槽配线

1. 塑料线槽的应用场合与基本要求

塑料线槽配线一般适用于正常环境的室内场所明布线，也用于科研实验室或预制墙板结构以及无法暗布线的工程，还适用于旧工程改造更换线路，同时用于弱电线路在吊顶内暗布线的场所。在高温和易受机械损伤的场所不宜采用塑料线槽配线。塑料线槽必须选用阻燃型的，线槽应平整、无扭曲变形，内壁应光滑、无毛刺。

2. 塑料线槽的明敷设安装

1）线槽及附件连接处应无缝隙，严密平整，紧贴建筑物**固定点最大间距一般为 800mm。**

2）槽底和槽盖直线对接要求：**槽底固定点间距应不小于 500mm，盖板应不小于 300mm，盖板离终端点 30mm 及底板离终端点 50mm 处均应固定。槽底对接缝与槽盖对接缝应错开，且不小于 100mm。**

3）线槽分支接头，线槽附件如三通、转角、插口、接头、盒、箱应采用相同材质的定型产品。槽底、槽盖与各种附件相对接时，接缝处应严实平整，固定牢固。塑料线槽明配线如图 16-7 所示。

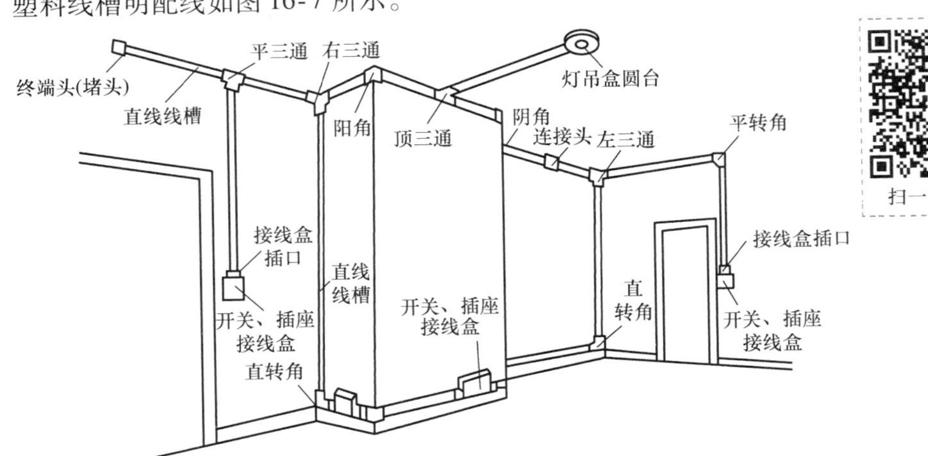

扫一扫看视频

图 16-7　塑料线槽明配线示意图

4）线槽各附件安装要求：接线盒均应两点固定，各种三通、转角等固定点不应少于两点（卡装式除外）。接线盒、灯头盒应采用相应插口连接。在线路分支接头处应采用相应接线盒（箱）。线槽的终端应采用终端头封堵。

5）放线时，先用洁净的布清除槽内的污物，使线槽内外清洁。把导线拉直并放入线槽内。放线注意事项可参考金属线槽电缆和导线敷设注意事项。

6）当导线在垂直或倾斜的线槽内敷设时，应采取措施予以固定，防止因导线的自重而产生移动或使线槽损坏。

7）盖好线槽、接线箱、接线盒的盖子。把槽盖对准槽体边缘，挤压或轻敲槽盖，使槽盖卡紧槽体。槽盖接缝与槽体接缝应错位搭接。

16.3 塑料护套线配线

16.3.1 塑料护套线配线的一般规定

采用铝片线卡固定塑料护套线的配线方式，称为塑料护套线配线。塑料护套线具有防潮和耐腐蚀等性能，可用于比较潮湿和有腐蚀性的特殊场所。塑料护套线多用于照明线路，可以直接敷设在楼板、墙壁等建筑物表面上，但不得直接埋入抹灰层内暗敷设或建筑物顶棚内。**室外受阳光直射的场所，也不应明配塑料护套线。**

塑料护套线配线的一般规定如下：

1）塑料护套线的型号、规格必须严格按设计图样规定。铝片卡规格必须与所夹持的护套线规格相对应，表16-2列出了铝片卡与护套线的配用关系。

表16-2　铝片卡规格尺寸

规格	总长 L/mm	条形宽度 B/mm	配用BVV、BLVV型护套线的规格范围/mm^2	
			二芯	三芯
0号	28	5.6	0.75～1单根	—
1号	40	6	1.5～4单根	0.75～1.5单根
2号	48	6	0.75～1.5两根并装	2.5～4单根
3号	59	6.8	2.5～4两根并装	0.75～1.5两根并装
4号	66	7	—	2.5两根并装
5号	73	7	—	4两根并装

2）塑料护套线的敷设应横平竖直。不应松弛、扭绞和曲折。**转角处的曲率半径应大于导线外径的3倍**（平弯时，外径为护套线的厚度；侧弯时外径为护套线的宽度），**转弯角度应大于90°。铝片卡（或钢钉线卡）之间的距离应小于300mm，一般为150～200mm。**档距要均匀一致，**导线在距终端、转弯中点、电器具或接线盒边缘50～100mm处都要设置铝片卡（或钢钉线卡）进行固定。**护套线的允许偏差或弯曲半径应符合表16-3中规定的数据。

表16-3　护套线配线允许偏差、弯曲半径和检查方法

项目		允许偏差或弯曲半径	检查方法
固定点间距		5mm	尺量检查
水平或垂直敷设的直线段	平直度	5mm	拉线、尺量检查
	垂直度	5mm	吊线、尺量检查
最小弯曲半径		$>3b$	尺量检查

注：b为平弯时护套线厚度或侧弯时护套线宽度。

16.3.2　塑料护套线的敷设

1. 划线定位

塑料护套线的敷设应横平竖直。首先，根据设计要求，按线路走向，用粉线沿建筑物表面，由始至终划出线路的中心线。同时，标明照明器具、穿墙套管及导线分支点的位置，以及接近电气器具旁的支持点和线路转角处导线支持点的位置。

塑料护套线支持点的位置，应根据电气器具的位置及导线截面积的大小来确定。**塑料护套线布线在终端、转弯中点，电气器具或接线盒的边缘固定点的距离为 50～100mm；直线部位的导线中间固定点的距离为 150～200mm，均匀分布。**两根护套线敷设遇到十字交叉时，交叉处的四方均应设有固定点。

2. 铝片卡和塑料钢钉线卡的固定

塑料护套线一般应采用专用的铝片卡（又称铝线卡或钢精轧头）或塑料钢钉线卡进行固定。按固定方式的不同，铝片卡又分为钉装式和粘接式两种，如图 16-8 所示。用铝片卡固定护套线，应在铝片卡固定牢固后再敷设护套线；而用塑料钢钉线卡固定护套线，则应边敷设护套线边进行固定。铝片卡的型号应根据导线型号及数量来选择。

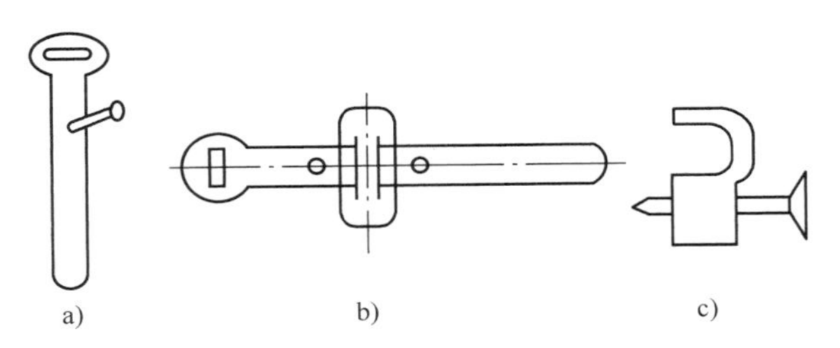

图 16-8　铝片卡和塑料钢钉线卡的固定

a）铝片卡钉子固定　b）铝片卡粘接固定　c）塑料钢钉线卡

1）钉装固定铝片卡。铝片卡应根据建筑物的具体情况选择。塑料护套线在木结构、已预埋好的木砖的建筑物表面敷设时，可用钉子直接将铝片卡钉牢，作为护套线的支持物；在抹有灰层的墙面上敷设时，可用鞋钉直接固定铝片卡；在混凝土结构或砖墙上敷设，可将铝片卡直接钉入建筑物混凝土结构或砖墙上。

在固定铝片卡时，应使钉帽与铝片卡一样平，以免划伤线皮。固定铝片卡时，也可采用冲击钻打孔，埋设木榫或塑料胀管到预定位置，作为护套线的固定点。

2）粘接固定铝片卡。粘接法固定铝片卡，一般适用于比较干燥的室内，应粘接在未抹灰或未刷油的建筑物表面上。护套线在混凝土梁或未抹灰的楼板上敷设时，应用钢丝刷先将建筑物粘接面的粉刷层刷净，再用环氧树脂将铝片卡粘接在选定的位置。由于粘接法施工比较麻烦，应用不太普遍。

3）塑料钢钉固定。塑料钢钉线卡是固定塑料护套线的较好支持件，且施工方法简单，特别适用于在混凝土或砖墙上固定护套线。在施工时，先将塑料护套线两端固定收紧，再在线路上确定的位置直接钉牢塑料线卡上的钢钉即可。

3. 塑料护套线的敷设

1）塑料护套线的敷设必须横平竖直，敷设时，一只手拉紧导线，另一只手将导线固定在铝片卡上，如图 16-9a 所示。

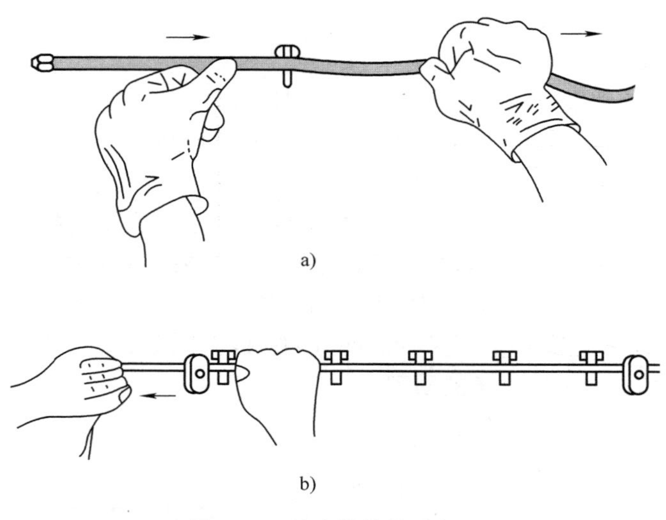

图 16-9　护套线的敷设方法

2）由于护套线不可能完全平直无曲，在敷设线路时可采取勒直、勒平和收紧的方法校直。为了固定牢靠、连接美观，护套线经过勒直和勒平处理后，在敷设时还应把护套线尽可能地收紧，把收紧后的导线夹入另一端的瓷夹板等临时位置上，再按顺序逐一用铝片卡夹持，如图 16-9b 所示。

3）夹持铝片卡时，应注意护套线必须置于线卡钉位或粘接位的中心，在扳起铝片卡首尾的同时，应用手指顶住支持点附近的护套线。铝片卡的夹持方法如图 16-10所示。另外，在夹持铝片卡时应注意检查，若有偏斜，应用小锤轻敲线卡进行校正。

4）护套线在转角部位，进入电气器具、木（塑料）台或接线盒前以及穿墙处等部位时，如出现弯曲和扭曲，应顺弯按压，待导线平直后，再夹上铝片卡或塑料钢钉线卡。

5）多根护套线成排平行或垂直敷设时，应上下或左右紧密排列，间距一致，不得有明显空隙。所敷设的线路应横平竖直，不应松弛、扭绞和曲折，**平直度和垂直度不应大于 5mm。**

6）塑料护套线需要改变方向而进行转弯敷设时，弯曲后的导线应保持平直。为了防止护套线开裂，且敷设时应使导线平直，护套线在同一平面上转弯时，弯曲半径应不小于护套线宽度的 3 倍；在不同平面转弯时，弯曲半径应不小于护套线厚度的 3 倍。

7）当护套线穿过建筑物的伸缩缝、沉降缝时，在跨缝的一段导线两端，应可靠固定，并做成弯曲状，留有一定裕量。

8）塑料护套线也可穿管敷设，其技术要求与线管配线相同。

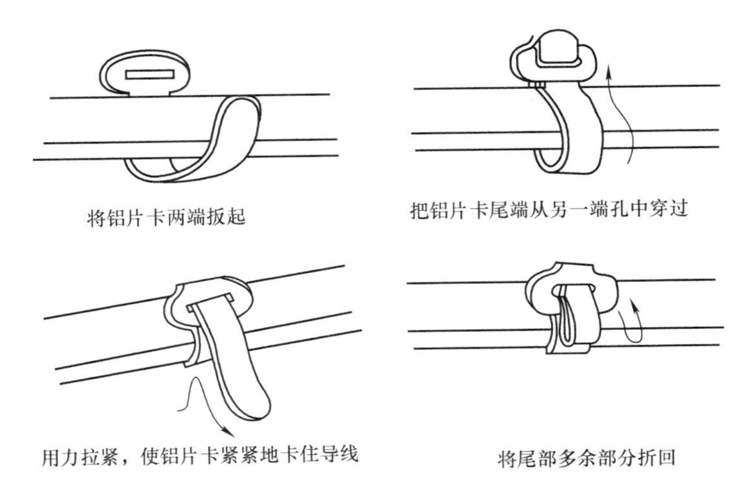

图 16-10　铝片卡收紧夹持护套线

16.3.3　塑料护套线配线的注意事项

1）塑料护套线的分支接头和中间接头，不可在线路上直接连接，应通过接线盒或借用其他电器的接线柱等进行连接。

2）在直线电路上，一般应每隔 200mm 用一个铝片卡夹住护套线。

3）塑料护套线转弯时，转弯的半径要大一些，以免损伤导线。转弯处要用两个铝片卡夹住。

4）两根护套线相互交叉时，交叉处应用 4 个铝片卡夹住。护套线应尽量避免交叉。

5）塑料护套线进入木台或套管前，应用一个铝片卡固定。

6）塑料护套线进行穿管敷设时，板孔内穿线前，应将板孔内的积水和杂物清除干净。板孔内所穿入的塑料护套线，不得损伤绝缘层，并便于更换导线，导线接头应设在接线盒内。

7）当环境温度低于 −15℃ 时，不得敷设塑料护套线，以防塑料发脆造成断裂，影响施工质量。

8）塑料护套线在配线中，当导线穿过墙壁和楼板时，应加装护管，保护管可用钢管、塑料管、瓷管。保护管出地面高度，不得低于 1.8m；出墙面，不得小于 3～10mm。当导线水平敷设时，距地面最小距离为 2.5m；垂直敷设时，距地面最小距离为 1.8m，低于 1.8m 的部分应加保护管。

9）在地下敷设塑料护套线时，必须穿管。根据规范，**与热力管道进行平行敷设时，其间距应不小于 1m；交叉敷设时，其间距不小于 0.2m**。否则，必须做隔热处理。另外，塑料护套线与不发热的管道及接地导体紧贴交叉时，要加装绝缘保护管，在易受机械损伤的场所，要加装金属管保护。

16.4　线管配线

16.4.1　线管的选择

线管配线的主要操作工艺包括线管的选择、落料、弯管、锯管、套丝、线管连接、线管的接地、线管的固定、线管的穿线等。

选择线管时，应首先根据敷设环境确定线管的类型，然后再根据穿管导线的截面积和根数来确定线管的规格。

1）根据敷设环境确定线管的类型。

① 在潮湿和有腐蚀性气体的场所内明敷或暗敷，一般采用管壁较厚的水煤气管。

② 在干燥的场所内明敷或暗敷，一般采用管壁较薄的电线管。

③ 在腐蚀性较大的场所内明敷或暗敷，一般采用硬塑料管。

④ 金属软管一般用作钢管和设备的过渡连接。

2）根据穿管导线的截面积和根数来确定线管的规格。线管管径的选择，一般要求穿管导线的总截面积（包括绝缘层）不应超过线管内径截面积的40%。

16.4.2　线管加工的方法与步骤

1. 线管落料

线管落料前，应检查线管的质量，有裂缝、瘪陷及管内有锋口杂物等均不得使用。另外，两个接线盒之间应为一个线段，根据线路弯曲、转角情况来确定用几根线管接成一个线段和弯曲部位，一个线段内应尽量减少管口的连接接口。

2. 弯管的基本要求

线路敷设改变方向时，需要将线管弯曲，这会给穿线和线路维护带来不便。因此，施工中要尽量减少弯头，管子的弯曲角度一般应大于90°。**设线管的外径为 d，明管敷设时，管子的曲率半径 $R \geqslant 4d$；暗管敷设时，管子的曲率半径 $R \geqslant 6d$。**另外，弯管时注意不要把管子弯瘪，弯曲处不应存在折皱、凹穴和裂缝。弯曲有缝管时，应将接缝处放在弯曲的侧边，作为中间层，这样，可使焊缝在弯曲变形时既不延长又不缩短，焊缝处就不易裂开。

3. 钢管的弯曲

钢管的弯曲有冷煨和热煨两种方法。冷煨一般使用弯管器或弯管机。

1）用弯管器弯管时，先将钢管需要弯曲部位的前段放在弯管器内，然后用脚踩住管子，手扳弯管器手柄逐渐加力，使管子略有弯曲，再逐点移动弯管器，使管子弯成所需的弯曲半径。注意一次弯曲的弧度不可过大，否则可能会弯裂或弯瘪线管。

2）使用弯管机弯管时，先将已划好线的管子放入弯管机的模具内，使管子的起弯点对准弯管机的起弯点，然后拧紧夹具进行弯管。当弯曲角度大于所需角度1°~2°时，停止弯曲，将弯管机退回起弯点，用样板测量弯曲半径和弯曲角度。注意，弯管的半径一定要与弯管模具配合紧贴，否则线管容易产生凹瘪现象。

3）用火加热弯管时，为防止线管弯瘪，弯管前，管内一般要灌满干燥的砂子。在装填砂子时，要边装边敲打管子，使其填实，然后在管子两端塞上木塞。在烘炉或焦炭等火上加热时，管子应慢慢转动，使管子的加热部位均匀受热。然后放到模具上弯曲成型，成型后再用冷水冷却，最后倒出砂子。

4. 硬质塑料管的弯曲

硬质塑料管的弯曲有冷弯和热煨两种方法。

1）冷弯法。冷弯法一般适用于硬质 PVC 管在常温下的弯曲。冷弯时，先将相应的弯管弹簧插入管内需弯曲处，用手握住该部位，两手逐渐用力，弯出所需的弯曲半径和弯曲角度，最后抽出管内弹簧。为了减小弯管回弹的影响，以得到所需的弯曲角度，弯管时一般需要多弯一些。

当将线管端部弯成鸭脖弯或 90°时，由于端部太短，用手冷弯管有一定困难。这时，可在端部管口处套一个内径略大于塑料管外径的钢管进行弯曲。

2）热煨法。用热煨法弯曲塑料管时，应先将塑料管用电炉或喷灯等热源上进行加热。加热时，应掌握好加热温度和加热长度，要一边前后移动，一边转动，注意不得将管子烤伤、变色。当塑料管加热到柔软状态时，将其放到模具上弯曲成型，并浇水使其冷却硬化。

塑料管弯曲后所成的角度一般应大于 90°，弯曲半径应不小于塑料管外径的 6 倍；埋于混凝土楼板内或地下时，弯曲半径应不小于塑料管外径的 10 倍。为了穿线方便、穿线时不损坏导线绝缘及维修方便，管子的弯曲部位不得存在折皱、凹穴和裂缝。

16.4.3　线管的连接

1. 钢管的连接方法

钢管与钢管的连接有管箍连接和套管连接两种方法。镀锌钢管和薄壁管应采用管箍连接。

1）管箍连接。钢管与钢管的连接，无论是明敷或暗敷，最好采用管箍连接，特别是埋地等潮湿场所和防爆线管。为了保证管接头的严密性，管子的丝扣部分应涂以铅油并顺螺纹方向缠上麻绳，再用管钳拧紧，并使两端间吻合。

钢管采用管箍连接时，要用圆钢或扁钢做跨接线，焊接在接头处，如图 16-11 所示，使管子之间有良好的电气连接，以保证接地的可靠性。

2）套管连接。在干燥少尘的厂房内，对于直径在 50mm 及以上的钢管，可采用套管焊接方式连接，套管长度为连接管外径的 1.5 ~ 3 倍。焊接前，先将管子从两端插入套管，并使连接管对口处位于套管的中心，然后在两端焊接牢固。

钢管与接线盒的连接：钢管的端部与接线盒连接时，一般采用在接线盒内外各用一个薄型螺母（又称锁紧螺母）夹紧线管的方法，如图 16-12 所示。安装时，先在线管管口拧入一个螺母，管口穿入接线盒后，在盒内再套拧一个螺母，然后用

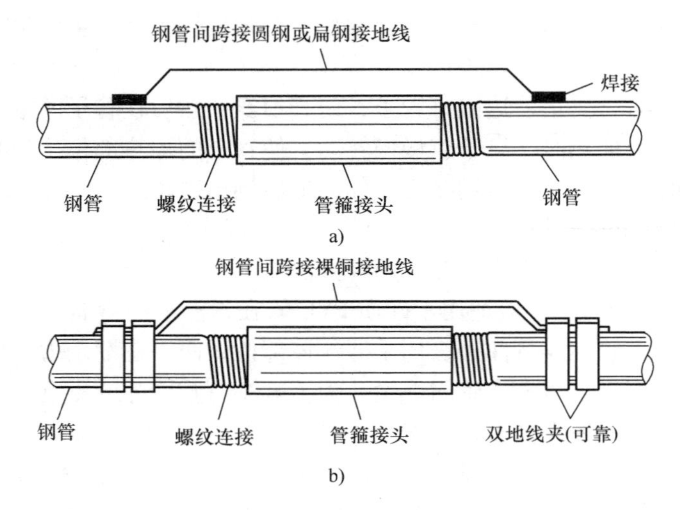

图 16-11 钢管的连接

a）焊圆钢接地线 b）通过地线夹卡接接地线

两把扳手把两个螺母反向拧紧。如果需要密封，则应在两螺母间各垫入封口垫圈。钢管与接线盒的连接也可采用焊接的方法进行。

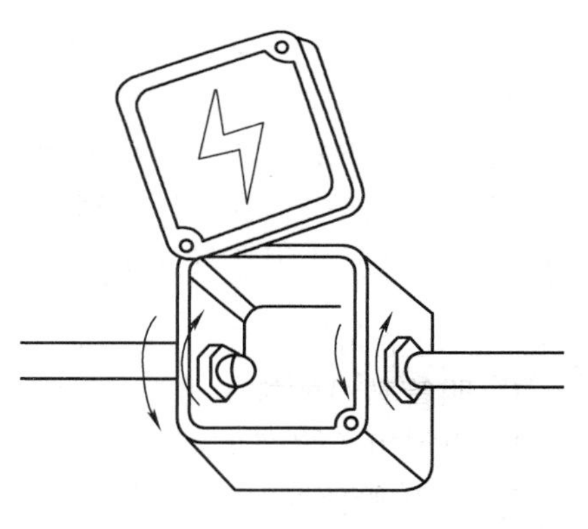

图 16-12 钢管与接线盒的连接

2. 硬质塑料管的连接方法

硬质塑料管的连接有插入法连接和套接法连接两种方法。

1）插入法连接。连接前，先将待连接的两根管子的管口，一个加工成内倒角（作为阴管），另一个加工成外倒角（作为阳管），如图 16-13a 所示。然后用汽油或酒精把管子的插接段的油污擦干净，接着将阴管插接段（长度为 1.2～1.5 倍管子直径）放在电炉或喷灯上加热至呈柔软状态后，将阳管插入部分涂一层黏结剂，然后迅速插入阴管，并立即用湿布冷却，使管子恢复原来的硬度，如图 16-13b 所示。

2）套接法连接。连接前，先将同径的硬质塑料管加热扩大成套管（或选择一种内径合适的硬质塑料管作为套管），套管长度为 2.5～3 倍的管子直径，然后把需要连接的两根管端倒角，并用汽油或酒精擦干净，待汽油挥发后，涂上黏结剂，再迅速插入套管中，如图 16-14 所示。

16.4.4 明管敷设

明管配线施工方法，一般分沿墙、跨柱、穿楼板敷设，支架安装、吊装和沿轻钢龙骨安装。明配管路的敷设应呈水平或垂直状态，其允许偏差，2m 以内为

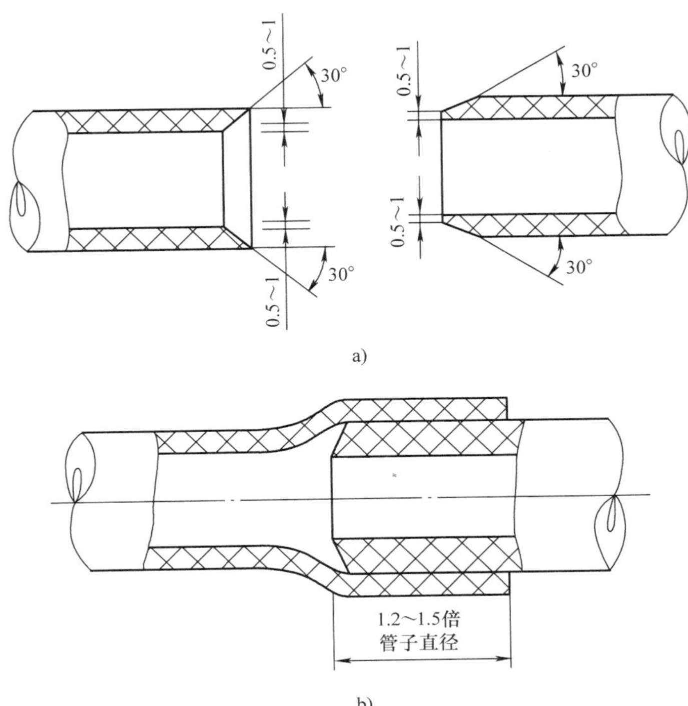

图 16-13　硬质塑料管的插入法连接

a）管口倒角　b）插入法连接

3mm，全长允许偏差不应超过管子内径的一半。固定金属管一般使用管卡。

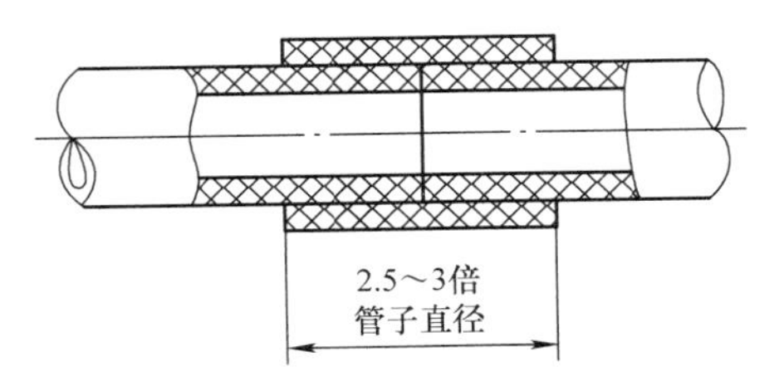

图 16-14　硬质塑料管的套接法连接

1. 明管敷设的施工步骤

1）确定电气设备的安装位置。

2）画出管路交叉位置和管路中心线。

3）埋设木砖。

4）把线管按建筑结构形状弯曲。

5）铰制钢管螺纹。

6）将线管、开关盒、接线盒等装配连接成一整体进行安装。

7）将钢管接地。

2. 明管敷设的方法

明管用吊装、沿墙安装或支架敷设时，固定点的距离应均匀，管卡与终端、转弯中点、电气器具或接线盒边缘的距离为 150 ~500mm。中间固定点的最大允许距离应根据线管的材质、直径和壁厚而定，一般为 1. 5 ~2. 5m。

1）明管沿墙拐弯时，不可将管子弯成直角或折角弯，应弯成圆弧弯，如图 16-15a所示，同理线管引入接线盒等设备的做法如图 16-15b 所示。

2）电线管在拐角时，要用拐角盒，做法如图 16-16 所示。

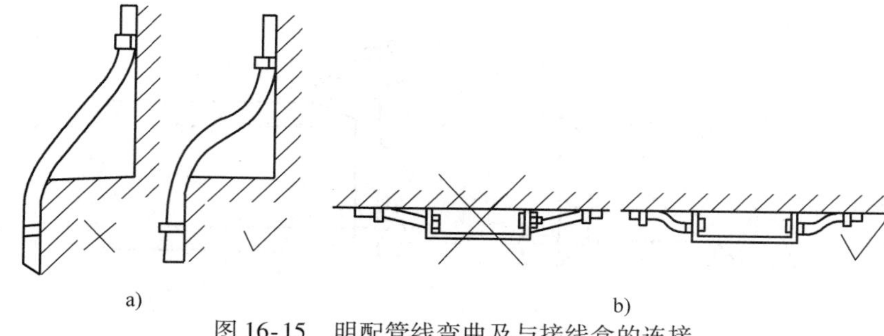

图 16-15　明配管线弯曲及与接线盒的连接

a）明配管的弯曲　b）明配管的管子与接线盒的连接

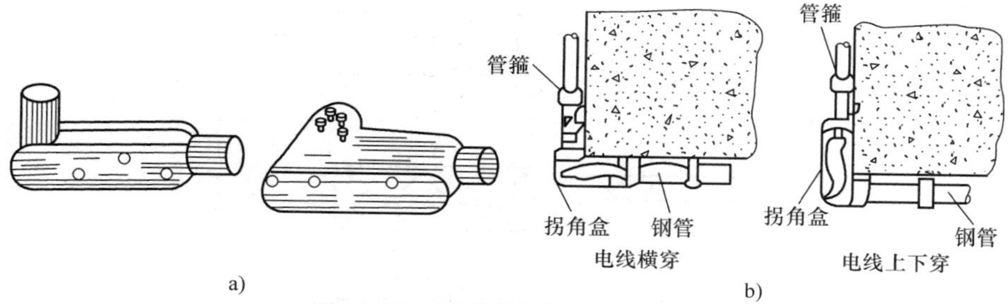

图 16-16　明配管在拐角处的做法

a）拐角盒　b）在拐角处的做法

3）明管配线沿墙过伸缩缝时，需用过线盒连接，并且导线在过线盒内应留有裕度，以保证当温度变化时建筑物的伸缩不致拉断导线。

4）明管沿墙面敷设，用管卡子固定，其做法如图 16-17 所示。

5）对于较粗或多根明管的敷设可采用支架敷设的方法，其做法如图 16-18 所示。

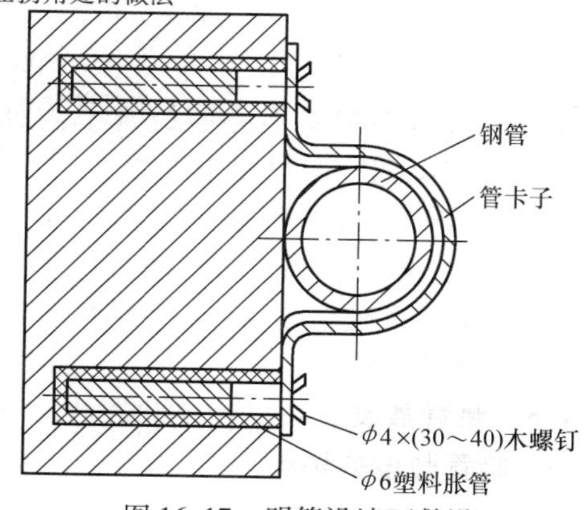

图 16-17　明管沿墙面敷设

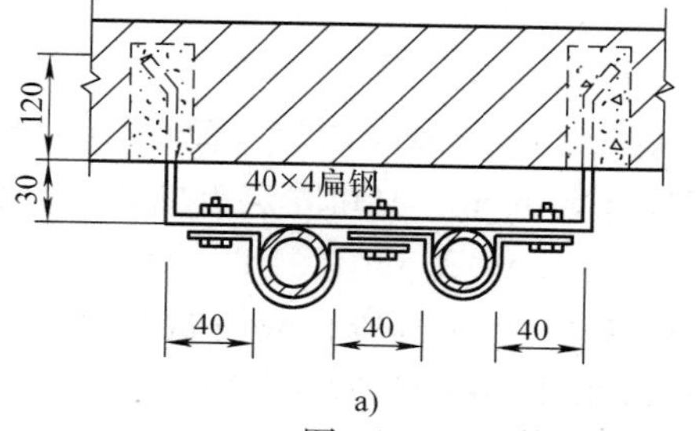

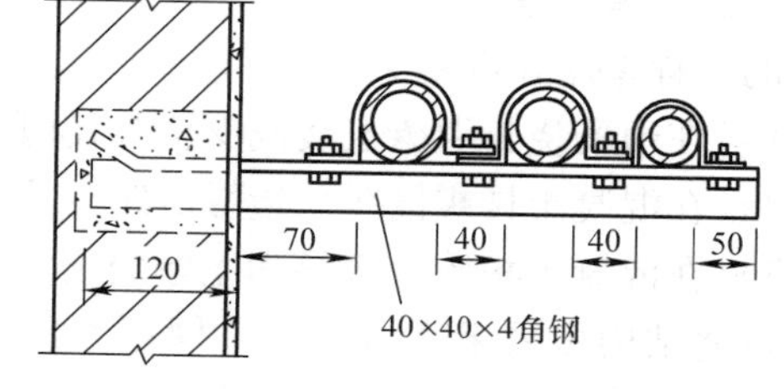

图 16-18　双管扁钢支架、多根管的角钢支架做法

a）双管扁钢支架　b）多根管的角钢支架

6）对于较粗或多根明管的敷设也可采用吊装敷设，其做法如图 16-19 所示。

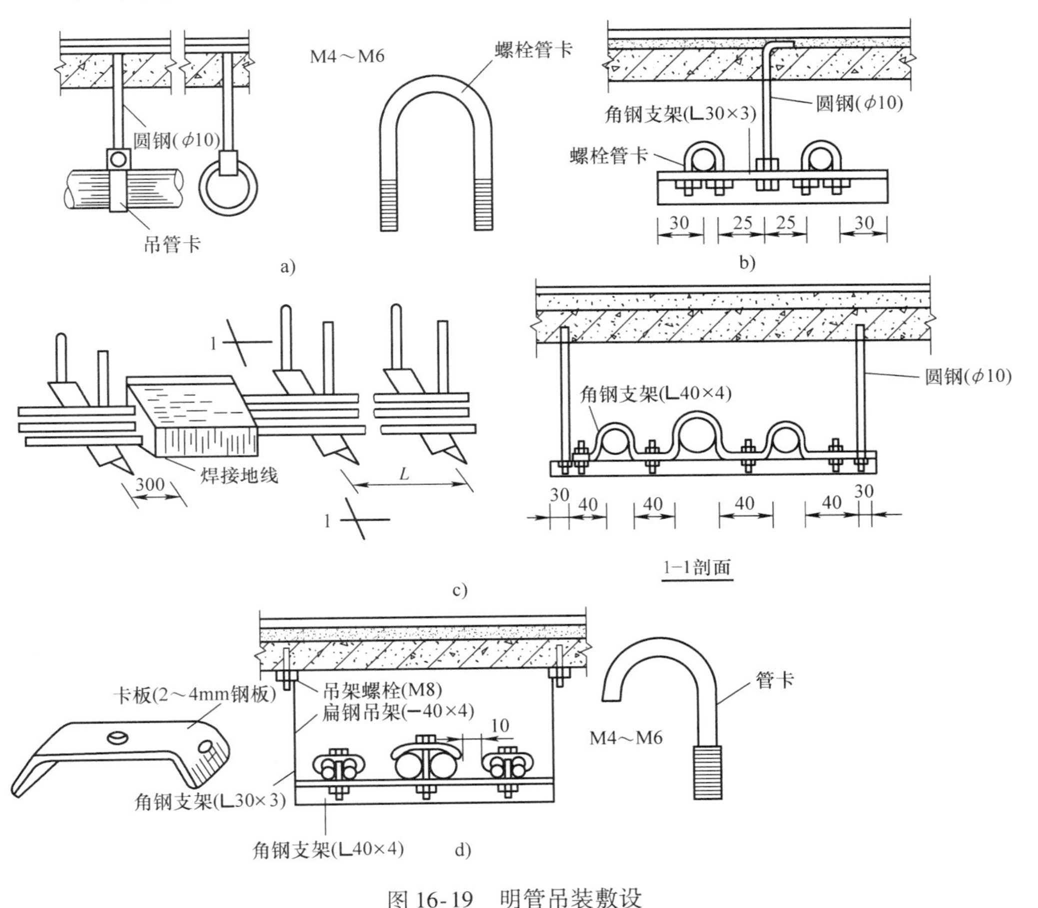

图 16-19　明管吊装敷设

a）单管吊装　b）双管吊装　c）三管吊装　d）多管吊装

16.4.5　暗管敷设

1. 暗管敷设的种类

暗管敷设应与土建施工密切配合；暗配的电线管路应沿最近的路线敷设，并应减少弯曲；**埋入墙或混凝土内的管子，离建筑物表面的净距离应大于 15mm**。暗管配线的工程多用在混凝土建筑物内，其施工方法有三种：

1）在现场浇筑混凝土构件时埋入线管。

2）在混凝土楼板的垫层内埋入线管。

3）在混凝土板下的天棚内埋入线管。

现浇结构多采用第一种施工方法，在进行土建施工中预埋钢管。在预制板上配管或管的外表面离混凝土表面小于 15mm 时，采用第二种方法。当混凝土板下有顶棚，且顶棚距混凝土板有足够的距离时，可采用第三种方法。

2. 暗管敷设的步骤

1）确定设备（灯头盒、接线盒和配管引上、引下）的位置。

2）测量敷设线路长度。

3）配管加工（锯割、弯曲、套螺纹）。

4）将管与盒按已确定的安装位置连接起来。

5）将管口堵上木塞或废纸，将盒内填满木屑或废纸，防止进入水泥砂浆或杂物。

6）检查是否有管、盒遗漏或设位错误。

7）将管、盒连成整体固定于模板上（最好在未绑扎钢筋前进行）。

8）在管与管和管与箱、盒连接处，焊上接地线，使金属外壳连成一体。

3. 对埋地钢管的技术要求

对于埋地敷设的钢管，管径应不小于20mm，埋入地下的电线管路不宜穿过设备基础；在穿过建筑物基础时，应再加保护管保护。**穿过大片设备基础时，管径应不小于25mm。**

4. 钢管暗敷示意图

在钢管暗敷的施工时，先确定好钢管与接线盒的位置，在配合土建施工中，将钢管与接线盒按已确定的位置连接起来，并在管与管、管与接线盒的连接处，焊上接地跨接线，使金属外壳连成一体。钢管暗敷示意图如图16-20所示。

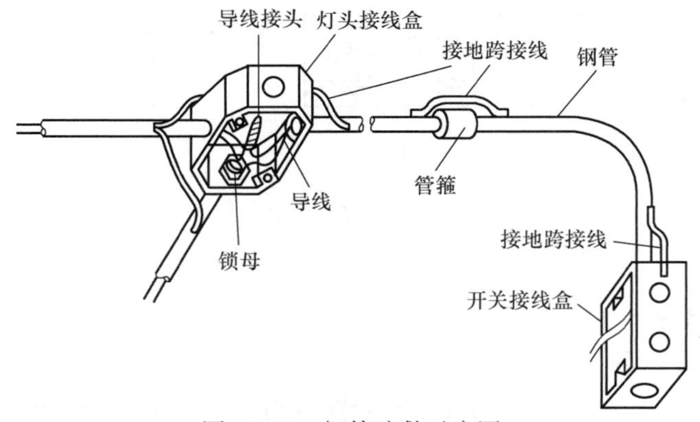

图16-20 钢管暗敷示意图

5. 暗管在现浇混凝土楼板内的敷设

1）线管在混凝土内暗敷设时，可用铁丝将管子绑扎在钢筋上，也可用钉子钉在模板上，用垫块将管子垫高15mm以上，使管子与混凝土模板间保持足够的距离，并防止浇灌混凝土时管子脱开，如图16-21所示。

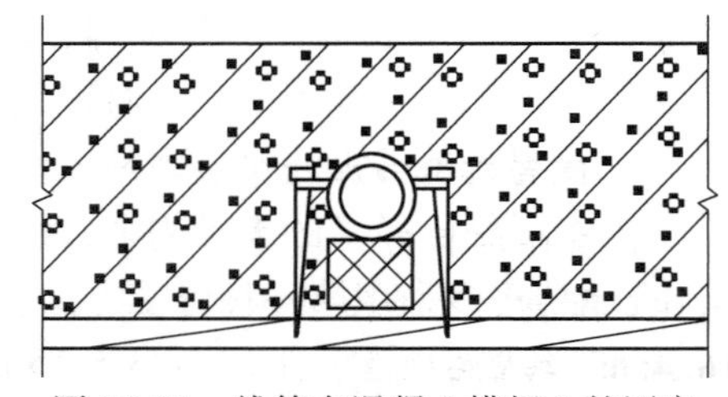

图16-21 线管在混凝土模板上的固定

2）灯头盒可用铁钉固定或用铁丝缠绕在铁钉上，如图 16-22 所示。灯头盒在现浇混凝土楼板内的安装如图 16-23 所示。

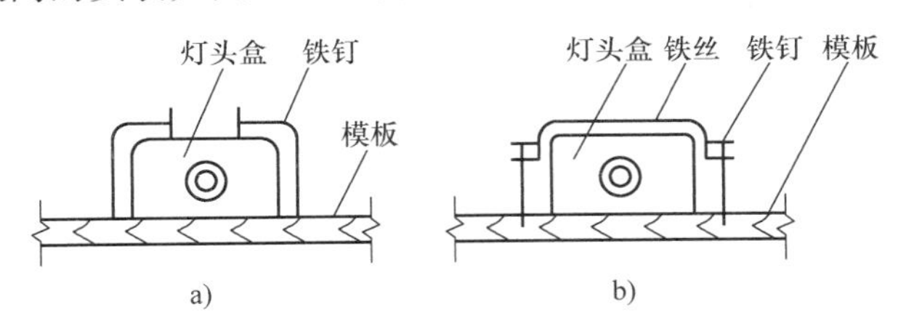

图 16-22　灯头盒在模板上固定

a）用铁钉固定　b）用铁丝、铁钉固定

6. 暗管在现浇混凝土楼板垫层内的敷设

钢管在楼板内敷设时，管外径与楼板厚度应配合。**当楼板厚度为 80mm 时，管外径不应超过 40mm；当楼板厚度为 120mm 时，管外径不应超过 50mm。**若管径大于上述尺寸，则钢管应该为明敷或将管子埋在楼板的垫层内。

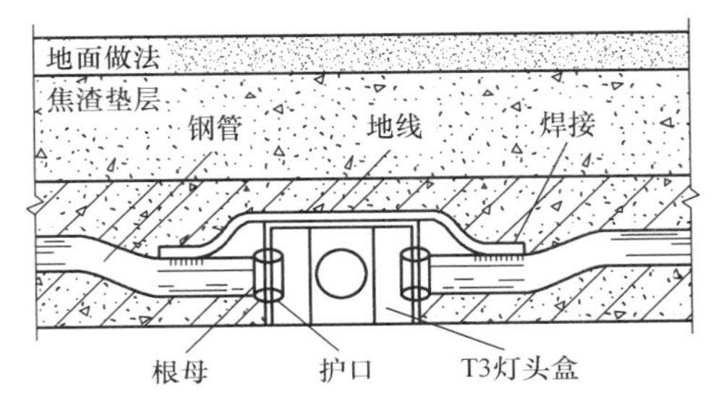

图 16-23　灯头盒在现浇混凝土楼板内的安装

在楼板的垫层内配管时，对接线盒需在浇灌混凝土前放木砖，以便留出接线盒的位置。当混凝土硬化后再把木砖拆下，然后进行配管。配管完毕后，焊好地线。当垫层是焦渣垫层时，应先用水泥砂浆对配管进行保护，再铺焦渣垫层作为地面；如果垫层就是水泥砂浆地面层，就不需对配管再保护了。钢管在现浇楼板垫层内敷设如图 16-24 所示。

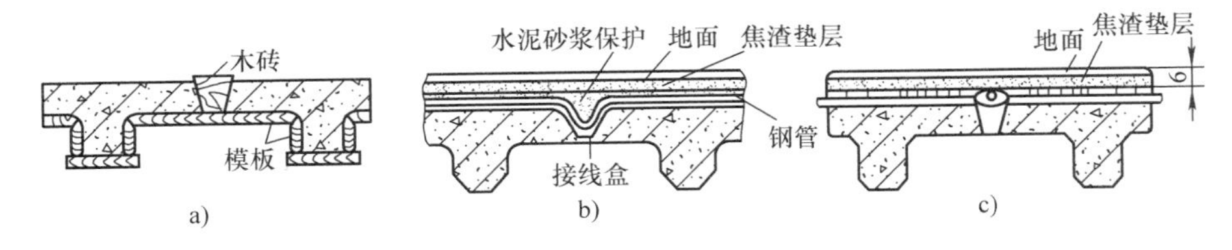

图 16-24　钢管在现浇楼板垫层内敷设

a）在未灌混凝土前埋设木砖　b）配管进接线盒　c）配管不弯曲

7. 暗管在预制板内的敷设

暗管在预制板内敷设的方法与上述方法相似，但接线盒的位置要在楼板上定位凿孔。配管时不要搞断钢筋，其做法如图 16-25 和图 16-26 所示。

16.4.6　线管的穿线

1）在穿线前，应先将管内的积水及杂物清理干净。

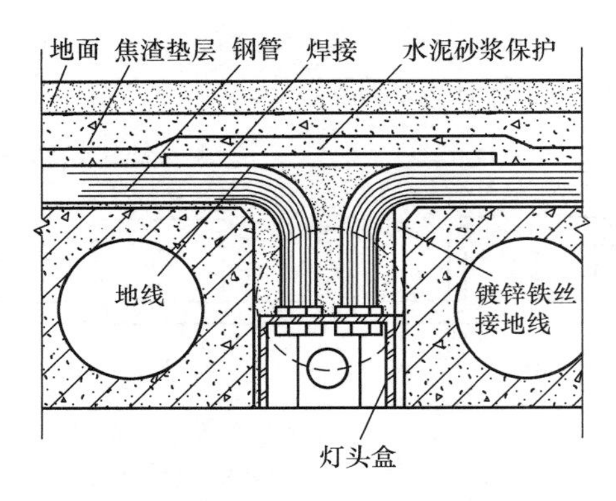

图 16-25　在预制多孔楼板上配管

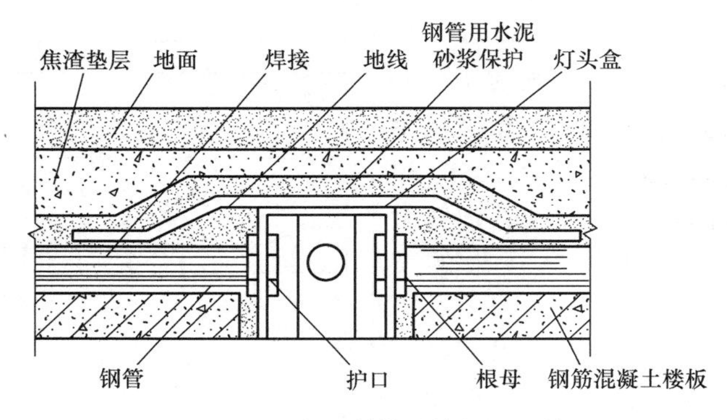

图 16-26　在预制槽形楼板上配管

2）选用 $\phi1.2$mm 的钢丝作为引线，当线管较短且弯头较少时，可把钢丝引线由管子一端送向另一端；如果弯头较多或线路较长，将钢丝引线从管子一端穿入另一端有困难时，可从管子的两端同时穿入钢丝引线，此时引线端应弯成小钩，如图 16-27所示。当钢丝引线在管中相遇时，用手转动引线使其钩在一起，然后把一根引线拉出，即可将导线穿入管内。

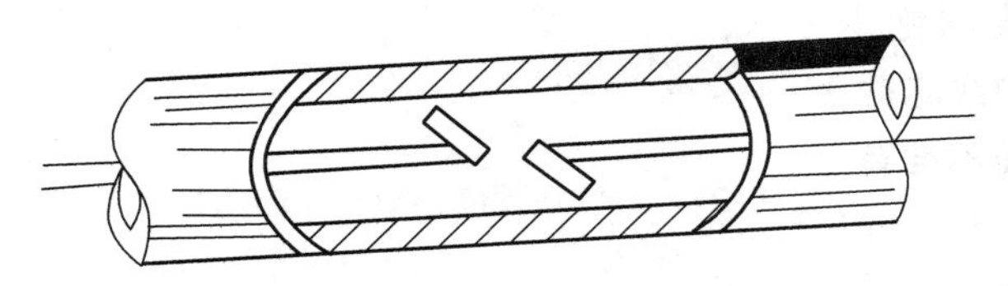

图 16-27　管两端穿入钢丝引线

3）导线穿入线管前，在线管口应先套上护圈，接着按线管长度与两端连接所需的长度余量之和截取导线，削去两端绝缘层，同时在两端头标出同一根导线的记号。再将所有导线按图 16-28 所示的方法与钢丝引线缠绕，一个人将导线理成平行束并往线管内输送，另一个人在另一端慢慢抽拉钢丝引线，如图 16-29 所示。

图 16-28　导线与引线的缠绕

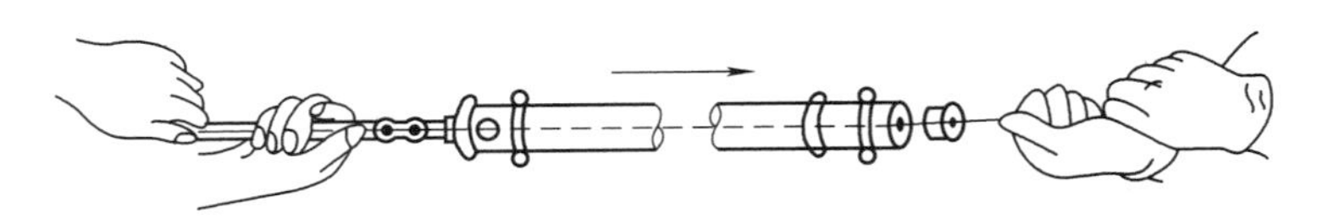

图 16-29　导线穿入管内的方法

4）在穿线过程中，如果线管弯头较多或线路较长，穿线发生困难时，可使用滑石粉等润滑材料来减小导线与管壁的摩擦，便于穿线。

5）如果多根导线穿管，为防止缠绕处外径过大在管内被卡住，应把导线端部剥出线芯，斜错排开，与引线钢丝一端缠绕接好，然后再拉入管内，如图 16-30 所示。

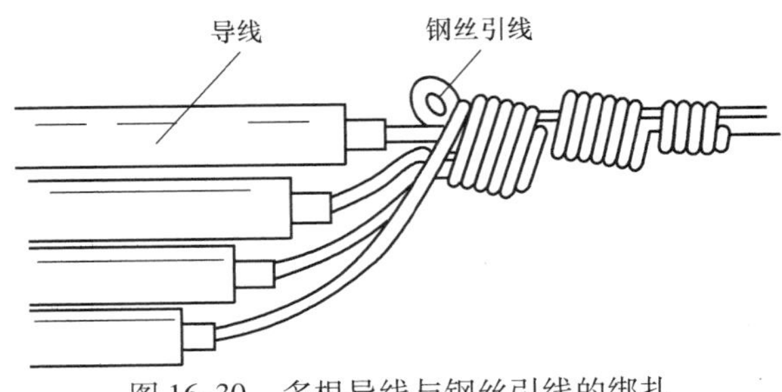

图 16-30　多根导线与钢丝引线的绑扎

16.4.7　线管配线的注意事项

1）管内导线的绝缘强度不应低于 500V。**铜导线的线芯截面积不应小于 $1mm^2$，铝导线的线芯截面积不应小于 $2.5mm^2$**。

2）**管内导线不准有接头，也不准穿入绝缘破损后经过包缠恢复绝缘的导线。**

3）不同电压和不同回路的导线不得穿在同一根钢管内。

4）**管内导线一般不得超过 10 根**。多根导线穿管时，导线的总截面（包括绝缘层）不应超过线管内径截面积的 40%。

5）钢管的连接通常采用螺纹连接；硬塑料管可采用套接或焊接。敷设在含有对导线绝缘有害的蒸气、气体或多尘房屋内的线管以及敷设在可能进入油、水等液体的场所的线管，其连接处应密封。

6）采用钢管配线时必须接地。

7）管内配线应尽可能减少转角或弯曲，转角越多，穿线越困难。为便于穿线，规定线管超过下列长度，必须加装接线盒。

① 无弯曲转角时，不超过45m。

② 有一个弯曲转角时，不超过30m。

③ 有两个弯曲转角时，不超过20m。

④ 有三个弯曲转角时，不超过12m。

8）在混凝土内暗敷设的线管，必须使用壁厚为3mm以上的线管；当线管的外径超过混凝土厚度的$\frac{1}{3}$时，不得将线管埋在混凝土内，以免影响混凝土的强度。

9）采用硬塑料管敷设时，其方法与钢管敷设基本相同。但明管敷设时还应注意以下几点：

① 管径在20mm及以下时，管卡间距为1m。

② 管径在25～40mm及以下时，管卡间距为1.2～1.5m。

③ 管径在50mm及以上时，管卡间距为2m。

硬塑料管也可在角铁支架上架空敷设，支架间距不能大于上述距离要求。

10）管内穿线困难时应查找原因，不得用力强行穿线，以免损伤导线的绝缘层或线芯。

11）配管遇到伸缩、沉降缝时，不可直接通过，必须进行相应处理，采取保护措施；暗敷于地下的管路不宜穿过设备基础，必须穿过设备基础时，要添加保护管。

12）绝缘导线不宜穿金属管在室外直接埋地敷设。如必须穿金属管埋地敷设时，要做好防水、防腐蚀处理。

16.5 钢索配线

16.5.1 钢索配线的一般要求

1）室内的钢索配线采用绝缘导线明敷时，应采用瓷夹、塑料夹、鼓形绝缘子或针式绝缘子固定；采用护套绝缘导线、电缆、金属管或硬塑料管配线时，可直接固定在钢索上。

2）室外的钢索配线采用绝缘导线明敷时，应选用耐气候型绝缘导线以防止绝缘层过快老化，并应采用鼓形绝缘子或针式绝缘子固定；采用电缆、金属管或硬塑料管配线时，可直接固定在钢索上。

3）为确保钢索连接可靠，钢索与终端拉环应采用心形环连接；钢索固定件应镀锌或涂防腐漆；固定用的线卡不应少于2个；钢索端头应采用镀锌铁丝扎紧。

4）为保证钢索张力不大于钢索允许应力，钢索中间固定点间距不应大于12m，跨距较大的应在中间增加支持点；中间固定点吊架与钢索连接处的吊钩深度不应小于20mm，并应设置防止钢索跳出的锁定装置，以防钢索因受到外界干扰而发生跳脱，造成钢索张力加大，导致钢索拉断。

5）钢索的弛度大小可通过花篮螺栓进行调整，其大小直接影响钢索的张力。为保证钢索在允许的安全强度下正常工作，并使钢索终端固定牢固，当钢索长度为 50m 及以下时，可在其一端装花篮螺栓；当钢索长度大于 50m 时，两端均应装设花篮螺栓。图 16-31 为用花篮螺栓收紧钢索的示意图。

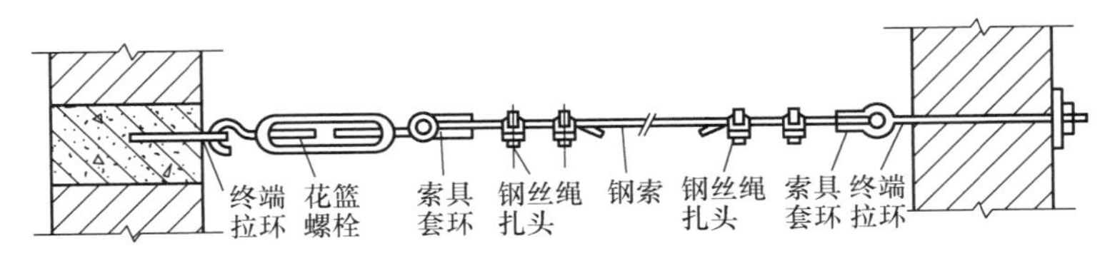

图 16-31　钢索在墙上安装示意图

6）由于钢索的弛度影响到配线的质量，故在钢索上敷设导线及安装灯具后，钢索的弛度不宜大于 100mm。若弛度太小，可能会拉断钢索；弛度太大会影响到配线质量，可在中间增加吊钩。

7）钢索上绝缘导线至地面的距离，在室内时应不小于 2.5m。

8）为防止因配线造成钢索带电，影响安全用电，钢索应可靠接地。

9）为确保钢索配线固定牢靠，其支持件间和线间距离应符合表 16-4 中的规定。

表 16-4　钢索配线支持件间和线间距离　（单位：mm）

配线类别	支持件之间最大距离	支持件与灯头盒之间最大距离	线间最小距离
钢管	1500	200	—
硬质塑料管	1000	150	—
塑料护套线	200	100	—
瓷鼓配线	1500	100	35

16.5.2　钢索吊管配线的安装

钢索吊管配线一般用扁钢吊卡将钢管或硬质塑料管以及灯具吊装在钢索上，安装方法如图 16-32 所示。

1）按设计要求确定灯具和接线盒的位置，钢管或硬质塑料管支持点的最大距离应符合表 16-4 的要求。

2）按各段管长进行选材，钢管或电线管使用前应调直，然后进行切断、套丝和煨弯等线管加工。

3）在吊装钢管布管时，应先按照先干线后支线的顺序进行，把加工好的管子从始端到终端按顺序连接，管子与接线盒的丝扣应拧牢固，用扁钢卡子将线管逐段与钢索固定。

4）扁钢吊卡的安装应垂直、平整牢固、间距均匀。吊装灯头盒和管道的扁钢

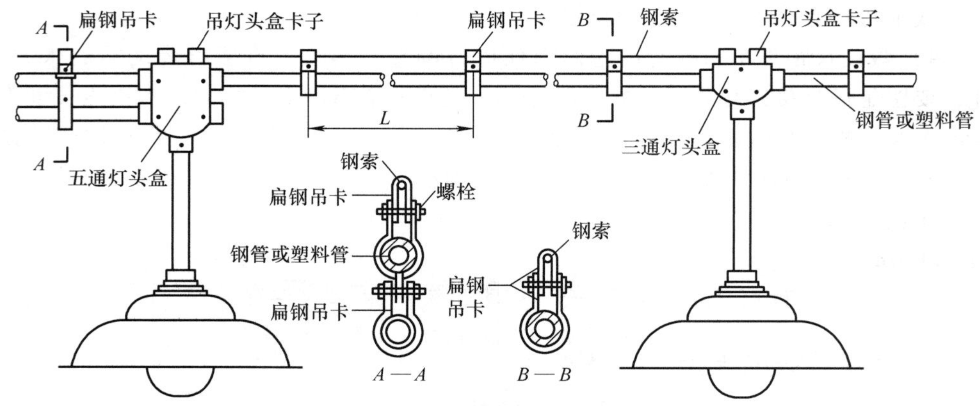

图 16-32 钢索吊管配线安装示意图

卡子宽度不应小于 20mm，吊装灯头盒的卡子数不应小于 2 个。

5）将配管逐段固定在扁钢卡上，并做好整体接地。在灯盒两端若是金属管，应用跨接地线焊接，保证配管连续性，如用硬质塑料管配线则无须焊接地线，且灯头盒改用塑料灯头盒。

6）进行管内穿线，并连接导线和安装灯具。

16.5.3 钢索吊塑料护套线配线的安装

钢索吊塑料护套配线采用铝片线卡将塑料护套线固定在钢索上，用塑料接线盒和接线盒安装钢板将照明灯具吊装在钢索上，如图 16-33 所示。

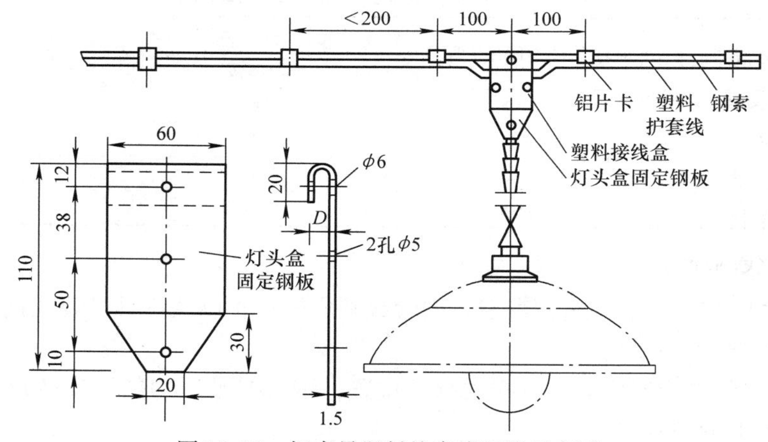

图 16-33 钢索吊塑料护套线配线示意图

1）按图 16-33 所示要求加工制作接线盒固定钢板。

2）按设计要求在钢索上确定灯位，把接线盒的固定钢板吊挂在钢索的灯位处，将塑料接线盒底部与固定钢板上的安装孔连接牢固。

3）敷设短距离护套线时，可测量出两灯具间的距离，留出适当的余量，将塑料护套线按段剪断，调直后卷成盘。敷线从一端开始，用一只手托线，另一只手用铝片线卡将护套线平行卡吊于钢索上。

4）敷设长距离塑料护套线时，将护套线展开并调直后，在钢索两端做临时绑扎，要留足灯具接线盒处导线的余量，长度过长时中间部位也应做临时绑扎，再把导线吊起。根据最大距离的要求，用铝片线卡把护套线平行卡吊于钢索上。

5）为确保钢索吊装护套线固定牢固，在钢索上用铝片线卡固定护套线，应均匀分布线卡间距，**线卡距灯头盒间的最大距离为 100mm；线卡之间最大间距为 200mm**。

6）敷设后的护套线应紧贴钢索，无垂度、缝隙、扭劲、弯曲和损伤。

16.6　绝缘导线的连接

16.6.1　导线接头的基本要求

在配线过程中，因出现线路分支或导线太短，经常需要将一根导线与另一根导线连接。在各种配线方式中，导线的连接除了针式绝缘子、鼓式绝缘子、蝶式绝缘子配线可在布线中间处理外，其余均需在接线盒、开关盒或灯头盒内等处理。导线的连接质量对安装的线路能否安全可靠运行影响很大。常用的导线连接方法有绞接、绑接、焊接、压接和螺栓连接等。其基本要求如下：

1）剥削导线绝缘层时，无论用电工刀或剥线钳，都不得损伤线芯。

2）接头应牢固可靠，其机械强度不应小于同截面积导线的 80%。

3）连接电阻要小。

4）绝缘要良好。

16.6.2　单芯铜线的连接

1. 用绞接法进行单芯铜线的连接

根据导线截面积的不同，单芯铜导线的连接常采用绞接法和绑接法。

绞接法适用于 $4mm^2$ 及以下的小截面积单芯铜线直线连接和分线（支）连接。绞接时，先将两线相互交叉，同时将两线芯互绞 2～3 圈后，再扳直与连接线成 90°，将导线两端分别在另一线芯上紧密地缠绕 5 圈，余线割弃，使端部紧贴导线，如图 16-34a 所示。

双线芯连接时，两个连接处应错开一定距离，如图 16-34b 所示。

单芯丁字分线连接时，将导线的线芯与干线交叉，一般先粗卷 1～2 圈或打结以防松脱，然后再密绕 5 圈，如图 16-34c、d 所示。

单芯线十字分线绞接方法如图 16-34e、f 所示。

2. 用绑接法进行单芯铜线的连接

绑接法又称缠卷法。分为加辅助线和不加辅助线两种，一般适用于 $6mm^2$ 及以上的单芯线的直线连接和分线连接。

连接时，先将两线头用钳子适当弯起，然后并在一起。加辅助线（即一根同径线芯）后，一般使用一根 $1.5mm^2$ 的裸铜线做绑线，从中间开始缠绑，缠绑长度

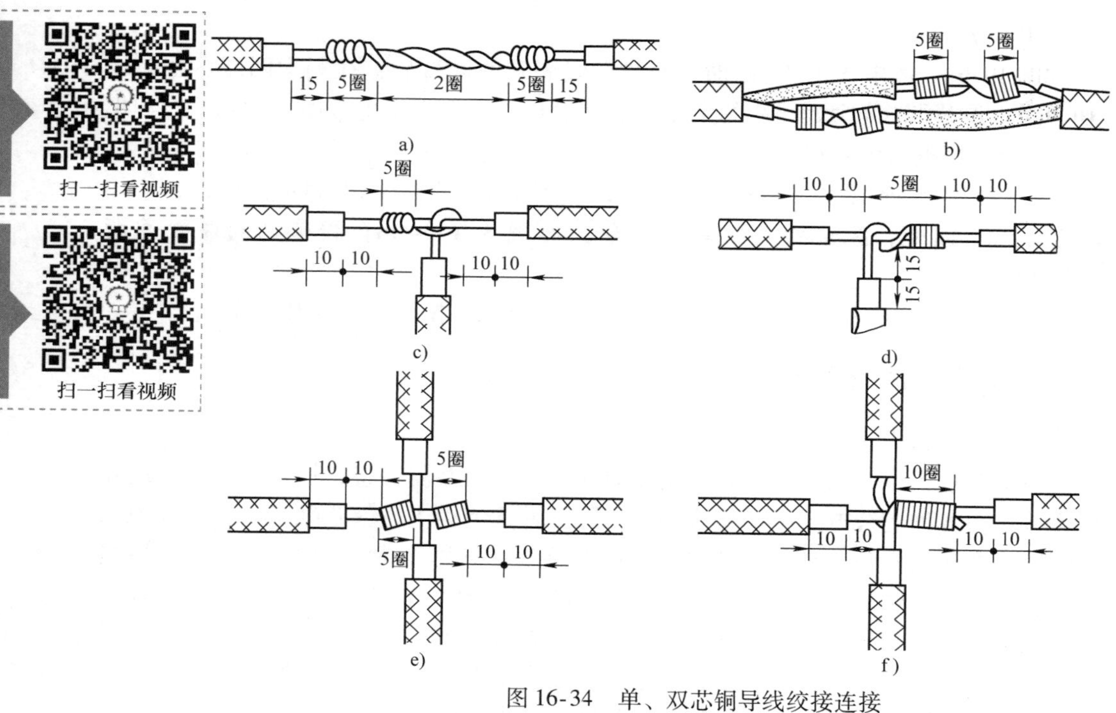

图 16-34　单、双芯铜导线绞接连接

a）直线中间连接　b）双线芯直线连接　c）丁字打结分线连接　d）丁字不打结分线连接　e）十字分线连接方法一　f）十字分线连接方法二

约为导线直径的 10 倍。两头再分别在一线芯上缠绕 5 圈，余下线头与辅助线绞合 2 圈，剪去多余部分。较细的导线可不用辅助线，如图 16-35a、b 所示。

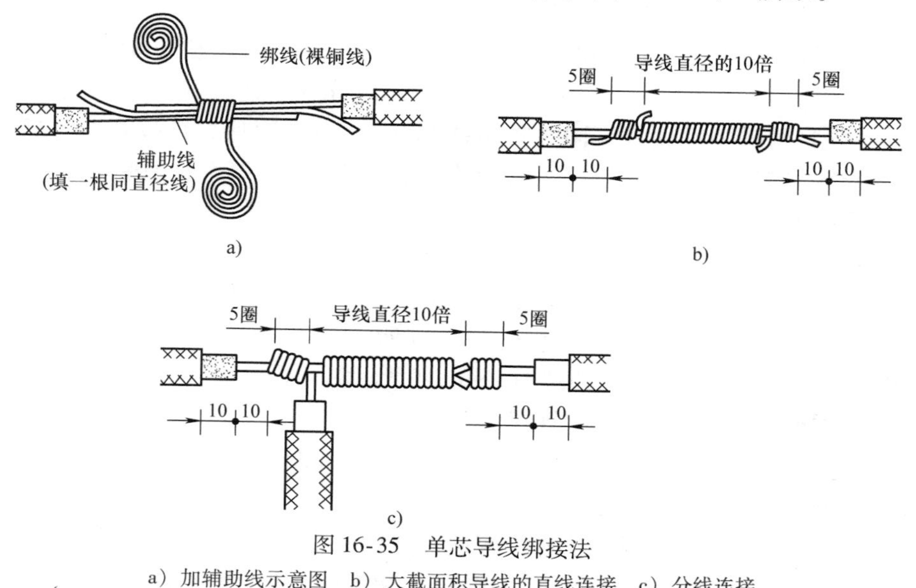

图 16-35　单芯导线绑接法

a）加辅助线示意图　b）大截面积导线的直线连接　c）分线连接

单芯丁字分线连接时，先将分支导线折成 90°紧靠干线，其公卷长度也为导线直径的 10 倍，再单绕 5 圈，如图 16-35c 所示。

16.6.3　多芯铜线的连接

1. 多芯铜线的直线连接

连接时，先剥取导线两端绝缘层，将导线线芯顺次解开，用钳子逐根拉直，剪去中间的一股，并将靠近绝缘层$\frac{1}{3}$长度的线芯绞紧，再将剩余$\frac{2}{3}$部分分散成 30°的伞状，用细砂纸清除氧化膜。再把两个伞状线芯线头隔根对插后合拢，然后取一端的任意两股（或一股），同时缠绕 4 ~5 圈后，再换另外两股缠绕，并把原来两股端部压在线束中。依此类推，直至缠至导线解开点，剪去余下线芯，并用钳子敲平线头。另一侧也同样缠绕，如图 16-36 所示。

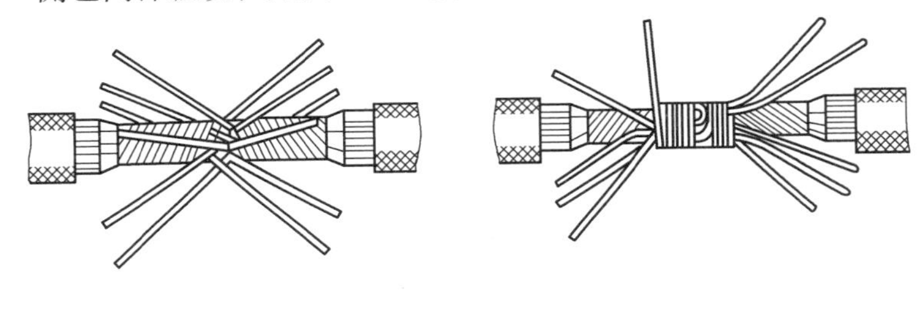

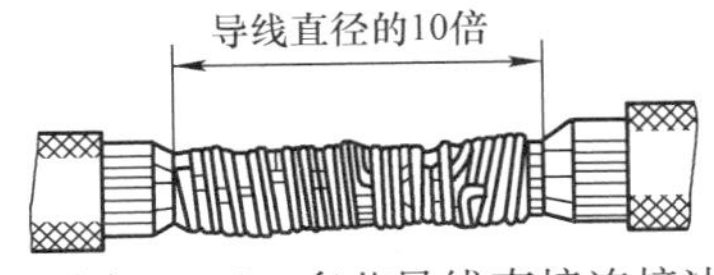

图 16-36　多芯导线直接连接法

2. 多芯铜线的分支连接

分支连接时，先剥去导线两端绝缘层，将分支导线端头散开，拉直分为两股，各曲折 90°，贴在干线下，先取一股，用钳子缠绕 5 圈，余线压在里档或割弃，再调换一根，依此类推，缠至距离绝缘层 15mm 为止。另一侧也按上述方法缠绕，但方向相反，如图 16-37 所示。

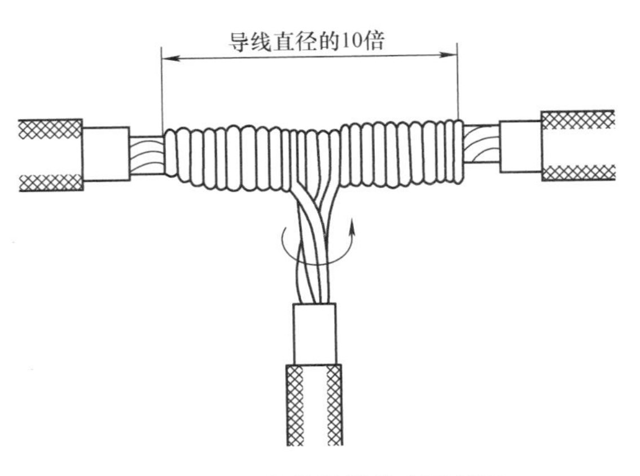

图 16-37　多芯导线分支连接法

16.6.4　单芯铝线的压接

1. 单芯铝线的直线压接

在室内配线工程中，对于 $10mm^2$ 及以下的单芯铝导线的连接，主要采用铝套管进行局部压接。压接前，先根据导线截面积和连接线根数选用合适的铝套管，再将要连接的两根导线的线芯表面及铝套管内壁氧化膜清除，然后涂上一层中性凡士林油膏，使其与空气隔绝不再氧化。

压接使用的铝套管的截面有圆形和椭圆形两种，如图 16-38a 所示。压接时，先把线芯插入适合线径的铝管内，用端头压接钳将铝管线芯压实，压接后的情况如图 16-38b 所示。铝套管压接规格见表 16-5。

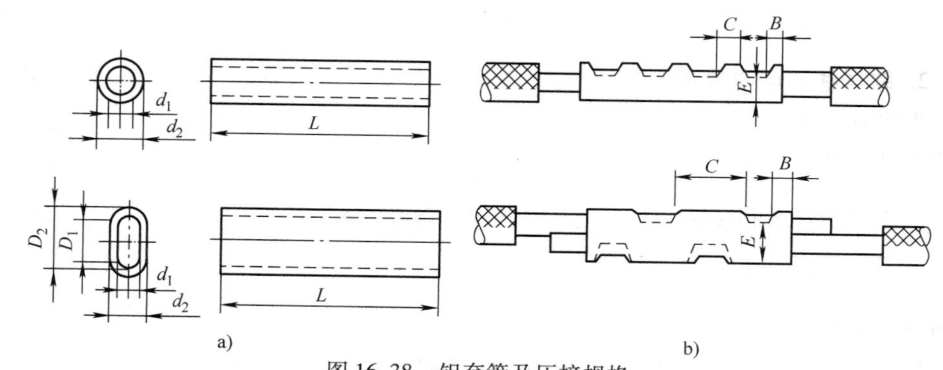

图 16-38　铝套管及压接规格

a）铝套管　b）压接规格

表 16-5　铝套管压接规格表

套管形式	导线截面积 /mm^2	线芯外径 /mm	铝套管尺寸/mm					管压接尺寸 /mm		压后尺寸 E /mm
			d_1	d_2	D_1	D_2	L	B	C	
圆形	2.5	1.76	1.8	3.8			31	2	2	1.4
	4	2.24	2.3	4.7			31	2	2	2.1
	6	2.73	2.8	5.2			31	2	1.5	3.3
	10	3.55	3.6	6.2			31	2	1.5	4.1
椭圆形	2.5	1.76	1.8	3.8	3.6	5.6	31	2	8.8	3.0
	4	2.24	2.3	4.7	4.6	7	31	2	8.4	4.5
	6	2.73	2.8	5.2	5.6	8	31	2	8.4	4.8
	10	3.55	3.6	6.2	7.2	9.8	31	2	8	5.5

当采用圆形管时，将芯线分别在铝套管两端插入，各插到套管的一半处，用压接钳压接成型；当采用椭圆形套管时，应使两线对插后，线头分别露出套管两端 4mm，然后用压接钳压接。要使所有压坑的中心线位于同一条直线上。

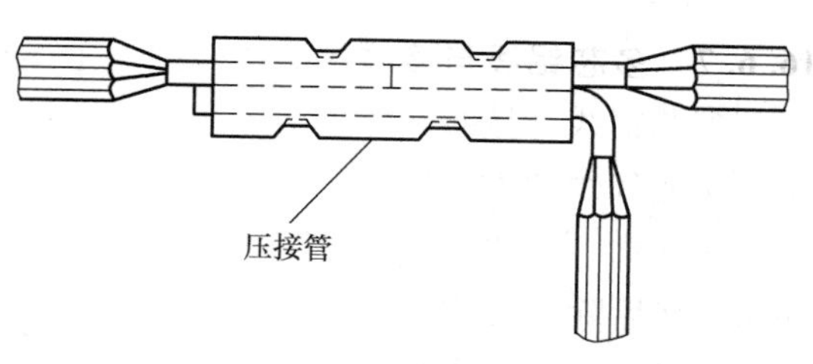

图 16-39　管压法分支连接

2. 单芯铝线的分支压接

单芯铝线的分支和并头连接，均可采用椭圆形铝套管压接，如图 16-39 所示。

16.6.5　不同截面积导线的连接

1. 单芯细导线与单芯粗导线的连接

将细导线在粗导线线头上紧密缠绕 5 ~ 6 圈，弯曲粗导线头的端部，使它压在缠绕层上，再用细导线头缠绕 3 ~ 5 圈，切去余线，钳平切口毛刺，如图 16-40 所示。

2. 软导线与硬导线的连接

先将软导线拧紧。将软导线在单芯导线线头上紧密缠绕 5 ~ 6 圈，弯曲单芯线头的端部，使它压在缠绕层上，以防绑线松脱，如图 16-41 所示。

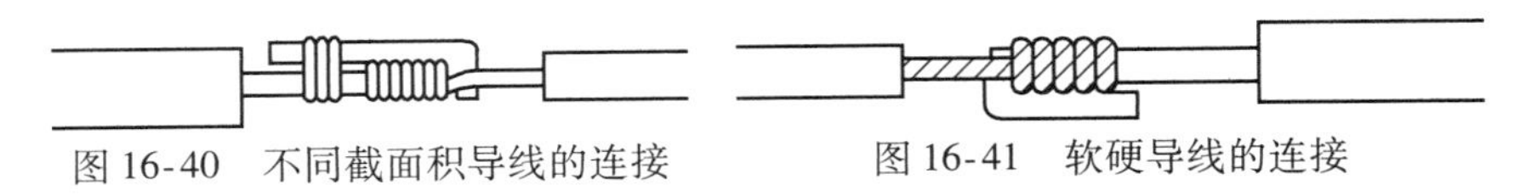

图 16-40　不同截面积导线的连接　　图 16-41　软硬导线的连接

16.6.6　单芯导线与多芯导线的连接

1）在多芯导线的一端，用将多芯导线分成两组，如图 16-42a 所示。

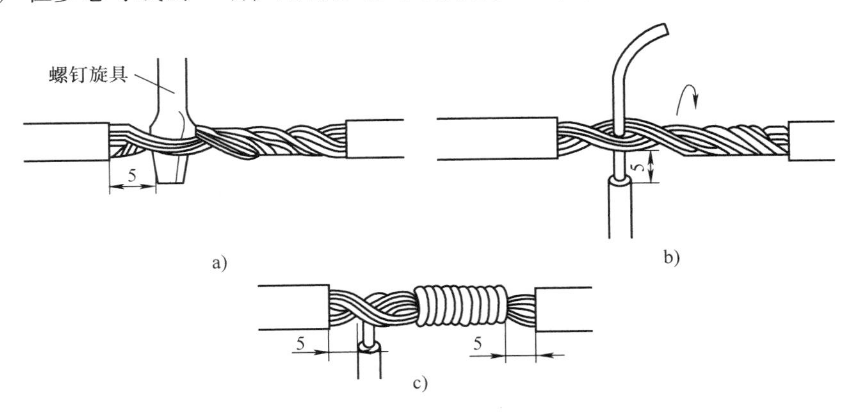

图 16-42　单芯导线与多芯导线的连接

2）将单芯导线插入多芯导线，但不要插到底，应距绝缘切口留有 5mm 的距离，便于包扎绝缘，如图 16-42b 所示。

3）将单芯导线按顺时针方向紧密缠绕 10 圈，然后切断余线，钳平切口毛刺，如图 16-42c 所示。

16.6.7　多芯铝线与接线端子的连接

多芯铝线与接线端子连接，可根据导线截面积选用相应规格的铝接线端子，采用压接或气焊的方法进行连接。

压接前，先剥出导线端部的绝缘，剥出长度一般为接线端子内孔深度再加 5mm。然后除去接线端子内壁和导线表面的氧化膜，涂以凡士林，将线芯插入接线端子内进行压接。先划好相应的标记，开始压接靠近导线绝缘的一个坑，再压另一个坑，压坑深度以上下模接触为宜，压坑在端子的相对位置如图 16-43 及表 16-6

所示。压好后，用锉刀挫去压坑边缘因被压而翘起的棱角，并用砂布打光，再用蘸有汽油的抹布擦净即可。

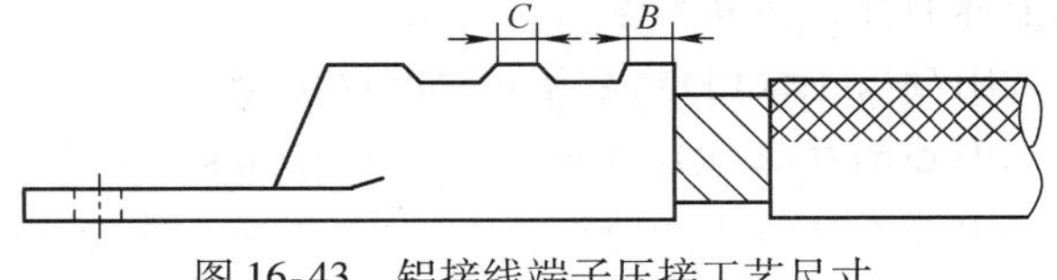

图 16-43 铝接线端子压接工艺尺寸

表 16-6 铝接线端子压接尺寸表 （单位：mm）

导线截面积/mm^2	16	25	35	50	70	95	120	150	185	240
C	3	3	5	5	5	5	5	5	5	6
B	3	3	3	3	3	3	4	4	5	5

16.6.8 单芯绝缘导线在接线盒内的连接

1. 单芯铜导线

连接时，先将连接线端相并合，在距绝缘层 15mm 处用其中的一根芯线在其连接线端缠绕 2 ~4 圈，然后留下适当长度余线剪断折回并压紧，以防线端部扎破所包扎的绝缘层，如图 16-44a 所示。

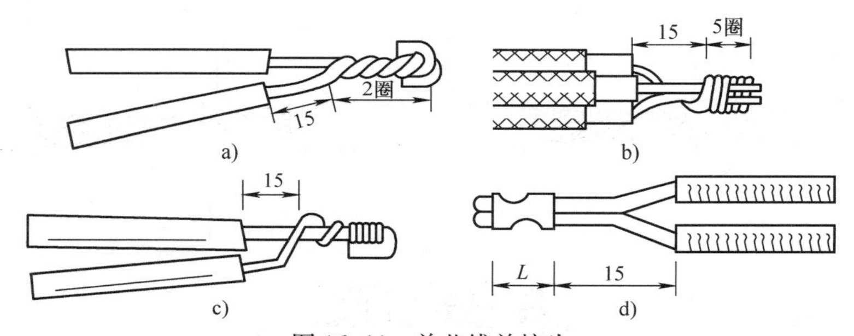

图 16-44 单芯线并接头

a）单芯 2 根铜导线并接头 b）单芯 3 根及以上铜导线并接头

c）异径单芯铜导线并接头 d）单芯铝导线并头管压接

3 根及以上单芯铜导线连接时，可采用单芯线并接方法进行连接。先将连接线端相并合，在距绝缘层 15mm 处用其中的一根线芯，在其连接线端缠绕 5 圈剪断，然后把余下的线头折回压在缠绕线上，最后包扎好绝缘层，如图 16-44b 所示。

注意，在进行导线下料时，应计算好每根短线的长度，其中用来缠绕的线应长于其他线，一般不能用盒内的相线去缠绕并接的导线，这样将会导致盒内导线留头短。

2. 异径单芯铜导线

不同直径的导线连接时先将细线在粗线上距绝缘层 15mm 处交叉，并将线端部向粗线端缠绕 5 圈，再将粗线端头折回，压在细线上，如图 16-44c 所示。注意，如果细导线为软线，则应先进行挂锡处理。

3. 单芯铝导线

在室内配线工程中，对于 $10mm^2$ 及以下的单芯铝导线的连接，主要采用铝套管进行局部压接。压接前，先根据导线截面积和连接线根数选用合适的压接管。再将要连接的两根导线的线芯表面及铝套管内壁氧化膜清除，然后最好涂上一层中性凡士林油膏，使其与空气隔绝不再氧化。压接时，先把线芯插入适合线径的铝管内，用端头压接钳将铝管线芯压实两处，如图 16-44d 所示。

单芯铝导线端头除用压接管并头连接外，还可采用电阻焊的方法将导线并头连接。单芯铝导线端头熔焊时，其连接长度应根据导线截面积大小确定。

16.6.9　多芯绝缘导线在接线盒内的连接

1. 铜绞线

铜绞线一般采用并接的方法进行连接。并接时，先将绞线破开顺直并合拢，用多芯导线分支连接缠绕法弯制绑线，在合拢线上缠绕。其缠绕长度（*A* 尺寸）应为两根导线直径的 5 倍，如图 16-45a 所示。

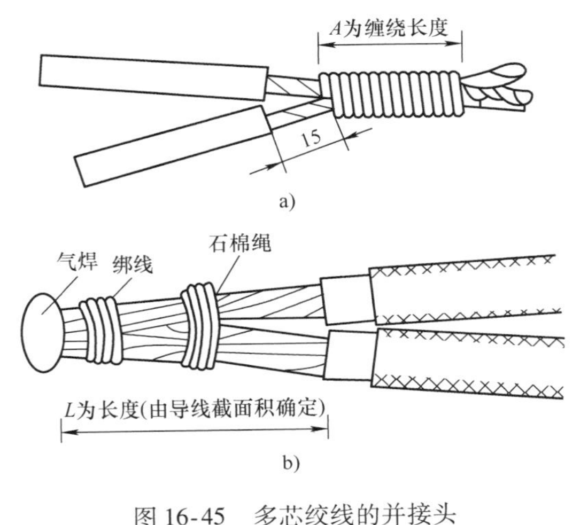

图 16-45　多芯绞线的并接头

a）多芯铜绞线并接头　b）多芯铝绞线气焊接头

2. 铝绞线

多芯铝绞线一般采用气焊焊接的方法进行连接，如图 16-45b 所示。焊接前，一般在靠近导线绝缘层的部位缠以浸过水的石棉绳，以避免焊接时烧坏绝缘层。焊接时，火焰的焰心应离焊接点 2～3mm，当加热至熔点时，即可加入铝焊粉（焊药）。借助焊粉的填充和搅动，使端面的铝芯熔合并连接起来。然后焊枪逐渐向外端移动，直至焊完。

16.6.10　导线与平压式接线桩的连接

在各种用电器和电气设备上，均设有接线桩（又称接线柱）供连接导线使用。

导线与平压式接线桩的连接，可根据线芯的规格，采用相应的连接方法。对于截面积在 $10mm^2$ 及以下的单芯铜导线，可直接与器具的接线端子连接。先把线头弯成羊角圈，羊角圈弯曲的方向应与螺钉拧紧的方向一致（一般为顺时针），且羊角圈的大小及根部的长度要适当。接线时，羊角圈上面依次垫上一个弹簧垫和一个平垫，再将螺钉旋紧即可，如图 16-46 所示。

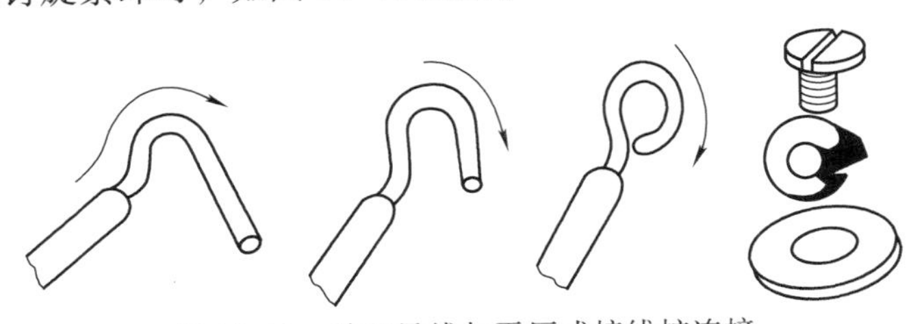

扫一扫看视频

图 16-46　单芯导线与平压式接线桩连接

$2.5mm^2$ 及以下的多芯铜软线与器具的接线桩连接时，先将软线芯做成羊角圈，挂锡后再与接线桩固定。注意，导线与平压式接线桩连接时，导线线芯根部无绝缘层的长度不要太长，根据导线粗细以 1 ~3mm 为宜。多芯导线与平压式接线桩连接如图 16-47 所示。

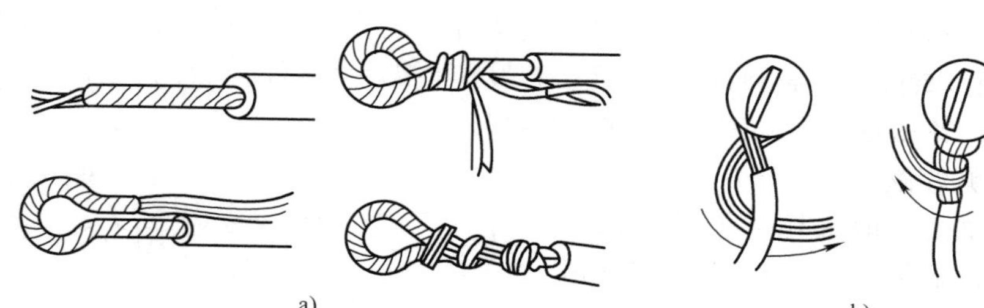

图 16-47　多芯导线与平压式接线桩连接

a）压接圈做法和连接方式一　b）压接圈做法和连接方式二

16.6.11　导线与针孔式接线桩的连接

导线与针孔式接线桩连接时，如果单芯导线与接线桩插线孔大小适宜，则只要把导线插入针孔，旋紧螺钉即可。如果单芯导线较细，则应把线芯折成双根，再插入针孔进行固定，如图 16-48 所示。

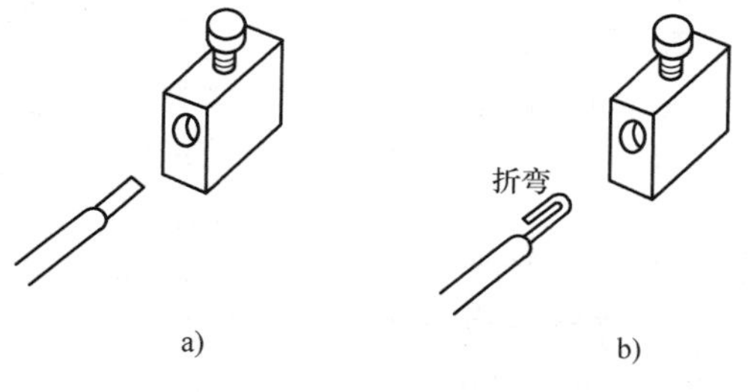

图 16-48　单芯导线与针孔式接线桩连接

a）导线合适　b）导线较细

如果采用的是多芯细丝的软线，必须先将导线绞紧，再插入针孔进行固定，如图 16-49 所示。如果导线较细，可用一根导线在待接导线外部绑扎，也可在导线上面均匀地搪上一层锡后再连接；如果导线过粗，插不进针孔，可将线头剪断几股，再将导线绞紧，然后插入针孔。

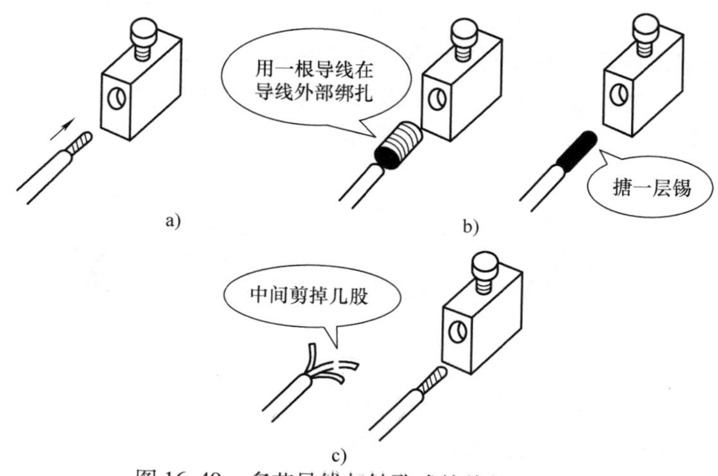

图 16-49　多芯导线与针孔式接线桩的连接

a）导线合适　b）导线较细　c）导线较粗

注意，导线与针孔式接线桩连接时，应使螺钉顶压牢固且不伤线芯。如果用两根螺钉顶压，则线芯必须插到底，以保证两个螺钉都能压住线芯。且要先拧紧前端螺钉，再拧紧另一个螺钉。

16.6.12　导线与瓦形接线桩的连接

瓦形接线桩的垫圈为瓦形。为了不使导线从瓦形接线桩内滑出，压接前，应先将已除去氧化层和污物的线头弯成 U 形，如图 16-50 所示，再卡入瓦形接线桩压接。如果需要把两个线头接入一个瓦形接线桩内，则应使两个弯成 U 形的线头相重合，再卡入接线桩内，进行压接。

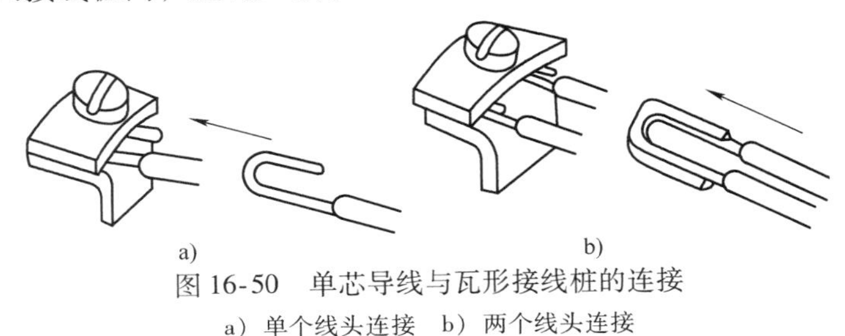

图 16-50　单芯导线与瓦形接线桩的连接

a）单个线头连接　b）两个线头连接

16.6.13　导线连接后绝缘带的包缠

1. 导线直线连接后绝缘带的包缠方法

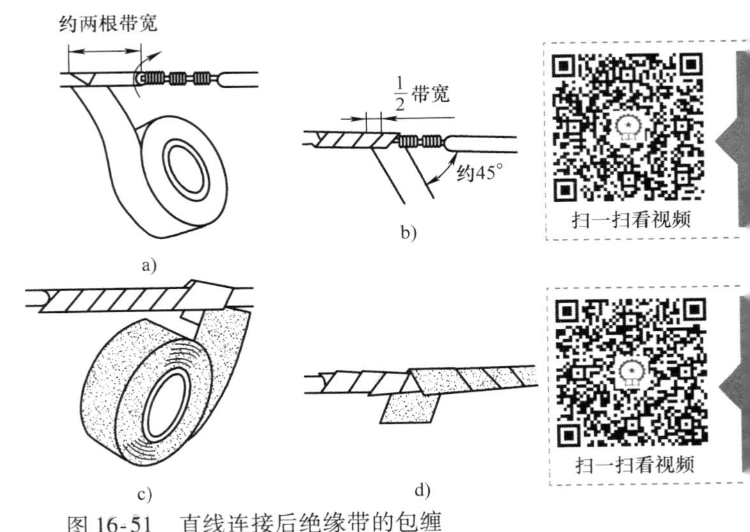

图 16-51　直线连接后绝缘带的包缠

绝缘带的包缠一般采用斜叠法，使每圈压叠带宽的半幅。包缠时，先将黄蜡带从导线左边完整的绝缘层上开始包缠，包缠两根带宽后方可进入无绝缘层的芯线部分，如图 16-51a所示。另外，黄蜡带与导线应保持约 45°的倾斜角，每圈压叠带宽的$\frac{1}{2}$，如图 16-51b 所示。

包缠一层黄蜡带后，将黑胶布接在黄蜡带的尾端，按另一斜叠方向包缠一层黑胶布，也要每圈压叠带宽的$\frac{1}{2}$，如图 16-51c、d 所示。绝缘带的终端一般还要再反向包缠2 ~3 圈，以防松散。

使用绝缘带恢复导线绝缘的注意事项如下：

1）用于 380V 线路上的导线恢复绝缘时，应先包缠 1 ~2 层黄蜡带，然后再包缠一层黑胶布。

2）用于220V线路上的导线恢复绝缘时，应先包缠一层黄蜡带，然后再包缠一层黑胶布；也可只包缠两层黑胶布。

3）包缠时，要用力拉紧，使之包缠紧密坚实，不能过疏，更不允许露出芯线，以免造成触电或短路事故。

4）绝缘带不用时，不可放在温度较高的场所，以免失效。

2. 导线分支连接后绝缘带的包缠方法

导线分支连接后的包缠方法如图16-52所示，在主线距离切口两根带宽处开始起头。先用自黏性橡胶带缠包，便于密封防止进水。包扎到分支处时，用手顶住左边接头的直角处，使胶带贴紧弯角处的导线，并使胶带尽量向右倾斜缠绕。当缠绕右侧时，用手顶住右边接头直角处，胶带向左缠，与下边的胶带成X形，然后向右开始在支线上缠绕。方法类同直线，应重叠$\frac{1}{2}$带宽。

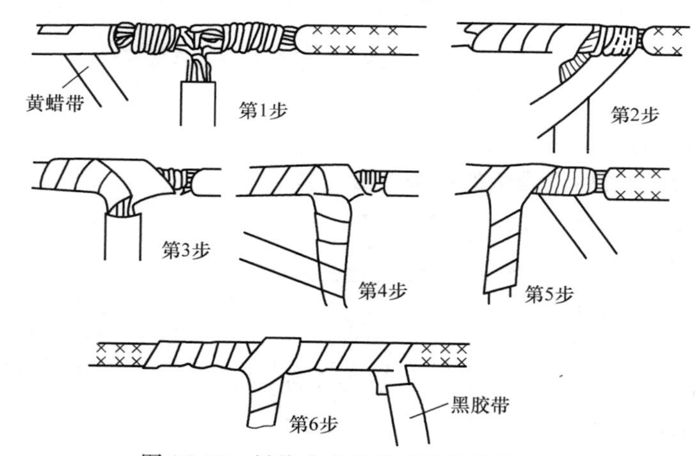

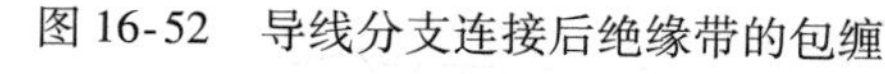
图16-52　导线分支连接后绝缘带的包缠

在支线上包缠好绝缘，回到主干线接头处。贴紧接头直角处再向导线右侧包扎绝缘。包扎至主线的另一端后，再按上述方法包缠黑胶布即可。

16.7　电气照明的基础知识

电气照明是指利用一定的装置和设备将电能转换成光能，为人们的日常生活、工作和生产提供的照明。电气照明一般由电光源、灯具、电源开关和控制电路等组成。良好的照明条件是保证安全生产、提高劳动生产率和人的视力健康的必要条件。

16.7.1　电气照明的方式

电气照明有室内照明、室外照明和特殊照明等多种形式。室内照明按灯具布置方式又可分为

1）一般照明。是指不考虑特殊或局部的需要，为照亮整个工作场所而设置的照

明。这种照明灯具往往是对称均匀排列在整个工作面的顶棚上，因而可以获得基本均匀的照明。居民住宅、学校教室、会议室等处主要采用一般照明作为基本照明。

2）局部照明。是指利用设置于特定部位的灯具（固定的或移动的），用于满足局部环境照明需要的照明方式，如办公学习用的台灯、检修设备用的手提灯等。

3）混合照明。是指由一般照明和局部照明共同组成的照明方式，实际应用中多为混合照明。如居民家庭、饭店宾馆、办公场所等处，都是在采用一般照明的基础上，根据需要再在某些部位装设壁灯、台灯等局部照明灯具。

16.7.2　电气照明的种类

电气照明可分为以下几种：

1）正常照明。正常工作时使用的室内、室外照明。一般可以单独使用。

2）应急照明。正常照明因故障熄灭后，供故障情况下继续工作或人员安全通行的照明称为应急照明。应急照明主要由备用照明、安全照明、疏散照明等组成。应急照明光源一般采用瞬时点亮的灯，灯具通常布置在主要通道、危险地段、出入口处，在灯具上加涂红色标记。

3）警卫照明。用于有警卫任务的场所，根据警戒范围的需要装设警卫照明。

4）值班照明。在重要的车间和场所设置的供值班人员使用的照明称为值班照明。值班照明可利用正常照明中能单独控制的一部分或应急照明中的一部分。

5）障碍照明。装设在高层建筑物或构筑物上，作为航空障碍标志（信号）用的照明，并应执行民航和交通部门的有关规定。障碍照明采用能穿透雾气的红光灯具。

6）标志照明。借助照明以图文形式告知人们通道、位置、场所、设施等信息。

7）景观照明。包括装饰照明、庭院照明、外观照明、节日照明、喷泉照明等，常用于烘托气氛、美化环境。

16.7.3　电气照明质量的要求

对照明的要求，主要是由被照明的环境内所从事活动的视觉要求决定的。一般应满足下列要求：

1）照度均匀：指被照空间环境及物体表面应有尽可能均匀的照度，这就要求电气照明应有合理的光源布置，选择适用的照明灯具。

2）照度合理：根据不同环境和活动的需要，电气照明应提供合理的照度。各种建筑中不同场所一般照明的推荐照度值见表 16-7。

表 16-7　各种建筑中不同场所推荐照度值

建筑性质	房间名称	推荐照度/lx
居住建筑	厕所、盥洗室	5 ~ 15
	餐室、厨房、起居室	15 ~ 30
	卧室	20 ~ 50
	单身宿舍、活动室	30 ~ 50

（续）

建筑性质	房间名称	推荐照度/lx
科技办公建筑	厕所、盥洗室、楼梯间、走道	5~15
	食堂、传达室	30~75
	厨房	50~100
	医疗室、报告厅、办公室、会议室、接待室	75~150
	实验室、阅览室、书库、教室	75~150
	设计室、绘图室、打字室	100~200
	电子计算机机房	150~300
商业建筑	厕所、更衣室、热水间	5~15
	楼梯间、冷库、库房	10~20
	一般宾馆客房、浴池	20~50
	大门厅、售票室、小吃店	30~75
	餐厅、照相馆营业厅、菜市场	50~100
	钟表店或眼镜店、银行、邮电营业厅	50~100
	理发室、书店、服装商店等	70~150
	字画商店、百货商店	100~200
	自选市场	200~300
道路	住宅小区道路	0.5~2
	公共建筑的庭园道路	2~5
	大型停车场	3~10
	广场	5~15

3）限制眩光：集中的高亮度光源对人眼的刺激作用称为眩光。眩光损坏人的视力，也影响照明效果。为了限制眩光，可采用限制单只光源的亮度，降低光源表面亮度（如用磨砂玻璃罩），或选用适当的灯具遮挡直射光线等措施。实践证明，合理地选择灯具悬挂高度，对限制眩光的效果十分显著。

16.8 常用电光源与照明电路

16.8.1 常用电光源的技术数据

1. LED 灯泡技术数据（见表 16-8）

表 16-8 LED 灯泡技术数据

功率/W	电压/V	光通量/lm	色温/K	寿命/h
1	90~260	20~40	3000~6000	20000
3	90~260	60~130	3000~6000	20000
5	90~260	100~200	3000~6000	20000
7	90~260	140~200	3000~6000	20000

（续）

功率/W	电压/V	光通量/lm	色温/K	寿命/h
9	90～260	200～400	3000～6000	20000
10	90～260	210～450	3000～6000	20000
11	90～260	220～460	3000～6000	20000
12	90～260	250～500	3000～6000	20000

2. LED 荧光灯技术数据（见表 16-9）

表 16-9　LED 荧光灯技术数据

功率/W	电压/V	光通量/lm	色温/K	寿命/h
8	90～260	480	4000～7000	20000
10	90～260	900	4000～7000	20000
11	90～260	700	4000～7000	20000
16	90～260	1125	4000～7000	20000
18	90～260	1350	4000～7000	20000
20	90～260	1500	4000～7000	20000
36	90～260	2600	4000～7000	20000

3. LED 道路灯技术数据（见表 16-10）

表 16-10　LED 道路灯技术数据

功率/W	电压/V	光通量/lm	色温/K	寿命/h
15	90～260 12/24	1000	4000～9000	20000
20	90～260 12/24	1500	4000～9000	20000
36	90～260 12/24	2500	4000～9000	20000
50	90～260 12/24	3200	4000～9000	20000
60	90～260 12/24	3600	4000～9000	20000
100	90～260	6500	4000～9000	20000
120	90～260	7500	4000～9000	20000
150	90～260	10000	4000～9000	20000
200	90～260	14000	4000～9000	20000

4. 高压汞灯技术数据（见表16-11）

表16-11 高压汞灯技术数据

型号	额定功率/W	工作电压/V	工作电流/A	平均寿命/h	配用镇流器		功率因数	主要尺寸/mm	
					工作电压/V	最大功耗/W		最大外径	全长
GGY80	80	110±15	0.85	2500	172	16	0.51	71	165±5
GGY175	175	130±15	1.50	2500	150	26	0.61	91	215±7
GGY400	400	135±15	3.25	500	146	40	0.61	122	292±10
GGY700	700	140±15	5.45	5000	144	70	0.64	152	358±10
GGY1000	100	145±15	7.50	5000	139	100	0.67	182	400±10

5. 卤钨灯技术数据（见表16-12）

表16-12 卤钨灯技术数据

<table>
<tr><th rowspan="2">型号</th><th rowspan="2">电压/V</th><th rowspan="2">功率/W</th><th rowspan="2">光通量/lm</th><th rowspan="2">色温/K</th><th rowspan="2">平均寿命/h</th><th colspan="2">主要尺寸/mm</th><th rowspan="2">安装方式</th></tr>
<tr><th>直径</th><th>全长</th></tr>
<tr><td>LZG220－500</td><td rowspan="7">200</td><td>500</td><td>9750</td><td rowspan="7">2700～2900</td><td rowspan="7">1500</td><td rowspan="2">12</td><td>177</td><td>夹式</td></tr>
<tr><td rowspan="2">LZG220－1000</td><td rowspan="2">1000</td><td rowspan="2">21000</td><td>210±2</td><td>顶式</td></tr>
<tr><td rowspan="5">13.5</td><td>232</td><td>夹式</td></tr>
<tr><td rowspan="2">LZG220－1500</td><td rowspan="2">1500</td><td rowspan="2">31500</td><td>293±2</td><td>顶式</td></tr>
<tr><td>310</td><td>夹式</td></tr>
<tr><td rowspan="2">LZG220－2000</td><td rowspan="2">2000</td><td rowspan="2">4200</td><td>293±2</td><td>顶式</td></tr>
<tr><td>310</td><td>夹式</td></tr>
</table>

6. 高压钠灯技术数据（见表16-13）

表16-13 高压钠灯技术数据

型号	功率/W	工作电压/V	工作电流/A	光通量/lm	显色指数(R_a)	功率因数 $\cos\varphi$	平均寿命/h
NG－70	70	90	0.98	5000	20～25	0.44	6000
NG－110	110	95	1.4	8000			
NG－250	250	100	3.0	20000			
NG－400	400	100	4.6	38000			
NG－1000	1000	185	6.5	100000			

16.8.2 常用照明电路

照明电路的种类非常多，常用照明控制电路见表16-14。

表 16-14　常用照明控制电路

电路名称和用途	接线图	说明
一只单联开关控制一只灯	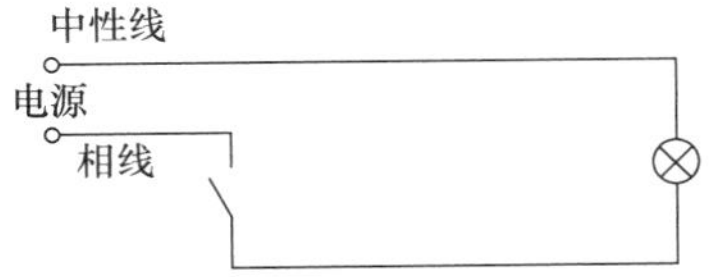 中性线 电源 相线	开关应安装在相线上，修理安全
一只单联开关控制一只灯并与插座连接	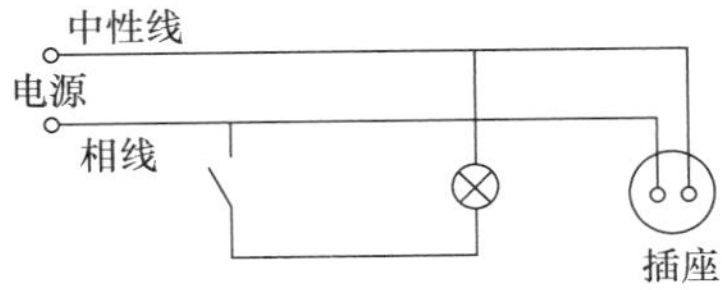 中性线 电源 相线 插座	比下面所示电路用线少，但由于电路上有接头，日久易松动，会增高电阻而产生高热，有引起火灾等危险，且接头工艺复杂
	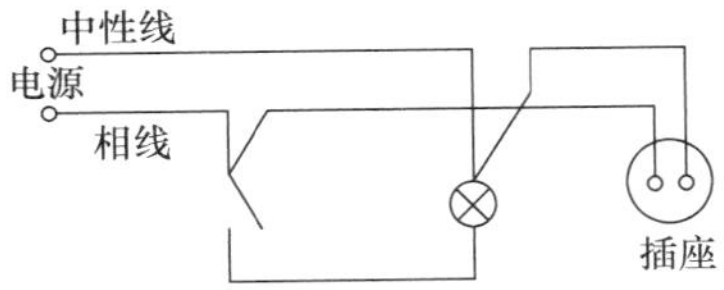 中性线 电源 相线 插座	电路中无接头，较安全，但比上面电路用线多
一只单联开关控制两只灯（或多只灯）	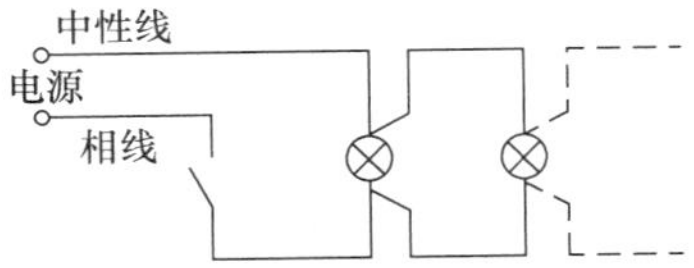 中性线 电源 相线	一只单联开关控制多只灯时，可如左图中所示虚线接线，但应注意开关的容量是否允许
两只单联开关控制两只灯（或多只灯）	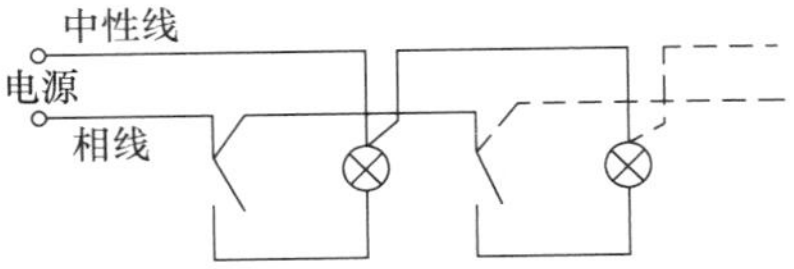 中性线 电源 相线	多只单联开关控制多只灯时，可如左图中所示虚线接线
两只双联开关在两个地方控制一只灯	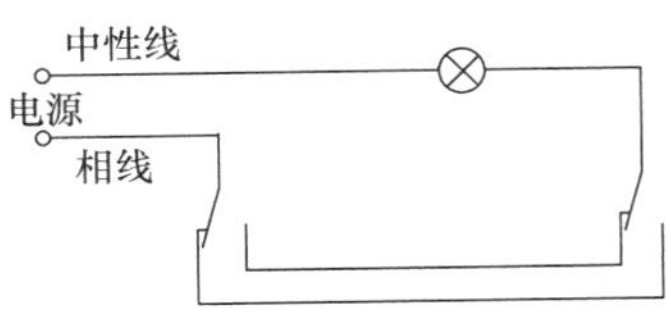 中性线 电源 相线	用于楼梯间的电灯，楼上、楼下可同时控制；又如用于走廊中的电灯，走廊两端能同时控制

扫一扫看视频

16.9　常用电光源的安装与使用

16.9.1　LED 灯的特点与使用注意事项

1. LED 灯的特点

LED 是一种新型半导体固态光源。它是一种不需要钨丝和灯管的颗粒状发光器件。

在某些半导体材料的 PN 结中，注入的少数载流子与多数载流子复合时会把多余的能量以光的形式释放出来，从而把电能直接转换为光能。PN 结加反向电压，少数载流子难以注入，故不发光。这种利用注入式电致发光原理制作的二极管叫发光二极管（Light Emitting Diode，LED）。

LED 与普通二极管一样，仍然由 PN 结构成，同样具有单向导电性。LED 工作在正偏状态下，在正向导通时能发光，所以它是一种把电能转换成光能的半导体元器件。

典型的点光源属于高指向性光源，如图 16-53 所示。如果将多个 LED 芯片封装在一个面板上，就构成了面光源，它仍具有高指向性，如图 16-54 所示。

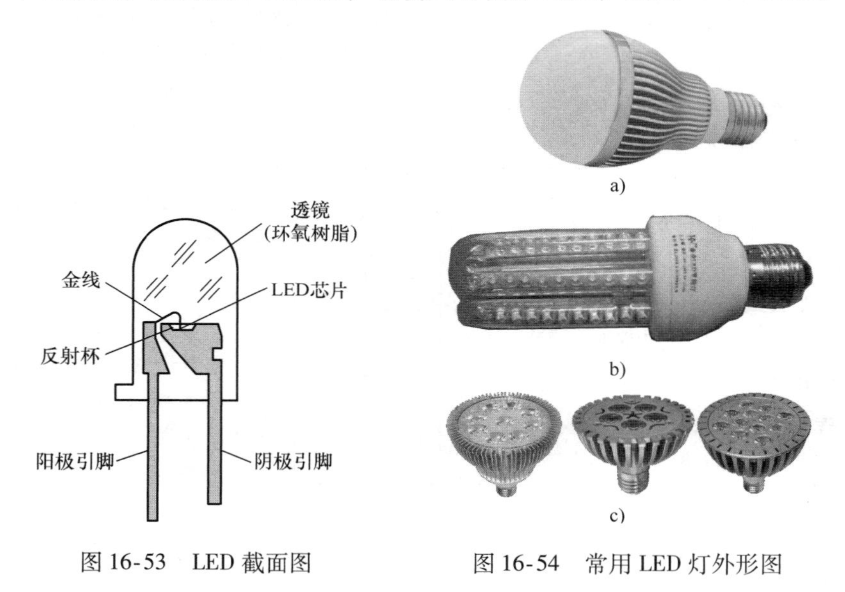

图 16-53　LED 截面图　　图 16-54　常用 LED 灯外形图

2. LED 灯的使用注意事项

1）电源电压应当与灯具标示的电压相一致，特别要注意输入电源是直流还是交流，电源电路要设置匹配的漏电及过载保护开关，确保电源的可靠性。

2）LED 灯具在室内安装时，防水要求与在室外安装基本一致，同样要求做好产品的防水措施，以防止潮湿空气、腐蚀气体等进入电路。安装时，应仔细检查各个有可能进水的部位，特别是电路的接头位置。

3）LED 灯具均自带公母接头，在灯具相互串接时，先将公母接头的防水圈安装好，然后将公母接头对接，确定公母接头已插到底部后用力锁紧螺母即可。

4）产品拆开包装后，应认真检查灯具外壳是否有破损，如有破损，请勿点亮 LED 灯具，应采取必要的修复或更换措施。

5）对于可延伸的 LED 灯具，要注意复核可延伸的最大数量，不可超量串接安装和使用，否则会烧毁控制器或灯具。

6）灯具安装时，如果遇到玻璃等不可打孔的地方，切不可使用胶水等直接固定，必须架设铁架或铝合金架后用螺钉固定；螺钉固定时不可随意减少螺钉数量，且安装应牢固可靠，不能有飘动、摆动和松脱等现象；切不可安装于易燃、易爆的环境中，并保证 LED 灯具有一定的散热空间。

7）灯具在搬运及施工安装时，切勿摔、扔、压、拖灯体，切勿用力拉动、弯折延伸接头，以免拉松密封固线口，造成密封不良或内部芯线断路。

8）注意各类器件外线的排列，以防极性装错。器件不可与发热元件靠得太近，工作条件不要超过其规定的极限。

9）务必不要在引脚变形的情况下安装 LED。

扫一扫看视频

10）当决定在孔中安装时，应计算好面孔及电路板上孔距的尺寸和公差，以免支架受过度的压力。

11）安装 LED 时，在焊接温度回到正常以前，必须避免使 LED 受到任何的振动或外力。

16.9.2　LED 灯泡的安装方法

扫一扫看视频

安装 LED 灯泡时，每个用户都要装设一组熔断器，作为短路保护用。电灯开关应安装在相线（火线）上，使开关断开时，电灯灯头不带电，以免触电。对于螺口灯座，还应将中性线（零线）与铜螺套连接，将相线与中心簧片连接。

1. 螺口平灯座的安装

螺口平灯座的安装如图 16-55 所示。

1）首先将导线从绝缘台（木台）的穿线孔穿出，并将绝缘台固定在安装位置。

2）再将导线从平灯座的穿线孔穿出，并用螺钉将平灯座固定在绝缘台上。

3）把导线连接到平灯座的接线柱上，注意要将相线 L 接在与中心簧片相连的接线柱上，将中性线（零线）N 接在与螺口相连的接线柱上。

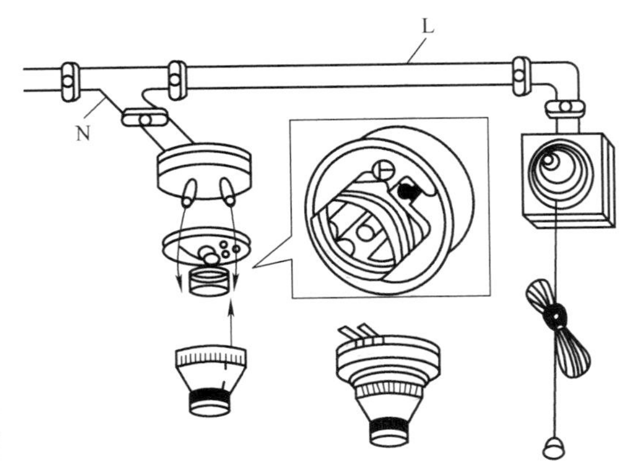

图 16-55　螺口平灯座的安装

4）在潮湿场所应使用瓷质平灯座，在绝缘台与建筑物墙面或顶棚之间垫橡胶垫防潮，胶垫厚 2 ~ 3mm，周边比绝缘台大 5mm。

2. 吊灯的安装

吊灯的安装如图 16-56 所示。

1）将电源线由吊线盒的引线孔穿出，用木螺钉将吊线盒固定在绝缘台上。

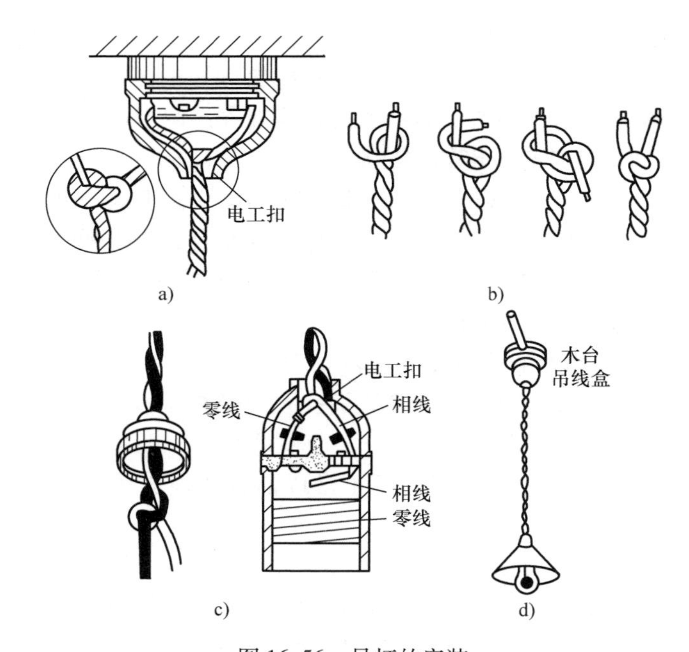

图 16-56　吊灯的安装

a）吊线盒的安装　b）电工扣制作　c）吊灯头的安装　d）吊灯

2）将电源线接在吊线盒的接线柱上。

3）吊灯的导线应采用绝缘软线。

4）应在吊线盒及灯座罩盖内将绝缘软线打结（电工扣），以免导线线芯直接承受吊灯的重量而被拉断。

5）将绝缘软线的上端接吊线盒内的接线柱，下端接吊灯座的接线柱。对于螺口灯座，还应将中性线（零线）与铜螺套连接，将相线与中心簧片连接。

16.9.3　LED 吸顶灯的安装与使用

LED 吸顶灯的灯体直接安装在房顶上，适合作为整体照明，通常用于客厅和卧室。

1. LED 吸顶灯安装前的检查

1）引向每个灯具的导线截面积，铜芯软线不应小于 0.4mm^2，否则引线必须更换。

2）导线与灯头的连接、灯头间并联导线的连接要牢固，电气接触应良好，以免由于接触不良，出现导线与接线端之间产生火花，而发生危险。

2. 安装方法与步骤

1）在砖石结构中安装吸顶灯时，应采用预埋螺栓，或用膨胀螺栓、尼龙塞或塑料塞固定，不可使用木楔。上述固定件的承载能力应与吸顶灯的重量相匹配，以确保吸顶灯固定牢固、可靠。

2）当采用膨胀螺栓固定时，应按产品的技术要求选择螺栓规格，其钻孔直径和埋设深度要与螺栓规格相符。

3）固定灯座螺栓的数量不应少于灯具底座上的固定孔数，且螺栓直径应与孔径相配；底座上无固定安装孔的灯具（安装时自行打孔），每个灯具用于固定的螺栓或螺钉不应少于2个，且灯具的重心要与螺栓或螺钉的重心相吻合；只有当绝缘台的直径在75mm及以下时，才可采用1个螺栓或螺钉固定。

4）LED吸顶灯不可直接安装在可燃的物件上；如果灯具表面高温部位靠近可燃物时，应采取隔热或散热措施。

16.9.4 LED灯带的安装与使用

LED灯带是指把LED组装在带状的FPC（柔性线路板）或PCB硬板上，因其产品形状像一条带子而得名。LED灯带可分为LED硬灯条和柔性LED灯带。常用LED灯带外形如图16-57所示。

图16-57 LED灯带外形图

1. 室内安装

LED灯带用于室内装饰时，由于不必经受风吹雨打，所以安装非常简单。安装时可以直接撕去3M双面胶表面的贴纸，然后把灯条固定在需要安装的地方，用手按平就好了。对于需要转角或者灯带过长时，由于LED灯带是以3个LED为一组的串并联方式组成的电路结构，所以每3个LED即可以剪断单独使用。

2. 户外安装

户外安装由于会经受风吹雨淋，如果采用3M胶固定的话，时间一久就会造成3M胶黏性降低致使LED灯带脱落，因此户外安装常采用卡槽固定的方式。对于需要剪切和连接的地方，方法和室内安装一样，只是需要另外配备防水胶，以巩固连接点的防水效果。

3. 电源连接方法

LED灯带一般供电电压为直流12V，因此需要使用开关电源供电，电源的大小根据LED灯带的功率和连接长度来定。如果不希望每条LED灯带都用一个电源来控制，可以购买一个功率比较大的开关电源作为总电源，然后把所有的LED灯带输入电源全部并联起来（线材尺寸不够的话可以另外延长），统一由总开关电源供电。这样的好处是可以集中控制，不方便的地方是不能实现单个LED灯带的点亮效果和开关控制，具体采用哪种方式可以由自己去衡量。

4. 控制器连接方式

LED跑马灯带和RGB全彩灯带需要使用控制器来实现变幻效果，而每个控制器的控制距离不一样。一般而言，**简易控制器的控制距离为10～15m，遥控控制器的控制距离为15～20m，最长可以控制到30m距离。**如果LED灯带的连接距离较长，而控制器不能控制那么长的灯带，那么就需要使用功率放大器来进行分接。

扫一扫看视频

5. 安装LED灯带的注意事项

LED灯带安装时的注意事项如下：

1）在整卷LED灯带未拆开包装物或堆成一团的情况下，切勿通电点亮LED灯带。

2）根据现场安装长度裁剪LED灯带时，只能在印有剪刀标记处剪开灯带，否则会造成其中一个单元不亮，一般每个单元长度为1.5～2m。

3）接驳电源或两截灯带串接时，先向左右弯曲LED灯头部，使灯带内的导线露出2～3mm，用剪钳剪干净，不留毛刺，再用公针对接，以避免短路。

4）只有规格相同、电压相同的LED灯带才能相互串接，且串接总长度不可超过最大许可使用长度。

5）LED灯带相互串接时，每连接一段，即试点亮一段，以便及时发现正负极是否接错和每段灯带的光线射出方向是否一致。

6）灯带的末端必须套上PVC尾塞，用夹带扎紧后，再用中性玻璃胶封住接口四周，确保安全。

7）因LED具有单向导电性，若使用带有交直流转换器的电源线，应在完成电源连接后，先进行通电试验，确定正负极连接正确后再投入使用。

扫一扫看视频

16.9.5 高压汞灯的安装与使用

高压汞灯又称高压水银灯，它主要是利用高压汞气放电发光的特性制作的，具有发光效率高（约为白炽灯的3倍）、耐振耐热性能好、耗电低、寿命长等优点，但启辉时间长，适应电源电压波动的能力较差，适用于悬挂高度5m以上的大面积室内外照明。

高压汞灯由灯头、石英放电管、玻璃外壳等组成。石英放电管内有主电极、启动电极（又称引燃极），并充以汞和氩气。荧光高压汞灯的结构如图16-58所示。

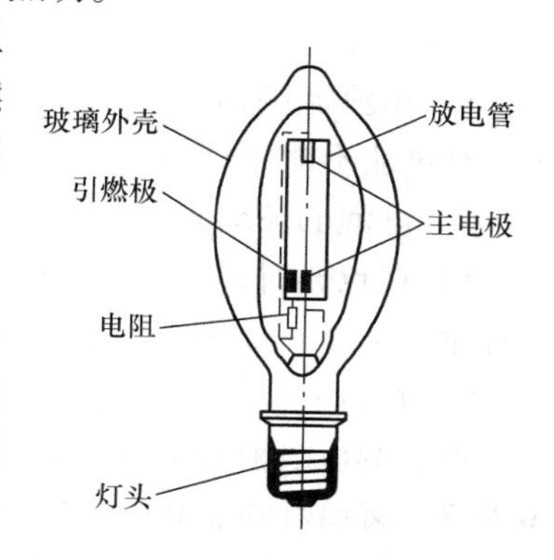

图16-58 荧光高压汞灯的结构

安装和使用高压汞灯时应注意以下几点：

1）安装接线时，一定要分清楚高压汞灯是外接镇流器，还是自镇流式。需接镇流器的高压汞灯，镇流器的功率必须与高压汞灯的功率一致，应将镇流器安装在灯具附近人体触及不到的位置，并注意有利于散热和防雨。自镇流式高压汞灯则不必接入镇流器。

2）高压汞灯以垂直安装为宜，水平安装时，其光通量输出（亮度）要减少

7%左右，而且容易自灭。

3）由于高压汞灯的玻璃外壳温度很高，所以必须安装散热良好的灯具，否则会影响灯的性能和寿命。

4）高压汞灯的玻璃外壳破碎后仍能发光，但有大量的紫外线辐射，对人体有害。所以玻璃外壳破碎的高压汞灯应立即更换。

5）高压汞灯的电源电压应尽量保持稳定。当电压降低时，灯就可能自灭，而再行启动点燃的时间较长。所以，高压汞灯不宜接在电压波动较大的线路上，否则应考虑采取调压或稳压措施。

16.9.6　高压钠灯的安装与使用

高压钠灯的结构与高压汞灯相似。高压钠灯的结构如图 16-59 所示。

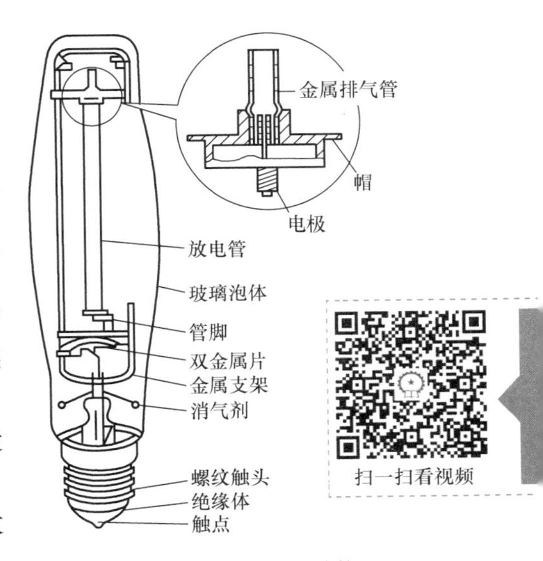

图 16-59　高压钠灯的结构

高压钠灯的工作原理是当其接入电源后，电流首先通过加热元件，使双金属片受热弯曲从而断开电路，在此瞬间镇流器两端产生很高的自感电动势，灯管启动后，放电热量使双金属片保持断开状态。当电源断开，灯熄灭后，即使立刻恢复供电，灯也不会立即点燃，需 10～15min 待双金属片冷却后，回到闭合状态后，方可再次启动。

高压钠灯也需要镇流器，其接线和高压汞灯相同。安装和使用高压钠灯应注意以下几点：

1）线路电压与钠灯额定电压的偏差不宜大于 ±5%。

2）灯泡必须与相应的专用镇流器、触发器配套使用。

3）镇流器端应接相线，若错接成中性线，将会降低触发器所产生的脉冲电压，有可能不能使灯启动。

4）灯泡的玻璃壳温度较高，安装时必须配用散热良好的灯具。

5）在点燃时，经灯具反射的光不应集中到灯泡上，以免影响灯泡的正常点燃及寿命。

6）在重要场合及安全性要求高的场合使用时，应选用密封型、防爆型灯具。

7）因高压钠灯的再启动时间长，故不能用于要求迅速启动进行照明的场所。

16.9.7　卤钨灯的安装与使用

卤钨灯是在白炽灯灯泡中充入微量卤化物，灯丝温度比一般白炽灯高，使蒸发到玻璃壳上的钨与卤化物形成卤钨化合物，遇灯丝高温分解把钨送回钨丝，如此再生循环，既提高发光效率又延长使用寿命。卤钨灯有两种：一种是石英卤钨灯；另一种是硬质玻璃卤钨灯。石英卤钨灯由于卤钨再生循环好，灯的透光性好，光通量输出不受影响，而且石英的膨胀系数很小，即使点亮的灯碰到水也不会炸裂。

卤钨灯由灯丝和耐高温的石英玻璃管组成，其结构如图 16-60a 所示，安装形式如图 16-60b 所示。

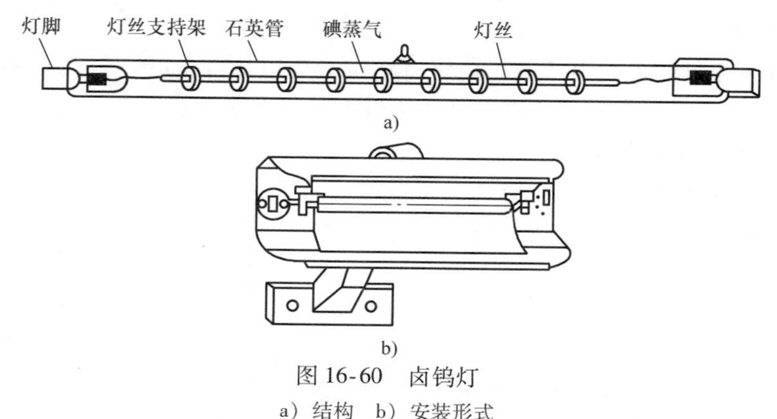

扫一扫看视频

图 16-60　卤钨灯

a）结构　b）安装形式

卤钨灯的接线与白炽灯相同，不需任何附件，安装和使用卤钨灯时应注意以下几点：

1）电源电压的变化对灯管寿命影响很大，当电压超过额定值的 5% 时，寿命将缩短一半。所以**电源电压的波动一般不宜超过 ±2.5%**。

2）卤钨灯使用时，灯管应严格保持在水平位置，其斜度不得大于 4°，否则会损坏卤钨的循环，严重影响灯管的寿命。

3）卤钨灯不允许采用任何人工冷却措施，以保证在高温下的卤钨循环。

4）卤钨灯在正常工作时，管壁温度高达 500 ~ 700℃，故卤钨灯应配用成套供应的金属灯架，并与易燃的厂房结构保持一定距离。

5）使用前要用酒精擦去灯管外壁的油污，否则会在高温下形成污斑而降低亮度。

6）卤钨灯的灯脚引线必须采用耐高温的导线，不得随意改用普通导线。电源线与灯线的连接须用良好的瓷接头。靠近灯座的导线需套耐高温的瓷套管或玻璃纤维套管。灯脚固定必须良好，以免灯脚在高温下被氧化。

7）卤钨灯耐振性较差，不宜用在振动性较强的场所，更不能作为移动光源来使用。

16.10　常用照明灯具

16.10.1　常用照明灯具的分类

灯具的作用是固定光源器件（灯管、灯泡等），防护光源器件免受外力损伤，消除或减弱眩光，使光源发出的光线向需要的方向照射，装饰和美化建筑物等。常用灯具按灯具安装方式分类可分为以下几类：

1）吸顶灯。直接固定在顶棚上的灯具，吸顶灯的形式很多。为防止眩光，吸顶灯多采用乳白玻璃（或塑料、亚克力）罩，或有晶体花格的玻璃罩，在楼道、走廊、居民住宅应用较多。

2）悬挂式。用导线、金属链或钢管将灯具悬挂在顶棚上，通常还配用各种灯罩。这是一种应用最多的安装方式。

3）嵌入顶棚式。有聚光型和散光型，其特点是灯具嵌入顶棚内，使顶棚简洁美观，视线开阔，在大厅、娱乐场所应用较多。

4）壁灯。用托架将灯具直接安装在墙壁上，通常用于局部照明，也用于房间装饰。

5）台灯和落地灯（立灯）。用于局部照明的灯具，使用时可移动，也具有一定的装饰性。

常用照明灯具的安装方式如图 16-61 所示。

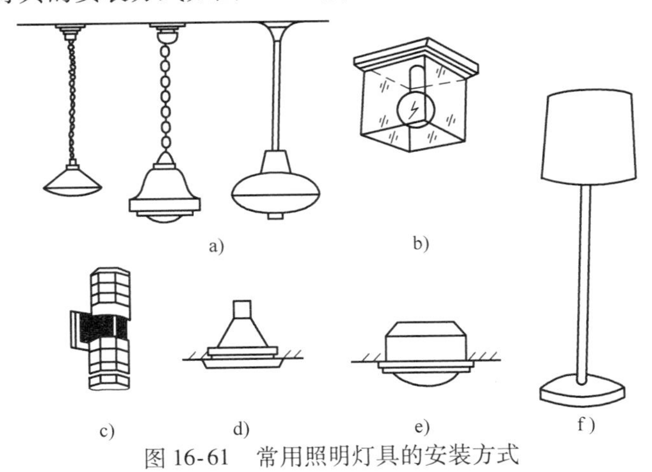

图 16-61　常用照明灯具的安装方式

a）悬吊式（吊线、吊链、吊杆）　b）吸顶式　c）壁式　d）嵌入式　e）半嵌入式　f）落地式

16.10.2　照明灯具的选择原则

1）在选择灯具时，应考虑灯具的允许距高比。

2）灯具遮光格栅的反射表面应选用难燃材料，其**反射系数不应低于 70%，遮光角宜为 25°~45°**。

3）灯具表面以及灯用附件等高温部件靠近可燃物时，应采取隔热、散热等防火保护措施。

4）根据照明场所的环境条件，分别选用表 16-15 所列的灯具。

表 16-15　建筑场所照明灯具的选择

序号	建筑场所	采用的灯具要求
1	在潮湿的场所	应采用相应防护等级的防水灯具或带防水灯头的开敞式灯具
2	在有腐蚀性气体或蒸汽的场所	宜采用防腐蚀密闭式灯具。若采用开敞式灯具，各部分应有防腐蚀或防水措施

（续）

序号	建筑场所	采用的灯具要求
3	在高温场所	宜采用散热性能好、耐高温的灯具
4	在有尘埃的场所	应按防尘的相应防护等级选择适宜的灯具
5	在装有锻锤、大型桥式吊车等振动、摆动较大的场所	使用的灯具应有防振和防脱落措施
6	在易受机械损伤、光源自行脱落可能造成人员伤害或财务损失的场所	使用的灯具应有防护措施
7	在有爆炸或火灾危险的场所	使用的灯具应符合国家现行相关标准和规范的有关规定
8	在有洁净要求的场所	应采用不易积尘、易于擦拭的洁净灯具
9	在需防止紫外线照射的场所	应采用隔紫外灯具或无紫外光源
10	对于功能性照明	宜采用直接照明和选用开敞式灯具
11	在高空安装的灯具（如楼梯大吊灯、室内花园高挂灯、多功能厅组合灯以及景观照明和障碍标志灯等不便检修和维护的场所）	宜采用长寿命光源或采取延长光源寿命的措施

16.10.3 照明灯具安装的基本要求

灯具安装时应满足的基本要求如下：

1）当采用钢管作为灯具的吊杆时，**钢管内径不应小于10mm，钢管壁厚不应小于1.5mm**。

2）吊链灯具的灯线不应受拉力，灯线应与吊链编织在一起。

3）软线吊灯的软线两端应作保护扣，两端芯线应搪锡。

4）同一室内或场所成排安装的灯具，**其中心线偏差应不大于5mm**。

5）荧光灯和高压汞灯及其附件应配套使用，安装位置应便于检查和维修。

6）灯具固定应牢固可靠。每个灯具固定用的螺钉或螺栓不应少于两个；当绝缘台直径为75mm及以下时，可采用一个螺钉或螺栓固定。

7）当吊灯灯具质量大于3kg时，应采取预埋吊钩或螺栓固定；当软线吊灯灯具质量大于1kg时，应增设吊链。

8）投光灯的底座及支架应固定牢固，枢轴应沿需要的光轴方向拧紧固定。

9）固定在移动结构上的灯具，其导线宜敷设在移动构架的内侧；在移动构架活动时，导线不应受拉力和磨损。

10）公共场所用的应急照明灯和疏散指示灯，应有明显的标志。无专人管理的公共场所照明宜装设自动节能开关。

11）每套路灯应在相线上装设熔断器。由架空线引入路灯的导线，在灯具入口处应做防水弯。

12）管内的导线不应有接头。

13）导线在引入灯具处，应有绝缘保护，同时也不应使其受到应力。

14）必须接地（或接零）的灯具金属外壳应有专设的接地螺栓和标志，并和地线（零线）妥善连接。

15）特种灯具（如防爆灯具）的安装应符合有关规定。

16.10.4　照明灯具的布置方式

布置灯具时，应使灯具高度一致、整齐美观。一般情况下，**灯具的安装高度不应低于 2m**。

1. 均匀布置

均匀布置是将灯具做有规律的匀称排列，从而在工作场所或房间内获得均匀照度的布置方式。均匀布置灯具的方案主要有方形、矩形、菱形等几种，如图 16-62 所示。

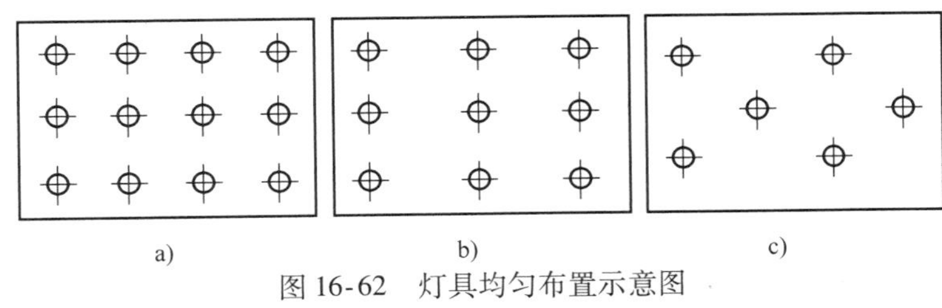

图 16-62　灯具均匀布置示意图
a）方形布置　b）矩形布置　c）菱形布置

均匀布置灯具时，应考虑灯具的距高比（L/h）在合适的范围。距高比（L/h）是指灯具的水平间距 L 和灯具与工作面的垂直距离 h 的比值。L/h 的值小，灯具密集，照度均匀，经济性差；L/h 的值大，灯具稀疏，照度不均匀，灯具投资小。表 16-16为部分对称灯具的参考距高比值。表 16-17 为荧光灯具的参考距高比值。**灯具离墙边的距离一般取灯具水平间距 L 的$\frac{1}{3}$ ~ $\frac{1}{2}$**。

2. 选择布置

选择布置是把灯具重点布置在有工作面的区域，保证工作面有足够的照度。当工作区域不大且分散时可以采用这种方式以减少灯具的数量，节省投资。

表 16-16　部分对称灯具的参考距高比值

灯具型式	距高比值（L/h）	
	多行布置	单行布置
配照型灯	1.8	1.8
深照型灯	1.6	1.5
广照型、散照型、圆球形灯	2.3	1.9

表 16-17　荧光灯具的参考距高比值

灯具名称	灯具型号	光源功率/W	距高比值（L/h）		备　注
			$A-A$	$B-B$	
简式荧光灯	YG 1－1	1×40	1.62	1.22	
	YG 2－1	1×40	1.46	1.28	
	YG 2－2	2×40	1.33	1.28	
吸顶荧光灯具	YG 6－2	2×40	1.48	1.22	
	YG 6－3	3×40	1.5	1.26	
嵌入式荧光灯具	YG 15－2	2×40	1.25	1.2	
	YG 15－3	3×40	1.07	1.05	

16.10.5　照明灯具的安装作业条件

照明灯具的安装分为室内和室外两种。室内灯具的安装方式通常有吸顶灯式、嵌入式、吸壁式和悬吊式。悬吊式又可分为软线吊灯、链条吊灯和钢管吊灯。室外灯具一般安装在电杆上、墙上或悬挂在钢索上。

照明灯具安装作业条件如下：

1）在结构施工中做好电气照明装置的预埋工作，混凝土楼板应预埋螺栓，吊顶内应预放吊杆，大型灯具应预设吊钩。若无设计规定，上述固定件的承载能力应与电气照明装置的重量相匹配。

2）建筑物的顶棚、墙面等抹灰工作应完成，地面清理工作也已结束，对灯具安装有影响的模板、脚手架已拆除。

3）设备及器材运到施工现场后应检查技术文件是否齐全，型号、规格及外观质量是否符合设计要求。

4）安装在绝缘台上的电气照明装置，导线端头的绝缘部分应伸出绝缘台表面。

5）电气照明装置的接线应牢固，电气接触良好；需要接地或接零的灯具、开关、插座等非带电金属部分，应用有明显标志的专用接地螺钉。

6）**在危险性较大及特殊危险场所，若灯具距地面的高度小于2.4m，应使用额定电压为36V以下的照明灯具或采用专用保护措施。**

7）电气照明装置施工结束后，对施工中造成的建（构）筑物局部破坏部分应修补完整。

16.10.6　吊灯的安装

1. 小型吊灯的安装

小型吊灯在顶棚上安装时，必须在顶棚主龙骨上设灯具紧固装置，将吊灯通过连接件悬挂在紧固装置上。紧固装置与主龙骨的连接应可靠，有时需要在支持点处对称加设建筑物主体与棚面间的吊杆，以抵消灯具加在顶棚上的重力，使顶棚不至于下沉、变形。吊杆出顶棚面最好加套管，这样可以保证顶棚面板的完整。安装时要保证牢固和可靠，如图 16-63 所示。

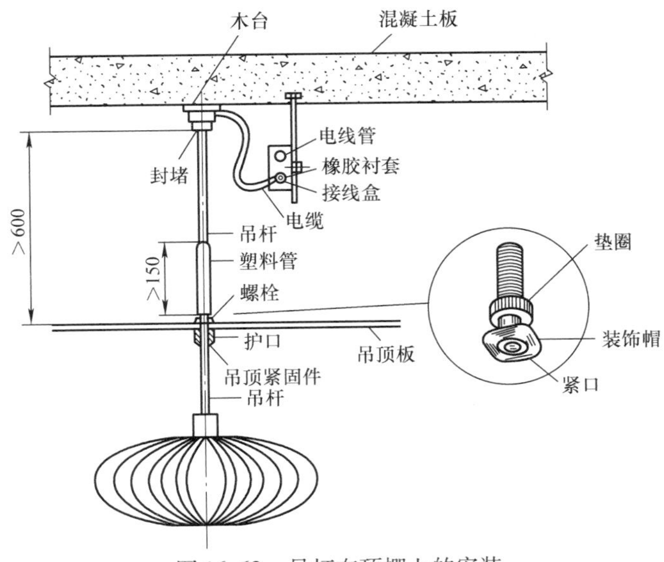

图 16-63　吊灯在顶棚上的安装

2. 大型吊灯的安装

重量较大的吊灯在混凝土顶棚上安装时，要预埋吊钩或螺栓，或者用膨胀螺栓紧固，如图 16-64 所示。大型吊灯因体积大、灯体重，必须固定在建筑物的主体棚面上（或具有承重能力的构架上），不允许在轻钢龙骨顶棚上直接安装。采用膨胀螺栓紧固时，膨胀螺栓规格不宜小于 M6，螺栓数量至少要 3 个，不能采用轻型自攻型膨胀螺钉。

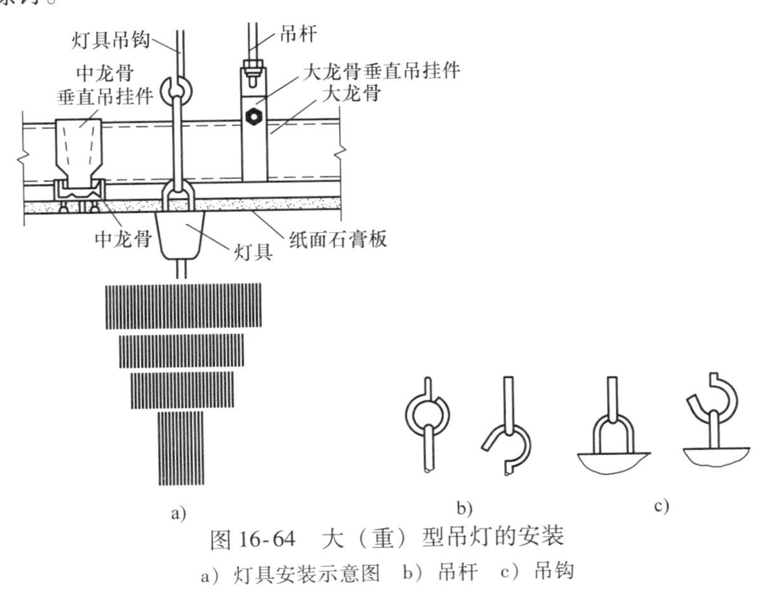

图 16-64　大（重）型吊灯的安装

a）灯具安装示意图　b）吊杆　c）吊钩

16.10.7 吸顶灯的安装

1. 吸顶灯在混凝土顶棚上的安装

吸顶灯在混凝土顶棚上安装时，可以在浇筑混凝土前，根据图样要求把木砖预埋在里面，也可以安装金属膨胀螺栓，如图16-65所示。在安装灯具时，把灯具的底台用木螺钉安装在预埋木砖上，或者用紧固螺栓将底盘固定在混凝土顶棚的膨胀螺栓上，再把吸顶灯与底台、底盘固定。

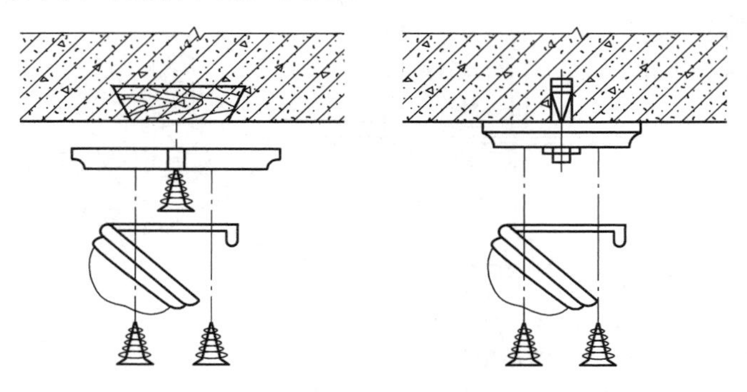

图16-65 吸顶灯在混凝土顶棚上的安装

2. 吸顶灯在吊顶棚上的安装

小型、轻型吸顶灯可以直接安装在吊顶棚上，但不得用吊顶棚的罩面板作为螺钉的紧固基面。安装时应在罩面板的上面加装木方，木方要固定在吊顶棚的主龙骨上。安装灯具的紧固螺钉拧紧在木方上，如图16-66所示。较大型吸顶灯安装，可以用吊杆将灯具底盘等附件装置悬吊固定在建筑物主体顶棚上，或者固定在吊顶棚上的主龙骨上；也可以在轻钢龙骨上紧固灯具附件，而后将吸顶灯安装至吊顶棚上。

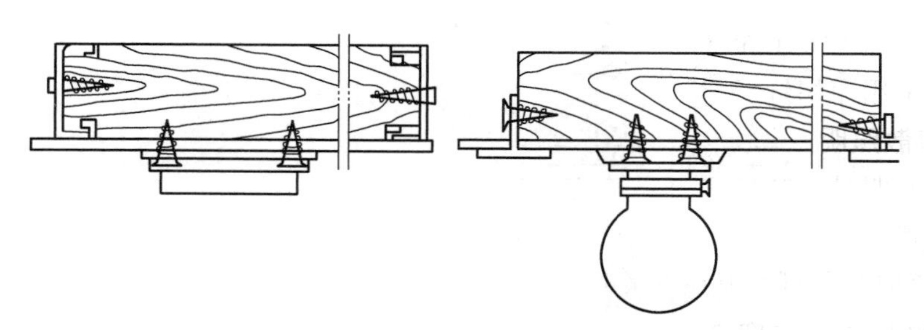

图16-66 吸顶灯在吊顶棚上的安装

16.10.8 壁灯的安装

壁灯一般安装在墙上或柱子上。当装在砖墙上时，一般在砌墙时应预埋木砖，但是禁止用木楔代替木砖。当然也可采用预埋金属件或打膨胀螺栓的办法来解决。当采用梯形木砖固定壁灯灯具时，木砖须随墙砌入。

在柱子上安装壁灯，可以在柱子上预埋金属构件或用抱箍将灯具固定在柱子上，也可以用膨胀螺栓固定的方法。壁灯的安装如图16-67所示。

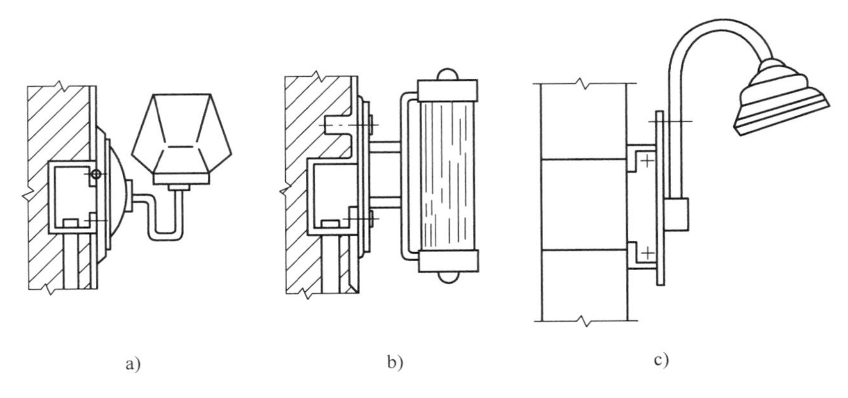

a)　　b)　　c)

图16-67　壁灯的安装

a）利用灯位盒螺钉固定灯具　b）用胀管螺钉固定灯具　c）抱箍固定

16.10.9　应急照明灯的安装

应急照明灯包括备用照明、疏散照明和安全照明，是建筑物中为保障人身安全和财产安全的安全设施。

应急照明灯应采用双路电源供电，除正常电源外，还应有另一路电源（备用电源）供电，正常电源断电后，备用电源应能在设计时间（几秒）内向应急照明灯供电，使之点亮。

1. 备用照明

备用照明是当正常照明出现故障而工作和活动仍需继续进行时，而设置的应急照明。备用照明宜安装在墙面或顶棚部位。应急照明灯具中，运行时温度大于60℃的灯具，靠近可燃物时应采用隔热、散热等防火措施。采用白炽灯、卤钨灯等光源时，不可直接安装在可燃物上。

2. 疏散照明

疏散照明是在紧急情况下将人安全地从室内撤离所使用的照明。按其安装位置分为应急出口（安全出口）照明和疏散走道照明。

1）疏散照明灯具宜设在安全出口的顶部及楼梯间、疏散走道口转角处，以及**距地面1m以下的墙面上。**

2）当在交叉口处的墙面底侧安装难以明确表示疏散方向时，也可将疏散灯安装在顶部。

3）疏散走道上的标志灯，应有指示疏散方向的箭头标志，**标志灯间距不宜大于20m（人防工程中不宜大于10m）。**

4）楼梯间的疏散标志灯宜安装在休息平台板上方的墙角处或墙壁上，并应用箭头及阿拉伯数字清楚标明上、下层的层号。

3. 安全照明

安全照明是在正常照明出现故障时，能使操作人员或其他人员解脱危险的照明。

1）安全出口标志灯宜安装在疏散门口的上方，在首层的疏散楼梯应安装于楼梯口的内侧上方。

2）**安全出口标志灯距地面高度宜不小于2m。**

3）疏散走道上的安全出口标志灯可明装，而在厅室内宜暗装。

4）安全出口标志灯应有图形和文字符号。在有无障碍设计要求时，宜同时设有音响指示信号。

5）安全照明可采用卤钨灯，或采用瞬时可靠点燃的荧光灯。

6）可调光的安全出口标志灯宜用于影剧院内的观众厅。在正常情况下可减光使用，火灾事故时应自动接通至全亮状态。

疏散、安全出口标志灯安装如图16-68所示。

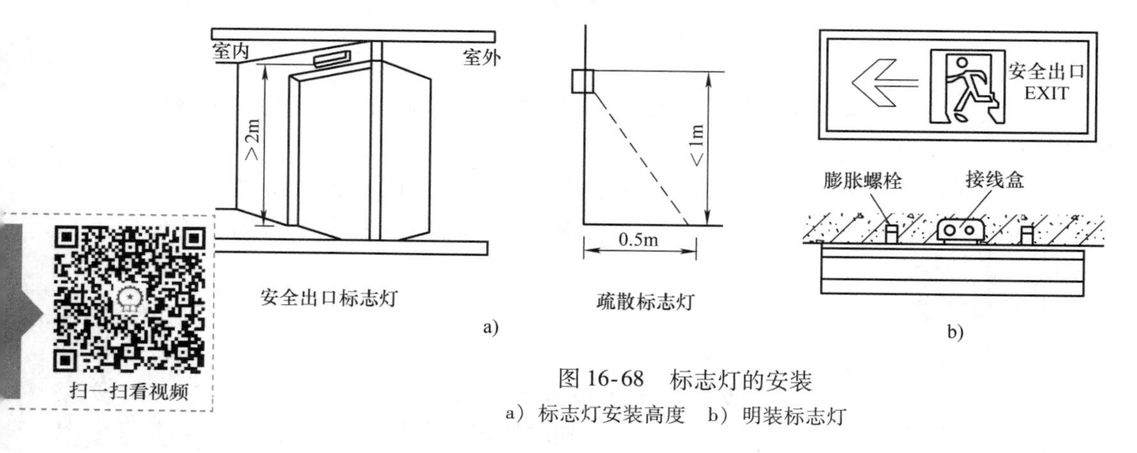

图16-68　标志灯的安装

a）标志灯安装高度　b）明装标志灯

16.10.10　建筑物彩灯的安装

在临街的大型建筑物上，沿建筑物轮廓装设彩灯，以便晚上或节日期间使建筑物显得更为壮观，增添节日气氛。具体安装要求如下：

1）建筑物顶部彩灯灯具应使用具有防雨性能的灯具，安装时应将灯罩装紧。

2）装彩灯时，应使用钢管敷设，管路应按照明管敷设工艺安装，并应具有防雨水功能。管路连接和进入灯头盒均应采用螺纹连接，螺纹应缠防水胶带或缠麻抹铅油，如图16-69所示。

3）土建施工完成后，顺线路的敷设方向拉线定位。根据灯具位置及间距要求，沿线打孔埋入塑料胀管。将组装好的灯底座及连接钢管一起放到安装位置，用膨胀螺栓把灯座固定。

4）垂直彩灯悬挂挑臂应采用10号槽钢，**开口吊钩螺栓直径不应小于10mm，**上、下均附平垫圈，弹簧垫圈、螺母安装紧固。

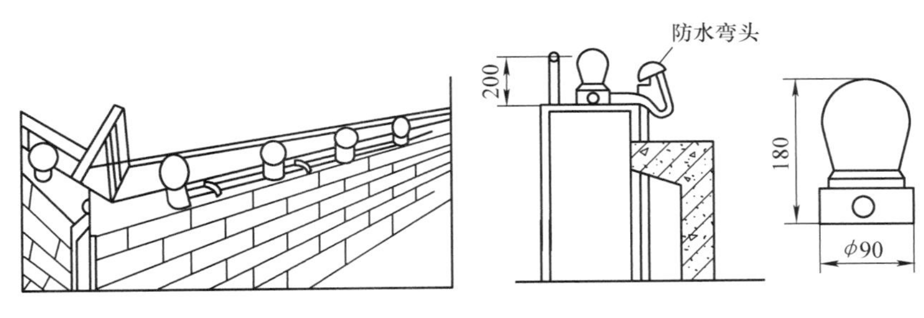

图 16-69　建筑物彩灯的安装

5）**钢丝绳直径不应小于 4.5mm，底盘可参照拉线底盘安装，底把应使用直径不小于 16mm 圆钢。**

6）布线可参照钢索室外明配线工艺，灯口应采用防水吊线灯口。

7）彩灯装置的钢管应与避雷带（网）进行连接，金属架构及钢索应做保护接地。

8）悬挂式彩灯一般采用防水吊线灯口，同线路一起悬挂于钢丝绳上。悬挂式彩灯导线应采用绝缘强度不低于 500V 的橡胶铜导线，截面积不应小于 $4mm^2$。灯头线与干线的连接应牢固，绝缘包扎紧密。

9）安装固定的彩灯时，灯间距离一般为 600mm，每个灯泡的功率不宜超过 15W，节日彩灯每一单相回路不宜超过 100 个。各个支路工作电流不应超过 10A。

10）节日彩灯线路敷设应使用绝缘软铜线，**干线路、分支线路的最小截面积不应小于 $2.5mm^2$，灯头线不应小于 $1mm^2$。**

11）节日彩灯除统一控制外，每个支路应有单独控制开关及熔断器保护，导线不能直接承力，所有导线的支持物应安装牢固。

12）对人能触及的水平敷设的节日彩灯导线，应设置“电气危险”的警告牌。**垂直敷设时，对地面距离不应小于 3m。**

13）若节日牌楼彩灯对地面距离小于 2.5m，应采用安全电压。

16.10.11　景观灯的安装

对耸立在主要街道或广场附近的重要高层建筑，一般采用景观照明，以便晚上突出建筑物的轮廓，是渲染气氛、美化城市、标志人类文明的一种宣传性照明。

建筑物景观照明主要有建筑物投光灯、玻璃幕墙射灯、草坪射灯和其他射灯等。建筑物的景观照明，可采用在建筑物本体或在相邻建筑物上设置灯具的布置方式，或者把两种方式相结合，也可将灯具设置在地面绿化带中，如图 16-70 所示。建筑物投光灯的安装方式如图 16-71 所示。

景观照明安装要求如下：

1）在人行道等人员密集来往场所安装的落地式灯具，无围栏防护的安装高度距地面应在 2.5m 以上。

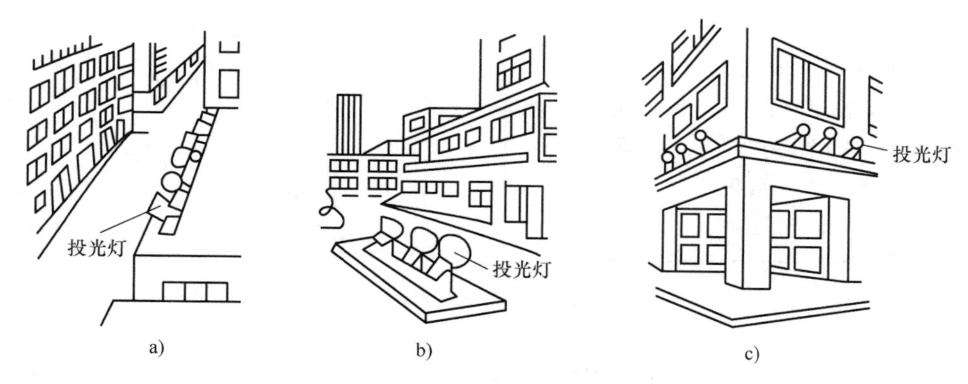

图 16-70　建筑物投光灯的布置方式

a）在邻近建筑物上安装　b）在靠近建筑物地面上安装　c）在建筑物本体上安装

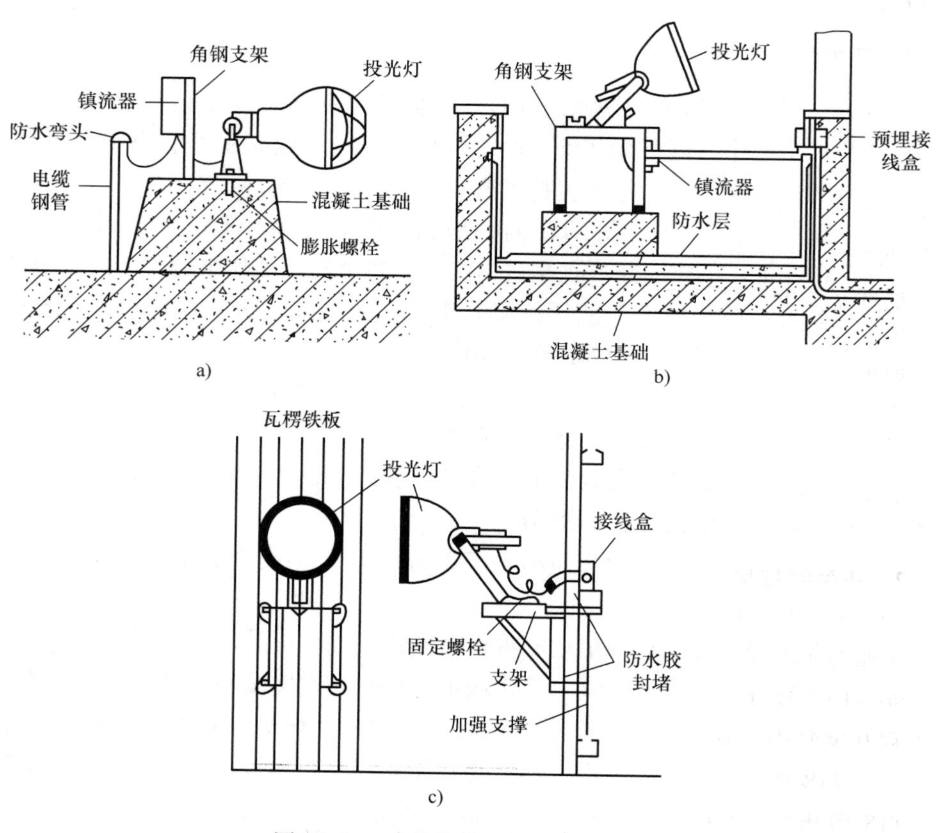

图 16-71　建筑物投光灯的安装方式

a）地装方式一　b）地装方式二　c）壁装

2）在离开建筑物处地面安装泛光灯时，为了能得到较均匀的亮度，灯与建筑物的距离 D 与建筑物高度 H 之比不应小于 1/10，即 $D/H>1/10$。

3）在建筑物本体上安装泛光灯时，投光灯凸出建筑物的长度应在 0.7 ~ 1m 处，应使窗墙形成均匀的光幕效果。

4）安装景观照明时，宜使整个建筑物或构筑物受照面上半部的平均亮度为下半部的 2 ~ 4 倍。

5）设置景观照明尽量不要在顶层设立向下的投光照明，这是由于投光灯要伸出墙一段距离，会影响建筑物外表美观。

6）对于顶层有旋转餐厅的高层建筑，若旋转餐厅外墙与主体建筑外墙不在一个面内，就很难从下部往上照到整个轮廓，因此，宜在顶层加辅助立面照明，增设节日彩灯。

16.11　照明开关

16.11.1　照明开关的种类与规格

1. 开关的类型

开关意为开启和关闭，开关的作用是接通和断开电路。

照明线路常用的开关有拉线开关、扳把开关、平开关（跷板式开关）等。在住宅的楼道等公共场所，为了节约用电，方便使用，还安装了延时开关（如按钮式延时开关、触摸开关、声控开关等），以使人员离开后，开关自动断电，灯自动熄灭。

根据开关的安装形式，可分为明装式和暗装式。明装式开关有拉线开关、扳把开关等；暗装式开关多采用平开关。

根据开关的结构，可分为单极开关、双极开关、三极开关、单控开关、双控开关、多控开关和旋转开关等。

开关还可以根据需要制成复合式开关，如能够随外界光线变化而接通和断开电源的光敏自动开关，用晶闸管或其他元器件改变电压以调节灯光亮度的调光开关和定时开关。

2. 开关的规格

（1）86 型开关

最常见的开关的外观是方的，外形尺寸 86mm × 86mm，这种开关常叫 86 型开关。86 型为国际标准，很多发达国家都装的是 86 型，86 型开关也是我国大多数地区工程和家装中最常用的。

（2）118 型开关

118 型开关一般指的是横装的长条开关。118 型开关一般是自由组合式样的：在边框里面卡入不同的功能模块组合而成。118 型开关一般分为小盒、中盒和大盒，长度分别为 118mm、154mm、195mm，宽度一般都是 74mm，118 型开关插座的优势就在于其形式比较灵活，可以根据自己的需要和喜好调换颜色，拆装方便，风格自由。

（3）120 型开关

120 型常见的模块以 1/3 为基础标准，即在一个竖装的标准 120mm×74mm 面板上，能安装下三个 1/3 标准模块。模块按大小分为 1/3、2/3、1 位三种。120 型指面板的高度为 120mm，可配套一个单元、两个单元或三个单元的功能件。

120 型开关的外形尺寸有两种：一种为单连，74mm×120mm，可配置一个单元、两个单元或三个单元的功能件；另一种为双联，120mm×120mm，可配置四个单元、五个单元或六个单元的功能件。

（4）146 型开关

宽度是普通开关插座两倍，如有些四位开关、十孔插座等，面板尺寸一般为 86mm×146mm 或类似尺寸，安装孔中心距为 120.6mm。注意，其安装时应选配长型暗盒。

16.11.2 照明开关的选择

1. 选择开关的方法

因为开关的规格一般以额定电压和额定电流表示，所以开关的选择除考虑式样外，还要注意电压和电流。照明供电的电源一般为 220V，应选择额定电压为 250V 的开关。开关额定电流的选择应由负载（电灯和其他家用电器）的电流来决定。**用于普通照明时，可选用 2.5～10A 的开关；用于大功率负载时，应先计算出负载电流，再按 2 倍负载电流的大小选择开关的额定电流**。如果负载电流很大，选择不到相应的开关，则应选用低压断路器或开启式开关熔断器组。

1）明装式开关。明装式开关有扳把开关和拉线开关两类。扳把开关安装在墙面木（塑料）台上；拉线开关也安装在墙面木台（绝缘台）上，由于安装的位置在高处，使用时人手不直接接触开关，因此比较安全。

2）暗装式开关。暗装式开关嵌装在墙壁上与暗线相连接，既美观又安全。安装前必须把电线、接线盒预埋在墙内，并把导线从接线盒的电线孔穿入。

2. 根据安装地点选择开关

1）装在卫生间门内的开关，应采用防潮、防水型面板或使用绝缘绳操作的拉线开关。

2）旅馆客房的进门处宜设有面板上带有指示灯的开关。客房床头照明宜采用调光开关。

3）高层住宅楼梯如选用定时开关时，应有限流功能，并在事故情况下强制转换至点亮状态。

4）医院护理单元的通道照明宜在深夜可以关掉其中一部分或采用调光开关。手术室的一般照明宜采用调光方式。

5）安装在室外或室内潮湿场所的拉线开关，应使用瓷质防水拉线开关。

6）民用住宅严禁设置床头开关。

另外还应注意，在同一工程中应尽量采用同一类型的产品，以便于管理和维修。

16.11.3　照明开关安装施工的技术要求

开关明装时，应先在定位处预埋木榫或膨胀螺栓（多采用塑料胀管）以固定木台，然后在木台上安装开关。开关暗装时，应装设图 16-72 所示的专用安装盒，一般是先预埋，再用水泥砂浆填充抹平，接线盒口与墙面粉刷层平齐，等穿线完毕后再安装开关，其盖板或面板应端正并紧贴墙面。开关安装的一般要求如下：

a)　　b)

图 16-72　暗装式开关底座的外形

1）开关结构应适应安装场所的环境，如潮湿环境应选用瓷质防水开关，多粉尘的场所应选用密闭开关。

2）应结合室内配线方式选择开关的类型。

3）开关的额定电流不应小于所控电器的额定电流，开关的额定电压应与受电电压相符。

4）开关的绝缘电阻不应低于 2MΩ。

5）开关的操作机构应灵活轻巧，其动作由瞬时转换机构来完成。触头应接触可靠，除拉线开关、双投开关以外，触头的接通和断开，均应有明显标志。

6）单极开关应串接在灯头的相线上，不应串接在零线上。这样当开关处于断开位置时，灯头及电气设备上不带电，以保证检修或清洁时的人身安全。

7）开关的带电部件应使用罩盖封闭在开关内。

8）住户的卧室内严禁装设床头开关。

9）拉线开关的拉线应采用绝缘绳，长度不应小于 1.5m。拉线机构和拉绳以 98N 的力作用 1min，开关不应失灵。拉线开关的拉线口应于拉线方向一致，这样拉线不易拉断。

10）连接多联开关时，一定要有逻辑标准，或者是按照灯方位的前后顺序连接。

16.11.4　照明开关安装位置的确定

1）开关通常装在门左边或其他便于操作的地点。

2）扳把开关和翘板式开关等的安装位置如图 16-73 ~ 图 16-75 所示，**开关离**

地面高度一般为1.2～1.4m，离门框的距离一般为150～200mm。

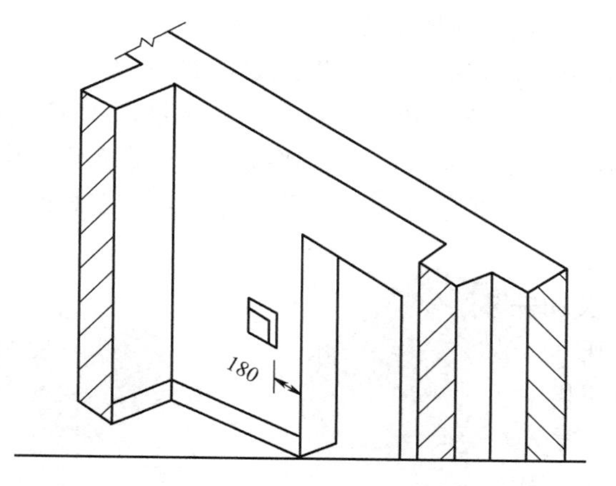

图16-73　门旁开关盒的位置

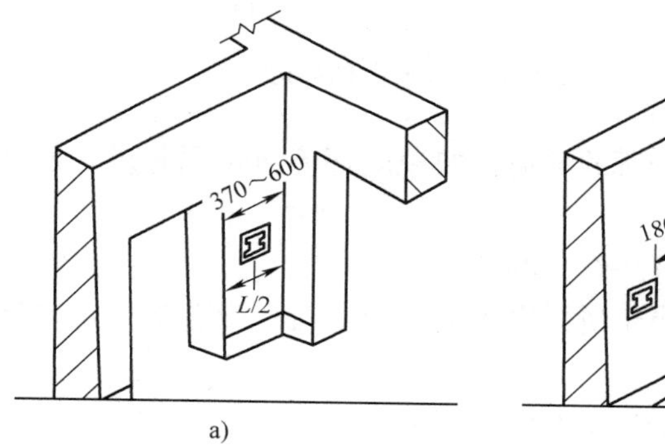

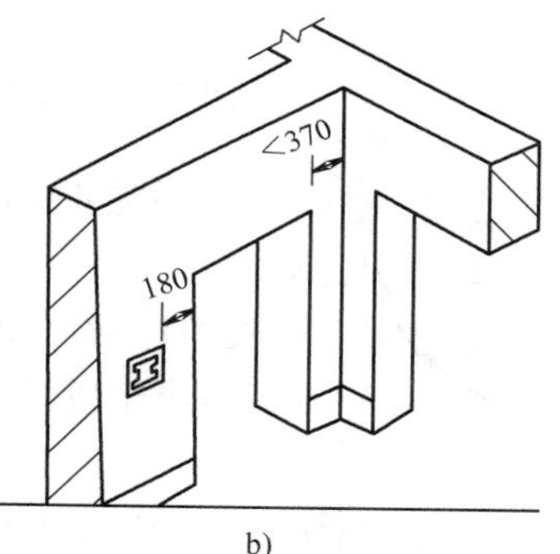

图16-74　进户开关在居室门旁的设置
a）居室门远离进户门　b）居室门邻近进户门

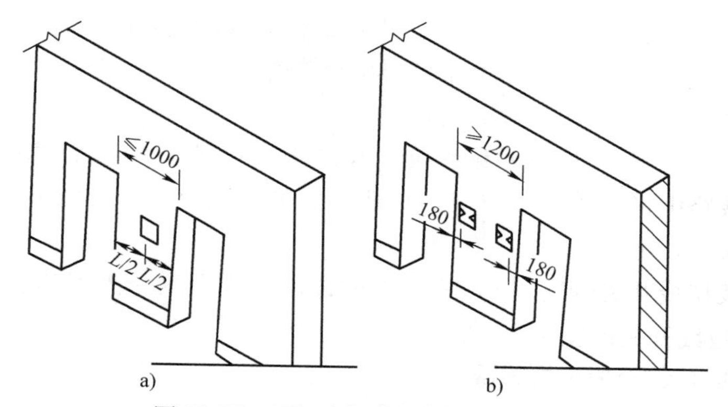

图16-75　两门中间墙上的开关盒位置
a）两门中间短墙体　b）两门中间长墙体

3）拉线开关离地面高度一般为2.2～2.8m，离门框距离一般为150～200mm，若室内净距离低于3m，则拉线开关离天花板200mm。

4）开关位置应与灯位相对应，同一室内开关的开、闭方向应一致。成排安装的开关，其高度应一致，高度差应不大于2mm。

5）暗装式开关的盖板应端正、严密，与墙面齐平。明装式开关应装在厚度不小于15mm的木台上。

16.11.5　拉线开关的安装

1. 明装拉线开关的安装

明装拉线开关既可以装设在明配线路中，也可以装设在暗配线路的八角盒上。

在明配线路中安装拉线开关时，应先固定好木台（绝缘台），拧下拉线开关盖，把两个线头分别穿入开关底座的两个穿线孔内，用两颗木螺钉将开关底座固定在木台上，把导线分别固定到接线桩上，然后拧上开关盖，如图16-76所示。明装拉线开关的拉线出口应垂直向下，不使拉线与盒口摩擦，防止拉线磨损断裂。

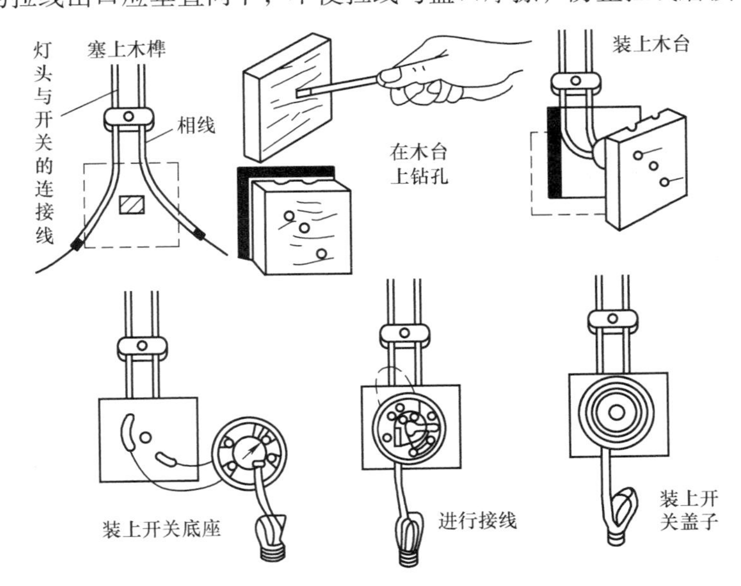

图16-76　明装拉线开关的安装步骤和方法

在暗配线路中将拉线开关安装在八角盒上时，应先将拉线开关与绝缘台固定好，拉线开关应在绝缘台中心。在现场一并接线，并固定开关连同绝缘台。在暗配线路中，明装拉线开关的安装方法如图16-77所示。

2. 暗装拉线开关的安装

暗装拉线开关应使用相配套的器具盒，把电源的相线和灯座与开关连接线的线头接到开关的两个接线桩上，然后再将开关连同面板固定在预埋好的盒体上，应注意面板上的拉线出口应垂直向下，如图16-78所示。

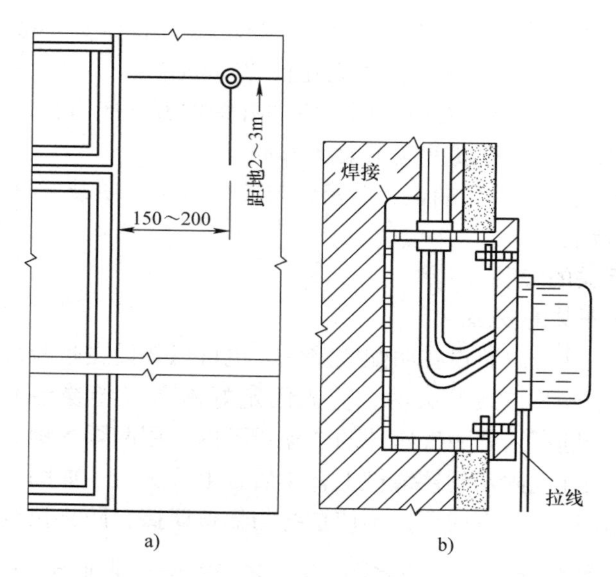

图 16-77　明装拉线开关的暗配线安装方法
a）安装位置　b）暗配线安装方法

16.11.6　扳把开关的安装

1. 明扳把开关的安装

在明配线路的场所，应安装明扳把开关。明扳把开关的外形及内部结构如图 16-79所示。安装明扳把开关时，需要先把绝缘台固定在墙上，将导线甩至绝缘台以外，在绝缘台上安装开关和接线，接成扳把向上开灯、扳把向下关灯。

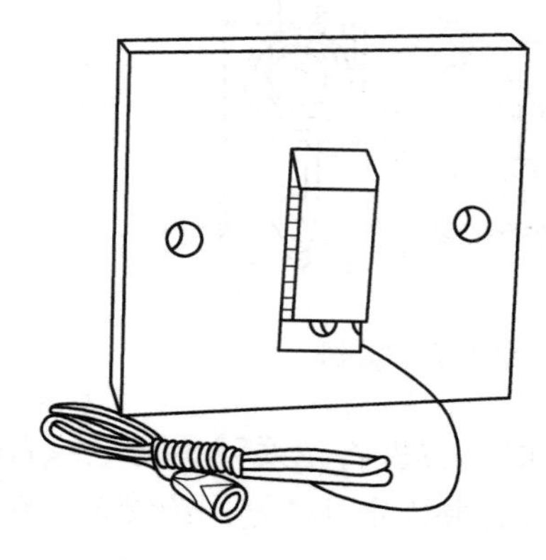

图 16-78　暗装拉线开关

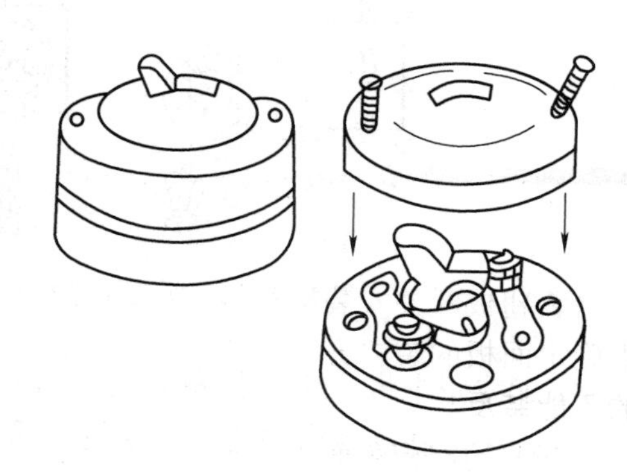

图 16-79　明扳把开关的外形及内部结构

2. 暗扳把开关的安装

安装暗扳把开关接线时，把电源相线接到一个静触头接线桩上，另一动触头接线桩接来自灯具的导线，如图 16-80 所示。在接线时也应接成扳把向上时开灯，扳把向下时关灯（两处控制一盏灯的除外）。然后将开关芯连同支持架固定在盒上，开关的扳把必须安装端正，再盖好开关盖板，用螺栓将盖板与支持架固定牢固，盖板应紧贴建筑物表面，扳把不得卡在盖板上。

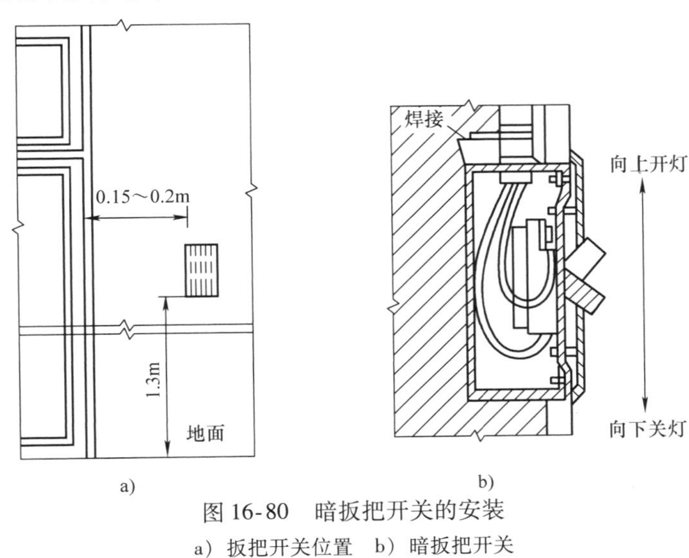

图 16-80　暗扳把开关的安装

a）扳把开关位置　b）暗扳把开关

16.11.7　翘板开关的安装

翘板开关也称船形开关、跷板开关、电源开关。其触头分为单刀单掷和双刀双掷等几种，有些开关还带有指示灯。常用翘板开关的外形如图 16-81 所示。

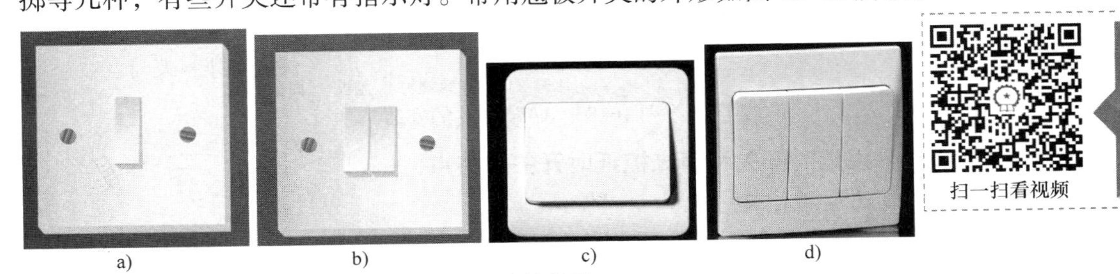

图 16-81　常用翘板开关的外形

暗装翘板开关安装接线时，应使开关切断相线，并应根据开关跷板或面板上的标志确定面板的装置方向。**面板上有指示灯的，指示灯应在上面；面板上有产品标记的不能装反。**

当开关的翘板和面板上无任何标志时，应装成将翘板下部按下时，开关应处于合闸的位置，将翘板上部按下时，开关应处于断开的位置，即从侧面看翘板上部突出时灯亮，下部突出时灯熄，如图 16-82 所示。

暗装翘板开关的安装方法与其他暗装开关的安装方法相同。由于暗装开关是安装在暗盒上的，在安装暗装开关时，要求暗盒（又称安装盒或底盒）已嵌入墙内并已穿线，暗装开关的安装如图 16-83 所示。先从暗盒中拉出导线，接在开关的接

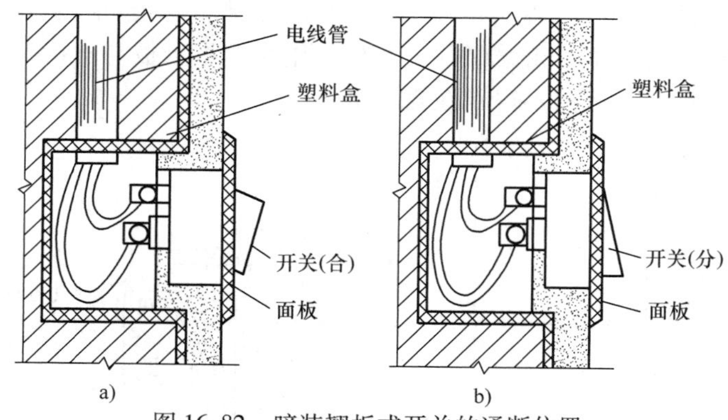

图 16-82　暗装翘板式开关的通断位置

a）开关处于合闸位置　b）开关处于断开位置

线端上，然后用螺钉将开关主体固定在暗盒上，再依次装好盖板和面板即可。

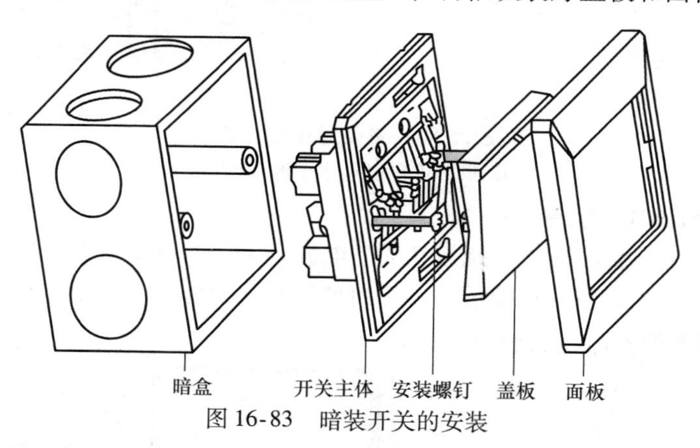

图 16-83　暗装开关的安装

16.11.8　触摸延时开关和声光控延时开关的特点

1. 触摸式延时开关

触摸式延时开关有一个金属感应片在外面，手一触摸就产生一个信号触发晶体管导通，对一个电容充电，电容形成一个电压，维持一个场效应晶体管导通，灯泡发光。当把手拿开后，停止对电容充电，过一段时间电容放完电，场效应晶体管的栅极就成了低电势，进入截止状态，灯泡熄灭。触摸延时开关的外形如图 16-84a 所示。

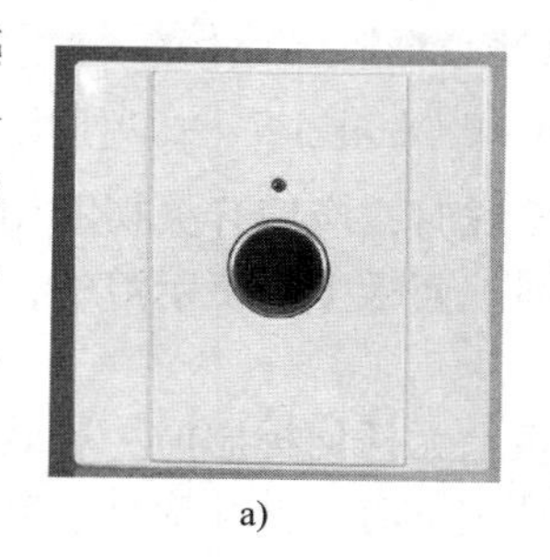

a)

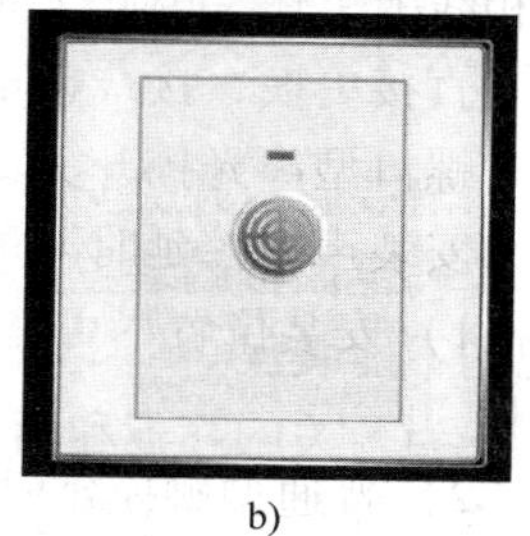

b)

图 16-84　触摸延时开关和声光控延时开关的外形

触摸延时开关在使用时，只要用手指摸一下触摸点，灯就会点亮，延时若干分钟后会自动熄灭。两线制可以直接取代普通开关，不必改变室内布线。

触摸延时开关广泛适用于楼梯间、卫生间、走廊、仓库、地下通道、车库等场所的自控照明，尤其适合常忘记关灯的场所，避免长明灯浪费现象，节约用电。

触摸延时开关的功能特点如下：

1）使用时只需触摸开关的金属片即导通工作，延长一段时间后开关自动关闭。

2）开关自动检测对地绝缘电阻，控制更可靠，无误动作。

3）无触点电子开关，延长负载使用寿命。

4）可直接代替开关使用，可带动各类负载（荧光灯、节能灯、白炽灯、风扇等）。

2. 声光控延时开关

声光控延时开关是集声学、光学和延时技术为一体组成的自动照明开关，其外形如图16-84b所示。它是一种内无接触点，在特定环境光线下采用声响效果激发拾音器进行声电转换来控制用电器的开启，并经过延时后能自动断开电源的节能电子开关。其广泛用于楼道、建筑走廊、洗漱室、厕所、厂房、庭院等场所，是理想的新颖绿色照明开关，并可延长灯泡使用寿命。

白天或光线较强时，电路为断开状态，灯不亮，当光线黑暗时或晚上来临时，开关进入预备工作状态，此时，当来人有脚步声、说话声、拍手声等声源时，开关自动打开，灯亮，并且触发自动延时电路，延时一段时间后自动熄灭，从而实现了“人来灯亮，人去灯熄”。

常用的声光控延时开关有螺口型和面板型两大类，螺口型声光控延时开关直接设计在螺口平灯座内，不需要在墙壁上另外安装开关；面板型声光控延时开关一般安装在原来的机械开关位置处。

16.11.9 触摸延时开关和声光控延时开关的安装

触摸延时开关和面板型声光控延时开关与机械开关一样，可串联在电灯回路中的相线上工作，因此，无须改变原来的线路，可根据固定孔及外观要求选择合适的开关直接更换，接线也不需要考虑极性。

螺口型声光控开关与安装平灯座照明灯的方法一样。

安装声光控延时开关时还应注意以下几点：

1）安装位置尽可能符合环境的实际照度，避免人为遮光或者受其他持续强光干扰。

2）普通型触摸延时开关和声光控延时开关所控制的电灯负载不得大于60W，严禁一只开关控制多盏电灯。当控制负载较大时，可在购买时向生产厂商特别提出。如果要控制几盏电灯，可以加装一个小型继电器。

3）安装时不得带电接线，并严禁灯泡灯口短路，以防造成开关损坏。

4）安装声光控延时开关时，采光头应避开所控灯光照射。要及时或定期擦净采光头的灰尘，以免影响光电转换效果。

16.11.10 遥控开关的安装

遥控开关由无线遥控开关和无线遥控开关的接收器两部分组成。下面以86型遥控开关为例，介绍遥控开关的安装步骤。

1）准备好螺钉旋具、验电笔、胶布等工具。

2）准备好工具以后，拆开吸顶灯的灯罩，可以看到原来相线和零线，断掉总电源，把相线和零线拆下。

3）拿出86型的接收器部分，把相线和零线分别接入接收器，再从接收器引出相线和零线接到灯上（有启动器就连接启动器）。

4）连接完成后，盖上灯罩，灯的这一部分就算完成了。

5）安装遥控开关。安装遥控开关很简单，主要是安装电池，打开盖子就能看到电池的安装位置，尽量用好一点的电池，免得频繁更换。

6）装好电池的开关，根据需要可以固定到墙上，遥控开关有一个遥控盒子，利用钉子钉在墙上，然后把开关放入。

16.12 电源插座

16.12.1 电源插座的种类

插座（又称电源插座，开关插座）是指有一个或一个以上电路接线可插入的座，通过它可插入各种接线，便于与其他电路接通。

插座有明装插座和暗装插座之分，有单相两孔式、单相三孔式和三相四孔式；有一位式（一个面板上有一只插座）、多位式（一个面板上有2~4只插座）；有扁孔插座、扁孔和圆孔通用插座；有普通型插座、带开关插座和防溅型插座等。三相四孔式插座用于商店、加工场所等三相四线制动力用电，电压规格为380V，电流等级分为15A、20A、30A等几种，并设有接地保护桩头，用来接保护地线，以确保用电安全。家庭供电为单相电源，所用插座为单相插座，分为单相两孔插座和单相三孔插座，后者设有接地保护桩头，单相插座的电压规格为250V。

暗装插座和开关常选择86系列电气装置件，外形采用平面直角、线条横竖分明、美观大方。部分常用明装插座的外形如图16-85所示；部分常用暗装插座的外形如图16-86所示。

16.12.2 插座的选择

为了使用者的安全，要求插座安全、牢固、美观、实用、整齐、统一。插座的规格一般以额定电流和工作电压表示。其型号、规格应根据用电设备的工作环境和最大工作电流、额定电压来选取。

选择插座时还应注意以下几点：

1）电源插座应采用经国家有关部门检验合格的产品。一般应采用具有阻燃材

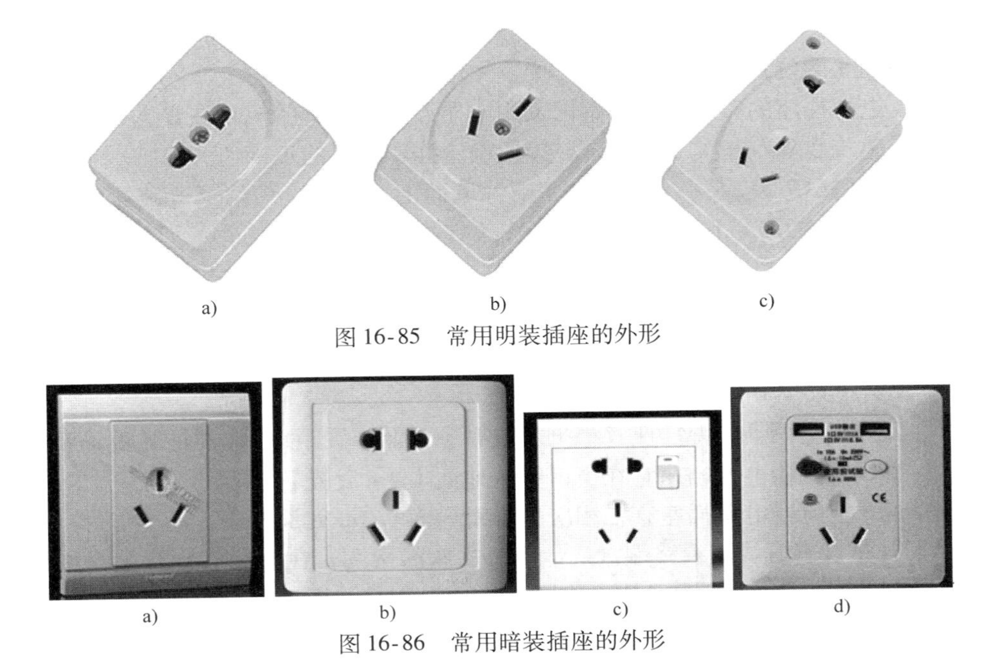

a)　b)　c)

图 16-85　常用明装插座的外形

a)　b)　c)　d)

图 16-86　常用暗装插座的外形

料的中高档产品，不应采用低档和假冒伪劣产品。

2）住宅内用电电源插座应采用安全型插座，卫生间等潮湿场所应采用防溅型插座。

3）电源插座的额定电流应大于已知使用设备额定电流的 1.25 倍。一般单相电源插座额定电流为 10A，用于空调、电热器等的专用电源插座为 16A，特殊大功率家用电器其配电回路及连接电源方式应按实际容量选择。

4）为了插接方便，一个 86mm × 86mm 单元面板，其组合插座个数最好为两个，最多（包括开关）不超过三个，否则应采用 146 面板多孔插座。

5）在比较潮湿的场所，安装插座应该同时安装防水盒。

6）几乎所有的家用电器都有待机耗电。所以，为了避免频繁插拔，类似于洗衣机插座、电热水器插座这类使用频率相对较低的电器可以考虑用“带开关插座”。

7）由于电饭锅、电热水壶这类电器插来拔去的很麻烦，可以考虑使用“带开关插座”。

8）为了避免到写字台下面安插电源，可在写字台对面安装一个带开关的插座。

9）由于小孩天生爱到处攀爬的个性，必须注意儿童房里的电源插座是否具有安全性。一般的电源插座是没有封盖的，因此，要为了孩子的安全着想，应选择带有保险盖的，或拔下插头电源孔就能够自动闭合的插座。

16.12.3 插座安装位置及安装高度的确定

电源插座的位置与数量确定对方便家用电器的使用、室内装修的美观起着重要的作用，电源插座的布置应根据室内家用电器点位和家具的规划位置进行，并应密切注意与建筑装修等相关专业配合，以便确定插座位置的正确性。

1）电源插座应安装在不少于两个对称墙面上，每个墙面两个电源插座之间水平距离不宜超过2.5～3m，距端墙的距离不宜超过0.6m。

2）无特殊要求的普通电源插座距地面0.3m安装，洗衣机专用插座距地面1.6m处安装，并带指示灯和开关。

3）空调器应采用专用带开关电源插座。在明确采用某种空调器的情况下，空调器电源插座宜按下列位置布置：

① 分体式空调器电源插座宜根据出线管预留洞位置距地面1.8m处设置。

② 窗式空调器电源插座宜在窗口旁距地面1.4m处设置。

③ 柜式空调器电源插座宜在相应位置距地面0.3m处设置。

4）凡是设有有线电视终端盒或计算机插座的房间，在有线电视终端盒或计算机插座旁至少应设置两个五孔组合电源插座，以满足电视机、音响功率放大器或计算机的需要，电源插座距有线电视终端盒或计算机插座的水平距离应不少于0.3m。

5）起居室（客厅）是人员集中的主要活动场所，家用电器点位较多，设计应根据建筑装修布置图布置插座，并应保证每个主要墙面都有电源插座。如果墙面长度超过3.6m应增加插座数量，墙面长度小于3m，电源插座可在墙面中间位置设置。起居室内应采用带开关的电源插座。

6）卧室应保证两个主要对称墙面均设有组合电源插座，床端靠墙时床的两侧应设置组合电源插座，并设有空调器电源插座。

7）书房除放置书柜的墙面外，应保证两个主要墙面均设有组合电源插座，并设有空调器电源插座和计算机电源插座。

8）厨房应根据建筑装修的布置，在不同的位置、高度设置多处电源插座以满足抽油烟机、消毒柜、微波炉、电饭煲、电冰箱等多种电炊具设备的需要。参考灶台、操作台、案台、洗菜台布置选取最佳位置设置抽油烟机插座，一般距地面1.8～2m。其他电炊具电源插座在吊柜下方或操作台上方之间，不同位置、不同高度设置，插座应带电源指示灯和开关。厨房内设置电冰箱时应设专用插座，距地面0.3～1.5m安装。

9）电热水器应选用16A带开关三线插座并在热水器右侧距地面1.4～1.5m安装，注意不要将插座设在电热水器上方。

10）严禁在卫生间内的潮湿处（如淋浴区或澡盆附近）设置电源插座，其他区域设置的电源插座应采用防溅式。有外窗时，应在外窗旁预留排气扇接线盒或插座，由于排气风道一般在淋浴区或澡盆附近，所以接线盒或插座应距地面2.25m以上安装。在盥洗台镜旁设置美容用和剃须用电源插座，距地面1.5～1.6m安装。

插座宜带开关和指示灯。

11）阳台应设置单相组合电源插座，距地面 0.3m。

16.12.4　插座安装的技术要求

安装插座应满足以下技术要求：

1）插座垂直离地高度，明装插座不应低于 1.3m；暗装插座用于生活的允许不低于 0.3m，用于公共场所应不低于 1.3m，并与开关并列安装。

2）在儿童活动的场所，不应使用低位置插座，应装在不低于 1.3m 的位置上，否则应采取防护措施。

3）浴室、蒸汽房、游泳池等潮湿场所内应使用专用插座。

4）空调器的插座电源线，应与照明灯电源线分开敷设，应由配电板或漏电保护器后单独敷设，插座的规格也要比普通照明、电热插座大。导线截面积一般采用不小于 $4mm^2$ 的铜芯线。

5）墙面上各种电器连接插座的安装位置应尽可能靠近被连接的电器，以缩短连接线的长度。

16.12.5　电源插座的接线

插座是长期带电的电器，是线路中最容易发生故障的地方，插座的接线孔都有一定的排列位置，不能接错，尤其是单相带保护接地的三极插座，一旦接错，就容易发生触电伤亡事故。暗装插座接线时，应仔细辨别盒内分色导线，正确地与插座进行连接。

插座接线时应面对插座。单相两极插座在垂直排列时，上孔接相线（L 线），下孔接中性线（N 线），如图 16-87a 所示。水平排列时，右孔接相线，左孔接中性线，如图 16-87b 所示。

单相三极插座接线时，上孔接保护接地线（PE 线），右孔接相线（L 线），左孔接中性线（N 线），如图 16-87c 所示。严禁将上孔与左孔用导线连接。

三相四极插座接线时，上孔接保护接地线（PE 线），左孔接相线（L1 线），下孔接相线（L2 线），右孔接相线（L3 线），如图 16-87d 所示。

暗装插座接线完成后，不要马上固定面板，应将盒内导线理顺，依次盘成圆圈状塞入盒内，且不允许盒内导线相碰或损伤导线，面板安装后表面应清洁。

16.12.6　插座的安装

安装插座时，应注意以下几点：

1）铺设暗盒，想要把插座装在墙里面，那就需要使用暗盒，暗盒要在盖房子时事先预埋，如果没有预埋，那也可以使用明盒来代替。

2）选择电线的颜色，一般红色为相线，蓝色为零线，黄绿线为地线。

3）选择电线的截面积，家庭用电以 $2.5mm^2$ 为主，空调器用线选用 $4mm^2$。

4）连接电线，遵循“左零右相上接地”的法则对插座进行接线，线头不能过多地裸露在外面，线头螺钉要上紧，保证完全接触。

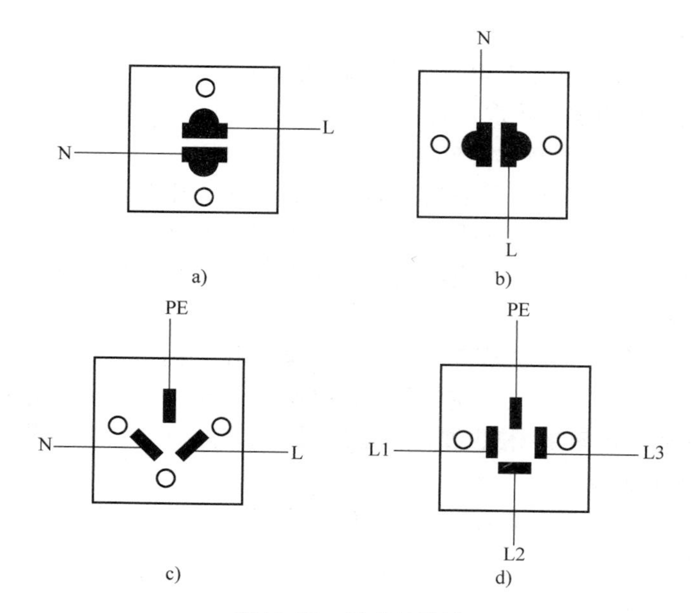

图 16-87　插座的接线

a）两极插座垂直排列接线　b）两极插座水平排列接线

c）三极插座接线　d）四极插座接线

5）上紧插座，插座带有固定螺钉，用固定螺钉把插座安装在暗盒中，不要让电线触碰到盒子的铁片，避免出现短路的情况。

6）修正插座，上紧之后就要给插座盖上面板，盖上之后可能会有歪斜的情况，这个时候可以使用螺钉旋具轻微敲一敲，这样插座调整之后就能送电使用了。

16.12.7　安装开关和插座的注意事项

安装开关和插座时，应注意以下几点：

1）开关、插座不能装在瓷砖的花片和腰线上。

2）开关、插座底盒在瓷砖开孔时，边框不能比底盒大 2mm 以上，也不能开成圆孔。保证以后安装开关、插座，底盒边应尽量与瓷砖相平，这样以后安装时就不需另找比较长的螺钉。

3）安装开关、插座的位置不能有两块以上的瓷砖被破坏，并且尽量使其安装在瓷砖正中间。

4）插座安装时，明装插座距地面应不低于 1.8m。

5）暗装插座距地面不低于 0.3m，为防止儿童触电、用手指触摸或金属物插捅电源的孔眼，一定要选用带有保险挡片的安全插座。

6）单相二孔插座的施工接线要求是：当孔眼横排列时为“左零右相”，竖排列时为“上相下零”。

7）单相三孔插座的接线要求是：最上端的接地孔眼一定要与接地线接牢、接实、接对，绝不能不接，余下的两孔眼按“左零右相”的规则接线。值得注意的是零线与保护接地线切不可错接或接为一体。

8）电冰箱应使用独立的、带有保护接地的三孔插座。严禁自做接地线接于煤气管道上，以免发生严重的火灾事故。

9）为保证家人的绝对安全，抽油烟机的插座也要使用三孔插座，接地孔的保护绝不可掉以轻心。

10）卫生间常用来洗澡冲凉，易潮湿，不宜安装普通型插座，应选用防水型开关，确保人身安全。

11）安装开关时，暗装开关要求距地面 1.2 ~ 1.4m，距门框水平距离 150 ~ 200mm。

16.12.8　快速检查插座接线是否正确的方法

我们知道插座正确的接法应该是：左零，右相，中接地，但是有没有简单的方法或者检测仪器，把安装的插座一个个检测一遍呢?

插座极性检测器就是专门用于检测插座接线是否正确的仪器，它具有以下功能：

1）分辨插座内配线情况。
2）带漏电检测开关。
3）用直观 LED 显示。
4）有多种国家标准接头。
5）多个状态测试范围。

插座极性检测器的外形如图 16-88 所示，该检测器体积小、便于携带、使用方便，无须专业人员，便可方便准确地测出电路中的相线（火线）、中性线（零线）、地线是否接错、反接、漏接等各种故障和隐患，是电工必备的检测工具。

插座极性检测器有三个指示灯。图 16-89 为插座极性检测器显示说明，图中“●”为灯亮，“○”为灯灭，根据三个指示灯的亮和暗，可以判断出各种不同的状态。

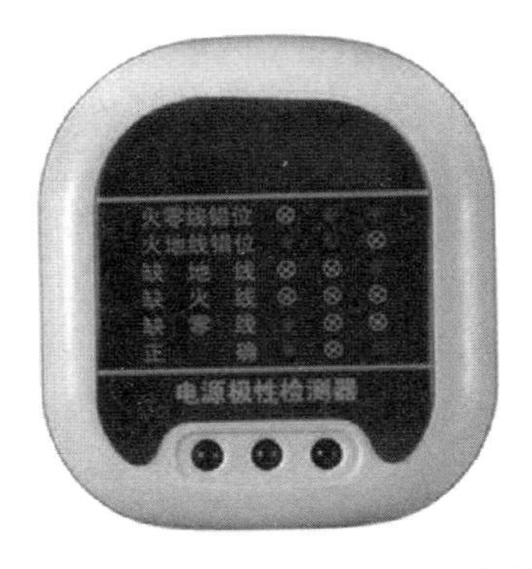

图 16-88　插座极性检测器的外形

显示说明			
火零线错位	○	●	●
火地线错位	●	●	○
缺地线	○	○	●
缺火线	○	○	○
缺零线	●	○	○
正确	●	○	●

图 16-89　插座极性检测器的显示说明

第 17 章　可编程控制器（PLC）

17.1　PLC 概述

17.1.1　PLC 的定义

PLC 是指可通过编程或软件配置改变控制对策的控制器，简称为 PLC。

可编程控制器（PLC）是一种数字式运算操作的电子系统，是专为在工业环境下应用而设计的。它采用可编程序的存储器，用来在其内部存储执行逻辑运算、顺序控制、定时、计数和算术运算等操作的指令，并通过数字式或模拟式的输入/输出，控制各种类型的机械或生产过程。可编程控制器及其有关外围设备，都是按易于与工业控制系统连成一个统一整体、易于扩充其功能的原则设计的，具有很强的抗干扰能力、广泛的适应能力和应用范围。

17.1.2　PLC 的特点

PLC 主要功能和特点如下：

1）可靠性高，抗干扰能力强。这通常是用户选择控制装置的首要条件。PLC 生产厂商在硬件和软件上采取了一系列抗干扰措施，使它可以直接安装于工业现场且稳定可靠地工作。

2）适应性强，应用灵活。由于 PLC 产品均成系列化生产，品种齐全，多数采用模块式的硬件结构，组合和扩展方便，用户可根据自己的需要灵活选用，以满足系统大小不同及功能繁简各异的控制系统要求。

3）编程方便，易于使用。PLC 的编程可采用与继电器电路极为相似的梯形图语言，直观易懂，深受现场电气技术人员的欢迎。

4）控制系统设计、安装、调试方便。PLC 中含有大量的相当于中间继电器、时间继电器、计数器等的“软元件”。又用程序（软接线）代替硬接线，安装接线工作量少。设计人员只要有 PLC 就可进行控制系统设计并可在实验室进行模拟调试。

5）维修方便、维修工作量小。PLC 有完善的自诊断及监视功能。PLC 对于其内部工作状态、通信状态、异常状态和 I/O 点的状态均有显示。工作人员通过这些显示可以查出故障原因，便于迅速处理。

6）功能完善。除基本的逻辑控制、定时、计数、算术运算等功能外，配合特殊功能模块还可以实现过程控制、数字控制等功能，为方便工厂管理又可与上位机通信，通过远程模块还可以控制远程设备。

由于具有上述特点，使得 PLC 的应用范围极为广泛，可以说只要有工厂及控制要求的地方，就会有 PLC 的应用。

17.1.3　PLC 的分类

PLC 的类型多，型号各异，不同的生产厂商的产品规格也各不相同。一般可按 I/O 点数和结构形式来分类。

（1）按 I/O 点数分类

PLC 按 I/O 总点数可分为小型、中型和大型。这个分类界限不是固定不变的，它会随 PLC 的发展而改变。一般来说，处理 I/O 的点数较多时，控制关系比较复杂，用户要求的存储器容量较大，要求 PLC 指令及其他功能也比较多，指令执行的过程也较快。

（2）按结构形式分类

PLC 按结构形式可分整体式和模块式。整体式又称单元式或箱体式，它是将电源、CPU、I/O 部件等都集中装在一个机箱内，构成一个整体，具有结构紧凑、体积小、价格低等特点，一般小型 PLC 采用这种结构；模块式 PLC 是由一些标准模块单元构成，这些标准模块有 CPU 模块、输入模块、输出模块、电源模块等，将这些模块插在框架或基板上即可组装而成，各模块功能是独立的，外形尺寸统一，而且配置灵活、装配方便、便于扩展和维修，一般中、大型 PLC 和一些小型 PLC 多采用这种结构型式。

有的 PLC 将整体式和模块式结合起来，称为叠装式。

17.1.4　PLC 与继电器控制的区别

在 PLC 的编程语言中，梯形图是最为广泛使用的语言，通过 PLC 的指令系统将梯形图变成 PLC 能接受的程序，由编程器将程序键入到 PLC 用户存储区去。而梯形图与继电器控制原理图十分相似，主要原因是 PLC 梯形图的发明大致上沿用继电器控制电路的元件符号，仅在个别处有些不同。同时，信号的输入/输出形式及控制功能也是相同的。但是，PLC 的控制与继电器的控制又有不同之处。

PLC 与继电器控制的主要区别有以下几点：

（1）组成器件不同

继电器控制电路是由许多真正的硬件继电器组成的。而 PLC 是由许多“软继电器”组成的，这些“继电器”实际上是存储器中的触发器，可以置“0”或置“1”。

（2）触点的数量不同

继电器的触点数有限，一般只有 4 ~ 8 对；而“软继电器”可供编程的触点数有无限对，因为触发器状态可取用任意次。

（3）控制方法不同

继电器控制是通过元件之间的硬接线来实现的，因此其控制功能就固定在电路中了，因此功能专一，不灵活；而 PLC 控制是通过软件编程来解决的，只要程序改变，功能可跟着改变，控制很灵活。又因 PLC 是通过循环扫描工作的，不存在继电器控制电路中的联锁与互锁电路，控制设计大大简化了。

（4）工作方式不同

在继电器控制电路中，当电源接通时，电路中各继电器都处于受制约状态，该合的合，该断的断。而在PLC的梯形图中，各“软继电器”都处于周期性循环扫描接通中，从客观上看，每个“软继电器”受条件制约，接通时间是短暂的。也就是说继电器控制的工作方式是并行的，而PLC的工作方式是串行的。

（5）控制速度不同

继电器控制逻辑依靠触点的机械动作实现控制，工作频率低。触点的开闭动作一般在几十毫秒级。另外，机械触点还会出现抖动问题。而PLC是由程序指令控制半导体电路实现控制，速度极快，一般一条用户指令的执行时间在微秒数量级。PLC内部还有严格的同步，不会出现抖动问题。

（6）限时控制不同

继电器逻辑控制利用时间继电器的滞后动作进行限时控制，其定时精度不高，且有定时时间易受环境湿度和温度变化的影响、调整时间困难等问题。而PLC使用半导体集成电路作定时器，时钟脉冲由晶体振荡器产生，精度高，且定时时间不受环境的影响。

（7）计数控制

PLC能实现计数功能，而继电器控制逻辑一般不具备计数功能。

（8）可靠性和可维护性

继电器控制逻辑使用了大量的机械触点，触点开闭时会受到电弧的损坏，并有机械磨损，寿命短，因此可靠性和可维护性差。而PLC采用微电子技术，大量的开关动作由无触点的半导体电路来完成，它体积小、寿命长、可靠性高。PLC还配有自检和监督功能，能检查出自身的故障，并随时显示给操作人员，还能动态地监视控制程序的执行情况，为现场调试和维护提供了方便。

17.2 PLC的组成及各组成部分的作用

17.2.1 PLC的基本组成

PLC外形的种类非常多，常用PLC的外形如图17-1所示。

PLC实质上是一种工业控制计算机，只不过它比一般的计算机具有更强的与工业过程相连的接口和更直接的适应于控制要求的编程语言，故PLC与计算机的组成十分相似。从硬件结构看，它也有中央处理器（CPU）、存储器、输入/输出（I/O）接口、电源等，如图17-2所示。

PLC的工作电源一般为单相交流电源，也有用直流24V电源供电的。PLC对电源的稳定度要求不高，**一般可允许电源电压波动率在±15%的范围内**。PLC内部有一个稳压电源，用于对CPU板、I/O板及扩展单元供电。有的PLC，其电源与CPU合为一体；有的PLC，特别是大中型PLC，备有专用电源模块。有些PLC，电

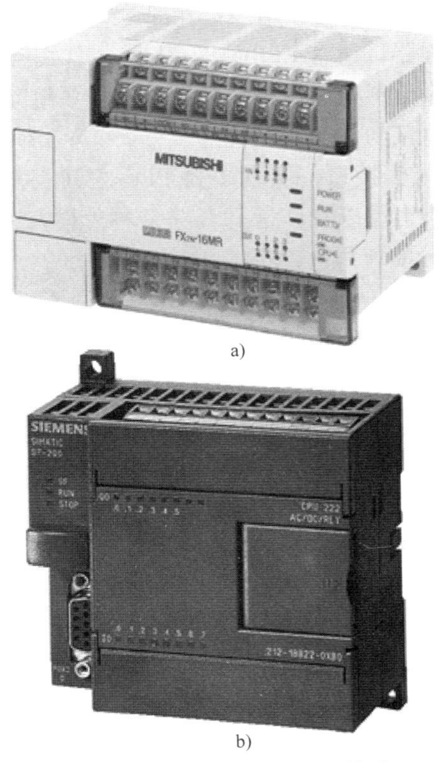

a)

b)

图 17-1　可编程控制器的外形

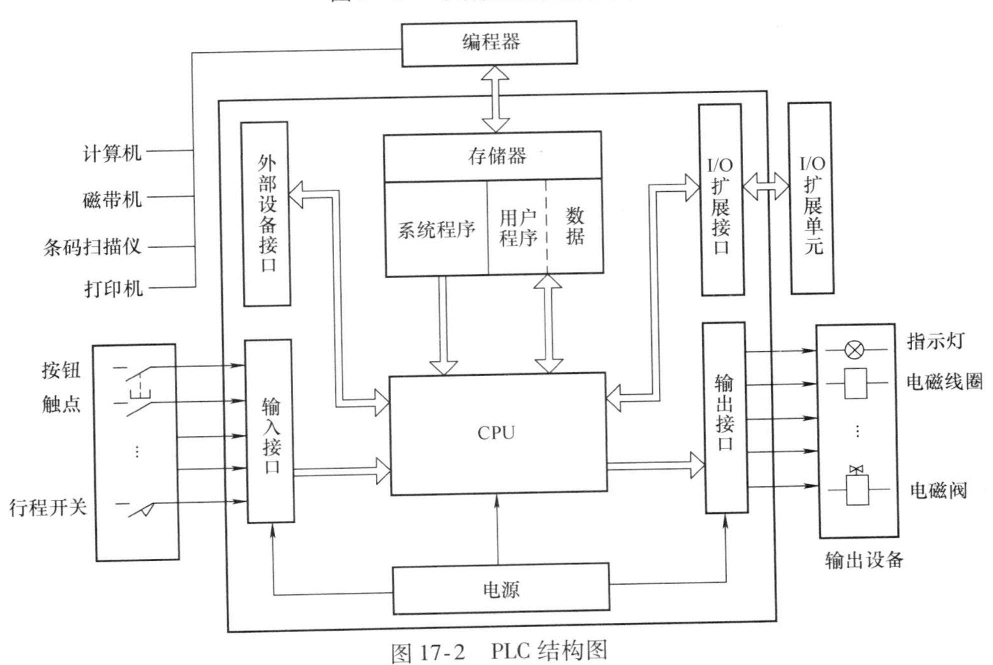

图 17-2　PLC 结构图

源部分还提供有 DC 24V 稳压输出，用于对外部传感器等供电。

PLC 的外设除了编程器，还有 EPROM 写入器、盒式磁带录音机、打印机、软盘甚至硬盘驱动器以及高分辨率大屏幕彩色图形监控系统。其中有的是与编程器连接的，有的则通过接口直接与 CPU 等相连。

有的 PLC 可以通过通信接口，实现多台 PLC 之间及其与上位计算机的联网，从这个意义上说，计算机也可以看作是 PLC 是一种外设。

17.2.2 PLC 各组成部分的作用

1. 中央处理单元

中央处理单元（CPU）是 PLC 的核心部件。它能按 PLC 中系统程序赋予的功能指挥 PLC 有条不紊地进行工作，其主要任务有：控制从编程器键入的用户程序和数据的接收与存储；用扫描的方式通过 I/O 部件接收现场的状态或数据，并存入输入映像寄存器或数据存储器中；诊断 PLC 内部电路的工作故障和用户程序中的语法错误等；当 PLC 进入运行状态后，从存储器逐条读取用户指令，经过命令解释后按指令规定的任务进行数据传送、逻辑或算术运算等；根据运算结果，更新有关标志位的状态和输出映像寄存器的内容，再经输出部件实现输出控制、制表打印和数据通信等功能。

2. 存储器

PLC 的存储器包括系统存储器和用户存储器两部分。

（1）系统存储器

系统存储器用来存放由 PLC 生产厂商编写的系统程序，并固化在只读存储器（ROM）内，用户不能直接更改。它使 PLC 具有基本的智能，能够完成 PLC 设计者规定的各项工作。系统程序质量的好坏，很大程度上决定了 PLC 的性能，其内容主要包括以下三部分：

1）系统管理程序。它主管控制 PLC 的运行，使整个 PLC 按部就班地工作。

2）用户指令解释程序。通过用户指令解释程序，将 PLC 的编程语言变为机器语言指令，再由 CPU 执行这些指令。

3）标准程序模块与系统调用。它包括许多不同功能的子程序及其调用管理程序，如完成输入、输出及特殊运算等的子程序。PLC 的具体工作都是由这部分程序来完成的，这部分程序的多少，决定了 PLC 性能的强弱。

（2）用户存储器

用户存储器包括用户程序存储器（程序区）和功能存储器（数据区）两部分。

1）用户程序存储器。它用来存放用户针对具体控制任务，用规定的 PLC 编程语言编写的各种用户程序。用户程序存储器中的内容可以由用户任意修改或增删。

2）用户功能存储器。它用来存放（记忆）用户程序中使用的 ON/OFF 状态、数值数据等，它构成 PLC 的各种内部器件，也称“软元件”。

用户存储器容量的大小关系到用户程序容量的大小和内部器件的多少，是反映

PLC性能的重要指标之一。

3. 输入/输出单元

（1）输入单元

输入单元是各种输入信号（操作信号及反馈来的检测信号）的输入接口。通常有直流输入、交流输入及交直流输入三种类型。输入单元用来接收和采集两种类型的输入信号，一类是由按钮、选择开关、行程开关、继电器触点、接近开关、光电开关等提供的开关量输入信号；另一类是由电位器、测速发电机和各种变压器等提供的模拟量输入信号。

（2）输出单元

输出单元是把PLC处理结果即输出信号送给控制对象的输出接口。通常有继电器输出、晶体管输出及双向晶闸管输出三种类型。输出单元用来连接被控对象中各种执行元件，如接触器、电磁阀、指示灯、调节阀（模拟量）、调速装置（模拟量）等。

4. 电源

PLC的电源单元负责将外部提供的交流电转换为PLC内部所需要的直流电源，有的PLC还可以为输入电路提供24V直流电源。PLC中还有备用电池（一般为锂电池），用于掉电情况下保存程序和数据。

5. 扩展接口

扩展接口是为PLC中心单元（基本单元）与扩展单元或扩展单元之间的连接用的，以扩展PLC的规模，使PLC配置更加灵活。

6. 通信接口

为了实现“人-机”或“机-机”之间的对话，PLC配有多种接口。PLC通过这些通信接口可以与监视器、打印机、其他的PLC或计算机相连。

当PLC与打印机相连时，可将过程信息、系统参数等输出打印；当与监视器相连时，可将过程图像显示出来；当与其他PLC相连时，可以组成多机系统或连成网络，实现更大规模的控制；当与计算机相连时，可以组成多级控制系统，实现控制与管理相结合的综合系统。

7. 智能I/O接口

为了满足更加复杂的控制功能的需要，PLC配有多种智能I/O接口。例如，满足位置调节需要的位置闭环控制模板，对高速脉冲进行计数和处理的高速计数模板等。这类智能模板都有其自身的处理器系统。

8. 编程器

编程器的作用是输入、修改、检查及显示用户程序；调试用户程序；监视程序运行情况；查找故障、显示错误信息。

编程器有简易型和智能型两类。简易型的编程器只能在线（联机）编程，且往往需要将梯形图转化为机器语言助记符（指令表）后才能输入。智能型的编程器又称图形编程器，它可以在线（联机）编程，也可以离线（脱机）编程，可以直接输入梯形图和通过屏幕对话，也可以利用微机作为编程器，这时微机应配有相应的软件包，若要直接与可编程控制器通信，还要配有相应的通信电缆。

17.3 PLC 的工作原理

17.3.1 PLC 的工作方式

PLC 是一种工业控制计算机，故其工作原理是建立在计算机工作原理基础上的，是通过执行反映控制要求的用户程序实现的。由于 CPU 是以分时操作方式来处理各项任务的，计算机在每一瞬间只能做一件事，所以程序执行时是按程序顺序依次完成相应各电器的动作的。由于运算速度极高，各电器的动作似乎是同时完成的，但实际输入/输出的响应是滞后的。

PLC 采用循环扫描的工作方式。每一次扫描所用的时间称为扫描周期或工作时间。CPU 从第一条指令开始，按顺序逐条地执行用户程序，直到用户程序结束，然后返回第一条指令，开始新的一轮扫描。PLC 就是这样周而复始地重复上述循环扫描的。

PLC 工作的全过程可用图 17-3 所示的框图来表示。整个运行可分为上电处理、扫描过程和出错处理三部分。

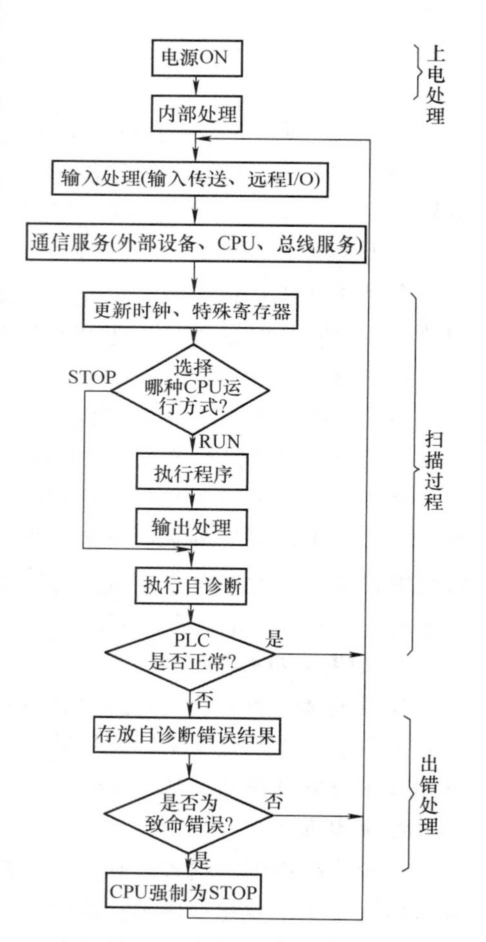

图 17-3 PLC 运行框图

17.3.2 PLC 的扫描工作过程

当 PLC 处于正常运行时，它将不断重复图 17-3 中的扫描过程，不断循环扫描工作下去。如果对远程 I/O 特殊模块和其他通信服务暂不考虑，则**扫描工作过程一般分为三个阶段进行，即输入采样、程序执行和输出刷新三个阶段**。完成上述三个阶段称为一个扫描周期。PLC 的扫描工作过程如图 17-4 所示（此处 I/O 采用集中输入、集中输出方式）。

（1）输入采样阶段

PLC 在输入采样阶段，首先扫描所有输入端子，并将各输入状态存入输入映像寄存器中。此时，输入映像寄存器被刷新。接着转入程序执行阶段，在程序执行阶段和输出刷新阶段，输入映像寄存器与外界

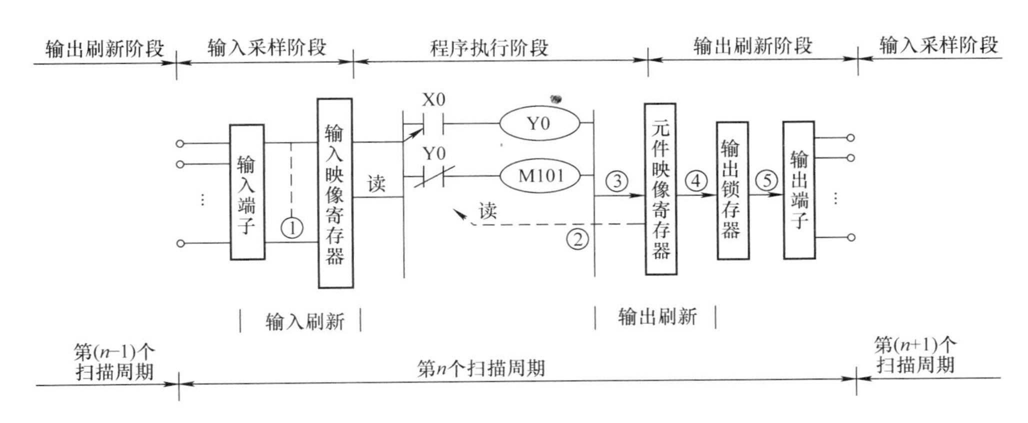

图 17-4　PLC 的扫描工作过程

隔离，即使输入状态发生变化，输入映像寄存器的内容也不会发生改变，直到下一个扫描周期的输入采样阶段，才能重新读入输入端的新内容。

（2）程序执行阶段

根据 PLC 梯形图程序扫描原则，PLC 按先左后右，先上后下的步序，逐条执行程序指令，但遇到程序跳转指令，则根据跳转条件是否满足来决定程序的跳转地址。当指令中涉及输入、输出状态时，PLC 就从输入映像寄存器中读入上一阶段采入的对应输入端子状态，从元件映像寄存器中读入对应元件（“软继电器”）的当前状态。然后，进行相应的运算，运算结果再存入有关的元件映像寄存器中。即在程序执行过程中。每一个元件（“软继电器”）在元件映像寄存器内的状态会随着程序的进程而变化。

（3）输出刷新阶段

在所有指令执行完毕后，将输出映像寄存器（即元件映像寄存器中的 Y 寄存器）中所有输出继电器的状态接通/断开，在输出刷新阶段转存到输出锁存器中，通过隔离电路、驱动功率放大电路、输出端子，向外输出控制信号，形成 PLC 的实际输出。

17.3.3　PLC 的输入输出方式

1. 集中刷新控制方式

集中刷新控制方式如图 17-5a 所示。在 PLC 执行程序前，PLC 先把所有输入的状态集中读取并保存。程序执行时，所需的输入状态就到存储器中读取，要输出的处理结果也都暂存起来，直到程序执行完毕后，才集中让输出产生动作，然后再进入下一个扫描周期。这种方式的特点是集中读取输入后，在该扫描周期内即使外部输入状态发生了变化，内部保存着的状态值也不会改变。

2. 直接控制方式

直接控制方式如图 17-5b 所示。在 PLC 执行程序时，随程序的执行需要哪一

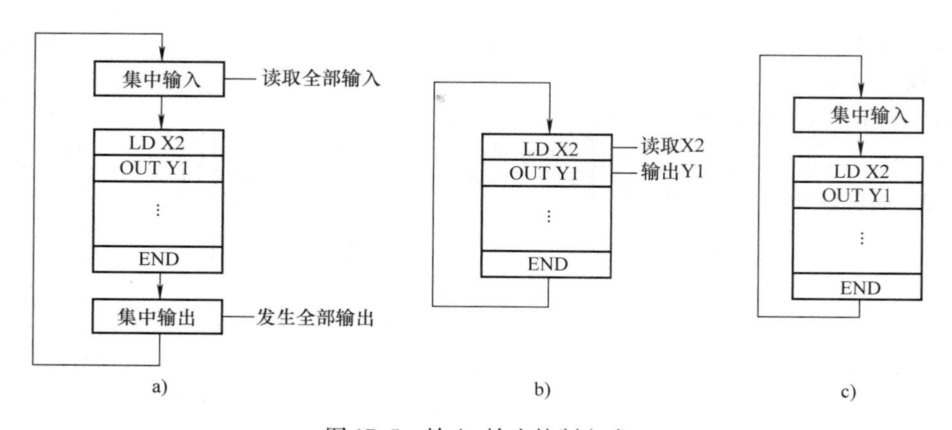

图 17-5　输入/输出控制方式
a）集中刷新控制方式　b）直接控制方式　c）混合控制方式

个输入信号就直接从输入端或输入模块取用这个输入状态。在执行程序的过程中，将该输出的结果立即向输出端或输出模块输出。

3. 混合控制方式

混合控制方式如图 17-5c 所示。混合控制方式只对输入进行集中读取，在执行程序时，对输出则采用的是直接输出方式。由于该控制方式对输入采用的是集中刷新，所以在一个扫描周期内输入状态也是不会变化的，同一输入在程序中有几处出现时，也不会像直接控制方式那样出现不同的值。因为该控制方式对输出采用的是直接控制方式，所以又具有了直接控制方式输出响应快的优点。

17.3.4　PLC 内部器件的功能

PLC 内部器件的种类和数量随产品而不同，功能越强，其内部器件的种类和数量就越多。内部器件虽然沿用了传统电气控制电路中的继电器、线圈及触点等名称，但 PLC 内部并不存在这些实际的物理器件，与它对应的只是内存单元的一个基本单元，其中装有 1 位二进制数，该位为 1 表示线圈得电，该位为 0 表示线圈失电，使用常开触点直读其值，使用常闭触点则读取其反。

PLC 的基本内部器件有输入继电器、输出继电器、内部继电器、定时器、计数器、数据寄存器和状态元件等。

1. 输入继电器

输入继电器是 PLC 与外部输入点对应的内存单元。它由外设送来的输入信号驱动，使其为 0 或 1。用编程的方法不能改变输入继电器的状态，即不能对继电器对应的基本单元改写。输入继电器的触点可以无限制地多次使用。无输入信号对应的输入继电器只能空着，不能挪作他用。输入继电器编号用的标识符有 X、I 等。

2. 输出继电器

输出继电器是 PLC 与外部输出点对应的内存基本单元。它可以由输入继电器触点，内部其他器件的触点以及其自身的触点驱动。通常它用一个常开触点接通外部负载，而输出继电器的其他触点，也像输入继电器的触点一样可以无限制地多次使用。无输出对应的输出继电器，也是空着的，如果需要，它可以当作内部继电器使用。输出继电器编号用的标识符有 Y、O、Q 等。

3. 内部继电器

内部继电器（又称辅助继电器）与外部没有直接联系。它是 PLC 内部的一种辅助继电器，其功能与电气控制电路中的中间继电器一样。每个内部继电器也对应着内存的一个基本单元。内部继电器可以由输入继电器的触点、输出继电器的触点以及其他内部器件的触点驱动。内部继电器的触点也可以无限制地多次使用。

内部继电器的线圈与触点状态，有的在断电后可以保持，有的则不能保持。使用时必须参照说明书加以区别。

还有一类内部继电器为特殊继电器。它们的线圈由 PLC 自身自动驱动，用户在编程时，不能像普通内部继电器一样使用其线圈，只能使用其触点。不过，有的机型的特殊继电器，用户也可以驱动使用其线圈，编程时要注意区别。

除上述各种内部继电器外，有些 PLC 配置有另外一些内部继电器，如暂存继电器、辅助记忆继电器、链接继电器等。

内部继电器编号用标识符有 M、HR、TR、L 等。

4. 定时器

定时器用来完成定时操作，其作用相当于电气控制电路中的时间继电器。定时器有一个启动输入端，当这一端 ON 时，定时器开始定时工作，其线圈得电，等到达预定时间，其触点便动作；当启动输入端 OFF 或断电时，定时器立即复位，线圈失电，常开触点打开，常闭触点闭合。定时器的定时值由设定值给定。每种定时器都有规定的时钟周期，如 0.01s、0.1s、1s 等，比如用 0.01s 时钟周期的定时器，想定时 1s，则设定值为 1/0.01 =100。设定值在编程时一般用十进制数，有的在数字前还要添加#号或 K 等标识，有的允许用十六进制数，但数字前要加 H。定时器的当前值，断电时一般都不能保持，但设定值能保持。有的定时器除启动输入端外，还配有专门的复位输入端。

有的机型除上述一般定时器外，还配有积算定时器（或称累积定时器）。这种定时器在工作过程中，启动输入端 OFF 或断电时，当前值能保持，启动输入端再次 ON 或复电时，能在原来的基础上接着完成定时工作，直至到达预定时间，其触点才动作。

定时器的编号标识符有 T、TIM、TIMH 等。不同的编号范围，对应不同的时钟周期。而且它与计数器常用同一个编号范围，同一个编号定时器使用了，计数器就不能再使用。

5. 计数器

计数器用来实现计数操作。使用计数器要事先给出计数的预置值（设定值），即要计的脉冲数。计数器一般有两个输入端，一个是计数脉冲输入端，一个是复位输入端。在复位输入端为 OFF 时，计数器才能实现计数，当输入的脉冲数等于预置值时，计数器线圈得电，其触点动作，且一直保持这样的状态，即使接着还有脉冲输入其状态也不会改变。在计数过程中，若发生断电，计数器的当前值能够保持。不论何时，若复位端出现 ON，计数器便立即停止计数，当前值恢复成初值。

有些机型配有高速计数器（有的是提供可另购的高速计数模块），以满足对高频脉冲信号的计数要求。

计数器的编号标识符用 C、CNT、CNTR 等表示。

在有些机型中，计数器的预置值与定时器的设定值，不仅可用程序设定，还可以通过 PLC 外部的拨码开关，方便直观地随时更改。

6. 数据寄存器

PLC 在进行输入输出处理、模拟量控制、位置控制以及与定时值、计数值有关的控制时，常常要做数据处理和数值运算，所以一般 PLC 都安排有专门存储数据或参数的区域，构成所谓数据寄存器。每一个数据寄存器都是 16 位（最高位为符号位），可用两个数据寄存器合并起来存放 32 位数据（最高位为符号位）。

除普通（通用）数据寄存器外，还有断电保持数据寄存器、特殊数据寄存器和文件寄存器等。

数据寄存器编号的标识符多用 D 表示。

7. 状态元件

状态元件是步进顺控程序中的重要元件，与步进顺控指令组合使用。状态元件有初始状态、回零、通用、保持和报警（可用于外部故障诊断输出）5 种类型。

状态元件的常开、常闭触点在 PLC 中可以自由使用，且使用次数不限。不需步进顺序控制时，状态元件可以作为辅助继电器在程序中作用。

状态元件编号的标识符多用 S 表示。

17.4 常用 PLC 的技术数据

PLC 的技术性能指标有一般指标和技术指标两种。一般指标主要指 PLC 的结构和功能情况，是用户选用 PLC 时必须首先了解的，而技术指标又可分为一般性能规格和具体性能规格。

一般性能规格是指使用 PLC 时应注意的问题，主要包括电源电压、允许电压波动范围、耗电情况、直流输出电压、绝缘电阻、耐压情况、抗噪声性能、耐机械振动及冲击情况、使用环境温度和湿度、接地要求、外形尺寸、质量等。

具体性能规格是指 PLC 所具有的技术能力。具体性能规格包括的技术指标很多，其中一些最主要的技术指标，称为基本技术指标，如 CPU 类型、存储器容量、编程语言、扫描速度、I/O 点数等。

17.4.1 FX_{2N}系列 PLC 的性能参数

FX_{2N}系列 PLC 的一般技术参数、输入与输出技术参数、电源技术指标和基本性能参数见表 17-1 ~ 表 17-5。

表 17-1　FX_{2N}系列 PLC 的一般技术参数

项目	内　　容	
环境温度	使用时：0～55℃，存储时：-20～+70℃	
环境湿度	35%～89% RH 时（不结露）使用	
抗振	JIS C0911 标准 10～55Hz，0.5mm（最大 2g），3 轴方向各 2h（但用 DIN 导轨安装时 0.5g）	
抗冲击	JIS C0912 标准 10g 在 3 轴方向各 3 次	
抗噪声干扰	在用噪声仿真器产生电压为 1000V_{P-P}、噪声脉冲宽度为 1μs、周期为 30～100Hz 的噪声干扰时工作正常	
耐压	AC 1500V，1min	所有端子与接地端之间
绝缘电阻	5MΩ 以上（DC 500V 绝缘电阻表）	
接地	第三种接地，不能接地时也可浮空	
使用环境	无腐蚀性气体，无尘埃	

表 17-2　FX_{2N}系列 PLC 的输入技术参数

项目	内　容		项目	内　容	
输入电压	DC 24V		输入 OFF 电流	其余输入点	≤1.5mA
输入电流	X0～X7	7mA	输入阻抗	X0～X7	3.3kΩ
	其余输入点	5mA		其余输入点	4.3kΩ
输入 ON 电流	X0～X7	4.5mA	输入隔离	光电绝缘	
	X10 以内	3.5mA	输入响应时间	0～60ms 可变	
输入 OFF 电流	X0～X7	≤1.5mA			

表 17-3　FX_{2N}系列 PLC 的输出技术参数

项　目		继电器输出	双向晶闸管输出	晶体管输出
外部电源		AC 250V，DC 30V 以下	AC 85～242V	DC 5～30V
最大负载	电阻负载	2A/1 点；8A/4 点 COM；8A/8 点 COM	0.3A/1 点；0.8A/4 点	0.5A/1 点；0.8A/4 点
	感性负载	80VA	15VA/AC 100V 30VA/AC 200V	12W/DC 24V
	灯负载	100W	30W	1.5W/DC 24V
开路漏电流		无	1mA/AC 100V； 2mA/AC 200V	0.1mA 以下/DC30V
响应时间	OFF 到 ON	约 10ms	1ms 以下	0.2ms 以下
	ON 到 OFF	约 10ms	最大 10ms	0.2ms 以下①

（续）

项 目	继电器输出	双向晶闸管输出	晶体管输出
电路隔离	机械隔离	光晶闸管隔离	光耦合器隔离
动作显示	继电器通电时 LED 灯亮	光晶闸管驱动时 LED 灯亮	光耦合器隔离驱动时 LED 灯亮

① 响应时间 0.2ms 是在条件为 24V/200mA 时，实际所需时间为电路切断负载电流到电流为 0 的时间，可用并接续流二极管的方法改善响应时间。大电流时为 0.4mA 以下。

表 17-4 FX_{2N}系列 PLC 的电源技术参数

项 目		FX_{2N} -16M	FX_{2N} -32M	FX_{2N} -48M	FX_{2N} -64M	FX_{2N} -80M	FX_{2N} -128M
电源电压		AC（100～240V）$^{+10\%}_{-15\%}$ 50/60Hz（120/240V 电源系统）					
瞬间断电允许时间		对于 10ms 以下的瞬间断电，控制动作不受影响					
电源熔丝		250V 3A，ϕ5mm×20mm		250V 5A，ϕ5mm×20mm			
电力消耗/V·A		30	40	50	60	70	80
传感器电源	无扩展模块	DC24V 250mA 以下		DC24V 400mA 以下			
	有扩展模块	需进行核定					

表 17-5 FX_{2N}系列 PLC 的主要性能参数

项 目		内 容	
运算控制方式		存储程序反复扫描运算方法，有中断指令	
输入/输出控制方式		批处理方式（在执行 END 指令时），有输入/输出刷新指令	
运算处理速度	基本指令	0.08μs/指令	
	应用指令	（1.52μs～数百微秒）/指令	
程序语言		逻辑梯形图，指令表，步进梯形指令（可用 SFC 表示）	
程序容量存储器形式		内置 8K 步 RAM，最大为 16K 步（可选 RAM、EPROM、EEPROM 存储卡盒）	
指令数	基本、步进指令	基本（顺序控制）指令 27 条，步进指令 2 条	
	应用指令	132 种 309 条	
输入继电器（扩展合用时）		X000～X267（八进制编号）184 点	合计最大 256 点
输出继电器（扩展合用时）		Y000～Y267（八进制编号）184 点	

17.4.2 S7-200 系列 PLC 的主要性能参数

S7-200 系列 PLC 的主要性能参数见表 17-6。

表 17-6　S7－200 系列 PLC 的主要性能参数

S7－200 系列 PLC	CPU221	CPU222	CPU224	CPU224XP	CPU226
集成数字量输入输出	6 入/4 出	8 入/6 出	14 入/10 出	14 入/10 出	24 入/16 出
可连接的扩展模块数量（最大）	不可扩展	2	7	7	7
最大可扩展的数字量输入输出点数	不可扩展	78	168	168	248
最大可扩展的模拟量输入输出点数	不可扩展	10	35	38	35
用户程序区（在线/非在线）/(KB/KB)	4/4	4/4	8/12	12/16	16/24
数据存储区/KB	2	2	8	10	10
数据后备时间（电容）/h	50	50	50	100	100
后备电池（选件）持续时间/d	200	200	200	200	200
编程软件	STEP7－Micro/WIN	STEP7－Micro/WIN	STEP7－Micro/WIN	STEP7－Micro/WIN	STEP7－Micro/WIN
每条二进制语句执行时间/μs	0.22	0.22	0.22	0.22	0.22
标识寄存器/计数器/定时器数量	256/256/256	256/256/256	256/256/256	256/256/256	256/256/256
高速计数器	4 个 30kHz	4 个 30kHz	6 个 30kHz	6 个 100kHz	6 个 30kHz
高速脉冲输出	2 个 20kHz	2 个 20kHz	2 个 20kHz	2 个 100kHz	2 个 20kHz
通信接口	1×RS 485	1×RS 485	1×RS 485	2×RS 485	2×RS 485
硬件边沿输入中断	4	4	4	4	4
支持的通信协议	PPI，MPI，自由口	PPI，MPI，自由口，Profibus DP	PPI，MPI，自由口，Profibus DP	PPI，MPI，自由口，Profibus DP	PPI，MPI，自由口，Profibus DP
模拟电位器	1 个 8 位分辨率	1 个 8 位分辨率	2 个 8 位分辨率	2 个 8 位分辨率	2 个 8 位分辨率
实时时钟	外置时钟卡（选件）	外置时钟卡（选件）	内置时钟卡	内置时钟卡	内置时钟卡
外形尺寸（$W \times H \times D$）/mm×mm×mm	90×80×62	90×80×62	120×80×62	140×80×62	196×80×62

17.5　PLC 的编程基础

17.5.1　PLC 使用的编程语言

PLC 使用的编程语言，随生产厂商及机型的不同而不同。这些编程语言大致分类见表 17-7。其中的梯形图及助记符指令（语句表）用得最为广泛。

表 17-7　PLC 编程语言分类

类型	语言	功能特点		
		逻辑	顺序	高级
文本型	布尔代数	0		
	助记符（IL）	0		
	高级语言	0		◎

（续）

类型	语言	功能特点		
		逻辑	顺序	高级
图示型	梯形图（LD）	◎		0
	功能块图（FBD）	◎		◎
	流程图		◎	
	顺序功能图（SFC）		◎	
表格犁	判定表等		◎	

注：表中0表示普通功能；◎表示较强功能。

17.5.2 梯形图的绘制

梯形图是在原电气控制系统中常用的接触器、继电器线路图的基础上演变而来的，所以它与电气控制原理图相呼应。由于梯形图形象直观，因此极易为熟悉电气控制电路的技术人员接受。

梯形图使用的基本符号，随生产厂商及机型的不同而不同。梯形图使用的基本符号见表17-8。

表17-8 梯形图使用的基本符号

名称	符　　号
母线	
连线	
常开触点	
常闭触点	
线圈	
其他	

绘制梯形图的基本规则如下：

采用梯形图的编程语言要有一定的格式。每个梯形图网络由多个梯级组成，每个输出元素可构成一个梯级，每个梯级可由多个支路组成，每个支路中可容纳的编程元素个数，不同机型有不同的数量限制。

编程时要一个梯级、一个梯级按从上至下的顺序编制。梯形图两侧的竖线类似电气控制图的电源线，称作母线。梯形图的各种符号，要以左母线为起点，右母线为终点（有的允许省略右母线），从左向右逐个横向写入。左侧总是安排输入触点，并且把触点多的串联支路置于上边，把并联触点多的支路靠近最左端，使程序简洁明了，如图 17-6a、b 所示。触点不能画在垂直分支上，如图 17-7a 所示的桥式电路应改为图 17-7b。输出线圈、内部继电器线圈及运算处理框必须写在一行的最右端，它们的右边不许再有任何接点存在，如图 17-8a 应改为图 17-8b。线圈一般不许重复使用。

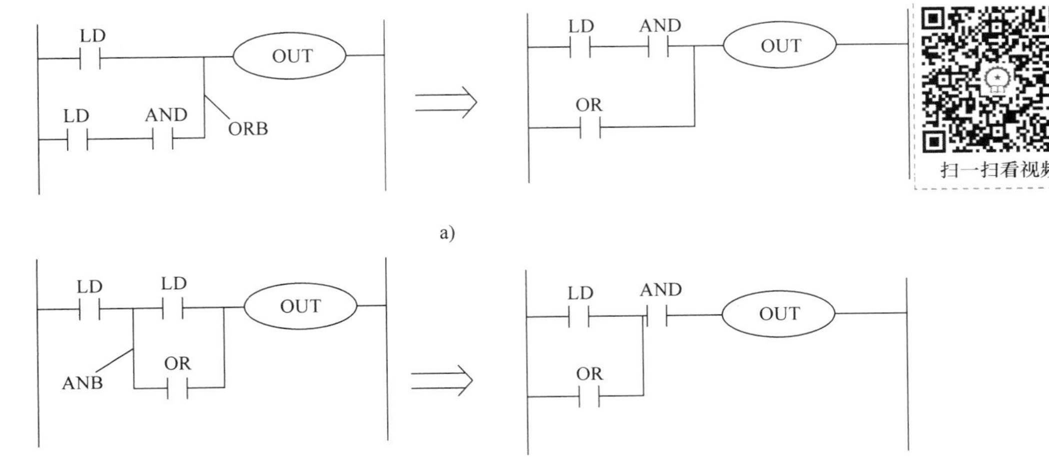

图 17-6　梯形图画法（一）

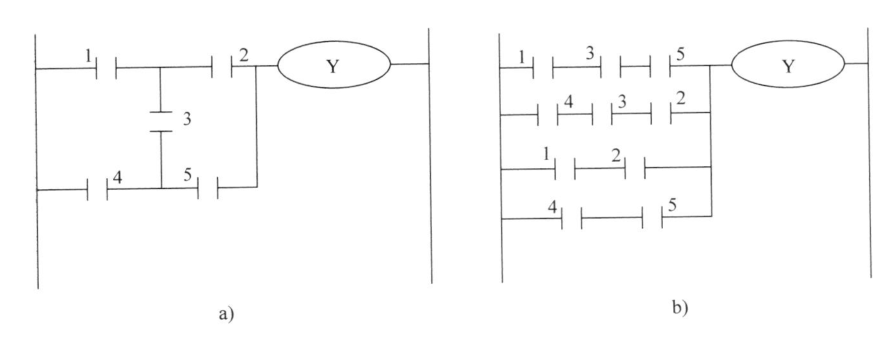

图 17-7　梯形图画法（二）

在梯形图中，每个编程元素应按一定的规则加标字母数字串，不同的编程元素常用不同的字母符号和一定的数字串来表示。

梯形图格式中的继电器不是物理继电器，每个继电器和输入触点均为存储器中

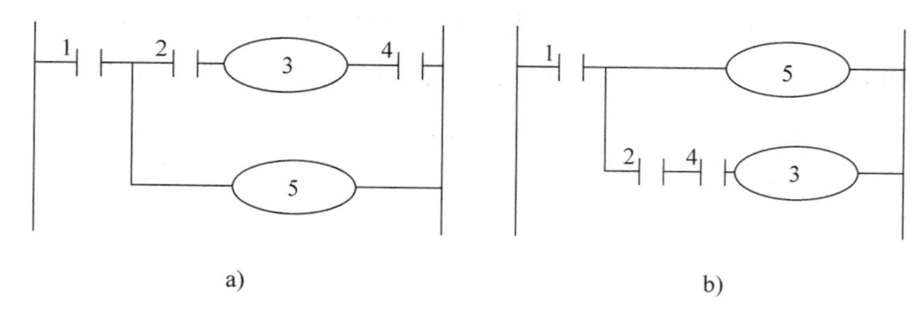

图 17-8　梯形图画法（三）

的一位，相应位为“1”态时，表示继电器线圈通电或常开触点闭合或常闭触点断开。图中流过的电流不是物理电流，而是“概念”电流（又称想象信息流或能流）是用户程序解算中满足输出执行条件的形象表示方式。“概念”电流只能从左向右流动。梯形图中的继电器触点在编制程序时可多次重复使用。

梯形图中用户逻辑解算结果，马上可为后面用户程序的解算所用。梯形图中的输入触点和输出线圈不是物理触点和线圈。用户程序的解算是根据 PLC 内 I/O 映像区每位的状态，而不是解算时现场开关的实际状态。输出线圈只对应输出映像区的相应位，不能用该编程元素直接驱动现场机构，该位的状态必须通过 I/O 模块上对应的输出单元才能驱动现场执行机构。

17.5.3　梯形图与继电器控制图的区别

梯形图与继电器控制图的电路形式和符号基本相同，相同电路的输入和输出信号也基本相同，但是它们的控制的实现方式是不同的。

1）继电器控制系统中的继电器触点在 PLC 中是存储器中的“数”，继电器的触点数量有限，设计时需要合理分配使用，而 PLC 中存储器的“数”可以反复使用，因为控制中只使用“数”的状态“1”或“0”。

2）继电器控制系统中原理图就是电线连接图，施工费力，更改困难，而 PLC 中的梯形图是在计算机屏幕上画的，更改简单，调试方便。

3）继电器控制系统中继电器是按照触点的动作顺序和时间延迟，逐个动作。而 PLC 是按照扫描方式工作，首先采集输入信号，然后对所有梯形图进行计算，当计算完成后，将计算结果输出，由于 PLC 的扫描速度快，输入信号的变化到输出信号的改变似乎是在一瞬间完成的。

4）梯形图左右两侧的线对继电器控制系统来说是系统中继电器的电源线，而 PLC 中这两根线已经失去了意义，只是为了维持梯形图的形状。

5）梯形图按行从上至下编写，每一行从左向右顺序编写，在继电器控制系统中，控制电路的动作顺序与梯形图编写的顺序无关，而 PLC 中对梯形图的执行顺序与梯形图编写的顺序一致，因为 PLC 视梯形图为程序。

6）梯形图的最右侧必须连接输出元素。在继电器控制系统中，原理图的最右侧是各种继电器的线圈。而在 PLC 中，在梯形图最右侧可以是表示线圈的存储器

“数”，还可以是计数器、定时器、数据传输、译码器等 PLC 中的输出元素或指令。

7）在 PLC 中的梯形图结束标志是 END。

梯形图的表达形式类似于继电器电路图。梯形图与继电器电路图的关系如图 17-9所示。图 17-9a 所示为接触器的起动、停止控制电路。图中 SB1 和 SB2 分别为硬件起动和停止按钮，KM 为接触器。图 17-9b 为与继电器电路图对应的梯形图。图中 X0 和 X1 为 I/O 映像区中的软器件输入继电器，它们的状态决定于端子外接的起动按钮和停止按钮（外接常开触点）在输入采样阶段的状态。图 17-10 是 PLC 的 I/O 外部接线图。由以上两个图可见，两种图形结构类似，并且也采用了类似的图形符号。

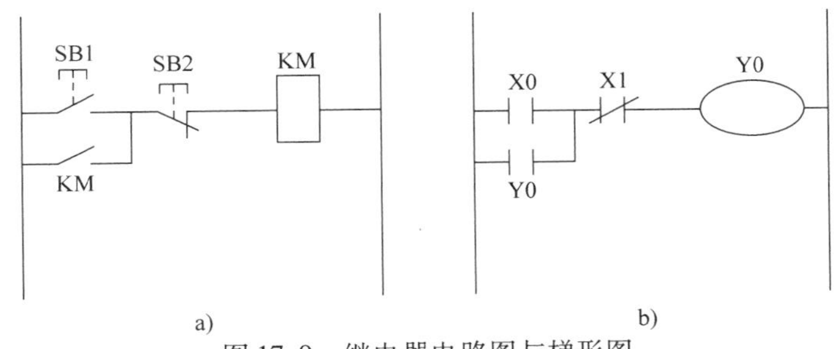

图 17-9　继电器电路图与梯形图

a）继电器电路图　b）梯形图

17.5.4　常用助记符

PLC 的助记符指令都包含两个部分：操作码和操作数。操作码表示哪一种操作或者运算；操作数内包含为执行该操作所必需的信息，告诉 CPU 用什么地方的东西来执行此操作。

操作码用助记符如 LD、AND、OR 等表示（各机型部分常用助记符见表 17-9），操作数用内部器件及其编号等来表示。每条指令都有其特定的功能。用这种助记符指令，根据控制要求可编出程序，这种程序是一批指令的有序集合，所以有时也把它们称为指令表或语句表。

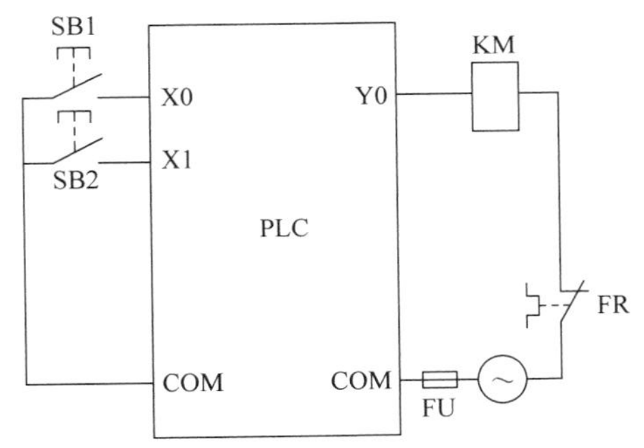

图 17-10　PLC 的 I/O 外部接线图

表 17-9　各机型部分常用助记符

操作性质	对应助记符
取常开触点状态	LD、LOD、STR 等
取常闭触点状态	LDI、LDNOT、LODNOT、STRNOT、LDN 等
对常开触点逻辑与	AND、A 等

（续）

操作性质	对应助记符
对常闭触点逻辑与	ANI、AN、ANDNOT、ANDN 等
对常开触点逻辑或	OR、O
对常闭触点逻辑或	ORI、ON、ORNOT、ORN 等
对触点块逻辑与	ANB、ANDLD、ANDSTR、ANDLOD 等
对触点块逻辑或	ORB、ORLD、ORSTR、ORLOD 等
输出	OUT、 = 等
定时器	TIM、TMR、ATMR 等
计数器	CNT、CT、UDCNT、CNTR 等
微分命令	PLS、PLF，DIFU、DIFD、SOT、DF、DFN、PD 等
跳转	JMP - JME、CJP - EJP、JMP - JEND 等
移位指令	SFT 、SR、SFR、SFRN、SFTR 等
置复位	SET、RST、S、R、KEEP 等
空操作	NOP 等
程序结束	END 等
四则运算	ADD、SUB、MUL、DIV 等
数据处理	MOV、BCD、BIN 等
运算功能符	FUN、FNC 等

17.5.5 指令语句表及其格式

指令语句表简称语句表，它是梯形图的一种派生语言，类似于汇编语言，但更简单。它采用助记符形式的各类指令语句来描述梯形图的逻辑运算、算术运算、数据传送与处理或程序执行中的某些特定功能，与梯形图之间有着严格的一一对应关系。语句表编程语言的最大特点是便于用户程序的输入、读出与修改，采用没有大屏幕显示、没有梯形图编程功能的携带式简易编程器就能方便地完成用户程序的输入。

语句表的基本格式是：操作码 + 操作数。操作码表示某条指令执行何种操作。为了便于识别和记忆，采用助记符形式。操作数表示该指令的操作对象，通常以软器件的地址或数据内容等形式出现。例如图 17-9 中的梯形图可以用下述几条语句（见表 17-10）来描述。

表 17-10 指令语句表

序号	操作码（助记符）	操作数（操作件号）	指令功能
0	LD	X0	从母线开始取 X0 的常开触点
1	OR	Y0	并联 Y0 的常开触点（“或”运算）
2	ANI	X1	串联 X1 的常闭触点（“与”运算）
3	OUT	Y0	Y0 线圈输出

17.5.6　梯形图编程前的准备工作

梯形图编程前需要做以下准备工作：

1）熟悉 PLC 的指令。

2）仔细阅读 PLC 说明书，清楚如何分配存储器中的地址和一些特殊地址的功能。

3）了解硬件接线和与 PLC 连接的输入、输出设备的工作原理。

4）在 PLC 存储器中，给输入、输出设备分配存储器地址。

5）为 PLC 梯形图中需要的中间量（如计数器、定时器等元素）分配地址。

6）清楚控制原理，确认每一个输出量、中间量和指令的得电条件和失电条件，即确认每一个输出量、中间量和指令在什么时候、什么条件下执行。

17.5.7　梯形图的等效变换

对于某种机型的 PLC，可以实现的梯形图等级是有明确规定的。遇到本机型 PLC 不许可的梯形图时，必须使其进行等效变换。

1. 含交叉的梯形图

多数 PLC 是不允许梯形图中有交叉的，例如图 17-11a 所示的含交叉的梯形图应该改为图 17-11b 所示。

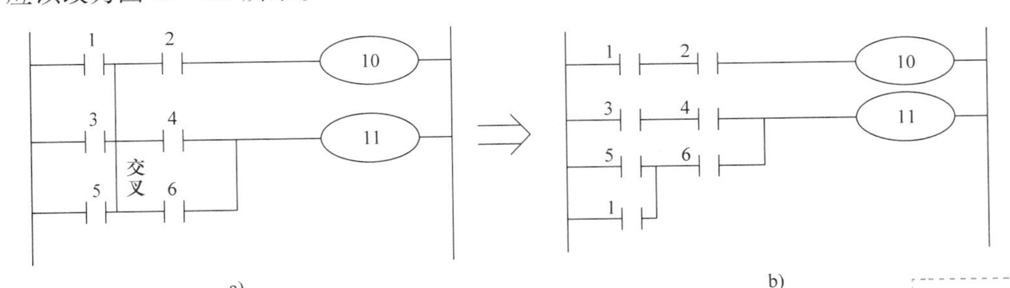

图 17-11　含交叉的梯形图

2. 含触点多分支输出

有些 PLC 不允许梯形图中有含触点的多分支输出。如图 17-12a 所示的含触点多分支输出的梯形图应改为图 17-12b 所示。

a)　b)

图 17-12　含触点多分支输出

3. 桥式电路

有些 PLC 的梯形图中不允许有桥式电路。所以图 17-13a 所示的桥式电路应等效变换成图 17-13b 所示，由于图 17-13a 所示的梯形图中触点 3 上不允许有从右向左的信息流，所以图 17-13b 所示的等效梯形图中不应含 5→3→2→10 的支路。

如果这个桥式电路不是梯形图，而是一个电气控制电路图，则触点 3 上允许电流双方向流通，若想把其功能用梯形图实现，但使用的 PLC 的梯形图中不允许有桥式电路，在这种情况下，等效的梯形图如图 17-13c 所示。

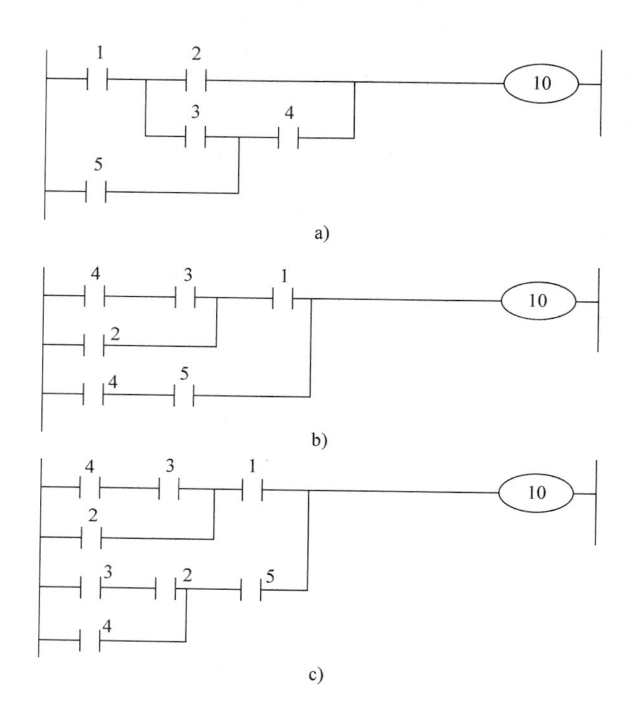

图 17-13　桥式电路

17.6　PLC 常用指令的使用

下面以梯形图和语句表对照来说明 FX_{2N}系列 PLC 主要指令的使用。

由于不同 PLC 内部器件的编号、梯形图的符号以及助记符有所不同，为了不拘泥于某种 PLC，因此重点介绍编程思路。

17.6.1　逻辑取指令和输出指令

逻辑取指令和输出指令的符号、名称、功能、操作元件见表 17-11。

表17-11　逻辑取指令和输出指令

指令助记符	名称	指令功能	操作元件
LD	取	从公共母线开始取用常开触点	X、Y、M、S、T、C
LDI	取反	从公共母线开始取用常闭触点	X、Y、M、S、T、C
OUT	输出	线圈驱动（输出）	Y、M、S、T、C（T、C后紧跟常数）

1）LD，取指令，用于编程元件的常开触点与母线的起始连接。

2）LDI，取反指令，用于编程元件的常闭触点与母线的起始连接。

3）LD和LDI的操作元件是输入继电器X、输出继电器Y、辅助继电器M、状态元件S、定时器T、计数器C的触点，用于将触点连接到母线上，也可用于下述的ANB、ORB等分支电路的起点。

4）OUT，输出指令，用于驱动编程元件的线圈，其操作元件是Y、M、S、T、C、但不能是X。OUT用于定时器T、计数器C时需跟常数K。图17-14为LD、LDI、OUT指令梯形图，其对应的指令表见表17-12。其中TO是定时器元素号，语句4、5表示延时55s。

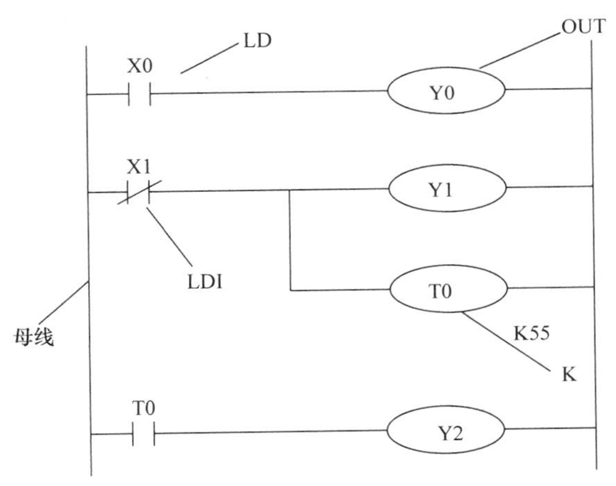

图17-14　LD、LDI、OUT指令梯形图

表17-12　LD、LDI和OUT指令表

语句号	指令	元素
0	LD	X0
1	OUT	Y0
2	LDI	X1
3	OUT	Y1
4	OUT	T0

（续）

语句号	指令	元素
5		K55
6	LD	T0
7	OUT	Y2
8	END	—

17.6.2　单个触点串联指令

单个触点串联指令的符号、名称、功能、操作元件见表 17-13。

表 17-13　单个触点串联指令

指令助记符	名称	指令功能	操作元件
AND	与	串联一个常开触点	X、Y、M、S、T、C
ANI	与非	串联一个常闭触点	X、Y、M、S、T、C

1）AND，与指令，用于一个常开触点同另一个触点的串联。

2）ANI，与非指令，用于一个常闭触点同另一个触点的串联。

3）AND 和 ANI 指令能够操作的元件是 X、Y、M、S、T、C。

4）AND 和 ANI 用于 LD、LDI 后一个常开或常闭触点的串联，串联的数量不受限制。也就是说，AND 和 ANI 指令是用来描述单个触点与其他触点或触点组组成的电路的串联关系的。单个触点与左边的电路串联时，使用 AND 和 ANI 指令。AND 和 ANI 指令能够连续使用，即几个触点串联在一起，且串联触点的个数没有限制。

5）当串联的是两个或两个以上的并联触点时，要用到下面将要介绍的块与（ANB）指令。

图 17-15 为 AND、ANI 指令梯形图，其对应的指令表见表 17-14。

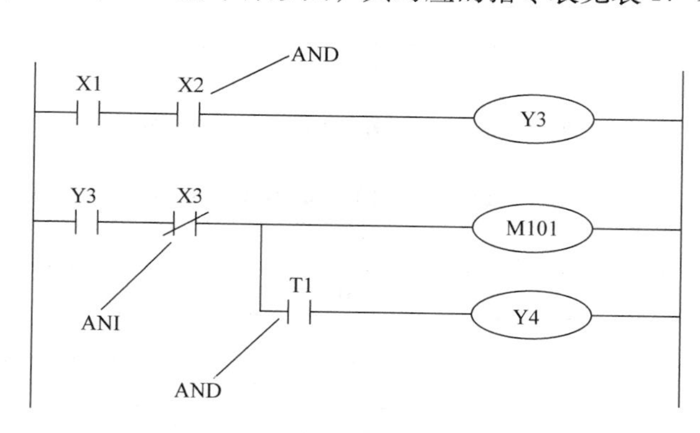

图 17-15　AND、ANI 指令梯形图

表 17-14　AND 和 ANI 指令表

语句号	指令	元素
0	LD	X1
1	AND	X2
2	OUT	Y3
3	LD	Y3
4	ANI	X3
5	OUT	M101
6	AND	T1
7	OUT	Y4
8	END	

在图 17-15 中，OUT M101 指令之后通过 T1 的触点对 Y4 使用 OUT 指令（驱动 Y4），称为连续输出（又称为纵接输出）。只要按正确的顺序设计电路，就可以重复使用连续输出。对 T1 的触点应使用串联指令，T1 的触点和 Y4 的线圈组成的串联电路与 M101 的线圈是并联关系，但是 TI 的常开触点与左边的电路是串联关系。

17.6.3　单个触点并联指令

单个触点并联指令的符号、名称、功能、操作元件及其占用程序步数见表 17-15。

表 17-15　单个触点并联指令

指令助记符	名称	指令功能	操作元件
OR	或	并联一个常开触点	X、Y、M、S、T、C
ORI	或非	并联一个常闭触点	X、Y、M、S、T、C

1）OR，或指令，用于一个常开触点同另一个触点的并联。

2）ORI，或非指令，用于一个常闭触点同另一个触点的并联。

3）OR 和 ORI 指令能够操作的元件是 X、Y、M、S、T、C。

4）OR 和 ORI 用于 LD、LDI 后一个常开或常闭触点的并联，并联的数量不受限制。也就是说，OR 和 ORI 指令是用来描述单个触点与其他触点或触点组组成的电路的并联关系的。由于单个触点与前面电路的并联，并联触点的左侧接到该指令所在电路块的起始点 LD 处，右端与前一条指令的对应的触点的右端相连。OR 和 ORI 指令能够连续使用，即几个触点并联在一起，且并联触点的个数没有限制。

5）当并联的是两个或两个以上的串联触点时，要用到下面将要介绍的块或（ORB）指令。

图 17-16 为 OR、ORI 指令梯形图，其对应的指令表见表 17-16。

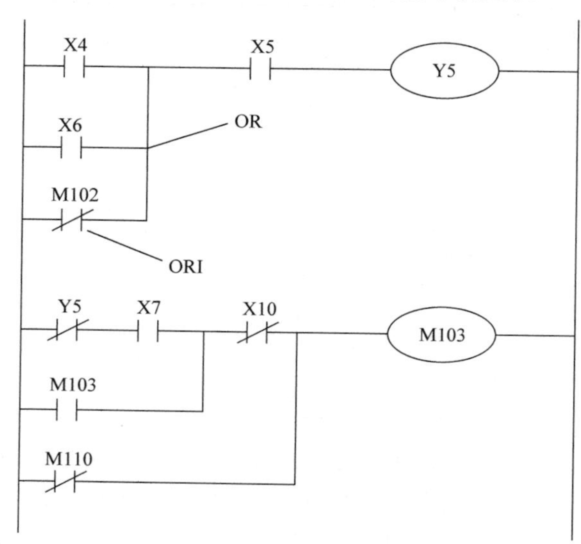

图 17-16　OR、ORI 指令梯形图

表 17-16　OR 和 ORI 指令表

语句号	指令	元素	语句号	指令	元素
0	LD	X4	6	AND	X7
1	OR	X6	7	OR	M103
2	ORI	M102	8	ANI	X10
3	AND	X5	9	ORI	M110
4	OUT	Y5	10	OUT	M103
5	LDI	Y5	11	END	—

17.6.4　串联电路块并联指令和并联电路块串联指令

串联电路块并联指令和并联电路块串联指令的符号、名称、功能、操作见表 17-17。

表 17-17　串联电路块并联指令和并联电路块串联指令

指令助记符	名称	指令功能	操作元件
ORB	块或	串联电路块的并联连接	无
ANB	块与	并联电路块的串联连接	无

1. 串联电路块并联指令 ORB

1）两个或两个以上触点串联的电路称为串联电路块，电路块的开始处用 LD 或 LDI 指令。

2）当一个串联电路块和上面的触点或电路块并联时，在串联电路块的结束处用块或（ORB）指令。**将串联电路块并联时，用 LD、LDI 指令表示分支开始，用 ORB 指令表示分支结束。**

3）ORB 指令是不带操作元件的指令。**ORB 指令不带元件号，只对电路块进行操作。**

4）在使用 ORB 指令时，有两种使用方法，一种是在要并联的两个电路块后面加 ORB 指令，即分散使用 ORB 指令，其并联电路块的个数没有限制；另一种是集中使用 ORB 指令，集中使用 ORB 指令的次数不允许超过 8 次。所以不推荐集中使用 ORB 指令的这种编程方法。

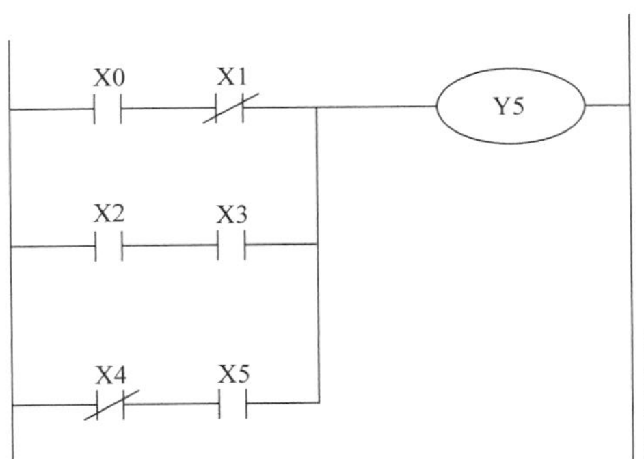

图 17-17　ORB 指令梯形图

图 17-17 为 ORB 指令梯形图，其对应的指令表见表 17-18 和表 17-19。

表 17-18　ORB 指令表（推荐程序）

语句号	指令	元素
0	LD	X0
1	ANI	X1
2	LD	X2
3	AND	X3
4	ORB	
5	LDI	X4
6	AND	X5
7	ORB	
8	OUT	Y5

表 17-19　ORB 指令表（不推荐程序）

语句号	指令	元素
0	LD	X0
1	ANI	X1
2	LD	X2
3	AND	X3
4	LDI	X4
5	AND	X5
6	ORB	
7	ORB	
8	OUT	Y5

2. 并联电路块串联指令 ANB

1）两个或两个以上触点并联的电路称为并联电路块，电路块的开始处用 LD 或 LDI 指令。

2）当一个并联电路块和上面的触点或电路块串联时，在并联电路块的结束处用块与（ANB）指令。**将并联电路块与前面电路串联，梯形图分支的起点用 LD 或 LDI 指令，在并联电路块结束后，使用 ANB 指令。**

3）ANB 指令是不带操作元件的指令。**ANB 指令不带元件号，只对电路块进行操作。**

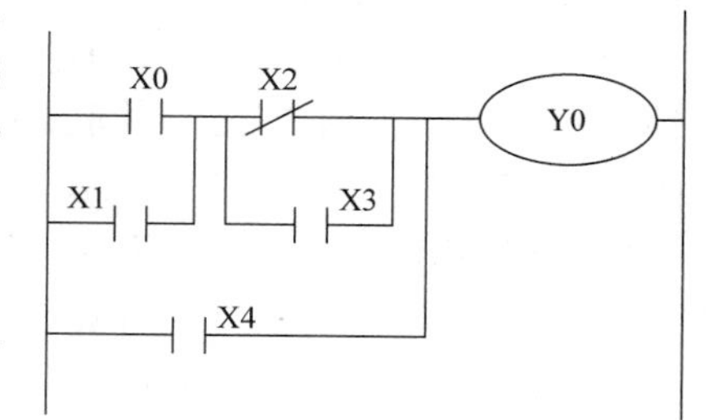

图 17-18　ANB 指令梯形图

4）ANB 指令和 ORB 指令同样有两种使用方法，不推荐集中使用的方法。

图 17-18 为 ANB 指令梯形图，其对应的指令表见表 17-20。

表 17-20　ANB 指令表

语句号	指令	元素
0	LD	X0
1	OR	X1
2	LDI	X2
3	OR	X3
4	ANB	
5	OR	X4
6	OUT	Y0
7	END	—

3. ORB 和 ANB 指令的应用

ORB、ANB 指令梯形图如图 17-19 所示，其对应的指令表见表 17-21。表中可见 A、B 两个串联电路块用 ORB 语句使其并联；C、D 两个串联电路块也用 ORB

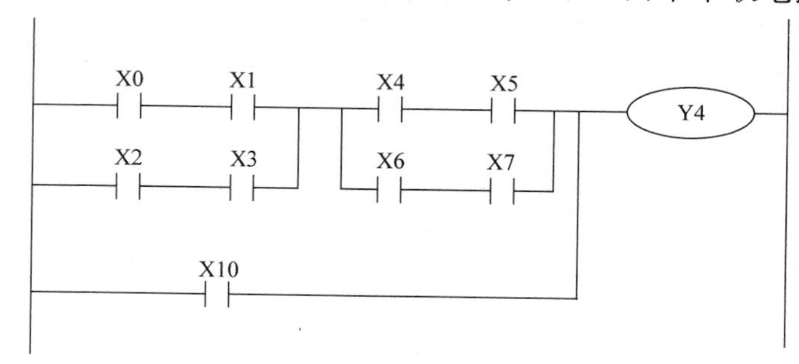

图 17-19　ORB 和 ANB 指令梯形图

语句使其并联。而 E、F 两个并联电路块用 ANB 语句使其串联。

表 17-21　ORB 和 ANB 指令表

语句号	指令	元素	
0	LD	X0	A（E）
1	AND	X1	A（E）
2	LD	X2	B（E）
3	AND	X3	B（E）
4	ORB	—	
5	LD	X4	C（F）
6	AND	X5	C（F）
7	LD	X6	D（F）
8	AND	X7	D（F）
9	ORB	—	
10	ANB	—	
11	OR	X10	
12	OUT	Y4	
13	END	—	

17.6.5　置位和复位指令

置位和复位指令（又称自保持与解除指令）的符号、名称、功能、操作元件见表 17-22。

表 17-22　置位和复位指令

指令助记符	名称	指令功能	操作元件
SET	置位	令元件动作自保持 ON	Y、M、S
RST	复位	清除动作保持，寄存器清零	Y、M、S、T、C、D、V、Z

1）SET：置位指令，其功能是使操作保持 ON 的指令，用于对线圈动作的保持。

2）RST：复位指令，其功能是使操作保持 OFF 的指令，用于解除线圈动作的保持。

3）SET 指令的操作元件可以为 Y、M、S，相当于使得操作元件状态置“1”；RST 指令的操作元件可以为 Y、M、S、T、C、D、V 或 Z，对 Y、M、S 操作时，相当于将其状态复位，即置“0”；对 T、C、D、V 或 Z 操作时，相当于将其数据清零。

4）对于同一操作元件，SET、RST 指令可多次使用，顺序也可以随意，但只有最后执行的一条指令有效，即最后一次执行的指令将决定其当前的状态。

利用置位指令 SET 与置位的复位指令 RST 可以维持辅助继电器的吸合状态，如图 17-20 所示，其对应的指令表见表 17-23。当 X0 接通，即使再断开，Y0 也保持接通。当 X1 接通后，即使再断开，Y0 也保持断开。

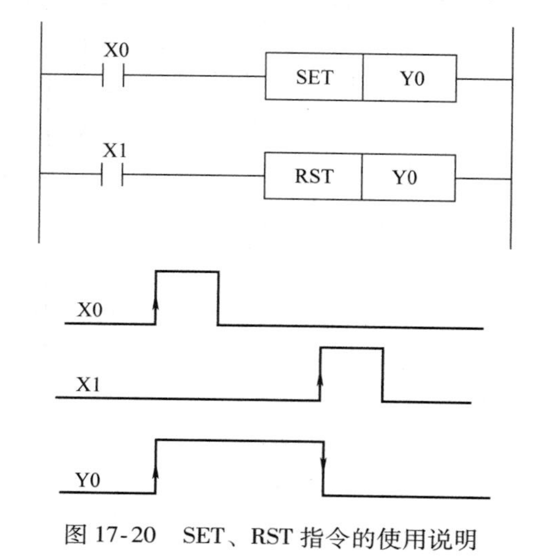

图 17-20　SET、RST 指令的使用说明

表 17-23　SET 和 RST 指令表

语句步	指令	元素
0	LD	X0
1	SET	Y0
⋮	其他程序可中间插入	
n	LD	X1
$n+1$	RST	Y0

17.6.6　脉冲输出指令

脉冲输出指令的符号、名称、功能、操作元件见表 17-24。

表 17-24　脉冲输出指令

指令助记符	名称	指令功能	操作元件
PLS	上升沿脉冲	上升沿微分输出	Y、M
PLF	下降沿脉冲	下降沿微分输出	Y、M

1）PLS：上升沿微分输出指令。当检测到控制触点闭合的一瞬间，输出继电器或辅助继电器的触点仅接通一个扫描周期，专用于操作元件的短时间脉冲输出。

2）PLF：下降沿微分输出指令。当检测到控制触点断开的一瞬间，输出继电器或辅助继电器的触点仅接通一个扫描周期。控制电路由闭合到断开。

3）PLS 和 PLF 指令能够操作的元件位 Y 和 M，但不包括特殊辅助继电器。

4）PLS 和 PLF 指令只有在检测到触点的状态发生变化时才有效，如果触点一直是闭合或者断开，PLS 和 PLF 指令是无效的，即指令只对触发信号的上升沿和下降沿有效。

5）PLS 和 PLF 指令无使用次数的限制。

图 17-21 是 PLS 和 PLF 指令的使用说明，其对应的指令表见表 17-25。操作元件 Y、M 只在驱动输入接通（PLS）或断开（PLF）后的第一个扫描周期内动作。

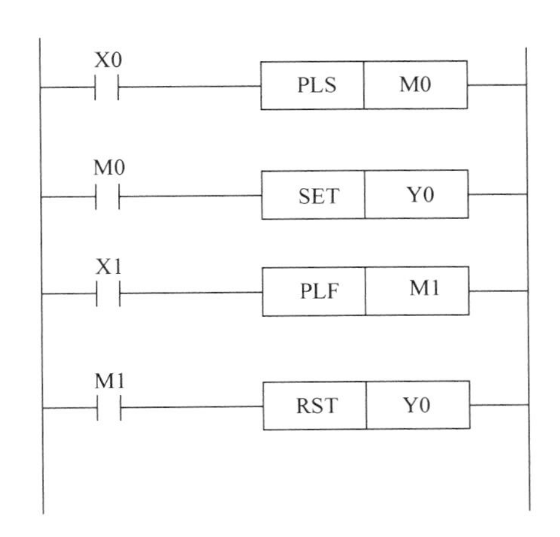

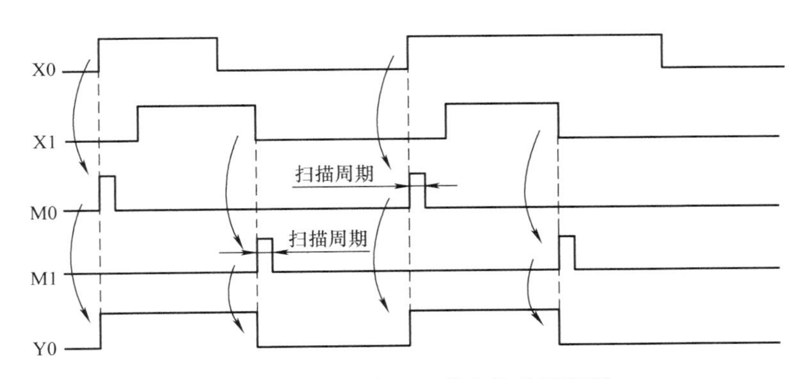

图 17-21　PLS 和 PLF 指令的使用说明

表 17-25　PLS 和 PLF 指令表

语句号	指令	元素
0	LD	X0
1	PLS	M0（2 步指令）
3	LD	M0
4	SET	Y0
5	LD	X1
6	PLF	M1（2 步指令）
8	LD	M1
9	RST	Y0
10	END	—

17.6.7　空操作指令和程序结束指令

空操作指令和程序结束指令的符号、名称、功能、操作元件见表 17-26。

表 17-26　空操作指令和程序结束指令

指令助记符	名称	指令功能	操作元件
NOP	空操作	无动作	无
END	结束	输入、输出处理，返回到程序开始	无

1. 空操作指令（NOP）

1）NOP：空操作指令，是一个无动作、无目标操作元件、占一个程序步的指令。它使该步序执行空操作。

2）执行 NOP 指令时，并不进行任何操作，有时可用 NOP 指令短接某些触点或用 NOP 指令将不要的指令覆盖。

3）在修改程序时，可以用 NOP 指令删除触点或电路，也可以用 NOP 代替原来的指令，这样可以使步序号不变，如图 17-22 所示。

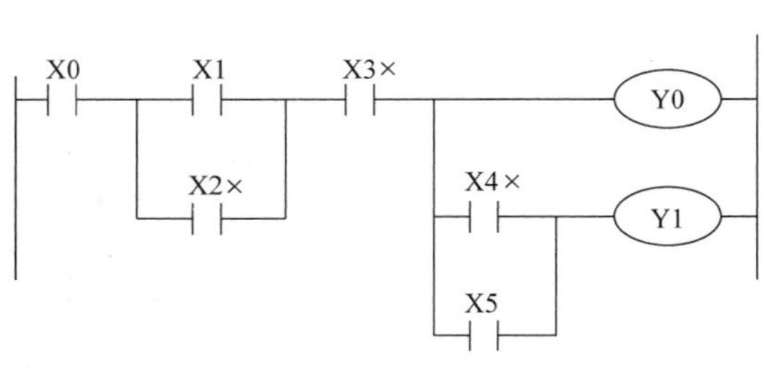

图 17-22　NOP 指令的用法

图 17-22 是 NOP 指令的用法，图 17-22 中未加 NOP 指令时的指令表见表 17-27，图 17-22 中加 NOP 指令之后的指令表见表 17-28。用 NOP 指令删除串联和并联触点时，只需用 NOP 取代原来的指令即可，如图 17-22 中的 X2 和 X3。图中的 X1 和 X2 是触点组，将 X2 删除后，X1 变成了单触点，但是可以把单触点 X1 看成触点组，这样步序中的 ANB 指令就可以不变了。

4）如果用 NOP 删除起始触点（即用 LD、LDI、LDP、LDF 指令的触点）时，它的下一个触点就应改为起始触点，如图 17-22 中的 X4，X4 删除后，X5 要改用 LD 指令，见表 17-28。

表 17-27　未加入 NOP 指令时与图 17-22 对应的指令表

语句号	指令	元素
0	LD	X0
1	LD	X1
2	OR	X2
3	ANB	
4	AND	X3
5	OUT	Y0
6	LD	X4
7	OR	X5

（续）

语句号	指令	元素
8	ANB	
9	OUT	Y1
10	END	—

表 17-28 加入 NOP 指令后与图 17-22 对应的指令表

语句号	指令	元素
0	LD	X0
1	LD	X1
2	NOP	
3	ANB	
4	NOP	
5	OUT	Y0
6	NOP	
7	LD	X5
8	ANB	
9	OUT	Y1
10	END	—

5）在普通指令之间加入 NOP 指令，PLC 将其忽略而继续工作；如果在程序中先插入一些 NOP 指令，则修改或追加程序时，可以减少程序号的改变。

6）在正式使用的程序中，应最好将 NOP 删除。

2. 程序结束指令（END）

PLC 反复进行输入处理、程序执行、输出处理。END 指令使 PLC 直接执行输出处理，程序返回第 0 步。另外，在调试用户程序时，也可以将 END 指令插在每一个程序的末尾，分段调试用户程序，每调试完一段，将其末尾的 END 指令删除，直至全部用户程序调试完毕。

17.7 PLC 的选用与维护

17.7.1 PLC 机型的选择

目前国内外生产的 PLC 种类繁多，规模不同，功能各异，价格也有所不同。使用者可根据自己的总体系统方案，选用性能价格比最好的机型。在性能指标上能满足系统的控制要求，在机器功能和容量上又不要造成浪费，做到投资少，收效好。

在选择机型前，首先要对控制对象进行下列估计。

1）有多少个开关量输入，采用何种输入电压。

2）有多少个开关量输出，输出电压、输出功率为多少。

3）有多少模拟量输入点，采用何种标准。

4）有多少模拟量输出点，采用何种标准。

5）有哪些特殊功能要求（如高速计数器等）选用何种功能模块。

6）现场对控制响应速度有何要求。

7）机房与现场关系，是分开还是放在一起，有哪些环境干扰，采取何种抗干扰措施。

PLC 手册中一般都会给出以上参数，用户可以根据系统类型来选择机型。

17.7.2 PLC 的安装

1. 安装注意事项

在安装 PLC 时，要避开下列场所：

1）环境温度超出 0～50℃的范围。

2）相对湿度超过 85% 或者存在露水凝聚的（由温度突变或其他因素所引起的）。

3）太阳光直接照射。

4）有腐蚀和易燃的气体，例如氯化氢、硫化氢等。

5）有大量铁屑及灰尘。

6）频繁或连续的振动，振动频率为 10～55Hz、幅度为 0.5mm（峰－峰）。

7）超过 10g（重力加速度）的冲击。

为了使控制系统工作可靠，通常把 PLC 安装在有保护外壳的控制柜中，以防止灰尘、油污、水溅等。为了保证其温度保持在规定环境温度范围内，安装机器应有足够的通风空间，基本单元和扩展单元之间要有 30mm 以上间隔。如果周围环境超过 55℃，要安装电风扇，进行强迫通风。

为了避免其他外围设备的电干扰，PLC 应尽可能远离高压电源线和高压设备，PLC 与高压设备和电源线之间应留出至少 200mm 的距离。

2. 电源接线

PLC 供电电源为 50Hz、220V ±10% 的交流电。

如果电源发生故障，中断时间少于 10ms，PLC 工作不受影响。若电源中断超过 10ms 或电源下降超过允许值，则 PLC 停止工作，所有的输出点均同时断开。当电源恢复时，若 RUN 输入接通，则操作自动进行。

对于电源线来的干扰，PLC 本身具有足够的抵制能力。如果电源干扰特别严重，可以安装一个电压比为 1∶1 的隔离变压器，以减少设备与地之间的干扰。

3. 接地

良好的接地是保证 PLC 可靠工作的重要条件，可以避免偶然发生的电压冲击危害。接地线与机器的接地端相接。如果要用扩展单元，其接地点应与基本单元的接地点接在一起。为了抑制加在电源及输入端、输出端的干扰，应给可编程控制器接上专用地线，接地点应与动力设备（如电动机）的接地点分开。若达不到这种要求，也必须做到与其他设备公共接地，禁止与其他设备串联接地。接地点应尽可能靠近 PLC。

4. 直流 24V 接线端

PLC 上的 24V 接线端子，还可以向外部传感器（如接近开关或光电开关）提供电流。24V 端子作为传感器电源时，COM 端子是直流 24V 接地端。如果采用扩展单元，则应将基本单元和扩展单元的 24V 端连接起来。另外，**任何外部电源不能接到这个端子上。**

如果发生过载现象，电压将自动跌落，该点输入对可编程控制器不起作用。

每种型号的 PLC 的输入点数量是有规定的。对每一个尚未使用的输入点，并不耗电，因此在这种情况下，24V 电源端子向外供电流的能力可以增加。

5. 输入接线

一般接收行程开关、限位开关等输入的开关量信号。输入接线端子是 PLC 与外部传感器负载转换信号的端口。输入接线一般指外部传感器与输入端口的接线。

输入器件可以是任何无源的触点或集电极开路的 NPN 型晶体管。输入器件接通时，输入端接通，输入线路闭合，同时输入指示的发光二极管亮。

输入端的一次电路与二次电路之间，采用光耦合隔离。二次电路带 RC 滤波器，以防止由于输入触点抖动或从输入线路串入的电噪声引起 PLC 误动作。

若在输入触点电路串联二极管，在串联二极管上的电压应小于 4V。若使用带发光二极管的舌簧开关，串联二极管的数量不能超过两只。

6. 输出接线

PLC 有继电器输出、晶闸管输出、晶体管输出 3 种形式。输出端接线分为独立输出和公共输出。当 PLC 的输出继电器或晶闸管动作时，同一号码的两个输出端接通。在不同组中，可采用不同类型和电压等级的输出电压。但在同一组中的输出只能用同一类型、同一电压等级的电源。由于 PLC 的输出元件被封装在印制电路板上，并且连接至端子板，若将连接输出元件的负载短路，将烧毁印制电路板，因此，应使用熔丝保护输出元件。

采用继电器输出时，承受的电感性负载大小影响到继电器的工作寿命，因此继电器工作寿命要求长。

17.7.3 PLC 的使用注意事项

PLC 是专门为工业生产环境设计的控制装置，一般不需采取什么特殊措施便可直接用于工业环境。但是，为了保证 PLC 的正常安全运行和提高控制系统工作的可靠性和稳定性，在使用中还应注意以下问题：

1）工作环境。从 PLC 的一般技术指标中可知，PLC 正常工作的环境条件，使用时应注意采取措施满足。例如，安装时应避开大的热源，保证足够大的散热空间和通风条件；当附近有较强振源时，应对 PLC 的安装采取减振措施；在有腐蚀性气体或浓雾、粉尘的环境中使用 PLC 时，应采取封闭安装，或在空气净化间里安装。

2）安装与布线。PLC 电源、I/O 电源，一般都采用带屏蔽层的隔离变压器供电，在有较强干扰源的环境中使用时，或对 PLC 工作的可靠性要求很高时，应将屏蔽层和 PLC 浮动地端子接地，**接地线截面积不能小于 $2mm^2$，接地电阻不能大于 100Ω**。接地线要采取独立接地方式，不能用与其他设备串联接地的方式。

PLC 电源线、I/O 电源线、输入信号线、输出信号线、交流线、直流线都应尽量分开布线。开关量信号线与模拟量信号线也应分开布线，而且后者应采用屏蔽线，并且将屏蔽层接地。数字传输线也要采用屏蔽线，并且要将屏蔽层接地。

3）输入与输出端的接线。当输入信号源为感性元件，或输出驱动的负载为感性元件时，为了防止在电感性输入或输出电路断开时产生很高的感应电动势或浪涌电流对 PLC 输入输出点及内部电源的冲击，可采取以下措施：

① 对于直流电路，应在其两端并联续流二极管，如图 17-23a、b 所示。二极管的额定电流一般应选为 1A、额定电压一般要大于电源电压的 3 倍。

② 对于交流电路，应在它们两端并联阻容吸收电路，如图 17-23c、d 所示。

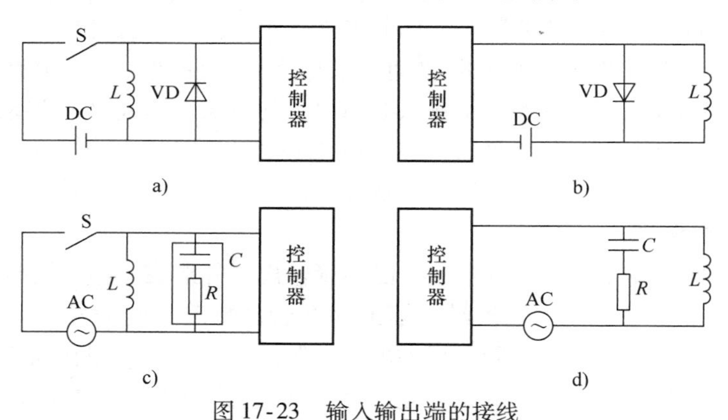

图 17-23 输入输出端的接线

a）直流输入 b）直流输出 c）交流输入 d）交流输出

17.7.4 PLC 的维护

经常地、定期地做好设备维护，可以使 PLC 系统工作于最佳状态下。经常需要检查及维护的项目、内容及标准可参考表 17-29。

表 17-29 定期检查项目一览表

检查项目	检查内容	标 准
供电电源	在电源端子处测电压变化是否在标准内	电压变化范围： 上限不超过 110% 供电电压 下限不低于 80% 供电电压

（续）

检查项目	检查内容	标　准
外部环境	环境温度	0～55℃
	环境湿度	相对湿度85%以下
	振动	幅度小于0.5mm，频率10～55Hz
	粉尘	不积尘
输入输出用电源	在输入输出端子处测电压变化是否在标准内	以各输入、输出规格为准
安装状态	各单元是否可靠牢固	无松动
	连接电缆的连接器是否完全插入并旋紧	无松动
	接线螺钉是否有松动	无松动
	外部接线是否损坏	外观无异常

17.7.5　CPU模块的常见故障及其排除方法

CPU模块的常见故障及其排除方法见表17-30。

表17-30　CPU模块的常见故障及其排除方法

序号	故障现象	可能原因	排除方法
1	“POWER”LED灯不亮	1. 熔断器熔断 2. 输入接触不良 3. 输入线断	1. 更换熔断器 2. 重接 3. 更换连接
2	熔丝多次熔断	1. 负载短路或过载 2. 输入电压设定错 3. 熔丝容量太小	1. 更换CPU单元 2. 改接正确 3. 改换大的
3	“RUN”LED灯不亮	1. 程序中无END指令 2. 电源故障 3. I/O地址重复 4. 远程I/O无电源	1. 修改程序 2. 检查电源 3. 修改口址 4. 接通I/O电源
4	运行输出继电器不闭合（“POWER”指示灯亮）	电源故障	检查电源

（续）

序号	故障现象	可能原因	排除方法
5	特定继电器不动作	I/O 总线异常	检查主板
6	特定继电器常动作	I/O 总线异常	检查主板
7	若干继电器均不动作	I/O 总线异常	检查主板

17.7.6 输入模块的常见故障及其排除方法

输入模块的常见故障及其排除方法见表 17-31。

表 17-31 输入模块的常见故障及其排除方法

序号	故障现象	可能原因	排除方法
1	输入均不接通	1. 未加外部输入电源 2. 外部输入电压低 3. 端子螺钉松动 4. 端子板接触不良	1. 供电 2. 调整合适 3. 拧紧 4. 处理后重接
2	输入全部不关断	输入单元电路故障	更换 I/O 板
3	特定继电器不接通	1. 输入器件故障 2. 输入配线断 3. 输入端子松动 4. 输入端接触不良 5. 输入接通时间过短 6. 输入电路故障	1. 更换输入器件 2. 检查输入配线 3. 拧紧 4. 处理后重接 5. 调整有关参数 6. 更换单元
4	特定继电器不关断	输入电路故障	更换单元
5	输入全部断开（动作指示灯灭）	输入电路故障	更换单元
6	输入随机性动作	1. 输入信号电压过低 2. 输入噪声过大 3. 端子螺钉松动 4. 端子连接接触不良	1. 检查电源及输入器件 2. 加屏蔽或滤波 3. 拧紧 4. 处理后重接
7	异常动作的继电器都以 8 个为一组	1. “COM” 螺钉松动 2. 端子板连接接触不良 3. CPU 总线故障	1. 拧紧 2. 处理后重接 3. 更换 CPU 单元
8	动作正确，指示灯不亮	LED 损坏	更换 LED

17.7.7 输出模块的常见故障及其排除方法

输出模块的常见故障及其排除方法见表 17-32。

表17-32　输出模块的常见故障及其排除方法

序号	故障现象	可能原因	排除方法
1	输出均不能接通	1. 未加负载电源 2. 负载电源坏或过低 3. 端子接触不良 4. 熔丝熔断 5. 输出回路故障 6. I/O总线插座脱落	1. 接通电源 2. 调整或修理 3. 处理后重接 4. 更换熔丝 5. 更换I/O单元 6. 重接
2	输出均不关断	输出电路故障	更换I/O单元
3	特定输出继电器不接通（指示灯灭）	1. 输出接通时间过短 2. 输出电路故障	1. 修改程序 2. 更换I/O单元
4	特定输出继电器不接通（指示灯亮）	1. 输出继电器损坏 2. 输出配线断 3. 输出端子接触不良 4. 输出电路故障	1. 更换继电器 2. 检查输出配线 3. 处理后重接 4. 更换I/O单元
5	特定输出继电器不关断（指示灯灭）	1. 输出继电器损坏 2. 输出驱动管不良	1. 更换继电器 2. 更换输出管
6	特定输出继电器不关断（指示灯亮）	1. 输出驱动电路故障 2. 输出指令中地址重复	1. 更换I/O单元 2. 修改程序
7	输出随机性动作	1. PLC供电电源电压过低 2. 接触不良 3. 输出噪声过大	1. 调整电源 2. 检查端子接线 3. 增加防噪措施
8	动作异常的继电器都以8个为一组	1. “COM”螺钉松动 2. 熔丝熔断 3. CPU总线故障 4. 输出端子接触不良	1. 拧紧螺钉 2. 更换熔丝 3. 更换CPU单元 4. 处理后重接
9	动作正确但指示灯灭	LED损坏	更换LED

17.8　三菱PLC应用实例

17.8.1　PLC控制电动机正向运转电路

PLC控制三相异步电动机正向运转的电气控制电路图、PLC端子接线图和梯形图如图17-24所示，其对应的指令表见表17-33。若PLC自带DC24V电源，则应将外接DC24V电源处短接。

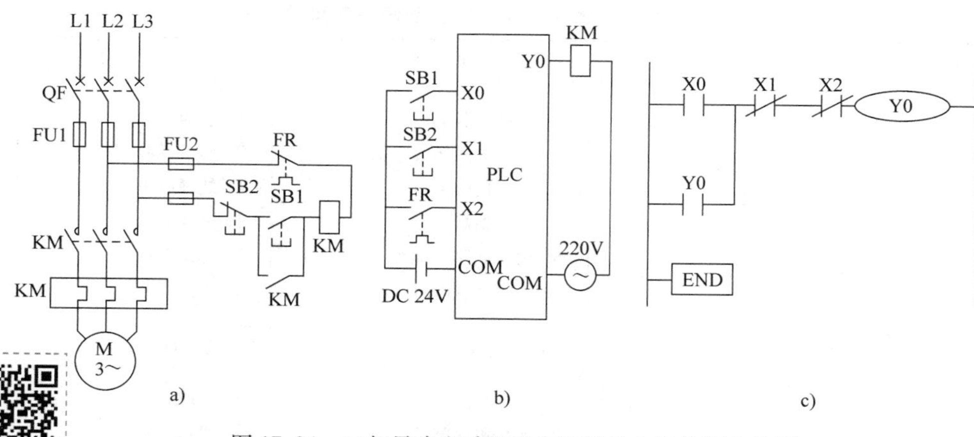

扫一扫看视频

图 17-24 三相异步电动机正向运转的电气控制电路图

a）电气控制电路图 b）PLC 端子接线图 c）梯形图

表 17-33 与图 17-24 对应的指令表

语句号	指令	元素
0	LD	X0
1	OR	Y0
2	ANI	X1
3	ANI	X2
4	OUT	Y0
5	END	

应用 PLC 时，常开、常闭按钮在外部接线可都采用常开按钮。PLC 控制三相异步电动机正向运转的工作原理如下：

合上断路器 QF，起动时，按下起动按钮 SB1，端子 X0 经 DC24V 电源与 COM 端连接，PLC 内的输入继电器 X0 得电吸合，其常开触点闭合。PLC 内的输出继电器 Y0 得电吸合并自锁，接触器 KM 得电吸合，电动机起动运转。

停机时，按下停止按钮 SB2，端子 X1 经 DC24V 电源与 COM 端连接，PLC 内的输入继电器 X1 得电吸合，其常闭触点断开，PLC 内的输出继电器 Y0 失电释放，接触器 KM 失电释放，电动机停止运行。

如果电动机过载，热继电器 FR 动作，其常开触点闭合，端子 X2 经 DC24V 电源与 COM 端连接，PLC 内的输入继电器 X2 得电吸合，其常闭触点断开，PLC 内的输出继电器 Y0 失电释放，接触器 KM 的线圈失电释放，电动机停止运行。

17.8.2 PLC 控制电动机正反转运转电路

PLC 控制三相异步电动机正反转运转的电气控制电路图、PLC 端子接线图和梯形图如图 17-25 所示，其对应的指令表见表 17-34。

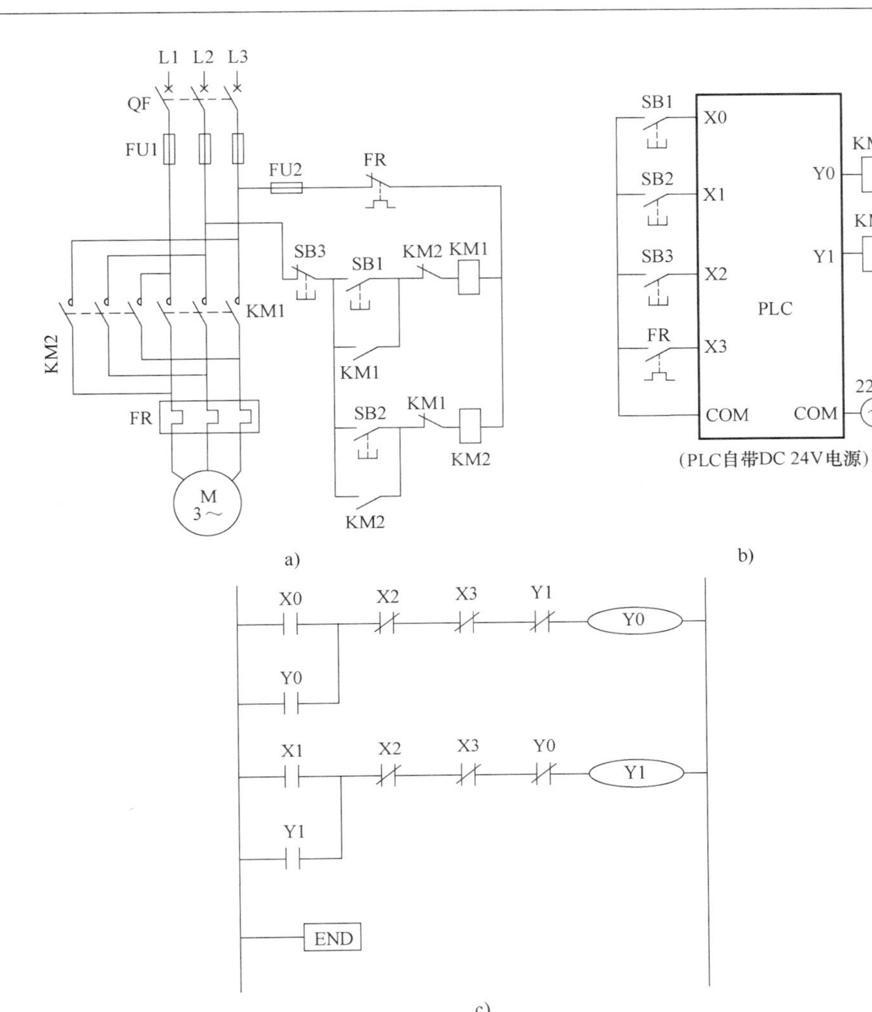

图 17-25　三相异步电动机正反转运转的电气控制电路图

a）电气控制电路图　b）PLC 端子接线图　c）梯形图

表 17-34　与图 17-25 对应的指令表

语句号	指令	元素
0	LD	X0
1	OR	Y0
2	ANI	X2
3	ANI	X3
4	ANI	Y1
5	OUT	Y0
6	LD	X1

（续）

语句号	指令	元素
7	OR	Y1
8	ANI	X2
9	ANI	X3
10	ANI	Y0
11	OUT	Y1
12	END	

PLC 控制三相异步电动机正反转运转的工作原理如下：

合上断路器 QF，正向起动时，按下正向起动按钮 SB1，端子 X0 与 COM 端连接，PLC 内的输入继电器 X0 通过 PLC 内部的 DC24V 电源得电吸合，其常开触点闭合。PLC 内的输出继电器 Y0 得电吸合并自锁，接触器 KM1 的线圈得电吸合，电动机正向起动运转。

反转时，应当先按下停止按钮 SB3，端子 X2 经 PLC 内部的 DC24V 电源与 COM 端连接，PLC 内的输入继电器 X2 得电吸合，其常闭触点断开，PLC 内的输出继电器 Y0 失电释放，接触器 KM1 失电释放，电动机停止运行。然后再按下反向起动按钮 SB2，端子 X1 与 COM 端连接，PLC 内的输入继电器 X1 通过 PLC 内部的 DC24V 电源得电吸合，其常开触点闭合。PLC 内的输出继电器 Y1 得电吸合并自锁，接触器 KM2 得电吸合，电动机反向起动运转。

同理，电动机正在反向运转时，如果需要改为正向运转，也是应当先按下停止按钮 SB3，然后再按下正向起动按钮 SB1。

正、反向运转通过 PLC 内部输出继电器 Y0 和 Y1 的常闭触点实现电气互锁。在图 17-25a 所示的电气控制电路中，还利用接触器 KM1 和 KM2 的常闭辅助触点进行了互锁。

停机时，按下停止按钮 SB3，端子 X2 经 PLC 内部的 DC24V 电源与 COM 端连接，PLC 内的输入继电器 X2 得电吸合，其常闭触点断开，PLC 内的输出继电器 Y0 或 Y1 失电释放，接触器 KM1 或 KM2 失电释放，电动机停止运行。

如果电动机过载，热继电器 FR 动作，其常开触点闭合，端子 X3 经 PLC 内部的 DC24V 电源与 COM 端连接，PLC 内的输入继电器 X3 得电吸合，其常闭触点断开，PLC 内的输出继电器 Y0 或 Y1 失电释放，接触器 KM1 或 KM2 失电释放，电动机停止运行。

17.8.3 PLC 控制电动机双向限位电路

PLC 控制三相异步电动机双向限位的电气控制电路图、PLC 端子接线图和梯形图如图 17-26 所示，其对应的指令表见表 17-35。图中 SQ1 是电动机正向运行限位开关；SQ2 是电动机反向运行限位开关。

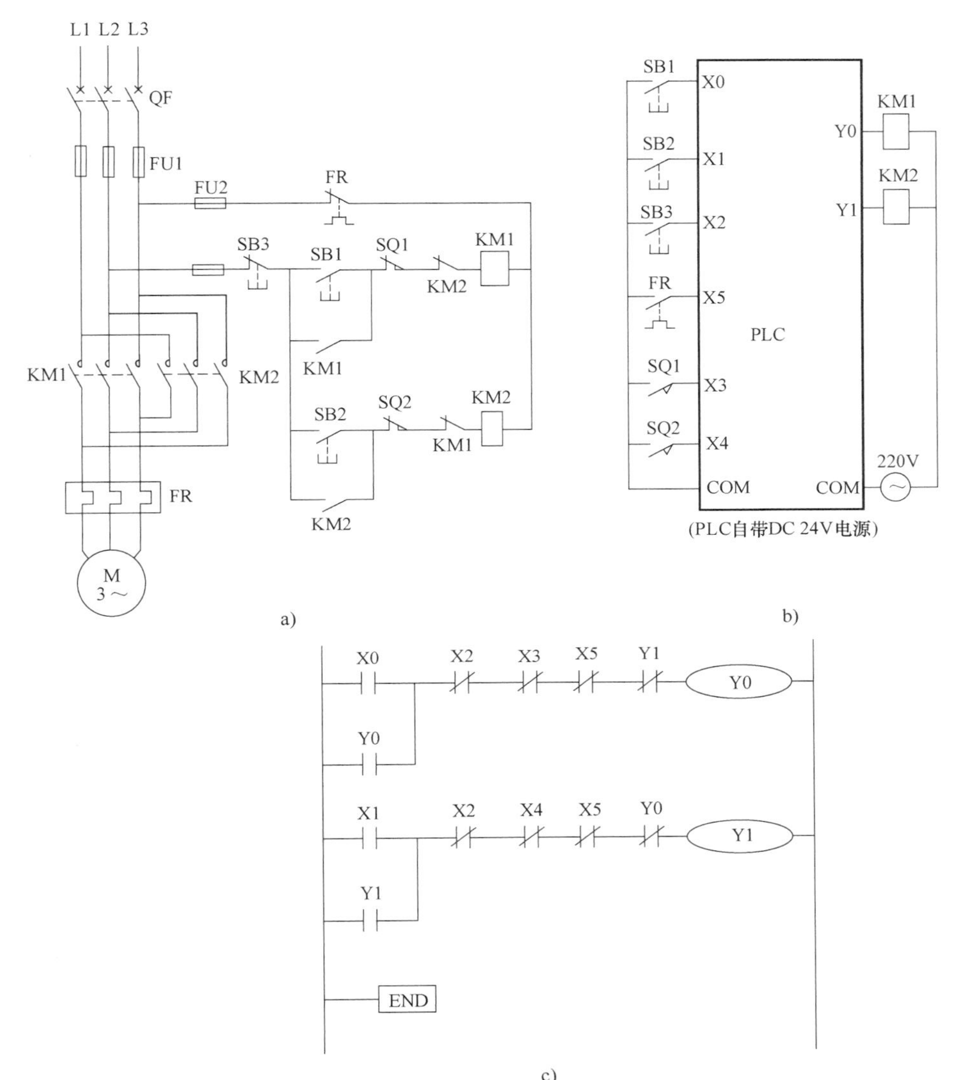

图 17-26　三相异步电动机双向限位的电气控制电路图

a）电气控制电路图　b）PLC 端子接线图　c）梯形图

表 17-35　与图 17-26 对应的指令表

语句号	指令	元素
0	LD	X0
1	OR	Y0
2	ANI	X2
3	ANI	X3
4	ANI	X5

（续）

语句号	指令	元素
5	ANI	Y1
6	OUT	Y0
7	LD	X1
8	OR	Y1
9	ANI	X2
10	ANI	X4
11	ANI	X5
12	ANI	Y0
13	OUT	Y1
14	END	

PLC 控制三相异步电动机双向限位的工作原理如下：

合上断路器 QF，正向起动时，按下正向起动按钮 SB1，端子 X0 与 COM 端连接，PLC 内的输入继电器 X0 通过 PLC 内部的 DC24V 电源得电吸合，其常开触点闭合。PLC 内的输出继电器 Y0 得电吸合并自锁，接触器 KM1 的线圈得电吸合，电动机正向起动运转，运动部件向前运行。当运动部件运动到预定限位时，装在运动部件上的挡块碰撞到限位开关 SQ1，使其常开触点闭合，端子 X3 与 COM 端连接。PLC 内的输入继电器 X3 通过 PLC 内部的 DC24V 电源得电吸合，其常闭触点断开，PLC 内的输出继电器 Y0 失电释放，接触器 KM1 的线圈失电释放，电动机停止运转。

反向起动时，按下反向起动按钮 SB2，端子 X1 与 COM 端连接，PLC 内的输入继电器 X1 通过 PLC 内部的 DC24V 电源得电吸合，其常开触点闭合。PLC 内的输出继电器 Y1 得电吸合并自锁，接触器 KM2 的线圈得电吸合，电动机反向起动运转，运动部件向后运行。当运动部件运动到预定限位时，装在运动部件上的挡块碰撞到限位开关 SQ2，使其常开触点闭合，端子 X4 与 COM 端连接、PLC 内的输入继电器 X4 通过 PLC 内部的 DC24V 电源得电吸合，其常闭触点断开，PLC 内的输出继电器 Y1 失电释放，接触器 KM2 的线圈失电释放，电动机停止运转。

正、反向运转通过 PLC 内部输出继电器 Y0 和 Y1 的常闭触点实现电气互锁。在图 17-26a 所示的电气控制电路中，还利用接触器 KM1 和 KM2 的常闭辅助触点进行了互锁。

在电动机运行过程中需要停机时，按下停止按钮 SB3，端子 X2 经 PLC 内部的 DC24V 电源与 COM 端连接，PLC 内的输入继电器 X2 得电吸合，其常闭触点断开，PLC 内的输出继电器 Y0 或 Y1 失电释放，接触器 KM1 或 KM2 失电释放，电动机停止运行。

如果电动机过载，热继电器 FR 动作，其常开触点闭合，端子 X5 经 PLC 内部的 DC24V 电源与 COM 端连接，PLC 内的输入继电器 X5 得电吸合，其常闭触点断开，PLC 内的输出继电器 Y0 或 Y1 失电释放，接触器 KM1 或 KM2 失电释放，电动机停止运行。

17.9　西门子 PLC 应用实例

17.9.1　PLC 控制电动机Y－△减压起动电路

1. 继电器－接触器控制原理分析

三相异步电动机Y－△减压起动的继电器－接触器控制电路如图 17-27 所示，图中 KM1 为电源接触器，KKM2 为三角形接触器，KM3 为星形接触器，KT 为时间继电器。其控制原理如下：

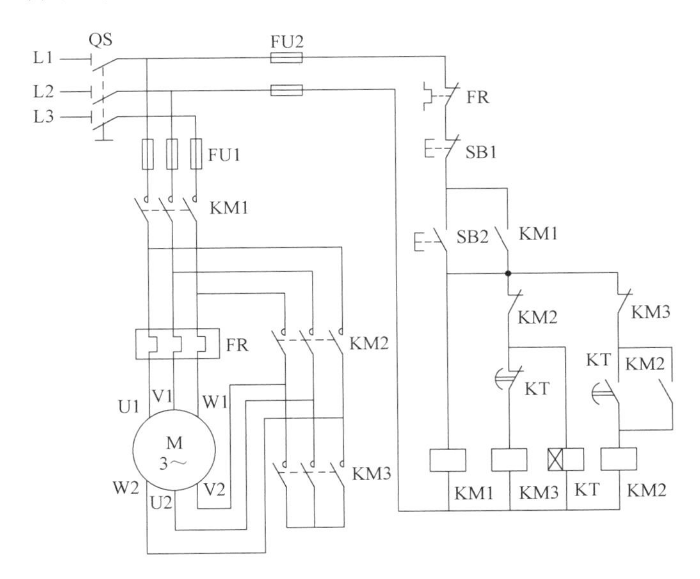

图 17-27　三相异步电动机Y－△减压起动的继电器－接触器控制电路

1）起动时，合上断路器 QF，按下起动按钮 SB2，则 KM1、KM3 和 KT 线圈同时得电吸合，并自锁，这时电动机定子绕组接成星形起动。

2）随着电动机转速上升，电动机定子电流逐渐下降，当 KT 延时达到设定值时，其延时断开的常闭触点断开，延时闭合的常开触点闭合，从而使 KM3 线圈断电释放，然后 KM2 线圈得电吸合并自锁，这时电动机切换成三角形运行。

3）需要停止时，按下停止按钮 SB1，KM1 和 KM2 线圈同时断电，电动机停止运行。

4）为了防止电源短路，接触器 KM2 和 KM3 线圈不能同时得电，在电路中设置了电气互锁。

5）如果电动机超负荷运行，热继电器 FR 断开，电动机停止运行。

2. I/O 端口分配

根据控制要求，三相异步电动机Y－△减压起动的 PLC I/O 端口分配见表 17-36。

表 17-36　三相异步电动机Y－△减压起动的 PLC I/O 端口分配表

输入		输出	
输入继电器	元器件	输出继电器	元器件
I0. 0	起动按钮 SB2，常开触点	Q0. 0	电源接触器 KM1
I0. 1	停止按钮 SB1，常开触点	Q0. 1	三角形接触器 KM2
I0. 2	热继电器 FR，常开触点	Q0. 2	星形接触器 KM3

3. 程序设计

根据控制要求，与三相异步电动机Y－△减压起动的继电器－接触器控制电路（见图 17-27）对应的梯形图如图 17-28 所示。

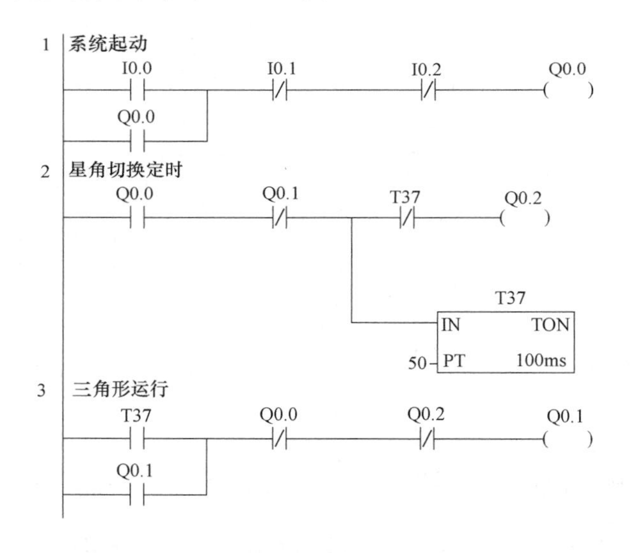

图 17-28　三相异步电动机Y－△减压起动控制梯形图

1）按下起动按钮 SB2，I0. 0 得电，其常开触点闭合，Q0. 0 得电自锁，电源接触器 KM1 得电吸合，然后 Q0. 2 得电，星形接触器 KM3 得电吸合，电动机 M 星形起动。与此同时，计时器 T37 开始计时。

2）计时时间 5s 后，T37（时基为 100ms 的定时器）的常闭触点断开，Q0. 2 输出线圈失电（其常闭触点复位），星形接触器 KM3 失电，星形起动结束。与此同时，T37 常开触点闭合，Q0. 1 得电自锁，三角形接触器得电，电动机切换成三角形运行。与此同时，Q0. 1 的常闭触点断开，定时器 T37 失电（定时器断电复位）。

3）若要停机，按下停止按钮 SB1，I0.1 得电，其常闭触点断开，电源接触器 KM1 失电，其主触点断开，电动机停止运行。与此同时所有接触器均复位。

17.9.2　PLC 控制电动机单向能耗制动电路

1. 继电器－接触器控制原理分析

三相异步电动机单向（不可逆）能耗制动的继电器－接触器控制电路如图 17-29所示，该控制电路由接触器 KM1 和 KM2、时间继电器 KT、变压器 T、桥式整流器 VC 等组成。其控制原理如下：

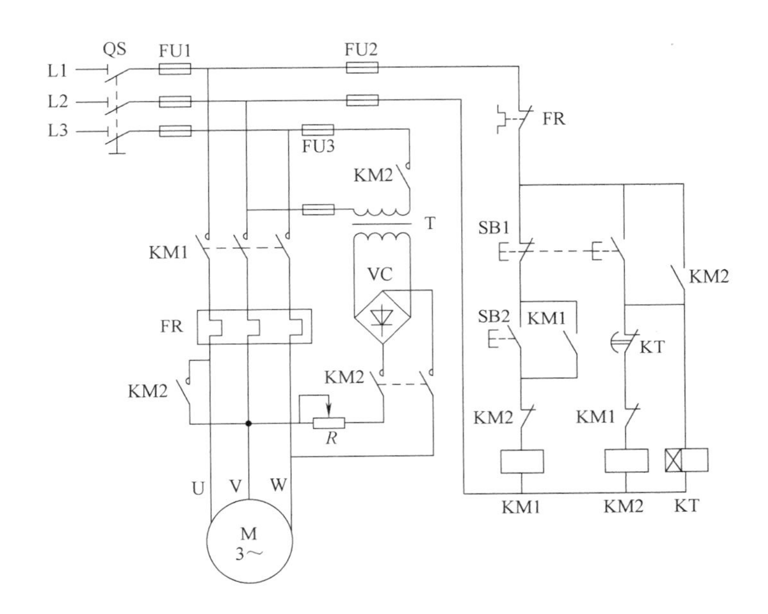

图 17-29　三相异步电动机单向能耗制动的继电器－接触器控制电路

1）起动时，先合电源开关 QS，然后按下起动按钮 SB2，使接触器 KM1 线圈得电吸合，并自锁，KM1 的主触点闭合，电动机 M 接通电源直接起动。与此同时 KM1 的常闭辅助触点断开。

2）停车时，按下停止按钮 SB1，首先 KM1 因线圈失电而释放，KM1 的主触点断开，电动机 M 断电，做惯性运转，而 KM1 的各辅助触点均复位；与此同时，接触器 KM2 与时间继电器 KT 因线圈得电而同时吸合，并自锁。KM2 的主触点闭合，在电动机绕组中通入直流电流，进入能耗制动状态。当到达延时时间后，KT 延时断开的常闭触点断开，使 KM2 和 KT 因线圈失电而释放，KM2 的主触点断开，切断电动机的直流电源，能耗制动结束。

2. I/O 端口分配

根据控制要求，三相异步电动机单向能耗制动的 I/O 端口分配见表 17-37。

表 17-37　三相异步电动机单向能耗制动的 I/O 端口分配表

输　　入		输　　出	
PLC 软元件（输入继电器）	元器件	PLC 软元件（输出继电器）	元器件
I0.0	起动按钮 SB2，按下时，I0.0 状态由 OFF→ON	Q0.0	接触器 KM1
I0.1	停止按钮 SB1，按下时，I0.1 状态由 OFF→ON	Q0.1	制动接触器 KM2
I0.2	热继电器 FR 常闭触点		

3. 程序设计

根据控制要求，与三相异步电动机单向能耗制动的继电器 - 接触器控制电路（见图 17-29）对应的梯形图如图 17-30 所示。

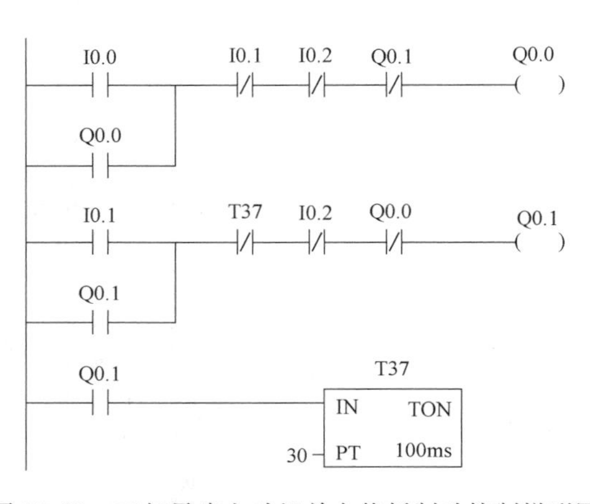

图 17-30　三相异步电动机单向能耗制动控制梯形图

1）按下起动按钮 SB2，I0.0 得电，其常开触点闭合，Q0.0 得电并自锁，接触器 KM1 得电吸合，其主触点闭合，电动机 M 起动运转。

2）电动机正常运行后，若要快速停机，需按下停止按钮 SB1，I0.1 得电，其常闭触点断开，输出线圈 Q0.0 失电，Q0.0 的常开触点断开，自锁解除，接触器 KM1 失电释放，KM1 的主触点断开，电动机 M 断电，作惯性运转。与此同时，Q0.0 的常闭触点闭合，输出线圈 Q0.1 得电自锁，接触器 KM2 得电吸合，其主触点闭合，电动机 M 通入直流电流，进行能耗制动，电动机转速迅速降低，同时，定时器 T37 开始计时，计时 3s 后，T37 的延时断开的常闭触点断开，输出线圈 Q0.1 失电（自锁解除，定时器断电复位），接触器 KM2 失电，其主触点断开，能耗制动结束。

17.9.3　PLC 控制电动机反接制动电路

1. 继电器 - 接触器控制原理分析

三相异步电动机单向（不可逆）反接制动的继电器 - 接触器控制电路如图 17-31所示，该控制电路由接触器 KM1 和 KM2、速度继电器 KS、限流电阻 *R*、热继电器 FR 等组成。其控制原理如下：

1）起动时，先合电源开关 QS，然后按下起动按钮 SB2，使接触器 KM1 线圈得电吸合，并自锁，KM1 的主触点闭合，电动机 M 接通电源直接起动。与此同时 KM1 的常闭辅助触点断开。当电动机转速升高到一定数值（此数值可调）时，速

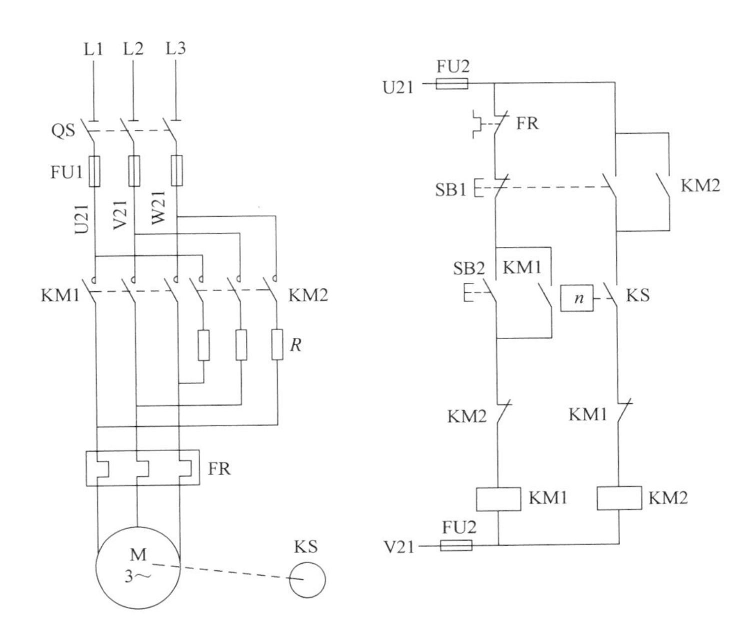

图 17-31　三相异步电动机单向反接制动的继电器 - 接触器控制电路

度继电器 KS 的常开触点闭合，因 KM1 的常闭辅助触点已经断开，这时接触器 KM2 线圈不通电，KS 常开触点的闭合，仅为反接制动做好了准备。

2）停车时，按下停止按钮 SB1，首先 KM1 因线圈失电而释放，KM1 的主触点断开，电动机 M 断电，做惯性运转，与此同时，KM1 的各辅助触点均复位；又由于此时电动机的惯性转速还很高，KS 的常开触点依然处于闭合状态，所以按钮 SB1 的常开触点闭合时，使接触器 KM2 线圈得电吸合，并自锁，KM2 的主触点闭合，电动机的定子绕组中串入限流电阻 R，进入反接制动状态，使电动机的转速迅速下降。当电动机的转速降至速度继电器 KS 整定值以下时，KS 的常开触点断开复位，KM2 线圈失电释放，电动机断电，反接制动结束，防止了电动机反向起动。

2. I/O 端口分配

根据控制要求，三相异步电动机反接制动的 I/O 端口分配见表 17-38。

表 17-38　三相异步电动机反接制动的 I/O 端口分配表

输　入		输　出	
PLC 软元件（输入继电器）	元器件	PLC 软元件（输出继电器）	元器件
I0.0	起动按钮 SB2，按下时，I0.0 状态由 OFF→ON	Q0.0	接触器 KM1

（续）

输 入		输 出	
I0.1	停止按钮 SB1，按下时，I0.1 状态由 OFF→ON	Q0.1	制动接触器 KM2
I0.2	速度继电器 KS，当速度大于设整定值时，KS 的常开触点闭合，当速度小于设定值时 KS 的常开触点断开		
I0.3	热继电器 FR 常闭触头		

3. 程序设计

根据控制要求，与三相异步电动机单向反接制动的继电器 - 接触器控制电路（见图 17-32）对应的梯形图如图 17-32 所示。

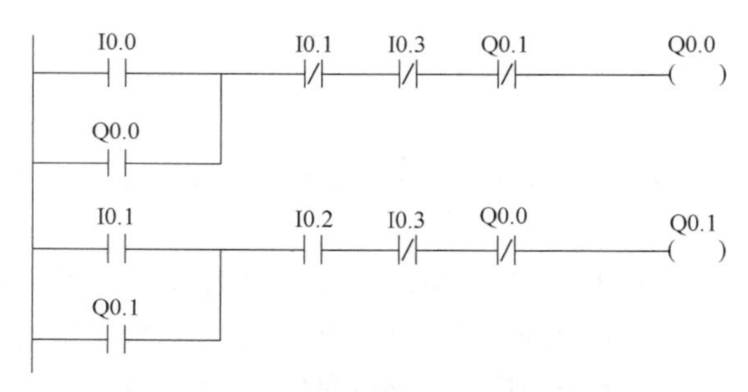

图 17-32 三相异步电动机单向反接制动控制梯形图

1）按下起动按钮 SB2，I0.0 得电，其常开触点闭合，输出线圈 Q0.0 得电并自锁，接触器 KM1 得电吸合，其主触点闭合，电动机 M 起动运转。当电动机的转速超过整定值时，速度继电器 I0.2 常开触点闭合。

2）电动机正常运行后，若要快速停机，需按下停止按钮 SB1，I0.1 得电，其常闭触点断开，输出线圈 Q0.0 失电，Q0.0 的常开触点断开，自锁解除，接触器 KM1 失电释放，KM1 的主触点断开，电动机 M 断电，做惯性运转。与此同时，I0.1 的常开触点闭合，输出线圈 Q0.1 得电并自锁，接触器 KM2 得电吸合，其主触点闭合，电动机进行反接制动，电动机转速迅速降低，当电动机转速小于整定值时，速度继电器 I0.2 常开触点断开，输出线圈 Q0.1 失电，使接触器 KM2 失电，其主触点断开，反接制动结束。

17.9.4 喷泉的 PLC 模拟控制

1. 任务描述

用 PLC 控制闪光灯构成喷泉的模拟系统

（1）喷泉面板图和电路图

使用喷泉模拟面板或使用价格低廉的发光二极管及限流电阻搭建喷泉模拟系

统，喷泉模拟系统的工作电压为 DC24V，采用 AC220V/DC24V 开关电源取得 DC24V，喷泉面板图如图 17-33 所示，喷泉面板 LED 的电路图如图 17-34 所示。

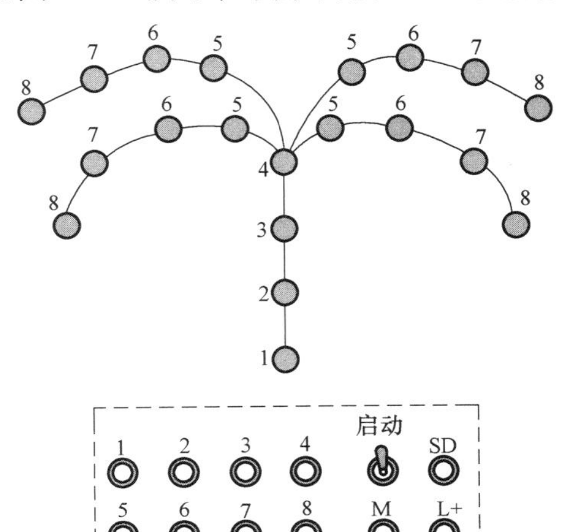

图 17-33　喷泉面板图

扫一扫看视频

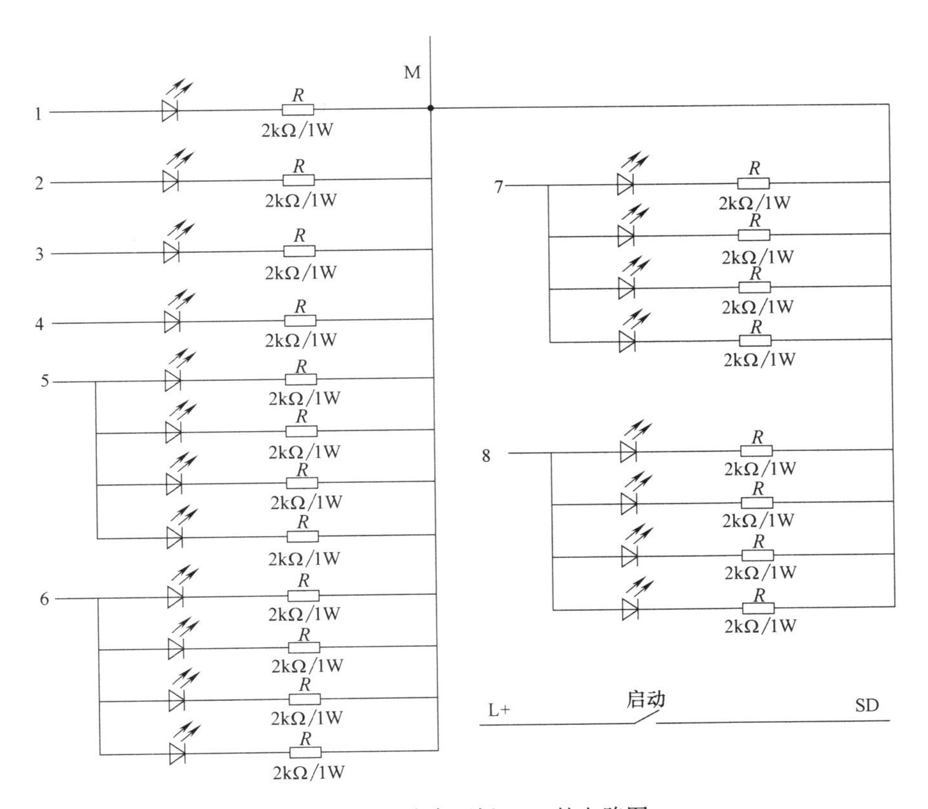

图 17-34　喷泉面板 LED 的电路图

（2）控制要求

程序运行时，当启动开关接通后，灯 1、2、3、4、5、6、7、8 依次间隔 0.2s 点亮，全亮 0.2s 后重复执行。

2. PLC 的 I/O 端口分配表

根据控制要求，喷泉模拟控制的 I/O 端口分配见表 17-39。

表 17-39 喷泉模拟控制的 I/O 端口分配表

序号	输入			输出		
	PLC 输入地址	元器件	功能	PLC 输出地址	元器件	功能
1	I0.0	SD	启动或停止模拟喷泉	Q0.0	灯 1	控制喷泉灯 1
2				Q0.1	灯 2	控制喷泉灯 2
3				Q0.2	灯 3	控制喷泉灯 3
4				Q0.3	灯 4	控制喷泉灯 4
5				Q0.4	灯 5	控制喷泉灯 5
6				Q0.5	灯 6	控制喷泉灯 6
7				Q0.6	灯 7	控制喷泉灯 7
8				Q0.7	灯 8	控制喷泉灯 8

3. 控制原理图

用 PLC 控制闪光灯构成喷泉的模拟系统时，其控制原理图如图 17-35 所示。

4. 程序设计－控制分析

喷泉模拟系统要求使用灯 1～灯 8，共 8 组灯，从灯 1～灯 8 依次间隔 0.2s 点亮，全亮 0.2s 后，全熄灭，重复进行。用计数器和定时器实现。

PLC 接线图如图 17-36 所示。

5. 操作步骤

1）在 PLC 断电状态下，使用 PC/PPI 将计算机与 PLC 连接。

2）按接线图 17-35 连接 PLC 及外部电路。

3）接通 PLC 电源。

4）进入编程环境，单击“PLC”菜单栏，通过“类型”选择 CPU 类型，或通信后进行读取 PLC 的 CPU 类型。

5）编制程序。

参考程序如图 17-37 中网络 1、2 和图 17-38 中网络 3 所示。

6）将编译无误的程序下载到 PLC，并将 PLC 的模式选择开关置于“RUN”状态。

7）运行程序，实现功能，并监控程序进行。

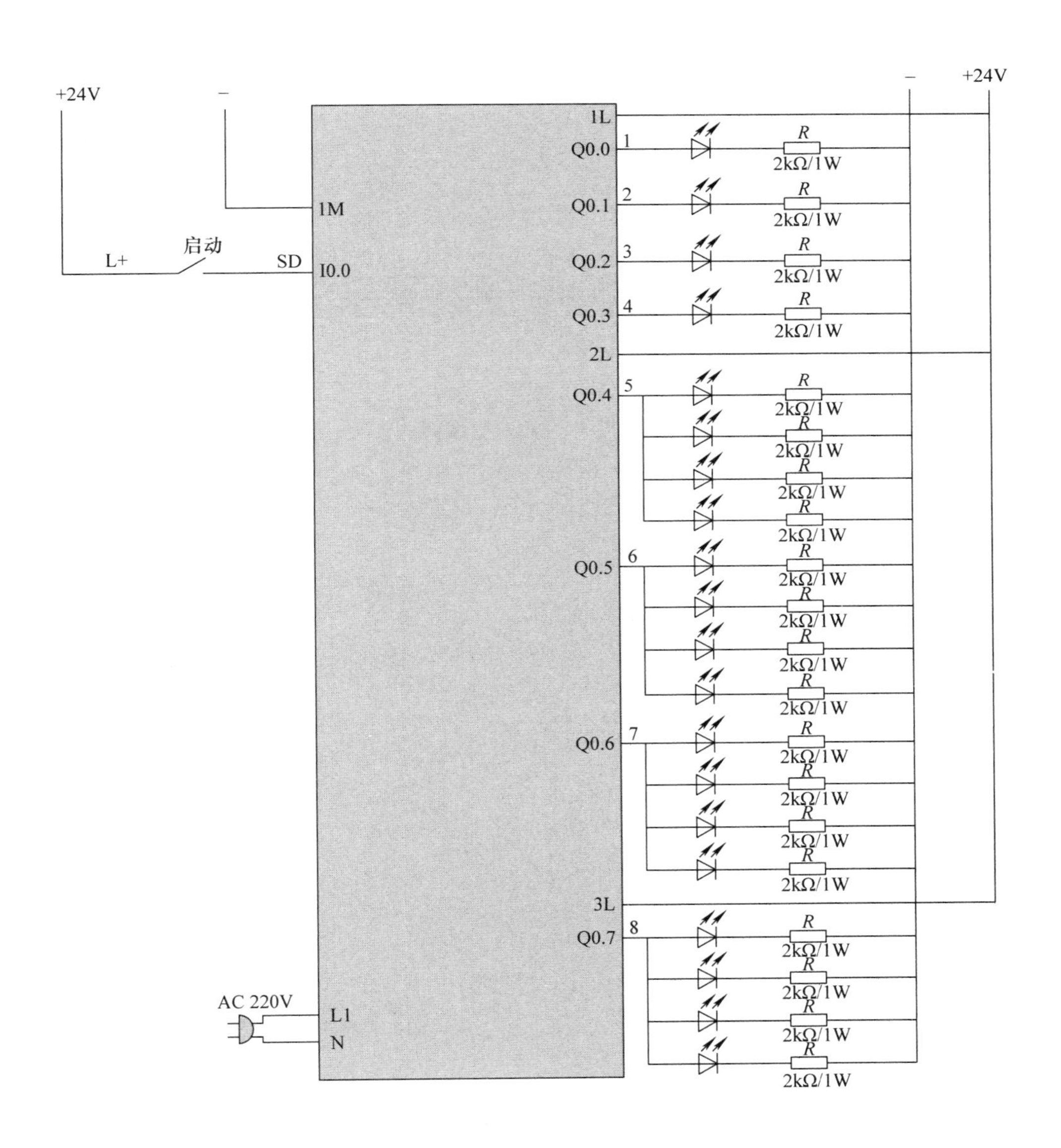

图 17-35 PLC 控制原理图

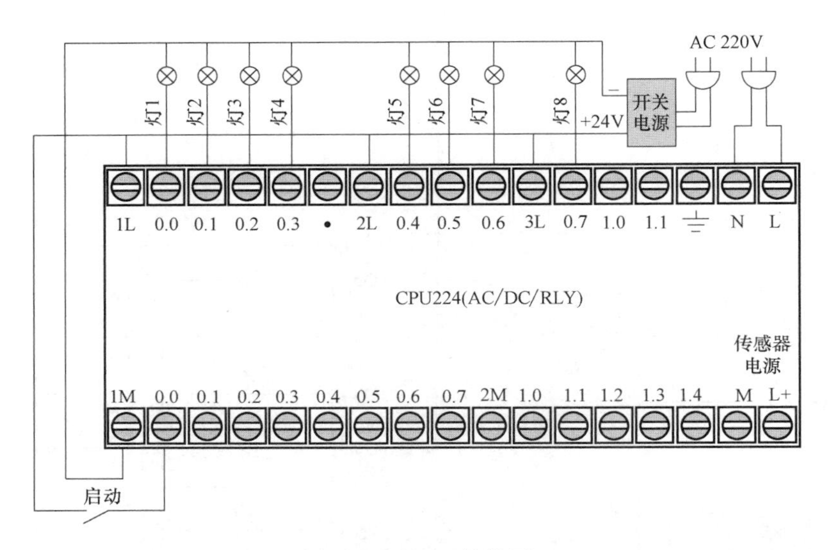

图 17-36　PLC 接线图

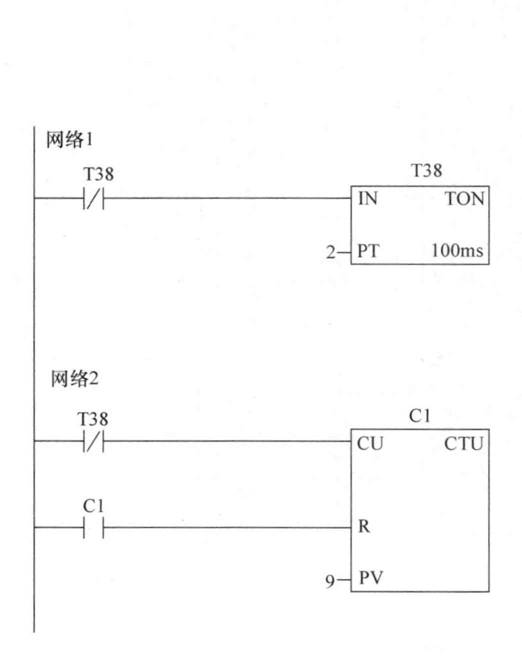

图 17-37　梯形图程序（网络 1、2）

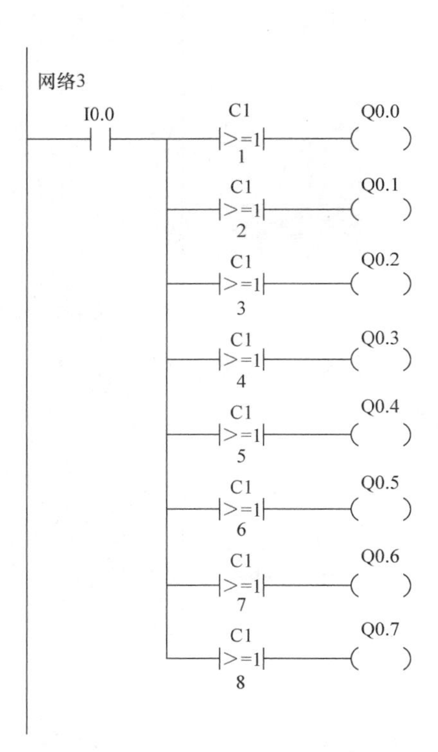

图 17-38　梯形图程序（网络 3）

第 18 章　变　频　器

18.1　变频器的基础知识

18.1.1　典型变频器的构成

变频器是一种将工频交流电转换成任意频率交流电的仪器，并且可以拖动电动机带负载运行，因此它又是一个驱动器。变频器的种类非常多，常用变频器的外形如图 18-1 所示。

a)

b)

c)

图 18-1　常用变频器的外形

变频器是由主电路和控制电路组成的。主电路主要包括整流电路、中间直流电路和逆变电路三部分。其中，中间直流电路又由电源再生单元、限流单元、滤波单元、制动电路单元以及直流电源检测电路等组成。控制电路主要由中央处理器 CPU、数字信号处理器 DSP、A/D、D/A 转换电路、I/O 接口电路、通信接口电路、输出信号检测电路、数字操作盘电路以及控制电源等组成。

尽管目前变频器的品牌很多，外观不同，结构各异，但基本电路结构是相似的。变频器的结构框图如图 18-2 所示。图 18-3 所示为典型变频器的原理框图。

1. 主电路

输入端子：R、S、T 接工频电源。

输出端子：U、V、W 接电动机。

变频器首先将工频交流电整流成直流，再经过逆变将直流变成交流，在逆变的

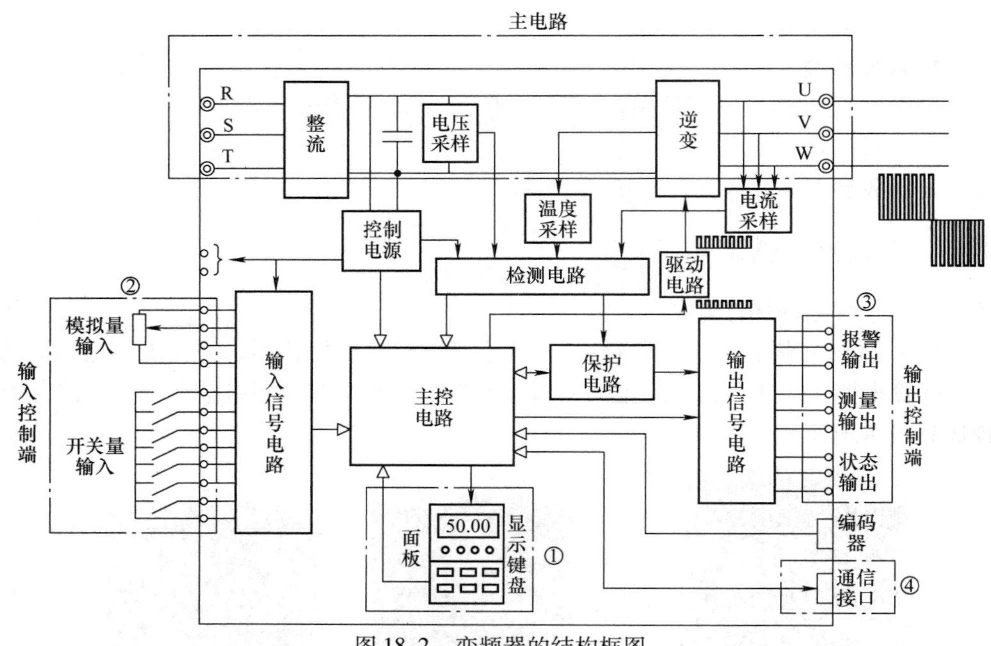

图 18-2　变频器的结构框图

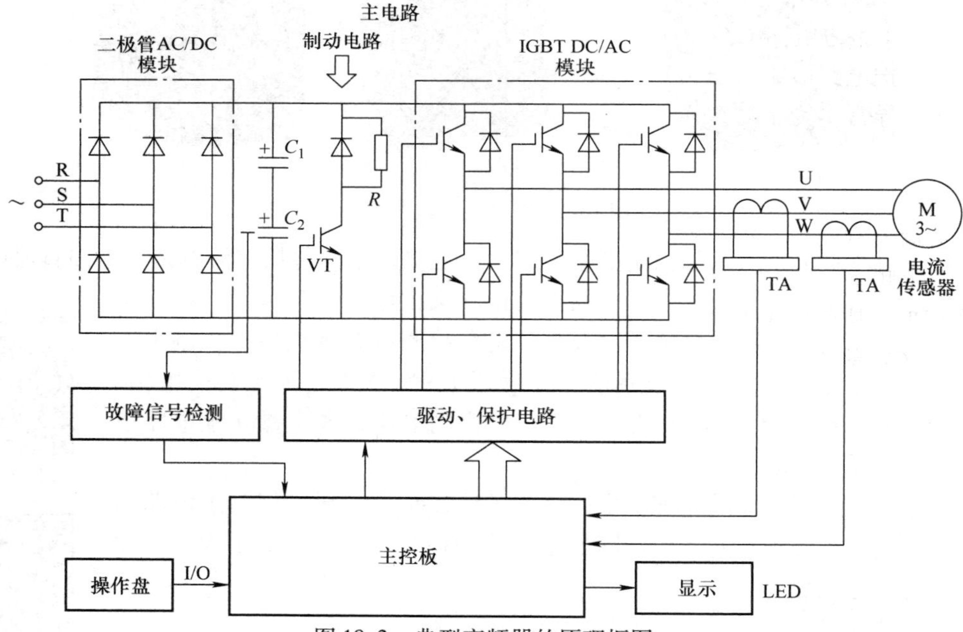

图 18-3　典型变频器的原理框图

过程中实现频率的改变，通常主电路的电流很大。

对于低压变频器来说，其主电路几乎均为电压型交－直－交电路。它由三相桥式整流器（即 AC/DC 模块）、滤波电路（电容器 C）、制动电路（晶体管 V 及电阻

R)、三相桥式逆变电路（IGBT 模块）等组成。

2. 控制电路

控制电路是指图 18-2 中除主电路以外的部分。控制电路常由运算电路、检测电路、控制信号的输入电路、控制信号的输出电路、驱动电路和保护电路等组成。其主要任务是完成对逆变器的开关控制，对整流器的电压控制，以及完成各种保护功能等。

控制电路的控制方法有模拟控制和数字控制。高性能的变频器目前已经采用微型计算机进行全数字控制，主要靠软件完成各种功能。

（1）运算电路

运算电路主要将外部的速度、转矩等指令同检测电路的电流、电压信号进行比较运算，决定逆变器的输出电压、频率。

（2）检测电路

检测电路与主电路电位隔离，并用来检测电压、电流或速度等。

（3）驱动电路

驱动电路主要使主电路器件导通、关断。逆变电路主要由 6 只逆变管组成的逆变桥构成，逆变管始终处在交替的导通、关断状态。控制逆变管的导通、关断信号由 CPU 经计算确定，再由驱动电路驱动逆变管工作。

（4）保护电路

保护电路的主要作用是在变频器检测主电路的电压、电流时，若发生过载或过电压等异常，为了防止逆变器和异步电动机损坏而使逆变器停止工作或抑制电压、电流值。

（5）输入

输入有面板、输入控制端子、通信接口三种方式。其作用是给变频器的指令，如给定频率（希望变频器输出的频率）、启动信号等通过某一输入端口进入变频器的 CPU，从而实现对逆变电路的控制。

（6）输出

输出有面板、输出控制端子两种方式。变频器的输出频率、错误信号、工作状态可以通过上述端口输出。在输入/输出的过程中，具体选用哪种设备、可以通过操作模式（又称控制通道）的选择来完成。

在图 18-2 中，面板主要用于近距离、基本控制；输入控制端子和输出控制端子主要用于远距离控制、多功能控制；通信接口主要用于多电动机、系统控制。

18.1.2 变频器的分类及特点

1. 变频器按变换频率的方法分类及特点

（1）交－直－交变频器

交－直－交变频器又称间接变频器，它是先将工频交流电通过整流器变成直流电，再经过逆变器将直流电变换成频率、电压均可控制的交流电，其基本结构如

图 18-4所示。

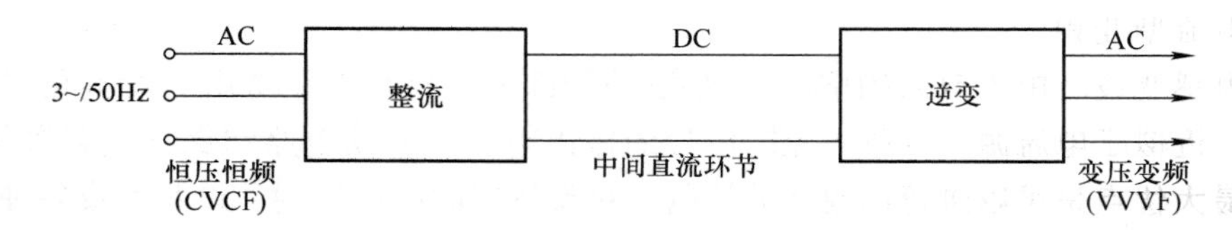

图 18-4　交－直－交变频器

（2）交－交变频器

交－交变频器又称直接变频器，它可将工频交流电直接变换成频率、电压均可控制的交流电。交－交变频器的基本结构如图 18-5 所示，其整个系统由两组晶闸管整流装置反向并联组成，正、反向两组按一定周期相互切换，在负载上就可获得交变的输出电压 u_o。

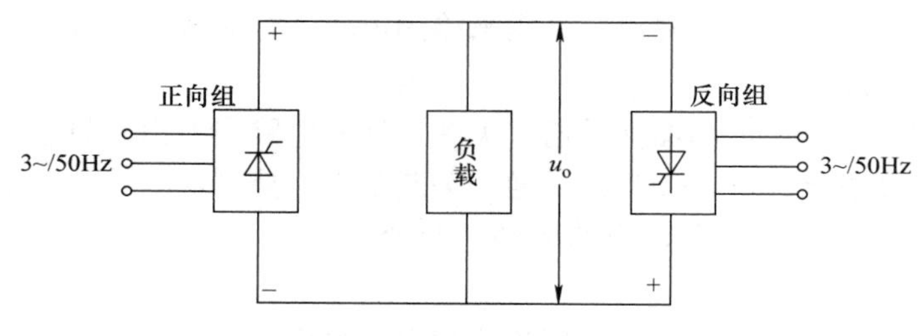

图 18-5　交－交变频器

2. 变频器按主电路工作方式分类及特点

（1）电压型变频器

电压型变频器典型的一种主电路结构形式如图 18-6 所示。在电压型变频器中，整流电路产生逆变所需的直流电压，通过中间直流环节的电容进行滤波后输出。**由于采用大电容滤波，故主电路直流电压波形比较平直，在理想情况下可看成一个内阻为零的电压源。**变频器输出的交流电压波形为矩形波或阶梯波。**电压型变频器多用于不要求正反转或快速加减速的通用变频器中。**

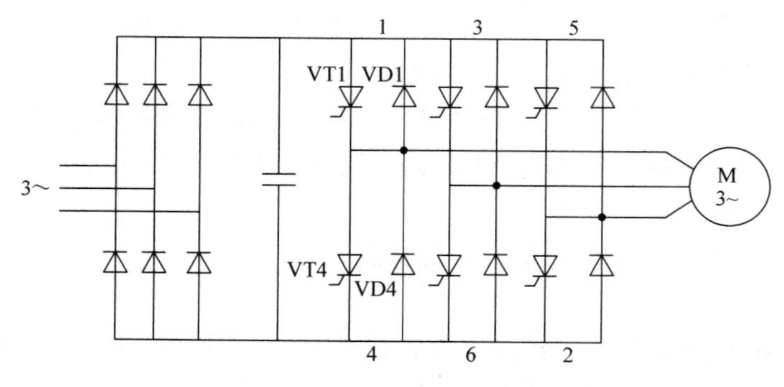

图 18-6　电压型变频器的主电路

（2）电流型变频器

电流型变频器的主电路的典型结构如图18-7所示。其特点是中间直流环节采用大电感滤波。**由于电感的作用，直流电流波形比较平直，因而直流电源的内阻抗很大，近似于电流源。**变频器输出的交流电流波形为矩形波或阶梯波。**电流型变频器的最大优点是可以进行四象限运行，将能量回馈给电源，且在出现负载短路等情况时容易处理，故该方式适用于频繁可逆运转的变频器和大容量变频器。**

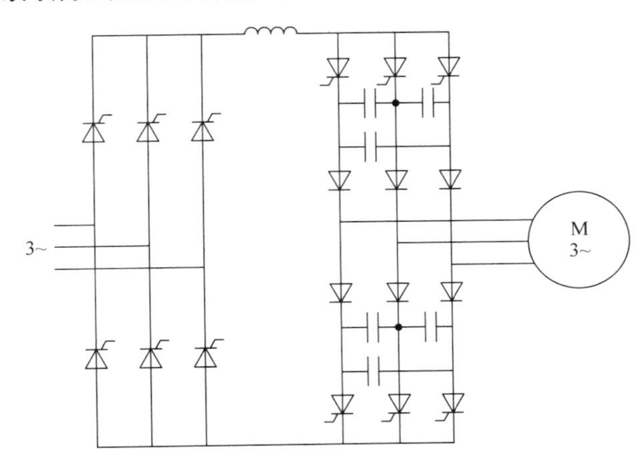

图18-7 电流型变频器的主电路

3. 变频器按电压调节方式分类及特点

（1）PAM变频器

脉冲幅值调节（Pulse Amplitude Modulation，PAM）方式，是一种以改变电压源的电压 U_{d} 或电流源的电流 I_{d} 的幅值进行输出控制的方式。在此类变频器中，逆变器仅调节输出频率，而输出电压的调节则是由相控整流器或直流斩波器通过调节中间直流环节的直流电压来实现。采用相控整流器调压时，电网侧的功率因数随调节深度的增加而降低。采用直流斩波器调压时，电网侧的功率因数在不考虑谐波影响时，功率因数可接近于1，采用直流斩波器的PAM方式如图18-8所示。该控制方式现在已很少采用。

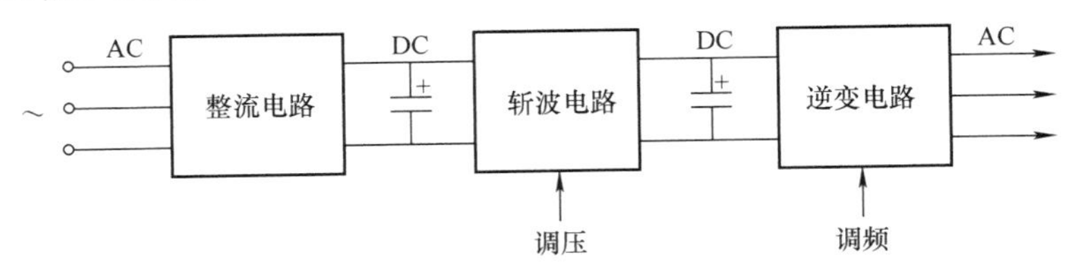

图18-8 PAM方式的电路框图

（2）PWM变频器和SPWM变频器

脉冲宽度调制（Pulse Width Modulation，PWM）方式，是在变频器输出波形的一个周期中产生多个脉冲，其等值电压近似为正弦波，波形平滑且谐波较少。

PWM 方式，变频器中的整流器采用不可控的二极管整流，功率因数较高。变频器的输出频率和输出电压均由逆变器按 PWM 方式来完成。PWM 方式的电路框图如图 18-9 所示。

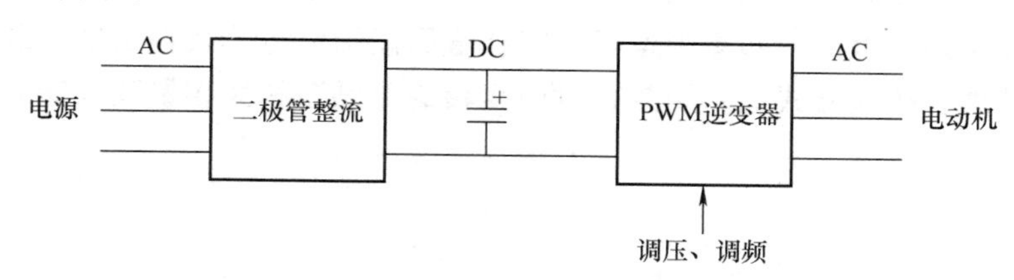

图 18-9 PWM 方式的电路框图

脉冲宽度调制方式又分为等脉宽 PWM 法和正弦波 PWM 法（SPWM 法）等。按照调制脉冲的极性关系，PWM 逆变电路的控制方式分为单极性控制和双极性控制。

等脉宽 PWM 法是最为简单的一种，其每一脉冲的宽度均相等，改变脉冲列的周期可以调频，改变脉冲的宽度或占空比可以调压，采用适当方法即可以使电压与频率协调变化。其缺点是输出电压中除基波外，还包含较大的谐波分量。

SPWM（Sinusoidal Pulse Width Modulation）法是为了克服等脉宽 PWM 法的缺点而发展出来的。其具体方法如图 18-10 所示。它是以一个正弦波作为基准波（称为调制波），用一列等幅的三角波（称为载波）与基准正弦波相交如图 18-10a 所示，由它们的交点确定逆变器的开关模式。当基准正弦波高于三角波时，使相应的开关器件导通；当基准正弦波低于三角波时，使开关器件截止。由此，使变频器输出电压波为图 18-10b 所示的脉冲列。其特点是，在半个周期中等距、等幅（等高）、不等宽（可调），总是中间的脉冲宽，两边的脉冲窄，各脉冲面积与该区间正弦波下的面积成比例。这样，输出电压中的谐波分量显然可以大大减小。

4. 变频器按控制方式分类及特点

异步电动机变频调速时，变频器可以根据电动机的特性对供电电压、电流、频率进行适当的控制，不同的控制方式所得到的调速性能、特性及用途是不同的。同理，变频器也可以按控制方式分类。

（1）U/f 控制变频器

U/f（电压 U 和频率 f 的比）控制方式又称为 VVVF（Variable Voltage Variable Freqency）控制方式。它的基本特点是对变频器输出的电压和频率同时进行控制，通过使 U/f 的值保持一定而得到所需的转矩特性。**基频以下可以实现恒转矩调速，基频以上则可以实现恒功率调速。采用 U/f 控制方式的变频器控制电路成本较低，多用于对精度要求不太高的通用变频器。**

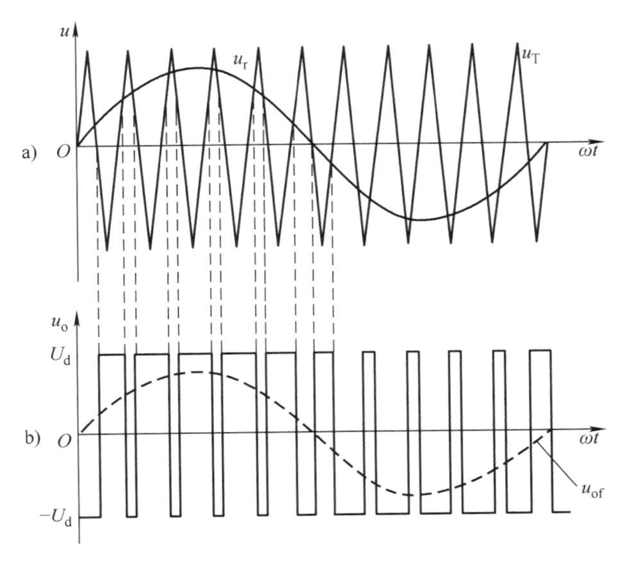

图 18-10 双极性 SPWM 控制波形

a）正弦波与三角波 b）变频器输出电压波形

（2）转差频率控制变频器

转差频率控制方式是对 U/f 控制方式的一种改进。在采用转差频率控制方式的变频器中，变频器通过电动机、速度传感器构成速度反馈闭环调速系统。变频器的输出频率由电动机的实际转速与转差频率自动设定，从而达到在调速控制的同时也使输出转矩得到控制。该控制方式是闭环控制，故与 U/f 控制方式相比，在负载发生较大变化时，仍能达到较高的速度精度和具有较好的转矩特性。但是，**由于采用这种控制方式时，需要在电动机上安装速度传感器，并需要根据电动机的特性调节转差，故通用性较差。**

（3）矢量控制变频器

矢量控制的基本思想是将交流异步电动机的定子电流分解为产生磁场的电流分量（励磁电流）和与其垂直的产生转矩的电流分量（转矩电流），并分别加以控制。由于这种控制方式中必须同时控制电动机定子电流的幅值和相位，即控制定子电流矢量，所以这种控制方式被称为矢量控制。**采用矢量控制方式的交流调速系统能够提高变频调速的动态性能，不仅在调速范围上可以与直流电动机相媲美，而且可以直接控制异步电动机产生的转矩。因此，已经在许多需要进行精密控制的领域得到了应用。**

5. 变频器按用途分类及特点

（1）通用变频器

通用变频器的特点是可以对普通的交流异步电动机进行调速控制。通用变频器可以分为低成本的简易型通用变频器和高性能多功能的通用变频器两种类型。

简易型通用变频器是一种以节能为主要目的而减少了一些系统功能的通用变频器。它主要应用于水泵、风机等对于系统的调速性能要求不高的场合，且具有体积小和价格低等优点。

高性能多功能通用变频器为了满足可能出现的各种需要，在系统硬件和软件方面都做了许多工作。在使用时，用户可以根据负载特性选择算法，并对变频器的各种参数进行设定。该变频器除了可以应用于简易型通用变频器的所有应用领域外，还广泛应用于传动带、升降装置以及各种机床、电动车辆等对调速系统的性能和功能有较高要求的场合。

（2）高性能专用变频器

随着控制理论、交流调速理论和电力电子技术的发展，异步电动机的矢量控制方式得到了重视和发展。高性能专用变频器主要是采用矢量控制方式。采用矢量控制方式的高性能专用变频器和变频调速专用电动机所组成的调速系统，在性能上已达到和超过了直流调速系统。此外，高性能专用变频器往往是为了满足特定行业（如冶金行业、数控机床、电梯等）的需要，使变频器在工作中能发挥出最佳性价比而设计生产的。

（3）高频变频器

在超精密机械加工中，常用到高速电动机。为了满足其驱动的需要，出现了高频变频器。

（4）单相变频器和三相变频器

与单相交流电动机和三相交流电动机相对应，变频器也分为单相变频器和三相变频器。两者的工作原理相同，但电路的结构不同。

18.2 变频器的基本结构与工作原理

18.2.1 通用变频器的基本结构

通用变频器是相对于专用变频器而言的，其使用范围广泛，是所有中小型交流异步电动机都能使用的变频器。专用变频器的品种虽然很多，但多由通用变频器稍加功能“演变”而成，掌握了通用变频器，其他变频器的安装、操作、使用和维护保养也就易如反掌了。

通用变频器一般由主电路和控制电路两大部分构成。中、小型通用变频器的主要型式是交－直－交型变频器，其典型结构框图如图18-11所示。

1. 主电路

交－直－交通用型变频器的主电路如图18-12所示。

主电路是由电力电子器件构成的功率变换部分，通常由整流电路、滤波电路、限流电路、逆变电路、续流电路以及制动电路等组成。

整流电路的作用是把工频电源变换成直流电源。三相桥式整流电路又称为全波整流电路，在中小容量变频器中，通常采用此电路。VD1～VD6通常采用电力整流

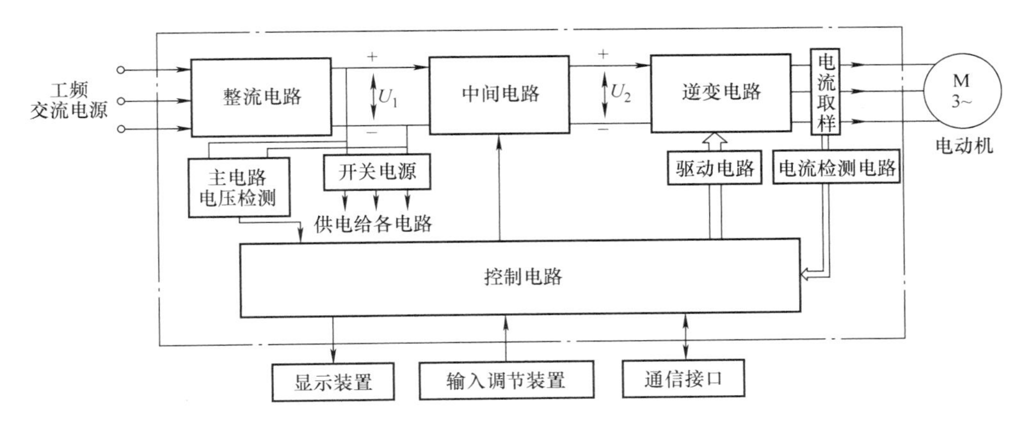

图18-11　交-直-交型变频器的典型结构框图

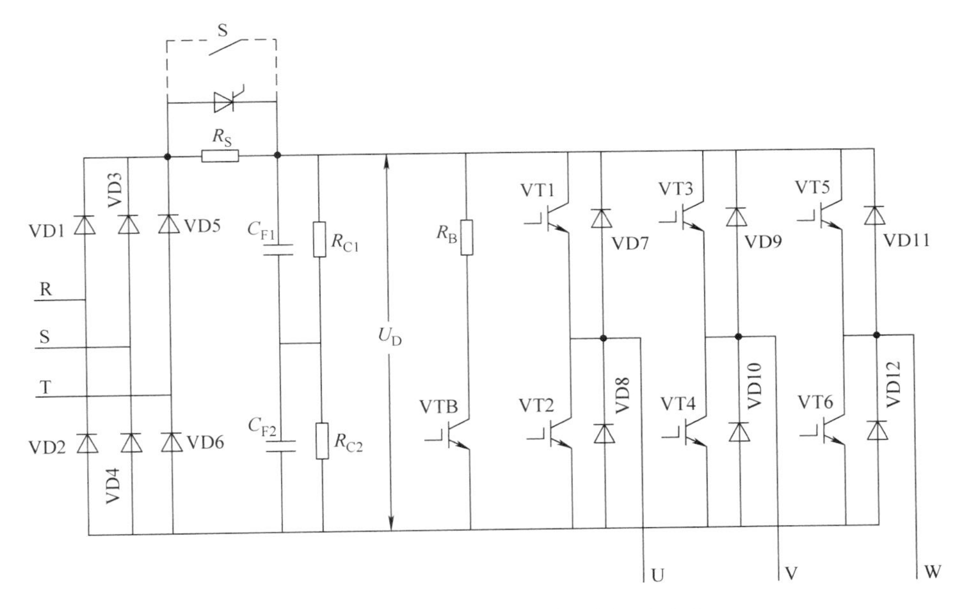

图18-12　交-直-交通用型变频器主电路

二极管或整流模块。R、S、T（即L1、L2、L3或A、B、C）为电源输入端。

滤波电路通常用若干只电容器并联成 C_{F1} 以增大容量后，再串联相同容量的电容器 C_{F2} 组合而成。R_{C1} 和 R_{C2} 是均压电阻器。

限流电路由电阻器 R_S 和开关S并联组成。在图18-12中，R_S 和S之间并联一只晶闸管，通常S是由晶闸管充当。在容量较小的变频器中，S则由继电器的常开触点充当。

逆变电路是由电力电子器件VT1～VT6构成，常称为“逆变桥”，逆变电路的作用与整流电路的作用相反。逆变电路接收控制电路中SPWM调制信号的“命令”

（控制），将直流电逆变成三相交流电，由 U、V、W 三个输出端输出，供给交流异步电动机。

续流电路是由 VD7 ~ VD12 构成，它们为三相交流异步电动机绕组无功电流返回直流电路提供了通路。当频率下降引起电动机同步转速下降时，VD7 ~ VD12 为绕组的再生电能反馈至直流电路提供续流。

在变频调速系统中，电动机的降速和停机是通过逐渐减小频率来实现的。在频率刚刚减小的瞬间，电动机的同步转速随之下降，而由于机械惯性的作用，电动机转子转速未变。当同步转速低于转子转速时，转子电流的相位几乎改变 180°，电动机此时处于发电机状态；与此同时，电动机轴上的转矩变成了制动转矩，使电动机的转速迅速下降。因此，认为此时的电动机处于再生制动状态。用于消耗电动机再生电能的电路，就是能耗制动电路。R_B是能耗制动电路中的重要元件，它把电动机的再生电能转换成热能而消耗掉。VTB 是电力功率管，用于接通或关断能耗电路。

2. 控制电路

变频器基本的控制电路框图如图 18-13 所示。

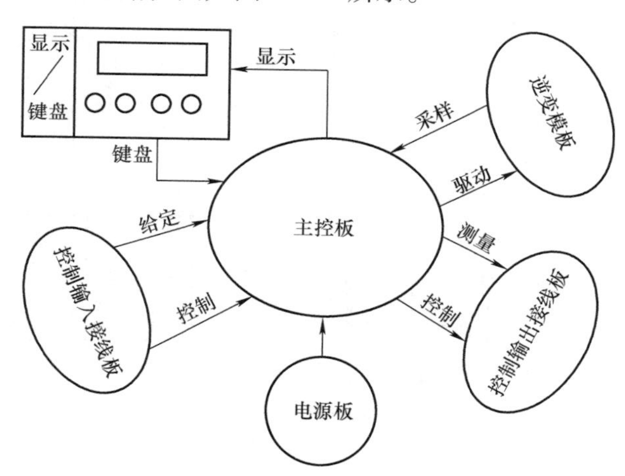

图 18-13　变频器基本控制电路框图

变频器控制电路主要由电源板、主控板、键盘及控制输入、输出接线板等组成。

电源板主要提供主板的电源和驱动电源，电源板还为外接控制电路提供稳定的直流电源。

主控板是变频器控制中心。主控板的主要功能是接收键盘输入的信号；接收外接控制电路输入的各种信息；处理主控板内部的采样信号（如主电路中的电压、电流采样信号、各部分温度的采样信号、各逆变管工作状态的采样信号等）。另外，主控板还负责 SPWM 调制，并分配给各逆变管的驱动电路；还要发出显示信号，向显示板和显示屏发出各种显示信号；发出保护指令，根据各种采样信号，随时判断工作是否正常，一旦发现异常状况，立即发出保护指令进行保护。此外，主控板还得向外电路提供控制信号和显示信号，如正常运行信号、频率到达信号、故障信号等。

键盘是由使用人员向变频器主控板发出各种指令或信号的系统。

变频器的显示装置一般采用显示屏和指示灯，显示屏显示主控板提供的各种数据。

变频器的输入调节装置主要包括按钮、开关和旋钮等；通信接口用来与其他设备（如可编程控制器）进行通信，接收它们发送过来的信息，同时还将变频器的有关信息反馈给这些设备。

18.2.2　变频器的工作原理

下面对照图18-11所示的框图说明交－直－交型变频器的工作原理。

三相工频交流电源经整流电路转换成脉动的直流电，直流电再经中间电路进行滤波，以保证逆变电路和控制电源能够得到质量较高的直流电源。然后，再将滤波电路输出的直流电送到逆变电路，与此同时，控制电路会产生驱动脉冲，经驱动电路放大后送到逆变电路，在驱动脉冲的控制下，逆变电路将直流电转换成频率可变的交流电送给电动机，驱动电动机运转。改变逆变电路输出交流电的频率，电动机的转速就会发生相应的变化。

由于主电路工作在高电压大电流状态，为了保护主电路，变频器通常设有主电路电压检测和输出电流检测电路，当主电路电压过高或过低时，电压检测电路则将该情况反映给控制电路，控制电路获得该情况后，会根据设定的程序做出相应的控制，如让变频器主电路停止工作，并发出相应的报警指示。同理，当变频器输出电流过大（如电动机的负载过大）时，电流取样元件或电路会产生过电流信号，经电流检测电路处理后也送到控制电路，控制电路获得该信号后，会根据设定的程序给出相应的控制。

18.3　变频器的额定值和主要技术数据

18.3.1　变频器的额定值

1. 输入侧的额定值

变频器输入侧额定值包括输入电源的相数、电压和频率。

（1）额定输入电压

中小容量的变频器输入侧的额定值主要指电压和相数。在我国，输入电压的额定值（线电压）有以下几种：三相380V、三相220V（主要见于某些进口变频器）和单相220V（主要用于家用电器中）3种。

（2）额定输入频率

变频器输入侧电源的额定频率一般规定为工频50Hz或60Hz。

2. 输出侧的额定值

（1）额定输出电压 U_{CN}

由于变频器在改变频率的同时也要改变电压，即变频器的输出电压并非常数，所以变频器输出电压的额定值是指输出电压的最大值。大多数情况下，变频器的额定输出电压就是输出频率等于电动机额定频率时的输出电压值。通常，输出电压的额定值总是与输入电压相等。

（2）额定输出电流 I_{CN}

变频器输出电流的额定值是指变频器允许长时间输出的最大电流，是用户在选择变频器时的主要依据。

（3）额定输出容量 S_{CN}

变频器的额定输出容量 S_{CN} 由额定输出电压 U_{CN} 和额定输出电流 I_{CN} 的乘积决定，即

$$S_{CN} = \sqrt{3}U_{CN}I_{CN} \times 10^{-3}$$

式中　S_{CN}——变频器的额定输出容量（kV·A）；

U_{CN}——变频器的额定输出电压（V）；

I_{CN}——变频器的额定输出电流（A）。

（4）适配电动机功率 P_{CN}

适配电动机功率 P_{CN} 是指变频器允许配用的最大电动机功率。对于变频器说明书中规定的适配电动机功率说明如下：

1）它是根据下式估算的结果。

$$P_{CN} = S_{CN}\cos\varphi_M\eta_M$$

式中　P_{CN}——适配电动机的额定功率（kW）；

S_{CN}——变频器的额定输出容量（kV·A）；

$\cos\varphi_M$——电动机的功率因数；

η_M——电动机的效率。

由于电动机的功率的标称值是一致的，但是 $\cos\varphi_M$ 和 η_M 值不一致，所以配用电动机功率相同的变频器，品牌不同，其额定输出容量 S_{CN} 也不相同。

2）**由于在许多负载中，电动机是允许短时过载的，所以变频器说明书中的配用电动机功率仅对长期连续不变负载才是完全适用的，对于各类变动负载则不适用，**因此配用电动机功率常常需要降低档次。

（5）输出频率范围

输出频率范围是指变频器输出频率的调节范围。

（6）过载能力

变频器的过载能力是指允许其输出电流超过额定电流的能力。大多数变频器都规定为150%I_{CN}、1min（表示当变频器的输出电流为150%额定输出电流时、持续

时间 1min）。过载电流的允许时间也具有反时限性，即如果超过额定输出电流 I_{CN} 的倍数小于额定电流的150%时，则允许过载的时间可以适当延长。

18.3.2 变频器的主要技术数据

1. 三菱 FR－A540 系列变频器基本规格和主要技术参数

三菱 FR－A540 系列变频器的基本规格和主要技术参数见表18-1和表18-2。

表18-1 三菱 FR－A540 系列变频器基本规格

型号 FR－A540－□□K－CH			0.4	0.75	1.5	2.2	3.7	5.5	7.5	11	15	18.5	22	30	37	45	55
适用电动机功率/kW①			0.4	0.75	1.5	2.2	3.7	5.5	7.5	11	15	18.5	22	30	37	45	55
输出	额定容量/kV·A②		1.1	1.9	3	4.6	6.9	9.1	13	17.5	23.6	29	32.8	43.4	54	65	84
	额定电流/A		1.5	2.5	4	6	9	12	17	23	31	38	43	57	71	86	110
	过载能力③		150% 60s，200% 0.5s（反时限特性）														
	电压④		三相，380～480V，50Hz/60Hz														
	再生制动转矩	最大值·允许使用率	100%转矩·2%ED							20%转矩·连续⑤							
电源	额定输入交流电压、频率		三相，380V～480V，50Hz/60Hz														
	交流电压允许波动范围		323～528V，50Hz/60Hz														
	允许频率波动范围		±5%														
	电源容量/kV·A⑥		1.5	2.5	4.5	5.5	9	12	17	20	28	34	41	52	66	80	100
保护结构（JEM 1030）			封闭型（IP20 NEMA1）⑦											开放型（IP00）			
冷却方式			自冷			强制风冷											
大约质量（连同 DU）/kg			3.5	3.5	3.5	3.5	3.5	6.0	6.0	13.0	13.0	13.0	13.0	24.0	35.0	35.0	36.0

① 表示适用电动机容量是以使用三菱标准4极电动机时的最大适用容量。

② 额定输出容量是指假定400V系列变频器输出电压为440V。

③ 过载能力是以过电流与变频器的额定电流之比的百分数（%）表示的。反复使用时，必须等待变频器和电动机降到100%负荷时的温度以下。

④ 最大输出电压不能大于电源电压，在电源电压以下可以任意设定最大输出电压。

⑤ 短时间额定5s。

⑥ 电源容量随着电源侧的阻抗（包括输入电抗器和电线）的值而变化。

⑦ 取下选项用接线口，装入内置选项时，变为开放型（IP00）。

表18-2 三菱 FR－A540 系列变频器技术参数

控制特性	控制方式		柔性－PWM控制/高载波频率PWM控制（可选择 U/f 控制或先进磁通矢量控制）
	输出频率范围		0.2～400Hz
	频率设定分辨率	模拟输入	0.015Hz/60Hz（2号端子输入：12位，0～10V，11位，0～5V；1号端子输入：12位，－10～＋10V，11位，－5～＋5V）
		数字输入	0.01Hz

（续）

控制特性	频率精度		模拟量输入时最大输出频率的 ±0.2% 内（25℃ ±10℃）；数字量输入时设定输出频率的 0.01% 以内
	电压/频率特性		基底频率可在 0～400Hz 任意设定，可选择恒转矩或变转矩曲线
	起动转矩		0.5Hz 时：150%（对于先进磁通矢量控制）
	转矩提升		手动转矩提升
	加/减速时间设定		0～3600s（可分别设定加速和减速时间），可选择直线型或 S 型加/减速模式
	直流制动		动作频率（0～120Hz）；动作时间（0～10s）；动作电压（0～30%）可变
	失速防止动作水平		可设定动作电流（0～200% 可变），可选择是否使用这种功能
运行特性	频率设定信号	模拟量输入	DC 0～5V，0～10V，0～±10V，4～20mA
		数字量输入	使用操作面板或参数单元 3 位 BCD 或 12 位二进制输入（当使用 FR-A5AX 选件时）
	起动信号		可分别选择正、反转，及起动信号自保持输入（三线输入）
	输入信号	多段速度选择	最多可选择 15 种速度〔每种速度可在 0～400Hz 内设定，运行速度可通过 PU（FR-DU04/FR-PU04）改变〕
		第二、第三加/减速时间选择	0～3600s（最多可分别设定三种不同的加/减速时间）
		点动运行选择	具有点动运行模式选择端子①
		电流输入选择	可选择输入频率设定信号 DC 4～20mA（端子 4）
		输出停止	变频器输出瞬时切断（频率、电压）
		报警复位	解除保护功能动作时的保持状态
	运行功能		上限和下限频率设定、频率跳变运行、外部热继电器输入选择，极性可逆选择、瞬时停电再起动运行、工频电源-变频器切换运行、正转/反转限制、转差率补偿、运行模式选择、离线自动调整功能、在线自动调整功能、PID 控制、程序运行、计算机网络运行（RS-485）
	输出信号	运行状态	可从变频器正在运行，频率到达，瞬时电源故障（欠电压），频率检测，第二频率检测，第三频率检测，正在程序运行，正在 PU 模式下运行，过负荷报警，再生制动预报警，电子过电流保护预报警，零电流检测，输出电流检测，PID 下限，PID 上限，PID 正/负作用，工频电源-变频器切换，动作准备，抱闸打开请求，风扇故障和散热片过热预报警中选择五个不同的信号通过集电极开路输出
		报警（变频器跳闸）	接点输出接点转换（AC 230V、0.3A；DC 30V、0.3A） 集电极开路报警代码（4 位）输出
		指示仪表	可从输出频率、电动机电流（正常值或峰值）、输出电压、设定频率、运行速度、电动机转矩、整流桥输出电压（正常值或峰值）、再生制动使用率、电子过电流保护负荷率、输入功率、输出功率、负荷仪表、电动机励磁电流中选择一个信号从脉冲串输出（1440 脉冲/s/满量程）和模拟输出（DC 0～10V）

（续）

显示	PU（FR－DU04/FR－PU04）	运行状态	可选择输出频率，电动机电流（正常值或峰值），输出电压，设定频率，运行速度，电动机转矩，过负荷，整流桥输出电压（正常值或峰值），电子过电流保护负荷率，输入功率，输出功率，负荷仪表，电动机励磁电流，累积动作时间，实际运行时间，电能表，再生制动使用率和电动机负荷率等用于再监视
		报警内容	保护功能动作时显示报警内容可记录8次（对于操作面板只能显示4次）
	只有参数单元（FR－PU04）有的附加显示	运行状态	输入端子信号状态，输出端子信号状态，选件安装状态，端子安排状态
		报警内容	动作前的输出电压、电流、频率、累积动作时间等
		对话式引导	借助于帮助功能表示操作指南，进行故障分析
保护/报警功能			过电流断路（正在加速、减速、恒速），再生过电压断路，电压不足，瞬时停电，过负荷断路（电子过电流保护），制动晶体管报警②，接地过电流，输出短路，主回路元件过热，失速保护，过负荷报警，制动电阻过热保护，散热片过热，风扇故障，选件故障，参数错误，PU脱出，再试次数超过，输出断相保护，CPU错误，DC24V电源输出短路，操作面板用电源短路
环境	周围温度		－10～50℃（不冻结）〔当使用全封闭规格配件（FR－A5CV）时－10～40℃〕
	周围湿度		90%RH以下（不结露）
	保存温度③		－20～65℃
	周围环境		室内（应无腐蚀性气体、易燃气体、油雾、尘埃等）
	海拔高度，振动		最高海拔1000m以下，5.9m/s²以下（JIS C 0911标准）

① 也可以用操作面板或参数单元执行。

② 对于没有安装内置制动回路的FR－A540－11K～FR－A540－55K中没有此功能。

③ 在运输时等等短时间内可以使用的温度。

2. 日立L100系列小型通用变频器主要技术数据

日立L100系列小型通用变频器主要技术数据见表18-3。

表18-3 日立L100系列小型通用变频器主要技术数据

项目	200V级					
型号（L100系列）	004NFE 004NFU	005NFE	007NFE 007NFU	011NFE	015NFE 015NFU	022NFE 022NFU
防护等级	IP20					
适用电动机功率/kW	0.4	0.55	0.75	1.1	1.5	2.2
额定输出容量/kV·A	1.0	1.2	1.6	1.9	3	4.2
额定输入电压	单相：200～240V，50/60Hz±5% 3相：220～230（1+10%）V，50/60Hz±5%（037LFR只有三相）					

（续）

项目	200V 级					
额定输出电压	3 相：200～240V					
额定输出电流/A	2.6	3.0	4.0	5.0	8.0	11
质量/kg	0.8	0.8	1.3	1.3	2.3	2.8
深度 *D*/mm	107	129	129	153	153	164
阔度 *W*/mm	84	110	110	140	140	140
高度 *H*/mm	120	130	130	180	180	180

项目	400V 级						
型号（L100 系列）	004HFE 004HFU	007HFE 007HFU	015HFE 015HFU	022HFE 022HFU	040HFE 040HFU	055HFE 055HFU	075HFE 075HFU
防护等级	IP20						
适用电动机功率/kW	0.4	0.75	1.5	2.2	4.0	5.5	7.5
额定输出容量/kV·A	1.1	1.9	2.9	4.2	6.6	10.3	12.7
额定输入电压	3 相：380～460（1±10%）V						
额定输出电压	3 相：380～460V（取决于输入电压）						
额定输出电流/A	1.5	2.5	3.8	5.5	8.6	13	16
质量/kg	1.3	1.7	1.7	2.8	2.8	5.5	5.7
深度 *D*/mm	129	156	156	164	164	170	170
阔度 *W*/mm	110	110	110	140	140	182	182
高度 *H*/mm	130	130	130	180	180	257	257
控制方法	SPWM 控制						
输出频率范围	0.5～360Hz						
频率设定分辨率	数字设定：0.1Hz　　模拟设定：最大频率/1000						
电压/频率特性	可选择恒转矩、变转矩特性，无速度传感器矢量控制						
过载电流额定值	150%，持续时间 60s						
加/减速时间	0.1～3000s，可设定直线或曲线加/减速时间、第二加/减速时间						

项目			
起动转矩		200% 以上	200% 以上（0.4～2.2kW） 180% 以上（3.0～7.5kW）
制动转矩	再生制动（不用外部制动电阻）	约 100%（0.2～0.75kW）	约 100%（0.4～0.75kW）
		约 70%（1.1～1.5kW）	约 70%（1.5～2.2kW）
		约 20%（2.2kW）	约 20%（3.0～7.5kW）
保护功能		过电流，过电压，欠电压，过载，温度过高/温度过低，CPU 错误，起动时接地故障诊测，通信错误	
环境条件	环境/储存/温度湿度	−10～50℃/−10～70℃/20%～90%（无结露）	
	振动	5.9m/s² （0.6*g*），10～55Hz	
	安装地点	海拔 1000m 以下，室内（无腐蚀性气体和灰尘）	

18.4 变频调速系统

18.4.1 变频调速系统的构成和特点

变频器可以作为交流电动机的电源装置，实现变频调速。变频调速系统的构成如图18-14所示。

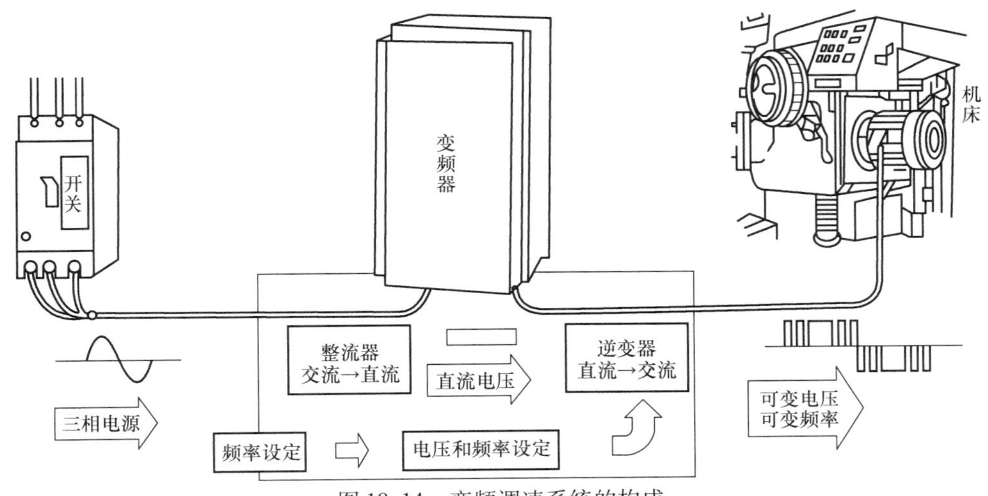

图18-14 变频调速系统的构成

交流电动机变频调速是利用交流电动机的同步转速随电源频率变化的特点，通过改变交流电动机的供电频率进行调速的方法。

在异步电动机的诸多调速方法中，变频调速的性能最好，且其调速范围大、稳定性好、可靠性高、运行效率高、节电效果好，有着广泛的应用范围和可观的社会效益和经济效益。所以，变频调速已成为当今节电、改造传统工业、改善工艺流程、提高生产过程自动化水平、提高产品质量、推动技术进步的主要手段之一，也是国际上技术更新换代最快的领域之一。

18.4.2 变频调速的基本规律

由公式$n_s=\dfrac{60f_1}{p}$可知，当三相异步电动机的极对数p不变时，其同步转速（即旋转磁场的转速）n_s与电源频率f_1成正比，因此，若连续改变三相异步电动机电源的频率f_1，就可以连续改变电动机的同步转速n_s，从而可以平滑地改变电动机的转速n，达到调速的目的。

扫一扫看视频

在改变异步电动机电源频率f_1时，异步电动机的参数也在变化。三相异步电动机定子绕组的感应电动势E_1为

$$E_1=4.44f_1k_{W1}N_1\Phi_m$$

式中 E_1——定子绕组的感应电动势（V）；

k_{W1}——电动机定子绕组的绕组系数；

N_1——电动机定子绕组每相串联匝数；

Φ_m——电动机气隙每极磁通（又称气隙磁通或主磁通）（Wb）。

如果忽略电动机定子绕组的阻抗电压降，则电动机定子绕组的电源电压 U_1 近似等于定子绕组的感应电动势 E_1，即

$$U_1 \approx E_1 = 4.44 f_1 k_{W1} N_1 \Phi_m$$

由上式可以看出，在变频调速时，若保持电源电压 U_1 不变，则气隙每极磁通 Φ_m 将随频率 f_1 的改变而成反比变化。一般电动机在额定频率下工作时磁路已经饱和，如果电源频率 f_1 低于额定频率时，气隙每极磁通 Φ_m 将会增加，电动机的磁路将过饱和，以致引起励磁电流急剧增加，从而使电动机的铁损耗大大增加，并导致电动机的温度升高，功率因数和效率均下降，这是不允许的；如果电源频率 f_1 高于额定频率时，气隙每极磁通 Φ_m 将会减小，因为电动机的电磁转矩与每极磁通和转子电流有功分量的乘积成正比，所以在负载转矩不变的条件下，Φ_m 的减小，势必会导致转子电流增大，为了保证电动机的电流不超过允许值，则将会使电动机的最大转矩减小，过载能力下降。综上所述，变频调速时，通常希望气隙每极磁通 Φ_m 近似不变，这就要求频率 f_1 与电源电压 U_1 之间能协调控制。若要 Φ_m 近似不变，则应使

$$\frac{U_1}{f_1} \approx 4.44 k_{W1} N_1 \Phi_m = 常数$$

另一方面，也希望变频调速时，电动机的过载能力 $\lambda_m = \frac{T_{max}}{T_N}$ 保持不变。于是，在忽略电动机定子绕组电阻时，可得

$$\lambda_m = \frac{T_{max}}{T_N} = \frac{3pU_1^2}{4\pi f_1 (X_{1\sigma} + X'_{2\sigma}) T_N}$$

在忽略铁心饱和的影响时，$(X_{1\sigma} + X'_{2\sigma}) = 2\pi f(L_{1\sigma} + L'_{2\sigma}) = fk$，其中 k 为常数。若用加撇的符号代表变频后的量，则由上式可得在保持 λ_m 不变时，变频后与变频前各量的关系为

$$\frac{3pU_1'^2}{4\pi f_1'^2 k T'_N} = \frac{3pU_1^2}{4\pi f_1^2 k T_N}$$

由以上分析可得，在变频调速时，若要电动机的过载能力不变，则电源电压、频率和额定转矩应保持下列关系：

$$\frac{U'_1}{U_1} = \frac{f'_1}{f_1}\sqrt{\frac{T'_N}{T_N}}$$

式中 U_1、f_1、T_N——变频前的电源电压、频率和电动机的额定转矩；

U'_1、f'_1、T'_N——变频后的电源电压、频率和电动机的额定转矩。

从上式可得对应于下面三种负载，电压应如何随频率的改变而调节。

1）恒转矩负载。对于恒转矩负载，变频调速时希望 $T'_N = T_N$，即$\frac{T'_N}{T_N}=1$，所以要求

$$\frac{U'_1}{U_1}=\frac{f'_1}{f_1}\sqrt{\frac{T'_N}{T_N}}=\frac{f'_1}{f_1}$$

即加到电动机上的电压必须随频率成正比变化，这个条件也就是$\frac{U_1}{f_1}$= 常数，可见这时气隙每极磁通 Φ_m也近似保持不变。这说明变频调速特别适用于恒转矩调速。

2）恒功率负载。对于恒功率负载，$P_N = T_N\Omega = T_N\frac{2\pi n}{60}$ = 常数，由于 $n\propto f$，所以变频调速时希望 $\frac{T'_N}{T_N}=\frac{n}{n'}=\frac{f_1}{f'_1}$，以使 $P_N = T_N\frac{2\pi n}{60}=T'_N\frac{2\pi n'}{60}$ = 常数。于是要求

$$\frac{U'_1}{U_1}=\frac{f'_1}{f_1}\sqrt{\frac{T'_N}{T_N}}=\frac{f'_1}{f_1}\sqrt{\frac{f_1}{f'_1}}=\sqrt{\frac{f'_1}{f_1}}$$

即加到电动机上的电压必须随频率的开方成正比变化。

3）风机、泵类负载。风机、泵类负载的特点是其转矩随转速的二次方成正比变化，即 $T_N\propto n^2$，所以，对于风机、泵类负载，变频调速时希望 $\frac{T'_N}{T_N}=\left(\frac{n'}{n}\right)^2=\left(\frac{f'_1}{f_1}\right)^2$，所以要求

$$\frac{U'_1}{U_1}=\frac{f'_1}{f_1}\sqrt{\frac{T'_N}{T_N}}=\frac{f'_1}{f_1}\sqrt{\left(\frac{f'_1}{f_1}\right)^2}=\left(\frac{f'_1}{f_1}\right)^2$$

即加到电动机上的电压必须随频率的二次方成正比变化。

实际情况与上面分析的结果有些出入，主要因为电动机的铁心总是有一定程度的饱和，其次，由于电动机的转速改变时，电动机的冷却条件也改变了。

三相异步电动机的额定频率称为基频，即电网频率 50Hz。变频调速时，可以从基频向上调，也可以从基频向下调。但是这两种情况下的控制方式是不同的。

18.4.3　变频调速时电动机的机械特性

在生产实践中，变频调速系统一般适用于恒转矩负载，实现在额定频率以下的调速。因此，下面将着重分析恒转矩变频调速的机械特性。

如果忽略电动机的定子电阻 R_1，则在不同频率时，对应于最大转矩 T_{max}的转速降落 Δn_m不变。所以，恒转矩变频调速的机械特性基本上是一组平行特性曲线簇，如图 18-15 所示。

显然，变频调速的机械特性类同他励直流电动机改变电枢电压时的机械特性。

必须指出，当频率f_1很低时，由于 R_1与（$X_{1\sigma}+X'_{2\sigma}$）相比已变得不可忽略，即

使保持 U_1/f_1 = const，也不能维持 Φ_m 为常数，R_1 的作用，相当于定子电路中串入一个降压电阻，使定子感应电动势降低，气隙磁通减小。频率 f_1 越低，R_1 的影响越大，T_{max} 下降越大，为了使低频时电动机的最大转矩不致下降太大，就必须适当地提高定子电压，以补偿 R_1 的电压降，维持气隙磁通不变，如图 18-15 中虚线所示。但是，这又将使电动机的励磁电流增大，功率因数下降，所以下限频率调节是有一定限度的。

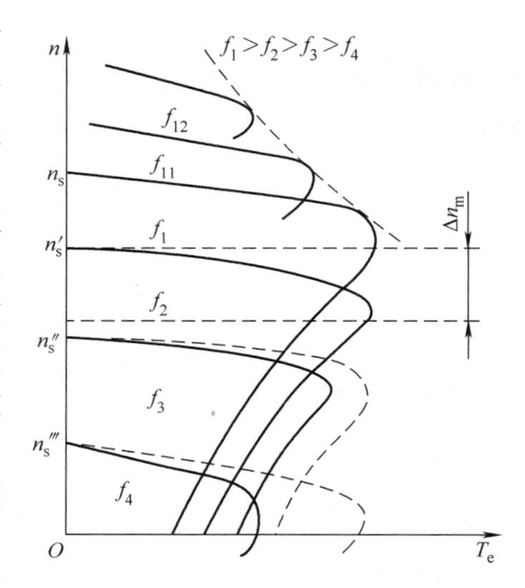

图 18-15 变频调速时的机械特性

对于恒功率变频调速，一般是从基频向上调频。但此时又要保持电压 U_{1N} 不变，由以上分析可知，频率越高，磁通 Φ_m 越低，所以它可看作是一种降低磁通升速方法，同他励直流电动机的弱磁升速相似，其机械特性如图 18-15 中 f_{11}、f_{12} 所对应的特性。

18.4.4 从基频向下变频调速

当从基频向下变频调速时，为了保持气隙每极磁通 Φ_m 近似不变，则要求降低电源频率 f_1 时，必须同时降低电源电压 U_1。降低电源电压 U_1 有两种方法，具体如下：

1）保持 $\dfrac{E_1}{f_1}$ = 常数。当降低电源频率 f_1 调速时，若保持电动机定子绕组的感应电动势 E_1 与电源频率 f_1 之比等于常数，即 $\dfrac{E_1}{f_1}$ = 常数，则气隙每极磁通 Φ_m = 常数，是恒磁通控制方式。

保持 $\dfrac{E_1}{f_1}$ = 常数，即恒磁通变频调速时，电动机的机械特性如图 18-16所示。

从图 18-16 中可以看出，电动机的最大转矩 T_{max} = 常数，与频率 f_1 无关。观察图中的各条曲线可知，其机械特性与他励直流电动机降低电枢电源电压调速时的机械特性相似，机械特性较硬，在一定转差率要求下，调速范围宽，而且稳定性

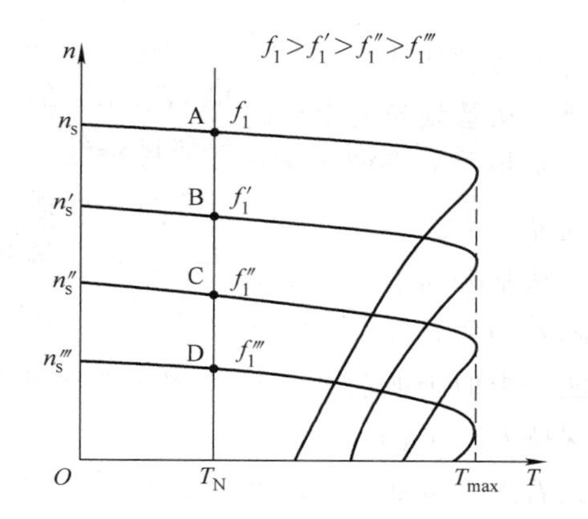

图 18-16 保持 $\dfrac{E_1}{f_1}$ = 常数时变频调速的机械特性

好。由于频率可以连续调节，因此变频调速为无级调速，调速的平滑性好。另外电动机在各个速度段正常运行时，转差率较小，因此转差功率较小，电动机的效率较高。

由图 18-16 可以看出，保持 $\frac{E_1}{f_1}$ = 常数时，变频调速为恒转矩调速方式，适用于恒转矩负载。

2）保持 $\frac{U_1}{f_1}$ = 常数。当调低电源频率 f_1 调速时，若保持 $\frac{U_1}{f_1}$ = 常数，则气隙每极磁通 $\Phi_m \approx$ 常数，这是三相异步电动机变频调速时常采用的一种控制方式。

保持 $\frac{U_1}{f_1}$ = 常数，即近似恒磁通变频调速时，电动机的机械特性如图 18-17 中的实线所示。

从图 18-17 中可以看出，当频率 f_1 减小时，电动机的最大转矩 T_{max} 也随之减小，最大转矩 T_{max} 不等于常数。图 18-17 中虚线部分是恒磁通调速时 T_{max} = 常数的机械特性。显然，保持 $\frac{U_1}{f_1}$ = 常数的机械特性与保持 $\frac{E_1}{f_1}$ = 常数的机械特性有所不同，特别是在低频低速运行时，前者的机械特性变坏，过载能力随频率下降而降低。

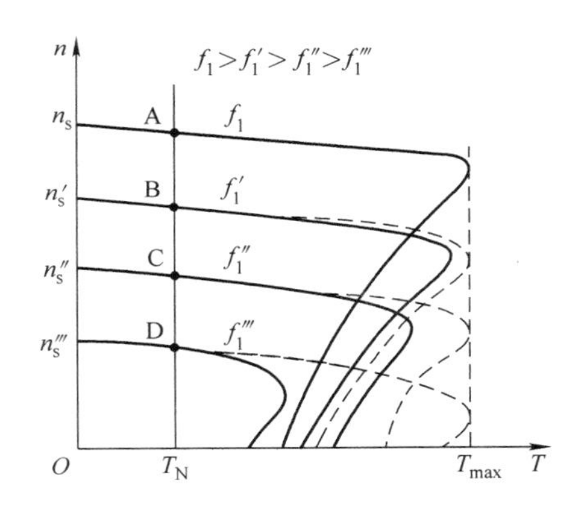

图 18-17 保持 $\frac{U_1}{f_1}$ = 常数的变频调速的机械特性

由于保持 $\frac{U_1}{f_1}$ = 常数变频调速时，气隙每极磁通近似不变，因此这种调速方法近似为恒转矩调速方式，适用于恒转矩负载。

18.4.5 从基频向上变频调速

在基频以上变频调速时，电源频率 f_1 大于电动机的额定频率 f_N，要保持气隙每极磁通 Φ_m 不变，定子绕组的电压 U_1 将高于电动机的额定电压 U_N，这是不允许的。因此，从基频向上变频调速，只能保持电压 U_1 为电动机的额定电压 U_N 不变。这样，随着频率 f_1 升高，气隙每极磁通 Φ_1 必然会减小，这是一种降低磁通升速的调速方法，类似于他励直流电动机弱磁升速的情况。

保持 $U_1 = U_N$ = 常数，升频调速时，电动机的机械特性如图 18-18 所示。从图中可以看出，电动机的最大转矩 T_{max} 与 f_1^2 成反比减小。这种调速方法可以近似认为属于恒功率调速方式。

异步电动机变频调速的电源是一种能调压的变频装置，近年来，多采用晶闸管元件或自关断的功率晶体管器件组成的变频器。变频调速已经在很多领域内获得应用，随着生产技术水平的不断提高，变频调速必将获得更大的发展。

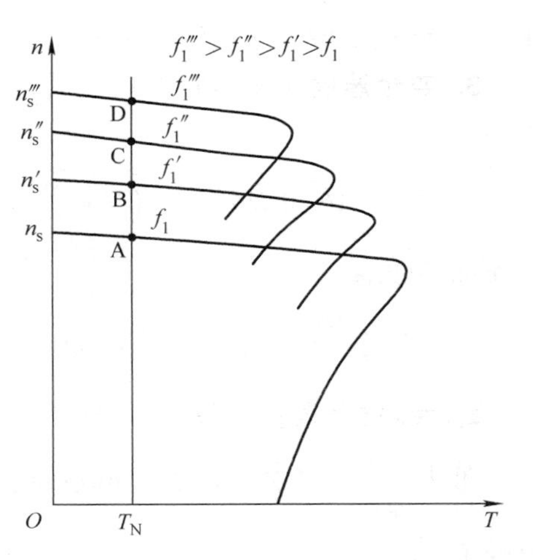

图 18-18　保持 $U_1 = U_N$ 不变的升频调速的机械特性

18.5　变频器的选择

18.5.1　概述

选择变频器时，应进一步了解以下相关知识。

1. 变频器的容量

大多数变频器的容量均以所适用的电动机功率（单位用 kW 表示）、变频器输出的视在功率（单位用 kV · A 表示）和变频器的输出电流（单位用 A 表示）来表征。其中，最重要的是额定电流，它是指变频器连续运行时，允许输出的电流。额定容量是指额定输出电流与额定输出电压下的三相视在功率。

至于变频器所适用的电动机的功率，是以标准的 4 极电动机为对象，在变频器的额定输出电流限度内，可以拖动的电动机的功率。如果是 6 极以上的异步电动机，在同样的功率下，由于其功率因数比 4 极异步电动机的功率因数低，故其额定电流比 4 极异步电动机的额定电流大，所以变频器的额定电流应该相应扩大，以使变频器的电流不超出其允许值。

另外，在电网电压下降时，变频器的输出电压会低于额定值，在保证变频器输出电流不超出其允许值的情况下，变频器的额定容量会随之减小。可见，变频器的容量很难确切表达变频器的负载能力。所以，变频器的额定容量只能作为变频器负载能力的一种辅助表达手段。

由此可见，选择变频器的容量时，变频器的额定输出电流是一个关键量。因此，**采用 4 极以上电动机或者多台电动机并联时，必须以负载总电流不超过变频器的额定输出电流为原则。**

2. 变频器的输出电压和输入电压

变频器的输出电压的等级是为适应异步电动机的电压等级而设计的。通常等于电动机的工频额定电压。

变频器的输入电压一般以适用电压范围给出，是允许的输入电压变化范围。如果电源电压大幅上升超过变频器内部器件允许电压时，则元（器）件会有被损坏的危险。相反，若电源电压大幅度下降，就有可能造成控制电源电压下降，引起 CPU 工作异常，逆变器驱动功率不足，管压降增加、损耗加大而造成逆变器模块永久性损坏。因此，电源电压过高、过低对变频器都是有害的。

3. 变频器的输出频率

变频器的最高输出频率根据机种不同有很大的差别，一般有50Hz、60Hz、120Hz、240Hz以及更高的输出频率。以在额定转速以下范围内进行调速运转为目的，大容量通用变频器几乎都具有50Hz或60Hz的输出频率。最高输出频率超过工频的变频器多为小容量，在50Hz或60Hz以上区域，由于输出电压不变，为恒功率特性，要注意在高速区转矩的减小，而且还要注意，不要超过电动机和负载容许的最高速度。

4. 变频器的瞬时过载能力

基于主电路半导体开关器件的过载能力，考虑到成本问题，通过变频器的电流瞬时过载能力常常设计为150%额定电流、持续时间1min或120%额定电流、持续时间1min。与标准异步电动机（过载能力通常为200%左右）相比，变频器的过载能力较小，允许过载时间也很短。因此，在变频器传动的情况下，异步电动机的过载能力常常得不到充分的发挥。此外，如果考虑到通用电动机的散热能力的变化，在不同转速下，电动机的过载能力还要有所变化。

18.5.2 变频器类型的选择

根据控制功能，将通用变频器分为三种类型：普通功能型U/f控制变频器、具有转矩控制功能的高性能U/f控制变频器和矢量控制高性能型变频器。变频器类型的选择，要根据负载的要求来进行。

人们在实践中根据生产机械的特性将其分为恒转矩负载、恒功率负载和风机、泵类负载三种类型。选择变频器时自然应以负载的机械特性为基本依据。

（1）风机、泵类负载

风机、泵类负载又称为二次方转矩负载。风机 、泵类负载的特点是负载转矩与转速的二次方成正比（$T_L \propto n^2$），低速下负载转矩较小，通常可以选择普通功能型U/f控制变频器。

（2）恒转矩负载

对于恒转矩负载，则有两种选用情况。采用普通功能型变频器的例子不少，为了实现恒转矩调速，常采用加大电动机和变频器的容量的方法，以提高低速转矩；如果采用具有转矩控制功能的高性能型变频器，来实现恒转矩负载的调速运行，则是比较理想的。因为这种变频器低速转矩大、静态机械特性硬度大、不怕冲击性负载，具有“挖土机特性”。

对动态性能要求较高的轧钢、造纸、塑料薄膜生产线，可以采用精度高、响应快的矢量控制的高性能型通用变频器。

（3）恒功率负载

对于恒功率负载特性是依靠U/f控制方式来实现的，并没有恒功率特性的变频器，通常可以选择普通功能型U/f控制变频器。如卷绕控制、机械加工设备，可利用变频器弱磁点以上的近似恒功率特性来实现恒功率控制。

对于动态性能和精确度要求高的卷取机械，须采用有矢量控制功能的变频器。

18.5.3 变频器防护等级的选择

变频器的防护等级见表18-4。

表18-4 变频器的防护等级

防护等级	适用场所
IP00	用于电控室内
IP20	干燥、清洁、无尘的环境
IP40	防溅水、不防尘
IP54	有一定防尘功能，用于一般温热环境
IP65	用于较多尘埃，有较高温度且有腐蚀性气体的环境

变频器在运行时，其内部会产生较大的热量，考虑到散热的经济性，除小容量的变频器外，一般采用开启式或封闭式结构，即IP00或IP20，根据要求也可选用IP40、IP54和IP65等。

18.5.4 变频器容量的选择

1. 变频器容量选择方法

变频器容量的选择由很多因素决定，例如电动机功率、电动机额定电流、电动机加速时间等。其中，最主要的是电动机额定电流。

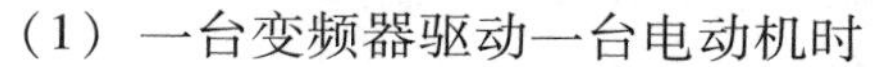

（1）一台变频器驱动一台电动机时

当连续恒载运转时，所需变频器的容量必须同时满足下列各项计算公式：

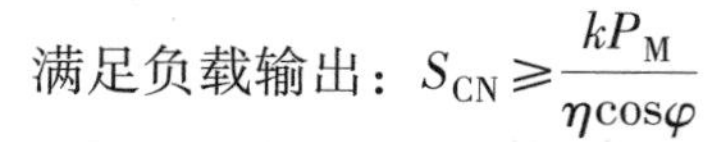

满足负载输出：$S_{CN} \geqslant \dfrac{kP_M}{\eta\cos\varphi}$

满足电动机容量：$S_{CN} \geqslant \sqrt{3}kU_M I_M \times 10^{-3}$

满足电动机电流：$I_{CN} \geqslant kI_M$

式中 S_{CN}——变频器的额定容量（kV·A）；

I_{CN}——变频器的额定电流（A）；

P_M——负载要求的电动机的轴输出功率（kW）；

U_M——电动机的额定电压（V）；

I_M——电动机的额定电流（A）；

η——电动机的效率（通常约为0.85）；

$\cos\varphi$——电动机的功率因数（通常约为0.75）；

k——电流波形的修正系数（对PWM控制方式的变频器，取1.05~1.10）。

（2）一台变频器驱动多台电动机时

当一台变频器同时驱动多台电动机，即成组驱动时，一定要保证变频器的额定输出电流大于所有电动机额定电流的总和。对于连续运行的变频器，当过载能力为150%、持续时间为1min时，必须同时满足下列两个计算公式。

1）满足驱动时容量，即

$$jS_{CN} \geqslant \frac{kP_M}{\eta\cos\phi}[N_T + N_S(k_S - 1)] = S_{C1}\left[1 + \frac{N_S}{N_T}(k_S - 1)\right]$$

$$S_{C1} = \frac{kP_M N_T}{\eta\cos\varphi}$$

2）满足电动机电流，即

$$jI_{CN} \geqslant N_T I_M\left[1 + \frac{N_S}{N_T}(k_S - 1)\right]$$

式中 S_{CN}——变频器的额定容量（kV·A）；

I_{CN}——变频器的额定电流（A）；

P_M——负载要求的电动机的轴输出功率（kW）；

I_M——电动机的额定电流（A）；

η——电动机的效率（通常约为0.85）；

$\cos\varphi$——电动机的功率因数（通常约为0.75）；

N_T——电动机并联的台数；

N_S——电动机同时启动的台数；

k——电流波形的修正系数（对PWM控制方式的变频器，取1.05~1.10）。

k_S——电动机起动电流与电动机额定电流之比；

S_{C1}——连续容量（kV·A）；

j——系数，当电动机加速时间在1min以内时，$j=1.5$；当电动机加速时间在1min以上时，$j=1.0$。

（3）大惯性负载起动时

当要实现大惯性负载起动时，变频器的容量应满足

$$S_{CN} \geqslant \frac{kn_M}{9550\eta\cos\varphi}\left(T_L + \frac{GD^2}{375} \cdot \frac{n_M}{t_A}\right)$$

式中 S_{CN}——变频器的额定容量（kV·A）；

GD^2——换算到电动机轴上的总飞轮力矩（$N \cdot m^2$）；

T_L——负载转矩（N·m）；

η——电动机的效率（通常约为0.85）；

$\cos\varphi$——电动机的功率因数（通常约为0.75）；

t_A——电动机加速时间（s），根据负载要求确定；

k——电流波形的修正系数（对PWM控制方式的变频器，取1.05~1.10）；

n_M——电动机的额定转速（r/min）。

2. 变频器选择实例

例 1 一台笼型三相异步电动机，极数为 4 极，额定功率为 5.5kW、额定电压 380V、额定电流为 11.6A、额定频率为 50Hz、额定效率为 85.5%、额定功率因数为 0.84。试选择一台通用变频器（采用 PWM 控制方式）。

解：因为采用 PWM 控制方式的变频器，所以取电流波形的修正系数 $k=1.10$，根据已知条件可得

$$S_{CN} \geqslant \frac{kP_M}{\eta\cos\varphi} = \frac{1.10 \times 5.5}{0.855 \times 0.84}\text{kV}\cdot\text{A} = 8.424\text{kV}\cdot\text{A}$$

$$S_{CN} \geqslant \sqrt{3}kU_M I_M \times 10^{-3} = \sqrt{3} \times 1.10 \times 380 \times 11.6 \times 10^{-3}\text{kV}\cdot\text{A} = 8.398\text{kV}\cdot\text{A}$$

$$I_{CN} \geqslant kI_M = 1.10 \times 11.6\text{A} = 12.76\text{A}$$

故可选用 L100－055HFE 型或 L100－055HFU 型通用变频器，其额定容量 $S_{CN}=10.3\text{kV}\cdot\text{A}$，额定输出电流 $I_{CN}=13\text{A}$，可以满足上述要求。

例 2 一台笼型三相异步电动机，极数为 6 极、额定功率为 5.5kW、额定电压为 380V、额定电流为 12.6A、额定频率为 50Hz、额定效率为 85.3%、额定功率因数为 0.78。试选择一台通用变频器（采用 PWM 控制方式）。

解：因为采用 PWM 控制方式，所以取电流波形的修正系数 $k=1.10$，根据已知条件可得

$$S_{CN} \geqslant \frac{kP_M}{\eta\cos\varphi} = \frac{1.10 \times 5.5}{0.853 \times 0.78}\text{kV}\cdot\text{A} = 9.093\text{kV}\cdot\text{A}$$

$$S_{CN} \geqslant \sqrt{3}kU_M I_M \times 10^{-3} = \sqrt{3} \times 1.10 \times 380 \times 12.6 \times 10^{-3}\text{kV}\cdot\text{A} = 9.122\text{kV}\cdot\text{A}$$

$$I_{CN} \geqslant kI_M = 1.10 \times 12.6\text{A} = 13.86\text{A}$$

故可选用 L100－075HFE 型或 L100－075HFU 型通用变频器，其 $S_{CN}=12.7\text{kV}\cdot\text{A}$，$I_{CN}=16\text{A}$，可以满足上述要求。

18.5.5 通用变频器用于特种电动机时应注意的问题

前文讲述的变频器类型、容量的选择方法，均适用于普通笼型三相异步电动机。但是，当通用变频器用于其他特种电动机时，还应注意以下几点：

1）通用变频器用于控制高速电动机时，由于高速电动机的电抗小，会产生较多的谐波，这些谐波会使变频器的输出电流值增加。因此，选择的变频器容量应比驱动普通电动机的变频器容量稍大一些。

2）通用变频器用于变极多速电动机时，应充分注意选择变频器的容量，使电动机的最大运行电流小于变频器的额定输出电流。另外，在运行中进行极数转换时，应先停止电动机工作，否则会造成电动机空载加速，严重时会造成变频器损坏。

3）通用变频器用于控制防爆电动机时，由于变频器没有防爆性能，应考虑是

否将变频器设置在危险场所之外。

4）通用变频器用于齿轮减速电动机时，使用范围受到齿轮传动部分润滑方式的制约。使用润滑油润滑时，在低速范围内没有限制；在超过额定转速以上的高速范围内，有可能发生润滑油欠供的情况。因此，要考虑最高转速允许值。

5）通用变频器用于绕线转子异步电动机时，应注意绕线转子异步电动机与普通异步电动机相比，绕线转子异步电动机绕组的阻抗小，因此容易发生由于谐波电流而引起的过电流跳闸现象，故应选择比通常容量稍大的变频器。一般绕线转子异步电动机多用于飞轮力矩（飞轮惯量）GD^2较大的场合，在设定加减速时间时应特别注意核对，必要时应经过计算。

6）通用变频器用于同步电动机时，与工频电源相比会降低输出容量10%～20%，变频器的连续输出电流要大于同步电动机额定电流。

7）通用变频器用于压缩机、振动机等转矩波动大的负载及油压泵等有功率峰值的负载时，有时按照电动机的额定电流选择变频器，可能会发生峰值电流使过电流保护动作的情况。因此，应选择比其在工频运行下最大电流更大的运行电流作为选择变频器容量的依据。

8）通用变频器用于潜水泵电动机时，因为潜水泵电动机的额定电流比普通电动机的额定电流大，所以选择变频器时，其额定电流要大于潜水泵电动机的额定电流。

总之，在选择和使用变频器前，应仔细阅读产品样本和使用说明书，有不当之处应及时调整，然后再依次进行选型、购买、安装、接线、设置参数、试车和投入运行。

值得一提的是，通用变频器的输出端允许连接的电缆长度是有限制的，若需要长电缆运行，或一台变频器控制多台电动机时，应采取措施抑制对地耦合电容的影响，并应放大一、二挡选择变频器的容量或在变频器的输出端选择安装输出电抗器。另外，在此种情况下变频器的控制方式只能为U/f控制方式，并且变频器无法实现对电动机的保护，需在每台电动机上加装热继电器实现保护。

18.5.6 变频调速系统电动机功率的选择

在用通用变频器构成变频调速系统时，有时需要利用原有电动机，有时需要增加新电动机，但无论哪种情况，不仅要核算所必需的电动机功率，还要根据电动机的运行环境，选择相应的电动机的防护等级。同时，由于电动机由通用变频器供电，其机械特性与直接电网供电时有所不同，需要按通用变频器供电的条件选择，否则难以达到预期的目的，甚至会造成不必要的经济损失。适用于通用变频器供电的电动机类型可分为普通异步电动机、专用电动机、特殊电动机等。下面以最常用的普通异步电动机为例，说明采用通用变频器构成变频调速系统时，如何选择或确定电动机的功率及一般需要考虑的因素。

1）所确定的电动机功率应大于负载所需要的功率，应以正常运行速度时所需的最大输出功率为依据，当环境较差时宜留有一定的裕量。

2）应使所选择的电动机的最大转矩与负载所需要的启动转矩相比有足够的裕量。

3）所选择的电动机在整个运行范围内，应有足够的输出转矩。当需要拆除原有的减速箱时，应按原来的减速比考虑增大电动机的功率，或另外选择电动机的型式。

4）应考虑低速运行时电动机的温升能够在规定的温升范围内，确保电动机的寿命周期。

5）针对被拖动机械负载的性质，确定合适的电动机运行方式。

考虑以上条件，实际的电动机功率可根据电动机的功率 = 被驱动负载所需的功率 + 将负载加速或减速到所需速度的功率的原则来确定。

18.6 变频器的使用

18.6.1 变频器安装区域的划分

由变频器的工作原理可知，变频器对外界的电磁干扰不可避免。变频器一般装在金属柜中，对于金属柜外面的仪器设备，受变频器本身的辐射发射影响很小。对外连接电缆是主要的辐射发射源，依照有关的电缆要求接线，可以有效抑制电缆的辐射发射。

在变频器与电动机构成的传动系统中，变频器、接触器等都可以是噪声源，自动化装置、编码器和传感器等易受噪声干扰。为了抑制变频器工作时的电磁干扰，安装时可依据各外围设备的电气特性，分别安装在不同的区域，如图 18-19 所示。图中各区域分别为

图 18-19 变频器安装区域划分示意图

1）1 区：控制电源变压器、控制系统和传感器等。

2）2 区：信号和控制电缆接口部分，要求此区域有一定的抗扰度。

3）3 区：进线电抗器、变频器、制动单元、接触器等主要噪声源。

4）4 区：输出噪声滤波器及其接线部分。

5）5 区：电动机及其电缆。

6）6 区：电源（包括无线电噪声滤波器接线部分）。

以上各区应在空间上隔离，各区间最小距离为 20cm，以实现电磁去耦。各区间最好用接地隔板去耦，不同区域的电缆应放入不同电缆管道中。

滤波器应安装在区域间接口处。从柜中引出的所有通信电缆（如 RS－485）和信号电缆必须屏蔽。

18.6.2 变频器的安装方法

变频器和其他大部分电力设备一样，需认真对待其工作过程中的散热问题，温度过高对任何电力设备都具有破坏作用。所不同的是对多数电力设备而言，其破坏作用比较缓慢，而对变频器的逆变电路，温度一旦超过限值，会立即导致逆变管的损坏。通用变频器运行的工作环境温度在－10℃ ~ +50℃之间，变频器散热问题如果处理不好，则会影响到变频器的使用状态和使用寿命，甚至造成变频器的损坏。

对于变频器的散热方法，通常分为内装风扇散热、风机散热和空调散热等。在安装变频器时，首要的问题便是如何保证散热的途径畅通，不易被堵塞。为了改善冷却效果，要将变频器用螺栓垂直安装在坚固的墙体（或物体），从正面就可以看到变频器文字键盘，请勿上下颠倒或平放安装。变频器常用的安装方式有以下几种。

1. 壁挂式安装

由于变频器具有较好的外壳，所以在安装环境允许的前提下，可以采用壁挂式安装，即将变频器直接安装在坚固的墙体（或物体）。壁挂式安装及要求如图 18-20所示。

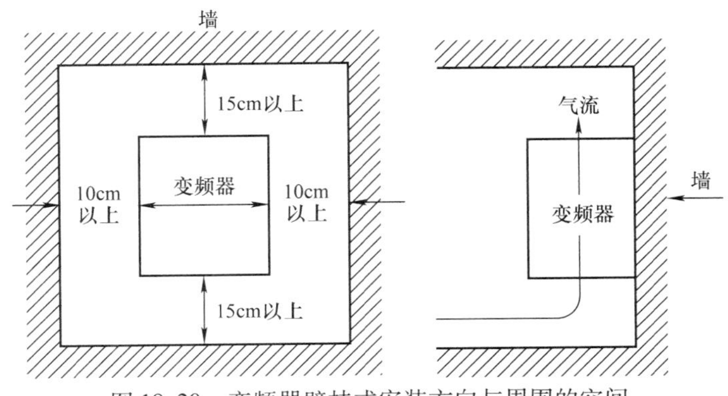

图 18-20 变频器壁挂式安装方向与周围的空间

变频器运行中会产生热量，为了保持通风良好，还要求变频器与周围物体之间的距离符合下列要求：**两侧距离≥10cm；上下距离≥15cm**。另外，为了保证变频器的出风口畅通不被异物阻塞，最好在变频器的出风口加装保护网罩。

2. 柜内安装

如果安装现场环境较差，如变频器要安装在粉尘（特别是金属粉尘、絮状物等）较多的场所时，或者其他控制电器较多需要和变频器一起安装时，可以选择柜内安装的方式。

（1）变频器柜内安装方法

如果将变频器安装在控制柜中，控制柜的上方需要安装排风扇，并应注意以下几点：

1）由于变频器内部热量从上部排出，故不要将变频器安装到不耐热的电器下面。

2）变频器在运行中，散热片附近的温度可上升到90℃，故变频器背面要使用耐热材料。

3）将变频器安装在控制箱内时，要充分注意换气，防止变频器周围温度超过额定值。请勿将变频器安装在散热不良的小密闭箱内。

4）将多台变频器安装在同一装置或控制箱内时，为减少相互影响，建议横向并列安放。必须上下安装时，为了使下部变频器的热量不致影响上部的变频器，应设置隔板等物，如图 18-21 所示。

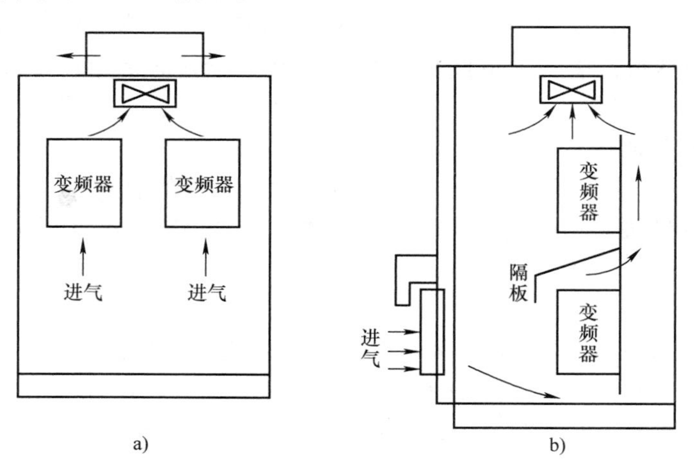

图 18-21　多台变频器的安装方法

a）横配置　b）纵配置

（2）变频器柜内安装的冷却方式

1）柜外冷却方式。柜外冷却方式是将变频器本体安装在控制柜内，而将散热片（冷却片）留在柜外，如图 18-22 所示。这种方式可以利用散热器，使变频器内部与控制柜外部产生热传导，因此，对控制柜内冷却能力的要求就可以低一些，这种冷却方式一般用在环境较恶劣的场合。这种安装方式对柜内温度的要求可参考图 18-22 中标出的数值。

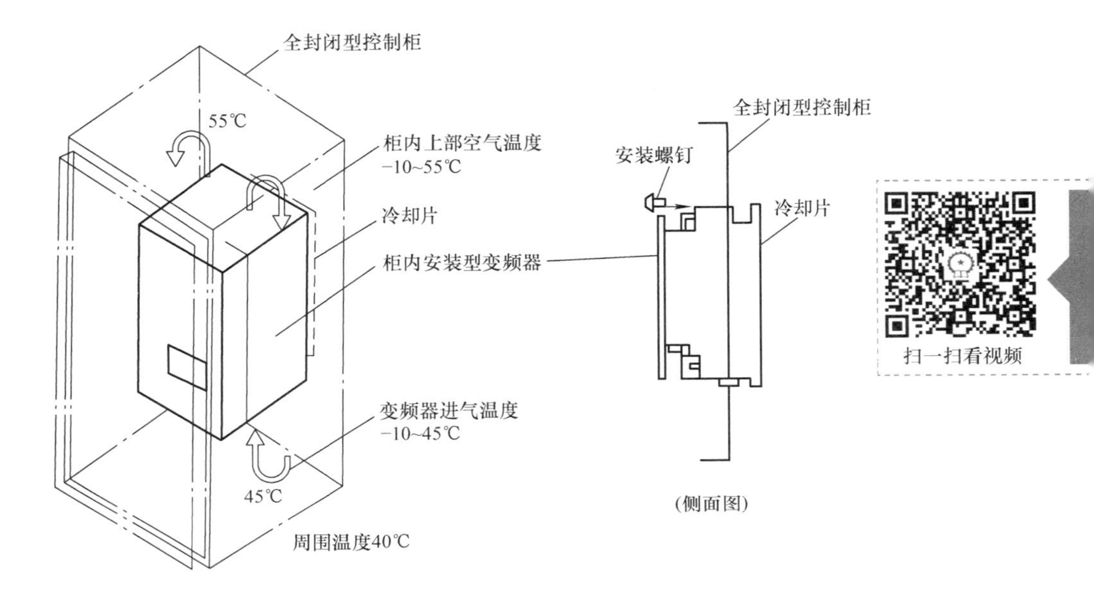

图 18-22　将散热片留在控制柜外的安装方式

2）柜内冷却方式。柜内冷却方式是将整台变频器都安装在控制柜内。该冷却方式一般用于不方便使用柜外冷却的变频器。此时应采用强制通风的办法来保证柜内的散热。通常在控制柜顶加装抽风式冷却风扇，风扇的位置应尽量在变频器的正上方。柜内安装风口位置如图 18-23 所示。

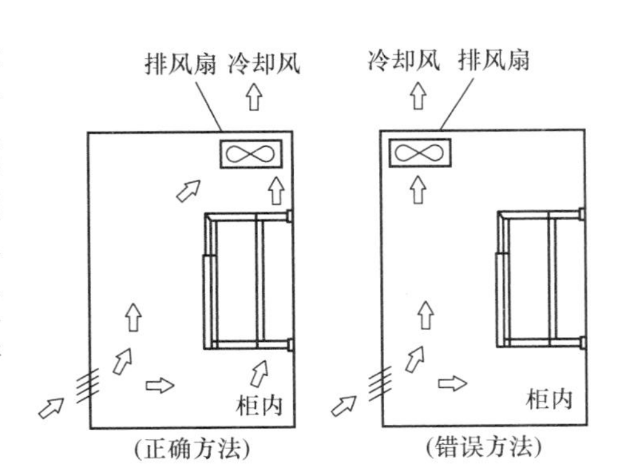

图 18-23　柜内安装风口位置示意图

（3）变频器柜内安装设计要求

变频器在控制柜内安装时，最好将变频器安装在控制柜的中部或下部，变频器的正上方和正下方应避免安装可能阻挡进风、出风的大部件，变频器四周距控制柜顶部、底部、隔板或其他部件的距离不应小于 300mm，变频器柜内安装示意图如图 18-24 所示。

（4）控制柜通风、防尘要求

控制柜应密封。控制柜顶部应设有出风口、防风网和防护盖；控制柜底部应设有地板、进线孔、进风口和防尘网。风道要设计合理，使排风通畅，不易产生积尘。控制柜的排风机的风口需设防尘网。

18.6.3　变频器的安装注意事项

1）在搬运过程中要小心轻放，切勿碰撞；应使用变频器侧面的扣孔进行搬运。

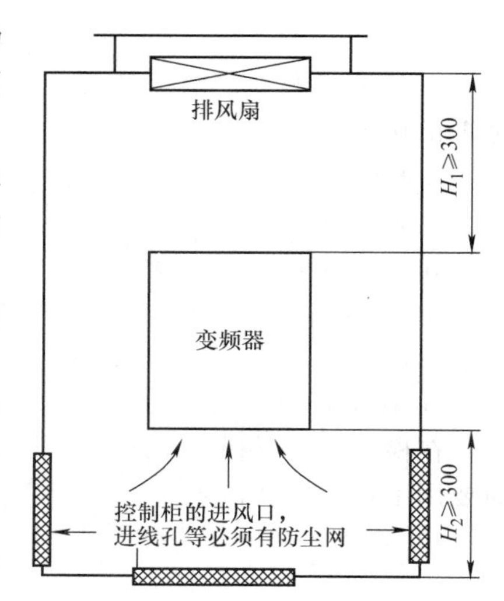

图 18-24　变频器柜内安装示意图

2）应选择清洁、干燥、无振动的安装场所，避免安装在日光直射及高温的场所，最高允许环境温度为50℃。

3）安装时，应使盖板上的铭牌处于操作者可见的方向；应将操作盘安装在易于操作的地方。

4）电源端子 R、S、T 的接线可不必考虑相序问题；但是，输出端子 U、V、W 的接线应考虑相序问题，即当采用正转指令时，电动机旋转方向应正确。

5）不允许将电源电压加到 U、V、W 端子上。

6）在变频器的控制端子接线时应使用屏蔽线或绞合线，并应远离主电路或其他强电电路。

7）由于频率设定信号属于微小电流信号，所以当需要接入触点时，为防止接触不良，应选用双并联触点。

8）在主电路的电线端头上，应采用专门的压接端子头，以保证接触良好。

9）用于连接放电电阻的专用端子只能接入电阻，而不能接入其他任何元器件。

10）为防止触电事故发生，要确保接地端子可靠接地。

11）如果变频器的输入侧未设接触器，在起动开关处于起动状态下，发生短时间停电后，再次通电，变频器会自动地再启动。考虑到机械动作变化的影响以及人身安全，可以设置一个接触器（有失电压保护作用）作为安全措施。

12）在使用工频电源与变频器切换的过程中，应根据运转情况，调整相序，使电动机转动方向一致。

13）由于频率设定信号和变频器内部的控制电路相连接，所以公共端子不能接地。

14）不能将频率设定信号的电源端子与公共端子短路，否则将损坏变频器。

18.6.4　变频器通电前的检查

1. 变频器通电前应进行的检查

变频器在通电前，通常应进行下列检查：

1）检查变频器的安装空间和安装环境是否合乎要求，控制柜内应清洁、无异物。

2）检查铭牌上的数据是否与所控制的电动机相适应。

3）检查变频器的主电路接线和控制电路接线是否合乎要求。在检查接线过程中，主要应注意以下几方面的问题。

① 检查变频器主回路的进线端子（S、R、T）和出线端子（U、V、W）接线是否正确，进线和出线绝对不能接反。

② 变频器与电动机之间的接线不能超过变频器允许的最大布线距离，否则应加交流输出电抗器。

③ 交流电源线不能接到控制电路端子上。

④ 主电路地线和控制电路地线、公共端、中性线的接法是否合乎要求。

⑤ 在工频与变频相互转换的应用中，应注意电气与机械的互锁。

在检查中，要特别注意各接线端子的螺钉是否已经全部旋紧，检查时要用手轻轻拉动各导线，没有旋紧的，要拧紧。

4）检查电源电压是否在容许值以内。

5）测试变频器的控制信号（模拟量和开关量）是否满足工艺要求。

2. 绝缘电阻检查

对主电路和接地端子之间进行绝缘电阻检查，如图18-25所示。**在一般情况下，用500V级的绝缘电阻表进行检测，要求绝缘电阻的阻值大于5MΩ。对控制电路则不需要进行绝缘电阻检查。**

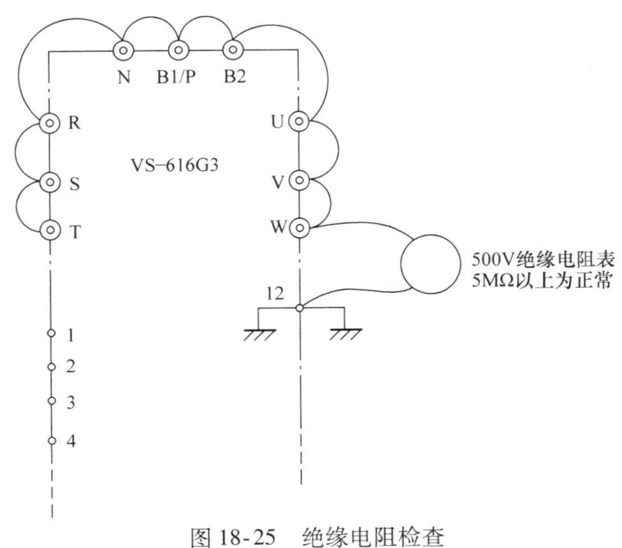

图18-25 绝缘电阻检查

3. 变频器的空载通电检验

1）将变频器的电源输入端子经过剩余电流断路器（漏电保护开关）接到电源上，以使机器发生故障时能迅速切断电源。

2）检查变频器显示窗的出厂显示是否正常。如果不正确，则复位。复位仍不能解决，则要求退换。

3）熟悉变频器的操作键。关于这些键的定义参照有关产品的说明书。

18.6.5 系统功能的设定

为了使变频器和电动机能在最佳状态下运行，必须对变频器运行频率和功能码进行设定。一台新的变频器在通电时，输出端可以先不接电动机，而对它进行各种功能参数的设置。

（1）控制模式的选择

变频器在正式运行之前，为系统调试的方便，通常设定为外部控制模式。正式运行时，应根据系统工作的要求设定控制模式。这项设定可确定变频器频率信号的来源。

（2）频率的设定

变频器的频率设定有两种方式：一种方式是通过功能单元上的增/减键来直接输入变频器的运行频率；另一种方式是在 RUN 或 STOP 状态下，通过外部信号输入端子直接输入变频器运行频率。两种方式的频率设定只能选择其中之一，这可通过对功能码的设定来完成。

（3）功能码设定

变频器的所有功能码在 STOP 状态下均可设定，仅有一小部分功能码在 RUN 状态下可设定，不同类型的变频器功能码不同，具体功能码请参阅有关变频器随机使用说明书。

扫一扫看视频

（4）变频器系统功能设定

变频器在出厂时，所有的功能码都已经设定了。但是在变频器系统运行时，应根据系统的工艺要求，对有些功能需要重新设定。下面介绍几种主要功能码的设定。对于其他功能码的设定是否改变，应根据变频器系统的具体工艺要求而定。

1）频率设定命令：用以设定变频器频率信号的来源。

2）操作方法：用以设定变频器的运行和停止。可以通过变频器面板上的 RUN、STOP 键来控制，也可以通过控制电路端子 FWD、REV 来控制。

扫一扫看视频

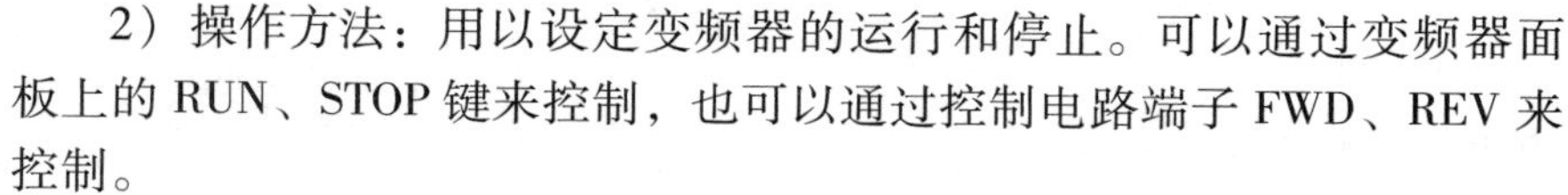

3）最高输出频率：变频器驱动的电动机都有最高转速的限制，按照变频调速原理，变频器的最高输出频率对应电动机的最高转速。所以限制变频器的最高输出频率，也就限制了电动机的最高转速。一般设定为 50Hz，具体设置值还应考虑减速箱的减速比、工艺要求等。

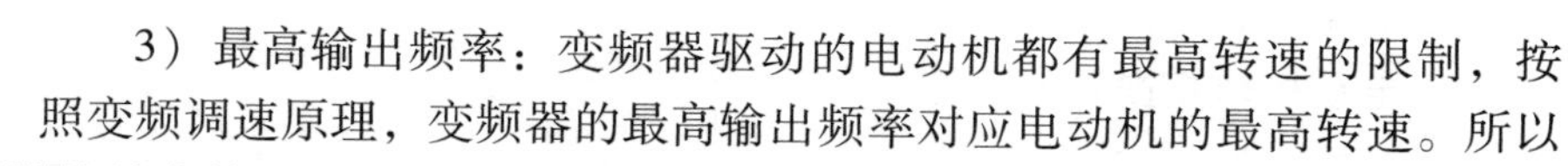

4）基本频率：这项功能是通过设定变频器 U/f 的曲线，来设定电动机的恒转矩和恒功率控制区域。对于不同的系统工艺要求，设定值相应不同，一般应该按照电动机的额定频率进行设定。

5）额定电压：额定电压通常对应基本频率。对于按照 U/f = 常数控制模式的变频器，当频率增加时，输出电压也增加。但是，当变频器的输出电压达到额定值以后，不论频率增加与否，变频器的输出电压都不能再增加了，否则会损坏变频器和电动机。变频器的 U/f 曲线如图 18-26 所示。

6）加速/减速时间：加速/减速时间的选择决定了调速系统的快速性。如果选择较短的加速/减速时间，意味着生产率的提高。但是，如果选择加速时间太短，系统可能无法启动或者过电流跳闸；如果减速时间太短，可能引起电动机频率下降太快，使电动机进入再生制动状态，甚至可能发生过电压跳闸现象。因此应该合理选择加速/减速时间值。加速/减速时间的选择与电动机所带的负载大小和飞轮力矩 GD^2 有关。一种方法是通过计算系统的 GD^2 来设定变频器的加速/减速时间；另一种是实验的方法，在满足工艺要求的时间内，以变频器不发生跳闸为依据来设定。当变频器的加速/减速时间满足不了系统的工艺要求时，可采用适当的制动电阻。

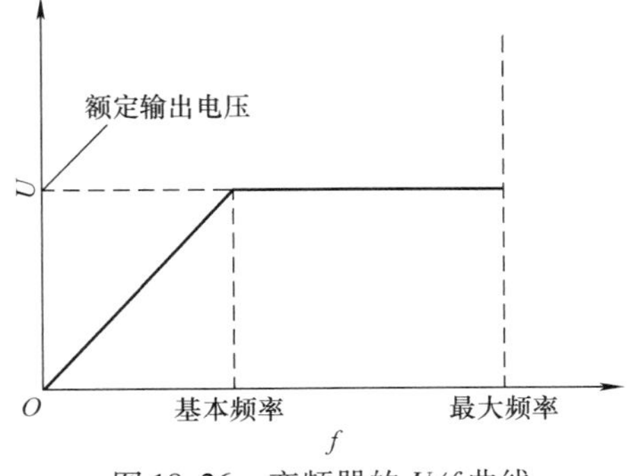

图18-26 变频器的 U/f 曲线

7）热继电器：这项功能是为了保护变频器所驱动的电动机而设立的。通过设定热继电器具体的保护值后，当电动机出现过电流或过载时，就能避免变频器和电动机的损坏。因电动机的过载倍数比较大，故该值一般均设定为变频器额定值的105%，但当变频器和电动机容量不匹配时，应根据具体情况设定。

8）转矩限制：对转矩的限制实际上就是限制变频器的过电流。设定的范围为变频器额定电流的120%～180%。该项功能有效时，为使转矩不超过设定值，当电动机为电动运行状态时可使输出频率下降，当电动机为制动运行状态时可使输出频率上升，但最多只能相对于设定频率下降或上升5Hz。

9）电动机极数：通用变频器可以适合各种极数的电动机，但是变频器面板显示的是电动机的同步转速，使用之前，应该按照电动机的极数设定。

10）电动机的旋转方向：电动机的旋转方向必须正确设定。

18.6.6 某些特殊功能的设定

变频器在完成常规设定后，应根据系统工艺的要求完成某些特殊功能的设定。

1. 电动机转矩提升的设定

为了满足工业实际生产要求，有些厂商生产的通用变频器都有转矩提升的功能设定。从另一种意义上说，就是选择电压补偿控制的补偿程度。补偿程度过高，系统的效率就会降低，电动机容易发热；补偿程度不足，低频转矩就会偏小。选择 U/f 控制曲线与转矩提升的功能设定具有相同的意义。

转矩提升的设定实际就是选定 U/f 控制曲线，即为不同的负载提供不同的转矩提升曲线，如图18-27所示。在不同的转矩提升曲线中，为不同的低频提供了不同的转矩提升量。在变频器调试时，选择不同的转矩提升曲线，可以实现对不同负载在低频段的补偿。

变频器转矩提升曲线在调试时应按电动机运行状态下的负载特性曲线进行选择，泵类、恒功率、恒转矩负载应在各自相应的转矩提升曲线中选择。一般普通电动机低频特性不好，如果工艺流程不需要在较低频状态下运行，应按工艺流程要求设置最低运行频率，避免电动机在较低频状态下运行；如果工艺流程需要电动机在较低频段运行，则应根据电动机的实际负载特性认真选择合适的转矩提升曲线。

变频器转矩提升曲线在调试时，应该按电动机运行状态下的负载特性曲线进行选择。为使电动机合理运行，在$f=0$时，电压U为一个大于零的值，即图18-27中的A点。该点应该取多大的值与负载性质有关，如果A点选择过高，系统效率就会降低，电动机容易发热；如果A点选择偏低，则电动机的低频转矩变小。因此人们也把U/f曲线称为转矩提升曲线。在使用变频器时，应根据使用手册提供的功能码对变频器进行转矩提升。而是否选择了合适的转矩提升曲线，可以通过在调试中测量其电压、电流、频率、功率因数等参数来确定，在调试中应在整个调速范围内测定初步选定的几条相近的转矩提升曲线下的各参数数值，首先看是否有超差，然后对比确定较理想的数值。

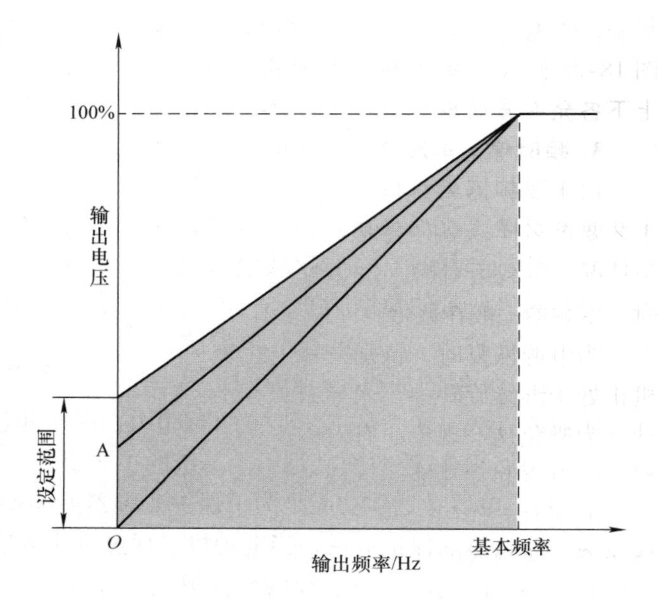

图18-27　变频器转矩提升曲线

对转矩提升曲线下的某一频率运行点来说，电压不足（欠补偿）或电压提升过高（过补偿）都会使电流增大，要选择合适的转矩提升曲线，必须通过反复比较分析各种测定数据才能找出真正符合工艺要求、使变频器驱动的电动机能安全运行、功率因数又相对较高的转矩提升曲线。

2. 跳跃频率

用变频器为交流电动机供电时，系统可能发生振荡现象，使变频器过电流保护装置动作或系统跳闸。发生振荡的原因有两个：一是电气频率与机械频率发生共振；二是由电气电路引起的，比如功率开关的死区控制时间、中间直流电路电容电压的波动及电动机滞后电流的影响等。振荡现象在如下的情况下容易发生：

1）轻负载或没有负载。

2）系统机械转动惯量较小。

3）变频器PWM波形的载波频率较高。

4）电动机和负载连接松动。

振荡现象会发生在某些频率范围内，为了避免其发生，通用变频器都设有跳跃频率，以避开那些振荡频率。跳跃频率的设定如图18-28所示。**跳跃频率宽度以设定值为中心，上下各允许波动50%**。

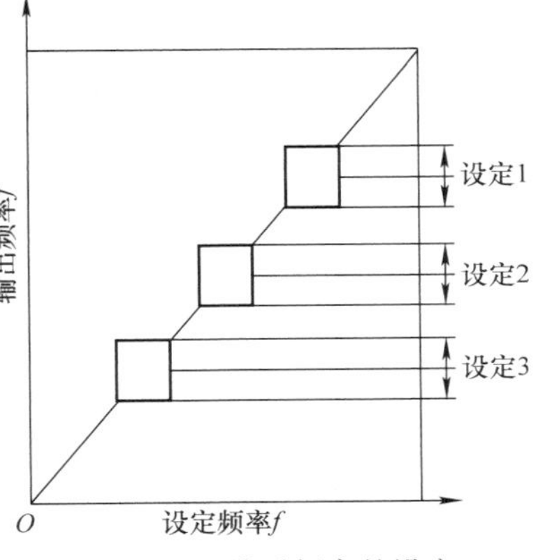

图18-28 跳跃频率的设定

3. 瞬时停电再起动

由于变频器系统应用的工业现场比较复杂，工艺要求多样，有时会发生瞬时停电或瞬时欠电压情况。负载运行时，发生瞬间停电或电压下降时，变频器一般在数秒内即停止输出。

当电源恢复时，特别是带大转动惯量的电动机正处于继续旋转中，而导致变频器无法正常起动。为避免这一现象，有效的方法是变频器设定瞬时停电再起动功能。这样，当电源恢复时，变频器瞬时停电再起动功能和电流限制功能同时起作用，使正在自由旋转的电动机平滑地再起动。

18.6.7 变频器的使用注意事项

1）应按规定接入电源，电压不得过高或过低。

2）不允许在变频器输出端子上输入其他外部电源电压，否则将使变频器损坏。特别是当变频器和电网电源转换运行时，一定要采取联锁措施。

3）使用时，应保证环境温度符合要求，特别是安装在配电柜的变频器，应充分考虑配电柜的散热条件。

4）不应用断路器或交流接触器直接进行电动机（变频器－电动机配合）的起动和停止操作，应用变频器上的运行－停止按钮（RUN－STOP）控制电动机的起动和停止。

5）使用时，应在变频器的输入端接入改善功率因数用的交流电抗线圈。

6）使用绝缘电阻表测试时，应按变频器说明书的要求进行。

7）变频器不允许过载运行。如变频器热保护切断后，不允许立即复位使之返回运行状态。应查明原因，消除过载状态后方能再次运行。如负载本身过大，则应考虑提高变频器的容量。

18.6.8 变频器的操作注意事项

1. 准备工作

1）将面板上的运转开关拨到“STOP”。

2）将面板上的频率设定旋钮“FREQ. SET”往左（沿逆时针方向）旋到底。

3）将变频器接通电源，约0.5s后频率显示为“00”。

4）将运转开关拨到“RUN”。

5）为确认电动机旋转方向，应将频率设定旋钮“FREQ. SET”沿顺时针方向稍加旋动（5～6Hz左右），输出频率在频率表中显示，若需要将其逆转，则应将断路器关断（OFF），再将输出端的任意两处换位。

2. 操作步骤

准备工作完成后，按下列步骤操作：

1）将频率设定旋钮慢慢向右转动，当频率上升到2Hz附近时，电动机应开始起动，继续旋转频率设定旋钮升高频率时，电动机转速也随之升高，当向右旋转到头，则频率上升到最高位置。对于小于最小频率分辨率的微小指令信号，输出频率不变化。

2）当将频率设定旋钮向左（逆时针）返回时，频率下降，电动机转速下降。当频率下降到2Hz以下时，变频器输出停止，电动机自由转动、自制动后停止。

3）频率设定旋钮如事先已置于右侧某一位置，并保持不动，此时如接通变频器起动开关，则电动机将按面板上已设置的加速时间提高转速，并在到达所设置的频率点前保持连续运转。

4）当过电流、过电压、瞬时停电、接地、短路等保护电路动作时，面板上的红色指示灯亮，输出停止，保持这种状态直到电动机停止后，用下述方法复位：

① 用断路器或接触器，将供电源切断一次后再接通。

② 用控制电路的复位端子和公共端之间的复位开关短路一下（时间应大于0.1s），再放开。

5）频率计的指示（外接表）用刻度校正电位器调整，使之与面板上的数字显示值相同。

6）在电动机运行中，如将起动开关关掉，则电动机将按减速设置盘上所设置的时间降低转速。当频率降至2Hz以下时，电动机自由旋转、自制动后停止。

18.6.9 变频器的空载试运行

1）设置电动机的功率、极数，要综合考虑变频器的工作电流、容量和功率，根据系统的工况要求来选择设定功率和过载保护值。

2）设定变频器的最大输出频率、基频后，再设置转矩特性。如果是风机和泵类负载，要将变频器的转矩运行代码设置成变转矩和降转矩运行特性。

3）将变频器设置为自带的键盘操作模式，按运行键、停止键，观察电动机是否能正常的启动、停止。检查电动机的旋转方向是否正确。

4）熟悉变频器运行发生故障时的保护代码，观察热继电器的出厂值，观察过载保护的设定值，需要时可以修改。

5）变频器带电动机空载运行可以在5Hz、10Hz、15Hz、20Hz、25Hz、35Hz、50Hz等几个频率点进行。

18.6.10 变频器的带负载试运行

1）手动操作变频器面板的运行、停止键，观察电动机运行、停止过程中变频器的显示窗是否有异常现象。

2）如果起动/停止电动机过程中变频器出现过电流动作，应重新设定加速/减速时间；当电动机负载惯性较大时，应根据负载特性设置运行曲线类型。

3）如果变频器仍然存在运行故障，尝试增加最大电流的保护值，但是不能取消保护，应留有至少10%～20%的保护余量。如果变频器运行故障仍没解除，请更换更大一级功率的变频器。

4）如果变频器带动电动机在起动过程中达不到预设速度，可能有两种原因。

① 系统发生机电共振（可以听电动机运转的声音进行判断）时，可采用设置频率跳跃值的方法，避开共振点。

② 电动机的转矩输出能力不够。不同品牌的变频器出厂参数设置不同，在相同的条件下，带载能力不同；也可能因变频器控制方法不同，造成电动机的带载能力不同；因系统的输出效率不同，造成带载能力有所不同。对于这种情况，可以增加转矩提升量的值，如果仍然无改善，应改用新的控制方法。

5）试运行时还应该检查以下几点：

① 电动机是否有不正常的振动和噪声。

② 电动机的温升是否过高。

③ 电动机轴旋转是否平稳。

④ 电动机升降速时是否平滑。

试运行正常以后，按照系统的设计要求进行功能单元操作或控制端子操作。

18.7 变频器的维护与保养

18.7.1 变频器的日常检查和定期检查

日常检查和定期检查主要目的是尽早发现异常现象，清除尘埃、紧固检查、排除事故隐患等。在通用变频器运行过程中，可以从设备外部目视检查运行状况有无异常，或通过键盘面板转换键查阅变频器的运行参数，如输出电压、输出电流、输出转矩、电动机转速等，掌握变频器日常运行值的范围，以便及时发现变频器及电动机问题。

1. 日常检查

日常检查包括不停止变频器运行或不拆卸其盖板进行通电和起动试验，通过目测变频器的运行状况，确认有无异常情况，通常检查以下内容。

1）键盘面板显示是否正常，有无缺少字符。仪表指示是否正确、是否有振动、振荡等现象。

2）冷却风扇部分是否运转正常，是否有异常声音等。

3）变频器及引出电缆是否有过热、变色、变形、异味、噪声、振动等异常情况。

4）变频器周围环境是否符合标准规范，温度与湿度是否正常。

5）变频器的散热器温度是否正常。

6）变频器控制系统是否有集聚尘埃的情况。

7）变频器控制系统的各连接线及外围电气元件是否有松动等异常现象。

8）检查变频器的进线电源是否异常，电源开关是否有电火花、断相、引线压接螺栓松动等现象，电压是否正常。

9）检查电动机是否有过热、异味、噪声、振动等异常情况。

2. 定期检查

定期检查时要切断电源，停止变频器运行并卸下变频器的外盖。不停止运转而无法检查的地方或日常难以发现问题的地方，以及电气特性的检查、调整等，都属于定期检查的范围。检查周期根据系统的重要性、使用环境及设备的统一检修计划等综合情况来决定，通常为 6 ~12 个月。

开始检查时应注意，变频器断电后，主电路滤波电容器上仍有较高的充电电压，放电需要一定时间，一般为 5 ~10min，必须等待充电指示灯熄灭，并用电压表测试确认充电电压低于 DC25V 后才能开始作业。主要的检查项目如下：

1）周围环境是否符合规范。

2）用万用表测量主电路、控制电路电压是否正常。

3）显示面板是否清楚，有无缺少字符。

4）框架结构有无松动，导体、导线有无破损。

5）检查滤波电容器有无漏液，电容量是否降低。高性能的变频器带有自动指示滤波电容容量的功能，由面板可显示出电容量，并且给出出厂时该电容的容量初始值，显示容量降低率，从而推算出电容器的寿命。普及型通用变频器则需要用电容量测试仪测量电容量，测出的电容量应大于初始电容量的 85%，否则应予以更换。

6）电阻、电抗、继电器、接触器的检查，主要看有无断线。

7）印制电路板检查应注意连接有无松动、电容器有无漏液、板上线条有无锈蚀、断裂等。

8）冷却风扇和通风道检查。

18.7.2 变频器的基本测量

由于通用变频器输入/输出侧的电压和电流中含有不同程度的谐波，所以不同类别的测量仪表会测量出不同的结果，并有很大差别，甚至是错误的。因此，在选择测量仪表时应区分不同的测量项目和测试点，选择不同类型的测量仪表。变频器主电路的测量项目见表 18-5。测量时仪表接线如图 18-29 所示。

此外，由于输入电流中包括谐波，测量功率因数不能用功率因数表进行测量，而应当采用实测的电压、电流值通过计算得到。

表 18-5 变频器主电路的测量项目

测定项目	测定位置（见图 18-29）	测定值的基准
电源侧电压 U_1 和电流 I_1	R－S、S－T、T－R 间和 R、S、T 中的线电流	通用变频器的额定输入电压和电流值
电源侧功率 P_1	R、S、T 和 R－S、S－T	$P_1 = P_{11} + P_{12}$（二功率表法）
电源侧功率因数	测定电源电压、电源侧电流和功率后，按有功功率计算式计算，即 $\cos\varphi_1 = P_1/\sqrt{3}U_1I_1$	

（续）

测定项目	测定位置（见图18-29）	测定值的基准
输出侧电压 U_2	U－V、V－W、W－U间	各相间的差应在最高输出电压的1%以下
输出侧电流 I_2	U、V、W的线电流	各相的差应在变频器额定电流的10%以下
输出侧功率 P_2	U、V、W和U－V、V－W	$P_2=P_{21}+P_{22}$，二功率表法（或三功率表法）
输出侧功率因数	计算公式与电源侧的功率因数一样：$\cos\varphi_2=P_2/\sqrt{3}U_2I_2$	
整流器输出	P（＋）和N（－）间	$1.35U_1$，再生时最大850V（380V级），仪表机身LED显示发光

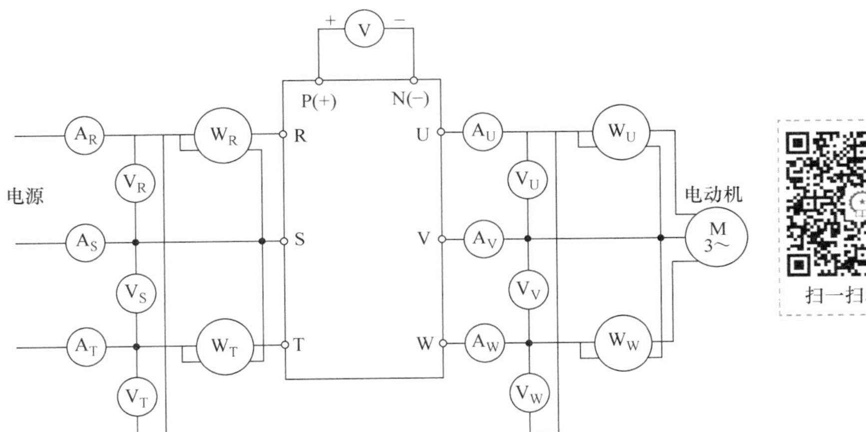

图18-29 电表接线图

18.7.3 变频器的保养

通用变频器在长期运行中，由于温度、湿度、灰尘、振动等使用环境的影响，内部零部件会发生变化或老化，为了确保变频器的正常运行，必须进行维护保养。通用变频器维护保养项目与定期检查的周期标准见表18-6，仅供参考。

表18-6 通用变频器维护保养项目与定期检查的周期标准

检查部位	检查项目	检查事项	检查周期		检查方法	使用仪器	判定基准
			日常	定期一年			
整机	周围环境	确认周围的环境温度、相对湿度、有毒气体、油雾等	√		注意检查现场情况是否与变频器防护等级相匹配。是否有灰尘、水汽、有害气体影响变频器。通风或换气装置是否完好	温度计、湿度计、红外线温度测量仪	温度在－10～＋40℃内、相对湿度在90%以下，不凝露。如有积尘应用压缩空气清扫并考虑改善安装环境

（续）

检查部位	检查项目	检查事项	检查周期		检查方法	使用仪器	判定基准
			日常	定期一年			
整机	整机装置	是否有异常振动、温度、声音等	√		观察法和听觉法，振动测量仪	振动测量仪	无异常
	电源电压	主回路电压、控制电源电压是否正常	√		测定变频器电源输入端子排上的相间电压和不平衡度	万用表、数字式多用仪表	根据变频器的不同电压级别，测量线电压，不平衡度≤3%
主电路	整体	检查接线端子与接地端子之间的绝缘电阻		√	拆下变频器接线，将端子R、S、T、U、V、W一起短路，用绝缘电阻表测量它们与接地端子间的绝缘电阻	500V绝缘电阻表	接线端子与接地端子之间的绝缘电阻应大于5MΩ
		各个接线端子有无松动		√	加强紧固件		没有异常
		各个零件有无过热的迹象		√	观察连接导体、导线		没有异常
		有无灰尘等是否需要清扫	√		清扫各个部位		无油污
	连接导体、电线	导体有无移位		√	观察法		没有异常
		电线表皮有无破损、劣化、裂缝、变色等		√			
	变压器、电抗器	有无异味、异常声音	√	√	观察法和听觉法		没有异常
	端子排	有无脱落、损伤和锈蚀		√	观察法		没有异常。如果锈蚀则应清洁，并减少湿度
	IGBT整流模块	检查各端子间电阻、测漏电流		√	拆下变频器接线，在端子R、S、T与PN间，U、V、W与PN间用万用表测量	指针式万用表、整流型电压表	
	滤波电容器	① 有无漏液	√		①、②观察法 ③ 用电容表测量	电容表、LCR测量仪	①、②没有异常 ③ 电容量为额定容量的85%以上，与接地端子的绝缘电阻不少于5MΩ。有异常时及时更换新件，一般寿命为5年
		② 安全阀是否突出、表面是否有膨胀现象	√				
		③ 测定电容量和绝缘电阻		√			

（续）

检查部位	检查项目	检查事项	检查周期		检查方法	使用仪器	判定基准
			日常	定期一年			
主电路	继电器、接触器	① 动作时是否有异常声音	√		观察法、用万用表测量	指针式万用表	没有异常。有异常时及时更换新件
		② 触点是否有氧化、粗糙、接触不良等现象		√			
	电阻器	① 电阻的绝缘层是否损坏		√	① 观察法 ② 对可疑点的电阻拆下一侧连接，用万用表测量	万用表、数字式多用仪表	① 没有异常 ② 误差在标称阻值的 ±10% 以内。有异常应及时更换
		② 有无断线	√	√			
控制电路、电源、驱动与保护回路	动作检查	① 变频器单独运行		√	① 测量变频器输出端子U、V、W相间电压、各相输出电压是否平衡 ② 模拟故障，观察或测量变频器保护回路输出状态	数字式多用仪表、整流型电压表	① 相间电压平衡200V级在4V以内、400V级在8V以内。各相之间的差值应在2%以内 ② 显示正确、动作正确
		② 顺序做电路保护动作试验、显示，判断保护回路是否异常		√			
	零件	全体：有无异味、变色		√	观察法		没有异常。如电容器顶部有凸起、体部中间有膨胀现象，则应更换
		全体：有无明显锈蚀		√			
		铝电解电容器：有无漏液、变形现象		√			
冷却系统	冷却风扇	① 有无异常振动、异常声音 ② 接线有无松动 ③ 是否需要清扫	√	√	① 在不通电时用手拨动，旋转 ② 加强固定 ③ 必要时拆下清扫		没有异常。有异常时及时更换新件，一般使用2～3年应考虑更换
显示	显示	① 显示是否缺损或变淡	√		① 检查LED的显示是否有断点 ② 用棉纱清扫		确认其能发光。显示异常或变暗时更换新板
		② 是否需要清扫		√			
	外接仪表	指示值是否正常	√		确认盘面仪表的指示值满足规定值	电压表、电流表等	指示正常

（续）

检查部位	检查项目	检查事项	检查周期		检查方法	使用仪器	判定基准
			日常	定期一年			
电动机	全部	① 是否有异常振动、温度和声音 ② 是否有异味 ③ 是否需要清扫	√	√	① 听觉、触觉、观察 ② 由于过热等产生的异味 ③ 清扫		①、② 没有异常 ③ 无污垢、油污
	绝缘电阻	全部端子与接地端子之间、外壳对地之间	√		拆下 U、V、W 的连接线	500V 绝缘电阻表	应在 5MΩ 以上

18.8 变频器与变频调速系统的常见故障及其排除方法

18.8.1 变频器的常见故障及其排除方法

变频器的常见故障及其排除方法见表 18-7。

表 18-7 变频器的常见故障及其排除方法

故障部位	故障与分析	排除方法
主电路	1. 送电跳闸，原因是误将（N－）作为接地线连接 2. 送电时将整流模块击穿，引起跳闸 3. 由于误触发，引起变频器内部短路 4. 主电路绝缘介质损坏对地短路 5. 自整定不良	1. 改变接线 2. 在进线端加装交流电抗器 3. 在门极触发信号线前端加装限波器 4. 修复绝缘结构 5. 重新自整定
控制电路	1. 存储器异常 2. 面板通信异常 3. 过电流报警 4. 过电压报警 5. 欠电压报警 6. 散热片过热报警	1. 更换新控制板 2. 更换操作面板或控制板 3. 更换电源板或模块 4. 将减速时间延长或加制动单元和制动电阻 5. 加大电源容量或正确操作 6. 检修散热风扇或更换控制板
驱动电路	1. 三相输出电压不平衡，引起电动机抖动 2. 电源板上的开关电源坏，通电以后无显示 3. 模块坏，引起电动机运转时抖动 4. 电源板未给控制板供电	1. 更换电源板 2. 更换电源板 3. 更换模块 4. 更换电源板
现场常见的问题	1. 变频器过载 2. 配线太长，造成跳闸，或产生电涌电压 3. 不应采用电源 ON/OFF 方法控制 4. 噪声或安全有问题	1. 减小负载，或重新设置转矩提升值 2. 减短配线或加滤波器 3. 改进操作方法 4. 可靠接地

18.8.2 变频调速系统的常见故障及其排除方法

1. 过电流故障

（1）负载原因

过电流故障的负载原因有以下几种：

1）电动机堵死。可把电动机电源线从变频器上拆下，有时工频起动也会失败。检查处理好电动机所带负载的问题。

2）电动机负载增大，致使变频器过电流故障。非正常负载增大，检查处理负载增大的问题。正常性负载增大，必要时更换较大功率的变频器。

3）电动机突发性负载增大，导致过电流故障。若故障属于偶然性，可以继续工作；若属于经常性，应检查解决突发性负载增大的问题。

4）电动机内部损坏或电缆线破损，引起过电流故障。检查电动机，如果在变频器停机后发热严重，则要更换电动机。

（2）参数设定原因

1）加减速时间设定的过短，要重新设定合适的数值。

2）转矩补偿设定过大，起动和升速时产生过电流，要重新设定。

2. 过电压故障

1）电源电压过高。

① 测量变频器电源输入端，其电压超出正常值范围。检查电源电压偏高的原因，并处理，使其回到正常值范围。

② 当测量电源电压时，其值正常，由于电网负载突变，使电网供电电压波动，产生较高的电源电压。这是暂时性现象，变频器可以继续起动运行。

2）降速时间过短。应调整减速时间，考虑增设制动电阻和制动单元。

3）制动电阻和制动单元工作不理想。检查制动单元是否正常工作，如果制动单元正常，复验所用的制动电阻是否合适。

4）负载突然减小或空载。电动机所带负载突然甩掉所引起。此时检查传动部分引起负载突然甩掉的原因。

3. 欠电压故障

这种故障除变频器原因外，主要由于变频器电源电压过低所致。变频器电源电压过低的原因有以下几种：

1）由于电网电压过低所致。

2）当变频器运行时电源电压正常，而在带负载运行时电源电压过低，是由于电源线路所致，必须检查电源电缆线路是否合适，电源控制部分如电源开关、熔丝等是否有接触不良现象。

18.9 变频器的基本控制电路与应用实例

变频器在运行过程中，要通过低压电器进行通电、运行、停止等操作。在低压电器控制电路的设计中，要保证设备的安全运行，能完成要求的控制工作，还要操作方便。下面介绍几种常用的变频器基本控制电路。

18.9.1 变频器正转控制电路

1. 正转运行的基本电路

变频器在日常应用中大部分只要求正转运行，其基本控制电路如图18-30所示。

工作时，首先通过接触器KM的主触点接通变频器的电源，然后通过继电器KA的常开触点将正转FWD与公共端CM（或COM）相接，电动机即开始正转。

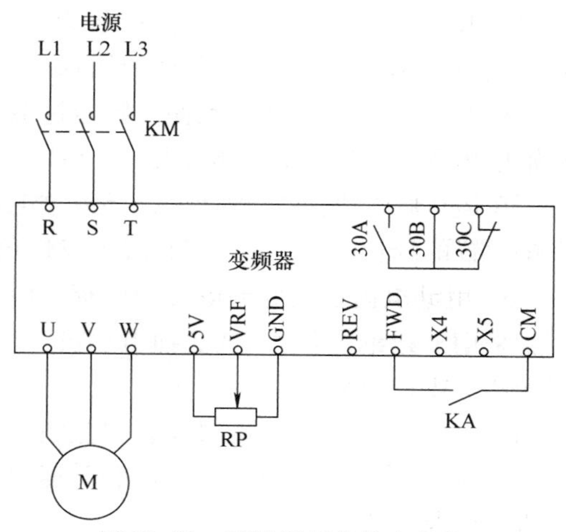

图18-30 正转运行的基本电路

2. 电动机的起动

（1）上电起动

“上电起动”是指通过接通电源直接起动电动机，如图18-31a所示。变频器一般也可以采用“上电起动”，但是大多数变频器不希望采用这种方式来起动电动机。即一般不使用接触器KM来直接控制电动机的起动和停止，主要原因是：容易发生误动作，电动机容易出现自由制动。例如，当通过接触器KM切断电源来停机时，变频器将很快因欠电压而封锁逆变电路，电动机将处于自由制动状态，不能按预先设置的降速时间来停机。

但是，有的变频器经过功能预置，可以选择“上电起动”。

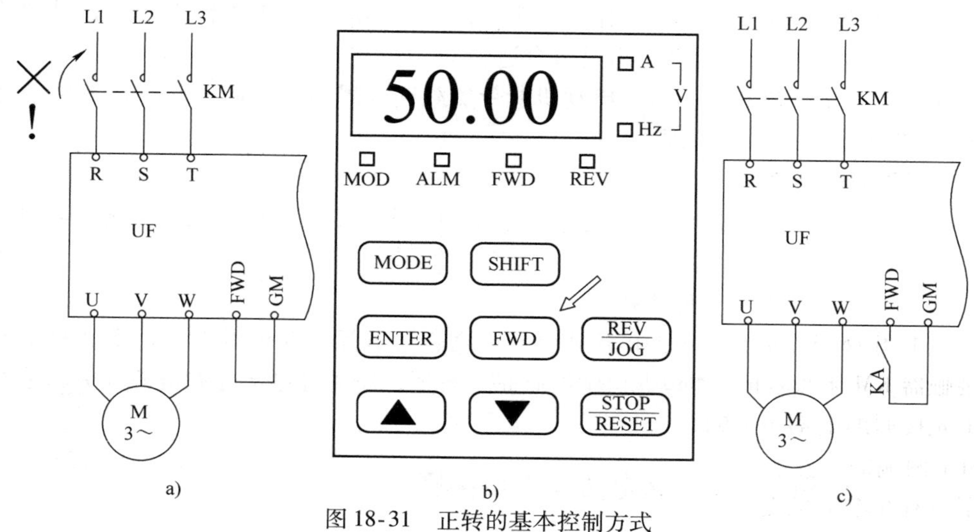

图18-31 正转的基本控制方式

a）不妥的起动方式 b）键盘控制 c）端子起动

（2）常用起动方式

1）键盘控制。键盘控制如图 18-31b 所示，按下面板上的“RUN”键或“FWD”键，电动机即按预置的加速时间加速到所设定的频率。

2）端子起动。端子起动（外接起动）如图 18-31c 所示，在该图中采用继电器触点 KA，使变频器控制端子中的“FWD”（正转）端子和“CM”端子之间接通；或使“REV”（反转）端子和“CM”端子接通。

在停止状态下，如果接通“FWD”端子和“CM”端子，则变频器的输出频率开始按预置的升速时间上升，电动机随频率的上升而开始起动。

在运行状态下，如果断开“FWD”端子和“CM”端子，则变频器的输出频率将按预置的降速时间下降为 0Hz，电动机降速并停止。

3. 用继电器控制变频器正转运行的控制电路（一）

采用外接继电器控制的变频器正转控制电路如图 18-32 所示。该控制电路中，接触器 KM 只用来控制变频器是否通电，而电动机的起动与停止是由继电器 KA 来控制的。

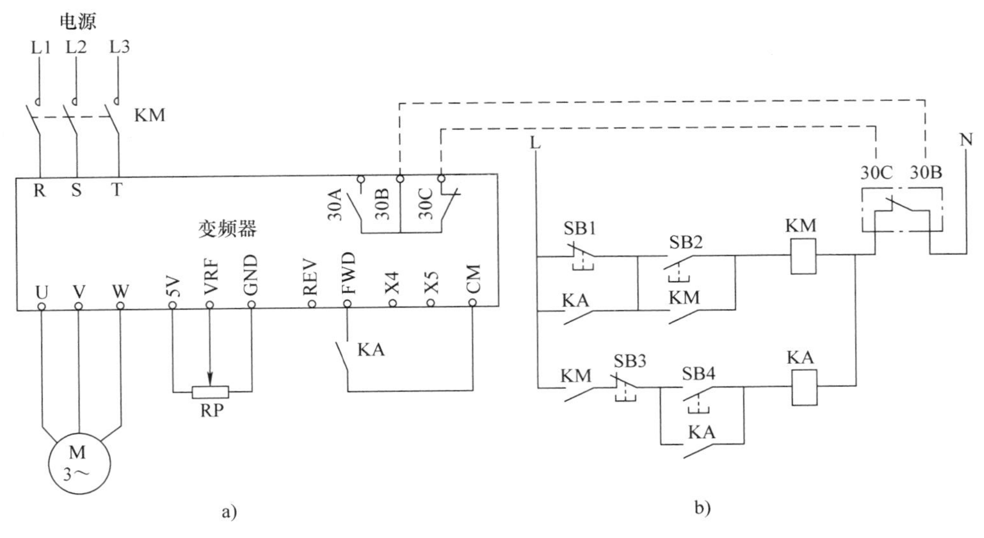

图 18-32 用继电器控制变频器驱动电动机正转运行的控制电路（一）

a）主电路 b）控制电路

由图 18-32 可知，在接触器 KM 和中间继电器 KA 之间，有两个互锁环节。在接触器 KM 未吸合前（即未接通变频器电源前），继电器 KA 不能接通，从而防止了先接通继电器 KA 的误动作。另外，当中间继电器 KA 接通时，其并联在按钮 SB1 两端的常开触点 KA 闭合，使接触器 KM 的停止按钮 SB1 失去作用，这样保证了只有在电动机先停机的情况下，才能使变频器切断电源。

4. 用继电器控制变频器正转运行的控制电路（二）

图 18-33 也是一种采用外接继电器控制的变频器正转控制电路。该控制电路中，断路器 QF 的作用是控制变频器总电源的通断电，不作为变频器的工作开关。当变频器长时间不用或维护保养时，将此断路器断开，因此该断路器必须采用具有明显通断标志的产品。接触器 KM 只用来控制变频器是否通电，而电动机的起动与停止是由继电器 KA 来控制的。接触器 KM 和继电器 KA 可以方便地实现互锁控制和远程操作。控制电路中的 SB1 和 SB2 为变频器通、断电按钮，当按下 SB1 时，接触器 KM 的线圈通电，其主触点闭合，变频器通电；当按下 SB2 时，接触器 KM 的线圈失电，其主触点断开，变频器断电。

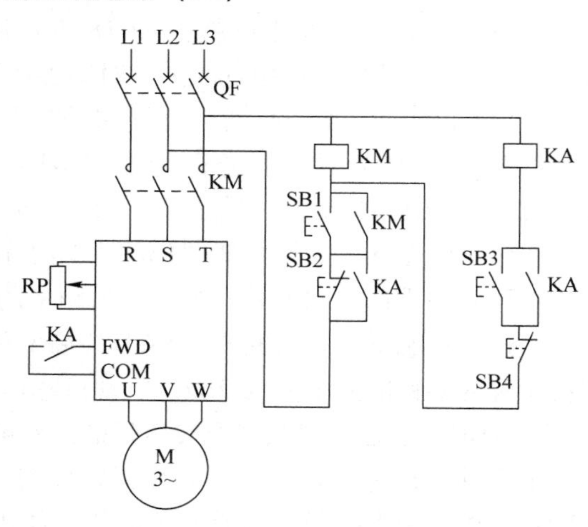

图 18-33　用继电器控制变频器驱动电动机正转运行的控制电路（二）

电动机的正向转动由按钮 SB3 控制，电动机的停止由按钮 SB4 控制。由图 18-33可知，继电器控制回路的电源由接触器线圈的两端引出，这就保证了只有接触器线圈得电吸合，保证变频器通电后，按下按钮 SB3，中间继电器 KA 的线圈才能得电吸合，其触点将变频器的 FWD 端子与 COM 端子接通，电动机正向转动。与此同时，中间继电器的另一常开触点封锁（短路）按钮 SB2，使其不起作用，这就保证了只有在电动机先停机的情况下，才能使变频器切断电源。

当需要停止时，必须先按下按钮 SB4，使中间继电器 KA 的线圈失电，其动合触点断开，将变频器的 FWD 端子与 COM 端子断开，电动机减速停止，与此同时，封锁按钮 SB2 的中间继电器常开触点 KA 复位（断开）。这时才可按下按钮 SB2，使接触器 KM 线圈失电，其主触点断开，变频器断电。由此可知，变频器的通断电是在停止输出状态下进行的，在运行状态下一般不允许切断电源。

18.9.2　变频器正反转控制电路

1. 改变电动机旋转方向的方法

（1）改变相序

一般情况下，人们习惯于通过改变相序来改变三相异步电动机的旋转方向。但是，在使用变频器的情况下，需要注意以下几点：

1）如图 18-34a 所示，交换变频器进线的相序是没有意义的，因为变频器的中间环节是直流电路，所以变频器输出电路的相序与变频器输入电路的相序之间是毫无关系的。

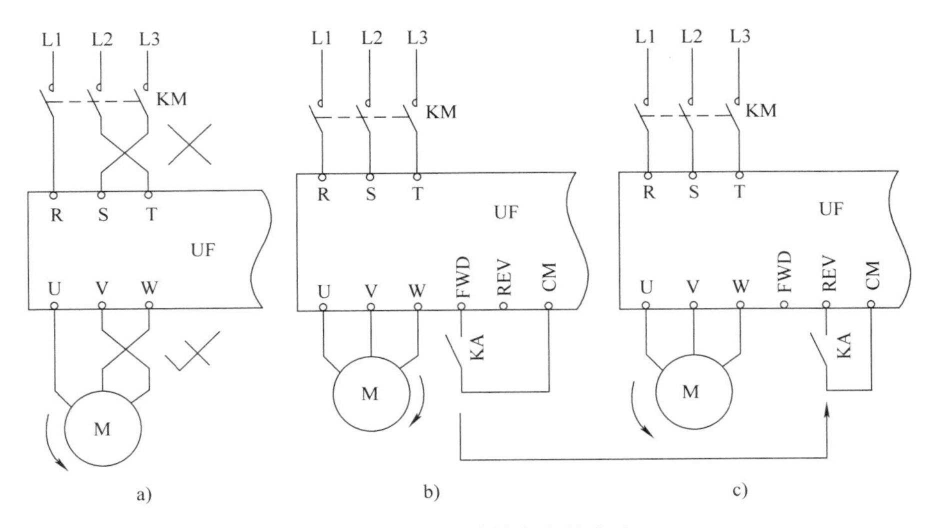

图 18-34 改变旋转方向的方法

a）错误或不妥的方法 b）正转控制 c）反转控制

2）如图 18-34a 所示，交换变频器输出线的相序是可以的，但却不是最佳方案。因为从变频器到电动机的电流比较大，导线比较粗，要改变主电路的相序，一般需要两个接触器，接线比较烦琐。

（2）改变控制端子

变频器的输入控制端子中，有“正转控制端”（FWD）和“反转控制端”（REV），如果需要改变电动机的转向，则分别将控制端子按图 18-34b 和图 18-34c 进行接线即可。

（3）改变功能预置

例如，康沃 CVF－G2 系列变频器中，功能码“b－4”用于预置“转向控制”。数据码为“0”时是正转，数据码为“1”时是反转。

2. 变频器正反转控制电路

变频器正反转控制电路如图 18-35 所示。在该控制电路中，接触器仍只作为变频器的通电、断电控制，而不作为变频器运行与停止控制，因此断电按钮 SB2 仍由中间继电器 KA1 和 KA2 封锁（短路）。其中 KA1 为正转继电器，用于连接变频器的 FWD 端子和 COM 端子，控制电动机的正转运行；KA2 为反转继电器，用于连接变频器的 REV 端子和 COM 端子，控制电动机的反转运行。按钮 SB1、SB2 用于控制接触器的接通或断开，从而控制变频器的通电或断电。按钮 SB3 为正转起动按钮，用于控制正转继电器 KA1 的吸合。按钮 SB4 为反转起动按钮，用于控制反转继电器 KA2 的吸合。按钮 SB5 为停止按钮，用于切断继电器 KA1 和 KA2 线圈的电源。另外，在继电器 KA1 和 KA2 各自的线圈回路中互相串联对方的一副常闭辅助触点 KA2 和 KA1，以保证继电器 KA1 和 KA2 的线圈不会同时通电。这两副常闭辅助触点在电路中起互锁作用。

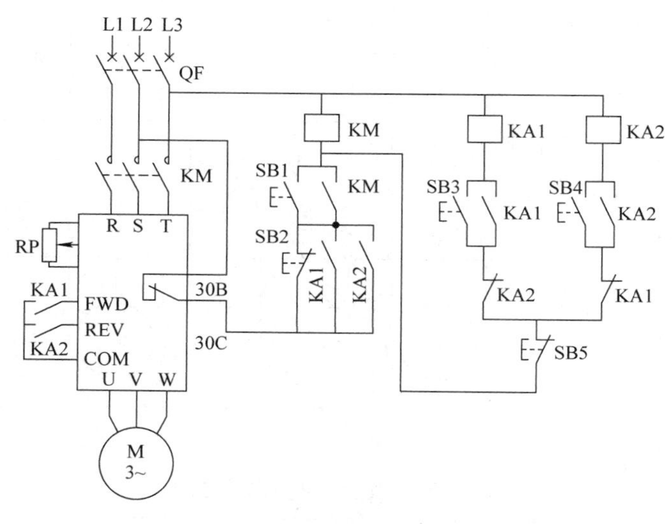

图 18-35　变频器正反转控制电路

当按下按钮 SB1 时，接触器 KM 线圈得电吸合并（通过 KM 的常开辅助触点）自锁，其主触点闭合，变频器处于通电待机状态。这时如果按下正转起动按钮 SB3，正转继电器 KA1 线圈得电吸合并（通过 KA1 的常开辅助触点）自锁，其常开触点 KA1 接通变频器的 FWD 端子，电动机正转，与此同时，其常闭辅助触点 KA1 断开，使反转继电器 KA2 线圈不能得电。如果要使电动机反转，应先按下 SB5，使继电器 KA1 线圈失电释放，其常开触点复位（断开），使变频器的 FWD 端子与 COM 端子断开，电动机降速停止，然后再按下反转起动按钮 SB4，反转继电器 KA2 线圈得电吸合并（通过 KA2 的常开辅助触点）自锁，其常开触点 KA2 接通变频器的 REV 端子，电动机反转，与此同时，其常闭辅助触点 KA2 断开，使正转继电器 KA1 线圈不能得电。

不管电动机是正转运行还是反转运行，其两个继电器的另一副常开辅助触点 KA1、KA2 都将总电源停止按钮 SB2 短路。

18.9.3　用继电器－接触器控制的工频与变频切换电路

在交流变频调速系统中，根据工艺要求，常需要选择“工频运行”或“变频运行”。例如，一些关键设备在投入运行后就不允许停机，否则会造成重大经济损失，这些设备正常工作时由变频器拖动，一旦变频器出现异常，应马上将电动机切换到工频电源；另外，有一类负载，应用变频器拖动，是为了变频调速节能，如果变频器达到了接近工频输出时（即电动机不需要变频调速时），就失去了节能的作用，这时应将变频器切换到工频运行，反之，当需要电动机调速时，就应将工频电网运行切换到变频器上运行。因此，工频－变频切换电路是一种常用电路。应注意，**工频－变频切换时，工频电网与变频器输出的相序必须一致。**

用继电器－接触器控制实现变频器工频与变频切换的控制电路如图 18-36 所示。

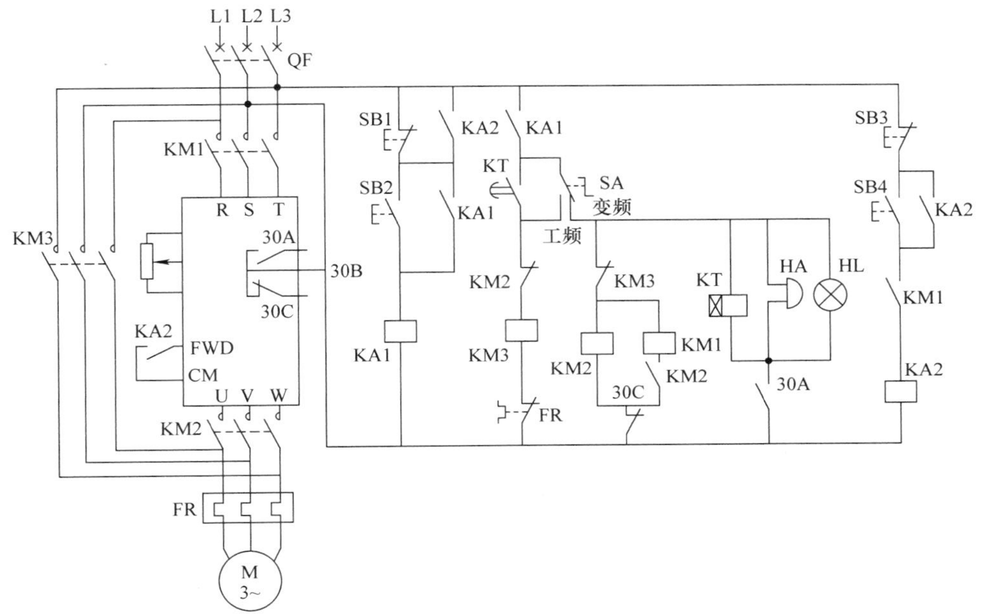

图 18-36　用继电器－接触器控制实现变频器工频与变频切换控制电路

1. 工频运行

在图 18-36 中，由于在工频运行时，变频器不能对电动机提供过载保护，所以主电路中接入了热继电器 FR，用于工频运行时的过载保护。同时，由于变频器输出端不允许与电源相连，所以接触器 KM2 与 KM3 之间必须有互锁保护，防止这两个接触器同时接通。接触器 KM3 为工频运行接触器，当 KM3 主触点闭合时，电动机由工频电网供电。SA 为变频、工频切换旋转开关。当将旋转开关 SA 转到“工频运行”方式（即转到接触器 KM3 的线圈所在支路）时，按下总电源控制按钮 SB2，中间继电器 KA1 线圈得电吸合，其一组常开触点 KA1 闭合，实现 KA1 的自锁（自保持）；另一组常开触点 KA1 闭合，将接触器 KM3 线圈接通。KM3 线圈得电吸合，其主触点闭合，电动机由工频供电运行，与此同时，接触器 KM3 的常闭辅助触点断开，切断了接触器 KM2 线圈所在的支路，实现了 KM3 与 KM2 的互锁。

当按下停止按钮 SB1 时，中间继电器 KA1 失电释放，其常开触点 KA1 断开（复位），接触器 KM3 的线圈也失电释放，KM3 的主触点断开，电动机停止运行。

2. 变频运行

当将旋转开关 SA 转到“变频运行”方式（即转到变频控制支路）时，按下总电源控制按钮 SB2，中间继电器 KA1 线圈得电吸合，其一组常开触点 KA1 闭合，实现 KA1 的自锁；另一组常开触点 KA1 闭合，将接触器 KM2 线圈接通。KM2 线圈得电吸合，KM2 的常开辅助触点闭合，使接触器 KM1 线圈得电吸合，即 KM2 吸合后 KM1 吸合，两接触器主触点闭合将变频器与电源和电动机接通，使其处于变频运行的待机状态，此时，串联在中间继电器 KA2 支路中的 KM1 的一组常开辅助触点闭合，为变频器起动做准备。与此同时，接触器 KM2 的常闭辅助触点断开，切断了接触器 KM3 线圈所在的支路，实现了 KM2 与 KM3 的互锁。

当按下变频器工作按钮 SB4 时，中间继电器 KA2 线圈得电吸合，其一组常开触点将 SB4 短路自保，另一组常开触点接通变频器的 FWD 与 CM 端子，电动机正向转动。此时 KA2 还有一组常开触点将总电源停止按钮 SB1 短路，使它失效，以防止用总电源停止按钮停止变频器。

当变频器需要停止输出时，按下停止按钮 SB3，中间继电器 KA2 线圈失电释放，KA2 所有的常开触点断开，变频器的 FWD 与 CM 端子开路，变频器停止输出，电动机停止运行。如按下总电源停止按钮 SB1，中间继电器 KA1 释放，接触器 KM2、KM3 均释放，变频器断电。

3. 故障保护及切换

当变频器工作时，由于电源电压不稳定、过载等异常情况发生时，变频器的集中故障报警输出触点 30A、30C 动作。30C 常闭触点由接通转为断开（此时变频器停止输出，电动机处于空转运行），接触器 KM1、KM2 线圈失电释放，其主触点断开，将变频器与电源及电动机切除；与此同时，30A 常开触点闭合，将通电延时继电器 KT、报警蜂鸣器 HA、报警灯 HL 与电源接通，发出声光报警。延时继电器通过一定延时，其延时常开触点将接触器 KM3 线圈接通，KM3 主触点闭合，电动机切换到工频供电运行。当操作人员发现报警后，将 SA 开关旋转到工频运行位置，声光报警停止，时间继电器 KT 线圈断电释放。

18.9.4 用 PLC 控制的工频与变频切换电路

用 PLC 控制实现变频器工频与变频切换的控制电路如图 18-37 所示。

在图 18-37 中，用接触器 KM1 切换变频器的通电、断电；用接触器 KM2 切换变频器与电动机的接通与断开；用接触器 KM3 接通电动机工频运行。接触器 KM2 与 KM3 在切换过程中不能同时接通，需要在 PLC 内、外通过程序和电路进行互锁（联锁）保护。由于在工频运行时，变频器不能对电动机提供过载保护，所以主电路中接入了热继电器 FR，用于工频运行时的过载保护。变频器由电位器 RP 进行频率设定；旋转开关 SA1 用于切换“工频运行模式”或“变频运行模式”；按钮 SB5 用于变频器出现故障后对故障信号复位。电源切换梯形图如图 18-38 所示。

1. 工频运行

工频运行时，将选择开关 SA1 扳到“工频模式”位置，输入继电器 X4 为“1”状态，为工频运行做好准备。

按下电源接通按钮 SB1，X0 变为“1”状态，使 Y12 的线圈通电，并保持，接

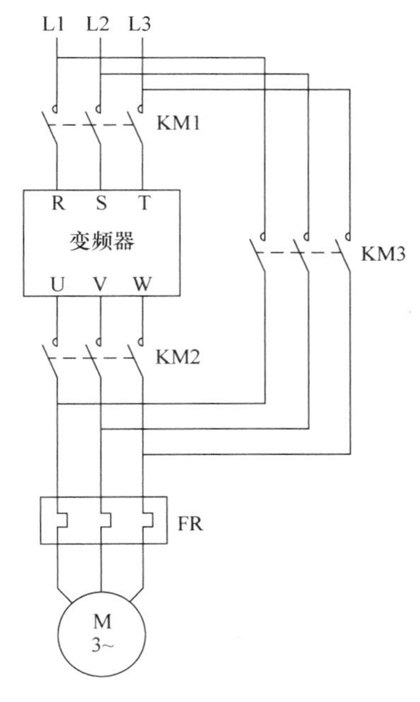

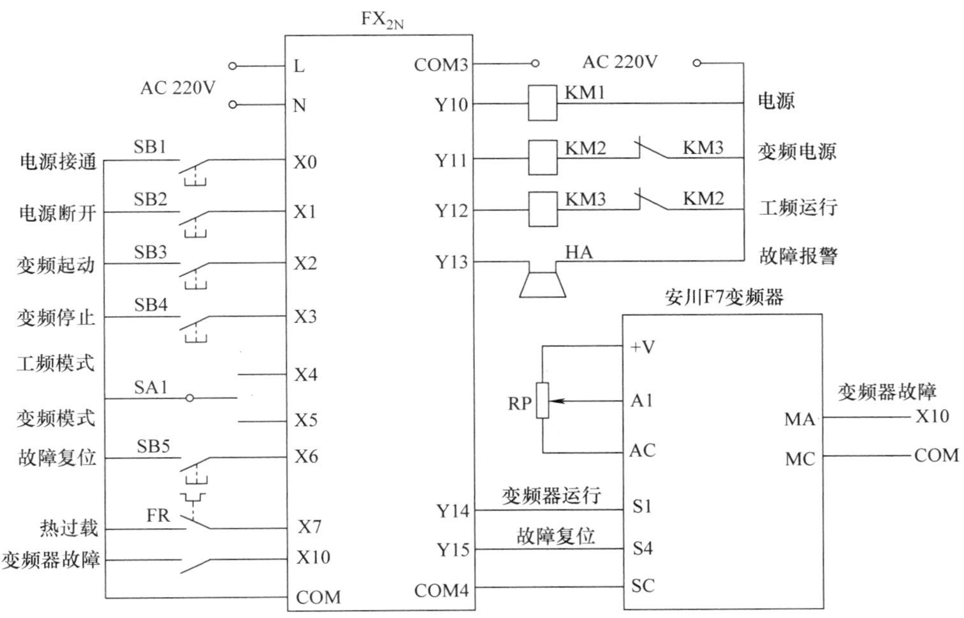

图 18-37 用 PLC 控制的工频与变频切换电路

触器 KM3 线圈得电吸合，其主触点闭合，电动机在工频电压下起动并运行。

工频运行时，当按下“电源断开”按钮 SB2 时，继电器 X1 为“1”状态，X1 的常闭触点断开使 Y2 的线圈断电，使接触器 KM3 的线圈失电释放，其主触点断

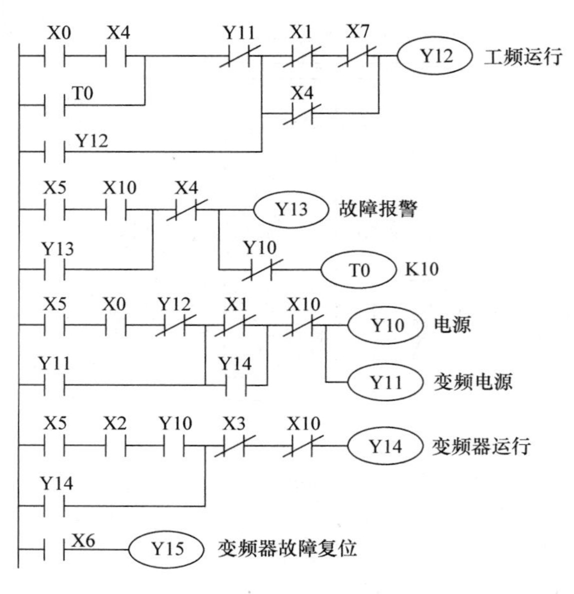

图 18-38　电源切换梯形图

开，电动机停止运行。如果电动机过载，则热继电器 FR 的常开触点闭合，继电器 X7 变为“1”状态，X7 的常闭触点断开，Y12 的线圈也会断电，使接触器 KM3 的线圈失电释放，其主触点断开，电动机停止运行。

2. 变频运行

若需要变频运行时，将选择开关 SA1 旋至“变频模式”位置，继电器 X5 变为“1”状态，为变频器运行做好了准备。当按下“电源接通”按钮 SB1 时，继电器 X0 为“1”状态，Y10 和 Y11 的线圈通电，使接触器 KM1 和 KM2 线圈得电吸合，其主触点闭合，接通变频器的电源，并将电动机接至变频器的输出端。

接通电源后，当按下“变频起动”按钮 SB3 时，继电器 X2 变为“1”状态，使 Y14 线圈通电，变频器 S1 端子被接通，电动机在变频模式运行。Y14 的常开触点闭合后，使“电源断开”按钮 SB2（接在 PLC 的 X1 端）的常闭触点不起作用，以防止在电动机变频运行时，用按钮 SB2 切断变频器的电源。

当按下“变频停止”按钮 SB4 时，继电器 X3 变为“1”状态，X3 的常闭触点断开，使 Y14 的线圈断电，变频器的 S1 端子处于断开状态，电动机减速和停机。

3. 故障时的电源切换

如果变频器出现故障，变频器的 MA 端子与 MC 端子之间的常开触点闭合使 PLC 的输入继电器 X10 变为“1”状态，Y11、Y10 和 Y14 的线圈断电，使接触器 KM1 和 KM2 线圈断电，变频器的电源被断开。Y14 使变频器的输入端子 S1 断开，变频器停止工作。与此同时，Y13 线圈通电并保持，声光报警器 HA 动作，开始报警。同时时间继电器 T0 开始定时。当定时时间到时，Y12 线圈通电并保持电动机自动进入工频运行状态。

当操作人员接到报警信号后，应立即将 SA1 扳到“工频模式”位置，输入继电器 X4 动作，使控制系统正式进入工频运行模式。另一方面，使 Y13 线圈断电，停止声光报警。

当处理完变频器的故障，重新通电后，应按下“故障复位”按钮 SB5，继电器 X6 变为“1”状态，使 Y15 线圈通电，接通变频器的故障复位端 S4，使变频器的故障状态复位。

18.9.5　用 PLC 控制变频器的输出频率和电动机的旋转方向

图 18-39 是用 PLC 控制变频器的输出频率和电动机的旋转方向的接线图。在该电路图中，PLC 的输入继电器 X0 和 X1 用来接收按钮 SB1 和 SB2 的指令信号，通过 PLC 的输出点 Y10 控制变频器电源的接通与断开；三位置旋钮开关 SA1 通过 PLC 输入继电器 X2 和 X3 控制电动机的正转、反转运行或停止。“正转运行/停止”开关接通时，电动机正转运行，断开时停机；“反转运行/停止”开关接通时电动机反转运行，断开时停机。变频器的输出频率由接在模拟量输入端 A1 的电位器控制。用 PLC 控制变频器的转速和电动机的旋转方向的梯形图如图 18-40 所示。

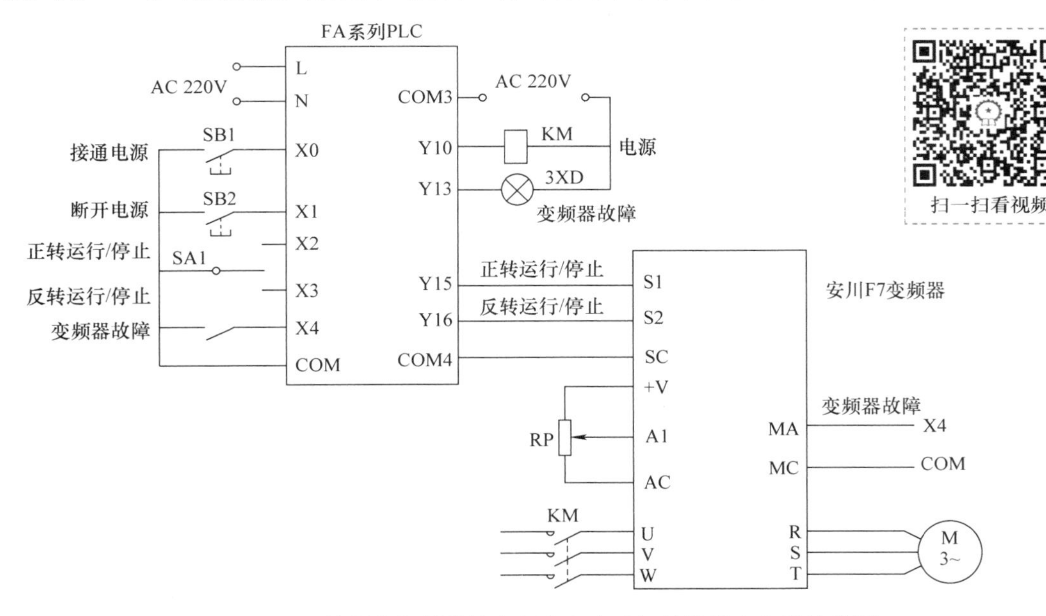

图 18-39　用 PLC 控制变频器的输出频率和电动机的旋转方向的接线图

当按下“接通电源”按钮 SB1 时，PLC 的输入继电器 X0 变为“1”状态，使 PLC 的输出继电器 Y10 的线圈通电并保持，使接触器 KM 线圈得电吸合，其主触点闭合，接通变频器的电源。

当按下“断开电源”按钮 SB2 时，PLC 的输入继电器 X1 变为“1”状态，如果 PLC 的输入继电器 X2 和 X3 均为“0”状态（三位置旋转开关 SA1 在中间位置），即变频器还未运行，则 PLC 的输出继电器 Y10 被复位，使接触器 KM 线圈断电释放，其主触点断开，使变频器的电源被切断。

当变频器出现故障时，PLC 输入继电器 X4 变为“1”状态，X4 的常开触点接通，亦使 Y10 复位，使接触器 KM 线圈断电释放，其主触点断开，使变频器的电源被切断。

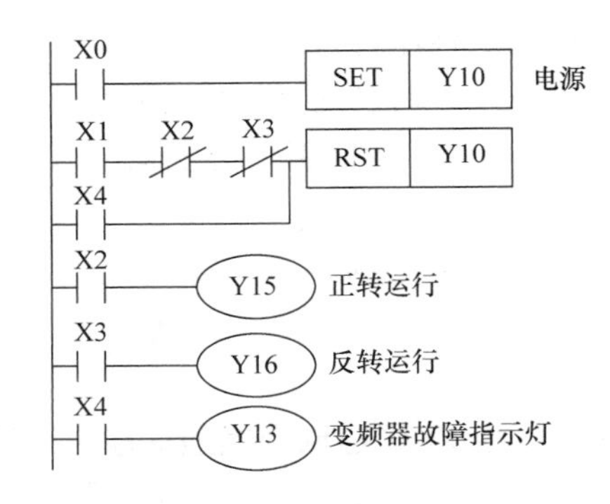

图 18-40 用 PLC 控制变频器的转速和电动机的旋转方向的梯形图

当电动机正转或反转运行时，因为 PLC 输入继电器 X2 或 X3 已经变为“1”状态，X2 或 X3 的常闭触点断开，使“断开电源”按钮 SB2 和 PLC 输入继电器 X1 不起作用，以防止在电动机运行时切断变频器的电源。

将三位置旋转开关 SAl 旋至“正转运行”位置，PLC 输入继电器 X2 变为“1”状态，使 PLC 输出继电器 Y15 动作，变频器的 S1 端子被接通，电动机正转运行。

将 SA1 旋至“反转运行”位置，PLC 输入继电器 X3 变为“l”状态，使 PLC 输出继电器 Y16 动作，变频器的 S2 端子被接通，电动机反转运行。

将 SA1 旋至中间位置，PLC 输入继电器 X2 和 X3 均为“0”状态，使 PLC 输出继电器 Y15 和 Y16 的线圈断电，变频器的 S1 和 S2 端子都处于断开状态，电动机停止运行。

18.9.6 变频器在恒压供水系统中的应用

目前，我国的能源工业面临着经济增长与环境保护的双重压力，有效地利用电能是必须面对的问题。然而传统的水塔供水既不卫生又不经济，同时对水资源也造成了大量的浪费。采用变频器和 PLC 等现代控制设备和技术实现恒定水压供水，是供水领域技术革新的必然趋势。迄今，变频调速恒压供水系统（包括楼层恒压供水和自来水厂的恒压供水）已经为广大用户所接受，应用最为普遍。

1. 单机的恒压供水系统

（1）恒压供水的目的

对于供水系统的控制，归根结底，是为了满足用户对流量的要求。所以流量是供水系统的基本控制对象。但流量的测量比较复杂，考虑到在动态情况下，管道中水压 P 的大小与供水能力（用流量 Q_G 表示）和用水需求（用流量 Q_U 表示）之间的平衡情况有关。如图 18-41 所示，以压力表 SP 所在位置为界，SP 之前的流量 Q_G 代表供水能力，SP 之后的流量 Q_U 代表用水需求。

如供水能力 $Q_G>$ 用水需求 Q_U，则压力上升（$P\uparrow$）。

如供水能力 $Q_G<$ 用水需求 Q_U，则压力下降（$P\downarrow$）。

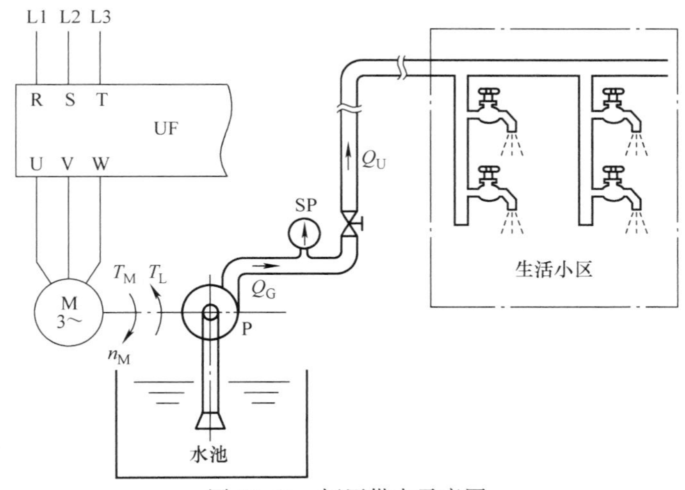

图 18-41 恒压供水示意图

如供水能力 Q_G = 用水需求 Q_U，则压力不变（P = 常数）。

可见，供水能力与用水需求之间的矛盾具体地反映在流体压力的变化上。保持供水系统中某处压力的恒定，也就保证了使该处的供水能力与用水需求处于平衡状态，恰到好处地满足了用户所需的用水流量，这就是恒压供水所要达到的目的。

（2）恒压供水控制电路

单机的恒压供水控制电路如图 18-42 所示，水泵电动机 M 由变频器 UF 供电。

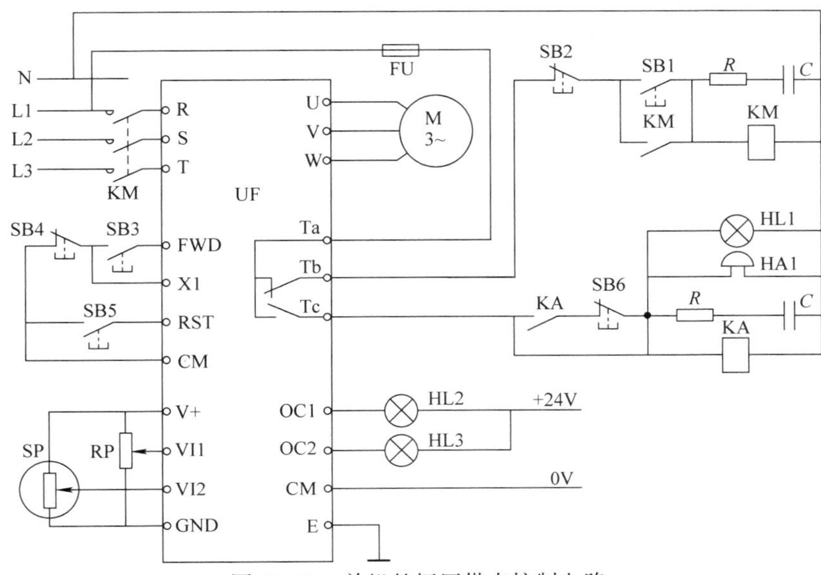

图 18-42 单机的恒压供水控制电路

由图 18-42 可知，变频器有两个模拟量控制信号的输入端，即

1）目标信号输入端。通过功能预置，将“PID 设定通道选择”选择为 VI1。

则当 PID 功能有效时，VI1 端自动地成为目标信号的输入端。目标信号（给定信号）X_T从电位器 RP 上取出。

目标信号是一个与压力的控制目标相对应的值，显示屏上通常以百分数表示。目标信号也可以由键盘直接给定，而不必通过外接电路来给定。

2）反馈信号输入端。通过功能预置，将“PID 反馈通道选择”选择为 VI2。当 PID 功能有效时，VI2 端即自动地成为反馈信号的输入端。接收从远传压力表（压力变送器）SP 反馈回来的信号。

在图 18-42 中，远传压力表 SP 的电源由变频器提供（端子 V + —GND），其输出信号便是反映实际压力的反馈信号 X_F，接至变频器的 VI2 端。反馈信号的大小在显示屏上也由百分数表示。

变频器的作用是将反馈信号与目标信号比较，经 PID 调节后，决定加、减速。

（3）控制电路的功能

1）变频器供电。变频供电由按钮开关 SB1 和 SB2 通过接触器 KM 进行控制，将变频器内部报警继电器的常闭触点（Ta—Tb）与接触器的线圈 KM 串联，一旦变频器因故障而跳闸，接触器线圈 KM 将失电释放，其主触点断开，立即使变频器脱离电源。

2）变频器的运行。变频器的运行采用自锁控制（三线控制）方式，通过功能预置，使端子 X1 成为自锁控制端。则按下按钮 SB3，变频器即开始运行，并自锁；按下按钮 SB4，变频器即停止运行。

3）变频器跳闸后的声光报警。变频器因故障而跳闸，一方面要求切断变频器电源，另一方面要发出报警信号，以提醒值班人员注意。报警控制电路如图 18-42 所示。

工作原理：Ta、Tb、Tc 是变频器的继电器输出端子，正常运行情况下，Ta—Tc 之间是断开的，Ta—Tb 之间是闭合的。将常闭触点（Ta—Tb）串接在接触器 KM 的线圈回路中，用常开触点（Ta—Tc）启动报警指示灯 HL1 和报警电笛 HA1，当变频器因故障而跳闸时，变频器输出端子进行切换，其常闭触点（Ta—Tb）断开，使 KM 线圈断电，切断变频器电源；与此同时，常开触点（Ta—Tc）闭合，进行声光报警。

4）继电器 KA 的作用　当变频器因故障而跳闸时，继电器 KA 得电吸合，其常开触点闭合，将声光报警电路自锁. 使变频器断电后，声光报警能持续下去，直至工作人员按下按钮 SB6 为止。

5）压力的上、下限报警　将输出信号端子 OC1 和 OC2 分别预置为压力的上、下限报警输出即可。

2. 继电器控制的一控二的恒压供水系统

SB200 系列变频器在变频恒压供水装置上的应用如图 18-43 所示。

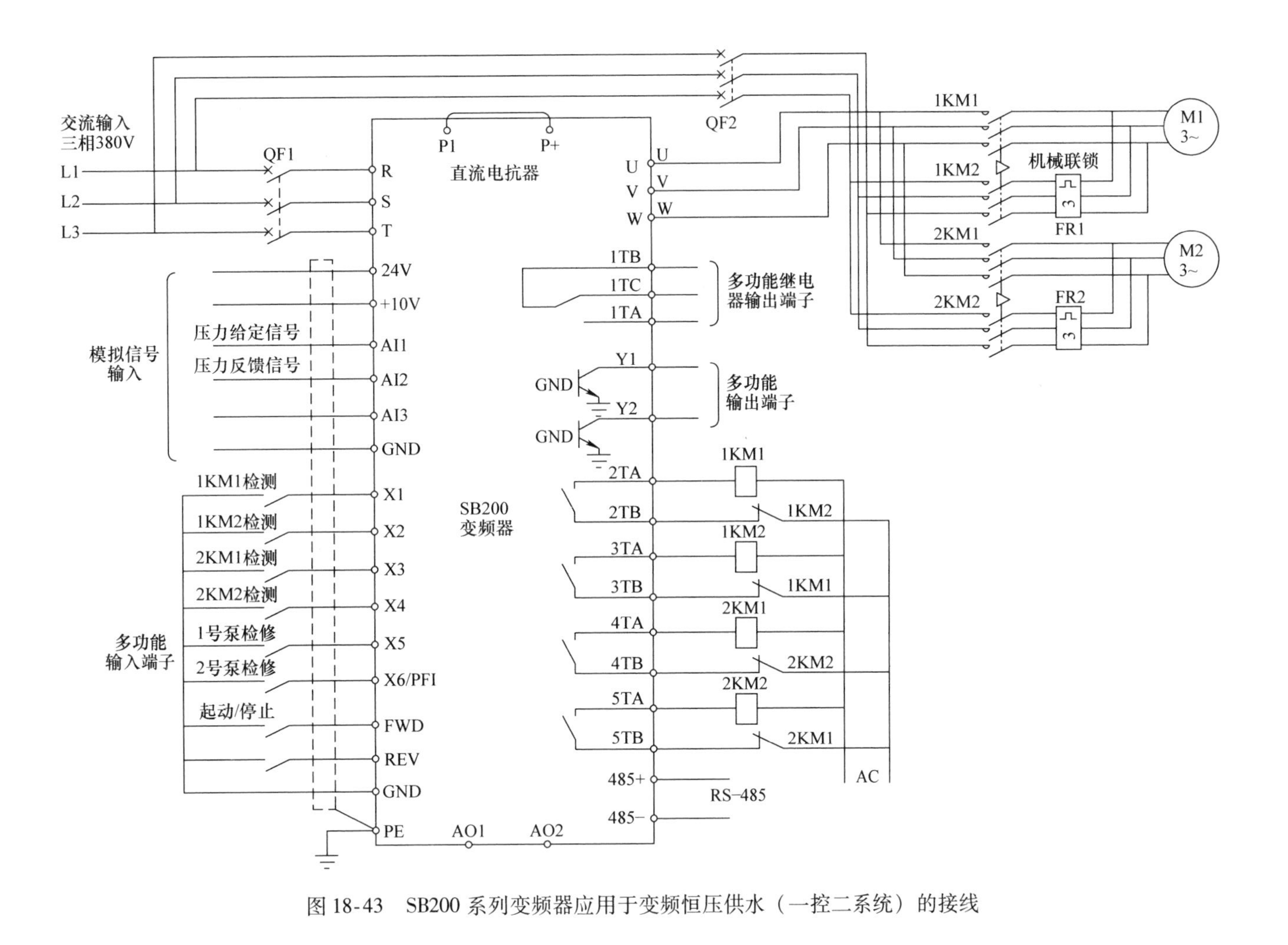

图18-43 SB200系列变频器应用于变频恒压供水（一控二系统）的接线

图 18-43 中所示的控制系统为变频器一控二，即一台变频器控制两台水泵，该控制系统运行时，只有一台水泵处于变频运行状态。在循环投切系统中，M1、M2 分别为驱动 1#、2#水泵的电动机，1KM1、2KM1 分别为 1#、2#水泵变频运转控制接触器，1KM2、2KM2 分别为 1#、2#水泵工频运转控制接触器，1KM1、1KM2、2KM1、2KM2 由变频器内置继电器控制，四个接触器的状态均可通过可编程输入端子进行检测，如图 18-43 中 X1 ~ X4 所示；当 1#、2#水泵在运行中出现故障时，可以通过输入相应检修指令，让该故障水泵退出运行，非故障水泵继续保持运行，以保证系统供水能力；压力给定信号可通过端子模拟输入信号或数字给定，反馈信号可为电流或电压信号。

3. PLC 控制的一控三的恒压供水系统

所谓一控三，是指由一台变频器控制三台水泵的方式，目的是减少设备费用。但显然，三台水泵中只有一台是变频运行的，其总体节能效果不能与用三台变频器控制三台水泵相比。

（1）一控三的工作方式

设三台水泵分别为 1 号泵、2 号泵和 3 号泵，工作过程如下：

先由变频器起动 1 号泵运行，如工作频率已经达到 50Hz，而管网压力仍不足时，将 1 号泵切换成工频运行，再由变频器去起动 2 号泵，供水系统处于“一工一变”的运行状态；如变频器的工作频率又已达到 50Hz，而压力仍不足时，则将 2 号泵也切换成工频运行，再由变频器去起动 3 号泵，供水系统处于“二工一变”的运行状态。

如果变频器的工作频率已经降至下限频率，而压力仍偏高时，则令 1 号泵停机，供水系统又处于“一工一变”的运行状态；如变频器的工作频率又降至下限频率，而压力仍偏高时，则令 2 号泵也停机，供水系统又恢复到一台泵变频运行的状态。这样安排，具有使三台泵的工作时间比较均匀的优点。

（2）一控三的控制电路

很多变频器都带有专用于由一台变频器控制多台水泵的附件，称为扩展板。PLC 控制的一控三的恒压供水控制电路如图 18-44 所示。

由图 18-44 可知，接触器 KM0 ~ KM5 负责进行切换。如接触器 KM0 闭合、KM1 ~ KM5 断开，1 号泵变频运行；接触器 KM1 闭合，KM0、KM2 ~ KM5 断开，1 号泵工频运行。

1）变频器的作用如下：

① 将反馈信号与目标信号比较，经 PID 调节后，决定加、减速。

② 设定变频器的多功能输出端 U1、U2 分别为上、下限频率检测，当变频器的频率到达上、下限频率时，U1、U2 分别有输出。

③ 变频器参数设置参照单机的设置。

PLC 与变频器的连接如图 18-45 所示。

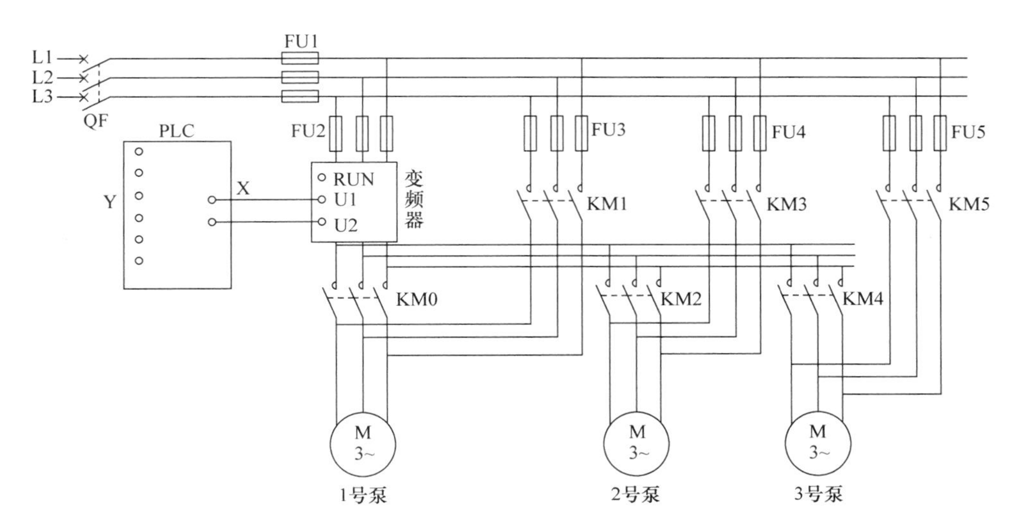

图 18-44　PLC 控制的一控三的恒压供水控制电路

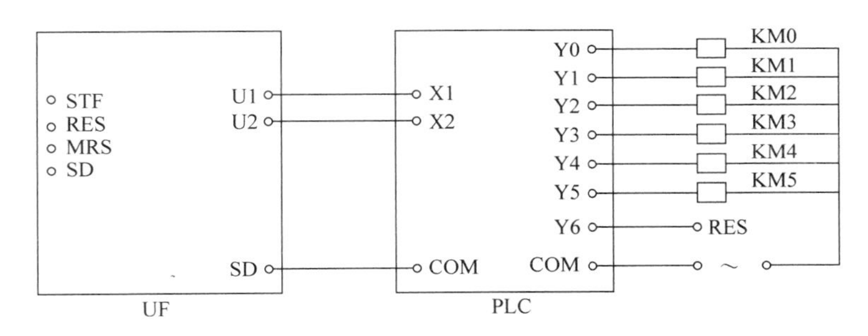

图 18-45　PLC 与变频器的连接

2）PLC 的作用如下：

① 变频器到达上限频率，U1 接通，起动 PLC 加泵程序，现有泵切换到工频，变频器复位，起动下一台泵。

② 变频器到达下限频率，U2 接通，起动 PLC 减泵程序，切除一台工频运行的水泵。

③ 给变频器复位。

第 19 章　机床控制电路的使用与维修

19.1　电气控制电路的调试方法

19.1.1　通电调试前的检查和准备

电气设备安装完毕，在通电试车前，应准备好调试用的工具和仪表，对电路、电动机等进行全面的检查，然后才能通电试车。

1）准备好调试所需的工具、仪表，如螺钉旋具、电笔、万用表、钳形表、绝缘电阻表等。

2）清除安装板上的线头杂物，检查各开关、触点动作是否灵活可靠，灭弧装置有无破损。

3）按照电路原理图和接线图，逐段检查接线有无漏接、错接，检查导线连接点是否符合工艺要求。

4）对于新投入使用或停用 3 个月以上的低压电动机，应用 500V 绝缘电阻表测量其绝缘电阻，电动机的绝缘电阻不得小于 0.5MΩ，否则应查明原因并修理。

5）用绝缘电阻表测量主电路、控制电路对机壳的绝缘电阻及不同回路之间的绝缘电阻，各项绝缘电阻不应小于 0.5MΩ。

6）对不可逆运转的机械设备，应检查电动机的转向与机械设备要求的方向是否一致。一般可通电检查；对于连接好的设备，可用相序表等进行测量。

7）检查传动设备及所带生产机械的安装是否牢固。

8）检查轴承的油位是否正常。

9）检查电动机及所带机械设备的润滑系统、冷却系统；打开有关的水阀门、风阀门、油阀门。

10）如有可能，用手盘车，检查转子转动是否灵活，有无卡涩现象。

11）对于绕线转子异步电动机（或直流电机），还应检查电刷的牌号是否符合要求、压力是否合适、能否自由活动，集电环（或换向器）是否光洁、偏心，电刷与集电环（或换向器）接触是否良好等。

12）电动机通电前，要认真检查其铭牌电压、频率等参数与电源电压是否一致，然后按接线图检查各部分的接线是否正确，各接线螺钉是否紧固，各导线的截面积、标号是否与图样所标注一致。

13）检查测量仪表是否齐全，配有电流互感器的，电流互感器的一、二次确认无开路现象。

14）检查设备机座、电线钢管的保护接地或接零线是否接好。

19.1.2　保护定值的整定

1. 低压断路器的调整

1）低压断路器分保护电动机用与保护配电线路用两种，不应选错；**保护电动机时，断路器的额定电流应大于或等于电动机的额定电流。**

2）**长延时动作过电流脱扣器的额定电流应按电动机额定电流的1.0～1.2倍整定；6倍长延时动作电流整定值的可返回时间应不小于电动机的实际起动时间。**可返回时间分为1s、3s、5s、8s、15s几种。

3）**瞬时动作的过电流值，应按电动机的起动电流的1.35～1.7倍整定。**

2. 过电流继电器的调整

过电流继电器的保护定值一般按产品有关资料来定。若无资料，**对于保护三相异步电动机，一般可调整为电动机额定电流的1.7～2.0倍；频繁起动时，可调整为电动机额定电流的2.25～2.5倍；对于直流电动机，可调整为电动机额定电流的1.1～1.15倍。**

3. 过电压继电器的调整

过电压继电器一般按产品有关资料来整定，如无资料，**可调整为电动机额定电压的1.1～1.15倍。**

4. 欠电流继电器的调整

欠电流继电器吸合值可调整为直流电动机额定励磁电流值，释放值可调整为电动机最小励磁电流的0.8倍。

5. 热继电器动作电流的调整

热继电器的整定电流一般应与电动机额定电流调整一致；对于过载能力差的电动机，应适当减少整定值，**热元件的整定值一般调整为电动机额定电流的0.7倍左右；对起动时间长或带冲击性负载的电动机，**应适当增大整定值，**一般调整到电动机额定电流的1.1～1.2倍。**此外，热继电器的动作时间应大于电动机的启动时间。

19.1.3　通电试车的方法步骤

1. 通电试车的注意事项

1）电气设备经静态检查、保护定值整定后，方可进行通电试车。

2）试车前，设备上应无人工作，周围无影响运行的杂物，照明充足。

3）通电试车的步骤一般是先试控制电路，后试主电路，当主电路发生故障时，可由控制电路将主电路切除。

2. 通电试车方法

（1）控制电路通电试车

1）断开电动机主电路，将控制电路、保护电路、信号电路、联锁电路的有关设备全部送电。检查各部分的电压是否正常，接触器、继电器线圈温升是否正常，信号灯是否正常。

2）操作相应（按钮）开关、试起动相应保护装置、电气联锁装置、限位装置；观察有关接触器、继电器是否正常动作，信号灯是否变化。

（2）主电路通电试车

恢复好控制电路及主电路接线后，通电试车前，有条件的应将电动机与生产机械分开，**按照先空载、后负载，先点动、后连续，先低速、后高速，先起动、后制动，先单机、后多机的原则通电试车**。试车过程中，要注意检查以下内容：

1）严格执行电动机的允许起动次数，严禁连续多次起动，否则电动机容易过热烧坏。**一般冷态下允许连续起动 2 次，间隔 5min；热态时只允许起动 1 次。起动时间不超过 3s 的电动机，可允许多起动一次。**

2）减压起动时，应掌握好减压起动切换到全压运行的时间。

3）电动机安装现场距离控制台较远时，应派专人到电动机安装现场，监视起动过程。

4）检查各指示仪表的指示，空载和负载电流是否合格（是否平衡、是否稳定、空载电流占额定电流的百分比是否过大）。

5）检查电动机的转向、起动、转速是否正常；声音、温升有无异常；制动是否迅速。

6）检查轴承是否发热，检查传动带是否过紧或联轴器有无问题。

7）再次试验控制电路保护装置、联锁装置、限位装置等动作是否可靠。如有惯性越位时，应反复调整；如果保护装置动作，应查明原因，处理故障后再通电试验，切不可增大保护强行送电，以免保护失灵而烧毁设备。

8）在电动机试车时，如有下列现象应立即停机：

① 电动机不转或低速运转。

② 超过正常起动时间电流表不返回。

③ 三相电流剧增或三相电流严重不平衡。

④ 电动机有异常声音、剧烈振动、轴承过热或声音异常。

⑤ 电动机扫膛或机械撞击。

⑥ 起动装置起火冒烟。

⑦ 电动机所带负载损坏、卡阻。

⑧ 发生人身伤亡事故等。

19.2 电气控制电路故障的诊断方法

机床电气控制线路是多种多样的，机床的电气故障往往又是与机械、液压、气动系统交错在一起，比较复杂，不正确的检修方法有时还会使故障扩大，甚至会造成设备及人身事故，因此必须掌握正确的检修方法。常见的故障分析方法包括感官诊断法、电压测量法、电阻测量法、短接法、强迫闭合法、对比法、置换元件法和逐步接入法等。实际检修时，要综合运用以上方法，并根据积累的经验，对故障现象进行分析，快速准确地找到故障部位，采取适当方法加以排除。

19.2.1 感官诊断法

感官诊断法（又称直接观察法）是根据机床电器故障的外壳表现，通过眼看、鼻闻、耳听、手摸、询问等手段，来检查，判断故障的方法。

1. 诊断方法

1）望。查看熔断器的熔体是否熔断及熔断情况；检查接插件是否良好，连接导线有无断裂脱落，绝缘是否老化；观察电器元件有无烧黑的痕迹；更换明显损坏的元器件。

2）闻。闻一闻故障电器是否有因电流过大而产生的异味。如果有，应立即切断电源检查。

3）问。向机床操作者和故障在场人员询问故障情况，包括故障发生的部位，故障现象（如响声、冒火、冒烟、异味、明火等，热源是否靠近电器，有无腐蚀性气体侵蚀，有无漏水等），是否有人修理过，如有应确定修理的具体内容等。

4）切。电动机、变压器和电磁线圈正常工作时，一般只有微热的感觉。而发生故障时，其外壳温度会明显上升。所以，可在断开电源后，用手触摸电动机等外壳的温度来判断故障。

5）听。因电动机、变压器等故障运行时的声音与正常时是有区别的，所以通过听它们发出的声音，可以帮助查找故障。

2. 检查步骤

1）初步检查。根据调查的情况，查看有关电器外部有无损坏，连线有无断路、松动，绝缘层有无烧焦，螺旋熔断器的熔断指示器是否跳出，电器有无进水、油垢，开关位置是否正确等。

2）试车。通过初步检查，确认不会使故障进一步扩大和不会发生人身、设备事故后，可进行试车检查。试车中要注意有无严重跳火、冒火、异常气味、异常声音等现象，一经发现应立即停车，切断电源。注意检查电动机的温升及电器的动作程序是否符合电气原理图的要求，从而发现故障部位。

3. 故障分析与注意事项

（1）用观察火花的方法检查故障

电器的触点在闭合分断电路或导线线头松动时会产生火花，因此可以根据火花的有无、大小等现象来检查电器故障。例如，正常紧固的导线与螺钉间不应有火花产生，当发现该处有火花时，说明线头松动或接触不良。电器的触点在闭合、分断电路时跳火，说明电路是通路，不跳火说明电路不通。当观察到控制电动机的接触器主触点两相有火花，一相无火花时，说明无火花的触点接触不良或这一相电路断路。三相中有两相的火花比正常大，另一相比正常小，可初步判断为电动机相间短路或接地。三相火花都比正常大，可能是电动机过载或机械部分卡住。在辅助电路中，若接触器线圈电路为通路，衔铁不吸合，要分清是电路断路还是接触器机械部分卡住造成的。此时，可按一下起动按钮，如按钮常开触点在闭合位置，断开时有轻微的火花，说明电路为通路，故障在接触器本身机械部分卡住等；如触点间无火花说明电路是断路的。

（2）从电器的动作程序来检查故障

机床电器的工作程序应符合电器说明书和图样的要求，如某一电路上的电器动作过早、过晚或不动作，说明该电路或电器有故障。还可以根据电器发出的声音、温度、压力、气味等分析判断故障。另外运用直观法不但可以确定简单的故障，还可以把较复杂的故障缩小到较小的范围。

（3）注意事项

1）当电器元件已经损坏时，应进一步查明故障原因后再更换，不然会造成元件的连续烧坏。

2）试车时，手不能离开电源开关，以便随时切断电源。

3）直接观察法的缺点是准确性差，所以不经进一步检查不要盲目拆卸导线和元件，以免延误时机。

19.2.2 电压测量法

正常工作时，电路中各点的电压是一定的，当电路发生故障时，电路中各点的电压也会随之改变，所以可以用万用表电压档测量电路中关键测试点的电压值与电路原理图上标注的正常电压值进行比较，来缩小故障范围或故障部位。

1. 方法和步骤

（1）分阶测量法

电压的分阶测量法如图19-1所示。当按起动按钮SB2，接触器KM1不吸合，说明电路有故障。

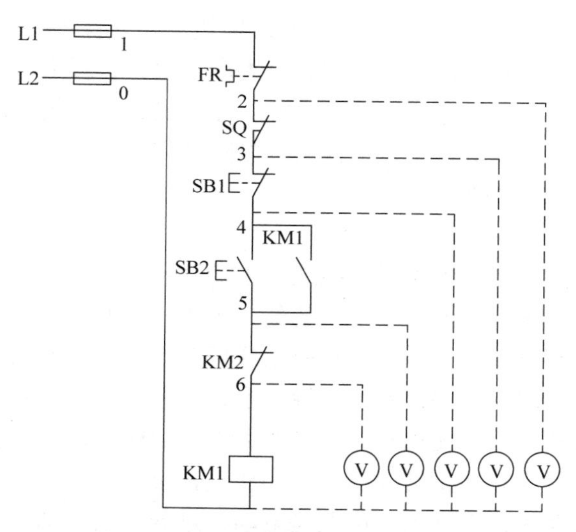

图19-1 电压的分阶测量法

检查时，需要两人配合进行。一人按下 SB2 不放，另一人把万用表拨到电压 500V 档位上，首先测量 0、1 两点之间的电压，若电压值为 380V，说明控制电路的电源电压正常。然后，将黑色表笔接到 0 点上，红色表笔按标号依次向前移动，分别测量标号 2、3、4、5、6 各点的电压。电路正常的情况下，0 与 2 ~6 各点电压均为 380V。若 0 与某一点之间无电压，说明是电路有故障。例如，测量 0 与 2 两点之间的电压时，电压为 0V，说明热继电器 FR 的常闭触点接触不良或触点两端接线柱所接导线断路。究竟故障在触点上还是连线断路，可先接牢所接导线，然后将红色表笔接在 FR 常闭触点的接线柱 2 上，若电压仍为 0V，则故障在 FR 常闭触点上。

如果测量 0 与 2 两点之间的电压时，电压为 380V，说明热继电器 FR 的常闭触点无故障。但是，测量 0 与 3 两点时，电压为 0V，则说明行程开关 SQ 的常闭触点有故障或接线柱的与导线接触不良。

在维修实践中，根据故障的情况也可不必逐点测量，而多跨几个标号测试点进行测量。

（2）分段测量法

触点闭合后各电器之间的导线在通电时，其电压降接近于零。而用电器、各类电阻、线圈通电时，其电压降等于或接近于外加电压。根据这一特点，采用分段测量法检查电路故障更为方便。电压的分段测量法如图 19-2所示。

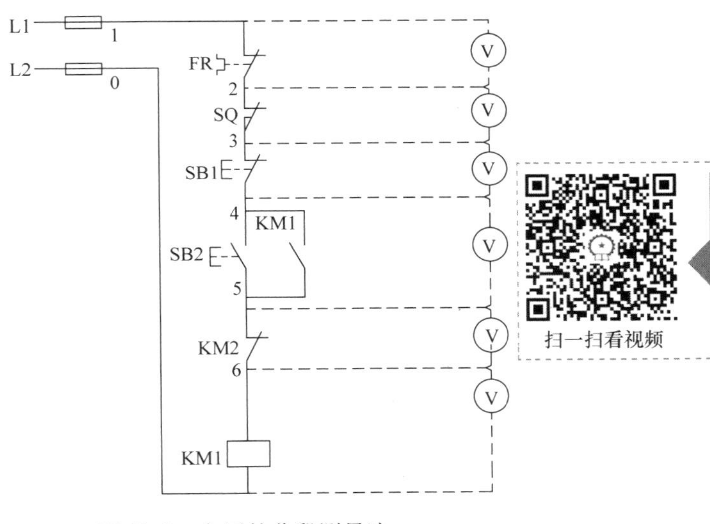

图 19-2　电压的分段测量法

当按下按钮 SB2 时，如接触器 KM1 不吸合，说明电路有故障。检查时，按住按钮 SB2 不放，先测量 0、1 两点的电源电压。电压在 380V，而接触器不吸合，说明电路有断路之处。此时，可将红、黑表笔逐段或者重点测相邻两点标号的电压。当电路正常时，除 0 与 6 两标号之间的电压等于电源电压 380V 外，其他相邻两点间的电压都应为零。如测量某相邻两点电压为 380V，说明该两点之间所包括的触点或连接导线接触不良或断路。例如，标号 3 与 4 两点之间的电压为 380V，则说明停止按钮 SB1 接触不良。同理，可以查出其他故障部位。

当测量电路电压无异常，而 0 与 6 间电压正好等于电源电压，接触器 KM1 仍不吸合，则说明接触器 KM1 的线圈断路或机械部分被卡住。

对于机床电器开关及电器相互之间距离较大、分布面较广的设备，由于万用表的表笔连线长度有限，所以用分段测量法检查故障比较方便。

2. 注意事项

1）用分阶测量法时，标号 6 以前各点对 0 点电压应为 380V，如低于该电压（相差 20% 以上，不包括仪表误差）时可视为电路故障。

2）用分段测量法时，如果测量到接触器线圈两端 6 与 0 的电压等于电源电压，可判断为电路正常；如不吸合，说明接触器本身有故障。

3）电压的两种检查方法可以灵活运用，测量步骤也不必过于死板，也可以在检查一条电路时用两种方法。

4）在运用以上两种测量方法时，必须将起动按钮 SB2 按住不放，才能测量。

19.2.3 电阻测量法

电路在正常状态和故障状态下的电阻是不同的。例如，由导线连接的线路段的电阻为零，出现断路时，断路点两端的电阻为无穷大；负载两端的电阻为某一定值，负载短路时，负载两端的电阻为零或减小。所以可以通过测量电路的电阻值来查找故障点。

电阻测量法可以测量元器件的质量，也可以检查线路的通断、接插件的接触情况，通过对测量数据的分析来寻找故障元器件。

1. 检查方法和步骤

（1）分阶测量法

电阻的分阶测量法如图 19-3 所示。当确定电路中的行程开关 SQ 闭合时，按下起动按钮 SB2，接触器 KM1 不吸合，说明该电路有故障。检查时先将电源断开，把万用表拨到电阻档上，测量 0、1 两点之间的电阻（注意测量时，要一直按下按钮 SB2）。若两点之间的电阻值接近接触器线圈电阻值，说明接触器线圈良好。如电阻为无穷大，说明电路断路。为了进一步检查故障点，将 0 点上的表笔移至标号 2 上，如果电阻为零，说明热继电器触点接触良好。再将表笔分别移至标号 3 ~ 6，逐步测量 1 – 3、1 – 4、1 – 5、1 – 6 各点的电阻值。当测量到某标号时电阻突然增大，则说明表笔刚刚跨过的触点或导线断路；若电阻为零，说明各触点接触良好。根据其测量结果即可找出故障点。

（2）分段测量法

电阻的分段测量法如图 19-4 所示。先切断电源，然后按下起动按钮 SB2 不放，两表笔逐段或重点测试相邻两标号（除 0 – 6 两点之间外）的电阻。如两点间之间的电阻很大，说明该触点接触不良或导线断路。例如，当测得 2 – 3 两点之间的电阻很大时，说明行程开关 SQ 的触点接触不良。这两种方法适用于开关、电器在机床上分布距离较大的电气设备。

2. 注意事项

电阻测量法的优点是安全，缺点是测量电阻值不准确时容易造成误判。为此应注意以下几点：

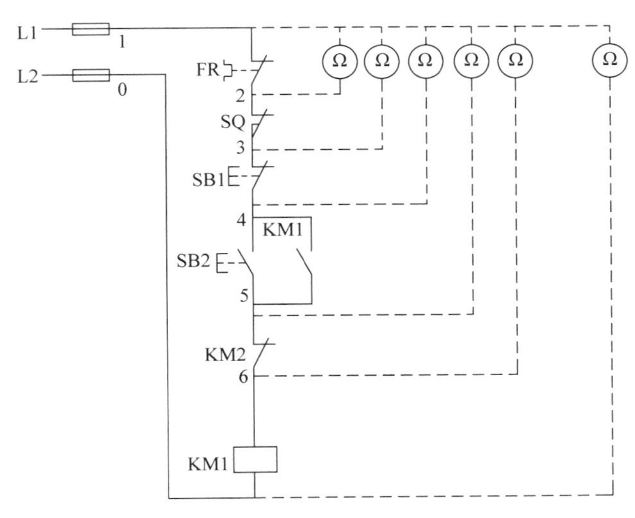

图 19-3　电阻的分阶测量法

1）用电阻测量法检查故障时，一定要断开电源。

2）如所测量的电路与其他电路并联，必须将该电路与其他电路断开，否则所测电阻值不准确。

3）测量高电阻器件，万用表要拨到适当的档位。在测量连接导线或触点时，万用表要拨到 $R\times1$ 的档位上，以防仪表误差造成误判。

4）对于较为复杂的电路，例如电路板上某电阻的阻值、电容器是否漏电等，一般应卸下来单独检测，因为电路板上很多元器件相互关联，无法独立测试某一元件。

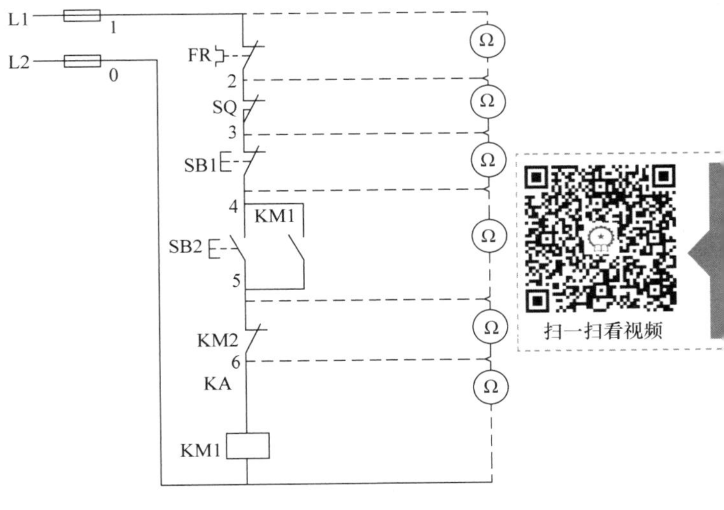

图 19-4　电阻的分段测量法

19.2.4　短接法

电路或电器的故障大致归纳为短路、过载、断路、接地、接线错误、电器的电磁及机械部分故障等六类。诸类故障中出现较多的是断路故障，它包括导线断路、虚连、松动、触点接触不良、虚焊、假焊、熔断器熔断等。对这类故障除用电阻法、电压法检查外，还有一种更为简单可靠的方法，就是短接法。具体方法是用一根绝缘良好的导线，将所怀疑的断路部位短接起来，如短接到某处，电路工作恢复正常，则说明该处有断路故障。

1. 检查方法和步骤

（1）局部短接法

局部短接法如图 19-5 所示。当按下起动按钮 SB2，接触器 KM1 不吸合，说明该电路有故障。检查时，可首先测量 0、1 两点电压，若电压正常，可将按钮 SB2 按住不放，分别短接 1－2、2－3、3－4、4－5、5－6。当短接到某点，接触器吸合，说明故障就在这两点之间。

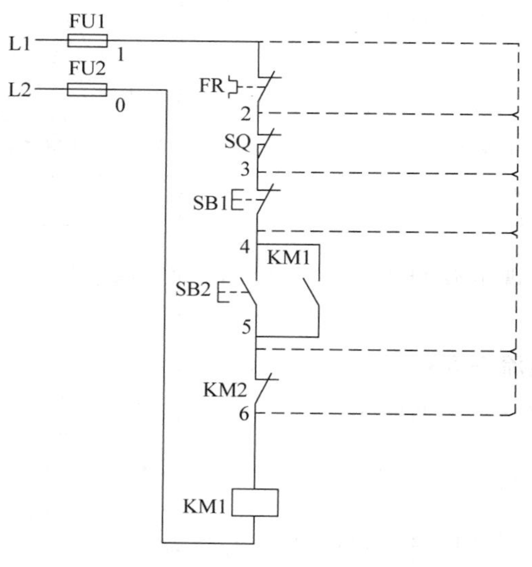

图 19-5 局部短接法

（2）长短接法

长短接法如图 19-6 所示，是指依次短接两个或多个触点或线段，用来检查故障的方法。这样做既节约时间，又可弥补局部短接法的某些缺陷。例如，用长短接法一次可将 1－6 间短接，如短接后接触器 KM1 吸合，说明 1－6 这段电路上一定有断路的地方，然后再用局部短接的方法来检查，就不会出现误判的现象。

长短接法的另一个作用是把故障点缩小到一个较小的范围之内。总之应用短接法时可长短接与局部短接结合，加快排除故障的速度。

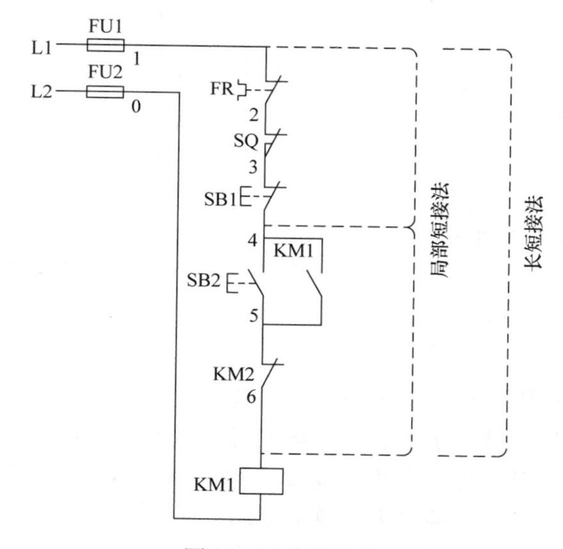

图 19-6 长短接法

2. 注意事项

1）应用短接法是用手拿着绝缘导线带电操作的，所以一定要注意安全，避免发生触电事故。

2）应确认所检查的电路电压正常时，才能进行检查。

3）短接法只适于电压降极小的导线及电流不大的触点之类的断路故障。**对于电压降较大的电阻、线圈、绕组等断路故障，不得用短接法**，否则就会出现短路故障。

4）对于机床的某些重要部位要慎重行事，必须在保障电气设备或机械部位不出现事故的情况下，才能使用短接法。

5）在怀疑熔断器熔断或接触器的主触点断路时，先要估计一下电流。**一般在电流在 5A 以下时才能使用短接法**，否则，容易产生较大的火花。

19.2.5　强迫闭合法

在排除机床电气故障时，如果经过直接观察法检查后没有找到故障点，而身边也没有适当的仪表进行测量，可用一根绝缘棒将有关继电器、接触器、电磁铁等用外力强行按下，使其常开触点或衔铁闭合，然后观察机床电气部分或机械部分出现的各种现象，如电动机从不转到转动，机床相应的部分从不动到正常运行等。利用这些外部现象的变化来判断故障点的方法叫强迫闭合法。

1. 检查方法和步骤

下面以图 19-7 为例，介绍采用强迫闭合法检查控制回路故障的方法步骤。若按下起动按钮 SB2 接触器 KM 不吸合，可用一根细绝缘棒或一把绝缘良好的螺钉旋具（注意手不能接触金属部分），从接触器灭弧罩的中间孔（小型接触器用两绝缘棒对准两侧的触点支架）快速按下，然后迅速松开，可能有如下情况出现：

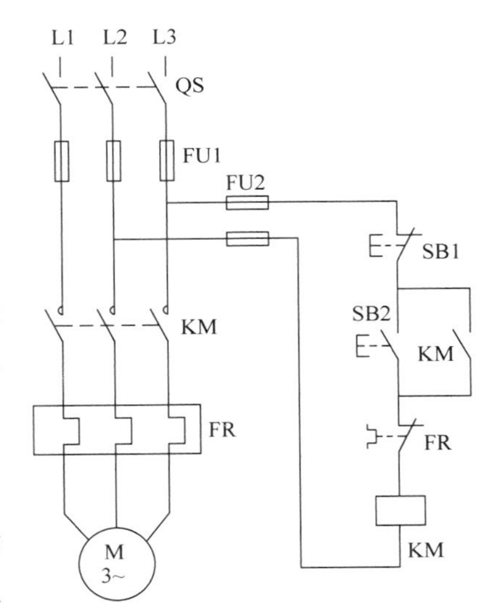

图 19-7　强迫闭合法

1）电动机起动，接触器不再释放，说明起动按钮 SB2 接触不良。

2）强迫闭合时，电动机不转，但有“嗡嗡”声，松开时看到三个主触点都有火花，且亮度均匀。其原因是电动机过载使控制电路中的热继电器 FR 常闭触点跳开。

3）强迫闭合时，电动机运转正常，松开后电动机停转，同时接触器也随之跳开，一般是控制电路中的接触器辅助触点 KM 接触不良、熔断器 FU2 熔断或停止、起动按钮接触不良。

4）强迫闭合时电动机不转，有“嗡嗡”声，松开时接触器的主触点只有两个触点有火花。说明电动机主电路中有一相断路或接触器有一对主触点接触不良。

2. 注意事项

采用强迫闭合法时，所用的工具必须有良好的绝缘性能，否则，会出现比较严重的触电事故。

用强迫闭合法检查电路故障，如运用得当，比较简单易行；但运用不好也容易出现人身和设备事故。所以在应用时应注意以下几点：

1）运用强迫闭合法时，应对机床电路控制程序比较熟悉，对要强迫闭合的电器与机床机械部分的传动关系比较明确。

2）用强迫闭合法前，必须对整个有故障的电气设备做仔细的外部检查，如发现以下情况，不得采用强迫闭合法检查。

① 在具有联锁保护的正反转控制电路中，如果两个接触器中有一个未释放时，不得强迫闭合另一个接触器。

② 在Y－△起动控制电路中，当接触器KM△没有释放时，不能强迫闭合其他接触器。

③ 机床的运动机械部分已达到极限位置，但是弄不清反向控制关系时，不要随便采用强迫闭合法。

④ 当强迫闭合某电器时，可能造成机械部分（机床夹紧装置等）严重损坏时，不得随便采用强迫闭合法。

19.2.6 其他检查法

1. 电流测量法

电流测量法是测量电路中某测试点的工作电流的大小、电流的有或无来判断故障的方法。例如，负载开路后，负载电流很小或为零；负载短路后，负载电流会急剧增大；负载接地后，漏电电流增大。所以针对不同的故障现象，通过测量电路中的电流，可以查找电路的故障。

测量电流时，应选用合适的仪表。测量的负载电流较大时，通常可以采用钳形电流表或电流表和电流互感器的组合；负载电流较小时，可以采用数字万用表或普通指针式万用表直接串联于电路中测量。

如果测量的是直流电路，使用电流表时，应注意电流的正负极。

2. 置换元件法

置换元件法又称替换法。当某些电器的故障原因不易确定或检查时间过长时，为了保证机床的利用率，可置换同一型号的性能良好的元器件进行实验，以证实故障是否由此电器引起。如果某元件一经替换，故障排除，则被替换下来的元器件就是故障元器件。所以替换法是确切判断某一个元器件是否失效或不合适的最为有效的方法之一。这种方法适用于容易拆装的元器件，如带有插座的继电器、集成电路等。

当代换的元器件接入电路后，再次损坏，则应考虑是否由于代用件型号不对应，此外还要考虑一下所接入电路是否存在其他故障。

3. 类比法

类比法又称为对比法。当遇到一个并不熟悉的设备，手头上又没有参考资料时，但可以找到相同的设备或在同一台设备中有相同的功能单元时，可以采用类比法，即通过对设备的工作状态、参数的比较，来判断或确定故障，这样可以大大地缩短检修速度。

对比法在检查故障时经常使用，如比较继电器、接触器的线圈电阻、弹簧压力、动作时间、工作时发出的声音等。电路中的电器元件属于同样控制性质或多个元件共同控制同一台设备时，可以利用其他相似的或同一电源的元件动作情况来判断故障。例如，异步电动机正反转控制电路，若正转接触器 KM1 不吸合，可操纵反转，看反转接触器 KM2 是否吸合，如 KM2 吸合则证明 KM1 的电路本身有故障。再如反转接触器吸合时，电动机两相运转，可操作电动机正转，若电动机运转正常，说明 KM2 的一对主触点或连线有一相接触不良或断路。

4. 逐步接入法

遇到难以检查的短路或接地故障时，可重新更换熔体，然后逐步或重点地将各支路一条一条的接入电源，重新试验，当接到某条支路时熔断器又熔断，则故障就在这条电路及其所包括的电器元件中，这种方法叫逐步接入法。

在用逐步接入法排除故障时，因大多数并联支路已经拆除，为了保护电器，可用容量较小的熔断器接入电路进行试验。

5. 排除法

排除法是指根据故障现象，分析故障原因，并将引起故障的各种原因一条一条地列出，然后一个一个地进行检查排除，直至查出真正的故障位置的方法。

19.3　机床电气控制电路安装调试与常见故障检修实例

19.3.1　C620－1 型车床电气控制电路

C620－1 型车床的电气控制电路如图 19-8 所示。图中分为主电路、控制电路和照明电路三部分。

该控制电路中，主轴电动机 M1 是由起动按钮 SB2 和停止按钮 SB1 及接触器 KM 控制的。冷却泵电动机 M2 是采用转换开关 QS2 控制的。M2 是与 M1 联锁的，只有主轴电动机 M1 运转后，冷却泵电动机 M2 才能起动运转。

1. 安装调试步骤及要求

1）按电器元件明细表配齐电气设备和元件，并逐个检验其规格和质量是否合格。在控制板上划线和安装电器元件，并在各电器元件附近做好与原理图上相同的代号标记。

2）根据电动机容量、线路走向及要求和各元件的安装尺寸，正确选配导线规格、导线通道类型和数量、接线端子板型号和节数、控制板、管夹、紧固件等。

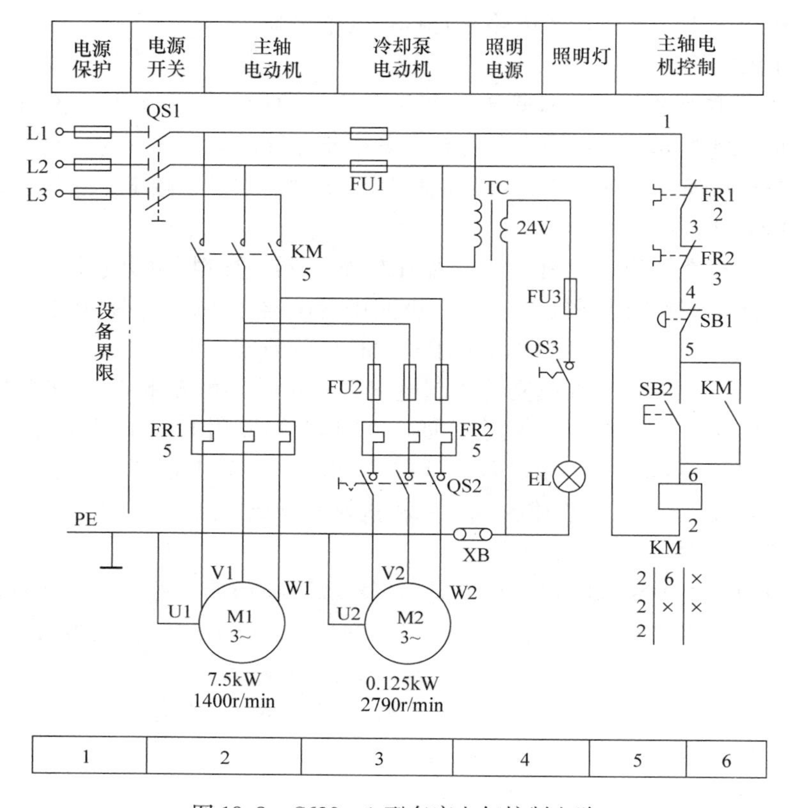

图 19-8 C620－1 型车床电气控制电路

3）在控制板上布线，要求走线横平竖直、整齐、合理，接线不得松动，并在各电器元件及接线端子板接点的线头上，套有与原理图上相同线号的编码套管。

4）选择合理的导线走向，做好导线通道的支持设备，并安装控制板外部的所有电器。进行控制箱外部布线，对于可移动的导线通道应放适当的余量，使金属软管在运动时不承受拉力，并在所有导线通道内按规定放好备用导线，在导线线头上套有与原理图上相同编号的编码套管。

5）检查电路的接线是否正确和接地通道是否具有连续性。检查热继电器的整定值是否符合要求，各级熔断器的熔体是否符合要求，如不符合要求应予更换。

6）检查电动机的安装是否牢固，与生产机械传动装置的连接是否正常。检测电动机及线路的绝缘电阻，清理安装场地。

7）接通电源开关，点动控制各电动机的转向是否符合要求。

8）通电空转试验时，应检查各电器元件、线路、电动机及传动装置的工作情况是否正常。否则，应立即切断电源进行检查，待调整或修复后方可再次通电试车。

2. 注意事项

1）在控制箱外部进行布线时，导线必须穿在导线通道内或敷设在机床底座内的导线通道里。所有的导线不得有接头。

2）在进行快速进给时，要注意使运动部件处于行程的中间位置，以防止运动部件与车头或尾架相撞产生设备事故。

3）通电操作时，必须严格遵守安全操作规程。

4）不要漏接接地线，注意不能利用金属软管作为接地通道。

3. 常见故障分析及排除方法

C620－1型车床电气控制电路常见故障及其排除方法见表19-1。

表19-1 C620－1型车床电气控制电路常见故障及其排除方法

故障现象	可能原因	排除方法
主轴电动机不能起动，且接触器KM不吸合	1. 熔断器FU1的熔体熔断或接头松动 2. 热继电器FR1或FR2误动作 3. 接触器KM线圈引线松动或线圈断路 4. 按钮SB1或SB2接触不良	1. 查明原因，更换同规格熔体或紧固接头 2. 查明动作的原因，并予以排除 3. 紧固引线或更换线圈 4. 检修按钮
主轴电动机不能起动，但接触器KM已吸合	1. 接触器KM的三副主触点接触不良 2. 热继电器FR1的热元件连接点接触不良 3. 电源电压过低 4. 电动机接线错误或接头松动 5. 电动机有故障	1. 检修接触器的主触点 2. 紧固热继电器的热元件的连接点 3. 查明原因，使电源电压恢复正常 4. 查明原因，改正接线或紧固接头 5. 检修电动机
主轴电动机断相运行	1. 接触器KM的三副主触点有一副未吸合或接触不良 2. 热继电器FR1的热元件的连接线中，有一相接触不良 3. 电动机定子绕组中的某一相导线的接头处氧化或压紧螺母未拧紧	1. 检修接触器的主触点 2. 检修热元件的连接线 3. 清理接头处氧化层并重新焊接好或紧固螺母
主轴电动机能够起动，但不能自锁	1. 接触器KM的辅助动合（常开）触点接触不良 2. 自锁回路连接导线松脱	1. 检修接触器的辅助触点 2. 查出故障点，予以紧固
主轴电动机不能停转	1. 接触器KM的三副主触点发生熔焊故障 2. 停止按钮SB1的两触点间击穿 3. 接触器KM因铁心有油污而粘住不能释放	1. 检修接触器并更换主触点 2. 检修或更换按钮 3. 清理铁心极面油污
冷却泵电动机不能起动	1. 熔断器FU2的熔体熔断或接头松动 2. 热继电器FR2的热元件的连接点接触不良 3. 开关QS2接触不良	1. 查明原因，更换同规格熔体或紧固接头 2. 紧固热继电器的热元件的连接点 3. 检修开关QS2
照明灯不亮	1. 照明灯的钨丝烧断或漏气 2. 熔断器FU3的熔体熔断或接头松动 3. 变压器TC的绕组断路	1. 更换照明灯 2. 查明原因，更换同规格熔体或紧固接头 3. 检修或更换变压器

19.3.2 M7120 型平面磨床电气控制电路

M7120 型平面磨床的电气控制电路如图 19-9 所示。图中分为主电路、控制电路、电磁工作台控制电路及照明与指示灯电路四部分。

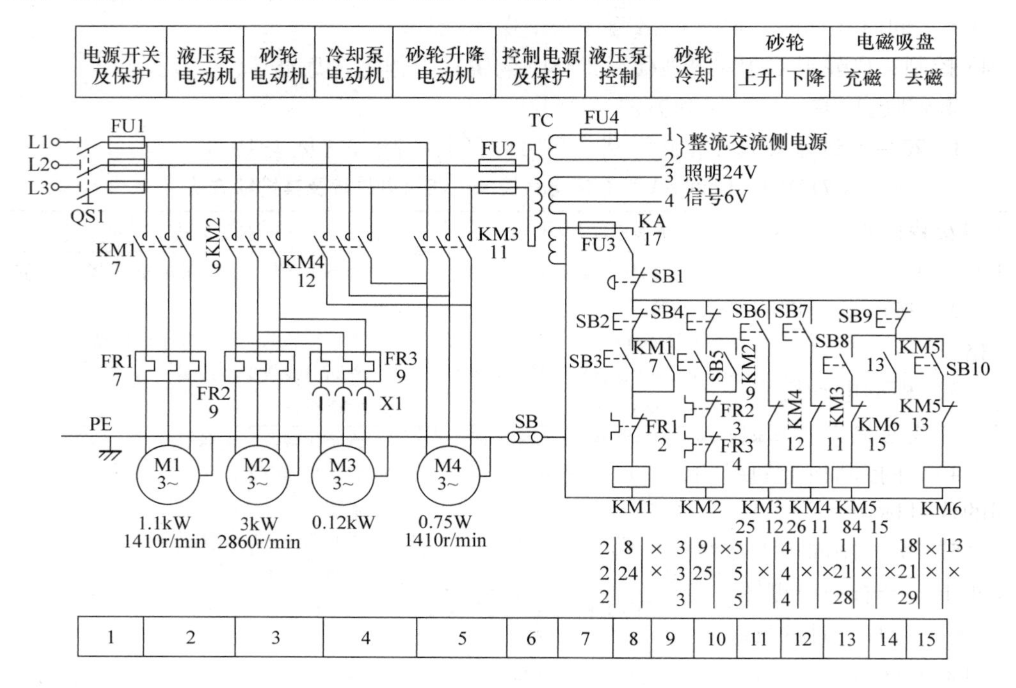

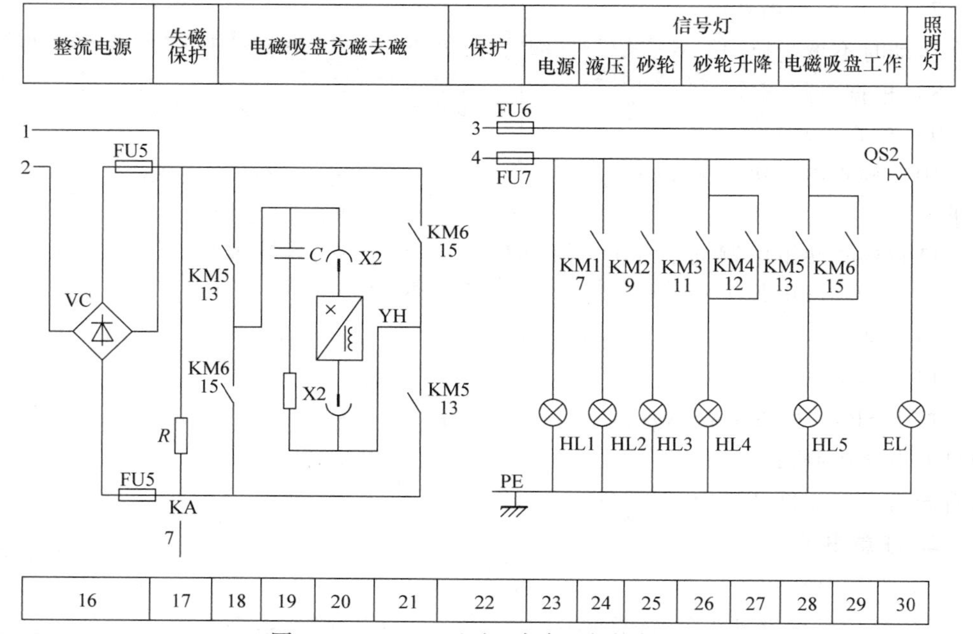

图 19-9 M7120 型平面磨床电气控制电路

该控制电路中，液压泵电动机M1是由起动按钮SB3和停止按钮SB2及接触器KM1控制的，砂轮电动机M2和冷却泵电动机M3是由起动按钮SB5和停止按钮SB4及接触器KM2控制的，按下起动按钮SB5，砂轮电动机M2起动，冷却泵电动机M3也同时起动。砂轮升降电动机M4上升时，采用上升点动按钮SB6和接触器KM3控制；砂轮升降电动机M4下降时，采用下降点动按钮SB7和接触器KM4控制。电磁吸盘的控制电路包括整流装置、控制装置和保护装置三个部分。

1. 安装调试步骤及要求

1）熟悉M7120型平面磨床的主要结构及运动形式，观察并熟悉磨床各电器元件的安装位置、布线情况，了解该磨床的各种工作状态及各操作手柄、按钮、接插件的作用。

2）按电器元件明细表配齐电气设备和元件，并逐个检验其规格和质量是否合格。

3）根据电动机容量、线路走向及要求和各元件的安装尺寸，正确选配导线规格、导线通道类型和数量、接线端子板型号和节数、控制板、管夹、紧固件等。

4）在控制板上划线和安装电器元件，并在各电器元件附近做好与原理图上相同的代号标记。

5）按控制面板上布线的工艺要求布线，并在各电器元件及接线端子板接点的线头上，套有与原理图上相同线号的编码套管。

6）选择合理的导线走向，做好导线通道的支持设备，并安装控制板外部的所有电器元件。

7）进行控制箱外部布线，对于可移动的导线通道应放适当的裕量，使金属软管在运动时不承受拉力，并在所有导线通道内按规定放好备用导线。

8）根据电路图检查电路接线的正确性及各接点连接是否牢固可靠。

9）检查电动机和所有电器元件不带电的金属外壳的保护接地点是否牢靠。

10）检查电动机的安装是否牢固，连接生产机械的传动装置是否符合安装要求。

11）检查热继电器的整定值、熔断器的熔体是否符合要求。

12）用绝缘电阻表检测电动机及线路的绝缘电阻，做好通电试运转的准备。

13）清理安装现场。

14）通电试车时，接通电源开关QS1，点动检查各电动机的运转情况。若正常，按下SB8，检查电磁吸盘充磁的控制过程；按下SB9，再按下SB10，检查电磁吸盘的退磁控制过程；检查各电器元件、电动机及传动装置的工作情况是否正常。若有异常，应立即切断电源进行检查，待调整或修复后，方能再次通电试车。

2. 注意事项

1）严禁利用金属软管作为接地通道。

2）在控制箱外部进行布线时，导线必须穿在导线通道内或敷设在机床底座内的导线通道里。所有两接线端子之间的导线必须连续，中间无接头。

3）接线时，必须认真细心，做到查出一根导线，立即在两线头上套装编码套管，连接后再进行复检，以避免接错线。**通道内导线每超过10根，应加一根备用线。**

4）整流二极管要装上散热器，二极管的极性连接要正确。否则，会引起整流变压器短路，烧毁二极管和变压器。

5）在安装调试的过程中，工具、仪表等要正确使用。

3. 常见故障分析及排除方法

M7120型平面磨床电气控制电路常见故障及其排除方法见表19-2，其他电动机的控制电路的常见故障及其排除方法与C620－1型车床基本相似，可参考表19-1。

表19-2　M7120型平面磨床电气控制线路常见故障及其排除方法

故障现象	可能原因	排除方法
砂轮只能下降，不能上升	1. 接触器KM3线圈断路或线圈电路不通 2. 按钮SB6接触不良或连接线松脱 3. 接触器KM4的常闭辅助触点接触不良	1. 查明原因，检修接触器线圈电路或更换接触器线圈 2. 检修按钮或紧固连接线 3. 检修接触器KM4的辅助触点
电磁吸盘没有吸力	1. 熔断器FU4和FU5的熔体熔断或接头松动 2. 接插器X2接触不良 3. 电磁吸盘YH线圈的两个出线头间短路或出线头本身断路 4. 整流器VC或变压器TC损坏	1. 查明原因，更换同规格熔体或紧固接头 2. 检修接插器 3. 查明原因，予以修复或更换 4. 更换整流器或变压器
电磁吸盘的吸力不足	1. 交流电源电压较低 2. 接触器KM5的两副主触点接触不良 3. 接插器X2的插头、插座间接触不良 4. 整流器VC中有一个硅二极管或连接导线断路	1. 查明原因，使电源电压恢复正常 2. 检修或更换接触器的主触点 3. 检修接插器X2的插头和插座 4. 查明原因，予以修复或更换

19.3.3　Z3040型摇臂钻床电气控制电路

Z3040型摇臂钻床的电气控制电路如图19-10所示。

该控制电路中，主轴电动机M1是由起动按钮SB2和停止按钮SB1及接触器KM1控制的。摇臂升降电动机M2和液压泵电动机M3是分别采用上升按钮SB3或下降按钮SB4、时间继电器KT、电磁铁YA、限位开关SQ2和SQ3、接触器KM2（上升）或KM3（下降），以及接触器KM4和KM5进行控制的，其中时间继电器KT的作用是控制接触器KM5的吸合时间，使电动机M2停转后，再夹紧摇臂。立柱、主轴箱的松开或夹紧是同时进行的，其控制过程如下：按下松开按钮SB5（或

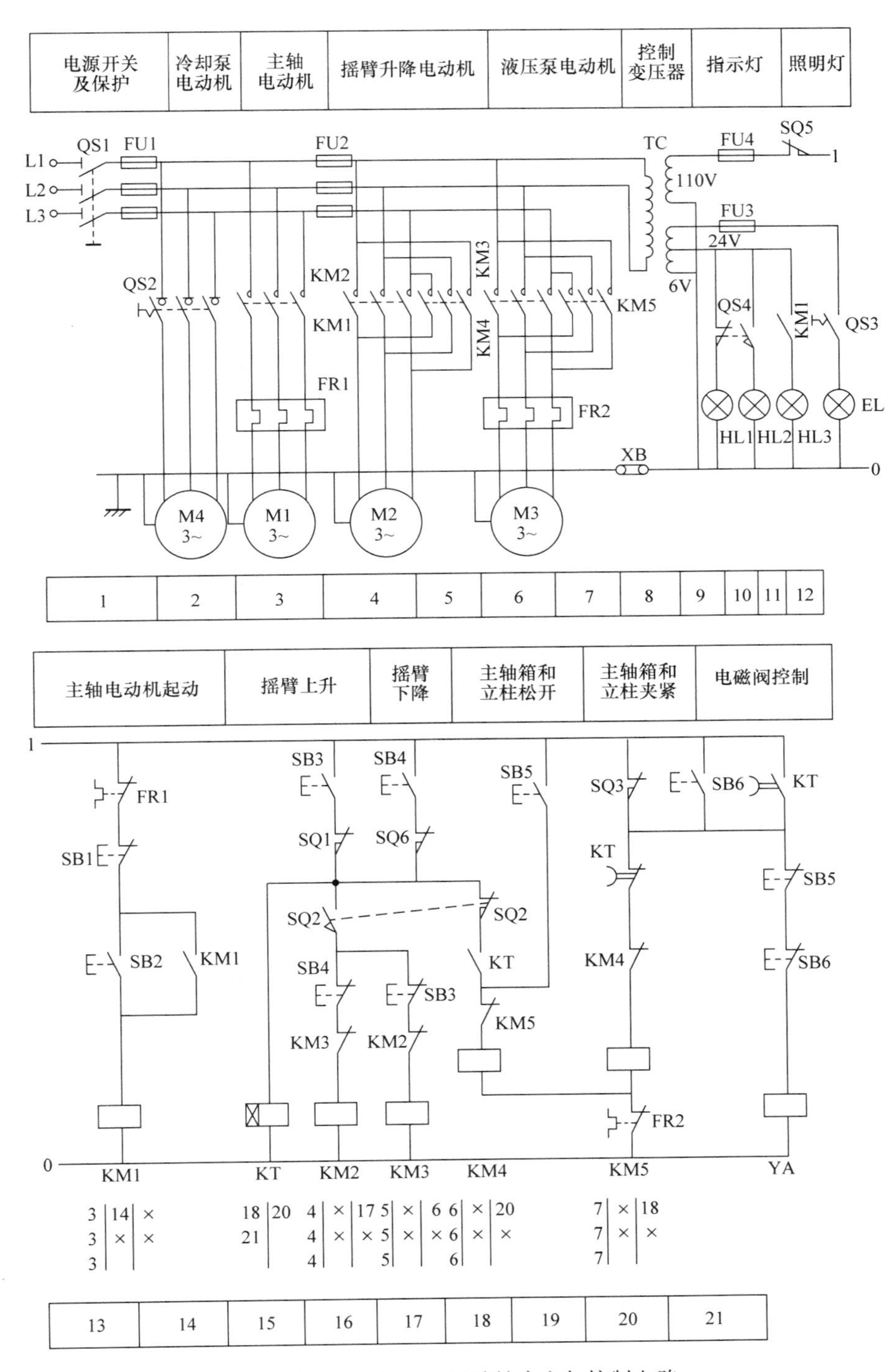

图 19-10　Z3040 型摇臂钻床电气控制电路

夹紧按钮 SB6），接触器 KM4（或 KM5）得电吸合，液压泵电动机 M3 得电旋转，供给压力油，压力油经 2 位 6 通阀（此时电磁铁 YA 处于释放状态）到另一油路，推动（或反向推动）活塞和菱形块，使立柱和主轴箱同时松开（或夹紧）。冷却泵电动机 M4 是由转换开关 QS2 直接控制的。

1. 安装调试步骤及要求

1）按电器元件明细表配齐电气设备和元件，并逐个检验其规格和质量是否合格。

2）根据电动机容量、线路走向及要求和各元件的安装尺寸，正确选配导线规格、导线通道类型和数量、接线端子板型号和节数、控制板、管夹、紧固件等。

3）在控制板上划线和安装电器元件，并在各电器元件附近做好与原理图上相同的代号标记。

4）按控制面板上布线的工艺要求，进行布线和套编码套管。

5）选择合理的导线走向，做好导线通道的支持设备，并安装控制板外部的所有电器元件。

6）进行控制箱外部布线，对于可移动的导线通道应放适当的余量，使金属软管在运动时不承受拉力，并在所有导线通道内按规定放好备用导线，在导线线头上套有与原理图上相同编号的编码套管。

7）检查电路的接线是否正确和接地通道是否具有连续性。

8）检查热继电器的整定值、各级熔断器的熔体是否符合要求，如不符合要求，应予以更换。

9）检查限位开关 SQ1、SQ2、SQ3 等的安装位置是否符合机械要求。

10）检查电动机的安装是否牢固，连接生产机械的传动装置是否符合要求。

11）检测电动机及线路的绝缘电阻，清理安装场地。

12）接通电源开关，点动控制各电动机起动，以检查电动机的转向是否符合要求。

13）通电空转试验时，应检查各电器元件、电路、电动机及传动装置的工作情况是否正常。如不正常，应立即切断电源进行检查，在调整或修复后，方可再次通电试车。

2. 注意事项

1）不要漏接接地线，严禁利用金属软管作为接地通道。

2）在控制箱外部进行布线时，导线必须穿在导线通道内或敷设在机床底座内的导线通道里。所有两接线端子之间的导线必须连续，中间无接头。

3）接线时，必须认真细心，做到查出一根导线，立即在两线头上套装编码套管，连接后再进行复检，以避免接错线。

4）不能随意改变升降电动机原来的电源相序，否则将使摇臂升降失控，不接受限位开关 SQ1、SQ2 的限位保护。此时应立即切断总电源开关 QS1，以免造成严重的事故。

5）在安装调试的过程中，工具、仪表的使用要正确。

6）通电操作时，必须严格遵守安全操作规程。

3. 常见故障分析及排除方法

Z3040型摇臂钻床电气控制电路常见故障及其排除方法见表19-3。

表19-3　Z3040型摇臂钻床电气控制电路常见故障及其排除方法

故障现象	可能原因	排除方法
所有电动机都不能起动	1. 熔断器FU1或FU2的熔体熔断或接头松动 2. 总电源开关QS1接触不良 3. 控制变压器TC的绕组断路或短路	1. 查明原因，更换同规格熔体或紧固接头 2. 检修QS1与相关接线 3. 检修或更换变压器
主轴电动机不能起动	1. 热继电器FR1动作 2. 热继电器FR1的常闭触点接触不良 3. 按钮SB1和SB2接触不良或连接线松脱 4. 接触器KM1的线圈断路或接头松动 5. 接触器KM1的三副主触点接触不良 6. 连接电动机的导线松动或脱落	1. 查明动作原因，予以排除 2. 检修或更换触点 3. 检修按钮或紧固连接线 4. 查明原因，检修线圈或紧固接头 5. 检修或更换主触点 6. 紧固连接电动机的导线
立柱、主轴箱的松开和夹紧与标牌指示相反	三相电源的相序接错	将三相电源线中任意两相对调
摇臂松开后不能升降	1. 限位开关SQ2的常开触点接触不良或位置调整不当 2. 接触器KM2（或KM3）的线圈断路或接头松动 3. 接触器KM2（或KM3）的主触点接触不良 4. 连接升降电动机M2的导线松动或脱落	1. 查明原因，检修触点或重新调整位置 2. 查明原因，检修线圈或紧固接头 3. 检修或更换主触点 4. 紧固连接电动机的导线
摇臂升（或降）后不能夹紧	1. 限位开关SQ3或接触器KM4的常闭触点接触不良 2. 时间继电器KT的延时闭合的常闭触点接触不良 3. 接触器KM5的线圈断路或接点松动 4. 接触器KM5的三副主触点接触不良	1. 查明原因，检修或更换触点 2. 检修或更换触点 3. 查明原因，检修线圈或紧固接点 4. 检修或更换主触点
摇臂升（或降）后夹紧过头	限位开关SQ3的位置调整不当	重新调整限位开关的位置

第20章　电　梯

20.1　电梯概述

20.1.1　电梯常用的种类

电梯是伴随现代高层建筑物发展起来的重要运输工具，它既有完备的机械专用设备，又有较复杂的驱动装置和电气控制系统。

电梯是一种机电合一的大型工业产品，电梯安装工程中大部分是机械设备安装，也有与之配合的电气安装。

常用电梯分为两大类，即垂直运行电梯和自动扶梯。

（1）垂直运行电梯

垂直运行电梯在建筑中专门的电梯井道内竖直运行，是高层建筑重要的垂直运输工具。按电梯的用途不同，可分为乘客电梯、载货电梯、客货电梯、病床电梯、住宅电梯、杂物电梯、观光电梯和汽车电梯等。按速度可分为低速、快速和高速电梯。

（2）自动扶梯

自动扶梯与地面成30°～35°倾斜角，人站在踏步上随梯上下运行。自动扶梯有很高的运输能力，常用于商场、车站、机场等人流量很大的场所。自动扶梯用电动机带动匀速运行，电气线路比较简单。

20.1.2　电梯的组成

曳引式电梯是目前应用最普遍的一种电梯。电梯的基本结构如图20-1所示。

一部电梯总体的组成有机房、井道、轿厢和层站四个部分，也可看成一部电梯占有了四大空间。图20-2为电梯的组成。

20.1.3　电梯的主要系统及其功能

电梯的基本结构包括8大系统：曳引系统、导向系统、轿厢、门系统、重量平衡系统、电力拖动系统、电气控制系统和安全保护系统。各个系统的功能以及组成的主要构件与装置见表20-1。

20.1.4　电梯的工作原理

曳引式电梯依靠曳引力实现相对运动，它的曳引传动关系如图20-3所示。

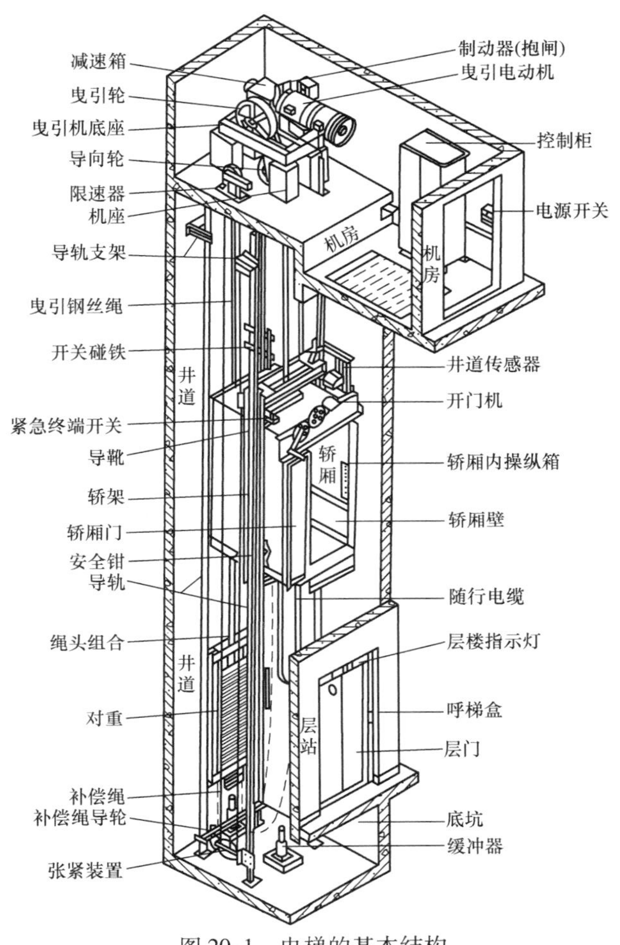

图 20-1 电梯的基本结构

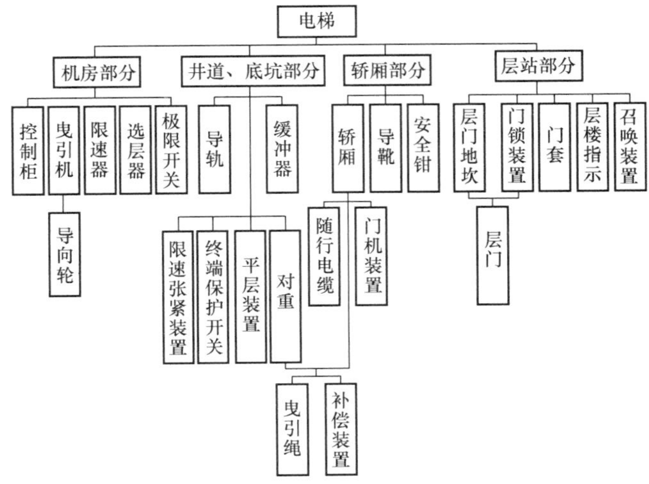

图 20-2 电梯的组成

表 20-1　电梯 8 个系统的功能及其构件与装置

8 个系统	功能	组成的主要构件与装置
曳引系统	输出与传递动力，驱动电梯运行	曳引机、曳引钢丝绳、导向轮、反绳轮
导向系统	限制轿厢和对重的活动自由度，使轿厢和对重只能沿着导轨作上、下运动	轿厢的导轨、对重的导轨及其导轨架
轿厢	用以运送乘客或货物的组件，是电梯的工作部分	轿厢架和轿厢体
门系统	乘客或货物的进出口，运行时层、轿门必须封闭，到站时才能打开	轿厢门、层门、开门机、联动机构、门锁等
重量平衡系统	相对平衡轿厢重量以及补偿高层电梯中曳引绳长度的影响	对重和重量补偿装置等
电力拖动系统	提供动力，对电梯实行速度控制	曳引电动机、供电系统、速度反馈装置、电动机调速装置等
电气控制系统	对电梯的运行实行操纵和控制	操纵装置、位置显示装置、控制屏（柜）、平层装置、选层器等
安全保护系统	保护电梯安全使用，防止一切危及人身安全的事故发生	机械方面有限速器、安全钳、缓冲器、端站保护装置等 电气方面有超速保护装置、供电系统断相，错相保护装置，超越上、下极限工作位置的保护装置、层门锁与轿门电气联锁装置等

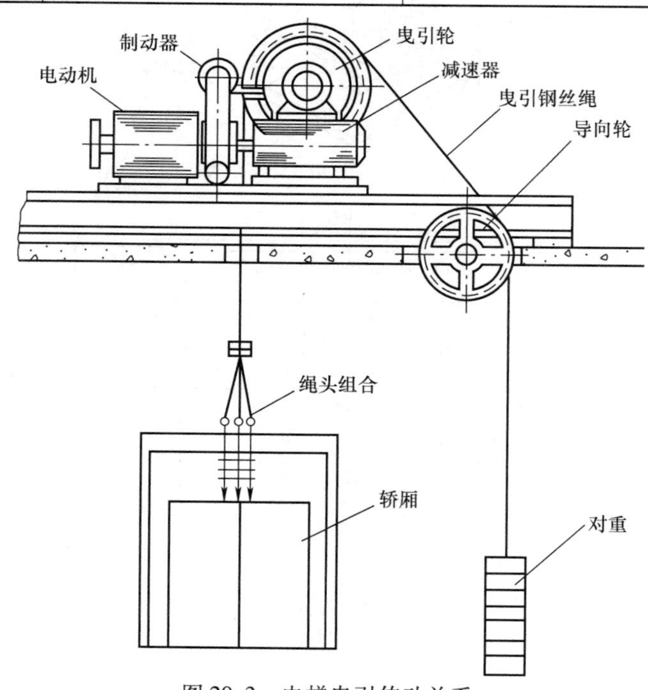

图 20-3　电梯曳引传动关系

安装在机房内的电动机通过减速器、制动器等组成的曳引机，使曳引钢丝绳通过曳引轮，一端连接轿厢，另一端连接对重装置，轿厢与对重装置的重力使曳引钢丝绳压紧在曳引轮绳槽内产生摩擦力，这样电动机一转动就带动曳引轮转动，驱动钢丝绳，拖动轿厢和对重做相对运动。即轿厢上升，对重下降；轿厢下降，对重上升。于是，轿厢就在井道中沿导轨上、下往复运动，电梯就能执行垂直升降的任务。

轿厢与对重能做相对运动是靠钢丝绳与曳引轮间的摩擦力来实现的，这种力就称为曳引力。要使电梯运行，曳引力必须不小于曳引钢丝绳中较大载荷力 P_1 与较小载荷力 P_2 之差，即 $T \geqslant P_1 - P_2$（见图20-4）。

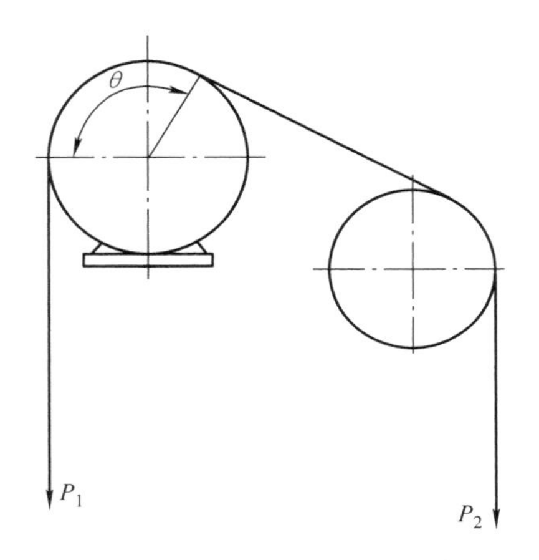

图20-4　曳引力与载荷力的关系
（图中 θ 为曳引绳与曳引轮的包角）

由于曳引力是靠曳引绳与曳引轮绳槽直接的摩擦力产生的，因此必须保证曳引绳不在曳引轮绳槽中打滑。增大曳引力的方法如下：

1）选择合适形状的曳引轮绳槽。

2）增大曳引绳在曳引轮上的包角 θ。

3）选择耐磨且摩擦系数大的材料制造曳引轮。

4）曳引绳不能过度润滑。

5）使平衡系数为0.4～0.5，电梯不超过额定载荷。

此外，曳引驱动电梯还必须满足当对重落在缓冲器上时，曳引力不能再提升轿厢的工作条件。

20.2　电梯的安装

20.2.1　曳引机的安装

1. 曳引机的组成

曳引机是电梯的主拖动机械，其功能是驱动电梯的轿厢和对重装置作上下运动。曳引机主要由惯性轮（手轮）、电动机、制动器、减速器（箱）、机座和曳引轮等组成。

曳引机可分为无齿轮曳引机和有齿轮曳引机两种。无齿轮曳引机的曳引轮紧固在曳引电动机轴上，没有机械减速机构，整体结构比较简单，常用在快速电梯上。有齿轮曳引机的曳引轮通过减速器（箱）与曳引电动机连接，其减速器（箱）一般常用蜗轮蜗杆传动，该曳引机广泛用于低速电梯。图20-5为有齿轮曳引机外形图。

扫一扫看视频

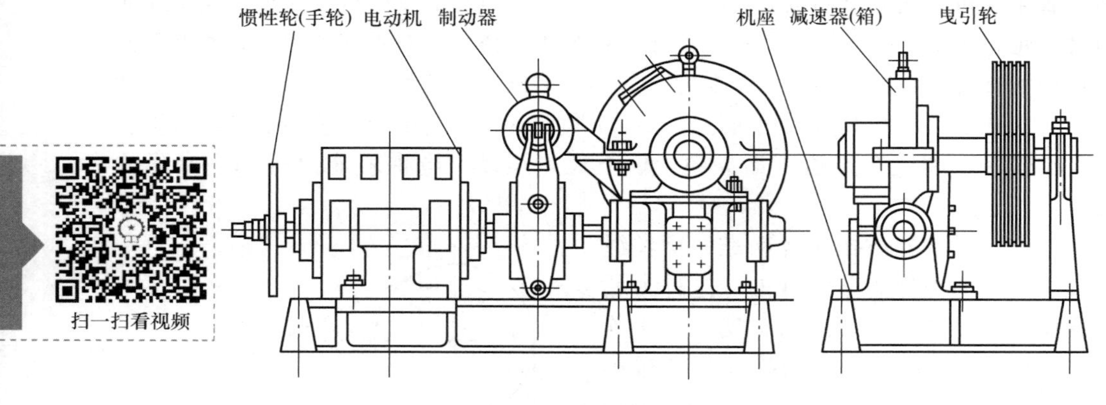

图 20-5　有齿轮曳引机外形图

2. 曳引机的安装

在承重梁安装检查符合要求后，方能安装曳引机。曳引机的安装与承重梁的安装方式有关。

1）承重梁在机房楼板下的安装：当承重梁在机房楼板下时，一般按比曳引机底盘外形大 30mm 左右，做一个厚度为 250～300mm 的钢筋混凝土底座，底座上预埋好固定曳引机的底脚螺钉。钢筋混凝土底座的下面、承重梁的上边应放置减振橡胶垫，曳引机则紧固在钢筋混凝土底座上，如图 20-6 所示。为防止电梯在运行过程中位移，底座和曳引机两端还需用压板、挡板等将底座和曳引机固定。

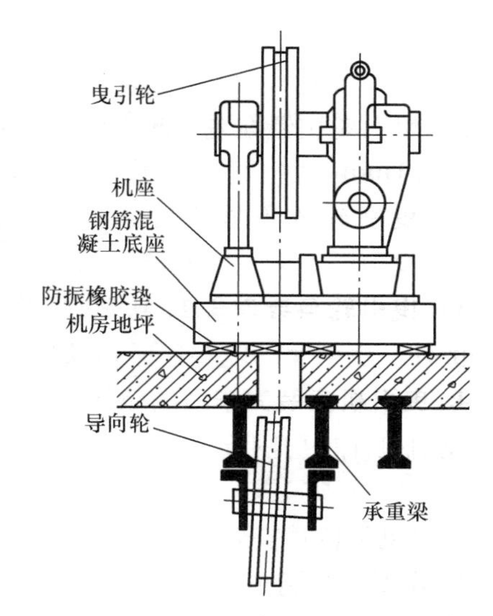

图 20-6　承重梁在楼板下的曳引机安装

2）承重梁在机房楼板上的安装：当承重梁在机房楼板上面时，可将曳引机底盘的钢板与承重梁用螺钉或焊接连为一体。如需减振时，则要制作减振装置。减振装置由上、下两块与曳引机底盘尺寸相等，厚度为 20mm 左右的钢板和减振橡胶垫构成，橡胶垫位于上、下两块钢板之间。上面的钢板与曳引机用螺钉连接，下面的钢板与承重梁焊接。为防止移位，上钢板和曳引机底盘需设置压板和挡板。

3. 曳引机安装位置的校正

校正前需在曳引机上方固定一根水平铅丝，并且在该水平线上悬挂两根铅垂线：一根铅垂线对准井道内上样板架上标注的轿厢架中心点；另一根铅垂线对准对重装置中心点。然后再根据曳引绳中心计算的曳引轮节圆直径 D_{cp}，在水平线上再悬挂一根铅垂线，如图 20-7 所示。以这三根铅垂线来校正曳引机的安装位置，调整后应达到以下要求：

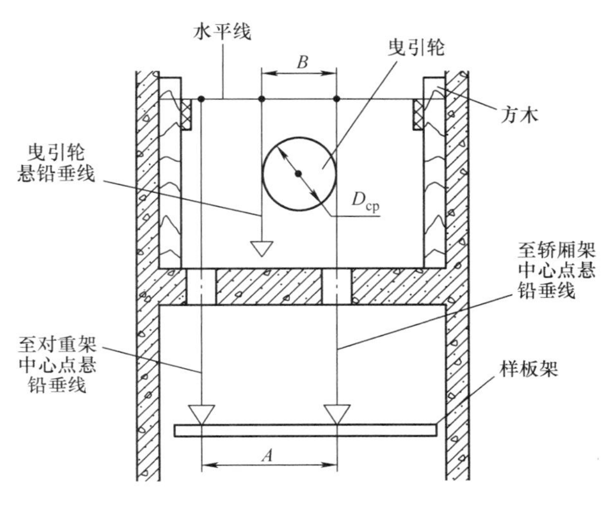

图 20-7　曳引机安装位置校正示意图

1）曳引轮位置偏差：**前、后（向着对重）方向不应超过 ±2mm；左右方向不应超过 ±1mm**。

2）**曳引轮的不垂直度不大于 0.5mm**，如图 20-8 所示。

3）**曳引轮与导向轮或复绕轮的不平行度不应大于 ±1mm**。

4. 曳引机安装完毕后的空载试验

曳引机在机房内安装完毕后将安装其他部分的提升设备，因此必须先进行空载试验。其具体方法如下：

在电动机的最高转速下正反向连续运行各 2h，检查曳引轮运转的平稳性、噪声；检查减速器（箱）内有无啃齿声、金属敲击声、轴承研磨声和温升情况；检查各密封面的密封情况；检查制动器的松闸和制动情况。

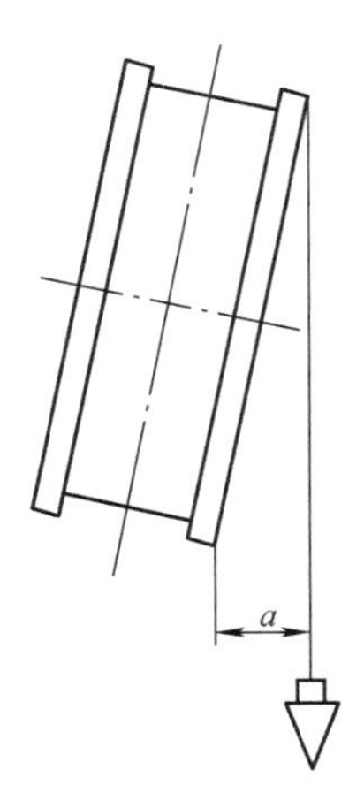

图 20-8　曳引轮的不垂直度

空载试验后，要对可疑部件进行解体检查，待各项要求合格后，才能试吊重负载。

20.2.2　电梯主要电器部件和装置的安装

1. 安装电源开关应满足的要求

电梯的供电电源应由专用开关单独控制供电。每台电梯应分设动力开关和照明开关。控制轿厢照明电源的开关与控制机房、井道和底坑照明电源的开关应分别设置，各自具有独立保护。同一机房中有几台电梯时，各台电梯主电源开关应易于识别，其容量应能切断电梯正常使用情况下的最大电流，但该开关不应切断下列供电电路：

1）轿厢照明、通风和报警。

2）机房、隔层和井道照明。

3）机房、轿厢顶和底坑电源插座。

主开关应安装于机房进门处随手可操作的位置，但应避免雨水和长时间日照。

为便于线路维修，单相电源开关一般安装于动力开关旁，并要安装牢固，横平竖直。

2. 安装控制柜应符合的条件

控制柜由制造厂组装调试后送至安装工地，在现场先进行整体定位安装，然后按图样规定的位置施工布线。如无规定，应按机房面积及型式合理安排，且必须符合维修方便、巡视安全的原则。控制柜的安装位置应符合以下几个条件：

1）**控制柜（屏）正面与门、窗距离应不小于1000mm。**

2）**控制柜（屏）的维修侧与墙的距离应不小于600mm。**

3）**控制柜（屏）与机房内机械设备的安装距离不宜小于500mm。**

4）**控制柜（屏）安装后的垂直度应不大于3‰，**并应有与机房地面固定的措施。

3. 机房布线的注意事项

1）电梯动力与控制电路应分离敷设，进入机房后，电源零线与接地线应始终分开，接地线的颜色为黄绿双色绝缘线。除36V以下的安全电压，所有的电气设备金属罩壳均应设有易于识别的接地端，且应有良好的接地。**接地线应分别直接接至地线柱上，不得互相串接后再接地。**

2）线管、线槽的敷设应平直、整齐、牢固，**线槽内导线横截面总面积不大于槽横截面净面积的60%；线管内导线横截面总面积不大于管内横截面净面积的40%；软管固定间距不大于1m。端头固定间距不大于0.1m。**

3）电缆线可以通过暗线槽，从各个方面把线引入控制柜；也可以通过明线槽，从控制柜的后面或前面的引线口把线引入控制柜。

4. 井道电气装置的安装

1）换速开关、限位开关的安装：根据电梯的运行速度可设一只或多只换速开关（又称减速开关）。额定速度为1m/s电梯的换速、限位和极限开关的安装示意图如图20-9所示。

2）极限开关及联动机构的安装：用机械方法直接切断电动机回路电源的极限开关，常见的有两种形式：一种为附墙式（与主开关联动）；另一种为着地式，直接安装于机房地坪上，如图20-10所示。

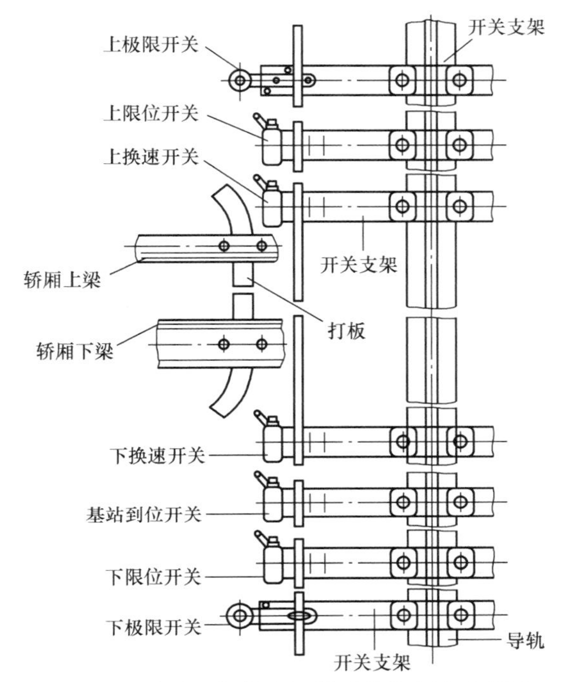

图20-9 换速、限位和极限开关的安装示意图

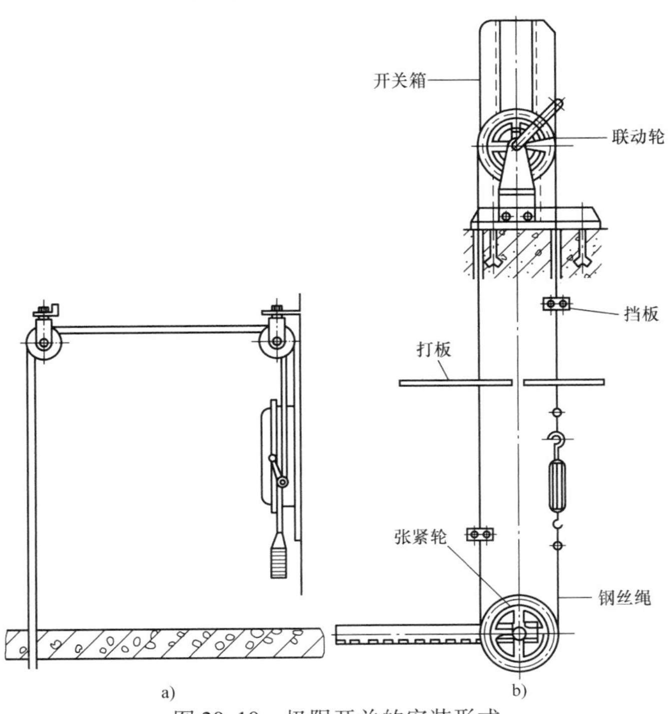

图20-10 极限开关的安装形式

a）附墙式 b）着地式

3）基站轿厢到位开关的安装：装有自动门机的电梯均应设此开关。到位开关的作用是使轿箱未到基站前，基站的层门钥匙开关不起任何作用，只有轿厢到位后钥匙开关才能启闭自动门机，带动轿门和层门。基站轿厢到位开关支架安装于轿厢导轨上，位置比限位开关略高一点即可。

4）底坑急停开关及井道照明设备的安装。

① 为保证检修人员进入底坑的安全，必须在底坑中设电梯急停开关。该开关应设非自动复位装置且有红色标记。安装位置应是检修人员进入底坑后能方便摸到的地方。

② 封闭式井道内应设置永久性照明装置。**井道中除距最高处与最低处0.5m内各安装一只灯外，中间灯距应不超过7m。**

5）松绳及断绳开关的安装：限速器钢丝绳或补偿绳长期使用后，可能伸长或断绳，在这种情况下断绳开关能自动切断控制电路使电梯停止。该开关是与张紧装置联动的。

5. 安装极限开关应满足的要求

（1）安装附墙式极限开关应满足的要求

1）把装有碰轮的支架装于限位开关支架以上或以下150mm处的轿厢导轨上。极限开关碰轮有上、下之分，不能装错。

2）在机房内的相应位置上安装好导向轮。导向轮不得超过两个，其对应轮槽应成一直线，且转动灵活。

3）穿钢丝绳时，先固定下极限位置，将钢丝绳收紧后再固定在上极限架上。注意下极限架处应留适当长度的绳头，便于试车时调节极限开关动作高度。动作高度应以轿厢或对重接触缓冲器之前起作用为准。

4）将钢丝绳在极限开关联动链轮上绕2～3圈，不能叠绕，吊上重锤，锤底离机房地坪约500mm。

（2）安装着地式极限开关应满足的要求

1）在轿厢侧的井道底坑和机房地坪相同位置处，安装好极限开关的张紧轮及联动轮、开关箱。两轮槽的位置偏差均不大于5mm。

2）在轿厢相应位置上固定两块打板，打板上钢丝绳孔与两轮槽的位置偏差不大于5mm。

3）穿钢丝绳，并用开式索具螺旋扣和花篮螺钉收紧，直至顺向拉动钢丝绳能使极限开关动作。

4）根据极限开关动作方向，在两端站越程100mm左右的打板位置处，分别设置挡块，使轿厢超越行程后，轿厢上的打板能撞击钢丝绳上的挡块，使钢丝绳产生运动而使极限开关动作。

6. 轿厢电气装置的安装

1）轿厢操纵箱的安装：轿厢顶操纵箱上的电梯急停开关和电梯检修开关要安装在轿厢顶防护栏的前方，且应处于打开厅门和在轿厢上梁后部任何一处都能操作的位置。

2）换速、平层感应装置（井道传感器）的安装：井道传感器装置的结构形式是根据控制方式而定的，它由装于轿厢上带托架的开关组件和装于井道内反映井道位置的永久磁铁组件所组成。感应装置安装应牢固可靠，间隙、间距符合规定要求，感应器的支架应用水平仪校平。永磁感应器安装完后应将封闭磁板取下，否则永磁感应器不起作用。

3）开门机的安装：一般电动机、传动机构及控制箱在出厂时已组合成一体，安装时只需将开门机安装支架按图样规定位置固定好即可。开门机安装后应动作灵活，运行平稳，门扇运行至端点时应无撞击声。

4）轿厢内操纵箱的安装：轿内操纵箱是控制电梯选层、关门、开门、起动、停层、急停等动作的控制装置。操纵箱安装工艺较简单，在轿厢壁板就位后，要在轿厢相应位置装入操纵箱箱体，将全部电线接好后盖上面板即可，盖好面板后应检查按钮是否灵活有效。

5）信号箱、轿厢内层楼指示器的安装：信号箱是用来显示各层站呼梯情况的，常与操纵箱共用一块面板，安装时可与操纵箱一起完成。轿内层楼指示器有的安装于轿厢门上方，有的与操纵箱共用面板，应按具体安装位置确定安装方法。

6）照明设备、风扇的安装：照明有多种形式，具体形式按轿内装饰要求决定，简单的只在轿厢顶上装两盏荧光灯。风扇也有多种形式，传统的直接装在轿厢顶中心，电扇风量集中。现代电梯大多采用轴流式风机，由轿厢顶四边进风，风力均匀柔和。安装时应按具体选用风扇的要求再确定安装方法。照明设备、风扇的安装应牢固、可靠。

7）轿厢底电气装置的安装：轿厢底电气装置主要是轿厢底照明灯，应使灯的开关设于易摸到的位置。另外，有超载装置的活络轿厢底内有几只微动开关，一般出厂时已安装好，在安装工地只需根据载重调整其位置即可。轿厢底使用压力传感器的，应按原设计位置固定好，传感器的输出线应连接牢固。

7. 层站电气装置的安装

层站电气装置主要有召唤按钮箱（呼梯按钮盒）、指层灯箱（层楼指示器）等。

各层站的召唤按钮箱和指层灯箱，安装在各层站的厅门（层门）外。指示灯箱装在厅门正上方，距门框架250～300mm处。召唤按钮箱在厅门右侧，距厅门200～300mm，距地面1300mm处。也可以将两者合并为一个部分，安装在厅门右侧。

指层灯箱和召唤按钮箱的面板安装完毕后，其水平偏差应不大于3‰，墙面与召唤按钮箱的间隙应在1mm以内。

8. 悬挂电缆的安装

悬挂电缆分为圆形电缆和扁形电缆，现大多采用扁形电缆。

（1）圆形电缆的安装

1）以滚动方式展开电缆，切勿从卷盘的侧边或从电缆卷中将电缆拉出。

2）为了防止电缆悬挂后的扭曲，圆形电缆被安装于轿厢侧旁以前，必须要悬吊数个小时。悬吊时，与井道底坑地面接触的电缆下端必须做成一个环被提高，使其离开底坑地面，如图 20-11 所示。

3）当轿厢提升高度≤50m 时，电缆的悬挂配置如图 20-12a 所示。

4）当轿厢提升高度在 50 ~ 150m 时，电缆的悬挂配置如图 20-12b 所示。

5）电缆的固定如图 20-13 和图 20-14 所示。绑扎应均匀、牢固、可靠。其绑扎长度为 30 ~ 70mm。

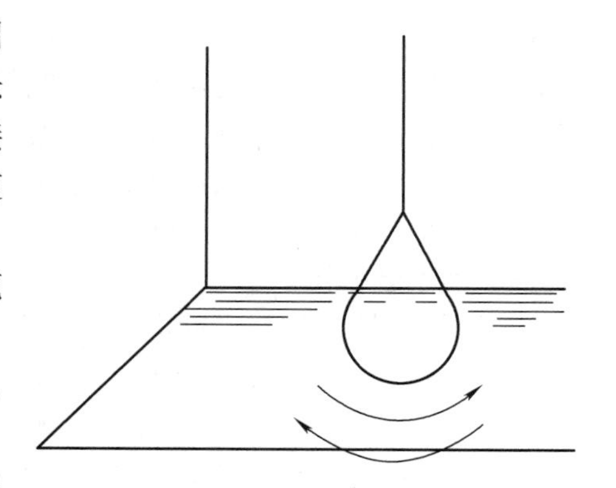

图 20-11　电缆形状的复原

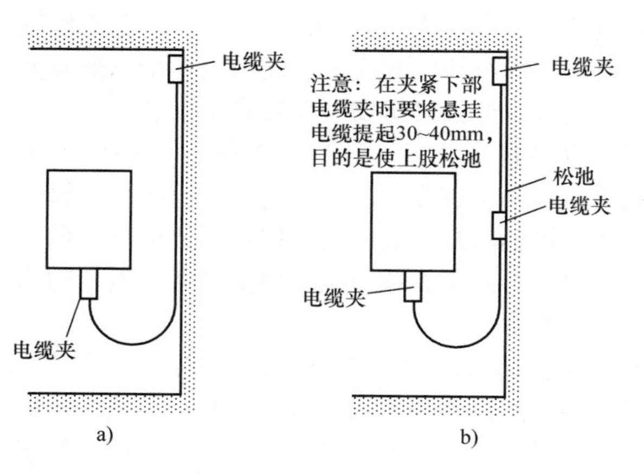

图 20-12　电缆悬挂方式

a）轿厢提升高度≤50m 时

b）轿厢提升高度在 50 ~ 150m 时

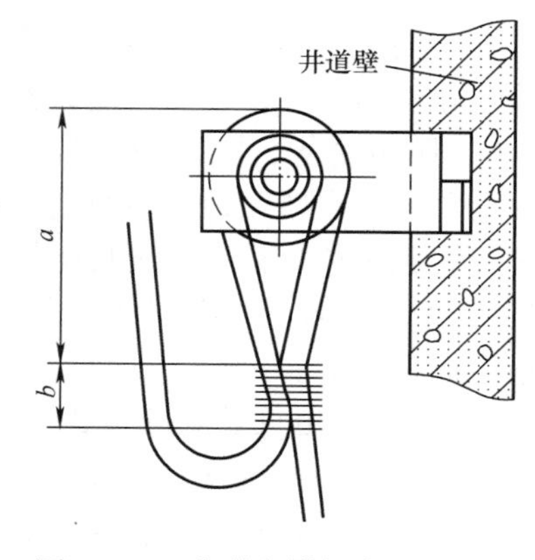

图 20-13　井道电缆的绑扎示意图

注：a 为钢管直径 2.5 倍，且不大于 200mm；b 一般取 30 ~ 70mm。

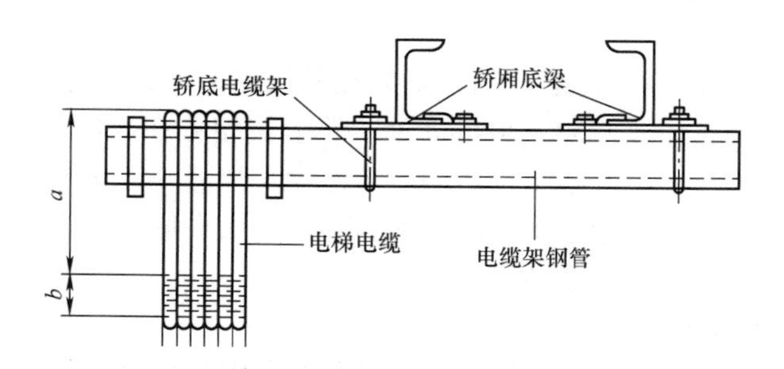

图 20-14　轿底电缆的绑扎示意图

注：a 为钢管直径 2.5 倍，且不大于 200mm；b 一般取 30 ~ 70mm。

6）当有数条电缆时，要保持电缆的活动间距，并沿高度错开 30mm，如图 20-15所示。

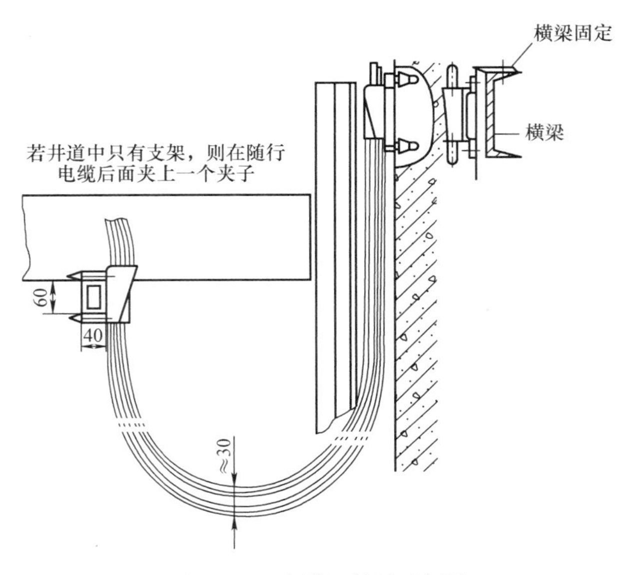

图 20-15　电缆间的活动间隙

（2）扁形电缆的安装

1）扁形电缆的固定可使用专用扁电缆夹。这种电缆夹是一种楔形夹如图 20-16 所示。

2）扁形电缆与井道壁及轿底的固定如图 20-15 所示。

扁形电缆的其他安装要求与圆形电缆相同。安装后的电缆不应有打结和波浪扭曲等现象。轿厢外侧的悬垂电缆在其整个长度内均平行于井道壁。

9. 电梯电气装置的绝缘和接地应满足的要求

1）**电梯电气装置的导体之间和导体对地之间的绝缘电阻必须大于 1000Ω/V**，而**对于动力电路和安全装置电路应大于 0.5MΩ，其他电路（如控制、照明、信号等）应大于 0.25MΩ**，做此项测量时，全部电子元件应分隔开，以免不必要的损坏。

图 20-16　扁电缆夹

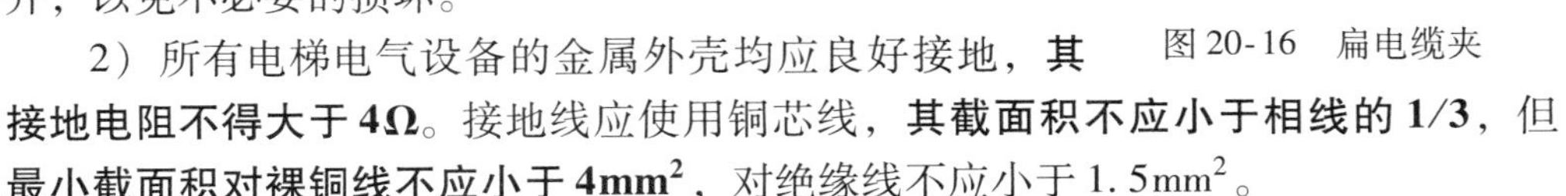

2）所有电梯电气设备的金属外壳均应良好接地，**其接地电阻不得大于 4Ω**。接地线应使用铜芯线，**其截面积不应小于相线的 1/3**，但**最小截面积对裸铜线不应小于 $4mm^2$**，对绝缘线不应小于 $1.5mm^2$。

3）电线管之间弯头、束结（外接头）和分线盒之间均应跨接接地线，并应在未穿入电线前用直径 5mm 的钢筋作为接地跨接线，并用电焊焊牢。

4）轿厢应有良好接地，如采用电缆芯线作接地线时，**不得少于两根，且截面积应大于 1.5 mm^2**。

5）接地线应可靠安全，且显而易见，电线应采用国际惯用地黄、绿双色线。

6）所有接地系统连通后引至机房，接至电网引入的接地线上，切不可用中性线当接地线。

20.3 电梯的调试与运行

20.3.1 电梯调试前的准备工作

1）机房内曳引钢丝绳与楼板孔洞的处理：**机房内曳引钢丝绳与楼板孔洞间隙应为 20～40mm**。通向井道的孔洞四周应筑出 50mm 以上宽度适当的台阶。限速器钢丝绳、选层器钢带、极限开关钢丝绳通过机房楼板时的孔洞与曳引钢丝绳通过楼板时的孔洞处理方法相同。

2）清除现场的一切障碍物。

① 清除井道中余留的脚手架和安装电梯时留下的杂物。

② 清除轿厢内、轿厢顶上、轿厢门和层门地坎槽中的杂物和垃圾。

③ 清除一切阻碍电梯运行的物件。

3）安全检查：必须在电梯轿厢已经装上完好的安全钳、安全钳开关及其拉杆，确保安全钳动作可靠方可拆除轿厢吊具、保险平台以及保险钢丝绳等。

4）润滑工作。

① 按规定对曳引机轴承、减速器、限速器等传动机构加油润滑。

② 对各导轨自动注油器、门滑轨、滑轮进行注油润滑。

③ 对缓冲器（液压型）加液压油。

20.3.2 电梯调试前的检查

1. 电梯调试前应对电气装置做的检查

测量电源电压。变压器应接入合适的接头，**保证其电压值在要求值的 ±7% 以内**。

检查控制柜及其他电气设备的接线是否有错接、漏接或虚接。

检查各熔断器容量是否合理。

按照相关要求，检查电气安全装置是否可靠。

1）检查门、安全门及检修活动门关闭后的联锁触点是否可靠。

2）检查层门、轿厢门的电气联锁是否可靠。

3）检查轿厢门安全触板及断电开关的可靠性。

4）检查断绳开关的可靠性。

5）检查限速器达到 115% 额定速度时能否动作，能否使超速开关及安全钳开关动作。

6）检查缓冲器动作开关是否有效。

7）检查端站开关（电气极限）、限位开关是否有效。

8）检查机械极限开关是否有效。

9）检查各急停开关是否有效。

10）检查各平层开关及门区开关是否有效。

2. 电梯调试前应对机械部件做的检查

1）检查控制柜内上下方向接触器的机械互锁装置是否有效。

2）检查限速器、选层器钢带轮的旋转方向是否符合运动要求。

3）检查导靴与导轨的间隙及张力是否适当。

4）检查安全钳机构动作的灵活性、安全钳楔块与导轨面的间隙。

5）检查端站减速开关、限位开关、极限开关的碰轮与轿厢撞弓的相对位置是否正确，动作是否灵活可靠。

20.3.3 制动器的调整

通常应在曳引轮未挂绳之前将制动器调整到符合要求的位置，电梯试车前应再次复校。现以交流电梯（双速）电磁制动器为例介绍其制动器调试步骤，具体如下：

1）调整制动器电源的电压：正常起动时线圈两端电压为110V，串入分压电阻后为（55±5）V。此电压为交流双速电梯，其他类型电梯按规定进行。

2）电磁力的调整：为使制动器有足够的松闸力，需调整两个电磁铁心的间隙。调整螺母时，两边倒顺螺母都向里拧，使两个铁心离铜套口基本齐平，再均匀地每边退出0.3mm左右，即保证两铁心行程为0.5～1mm，以后不合适可再调。

3）制动力矩的调整：制动力矩的调节依靠两边弹簧的调节螺母进行。弹簧压缩越紧，则制动力矩越大，反之则小。调节是否适当，要看调整结果，既要满足轿厢停止时，有足够大的制动力矩使其迅速停止，又要保证轿厢制动时不能过急过猛，不影响平层准确性，保持平衡。

4）制动闸瓦与制动轮间隙的调整：制动器制动后，要求制动闸瓦与制动轮接触面可靠，接触面积大于80%，松闸后制动闸瓦与制动轮完全脱离，无摩擦，且间隙应均匀。最大间隙不超过0.7mm。

适当调节闸瓦上的螺母，可调节间隙的大小与制动时的声音，也可调节制动闸瓦上下间隙，保证其上下间隙均匀。

按以上步骤反复精调，达到要求后将所有防松螺母拧紧，以防多次振动松开。

20.3.4 不挂曳引绳的通电试验步骤

为确保安全，在电梯负载试验前必须进行本试验工作，具体试验步骤如下：

1）将已挂好的曳引钢丝绳按顺序取下，并做好顺序标记。

2）暂时断开信号指示和开门机电源的熔断器。取下各熔断器的熔体而用3A的熔丝临时代替。

3）在控制屏（柜）的接线端子上用临时线短接门锁电触点回路、限位开关回路及安全保护触点回路和底层（基站）的电梯投入运行开关触点。

4）合上总电源开关，用万用表检查控制屏中大型接线端子上的三相电源端子的电压是否为380V，各相之间电压是否一致，如电压正常则观察相位继电器是否工作，如若未工作，说明引入控制屏的三相电源线相序不对，应予以调换其中两根电源线的位置。

5）用万用表的直流电压档检查整流器的直流输出电压是否正常，与控制屏上的原已设定的极性是否一致，否则应予以更正。

6）检查和观察安全回路继电器是否已吸合，直至令其吸合。

7）用临时线短接控制屏接线端子的检修开关触点，而断开由轿厢部分来的有驾驶员或自动运行的接线，这样控制屏上的检修状态继电器应予以吸合，使电梯处于检修状态。

8）按上行方向开车按钮，此时电磁制动器松闸张开，曳引电动机慢速向某一方向旋转，如其转向不是电梯向上运行方向，应调换引入曳引电动机的电源线的相序，使其转向为电梯的上行方向。再按下行方向开车按钮，再次检查曳引电动机转向。

9）按第8步的操作方法，初步调整曳引机上电磁制动器闸瓦与制动轮之间的间隙，使其均匀，并保持在≤0.7mm范围。然后测量制动器最初松开的电压与维持松开的电压，并调整其维持松开的经济电阻值，使其维持电压为电源电压的60%～70%。

10）拆除第7步中的临时线，连接断开的线路至轿厢内操作箱（或轿顶检修箱）上的检修开关，控制屏上的检修继电器应吸合，如不吸合，应仔细检查直至吸合。

11）操纵轿厢内操纵箱上的急停按钮（或轿厢顶检修箱上的急停开关），控制屏中的安全回路继电器应释放，如不起作用应检查控制屏接线端子上的临时短接线是否短接得正确。

12）在轿厢内操纵箱（或轿顶检修箱）上，操纵向上和向下开车按钮，曳引机应转动运行，且运行方向应正确，如不能令曳引机转动，则说明控制屏内的方向辅助继电器未吸合，应仔细检查，直至动作正确为止。

上述各项试验结束后，方可进行电梯的试运行。

20.3.5 电梯通电试运行

1）挂好曳引钢丝绳，将吊起的轿厢放下，盘车使轿厢下行，撤除对重下的支撑木，拆除剩余脚手架，清理净井道、底坑后，再盘车上下行。以一人在轿顶指挥，并观察所有部位的情况，特别是相对运行位置、间隙，边慢行边调整，直到所有的电气与机械装置完全符合要求。

2）当一切准备妥当后，可以进行慢速运行试验，用检修速度一层一层下行，以确认轿厢上各部件与井壁、轿厢与对重之间的间距、检查导轨的清洁与润滑情况、导轨连接处与接口的情况，逐层矫正层门、轿厢门地坎间隙，检查轿厢门上开门机传动、限位装置，使门刀能够灵活带动层门开、合，勾子锁能将厅门锁牢。检查并调整层楼感应器、平层感应器与隔磁板的间隙。使轿厢位于最上层、最下层，观察轿厢上方空程、底坑随行电缆情况，在底坑检查安全钳、导靴与导轨间隙，补偿绳与电缆不得与设备相碰撞，检查轿厢底与缓冲器顶面间距应符合要求，在轿厢顶应调整曳引绳张力。

经反复调试后，使曳引绳张力符合要求；使开关门速度符合要求；使抱闸间隙与弹簧压力合适；使限速器与安全钳动作一致、安全有效；使平层位置合适，开锁区不超过地坎200mm，方可进行快速试运行。

3）快速试运行前，先慢速将轿厢停于中间层，轿厢内不载人，使轿厢先单层、后多层，上下往复数次。确实无异常后，试车人员再进入轿厢，进行实际操作。

快速试运行时，应对电梯的信号、控制、驱动系统进行测试、调整，使其全部正常工作。对电梯的起动、加速、换速、制动、平层，以及强迫换速开关、限位开关、极限开关等位置进行精确调整，其动作应安全、准确、可靠。内、外呼梯按钮均应起作用。在机房应对曳引装置、电动机、抱闸等进行进一步检查。观察各层指示情况，反复调整电梯关门、起动、加速、换速平层停靠、开门等过程中的可靠性和舒适感，反复调整各层站的平层准确度，调整自动关门、开门时的速度和噪声水平。直至各项规定测试合格、各项性能指标符合要求。

20.4　电梯的维护与保养

20.4.1　制动器

1. 制动器的功能与结构

制动器是电梯机械系统的重要安全装置之一，对主动转轴起制动作用。当电梯轿厢到达所需层站或电梯遇紧急情况时使曳引机迅速停车，电梯停止运行。而且，制动器还对轿厢与厅门地坎平层时的准确度起着重要作用。

制动器的形式多种多样，但基本结构大致相同，图20-17所示为常见的电磁制动器。

制动器的工作原理是：当电梯处于静止状态时，曳引电动机、电磁制动器的线圈中均无电流，这时制动电磁铁的动、静铁心之间无吸力，制动瓦块在制动弹簧压力的作用下，将制动轮抱紧，曳引机制动，保证电梯不工作。当曳引电动机通电旋转的瞬间，制动电磁铁的线圈也同时通上电流，制动电磁铁的动、静铁心迅速磁化吸合，带动机械传动装置克服制动弹簧的作用力，使制动瓦块张开，与制动轮脱离，曳引机得以旋转，电梯得以运行。当电梯轿厢到达所需层站或遇到电源断电等紧急情况时，曳引电动机失电，电磁制动器的线圈也同时失电，制动电磁铁的动、静铁心失去吸力而复位，制动弹簧迫使制动瓦块再次将制动轮抱住，电梯

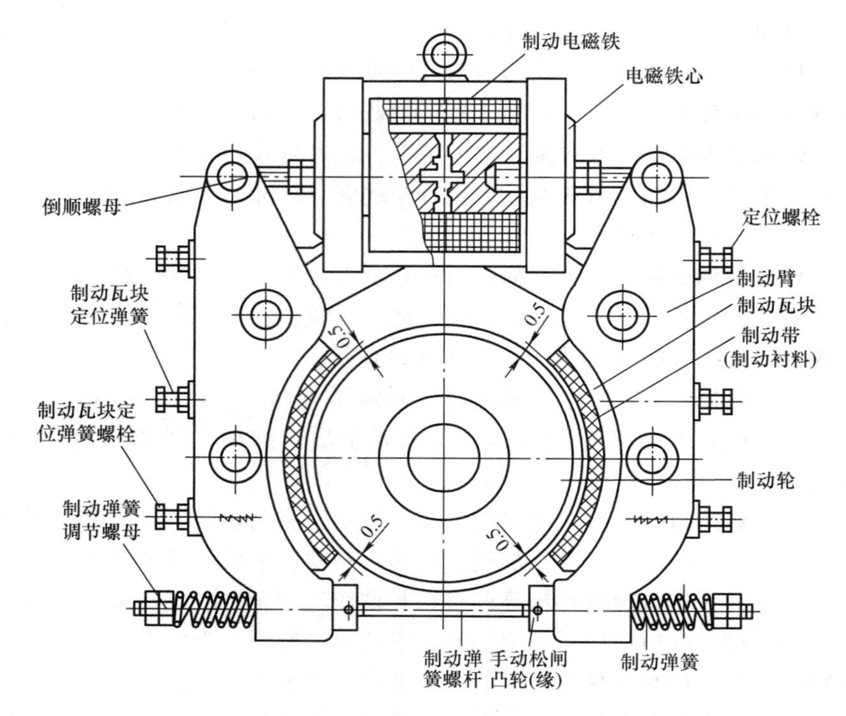

扫一扫看视频

图 20-17 电磁制动器

停止工作。

2. 制动器的维护保养

工作人员应经常到机房对制动器进行认真检查，发现问题及时解决。

1）检查制动弹簧有无失效或疲劳损坏。

2）电梯运行（即松闸）时，两侧制动瓦应同时离开制动轮，**其间隙应均匀，且最大不超过 0.7mm**，当间隙过大时应调整。

3）电梯运行停止（即抱闸）时，制动瓦应紧贴制动轮，**其制动瓦的接触面不小于 80%**。

4）应保证制动器的动作灵活可靠，各活动关节部位应保持清洁。每周对制动器上各活动销轴加一次润滑机油（加油时不允许将油滴在制动轮上）；每季度在电磁铁心与制动器铜套之间加一次石墨润滑粉。

5）固定制动瓦的铆钉头不允许接触到制动轮，当发现制动带磨损，导致铆钉头外露时，应更换制动带。

6）制动器应保持足够的制动力矩，当发现有打滑现象时，应调整制动弹簧。

7）制动轮和制动瓦表面应无划痕、高温焦化颗粒以及油污。当制动轮上有划痕或高温焦化颗粒时，可用小刀轻刮，并打磨光滑；当制动轮上有油污时，可用煤油擦净表面。

8）制动电磁线圈的绝缘应良好、无异味，线圈的接头应牢固可靠。

9）制动器上的杠杆系统及弹簧发现裂纹应及时更换。

20.4.2　减速器

1. 减速器的种类及特点

减速器（箱）的种类及其特点如下：

1）按传动方式可分为涡轮蜗杆传动（称蜗杆减速器）与斜齿轮传动（称齿轮减速器）。齿轮减速器效率高，但结构不够紧凑。蜗杆减速器传动平稳、体积小、噪声小、结构紧凑、维修方便，具有较好的抗冲击载荷特性。目前速度不大于2.5m/s的曳引机大多采用蜗杆减速器。其主要结构有箱体、箱盖、蜗杆、涡轮、轴承等。

2）按涡轮蜗杆的相对位置可分为上置式与下置式。在减速箱内，凡蜗杆安装在涡轮上面的称为蜗杆上置式。其特点是箱体较容易密封，不易掉入杂物，易检查修理，但蜗杆润滑较差。

在减速箱内，凡蜗杆置于涡轮下面的称为下置式。其特点是蜗杆润滑好，但箱体对密封要求高，否则容易向外渗油。

3）按蜗杆形状可分为圆柱形蜗杆与圆弧面蜗杆。其中圆柱形蜗杆又按其横截面轮廓线的形状分为阿基米德螺旋线蜗杆（也称普通蜗杆）、延长渐开线蜗杆、近似于阿基米德螺旋线蜗杆等。目前，在国产电梯上使用的减速箱内，多采用圆柱形延长渐开线蜗杆。

2. 减速器的维护保养

工作人员应经常性地对减速器进行检查、保养，并注意以下几点：

1）箱体内的油量应保持在油针或油镜的标定范围，当发现油已变质或有杂质时，应及时更换。

2）减速器应无漏油现象，一旦发现漏油后，除根据具体情况进行处理外，还应及时向箱内补充与箱内同牌号的润滑油。

3）经常测量减速器温度，轴承温度一般不得超过70℃，箱内温度一般不得超过80℃，否则应停机检查原因。当轴承发生不均匀的噪声、敲击声或温度过高时，应及时处理。

4）涡轮蜗杆的轴承应保持合理的轴向间隙，当电梯换向时，发现蜗杆轴或涡轮轴出现明显窜动时，应采取积极措施，调整轴承的轴向间隙使其达到规定值。

5）当减速器中涡轮蜗杆的齿磨损过大，在工作中出现很大换向冲击时，应进行大修。具体内容是调整中心距或换涡轮蜗杆。

20.4.3　联轴器

1. 联轴器的种类及特点

联轴器的作用是将曳引机与减速器（箱）蜗杆轴连接起来。电梯用联轴器的种类及特点如下：

1）刚性联轴器。**减速器的蜗杆轴采用滑动轴承时，通常采用刚性联轴器。**

2）弹性联轴器。**减速器的蜗杆轴采用滚动轴承时，通常采用弹性联轴器。**

联轴器一端与电动机转子轴相连，另一端与蜗杆轴相连。刚性联轴器和弹性联轴器都带制动轮，制动轮安装在蜗杆轴上。

2. 联轴器的维护保养

1）经常检查螺栓上的紧固螺母，不得松动。否则，曳引机工作时就会发生径向晃动，导致制动失灵。

2）检查整机在起动、制动时是否有冲击和不正常的声响，检查橡胶圈（块）是否磨损、螺栓是否变形、键是否松动。

3）定期检测并保持曳引机的转轴与蜗杆轴的同轴度，一般应在0.1mm以内。否则会引起橡胶圈磨损变形或脱落。

4）经常用小锤敲击联轴器整体，凭声音或观察来判断机械零部件有无裂纹或磨损故障。

20.4.4 曳引钢丝绳

1. 曳引钢丝绳的连接方法

曳引钢丝绳也称曳引绳，是电梯上专用的钢丝绳。它承载着轿厢、对重装置、额定载重量等重量的总和。

曳引钢丝绳在机房穿绕曳引轮、导向轮，下面一端连接轿厢，另一端连接对重装置。

曳引钢丝绳的两端总要与有关的构件连接，固定钢丝绳端部的方法各种各样，通常采用合金固定法，即灌铝法（见图20-18），此方法能使钢丝绳断裂力不降低。一般采用巴氏合金或铝，因为其易熔，便于现场浇铸。

2. 曳引钢丝绳张力的调整方法

电梯是多绳提升，数根钢丝绳共同承担负载。多绳提升要求每根钢丝绳受力均等，不允许个别钢丝绳受力过大（即绷得太紧）。因此电梯都有钢丝绳张力调整装置，用拧紧或放松螺母改变弹簧力的方法，即可调整钢丝绳的张力。弹簧还可起微调作用，瞬时平衡力由弹簧补偿。由于数根弹簧性能有差别，因而不能用测量压缩

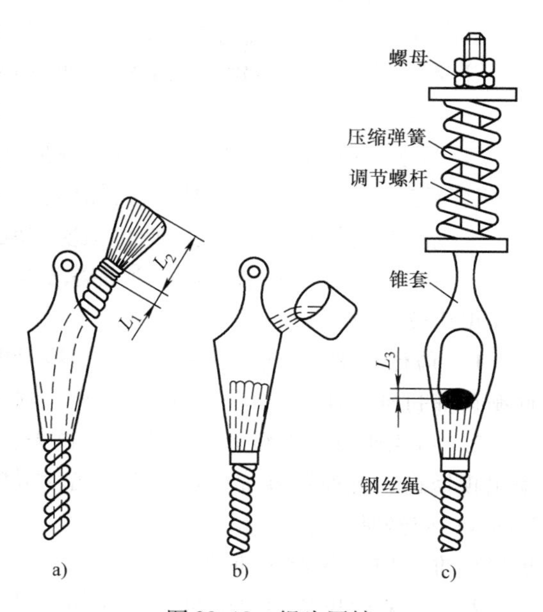

图20-18　绳头固结
a）打弯　b）浇铸　c）结构示意图

弹簧的长度来衡量钢丝绳受力是否相等，更不能以此作为调整依据。

曳引钢丝绳使用注意事项如下：

1）钢丝绳不允许有接头。

2）每根钢丝绳受力必须均等。

3）钢丝绳要用适当的润滑。

3. 曳引钢丝绳与绳头组合的保养

绳头组合又称曳引绳锥套，按其结构形式可分为组合式和非组合式两种，分别如图20-19所示。组合式的曳引绳锥套和拉杆是两个独立的零件，它们之间用铆钉铆合在一起；非组合式的曳引绳锥套和拉杆是铸成一体的。

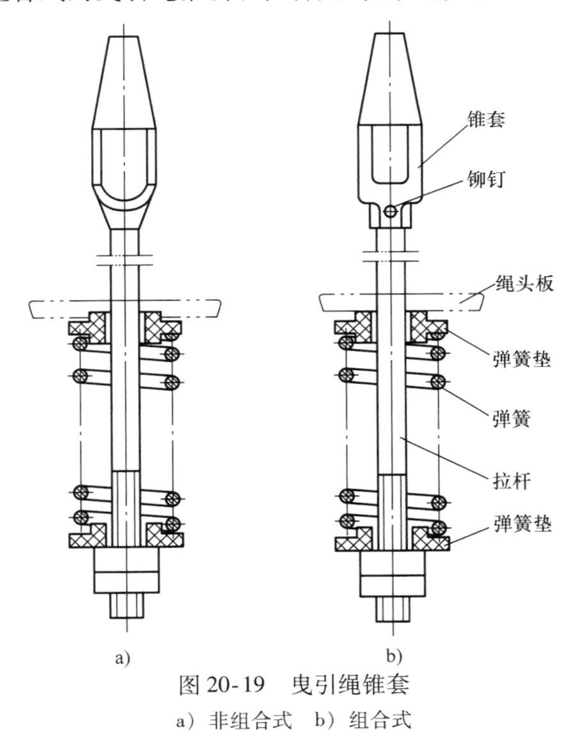

图20-19 曳引绳锥套

a）非组合式 b）组合式

曳引绳与绳头组合保养方法如下：

1）应使全部曳引绳的张力保持一致，其相互的差值不应超过5%。如张力不均衡可通过绳头组合螺母来调整。

2）曳引绳使用时间过久，绳芯中的润滑油会耗尽，将导致绳的表面干燥，甚至出现锈斑，此时可在绳的表面薄薄地涂一层润滑油。

3）应经常注意曳引绳的直径变化，检查有无断丝、锈蚀及磨损等。如已达到更换标准，应立即停止使用，更换新曳引绳。

4）应保持曳引绳的表面清洁，当发现表面有沙尘等异物时，应用煤油擦干净。

5）在截短或更换曳引绳，需要重新对锥套浇铸巴氏合金时，应严格按工艺规程操作，切不可马虎从事。

6）应保证电梯在顶层端站平层时，对重与缓冲器之间有足够间隙。

20.4.5 轿厢

1. 轿厢的基本结构

轿厢是乘客或货物的载体，是电梯的主要设备之一，它由轿厢架和轿厢体组成。其中轿厢体由轿厢底、轿厢壁、轿厢顶和轿厢门等组成。轿厢架由底架（下梁）、立柱、上梁以及立柱与轿厢底的侧向拉条所组成的承重构架等组成。轿厢底安放在轿厢架上。

轿厢在曳引钢丝绳的牵引作用下，沿敷设在电梯井道中的导轨，做垂直方向的上、下快速而平稳的运行。

对于不同用途的电梯，虽然轿厢基本结构是相同的，但在具体结构要求上却有所不同。

客梯轿厢既要求坚固耐用，又要求美观、舒适。因此，在轿厢结构上均有减速措施，为了阻止振动传向厢体，常用的方法是在轿厢体与轿厢架之间加装橡胶块。为此需采用框架或底梁结构，在底框与轿厢底之间加入 6 ~8 块专门制造的橡胶块。为了限制轿厢在水平方向的偏摆，在立柱上设有限位块。限位块有滚轮式和块式，其支撑部分是钢制的，工作部分用橡胶制成。客梯轿厢的结构如图 20-20 所示。

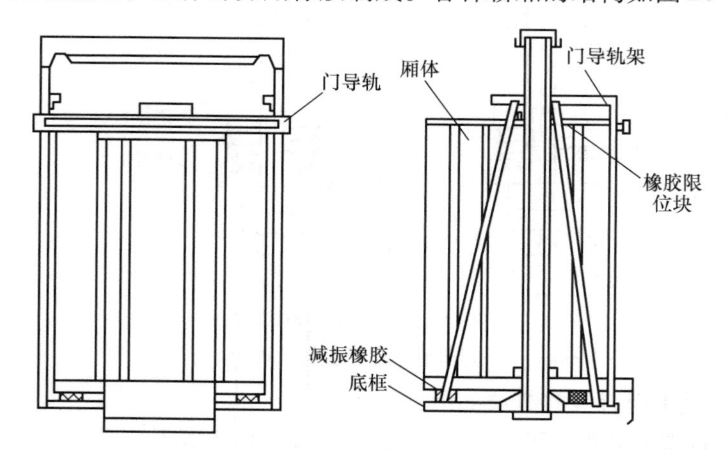

图 20-20　客梯轿厢的结构

轿厢门供乘客或服务人员进出轿厢使用，门上装有联锁触头，只有当门扇密闭时，才允许电梯启动；而当门扇开启时，运动中的轿厢立即停止，起到了电梯运行中的安全保护作用。门上还装有安全触板，若有人或物品碰到安全触板，依靠联锁触头作用使门自动停止关闭，并迅速打开。

轿厢顶开有供人紧急出入的安全窗。安全窗开启时，必须通过限位开关切断电梯控制电路，使电梯不能起动，以确保安全。轿厢顶还装有开门机构、电器箱、接线箱和风扇等。

客梯轿厢一般采用半间接照明方式，即通过灯罩等透明体使光线柔和些，再照射下来。也可采用反射式照明。

在轿厢内除了设置照明装置外，还设有操纵电梯运行的按钮操纵箱、显示电梯运行方向和位置的轿内指层灯、风扇或抽风机、紧急开关等应急装置以及电梯规格标牌等。

2. 轿厢的维护与保养

1）电梯如果发生紧急停车、卡轨或过载运行，都将对轿厢架产生很大影响，必须检查四角接点的螺栓。如果轿厢架变形，则应稍放松紧固螺栓让其自然校正，随后再拧紧。

2）当轿厢运行时，如果轿厢壁振动或发出嘶哑声，则可能是纵向筋焊点脱落，轿厢壁刚性降低所致。如果技术手段允许，可以补焊，或者钻孔后用铆钉铆合。

3）经常检查轿厢的连接螺栓，若有松动、错位或变形，应分别采取措施。变形或锈蚀的螺栓必须更换，已脱落或遗失的螺栓应补齐。

4）轿厢体与轿厢架连接的四根拉杆受力要尽可能相等，轿厢底安装必须水平。否则，可以利用拉杆上的螺栓调节，即拧紧螺母的力要一致。如果拉杆受力不均匀将使轿厢安装歪斜，造成轿厢门运动不灵活，若有自动门机构，严重时将会使该机构无法工作。

20.4.6　电梯门系统

1. 电梯门系统的基本结构

电梯门系统主要包括轿厢门、厅门（层门）、开门机、联动机构和门锁等。

厅门和轿厢门都是独特的保护装置，以防乘客和物品坠入井道或轿内乘客和物品与井道相撞而发生危险。

电梯的门一般由门扇、门滑轮、门靴（门滑块）、门地坎、门导轨架等组成。轿厢门由门滑轮悬挂在轿厢门导轨上，下部通过门靴与轿厢门地坎配合；厅门由门滑轮悬挂在厅门导轨上，下部门滑块与厅门地坎配合，如图20-21所示。

轿厢门是设置在轿厢入口的门，其设在轿厢靠近层门的一侧，供驾驶员、乘客和物品的进出。简易电梯的开关门是用手操作的，称为手动门。一般的电梯都装有自动开、关机构，称为自动门。它在轿厢门的上方，设有开门机。

厅门设置在层站入口的密封门，也称层门，还称为梯井门，厅门的开启是由轿厢门带动的，厅门上装有电气、机械联锁装置的门锁。只有轿厢门开启，才能带动厅门的开启。所以，轿厢门称为主动门，厅门称为被动门。

只有轿厢门、厅门完全关闭后，电梯才能运行。为了防止电梯在关闭时将人夹住，电梯的轿厢门上常设有关门安全装置（近门保护装置），在做关门运动的门扇

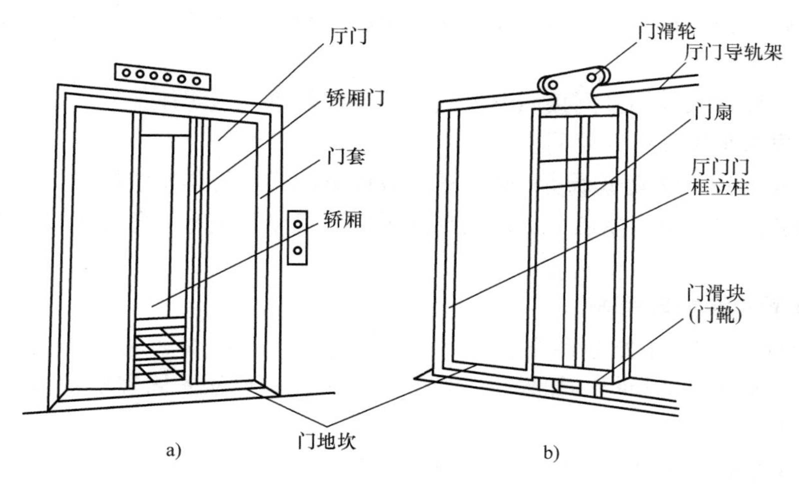

图 20-21 电梯门的基本结构
a）厅门外面 b）厅门内面

只要受到人或物的阻挡，便能自动退回。

2. 轿厢门、厅门和自动门锁的维护保养

1）当滚轮的磨损导致门扇下坠及歪斜等时，应调整门滑轮的安装高度或更换滑轮，并同时调整挡轮位置，保证合理间隙。

2）应经常检查厅门联动装置的工作情况，对于钢丝绳式联动机构，发现钢丝绳松弛时，应予以张紧；对于摆杆式和折臂式联动机构，应使各转动环节处转动灵活，各固定处不应发生松动，当出现厅门与轿厢门动作不一致时，应对其联动机构进行检查调整。

3）经常检查门导轨有无松动，有无异物堵塞，门靴在门槛槽内运行是否灵活，两者的间隙有无过大或过小，并及时清除杂物加油润滑。

4）应保持自动门锁的清洁，在季检中应检查保养。对于必须进行润滑保养的自动门锁，应定期加润滑油。

5）应保证门锁开关的工作可靠性，应注意触头的工作状况，防止出现虚接、假接及粘连现象。特别注意门锁的啮合深度。

6）如果门锁已坏，电梯也就不能运行，这时，千万不要在门锁电开关上短接来代替门锁，使电梯运行，否则将会造成重大事故。

3. 开门机的维护保养

1）应保持调定的调速规律，当门在开关时的速度变化异常时，应立即检查调整。

2）对于带传动的开门机，应使传动带有合理的张紧力，当发现松弛时，应加以张紧。对于链带传动的开门机，同样应保证链条合理的张紧力。

3）开门机各传动部分，应保持良好的润滑。对于要求人工润滑的部位，应定期加油。

4）应经常检查开门机的直流电动机，如发现电刷磨损过量应予以更换；如发现炭粉和灰尘较多，要及时清理。还要经常检查电动机的绝缘电阻及轴承情况，发现问题及时处理，具体方法可参考直流电动机的保养。

扫一扫看视频

20.4.7 导向系统

1. 导向系统的功能与基本结构

导向系统用来限制轿厢和对重的活动自由度，使轿厢和对重沿着各自的轨道作升降运动，使两者在运行中平稳，不会偏摆。

扫一扫看视频

轿厢导向和对重导向均由导轨、导靴和导轨架组成。

轿厢的两根导轨及对重的两根导轨分别限定了轿厢和对重在井道中的相互位置；导轨架作为导轨的支撑件，被固定在井道壁；轿厢和对重各装有四个导靴，导靴被安装在轿厢和对重架两侧，导靴里的靴衬（或滚轮）与导轨工作面配合，使一部电梯在曳引绳的牵引下，一边为轿厢，另一边为对重，分别沿着各自的导轨上、下运行。图20-22为电梯导向系统示意图。

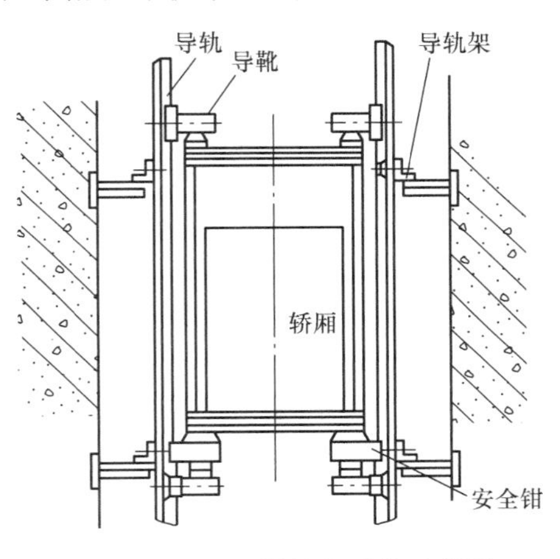

图20-22　电梯导向系统示意图

扫一扫看视频

2. 导轨和导靴的维护与保养

1）不论轿厢导轨还是对重导轨，都应保持润滑良好，没有自动润滑装置的电梯，应每周对导轨进行一次润滑。

扫一扫看视频

2）当导轨工作面有凹坑、麻斑、毛刺、划伤以及安全钳动作或紧急停止制动而造成导轨损伤时，应用锉刀、砂布、油石等进行修磨。

3）当导轨工作面不清洁时，可用煤油擦净导轨和导靴，如润滑不良，应定期向油杯中注入同规格的润滑油。

扫一扫看视频

4）在年检中，应详细检查导轨连接板和导轨压板处螺栓紧固情况，并应对全部压板螺栓进行一次重复拧紧。

5）滑动导靴靴衬工作面磨损过大，会影响电梯的运行平稳性。**一般对侧工作面，磨损量应不超过1mm（双侧）；对内端面，磨损量应不超过2mm，超过时应更换。**

扫一扫看视频

6）应保持弹性滑动导靴对导轨的压紧力，当因靴衬磨损而引起松弛时，应加以调整。

7）当滚动导靴的滚轮与导轨面间出现磨损不匀时，应予以车修；磨损过量使间隙增大或出现脱圈时，应予以更换。

8）在检查中，若发现导靴与轿厢架或对重框架紧固松动时，可将螺母拧紧，但最好的办法是垫上弹簧垫圈，防止螺母松动。

20.4.8 重量平衡系统

1. 重量平衡系统的功能与构成

重量平衡系统能使对重与轿厢达到相对平衡，在电梯工作中能使轿厢与对重的重量差保持在某一个限额之内，保证电梯的曳引传动平稳、正常。

重量平衡系统的示意图如图 20-23 所示，由对重装置和重量补偿装置两部分组成。

对重装置的作用是起相对平衡轿厢的作用，它与轿厢相对悬挂在曳引绳的另一端。

重量补偿装置的作用是当电梯运行的高度超过 30m 时，由于曳引钢丝绳和控制电缆的自重，使得曳引轮的曳引力和电动机的负载发生变化，补偿装置可弥补轿厢两侧重量不平衡。这就可保证轿厢侧与对重侧重量比在电梯运行中不变。

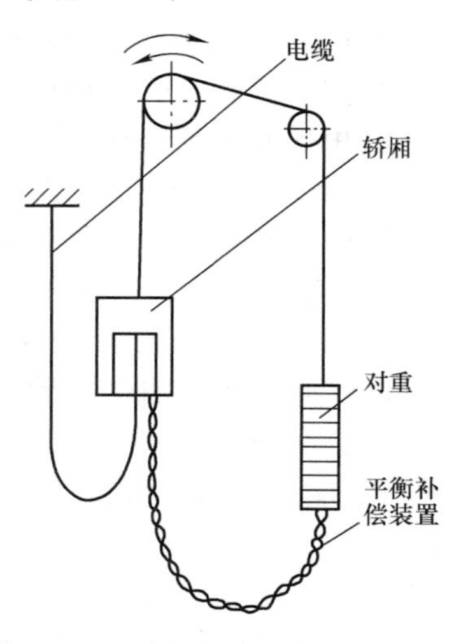

图 20-23 重量平衡系统的示意图

2. 对重装置和重量补偿装置的维护保养

1）定期检查对重架上的绳头组合装置有无松动，螺母紧固与否，卡销有无脱落。

2）定期检查对重轮上润滑是否良好，有无异声，有无损裂。

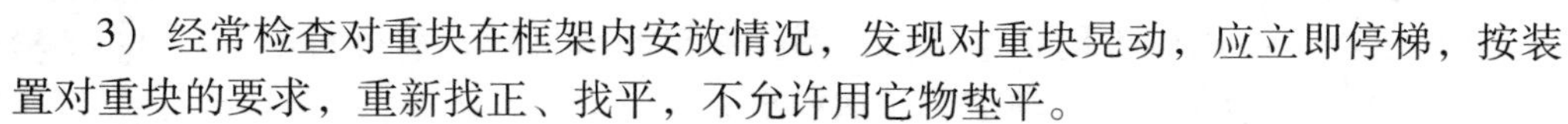

3）经常检查对重块在框架内安放情况，发现对重块晃动，应立即停梯，按装置对重块的要求，重新找正、找平，不允许用它物垫平。

4）当发现补偿链在运行时产生较大噪声时，应检查曳引钢丝绳有否折断。应检查两端固定元件的磨损情况，必要时要加固。

5）对于补偿绳，其设于底坑的张紧装置应转动灵活。对需要人工润滑的部位，应定期添加润滑油。

6）经常检查对重架各部分螺栓有无松动现象（包括对重块的迫紧装置）。

20.4.9 电梯安全保护系统

1. 电梯可能发生的事故隐患

电梯运行中，可能发生的事故隐患和故障如下：

1）轿厢失控、超速运行。当电磁制动器失灵，减速器中的涡轮、蜗杆的轮齿、轴、销、键等折断以及曳引绳在曳引轮严重打滑等情况发生时，那么正常的制动手段已无法使电梯停止运行，将使轿厢架失去控制，造成运行速度超过极限速度（即额定速度的 115%）。

2）终端越位。由于平层控制电路出现故障，轿厢运行到顶层端站或底层时，不停而继续运行或超出正常的平层位置。

3）冲顶或蹲底。由于上终端限位装置失灵等，造成电梯冲向井道顶部，称为冲顶；由于下终端限位装置失灵或电梯失控，造成电梯轿厢跌落井道底坑，称为蹲底。

4）不安全运行。电梯在限位器失效，选层器失灵，层门、轿厢门不能关闭或关闭不严，超载，电动机断相（缺相）、错相等状态下的运行称为不安全。

5）非正常停止。由于控制电路出现故障，安全钳误动作或停电等原因，都会造成在运行中的电梯突然停止。

6）关门障碍。电梯在关门时，受到人或物体的障碍，使门无法关闭。

2. 电梯安全保护系统的构成

为了确保在运行中的安全，在设计电梯时，设置了多种的机械安全装置和电气安全装置，这些装置共同组成了电梯安全保护系统，其主要有以下几部分组成：

1）超速（失控）保护装置：限速器、安全钳。

扫一扫看视频

2）超越上、下极限工作位置的保护装置：包括强迫减速开关、终端限位开关、终端极限开关来达到强迫换速、切断控制电路、切断动力电源的三级保护。

3）撞底（与冲顶）保护装置：缓冲器。

4）层门门锁与轿厢门电气联锁装置：确保门不关闭，电梯不能运行。

扫一扫看视频

5）门的安全保护装置：层门、轿厢门设置门光电装置、门电子检测装置、门安全触板等。

6）电梯不安全运行防止系统：轿厢超载保护装置、限速器断绳开关、选层器断带开关等。

7）不正常状态处理系统：机房曳引机的手动盘车、自备发电机以及轿厢安全窗、轿厢门手动开关设备等。

扫一扫看视频

8）供电系统断相、错相保护装置：相序保护继电器等。

9）停电或电气系统发生故障时，轿厢慢速移动装置。

10）报警装置：轿厢内与外联系的警铃、电话等。

上述安全装置中，有一些机械安全装置往往也需要电气方面的配合和联锁装置才能完成其动作和保护功能。

普通交流双速乘客电梯的安全保护系统关联图，如图20-24所示。

3. 电梯安全保护系统的主要动作程序

电梯安全保护系统的主要动作程序如图20-25所示。

4. 限速器的维护与保养

1）限速器的动作时间应灵活可靠，对速度反应灵敏。旋转部分的润滑应保持良好，每周加油一次，每年清洗换新油一次。当发现限速器内部积有污物时，应加以清洗（注意不要损坏铅封）。

2）应使限速张紧装置转动灵活，一般每周应加油一次，每年清洗一次。

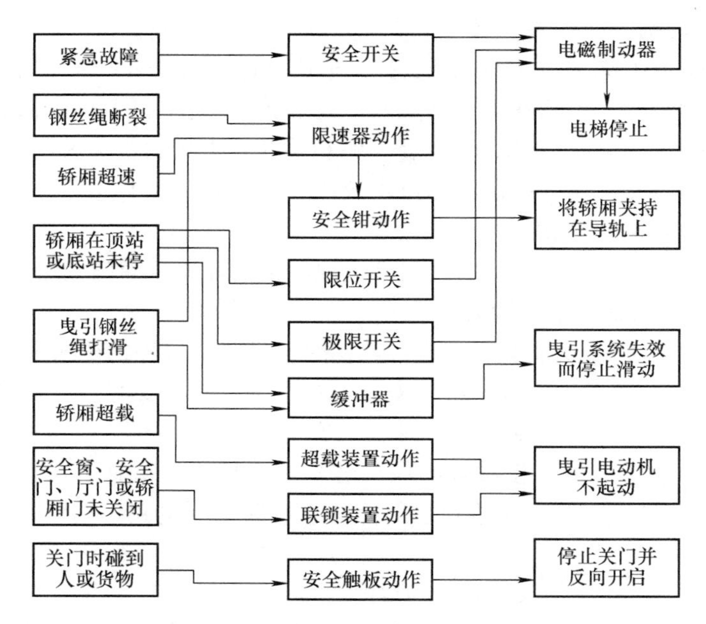

图 20-24 电梯的安全保护系统关联图

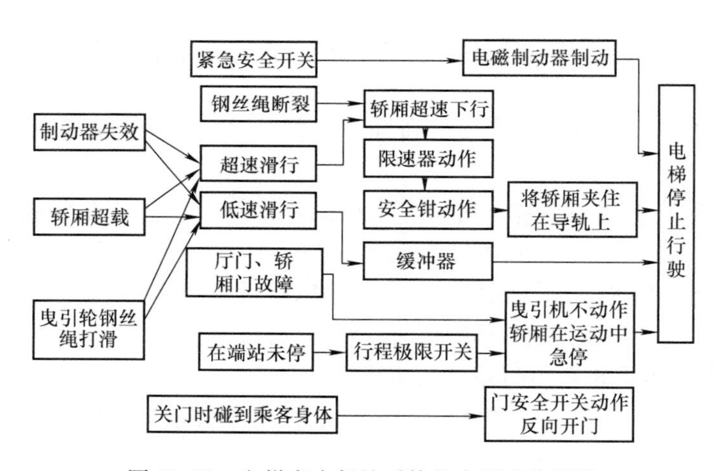

图 20-25 电梯安全保护系统的主要动作程序

3）经常检查夹绳钳口处，并清洗异物，以保证动作可靠。

4）及时清理钢丝绳的油污，当钢丝绳伸长超过规定范围时应截短。

5）若发现限速器有异常撞击声或敲击声时，如果是甩块式刚性夹持式限速器，应检查绳轮和连杆（连接板）与离心重块（抛块）的连接螺栓有无松动。

6）在电梯运行过程中，一旦发现限速器、安全钳动作，将轿厢夹持在导轨上。此时，应经过有关部门鉴定、分析、找出故障原因，并解决后才能检查或恢复限速器。

5. 安全钳的维护与保养

1）经常检查传动部分，应灵活无卡死现象。每月在转动部位注入机械油润滑。楔块的润滑部分，动作应灵活，并涂以凡士林润滑防锈。

2）每月检查、调整安全钳上的安全限位开关，当安全钳动作时，该开关必须动作。

3）每季度用塞尺检查楔块与导轨工作面的间隙，应为3～4mm，且各间隙值应相近，否则应进行调整。方法是：调整楔块连接螺母，即可改变间隙大小。

4）当安全钳动作后，若发现对轿厢两导轨夹持位置不一致或咬痕深浅不平时，应调整连杆上的螺母，并调节拉臂上的螺母，使两边夹持导轨作用力一致。

5）安全钳动作后，不应在解除制动状态后马上投入运行，而应认真检查安全钳动作原因并予以排除，并认真检查限速器绳被压绳舌夹持部位状况；修复导轨被安全钳夹持痕迹；检查安全钳是否复位和灵活；检查轿厢是否变形等。只有全面检查并排除故障后，才能使电梯正常运行。

6. 缓冲器的维护与保养

1）对于弹簧缓冲器，应保护其表面不出现锈斑，随着使用年久，应视需要加涂防锈油漆。

2）对于油压缓冲器，应保证油在油缸中的高度，一般每季度应检查一次。当发现低于油位线时，应及时添加（保证油的黏度相同）。

3）定期查看并紧固好缓冲器与底坑下面的固定螺栓，防止松动，底坑应无积水。

4）油压缓冲器柱塞外露部分应保持清洁，并涂抹防锈油脂。

5）定期对油压缓冲器的油缸进行清理，更换废油。

6）若轿厢或对重撞击缓冲器后，应全面检查。如发现弹簧不能复位或歪斜，应予以更换。

7. 终端限位保护装置的维护与保养

1）对于终端限位保护装置，需润滑的部位应定期注入润滑油，以利润滑。

2）当轿厢开关打板（碰板）发生扭曲变形，不能很好地碰击终端限位安全保护开关时，应及时调整或更换。

3）对于采用机械电气式的极限开关装置，当发现动作不灵活时，应对它的曳引钢丝绳、碰轮、绳夹、绳轮及弹簧等机械零、部件进行检查。

4）当发现终端超载安全保护装置动作（不论哪一终端），应立即查明原因，排除故障，并把经过、处理方法记入维修记录本内，经有关负责人同意方可再投入运行。在以后运行中要严密监视有无再发生终端超载安全保护装置动作。若间隔不久，又发生这类现象，应立即停止电梯使用，直到问题真正解决。

20.4.10 电梯常用电器的维护与保养

1. 开关柜的维护与保养

1）应经常用软刷或吹风机清除屏体及控制柜内各电器元件上的积尘和油垢。

2）应经常检查接触器、继电器的各组触点是否良好可靠，吸合线圈外表绝缘是否良好。

3）应定期清除各连接点表面的氧化物，若触头被电弧烧伤，如不影响使用性能时，可不必修理。如果烧伤严重，凸凹不平很显著时，必须修平或更换新的触头。

4）机械联锁装置的动作，应灵活可靠，无显著噪声。导线与接线端子的连接应牢固无松动现象。

5）更换熔丝时，应使其熔断电流与该回路相匹配。

6）电控系统发生故障时，应根据其现象，按电气原理图分区、分段查找并排除。

2. 安全保护开关与极限开关的维护与保养

1）安全保护开关应灵活可靠，每月检查一次，核实触头接触的可靠性，检查弹性触头的压力和压缩裕度，清除触头表面的积尘，若发现烧灼现象，应锉平滑，若烧灼严重，应予以更换。对于安全开关的转动和摩擦部分，可用凡士林润滑。

2）极限开关应灵敏可靠，应定期进行超程检查，检查其是否能可靠地断开主电源，迫使电梯停止运行。若发现异常，应立即予以修理或更换。对于其转动和摩擦部分，可用凡士林润滑。

3. 选层器与层楼指示器的维护保养

1）应经常检查传动钢带，如发现断齿或有裂痕时，应及时修复或更换。

2）应保持各传动机构运动灵活，视情况加润滑油。

3）应经常检查动、静触头的接触可靠性及压紧力，并予以适当调整。当触头过度磨损时应予以更换。

4）应保持触头的清洁，视情况清除表面的积垢。

5）应经常检查各接点引出线的压紧螺钉有无松动现象，检查各连接螺栓是否牢固。

6）注意保持传动链条的适度张紧力，出现松弛时，应予以更换。

20.5 电梯的常见故障及其排除方法

20.5.1 制动器的常见故障及其排除方法

制动器的常见故障及其排除方法见表20-2。

表20-2　制动器的常见故障及其排除方法

故障现象	可能原因	排除方法
制动器在制动位置制动不住轿厢，有“溜车”现象	1. 制动弹簧压力太小，或弹簧损坏变质 2. 制动轮磨损或表面有油垢 3. 制动带磨损、铆钉头露出闸带、制动带有油垢 4. 各销轴磨损严重	1. 调整制动弹簧压缩量，或更换制动弹簧 2. 更换制动轮，用煤油擦净制动轮 3. 更换制动带（闸瓦）、用小刀刮净油污 4. 更换销轴
制动轮有表面划痕	制动带铆钉头露出	更换制动带，严重时应更换制动轮
制动行程大，平层不准确	1. 制动弹簧调整不合适 2. 制动轮、制动带上有油垢	1. 调整制动弹簧 2. 擦净油污
制动轮发热，闸带（瓦）发出焦味甚至冒烟	1. 制动弹簧过紧，制动力矩太大 2. 闸瓦松闸时只有部分接触制动轮 3. 抱闸线圈断线或烧坏 4. 控制电路连接点或电线连接松动 5. 两铁心之间间隙过大，电磁力太小	1. 调整制动弹簧压力 2. 调整制动轮与闸瓦的同心度 3. 更换线圈 4. 按电气故障处理 5. 调整两铁心间隙为0.5～1.0mm
制动时有跳动	1. 基础螺栓松动 2. 活动部位锈蚀 3. 零件有裂纹 4. 减速器蜗杆轴承损坏或间隙太大	1. 采用弹簧垫圈或其他防松装置，并重新拧紧螺母 2. 除锈且经常加油润滑 3. 用手锤检查各拉杆、制动臂和主弹簧 4. 按减速器故障处理
制动时有尖叫声	1. 制动瓦销轴与孔的间隙过大，制动瓦产生歪斜 2. 闸带磨损，铆钉头露出 3. 制动瓦的补偿弹簧失效	1. 更换销轴或加衬套 2. 更换闸带并按要求铆牢 3. 更换弹簧
闸带磨损不均匀	1. 制动器安装歪斜 2. 制动瓦补偿弹簧失效或太软，失去自动调节作用	1. 利用垫片调整制动器底座 2. 更换弹簧

20.5.2　减速器的常见故障及其排除方法

减速器的常见故障及其排除方法见表20-3。

表20-3　减速器的常见故障及其排除方法

故障现象	可能原因	排除方法
滚动轴承异常声响	轴承过脏；缺油；轴承损坏	清洁并润滑轴承，必要时更换
运转时有敲击声	1. 蜗杆轴向间隙过大 2. 涡轮磨损严重 3. 涡轮齿圈松动	1. 调整间隙 2. 更换涡轮蜗杆 3. 紧固螺母

（续）

故障现象	可能原因	排除方法
漏油	1. 蜗杆轴伸密封环失效 2. 箱体漏油 3. 轮筒漏油	1. 更换 2. 更换密封垫 3. 更换密封毛毡
润滑油沉淀或变稀	润滑油变质	更换
减速器发热	1. 无润滑油或润滑油过多、过少、过稀、过稠 2. 蜗杆、涡轮轴向间隙和保证侧隙太小 3. 轴承发热，润滑不良；安装过紧，间隙太小或无间隙；轴承损坏	1. 按要求加入适量规定牌号的润滑油 2. 按规定调整 3. 检查润滑情况，调整间隙。更换轴承
齿面烧伤或粗糙	1. 润滑油过稀，齿面润滑不良且接触强度降低 2. 缺油 3. 润滑油太脏或箱体内油漆脱落，或制造厂未把箱体内及轴孔铁屑清除干净	1. 改用黏度较大的润滑油 2. 按时补充，特别是漏油严重时要每班补充，油面保持规定高度 3. 重视清洁工作，酌情处理

20.5.3 自动门机构的常见故障及其排除方法

自动门机构的常见故障及其排除方法见表20-4。

表20-4 自动门机构的常见故障及其排除方法

故障现象	可能原因	排除方法
电动机转动，但门不移动或拖动无力	1. 传动带打滑 2. 门移动受阻，此时电动机有过载声响	1. 调整传动带张力或更换已损坏的传动带 2. 调整导向槽，使滑轮转动，导向正确，不使门搁在门坎上
门移动到中途停止，既不能进也不能退	1. 接线脱落 2. 杠杆系统铰链磨损变成多角形，间隙加大而卡死 3. 链条绷得太紧 4. 拨动厅门的门刀松动，或厅门被卡住 5. 门的导轨下落或滑轮偏簸	1. 排除控制电路故障 2. 修整孔并更换销轴 3. 调整链轮安装架使张力适中 4. 紧固门刀或消除厅门地坎滑槽赃物 5. 调整门和有关部件
轿门关闭，但厅门不动	1. 门刀脱落 2. 门刀打断 3. 门刀太短，无法拨厅门	1. 重新安装门刀且加弹簧垫圈 2. 检查厅门滑轮、导轨和地坎是否偏离安装位；将损坏的门刀焊接 3. 焊接长门刀

20.5.4　电梯运行中的常见故障及其排除方法

电梯运行中的常见故障及其排除方法见表20-5。

表20-5　电梯运行中的常见故障及其排除方法

故障现象	可能原因	排除方法
按关门按钮不能自动关门	1. 开关门电路的熔断器熔体熔断 2. 关门继电器损坏或其控制电路有故障 3. 关门第一限位开关的接点接触不良或损坏 4. 安全触板不能复位或触板开关损坏 5. 光电门保护装置有故障	1. 更换熔体 2. 更换继电器或检查其电路故障点并修复 3. 更换限位开关 4. 调整安全触板或更换触板开关 5. 修复或更换
在基站厅外转动开关门钥匙开关不能开启厅门	1. 厅外开关门钥匙开关接触不良或损坏 2. 基站厅外开关门控制开关接触不良或损坏 3. 开门第一限位开关接触不良或损坏 4. 开门继电器损坏或其控制电路有故障	1. 更换钥匙开关 2. 更换开关门控制开关 3. 更换限位开关 4. 更换继电器或检查其电路故障并修复
电梯到站不能自动开门	1. 开关门电路熔断器熔体熔断 2. 开门限位开关接触不良或损坏 3. 提前开门传感器插头接触不良、脱落或损坏 4. 开门继电器损坏或其控制电路有故障 5. 开门机传动带松脱或断裂	1. 更换熔体 2. 更换限位开关 3. 修复或更换插头 4. 更换继电器或检查其电路故障点并修复 5. 调整或更换传动带
开、关门过程中门扇抖动或有卡住现象	1. 踏板滑槽内有异物堵塞 2. 吊门滚轮的偏心挡轮松动，与上坎的间隙过大或过小 3. 吊门滚轮与门扇连接螺钉松动或滚轮严重磨损	1. 清除异物 2. 调整并修复 3. 调整或更换吊门滚轮
选层登记且电梯门关妥后电梯不能起动运行	1. 厅、轿门电联锁开关接触不良或损坏 2. 电源电压过低或断相 3. 制动器抱闸未松开	1. 检查修复或更换电联锁开关 2. 检查并修复 3. 调整制动器
轿厢起动困难或运行速度明显降低	1. 电源电压过低或断相 2. 制动器抱闸未松开 3. 曳引电动机滚动轴承润滑不良 4. 曳引机减速器润滑不良	1. 检查并修复 2. 调整制动器 3. 补油或清洗更换润滑油脂 4. 补油或更换润滑油
轿厢运行时有异常的噪声或振动	1. 导轨润滑不良 2. 导向轮或反绳轮轴与轴套润滑不良 3. 传感器与隔磁板有碰撞现象 4. 导靴靴衬严重磨损 5. 滚轮式导靴轴承磨损	1. 清洗导轨或加油 2. 补油或清洗换油 3. 调整传感器或隔磁板位置 4. 更换靴衬 5. 更换轴承

（续）

故障现象	可能原因	排除方法
轿厢平层误差过大	1. 轿厢过载 2. 制动器未完全松闸或调整不妥 3. 制动器制动带严重磨损 4. 平层传感器与隔磁板的相对位置尺寸发生变化 5. 再生制动力矩调整不妥	1. 严禁过载 2. 调整制动器 3. 更换制动带 4. 调整平层传感器与隔磁板相对位置尺寸 5. 调整再生制动力矩
轿厢运行未到换速点突然换速停车	1. 门刀与厅门锁滚轮碰撞 2. 门刀或厅门锁调整不妥	1. 调整门刀或门锁滚轮 2. 调整门刀或厅门锁
轿厢运行到预定停靠层站的换速点不能换速	1. 该预定停靠层站的换速传感器损坏或与换速隔磁板的位置尺寸调整不妥 2. 该预定停靠层站的换速继电器损坏或其控制电路有故障 3. 机械选层器换速触头接触不良 4. 快速接触器不复位	1. 更换传感器或调整传感器与隔磁板之间的相对位置尺寸 2. 更换继电器或检查其电路故障点并修复 3. 调整触头接触压力 4. 调整快速接触器
轿厢到站平层不能停靠	1. 上、下平层传感器的干簧管接点接触不良或隔磁板与传感器的相对位置参数尺寸调整不妥 2. 上、下平层继电器损坏或其控制电路有故障 3. 上、下方向接触器不复位	1. 更换干簧管或调整传感器与隔磁板的相对位置参数尺寸 2. 更换继电器或检查其电路故障点并修复 3. 调整上、下方向接触器
有慢车没有快车	1. 轿门、某层站的厅门电联锁开关接触不良或损坏 2. 上、下运行控制继电器、快速接触器损坏或其控制电路有故障	1. 更换电联锁开关 2. 更换继电器、接触器或检查其电路故障点并修复
上行正常、下行无快车	1. 下行第一、二限位开关接触不良或损坏 2. 下行控制继电器、接触器损坏或其控制电路有故障	1. 更换限位开关 2. 更换继电器、接触器或检查其电路故障点并修复
下行正常、上行无快车	1. 上行第一、二限位开关接触不良或损坏 2. 上行控制继电器、接触器损坏或其控制电路有故障	1. 更换限位开关 2. 更换继电器、接触器或检查其电路故障点并修复
电网供电正常，但没有快车也没有慢车	1. 主电路或控制电路的熔断器熔体熔断 2. 电压继电器损坏，或其电路中的安全保护开关的接点接触不良、损坏	1. 更换熔体 2. 更换电压继电器或有关安全保护开关

20.6 电梯的安全使用与管理

20.6.1 电梯的正确使用

1. 电梯的安全使用与操作

(1) 有驾驶员的电梯使用和操作

电梯投入使用前必须检查动力电源和照明电源安全可靠。然后由专业电梯驾驶员或专职管理人员在电梯停放的最低层，用专用钥匙插入最低层层门旁的召唤按钮箱上的钥匙开关中，使钥匙开关接通电梯的控制电路和开门电路，使电梯门开启，电梯驾驶员或专职管理人员便进入轿厢操作。钥匙开关的钥匙必须由专人保管。

电梯停止使用时，应使电梯行驶到最低层（基层），然后用专用钥匙断开钥匙开关，使电梯的全部控制电路断开。与此同时，电梯门关闭，电梯停止运行。要到重新使用时把钥匙开关接通后，方可使用电梯。

(2) 无驾驶员电梯的使用和操作

乘客进入电梯轿厢后，按下操作箱上所需去的楼层按钮，电梯便自动运行到达目的地楼层。这种电梯是具有集选功能的全自动电梯。它能把轿厢内选层信号和各层呼唤信号集合起来，自动决定上、下运行方向，顺序应答。电梯装有超载报警装置，保证承载安全。

2. 电梯设施的使用注意事项

1) 电梯轿厢与层门口应保持清洁，地坎槽中不能有杂物，以免影响电梯门的正常开合。

2) 轿厢内禁止吸烟，禁止人员在轿厢内拥挤、蹦跳，以防安全钳误动，造成事故。

3) 电梯机房门必须紧锁关闭，通道要保持畅通，不能堆放杂物。

4) 机房内换气窗及通风装置应保持良好，室温要保持在40℃以下。

5) 机房内应干燥，不应有雨水进入或渗漏。

6) 机房内要有足够光照度的照明。

7) 电梯井道底坑要保持干燥、清洁。必须有防止雨水浸入的措施。

3. 电梯运行的注意事项

1) 开动电梯之前，必须将层门和轿厢门关闭，严禁在层门或轿厢门敞开情况下，按下应急按钮来开动电梯作一般行驶。

2) 电梯驾驶员不能随便离开岗位，如必须离开时应将层门关闭。

3) 轿厢顶上，除属于电梯的固定设备以外，不得有其他物件存放或有人进入轿厢顶部。

4) 电梯在工作运行状态时，不准对电梯进行保洁、润滑或修理。

5) 当电梯在层门和轿厢门关闭后，在上、下行按钮接通情况下尚未起动时，应防止电动机断相运转或制动器失效而损坏电动机。

6）电梯在行驶中，如发生运行速度有明显加快或减慢，应立即在就近楼层停靠，停止运行，进行检查。

7）电梯在层门或轿厢门没有关闭，而仍能起动运行时，应立即停用，进行维修。

8）轿厢在运行中，如发现有异常的噪声、振动、冲击现象，电梯应立即停止使用，进行检查维修。

9）电梯在停车或行驶过程中，如发现有失去控制的现象，应立即停止运行，进行检查维修。

10）电梯在正常运行情况下，如安全钳误动，应立即停止使用，找出误动原因，进行检修。

11）电梯如有漏电现象，应立即停止使用，进行维修。

12）电梯的电气元器件绝缘过热而发出焦臭味时，电梯应立即停止使用，进行维修。

13）电梯在行驶中突然发生停车时，轿厢内人员应用警铃、电话联系维修人员，由维修人员在机房设法移动轿厢至附近层门口，再由专职人员用钥匙打开层门，使人员撤离轿厢。

20.6.2 电梯安全管理规定

1）电梯工必须持证上岗，无证人员禁止操作。

2）电梯工每天应对各电梯全面巡视一次，发现问题及时通知有关人员处理。

3）机电部经理在周检时组织人员对电梯进行一次全面检查，发现安全隐患要立即整改。

4）机电部经理组织人员按程序文件规定对电梯分包方进行评审，评审合格后方能承担电梯维修保养工作。

5）电梯工和机电工程师负责对电梯保养和维修工作的质量进行检验。

6）各大厦统一在消防中心设立报警点，保证电梯发生故障时能接到警报。

7）在电梯机房和值班室悬挂《电梯困人救援规程》，电梯发生困人故障时，严格按规程执行。

8）经技术监督局检测不合格未取得《准用证》的电梯严禁投入使用。

20.6.3 电梯安全操作规程

1）电梯行驶前的检查与准备工作：开启层门进入轿厢之前，要注意轿厢是否停在该层。开启轿内照明。每日开始工作前，将电梯上下行驶数次，无异常现象后方可使用。层门关闭后，从层门外不能用手拨开，当层门轿门未完全关闭时，电梯不能正常起动。平层准确度应无显著变化（在规定范围内）。经常清洁轿厢内、轿厢门地槽及乘客可见部分。

2）电梯行驶中的注意事项：轿厢的载重量应不超过额定载重量。乘客电梯不许经常作为载货电梯使用。不允许装运易燃易爆的危险物品，如遇特殊情况需管理处同意批准，并严加安全保护措施后装运。严禁在层门开启情况下，按检修按钮来开动电梯作一般行驶，不允许按检修、急停按钮来消除正常行驶中的选层信号。不允许开启轿厢顶安全窗、轿厢安全门来装运长物件。电梯在行驶中，应劝阻乘客勿靠在轿厢门上。轿厢顶部，除电梯固有设备外，不得放置杂物。

3）当电梯使用中发生如下情况时，应立即通知维修人员停用检修：层门、轿厢门完全关闭后，电梯未能正常行驶时；运行速度显著变化时；层门、轿厢门关闭前，电梯自行行驶时；行驶方向与选定方向相反时；内选、平层、快速、召唤和指层信号失灵失控时；发觉有异常噪声，较大振动和冲击时；当轿厢在额定载重量下，有超越端站位置而继续运行时；安全钳误动作时；接触到电梯的任何金属部位有麻电现象时；发觉电气部件因过热而发生焦热的臭味时。

4）电梯使用完毕停用时，管理人员应将轿厢停在基站，将操纵盘上开关全部断开，并将层门关闭。

5）电梯长期停用，应将电梯机房总电源关掉。

20.6.4 电梯困人救援规程

凡遇故障，应首先通知电梯工，如电梯工超过5min仍未到达，则机电部经过培训之救援人员可根据不同情况，依下列步骤先行解救被困乘客。

1）轿厢停于接近电梯口的位置时：确定轿厢所在位置（根据楼层指示灯或小心开启外门查看），关闭机房电源开关，用专用外门钥匙开启外门，用人力开启轿厢门（要慢、用力不要过大），协助乘客离开轿厢，重新将外门关好（人在厅门外不能用手打开为止）。

2）轿厢停于远离电梯口的位置时：利用电话或其他方式通知轿厢内的乘客保持镇静，并说明轿厢可能随时移动不必惊慌；如轿厢门处于半关闭状态，则应先行将其完全关闭；进入机房，关闭该故障电梯的电源开关；拆除电动机的轴端盖（如有），安上旋柄座及旋柄；救援人员用力把持住旋柄，另一救援人员，手持制动释放杆，轻轻撬开制动，注意观察平层标志，使轿厢逐步移动至最接近之电梯门口；确认制动无误后，放开盘车手轮；然后按照步骤1救出乘客。

3）遇到其他复杂情况，应及时报告电梯维修保养单位处理。

20.6.5 电梯维修保养安全操作规程

电梯保养单位或机电部电梯组进行维修保养工作时可参照以下安全规定进行：

1）电梯维修保养时，不得乘客或载货，必须在该电梯基站放置电梯停止使用的告示牌。

2）在机房维修保养时，应先断开机房总电源后，才能进行各部分的清理、保养等工作，严禁用湿毛巾擦拭机身。

3）在轿厢顶应合上检修开关。在轿厢顶需停车长时间维修或保养时应断开轿厢顶急停开关，严禁一只脚站在厅门口一只脚站在轿厢顶或轿厢内长时间工作。严禁开启厅门探身到井道内或在轿厢顶探身到另一井道检查电梯。

4）在底坑作业时，应将底坑的急停开关断开或将限速器张紧装置的安全开关断开，底坑和轿厢顶、机房不得同时作业，如需同时作业，作业人员必须戴安全帽，必须注意工件、工具不得脱落，以防落物伤人。

5）操作时应由主持和助手协同进行，并保持随时互相呼应。

6）操作时如果需轿厢内人员配合进行，轿厢内操作人员要精神集中，严格服从维修人员的指令。

7）严禁维修人员拉拽吊井道电缆线，以防电缆线被拉断。

8）使用的手灯必须带护罩，并采用36V以下的安全电压。

9）非维修保养人员不得擅自进行维修作业。维修保养时应谨慎小心，工作完毕后要装回安全罩及挡板。修理工具不得留在设备内。离去前拆除加上的临时短路线，电梯检查正常后方可使用。

20.6.6 电梯机房管理规定

1）每周对机房进行一次全面清洁，保证机房和设备表面无明显灰尘，机房及通道内不得住人、堆放杂物。

2）保证机房通风良好，风口有防雨措施，机房内悬挂温度计，机房温度不超过40℃。

3）保证机房照明良好，并配备应急灯，灭火器和盘车工具应挂于显眼处。

4）毗邻水箱的机房应做好防水、防潮工作。

5）机房门窗应完好并上锁，未经部门领导允许，禁止外人进入，并注意采取措施，防止小动物进入。

6）《电梯困人救援规程》及各种警示牌应清晰并挂于显眼处。

7）按规定定期对机房内设施和设备进行维修保养。

8）每天巡视机房，发现达不到规定要求的要及时处理。

20.7 电梯常用控制电路

20.7.1 电梯的自动门开关控制电路

自动开门机是安装于轿厢顶上，它在带动轿厢门启闭时，还需通过机械联动机构带动层门与轿厢门同步启闭。为使电梯门在启闭过程中达到快、稳的要求，必须对自动门机系统进行速度调节。当使用小型直流伺服电动机时，可用电阻串并联方法。直流电动机调速方法简单，低速时发热较少。有些电梯厂家采用直流伺服电动机作为自动开门机的驱动，其电气控制电路如图20-26所示。

在图20-26中，M2为直流伺服电动机，其额定电压为直流110V；MD0为直流伺服电动机的励磁绕组；RD1为可调电阻（又称限流电阻）；R_{82}和R_{83}为分流电阻；SA821、SA832、SA833为限位开关；KA82和KA83分别为开门继电器和关门继电器（继电器的线圈图中未绘出）。由于直流电动机的转向随电枢绕组端电压的极性改变而改变，转速与电枢端电压成正比。因此可以通过改变加在电枢绕组两端

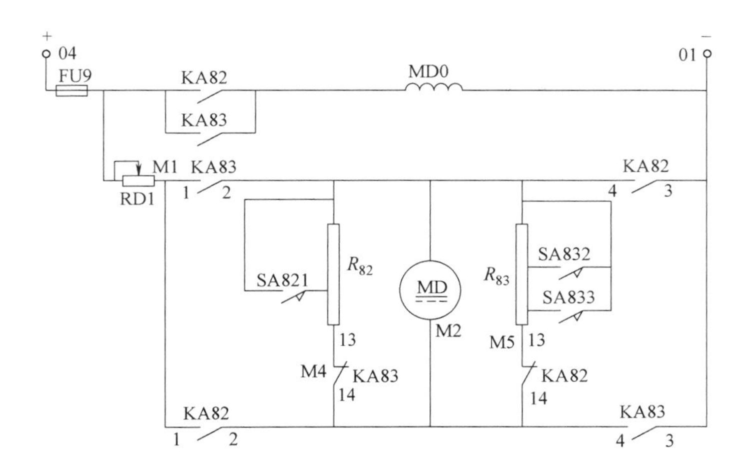

图 20-26　某电梯的自动开关门控制电路

电压的极性实现电动机的正反转，达到开门与关门的目的。通过改变电枢端电压的大小，实现电动机的不同转速，使得开、关门过程中，速度逐渐减小，不致发生撞击噪声。

20.7.2　电梯的内、外呼梯控制电路

电梯的运行目的是把乘客运送至目的层站，其过程是通过轿厢内操纵箱上的选层按钮来实现的，通常称这样的选层按钮信号为“轿厢内呼梯”信号或“轿厢内指令”信号。同样，各个层站的乘客为使电梯能够到达所呼叫的层站，必须通过该层站电梯厅门旁的呼梯按钮发出呼叫电梯的信号，通常称为“外呼梯”信号。内、外呼梯信号的作用是使电梯按要求来运行。同时，这两个信号也是位置信号，其在控制系统中的作用是与电梯位置信号进行比较，从而决定电梯的运行方向（上升或下降），因此必须对它们进行登记、记忆和清除（又称消号）。

1. 轿厢内指令信号登记、记忆与消除控制电路

轿厢内指令的实现是通过设置在操纵箱上的内选按钮达到的。在轿厢内操纵箱上对应每一层楼设一个带灯的按钮，也称指令按钮。乘客进入轿厢后，按下要去的目的层站按钮时，按钮灯便亮，即轿厢内指令被登记。当电梯运行到目的层站停靠后，该层内选指令被消除，按钮灯熄灭，表明被登记的轿厢内指令信号被消除。图 20-27所示为有机械选层器的轿厢内指令信号登记、记忆与清除控制电路。

在图 20-27 中，SBi（i 为楼层号）为各层的内选指令按钮；KAi（i 为楼层号）为相应的内选指令继电器；S 为选层器上的活动碰铁，Si（i 为楼层号）为各层的消号微动开关。

当乘客进入轿厢后，按动欲前往楼层的内选指令按钮 SBi 时，与之相应的内选指令继电器 KAi 线圈得电吸合并自锁，即相当于把该内选信号“登记”并“记

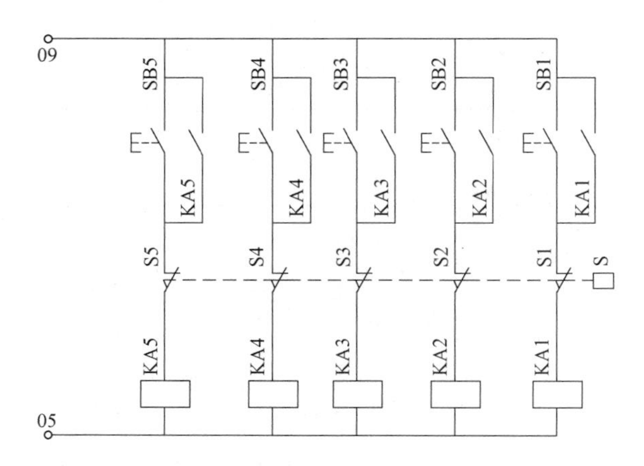

图 20-27　有机械选层器的轿厢内指令信号登记、记忆与清除控制电路

忆”，与此同时，内选指令继电器 KAi 的另一常开触点（图中为绘出）闭合，接通相应的指示灯电路，使与之对应的指示灯亮，表示该内选指令被登记和记忆。当轿厢运行到所选的楼层时，选层器上的活动碰铁触碰该层的消号微动开关 Si，使消号微动开关 Si 的常闭触点断开，从而使内选指令继电器 KAi 线圈失电而释放，使与之对应的内选信号指示灯灭，实现消号。

如果乘客在轿厢内按动轿厢所在楼层的轿厢内指令按钮 SBi 后，由于该层的消号微动开关的常闭触点已被撞断开，相应的内选指令继电器线圈 KAi 不能得电吸合，因此不予登记。

2. 厅召唤信号登记、记忆与消除控制电路

厅召唤是指使用电梯的人员在厅门召唤电梯来到该楼层并停靠开门。要求厅召唤电路能实现厅召唤指令登记、记忆，当电梯到达该呼唤楼层时，能够使登记指令消号。电梯的厅召唤信号（又称层站召唤信号）是通过各个楼层厅门口旁的呼梯按钮来实现的。信号控制或集选控制的电梯，除顶层只有下呼按钮，底层只有上呼按钮外，其余每层都有上、下行召唤按钮。对控制电路要求能实现顺向截停。

实际的控制电路有不同的组成形式，图 20-28 所示为一种比较典型的厅召唤信号登记、记忆与清除控制电路。该图以五层为例，其中 SB201 ~ SB204 为上行厅召唤按钮；SB302 ~ SB305 为下行厅召唤按钮；对应各层的每个上行厅召唤指令均控制一个上行厅召唤继电器 KA201 ~ KA204；对应各层的每个下行厅召唤指令均控制一个下行厅召唤继电器 KA302 ~ KA305；R_{201} ~ R_{204} 为上行消号电阻；R_{302} ~ R_{305} 为下行消号电阻；KA501 ~ KA505 为楼层控制继电器；KA72 为直驶继电器。为了实现顺向截梯，使得电梯在下（或上）行时只响应下行（或上行）厅召唤指令信号，而保留与电梯运动方向相反的厅召唤指令信号，在电路中连接了上、下行方向接触器 KM1、KM2 的常开触点 KM1（190 - 206）和 KM2（205 - 206）。

其运行过程：设电梯由底层上行，由于上行方向接触器 KM1 的线圈（图中未

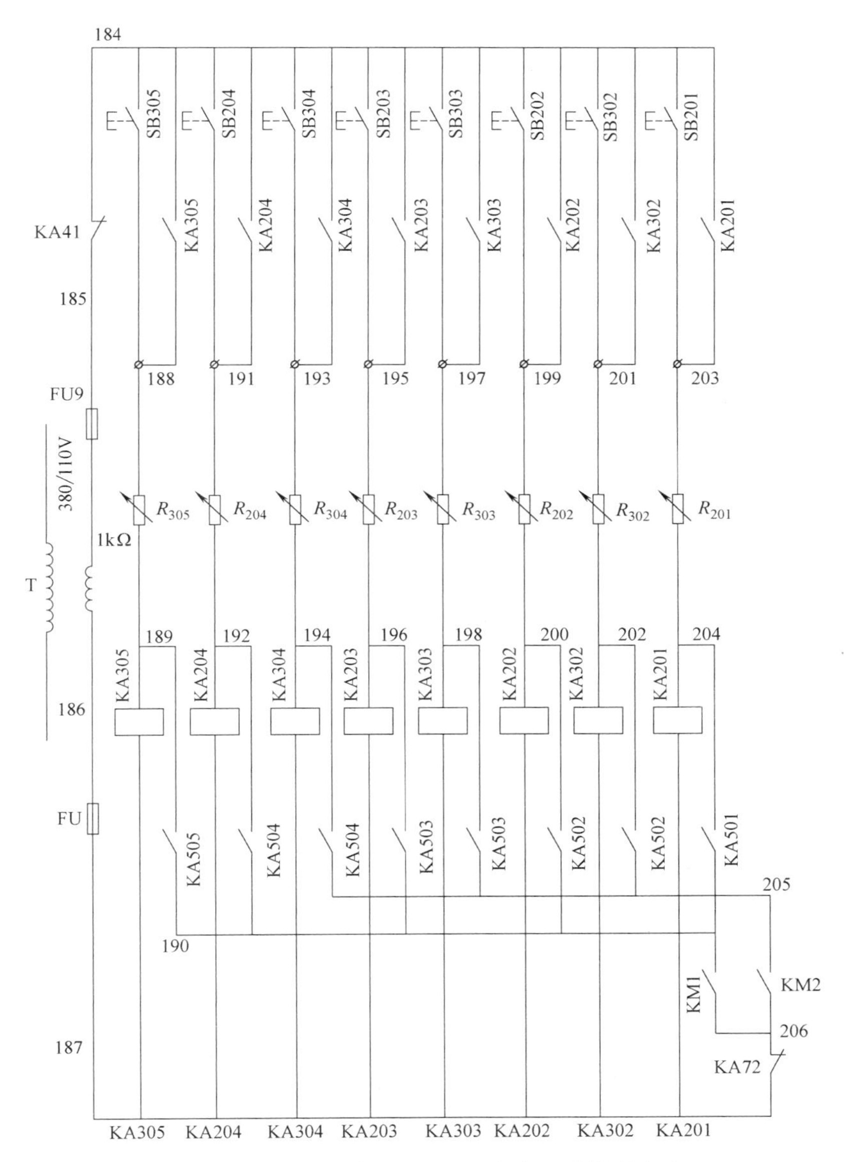

图20-28 厅召唤信号登记、记忆与清除控制电路

绘出）得电吸合，其动合触头KM1（190－206）闭合，而下行方向接触器KM2线圈（图中未绘出）失电断开，其常开触点KM2（205－206）断开。这时若按动设置于三层的上行厅召唤指令按钮SB203，则将使上行厅召唤继电器KA203得电吸合，其常开触点KA203（184－195）闭合，使KA203自锁，则三层上行厅召唤指令信号被登记和记忆，与此同时KA203的另一常开触点闭合（图中未绘出），使三层的上行厅召唤指示灯亮。当电梯轿厢上行到达三层停靠时，则使三层的层楼继电

器线圈 KA503 得电吸合（其线圈图中未画出），其常开触点 KA503（196－190）闭合，将上行厅召唤继电器 KA203 的线圈短接，使 KA203 失电释放，KA203 的触点均复位，使三层的上行厅召唤指示灯熄灭，其登记指令被消号。显然，该电路采用了并联消号方式。下行过程与上行过程相同，请读者自行分析。

当有多个厅召唤信号时，其工作过程如下：设电梯在一层，当在三层有上呼信号，即有人在三层按下上行厅召唤按钮 SB203，使上行厅召唤继电器 KA203 得电吸合并自锁时，又有人在二层按下上行厅召唤按钮 SB202 和下行厅召唤按钮 SB302，使上行厅召唤继电器 KA202 和下行厅召唤继电器 KA302 均都得电吸合并自锁，即二层的上呼、下呼信号也被登记和记忆。由于电梯已选上行方向，所以上行方向接触器 KM1 已经得电吸合，其常开触点 KM1（190－206）闭合，而下行方向接触器 KM2 线圈失电，其常开触点 KM2（205－206）是断开的，因此，当轿厢上升到二层时，使层楼继电器线圈 KA502 得电吸合时，其常开触点 KA502（202－205）闭合，并不能短接下行厅召唤继电器 KA302 的线圈，也就不能消号。由此可知，电梯上行时只响应上呼信号，保留下呼信号，下呼信号只在下行时才被一一响应。反之亦然。这种在多个厅召唤信号情况下，先执行与现行运行方向一致的所有呼梯指令之后，再执行反向的所有呼梯指令的功能称为“厅召唤指令方向优先”功能，也可称为“顺向截梯”功能。

在该电路中接有直驶继电器触点 KA72，当电梯为有驾驶员操作时，若欲暂时不响应厅召唤截停信号时，则只需按下操作箱上的“直驶”按钮，则直驶继电器线圈 KA72 得电吸合（直驶继电器的线圈在图中未绘出），其常闭触点 KA72（187－206）断开，使得所有被登记的厅召唤指令均不能被响应消号，而是均被保留下来，电梯也就不会在有厅召唤信号的楼层停靠。

20.7.3 轿厢内选层控制梯形图

在集选控制电梯中，电梯的执行方式是先响应向上的信号，再响应向下的信号，如此反复。即电梯的方向控制就是根据电梯轿厢内乘客的目的层站指令和各层楼召唤信号与电梯所处层楼位置信号进行比较，凡是在电梯位置信号上方的轿厢内指令和层站召唤信号，令电梯定上行，反之定下行。上行时应保留下行信号，下行时应保留上行信号。

图 20-29 所示为根据集选控制的要求设计的轿内选层控制梯形图。图 20-29 中元件明细及 PLC 的 I/O 点分配见表 20-6。其工作原理为：当乘客进入轿厢后，如果按下三层的轿厢内选层按钮，则 X34 接通，三层轿内指令中间继电器 M112 接通并自保，便完成了运行指令的预先登记，电梯便自动决定运行方向；当电梯到达三层时，由于三层感应中间继电器 M102 的常闭触点断开，则三层轿内指令中间继电器 M112 便断开，使与之对应的内选信号指示灯灭，实现消号。

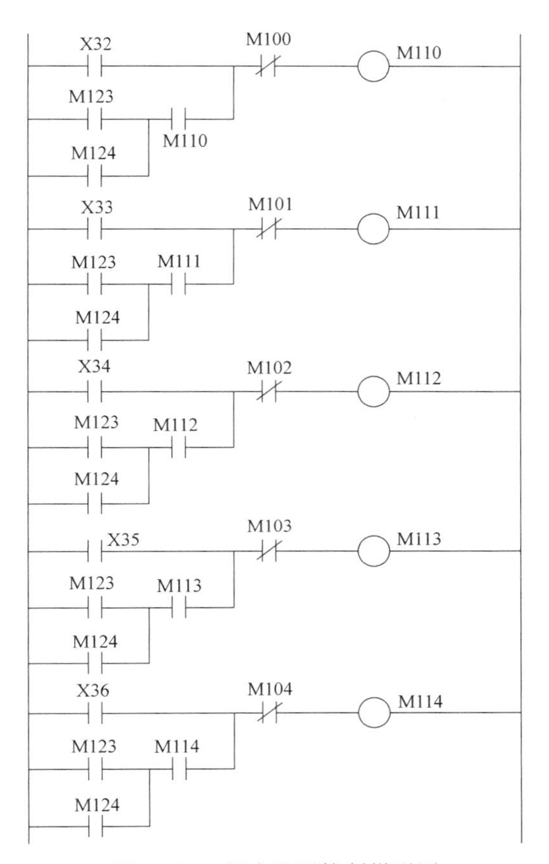

图 20-29　轿内选层控制梯形图

表 20-6　图 20-29 中元件明细及 PLC 的 I/O 分配表

序号	元件符号	名称、作用或功能	与 PLC 性对应的 I/O 点
1	SB9	轿厢内五层选层按钮	X32
2	SB10	轿厢内四层选层按钮	X33
3	SB11	轿厢内三层选层按钮	X34
4	SB12	轿厢内二层选层按钮	X35
5	SB13	轿厢内一层选层按钮	X36
6		五层感应中间继电器	M100
7		四层感应中间继电器	M101
8		三层感应中间继电器	M102
9		二层感应中间继电器	M103
10		一层感应中间继电器	M104
11		五层轿厢内指令中间继电器	M110
12		四层轿厢内指令中间继电器	M111
13		三层轿厢内指令中间继电器	M112
14		二层轿厢内指令中间继电器	M113

（续）

序号	元件符号	名称、作用或功能	与 PLC 性对应的 I/O 点
15		一层轿厢内指令中间继电器	M114
16		上行中间继电器	M123
17		下行中间继电器	M124

20.7.4 厅召唤控制梯形图

电梯的厅召唤（又称层站召唤）信号是通过各个楼层门口旁的按钮来实现的。信号控制或集选控制的电梯，除顶层只有下呼按钮，底层只有上呼按钮外，其余每层都有上下召唤按钮。

图 20-30 所示为根据集选控制的要求设计的厅召唤控制梯形图。图 20-30 中元件明细及 PLC 的 I/O 点分配见表 20-7。其工作原理为：当电梯位于一层时，如果有乘客在三层按上行厅召唤按钮，则 X23 接通，若此时二层有乘客按向上召唤信号 X24 和向下召唤信号 X31，则三层向上召唤中间继电器 M120、二层向上召唤中间继电器 M121、二层向下召唤中间继电器 M118 被接通，并分别自保持；当电梯到达二层时，二层的指层中间继电器 M108 接通、二层向上召唤中间继电器 M121 自保断开，二层的上行厅召唤信号消号，而二层向下召唤中间继电器 M118 仍然保持，即二层向下召唤信号得到保留。当电梯到达三层时，请读者自行分析。

表 20-7 图 20-30 中元件明细及 PLC 的 I/O 分配表

序号	元件符号	名称、作用或功能	与 PLC 性对应的 I/O 点
1	SB1	四层上行厅召唤按钮	X22
2	SB2	三层上行厅召唤按钮	X23
3	SB3	二层上行厅召唤按钮	X24
4	SB4	一层上行厅召唤按钮	X25
5	SB5	五层下行厅召唤按钮	X26
6	SB6	四层下行厅召唤按钮	X27
7	SB7	三层下行厅召唤按钮	X30
8	SB8	二层下行厅召唤按钮	X31
9		五层指层中间继电器	M105
10		四层指层中间继电器	M106
11		三层指层中间继电器	M107
12		二层指层中间继电器	M108
13		一层指层中间继电器	M109
14		五层向下召唤中间继电器	M115
15		四层向下召唤中间继电器	M116
16		三层向下召唤中间继电器	M117
17		二层向下召唤中间继电器	M118
18		四层向上召唤中间继电器	M119
19		三层向上召唤中间继电器	M120
20		二层向上召唤中间继电器	M121
21		一层向上召唤中间继电器	M122
22		上行中间继电器	M123
23		下行中间继电器	M124

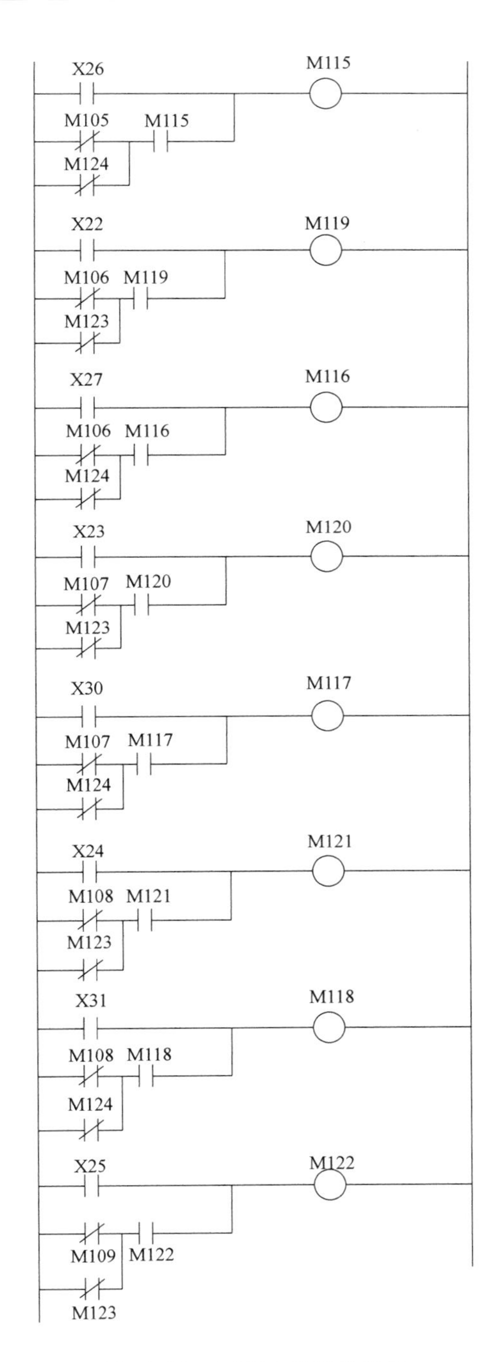

图20-30 厅召唤控制梯形图

第21章　蓄电池与不间断供电电源

21.1　蓄电池

21.1.1　蓄电池的基本概念

电池是将化学能转换为电能的一种装置。由于电池是用化学转换方法得到电能，所以又称为化学电源。常用的化学电源有原电池和蓄电池，如手电筒用的干电池等属于原电池，酸性蓄电池和碱性蓄电池等属于蓄电池。

蓄电池可把电能转换为化学能储蓄起来（称为充电），使用时又可把化学能还原为电能向各种设备供电（称为放电），其转换的过程是可逆的。放电时电流所流出的电极称为正极或阳极，以“+”号表示；电流经过外电路之后，返回电池的电极称为负极或阴极，以“-”号表示。

蓄电池容量的大小主要决定于极板的片数、尺寸大小和其多孔性，但容量并不是一个固定值。同一个蓄电池在使用情况不同时，如放电电流的大小和温度不同则其容量也不同。放电电流越大，温度越低，则容量越小。因为蓄电池的容量与放电电流的大小及温度有关，**所以规定蓄电池的额定容量指在一定的放电条件下（即在一定的温度和一定的放电电流下）所放出的电量，即蓄电池所输出的电量**。容量的单位为A·h，即放电电流（A）与放电时间（h）的乘积。

21.1.2　蓄电池的基本结构与工作原理

根据电极和电解液所用物质的不同，蓄电池一般分为酸性蓄电池和碱性蓄电池。

酸性蓄电池的电解液是稀硫酸，硫酸（H_2SO_4）是酸性化合物。酸性蓄电池的正极板是二氧化铅（PbO_2），负极板是海绵状铅（Pb），所以酸性蓄电池又称为铅酸蓄电池（或铅蓄电池）。

碱性蓄电池的电解液是氢氧化钾（KOH）水溶液。氢氧化钾是碱性化合物。在碱性蓄电池中，用氢氧化镍〔$Ni(OH)_3$〕作为正极板，用铁（Fe）作为负极板的称为铁镍电池；用镉（Cd）作为负极板的称为镉镍蓄电池；用银（Ag）作为正极板，用锌（Zn）作为负极板的，称为锌银蓄电池。

目前，铅酸蓄电池的应用较为广泛。

1. 铅酸蓄电池的基本结构与工作原理

（1）铅酸蓄电池的基本结构和分类

铅酸蓄电池主要由正极群（又称正极板组）、负极群（又称负极板组）、电解液和容器等组成。根据使用范围、容器、正极板结构、额定容量和特殊性能等，又分为许多种类和不同形式。

如按不同用途和外形结构分，可以分为固定型和移动型两大类。固定型铅酸蓄电池可分为开口式、封闭式、防酸隔爆式和消氢式等；移动型铅酸蓄电池可分为汽车起动用、摩托车用、电瓶车用、火车用、船舶用、特殊用等。固定型铅酸蓄电池的结构如图 21-1 所示。移动型铅酸蓄电池的结构如图 21-2 所示。

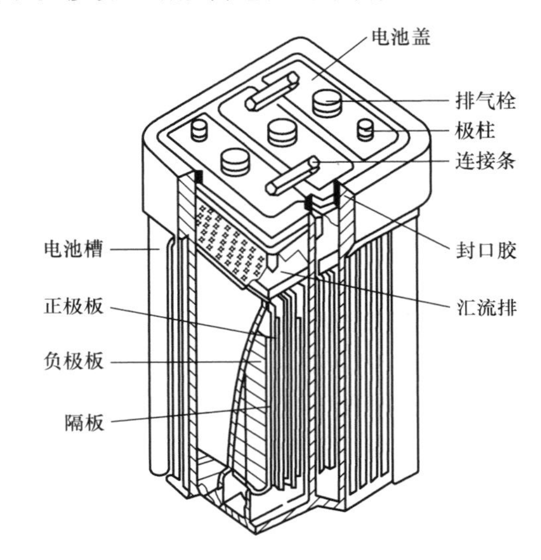

图 21-1　固定型铅酸蓄电池的结构

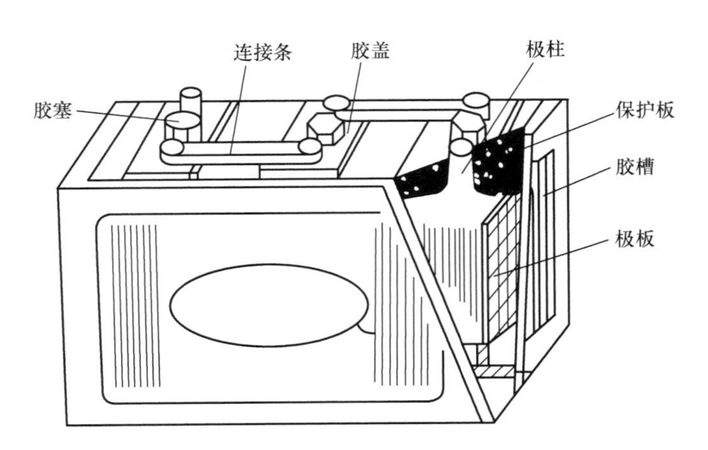

图 21-2　移动型铅酸蓄电池的结构

如按极板结构分，可以分为涂膏式（又称涂浆式）、化成式（又称形成式）、半化成式（又称半形成式）、玻璃丝管式（又称管式）等。

铅酸蓄电池的容器（又称电槽）是用来储存电解液和支撑极板的，所以它必须具有防止酸液泄漏、耐腐蚀、坚固和耐高温等条件。根据材料不同，常用的铅酸蓄电池有玻璃槽、铅衬木槽、塑料槽、硬橡胶槽等。

（2）铅酸蓄电池的工作原理

当铅酸蓄电池的正、负极板放在稀硫酸溶液中时，由于正、负极板和硫酸溶液相互作用，正、负极板之间就会产生约2V的电动势。

若把蓄电池的正、负极分别接到一个直流电源的正、负极时（其电压应高于蓄电池的电动势），硫酸铅在正极上氧化而在负极上还原（即脱氢）。这一过程称为“充电”。充电过程结束时，在正极板的表面转变成二氧化铅，而在负极板表面转变成铅，即疏松的海绵状铅。

若在外电路中接上一个灯泡，在电动势的作用下，电路中就会产生电流（蓄电池的化学能转换为电能输送出来），这一过程称为“放电”。放电时正、负极板上大部分活性物质都变成了同样的硫酸铅后，蓄电池的电压就下降到不能再放电了。

2. 碱性蓄电池的基本结构与工作原理

（1）碱性蓄电池的基本结构和分类

碱性蓄电池具有体积小、机械强度高、工作电压平稳、能大电流放电、使用寿命长和宜于携带等特点。但是，碱性蓄电池与同容量的铅酸蓄电池相比，其成本较高。

碱性蓄电池由于极板活性物质的材料不同，分为铁镍蓄电池、镉镍蓄电池、锌银蓄电池等系列。铁镍蓄电池和镉镍蓄电池除负极板活性材料分别为铁和镉有所不同外，其结构、原理和特性基本相同。

镉镍蓄电池如按极板结构可分为有极板盒式和无极板盒式；如按外形结构可分为开口式和密封式蓄电池。

镉镍有极板盒单体蓄电池结构如图21-3所示，正极由氧化镍粉、石墨粉组成，石墨主要是用来增强导电性，不参加化学反应。负极由氧化镉粉和氧化铁粉组成。

镉镍无极板盒单体蓄电池结构如图21-4所示。镉镍无极板盒蓄电池中采用的极板有烧结式、压成式两种，可组成烧结式、压成式和半烧结式三

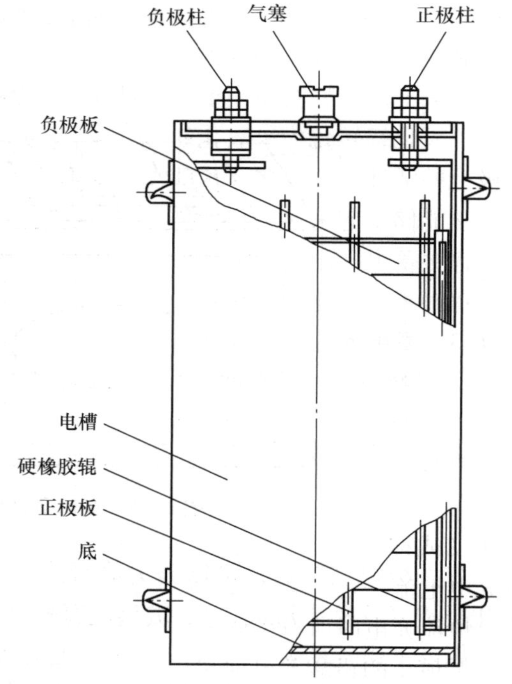

图21-3　镉镍有极板盒单体蓄电池结构

种镉镍无极板盒蓄电池。上述三种蓄电池中的正、负极板以隔膜隔开组成极群放入塑料电槽里，然后高频焊盖成型，则制成镉镍无极板盒单体蓄电池。

根据不同的电压要求可将单体蓄电池串联组合在一起，成为组合蓄电池。

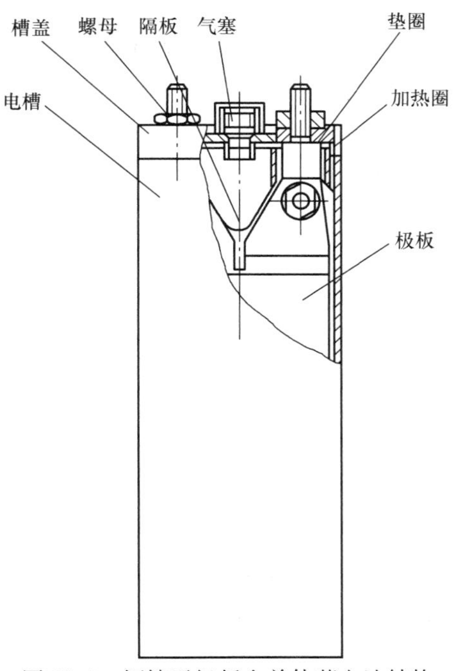

图 21-4　镉镍无极板盒单体蓄电池结构

锌银蓄电池由银作为正极材料，锌作为负极材料制成，单体蓄电池一般装在塑料壳内，组合蓄电池装在铝合金外壳、不锈钢外壳或塑料外壳内。

（2）碱性蓄电池的工作原理

1）镉镍蓄电池的工作原理。镉镍蓄电池极板的活性物质在充电后，正极板为氢氧化镍，负极板为金属镉；而放电终止时，正极板转化为氢氧化亚镍，负极板转化为氢氧化镉。电解液多选用氢氧化钾溶液，在充放电的化学反应过程中，电解液只作为电流的传导体，其浓度不发生变化，因而不能根据密度来判断充放电的程度，只能根据电压的变化来判断充放电的程度。

2）锌银蓄电池的工作原理。锌银蓄电池制成后，正极上的活性物质是多孔性银，负极上的活性物质主要是氧化锌。注入电解液并经过一段时间的渗透化学作用以后，氧化锌转化为氢氧化锌，这种情况跟蓄电池放电后的状态一样。当充电后，正极上的活性物质变成二价的氧化银，负极活性物质变成锌，使蓄电池将电能转变为化学能储蓄起来。

锌银蓄电池的充放电化学反应过程是在不消耗氢氧化钾电解液的情况下进行的。锌银蓄电池充放电终止的标志，主要依靠测量它的端电压的大小来判断。

21.1.3　蓄电池的使用

1. 铅酸蓄电池的充放电

（1）充电

铅酸蓄电池充电时必须使用直流电源。充电方法一般有下列几种：

1）恒流充电法。在充电过程中，使充电电流始终保持恒定的方法称为恒流充电法（或称为定流充电法）。在充电过程中由于铅酸蓄电池电压的逐渐升高，要保持充电电流一定，必须逐步提高电源电压。

恒流充电时所有串联的铅酸蓄电池最好容量相同，否则充电电流的大小必须按照容量最小的铅酸蓄电池选定，而容量大的铅酸蓄电池充电太慢。

恒流充电有较大的适应性，可以任意选择和调整充电电流，因此可以对各种不同情况的铅酸蓄电池充电，如新铅酸蓄电池的初充电、补充充电以及去硫充电均可采用这种方法。但这种方法的缺点是需要经常调节充电电流。

2）恒压充电法。在充电过程中，加在铅酸蓄电池两端的充电电压始终保持恒定的方法称为恒压充电法（又称定压充电法）。

在恒压充电开始时，充电电流很大，以后随着铅酸蓄电池端电压的增高，充电电流逐渐减小。充电终了时，充电电流将自动降低到零，因此不必由人照管，即可避免过量充电。但恒压充电时不能调整充电电流的大小，因而不能对铅酸蓄电池进行初充电，也不能用来消除硫化，并且接在电源上充电的铅酸蓄电池电压必须相同才行。

3）改进恒流充电法。铅酸蓄电池在充电初期用较大电流充电，当铅酸蓄电池发出气泡时，改用末期较小电流充电。故此方法称为改进恒流充电法（又称为两阶段恒流充电法）。此方法不浪费电力，比较经济，对延长铅酸蓄电池寿命有利。至于两期所用的电流大小，宜按照制造厂商说明书进行。

4）脉冲快速充电法。脉冲快速充电的基本原理是：在充电初期采用0.8～1.0倍额定容量的大电流进行定流充电，使铅酸蓄电池在较短的时间内充到额定容量的50%～60%，然后停止充电（25ms）。在停止充电后，采用放电或反充电使铅酸蓄电池流过一个与充电方向相反的大电流脉冲，然后再停止充电（40ms）。以后的充电过程就一直按：正脉冲充电—停止充电—负脉冲瞬间放电—停止充电—再正脉冲充电的循环过程，直至充足。

脉冲快速充电法的优点是充电时间大为缩短，但对铅酸蓄电池的寿命有一定影响。

（2）放电

为了对新铅酸蓄电池进行充放电循环，以及试验其工作能力，需要按一定的要求进行放电，以检查铅酸蓄电池的容量是否合乎额定容量。铅酸蓄电池的放电是用其额定容量$\frac{1}{20}$的电流放电至每单格电池电压为1.75V为止。当电压降到1.75V时，应立即停止放电，否则电压会迅速降至“0”，会损坏极板并造成下次充电困难。

常用的放电有以下几种：

1）用灯泡放电。用灯泡进行放电如图21-5所示。若对12V的铅酸蓄电池进行放电，可将12V的灯泡与其并联起来，改变接入灯泡的数量，就可以得到不同的放电电流。

2）用可变电阻放电。用可变电阻放电如图21-6所示。调节可变电阻就可以得到不同的放电电流。

3）用电解液放电。用电解液放电如图21-7所示。将一废弃的铅酸蓄电池壳去掉中间隔壁后，在壳内充入稀电解液，然后放入两块极板作为电极（注意不能相碰），改变两极板间的距离或改变两极板插入电解液的深度，就可得到不同的放电电流。

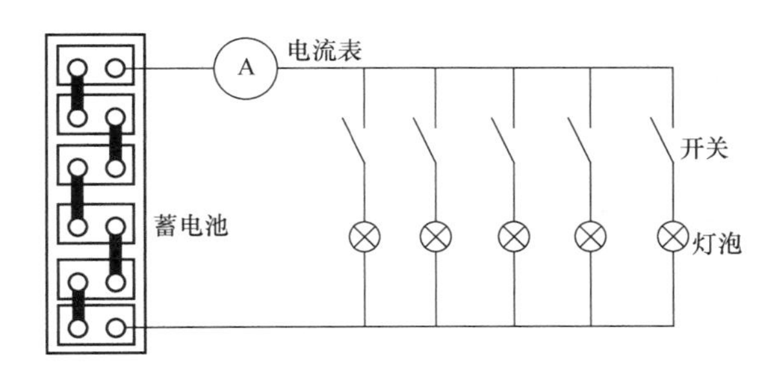

图 21-5 用灯泡放电

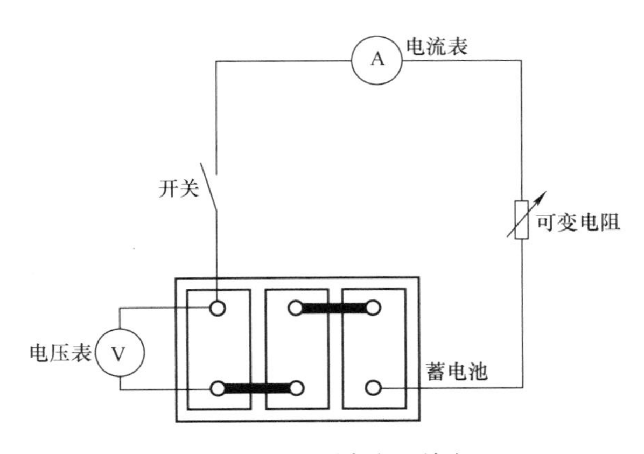

图 21-6 用可变电阻放电

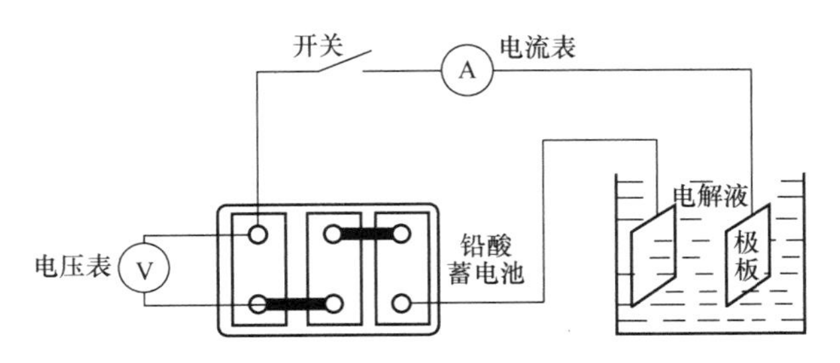

图 21-7 用电解液放电

4）用放电电流给铅酸蓄电池充电。用放电电流给铅酸蓄电池充电如图 21-8 所示。这种方法适用于较多铅酸蓄电池的放电，比较经济，但放电铅酸蓄电池的电压必须高于被充电铅酸蓄电池的电压，且保持一定的放电电流。在放电铅酸蓄电池电压降到与被充电铅酸蓄电池电压相等时，应减少被充电铅酸蓄电池的数量或更换被充电铅酸蓄电池，以便能使放电铅酸蓄电池继续放电。

（3）新铅酸蓄电池的充电方法

按制造厂商规定加注密度为 1.25 ~ 1.285g/cm^3 的电解液。电解液加入铅酸蓄电池之前温度不得超过 30℃，注入电解液后，应静置 5 ~ 6h，待温度低于 35℃后，

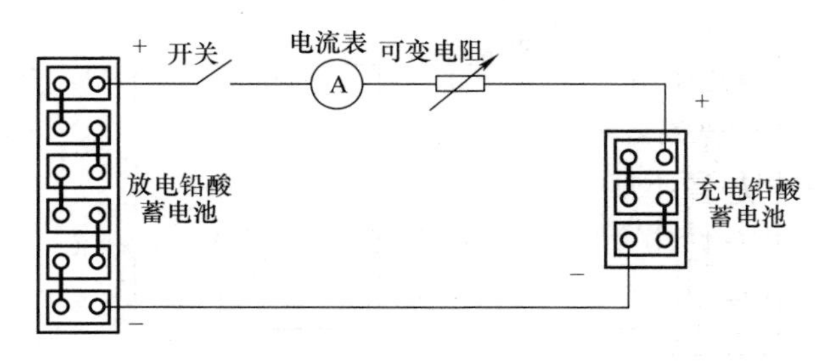

图 21-8 利用放电电流给铅酸蓄电池充电

才能以规定的初充电电流充电。充电过程通常分两个阶段。第一阶段的充电电流约为额定容量的$\frac{1}{15}$，充至电解液中放出气泡，单格电池电压达 2.4V 为止，然后将电流降低一半，转入第二阶段充电，一直充到电解液剧烈放出气泡（沸腾），密度和电压连续 3h 稳定不变为止。

充电过程中，如温度上升到 40℃，就将电流减半，如温度继续上升，应立即停止充电，并采取人工冷却，待冷却至 35℃以下时再充电。

初充电完毕时，如电解液密度不符合规定，应用蒸馏水或相对密度为 1.4 的电解液进行调整。调整后，应再充电 2h，如相对密度仍不符合规定，应再调整，再充电 2h，直至相对密度符合规定时为止。

新铅酸蓄电池第一次充电后，往往达不到规定容量，应进行充放电循环。用 20h 放电率放电$\left(\text{即用额定容量}\frac{1}{20}\text{的电流放电至单格电池电压降到 1.75V 为止}\right)$。然后再用补充充电电流充电。经过一次充、放电循环，若容量仍低于额定容量的 90%时，应再进行一次充放电循环。

2. 镉镍蓄电池的充放电

镉镍蓄电池的充电与铅酸蓄电池充电率有所不同，其充电小时和充电电流的乘积不等于额定容量，镉镍蓄电池的正常充电制的充电时间为 7h，充电电流为额定容量的$\frac{1}{4}$；快速充电制充电时间为 4h，充电电流为额定容量的$\frac{1}{2}$；过充电制充电时间为 9h，充电电流为额定容量的$\frac{1}{4}$。

放电以 8 小时率放电为正常放电制。

3. 锌银蓄电池的充放电

锌银蓄电池正式使用之前，都要经过“化成”手续，其目的是为了改善极板的均匀性，保证电气性能一致。化成的方法是用 10 小时率电流充放电循环。充电终止电压为 2.1V，放电终止电压为 1.0V。到规定时间，再以 5 小时放电率电流进行，直至移定电压。

锌银蓄电池化成和作容量检查及正常使用中均采用正常充电制。即采用恒定电流充电，一般用 10 小时率电流充电。快速定时充电制是用大电流充电 7 ~ 8h（相当于充到额定容量）。**锌银蓄电池宁可充电稍微不足，也不能过充电，这样可以延长寿命。蓄电池启用后暂不使用时，应以放电状态保存。**若需充电状态保存备用，应不超过一个月，并在使用前用小电流进行补充充电，以恢复容量。

锌银蓄电池化成放电以 10 小时率电流进行，容量检查放电则以 5 小时率电流进行。

21.1.4　蓄电池的维护

1. 固定型铅酸蓄电池的维护

1）摸清负荷变化规律，随时注意充电及放电电流的大小，以免过充、过放或充电不足。放电后应及时充电，不宜搁置，即使有特殊情况，也不得超过 24h。

2）注意极板的颜色，检查有无短路、变形、背梁上生盐、漏酸、弹簧有无位移等。发现异常及时纠正。

3）电解液的液面应经常保持高于极板上缘 10 ~ 20mm，如液面下降（低于 10mm）密度上升时，在充电开始前应加入纯水或蒸馏水，以防极板顶部干燥，但不得任意加入稀硫酸。

4）在更换容器时，应尽量缩短时间，以免极板氧化。

5）对电解液每年应化验一次，发现异常时应及时化验。

6）应定期（3 ~ 6 月）对电池进行均衡充电。

7）在电池发出气体时，应开启通风装置，直到停充后抽到无酸雾时为止。

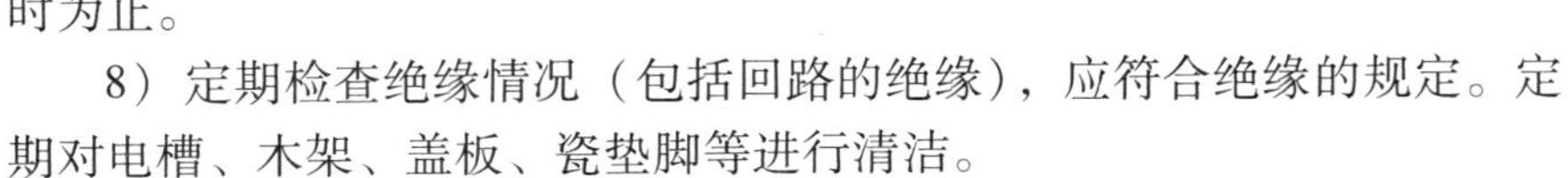

8）定期检查绝缘情况（包括回路的绝缘），应符合绝缘的规定。定期对电槽、木架、盖板、瓷垫脚等进行清洁。

9）定期检查极板的背梁和边框有无断裂变形，如发现裂纹应立即取出。

10）经常检查连接螺栓与导线（铜条）是否紧密，保持其清洁，并在各连接处涂上凡士林，以防锈蚀及酸液浸透。

11）定期检查防酸隔爆式铅酸蓄电池的防爆帽的通气能力，应十分通畅，否则应清洗。清洗后的防爆帽，最好再浸入硅油溶液（硅油 5%，加入 95% 的甲苯或纯净汽油）中，浸透沥干，并进行烘干或晒干。

12）注液孔胶塞、防爆帽座与蓄电池胶盖连接丝扣间应旋紧，并涂凡士林，以保证不漏气。防爆帽如发生破裂，必须立即更换。

2. 移动型铅酸蓄电池的维护

移动型铅酸蓄电池的维护工作有的和固定型铅酸蓄电池相同，但也有一些不同的要求，具体如下：

1）电池在使用过程中，必须保持清洁。在充电完毕并旋上注液孔胶塞后，可用蘸有碳酸钠溶液（即苏打水）的抹布，擦去电池外壳、盖子和连接条上的酸液和灰尘。

2）极柱、夹头和铁质提手等零件表面应经常保持一层薄凡士林油膜，以防锈蚀。接线夹头和电池极柱，必须保持紧密接触。必要时拧紧线夹的螺母。

3）注液孔上胶塞必须旋紧，以免因振动使电解液泼出，但胶塞上的通气孔必须畅通，否则电池内部的气压增高将使胶壳破裂或胶盖上升。

4）电解液面应高于防护板 10～20mm，经常进行检查，如液面低落只能加入纯水（或蒸馏水），不能加入硫酸。若因不小心使电解液发生泄漏降低了液面，则必须加入和电池中同样密度的电解液，不能加入相对密度过高的电解液。

5）铅酸蓄电池的电解液密度如已降低到 35% 以下或已放电，必须立即进行充电，不能久置。

6）在铅酸蓄电池上不可放置任何金属物体，以免发生短路。不要用导线在极柱上使用短路火花法来检查电池是否有电。因瞬时放电电流过大，会使铅酸蓄电池容量损失较大。可用电压表或小灯泡检查电池是否有电。

7）凡有活接头的地方，在放电时，均应保证接触良好，以免引起火花而使电池爆炸。

8）搬动铅酸蓄电池时，不要在地上拖拽。

9）新铅酸蓄电池自出厂之日起，储存期限最好不超过三年，并需保存在 5～40℃ 的通风干燥室内。

10）铅酸蓄电池在使用中，若不能全充全放者，每一个月中要进行一次 10 小时率的全放全充。这样可保持电池的容量并避免极板硫酸化。

11）一般情况下，储存期最好不超过三个月，否则每隔三个月需做一次 10 小时率的全放全充工作。

12）若铅酸蓄电池在寒冷地区使用时，不能使电池完全放电，以免电解液冻结，损坏电池。在寒冷地区使用的电池电解液密度要增加 20%～30%，在炎热地区使用的电池，电解液密度则可降低 20%～30%。

3. 镉镍蓄电池的维护

1）新的或长期存放的镉镍蓄电池，拧开气塞，注入电解液至液面高于极板 5～12mm 处，静置 1～2h，然后用过充电制进行充电，充电后即可使用。

2）在每次充电前对每只镉镍蓄电池应补加纯水，使液面保持一定高度，每使用 10～15 次充放电循环应进行检查或调整电解液浓度。

3）一般每一年左右，或使用 50～100 次充放电循环后，应更换一次新电解液。更换电解液应在放电状态下进行。将镉镍蓄电池摇动使内部粉尘洗出，必要时可用纯水洗净，并及时注入新电解液。

4）镉镍蓄电池在 35℃ 以上的环境中使用时，应用氢氧化钠、氢氧化锂混合电解液，否则因温度过高会影响蓄电池容量和寿命。

5）镉镍蓄电池在 −40～0℃ 的环境中使用时，最好在常温下充电后，再在低温下使用才能保证其性能，如需在低温下进行充电，应用过充电制或快速充电制进行。

6）应定期打开气塞放出气体，或更换新橡胶套管，避免因套管弹性失效致使蓄电池内部气体不易排出而造成镉镍蓄电池膨胀。

7）镉镍蓄电池在使用与保存中，不能使用金属器具将正、负极板或负极与外壳同时接触，防止短路。

8）在运输时为了安全起见，最好将镉镍蓄电池放电后倒出电解液，以免发生短路或漏出电解液腐蚀器具等问题。

4. 锌银蓄电池的维护

1）锌银蓄电池在使用中，每两个月或 10 次循环后，应作一次容量检查和内部有无短路的检查。

2）除启用新的锌银蓄电池应按规定量加入电解液外，还要在使用中应保持电解液面正常，即充电后稍低于上线，放电后略高于下线。若电解液不足，宜在充电后补加到接近上线。

3）锌银蓄电池除加注电解液外，其他时间均应拧紧气塞，以防止电解液吸收二氧化碳和蒸发而使锌银蓄电池性能变坏。

4）锌银蓄电池严禁与酸性蓄电池放在一起充电；极柱下面不应沾附电解液，在充放电或使用过程中，如有电解液溢出，应及时擦净，极柱表面要涂一层中性凡士林。

5）锌银蓄电池暂不使用时，应以放电状态保存。若需充电状态保持备用，应不超过 1 个月，并在使用前用小电流进行补充充电，以恢复容量。

21.2　锂离子电池

21.2.1　锂电池概述

1. 锂电池的特点

锂电池与传统电池相比，具有如下特点：

1）比能量高。比能量指的是单位重量或单位体积的能量。锂电池的比能量是传统电池的 4 ~ 10 倍。

2）额定电压高（单体工作电压为 3.7V 或 3.2V），约等于 3 只镉镍或镍氢蓄电池的串联电压，便于组成电池电源组。

3）工作温度范围宽，高低温适应性强。

4）绿色环保，不论生产、使用和报废，都不含有、也不产生任何铅、汞、镉等有毒有害重金属元素和物质。

目前，锂电池还存在以下不足之处：

1）生产要求条件高，成本高。

2）锂离子蓄电池需特殊的保护电路，以防止过充电。

2. 锂电池的分类

锂电池（Lithium battery）是指电化学体系中含有锂（包括金属锂、锂合金和锂离子、锂聚合物）的电池。

锂电池大致可分为两类：锂金属电池和锂离子电池。锂金属电池通常是不可充电的，且内含金属态的锂。锂离子电池不含有金属态的锂，是可以充电的。

另外，由于锂电池体系仍在发展完善中，目前根据电解质的不同主要分为三种类型：①非水电解质体系；②聚合物电解质体系；③固体电解质体系。其中，第一种体系电解质是有机物或无机物。后两种体系电解质是无机物，属于固体蓄电池。

目前，应用于设备供电的锂电池主要有锂离子电池、聚合物锂离子电池、聚合物锂电池。

总之，锂离子电池（Lithium ion battery）是一种充电电池，它主要依靠锂离子在正极和负极之间移动来工作。锂离子电池属于锂电池的一种。

21.2.2 锂离子电池的基本结构与工作原理

1. 锂离子电池的基本结构

液态锂离子电池通常被称为锂离子电池。常见的锂离子电池的基本结构如图 21-9所示。

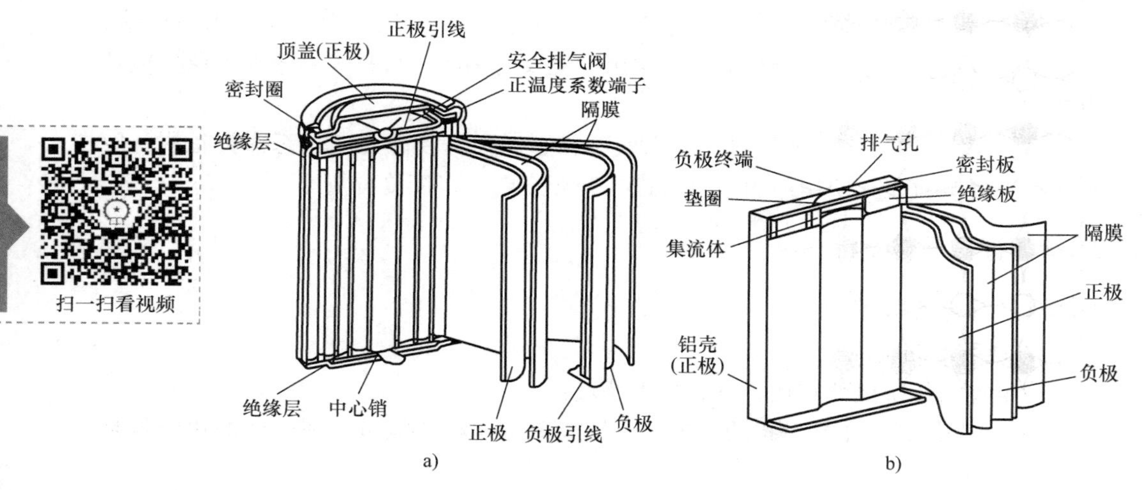

图 21-9 常见的锂离子电池结构

a）圆柱形锂离子电池 b）方形锂离子电池

1）正极。通常采用钴酸锂或者锰酸锂等氧化物作为正极，导电集流体使用厚度为 10 ~ 20μm 的电解铝箔。

2）负极。通常采用石墨或近似石墨结构的碳作为负极，导电集流体使用厚度为 7 ~ 15μm 的电解铜箔。

3）隔膜。一种经特殊成型的高分子薄膜（聚乙烯、聚丙烯等），薄膜有微孔结构，可以让锂离子自由通过，而电子不能通过。

4）有机电解液。由高纯度的有机溶剂、电解质锂盐和必要的添加剂等原料，在一定条件下、按一定比例配制而成的电解质。有机溶剂有 PC（碳酸丙烯酯）、EC（碳酸乙烯酯）、DEC（碳酸二乙酯）等材料。

5）电池外壳。分为钢壳（方形很少使用）、铝壳、镀镍铁壳（圆柱电池使用）、铝塑膜（软包装）等，还有电池的盖帽，也是电池的正、负极引出端。

2. 锂离子电池的工作原理

锂离子电池的工作原理如图 21-10 所示。从图中可以看出，该电池的工作过程仅仅是锂离子从一个电极（脱嵌）进入另一个电极（嵌入）的过程。

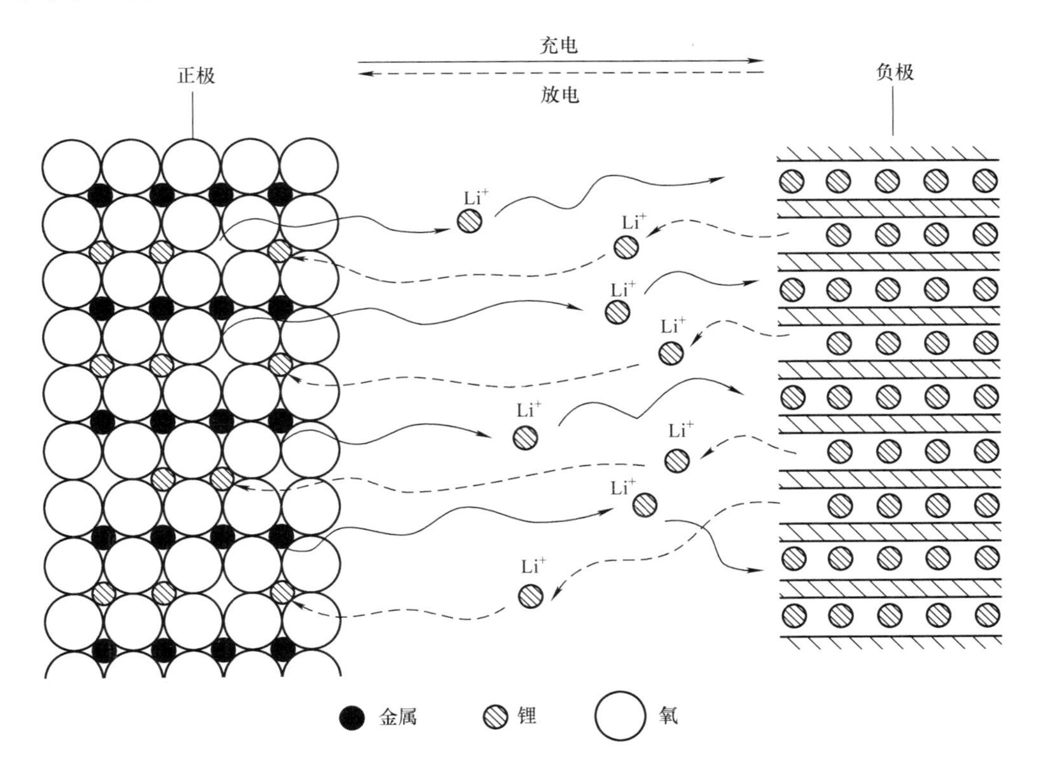

图 21-10　锂离子电池的工作原理示意图

充电时，在外加电场的影响下，正极里面的锂元素脱离出来，变成带正电荷的锂离子（Li^+），在电场力的作用下，从正极移动到负极，与负极的碳原子发生化学反应，于是从正极跑出来的锂离子就很“稳定”地嵌入负极的石墨层状结构当中。即当电池充电时，锂离子从正极中脱嵌，在碳负极嵌入。从正极跑出来转移到负极的锂离子越多，这个电池可以存储的能量就越多。

放电时，其过程刚好与充电过程相反，电池内部电场转向，锂离子（Li^+）从负极脱离出来，顺着电场的方向，又跑回到正极，重新变成钴酸锂分子。从负极跑出来转移到正极的锂离子越多，这个电池可以释放的能量就越多。

在每一次充放电循环过程中，锂离子（Li^+）充当了电能的搬运载体，周而复始地从正极→负极→正极来回地移动，与正、负极材料发生化学反应，将化学能和电能相互转换，实现了电荷的转移，这就是锂离子电池的基本工作原理。由于电解质、隔离膜等都是电子的绝缘体，所以这个循环过程中，并没有电子在正负极之间来回移动，它们只参与电极的化学反应。

21.2.3 锂离子电池的使用

1. 充电方法

充电是电池重复使用的重要步骤，对锂离子电池的充电，应使用专用的锂离子电池充电器。

锂离子电池的充电方式采用先恒流后恒压，即锂离子电池的充电过程分为两个阶段：恒流快充阶段和恒压电流递减阶段。恒流快充阶段，电池电压逐步升高到接近终止电压时改为恒压充电。转入恒压阶段后，电压不再升高以确保不会过充，电流则随着电池电量的上升逐步减弱到设定的值，而最终完成充电。

根据锂离子电池的结构特性，最高充电终止电压应为4.2V，不能过充，否则会因正极的锂离子损失太多，而使电池报废。可采用专用的恒流、恒压充电器进行充电。通常恒流充电至4.2V/节后转入恒压充电，当恒压充电电流降至$\frac{1}{10}C$（C是电池的容量）以内时，应停止充电。如一种800mA·h容量的电池，其终止充电电压为4.2V。电池以800mA（充电率为$1C$）恒流充电，开始时电池电压以较大的斜率上升，当电池电压接近4.2V时，改成4.2V恒压充电，锂电池电流渐降，电压变化不大，到充电电流降为$\frac{1}{10}C$，约80mA时，认为接近充满，可以终止充电。

1）充电电压：充满电时的终止充电电压与电池负极材料有关，焦炭为4.1V，而石墨为4.2V，一般称为4.1V锂离子电池及4.2V锂离子电池。在充电时应注意4.1V的电池不能用4.2V的充电器充电，否则会有过充危险。过电压充电会造成锂离子电池永久性损坏。

2）充电电流：锂离子电池充电电流应根据电池生产厂商的建议，并要求有限流电路以免发生过电流（过热）。一般常用的充电率为$0.25C \sim 1C$，即充电电流（mA）$=0.25 \sim 1.0$倍电池容量。通常推荐的充电电流为$0.5C$左右，如标称容量1500mA·h的电池，充电电流$0.5 \times 1500 = 750$mA左右。在大电流充电时往往要检测电池温度，以防止因过热而损坏电池或产生爆炸。

2. 放电方法

因锂离子电池的内部结构所致，放电时锂离子不能全部移向正极，必须保留一部分锂离子在负极，以保证在下次充电时锂离子能够畅通地嵌入通道。否则，电池寿命就相应缩短。为了保证石墨层中放电后留有部分锂离子，就要严格限制放电终止最低电压，也就是说锂离子电池不能过放电。

1）放电终止电压：锂离子电池的额定电压为3.6V（有的产品为3.7V），放电终止电压通常为2.5～3.0V/节，最低不能低于2.5V/节（电池厂商给出工作电压范围或终止放电电压，各参数略有不同）。低于终止放电电压继续放电称为过放，过放会使电池寿命缩短，严重时会导致电池失效。

2）放电电流：锂离子电池不适合用作大电流放电，过大电流放电时内部会产生较高的温度而损耗能量，减少放电时间，若电池中无保护元件还会产生过热而损坏电池。因此电池生产厂商给出最大放电电流，在使用中不能超过产品特性表中给出的最大放电电流。

3. 新电池充电方法

锂离子电池出厂时，已充电到50%的容量，新购的锂离子电池如果仍有一部分电量可直接使用。电池第一次放电完毕后，应充足电后再使用，第二次用完后再充足电，这样连续三次，电池方可达到最佳使用状态。

在使用锂离子电池中应注意的是，其放置一段时间后，则会进入休眠状态，此时容量低于正常值，使用时间随之缩短。但锂离子电池很容易激活，只要经过3～5次正常的充放电循环就可以激活电池，恢复正常容量。由于锂离子电池本身的特性，决定了它几乎没有记忆效应。因此新锂离子电池在激活过程中，是不需要特别的方法和设备的。不仅理论上是如此，从实践来看，从一开始就采用标准方法充电，使新锂离子电池“自然激活”是最好的充电方式。

4. 电池的串联与并联

1）电池的串联。将电池进行串联时，因为常常需要电池容量匹配和电池平衡电路，所以最好直接向电池制造厂商购买已装配了恰当电路的多节电池组。

2）电池的并联。并联是为了提高电池的容量，并联的电池必须采用相同的化学材料，而且是来自同一制造商的同批次同规格的产品。

5. 使用注意事项

1）防止过充电和过放电。过充电和过放电将对锂离子电池的正负极造成永久的损坏，从分子层面看，可以直观理解，过放电将导致负极过度释出锂离子而使得其片层结构出现塌陷；过充电将把太多的锂离子硬塞进负极碳结构里去，而使得其中一些锂离子再也无法释放出来。这也是锂离子电池为什么通常配有充放电控制电路的原因。

2）锂离子电池必须使用专用充电器充电。

3）使用环境条件。锂离子电池要远离高温（60℃）和低温（－20℃）环境，因为温度越高越容易减少电池的寿命。而当电池长时间处于超过60℃的环境中时，就很有可能会发生爆炸，危及人身安全。

4）不要接近火源，防止剧烈振动和撞击，不能随意拆卸电池。

21.2.4 锂离子电池的保养

正确的使用与保养方法对于保证锂离子电池的寿命起着至关重要的作用。因此在使用中，要注意以下几点：

1）既要防潮湿，又要防暴晒。锂离子电池可储存在温度为 -5 ~ 35℃，相对湿度不大于75%的清洁、干燥、通风的环境中，不要置于阳光直射的地方。

2）应避免与腐蚀性物质接触，远离火源及热源，不能随意拆卸电池。

3）电池若长期储存，电池电量应保持标称容量的40% ~ 60%，再进行防潮包装保存，3 ~ 6 个月检测电压一次，并进行充电，保证电池电压在安全电压值（3V/节以上）范围内。

4）充电时不得高于最大充电电压。锂离子电池任何形式的过充都会导致电池性能受到严重破坏，甚至爆炸。锂离子电池在充电过程必须避免对电池产生过充。

5）放电时不得低于最小工作电压。无论任何时间锂离子电池都必须保持在最小工作电压以上，低电压的过放或自放电反应会导致锂离子活性物质分解破坏，并且不一定可以还原。

6）不要经常深放电、深充电。不过，每经历约 30 个充电周期后，电量检测芯片会自动执行一次深放电、深充电，以准确评估电池的状态。

7）避免冻结，但多数锂离子电池电解质溶液的冰点在 -40℃，不容易冻结。

由于锂离子电池不使用时也会自然衰老，因此，购买时应根据实际需要量选购，不宜过多购入。

21.2.5 聚合物锂离子电池

根据锂离子电池所用电解质材料的不同，锂离子电池分为液态锂离子电池（通常被称为锂离子电池）和聚合物锂离子电池。

聚合物锂离子电池与液态电解质锂离子电池的正负极材料都是相同的，其工作原理与液态有机电解质锂离子电池基本相同。它们的主要区别在于电解质的不同，液态锂离子电池使用液体电解质，聚合物锂离子电池则以固体聚合物电解质来代替，这种聚合物可以是“干态”的，也可以是“胶态”的，目前大部分采用聚合物凝胶电解质。

这种固体聚合物电解质可分为纯聚合物电解质和胶体聚合物电解质。纯聚合物电解质由于室温电导率较低，难以商品化。胶体聚合物电解质利用固定在具有合适微结构的聚合物网络中的液体电解质分子实现离子传导，既具有固体聚合物的稳定性，又具有液态电解质的离子传导率，所以，目前大部分采用胶体聚合物电解质。

由于用固体电解质代替了液体电解质，可以把电池做成全塑结构，电池可以更薄，也更具有可塑性。此外，聚合物锂离子电池在工作电压、容量、充放电寿命等方面都比液态锂离子电池有所提高，而且具有更高的比能量，安全可靠性也更高，容量损失也更少。单片聚合物锂离子电池的结构如图 21-11 所示。

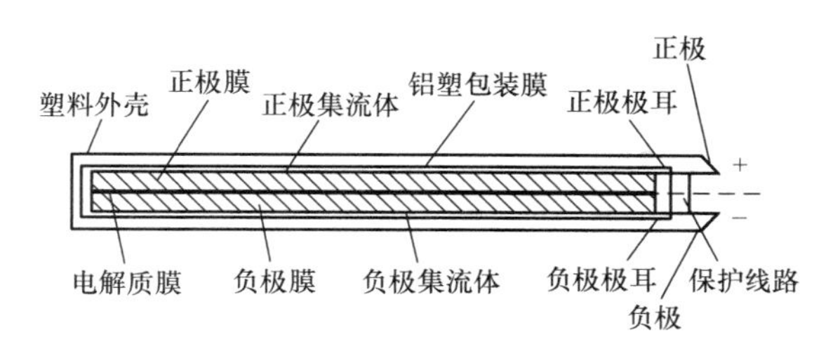

图 21-11　单片聚合物锂离子电池结构

21.3　不间断供电电源

不间断供电电源（简称为 UPS）是一种含有储能装置，以逆变器为主要组成部分的恒压恒频的不间断电源。主要用于为重要的用电设备提供不间断的电力供应。在通信、计算机、自动化生产设备、航空、航天、金融、网络等领域中，许多关键性设备一旦停电将会产生巨大的经济损失，即使瞬时的供电中断也会造成不堪设想的后果。当交流电网（市电）输入发生异常或中断（事故停电）时，UPS 立即将机内蓄电池的电能，通过逆变转换的方法向负载继续供应 220V 交流电，使负载维持正常工作并保护负载软、硬件不受损坏。UPS 不但可以在一定时间内（按蓄电池容量的大小及负载电流的大小而时间长短不同）继续向负载供电，并且还能够保证供电质量，使在正常供电时间内负载用电不受影响，以便用户进行较长时间停电时的保护与准备。因此，UPS 不仅是一个备用电源，它还具有电力净化和稳压的功能。

21.3.1　UPS 的基本类型

按照不同的分类方法，UPS 有以下类型：

（1）按工作原理分类

按工作原理可以将 UPS 分为动态型 UPS 和静态型 UPS。其中静态型 UPS 按电源结构和功能又可分为在线式、后备式、在线互动式和 Delta 变换式。

（2）按输入输出方式分类

按输入输出方式可以将 UPS 分为单相输入、单相输出式；三相输入、单相输出式和三相输入、三相输出式。

（3）按容量分类

按容量可以将 UPS 分为小功率（5kV · A 以下），中功率（5 ~ 30kV · A）和大功率（30kV · A 以上）。

（4）按输出波形分类

按输出波形可以将 UPS 分为方波输出 UPS、正弦波输出 UPS 和梯形波输出 UPS。

动态型 UPS 又称为逆变机组型 UPS，它是早期采用柴油机提供备用电能的一种不停电电源，由于这种系统设备庞大、效率低、噪声大，已逐渐被淘汰，小功率的 UPS 几乎不采用这种结构。目前广泛采用的是静态型 UPS。

21.3.2 UPS 的基本结构与工作原理

1. 后备式 UPS

后备式 UPS 主要由充电电路、蓄电池组、逆变电路、抽头式变压器及其控制电路等组成，其工作原理框图如图 21-12 所示。

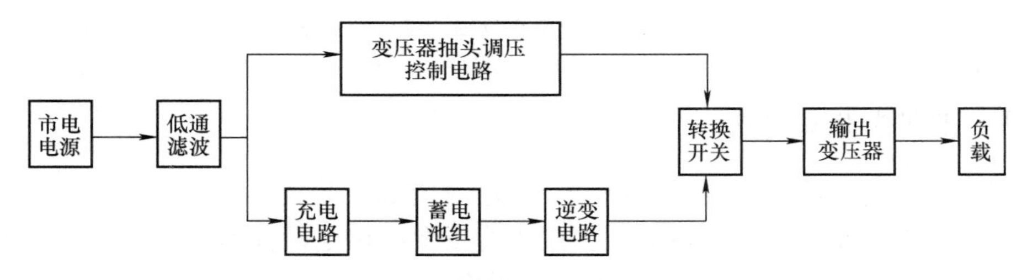

图 21-12 静态型后备式 UPS 的工作原理框图

当电网供电正常时，负载始终由电网直接供电，即 UPS 工作在市电旁路工作状态，经变压器抽头调压控制电路，对市电进行稳压处理后向负载输出。同时，市电经充电电路对蓄电池组进行充电，作为备用能量。

当电网出现故障（供电中断、电压过高或过低）时，UPS 内部的检测控制电路检测到市电故障后，就启动逆变器并将转换开关切换至逆变端，由蓄电池经逆变器转换成交流电给负载供电，UPS 工作在后备状态。

2. 在线式 UPS

在线式 UPS 主要由整流器、充电电路、蓄电池组、逆变电路、输出变压器、滤波器和控制检测保护等部分组成，其工作原理框图如图 21-13 所示。

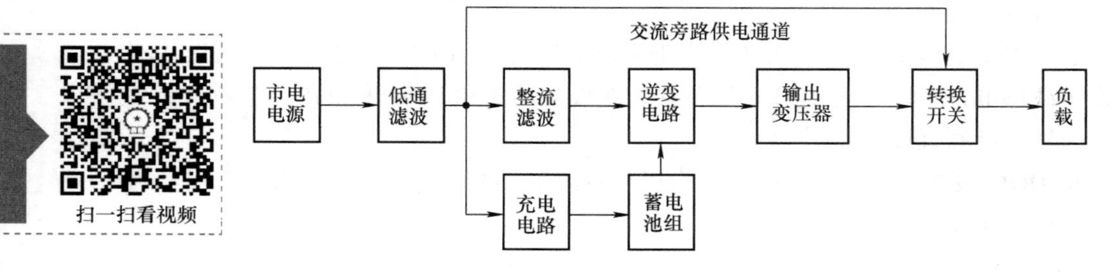

图 21-13 串联在线式 UPS 的工作原理框图

当电网正常供电时，市电先经低频滤波后，一方面经整流滤波给逆变器提供工作电压，并经输出变压器向负载供电；另一方面经充电器对蓄电池组进行充电，作为备用能量。

当电网供电不正常或断电时，逆变器自动转为蓄电池组供电，从而保证了负载的不间断供电。只有当逆变器等出现故障时，才由转换开关将负载切换到由电网供电。

在线式 UPS 的特点是：无论交流电网电压正常还是中断，UPS 的逆变器始终处于工作状态并向负载提供全部所需的电能。所以，在电网故障瞬间，UPS 输出不会产生任何间断。

3. 在线互动式 UPS

在线互动式 UPS 又称为准在线式 UPS 或三端口式 UPS。在线互动式 UPS 主要由滤波稳压电路、双向变换器、三绕组变压器、蓄电池组、转换开关等部分组成，其工作原理框图如图 21-14 所示。

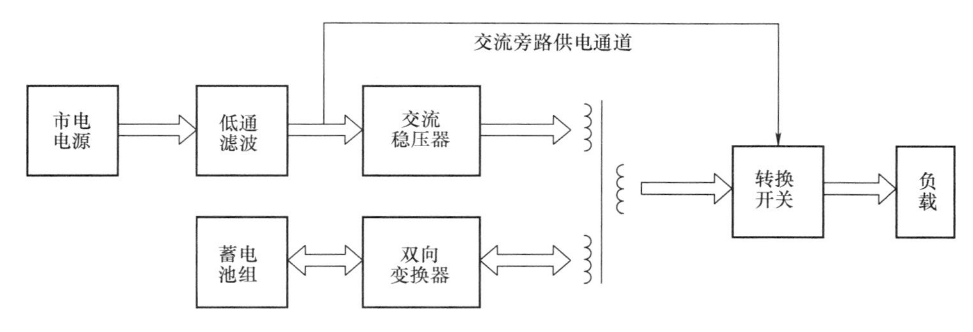

图 21-14　在线互动式 UPS 的工作原理框图

当电网供电正常时，市电经低通滤波和交流稳压器稳压后，送给三绕组变压器，经过变压器的输出绕组和转换开关给负载供电，同时变压器为双向变换器提供交流输入电源，双向变换器工作在整流状态，对蓄电池组进行充电，作为备用能量。

当电网供电不正常或断电时，双向变换器由原来的整流工作状态转化为逆变工作状态，由蓄电池提供直流电源，经双向变换器将直流电能转换成稳压稳频的交流电给负载供电，实现不间断供电。只有当逆变器等出现故障时，才由转换开关将负载切换到由电网直接供电。

4. Delta 变换式 UPS

Delta 变换式 UPS 的原理框图如图 21-15 所示，它包含两个变换器，主变换器和 Delta 变换器。

Delta 变换式 UPS 的工作原理类似于在线互动式 UPS，即大部分时间电网电压是正常的，负载也是由电网供电，主要差别是在 Delta 变换式 UPS 中，电网电压是经过串联的补偿电压补偿后再向负载供电的，可以向负载提供较高质量的电能。补偿电压来自 Delta 变换器交流端输出变压器的二次绕组。

补偿变压器二次输出工频交流电，其电压的大小和相位可由 Delta 变换器调节，最大电压约为负载额定电压的 20% 该电压用于补偿电网电压的波动，并具有

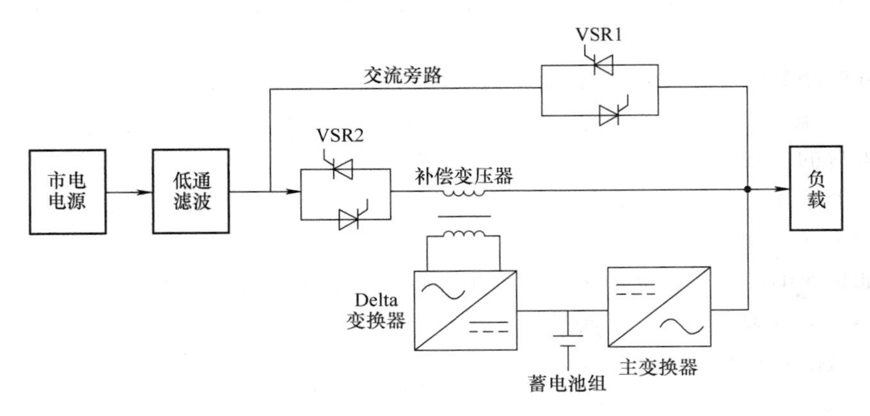

图 21-15　Delta 变换式 UPS 的原理框图

谐波抑制和功率因数校正功能。因此，Delta 变换器实际上是一个四象限运行的逆变器，直流端由蓄电池供电，交流端输出到补偿变压器，且 Delta 变换器直流端对蓄电池来说，根据工作情况的不同，可以是消耗能量的负载，也可以是补偿能量的充电电源。

当电网电压波动超出允许范围或电网供电中断时，静态开关 VSR1 和 VSR2 都关闭，Delta 变换器停止工作，主变换器工作在逆变状态，将蓄电池提供的直流能量逆变成交流，实现负载的不间断供电。如果逆变器等出现故障时，则 UPS 将 VSR2、Delta 变换器和主变换器都关闭，同时接通 VSR1，转换为电网直接给负载供电。

21.3.3　UPS 的选择

UPS 作为保护性的电源设备，它的性能参数具有重要意义，是选择 UPS 时的考虑重点。如果 UPS 的市电电压输入范围宽，则表明 UPS 对市电的利用能力强（减少电池放电）；如果 UPS 的输出电压、频率范围小，则表明 UPS 对市电的调整能力强，输出稳定。**波形畸变率用以衡量 UPS 输出电压波形的稳定性，而电压稳定度则说明当 UPS 突然由零负载加到满负载时，其输出电压的稳定性**。另外，还有 UPS 效率、功率因数、转换时间等都是表征 UPS 性能的重要参数，决定了其对负载的保护能力和对市电的利用率。性能越好，保护能力也越强。总的来说，离线式 UPS 对负载的保护最差，在线互动式略优之，在线式则可以解决几乎所有常见的电力问题。

在选择 UPS 时，首先应该清楚 UPS 的负载情况，比如负载的相数、电压等级、电压波形，交流电的频率、额定电流、负载类型（电阻性负载还是电感性负载）、负载功率、负载功率因数等。根据所了解和掌握的一些情况，作为选择 UPS 的依据。

（1）输出相数

负载全为单相和负载的功率较小时，应选用单相的UPS。负载为三相，或者单相负载的路数较多、功率较大，且可以三相均衡分配时，应选用三相输出的UPS。

（2）输出电压

若有的负载要求220V供电，有的负载要求不同于220V的电压供电，这时可用变压器变压（应有防冲击电流的措施），不必分别设置UPS。

（3）输出频率

如果50Hz、60Hz都有，应对每台UPS的频率进行单独检查、设置。

（4）输出功率

负载的容量和功率因数对选型有很大影响。UPS的额定容量一般是在考虑负载功率因数为0.8的情况下指定的。有些厂商在给出UPS的容量时，同时给出了有功功率。例如有的UPS在产品标识上注明输出220V（1±2%）/4.5A MAX/1kV·A/0.8kW，表明UPS的正常输出既不能超过1kV·A，也不能超过0.8kW。负载的功率因数不同，UPS带负载的能力也不同。如计算机开关电源作负载时功率因数只能达到0.6~0.65左右，若UPS输出100%的额定容量，则只能输出0.6~0.65kW的有功功率。因此，在选择UPS时，一定要考虑功率因数。

（5）输出波形和波形失真度

大功率UPS的负载常为连续运行的在线计算机，输出波形为正弦波。小功率UPS的负载主要是微型计算机，输出波形为正弦波或方波。后备式方波输出的UPS不宜带电感性负载。相对而言正弦波输出的UPS有更好的超载能力和供电特性。为了消除负载高次谐波的影响，可选用容量足够的UPS，在逆变器的交流输出端接入滤除高次谐波的滤波器。

（6）电压与频率变动范围

电压与频率变动范围应根据负载要求决定。

选择UPS时还需要注意以下几点：

1）应根据设备的情况、用电环境以及想达到的电源保护目的，选择合适的UPS。例如，对内置开关电源的小功率设备一般可选用后备式UPS，在用电环境较恶劣的地方应选用在线互动式或在线式UPS，而对不允许有间断时间或时刻要求正弦波交流电的设备，就只能选用在线式UPS。

2）应注意使用环境。例如，工业级UPS适应于环境比较恶劣的地方，商业级UPS对环境的要求比较高。

21.3.4 UPS的使用

正确合理地使用UPS是延长使用寿命和降低故障率的重要因素。因此，在使用UPS时一般应注意以下几点：

1）**不宜在UPS输出端带晶闸管类或半波整流型负载。**

2）**后备式方波输出UPS不宜带电感性负载。**其他类型的UPS也不宜带像吸尘器、电扇等电感性很大的交流电动机负载。

3）后备式UPS不能随意加大熔断器容量。因为后备式UPS在逆变器供电时，一般都具有过载和短路保护，但在电网供电时，一般靠熔断器担当过载保护任务，所以，不能随意加大熔断器容量。

4）后备式UPS不宜在前级添加带有大电抗元件的交流稳压器，因为它会造成电网与逆变器转换时间的延长，导致计算机运行故障。

5）UPS不宜带负载开机和关机，应尽量减少开关机次数。因为UPS的故障多发生在开机、关机和电网与逆变器转换时。带负载开关机，很容易在起动的瞬间烧毁逆变器的电力半导体开关元件。

6）**UPS不宜长时间轻载运行。**大多数UPS在50% ~100%负载时效率最高，当负载低于50%时，其效率急剧下降。此外，UPS长期轻载运行，有可能造成电池的深度放电，会降低电池的使用寿命，应尽量避免。

7）随时注意蓄电池组的工作情况，并做好蓄电池的维护工作。

8）UPS的使用环境应注意通风良好，利于散热，并保持环境的清洁。

9）适当放电有助于电池的激活，如长期不停市电，每隔三个月应人为断掉市电用UPS带负载放电一次，这样可以延长电池的使用寿命。

10）UPS放电后应及时充电，避免电池因过度自放电而损坏。

21.3.5 UPS的检查与维护

要使UPS长期、稳定、可靠地运行在最佳状态，必须认真做好日常检查和定期维护工作。定期维护工作一般应由专职的维护人员进行。定期维护时，可根据日常的操作和检查的记录有针对性地查找问题，排除故障；也可在定期维护时，发现新问题，消除设备的隐患。

UPS电源在正常使用情况下，主机的维护工作很少，主要是防尘和定期除尘。特别是气候干燥的地区，空气中的灰粒较多，机内的风机会将灰尘带入机内沉积、当遇到空气潮湿时，会引起主机控制紊乱造成工作失常，并发生不准确告警，大量灰尘也会造成器件散热不好。一般每季度应彻底清洁一次。其次就是在除尘时，检查各连接件和插接件有无松动和接触不牢的情况。

1. 日常检查

日常检查时，可采用以下方法进行：

1）观察UPS的操作控制显示屏。显示屏上的表示UPS运行状态的指示信号都应处于正常状态，所有的电源运行参数值都应处于正常值范围之内，在显示屏上应没有出现任何故障和报警信息。

2）UPS在运行过程中，电抗器、变压器、继电器、冷却风扇等都要发出各种不同的声音。所以，可以根据正常与异常时的声音变化来判断其运行状态是否正常。

3）测量蓄电池组的端电压是否正常；检查或测量变压器、电抗器、功率元件等主要发热元件的工作温度是否有明显过热现象。

4）记录上述检查结果，并注意分析比较记录数据的变化情况，遇有异常及时处理，防止设备事故的发生。

2. 定期维护

定期维护时，除完成已有的故障排除和设备隐患处理工作外，还应做好以下工作：

1）清洁并检测电池两端电压、温度。

2）检查电池外观是否完好，有无外壳变形和渗漏。

3）检查各电气连接螺钉是否松动，接插件的接触是否良好，各零部件有无破损、划伤，导线有无折断及折伤等，发现问题及时处理。

4）检查各功率驱动元件和印制电路插件板有无烧黄、烧焦和烟熏状的痕迹，有无电容器炸裂、漏液、膨胀变形现象。

5）检查变压器绕组及连接器件和扼流圈是否有过热变色和分层脱落现象。

6）检查触头的磨损情况，对损坏的电气触头及时进行处理。

7）检查电源熔断器是否完好，固定是否牢固。

8）检查绝缘电阻是否符合要求，对绝缘电阻不合格的部件应及时更换或维修。

9）清除 UPS 各部件的污物和灰尘，以降低其运行温升，提高工作性能。

3. 排除故障的注意事项

1）当 UPS 电池系统出现故障时，应先查明原因，分清是负载故障还是 UPS 电源系统故障；是主机故障还是电池组故障。

2）虽然 UPS 主机有故障自检功能，但要维修故障点，仍需做大量的分析、检测工作。另外，如果 UPS 的自检部分发生故障，显示的故障内容则可能有误。

3）对主机出现击穿，熔体熔断或烧毁器件的故障，一定要查明原因并排除故障后才能重新起动，否则会接连发生相同的故障。

4）当蓄电池组中发现电压反极、电压降大、压差大和酸雾泄漏现象的电池时，应及时采用相应的方法恢复和修复。

5）对不能恢复和修复的蓄电池要及时更换，但不能把不同容量、不同性能、不同厂商的蓄电池连在一起，否则可能会对整组电池带来不利影响。

6）对寿命已到期的蓄电池组要及时更换，以免影响到主机。

第22章　建筑物防雷与安全用电

22.1　建筑物防雷

22.1.1　防雷的基础知识

1. 雷电的形成

雷电是大气中一种自然气体放电现象。常见的有放电痕迹呈线形或树枝状的线形（或枝状）雷，有时也会出现带形雷、片形雷和球形雷。

云是由于地面的水分蒸发为水蒸气后形成的。雷云在形成过程中，受到地面上升的强烈气流的作用，使一部分云团带正电荷，另一部分云团带负电荷。由于异性电荷的不断积累，不同极性的雷云之间电场强度不断增大，当带不同电荷的雷云与雷云之间或雷云与大地凸起物之间接近到一定程度，或某一处的电场强度超过空气可能承受的击穿强度时，就会发生强烈的放电，这种现象就是雷电。

2. 雷电的危害

雷电的危害是多方面的。在雷电放电过程中，可能呈现出静电效应、电磁感应、热效应和机械效应，对建筑物或电气设备造成危害。雷电流入大地时，对地面产生很高的冲击电位，对人体形成危险的冲击接触电压和跨步电压。人直接遭受雷击，危害极大。

（1）直击雷的危害

天空中高电压的雷云，击穿空气层，向大地及建筑物、架空电力线路等高耸物放电的现象，称为直击雷。发生直击雷时，特大的雷电流通过被击物，在被击物内部产生高达几万摄氏度的高温，使被击物燃烧，甚至熔化。

（2）感应雷的危害

雷云对地放电时，在雷击点全放电的过程中，位于雷击点附近的导线上将产生感应过电压，过电压幅值一般可达几百万伏至几千万伏，它能使电力设备绝缘发生闪络或击穿，造成电力系统停电事故、电力设备的绝缘损坏，使高压电串入低压系统，威胁低压用电设备和人员的安全，还可能发生火灾和爆炸事故。

（3）雷电侵入波的危害

架空电力线路或金属管道等遭受直击雷后，雷电波就沿着这些击中物传播，这种迅速传播的雷电波称为雷电侵入波。它可使设备或人遭受雷击。

3. 防雷的主要措施

防雷的重点是各高层建筑、大型公共设施、重要机构的建筑物及变电所等。应根据各部位的防雷要求、建筑物的特征及雷电危害的形式等因素，采取相应的防雷措施。

（1）防直击雷的措施

安装各种形式的接闪器是防直击雷的基本措施。如在通信枢纽、变电所等重要场所及大型建筑物上可安装避雷针，在高层建筑物上可装设避雷带、避雷网等。

（2）防雷电侵入波的措施

雷电侵入波的危害的主要部位是变电所，重点是电力变压器。基本的保护措施是在高压电源进线端装设阀式避雷器。避雷器应尽量靠近变压器安装，其接地线应与变压器低压侧中性点及变压器外壳共同连接在一起后，再与接地装置连接。

（3）防感应雷的措施

防感应雷的基本措施是将建筑物上残留的感应电荷迅速引入大地，常采用的方法是将混凝土屋面的钢筋用引下线与接地装置连接。对防雷要求较高的建筑物，一般采用避雷网防雷。

22.1.2　常用防雷装置的种类和作用

为了预防和减小雷电危害，建筑物和电力设施应装设防雷装置。常用的防雷装置有接闪器、避雷器和保护间隙。

1. 接闪器

接闪器是专门用来接收直接雷击的金属导体。接闪器的功能实质上起引雷作用，将雷电引向自身，为雷云放电提供通路，并将雷电流泄入大地，从而使被保护物体免遭雷击、免受雷害的一种人工装置。根据使用环境和作用不同，接闪器有避雷针、避雷带和避雷网三种装设形式。

（1）避雷针

避雷针是用镀锌圆钢或镀锌钢管制成，其顶端呈针尖状，下端经接地引线与接地装置焊接在一起。避雷针通常安装于被保护物体顶端的突出位置。

单支避雷针的保护范围为一近似的锥体空间，如图 22-1 所示。由图可见应根据被保护物体的高度和有效保护半径确定避雷针的高度和安装位置，以使被保护物体全部处于保护范围之内。

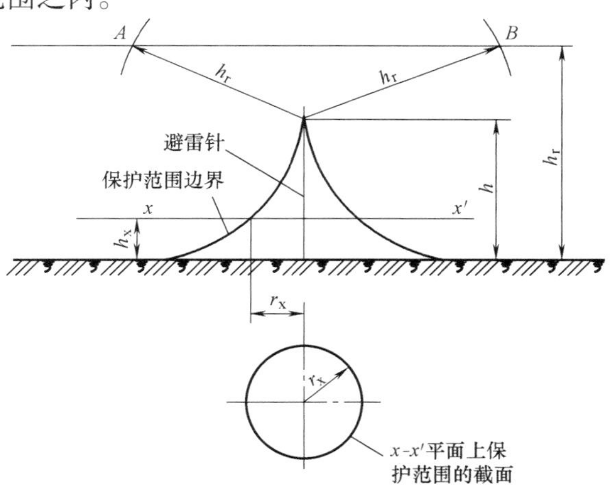

图 22-1　单支避雷针的保护范围

（图中 h 为避雷针的高度　h_r 为滚球半径　h_x 为被保护物高度　r_x 为在 $x-x'$水平面上的保护半径）

（2）避雷带

避雷带是一种沿建筑物顶部突出部位的边沿敷设的接闪器，对建筑物易受雷击的部位进行保护，如图 22-2 所示。一般高层建筑物都装设这种形式的接闪器。

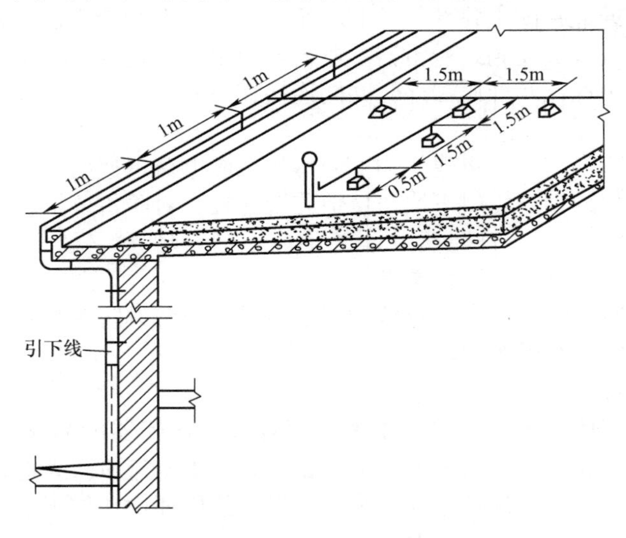

图 22-2　平顶楼的避雷带

（3）避雷网

避雷网是用金属导体做成网状的接闪器。它可以看成是纵横分布、彼此相连的避雷带。显然避雷网具有更好的防雷性能，多用于重要高层建筑物的防雷保护。

2. 避雷器

避雷器主要用于保护发电厂、变电所的电气设备以及架空线路、配电装置等，是用来防护雷电产生的过电压，以免危及被保护设备的绝缘。使用时，避雷器接在被保护设备的电源侧，与被保护线路或设备并联，避雷器的接线图如图 22-3 所示。当线路上出现危及设备安全的过电压时，避雷器的火花间隙就被击穿，或由高阻变为低阻，使过电压对地放电，从而保护设备免遭破坏。避雷器的型式主要有阀式避雷器和管式避雷器等。

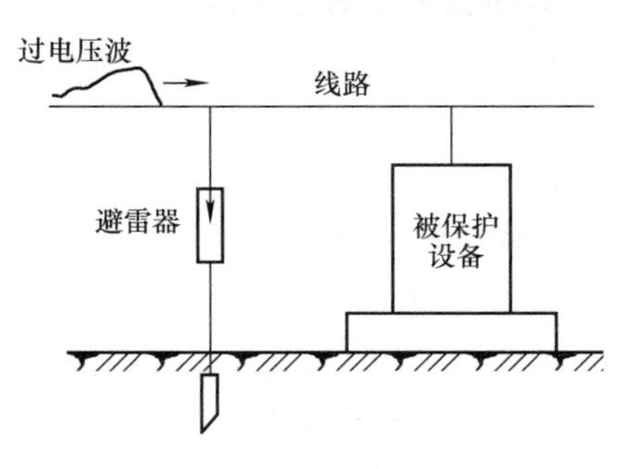

图 22-3　避雷器的接线图

3. 保护间隙

当缺乏避雷器时，可采用保护间隙作为防雷设备。保护间隙又称角式避雷器。角式避雷器简单经济，维护方便，但保护性能差，灭弧能力小，容易造成接地或短路故障，引发断电事故。因此对于装有保护间隙的线路，一般要求装设自动重合闸装置与之配合，以保证工作的可靠性。保护间隙的安装是一个电极接线路，另一个电极接地；间隙的电极可用直径为6～10mm的镀锌圆钢制成。为防止间隙被外物（如鸟、树枝等）短接而造成短路，常在其接地引下线中串联一个辅助间隙。

22.1.3 防雷装置的安装

1. 避雷针安装注意事项

1）避雷针接地引下线连接要焊接可靠，接地装置安装要牢固，接地电阻应符合要求（一般不能超过10Ω）。

2）构架上的避雷针应与接地网连接，并应在其附近装设集中接地装置。

3）屋顶上装设的防雷金属网和建筑物顶部的避雷针及金属物体应焊接成一个整体。

4）照明线路、天线或电话线等严禁架设在独立避雷针的针杆上，以防雷击时，雷电流沿线路侵入室内，危及人员和设备安全。

2. 避雷带安装注意事项

避雷带是水平敷设在建筑物的屋脊、屋檐、女儿墙等位置的带状金属线，对建筑物易受雷击部位进行保护。

避雷带一般采用镀锌圆钢或扁钢制成，**圆钢直径应不小于8mm；扁钢截面积应不小于48mm^2，厚度应不小于4mm，在要求较高的场所也可以采用直径20mm的镀锌钢管。**

避雷带进行安装时，若装于屋顶四周，则应每隔1～1.5m用支架固定在墙上，转弯处的支架间隔为0.25～0.5m，并应高出屋顶100～150mm。若装设于平面屋顶，则需现浇混凝土支座，并预埋支持卡子。

3. 避雷网安装注意事项

避雷网适用于较重要的建筑物，是用金属导体做成的网格式的接闪器，将建筑物屋面的避雷带（网）、引下线、接地体连接成一个整体的钢铁大网笼。避雷网有全明装、部分明装、全暗装、部分暗装等几种。

工程上常用的是暗装与明装相结合起来的笼式避雷网，将整个建筑物的梁、板、柱、墙内的结构钢筋全部连接起来，再接到接地装置上，就成为一个安全、可靠的笼式避雷系统。它既经济又节约材料，也不影响建筑物的美观。

避雷网采用截面积应不小于48mm^{2}的圆钢和扁钢制作，交叉点必须焊接。在框架结构的高层建筑中较多采用避雷网。

4. 阀式避雷器的安装

阀式避雷器主要由密封在瓷套内的多个火花间隙和一叠具有非线性电阻特性的阀片（又称阀性电阻盘）串联组成，阀式避雷器的结构如图22-4所示。

安装阀式避雷器时应注意以下几点：

1）安装前应对避雷器进行工频交流耐压试验、直流泄漏试验及绝缘电阻的测定，达不到标准时，不准投入运行。

2）阀式避雷器的安装，应便于巡视和检查，并应垂直安装不得倾斜，引线要连接牢固，上接线端子不得受力。

3）阀式避雷器的瓷套应无裂纹，密封应良好。

4）阀式避雷器安装位置应尽量靠近被保护设备。**避雷器与3~10kV变压器的最大电气距离，雷雨季经常运行的单路进线应不大于15m，双路进线应不大于23m，三路进线应不大于27m。若大于上述距离时，应在母线上设阀式避雷器。**

5）安装在变压器台上的阀式避雷器，其上端引线（即电源线）最好接在跌落式熔断器的下端，以便与变压器同时投入运行或同时退出运行。

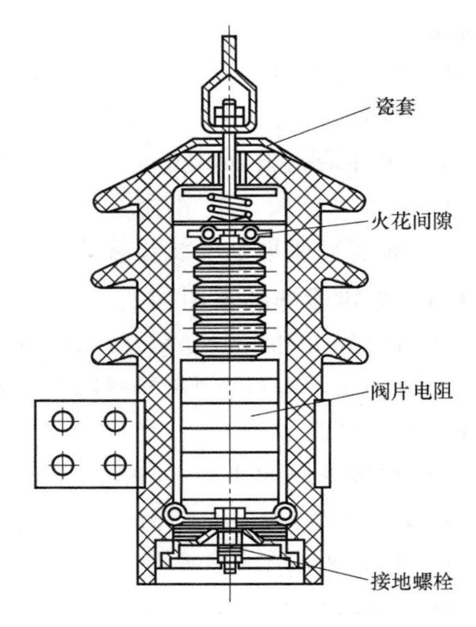

图22-4　阀式避雷器的结构图

6）阀式避雷器上、下引线的截面积都不得小于规定值，**铜线应不小于16mm²，铝线应不小于25mm²**，引线不许有接头，引下线应附杆而下，上、下引线不宜过松或过紧。

7）阀式避雷器接地引下线与被保护设备的金属外壳应可靠地与接地网连接。线路上单组阀式避雷器，其接地装置的接地电阻应不大于5Ω。

5. 管式避雷器的安装

管式避雷器由产气管、内部间隙和外部间隙三部分组成，如图22-5所示。

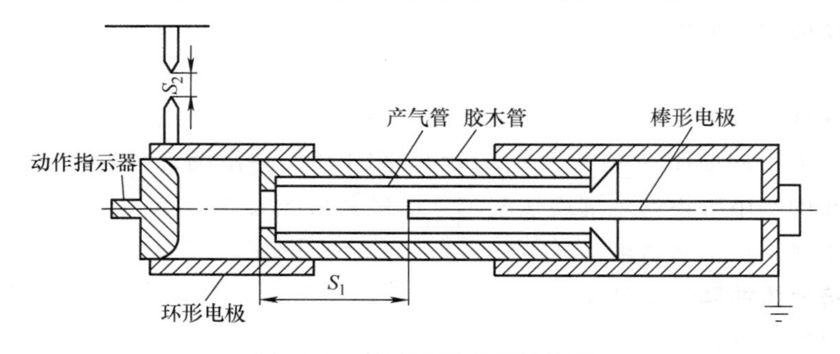

图22-5　管式避雷器的结构图

（图中S_1为内部间隙；S_2为外部间隙）

安装管式避雷器时应注意：

1）额定断续能力与所保护设备的短路电流相适应。

2）安装时，应避免各管式避雷器排出的电离气体相交而造成短路，但在开口端固定的避雷器，则允许它与排出的电离气体相交。

3）装设在木杆上的管式避雷器，一般采用共用的接地装置，并可与避雷线共用一根接地引下线。

4）管式避雷器及外部间隙应安装牢固可靠，以保证管式避雷器运行中的稳定性。

5）管式避雷器的安装位置应便于巡视和检查。

22.1.4　防雷设施的维护

防雷设施大都露天安装，容易发生腐蚀、断裂等损坏，应经常进行检查和维护。如果防雷系统设施遭受破坏或工作性能不良，不但不能发挥防雷作用，反而成为导致雷击危害的因素。一般在检查维护中应注意以下几点：

1）接闪器和避雷器在任何情况下都必须保证可靠接地，它们与引下线及引下线与接地装置之间应采用焊接连接。

2）每年雷雨季节来临之前，应对防雷系统设施的各个环节进行检查。如发现有接地引下线严重腐蚀（使实际截面积减少 30% 以上），应及时更换；有松脱、断裂的应进行焊补或紧固；接地电阻变大不符合要求的也应采取相应的补救措施（如加大接地装置等）。

3）每次雷雨后，也应及时进行全面检查，查看是否因雷击放电导致某些连接点松脱、断开或烧毁，并应立即进行相应的修理。

4）避雷器应每年在雷雨季节进行一次试验检查，性能不符合要求的应立即更换。

22.2　接地装置

22.2.1　接地装置的组成

电气设备的接地体及接地线的总和称为接地装置。

接地体即为埋入地中直接与大地接触的金属导体。接地体分为自然接地体和人工接地体。人工接地体又可分为垂直接地体和水平接地体两种。

接地线即为电气设备金属外壳与接地体相连接的导体。接地线又可分为接地干线和接地支线。接地装置的组成如图 22-6 所示。

22.2.2　接地体的种类和特点

（1）自然接地体

凡是与大地有可靠接触的金属物体，都可作为自然接地体，如埋入地下的金属管道、金属结构、钢筋混凝土地基等物件。自然接地体一般较长，与土壤接触面积大、散流电阻小，有时能达到采用专门接地体所达不到的效果。

（2）人工接地体

人工接地体指利用人工方法将专门的金属物体埋设于土壤中，以满足接地的要求的接地体。人工接地体绝大部分采用钢管、角钢、扁钢、圆钢制作。人工接地体

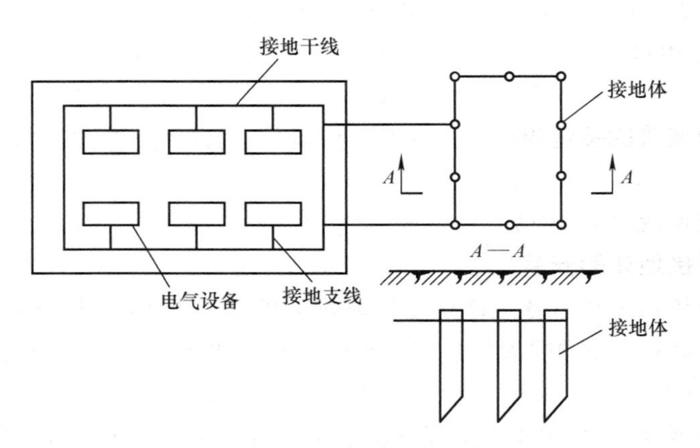

图 22-6 接地装置示意图

又可分为垂直接地体和水平接地体两种。

（3）基础接地体

基础接地体指接地体埋设在地面以下的混凝土基础上的接地体。它又可分为自然基础接地体和人工基础接地体两种。当利用钢筋混凝土基础中的其他金属结构物作为接地体时，称为自然基础接地体；当把人工接地体敷设于不加钢筋的混凝土基础时，称为人工基础接地体。

由于混凝土和土壤相似，可以将其视为具有均匀电阻率的“大地”。同时，混凝土存在固有的碱性组合物及吸水特性。因此，近年来，国内外利用钢筋混凝土基础中的钢筋作为自然基础接地体已经取得较多的经验，故应用较为广泛。

22.2.3 接地电阻

正常情况下，接地装置不通过电流。只有当电气设备发生接地故障时，才会有接地电流呈辐射状流入大地，如图 22-7 所示。在距离接地体 15～20m 处，电流基本减小为零。从电气设备的接地点到大地的整个散流路径上所呈现的电阻，称为接地电阻。接地电阻主要是接地体与大地（土壤）的接地电阻及散流路径上的土壤电阻构成的。

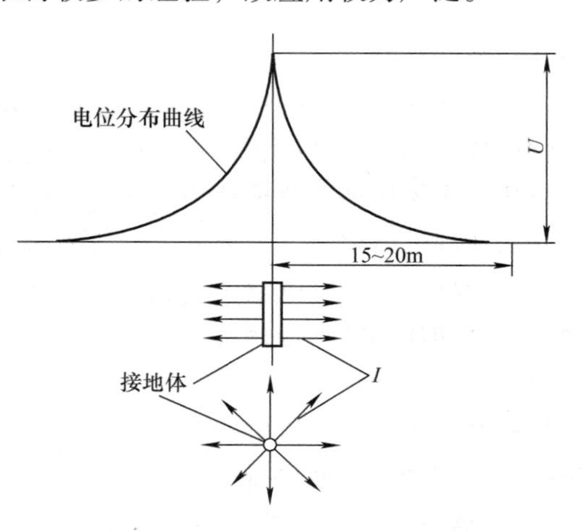

图 22-7 接地电流与电位分布

低压电力网的电力装置对接地电阻的要求如下：

1）**低压电力网中，电力装置的接地电阻不宜超过 4Ω。**

2）由单台容量在 100kV · A 的变压器供电的低压电力网中，**电力装置的接地电阻不宜超过 10Ω**。

3）使用同一接地装置并联运行的变压器，总容量不超过 100kV · A 的低压电力网中，**电力装置的接地电阻不宜超过 10Ω**。

4）在土壤电阻率高的地区，要达到以上接地电阻值有困难时，**低压电力设备的接地电阻允许提高到 30Ω**。

22.2.4　垂直接地体的安装

垂直接地体可采用直径为 40 ~ 50mm 的钢管或用 40mm × 40mm × 4mm 的角钢，下端加工成尖状以利于砸入地下。**垂直接地体的长度一般为 2.5 ~ 3m，但不能短于 2m**。垂直接地体一般由两根以上的钢管或角钢组成，或以成排布置，或以环形布置，相邻钢管或角钢之间的距离以不超过 3 ~ 5m 为宜。垂直接地体的几种典型布置如图 22-8 所示。

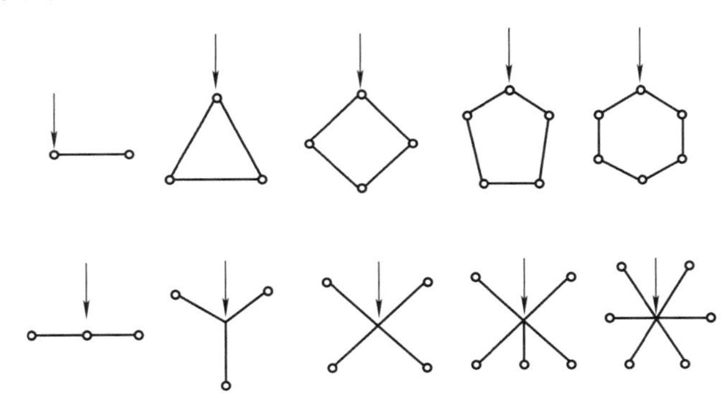

图 22-8　垂直接地体的几种典型布置

垂直接地体的安装应在沟挖好后，尽快敷设接地体，以防止塌方。敷设接地体通常采用打桩法将接地体打入地下。**接地体应与地面垂直，不得歪斜，有效深度不小于 2m；多级接地或接地网的各接地体之间，应保持在 2.5m 以上的直线距离。**

用手锤敲打角钢时，应敲打角钢端面角脊处，锤击力会顺着脊线直传到其下部尖端，容易打入、打直；若是钢管，则锤击力应集中在尖端的切点位置。若接地体与接地线在地面下连接，则应先将接地体与接地线用电焊焊接后埋土夯实。

垂直接地体端部焊接示意图如图 22-9 所示。接地干线与接地体的焊接示意图如图 22-10 所示。接地引线与接地干线的焊接示意图如图 22-11 所示。

22.2.5　水平接地体的安装

水平接地体多采用 40mm × 4mm 的扁钢或直径为 16mm 的圆钢制作，多采用放射形布置，也可以成排布置成带形或环形。水平接地体的几种典型布置如图 22-12 所示。

水平接地体的安装多用于环绕建筑四周的联合接地，常用 40mm × 4mm 镀锌扁

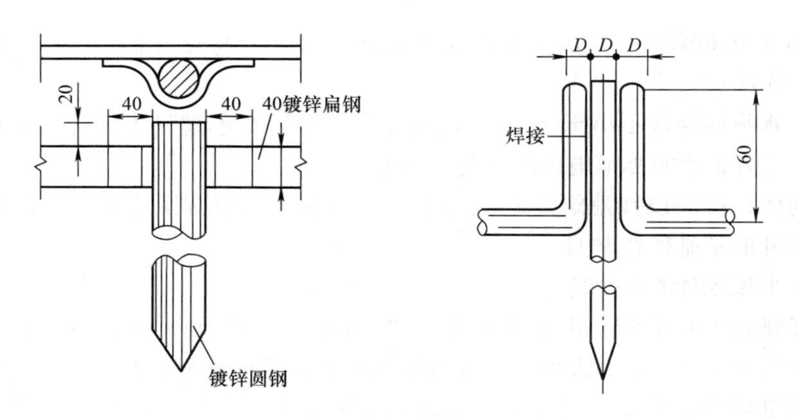

图 22-9　垂直接地体端部焊接示意图

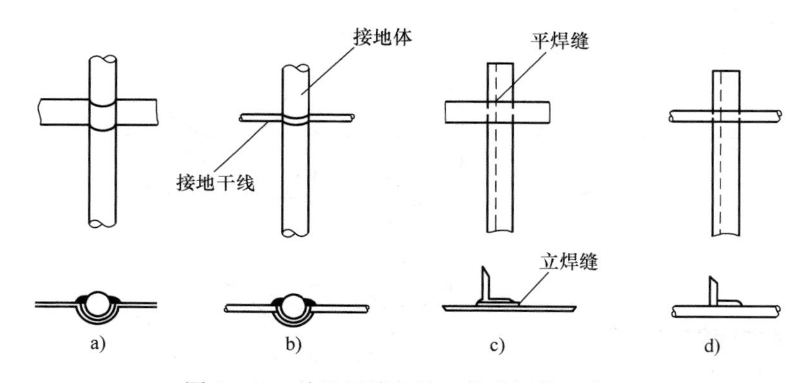

图 22-10　接地干线与接地体的焊接示意图

a）扁钢与圆钢的焊接　b）圆钢与圆钢的焊接　c）扁钢与角钢的焊接　d）圆钢与角钢的焊接

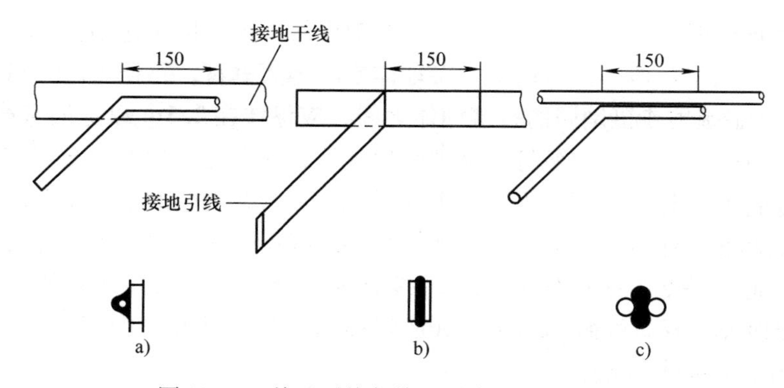

图 22-11　接地引线与接地干线的焊接示意图

a）扁钢与圆钢的焊接　b）扁钢与扁钢的焊接　c）圆钢与圆钢的焊接

钢，**最小截面积应不小于 $100mm^2$，厚度应不小于 4mm**。当接地体沟挖好后，应垂直敷设在地沟内（不应平放），垂直放置时，散流电阻较小，**顶部埋设深度距地**

面应不小于 0.6m，水平接地体的安装如图 22-13 所示。多根水平接**地体平行敷设时，水平间距应不小于 5m**。

沿建筑外面四周敷设成闭合环状的水平接地体，可埋设在建筑物散水及灰土基础以外的基础槽边。

将水平接地体直接敷设在基础底坑与土壤接触是不合适的。由于接地体受土的腐蚀极易损坏，被建筑物基础压在下边，给维修带来不便。

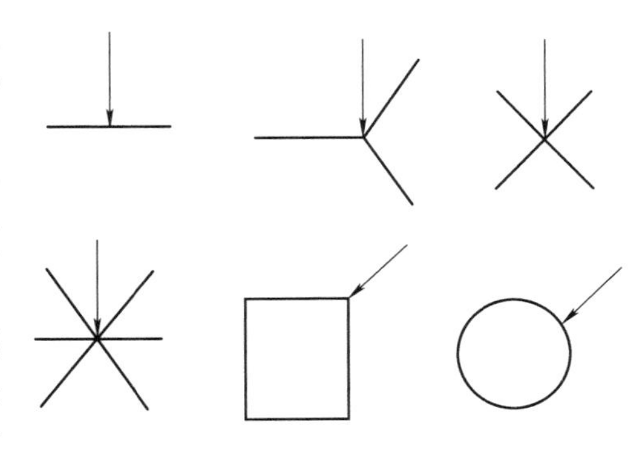

图 22-12　水平接地体的几种典型布置

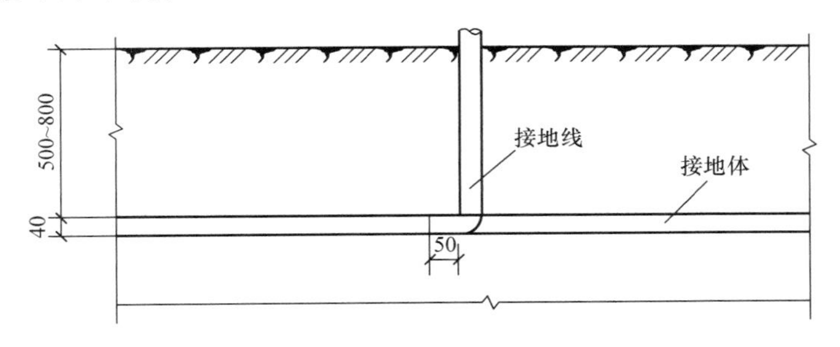

图 22-13　水平接地体的安装

22.2.6　接地线的安装注意事项

1）接地线不应埋在铺满白灰、焦渣的屋内，否则应用水泥砂浆进行保护。

2）接地线穿越建筑物时，应加保护管，过伸缩缝时，应留有适当裕度或采用软连接。

3）接地线在与公路、铁路、管道交叉处及其他易受机械损伤的部位，应加钢管保护。

4）室内暗敷（敷设在混凝土墙或砖墙内）的接地干线两端应有明露部分，并设置接线端子盒。

5）接地线在潮湿或有腐蚀性蒸气的房间内，离墙应不小于 10mm。

6）接地线截面积在不同的接地系统中，要满足相应系统热稳定性要求。

7）接地线一般应便于检查，但暗敷的穿线钢管和地下的金属附件除外。

8）接地线应有防机械损伤和化学腐蚀的措施，常用防腐措施有热镀锌或用铜包钢，再涂以沥青或加缓蚀剂等。

22.2.7　接地装置的选择与安装注意事项

1）每个电气装置的接地，必须用单独的接地导体（线）与接地干线相连接或用单独接地导体与接地体相连，禁止将几个电气装置的接地部分串联后与接地干线相连接。

2）保护导体、接地线与电气设备、接地总母线或总接地端子应保证可靠的电气连接，当采用螺栓连接时，应采用镀锌件，并设防松螺母或防松垫圈。

3）接地干线应在不同的两点及以上与接地网相连，自然接地体应在不同的两点及以上与接地干线或接地网相连接。

4）当利用电梯轨（吊车轨道等）作为接地干线时，应将其连接成封闭回路。

5）当接地体由自然接地体与人工接地体共同组成时，应分开设置连接卡子。**自然接地体与人工接地体连接点应不少于两处。**

6）当采用自然接地体时，在其自然接地体的伸缩处或接头处加接跨接线，以保证良好的电气通路。

7）接地装置的焊接应采用搭接法，最小搭接长度：**扁钢为宽度的2倍，采用三面焊接；圆钢为直径的6倍，采用两个侧面焊接；圆钢与扁钢连接时，焊接长度为圆钢直径的6倍，采用两个侧面焊接。**焊接必须牢固，焊缝应平直无间断、无气泡、无夹渣；焊缝处应清除干净，并涂刷沥青防腐。

22.2.8 接地装置的检查和测量周期

接地装置的良好与否，直接关系到人身及设备的安全，以及系统的正常运行。在实际应用中，应对各类接地装置进行定期维护和检查，平时也应根据实际情况，进行临时性的维护和检查。接地装置检查和测量周期见表22-1。

表22-1 接地装置检查和测量周期

接地装置类别	检查周期	测量周期
变配电所接地网	每年一次	每年一次
车间电气设备的接地（接零）线	每年至少两次	每年一次
各种防雷保护接地装置	每年雷雨季节前检查一次	每两年一次
独立避雷针接地装置	每年雷雨季节前检查一次	每五年一次
10kV及以下线路变压器工作接地装置	随线路检查	每两年一次
手持电动工具的接地（接零）线	每次使用前检查一次	每两年一次
对具有腐蚀性化学成分的土壤中的接地装置	每五年局部挖开检查腐蚀情况	每两年一次

22.2.9 接地装置的维护与检查

接地装置维护和检查的具体项目如下：

1）接地线有无折断、损伤或严重腐蚀。

2）接地支线与接地干线的连接是否牢固。

3）接地点土壤是否因受外力影响而有松动。

4）检查所有连接点的螺栓是否有松动，并逐一进行紧固。

5）重复接地线、接地体及其连接处是否完好无损。

6）挖开接地引下线周围的地面，检查地下0.5m左右地线受腐蚀的程度，若腐蚀严重应立即更换。

7）检查接地线的连接线卡及跨接线等的接触是否完好。

8）检查明敷部分接地线或接零母线上的涂漆是否脱落，若有脱离现象，需重新涂漆，以使标志清晰。

9）检查接地体有无因受水冲击或其他原因，而造成露出地面或离地表过近，若有此类现象出现，应立即修复。

10）做好接地装置的变更、检修、测量等记录。

22.3　安全用电

22.3.1　电流对人体伤害的形式

电流对人体伤害的形式，可分为电击和电伤两类。伤害的形式不同，后果也往往不同。

（1）电击

电击是指电流通过人体内部，破坏人的心脏、呼吸系统以及神经系统的正常工作，甚至危及生命。由于人体触及带电导线、漏电设备的外壳和其他带电体，以及雷击或电容器放电，都可能导致电击（通称触电）。在低压系统，电流引起人的心室颤动是电击致死的主要原因。

扫一扫看视频

（2）电伤

电伤是电能转化为其他形式的能量作用于人体所造成的伤害。它是高压触电造成伤害的主要形式。

电伤的形成大多是人体与高压带电体距离近到一定程度，使这个间隙中的空气电离，产生弧光放电对人体外部造成局部伤害。电伤的后果，可分为电灼伤、电烙印和皮肤金属化等，电击和电伤的特征及危害见表22-2。

表22-2　电击和电伤的特征及危害

名称		特征	危害
电击		人体表面无显著伤痕，有时找不到电流出入人体的痕迹	与人体电阻的变化、通过人体的电流的大小、电流的种类、电流通过的持续时间、电流通过人体的途径、电流频率、电压高低及人体的健康状况等因素有关
电伤	电灼伤	人触电时，人体与带电体的接触不良就会有火花和电弧发生，由于电流的热效应造成皮肤的灼伤	皮肤发红、起泡及烧焦和组织破坏。严重的电灼伤可致人死亡，严重的电弧伤眼可引起失明
	电烙印	由于电流的化学效应和机械效应引起，通常在人体和导电体有良好接触的情况下发生	皮肤表面留有圆形或椭圆形的肿块痕迹，颜色是灰色或淡黄色，并有明显的受伤边缘、皮肤硬化现象
	皮肤金属化	熔化和蒸发的金属微粒在电流的作用下渗入表面层，皮肤的伤害部分形成粗糙坚硬的表面及皮肤呈特殊颜色	皮肤金属化是局部性的，日久会逐渐脱落
间接伤害		因电击引起的次生人身伤害事故	如高空坠跌、物体打击、火灾烧伤等

在触电伤害中，由于具体触电情况不同，有时主要是电击对人体的伤害，有时也可能是电击和电伤同时发生。触电伤害中，绝大部分触电死亡事故都是电击造成的，而通常所说的触电事故，基本上是对电击而言的。

22.3.2 触电的类型和特点

（1）直接接触触电

直接接触触电是指电气设备在完全正常的运行条件下，人体的任何部位触及运行中的带电导体所造成的触电。发生直接接触触电时，人体的接触电压为系统相对地间的电压，因此其危险性最高，是触电形式中后果最严重的一种。

（2）间接接触触电

间接接触触电是指电气设备在故障情况下，如绝缘损坏、失效，人体的任何部位接触设备的带电外露可导电部分或外界可导电部分，所造成的触电。外露可导电部分是指电气设备和装置中能够触及的部分，正常情况下不带电，故障情况下可能带电。外界可导电部分不是电气设备或装置的组成部分，故障情况下也可能带电。

（3）雷电电击

雷电是自然界的一种放电现象，多数放电发生在雷云之间，也有一小部分放电发生在雷云对地或地面物体之间，即所谓的落地雷。就雷电对设备和人身的危害来说，主要危险来自落地雷。

如果人体直接遭受雷击，其后果不堪设想。但多数雷电伤害事故，是由于雷电流引入大地后，在地面产生很高的冲击电流，使人体遭受冲击跨步电压或冲击接触电压而造成电击伤害的。

（4）感应电压电击

由于电气设备的电磁感应和静电感应作用，将会在附近的停电设备上感应出一定电位，其数值大小，决定于带电设备的电压、几何对称度、停电设备与带电设备的位置对称性及两者的接近程度、平行距离等因素。

在电气作业中，人体一旦触及这些设备，将会造成电击触电事故，甚至造成死亡。尤其是随着系统电压的不断提高，感应电压触电的问题将更为突出。

（5）静电电击

物体在空气中经摩擦会带有静电电荷。静电电荷大量累积会形成高电位，一旦放电，会对人体造成电击危害。

（6）残余电荷电击

由于电容效应，电气设备在刚断开电源后尚保留一定的电荷，即为残余电荷。此时如人体触及停电设备，就可能遭到剩余电荷的电击。设备的容量越大，遭受电击的程度也越重。因此对未装接地线的而且具有较大容量的被试设备，应先放电再做试验。

在做高压直流试验时，每告一段落或试验结束时，应将设备对地放电数次并短路接地。放电应三相逐相进行。对并联补偿的电力电容器，即使装有能自动进行放电的装置，工作前也应逐相对地进行多次放电；对星形联结的电力电容器，还必须对中性点进行多次对地放电。另外，在开始工作前，将停电设备三相短路接地，即可达到将剩余电荷泄放至大地的目的。

22.3.3　触电的形式

1. 单相触电

在中性点接地的电网中，当人体接触一根相线（火线）时，人体将承受220V的相电压，电流通过人体、大地和中性点的接地装置形成闭合回路，造成单相触电，如图22-14所示。此外，在高压电气设备或带电体附近，当人体与高压带电体的距离小于规定的安全距离时，将发生高压带电体对人体放电，造成触电，这种触电方式也称为单相触电。

在中性点不接地的电网中，如果线路的对地绝缘不良，也会造成单相触电。

在触电事故中，大部分属于单相触电。

2. 跨步电压触电

当架空线路的一根带电导线断落在地上时，以落地点为中心，在地面上会形成不同的电位。如果此时人的两脚站在落地点附近，两脚之间就会有电位差，即跨步电压。由跨步电压引起的触电，称为跨步电压触电，如图22-15所示。

图22-14　单相触电

图22-15　跨步电压触电

3. 两相触电

人体与大地绝缘时，同时接触两根不同的相线或人体同时接触电气设备不同相的两个带电部分时，这时电流由一根相线经过人体到另一根相线，形成闭合回路。这种情形称为两相触电，此时人体上的电压比单相触电时高，后果更为严重，如

图22-16所示。

4. 接触电压触电

人体与电气设备的带电外壳相接触而引起的触电，称为接触电压触电。如图22-17所示。当电气设备（如变压器、电动机等）的绝缘损坏而使外壳带电时，电流将通过接地装置注入大地，同时在以接地点为中心的地面上形成不同的电位。如果此时人体触及带电的设备外壳，便会发生接触电压触电。接触电压又等于相电压减去人体站立点的地面电位，所以人体站立点离接触点越近，接触电压越小；反之，接触电压就越大。

当电气设备的接地线断路时，人体触及带电外壳的触电情况与单相触电情况相同。

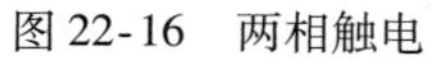

图22-16　两相触电

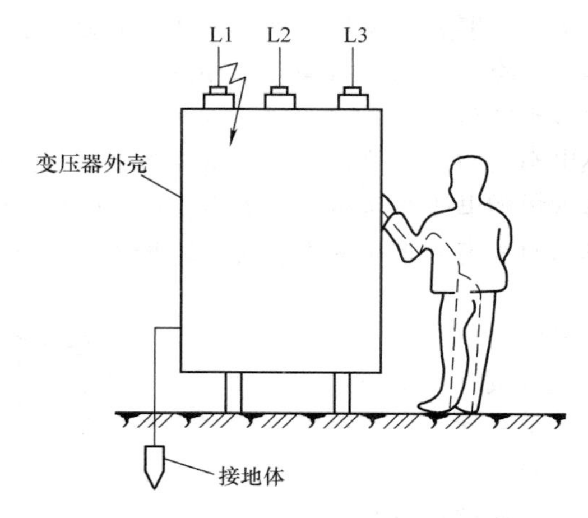

图22-17　接触电压触电

22.3.4　安全电流与安全电压

1. 安全电流

电流对人体是有害的，那么，多大的电流对人体是安全的？根据科学实验和事故分析得出不同的数值，但我们确定50~60Hz的交流电10mA和直流电流50mA为人体的安全电流，也就是说人体通过的电流小于安全电流时对人体是安全的。各种不同数值的电流对人体的危害程度情况见表22-3。

表22-3　电流对人体的危害程度

电流/mA	50Hz交流电	直流电
0.6~1.5	开始感觉手指麻刺	没有感觉
2~3	手指强烈麻刺	没有感觉
5~7	手部疼痛，手指肌肉发生不自主收缩	刺痛并感到灼热
8~10	手难于摆脱电源，但还可以脱开，手感到剧痛	灼热感增加

（续）

电流/mA	50Hz 交流电	直流电
20~25	手迅速麻痹，不能脱离电源，呼吸困难	灼热感愈加增高，产生不强烈的肌肉收缩
50~80	呼吸麻痹，心脏开始震颤	强烈的肌肉痛，手部肌肉不自主地强烈收缩，呼吸困难
90~100	呼吸麻痹，持续3s以上，心脏停止跳动	呼吸麻痹
500以上	延续1s以上有死亡危险	呼吸麻痹，心室震颤，心脏停止跳动

人体触电时，人体电阻是决定人身触电电流大小、人对电流的反映程度和伤害的重要因素。一般情况下，当电压一定时，人体电阻越大，通过人体的电流就越小，反之，则越大。

人体电阻是指电流所经过人身组织的电阻之和。它包括两个部分，内部组织电阻和皮肤电阻。内部组织电阻与接触电压和外界条件无关，而皮肤电阻随皮肤表面干湿程度和接触电压而变化。

皮肤电阻是指皮肤外表面角质层的电阻，它是人体电阻的重要组成部分。由于人体皮肤的外表面角质层具有一定的绝缘性能，因此，决定人体电阻值大小的主要是皮肤外表面角质层。人的外表面角质层的厚薄不同，电阻值也不同。一般人体承受50V的电压时，人的皮肤角质外层绝缘就会出现缓慢破坏的现象，几秒钟后接触点将会生出水泡，从而破坏干燥皮肤的绝缘性能，使人体的电阻值降低。电压越高，电阻值降低越快。另外，人体出汗、身体有损伤、环境潮湿、接触带有能导电的化学物质、精神状态不良等情况，都会使皮肤的电阻值显著下降。皮肤电阻还同人体与带电体的接触面积及压力有关，这正如金属导体连接时的接触电阻一样，接触面积越大，电阻则越小。

不同条件下的人体电阻见表22-4。

表22-4 不同条件下的人体电阻

接触电压/V	人体电阻/Ω			
	皮肤干燥①	皮肤潮湿②	皮肤特别潮湿③	皮肤浸入水中④
10	7000	3500	1200	600
25	5000	2500	1000	500
50	4000	2000	875	440
100	3000	1500	770	375
250	1500	1000	650	325

① 干燥场合的皮肤，电流途径为单手至双脚。

② 潮湿场所的皮肤，电流途径为单手至双脚。

③ 有水蒸气，特别潮湿场所的皮肤，电流途径为双手至双脚。

④ 游泳池或浴池中的情况，基本为体内电阻。

不同类型的人，皮肤电阻差异很大，因而使人体电阻差异也大。所以，在同样条件下，有人发生触电死亡，而有人却能侥幸不受伤害。但必须记住，即使平时皮肤电阻很高，如果受到上述各种因素的影响，仍有触电伤亡的可能。

一般情况下，人体电阻主要由皮肤电阻来决定，人体电阻一般可按1～2kΩ考虑。

2. 安全电压

安全电压是为了防止触电事故而采用的有特定电源的电压系列。安全电压是以人体允许电流与人体电阻的乘积为依据而确定的。安全电压一方面是相对于电压的高低而言，但更主要是指对人体安全危害甚微或没有威胁的电压。

我国安全电压标准规定的安全电压系列是6V、12V、24V、36V和42V。当设备采用安全电压作直接接触防护时，只能采用额定值为24V以下（包括24V）的安全电压；当作间接接触防护时，则可采用额定值为42V以下（包括42V）的安全电压。

从安全电压与使用环境的关系来看，由于触电的危险程度与人体电阻有关，而人体电阻与不同使用环境下的接触状况有极大的关系，在不同的状况下，人体电阻是不同的。

人体电阻与接触状况的关系，通常分为三类：

1）干燥的皮肤，干燥的环境，高电阻的地面（此时人体电阻最大）。

2）潮湿的皮肤，潮湿的环境，低电阻的地面（此时人体电阻最小）。

3）人浸在水中（此时人体电阻可忽略不计）。

3. 安全电压使用注意事项

1）应根据不同的场合按规程规定选择相应电压等级的安全电压。

2）采取降压变压器取得安全电压时，应采用双绕组变压器，而不能采用自耦变压器，以使一、二次绕组之间只有电磁耦合，而不直接发生电的联系。

3）安全电压并非绝对安全，如果人体在汗湿、皮肤破裂等情况下长时间触及电源，也可能发生电击伤害。因此，采用安全电压的同时，还要采取防止触电的其他措施。

4）安全电压电路不接地。

国家相关标准中指出：工作在安全电压下的电路，必须与其他电气系统和任何无关的可导电部分实行电气上的隔离，即安全电压电路不接地。主要有以下原因：

① 触电机会少。一般情况下，人体同时触及电路两极的可能性较小。目前运行的安全电压电路均不接地，即使触及电路的一极，也不会造成触电事故。

② 防止引入高电位。大地或中性线并不是始终保持零电位的。由于线路负荷的严重不平衡或中性线断线等原因，都有可能使这些部位的电位升高到危险电位。

因此，为保障安全电压电路的安全，就要求安全电压电路相对独立，保持“悬浮”不接地状态。

22.3.5 安全用电的措施

1. 防触电的安全措施

电工属于特殊工种，除必须熟练掌握正规的电工操作技术外，还应掌握电气安全技术，在此基础上方可进行电工操作。为保证人身安全，应注意以下几点：

1）电工在检修电路时，应严格遵守停电操作的规定，必须先拉下总开关，并拔下熔断器的熔体，以切断电源，方可操作。电工操作时，严禁任何形式的约时停送电，以免造成人身伤亡事故。

2）在切断电源后，电工操作者须在停电设备的各个电源端或停电设备的进出线处，用合格的验电笔进行验电。如在刀开关或熔断器上验电时，应在断口两侧验电；在杆上电力线路验电时，应先验下层，后验上层，先验距人较近的，后验距人较远的导线。

3）经验明设备两端确实无电后，应立即在设备工作点两端导线上挂接地线。挂接地线时，应先将地线的接地端接好，然后在导线上挂接地线，拆除接地线的程序与上述相反。

4）为防止电路突然通电，电工在检修电路时，应采取以下措施：

① 操作前应穿具有良好绝缘的胶鞋，或在脚下垫干燥的木凳等绝缘物体，不得赤脚、穿潮湿的衣服或布鞋。

② 在已拉下的总开关处挂上“有人工作，禁止合闸”的警告牌，再进行验电；也可一人监护，一人操作，以防他人误把总开关合上。同时，还要拔下用户熔断器上的插盖。注意在动手检修前，仍要进行验电。

③ 在操作过程中，不可接触非木结构的建筑物，如砖墙、水泥墙等，潮湿的木结构也不可触及。同时，不可同没有与大地绝缘的人接触。

④ 在检修灯头时，应将电灯开关断开；在检修电灯开关时，应将灯泡卸下。在具体操作时，要坚持单线操作，并及时包扎接线头，防止人体同时触及两个线头。

以上只是一些基本的电工安全作业要点，在实际工作中，还应根据具体条件，制定符合实际情况的安全规程。国家有关部门还颁发了一系列的电工安全规程规范，维修电工必须认真学习，严格遵守。

2. 进行电气操作的有关规定

1）操作前应核对现场设备名称、编号和开关、刀开关的分合位置。操作完毕后，应进行全面检查。

2）电器操作顺序：停电时应先断开控制开关，后断开刀开关或熔断器；送电时与上述顺序相反。

3）合刀开关时，当刀开关接近静触头时，应快速将刀开关合入，但当刀开关触头接近合闸终点时，不得有冲击；拉刀开关时，当动触头快要离开静触头时，应迅速断开，然后操作至终点。

4）控制开关、刀开关操作后，应进行检查。合闸后，应检查三相接触是否良好，联动操作手柄是否制动良好；拉闸后，应检查三相动、静触头是否断开，动触头和静触头之间的空气距离是否合格，联动操作手柄是否制动良好。

5）操作时如发现疑问或发生异常故障，应立即停止操作；待问题查清、处理后，方可继续操作。

3. 突然来电的原因及应采取的防护措施

停电工作设备发生突然来电的原因如下：

1）由于误调度或误操作，造成对停电工作设备误送电。

2）附近带电设备的感应，特别是当和停电检修平行接近的带电线路流过单相接地短路电流（指大接地电流系统），或流过两相接地短路电流时，对停电工作设备的感应，使其意外地带有危险电压。

3）由于自发电、双电源用户以及发电厂、变电所的厂（所）用变压器和电压互感器二次回路等的错误操作而造成对停电工作设备的倒送电。

4）停电线路和带电线路同杆架设或交叉跨越，两者之间发生意外接触或接近放电，而使停电工作设备突然带电。

5）当停电的低压网络和带电的低压网络共用零线时，由于零线断开或接地不良等原因，可能从零线窜入高电位而使停电工作的低压网络带有危险电压。在某种特定的条件下，从零线窜入的高电位还可能向配电变压器的高压侧反馈。

6）停电设备上空有雷电活动时，落雷或雷电感应使停电工作设备突然带电。

对突然来电采取的防护措施如下：

1）对停电工作设备可能来电处进行三相短路接地，即装设接地线。

2）从组织措施和技术措施方面堵住工作上的漏洞，提高设备的自动化水平和采用闭锁措施。

4. 安全用电注意事项

1）严禁用一线一地安装用电器具。

2）在一个电源插座上不允许引接过多或功率过大的用电器具和设备。

3）未掌握有关电气设备和电气线路知识及技术的人员，不可安装和拆卸电气设备及线路。

4）严禁用金属丝绑扎电源线。

5）严禁用潮湿的手接触开关、插座及具有金属外壳的电气设备，不可用湿布擦拭上述电器。

6）堆放物资、安装其他设备或搬移各种物体时，必须与带电设备或带电导体相隔一定的安全距离。

7）严禁在电动机和各种电气设备上放置衣物，不可在电动机上坐立，不可将雨具等挂在电动机或电气设备的上方。

8）在搬移电焊机、鼓风机、洗衣机、电视机、电风扇、电炉和电钻等可移动电器时，要先切断电源，更不可拖拉电源线来移动电器。

9）在潮湿的环境下使用可移动电器时，必须采用额定电压为36V及以下的低压电器。在金属容器及管道内使用移动电器，应使用12V的低压电器，并要加接临时开关，还要有专人在该容器外监视。安全电压的移动电器应装特殊型号的插头，以防误插入220V或380V的插座内。

10）雷雨天气，不可走近高压电杆、铁塔和避雷针的接地导线周围，以防雷电伤人。

5. 对于直接触电应采取的措施

所谓直接触电，是指直接触及或过分接近正常运行的带电体所引起的触电。为避免直接触电，应采取以下防护措施：

1）绝缘。用绝缘物防止触及带电体。但应注意，单独靠涂漆、漆包等类似的绝缘来防止触电是不够的。

2）屏护。用屏障或围栏防止触及带电体。其主要目的是使人们意识到超屏障或围栏会发生危险，而不会触及带电体。

3）间隔。保持间隔以防止无意触及带电体。

4）障碍。设置障碍以防止无意触及带电体。

5）漏电保护装置。漏电保护又叫剩余电流保护或接地故障电流保护。它只作为附加保护，其动作电流不宜超过30mA。

6. 引起触电事故的原因及防止发生人身触电事故的措施

引起触电事故的原因主要有缺乏电气安全知识、违反规程、设备不合格、维修不到位，以及由于自然灾害等原因造成。

为了防止发生人身触电事故，通常应采取以下措施：

1）保持电气设备的绝缘完好，定期测试绝缘电阻值，若低于规定值，应立即停用进行维修。

2）电气设备的接线必须正确无误。

3）设备的金属外壳必须有良好的保护接地措施。

4）在低压配电网络中装设漏电保护装置。

22.3.6　触电急救概述

1. 使触电者迅速脱离电源

当发现有人触电时，首先应切断电源开关，或用木棒、竹竿等不导电的物体挑开触电者身上的电线，也可用干燥的木把斧头等砍断靠近电源侧的电线。砍电线时，要注意防止电线断落到别人或自己身上。

如果发现在高压设备上有人触电时，应立即穿上绝缘鞋，戴上绝缘手套，并使用适合该电压等级的绝缘棒作为工具，使触电者脱离带电设备。

使触电者脱离电源时，千万不能用手直接去拉触电者，更不能用金属或潮湿的物件去挑电线，否则救护人员自己也会触电。在夜间或风雨天救人时，更应注意安全。

2. 触电抢救的原则

发生触电后，现场抢救必须做到迅速、就地、准确、坚持。

迅速就是要争分夺秒、千方百计地使触电者脱离电源，并将触电者放在安全地方。这是现场抢救的关键。

就地就是争取时间，在现场（安全地方）就地抢救触电者。

准确就是抢救的方法和实施的动作、姿势要正确。

坚持就是抢救必须坚持到底，直至医务人员判断触电者已经死亡，再无法救治时，才能停止抢救。

3. 触电致死的原因

造成触电死亡最常见的原因是心室纤维性颤动。

（1）触电时间过长

触电者如长时间不能脱离电源，即使触电电流较小或未通过要害部位，也会使触电者晕倒、失去知觉、窒息死亡。

（2）电流通过要害部位

电流通过中枢神经系统，使人受到致命的损伤；电流通过呼吸中枢，将引起呼吸终止等。

（3）大电流致死

大电流可使人心脏受到损害或使人窒息致死，还可能造成深度烧伤，使人体温度迅速上升而立即死亡。

（4）小电流致死

低压触电，虽然流经人体的电流较小（一般在几百毫安以下），但恰好是导致心室纤维颤动的最敏感范围，如触电发生在心室易损期，更易引起心室纤维颤动而死亡。

（5）高压触电致死

高压触电电流一般都较大，并往往伴随大的弧光放电。若为高压触电，则会因电弧或大电流所造成的严重烧伤而致命。

4. 判断触电者的呼吸、心跳情况的方法

使触电者脱离电源后，应立即就近移至干燥通风的场所，注意切勿慌乱和围观，观察触电者的状况，如意识丧失，应在10s内用看、听、试的方法，判断触电者的呼吸、心跳情况。

1）看。触电者的胸部、腹部有无起伏动作。

2）听。用耳贴近触电者的口鼻处，听有无呼气声音。

3）试。测试口鼻有无呼气的气流，再用两手指轻试一侧（左或右）喉结旁凹陷处的颈动脉有无搏动。

若看、听、试的结果为既无呼吸又无颈动脉搏动，则可判断呼吸、心跳停止。

22.3.7　触电的救护方法

1. 触电不太严重时的救护

触电者脱离电源后，如果神志清醒，只是感到有些心慌、四肢发麻、全身无力；或者触电者在触电过程中曾一度昏迷，但很快就恢复知觉。在这种情况下，应使触电者在空气流通的地方静卧休息，不要走动，让其慢慢恢复正常，并注意观察病情变化，必要时可请医生前来诊治或送医院。

2. 触电严重时的救护

（1）人工呼吸法

具体做法是：先使触电人脸朝上仰卧，头抬高，鼻孔尽量朝天，救护人员一只手捏紧触电人的鼻子，另一只手掰开触电者的嘴，救护人员紧贴触电者的嘴吹气，如图 22-18a 所示。也可隔一层纱布或手帕吹气，吹气时用力大小应根据不同的触电人而有所区别。每次吹气要以触电人的胸部微微鼓起为宜，吹气后立即将嘴移开，放松触电人的鼻孔使嘴张开，或用手拉开其下嘴唇，使空气呼出，如图 22-18b所示。吹气速度应均匀，一般为每 5s 重复一次（吹 2s、放 3s）。触电人如已开始恢复自主呼吸后，还应仔细观察呼吸是否还会停止。如果再度停止，应再次进行人工呼吸，但这时人工呼吸要与触电者微弱的自主呼吸规律一致。

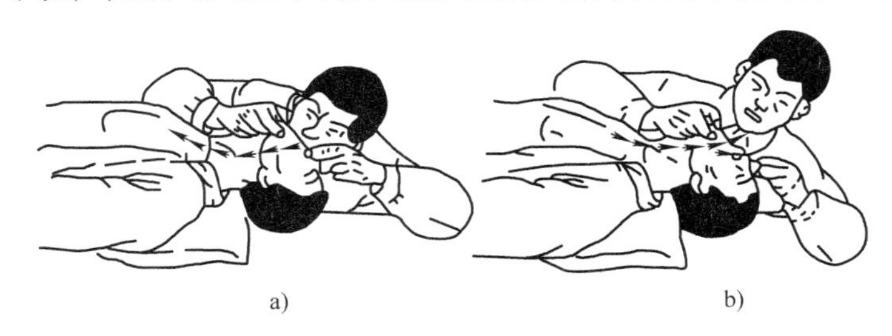

图 22-18　口对口人工呼吸
a）吹气　b）放气

（2）胸外心脏按压法

胸外心脏按压法是触电者心脏停止跳动后的急救方法。使用胸外心脏按压法时，应使触电者仰卧在比较坚实的地方，如木板、硬地上。救护人员双膝跪在触电者一侧，将一手的掌根放在触电者的胸骨下端，如图 22-19a 所示，另一只手叠于其上，如图 22-19b 所示，靠救护人员上身的体重，向胸骨下端用力加压，使其陷下 3cm 左右如图 22-19c 所示，随即放松（注意手掌不要离开胸壁），让其胸廓自行弹起如图 22-19d 所示。如此有节奏地进行按压，以每分钟 100 次左右为宜。

胸外心脏按压法可以与人工呼吸法同时进行，如果有两人救护，可同时采用两种方法；如果只有一人救护，可交替采用两种方法，先按压心脏 30 次，再连续吹气两次，如此反复进行效果较理想。

在抢救过程中，如果发现触电者皮肤由紫变红，瞳孔由大变小，则说明抢救收

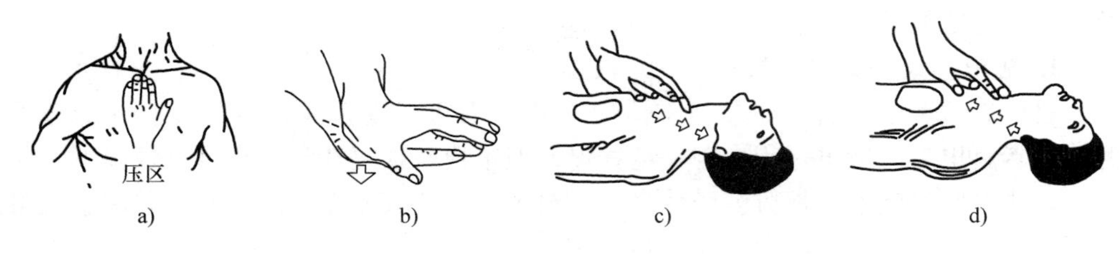

图 22-19　胸外心脏按压法

到了效果。当发现触电者能够自己呼吸时，即可停止人工呼吸，如人工呼吸停止后，触电者仍不能自己维持呼吸，则应立即再做人工呼吸，直至其脱离危险。

此外，对于与触电同时发生的外伤，应视情况酌情处理。对于不危及生命的轻度外伤，可放在触电急救之后处理；对于严重的外伤，应与人工呼吸和胸外心脏按压同时进行处理；如果伤口出血较多应予止血，为避免伤口感染，最好予以包扎，使触电者尽快脱离生命危险。

参考文献

[1] 何利民. 电工手册 [M]. 2版. 北京: 中国建筑工业出版社, 2002.
[2] 高玉奎. 简明维修电工手册 [M]. 北京: 中国电力出版社, 2005.
[3] 龚顺镒. 电工电子手册 [M]. 北京: 中国电力出版社, 2008.
[4] 孙克军. 电工手册 [M]. 3版. 北京: 化学工业出版社, 2016.
[5] 刘昌明. 建筑供配电与照明技术 [M]. 北京: 中国建筑工业出版社, 2013.
[6] 孙克军. 电工识图入门 [M]. 北京: 中国电力出版社, 2016.
[7] 赵化启, 等. 电气控制与可编程控制器 [M]. 北京: 电子工业出版社, 2009.
[8] 王至秋. 电气控制技术实践快速入门 [M]. 北京: 中国电力出版社, 2010.
[9] 任致程. 电动机变频器实用手册 [M]. 北京: 中国电力出版社, 2006.
[10] 孙克军. 维修电工技术问答 [M]. 2版. 北京: 中国电力出版社, 2015.
[11] 周希章. 电工技术手册 [M]. 北京: 中国电力出版社, 2004.
[12] 魏伟. PLC控制技术与应用 [M]. 北京: 中国轻工业出版社, 2010.
[13] 田淑珍. 电机与电气控制技术 [M]. 北京: 机械工业出版社, 2012.
[14] 李中年. 控制电器及应用 [M]. 北京: 清华大学出版社, 2006.
[15] 闫和平. 低压配电线路与电气照明技术问答 [M]. 北京: 机械工业出版社, 2007.
[16] 孙克军. 常用电机与变压器技术问答 [M]. 北京: 机械工业出版社, 2007.
[17] 李法海, 等. 电机与拖动 [M]. 北京: 清华大学出版社, 2005.
[18] 周鹤良. 电气工程师手册 [M]. 北京: 中国电力出版社, 2008.
[19] 陈继文, 等. 电梯结构原理及其控制 [M]. 北京: 化学工业出版社, 2017.